深基坑工程设计施工手册

（第二版）

龚晓南　主　编
侯伟生　副主编

中国建筑工业出版社

图书在版编目（CIP）数据

深基坑工程设计施工手册/龚晓南主编. —2 版.
北京：中国建筑工业出版社，2017.9
ISBN 978-7-112-20808-1

Ⅰ.①深⋯ Ⅱ.①龚⋯ Ⅲ.①深基坑-建筑设计-
手册②深基坑-工程施工-手册 Ⅳ.①TU753-62

中国版本图书馆 CIP 数据核字（2017）第 116483 号

本书全面、系统地总结了我国近年来各地应用于深基坑工程的各种围护结构形式、设计计算方法和施工技术等方面的经验。全书共分为 21 章，主要内容包括：总论、设计计算理论与分析方法、放坡开挖基坑工程、悬臂式支挡结构、水泥土重力式围护结构、内撑式围护结构、拉锚式围护结构、土钉及复合土钉支护、冻结法围护结构、其他形式围护结构、围护墙的一墙多用技术、基坑工程地下水控制技术、地下连续墙技术、加筋水泥土墙技术、渠式切割水泥土连续墙技术（TRD 工法）、咬合桩支护技术、基坑工程土方开挖、逆作法技术、深基坑工程监测、深基坑工程环境效应与对策、动态设计及信息化施工技术。

本书可供从事基坑工程勘察、设计、施工、检测、监理及科研、教学人员使用参考。

责任编辑：杨 允
责任校对：焦 乐 李美娜

深基坑工程设计施工手册（第二版）
龚晓南 主 编
侯伟生 副主编

*

中国建筑工业出版社出版、发行（北京海淀三里河路 9 号）
各地新华书店、建筑书店经销
霸州市顺浩图文科技发展有限公司制版
环球东方（北京）印务有限公司印刷

*

开本：787×1092 毫米 1/16 印张：66¼ 字数：1649 千字
2018 年 5 月第二版 2018 年 5 月第四次印刷
定价：**199.00** 元
ISBN 978-7-112-20808-1
（30449）

第二版编者的话

近年来随着城市建设的不断发展，高层、超高层建筑日益增多，地铁车站、铁路客站、明挖隧道、市政广场、桥梁基础等各类大型工程不断涌现、地下空间应用的发展，推动了基坑工程理论与技术水平的高速发展。围护结构形式、地下水控制技术、围护结构计算理论、基坑监测技术、信息化施工技术以及环境保护技术等各方面都得到了很大发展和提高。高层、超高层建筑和城市地下空间利用的发展促进了基坑工程设计和施工技术的进步。为了总结近些年来基坑工程设计施工方面的经验，在1998年出版发行的《深基坑工程设计施工手册》（中国建筑工业出版社）的基础上组织编写《深基坑工程设计施工手册》（第二版）。

《手册》（第二版）力求将我国工程技术人员正在应用的各种基坑工程围护形式、设计计算方法、基坑工程地下水控制技术、基坑工程施工技术介绍给读者，供读者在基坑工程设计施工时参考。《手册》（第二版）比（第一版）增添了不少新的内容，多设了6章，共21章，分别为总论、设计计算理论与分析方法、放坡开挖基坑工程、悬臂式支挡结构、水泥土重力式围护结构、内撑式围护结构、拉锚式围护结构、土钉及复合土钉墙支护、冻结法围护结构、其他形式围护结构、围护墙的一墙多用技术、基坑工程地下水控制、地下连续墙技术、渠式切割水泥土连续墙技术（TRD工法）、咬合桩支护技术、基坑工程土方开挖、逆作法技术、深基坑工程监测、深基坑工程环境效应与对策、动态设计及信息化施工技术。

基坑工程设计计算理论和方法处于不断发展之中。基坑工程没有统一的设计计算方法，正在应用的计算方法很多，较多是经验方法。事实上《手册》编写人员对基坑工程设计计算理论的认识也不是一致的，特别是工程实例所采用的计算方法往往反映个人经验以及地区经验，读者更应注意。不能简单搬用。

《手册》编写过程中得到全国各地许多专家的大力支持，帮助组织编写工程实例，提供资料，提出宝贵意见；浙江大学滨海和城市岩土工程研究中心办公室陆水琴、黄海建、博士后周佳锦博士、博士研究生傅了一、朱成伟等参加了校稿工作。对以上为《手册》出版作出贡献的单位和个人，在此一并鸣谢。

谢谢！

浙江大学滨海和城市岩土工程研究中心

龚晓南

于浙江大学紫金港安中大楼 A419 室

第一版编者的话

高层、超高层建筑和城市地下空间利用的发展促进了基坑工程设计和施工技术的进步。近年来，基坑围护体系的种类、各种围护体系的设计计算方法、施工技术、监测手段以及基坑工程理论在我国都有了长足的发展。基坑工程综合性强，是系统工程。由于其复杂性，再加上设计、施工不当，各地工程事故常有发生。为了总结基坑工程设计施工方面的经验，受中国建筑工业出版社委托，由福建建工集团总公司主持，邀请浙江大学土木工程学系博士导师龚晓南教授任主编，福州大学土建系高有潮教授任副主编，并邀请北京、上海、南京、杭州、武汉、福州、厦门、深圳、广州等地的从事科研、教学、设计、施工的 28 名专家组成《深基坑工程设计施工手册》编委会组织编写该手册。1996 年 3 月 15 日在福州召开了第一次编委会，讨论了《手册》缩写原则、拟定了章节目录、确定了各章第一编写人，并决定邀请中国科学院院士、铁道部科学研究院卢肇钧研究员和浙江大学曾国熙教授担任《手册》编委会顾问。1996 年 8 月 7 日至 9 日在福州召开第二次编委会，各章第一编写人报告了编写大纲和内容提要。会上对各章相互关系作了初步协调。为了使《手册》能反映各地的经验，决定在全国范围邀请深基坑工程专家担任各章审阅人，并邀请各地专家参加《手册》工程实例的编写。1997 年 5 月 15 日至 16 日在福州召开第三次编委会，各章第一编写人提交了初稿，并报告了主要内容以及审阅人意见，会上协调了各章内容，并要求各章根据编委会意见再次修改。1997 年 11 月 16 日至 18 日，在杭州浙江大学召开了《手册》统编审稿会，南京水利科学研究院魏汝龙，浙江省建筑设计研究院施祖元，浙江省机械化公司章履远，浙江大学龚晓南、潘秋元、俞建霖，中国建筑工业出版社常燕参加统编审稿会。会上确定对各章重复内容进行删减和合并，对部分章节内容进行补充。会后由龚晓南组织实施并进行统编定稿。

《手册》共分 15 章，分别为总论、设计计算理论与分析方法、放坡开挖基坑工程、悬臂式围护结构、水泥土重力式围护结构、内撑式围护结构、拉锚式围护结构、土钉墙、基坑围护的其他型式、深基坑工程施工、地下连续墙技术、逆作法技术、深基坑工程环境效应与对策、深基坑工程监测和控制、动态设计及信息化施工技术。书后附有索引。

《手册》力求将工程技术人员正在应用的各种基坑工程围护技术、设计计算方法、基坑工程施工技术介绍给读者，供读者在基坑工程设计施工时参考。浙江大学土木工程学系已研制与《手册》内容相应的基坑工程围护结构设计软件。基坑工程十分复杂、影响因素很多。基坑工程设计计算理论尚不成熟，正在发展之中。基坑工程没有统一设计计算方法，正在应用的计算方法很多，较多是经验方法。事实上《手册》编写人员对基坑工程设计计算理论的认识并不是一致的，特别是工程实例所采用的计算方法往往反映个人经验以及地区经验，读者更应注意，不能简单搬用。

《手册》编写过程中曾得到福建建工集团总公司、福建省建筑科学研究院岩土工程研究室、福州市土木建筑学会、中建七局三分公司、福建省建筑高等专科学校基础工程公司、福州市建筑设计院、浙江大学土木工程学系等单位的支持和资助；得到全国各地许多专家的支持和帮助，帮助组织编写工程实例，提供资料，提出宝贵意见；浙江大学土木工程学系徐日庆副教授，博士生赵荣欣、黄明聪、鲁祖统、童小东、周建、黄广龙、谭昌明、张仪萍、陈福全、李大勇，硕士生项可祥、博士后肖专文、韩同春等参加了校稿和编排索引、符号表的工作。对以上为《手册》出版作出贡献的单位和个人，在此一并鸣谢。

　　希望读者对《手册》中的缺点错误能提出批评和指正，具体意见寄 310027，浙江大学土木工程学系　龚晓南。

　　谢谢！

编　者

1998.1.8

第 一 版 序

近年来，随着高层建筑和地下空间利用的发展，我国基坑工程日益增多。基坑工程涉及岩土工程和结构工程，综合性强，影响因素多，其设计计算理论尚不成熟。由于其复杂性，再加上设计、施工不当，各地工程事故时有所闻。在福建建工集团总公司的主持下，由福建、浙江、北京、上海、南京、武汉等地几十位专家编写的《深基坑工程设计施工手册》，总结了各地基坑工程设计施工方面的经验，系统地介绍基坑围护设计基本理论，详细介绍国内常用基坑围护体系的设计计算方法，基坑工程施工技术、基坑工程监测和控制技术，基坑工程环境效应，以及动态设计和信息化施工技术。《手册》还收录了全国各地许多工程实例。本书可供从事基坑工程设计、施工、监测和测试技术人员以及大专院校有关专业师生应用参考。相信该手册的出版能有助于我国基坑工程和施工水平的提高。

正如《手册》编写者指出的基坑工程设计计算理论尚不成熟，正在发展之中。基坑工程没有统一设计计算方法，正在应用的计算方法很多，较多是经验方法。事实上《手册》编写人员对基坑工程设计计算理论认识并不是一致的，特别是工程实例所采用的计算方法往往反映个人经验以及地区经验，因此本书虽可供读者参考，但不能简单搬用。希望读者对《手册》中的不足支出能提出批评建议，以便再版时增补订正。

中国科学院院士 卢肇钧

目　　录

第1章　总　　论

龚晓南

（浙江大学滨海和城市岩土工程研究中心）

1.1　基坑工程发展概况

基坑工程是一个古老而又有时代特点的岩土工程分支。基坑工程包括基坑围护、地下水控制和基坑土石方开挖等，并要求不影响周围的建（构）筑物、道路和地下管线等的安全和正常使用，是确保建（构）筑物地下结构工程正常施工的综合性系统工程。基坑工程主要包括岩土工程勘察、基坑围护结构的设计和施工、地下水控制、基坑土方开挖、基坑工程监测和周围环境保护等。

放坡开挖和简易木桩围护可以追溯到远古时代，人类土木工程活动促进了基坑工程的发展。特别是近年来随着城市化和地下空间利用的不断发展，高层、超高层建筑日益增多，地铁车站、铁路客站、地下停车场、地下商场、地下通道、桥梁基础等各类大型工程不断涌现，推动了基坑工程理论与技术水平的快速发展。围护结构、地下水控制技术、围护结构计算理论、基坑监测技术、信息化施工技术以及环境保护技术等各方面都得到了很大的发展和提高。

围护结构已从早期的放坡开挖，发展至现在的多种支护方式。目前常用的支护形式主要有以下方式：放坡开挖、土钉墙支护和复合土钉墙支护、水泥土重力式支护结构、冻结土支护结构、墙式支护结构、内撑式墙式支护结构、锚拉式墙式支护结构，墙式支护结构又可分为钢筋混凝土排桩式支护结构、钢筋混凝土地下连续墙支护结构、型钢水泥土墙支护结构、钢板墙式支护结构等，还有各种组合型支护结构，如拱式组合型围护结构、双排墙支护结构等。为了适应工程建设的需要，新形式的围护结构发展很快，内撑式墙式支护结构的内撑形式也得到了快速发展。在改革开放初期，我国基坑工程中钢内撑应用较多，后逐步被钢筋混凝土内撑代替，近年来钢内撑又得到了长足发展。在国外基坑工程中主要应用钢内撑，这是由于钢内撑具有可重复使用、工期短、环境友好等优点。

我国幅员广阔，工程地质条件和水文地质条件复杂，各地差异性很大。在沿海地区，大部分基坑位于深厚软土地基中，有的位于填海、填湖、泥塘或沼泽地中，土体含水量高，抗剪强度低，渗透系数小；在中西部地区，分布有湿陷性黄土、膨胀土、冻土等特殊土地基。有的地区地下水位较高，有的则存在高承压水层，这导致地下水控制往往成为基坑工程成败的关键。近年来我国基坑工程界对地下水控制重要性的认识有了较大提高，地下水控制技术在理论分析、设计、施工机械能力和工艺水平等方面都有了长足发展。

在城市化和地下空间工程发展过程中，大量的基坑工程集中在城市繁华市区，周围往往存在有建筑物、地下管线、既有隧道等，环境条件复杂，使得这些基坑工程不仅要保证基坑围护自身的安全，而且要严格控制由基坑开挖引起的周围土体变形，以保证周围建（构）筑物的安全和正常使用。随着对位移要求越来越严格，基坑开挖设计正在从传统的稳定控制设计向变形控制设计方向发展。

基坑工程中不确定性因素较多，人们对坚持信息化施工的认识不断提高。坚持信息化施工可以及时排除隐患，减少工程失效概率，确保工程安全、顺利地进行。坚持信息化施工首先要做好基坑监测工作，目前基坑监测技术已从原来的单一参数人工现场监测，发展为现在的多参数远程监测。在基坑施工过程中，根据监测结果，及时正确评判出当前基坑的安全状况，然后根据分析结果，采取相应的工程措施，指导继续施工。

近年来我国深大基坑不断出现，随着基坑开挖深度和规模的增大，特别是在工程地质条件、水文地质条件、周围环境条件复杂地区，基坑工程的难度大大增加。诚然，基坑工程水平在我国有了不小的提高，但也有不少失败的案例，轻则造成邻近建筑物开裂、倾斜，道路沉陷、开裂，地下管线错位，重则造成邻近建筑物倒塌和人员伤亡，不但延误工期，而且对人民生命和财产造成极大危害，社会影响极坏。对此，必须认真分析失败案例的原因，总结经验教训，提高认识水平。

1.2 基坑围护体系的作用与要求

基坑围护体系要创造基坑工程土方开挖和地下结构工程施工的作业条件，要求基坑围护体系起到"挡土"和使地下结构施工在无水条件下作业的作用。基坑工程土方开挖一般要求"干"作业，这需要将基坑区地下水位降至基坑底以下 0.5～1.0m。在交通和水利工程中，基坑工程土方开挖可能采用水下开挖，通过水下浇筑混凝土底板封底，然后抽排水，创造地下结构"干"作业条件。为了在基坑开挖和地下结构施工过程中，保证基坑相邻建（构）筑物和地下管线的安全及正常使用，要求基坑围护体系能限制周围土体的变形，使其不会对相邻建（构）筑物和地下管线产生危害。

基坑围护体系的要求可以分为下述三个方面：

（1）要保证基坑四周边坡的稳定性，满足使地下结构工程施工有足够空间的要求，也就是说，基坑围护体系要能起到"挡土"的作用，这是土方开挖和地下结构施工的必要条件；

（2）要保证基坑工程施工作业面在地下水位以上进行，基坑围护体系通过降水、止水、排水等措施，对地下水进行合理控制，保证基坑工程地下结构施工作业面在地下水位以上，同时保证基坑工程周围地下水位的变化不会影响基坑四周相邻建（构）筑物和地下管线的安全及正常使用；

（3）要保证基坑四周相邻建（构）筑物和地下管线在基坑工程施工期间不受损害。这要求在围护体系施工、土方开挖及地下室施工过程中控制土体的变形，使基坑周围地面沉降和水平位移控制在容许范围以内。

对基坑工程围护体系三个方面的具体要求，应视工程具体情况确定。一般说来，每一个基坑围护体系都要满足第一和第二方面的要求。第三方面要求视周围建（构）筑物及地下管线的位置、承受变形的能力、重要性及被损害可能发生的后果确定其具体要求。具体问题具体分析，一般应首先分析确定应控制的变形量，然后按变形控制要求决定是按稳定控制设计还是按变形控制设计。

若部分或全部基坑围护体系需要作为地下主体结构的一部分，实行"两墙合一"，则基坑围护结构还应满足作为地下主体结构一部分的要求。基坑围护结构是临时结构，地下主体结构是永久性结构，两者的要求是不一样的。"两墙合一"后，围护结构要按永久性结构的要求进行处理，主要是提高在强度、变形、防渗等方面的要求，以及耐久性要求。

1.3 基坑工程特点

近年来笔者常谈到岩土工程的研究对象"土"的工程特性对岩土工程学科特性有着深远且决定性的影响。基坑工程是典型的岩土工程，在讨论基坑工程的特点之前应首先讨论土的特殊性。土与其他土木工程材料的不同之处在于，土是自然、历史的产物。土体的形成年代、形成环境和形成条件的不同都可能使土体的矿物成分和土体结构产生很大的差异，而土体的矿物成分和结构等因素对土体工程性质有很大的影响。土的特殊性主要表现在下述几个方面：

土是自然、历史的产物，这一特点决定了土体性质不仅区域性强，而且即使在同一场地、同一层土，土体的性质沿深度方向和水平方向也存在差异，有时甚至变化很大。

沉积条件、应力历史和土体性质等对天然地基中的初始应力场的形成均有较大影响，因此地基中的初始应力场分布也很复杂。一般情况下，地基土体中的初始应力随着深度增加不断变大。天然地基中的初始应力场对土的抗剪强度和变形特性有很大影响。地基中的初始应力场分布不仅复杂，而且难以精确测定。

土是一种多相体，一般由固相、液相和气相三相组成。土体中的三相有时很难区分，土中水的存在形态很复杂。以黏性土中的水为例，土中水有自由水、弱结合水、强结合水、结晶水等不同形态。黏性土中这些不同形态的水很难严格区分和定量测定，而且随着条件的变化土中不同形态的水之间可以相互转化。土中固相一般为无机物，但有的还含有有机质。土中有机质的种类、成分和含量对土的工程性质也有较大影响。土的形态各异，有的呈散粒状，有的呈连续固体状，也有的呈流塑状。有干土、饱和状态的土、非饱和状态的土，而且处于不同状态的土因周围环境条件的变化，相互之间还可以发生转化。例如当荷载、渗流、排水条件、温度等环境条件发生变化时，干土、饱和状态的土和非饱和状态的土可以相互转化。

天然地基中的土体具有结构性，其强弱与土的矿物成分、形成历史、应力历史和环境条件等因素有较大关系，造成土体的性状十分复杂。

土体的强度特性、变形特性和渗透特性需要通过试验测定。在进行室内试验时，原状土样的代表性、取样和制样过程中对土样的扰动、室内试验边界条件与现场边界条件的不同等客观因素，会使测定的土性指标与地基中土体的实际性状产生差异，而且这种差异难以定量估计。在原位测试中，现场测点的代表性、埋设测试元件过程中对土体的扰动以及测试方法的可靠性等因素所带来的误差也难以定量估计。

各类土体的应力应变关系都很复杂，而且相互之间差异也很大。同一土体的应力应变关系与土体中的应力水平、边界排水条件、应力路径等都有关系。大部分土的应力应变关系曲线基本上不存在线性弹性阶段。土体的应力应变关系与线弹性体、弹塑性体、黏弹塑性体等都有很大的差距。土体的结构性强弱对土的应力应变关系也有很大影响。

土的上述特性对基坑工程特性有重要影响。下面讨论基坑工程特点,笔者认为主要有下述 8 个方面:

1. 风险性较大

除少数基坑围护结构同时用作地下结构的"二墙合一"围护结构外,基坑围护结构一般是临时结构。临时结构与永久性结构相比,设计标准考虑的安全储备较小,因此基坑工程与一般结构工程相比具有较大的风险性。因此,对基坑工程设计、施工和管理等各个环节应提出更高的要求,一定要重视基坑工程的风险管理。

2. 岩土工程条件区域性强

场地工程地质条件和水文地质条件对基坑工程性状具有极大影响。软黏土、砂性土、黄土等地基中的基坑工程性状差别很大。同样是软黏土地基,天津、上海、杭州、宁波、温州、福州、湛江、昆明等各地软黏土地基的性状也有较大差异。地下水,特别是承压水对基坑工程性状影响很大。笔者曾调查分析武汉、上海、杭州、天津、北京等地的承压水性状,发现区域性差异很大。因此,基坑工程设计、施工一定要因地制宜,重视区域性特点。

3. 环境条件影响大

基坑工程不仅与场地工程地质条件和水文地质条件有关,还与周围环境条件有关。周围环境条件较复杂时〔例如要保护周围的地下建(构)筑物〕,需要较严格控制围护结构体系的变形,此时基坑工程应按变形控制设计。若基坑处在空旷区,围护结构体系的变形不会对周围环境产生不良影响,则基坑工程可按稳定控制设计。基坑工程设计一定要重视对周围环境条件的影响。

几乎每个基坑工程的周围环境条件都有差异,因此应重视对基坑周围环境条件的调查分析,重视周围环境对基坑工程性状的影响。

4. 时空效应强

基坑工程的空间大小和形状对围护体系的工作性状具有较大影响。在其他条件相同的情况下,面积大,风险大;形状变化大,风险大;面积相同时,正方形比圆形风险大。基坑周边凸角处比凹角处风险大。基坑土方的开挖顺序对基坑围护体系的工作性状也有较大影响。这些经验表明,基坑工程的空间效应很强。

另外,土具有蠕变性,随着土体蠕变的发展,土体的变形增大,抗剪强度降低,因此基坑工程具有时间效应。在基坑围护结构设计和土方开挖中要重视和利用基坑工程的时空效应。

5. 设计计算理论不完善,应重视概念设计理念

作用在围护结构上的主要荷载是土水压力。其中,土压力大小与土的抗剪强度、围护结构的位移、作用时间等因素有关,其精确计算很复杂。另外,土水压力计算是采用土水合算还是土水分算也很复杂。基坑围护体系是一个很复杂的体系,其设计计算理论虽然在不断发展与进步,但还不完善。作用在围护结构上的荷载需要设计人员认真分析、合理选用。为此,基坑围护结构设计中应重视地区经验,采用概念设计的理念进行设计。

6. 学科综合性强

基坑工程涉及岩土工程和结构工程两个学科,要求基坑工程设计和施工人员较好掌握岩土工程和结构工程知识。人们常说岩土工程主要有稳定、变形和渗流三个基本课题。基坑工程涉及岩土工程中的稳定、变形和渗流三个基本课题。可以说，基坑工程是最典型的岩土工程之一。

7. 系统性强

基坑围护体系设计、围护体系施工、土方开挖、地下结构施工是一个系统工程。围护体系设计应考虑施工条件的许可性，尽量利于施工。围护体系设计应对基坑工程施工组织提出要求，对基坑工程监测和基坑围护体系变形允许值提出要求。基坑工程需要加强监测，实行信息化施工。

8. 环境效应强

基坑围护体系的变形和地下水位变化都可能对基坑周围的道路、地下管线和建筑物产生不良影响，严重的可能导致破坏。然而，对基坑围护体系变形和地下水位变化大小的预估和控制是比较困难的，特别是在深厚软土地区。基坑工程的环境效应强，其设计和施工一定要重视环境效应。通过精心设计、认真监测，实行信息化施工，合理控制围护体系的变形和地下水位变化，必要时还需采取工程保护措施，减少基坑工程施工对周围环境的影响。

不断加深对基坑工程特点的认识、增强风险意识十分重要。通过分析基坑工程事故，人们不难发现：绝大多数基坑工程事故都与设计、施工和管理人员对上述基坑工程特点缺乏深刻认识、未能采取有效措施有关。

1.4 基坑围护结构及适用范围

基坑围护体系一般包括两部分：挡土体系和地下水控制体系。基坑围护结构一般要承受土压力和水压力，起到挡土和挡水的作用。一般情况下围护结构和止水帷幕共同形成地下水控制体系，但尚有其他两种情况：一种是止水帷幕自成地下水控制体系，另一种是围护结构本身也起止水帷幕作用，可形成地下水控制体系，如水泥土重力式挡墙和地下连续墙等。本节主要介绍围护结构及适用范围，围护结构主要可以分为下述几类：

1. 放坡开挖及简易支护

放坡开挖及简易支护类主要有：

（1）放坡开挖；

（2）放坡开挖为主，坡脚辅以短桩、隔板及其他简易支护；

（3）放坡开挖为主，辅以喷锚网加固支护等。

2. 加固边坡土体形成自立式围护结构

加固边坡土体形成自立式围护结构主要有以下几种：

（1）水泥土重力式围护结构；

（2）加筋水泥土重力式围护结构；

（3）土钉墙围护；

（4）复合土钉墙围护；

（5）冻结法围护等。

3. 挡墙式围护结构

挡墙式围护结构主要可分为：

（1）悬臂式挡墙式围护结构；

（2）内撑式挡墙式围护结构；

（3）拉锚式挡墙式围护结构；

（4）内撑与拉锚相结合挡墙式围护结构等形式。

挡墙式围护结构中常用挡墙有：

（1）钢筋混凝土排桩式挡墙；

（2）钢筋混凝土地下连续墙；

（3）型钢水泥土地下连续墙；

（4）钢板墙等。

4. 其他形式围护结构

其他形式围护结构主要有：

（1）门架式围护结构；

（2）重力式门架围护结构；

（3）拱式组合型围护结构；

（4）沉井围护结构等。

围护结构分类及适用范围简要如表 1.4-1 所示。

常用基坑围护形式分类及适用范围

表 1.4-1

类 别	围护形式	适 用 范 围	备 注
放坡开挖及简易支护	放坡开挖	地基土质较好，地下水位低或采取降水措施，以及施工现场有足够放坡场所的工程。允许开挖深度取决于地基土的抗剪强度和放坡坡度	费用较低，条件许可时采用
	放坡开挖为主，辅以坡脚采用短桩、隔板及其他简易支护	基本同放坡开挖。坡脚采用短桩、隔板及其他简易支护，可减小放坡占用场地面积，或提高边坡稳定性	
	放坡开挖为主，辅以喷锚网加固	基本同放坡开挖。喷锚网主要用于提高边坡表层土体稳定性	
加固边坡土体形成自立式围护	水泥土重力式围护结构	可采用深层搅拌法施工，也可采用旋喷法施工。适用土层取决于施工方法。软黏土地基中一般用于支护深度小于6m的基坑	可布置成格栅状，围护结构宽度较大，变形较大
	加筋水泥土墙围护结构	基本同水泥土重力式围护结构，一般用于软黏土地基中深度小于6m的基坑	常用型钢、预制钢筋混凝土 T 形桩等加筋材料。采用型钢加筋需考虑回收
	土钉墙围护结构	一般适用于地下水位以上或降水后的基坑边坡加固。土钉墙支护临界高度主要与地基土体的抗剪强度有关。软黏土地基中应控制使用，一般可用于深度小于 5m 且允许产生较大变形的基坑	可与锚、撑式排桩墙支护联合使用，用于浅层围护
	复合土钉墙围护结构	基本同土钉墙围护结构	复合土钉墙形式很多，应具体情况，具体分析
	冻结法围护结构	可用于各类地基	应考虑冻融过程对周围的影响，全过程中电源不能中断，以及工程费用等问题

续表

类　别	围护形式	适 用 范 围	备　注
挡墙式围护结构	悬臂式排桩墙围护结构	基坑深度较浅,而且可允许产生较大的变形的基坑。软黏土地基中一般用于深度小于6m的基坑	常辅以水泥土止水帷幕
	排桩墙加内撑式围护结构	适用范围广,可适用各种土层和基坑深度。软黏土地基中一般用于深度大于6m的基坑	常辅以水泥土止水帷幕
	地下连续墙加内撑式围护结构	适用范围广,可适用各种土层和基坑深度。一般用于深度大于10m的基坑	
	加筋水泥土墙加内撑式围护结构	适用土层取决于形成水泥土施工方法。SMW工法三轴深层搅拌机械不仅适用于黏性土层,也能用于砂性土层的搅拌;TRD工法则适用于各种土层,且形成的水泥土连续墙水泥土强度沿深度均匀,水泥土连续墙连续性好,加固深度可达60m	采用型钢加筋需考虑回收 TRD工法形成的水泥土连续墙连续性好,止水效果好
	排桩墙加锚拉式围护结构	砂性土地基和硬黏土地基可提供较大的锚固力。常用于可提供较大的锚固力地基中的基坑。基坑面积大,优越性显著;浆囊式锚杆可用于软黏土地基	尽量采用可拆式锚杆
	地下连续墙加锚拉式围护结构	常用于可提供较大的锚固力地基中的基坑。基坑面积大,优越性显著	
其他形式围护结构	门架式围护结构	常用于开挖深度已超过悬臂式围护结构的合理围护深度,但深度也不是很大的情况。一般用于软黏土地基中深度为7～8m且允许产生较大变形的基坑	
	重力式门架围护结构	基本同门架式围护结构	对门架内土体采用深层搅拌法加固
	拱式组合型围护结构	一般用于软黏土地基中深度小于6m且允许产生较大变形的基坑	辅以内支撑可增加支护高度、减小变形
	沉井围护结构	软土地基中面积较小且呈圆形或矩形等较规则的基坑	

1.5　基坑工程地下水控制

　　笔者曾多次指出,基坑工程地下水控制和基坑工程环境影响控制是基坑工程的两个关键技术难题,要给予充分重视。当基坑工程影响范围内存在承压水层,或地基土体渗透性好且地下水位高的情况下,地下水控制往往是基坑围护设计中的主要矛盾。对已有基坑工程事故原因的调查分析表明,由于未处理好地下水的控制问题而造成的工程事故在基坑工程事故中占有很大比例。

　　在进行地下水控制体系设计之前应详细掌握工程地质和水文地质条件,掌握地基中各层土体的渗透性、地下水分布情况,若有承压水层应掌握其水位、流量和补给情况。通过对土层成因、地貌单元的调查,掌握地基中地下水分布特性。详细掌握工程地质和水文地质条件是合理进行基坑工程地下水控制的基础。

控制地下水主要有两种思路：止水和降水。有时也可以采用止水和降水相结合的方式。在控制地下水时采用止水还是降水需要综合分析，有条件降水的就尽量不用止水，一定要采用止水措施时要尽量降低基坑内外的水头差。形成完全不透水的止水帷幕的施工成本较高，而且较难做到。特别当止水帷幕两侧水位差较大时，止水帷幕的止水效果往往难以保证。坑内外高水头差可能造成止水帷幕局部渗水、漏水，处理不当往往会酿成大事故。止水帷幕两侧保持较低的水头差，既可减小渗水、漏水发生的可能性，也有利于在发生局部渗水、漏水现象后进行堵漏补救。当基坑深度在18m以上，地下水又比较丰富时，可通过坑外降水措施使基坑内外的水头差尽量降低，这点十分重要。

基坑止水帷幕外侧降水既有有利的一面也有不利的一面，有利的是可以有效减小作用在围护体系上的水压力和土压力，不利的是水位下降会引起地面沉降，产生不良环境效应。因此，在降水设计时需要合理评估地下水位下降对周围环境的影响。场地条件不同，降水引起的地面沉降量可能有较大的差别。在新填方区降水可能引起较大的地面沉降量，而在老城区降水引起的地面沉降量就要小得多。特别是当降水深度在历史上大旱之年枯水位以上时，降水引起的地面沉降量较小。当基坑外降水可能产生不良环境效应时，也可通过回灌以减小对周围环境的影响。

当基坑较深时，经常会遇到承压水，使地下水控制问题更加复杂。控制承压水有两种思路：止水帷幕隔断和抽水降压。具体采用止水帷幕隔断还是抽水降压需要综合分析确定。在分析中应综合考虑承压水层的特性，如土层特性、承压水头、水量及补给情况，还应考虑承压水层上覆不透水土层的厚度及特性，分析止水帷幕隔断的可能性和抽水降压可能产生的环境效应。

另外，基坑周围地下水管的漏水也会酿成工程事故。为了避免该类事故发生，需要详细了解地下管线分布，认真分析基坑变形对地下管线的影响，以及做好监测工作。

在冻土地区，要充分重视冻融对边坡稳定的影响。冻前挖土形成的稳定边坡，在冻土期表现稳定，而在冻融后发生失稳，此类事故已见多处报道，应予重视。

总之，要重视基坑工程中地下水控制，尽量减少由于未处理好土中水的问题而造成的工程事故。

1.6　基坑围护体系设计

1.6.1　设计前的准备工作

围护体系设计前设计人员应掌握下列资料：

（1）建筑物设计图，包括总图、基础平面和剖面图、地下工程的平面图和剖面图等；

（2）工程用地红线图和基坑周边环境状况的资料，包括周围道路、各类地下管道、建筑物、地铁、人防及其他市政设施的平面位置、埋深、基础类型及结构图等；

（3）基坑工程场地工程地质和水文地质资料；

（4）土建设计和施工对基坑围护结构的要求；

（5）若周围有工程施工，应提供基础及地下室施工情况。

应该指出，基坑工程对工程勘察的要求与建筑设计对工程勘察的要求并不完全相同。

建筑物地基基础设计主要考虑地基承载力和建筑物沉降，而基坑工程设计要求围护体系能起到挡土止水作用。围护结构保持稳定，并能控制土体变形发展；止水体系不漏水从而保证地下工程可以干作业。基坑工程的工程勘察应能满足上述设计内容对工程地质和水文地质资料的要求。现行的基坑工程规范对岩土工程勘察有比较详细的规定。基坑工程勘察的范围应包括围护结构可能设置的区域、对围护结构可能产生作用的土体范围、基坑周围可能受基坑开挖影响而需要保护的建（构）筑物所在区域，以及与基坑降水或隔渗有关的土层。应重点查明开挖深度以下一定范围（不小于 2 倍开挖深度）内的地基土层分布情况及各土层的物理力学性质。勘察内容分工程地质勘察和水文地质勘察两个方面。若有暗浜、溶洞、古井、地下障碍物，应查明其分布及对基坑工程的影响。水文地质勘察应查明地下水类型、埋藏条件、施工过程中地下水条件变化对基坑工程和相邻建筑物等的影响，并对流土、管涌、突涌等发生的可能性做出预估。

1.6.2 基坑围护体系设计原则

基坑围护体系设计要坚持安全、经济、环境友好、方便施工的原则。

影响基坑性状的因素很多，主要有场地的工程地质和水文地质条件，周边环境条件，基坑的开挖深度、平面形状和面积大小等影响因素。基坑围护设计一定要学会抓住主要矛盾。例如，要认真分析基坑围护的主要矛盾是围护体系的稳定问题，还是需要控制围护体系的变形问题？基坑围护体系产生稳定和变形问题的主要原因是土压力问题，还是地下水控制问题？以杭州城区为例，工程地质分区主要有两类：一类是深厚软黏土地基，另一类是砂性土地基。两类地基中的地下水位都很高，但由于土的渗透系数相差很大，土中水的性状截然不同。深厚软黏土地基中的基坑围护体系主要要解决土压力引起的稳定和变形问题，该条件下的基坑工程事故往往是工程技术人员对作用在挡墙上的土压力估计不足造成的；而砂性土（粉性土）地基中的基坑围护体系主要要解决地下水控制问题，此时基坑工程事故往往是工程技术人员未能有效控制地下水造成的。

在设计基坑工程围护体系时，要重视由于围护体系失败或土方开挖产生的周边地基变形对周围环境和工程施工造成的影响。当场地开阔、周边没有建（构）筑物和市政设施时，基坑围护体系的主要要求是自身的稳定性，此时可以允许围护结构及周边地基发生较大的变形。在这种情况下，可按围护体系的稳定性要求进行设计。当基坑周边有建（构）筑物和市政设施时，应评估其重要性，分析其对地基变形的适应能力，并提出基坑围护结构变形和地面沉降的允许值。在这种情况下，围护体系设计不仅要满足稳定性要求，还要满足变形控制要求。围护体系往往按变形控制要求进行设计。

按稳定控制设计只要求基坑围护体系满足稳定性要求，允许产生较大的变形；而按变形控制设计不仅要求围护体系满足稳定性要求，还要求围护体系变形小于某一控制值。由于作用在围护结构上的土压力值与位移有关，在按稳定控制设计或按变形控制设计时，作为荷载的土压力设计取值是不同的。在选用基坑围护形式时应明确是按稳定控制设计，还是按变形控制设计。当可以按稳定控制设计时，采用按变形控制设计的方案会增加较多的工程投资，造成浪费；当需要按变形控制设计时，采用按稳定控制设计的方案则可能对环境造成不良影响，甚至酿成事故。

基坑围护体系按变形控制设计时，基坑围护变形控制量不是愈小愈好，也不宜统一规定。设计人员应以基坑变形对周围市政道路、地下管线、建（构）筑物不会产生不良影响，不会影响其正常使用为标准，由设计人员合理确定变形控制量。

根据基坑周边环境条件，首先要确定采用按稳定控制设计，还是按变形控制设计。该设计理念至今尚未引起充分重视，或者说尚未提到理论的高度。现有的规程规范、手册，以及设计软件均未能从理论高度给予区分，多数有经验的设计师是通过综合判断调整设计标准来区分的。笔者认为我国已有条件推广根据基坑周边环境条件采用按稳定控制设计还是按变形控制设计的设计理念，从而进一步提高我国的基坑围护设计水平。

基坑围护体系设计应进行优化设计。基坑围护体系优化设计主要分两个层面：一是通过多方案比较分析，选用合理的基坑围护结构类型；二是确定合理的围护结构类型后，对具体的结构体系进行优化。

1.6.3　基坑围护体系设计内容

基坑围护体系设计一般包括下述内容：

（1）根据场地工程地质和水文地质条件，工程用地红线图和基坑周围环境状况，地下结构施工图等资料，对技术可行的基坑围护方案进行比选，选用合理的基坑围护方案，包括围护结构形式和地下水控制体系；

（2）围护结构强度和变形设计计算；

（3）地下水控制体系的设计计算；

（4）基坑围护体系的稳定和变形计算；

（5）基坑工程施工环境效应的评估；

（6）基坑挖土施工组织要求；

（7）基坑工程监测要求，并提出相关的报警值；

（8）应急措施的要求。

基坑工程围护设计文件一般应包括下述内容：

（1）设计依据；

（2）工程概况和周围环境条件分析；

（3）工程地质条件和水文地质条件分析；

（4）基坑围护方案比选，确定基坑围护形式；

（5）围护体系设计计算，一般包括：设计参数的选用说明、计算方法说明，计算结果并附图；

（6）基坑围护体系设计图纸，一般包括：基坑总平面图（包含周边环境条件）、典型地质剖面图（可引自勘察文件）、围护结构和地下水控制施工详图；监测方案图；

（7）基坑工程施工要求，一般包括：围护结构和止水帷幕施工要求、基坑降水要求、基坑挖土施工组织要求；

（8）监测内容和要求，并提出相关报警值；

（9）应急措施。

1.6.4　有关基坑围护体系设计的讨论

前面已经分析过，岩土工程的研究对象"土"，其工程特性决定了岩土工程设计应具有概念设计的特点。从上文对基坑工程特性的分析可以看出，基坑工程围护体系很复杂，不确定因素很多。土压力的合理选用，计算模型的选择，计算参数的确定等都需要岩土工程师综合判断，因此基坑围护体系设计的概念设计特性更为明显。太沙基做出"岩土工程与其说是一门科学，不如说是一门艺术（Geotechnology is an art rather than a science）"的论述对基坑工程更为适用。岩土工程分析在很大程度上取决于工程师的判断，具有很强的艺术性。这些原则对指导基坑围护体系设计更为重要。

基坑围护体系设计要求详细了解场地工程地质和水文地质条件，了解土层形成年代和成因，掌握土的工程性质；详细掌握基坑周围环境条件，包括道路、地下管线分布、周围建筑物以及基础情况；待建建筑物地下室结构和基础情况。根据上述情况，结合工程经验，进行综合分析，确定是按稳定控制设计还是按变形控制设计。根据综合分析，合理选用基坑围护形式，确定地下水控制方法。在设计计算分析中合理选用土压力值，强调定性分析和定量分析相结合，抓住主要矛盾。在计算分析的基础上进行工程判断，在工程判断时强调综合判断，在此基础上完成基坑围护体系设计。

在基坑围护结构设计中，土压力值的合理选用是首先要解决的关键问题。影响土压力值合理选用的因素主要有下述几个方面：

在设计基坑围护结构时，人们通常采用库仑土压力理论或朗肯土压力理论计算土压力值。根据库仑或朗肯土压力理论计算得到的主动土压力值和被动土压力值都是指挡墙达到一定位移值时的土压力值。实际工程中挡墙往往达不到理论计算要求的位移值。当位移偏小时，计算得到的主动土压力值比实际发生的土压力值要小，而计算得到的被动土压力值比实际发生的土压力值要大。挡墙实际位移值对作用在挡墙上的土压力值的影响应予以重视。

库仑土压力理论和朗肯土压力理论的建立都先于有效应力原理。在太沙基提出有效应力原理之后，关于在土压力计算中采用水土分算和水土合算的合理性问题才开始讨论，到目前为止该问题在理论上已有很多讨论分析。目前在设计计算中，土压力计算通常采用下述原则：对黏性土采用水土合算，对砂性土采用水土分算。然而，实际工程中遇到的土层是比较复杂的，考虑到采用水土分算与采用水土合算的计算结果是不一样的，因此在复杂土层中如何合理选用计算值，这也是应该重视的问题。

不论是采用库仑土压力理论还是朗肯土压力理论，都需要应用土的抗剪强度指标，而土的抗剪强度指标值与采用的土工试验测定方法有关。如何合理选用土的抗剪强度指标值，这是土压力计算中又一个重要的问题。

基坑工程中影响土压力值的因素还有很多，如土的蠕变、基坑降水引起地下水位的变化、基坑工程的空间效应等。有的影响因素是不利的，有的影响因素是有利的，这些都需要设计人员合理把握。

从土压力的影响因素之多、之复杂，可见合理选用土压力值的难度和重要性。任何"本本"都很难对土压力值的合理选用做出具体的规定，在基坑围护结构设计中土压力值能否合理选用很大程度取决于该地区工程经验的积累，取决于设计工程师的综合判断能力。

如何应用基坑围护设计软件？如何评价基坑围护设计软件的作用？这也是一个重要的问题。笔者曾在一论文中指出：基坑围护设计离开设计软件不行，但只依靠设计软件进行设计也不行。前半句的意思是计算机在土木工程中的应用发展到今天，总应该采用电算取代繁琐的手工计算。在这里笔者要强调的是后半句，只依靠设计软件进行设计也不行。

目前基坑围护设计商业软件很多，读者会发现采用不同的软件进行计算，得到的计算结果往往不同。某大学一位教授曾对同一基坑工程采用 7 个设计软件进行设计，发现相互差别很大，有的弯矩差一倍以上。这也说明不能只依靠设计软件进行设计。基坑工程的区域性、个性很强，时空效应强，鉴于此编制基坑围护设计软件都要作些简化和假设，不可能反映各种情况。影响基坑工程的稳定性和变形的因素很多、很复杂，设计软件也难以全面反映。而目前大部分设计软件是按稳定控制设计编制的，当需要按变形控制设计时，采用按稳定控制设计编制的软件进行设计可能出现许多不确定因素。

在岩土工程分析中要重视工程经验，并重视各种分析方法的适用条件。岩土工程的许多分析方法都是来自工程经验的积累和案例分析，而不是来自精确的理论推导。因此，具体问题具体分析在基坑工程中更为重要。在应用计算机软件进行设计计算分析时，应结合工程师的综合判断，只有这样才能搞好基坑围护设计。

基坑工程设计管理也很重要。基坑围护设计管理主要包括建立和完善审查制度和招投标制度。审查制度包括设计资格审查制度和设计图审查制度。各地应结合本地具体情况建立基坑围护设计图专项审查和管理制度。设计图审查专家组应由从事设计、施工、教学科研以及管理工作的专家组成。实行基坑工程设计招投标制度可引进竞争制度，促进技术进步，优化设计方案，从而使社会效益和经济效益最大化。

1.7 基坑工程施工要点

1.7.1 基坑工程施工内容

基坑工程施工包括基坑围护体系施工、降排水和土方开挖等内容。若采用内撑式围护结构体系，还应包括支撑拆除等；若采用逆作法施工，土方开挖应与地下结构施工相互配合。采用不同的基坑围护体系，相应的基坑工程施工内容会有较大的区别。

1.7.2 基坑工程施工前准备工作

1. 需要掌握相关技术资料

（1）基坑围护体系设计计算文件，内容已在 1.6.3 节详细介绍。另外还有建筑物地下结构和基础工程部分的设计图纸等；

（2）工程用地红线图和基坑周边环境状况的资料，包括周围道路、各类地下管道、建筑物、地铁、人防及其他市政设施的平面位置、埋深、基础类型及结构图等；

（3）基坑工程场地工程地质和水文地质资料。

2. 完成施工组织设计

在研究分析上述基坑工程施工技术资料的基础上，根据设计和工程进度要求，以及施工条件，完成施工组织设计；

在施工组织设计中，明确工程目标，分析实施关键点及技术难点，提出解决思路；根据设计要求及工程目标，编排施工流程，合理安排总工期及分项进度要求；

分别统计各分项工程所需劳动力、施工机械以及材料供应量，汇总后编制各阶段组织实施安排，以及相应的配套用水、用电、施工作业面安排；

汇总各阶段使用要求，形成合理的、必要时分阶段的施工现场临房、堆场、施工道路平面布置、大型垂直运输施工机械、临时给排水、强弱电平面布置图；

编制各专项工程实施技术要求以及详细施工方案，专项方案主要包括测量定位、围护结构、止水帷幕、支撑、坑内加固、基坑降水、土方开挖、支撑拆除、大型垂直运输设备使用、基坑监测、季节性施工专项措施等；

施工组织设计应包括环境保护技术方案，技术、质量、安全、文明施工保证措施，基坑工程施工应急预案。

施工组织设计应按有关规定组织审查、审定，然后付与实施。

1.7.3 基坑围护结构体系施工要点

施工前应熟悉围护体系图纸、周边环境，分析各种不利工况，掌握开挖及支护设置的方式、形式及周围环境保护的要求。

重视施工参数与地层条件的匹配，根据土层特点选取合适的施工机械和施工工艺，必要时配以合理辅助措施，确保施工质量满足设计要求。

重视施工对周边环境影响，许多围护结构施工本身对周边环境的影响很大，如在深厚软黏土地基中地下连续墙成槽时引起两侧土体变形，有时变形甚至超过基坑开挖造成的影响。因此基坑围护结构施工时应针对各种工艺特点，严格控制施工参数，防止出现"未挖先报警"现象。有时需采取辅助措施，如在深厚软黏土地基中的地下连续墙成槽前，两侧土体可先采用深层搅拌法或高压喷射注浆法进行加固。

基坑围护结构体系施工要重视多种施工内容之间的合理连接，在时间、空间上合理安排，重视连贯性与整体性。工程经验表明，施工参数合理、现场条件合适、施工连贯、一气呵成的围护体系往往施工质量稳定，缺陷和问题较少。

及时检验与控制施工质量。施工阶段及时检验施工质量有利于及时发现问题并补救，调整后期施工参数，加强监控措施，防止整个围护体系质量出现问题。施工过程的质量控制很重要。

1.7.4 降、排水施工要点

施工前应熟悉降、排水施工图纸及周边环境，分析各种不利工况，根据土层特点选取合适的降、排水施工机械和施工工艺，确保降、排水满足设计要求。

降、排水施工会引起地下水位改变，地下水位变化会造成地面沉降。地面沉降，特别是不均匀沉降将会对周边建筑物、地下管线等造成不良影响。降、排水施工过程中，若施工工艺不当，抽出水中夹有泥砂，会引起周边土层土体流失，使周边地面发生沉降，特别是不均匀沉降更加严重。一定要重视基坑工程施工过程中地下水位变化对周边环境的影响，必要时可采取辅助措施，如在坑内降水的同时，在坑外回灌水以维持坑外地下水位保持不变。

基坑工程施工过程中需要持续降、排水施工，因此要保证连续供电，并有应急预案，如自备发电设备等。

1.7.5 土方开挖要点

基坑开挖前，应根据基坑支护设计方案、降排水方案、场地条件等资料，编制基坑开挖专项施工方案，其主要内容应包括工程概况、地质勘探资料、施工平面及场内交通组织、挖土机械选型、挖土工况、挖土方法、排水措施、季节性施工措施、支护变形控制和环境保护措施、监测方案、应急预案等，专项施工方案应按照规定履行审批手续。

基坑土方开挖可分为无支护结构基坑开挖、有支护结构基坑开挖和基坑暗挖。基坑开挖应综合考虑基坑平面尺寸、开挖深度、工程地质与水文地质条件、环境保护要求、支护结构、施工方法、气候条件等因素。

基坑开挖宜按照"分层、分块、对称、平衡、限时"的原则确定开挖的方法和顺序，挖土机械的通道布置、挖土顺序、土方驳运、建材堆放等都应避免引起对围护结构、工程桩、支撑立柱、降水管井、坑内监测设施和周围环境等的不利影响。

基坑开挖前，基坑支护结构的强度和龄期应达到设计的要求，且降水及坑内加固应达到要求。

无内支撑基坑的坡顶或坑边不宜堆载，有内支撑基坑的坡顶应按照设计要求控制堆载。

当挖土设备、土方运输车辆等直接入坑进行施工作业时，应采取必要的措施保证坡道的稳定，其入坑坡道宜按照不大于1∶8的要求设置，坡道的宽度应保证车辆正常行驶。

施工栈桥应根据基坑形状、支撑形式、周边场地及环境、施工方法等情况进行设置。

施工过程中应按照设计要求对施工栈桥的荷载进行严格控制。

采用混凝土支撑体系或以水平结构作为支撑体系的，应待混凝土达到设计强度后，才能开始下层土方的开挖。采用钢支撑的，应在施加预应力并符合设计要求后方可进行下层土方的开挖。

基坑开挖应符合下列要求：

（1）基坑开挖应根据设计，采用分层开挖或台阶式开挖的形式，分层厚度应根据土层工程性质确定，一般不宜大于3m。分层的坡度应根据土质和降水情况确定，一般不宜大于1∶1.5。施工工况应与设计工况保持一致，严禁超挖。施工工况如需变革，必须经过设计批准。不少工程事故，土方超挖是主要原因。

（2）基坑开挖应坚持实行信息化施工，遵循"边监测，边施工"的原则，根据基坑工程监测情况随时调整开挖速度、开挖土层厚度、开挖顺序，实行动态管理。

（3）若挖土区域存在较厚的杂填土、暗浜、暗塘等不良土质，应采取针对性的处理措施。若开挖地层的工程地质和水文地质条件与勘察报告反映的情况不一致时，应及时通知设计人员，并采取措施补救。

（4）土方开挖过程中要通过观察外观，检验开挖面围护体的质量以及围护结构和坑底的渗漏水情况。若发现异常情况，应及时分析研究处理，采取相应措施。

（5）机械挖土宜挖至坑底以上200～300mm，余下土方应采用人工修底。机械挖土过程中应通过控制分层厚度、坑底及桩侧留土等措施，防止桩基产生水平位移。基坑开挖至设计标高，并经验槽合格后，应及时进行垫层施工。工程桩桩顶处理可在垫层浇筑完毕后进行。

（6）坑中坑，如电梯井、集水井等局部深坑的开挖，应根据设计要求、地基加固、土质条件等因素确定开挖顺序和方法。

1.8　基坑工程监测

1.8.1　监测工作的重要性

通过监测随时掌握基坑工程性状，实现信息化施工。基坑工程监测是基坑工程信息化施工的重要组成部分。通过监测及时掌握施工中围护结构的应力和变形、周围土体的位移、地下水位的变化以及周围环境的变化情况，并根据现场实际情况，科学、合理地调整施工计划，实现信息化施工；通过监测及时发现基坑工程施工过程中可能发生的各种工程事故的前兆，这有利于及时采取措施消除隐患，确保基坑工程安全；通过监测随时掌握基坑工程施工对周围环境的影响，为控制不良影响的发展、及时采取对策提供了可能。这是确保在基坑施工过程中邻近建（构）筑物、地下管线的安全的前提。

基坑工程监测非常重要，需要认真制定合理的监测方案，包括：监测项目及精度要求、监测数量及布置、监测频率、监测预警值等。

通过基坑工程监测工作，获得大量监测数据，利于积累工程经验，为以后的基坑工程设计和施工提供参考，利于促进基坑工程理论和技术的发展和水平的提高。

1.8.2 监测方案的制定原则

监测方案包括监测项目的选用、监测点的布置、监测时间和频率、监测量报警值等内容。监测方案应满足信息化施工、安全和环境保护的要求。

基坑工程采用的监测项目主要有：

（1）围护墙（边坡）顶水平位移；

（2）围护墙（边坡）顶垂直位移；

（3）围护墙或土体深层侧向位移（测斜）；

（4）围护结构、支撑、立柱、冠梁、围檩等构件内力；

（5）坑外地下水位；

（6）坑内地下水位；

（7）立柱垂直位移；

（8）锚杆或土钉拉力；

（9）坑底土体隆起；

（10）围护墙侧向土压力；

（11）地表垂直位移；

（12）邻近建（构）筑物垂直位移；

（13）邻近建（构）筑物水平位移；

（14）邻近建（构）筑物倾斜；

（15）市政管线的监测；

（16）其他需要的监测项目。

上述基坑工程监测项目一部分用于对基坑围护体系本身的监测，一部分用于对周边环境的监测。有的监测项目是为了分析基坑围护体系自身性状而设置的，有的监测项目是为了分析基坑工程环境效应而设置的，也有一些监测项目的设置既是为了分析基坑围护体系自身性状，也为了分析基坑工程环境效应。基坑工程监测项目应根据场地工程地质和水文地质条件、基坑围护体系形式、周围环境条件等情况合理选用，满足保证基坑围护体系自身安全和合理控制基坑工程环境效应的需要。对每一具体工程，都应具体情况具体分析，合理选用，并不是越多越好。

监测点的布置应根据需要，选择有代表性的位置进行布置。监测点的数量和位置应有利于较全面地获取基坑工程性状的信息，为工程判断提供足够的依据。监测点的数量和位置一般由设计人员提出，监测单位也应提出补充意见。监测点位置还应考虑便于量测，在施工过程中便于保护，不易损坏。监测时间和频率一般由设计人员根据需要提出初步意见，监测单位在监测过程中如遇异常情况应及时调整监测时间和频率。

设计人员应根据具体基坑的实际情况，特别是周围环境条件，通过计算分析和经验提出监测量报警值。基坑工程技术标准应明确要求在基坑工程设计文件中应提出监测量报警值，但不应规定具体的监测量报警值。监测量达到报警值后，应及时分析研究，确定是否继续施工，还是采取措施后再继续施工。若继续施工应提出新的监测量报警值。

岩土工程监测技术发展很快，应尽量采用新技术进行监测。

1.9 基坑工程环境效应及对策

基坑工程施工对环境产生的不良影响可能发生在基坑工程施工的三个阶段，一是基坑围护结构施工阶段，二是基坑土方开挖阶段，三是基坑土方开挖结束并完成坑底底板浇筑后。基坑工程施工对环境产生的不良影响主要发生在基坑土方开挖阶段，但绝不能轻视一、三两个阶段可能产生的不良影响，特别是对处于深厚软土地基中的基坑而言。

围护桩施工、地下连续墙施工、高压旋喷桩施工、深层搅拌桩施工、注浆法施工等都会对周边环境产生不良影响，有的在施工过程中会对周围土体产生挤压引起地面隆起，有的在施工过程中会对周围土体产生减压造成地面沉降。深厚软黏土地基中距离既有建筑物近的基坑，要特别重视基坑围护结构施工阶段对环境产生的不良影响。某一案例表明，地下连续墙施工阶段引起的邻近既有建筑物的沉降远比土方开挖阶段引起的沉降要大

基坑土方开挖阶段对周边环境产生不良影响的原因主要来自下述几个方面：一是降排水引起地下水位改变造成地面沉降；二是挖土卸载引起坑侧土体向坑内方向位移；三是挖土卸载造成坑底土体向上位移，并引起坑侧深层土体向坑内方向位移。为减小基坑工程施工过程中降排水对环境产生的不良影响，应合理控制地下水位变化，具体可采用止水帷幕使坑外地下水位不会产生过大变化，必要时在坑外采用回灌措施合理控制地下水位，可减小基坑工程施工过程中降排水对环境产生的不良影响。通过选用合理的基坑围护结构体系可有效控制由挖土卸载引起的坑侧土体向坑内方向的位移，其中内撑式墙式围护结构体系对减小挖土卸载对环境产生的不良影响的效果较好。合理控制围护墙和支撑体系的刚度、围护墙的插入深度等措施，设计人员能有效减少挖土卸载对对基坑周边环境产生的不良影响。若基坑底部土层为软弱土，则加固坑底土体对减小挖土卸载对环境产生的不良影响也有较好的效果。

下面讨论基坑工程环境效应的主要对策，即减小基坑工程施工对环境产生的不良影响的有效措施。

为了有效减小基坑工程施工对环境的不良影响，精心设计是最重要的。首先根据场地工程地质和水文地质条件，基坑形状、深度和面积大小，周边环境，选择合理的基坑围护方案，并决定采用按变形控制设计还是按稳定控制设计。

基坑工程应实行"边观察、边施工"的原则，进行信息化施工。在基坑土方开挖中运用基坑时空原理，分层、分块，均匀、对称开挖，能有效减小基坑土方开挖对环境的不良影响。采用内支撑方案时，尽量减少基坑无支撑的暴露时间，严禁超挖，基坑见底应及时浇筑垫层和底板，减少基坑变形量。

在编写基坑工程施工组织设计时，要重视地下水控制方案的合理性、可行性的分析，选择适宜的降水工艺和隔水措施。在基坑工程施工过程中，杜绝渗、漏水现象，有效、合理地控制地下水。

加强基坑工程监测工作，制定完整的基坑监测方案，委托第三方进行监测，及时通报监测数据，根据监测数据分析调整施工参数，实行信息化施工。

基坑工程施工对环境的不良影响只能减小，不可能完全消除。经认真研究认为有必要时，也可对周围被保护的建（构）筑物在基坑工程施工前事先采取保护措施（比如地基加固，隔离保护，管线架空等）。

基坑工程不可预见因素很多，除采取以上措施外，还应制定应急预案和准备应急物资。对基坑工程施工有关人员进行应急培训也很重要。

1.10 基坑工程事故及原因分析

基坑工程事故可以分为两大类：一是围护体系失稳产生破坏，二是围护体系变形过大，致使周围管线、建（构）筑物等产生破坏。若基坑周围没有管线、建（构）筑物等，围护体系变形大一点应是允许的，单纯的大变形不是事故，但一定要重视。因为随着围护体系变形的发展，围护体系中的结构内力将不断重分布。因此，一定要保证围护体系在发生较大变形时围护体系是安全的。笔者认为：杭州"11.15"坍塌事故就是由于超挖等原因引起地连墙靠近开挖面附近向内变形较大，导致上下几道支撑的内力产生重分布，有的增大，有的减小，其中最上一道支撑轴力可能产生拉应力。不合理的钢管支撑发生了破坏，进而导致地连墙产生大位移和折断，酿成失稳破坏。

引发基坑工程事故的原因可以分为两大类：一是来自土，二是来自水。前一类工程事故的原因主要是低估了作用在围护体系上的土压力或高估了土的抗剪强度。后一类工程事故的原因是未能控制好地下水。至于哪一类是主要原因，主要取决于工程地质条件。以杭州城区为例，按其工程地质条件可分为两大类：深厚软黏土地基和砂性土地基。深厚软黏土地基中发生的基坑工程事故主要是前一类工程事故，而砂性土地基中发生的工程事故主要是后一类工程事故。引发基坑工程事故的原因也可以分为四类：

1. 计算模式不合适

具体的基坑工程往往是一个形状很复杂的三维问题，有土、有水、还有结构，多数坑中有坑，基坑工程性状非常复杂。在基坑工程事故中，由于基坑围护体系计算模式选用不当造成的工程事故占有一定的比例。如：当"坑中坑"距离大坑的围护墙较近时，由于设计者不能合理评估作用在大坑围护墙上被动土压力的降低，或不能合理评估作用在坑中坑围护墙上主动土压力的增加，均会导致事故的发生；又如：设计者未能抓住最不利工况进行设计，或未在最不利工况时采取必要加强措施，导致事故的发生；又如：设计者低估坑边既有建筑物、堆载、交通荷载的影响，导致事故的发生等。

2. 未能有效控制地下水

在基坑工程事故中，未能有效控制地下水造成的工程事故占有较大的比例。未能有效控制地下水的情况有以下几种：（1）独立的止水帷幕漏水。有的由高压旋喷法、单轴或多轴深层搅拌法、注浆法形成的止水帷幕会漏水。例如采取注浆法很难形成连续的水泥土止水帷幕，尤其是当地质条件复杂或施工机械不能保证垂直度要求时，往往很难形成连续的水泥土止水帷幕。止水帷幕漏水的后果很严重，往往造成工程事故。为形成连续的水泥土止水帷幕，可采用 TRD 施工技术进行施工。(2) 咬合桩墙、地下钢筋混凝土连续墙、通过在排桩间布置水泥土桩（采用高压旋喷法或深层搅拌法施工）形成的连续排桩墙，这些围护结构理论上既可挡土又可阻水，但在用于阻水时往往会产生漏水现象。如咬合桩墙施工过程中，当遇到不良地质时，很难咬合无缝，故咬合桩墙漏水事故不少。采用高压旋喷法或深层搅拌法在排桩间布置水泥土桩形成的连续排桩墙与咬合桩墙一样，当遇到不良地质时，很难搭接无缝。而且当围护墙变形较大时，由于钢筋混凝土桩和水泥土桩在搭接处刚度相差较大，容易产生新的裂缝。地下钢筋混凝土连续墙墙体的阻水效果较好，但若在两段连续墙的连接处处理不好，也容易漏水。(3) 场地存在承压水时，处理不好会产生漏水，引发工程事故。(4) 基坑周围地下管线漏水也会引发工程事故。当场地地下水位较深时，基坑围护常采用简易围护形式，此时周围地下管线漏水很容易造成边坡失稳，酿成工程事故。关于未能有效控制地下水的原因，有的来自设计方面，也有的来自施工方面，还有的来自工程勘察方面。基坑工程的地下水控制设计理论有待进一步发展完善。有的设计人员缺乏工程概念，设计的止水帷幕施工质量难以保证。基坑工程地下水控制体系的施工中也存在诸如施工能力、责任和管理方面的问题。缺乏对场地工程地质和水文地质条件的详细了解也是未能有效控制地下水的原因之一。缺乏对场地工程地质和水文地质条件详细了解，有的源自勘察工作的失误，有的源自场地异常复杂的工程地质和水文地质条件。

3. 采用的围护形式超过适用范围

采用的围护形式超过适用范围也是发生工程事故的原因之一。放坡开挖及简易支护、加固边坡土体形成自立式围护、悬臂排桩式围护等围护形式都有各自的极限围护深度。当超过极限围护深度时边坡将发生失稳破坏。采用放坡开挖、土钉墙围护、重力式水泥土墙围护等围护体系时一定要重视基坑开挖深度不能超过采用的围护形式相应的极限围护深度。

4. 施工组织不当

另外，施工组织不当也是发生基坑工程事故的主要原因。基坑工程没有坚持"边观察、边施工"的信息化施工原则，没有按照施工组织设计的要求进行开挖施工，"超挖"引发的基坑工程事故常发生。这些都应当引起充分重视。

基坑工程事故影响较大，往往造成很大的经济损失，并可能破坏市政设施，造成恶劣的社会影响。基坑工程事故重在防治，除对围护体系进行精心设计外，实行信息化施工、加强监测和动态管理也非常重要。施工中应做到发现隐患，及时处理，把事故消除在萌芽阶段。

1.11 基坑工程发展与应重视的几个问题

随着我国城市化和地下空间利用的发展，基坑工程近年来有了快速的发展。考虑到深大基坑工程愈来愈多，遇到复杂工程地质和水文地质条件的基坑工程愈来愈多，地处复杂周边环境条件的基坑工程愈来愈多，人们对基坑工程设计和施工的要求也愈来愈高。挑战和机遇并存，社会发展的需要为基坑工程理论和实践的进一步发展提供了强大的推动力，可以相信未来基坑工程技术将会得到进一步的发展和提高。

基坑工程是一门综合性、系统性很强的工程学科，涉及岩土工程、结构工程和环境工程等方面。改革开放以来，在基坑工程建设中已累积了许多宝贵的经验，基坑工程理论和技术得到长足的发展，有了很大进步。但仍不能满足目前工程建设发展对基坑工程的技术要求。近几年，基坑工程事故仍常有发生，人民的生命财产受到损失。据笔者观察，目前我国基坑工程建设中，不重视安全和不重视节省工程投资的两种倾向同时存在。不重视安全导致基坑工程事故常有发生，不少基坑工程事故源自设计的缺陷；不重视节省工程投资造成资源浪费。目前我国基坑工程建设中如何控制对周围环境的影响，或者说在基坑工程施工过程中，如何保护基坑周围既有建（构）筑物和地下管线的安全，目前的设计理论与技术尚不能满足工程建设和社会发展的要求，有待进一步提高技术水平。

为了进一步提高基坑工程技术水平，满足工程建设和社会发展的要求，下述几方面的工作要给予充分重视。

（1）进一步提高基坑工程设计队伍的素质，提高基坑工程设计水平

基坑工程设计人员需要具有岩土工程、结构工程和环境工程等领域的知识结构，需要具有一定的工程经验。目前我国基坑工程设计队伍的设计能力参差不齐，不少工程事故源自设计时概念的错误。有的设计过于保守，浪费严重。有的工程人员甚至认为只要买个基坑工程设计软件就可以做基坑工程设计了。为此，必须进一步加强对基坑工程设计的管理、进一步加强对基坑工程设计人员的技术培训，这有利于进一步提高基坑工程的设计水平。基坑围护设计人员在设计中一定要学会抓主要矛盾，要认真分析被设计基坑的主要矛盾是围护体系的稳定问题，还是变形问题？该基坑围护体系产生稳定或变形问题的主要原因是土压力问题，还是地下水问题？通过不断学习和实践，提高基坑工程的设计水平。

（2）坚持信息化施工

坚持"边观察、边施工"的信息化施工原则非常重要。在施工组织设计、施工人员培训、施工管理、施工实践等环节都要坚持信息化施工原则。岩土工程具有对自然条件的依赖性和条件的不确知性、设计计算条件的模糊性和信息的不完全性、设计计算参数的不确定性以及测试方法的多样性等特性，这些岩土工程的特殊性造成岩土工程施工不同于结构工程施工，需要坚持"边观察、边施工"的信息化施工原则。

（3）提高地下水控制水平

对基坑工程事故原因的分析表明，未能有效控制地下水是基坑工程事故的主要原因之一。基坑工程渗水漏水处理不好，往往会酿成大的工程事故。要重视发展地下水控制设计计算理论和地下水控制技术，重视对地下水控制原则的研究。笔者认为在基坑工程中，能降水就尽量不用止水帷幕堵断水，若必须采用止水措施时也要尽量降低坑内外的水头差。止水帷幕的设计容易，但施工形成不漏水的止水帷幕比较困难或成本较高。目前只有采用TRD技术施工形成的止水帷幕没有发生过漏水事故。

（4）加强监测工作

做好监测工作是坚持信息化施工的前提，只有做好监测工作才能做到安全生产。要重视发展基坑工程监测新仪器、新技术，实行全过程监测和远程监测控制。基坑工程技术标准不应统一规定具体的监测报警值，监测报警值应由设计单位在设计文件中提出，并应根

据实际情况动态控制。监测工作除因施工需要由施工单位进行监测外，还要实行第三方监测制度，由业主委托第三方单位负责基坑工程的监测工作。

（5）加强基坑工程施工环境效应及对策研究，提高环境保护水平。基坑工程施工环境效应主要指围护结构施工、土方开挖，以及基坑工程施工期间地下水位变化对周边环境造成的影响，其性状十分复杂。基坑工程环境效应主要与场地工程地质和水文地质条件、周边环境、基坑规模及围护结构、施工组织等因素有关。许多问题值得进一步研究，特别是当场地具有复杂工程地质和水文地质条件的同时又遇到复杂的周边环境时，这类课题要认真研究，如考虑深厚软黏土地基中深大基坑的施工引起的周边土体位移对既有古建筑的影响。在进一步研究基坑工程施工环境效应的同时，还要加强关于既有建（构）筑物、市政设施对地基土体变形的适应能力，特别是对不均匀沉降的抵御能力的研究。在基坑工程施工环境效应对策研究中，既要重视研究如何减少基坑工程施工环境效应，也要重视研究既有建（构）筑物和市政设施的保护技术。努力做到精心设计、加强监测、坚持信息化施工，不断提高基坑工程的环境保护水平。

（6）发展按变形控制设计理论

现有的基坑工程围护设计基本上基于按稳定控制设计的理论，被动地进行变形控制。目前基坑工程变形控制设计逐步从概念走向理论，进而到设计规程。发展按变形控制设计的理论非常重要，有助于基坑工程能主动进行变形控制，进一步提高基坑工程的环境保护水平。现在发展按变形控制设计理论已有较好的基础，在理论研究和工程实践两方面已有较多较好的积累。发展基坑工程按变形控制设计的理论要重点加强对变形控制值、土压力计算、围护体系变形计算、围护体系与地基-围护结构、地基-建（构）筑物共同作用分析等理论和方法的研究，坚持理论与工程实践相结合，不断总结经验。通过发展按变形控制设计的理论，进一步提高基坑工程围护设计水平，满足工程建设需要。

（7）发展新型基坑围护体系和围护新技术

我国基坑工程的发展促进了一批有中国特色的新型基坑围护体系和围护新技术的出现，如多种形式的复合土钉围护体系、多种组合型围护结构等。我国不少基坑围护新技术处于国际领先地位，引领着基坑工程的发展。近些年许多新技术在基坑工程中得到应用，如 TRD 技术、锚索回收技术、浆囊袋技术等。未来大量基坑工程的建设还会催生新的围护体系和新技术的发展。如何根据工程建设的实际需要发展新型基坑围护体系和围护新技术，将是基坑工程围护技术的重要发展方向。

（8）加强基坑工程基础理论研究

前面已经谈到基坑工程涉及岩土工程和结构工程两个学科，与岩土工程中的稳定、变形和渗流三个基本课题都密切相关。可以说，基坑工程涉及的基础理论比较广。在基坑工程基础理论研究中既要重视相关领域的基础理论研究，更要重视学科交叉的基础理论研究。下述领域的基础理论研究应给予重视，如：土压力理论，特别是土压力与变形的关系，以及土压力、水压力与土的工程性质之间的关系；地基、围护结构共同作用分析理论；基坑工程围护体系优化设计理论；按变形控制设计理论；基坑工程施工环境效应及对策研究有关的基础理论等。加强基坑工程相关的基础理论研究，有助于不断提高基坑工程的理论和技术水平。

参 考 文 献

[1]　龚晓南. 深基坑工程设计施工手册. 北京：中国建筑工业出版社，1998.

[2]　龚晓南. 基坑工程实例1. 北京：中国建筑工业出版社，2006.

[3]　龚晓南. 基坑工程实例2. 北京：中国建筑工业出版社，2008.

[4]　刘国彬，王卫东. 基坑工程手册（第二版）. 北京：中国建筑工业出版社，2009.

[5]　龚晓南. 基坑工程实例3. 北京：中国建筑工业出版社，2010.

[6]　龚晓南. 基坑工程实例4. 北京：中国建筑工业出版社，2012.

[7]　龚晓南. 基坑工程实例5. 北京：中国建筑工业出版社，2014.

[8]　龚晓南. 基坑工程实例6. 北京：中国建筑工业出版社，2016.

第 2 章　设计计算理论与分析方法

侯伟生　李志伟
（福建省建筑科学研究院）

2.1　概述

深基坑工程是一项综合性很强的系统工程，涉及工程地质、水文地质、工程结构、建筑材料、施工工艺和施工管理等多方面知识，是集土力学、水力学、材料力学和结构力学于一体的综合性学科。尽管深基坑支护结构属于临时性的支护结构，但其设计涵盖了上述诸多学科的知识，即在深基坑支护结构的设计过程中，需要多学科知识的融合方可完成，从而确保支护结构的安全可靠、经济合理。

在进行深基坑支护结构设计前，应对深基坑工程的特点有较为深入的认识，具体如下：

（1）区域性很强：不同地区的工程地质及水文地质条件差异很大，同一地区不同区域的土层亦可能存在明显不同，故深基坑支护设计应结合地区经验，因地制宜采取切实可行的支护措施，外地的经验可借鉴，但不能简单照搬挪用。

（2）个性很强：除工程地质及水文地质条件的影响外，基坑开挖深度、形状千变万化，空间尺寸的不同将使得基坑的变形存在显著的空间效应。同时，基坑周边环境条件的差异，如建筑物、市政道路、地下管线等与基坑的相对位置关系、保护等级均对基坑支护设计产生重要的影响。

（3）系统性强：深基坑支护设计除了满足受力、变形及稳定性的要求外，尚应考虑土方开挖、场地布置等方面的需求，以便于更加方便、快捷地完成土方施工。

深基坑工程的独特性直接体现在支护结构的设计过程中，具体表现如下：

首先，场地的工程地质及水文地质条件应明确。

在深基坑支护结构设计中，若场地内土层的物理力学参数取值不准，将对支护结构的设计产生很大影响。根据土力学原理，黏聚力和内摩擦角不同时，其产生的主动土压力将存在显著的差异。但是，由于场地的地质条件的复杂多变、区域性强，要精确地计算作用于支护结构上的土压力仍较为困难，且土体物理力学参数的选择是一个非常复杂的问题，尤其是在深基坑开挖后，含水率、内摩擦角和黏聚力等参数均随着土体的开挖发生变化，很难准确地计算出支护结构的实际受力情况。

此时，为了更为准确地计算作用于支护结构上的土压力，在深基坑支护结构设计之前，必须对地基土层进行勘察取样分析，以取得比较合理的土体物理力学指标。在实际工程中，为了尽可能减少勘探的工作量，降低工程造价，通常仅选取基坑周边的钻孔进行分析，所取得的土样具有一定的随机性和片面性。但是，地层结构和土层参数是极其复杂、多变的、所取得的土样不可能全面反映土层的真实性，故地质勘察的结果并不一定能完全符合实际的地质情况。因此，在基坑支护设计前，为了有效、准确地确定土体的物理力学参数，尤其是土体的黏聚力和内摩擦角，除了依靠地质勘察资料外，应结合地区经验，包括土体物理力学参数的试验方法应结合地方经验进行选取，以便于获取更为合理有效的土层参数，同时对所得参数可以更为有效地予以辨识，以免受不合理参数误导，影响支护结构的安全性。

其次，支护结构内力计算理论应合理可行。

在土体的物理力学参数确定后，应选择与土体的物理力学参数相配套的支护结构计算理论，方可确保支护结构的设计的准确、合理。目前，深基坑支护结构的设计计算仍采用基于极限平衡理论所得到的土压力理论，如朗肯土压力理论或库仑土压力理论，尽管上述的土压力理论已经广泛应用，但事实上支护结构的实际受力并非如此简单。诸多的工程实践证明：针对个别工程，尽管采用极限平衡理论进行计算分析，所得的计算结果满足要求，从理论上讲是绝对安全的，但实际却发生破坏；而一些工程，尽管计算所得的安全系数比较小，甚至达不到规范的要求，但在实际施工过程中却安然无恙，确保了地下结构的顺利施工。这表明现阶段所采用的土压力理论仍存在不足之处。

然而，目前在我国的行业标准中，支护结构设计时仍主要采用朗肯土压力理论进行土压力计算，尽管有其不足之处，但对于绝大部分工程，该理论是经得起实践检验的，是可以满足工程需要的。但是，对于较为复杂的工程，朗肯土压力理论亦将存在一些缺陷，因为在深基坑施工过程中，随着基坑内土体的开挖，坑外土体作用于支护结构上的土压力是逐渐变化的，并与支护结构保持一种动态平衡状态，即随着支护结构变形的增大，土压力是逐渐变化的，这与朗肯土压力理论是不相符的，且在土体经受扰动之后，土体的强度指标亦将发生一定的变化，这在支护结构的设计中必须充分考虑到这一点。

针对支护结构的内力变形计算方法，目前工程界普遍采用平面弹性地基梁法，然而采用该方法进行基坑变形控制，并无法有效地将支护结构的变形和周边环境的允许变形能力进行直接联系，现行的研究及规范仍主要基于控制围护结构的变形，并提出基坑围护结构（排桩、地下连续墙等）的最大水平位移控制标准来保证对环境影响的控制。而针对周边环境，尤其是周边建筑物的保护等级标准划分等并不完善，往往是专家们根据经验确定不同的围护结构变形控制限值，来对基坑周边环境予以保护。此外，对超深基坑来说，基坑的变形不仅仅是由挡土结构（桩、墙）的水平位移引起，当基坑影响深度范围内土质较为软弱时，基坑底的隆起（回弹与塑性隆起）及由此引起的坑外地表沉降、土层深层位移也是很可观的，变形的控制除围护结构自身水平位移的控制，还涉及对基坑隆起的控制。因此，深基坑支护结构的设计应逐渐转变传统的设计观念，逐步建立以施工监测为主导的信息反馈动态设计体系，建立变形控制的新的工程设计方法。

同时，基坑本身是一个具有长、宽和深三维尺寸的空间结构，其变形同场地水文地质情况、基坑的形状与尺寸、支护结构形式及刚度等因素紧密相关，即基坑支护系统是一个复杂的三维空间受力体系。此时，若忽略其空间效应的影响，而仅将基坑视为平面应变问题进行考虑的话，势必导致分析的结果与实际存在一定的误差。诸多工程实践与理论均证明平面应变受力状态仅仅适用于坑边较长且位于坑边中部截面的应力应变情况，而对于空间效应较强的三维基坑，其受力与变形则与平面应变状态有较大差异。因此，在空间效应较为显著的基坑工程中，基坑支护结构的设计应考虑该效应对基坑变形及内力的影响。

此外，基坑的稳定性分析是基坑设计施工中很重要的一环，国内外都曾出现过很多基坑失稳破坏的实例。基坑失稳破坏有时是因为某些明显的触发原因引起的，例如暴雨、严重超载或其他人为因素等，由于设计时未能完全考虑这些触发原因，当其突发时由于基坑安全储备不足将产生失稳破坏，对于此类失稳破坏只能通过采取提高基坑设计安全系数，加强施工管理，提前预防，及时加固等措施来避免；而有些失稳却没有明显的触发原因，主要是由于土的强度或支护结构强度不足等造成的，这类失稳破坏应该在设计阶段避免。而土的强度指标在深基坑的稳定性分析中占有非常重要的地位，用同样的方法，采用不同的强度指标计算得到的安全系数可能相差很大。因此，在基坑的稳定性计算中，选取合理的强度指标和强度指标测定方法，就成为一个事关基坑安全和经济性的关键问题。

最后，基坑支护结构设计应统筹兼顾各个施工环节需求。

基坑支护结构形式、支护方法多种多样，针对每一个具体的工程实践，应根据场地工程地质与水文地质条件、施工条件、环境条件以及基坑的使用条件与建设规模等因素，通过技术与经济的综合比较确定支护方案，满足环境对基坑支护的要求。

综上所述，为确保基坑支护设计的安全性、经济性及合理性，应遵循以下步骤：

（1）制定合理的勘察方案，选取必要的钻孔及土样，结合地区经验，采取合适的土工试验方法，以获取准确、合理的土层物理力学参数，以便为基坑支护设计奠定基础；

（2）结合地区经验，有针对性地选择适合当地的土层参数及指标，采取合理的土压力理论及稳定安全系数计算理论进行支护结构的内力、变形及稳定性分析，并利用土力学的基本原理对计算分析结果进行辨识，确保分析结果合理有效；

（3）在确保基坑支护总体方案合理可行的基础上，结合基坑周边环境、施工工艺等方面的要求，有针对性地对支护结构方案进行调整，以便于更为方便、快捷地完成土方及土体地下结构施工。

2.2 基坑工程勘察成果要求

2.2.1 勘察工作方案制定

在岩土工程勘察中，基坑工程勘察工作宜与建筑地基勘察工作同步进行，以满足建筑地基基础设计施工和基坑工程设计施工的要求。

在初步勘察阶段，应搜集工程地质和水文地质资料，进行工程地质调查，在初勘基础上对岩土工程条件进行分析，预测基坑工程中可能产生的主要岩土工程问题，并初步判定开挖可能发生的问题和需要采取的支护措施。

在详细勘察阶段，应针对基坑工程设计的要求进行勘察，应提供基坑工程设计、施工所需的场地、岩土地层和地下水等基础资料，对基坑工程、支护方案提出建议。当详勘资料不能满足基坑工程设计需要时，应为基坑设计补充专项勘察。在施工阶段，必要时尚应进行补充勘察。

在制定勘察方案时，应结合基坑工程支护设计与施工的要求统一布置勘察工作量，当已有勘察资料不能满足基坑工程设计与施工要求时，应进行补充勘察，在未取得符合技术要求的勘察资料时，不得进行基坑支护的设计与施工。

在基坑工程勘察工作开展前，宜先进行场地区域水文及地质资料及附近已有建（构）筑物岩土工程勘察资料的收集工作。在充分收集附近已有地质资料的基础上，根据基坑拟开挖深度、已有水文地质资料、周边环境复杂程度等方面因素，并按照国家及地方技术性文件要求，结合地方经验，初步拟定所可能采用的基坑支护设计方案，以便更为经济、合理地进行勘察孔的布置，更好地为基坑工程勘察工作提供指导。

基坑工程勘察工作应解决如下主要问题：

（1）在受基坑开挖影响和可能设置支护结构的范围内，应查明岩土层的地层结构、成因年代、厚度、埋深、岩土层的物理力学指标及支护设计所需的抗剪强度指标。土的抗剪强度试验方法，应与基坑工程设计要求一致，符合设计采用的标准，并应在勘察报告中说明。

当浅层存在不良地质现象，夹砂薄层或地下障碍物时，更应引起足够的重视，进行适当的补钻和加钻。根据实践经验，基坑支护系统范围内的不良地质现象，包括暗浜、地下管线、电缆、地下障碍物等，对其分布及埋藏情况都应予以查明。

在特殊性岩土分布区进行基坑工程勘察时，应查明有无影响基坑支护稳定性的不良地质现象及危害程度，对填土的厚度和沉积时间，软土的蠕变和长期强度，软岩和极软岩的失水崩解，膨胀土的膨胀性和裂隙性以及非饱和土增湿软化等对基坑的影响进行分析评价。

（2）查明地下水类型、埋藏条件及渗透性，提供地下水初见水位、静止水位、承压含水层水头高度、历年最高水位及近年来最高水位及水位变化幅度值，应分析地下水对基坑开挖、坑底隆起及支护结构受力状态的影响。对于浅部黏性土层中的潜水和粉性土、砂土中的微承压水，对基坑工程开挖施工有较大的影响，特别是粉性土或砂土中的微承压水影响最大。当地下水有可能与邻近地表水联通时，应查明其补给条件、水位变化规律。当场地水文地质条件复杂，在基坑开挖过程中需要对地下水进行治理（降水或截水）时，应进行专门的水文地质勘察。

当基坑开挖可能产生流砂、流土、管涌等渗透性破坏时，应有针对性地进行勘察，分析评价其产生的可能性及对工程的影响。当基坑开挖过程中有渗流时，地下水的渗流作用宜通过渗流计算确定。

当地下水对围护结构有腐蚀性影响时，尤其是当围护结构将作为主体地下结构外墙时，应查明污染源及地下水的流向。

（3）进行基坑周边环境调查，主要内容包括：

① 既有建筑物的结构类型、层数、位置、基础形式和尺寸、埋深、使用年限、用途、沉降变形及损坏情况、对开挖变形的承受能力等；

② 各种既有地下管线、地下构筑物的类型、位置、尺寸、埋深、使用年限、用途等；对既有供水、污水、雨水等地下输水管线，尚应包括其使用状况及渗漏状况；当已有资料不能满足要求时，可用坑探或物探方法查明。

③ 邻近道路的类型、位置、宽度、道路行驶情况、最大车辆荷载等；

基坑工程勘察应针对基坑变形及稳定性等相关内容进行分析，主要包括：

① 边坡的局部稳定性、整体稳定性和坑底抗隆起稳定性；

② 坑底和侧壁的渗透稳定性；

③ 挡土结构和边坡可能发生的变形；

④ 降水效果和降水对环境的影响；

⑤ 开挖和降水对邻近建筑物和地下设施的影响。

同时，在基坑工程勘察时，应提供基坑支护的有关计算条件、参数和建议，具体包括：

① 与基坑开挖有关的场地条件、土质条件和工程条件；

② 提出处理方式、计算参数和支护结构选型的建议；

③ 提出地下水控制方法、计算参数和施工控制的建议；

④ 提出施工方法和施工中可能遇到的问题的防治措施建议；

⑤ 对施工阶段的环境保护和监测工作的建议。

基坑工程勘察的方法、手段及工作量宜按基坑工程的安全等级进行合理选择和确定，针对基坑支护结构设计及施工要求，选择合理的勘探测试方法，对一级、二级基坑工程，宜采用多种勘探测试手段，以综合分析和评价土层的特性和设计参数，以取得可靠的地质资料和参数。

2.2.2 勘探孔的布置要求

基坑工程勘探测试孔的范围应根据工程地质与水文地质条件、基坑开挖深度、场地复杂程度等条件确定。一般情况下，勘探孔沿基坑边进行布置，对于水平方向分布稳定的地层单元，勘探测试范围不应小于基坑周边范围，当地层空间分布不稳定、跨越工程地质单元或需查明专门问题时，勘探范围应根据支护设计需要扩大，查明不利岩土层的分布。若场地条件允许，在基坑外宜布置勘探点，其范围不宜小于基坑深度的 1 倍；当需要采用外拉锚支护体系时，基坑外勘探点的范围则不宜小于基坑深度的 2 倍；在深厚软土地区，勘察深度和范围尚应适当扩大。当基坑外无法布置勘探点时，勘察手段以调查研究、搜集已有资料为主，通过调查所取得相关勘察资料并结合场地内的勘察资料进行综合分析。

勘探孔间距一般以 10～30m 为宜，当基坑体型复杂、地层水平方向变化较大，存在相对不利的岩土层或软弱结构面时，宜适当增加勘探孔数量，加密勘探孔，且基坑转角处宜布置勘探孔。

勘探点深度应按基坑的复杂程度及工程地质与水文地质条件确定，并应满足设计计算的要求。一般情况下，勘探测试孔的深度应满足支护结构稳定性验算要求，不宜小于基坑开挖深度的 2～3 倍，基坑面以下存在软弱土层或承压含水层时，勘探孔深度应穿过软弱土层或承压含水层，进入土性相对较好的土层或隔水层。在此深度内遇到坚硬黏性土、碎石土和岩层，可根据岩土类别和支护设计要求减小深度。

控制性勘探孔不宜少于基坑勘探点总数的 1/3，其深度不宜小于基坑深度的 2 倍。一般性勘探点应穿过支护结构底部的相对软弱地层。在基坑工程勘探深度内遇中等风化及微风化岩石时，可根据岩石类别及支护要求适当减小深度。

2.2.3 土样选取位置及取土要求

基坑勘探孔钻探取样、测试的竖向间距在基坑支护结构范围内一般以 1～2m 为宜，当基坑开挖深度范围内遇有粉性土、砂性土夹层时，应加密取样。为可靠确定不同土性的取样位置，可参照静力触探试验曲线的线型特点，确保夹层土中取到不扰动土样。采用的取土器及取土方法应符合土性特点，保证取样的质量。

在深厚软土地区，当软土层厚度较大时，在进行钻探取样及测试时，竖向间距应适当予以加密，在取得数目足够的土样及测试点参数后，除对深厚软土层进行土层划分外，尚宜沿深度方向对软土层进行亚层划分，并针对不同亚层提出相应的岩土物理力学指标、抗剪强度指标等，以便于更合理地进行基坑支护设计。当基坑开挖面积大，场地内地层空间分布不稳定、跨越工程地质单元时，尚宜针对基坑不同区域提出相应的土层参数。

勘探方法宜采用钻探，必要时可辅以坑探和物探。对一般黏性土、粉土，应采取不扰动试样；对软土宜进行静力触探；对砂土和碎石土应进行标准贯入试验或圆锥动力触探试验；对于松散的人工堆积层，除土性描述外，尚应视其成分采取试样或进行轻便动力触探或标准贯入试验。

2.2.4 土的抗剪强度指标

土的抗剪强度是指在外力作用下，土体内部产生剪应力时，土对剪应力的极限抵抗能力，是指土体抵抗剪切破坏的极限能力。在目前的基坑支护设计过程中，土体的抗剪强度指标是极其重要的力学性质指标，直接影响着基坑支护的设计，并对基坑工程的施工有着至关重要的影响。能否正确地测定和选择土的抗剪强度指标是基坑支护设计及施工过程中的一个十分重要的问题。

如图 2.2-1 所示，按库仑定律，黏性土的抗剪强度可表达为：

$$\tau_f = c + \sigma \tan\varphi \tag{2.2-1}$$

式中　τ_f——土的抗剪强度（kPa）；

　　　σ——作用于剪切面上的法向压力（kPa）；

　　　φ——土的内摩擦角（°）；

　　　c——土的黏聚力（kPa）。

对于无黏性土，上式中 $c=0$，即上式可简化为

$$\tau_f = \sigma \tan\varphi \tag{2.2-2}$$

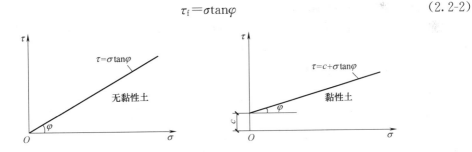

图 2.2-1　土体抗剪强度曲线

土的抗剪强度指标包括黏聚力 c 和内摩擦角 φ，其大小反映了土的抗剪强度的高低，其中，黏聚力是由黏土颗粒之间的胶结作用、结合水膜以及分子引力作用等组成的；内摩阻力通常由两部分组成：一部分系剪切面上颗粒与颗粒接触面所产生的摩擦力；另一部分则是由颗粒之间的相互嵌入和联锁作用产生的咬合力。按照库仑定律，对于某一种土，它们是作为常数来使用的。实际上，它们均随试验方法和土样的试验条件等的不同而发生变化，即使是同一种土，c、φ 值也不是常数。

根据试验过程中土体的排水条件，可以得到不同的土体强度指标，可分为总应力强度指标和有效应力强度指标。前者是指受荷后土中某点的总应力变化的轨迹，它与加荷条件

有关，而与土质和土的排水条件无关；后者则指在已知的总应力条件下，土中某点有效应力变化的轨迹，它不仅与加荷条件有关，而且也与土体排水条件及土的初始状态、初始固结条件及土类等土质条件有关。

若垂直法向应力 σ 为总应力，计算出的 c、φ 为总应力意义上的土的黏聚力和内摩擦角，称之为总应力强度指标。

$$\tau_f = \sigma\tan\varphi + c \tag{2.2-3}$$

根据土的有效应力原理和固结理论，抗剪强度取决于剪切面上的法向有效应力，即

$$\tau_f = \sigma'\tan\varphi' + c' = (\sigma - u)\tan\varphi' + c' \tag{2.2-4}$$

式中 c'、φ'——土的有效应力强度指标。

有效应力强度指标确切地表达出了土的抗剪强度的实质，是比较合理的表达方法。

影响土的抗剪强度的因素是多方面的，主要包括如下几个方面：

（1）土粒的矿物成分、形状、颗粒大小与颗粒级配

土的颗粒越粗，形状越不规则，表面越粗糙，内摩擦角 φ 值越大，内摩擦力越大，抗剪强度也越高。黏土矿物成分不同，其黏聚力 c 值也不同。土中含有多种胶合物，可使黏聚力 c 值增大。

（2）土的密度

土的初始密度越大，土粒间接触较紧，土粒表面摩擦力和咬合力也越大，剪切试验时需要克服这些土的剪力也越大。黏性土的紧密程度越大，黏聚力 c 值也越大。

（3）含水量

土中含水量的多少，对土抗剪强度的影响十分明显。土中含水量大时，会降低土粒表面上的摩擦力，使土的内摩擦角 φ 值减小；黏性土含水量增高时，会使结合水膜加厚，因而也就降低了黏聚力。

（4）土体结构的扰动情况

黏性土的天然结构如果被破坏，其抗剪强度就会明显下降，因为原状土的抗剪强度高于同密度和含水量的重塑土。所以施工时要注意保持黏性土的天然结构不被破坏，特别是开挖基槽更应保持持力层的原状结构，不扰动。

（5）孔隙水压力的影响

根据有效应力原理，作用于试样剪切面上总应力等于有效应力与孔隙水压力之和。孔隙水压力由于作用在土中自由水上，不会产生土粒之间的内摩擦力，只有作用在土的颗粒骨架上的有效应力，才能产生土的内摩擦强度。因此，土的抗剪强度应为有效应力的函数，库仑公式应改为 $\tau_f = (\sigma - u)\tan\varphi' + c'$，然而，在剪切试验中试样内的有效应力（或孔隙水压力）将随剪切前试样的固结程度和剪切中的排水条件而异。因此，同一种土，如试验条件不同，那么，即使剪切面上的总应力相同，也会因土中孔隙水是否排出与排出的程度，亦即有效应力的数值不同，使试验结果的抗剪强度不同。

2.2.5 抗剪强度指标的室内试验方法

土体的抗剪强度指标是通过土工试验确定的。室内试验常用的方法有直接剪切试验、三轴剪切试验。

1. 直接剪切试验

直接剪切试验将环刀切取的土试样置入剪切盒中进行剪切，通过不同垂直压力作用下

的剪切试验所获得的抗剪强度，求取土的黏聚力和内摩擦角。

在直接剪切试验中，无法测量孔隙水压力，也不能控制排水，只能采用总应力指标来表示土的抗剪强度。但是为了考虑固结程度和排水条件对抗剪强度的影响，根据加荷速率的快慢将直剪试验划分为快剪、固结快剪和慢剪三种试验类型。

（1）快剪

在快剪试验中，土试样在垂直压力施加后立即以 0.5mm/min 的剪切速度进行剪切，直至试验结束，试样土样在 3～5min 内剪坏。由于剪切速度快，可认为土样在短暂时间内没有排水固结，即不排水进行剪切试验，所得到的强度指标用 c_q、φ_q 表示；

（2）固结快剪

在固结快剪试验中，土试样在垂直压力施加后，每 1h 测量垂直变形一次，待土试样固结变形稳定（每 1h 变形不大于 0.005mm）后，施加水平剪力，对土体快速（约在 3～5min 内）进行剪切，即剪切时模拟不排水条件，试验后所得到的指标用 c_{cq}、φ_{cq} 表示；

（3）慢剪

在慢剪试验中，土试样在垂直压力施加后，按固结快剪的要求使试样固结，待土样充分地排水固结后，以小于 0.02mm/min 的剪切速度进行剪切至试验结束，试验后所得到的指标用 c_s、φ_s 表示。

在上述的三种试验方法中，即使在同一垂直压力作用下，但因试验时排水条件不同，作用在受剪面积上的有效应力亦不相同，所测得的抗剪强度指标亦不同，在一般情况下，三者的关系如下：$\varphi_s > \varphi_{cq} > \varphi_q$。

直剪试验的优点是仪器构造简单，操作方便，但存在一定的缺点，主要包括：

① 无法控制排水条件；

② 剪切面是人为固定的，但该面不一定是土样的最薄弱面；

③ 剪切面上的应力分布不均匀。

2. 三轴剪切试验

三轴剪切试验的原理是在圆柱形试样上施加最大主应力（轴向应力）σ_1 和最小主应力（径向压力或周围压力）σ_3，保持其中一主应力（常为小主应力 σ_3）不变，改变另一主应力，使土试样中的剪应力逐渐增大，直至达到极限平衡状态而发生剪切破坏，从而求得土试样的抗剪强度。

根据土样固结排水条件的不同，三轴剪切试验可分为如下三种基本方法：

（1）不固结不排水剪试验（UU）

先向土样施加周围压力 σ_3，随后即施加轴向应力 q 直至剪坏。在施加 q 过程中，自始至终关闭排水阀门不允许土中水排出，即在施加周围压力和剪切力时均不允许土样发生排水固结，即从开始加压直到试样剪坏全过程中土中含水量保持不变。

不固结不排水剪试验所对应的实际工程条件相当于饱和软黏土中快速加荷时的应力状况。

（2）固结不排水剪试验（CU）

试验时，先对土样施加周围压力 σ_3，并打开排水阀门，使土样在 σ_3 作用下充分排水固结，然后施加轴向应力 q，此时，关上排水阀门，使土样在不能向外排水条件下受剪直至破坏为止。

固结不排水剪试验适用的实际工程条件常常是一般正常固结土层在工程竣工时或以后

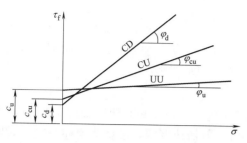

图 2.2-2 不同排水条件下的强度包线与强度指标

受到大量、快速的活荷载或新增加的荷载的作用时所对应的受力情况。

（3）固结排水剪试验（CD）

在施加周围压力 σ_3 和轴向压力 q 的全过程中，土样始终是排水状态，土中孔隙水压力始终处于消散为零的状态，使土样剪切破坏。

上述三种不同的三轴试验方法所得强度、包线性状及其相应的强度指标不相同，其大致形态与关系如图 2.2-2 所示。

三轴试验和直剪试验的三种试验方法在工程实践中如何选用是个比较复杂的问题，应根据工程情况、加荷速度快慢、土层厚薄、排水情况、荷载大小等综合确定。一般来说，对不易透水的饱和黏性土，当土层较厚、排水条件较差、施工速度较快时，为使施工期土体稳定可采用不固结不排水剪。反之，对土层较薄、透水性较大、排水条件好、施工速度不快的短期稳定问题可采用固结不排水剪。击实填土地基或路基以及挡土墙及船闸等结构物的地基，一般认为采用固结不排水剪。此外，如确定施工速度相当慢，土层透水性及排水条件都很好，可考虑用排水剪。当然，这些只是一般性的原则，实际情况往往要复杂得多，能严格满足试验条件的很少，因此还要针对具体问题作具体分析。

2.2.6 抗剪强度指标的原位测试方法

在基坑工程中，土体的抗剪强度试验的现场原位测试方法主要有：十字板剪切试验、静力触探试验和标准贯入试验。

1. 十字板剪切试验

十字板剪切试验是将十字板压至原状土预定测试深度，利用地面扭力装置对钻杆施加扭矩，将十字板以一定的速率旋转，直至土体剪切破坏，在土层中形成圆柱形的破坏面，从测出的抵抗力矩，换算土体的不排水抗剪强度及参与抗剪强度。十字板剪切试验采用的试验设备主要是十字板剪力仪。

十字板剪切试验可用于原位测定饱和软黏土的不排水抗剪强度和估算软黏土的灵敏度。试验深度一般不超过 30m。为测定软黏土不排水抗剪强度随深度的变化，十字板剪切试验的布置，对均质土试验点竖向间距可取 1m，对非均质或夹薄层粉细砂的软黏性土，宜先作静力触探，结合土层变化，选择软黏土进行试验。

一般认为十字板剪切试验测得的不排水抗剪强度是土体的峰值强度，强度指标值偏高，而长期强度仅约为峰值强度的 $60\% \sim 70\%$，故十字板剪切试验所测得的强度 S_u 需进行修正方可用于设计计算。Daccal 等建议用修正系数 μ 进行折减（见式2.2-5），如图 2.2-3 所示，图中曲线 1 适用于液性指数大于 1.1 的土，曲线 2 适用于其他软黏性土。

$$c_u = \mu S_u \qquad (2.2\text{-}5)$$

《铁路工程地质原位测试规程》规定：当 $I_p \leqslant$

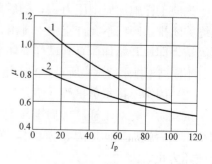

图 2.2-3 修正系数 μ

20 时，$\mu=1.0$；当 $20<I_\mathrm{p}\leqslant40$ 时，$\mu=0.9$。

2. 标准贯入试验

标准贯入试验是动力触探类型之一，其利用质量为 63.5kg 的穿心锤，以 76cm 的恒定高度上自由落下，将标准规格的触探头打入地层，根据触探头在贯入一定深度得到的锤击数来判定土层性质。通常情况下，将标准规格的触探头打入土中 15cm，然后开始记录锤击数目，接着将标准贯入器再打入土中 30cm，用此 30cm 的锤击数 N 作为标准贯入试验指标。

标准贯入试验是国内广泛应用的一种现场原位测试手段，它不仅可用于砂土的测试，也可用于粉土、黏性土的测试。锤击数 N 的结果不仅可用于判断砂土的密实度、黏性土的稠度、地基土的容许承载力、砂土的振动液化及桩基承载力，同时也是判断地基处理效果的一种重要方法。

对于砂土，标准贯入试验锤击数与抗剪强度指标之间的关系如表 2.2-1、表 2.2-2 和图 2.2-4 所示。

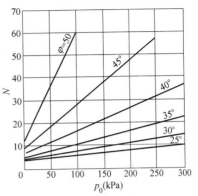

图 2.2-4 标准贯入锤击数 N 与内摩擦角 μ 统计关系

标准贯入锤击数 N 与内摩擦角 φ 关系式　表 2.2-1

研究者	土　类	关　系　式
Dunham	均匀圆粒砂	$\varphi=\sqrt{12N}+15$
	级配良好圆粒砂	$\varphi=\sqrt{12N}+20$
	级配良好棱角砂、均匀棱角砂	$\varphi=\sqrt{12N}+25$
大崎		$\varphi=\sqrt{12N}+15$
Peck		$\varphi=0.3N+27$
Meyerhof	净砂	$\varphi=\dfrac{5}{6}N+26\dfrac{2}{3}(4\leqslant N\leqslant10)$
		$\varphi=\dfrac{1}{4}N+32.5(N>10)$
		粉砂应减 5°、粗、砾砂加 5°

注：日本《国铁土构筑物设计施工指南》规定采用 Peck 公式（N 值应进行探杆长度和地下水的修正），但该式在上述公式中接近下限值，偏于保守。

标准贯入锤击数 N 与内摩擦角 μ 的关系　表 2.2-2

研究者	N				
	<4	$4\sim10$	$10\sim30$	$30\sim50$	>50
Peck	<28.5	$28.5\sim30$	$30\sim36$	$36\sim41$	>41
Meyerhof	<30	$30\sim35$	$35\sim40$	$40\sim45$	>45

注：国外用 N 值推算出 φ 角，再用 Terzaghi 公式求砂基的极限承载力。

对于黏性土，标准贯入锤击数与抗剪强度指标之间的关系如表 2.2-3 和图 2.2-5 所示。

标准贯入锤击数 N 与黏聚力 c、内摩擦角 φ 的关系　表 2.2-3

N	15	17	19	21	25	29	31
c(kPa)	78	82	87	92	98	103	110
φ(°)	24.3	24.8	25.3	25.7	26.4	27.0	27.3

注：手拉落锤。

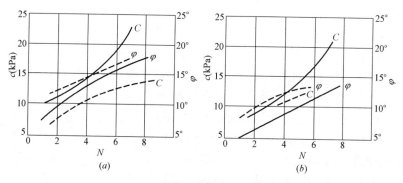

图 2.2-5 标准贯入锤击数 N 与黏聚力 c、内摩擦角 μ 统计关系

(a) 粉质黏土；(b) 黏土

——不夹砂；– – –夹砂

3. 静力触探试验

静力触探试验是用静力将探头以一定速率压入土中，利用探头内的力传感器，通过传感器或直接量测仪表测试土层对触探头的贯入阻力，因贯入阻力的大小与土层的性质有关，故通过贯入阻力的变化情况，可达到了解土层工程性质的目的。

静力触探试验适用于黏性土、粉土和砂土，主要用于划分土层，估算地基土的物理力学指标参数，评定地基土的承载力，估算单桩承载力及判定砂土地基的液化等级等。

静力触探试验可用于确定土体的不排水抗剪强度，如表 2.2-4 所示。

软土 c_u（kPa）与 p_s、q_c（MPa）相关公式   表 2.2-4

公　式	适用范围	公式来源
$c_u=30.8p_s+4$	$0.1\leqslant p_s\leqslant1.5$ 软黏土	交通部一航局设研院
$c_u=71q_c$	镇海软黏土	同济大学

《铁路工程地质原位测试规程》TB 10018—2003 规定对灵敏度 $S_t=2\sim7$，塑性指数 $I_p=12\sim40$ 的软黏土，不排水抗剪强度 c_u 可按下式计算。

$$c_u=0.9(p_s-\sigma_{vo})/N_k \tag{2.2-6}$$

$$N_k=25.81-0.75S_t-2.25\ln I_p \tag{2.2-7}$$

式中 p_s 单位为 kPa。

当缺乏 S_t、I_p 数据时，可按下式进行估算。

$$c_u=0.04p_s+2 \tag{2.2-8}$$

对于砂土，其内摩擦角与静力触探比贯入阻力关系如表 2.2-5 所示。

砂土内摩擦角与静力触探比贯入阻力关系   表 2.2-5

p_s(MPa)	1	2	3	4	6	11	15	30
$\varphi(°)$	29	31	32	33	34	36	37	39

对于黏性土，可根据静力触探成果估算其内摩擦角。

根据《铁路工程地质原位测试规程》TB 10018—2003 对于超固结比 $OCR\leqslant2$ 的正常固结和轻度超固结的软黏性土，当比贯入阻力 p_s（或 q_c）随深度呈线性递增时，其固结

快剪内摩擦角 φ_{cu} 可用下列公式进行估算:

$$\tan\varphi_{cu} = 1.4\Delta c_u/\Delta'_{vo} \qquad (2.2\text{-}9)$$

$$\Delta'_{vo} = \Delta_{vo} - \gamma_w\Delta d \qquad (2.2\text{-}10)$$

$$\Delta_{vo} = \gamma\Delta d \qquad (2.2\text{-}11)$$

式中 Δd——线性化触探曲线上任意两点间的深度增量;

$\quad\quad\Delta c_u$——对应于 Δd 的不排水抗剪强度增量。

2.2.7 抗剪强度指标的选定

根据有效应力原理,土的抗剪强度是由土的有效应力决定的,而孔隙水压力对于土的抗剪强度没有贡献,故对于任何土层,均应采用有效强度指标方可准确地反映土体抗剪强度的实质。

在实际工程中,当没有超静孔隙水压力或者孔隙水压力通过计算或测定可以确定时,都应当使用有效应力强度指标。对于砂土和碎石土等土层,在通常的加载速率和排水条件下,一般不会产生超静孔隙水压力,故应采用有效应力强度指标进行设计计算。

如果土体在以前所加荷载下应力平衡并完全固结,但是由于再次突然加载或其他原因产生不排水情况,此变化过程较快,剪切引起的孔压来不及消散,分析此时的稳定性,一般采用固结不排水强度指标计算。对于砂上,其一般是采用有效应力强度指标进行分析计算,但在分析饱和粉细砂的液化和流砂问题时应采用固结不排水强度指标。在黏性土地基中,固结不排水强度指标可以应用在分期施工问题中。

在黏性土工程中,如果荷载是快速地施加在地基土上,产生的超静孔隙水压力没有时间消散,土体也没有时间在此荷载产生的有效应力下固结,验算工程的稳定时假设施工中施加的总应力改变不影响地基土的不排水强度,分析计算时采用地基土体的(不固结)不排水强度指标。在黏性土地基稳定分析,即极限承载力计算时,如果建筑物的建筑周期较短,荷载增长速度较快,验算施工期和竣工期的稳定性时宜采用不排水强度指标。或者在黏性土地基上快速填筑填方的工程,其施工期及竣工时稳定性也由地基土的不排水强度控制。采用不排水强度验算稳定性是偏于安全的,因为,实际工程施工中,地基土不可能完全处于不排水的状态,随着时间推移,超静孔压逐渐消散,有效应力增加,土体逐渐固结,强度提高,那么地基或边坡会更加安全。一般来说,在软土地区进行深基坑开挖时,进行坑底隆起或整体稳定等稳定性验算时,使用不排水强度指标是合理和必要的。但是对于此类卸载工程,坑底土体和坑外土体会由于卸载产生负孔压,随着时间增长,土体会由于吸水而使强度降低,从而导致稳定安全系数降低。因此对于基坑等开挖卸载的工程在开挖到底之后应及时施工基础底板或对坑底进行保护,而不应暴露太长时间,否则基坑将会产生稳定安全问题。

在国外,深基坑稳定分析几乎均采用不排水强度指标,但在国内,由于种种原因,在深基坑设计计算中,关于强度指标的运用则存在较大的分歧,基坑支护相关的国家标准、地方标准和行业标准所推荐使用的强度指标存在较大的差异,具体如下:

1. 《建筑地基基础设计规范》GB 50007—2011

(1)对淤泥及淤泥质土,应采用三轴不固结不排水剪强度指标;

(2)对正常固结的饱和黏性土应采用在土的有效自重应力下预固结的三轴不固结不排水剪强度指标;当施工挖土速度较慢,排水条件好,土体有条件固结时,可采用三轴固结不排水剪强度指标；

（3）对砂类土，采用有效强度指标；

（4）验算软黏土隆起稳定性时，可采用十字板剪切强度或三轴不固结不排水剪强度指标；

（5）灵敏度较高的土，基坑邻近有交通频繁的主干道或其他对土的扰动源时，计算采用土的强度指标宜适当进行折减。

2.《建筑基坑支护技术规程》JGJ 120—2012

（1）对地下水位以上的黏性土、黏质粉土，土的抗剪强度指标应采用三轴固结不排水抗剪强度指标 c_{cu}、φ_{cu} 或直剪固结快剪强度指标 c_{cq}、φ_{cq}，对地下水位以上的砂质粉土、砂土、碎石土，土的抗剪强度指标应采用有效应力强度指标 c'、φ'。

（2）对地下水位以下的黏性土、黏质粉土，可采用土压力、水压力合算方法；此时，对正常固结和超固结土，土的抗剪强度指标应采用三轴固结不排水抗剪强度指标 c_{cu}、φ_{cu} 或直剪固结快剪强度指标 c_{cq}、φ_{cq}，对欠固结土，宜采用有效自重压力下预固结的三轴不固结不排水抗剪强度指标 c_{uu}、φ_{uu}。

（3）对地下水位以下的砂质粉土、砂土和碎石土，应采用土压力、水压力分算方法，此时，土的抗剪强度指标应采用有效应力强度指标 c'、φ'，对砂质粉土，缺少有效应力强度指标时，也可采用三轴固结不排水抗剪强度指标 c_{cu}、φ_{cu} 或直剪固结快剪强度指标 c_{cq}、φ_{cq} 代替，对砂土和碎石土，有效应力强度指标 φ' 可根据标准贯入试验实测击数和水下休止角等物理力学指标取值；土压力、水压力采用分算方法时，水压力可按静水压力计算；当地下水渗流时，宜按渗流理论计算水压力和土的竖向有效应力；当存在多个含水层时，应分别计算各含水层的水压力。

（4）有可靠的地方经验时，土的抗剪强度指标尚可根据室内、原位试验得到的其他物理力学指标，按经验方法确定。

3.《建筑基坑工程技术规范》YB 9258—97

（1）当存在地下水时，宜按水压力与土压力分算的原则计算，作用在支护结构上的侧压力为有效土压力和水压力之和。有效土压力按土的浮重度及有效抗剪强度指标计算。

（2）当采用水压力与土压力合并计算的原则计算时，水土合并的压力按土的饱和重度及总应力抗剪强度指标计算。

（3）计算地下水位以下的有效土压力时，取浮重度和有效抗剪强度指标计算。

（4）黏性土无条件取得有效抗剪强度指标时，可用总应力固结不排水强度指标，并可按地区经验作必要的调整。

（5）基坑稳定性验算采用固结快剪强度指标。

4. 地方标准

（1）上海地方标准《基坑工程设计规程》DBJ 08—61—2010 规定：计算静止土压力时，采用三轴不固结不排水剪切试验或三轴固结排水剪切试验。计算主动或被动土压力时，采用三轴固结不排水剪切试验测定的峰值强度指标或直剪固结快剪试验峰值强度指标。

（2）天津地方标准《建筑基坑工程技术规程》DB 29—202—2010 规定：对于砂性土、

粉土宜按水土分算原则计算，采用直剪固结快剪或三轴固结不排水（CU）强度指标；对于黏性土宜按水土合算原则计算，采用直剪快剪或三轴不固结不排水（UU）强度指标。淤泥、淤泥质土等透水性很差的软土，作用于支护结构的土压力和水压力应采用水土合算、直剪快剪或三轴不固结不排水（UU）强度指标。软土抗剪强度指标取值不应考虑降水对其提高作用。暴露时间较长的基坑，软土强度应考虑随时间降低的影响。

（3）福建地方标准《建筑地基基础设计规范》DBJ 13—07—2006 规定：对于地下水位以下的黏性土、粉土采用水土合算计算土压力，土的抗剪强度指标可取固结快剪修正指标（即固结时间 60min 的强度指标乘以 0.8 的系数），饱和黏性土被动土压力计算取快剪指标（固结时间 0）；当采用水土分算时，地下水位以下的土压力采用浮重度和有效抗剪强度指标计算；对于新近填土和尚未固结的土取快剪指标。

（4）浙江地方标准《建筑基坑工程技术规程》DB33/T 1096—2014 规定：对地下水位以上的黏性土，土的强度指标应选用三轴试验固结不排水抗剪强度指标或直剪试验固结快剪指标；对地下水位以上的粉土、砂土、碎石土，应采用有效应力抗剪强度指标，如无条件取得有效应力强度指标时，也可选用三轴试验固结不排水抗剪强度指标或直剪试验固结快剪强度指标。对地下水位以下的粉土、砂土、碎石土等渗透性较强的土层，应采用有效应力抗剪强度指标和土的有效重度按水土分算原则计算侧压力；如无条件取得有效应力强度指标时，可选用三轴试验固结不排水抗剪强度指标或直剪试验固结快剪强度指标。对地下水位以下的淤泥、淤泥质土和黏性土，宜按水土合算原则计算侧压力。对正常固结和超固结土，土的抗剪强度指标可结合工程经验选用三轴试验固结不排水抗剪强度指标或直剪试验固结快剪指标；对欠固结土，宜采用有效自重压力下预固结的三轴不固结不排水抗剪强度指标。土的重度取饱和重度。

（5）湖北地方标准《基坑工程技术规程》DB 42/159—2012 规定：对黏性土和粉土可采用直剪快剪试验或自重压力下预固结的三轴不固结不排水剪试验（UU）。

（6）广东地方标准《建筑基坑支护工程技术规程》DBJ/T 15—20—97 规定：一般情况下，应采用直剪快剪或三轴不固结不排水抗剪强度指标；基坑外长时间降水时，可采用固结、不排水抗剪强度指标；当水土分算时，采用有效应力抗剪强度指标；当水土合算时，采用总应力抗剪强度指标。

2.3 土压力计算理论与方法

2.3.1 土压力类型

土体作用于基坑支护结构上的压力即称为土压力。土压力是作用于支护工程的主要荷载。土压力的大小和分布主要与土体的物理力学性质、地下水位状况、墙体位移、支撑刚度等因素有关。基坑支护结构上的土压力计算是基坑支护工程设计的最基本的必要步骤，决定着设计方案的成功与否和经济效益。

挡土墙土压力的大小及其分布规律与墙体可能移动的方向和大小有直接关系。根据墙的移动情况和墙后土体所处的应力状态，作用在挡土墙墙背上的土压力可分为静止土压力、主动土压力和被动土压力。

1. 静止土压力

静止土压力是指当墙体不发生侧向变位或侧向变位极其微小时，作用于墙体上的土压力，通常用 E_0 表示。如地下室外墙、涵洞侧墙和船闸边墙等墙体，待土体固结稳定后，考虑到墙体变形很小，基本可以忽略，其墙面上所受的土压力即可近似地按静止土压力予以考虑。静止土压力可按直线变形体无侧向变形理论求出。

《欧洲岩土设计规范 Eurocode 7》BS EN 1997—1：2004 规定：当挡土结构的水平位移 $y_a \leqslant 0.05\% H_0$（H_0—基坑开挖深度）时或墙体转动 $y/H_0 \leqslant 0.00005$ 时（y—墙体转动产生的水平位移），墙面上所受的土压力可按静止土压力予以考虑。

2. 主动土压力

在墙后土体作用下挡土墙以远离土体的方向发生移动，使墙后土体产生"主动滑移"并达到极限平衡状态，此时作用在墙背上的土压力称为主动土压力，用 E_a 表示。土体内相应的应力状态称为主动极限平衡状态。

3. 被动土压力

受外力作用挡土墙被迫发生向墙后土体方向的移动并致使墙后土体达到极限平衡状态，此时作用在挡土墙上的土压力称为被动土压力，用 E_p 表示。土体内相应的应力状态称为被动极限平衡状态。

在上述三种土压力中，主动土压力值最小，被动土压力值最大，静止土压力值则介于两者之间。挡土墙所受土压力并不是常数。随着挡土墙位移量的变化，墙后土体的应力应变状态不同，土压力值也在变化。土压力的大小可在主动和被动土压力这两个极限值之间变动，其方向随之改变。

挡土墙的位移大小决定着墙后土体的应力状态和土压力性质。界限位移是指墙后土体将要出现而未出现滑动面时挡土墙位移的临界值。显然，这个临界位移值对于确定墙后土体的应力状态、确定土压力分布及进行土压力计算都非常重要。

根据大量的试验观测和研究，主动极限平衡状态和被动极限平衡状态的界限位移大小不同，后者比前者大得多，它们与挡土墙的高度、土的类别和墙身移动类型等有关。由于达到被动极限平衡状态所需的界限位移量较大，而这样大的位移在工程上常常不容许发生，因此，设计时应根据情况取被动土压力值的发挥程度（如 $30\% \sim 50\%$）来考虑。

目前，土压力的经典理论主要为弹性平衡静止土压力理论、朗肯（Rankine）土压力理论和库仑（Coulomb）土压力理论，具体详见下文。

2.3.2 静止土压力理论

静止土压力是墙体静止不动，墙后土体处于弹性平衡状态时作用于墙背的侧向压力。根据弹性半无限体的应力和变形理论，z 深度处的静止土压力为

$$p_0 = K_0 \gamma z \tag{2.3-1}$$

式中　γ——土的重度；

K_0——静止土压力系数，可由泊松比 μ 来确定，$K_0 = \dfrac{\mu}{1-\mu}$。

一般土的泊松比值，砂土可取 $0.2 \sim 0.25$，黏性土可取 $0.25 \sim 0.40$，即静止土压力系数 K_0 与土性和土的密实程度等因素有关，在一般情况下，砂土对应的 K_0 值在 $0.35 \sim 0.50$ 之间，黏性土对应的 K_0 值在 $0.50 \sim 0.70$ 之间。在进行初步估算时，也可采用表

2.3-1 中的经验值。

静止土压力系数 表 2.3-1

土的名称和性质	K_0	土的名称和性质	K_0
砾石土	0.17	壤土：含水量 $w=25\%\sim30\%$	$0.60\sim0.75$
砂：孔隙比 $e=0.50$	0.23	砂质黏土	$0.49\sim0.59$
$e=0.60$	0.34	黏土：硬黏土	$0.11\sim0.25$
$e=0.70$	0.52	紧密黏土	$0.33\sim0.45$
$e=0.80$	0.60	塑性黏土	$0.61\sim0.82$
砂壤土	0.33	泥炭土：有机质含量高	$0.24\sim0.37$
壤土：含水量 $w=15\%\sim20\%$	$0.43\sim0.54$	有机质含量低	$0.40\sim0.65$

由此可见，静止土压力系数 K_0 的确定是计算静止土压力的关键参数，通常优先考虑通过室内 K_0 试验测定，其次可采用现场旁压试验或扁胀试验测定，在无试验条件时，可按经验方法确定，具体如下：

砂性土（Jaky）

$$K_0=1-\sin\varphi' \tag{2.3-2}$$

黏性土（Brooker）

$$K_0=0.95-\sin\varphi' \tag{2.3-3}$$

式中　φ'——土的有效内摩擦角。

对于土的有效内摩擦角 φ' 值，通常采用三轴固结不排水剪切试验测定，也可采用三轴固结排水剪切试验的定。当无试验直接测定时，φ' 可由三轴固结不排水剪切试验测定的 c_{cu} 或 φ_{cu} 或直剪固结快剪强度指标 c、φ 根据经验关系换算获得。

采用三轴固结不排水剪切试验 c_{cu}、φ_{cu} 指标估算 φ 的经验公式：

$$\varphi'=\sqrt{c_{cu}}+\varphi_{cu} \tag{2.3-4}$$

式中　c_{cu} 以 kPa 计，φ_{cu} 以度计。

根据直剪固结快剪试验峰值强度 c、φ 指标估算 φ 的经验公式：

$$\varphi'=0.7(c+\varphi) \tag{2.3-5}$$

式中　c——土的黏聚力（kPa）；

　　　φ——土的内摩擦角（°）。

对于超固结土，其静止土压力系数 K_0 一般随超固结比的增加而增大，其 K_0 的具体经验公式如下：

Schmidt：

$$K_0=K_{0n}\cdot OCR^m \tag{2.3-6}$$

Sherif：

$$K_0=K_{0n}+\alpha(OCR-1) \tag{2.3-7}$$

式中　K_{0n}——正常固结土的静止土压力系数；

　　　m——经验常数，在上海地区，m 取 0.5；

　　　α——经验常数。

根据上述静止土压力系数 K_0 的经验公式可以看出，静止侧压力系数 K_0 与土体黏聚力大小无关。这是因为土体静止时无位移，无位移则黏聚力不能发挥出来，同时，静止侧压力系数 K_0 还与坡面是否水平、墙体是否垂直有关。

根据上述的分析可知，在地面水平的均质土中，静止土压力与深度呈三角形分布，对于高度为 H 的竖直挡墙，作用在单位长度墙后的静止土压力合力 E_0 为

$$E_0=\frac{1}{2}K_0\gamma H^2$$

合力 E_0 的方向水平，作用点在距墙底 $H/3$ 高度处。

2.3.3 朗肯土压力理论

朗肯（Rankine）土压力理论作为两个著名的古典土压力理论之一，是 1857 年由英国学者朗肯（W. J. M. Rankine）提出，是根据半空间的应力状态和土的极限平衡条件而得出的土压力计算方法。由于其概念清楚，公式简单，便于记忆，目前在工程中仍得到广泛应用，亦是目前基坑工程设计中主要的设计理论。

1. 基本假设和原理

朗肯土压力理论的基本假设为：挡土墙墙背直立；墙后土体表面水平；墙背光滑。在上述假设的基础上，当墙背光滑与土体没有摩擦力，且墙后土体表面水平，土体竖直面和水平面没有剪应力，因此，竖直方向和水平方向的应力均为主应力，其中竖直方向的应力即为土的竖向自重应力。由此可根据墙身的移动情况，由墙后土体内任一点处于主动或被动极限平衡状态时的大、小主应力之间关系，求得主动或被动土压力强度及其合力，具体分析如下：

（1）静止土压力状态

当挡土墙不发生偏移，土体处于静止状态时，距地表 z 处 M 点的应力状态见图 2.3-1（a）和图（d）中应力圆 I。此时 M 单元竖向应力等于该处土的自重应力，水平向应力是该点处土的静止土压力。由于该点未达到极限平衡状态，故应力圆 I 在强度线下方，未与强度线相切。

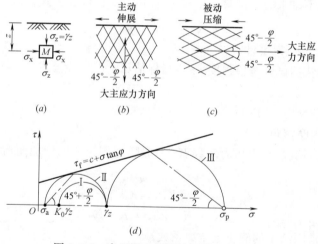

图 2.3-1 半无限空间体的极限平衡状态

（a）半无限空间体内的单元体；（b）半无限空间体内的主动朗肯状态；
（c）半无限空间体内的被动朗肯状态；（d）主动及被动朗肯状态土压力与莫尔圆相对关系

（2）主动朗肯状态

当挡土墙发生水平向位移，使土体在水平方向发生拉伸变形，此时土单元的竖向应力（等于自重应力）保持不变，但水平应力则逐渐减少，直至满足极限平衡条件，即达到主动朗肯状态，此时 M 点水平向应力 σ_x 达到最低极限值 p_a。

如图 2.3-1 所示，水平向土压力 σ_x 等于主动土压力 p_a，是小主应力，竖向应力 σ_z 为大主应力，该点莫尔圆与抗剪强度线相切，如图 2.3-1（d）中应力圆 II。当土单元处在主动朗肯状态时，剪切破裂面与水平面成（$45°+\varphi/2$）角度，具体如图 2.3-1 （b）所示。

（3）被动朗肯状态

当挡土墙发生水平向位移，使土体在水平方向发生压缩变形，此时土单元的竖向应力亦始终保持不变，而水平向应力 σ_x 则不断增大，直到满足极限平衡条件（即被动朗肯状态）时，σ_x 达最大极限值 p_p，此时 p_p 是大主应力，而 σ_z 则是小主应力，莫尔圆为图 2.3-1 （d）中的圆Ⅲ，也与抗剪强度线相切。当土体处在被动朗肯状态时，剪切破裂面与水平面成（$45°-\varphi/2$），具体如图 2.3-1 （c）所示。

2. 土体表面水平时的朗肯土压力

（1）主动土压力

根据前述分析，当墙后填土达到主动极限平衡状态时，作用于任意深度 z 处土单元的竖直应力 $\sigma_z=\gamma h$ 应是大主应力 σ_1，作用于墙背的水平向土压力 p_a 应是小主应力 σ_3。

由土的强度理论可知，当土体中某点处于极限平衡状态时，大主应力 σ_1 和小主应力 σ_3 间满足以下关系式

黏性土：
$$\sigma_1=\sigma_3\tan^2\left(45°+\frac{\varphi}{2}\right)+2c\tan\left(45°+\frac{\varphi}{2}\right) \tag{2.3-8}$$

或
$$\sigma_3=\sigma_1\tan^2\left(45°-\frac{\varphi}{2}\right)-2c\tan\left(45°-\frac{\varphi}{2}\right) \tag{2.3-9}$$

无黏性土：
$$\sigma_1=\sigma_3\tan^2\left(45°+\frac{\varphi}{2}\right) \tag{2.3-10}$$

或
$$\sigma_3=\sigma_1\tan^2\left(45°-\frac{\varphi}{2}\right) \tag{2.3-11}$$

根据前文分析，在极限平衡状态时，$\sigma_3=p_a$，$\sigma_1=\gamma z$，将其代入式（2.3-9）和式（2.3-11），即得朗肯主动土压力计算公式为

黏性土：
$$p_a=\gamma z\tan^2\left(45°-\frac{\varphi}{2}\right)-2c\tan\left(45°-\frac{\varphi}{2}\right) \tag{2.3-12}$$

或
$$p_a=\gamma zK_a-2c\sqrt{K_a} \tag{2.3-13}$$

无黏性土：
$$p_a=\gamma z\tan^2\left(45°-\frac{\varphi}{2}\right) \tag{2.3-14}$$

或
$$p_a=\gamma zK_a \tag{2.3-15}$$

式中　K_a——主动土压力系数，$K_a=\tan^2\left(45°-\dfrac{\varphi}{2}\right)$；

$\quad\quad\gamma$——墙后填土的重度（kN/m³），地下水位以下取有效重度；

$\quad\quad c$——填土的黏聚力（kPa）；

$\quad\quad\varphi$——填土的内摩擦角；

$\quad\quad z$——计算点距填土面的深度（m）。

由式（2.3-15）可知，无黏性土的主动土压力强度与深度 z 成正比，沿墙高压力分布为三角形，如图 2.3-2 （b）所示，作用在墙背上的主动土压力的合力 E_a 即为 p_a 分布图形的面积，其作用点位置在分布图形的形心处，土压力作用方向为水平，即

$$E_a=\frac{1}{2}\gamma H^2\tan^2\left(45°-\frac{\varphi}{2}\right) \tag{2.3-16}$$

或
$$E_a = \frac{1}{2}\gamma H^2 K_a \tag{2.3-17}$$

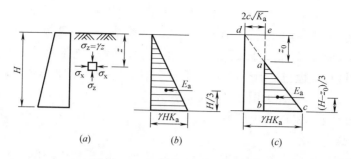

图 2.3-2 主动土压力强度分布图

(a) 主动土压力的计算；(b) 无黏性土；(c) 黏性土

由式 (2.3-13) 可知，黏性土的朗肯土压力强度包括两部分：

① 由土自重引起的土压力，即 $\gamma z K_a$；

② 由黏聚力 c 引起的负侧向压力，即 $2c\sqrt{K_a}$。

这两部分压力叠加的结果如图 2.3-2 (c) 所示，其中 ade 部分是负侧压力，说明该区域内对墙背的作用力为拉应力，但该情况是不存在的，故在计算土压力时，这部分拉力应略去不计，黏性土的土压力分布仅为 abc 阴影面积部分。

a 点离填土面的距离 z_0 常称为临界深度，可由式 (2.3-13) 中令 $p_a = 0$ 求得 z_0 值，即

令
$$p_a = \gamma z K_a - 2c\sqrt{K_a} = 0 \tag{2.3-18}$$

得
$$z_0 = \frac{2c}{\gamma}\sqrt{K_a} \tag{2.3-19}$$

则单位墙长黏性土主动土压力 E_a 为

$$E_a = \frac{1}{2}(H - z_0)(\gamma H K_a - 2c\sqrt{K_a}) = \frac{1}{2}\gamma H^2 K_a - 2cH\sqrt{K_a} + \frac{2c^2}{\gamma} \tag{2.3-20}$$

主动土压力 E_a 通过三角形压力分布图 abc 的形心，即作用在离墙底 $(H - z_0)/3$ 处，方向水平。

(2) 被动土压力

当墙体在外力作用下发生土体方向移动并挤压土体时，土中竖向应力 $\sigma_z = \gamma z$ 不变，而水平向应力 σ_z 却逐渐增大，直至出现被动朗肯状态，如图 2.3-3 (a) 所示。

此时，作用在墙面上的水平压力达到极限 p_p，为大主应力 σ_1，而竖向应力 σ_z 变为小主应力 σ_3。利用式 (2.3-8) 和式 (2.3-10)，可得被动土压力强度计算公式

黏性土： $$p_p = \gamma z K_p + 2c\sqrt{K_p} \tag{2.3-21}$$

无黏性土： $$p_p = \gamma z K_p \tag{2.3-22}$$

式中 K_p——被动土压力系数，$K_p = \tan^2\left(45 + \dfrac{\varphi}{2}\right)$，其余符号同前。

由上面两式可知，无黏性土的被动土压力强度呈三角形分布，如图 2.3-3 (b) 所示；黏性土被动土压力随墙高呈上小下大的梯形分布，如图 2.3-3 (c) 所示。被动土压力 E_p

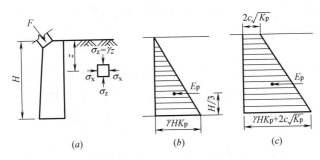

图 2.3-3　被动土压力的计算

(a) 被动土压力的计算；(b) 无黏性土；(c) 黏性土

的作用点通过梯形压力或三角形压力分布图的形心，作用方向水平。

单位墙长被动土压力合力为：

黏性土
$$E_p = \frac{1}{2}\gamma H^2 K_p + 2cH\sqrt{K_p} \tag{2.3-23}$$

无黏性土
$$E_p = \frac{1}{2}\gamma H^2 K_p \tag{2.3-24}$$

3. 几种典型情况下的朗肯土压力

在实际工程中，经常遇到土面有超载、分层填土、填土中有地下水的情况，当挡土墙满足朗肯土压力简单界面条件时，仍可根据朗肯理论按如下方法分别计算其土压力。

(1) 填土面有满布超载

当挡土墙后填土面有连续满布超载 q 作用时，通常土压力的计算方法是将均布荷载换算成作用在地面上的当量土重（其重度 γ 与填土相同），即设想成一厚度为 $h = q/\gamma$ 的土层作用在填土面上，然后计算填土面处和墙底处的土压力。

以无黏性土为例，填土面处的主动土压力为

$$p_{a1} = \gamma h K_a = q K_a \tag{2.3-25}$$

挡土墙底处土压力为

$$p_{a2} = \gamma h K_a + \gamma H K_a = (q + \gamma H)K_a \tag{2.3-26}$$

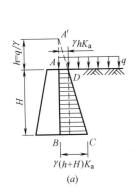
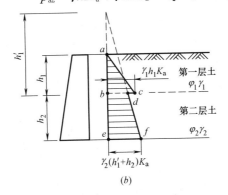
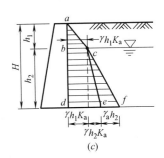

图 2.3-4　常见情况下的朗肯土压力

(a) 填土面有均布荷载；(b) 成层填土；(c) 填土中有地下水

土压力分布如图 2.3-4（a）所示。土压力分布是梯形 ABCD 部分，土压力方向水平，作用点位置在梯形的形心。

（2）分层填土

如图 2.3-4（b）所示，当填土由不同性质的土分层填筑时，上层土按均匀的土质指标计算土压力。计算第二层土的土压力时，将上层土视为作用在第二层土上的均布荷载，换算成第二层土的性质指标的当量土层，然后按第二层土的指标计算土压力，但只在第二层土层厚度范围内有效。

因此，在土层分界面上，计算出的土压力有两个数值，产生突变。其中一个代表第一层底面的压力，而另一个则代表第二层顶面的压力。由于两层土性质不同，土压力系数 K 也不同，计算第一、第二层土的土压力时，应按各自土层性质指标 c、φ 分别计算其土压力系数 K，从而计算出各层土的土压力。多层土时计算方法相同。

（3）填土中有地下水

挡土墙填土中常因排水不畅而存在地下水，地下水的存在会影响填土的物理力学性质，从而影响土压力的大小。一般来讲，地下水使填土含水量增加，抗剪强度降低，土压力变化，此外还需考虑水压力产生的侧向压力。

在地下水位以上的土压力仍按土的原来指标计算。在地下水以下的土取浮重度，抗剪强度指标应采用浸水饱和土的强度指标。若地下水不是长期存在的压力水，在考虑当地类似工程经验并适当放宽安全稳定系数的基础上，可用非浸水饱和土的强度指标。此外，还有静水压力作用，总侧压力为土压力和水压力之和，土压力和水压力的合力分别为各自分布图形的面积，如图 2.3-4（c）所示，合力各自通过其分布图形的形心，方向水平。

4. 特殊情况下朗肯土压力的近似求解方法

朗肯土压力理论给出了墙背垂直、光滑，填土表面水平，且与墙同高时土压力计算的一般公式，但在实际工程中，通常存在许多倾斜墙背、折线墙背、地面倾斜等情况，此外还有悬臂式挡墙、扶壁式挡墙、卸荷式挡墙等结构，显然这种情况不能满足朗肯土压力理论基本假设，但如果根据实际情况将问题合理简化，也可近似地应用朗肯土压力公式进行设计计算。

如图 2.3-5 所示，对于墙背倾斜的情况，采用朗肯理论计算通过墙踵或墙顶垂直切面上的土压力，在一定程度上接近于内切面上应力的基本假设；对于地面倾角＜内摩擦角 φ 时，也可假定土压力的作用方向与地面平行。

图 2.3-5（a）所示的俯斜式挡墙，在验算基底压力和挡墙整体稳定时，土压力 E_a 的计算可取土中垂直切面 $A'B$，同时土块 $AA'B$ 的重量和土压力 E_a 的垂直分量应计入在力学分析中。

图 2.3-5（b）为仰斜墙，这时朗肯理论算出的土中垂直切面 AB' 上的土压力 E_a 只有其水平分力 E_{ah} 对挡墙产生作用，垂直分力 E_{av} 连同土块 ABB' 的重量对墙是不发生作用的。

图 2.3-5（c）所示为底板后伸很宽的悬臂式钢筋混凝土挡土墙，设计时先按前述朗肯土压力倾斜土面公式算出切面 $A'B$ 上的土压力 E_a，再将底板上土块 AA_1A_2A' 的重量包括在地基压力和稳定的验算中即可。

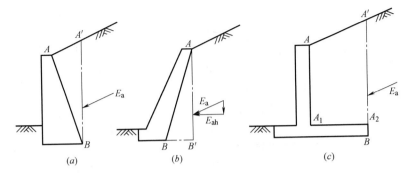

图 2.3-5 倾斜墙背和钢筋混凝土挡土墙
(a) 俯斜式；(b) 仰斜式；(c) 悬臂式

如前所述，朗肯土压力理论把垂直墙背当作土体半空间中的一个内切面，该切面上作用的应力视为墙背上的土压力，土压力的大小和方向与墙背粗糙程度无关。当然，在该假设前提下计算所得的土压力与实际土压力分布将存在一定的差别，当利用上述分析方法进行计算时，设计人员应根据具体情况进行分析，以免产生过大的误差。

2.3.4 库仑土压力理论

库仑土压力理论是库仑在 1773 年提出土压力经典理论，是根据墙后所形成的滑动楔体静力平衡条件建立的土压力计算方法。该方法计算较简便，能适用于各种复杂情况，且计算结果比较接近实际，因而至今仍得到广泛应用。

1. 基本原理

库仑土压力理论的基本假设为：挡土墙为刚性；墙后土体为无黏性砂土；当墙身向前或向后偏移时，墙后滑动土楔体沿着墙背和一个通过墙踵的平面发生滑动；滑动土楔体可视为刚体。

库仑土压力理论不像朗肯土压力理论是由应力的极限平衡来求解的，而是从挡土结构后土体中的滑动土楔体处于极限状态时的静力平衡条件出发，求解主动或被动土压力。应用库仑理论可以计算无黏性土在各种情况时的土压力，如墙背倾斜，墙后土体表面也倾斜，墙面粗糙，墙背与土体间存在摩擦角等。根据该计算理论，亦可把计算原理和方法推广至黏性土。

2. 静力平衡解法

（1）主动土压力

如图 2.3-6 所示，当墙向前移动或转动而使墙后土体沿某一破裂面 AC 滑动破坏时，土楔体 ABC 将沿着墙背 AB 和通过墙踵 A 点的滑动面 AC 向下向前滑动。在这破坏的瞬间，滑动楔体 ABC 处于主动极限平衡状态。

取 ABC 为隔离体，作用在其上的力具体包括：

① 土楔体自重 G：只要破裂面 AC 的位置确定，G 的大小就已知，即土楔体 ABC 的面积乘以土的重度，其作用方向竖直向下。

② 破裂面 AC 上的反力 R：从图 2.3-6 可得，土楔体滑动时，破裂面上的切向摩擦力和法向反力的合力为反力 R，它的方向已知，但大小未知。反力 R 与破裂面 AC 法线之间的夹角等于土的内摩擦角，并位于该法线的下侧。

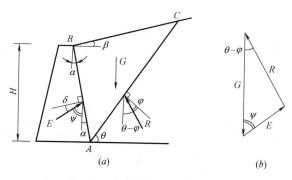

图 2.3-6 库仑主动土压力计算

③ 墙背对土楔体的反力 E：该力是墙背对土楔体的切向摩擦力和法向反力的合力，方向为已知，大小未知。该力的反力即为土楔体作用在墙背上的土压力。反力 E 与墙背的法线方向成 δ 角，δ 角为墙背与墙后土体之间的摩擦角（又称为墙土摩擦角），土楔体下滑时反力 E 的作用方向在法线的下侧。

土楔体在上述三个作用力的作用下处于静力平衡状态，必构成一闭合的力矢三角形。见图 2.3-6，按正弦定律可得：

$$\frac{E}{G}=\frac{\sin(\theta-\varphi)}{\sin[180°-(\theta-\varphi+\psi)]}=\frac{\sin(\theta-\varphi)}{\sin(\theta-\varphi+\psi)}$$

即
$$E=G\frac{\sin(\theta-\varphi)}{\sin(\theta-\varphi+\psi)} \tag{2.3-27}$$

式中 $\psi=90°-\alpha-\delta$，其余符号如图 2.3-6 所示。

上式中滑面 AC 的倾角 θ 未知。不同的 θ 值可绘出不同的滑动面，得出不同的 G 和 E 值，即 E 是 θ 的函数。

根据该式，当 θ 取极端情况时，如当 $\theta=\varphi$ 时，R 与 G 重合，$E=0$；当 $\theta=90°+\alpha$ 时，滑动面 AC 与墙背重合，$E=0$。

然而上述两种极端情况下的 θ 角都不是真正的滑面倾角。

当 θ 在 φ 至 $(90°+\alpha)$ 之间变化时，墙背上的土压力将由零增至极值，然后再减小到零。这个极值即为墙上的总主动土压力 E_a，其相应的 AC 面即为墙后土体的滑面，θ 称为破裂滑面倾角。显然，这样的 θ 值是存在的，见图 2.3-7。

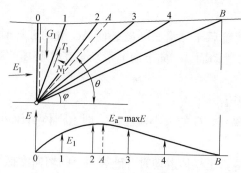

图 2.3-7 土压力 E 与滑动破裂角 θ 之间的关系

根据上面分析，只有产生最大 E 值的滑动面才是产生库仑主动土压力的滑动面，即总主动土压力达到最大的原理。按微分学求极值的方法，可由式（2.3-27）按 $dE/d\theta=0$ 的条件求得 E 为最大值（即主动土压力 E_a）时的 θ 角，相应于此时的 θ 角即为最危险的滑动破裂面与水平面的夹角。将求极值得到的 θ 角代入式（2.3-27），即可得出作用于墙背上的主动土压力合力 E_a 的大小，经整理后其表达式为：

$$E_a = \frac{1}{2}\gamma H^2 K_a \tag{2.3-28}$$

其中

$$K_a = \frac{\cos^2(\varphi-\alpha)}{\cos^2\alpha \cdot \cos(\alpha+\delta)\left[1+\sqrt{\dfrac{\sin(\varphi+\delta)\cdot\sin(\varphi-\beta)}{\cos(\alpha+\delta)\cos(\alpha-\beta)}}\right]^2} \tag{2.3-29}$$

式中 K_a——库仑主动土压力系数，K_a 与角 α、β、δ、φ 有关，而与 γ、H 无关；

γ,φ——墙后土体的重度和内摩擦角；

α——墙背与竖直线之间的夹角，以竖直线为准，逆时针方向为正（俯斜），顺时针方向为负（仰斜）；

β——墙后土体表面与水平面之间的夹角，水平面以上为正，水平面以下为负；

δ——墙背与墙后土体之间的摩擦角，可由试验确定，无试验资料时，根据墙背粗糙程度取为 $\delta = \left(\dfrac{1}{3} \sim \dfrac{2}{3}\right)\varphi$，也可参考表 2.3-2 中的数值。

土对挡土墙墙背的摩擦角 表 2.3-2

挡土墙情况	摩擦角 δ
墙背平滑、排水不良	$(0\sim0.33)\varphi$
墙背粗糙、排水良好	$(0.33\sim0.5)\varphi$
墙背很粗糙、排水良好	$(0.5\sim0.67)\varphi$
墙背与填土间不可能滑动	$(0.67\sim1.0)\varphi$

注：φ 为墙背填土的内摩擦角。

由式（2.3-29）可看出，随着土的内摩擦角 φ 和墙土摩擦角 δ 的增加以及墙背倾角 α 和填土面坡角 β 的减少，K_a 值相应减少，主动土压力随之减少。可见，在工程中注意选取 φ 值较高的填料（如非黏性的砂砾石土），注意填土排水通畅，增大 δ 值，都将对减小作用在挡土墙上的主动土压力有积极意义。

当墙后土面水平，墙背垂直且光滑（$\beta=0$，$\alpha=0$，$\delta=0$）时，库仑主动土压力公式与朗肯主动土压力公式完全相同，说明朗肯土压力是库仑土压力的一个特例。在这样特定条件下，两种土压理论所得结果一致。

由式（2.3-28）可知，主动土压力与墙高的平方成正比，将 E_a 对 z 取导数，可得距墙顶深度 z 处的主动土压力强度 p_a，即

$$p_a = \mathrm{d}E_a/\mathrm{d}z = \mathrm{d}\left(\frac{1}{2}\gamma z^2 K_a\right)/\mathrm{d}z = \gamma z K_a \tag{2.3-30}$$

由上式可知，主动土压力强度沿墙高呈三角形分布。主动土压力的作用点在离墙底 $H/3$ 处，方向与墙背法线的夹角成 δ，或与水平面成 $(\alpha+\delta)$ 角。

（2）被动土压力

当墙在外力作用下推挤墙后土体直至墙后土体沿某一破裂面 AC 破坏时，土楔体 ABC 沿墙背 AB 和滑动面 AC 向上滑动（图 2.3-8）。在破坏瞬间，滑动土楔体 ABC 处于被动极限平衡状态。取 ABC 为隔离体，利用其上各作用力的静力平衡条件，按前述库仑主动土压力公式推导思路，采用类似方法可得库仑被动土压力公式。但要注意的是作用在土楔体上的反力 E 和 R 的方向与求主动土压力时相反，都应位于法线的另一侧。另外，与主动土压力不同之处还在于被动土压力是被动土压力 E_p 为最小值时的滑动面才是真正的破坏滑动面，因为这时楔体所受阻力最小，最容易被向上推出。

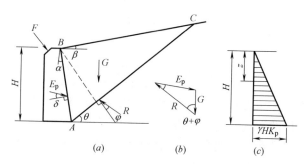

图 2.3-8 库仑被动土压力计算

被动土压力 E_p 的库仑公式为

$$E_p = \frac{1}{2}\gamma H^2 K_p \tag{2.3-31}$$

其中

$$K_p = \frac{\cos^2(\varphi+\alpha)}{\cos^2\alpha \cdot \cos(\alpha-\delta)\left[1-\sqrt{\dfrac{\sin(\varphi+\delta)\cdot\sin(\varphi+\beta)}{\cos(\alpha-\delta)\cos(\alpha-\beta)}}\right]^2} \tag{2.3-32}$$

式中 K_p 为库仑被动土压力系数，其他符号意义同前，显然 K_p 也与角 α、β、δ、φ 有关。

在墙背直立、光滑、墙后土体表面水平（$\beta=0$，$\alpha=0$，$\delta=0$）时，库仑被动土压力公式与朗肯被动土压力公式相同。被动土压力强度可按下式计算：

$$p_p = \mathrm{d}E_p/\mathrm{d}z = \mathrm{d}\left(\frac{1}{2}\gamma z^2 K_p\right)/\mathrm{d}z = \gamma z K_p \tag{2.3-33}$$

被动土压力强度沿墙高也呈三角形分布，如图 2.3-8 所示，其方向与墙背的法线成 δ 角且在法线上侧，土压力合力作用点在距墙底 $H/3$ 处。

上面叙述的关于库仑土压力的主动最大、被动最小的概念，也被称为库仑土压力理论的最大和最小原理。请注意到与前述三种土压力中最大、最小值在概念上的差别，在前讲述主动土压力是三种土压力（主动、静止和被动）的最小土压力，被动土压力是三种土压力中的最大土压力，指在三种不同破坏状态下不同土压力之间作比较。而这里最大和最小原理是指在相同极限状态下，在众多潜在滑动面所求得的、主动破坏时为最大、被动破坏时为最小原理确定的最不利滑面位置以及相对应作用力为主动、被动土压力。

3. 图解法

图解法是数解法的辅助手段和补充，有些情况下它比数解法还简便。土压力图解方法较多，且各有优缺点，目前最常见得图解法是库尔曼（C. Culmann）图解法。

库尔曼图解法的基本原理是利用假定多个不同的破裂滑动面，由相应的滑动土楔体上力的平衡条件，画出力多边形，以求得土压力 E。主动土压力 E_a 是土楔体下滑时力多边形中最大的 E_{max}，被动土压力 E_p 则是土楔体上推时力多边形中最小的 E_{min}。库尔曼图解法应用广泛，特别适合于库仑土压力数值解不能准确求解的荷载或边界条件等情况，如填土表面不规则、土面作用有各种不同的荷载等。

该方法的基本原理如下：

设挡土墙及其墙后土体条件如图 2.3-9 所示。根据数解法已知，若在墙后土体中任选一通过墙踵 A 并与水平面夹角为 θ 的滑动面 AC，可求出土楔体 ABC 重量 G 的大小及方向，以及反力 E 及 R 的方向，从而可绘制闭合的力矢三角形，进而可求得 E 的大小。通过选取多个不同的滑动面，重复上述方法可得到多个不同的土压力 E 值，而其中最大者即为所求主动土压力 E_a，相应于这时的滑动面即为真正滑动面。

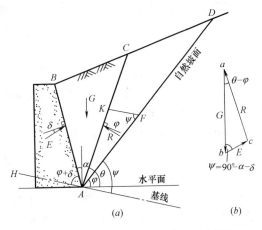

图 2.3-9　库尔曼图解法求主动土压力的原理

在图 2.3-9（a）所示的几何关系中，AD 面与水平面成 φ 角，称为自然坡面；任选一破裂面 AC，它与水平面成 θ 角，过 A 点作 AH 线与墙背 AB 成 $\varphi+\delta$ 角，此线称为基线。基线 AH 与自然坡面 AD 的夹角为 $\psi=90°-\alpha-\delta$。若在 AC 与 AD 两线之间作一直线 FK 与基线 AH 线平行，则构成一个三角形 AFK，有：

$$\angle KFA=\psi,\angle KAF=\theta-\varphi$$

图 2.3-9（b）为任选破裂面 AC 时，作用在滑动土楔体 ABC 上的力矢三角形。在该力矢三角形中有：

$$\angle abc=\psi,\angle bac=\theta-\varphi$$

对比三角形 AFK 和力矢三角形 abc，得

$$\triangle AFK\backsim\triangle abc$$

于是

$$\frac{E}{G}=\frac{KF}{AF}$$

因此，若 AF 为按某一比例尺表示的土楔体重量 G，则 KF 为按同样比例尺代表的相应土压力值 E。为了求得真正的滑动面和实际的土压力 E_a，可在墙背 AB 和自然坡面 AD 之间选定若干不同的破裂面 AC_1、$AC_2\cdots$，见图 2.3-10。

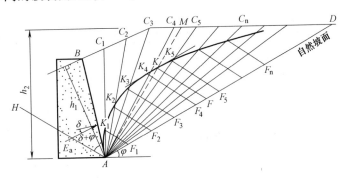

图 2.3-10　库尔曼图解法

按上述方法在自然坡面与破裂面上确定相应的点 F_1、$F_2\cdots$ 和 K_1、$K_2\cdots$，则 F_1K_1、$F_2K_2\cdots$ 分别代表 AC_1、$AC_2\cdots$ 各假设破裂面的土压力 E_1、$E_2\cdots$。将 K_1、$K_2\cdots$ 各点连成一条光滑曲线，在该曲线上作平行于 AD 线的切线，找出切点 K，再平行于基线 AH 作线段 KF，该线段即表示主动土压力 E_a 的值。AK 连续直至延伸到土面表示真正滑裂面。

用库尔曼图解法求主动土压力的具体步骤如下：

（1）按比例绘出挡土墙与墙后土体表面的剖面图；

（2）通过墙踵 A 点作自然坡面线 AD，使 AD 与水平线成 φ 角；

（3）通过墙踵 A 点作基线 AH，使 AH 与 AD 的夹角为 $\psi=90°-\alpha-\delta$；

（4）在 AB 与 AD 之间任意选定破裂面 AC_1、$AC_2 \cdots$，分别求土楔体 ABC_1、$ABC_2 \cdots$ 的自重 G_1、$G_2 \cdots$，按某一适当的比例尺作 $AF_1=G_1$，$AF_2=G_2 \cdots$，过 F_1、$F_2 \cdots$ 分别作平行于 AH 线的平行线与试算破裂面 AC_1、$AC_2 \cdots$ 交于 K_1、$K_2 \cdots$ 各点；

（5）将 K_1、K_2、$K_3 \cdots$ 各点连成曲线，称为土压力轨迹线，它表示各不同假想破裂面时墙背 AB 受到的土压力的变化；

（6）作土压力轨迹线的切线，使其平行于 AD 线，切点为 K，过 K 点作 KF 线平行于基线 AH，与 AD 线相交于 F 点，则 KF 线段长度，按重量比例尺的大小，就代表了主动土压力 E_a 的实际值，连接 AK 并延长交墙后土体表面于 M 点，则 AM 面即为所求的真正破裂面。

同理，用库尔曼图解法也可求得被动土压力 E_P，注意到此时 E_P 和反力 R 的偏角都分别在墙背面和破裂面法线的上侧。

库尔曼图解法求得的土压力为合力，作用点位置可近似按以下方法确定：按上述方法找到真正滑裂面后，确定实际滑动土楔体重心，过重心作一直线与真正滑裂面平行，与墙背交于一点，该点即视为土压力合力作用点位置。合力作用方向与墙背法线成 δ 交角。

库尔曼图解法适用面广，还可用于墙后土体表面不规则、有局部荷载、墙背为折线、黏性土填料等情况。比如，墙后土体表面有局部荷载时，确定土压力的基本方法不变，只是在各个假定土楔体自重基础上加入相应土楔体上的地面荷载，然后按以上所述方法作图即可。

4. 特殊情况下的库仑土压力

工程上时常会遇到挡土墙并非直立、光滑，填土面非直线、水平，荷载条件或其他边界条件较为复杂的情况，这时可以采用一些近似处理办法进行分析计算。

（1）填土面有连续均布荷载

当挡土墙后填土面有连续均布荷载 q 作用时，通常土压力的计算方法是将均布荷载换算成当量的土重，即用假想的土重代替均布荷载。

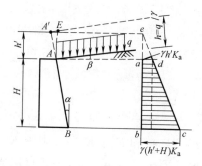

图 2.3-11　填土面有连续均布荷

当填土面和墙背面倾斜，填土面作用连续均布荷载时（图 2.3-11），当量土层厚度 $h=\dfrac{q}{\gamma}$，假想的填土面与墙背 AB 的延长线交于 A' 点，故以 $A'B$ 为假想墙背计算主动土压力，但由于填土面和墙背面倾斜，假想的墙高应为 $h'+H$，根据 $\triangle A'AE$ 的几何关系可得

$$h'=h\frac{\cos\beta \cdot \cos\alpha}{\cos(\alpha-\beta)} \qquad (2.3\text{-}34)$$

然后，以 $A'B$ 为墙背，按填土面无荷载时的情况计算土压力。在实际考虑墙背土压力的分布时，只计墙背高度范围，不计墙顶以上 h' 范围

的土压力。这种情况下主动土压力计算如下：

　　墙顶土压力　　　$p_a = \gamma h' K_a$

　　墙底土压力　　　$p_a = \gamma(H + h')K_a$

　　实际墙 AB 上的土压力合力即为 H 高度上压力图的面积，即

$$E_a = \gamma H\left(\frac{1}{2}H + h'\right)K_a \tag{2.3-35}$$

E_a 作用位置在梯形面积形心处，与墙背法线成 δ 角。

　　（2）条形荷载

　　若土体表面有水平宽度为 l 的均布条形荷载 q（以单位水平面积计），可以近似求出该条形荷载在内的土压力 E_a，见图 2.3-12。图中 BD_1 为无荷载 q 时的破裂面，BD 为考虑荷载以后的破裂面，主动土压力计算方法如下。

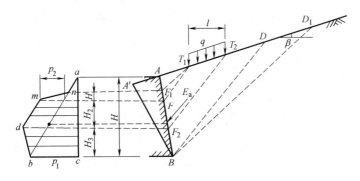

图 2.3-12　有条形荷载时土压力的近似解法

　　① 若无 q 作用时的土压力 E_1 和滑裂面 BD_1，其相应的压力图为三角形 abc；

　　② 延长 D_1A 至 A' 点，使 $\gamma \cdot \triangle AA'B = ql$；

　　③ 求以 $A'B$ 为墙背时的土压力 E_a 和滑裂面 BD；

　　④ 从 T_1 作 $T_1F_1 /\!/ BD_1$，把 F_1 点作为荷载影响土压力分布的起点，再作 $T_1F /\!/ BD$，把 F 点当作荷载影响最大段的起点；

　　⑤ 从 T_2 作 $T_2F_2 /\!/ BD_1$，把 F_2 点作荷载影响最大段的终点，由该点至墙踵，荷载对土压力的影响逐渐性地减小到零。其相应的附加压力图为 $nmdb$，相应的三段高为 H_1、H_2 和 H_3；

　　⑥ 由 q 所引起的附加压力 p_2 为

$$p_2 = \frac{2(E_a - E_1)}{H_1 + 2H_2 + H_3} \tag{2.3-36}$$

　　土压力 E_a 的作用点在压力图 $anmdbc$ 的形心位置，方向与墙背法线成 δ 角。

　　（3）成层填土

　　当墙后土体分层，且具有不同的物理力学性质时，常用近似方法分层计算土压力。假设各层图的分层面与土体表面平行，计算方法是：先将墙后土面上荷载 q 转变成墙高 h'（其中 $h' = q/\gamma$），然后自上而下分层计算土压力。求算下层土层时，可将上层土的重量当作均布荷载对待。

　　（4）黏性土中土压力理论的应用

　　库仑土压力理论只讨论了无黏聚力砂性土的土压力问题。实际工程中挡土墙填料也常

常不得不采用黏聚性填料。此时，土的黏聚力 c 对土压力的大小及其分布将产生显著影响。这个问题至今尚未得到较为满意的解答，它是目前挡土墙土压力计算中的一个重要研究课题。在工程中常常采用下述近似计算方法。

① 公式法

Gudehus 提出下列简单明了的土压力计算公式法。他认为，当黏性土黏聚力提供的土压力部分 $E(c)$、地面超载所产生的土压力部分 $E(q)$ 和土体自重产生的土压力部分 $E(\gamma)$ 满足如下关系

$$E(c)+E(q)<E(\gamma)/3 \tag{2.3-37}$$

时，土压力可通过下列公式计算，即

主动土压力 $$E_a=\frac{1}{2}\gamma h^2 K_a+qhK_a-2ch\sqrt{K_a} \tag{2.3-38a}$$

被动土压力 $$E_p=\frac{1}{2}\gamma h^2 K_p+qhK_p+2ch\sqrt{K_p} \tag{2.3-38b}$$

水平主动土压力强度 $$e_{ah}=\gamma h K_{ah}+qK_{ah}-2c\sqrt{K_{ah}} \tag{2.3-39a}$$

水平被动土压力强度 $$e_{ph}=\gamma h K_{ph}+qK_{ph}+2c\sqrt{K_{ph}} \tag{2.3-39b}$$

上式中，K_a，K_p——库仑主动、被动土压力系数；

γ——土的重度；其他见图 2.3-13。

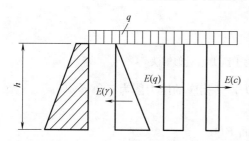

图 2.3-13 土压力各组成部分示意图
注：对于被动土压力，图中 $E(c)$ 作用方向相反

上述 Gudehus 公式把土压力按起因分为三类，即自重、荷载和黏聚力部分，概念明确，图示直观，便于理解和应用。该方法适用于倾斜墙背、倾斜地面、黏性土等情况。当墙土摩擦角 $\delta=0$、墙背垂直 $\alpha=0$、地面水平 $\beta=0$ 时，库仑土压力系数完全等同于朗肯土压力系数；若再加上黏聚力 $c=0$，结合到摩尔-库仑强度准则，土压力系数有如下关系：

$$K_{ah}=\tan^2\left(45-\frac{\varphi}{2}\right)=\frac{1-\sin\varphi}{1+\sin\varphi}=\frac{\sigma_3}{\sigma_1} \tag{2.3-40a}$$

$$K_{ph}=\tan^2\left(45+\frac{\varphi}{2}\right)=\frac{1+\sin\varphi}{1-\sin\varphi}=\frac{\sigma_1}{\sigma_3} \tag{2.3-40b}$$

$$K_{ah}\cdot K_{ph}=1 \tag{2.3-40c}$$

② 等值内摩擦角法

在工程实践中，有时近似地采用等值内摩擦角 φ_D 来综合考虑黏性填土 c、φ 两者的影响，即通过适当增加内摩擦角 φ 从而把黏聚力 c 的影响也考虑进去，然后再按无黏性土的方法来计算土压力。这样做可大大简化计算工作，但关键是如何合理地确定 φ_D 值。在实践应用中，通常采用如下几种方法。

第一种方法：经验法，一般可塑—硬塑状黏土、粉质黏土在地下水位以上时 φ_D 常采用 30°～35°，地下水位以下时 φ_D 常采用 25°～30°；或黏聚力每增加 10kPa，φ_D 增加 3°～7°；可塑状取低值，硬塑状取中偏高值。

第二种方法：根据土的抗剪强度相等的原则，有

$$\varphi_D = \arctan\left(\tan\varphi + \frac{c}{\gamma h}\right) \tag{2.3-41}$$

式中　γ——填土重度；

　　　h——挡土墙计算高度。

第三种方法：按朗肯公式土压力相等相等原则，有

$$\varphi_D = 90° - 2\arctan\left[\tan\left(45° - \frac{\varphi}{2}\right) - \frac{2c}{\gamma h}\right] \tag{2.3-42}$$

式中 γ、h 意义同上。

第四种方法：按朗肯土压力力矩相等原则，有

$$\varphi_D = 90° - 2\arctan\left[\tan\left(45° - \frac{\varphi}{2}\right) - \frac{2c}{\gamma h}\sqrt{1 - \frac{2c}{\gamma h}\tan\left(45° + \frac{\varphi}{2}\right)}\right] \tag{2.3-43}$$

式中 γ、h 意义同上。

应当指出，等值内摩擦角法虽然方便、简单，但这种方法仅仅是为了解决土压力计算中的困难，而存在很多不合理的地方。如经验法假定等值内摩擦角 φ_D 为某一指定范围，这是不合理的，实际上 φ_D 并非定值，它随墙高而变化。通常墙高越小，φ_D 值越大，故经验法假设值对高墙可能偏于不安全而对于低墙则可能偏于保守。

上述几种根据土抗剪强度相等原则换算值都是由某单一条件相等而得出的，不能反映土压力计算中各项复杂因素之间的关系。以抗剪强度相等换算为例，在无黏性土①和黏性土②的摩尔库仑包线上，该换算实际上只有一点（A 点）的强度相等。当竖向应力小于 B 时，计算强度小于土的实际强度，用等值内摩擦角 φ_D 计算的土压力偏大，对工程来说偏于安全，设计上偏于保守；而当竖向压力大于 B 时，计算强度大于土的实际强度，计算土压力偏小，对工程来说偏于不安全，设计上偏于危险，从而导致低墙保守，高墙危险的情况出现。因此，等值内摩擦角法一般在计算时应对照原位土层和挡墙的具体情况，确定合理的 φ_D 值，不能机械照搬，在计算大于 8m 以上的高挡土墙时，尤其需慎重。

2.3.5 关于朗肯和库仑土压力理论的讨论

挡土墙土压力的计算理论是土力学重要的课题之一。作用于挡土墙上的土压力与许多因素有关。二百多年来，尽管有众多关于影响土压力因素的研究，有关的著作也不少，但总的说来，土压力尚不能准确地计算，在很大程度上是一种估算。其主要原因可归结为天然土体的离散性、不均匀性和多样性，以及朗肯和库仑土压力理论对实际问题作了一些简化和假设。这里就朗肯和库仑土压力理论作简要对比，并对其中一些问题作简单的讨论。

1. 朗肯和库仑理论比较

朗肯和库仑两种土压力理论都是研究土压力问题的简单方法，但它们研究的出发点和途径不同，分别根据不同的假设，以不同的分析方法计算土压力，只有在简单情况下两种理论计算结果才一致。

朗肯土压力理论从半无限体中一点的应力状态和极限平衡的角度出发，推导出土压力计算公式。其概念清楚，公式简单，便于记忆，计算公式对黏性或无黏性土均可使用，在工程中得到了广泛应用。但为了使挡土墙后土体的应力状态符合半无限体的应力状态，必须假设墙背是光滑、直立的，因而它的应用范围受到了很大限制。此外，朗肯理论忽略

了实际墙背并非光滑，存在摩擦力的事实，使计算得到的主动土压力偏大，而计算的被动土压力偏小。最后一点，朗肯理论采用先求土中竖直面上的土压力强度及其分布，再计算出作用在墙背上的土压力合力，这也是与库仑理论的不同之处。

库仑土压力理论是根据挡土墙后滑动土楔体的静力平衡条件推导出土压力计算公式的。推导时考虑了实际墙背与土之间的摩擦力，对墙背倾斜、墙后土体表面倾斜情况没有像朗肯理论那样限制，因而库仑理论应用更广泛。但库仑理论事先曾假设墙后土体为无黏性土，因而对于黏性土体挡土墙，不能直接采用库仑土压力公式进行计算。此外，库仑理论是根据滑动土楔体的静力平衡条件先求出库仑土压力的合力，然后由土压力合力与墙高的平方成正比的关系，经对计算深度 z 求导，得到土压力沿墙身的压力分布。

总体说来，朗肯理论在理论上较为严密，但只能得到理想简单边界条件下的解答，在应用上受到限制。而库仑理论虽然在推导时作了明显的近似处理，但由于能适用于各种较为复杂的边界条件或荷载条件，且在一定程度上能满足工程上所要求的精度，因而应用更广。

对于上述两种土压力理论，Gudehus 公式做了应用更为广泛的扩展。

2. 破裂面形状

库仑土压力理论假定墙后土体的破坏是通过墙踵的某一平面滑动的，这一假定虽然大大简化了计算，但是与实际情况有差异。经模型试验观察，破裂面是曲面。只有当墙背倾角较小（$\alpha < 15°$），墙背与墙后土体间的摩擦角较小（$\delta < 15°$），考虑主动土压力时，滑动面才接近于平面。对于被动土压力或黏性土体，滑动面呈明显的曲面。由于假定破裂面为平面以及数学推导上不够严谨，给库仑理论结果带来了一定误差。

计算主动土压力时，计算得出的结果与曲线滑动面的结果相比要小约 $2\% \sim 10\%$，可以认为已经满足工程设计所要求的精确度。当土体内摩擦角 $\varphi = 5° \sim 45°$、墙土摩擦角 $\delta \leqslant \varphi/3$ 时，朗肯理论与库仑理论比较接近，但是当墙土摩擦角 $\delta = \dfrac{2}{3}\varphi$，朗肯理论比库仑理论大约 $5\% \sim 21\%$。

土体被动破坏时的实际滑动面为曲面。当内摩擦角 φ 和墙土摩擦角 δ 较大时，采用平面滑动面进行计算则误差较大。故工程实践中一般将库仑被动土压公式限制在 $\varphi \leqslant 35°$ 范围内。

此外，由于库仑理论把破裂面假设为平面，使得处于极限平衡的滑动土楔体平衡所必需的力素，对于任何一点的力矩之和应等于零的条件难以得到满足。除非挡土墙墙背倾角 α、墙后土体表面倾斜角 β 以及墙背与土体摩擦角 δ 都很小，否则这个误差将随 α、β 和 δ 角的增大而增加，尤其在考虑被动土压力计算时，误差更为明显。

3. 土压力强度分布

墙背土压力强度的分布形式与挡土墙移动和变形有很大的关系。朗肯和库仑土压力理论都假定土压力随深度呈线性分布，实际情况并非完全是这样。从一些试验和观测资料来看，挡土墙若绕墙踵转动时，土压力随深度是接近线性分布的；当挡土墙绕墙顶转动时，在填土中将产生土拱作用，因而土压力强度的分布呈曲线分布；如挡土墙为平移或平移与转动的复合变形时，土压力也为曲线分布。如果挡土墙刚度很小，本身较柔，受力过程中会产生自身挠曲变形，如轻型围护墙，其墙后土压力分布图形就更为复杂，呈现出不规则的曲线分布，而并非一般经典土压力理论所确定的线性分布。

对于一般刚性挡土墙，一些大尺寸模型试验给出了两个重要的结果：

（1）曲线分布的实测土压力总值与按库仑理论计算的线性分布的土压力总值近似相等；

（2）当墙后土体表面为平面时，曲线分布的土压力的合力作用点距离墙踵高度约为 $0.40H \sim 0.43H$（H 为墙高）。

此外，墙后土体的位移、土的黏聚力、地下水的作用、荷载的性质（静载或动载）、土的膨胀性能等都会对土压力的分布有一定影响。特别是墙后黏性土体土压力的计算问题，还是目前工程界和科研部门极为关注的重要课题。

2.3.6 水、土分算与合算对比

在基坑工程中，地下水位以下的土压力计算时一般有两个原则，即：水土分算原则和水土合算原则。

所谓水土分算，其实质就是分别计算水、土压力，以两者之和为总侧压力。计算土压力时用土的浮重度，计算水压力时按全水头的水压力考虑。这一方法适用于土孔隙中存在自由的重力水的情况或土的渗透性较好的情况，一般适用于砂土、粉性土和粉质黏土。工程实践表明：土体中的水压力与其空隙中的自由水及其渗透性是密切相关的，按水土分算方法计算水压力对于大多数土层来说，其作用都偏大。

所谓水土合算，其实质就是不考虑水压力的作用，认为土孔隙中不存在自由的重力水，土孔隙中的水都是结合水，它不传递静水压力，因此不形成水压力，将土颗粒与其孔隙中的结合水视为一整体，直接用土的饱和重度计算土体的侧压力即可。一般适用于黏土和粉土，不少实测资料证实，对这种土采用水土合算法是合适的。

采用水土分算还是水土合算方法计算土压力是当前工程界存有争议的课题。按照有效应力原理，土中骨架应力与水压力应分别考虑，水土分算方法符合有效应力原理，但在实际应用中，由于有效指标难以确定且无法考虑土体在不排水剪切时产生的超静孔压影响等问题，故在工程中并不实用；而水土合算方法尽管与有效应力原理存在冲突，但长期实践表明，结合当地的工程经验，采用水土合算方法计算土压力仍可较好地满足工程设计要求。

因此，在基坑支护设计过程中，应根据地区工程经验，选用适合当地的水土压力计算原则，且必须注意采用与其相匹配的抗剪强度指标和安全系数。

2.3.7 坑外超载引起的土压力计算

在坑外超载作用下，计算围护墙上产生的附加土压力应先计算超载所产生的附加竖向应力，然后将附加竖向应力乘以水平土压力系数，以得到附加土压力，具体如下：

$$\Delta p_{ak} = \Delta \sigma_{k,j} \cdot K_{a,i} \qquad (2.3\text{-}44)$$

均布附加荷载作用下的土中附加竖向应力应按下式计算（图 2.3-14）：

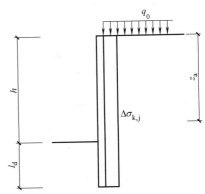

图 2.3-14　均布竖向附加荷载作用下的土中附加竖向应力计算

$$\Delta\sigma_{k,j} = q_0 \tag{2.3-45}$$

式中 q_0——均布附加荷载（kPa）。

对于坑外条形基础，在围护结构局部附加荷载作用下的土中附加竖向应力可按下列规定计算：

（1）对于条形基础下的附加荷载（图 2.3-15a）：

当 $d+a/\tan\theta \leqslant z_a \leqslant d+(3a+b)/\tan\theta$ 时

$$\Delta\sigma_{k,j} = \frac{p_0 b}{b+2a} \tag{2.3-46}$$

式中 p_0——基础底面附加压力（kPa）；

$\quad\quad d$——基础埋置深度（m）；

$\quad\quad b$——基础宽度（m）；

$\quad\quad a$——支护结构外边缘至基础的水平距离（m）；

$\quad\quad \theta$——附加荷载的扩散角，宜取 $\theta=45°$；

$\quad\quad z_a$——支护结构顶面至土中附加竖向应力计算点的竖向距离。

当 $z_a < d+a/\tan\theta$ 或 $z_a > d+(3a+b)/\tan\theta$ 时，取 $\Delta\sigma_{k,j}=0$。

（2）对于矩形基础下的附加荷载（图 2.3-15a）：

当 $d+a/\tan\theta \leqslant z_a \leqslant d+(3a+b)/\tan\theta$ 时

$$\Delta\sigma_{k,j} = \frac{p_0 bl}{(b+2a)(l+2a)} \tag{2.3-47}$$

式中 b——与基坑边垂直方向上的基础尺寸（m）；

$\quad\quad l$——与基坑边平行方向上的基础尺寸（m）。

当 $z_a < d+a/\tan\theta$ 或 $z_a > d+(3a+b)/\tan\theta$ 时，取 $\Delta\sigma_{k,j}=0$。

（3）对作用在地面的条形、矩形附加荷载，按本条第 1、2 款计算土中附加竖向应力 $\Delta\sigma_{k,j}$ 时，应取 $d=0$（图 2.3-15b）。

当支护结构的挡土构件顶部低于地面，其上方采用放坡时，挡土构件顶面以上土层对

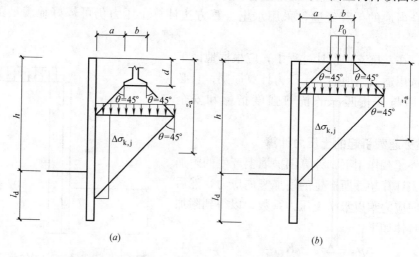

图 2.3-15 局部附加荷载作用下的土中附加竖向应力计算

（a）条形或矩形基础；（b）作用在地面的条形或矩形附加荷载

挡土构件的作用宜按库仑土压力理论计算，也可将其视作附加荷载并按下列公式计算土中附加竖向应力（图 2.3-16）：

(1) 当 $a/\tan\theta \leqslant z_a \leqslant (a+b_1)/\tan\theta$ 时

$$\Delta\sigma_{k,j} = \frac{\gamma_m h_1}{b_1}(z_a - a) + \frac{E_{ak1}(a+b_1-z_a)}{K_{am}b_1^2} \tag{2.3-48}$$

$$E_{ak1} = \frac{1}{2}\gamma_m h_1^2 K_{am} - 2c_m h_1\sqrt{K_{am}} + \frac{2c_m^2}{\gamma_m} \tag{2.3-49}$$

(2) 当 $z_a > (a+b_1)/\tan\theta$ 时

$$\Delta\sigma_{k,j} = \gamma_m h_1 \tag{2.3-50}$$

(3) 当 $z_a < a$ 时

$$\Delta\sigma_{k,j} = 0 \tag{2.3-51}$$

式中　z_a——支护结构顶面至土中附加竖向应力计
算点的竖向距离（m）；

a——支护结构外边缘至放坡坡脚的水平距
离（m）；

b_1——放坡坡面的水平尺寸（m）；

h_1——地面至支护结构顶面的竖向距离（m）；

γ_m——支护结构顶面以上土的重度（kN/m³）；
对多层土取各层土按厚度加权的平均值；

c_m——支护结构顶面以上土的黏聚力（kPa）；

K_{am}——支护结构顶面以上土的主动土压力系数，
对多层土取各层土按厚度加权的平均值；

E_{ak1}——支护结构顶面以上土层所产生的主动
土压力的标准值（kN/m）。

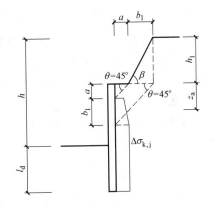

图 2.3-16　挡土构件顶部以上放
坡时土中附加竖向应力计算

当支护结构的挡土构件顶部低于地面，其上方采用土钉墙，按公式（2.3-48）～（2.3-51）计算土中附加竖向应力标准值时可取 $b_1 = h_1$。

在超载作用下，坑外集中荷载作用下在围护结构产生的侧向土压力可以通过弹性理论近似计算得到，具体如图 2.3-17 所示。

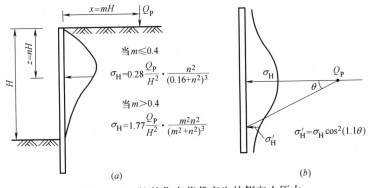

当 $m \leqslant 0.4$
$$\sigma_H = 0.28\frac{Q_P}{H^2}\cdot\frac{n^2}{(0.16+n^2)^3}$$

当 $m > 0.4$
$$\sigma_H = 1.77\frac{Q_P}{H^2}\cdot\frac{m^2 n^2}{(m^2+n^2)^3}$$

$$\sigma_H' = \sigma_H\cos^2(1.1\theta)$$

(a)　　　　　　　　　(b)

图 2.3-17　坑外集中荷载产生的侧向土压力

(a) 坑外集中荷载产生的侧向土压力；(b) 集中荷载作用点两侧沿墙个点的侧向土压力

同时，在坑外线荷载和条形荷载作用下，超载在围护结构产生的侧向土压力如图 2.3-18 和图 2.3-19 所示。

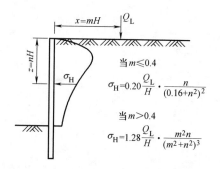

当 $m \leqslant 0.4$

$$\sigma_H = 0.20 \frac{Q_L}{H} \cdot \frac{n}{(0.16 + n^2)^2}$$

当 $m > 0.4$

$$\sigma_H = 1.28 \frac{Q_L}{H} \cdot \frac{m^2 n}{(m^2 + n^2)^3}$$

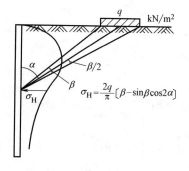

$$\sigma_H = \frac{2q}{\pi} [\beta - \sin\beta\cos2\alpha]$$

图 2.3-18　坑外线荷载产生的侧向土压力　　　　图 2.3-19　坑外条形荷载产生的侧向土压力

2.3.8 考虑渗流效应的水、土压力的计算

对防渗帷幕下仍为透水性很强的地基土，且坑内外存在水头差时，开挖基坑后，在渗透作用下地下水将从坑外绕过帷幕底渗入坑内。由于水流阻力的作用，作用水头沿程降低，坑外、坑内的水压力呈不同的变化，坑外作用于帷幕上的水压力强度将减小而坑内作用于帷幕上的水压力强度将增大，在这种情况下，计算应考虑渗流作用对水压力带来的影响。

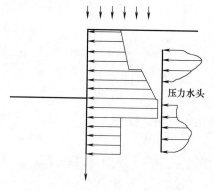

图 2.3-20　渗流对水平荷载的影响示意

1. 计算水压力的流网图方法

在很多情况下，比如支护范围内或者支护体以下存在多个含水层的条件下，地下实际上处于渗流状态，渗流矢量的竖直分量十分明显。这种情况将造成渗流场的压力水头后者孔隙水压力分布状态比较复杂，此时，作用于支护结构的水压力将不再是静水压力，而是由于渗流造成的压力水头，如图 2.3-20，在这种情况下，通常需要进行渗流分析，并采用渗流网计算水压力。

采用流网法计算水压力应先根据基坑的渗流条件作出流网图，见图 2.3-21，而作用于墙体不同高程 z 的渗透水压力 p_w 可用其压力水头形式表示：

$$p_w = \gamma_w (\beta h_0 + h - z) \tag{2.3-52}$$

式中 β 为计算点渗透水头和总压力水头 h_0 的比值，从流网图上读出；h 为坑底水位高程。

画流网计算水压力的方法较合理，但要绘制多层土的流网非常困难，故这种方法的实用性受到限制。

无论何种支护结构都有纵向接缝，流网不能反映这些接缝对渗透性的影响，但按流网计算的水压力一般是偏于安全的。

2. 计算水压力的本特·汉森方法

本特·汉森提出一种考虑渗流作用的水压力近似计算方法，并应用于德国地基基础规范 DIN4085 中。如图 2.3-22 所示，在主动侧的水压力低于静水压力，位于坑内地下水位

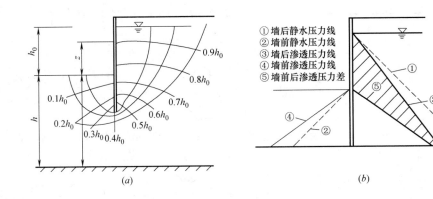

图 2.3-21　流网及水压力计算

(a) 流网图；(b) 水压力分布图

标高处的修正值为 $-\Delta p_{w1}$，其值可按下式计算：

$$\Delta p_{w1} = i_a \gamma_w \Delta h_w \tag{2.3-53}$$

修正后的基坑内地下水位处的水压力可按下式计算：

$$p_{w1} = \gamma_w \Delta h_w - \Delta p_{w1} \tag{2.3-54}$$

式中　p_{w1}——基坑内地下水位处的水压力值（kPa）；

　　　Δp_{w1}——基坑开挖面处的水压力修正值（kPa）；

　　　i_a——基坑外的近似水力坡降，取

$$i_a = \frac{0.7 \Delta h_w}{h_{w1} + \sqrt{h_{w1} h_{w2}}} \tag{2.3-55}$$

　　　Δh_w——基坑内、外侧地下水位差（m），$\Delta h_w = h_{w1} - h_{w2}$；

　　　h_{w1}、h_{w2}——基坑外、内侧地下水位至围护墙底端的高度（m）。

在主动侧墙底的修正后水压力为

$$p_{wa} = \gamma_w \Delta h_{w1} - \Delta p'_1 \tag{2.3-56}$$

其中，修正值 $\Delta p'_1$ 可按下式计算

$$\Delta p'_1 = i_a \gamma_w \Delta h_{w1} \tag{2.3-57}$$

在被动侧水压力高于静水压力，低于墙底的修正后水压力值为

$$p_{wp} = \gamma_w \Delta h_{w2} - \Delta p'_2 \tag{2.3-58}$$

其中，修正值 $\Delta p'_2$ 可按下式计算

$$\Delta p'_2 = i_p \gamma_w \Delta h_{w2} \tag{2.3-59}$$

两侧水压力相抵后，可得到围护墙底端处的水压力

$$p_{w2} = \gamma_w h_{w1} - \Delta p'_1 - (\gamma_w \Delta h_{w2} + \Delta p'_2) = \gamma_w \Delta h_w - (\Delta p'_1 + \Delta p'_2) \tag{2.3-60}$$

即围护墙底端处的水压力值为

$$p_{w2} = \gamma_w \Delta h_w - \Delta p_{w2} \tag{2.3-61}$$

式中　Δp_{w2}——围护墙底端处的水压力修正值（kPa），即

$$\Delta p_{w2} = \Delta p'_1 + \Delta p'_2 = i_a \gamma_w h_{w1} + i_p \gamma_w h_{w1} \tag{2.3-62}$$

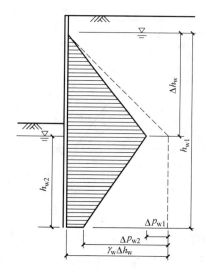

图 2.3-22 计算水压力的
本特·汉森方法

i_p——基坑内被动区的近似水力坡降，

$$i_p = \frac{0.7\Delta h_w}{h_{w2} + \sqrt{h_{w1}h_{w2}}};$$

最后，作用于主动土压力侧的水压力分布见图 2.3-22 的阴影部分。

3. 计算水压力的经验方法

工程中常还采用一种按渗径由直线比例关系确定各点水压力的简化方法。见图 2.3-23，作用于围护墙上的水压力分布按以下方法计算：

基坑内地下位以上 AB 之间的水压力按静水压力直线分布，B、C、D、E 各点的水压力按图 2.3-23 (b) 的渗径由直线比例法确定。

对计算深度的确定，设防渗帷幕墙时，计算至防渗帷幕墙底；围护墙自防水时，计算至围护墙底端。

通常对比计算，这一方法的水压力计算值与本特·汉森方法的计算值相比稍大一些。

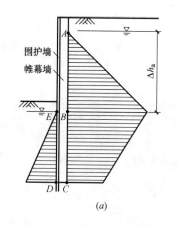

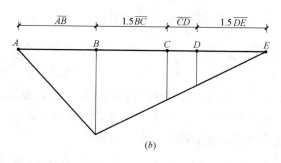

图 2.3-23 围护墙水压力计算的经验方法
(a) 水压力分布；(b) 水压力与渗径的直线比例关系

2.4 支挡式结构内力与变形分析

2.4.1 围护墙的变形性状

一般认为，围护墙的变形性状随诸多因素变化而变化，但围护墙的变形性状，总体可分为如下两种基本形式：

（1）悬臂型：围护墙的最大变形发生在顶部，呈悬臂式变形，如图 2.4-1 (a) 所示；

（2）内凸型：围护墙的最大变形发生在基坑开挖面附近，且随开挖深度的变化而变化，而顶部位移很小，如图 2.4-1 (b) 所示；

但在实际工程中，由于水文地质条件、开挖深度、支锚刚度及施工工序等因素的不

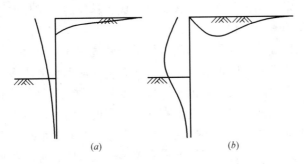

图 2.4-1　围护墙变形形式

(a)悬臂型；(b)内凸型

同，围护墙的变形形态并非简单地表现为某一单一的形式，而常常是由多种变形形式组合而成，如图 2.4-2 所示，具体如下：

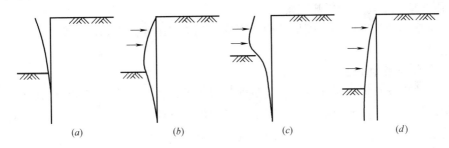

图 2.4-2　挡墙变形的几种形式

1. 悬臂式变形

如图 2.4-2（a）所示，当围护墙处于悬臂状态或支锚刚度较差时，围护墙的最大水平位移发生在墙顶，而墙底位移很小，类似于悬臂杆件变形形态。

2. 内凸式变形

当基坑支锚刚度较强，此时围护墙顶部位移受到较强约束，变形很小，而随着基坑开挖的进行，围护墙的最大水平位移则发生在开挖面附近，此时围护墙无明显反弯点，如图 2.4-2（b）所示。

3. 组合式变形

当基坑支锚刚度一般，在基坑开挖初期，围护墙顶部发生了一定的水平位移，随着开挖深度的加大，围护墙的最大水平位移可能由顶部转移至开挖面附近，即该变形性状为上述两种变形性状的组合型。该变形性状在实际工程中常易发生，如图 2.4-2（c）所示，此时，围护墙将可能存在两个反弯点，在开挖面附近存在一反弯点，反弯点以上曲线呈正向弯曲，以下则为反向弯曲，

4. 踢脚式变形

当基坑位于深厚软土中，且墙体插入深度不太大时，围护墙上部在支撑约束下位移很小，但墙底位于软土中，受到的土体抵抗力较小，故易发生较大的向坑内的踢脚位移，如图 2.4-2（c）所示。

因此，从上述学者的研究成果可以看出，基坑围护墙的变形形式并非简单地表现为某

一单一的形式，而常常是由多种变形形式组合而成，具体的形式与土体性质、围护墙与支撑刚度、施工工序等因素紧密相关。

一般情况下，围护墙最大水平位移的位置随着基坑的开挖深度不断发生变化。在基坑开挖初期，支撑尚未架设时，围护墙处于悬臂状态，其最大水平位移发生在墙顶；随着开挖深度的增大及墙顶支撑的架设，墙顶水平位移受到了限制，墙体中部逐渐向坑内凸出，最大水平位移也相应地逐渐下移，并发生在开挖面附近。此外，墙体最大水平位移的发生位置还与最下道支撑的位置及墙体的插入深度等有着重要的关系。由于围护墙体的最大水平位移常发生在基坑开挖面附近，当最下道支撑越接近与坑底时，将能更有效地约束墙体的位移。而墙体的插入深度直接影响基坑的坑底抗隆起稳定性，故对围护墙体的位移也将产生较大的影响。

因此，围护墙体最大位移发生位置同土层分布，尤其是开挖面处土层特点有着重要关系，此外，还同最下道支撑与开挖面的相对位置、墙体插入深度等因素紧密相关。

2.4.2 围护墙变形与内力影响因素

由基坑变形的机理可知，围护结构的变形受到诸多因素的影响，主要可以归纳为五个方面，具体如下：

1. 土层特点及地下水条件

围护墙的变形直接与所处位置土层条件紧密相关，各土层的分布、强度及刚度等因素都对围护墙变形产生重要影响，由于岩土体的性质随场地千变万化，尤其是对于存在软弱土层的地层中，其分布及厚度对变形的影响需给予足够的重视，软土的抗剪强度很低，土体自立能力很低，使支护体系承受的荷载较大，基坑的开挖变形也相应更大。

场地水文地质条件复杂，地下水位的高低，潜水、承压水分布以及渗流情况也将对围护墙变形产生较大的影响，增大了基坑工程的设计和施工的难度。

2. 围护墙与支撑的性能

在围护结构的类型选择上，应综合考虑水文地质条件、工程规模及周边环境等方面的要求选择合理的围护结构形式。针对不同类型的围护结构，其强度和刚度不同，适用范围也不同。因此，围护墙体类型应根据具体工程地质条件及环境保护要求进行选择，使其强度能满足变形要求，从而有效地控制基坑的变形。

围护墙与支撑系统的刚度体现为支护体系抵抗基坑变形的能力，其中，围护墙的刚度主要与围护墙类型、厚度、插入深度相关，支撑系统的刚度则与支撑的种类、水平与竖向间距、预加载大小，反压土的预留等因素紧密相关。

（1）围护墙刚度及插入深度影响

墙体刚度的影响主要取决于厚度，适当增加墙体厚度可以有效减小墙体的水平位移。在满足墙体刚度的情况下，选择合适的插入深度，对于基坑的抗隆起稳定性有着重要的意义。当基坑的抗隆起稳定性得到保证，基坑的变形也将得到显著的控制。在一般情况下，适当增大插入深度将有效地减小墙体的位移，但当插入深度超过一定值时，继续增加插入深度对变形的影响效果将很小。

（2）支撑的横向与竖向间距的影响

支撑的横向及竖向间距布置对支护系统的整体刚度有较大的影响。当基坑的横向间距较大时，每道支撑所承担的由墙体传递来的荷载也相应较大，此时支撑将产生较大的压缩变形，并由此引发基坑发生较大变形甚至失稳。对于竖向支撑间距，当竖向间距增大时，支护系统的刚度将急剧减小，导致的墙体最大位移也将显著增大。因此，支撑的横向与竖向间距对于基坑的变形有着重要意义。

（3）第一道支撑和最下道支撑的影响

除了满足支撑间距的布置要求外，第一道支撑的位置对基坑的变形也有重要意义。合理控制第一道支撑的架设位置及架设时间，控制未支撑的开挖深度，进而减小悬臂状态下的围护墙变形，对于控制基坑的变形有着重要的作用。

在基坑开挖过程中，当最下一道支撑距离开挖面的高度过大时，将使围护墙的变形显著增大，从而导致基坑发生较大的变形，且随着基坑开挖深度的增大，围护墙体变形呈现向基坑内部的内凸变形，且最大值基本发生在开挖面附近。因此，为了有效控制基坑的变形，需要合理控制最下一道支撑距离开挖面的高度，尤其是在软土地区，除了控制墙体的悬臂高度外，还应尽量减小墙体的悬臂暴露时间，保证支撑及时有效地架设，并发挥承载作用，减小基坑的变形。

3. 基坑几何形状及尺寸影响

基坑的几何形状对基坑变形的影响主要体现为基坑的空间效应，如长条形基坑、不规则基坑的阳角等均表现出一定的变形特点，在基坑阳角区域其稳定性往往较差，需设置较强的支撑体系方可更好地控制阳角的变形。

4. 场地周边环境及超载的影响

场地周边建（构）筑物、交通荷载、施工超载将直接影响作用在围护墙上的土压力，并直接影响围护墙的变形，尤其是位于软土场地中的交通荷载及施工超载，当动荷载较为显著时，将对软土产生较大的扰动，导致土体强度降低，最终导致围护墙的变形显著增大。

5. 施工工艺及质量的影响

施工方法对软土基坑变形的影响施工引起的事故原因主要包括：随意修改设计、不严格遵守施工规程、施工质量差、管理混乱等。其中施工质量和施工工艺是影响基坑变形的重要因素。

土方分层分段开挖步骤合理性将改变基坑的空间变形状况。支撑架设及时与否对于控制基坑变形有着重要的意义，当支撑应及时进行架设，对于现浇支撑应及时支模浇筑，从而及时产生强度和抵抗变形能力，有效控制基坑的变形。

2.4.3　围护墙内力分析的古典方法

1. 静力平衡法

顾名思义，静力平衡法即利用围护结构所受的土压力平衡条件进行围护结构内力计算，该方法适用于底端自由支承的单锚式挡土结构和悬臂式挡土结构。

（1）对于悬臂式挡土结构，围护结构的内力计算过程如下：

如图 2.4-3（a）所示，当基坑开挖后，悬臂桩顶部将发生朝向坑内的变形，而桩底则发生朝向坑外的变形，即在围护墙上存在某一不动点，围护墙绕该点进行转动（如图中 b 点），在该点以上墙体向左移动，其坑内侧作用被动土压力，坑外侧作用主动土压力；而在该点 b 以下，桩身所受的土压力则相反，其坑外侧作用被动土压力，而坑内侧则作用主动土压力。此时，作用在墙体上各点的净土压力为坑内、外侧的被动土压力和主动土压

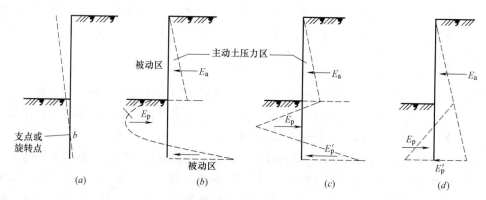

图 2.4-3 悬臂围护的变位及土压力分布图

(*a*) 变位示意图；(*b*) 土压力分布图；(*c*) 悬臂围护计算图；(*d*) H. Blum 计算图式

力之差，其沿墙身的分布情况如图 2.4-3（*b*）所示，在此基础上，可将净土压力简化成线性分布后的悬臂围护计算图式为图 2.4-3（*c*），即可根据静力平衡条件计算围护的入土深度和内力。H. Blum 则采用图 2.4-3（*d*）所示的土压力分布来计算入土深度及内力。

当单位宽度围护墙两侧所受的净土压力相平衡时，围护墙则处于稳定，相应的围护墙入土深度即为围护墙保证其稳定性所需的最小入土深度，故可根据静力平衡条件，即水平力平衡方程（$\sum H=0$）和对桩底截面的力矩平衡方程（$\sum M=0$）计算围护桩的内力。

1）作用于围护墙上的主动及被动土压力分布

根据朗肯主动土压力理论，第 n 层土底面围护墙所受的主动土压力为

$$e_{an} = (q_n + \sum_{i=1}^{n} \gamma_i h_i)\tan^2(45° - \varphi_n/2) - 2c_n\tan(45° - \varphi_n/2) \tag{2.4-1}$$

第 n 层土底面围护墙所受的被动土压力为

$$e_{pn} = (q_n + \sum_{i=1}^{n} \gamma_i h_i)\tan^2(45° + \varphi_n/2) + 2c_n\tan(45° + \varphi_n/2) \tag{2.4-2}$$

式中 q_n——地面超载；

γ_i——i 层土底天然重度；

h_i——i 层土的厚度；

φ_n——n 层土的内摩擦角；

c_n——n 层土的黏聚力。

对 n 层土底面的垂直荷载 q_n，可根据地面附加荷载、邻近建筑物基础底面附加荷载 q_0 分别计算。

墙侧的土压力分布如图 2.4-4 所示。

2）建立并求解静力平衡方程，求得围护桩入土深度

① 计算桩底墙后主动土压力 e_{a3} 及墙前被动土压力 e_{p3}，然后进行叠加，求出第一个土压力为零的 d，该点离坑底距离为 u；

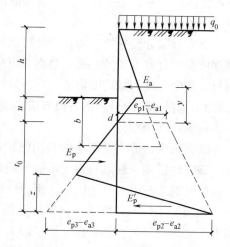

图 2.4-4 静力平衡法计算悬臂桩

② 计算 d 点以上土压力合力 E_a，求出 E_a 至 d 点的距离 y；

③ 计算 d 点处墙前主动土压力 e_{a1} 及墙后被动土压力 e_{p1}；

④ 计算柱底墙前主动土压力 e_{a2} 和墙后被动土压力 e_{p2}；

⑤ 根据作用在挡墙结构上的全部水平作用力平衡条件和绕挡墙底部自由端力矩总和为零的条件：

$$\sum H=0 \qquad E_a+[(e_{p3}-e_{a3})+(e_{p2}-e_{a2})]\cdot\frac{z}{2}-(e_{p3}-e_{a3})\cdot\frac{t_0}{2}=0 \qquad (2.4\text{-}3)$$

$$\sum M=0 \qquad E_a\cdot(t_0+y)+\frac{z}{2}\cdot[(e_{p3}-e_{a3})+(e_{p2}-e_{a2})]\cdot\frac{z}{3}-(e_{p3}-e_{a3})\cdot\frac{t_0}{2}\cdot\frac{t_0}{3}=0 \qquad (2.4\text{-}4)$$

整理后可得 t_0 的四次方程式：

$$t_0^4+\frac{e_{p1}-e_{a1}}{\beta}\cdot t_0^3-\frac{8E_a}{\beta}\cdot t_0^2-\left[\frac{6E_a}{\beta^2}2y\beta+(e_{p1}-e_{a1})\right]t_0-\frac{6E_a y(e_{p1}-e_{a1})+4E_a^2}{\beta^2}=0 \qquad (2.4\text{-}5)$$

式中　$\beta=\gamma_n[\tan^2(45°+\varphi_n/2)-\tan^2(45°-\varphi_n)/2]$。

求解上述四次方程，即可得板桩嵌入 d 点以下的深度 t_0 值。

为安全起见，围护墙实际嵌入坑底面以下的入土深度 t 为

$$t=u+1.2t_0 \qquad (2.4\text{-}6)$$

3) 计算板桩最大弯矩

根据力学原理，围护墙最大弯矩的作用点即结构断面剪力为零的点。例如对于均质的非黏性土，如图 2.4-4 所示，当剪力为零的点在基坑底面以下深度为 b 时，即有

$$\frac{b^2}{2}\gamma K_p-\frac{(h+b)^2}{2}\gamma K_a=0 \qquad (2.4\text{-}7)$$

式中　$K_a=\tan^2(45°-\varphi/2)$；$K_p=\tan^2(45°+\varphi/2)$。

由上述解得 b 后，可求得最大弯矩：

$$M_{max}=\frac{h+b}{3}\cdot\frac{(h+b)^2}{2}\gamma K_a-\frac{b}{3}\cdot\frac{b^2}{2}\gamma K_p=\frac{\gamma}{6}[(h+b)^3 K_a-b^3 K_p] \qquad (2.4\text{-}8)$$

布鲁姆（H. Blum）建议以图 2.4-3 (d) 所示的土压力代替 2.4-3 (c) 的土压力，即将桩脚的被动土压力以一个集中力 E_p' 代替，计算结果如图 2.4-5 所示。

如图 2.4-5 (a) 所示，为求桩插入深度，对桩底 C 点取矩，根据 $\sum M_c=0$，可得：

$$\sum P(l+x-a)-E_p\frac{x}{3}=0 \qquad (2.4\text{-}9)$$

式中　$E_p=\gamma(K_p-K_a)x\cdot\frac{x}{2}=\frac{\gamma}{2}(K_p-K_a)\cdot x^2$。

代入式 (2.4-9)，可得

$$\sum P(l+x-a)-\frac{\gamma}{6}(K_p-K_a)\cdot x^3=0 \qquad (2.4\text{-}10)$$

化简后得

$$x^3-\frac{6\sum P}{\gamma(K_p-K_a)}x-\frac{6\sum P(l-a)}{\gamma(K_p-K_a)}=0 \qquad (2.4\text{-}11)$$

式中　$\sum P$——主动土压力、水压力的合力；

　　　　a——$\sum P$ 合力距地面距离；

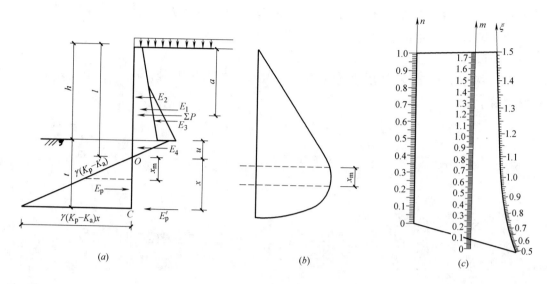

图 2.4-5 布鲁姆计算简图

$$l=h+u$$

u——土压力零点距坑底的距离,可根据净土压力零点处墙前被动土压力强度和墙后主动土压力相等的关系求得,按式(2.4-12)计算。

$$u=\frac{K_a h}{(K_p-K_a)} \tag{2.4-12}$$

从式(2.4-11)的三次式计算求出 x 值,即围护桩的插入深度为

$$t=u+1.2x \tag{2.4-13}$$

布鲁姆(H. Blum)曾作出一个曲线图,如图 2.4-5 (c) 所示,可求得 x。

令 $\zeta=\dfrac{x}{l}$,代入式(2.4-11)得

$$\zeta^3=\frac{6\sum P}{\gamma l^2(K_p-K_a)}(\zeta+1)-\frac{6a\cdot\sum P}{\gamma l^3(K_p-K_a)} \tag{2.4-14}$$

再令 $m=\dfrac{6\sum P}{\gamma l^2(K_p-K_a)}$,$n=\dfrac{6a\cdot\sum P}{\gamma l^3(K_p-K_a)}$;

上式即变成

$$\zeta^3=m(\zeta+1)-n \tag{2.4-15}$$

式中 m 及 n 值很容易确定,因其只与荷载及板桩长度有关。在这式中 m 及 n 确定后,可以从图 2.4-5 (c) 曲线图求得的 n 及 m 连一直线并延长即可求得 ζ 值。同时由于 $x=\zeta l$,得出 x 值,则可按式(2.4-16)得到桩的插入深度:

$$t=u+1.2x=u+1.2\zeta l \tag{2.4-16}$$

最大弯矩在剪力 $Q=0$ 处,设从 O 点往下 x_m 处 $Q=0$,则有(图 2.4-6):

$$\sum P-\frac{\gamma}{2}(K_p-K_a)x_m^2=0 \tag{2.4-17}$$

$$x_{\mathrm{m}} = \sqrt{\frac{2\sum P}{\gamma(K_{\mathrm{p}} - K_{\mathrm{a}})}} \quad (2.4\text{-}18)$$

最大弯矩为

$$M_{\max} = \sum P \cdot (l + xm - a) - \frac{\gamma(K_{\mathrm{p}} - K_{\mathrm{a}})x_{\mathrm{m}}^3}{6}$$

$$(2.4\text{-}19)$$

求出最大弯矩后，对钢板桩可以核算截面尺寸，对灌注桩可以核定直径及配筋计算。

（2）对于单锚式挡土结构，围护结构的内力计算过程如下：

当挡土结构的入土深度不太深时，亦即非嵌固的情况下，由于挡土结构后

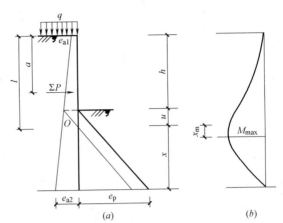

图 2.4-6 挖孔桩悬臂挡墙计算

（a）土压力分布；（b）弯矩图

土压力的作用而形成极限平衡的单跨简支梁（上端带悬臂或不带悬臂）。挡土结构因受土压而弯曲，并围绕顶部的锚系点而旋转。在此情况下，挡土结构的底端有可能向基坑内移动，产生"踢脚"。

图 2.4-7 (a) 和 (b) 分别为单锚挡土结构在砂性土和黏性土地基中的计算简图。

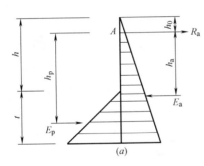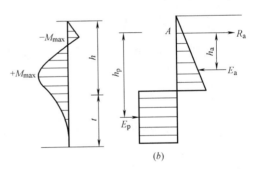

图 2.4-7　底端自由支承单锚挡土结构计算简图

（a）砂性土；（b）黏性土

为使挡土结构稳定，作用在挡土结构上的诸力 R_{a}、E_{a}、E_{p} 必须平衡，其中 R_{a} 为锚系点 A 处的反力；E_{a} 为主动土压力；E_{p} 为被动土压力。

平衡条件如下：

① 所有水平力之和应等于零

$$\sum H = R_{\mathrm{a}} - E_{\mathrm{a}} + E_{\mathrm{p}} = 0 \qquad (2.4\text{-}20)$$

② 所有的水平力对于锚系点 A 的弯矩和等于零

$$\sum M = E_{\mathrm{a}}h_{\mathrm{a}} - E_{\mathrm{p}}h_{\mathrm{p}} = 0 \qquad (2.4\text{-}21)$$

对于图 2.4-7 (a)：

$$h_{\mathrm{a}} = \frac{2(h+t)}{3} - h_0$$

$$h_p = h - h_0 + \frac{2t}{3}$$

则
$$M = E_a\left[\frac{2(h+t)}{3} - h_0\right] - E_p\left(h - h_0 + \frac{2t}{3}\right) = 0 \tag{2.4-22}$$

对于图 2.4-7 (b)：

$$h_a = \frac{2h}{3} - h_0$$

$$h_p = h - h_0 + \frac{t}{2}$$

则
$$M = E_a\left(\frac{2h}{3} - h_0\right) - E_p\left(h - h_0 + \frac{t}{2}\right) = 0 \tag{2.4-23}$$

由式（2.4-22）或式（2.4-23）就可求得挡土结构的入土深度，但该入土深度还应满足抗滑移、抗倾覆、抗隆起和抗管涌等要求。一般情况下，计算所得的入土深度 t 在设计时还应加深，以保证超深安全系数 K 介于 1.1~1.5 之间。

所以日本《海湾及海岸工学》建议，设计入土深度一般可取以下数据：

砂质地基（通常时）$(1.3\sim1.4)t$；

砂质地基（地震时）$(1.6\sim1.7)t$；

黏土地基（通常时）$(1.5\sim1.7)t$；

黏土地基（地震时）$(1.8\sim2.0)t$。

对于黏土情况，Skempton 建议，作用在挡土结构入土部分的有效被动土压力必须满足以下条件：

$$q_u > \frac{1}{2}\gamma H \tag{2.4-24}$$

式中　q_u——黏土的无侧限抗压强度（kN/m^2）；

γ——黏土重度（kN/m^3）；

H——墙厚（m）。

所以对黏土地基，挡土结构的临界高度 H_{cr} 为：

$$H_{cr} = \frac{2q_u}{\gamma} \tag{2.4-25}$$

已知入土深度 t 后，即可用式（2.4-20）求得锚系点 A 的锚拉力 R_a，然后即可求解挡土结构的内力并选择相应的截面。

2. 弹性曲线法

弹性曲线法一般适用于底部嵌固的单锚式挡土结构，但对底端自由支承的单锚和无锚挡土结构，其图解法的原则同样适用。

该方法的计算要点如下：

(1) 选择入土深度 t，一般根据经验初定 t_0 值。

(2) 按库仑理论计算挡土结构上的主动和被动土压力值。土压力的分布见图 2.4-8。计算公式：

主动土压力强度：$P_a = \gamma h \lambda_a$；

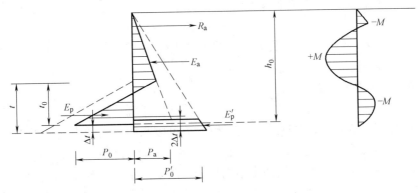

图 2.4-8 土压力分布和弯矩图

被动土压力强度：$P_p = \gamma t \lambda_p$；

$$P_0 = \gamma(\lambda_p t_0 - \lambda_a h_0) \tag{2.4-26}$$

$$P'_0 = \gamma(\lambda'_p t_0 - \lambda_a t_0) \tag{2.4-27}$$

$$\lambda'_p = \tan^2\left(45° + \frac{\varphi}{2}\right) K' \tag{2.4-28}$$

$$\lambda_p = \tan^2\left(45° - \frac{\varphi}{2}\right) K \tag{2.4-29}$$

在被动土压力计算中，为考虑挡土结构与土间摩擦力的影响，采用了与土内摩擦角有关的修正系数 K 与 K'，如表 2.4-1 所示。

被动土压力修正系数 K、K' 表 2.4-1

$\varphi(°)$	墙前 K	墙后 K'	备 注
40	2.00	0.35	
35	2.00	0.41	
30	2.00	0.47	表内未列出的 φ 角的 K、K' 可用内插法求解
25	1.75	0.55	
20	1.50	0.64	
15	1.25	0.75	

（3）将以上计算所得的土压力图按 1m 左右的高度分成若干小块，并计算每一小块的合力，以集中力形式作用在每一小块的重心上。

（4）以一定比例选定极点和极距，作各集中力的力多边形及索多边形弯矩图。索多边形的闭合线必须通过索多边形与 R_a 及 E'_p 作用线的交点。如果索多边形闭合，则说明各作用力处于平衡状态。为此，在计算过程中必须设法先将索多边形闭合，然后再求作用力的大小。这样做的方法一般是将闭合线的位置安排得使围护土面上下的弯矩大致相等（或正弯矩略大于负弯矩）。此闭合线确定后。即可求得 E'_p 的作用点位置，然后将闭合线平移到力多边形图上，由此即可求得锚杆拉力 R_a 及 E'_p 的大小。

（5）按 E'_p 确定围护入土深度 t_0：

围护总入土深度 $$t = t_0 + \Delta t \tag{2.4-30}$$

其中 $$\Delta t = \frac{E'_p}{2 P_0}$$

（6）挡土结构内最大弯矩由下式求得：

$$M_{max} = y_{max} \cdot \eta$$ 　　　　(2.4-31)

其中　y_{max}——索多边形（即弯矩图）上的最大横坐标；

　　　　η——力多边形上的极距。

3. 假想铰法（等值梁法）

如图 2.4-9 所示，对于带支撑或锚杆的支挡结构，围护墙变形曲线存在一个反弯点 Q。此时，进行围护结构内力的计算，仅平衡方程可以利用，而图中所示的 T、D 和 E_{p2} 等三个变量均为未知量，故为了求得围护结构的内力，首先假定围护墙的反弯点 Q 的位置，认为该点弯矩为零，于是可把挡土结构划分为两段假想梁，上部为简支梁，下部为一次超静定结构，如图 2.4-10 所示，利用两段假想梁的内力平衡即可求得挡土结构的内力，该方法即称假想铰法，或称为等值梁法。

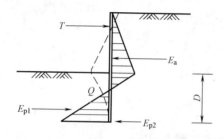

图 2.4-9　挡土结构底端为嵌固时的稳定状态

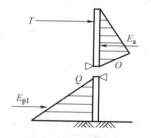

图 2.4-10　假想梁法计算简图

采用等值梁法求解多支撑（锚杆）挡土结构内力，其关键问题在于如何确定反弯点 Q 点的位置。为了更简便地确定该点的位置，存在以下几点假定：

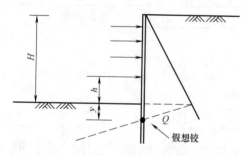

图 2.4-11　多支撑挡土结构假想铰位置

① 假定假想铰的位置即是土压力为零的那一点；

② 假定假想铰为挡土结构入土面的那一点；

③ 假定假想铰的位置为离入土面距离为 y 的那一点。该 y 值由地质条件及结构特性决定，一般 $y = (0.1 \sim 0.2) H$，如图 2.4-11 所示。

④ 假想铰的位置可按表 2.4-2 采用。

多支撑挡土结构假想铰位置　　　　表 2.4-2

砂　　质　　土	黏　　性　　土	假想铰位置
	$N < 2$	$y = 0.4h$
$N < 15$	$2 < N < 10$	$y = 0.3h$
$15 < N < 30$	$0 < N < 20$	$y = 0.2h$
$N > 30$	$N > 20$	$y = 0.1h$

假想铰法一旦确定出假想铰的位置，挡土结构弯矩、剪力和支撑轴力即可按照弹性结构的连续梁法求解。

　　多支撑的等值梁法的计算原理与单支点的等值梁法的计算原理相同，一般可当作刚性支承的连续梁计算（即支座无位移），并应根据分层挖土深度与每层支点设置的实际施工阶段建立静力计算体系，而且假定下层挖土不影响上层支点的计算水平力。如图 2.4-12 所示的基坑支护系统，应按以下各施工阶段的情况分别进行计算。

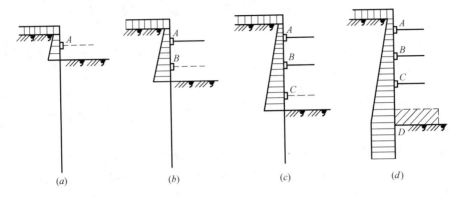

图 2.4-12　各施工阶段的计算简图

　　1）设置支撑 A 以前的开挖阶段（图 2.4-12a），可将挡墙作为一端嵌固在土中的悬臂桩。

　　2）在设置支撑 B 以前的开挖阶段（图 2.4-12b），挡墙是两个支点的静定梁，两个支点分别是 A 及土中静压力为零的一点。

　　3）在设置支撑 C 以前的开挖阶段（图 2.4-12c），挡墙是具有三个支点的连续梁，三个支点分别为 A、B 及土中的土压力为零的点。

　　4）在浇筑底板以前的开挖阶段（图 2.4-12d），挡墙是具有四个支点的三跨连续梁。

　　以上各施工阶段，挡墙在土内的下端支点，已知上述取土压力零点，即地面以下的主动土压力与被动土压力平衡之点。但是对第 2 阶段以后的情况，也有其他一些假定，常见的有：

　　1）最下一层支撑以下主动土压力弯矩和被动压力弯矩平衡之点，亦即零弯矩点；

　　2）开挖工作面以下，其深度相当于开挖高度 20% 左右的一点；

　　3）上端固定的半无限长度弹性支撑梁的第一个不动点；

　　4）对于最终开挖阶段，其连续梁在土内的理论支点取在基坑底面以下 $0.6t$ 处（t 为基坑底面以下墙的入土深度）。

2.4.4　围护墙内力分析的解析方法

　　挡土结构的解析法主要介绍三种方法：山肩邦男法、弹性法和弹塑性法。前两种方法都假定土压力已知且横撑轴力及挡土结构弯矩在下道支撑设置以后均不变化，它考虑了挡土结构的变形，但未考虑支撑的变形。横撑轴力和挡土结构弯矩不变化可作如下理解：

　　（1）下道横撑设置以后，上道横撑的轴力不变；

　　（2）下道横撑支点以上的挡土结构变位是在下道横撑设置前产生的；

　　（3）下道横撑支点以上的挡土结构弯矩是在下道横撑设置以前产生的。

　　所以该两种方法都假定挡土结构的内力及支撑轴力与开挖过程无关。

　　弹塑性法假定土压力已知，但横撑轴力和挡土结构弯矩随开挖过程变化，它考虑挡土结构和支撑的变形。

1. 山肩邦男法

山肩邦男法有如下几条基本假定：

（1）在黏土地层中，挡土结构为无限长弹性体；

（2）挡土结构背侧土压力在开挖面以上取为三角形，在开挖面以下取为矩形，已抵消开挖面一侧的静止土压力；

（3）开挖面以下土的横向抵抗反力可分为两个区域即高度为 l 达到被动土压力的塑性区和反力与挡土结构变形成直线关系的弹性区；

（4）横撑设置后即作为不动支点；

（5）下道横撑设置后，认为上道横撑的轴力保持不变且下道横撑点以上的挡土结构仍保持原来的位置。

这样即可把整个横剖面图分成 3 个区间，即第 k 道横撑到开挖面的区间、开挖面以下的塑性区间及弹性区间，如图 2.4-13 所示。建立弹性微分方程后，根据边界条件及连续条件即可导出第 k 道横撑轴力 N_k 的计算公式及其变位和内力公式，由于计算方程中有未知数的 5 次函数，因此运算较繁复。上述内容即为山肩邦男法的精确解。

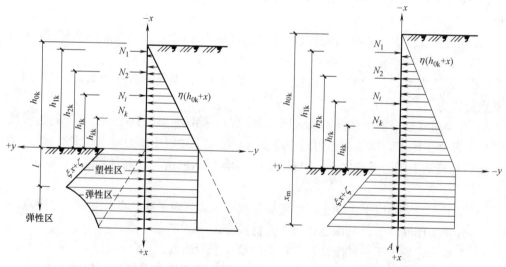

图 2.4-13　山肩邦男法精确解计算简图　　图 2.4-14　山肩邦男法近似解计算简图

为简化计算，山肩邦男提出了如下近似解法，其基本假定如下（见图 2.4-14）：

（1）在黏土地层中，挡土结构作为底端自由的有限长弹性体；

（2）同精确解；

（3）开挖面以下土的横向抵抗反力取为被动土压力，其中 $(\xi x + \zeta)$ 为被动土压力减去静止土压力 (η_x) 后的数值；

（4）、（5）同精确解；

（6）开挖面以下挡土结构弯矩 $M = 0$ 的那点假想为一个铰，而且忽略此铰以下的挡土结构对此铰以上挡土结构的剪力传递。

近似解法只需应用两个静力平衡方程式，即 $\sum y = 0$ 和 $\sum M_A = 0$，即挡土结构前后侧

合力为零和挡土结构底端自由。由 $\sum Y = 0$，得

$$N_k = \frac{1}{2}\eta h_{0k}^2 + \eta h_{0k} x_m - \sum_1^{k-1} N_i - \zeta x_m - \frac{1}{2}\xi x_m^2 \tag{2.4-32}$$

根据 $\sum M_A = 0$ 和式（2.4-32）得

$$\frac{1}{3}\xi x_m^3 - \frac{1}{2}(\eta h_{0k} - \zeta - \xi h_{kk})x_m^2 - (\eta h_{0k} - \zeta)h_{kk} \cdot x_m$$

$$- \left[\sum_1^{k-1} N_i h_{ik} - h_{kk}\sum_1^{k-1} N_i + \frac{1}{2}\eta h_{0k}^2\left(h_{kk} - \frac{1}{3}h_{0k}\right)\right] = 0 \tag{2.4-33}$$

近似解的计算步骤如下：

① 在第一次开挖中，公式（2.4-32）和（2.4-33）的下标 $k=1$，而且 N_i 取为零，从公式（2.4-33）中求出 x_m，然后代入（2.4-32）式求得 N_i；

② 在第二次开挖中，公式（2.4-32）和（2.4-33）的下标 $k=2$，而且 N_i 中 N_1 已知，N_k 即为 N_2，从公式（2.4-33）求出 x_m，然后代入（2.4-32）式求得 N_2；

以此类推求得各道横撑轴力之后，求得挡土结构内力。

2. 弹性法

图 2.4-15 为《日本建筑基础结构设计规范》中弹性法的计算图示。

挡土结构假定为无限长弹性体，采用微分方程求解挡土结构内力和横撑轴力。主动侧的土压力已知，但挡土结构入土面以下假定只有被动侧的土抗力，土抗力数值与墙体变位成正比。日本弹性法的其他假定均与山肩邦男法相同。

① 挡土结构为无限长弹性体；

② 已知主动侧水、土压力，并假定为上图的三角形分布；

③ 横撑（逆作法中为楼板）设置后，即可把横撑（楼板）作为不动支点；

④ 下道横撑（楼板）设置以后，

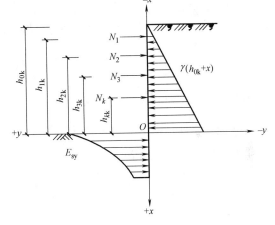

图 2.4-15 日本弹性法计算简图

假定上道横撑（楼板）的轴力值保持不变，且新设横撑（楼板）以上挡土结构的变位保持不变。

首先建立挡土结构的弹性曲线方程：

（1）在第 k 道横撑到挡土结构入土面的区间（$-h_{kk} \leqslant x \leqslant 0$）

$$M = \frac{1}{2}\eta(h_{0k}+x)(h_{0k}+x) \cdot \frac{1}{3}(h_{0k}+x) - \sum_{i=1}^{k} N_i(h_{ik}+x) =$$

$$\frac{1}{6}\eta(h_{0k}+x)^3 - \sum_{i=1}^{k} N_i(h_{ik}+x)$$

则

$$\frac{d^2 y_1}{dx^2} = \frac{M}{EI} = \frac{1}{6}\eta(h_{0k}+x)^3 - \sum_{i=1}^{k} N_i(h_{ik}+x) \tag{2.4-34}$$

积分得：

$$\frac{dy_1}{dx} = \frac{1}{24EI}(h_{0k}+x)^4 - \sum_1^k \frac{N_i}{2EI}(h_{ik}+x)^2 + C_1 \tag{2.4-35}$$

$$y_1 = \frac{\eta}{120EI}(h_{0k}+x)^5 - \frac{1}{EI}\sum_{i=1}^k \frac{1}{6N_i}(h_{ik}+x)^2 + C_1 x + C_2 \tag{2.4-36}$$

则 $$EI\frac{d^3 y_1}{dx^3} = \frac{1}{2}\eta(h_{0k}+x)^2 - \sum_{i=1}^k N_i \tag{2.4-37}$$

（2）挡土结构入土面以下的弹性区间 $(x \geqslant 0)$

$$EI\frac{d^4 y_2}{dx^4} = \eta(h_{0k}+x) - E_s y_2$$

即 $$EI\frac{d^4 y_2}{dx^4} + E_s y_2 = \eta(h_{0k}+x) \tag{2.4-38}$$

根据边界条件：$x=\infty$ 时，$EIy_2''=0$，$EIy_2'''=0$ 齐次方程的通解为：

$$y_2 = He^{\beta x}\cos\beta x + We^{\beta x}\sin\beta x + Ae^{-\beta x}\cos\beta x + Fe^{-\beta x}\sin\beta x$$

因为 $x \rightarrow \infty$ 时，$e^{\beta x}$、$\cos\beta x$、$\sin\beta x$ 不为零，得 $H=0$，$W=0$，则齐次方程的通解为：

$$y_2 = e^{-\beta x}(A\cos\beta x + F\sin\beta x) \tag{2.4-39}$$

其中 $\beta = \sqrt[4]{\dfrac{E_s}{4EI}}$

$$\frac{dy_2}{dx} = -\beta e^{-\beta x}[(A-F)\cos\beta x + (A+F)\sin\beta x] \tag{2.4-40}$$

$$\frac{d^2 y_2}{dx^2} = -2\beta^2 e^{-\beta x}(F\cos\beta x - A\sin\beta x) \tag{2.4-41}$$

$$\frac{d^3 y_2}{dx^3} = -2\beta^3 e^{-\beta x}[(A+F)\cos\beta x - (A-F)\sin\beta x] \tag{2.4-42}$$

根据连续条件求解方程中的待定系数：

连续条件 $x=0$，$y_1 = y_2$，$y_1' = y_2'$

$$y_1\big|_{x=0} = \frac{\eta}{120EI}h_{0k}^5 - \sum_{i=1}^k \frac{N_i}{6EI}h_{ik}^3 + C_2$$

$$y_2\big|_{x=0} = A \tag{2.4-43}$$

则 $$\frac{\eta}{120EI}h_{0k}^5 - \sum_{i=1}^k \frac{N_i}{6EI}h_{ik}^3 + C_2 = A$$

$$y_1'\big|_{x=0} = \frac{\eta}{24EI}h_{0k}^4 - \sum_{i=1}^k \frac{N_i}{2EI}h_{ik}^2 + C_1$$

$$y_2'\big|_{x=0} = -\beta(A-F)$$

则 $$\frac{\eta}{24EI}h_{0k}^4 - \sum_{i=1}^k \frac{N_i}{2EI}h_{ik}^2 + C_1 = -\beta(A-F) \tag{2.4-44}$$

$x=0$ 处挡土结构内力为：

弯矩： $$M_0 = \frac{\eta}{6}h_{0k}^3 - \sum_{i=1}^k N_i h_{ik}$$

由式（2.4-41）：$M_0 = -2\beta^2 F \cdot EI$

则：
$$F = \frac{-M_0}{2\beta^2 EI} \tag{2.4-45}$$

剪力：

由式（2.4-39）：
$$Q_0 = \frac{\eta}{2} h_{0k}^2 - \sum_{i=1}^{k} N_i$$

由式（2.4-42）：$Q_0 = 2\beta^3 (A+F) EI$

得：
$$A = \frac{Q_0}{2\beta^3 EI} - \left(\frac{-M_0}{2\beta^2 EI}\right) = \frac{1}{2\beta^3 EI}(Q_0 + \beta M_0) \tag{2.4-46}$$

将（2.4-46）代入式（2.4-43）得：
$$C_2 = \frac{1}{2\beta^3 EI}(Q_0 + \beta M_0) + \sum_{i=1}^{k} \frac{N_i}{6EI} h_{ik}^3 - \frac{\eta}{120EI} h_{0k}^5 \tag{2.4-47}$$

将式（2.4-45）～式（2.4-47）代入式（2.4-44）得
$$C_1 = -\frac{1}{2\beta^3 EI}(Q_0 + 2\beta M_0) + \sum_{i=1}^{k} \frac{N_i}{2EI} h_{ik} - \frac{\eta}{24EI} h_{0k}^4 \tag{2.4-48}$$

挡土结构弹性曲线的最终形式为：

（1）对 $-h_{kk} \leqslant x \leqslant 0$ 区间：
$$y_1 = N_k A_1 + A_2 + A_3 \tag{2.4-49}$$
$$N_k = \frac{1}{A_1}(y_1 - A_2 - A_3) \tag{2.4-50}$$

其中：
$$A_1 = \frac{x}{2\beta^2 EI} - \frac{1}{6EI}(h_{kk}+x)^3 + \frac{x}{2EI} h_{kk}^2 + \frac{x}{\beta EI} h_{kk} + \frac{h_{kk}^3}{6EI} - \frac{1}{2\beta^3 EI} - \frac{h_{kk}}{2\beta^2 EI} \tag{2.4-51}$$

$$A_2 = \sum_{i=1}^{k-1} \frac{N_i}{2EI} h_{ik}^2 x - \sum_{i=1}^{k-1} \frac{N_i}{6EI}(h_{ik}+x)^3 + \frac{1}{2\beta^2 EI} \sum_{i=1}^{k-1} N_i x + \frac{1}{\beta EI} \sum_{i=1}^{k-1} N_i h_{ik} x$$
$$+ \sum_{i=1}^{k-1} N_i \frac{h_{ik}^3}{6EI} - \frac{1}{2\beta^3 EI} \sum_{i=1}^{k-1} N_i - \frac{1}{2\beta^2 EI} \sum_{i=1}^{k-1} N_i h_{ik} \tag{2.4-52}$$

$$A_3 = \frac{\eta}{120EI}(h_{0k}+x)^5 - \frac{\eta}{24EI} h_{0k}^4 x - \frac{\eta h_{0k}^2}{4\beta^2 EI} x - \frac{\eta h_{0k}^3}{6\beta EI}$$
$$- \frac{\eta}{120EI} h_{0k}^5 + \frac{\eta h_{0k}^2}{4\beta^3 EI} + \frac{\eta h_{0k}^3}{12\beta^2 EI} \tag{2.4-53}$$

$$M_x = \frac{\eta}{6}(h_{0k}+x)^3 - \sum_{i=1}^{k} N_i (h_{ik}+x) \tag{2.4-54}$$

$$Q_x = \frac{\eta}{2}(h_{0k}+x)^3 - \sum_{i=1}^{k} N_i \tag{2.4-55}$$

（2）对 $x \geqslant 0$ 区间：
$$y_2 = e^{-\beta x}(A\cos\beta x + F\sin\beta x) \tag{2.4-56}$$
$$M_x = -2EI\beta^2 e^{-\beta x}(F\cos\beta x - A\sin\beta x) \tag{2.4-57}$$
$$Q_x = 2EI\beta^3 e^{-\beta x}[(A+F)\cos\beta x - (A-F)\sin\beta x] \tag{2.4-58}$$

公式中符号的意义如下：

　　y——挡土结构横向变位（m）；

　　K_h——地层侧向压缩系数（kN/m³）；

E——挡土结构的弹性模量（kN/m²）；

I——挡土结构水平方向每延米的截面惯矩（m⁴）；

$E_s = K_h \cdot B$——地层横向弹性模量（kN/m²）；

B——挡土结构水平方向长度，一般取为 1m；

η——水、土压力斜率。

弹性法的计算步骤如下：

① 第一次开挖时，第一道横撑作为不动支点，即取 $\delta_1 = y_1 = 0$，亦可用结构力学求出第一道横撑支点的变位，然后用公式（2.4-50）求第一道横撑的轴向压力 N_1 和用公式（2.4-49）求解第二道横撑预定位置的变位 δ_2；

② 第二次开挖时，把 N_1 和 δ_2 作为定值，用公式（2.4-50）求解第二道横撑的轴力 N_2 和用公式（2.4-49）求解第三道横撑预定位置的变位 δ_3；

③ 第三次开挖时，把 N_1、N_2 和 δ_3 作为定值，用式（2.4-50）和式（2.4-49）求得 N_3 和 δ_4；

④ 同上计算可计算开挖到基底时挡土结构的内力和支撑轴力。

2.4.5 平面弹性地基梁法

平面弹性地基梁法的基本原理为：假定围护结构处于平面应变受力状态，计算时取单位宽度的墙体作为研究对象，作为竖向放置的弹性地基梁，其支座均视为弹簧支座，其中，支撑与锚杆简化为弹簧支座，坑内开挖面以下的土体亦采用弹簧进行模拟，而坑外土体的水土压力则视为外部荷载施加于地基梁上，从而通过杆系有限元的方法即可计算弹性地基梁的内力和变形。

图 2.4-16 为平面弹性地基梁法计算简图，取单位宽度的墙体作为计算对象，其变形微分方程为：

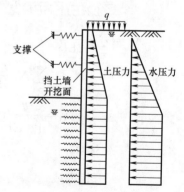

$$EI \frac{d^4 y}{dz^4} - e_a(z) = 0 \quad (0 \leqslant z \leqslant h_n) \quad (2.4\text{-}59)$$

$$EI \frac{d^4 y}{dz^4} + mb_0(z - h_n)y - e_a(z) = 0 \quad (z \geqslant h_n) \quad (2.4\text{-}60)$$

式中 EI——围护墙的抗弯刚度；

y——围护墙的侧向位移；

z——深度；

$e_a(z)$——z 深度处的主动土压力；

m——地基土水平抗力比例系数；

h_n——第 n 步的开挖深度。

图 2.4-16 平面弹性地基梁法计算简图

在具体的计算过程中，将地基梁划分为若干单元，并对每个单元利用上述的微分方程计算，采用杆系有限元法进行求解。其中，地基梁单元的划分，应尽量考虑开挖深度、土层分布、地下水位深度、支撑位置等因素。同时，为了保证墙体在基坑开挖的各个阶段均能满足强度和刚度的要求，需要对施工开挖、支撑架设等各个工序进行内力及变形的计算，且计算中需考虑各个工况下边界条件和荷载形式的变化，并取上一工况计算所得的围护结构位移作为下一工况的初始值。

通过上述的分析可知，通过弹性地基梁法进行墙体受力与变形的计算，主要包含以下主要内容：

（1）支撑刚度计算

对于采用十字交叉对撑的钢筋混凝土撑或钢支撑，其支撑刚度为：

$$K_{Bi}=EA/SL \qquad (2.4-61)$$

式中 A——支撑横截面积；

E——支撑材料的弹性模量；

S——支撑的水平间距；

L——支撑的计算长度。

其中，当支撑系统由复杂的杆系结构组成，其支撑刚度较为复杂，为合理考虑其空间协同作用，需将围护结构与支撑系统进行综合分析。

对于梁板式水平支撑，其支撑刚度为：

$$K_{Bi}=EA/L \qquad (2.4-62)$$

式中 A——计算宽度范围内楼板横截面积；

E——楼板材料的弹性模量；

L——楼板的计算长度，一般取开挖宽度的一半。

（2）支撑反力计算

当支撑刚度已知，任意一道支撑的反力 T_i 即可通过下式计算：

$$T_i=K_{Bi}(y_i-y_{0i}) \qquad (2.4-63)$$

式中 y_i——第 i 道支撑处的侧向位移；

y_{0i}——未架设第 i 道支撑时该处的侧向位移。

（3）土弹簧刚度计算

坑内开挖面以下土弹簧刚度 K_H 为：

$$K_H=k_H bh \qquad (2.4-64)$$

式中 k_H——地基土水平基床系数（kN/m）；

b——土弹簧的水平计算间距（m）；

h——土弹簧的竖向计算间距（m）；

其中，地基土水平向基床系数 k_H 可以通过图 2.4-17 所示的 5 种形式进行计算，具体计算公式为：

$$k_H=A_0+kz^n \qquad (2.4-65)$$

式中 A_0——开挖面或地表处的地基土水平基床系数，一般取零；

k——比例系数；

z——距离开挖面或地表的深度；

n——地基土水平基床系数随深度变化特征指数，见图 2.4-17。

根据不同的参数组合，图 2.4-17 中所示的地基反力分布形式所对应水平基床系数计算方法分别为：①常数法；②C 法；③m 法；④K 法。

其中，m 法取 $A_0=0$，$n=1$，即取

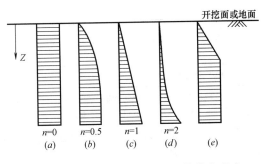

图 2.4-17 地基土水平基床系数分布形式

$k_H=kz$，或 $k_H=mz$，m 亦为比例系数，其取值可根据单桩水平荷载试验的结果确定，具体如下：

$$m=\frac{\left(\dfrac{H_{cr}}{x_{cr}}v_x\right)^{\frac{5}{3}}}{b_0\,(EI)^{\frac{2}{3}}}$$ (2.4-66)

式中　H_{cr}——单桩水平临界荷载，按《建筑桩基技术规范》的方法确定；

　　　x_{cr}——单桩水平临界荷载所对应的位移；

　　　v_x——桩顶位移系数，按《建筑桩基技术规范》的方法确定；

　　　b_0——计算宽度；

　　　EI——桩身抗弯刚度。

当没有单桩水平荷载试验成果时，可采用《建筑基坑支护技术规程》的经验方法进行计算，即：

$$m=\frac{1}{\Delta}(0.2\varphi_k^2-\varphi_k+c_k)$$ (2.4-67)

式中　φ_k——土的固结不排水快剪内摩擦角标准值；

　　　c_k——土的固结不排水快剪黏聚力标准值；

　　　Δ——基坑开挖面处的位移，可按地区经验确定，当无经验时可取 10mm。

由于基坑开挖面处的桩体的水平位移值难以确定，通过上述经验公式计算所得的 m 值往往与地区经验取值相差较大，且导致计算所得的土压力误差较大。

除了上述的计算方法外，《建筑桩基技术规范》、上海地区也提出了 m 的经验取值范围，具体如表 2.4-3 和表 2.4-4 所示。

地基土水平抗力系数的比例系数 m 值　　　　　　　　　　　表 2.4-3

序号	地基土类别	预制桩、钢桩		灌注桩	
		m (MN/m⁴)	桩顶水平位移 (mm)	m (MN/m⁴)	桩顶水平位移 (mm)
1	淤泥；淤泥质土；饱和湿陷性黄土	2～4.5	10	2.5～6	6～12
2	流塑($I_L\geqslant1$)、软塑($0.75<I_L\leqslant1$)状黏性土；$e>0.9$ 粉土；松散粉细砂；松散、稍密填土	4.5～6.0	10	6～14	4～8
3	可塑($0.25<I_L\leqslant0.75$)状黏性土；湿陷性黄土；$e=0.75\sim0.9$ 粉土；中密填土；稍密细砂	6.0～10	10	14～35	3～6
4	硬塑($0<I_L\leqslant0.25$)、坚硬($I_L\leqslant0$)黏性土；湿陷性黄土；$e<0.75$ 粉土；中密的中粗砂；密实老填土	10～22	10	35～100	2～5
5	中密、密实的砾砂；碎石	—	—	100～300	1.5～3

注：当桩顶水平位移大于表列数值或灌注桩配筋率较高（≥0.65%）时，m 值应适当降低，当预制桩的水平向位移小于 10mm 时，m 值可适当提高。

当土体的标准贯入锤击数 N 值已知时，地基土水平基床系数 k_H 亦可采用经验公式进行计算，具体如下：

$$k_H=2000N(kN/m^3)$$ (2.4-68)

当假定地基土水平基床系数 k_H 沿深度方向或在一定深度以下取值为常数时，可采用如表 2.4-5 的经验取值。

上海地区 m 的经验取值　　　　　　　　　　表 2.4-4

地基土分类		$m(kN/m^4)$
流塑的黏性土		1000～2000
软塑的黏性土、松散的粉砂性土和砂土		2000～4000
可塑的黏性土、稍密—中密的粉性土和砂土		4000～6000
坚硬的黏性土、密实的粉性土、砂土		6000～10000
水泥土搅拌桩加固，置换率>25%	水泥掺量<8%	2000～4000
	水泥掺量>13%	4000～6000

地基土水平基床系数经验值　　　　　　　　　表 2.4-5

地基土类别	黏性土和粉性土				砂性土			
	淤泥质	软	中等	硬	极松	松	中等	密实
k_H $(10^4 kN/m^3)$	0.3～1.5	1.5～3	3～15	15 以上	0.3～15	1.5～3	3～10	10 以上

此外，行业和地区规范也给出了各类土的水平基床系数经验参考值，具体如表 2.4-6 和表 2.4-7 所示。

地基土水平基床系数经验值　　　　　　　　　表 2.4-6

地基土的类别	$k_H(10^4 kN/m^3)$
流塑黏性土 $I_L \geqslant 1$、淤泥	1～2
软塑黏性土 $1 > I_L \geqslant 0.5$、粉砂	2～4.5
硬塑黏性土 $0.5 > I_L \geqslant 0$、细砂、中砂	4.5～6
坚硬黏性土 $I_L < 0$、粗砂	6～10
砾砂、角砾砂、圆砾砂、碎石、卵石	10～13
密实卵石夹粗砂、密实漂卵石	13～20

地基土水平基床系数经验值　　　　　　　　　表 2.4-7

地基土的分类	$k_H(10^4 kN/m^3)$
流塑的黏性土	0.3～1.5
软塑的黏性土和松散的粉性土	1.5～3
可塑的黏性土和稍密—中密的粉性土	3～15
硬塑的黏性土和密实的粉性土	15 以上
松散砂土	0.3～1.5
稍密砂土	1.5～3
中密砂土	3～10
密实砂土	10 以上

（4）坑外主动侧水土压力计算

利用合适的土压力理论计算墙体外侧水土压力值，这样即可明确作用在弹性地基梁上的荷载作用，从而为墙体的内力和变形的计算做好准备。

（5）求解过程

通过上述的分析，地基梁的位移约束及荷载情况即已明确，下一步的工作就是对弹性地基梁的内力和位移进行求解，即采用杆系有限元法进行计算，最终求得弹性地基梁的内力及变形。

2.4.6　三维弹性地基板法

在实际基坑支护设计过程中，一般采用前文介绍的分析方法进行支护结构的内力及变形计算，通常情况下，采用上述的平面分析方法即可满足设计要求。然而，基坑本身是一个具有长、宽和深三维尺寸的空间结构，其变形同场地水文地质情况、基坑的形状与尺寸、支护结构形式及刚度等因素紧密相关，即基坑支护系统是一个复杂的三维空间受力体系。此时，若忽略其空间效应的影响，而仅将基坑视为平面应变问题进行考虑的话，势必导致分析的结果与实际存在一定的误差。诸多工程实践与理论均证明平面应变受力状态仅仅适用于坑边较长且位于坑边中部截面的应力应变情况，而对于空间效应较强的三维基坑，其受力与变形则与平面应变状态有较大差异。因此，考虑三维空间效应对于基坑的受力与变形的计算分析有着重要的意义。

目前，针对具有显著空间效应的深基坑工程，通常可采用三维弹性地基板法，该方法是在平面弹性地基梁法的基础上发展起来的一种空间解析方法，该方法的计算原理与平面弹性地基梁法是一致的，即在模型中建立包括围护结构、内支撑或外拉锚体系等的三维空间模型，并利用有限元手段进行求解，通过该方法进行求解，避免了传统平面计算模型过于简化的缺点，且计算方法简单，便于工程应用和推广。

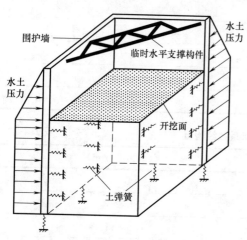

图 2.4-18　三维弹性地基板法计算模型示意图

如图 2.4-18 所示，三维弹性地基板法以实际基坑支护结构体系作为模型基础建立三维模型，对于采用地下连续墙的围护结构，可采用三维板单元进行模拟，对于采用排桩的围护结构，可采用梁单元进行模拟；对于水平内支撑体系，可采用梁单元及板单元进行模拟；对于竖向支撑体系，可采用梁单元进行模拟；基坑内土体采用土弹簧进行模拟，土弹簧刚度取值与平面弹性地基梁法进行计算；基坑外土压力计算方法亦与平面弹性地基梁法计算方法一致，表现为作用于围护结构的面压力。在此基础上，根据施工工况和工程地质条件确定坑外土体及地下水施加于围护结构的水、土压力荷载，由此求得围护结构的内力与变形，具体求解方法可采用大型通用有限元程序进行求解计算。

2.4.7　数值分析方法

自 20 世纪 90 年代开始，随着高层建筑及地下铁道的大规模建设，基坑工程得到了快速的发展，不仅体现在基坑开挖面积的迅速扩张，而且还体现在基坑开挖深度的显著增大。不仅如此，由于深基坑通常位于繁华密集的城市中心，基坑周边密布着建筑物及各类地下管线，且常常紧邻交通主干道，施工场地狭小，这使得深基坑设计与施工的难度显著增大。对于复杂的深、大基坑（群），采用传统的计算分析方法显然无法充分、有效地评估基坑施工过程中对周边环境产生的影响。而目前，针对深、大复杂基坑，通常采用数值分析方法进行计算分析，最常用的数值方法主要有：差分法（FDM）、有限元法（FEM）、边界元法（BEM）、变分法（MV）和加权余量法（WRM），其中运用最广泛的方法主要是有限单元法和有限差分法。

1. 有限单元法

有限单元法（The Finite Element Method，FEM）的基本思想是：首先，先将研究对象离散成为许多小单元，用有限个容易分析的单元来代替复杂的研究对象，单元之间通过有限个节点相互连接；其次，给定边界条件、载荷条件和材料特性；再次，建立单元刚度矩阵、组装总体刚度矩阵和形成总体方程，再修正并求解总体方程；最后，求得单元的位移、应力、应变、内力等，并处理和分析计算结果。

有限单元法可通过如下弹性力学中的平面问题为例，较为深入地介绍有限单元法的求解思路。

首先，将连续体变换成离散化结构。将连续体划分为有限多个有限大小的单元，这些单元仅在一些结点连接起来，构成一个所谓离散化结构。在平面问题中，最简单而常用的单元是三角形单元，所有的结点一般都作为铰接。三角形单元，大都只在顶点被设置结点，成为三结点三角形单元。在约束边界处，可视约束情况在该处的结点上设置铰支座或连杆支座。每一单元所受的体力和面力，都按静力等效的原则移置到结点上，成为结点荷载。这样，平面弹性体就通过离散化而得出一个由若干个单元在结点处铰接而成的离散化结构。

其次，应用结构力学的位移法，求解离散化结构。以三结点三角形单元组成的离散化结构为例，求解的具体步骤如下：

（1）取三角形单元的结点位移为基本未知量，它们是

$$\delta^e = \begin{bmatrix} \delta_i & \delta_j & \delta_m \end{bmatrix}^T$$
$$= \begin{bmatrix} u_i & v_j & u_i & v_j & u_i & v_j \end{bmatrix}^T \qquad (2.4\text{-}69)$$

δ^e 称为单元的结点位移列阵。

（2）应用插值公式，由单元的结点位移求出单元的位移函数，即求出关系式

$$d = \begin{bmatrix} u(x;y) \\ v(x;y) \end{bmatrix} = N\delta^e \qquad (2.4\text{-}70)$$

这种插值公式表示单元中的位移分布形式，在有限单元法中称为位移模式，其中 N 称为形函数矩阵。

（3）应用几何方程，由单元的位移函数求出单元的应变，即求出关系式

$$\varepsilon = B\delta^e \qquad (2.4\text{-}71)$$

其中 B 是表示 ε 与 δ^e 之间关系的矩阵。

（4）应用物理方程，由单元的应变求出单元的应力，即求出关系式

$$\sigma = S\delta^e \qquad (2.4\text{-}72)$$

其中 S 称为应力转换矩阵。

（5）应用虚功方程，由单元的应力求出单元的结点力。根据虚功方程：外力在虚位移

上所做的虚功等于应力在虚应变上所做的虚功。现在来分析单元和结点之间的相互作用力。假设把单元和结点切开，它们之间就有相互作用的力：结点对单元的作用力为结点力 $\boldsymbol{F}_i = (F_{ix} \quad F_{iy})^{\mathrm{T}}$，作用于单元上，以沿坐标轴正向为正；单元对结点的反作用力，其绝对值与 $\boldsymbol{F}_i$ 相同而方向相反，为 $-\boldsymbol{F}_i = (-F_{ix} \quad -F_{iy})^{\mathrm{T}}$，作用于结点 i 上。

这样对三角形单元本身而言，结点力为

$$\boldsymbol{F}^{\mathrm{e}} = (F_i \quad F_j \quad F_m)^{\mathrm{T}}$$
$$= (F_{ix} \quad F_{iy} \quad F_{jx} \quad F_{jy} \quad F_{mx} \quad F_{my})^{\mathrm{T}} \tag{2.4-73}$$

是作用于单元的外力；另外，单元内部还作用有应力。

根据虚功方程

$$(\boldsymbol{\delta}^*)^{\mathrm{T}} \boldsymbol{F} = \iint_{\mathrm{A}} (\boldsymbol{\varepsilon}^*)^{\mathrm{T}} \sigma \mathrm{d}x \mathrm{d}yt \tag{2.4-74}$$

就可以将单元的结点力 $\boldsymbol{F}^{\mathrm{e}}$ 用应力来表示，从而得出结点力公式

$$\boldsymbol{F}^{\mathrm{e}} = \boldsymbol{k}\boldsymbol{\delta}^{\mathrm{e}} \tag{2.4-75}$$

其中 $\boldsymbol{k}$ 称为单元劲度矩阵。

（6）应用虚功方程，将单元中的各种外力荷载向结点移置，化为结点荷载，即求出单元的结点荷载

$$\boldsymbol{F}_{\mathrm{L}}^{\mathrm{e}} = (\boldsymbol{F}_{\mathrm{L}i} \quad \boldsymbol{F}_{\mathrm{L}j} \quad \boldsymbol{F}_{\mathrm{L}m})^{\mathrm{T}}$$
$$= (F_{\mathrm{L}ix} \quad F_{\mathrm{L}iy} \quad F_{\mathrm{L}jx} \quad F_{\mathrm{L}jy} \quad F_{\mathrm{L}mx} \quad F_{\mathrm{L}my})^{\mathrm{T}} \tag{2.4-76}$$

（7）列出各结点的平衡方程，组成整个结构的平衡方程组。由于结点 i 受有环绕结点的那些单元移置而来的结点荷载 $\boldsymbol{F}_{\mathrm{L}i} = (F_{\mathrm{L}ix} \quad F_{\mathrm{L}iy})^{\mathrm{T}}$ 和结点力 $\boldsymbol{F}_i = (F_{ix} \quad F_{iy})^{\mathrm{T}}$，因而 i 结点的平衡方程为

$$\sum_e \boldsymbol{F}_i = \sum_e F_{\mathrm{L}i} \quad i = (1, 2, \cdots, n) \tag{2.4-77}$$

其中 $\sum\limits_e$ 表示对那些环绕 i 结点的单元求和，n 表示所有应列平衡方程的结点数。式 (2.4-77) 的右边为已知的结点荷载；左边是结点力，其中包含基本未知量——结点位移。将式 (2.4-75) 代入式 (2.4-77)，经过整理，上述平衡方程组可以表示为

$$\boldsymbol{K}\boldsymbol{\delta} = \boldsymbol{F}_{\mathrm{L}} \tag{2.4-78}$$

其中 $\boldsymbol{K}$ 称为整体劲度矩阵，$\boldsymbol{F}_{\mathrm{L}}$ 是整体结点荷载列阵，$\boldsymbol{\delta}$ 是整体结点位移列阵。由式 (2.4-78) 求出 $\boldsymbol{\delta}$，从而可由式 (2.4-70) 和式 (2.4-72) 分别求出单元中的位移 $\boldsymbol{d}$ 和应力 $\boldsymbol{\sigma}$。

在上述求解步骤中，步骤（4）和步骤（6）是针对每个单元进行的，称为单元分析；（7）是对整个结构进行的，称为整体分析。

因此，通过上述的介绍可知，有限单元法的计算流程具体如下：

（1）离散化：将一个受外力作用的连续弹性体离散成一定数量的有限个小单元的集合体，单元之间只在节点上互相联系，即仅通过节点进行力的传递。由无限个质点的连续体转化为有限个单元的集合体的过程，称为离散化。将求解域离散为有限单元，根据基本场变量与坐标的关系而决定采用一维、二维和三维单元。一维单元用线段表示，二维单元可为三角形元或四边形元，三维单元常用四面体或六面体元。

（2）单元分析：根据弹性力学的基本方程和变分原理建立单元节点力和节点位移之间

的关系，形成单元有限元方程。

① 确定插值函数（形函数）：有限单元法将整个求解域离散为一系列仅靠公共节点连接的单元，而每一单元本身却视为光滑的连续体。单元内任一点的场变量（如位移），可根据其在单元中的假定分布规律由本单元的节点值插值求得。

② 建立单元方程：当问题比较简单时，可以直接根据问题的物理概念建立单元方程，而当问题较为复杂时，可采用如变分法、加权余量法或虚功原理等方法建立单元方程。

（3）计入边界条件，求解有限元方程。

（4）后处理计算：根据解方程组求得的节点基本场变量（如位移等）计算其他相关量，如应变、应力等，视具体问题而定。

在有限元分析过程中，通常包括如下三个步骤，即前处理、计算分析和后处理。前处理是建立分析模型，完成单元网格划分并生成计算数据；后处理则是处理并分析计算结果，并对结果进行分析研究。其中，计算分析步骤是有限元法的核心部分。

2. 有限差分法

有限差分法（Finite Difference Method，简称 FDM）是数值方法中最经典的方法，也是计算机数值模拟最早采用的方法，至今仍被广泛运用。该方法是一种直接将微分问题变为代数问题的近似数值解法，数学概念直观，表达简单，是发展较早且比较成熟的数值方法。

有限差分法基本思想是：首先，把连续的定解区域用有限个离散点构成的网格来代替，把连续定解区域上的连续变量的函数用在网格上定义的离散变量函数近似；其次，把原方程和定解条件中的微商用差商来近似，积分用积分和来近似，于是原微分方程和定解条件就近似地代之以代数方程组，即有限差分方程组，解此方程组就可以得到原问题在离散点上的近似解；最后，利用插值方法可以从离散解得到定解问题在整个区域上的近似解，在求解偏微分方程时，将每一处导数由有限差分近似公式替代，从而把求解偏微分方程的问题转换成求解代数方程的问题，从而求得计算结果。

有限差分法求解偏微分方程的步骤如下：

（1）区域离散化，即把所给偏微分方程的求解区域细分成由有限个格点组成的网格；

（2）近似替代，即采用有限差分公式替代每一个格点的导数；

（3）逼近求解。

换而言之，这一过程可以看作是用一个插值多项式及其微分来代替偏微分方程的解的过程。

该方法将求解域划分为差分网格，用有限个网格节点代替连续的求解域。有限差分法以 Taylor 级数展开等方法，把控制方程中的导数用网格节点上的函数值的差商代替进行离散，从而建立以网格节点上的值为未知数的代数方程组。对于有限差分格式，从格式的精度来划分，有一阶格式、二阶格式和高阶格式。从差分的空间形式来考虑，可分为中心格式和逆风格式。考虑时间因子的影响，差分格式还可以分为显格式、隐格式、显隐交替格式等。目前常见的差分格式，主要是上述几种形式的组合，不同的组合构成不同的差分格式。差分方法主要适用于有结构网格，网格的步长一般根据实际地形的情况和柯朗稳定条件来决定。

3. 基坑工程数值分析要求

与其他领域相比，基坑工程中的数值分析软件需要具备如下功能：

（1）拥有能够真实反映土体性状的本构模型，如土体的屈服特性、剪胀特性、压缩及回弹特性等，可以真实反映土体的大部分应力应变特点。

（2）岩土工程数值分析中必须考虑初始应力的作用，以准确建立初始应力状态。

（3）土体是典型的三相体，土体的强度和变形主要取决于有效应力，数值分析软件必须能够进行有效应力计算，且可进行饱和土和非饱和土的流体渗透/应力耦合分析（如固结、渗透等）。

（4）岩土工程中经常涉及土与结构的相互作用问题，二者之间的接触特性需要得到正确的模拟，需具有较为强大的的接触面处理功能，可以正确模拟土与结构之间的脱开、滑移等现象。

（5）岩土工程数值分析需要软件具有处理复杂边界、载荷条件的能力，可模拟填土或开挖造成的边界条件改变。

为了保证三维数值分析方法能得到较为合理的计算结果，需要注意以下主要方面：

（1）本构关系的选取

在土体本构模型的选取上，应根据土体自身的变形特性，选择合乎其变形特点的本构关系。选取合理的本构模型方可得到合理的变形曲线。

（2）计算参数的获取

除了选择合理的本构关系外，应结合本构模型的特点，通过必要的室内外试验，以获取模型所需的计算参数。

（3）施工过程简化模拟的合理性

为了尽可能保证分析结果更贴近实际施工过程，模型中施工工况的模拟可在实际施工工况基础上进行适当简化，但对于影响基坑变形及稳定的关键工况，应尽可能保证模拟工况与实际工况相近，以便于得到更为合理的结果。

（4）流固耦合考虑的必要性

在进行基坑开挖模拟时，应结合地方经验预估场地地下水变化对基坑变形及稳定性的影响，必要时应充分考虑地下水渗流对基坑变形的影响。

（5）空间效应考虑的必要性

如基坑形状较为复杂，空间效应较强时，通常应进行三维模型计算分析，以便充分反映出基坑空间效应的影响。

2.5 基坑稳定性验算

2.5.1 基坑稳定性分类

本章主要针对设置围护结构的基坑稳定性验算方法进行介绍，对于放坡开挖、土钉墙、水泥土挡墙等支护，将在本书相关章节中进行详细介绍，本章不再赘述。

对于设置围护结构的基坑而言，其稳定性的影响因素很多，主要包括：场地的水文及地质条件、基坑的几何参数（平面形状、尺寸及开挖深度等）和支护结构体系等。而对于设置围护结构的基坑来说，其失稳的形式和原因是多种多样的，主要可分为两种：一类是因基坑土体强度不足，地下水渗流或者承压水压力作用而造成的基坑失稳；另一类是因支护结构（包括墙、桩、锚杆、土钉和支撑系统等）的强度、刚度及稳定性不足引起的支护系统的破坏而导致的基坑失稳。在本章中，主要讨论第一类破坏形式及稳定性验算进行介绍。

对于悬臂式支护体系，一般较容易发生转动倾覆破坏，其坑底以下桩墙的嵌固深度主要由倾覆破坏控制，如图 2.5-1（a）所示。倾覆破坏发生时在桩墙两侧主动区和被动区各会形成一个滑动的楔形体。

对于单支撑和多支撑支护体系，支护结构在水平荷载作用下，如果坑底土体抗剪强度较低，则坑底土体有可能随支护结构踢脚而产生失稳破坏。对于单支撑结构，踢脚破坏是以支点处为转动点的失稳；对于多支撑支护结构，踢脚破坏则有可能绕最下层支点转动而产生。相对来讲，在支撑和桩墙的强度和刚度都很大时，单支撑支护体系更容易发生踢脚稳定破坏，如图 2.5-1（b）所示。

当基坑的支撑强度和刚度足够时，基坑的水平方向位移被支护结构有效地限制了，这时最容易发生的就是坑底隆起稳定破坏。基坑土体开挖的过程，实际上是对基坑底部土体的一个卸荷过程，基坑外的土体因基坑内的土体上部卸载而向坑内挤入，从而发生坑底隆起稳定破坏，这种现象在基坑底部为软土时尤其容易发生。如图 2.5-1（c）所示。

另外，在桩墙式支护体系中，基坑的整体稳定也是很重要的一方面，如图 2.5-1（d）所示。

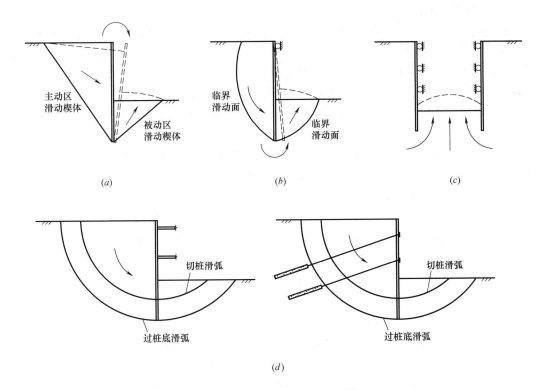

图 2.5-1　桩墙式支护体系失稳破坏形式

（a）倾覆稳定破坏；（b）踢脚稳定破坏；（c）坑内隆起稳定破坏；（d）整体稳定破坏

由地下水造成的基坑稳定性问题主要包括基坑渗流失稳破坏和基坑突涌失稳破坏。当基坑外侧地下水位很高，基坑内外存在水位差时，地下水从高水位向低水位渗流，产生渗流力。在基坑底部以下渗流自下而上运动时，将减小土颗粒间的有效应力，如果渗流力大于土的浮重度，那么基坑底部的土体将处于悬浮状态，这样基坑被动区的土压力将极大减小，由此导致基坑失稳，如图2.5-2 (a) 所示。如果在基底下的不透水层较薄，而且在不透水层下面具有较大水压的承压水层时，若上覆土重不足以抵挡下部的水压，基坑底部就会被水头压力冲破，造成突涌现象，如图2.5-2 (b) 所示。

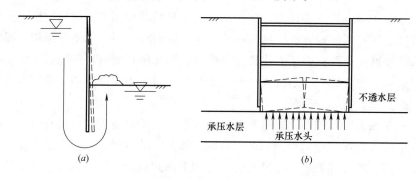

图 2.5-2 地下水引起的稳定破坏
(a) 渗流稳定破坏；(b) 突涌稳定破坏

2.5.2 整体稳定验算

基坑整体稳定性分析主要沿用边坡整体稳定的分析方法，包括极限平衡法、极限分析法、有限差分法及可靠度分析法等。其中，极限平衡法是边坡整体稳定分析中最经典最常用的方法，现行基坑规范中整体稳定计算亦推荐极限平衡法，该方法是边坡稳定分析的传统方法，通过安全系数定量评价边坡的稳定性，由于安全系数的直观性，被工程界广泛应用。该法基于刚塑性理论，只注重土体破坏瞬间的变形机制，而不关心土体变形过程，只要求满足力和力矩的平衡、Mohr-Coulomb 准则。

极限平衡法分析问题的基本思路具体如下：先根据经验和理论预设一个可能形状的滑动面，通过分析在临近破坏情况下，土体外力与内部强度所提供抗力之间的平衡，计算土体在自身荷载作用下的边坡稳定性过程。极限平衡法没有考虑土体本身的应力-应变关系，不能反映边坡变形破坏的过程，但由于其概念简单明了，且在计算方法上形成了大量的计算经验和计算模型，计算结果也已经达到了很高的精度。因此，该法目前仍为边坡稳定性分析最主要的分析方法。

在工程实践中，可根据边坡破坏滑动面的形态来选择相应的极限平衡法。目前常用的极限平衡法有瑞典条分法、Bishop 法、Janbu 法、Spencer 法、Sarma 法、Morgenstern-Price 法和不平衡推力法等。表 2.5-1 列出了常用的一些条分法满足的平衡情况和考虑的条间力情况。圆弧滑动法虽然有很多缺点，例如事先假定滑动面、没有考虑土体内部的应力应变关系，无法分析边坡破坏的发生和发展过程，没有考虑土体与支挡结构的共同作用及其变形协调等不合理之处，但它抓住了边坡稳定问题的关键方面，而且经过数十年的研究、应用和发展修正，已积累了很多经验，所以在边坡的稳定性分析和设计中有着重要的地位。

极限平衡理论边坡稳定性分析方法基本条件的比较 　　　　　　　　　**表 2.5-1**

分析方法	满足平衡条件		条间力的假定	滑面形状
	力的平衡	力矩平衡		
瑞典法	部分满足	部分满足	不考虑土条间作用力	圆弧
Bishop 法	部分满足	满足	条间力合力方向水平	圆弧
郎畏勒法	部分满足	部分满足	条间力合力方向水平	任意
Janbu 法	满足	满足	假定条间力作用于土条底以上 1/3 处	任意
Spencer 法	满足	满足	假定各条间的合力方向相互平行	任意
Morgenstern-Price 法	满足	满足	法向和切向条间力存在一个函数关系	任意
Saram 法	满足	满足	对土条侧向力大小分布做出假定	任意
不平衡推力法	满足	不满足	条间的合力方向与前一土条滑动面倾角一致	任意

在基坑工程中，较为常用的极限平衡法主要是瑞典条分法、Bishop 法、Janbu 法，下文将主要针对上述三种方法进行介绍。

1. 瑞典条分法

瑞典条分法是由 W. Fellenious 等人于 1927 年提出的，也称为费伦纽斯法，主要是针对平面问题，假定滑动面为圆弧面。根据实际观察，对于比较均质的土质边坡，其滑裂面近似为圆弧面，因此瑞典条分法可以较好地解决这类问题，但该法不考虑各土条之间的作用力，将安全系数定义为每一土条在滑面上抗滑力矩之和与滑动力矩之和的比值，一般求出的安全系数偏低 $10\%\sim20\%$。

瑞典条分法的基本原理如下：

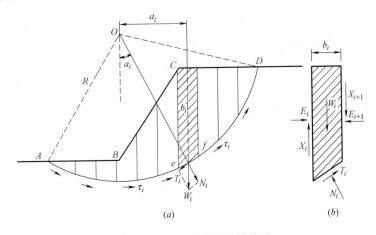

图 2.5-3 瑞典条分法计算简图
(a) 滑动面上的力和力臂；(b) 土条上的力

如图 2.5-3 所示，取单位长度土坡按平面问题计算，设可能的滑动面是一圆弧 AD，其圆心为 O，半径为 R。将滑动土体 $ABCD$ 分成许多竖向土条，土条宽度一般可取 $b=0.1R$，作用在土条 i 上的作用力有：

（1）土条的自重 W_i，其大小、作用点位置及方向均已知。

（2）滑动面 ef 上的法向反力 N_i 及切向反力 T_i，假定 N_i、T_i 作用在滑动面 ef 的中点，他们的大小均未知。

（3）土条两侧的法向力 E_i、E_{i+1} 及竖向剪切力 X_i、X_{i+1}，其中 E_i 和 X_i 可由前一个土条的平衡条件求得，而 E_{i+1} 和 X_{i+1} 的大小未知，E_i 的作用点也未知。

可以看出，土条 i 的作用力中有 5 个未知数，但只能建立 3 个平衡条件方程，故为静不定问题。为了求得 N_i、T_i 的值，必须对土条两侧作用力的大小和位置做出适当假定。瑞典条分法是不考虑土条两侧的作用力，即假设 E_i 和 X_i 的合力等于 E_{i+1} 和 X_{i+1} 的合力，同时它们的作用线重合，因此土条两侧的作用力相互抵消。这时土条 i 仅有作用力 W_i、N_i 及 T_i，根据平衡条件可得：

$$N_i = W_i \cos\alpha_i \tag{2.5-1}$$

$$T_i = W_i \sin\alpha_i \tag{2.5-2}$$

滑动面 ef 上土的抗剪强度为：

$$\tau_i = \sigma_i \tan\varphi_i + c_i = \frac{1}{l_i}(N_i \tan\varphi_i + c_i) = \frac{1}{l_i}(W_i \tan\varphi_i + c_i) \tag{2.5-3}$$

式中 α_i——土条 i 滑动面的法线（亦即圆弧半径）与竖直线的夹角；

l_i——土条 i 滑动面 ef 的弧长；

c_i、φ_i——滑动面上土的黏聚力及内摩擦角。

土条 i 上的作用力对圆心 O 产生的滑动力矩 M_s 及稳定力矩 M_r 分别为：

$$M_s = T_i R = W_i R \sin\alpha_i \tag{2.5-4}$$

整个土坡相应于滑动面 AD 的稳定性系数为：

$$F_s = \frac{M_r}{M_s} = \frac{\sum_{i=1}^{n}(W_i \cos\alpha_i \tan\varphi_i + c_i l_i)}{\sum_{i=1}^{n} W_i \sin\alpha_i} \tag{2.5-5}$$

对于设置围护结构的基坑整体稳定性分析亦主要采用圆弧滑动法分析，但是相对于无支护的基坑，设置围护结构的基坑整体稳定性验算应考虑围护结构对滑动面和抗滑力的影响。在实际工程中，一般认为设置围护结构的基坑不易发生整体稳定性破坏，主要是由于围护结构的强度较高，滑动面不易穿过围护结构而发生滑动破坏，而只能从桩底或桩底以下一定深度处滑动，而通常情况下在满足嵌固深度的情况下绕桩底滑动的整体稳定安全系数相对较高，但当基坑地处深厚软土场地，桩端无法嵌入较好的下卧地层时，即便插入深度较大，基坑发生整体失稳的可能性仍较高。

此外，当围护墙强度较弱或存在施工缺陷时，基坑将可能发生切桩的整体稳定破坏。所以在验算桩墙支护的基坑整体稳定时，首先应验算过桩底的圆弧滑动整体稳定性，必要时应验算切桩滑弧整体稳定性（图 2.5-4）。

当验算过桩底的滑弧整体稳定性时，分析方法与黏性土无支护基坑边坡相同，亦通

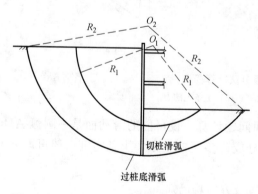

图 2.5-4 桩墙式支护体系整体稳定破坏示意图

常采用前文所述的极限平衡法。

现行基坑规程中提出了锚拉式支挡结构的整体滑动稳定性验算公式，该公式以瑞典条分法边坡稳定性计算公式为基础，在力的极限平衡关系上，增加了锚杆拉力对圆弧滑动体圆心的抗滑力矩项。极限平衡状态分析时，仍以圆弧滑动土体为分析对象，假定滑动面上土的剪力达到极限强度的同时，滑动面外锚杆拉力也达到极限拉力（正常设计情况下，锚杆极限拉力由锚杆与土之间的粘结力达到极限强度控制，但有时由锚杆杆体强度或锚杆注浆固结体对杆体的握裹力控制）。滑弧稳定性验算时，最危险滑弧的搜索范围限于通过挡土构件底端和在挡土构件下方的各个滑弧（图 2.5-5）。

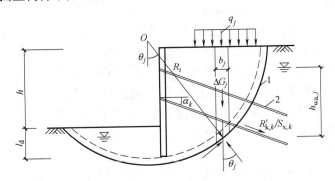

图 2.5-5　圆弧滑动条分法整体稳定性验算
1—任意圆弧滑动面；2—锚杆

对于锚拉式支挡结构，现行基坑规程推荐的整体稳定验算公式如下：

$$\min\{K_{s,1}, K_{s,2}, \cdots, K_{s,i}, \cdots\} \geqslant K_s \tag{2.5-6}$$

$$K_{s,i} = \frac{\sum\{c_j l_j + [(q_j l_j + \Delta G_j)\cos\theta_j - u_j l_j]\tan\varphi_j\} + \sum R'_{k,k}[\cos(\theta_j + \alpha_k) + \psi_v]/s_{x,k}}{\sum(q_j b_j + \Delta G_j)\sin\theta_j}$$

$$\tag{2.5-7}$$

式中　K_s——圆弧滑动整体稳定安全系数；安全等级为一级、二级、三级的锚拉式支挡结构，K_s 分别不应小于 1.35、1.3、1.25；

$K_{s,i}$——第 i 个滑动圆弧的抗滑力矩与滑动力矩的比值；抗滑力矩与滑动力矩之比的最小值宜通过搜索不同圆心及半径的所有潜在滑动圆弧确定；

c_j、φ_j——第 j 土条滑弧面处土的黏聚力（kPa）、内摩擦角（°）；

b_j——第 j 土条的宽度（m）；

θ_j——第 j 土条滑弧面中点处的法线与垂直面的夹角（°）；

l_j——第 j 土条的滑弧段长度（m），取 $l_j = b_j/\cos\theta_j$；

q_j——作用在第 j 土条上的附加分布荷载标准值（kPa）；

ΔG_j——第 j 土条的自重（kN），按天然重度计算；

u_j——第 j 土条在滑弧面上的孔隙水压力（kPa）；基坑采用落底式截水帷幕时，对地下水位以下的砂土、碎石土、粉土，在基坑外侧，可取 $u_j = \gamma_w h_{wa,j}$，在基坑内侧，可取 $u_j = \gamma_w h_{wp,j}$；在地下水位以上或对地下水位以下的黏性土，取 $u_j = 0$；

γ_w——地下水重度（kN/m³）；

$h_{wa,j}$——基坑外地下水位至第 j 土条滑弧面中点的垂直距离（m）；

$h_{wp,j}$——基坑内地下水位至第 j 土条滑弧面中点的垂直距离（m）；

$R'_{k,k}$——第 k 层锚杆对圆弧滑动体的极限拉力值（kN）；应取锚杆在滑动面以外的锚固体极限抗拔承载力标准值与锚杆杆体受拉承载力标准值（$f_{ptk}A_p$ 或 $f_{yk}A_s$）的较小值；但锚固段应取滑动面以外的长度；

α_k——第 k 层锚杆的倾角（°）；

$s_{x,k}$——第 k 层锚杆的水平间距（m）；

ψ_v——计算系数；可按 $\psi_v = 0.5\sin(\theta_k + \alpha_k)\tan\varphi$ 取值，此处，φ 为第 k 层锚杆与滑弧交点处土的内摩擦角。

同时，为了适用于地下水位以下的圆弧滑动体，并考虑到滑弧同时穿过砂土、黏性土的计算问题，对原规程整体滑动稳定性验算公式作了修改。此种情况下，在滑弧面上，黏性土的抗剪强度指标需要采用总应力强度指标，砂土的抗剪强度指标需要采用有效应力强度指标，并应考虑水压力的作用。但结合实际工程经验，考虑 u_jl_j 项使得砂层整体稳定系数偏低，故实际工程中建议结合地方经验对水压力项进行取舍。此外，通过将土骨架与孔隙水一起取为隔离体进行静力平衡分析的方法，可用于滑弧同时穿过砂土、黏性土的整体稳定性验算公式。

对悬臂式、双排桩支挡结构，采用公式（2.5-7）时不考虑 $\sum R'_{k,k}[\cos(\theta_j + \alpha_k) + \psi_v]/s$ 项。当挡土构件底端以下存在软弱下卧土层时，体稳定性验算滑动面中尚应包括由圆弧与软弱土层层面组成的复合滑动面。

此外，若分析切桩滑弧整体稳定性时，抗滑力矩应该计入切桩阻力产生的抗滑作用，即每延米桩中产生的抗滑力矩 M_p。抗滑力矩 M_p 可由下式计算：

$$M_p = R\cos\alpha_i\sqrt{\frac{2M_c\gamma h_i(K_p - K_a)}{d + \Delta d}} \tag{2.5-8}$$

式中 M_p——每延米中的桩产生的抗滑力矩（kN·m/m）；

α_i——桩与滑弧切点至圆心连线与竖直方向的夹角；

M_c——每根桩身的抗弯弯矩（kN·m/单桩），对于地连墙支护，即每延米墙体抗弯弯矩；

h_i——切桩滑弧面至坡面的深度（m）；

γ——h_i 范围内土的重度（kN/m³）；

K_p、K_a——土的被动与主动土压力系数；

d——桩径（m）；

Δd——两桩间的净距（m）。

2. Bishop 法

瑞典条分法作为条分法中的最简单形式在工程中得到了广泛运用，但实践表明，该方法计算出的安全系数偏低。实际上，若不考虑土条间的作用力，则无法满足土条的稳定。随着边坡分析理论与实践的发展，许多学者致力于条分法的改进。

毕肖普（A. W. Bishop，1955）提出了安全系数的普遍定义，将土坡稳定安全系数 F_s 定义为各分条滑动面抗剪强度之和 τ_f 与实际产生的剪应力之和 τ 之比，即

$$F_s = \frac{\tau_f}{\tau} \tag{2.5-9}$$

这不仅使安全系数的物理意义更加明确，而且使用范围更为广泛，为以后非圆弧滑动分析及土条分界面上条间力的各种假定提供了有利条件。

Bishop 法假定各土条底部滑动面上的抗滑安全系数均相同，即等于整个滑动面的平均安全系数，取单位长度边坡按平面问题计算，如图 2.5-6 所示。设可能的滑动圆弧为 AC，圆心为 O，半径为 R。将滑动土体分成若干土条，取其中的任何一条（第 i 条）分析其受力情况，土条圆弧弧长为 l_i。土条上的作用力如瑞典条分法，其中孔隙水压力 $u_i l_i$。

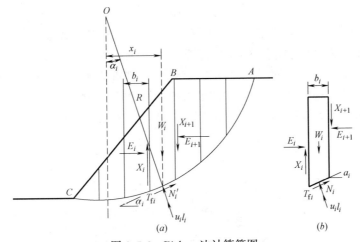

图 2.5-6　Bishop 法计算简图

(a) 滑动面上的力和力臂；(b) 土条上的力

对 i 土条竖向取力的平衡得：

$$W_i + \Delta X_i - T_{fi}\sin\alpha_i - (N'_i + u_i l_i)\cos\alpha_i = 0 \tag{2.5-10}$$

式中　T_{fi}——土条 i 底面的抗剪力；

　　　N'_i——土条 i 底面的有效法向反力；

　　　ΔX_i——作用土条两侧的切向力差。

当土体尚未破坏时，土条滑动面上的抗剪强度只发挥了一部分，若以有效应力表示，由 Mohr-Coulomb 准则，得土条滑动面上的抗剪力为

$$T_{fi} = \frac{\tau_{fi} l_i}{F_s} = \frac{c'_i l_i}{F_s} + N'_i\frac{\tan\varphi'_i}{F_s} \tag{2.5-11}$$

式中　c'_i——土条 i 有效黏聚力；

　　　φ'_i——土条 i 有效内摩擦角。

代入式（2.5-10），可解得 N'_i 为

$$N_i = \frac{1}{m_{\alpha i}}\left(W_i + \Delta X_i - u_i l_i - \frac{c'_i l_i}{F_s}\sin\alpha_i\right) \tag{2.5-12}$$

式中　$m_{\alpha i} = \cos\alpha_i\left(1 + \dfrac{\tan\varphi'_i \tan\alpha_i}{F_s}\right)$。

然后就整个滑动土体对圆心 O 求力矩平衡，此时相邻土条之间侧壁作用力的力矩将相互抵消，而各土条的 N_i 及 $u_i l_i$ 的作用线均通过圆心，故有

$$\sum W_i x_i - \sum T_{fi} R = 0 \tag{2.5-13}$$

由以上各式可得

$$F_s = \frac{\sum \frac{1}{m_{\alpha i}}[c_i'b_i + (W_i - u_i l_i + \Delta X_i)\tan\varphi']}{\sum W_i \sin\alpha_i} \tag{2.5-14}$$

此为 Bishop 条分法计算边坡稳定安全系数的普遍公式，Bishop 证明，若忽略土条两侧的剪切力，所产生的误差仅为 1%，由此可得到安全系数的新形式

$$F_s = \frac{\sum \frac{1}{m_{\alpha i}}[c_i'b_i + (W_i - u_i l_i)\tan\varphi']}{\sum W_i \sin\alpha_i} \tag{2.5-15}$$

与瑞典条分法一样，对于给定滑动面对滑动体进行分条，确定土条参数。由于式中 m_α 也含有 F_s 值，故需要迭代求解。首先假定一个安全系数 $F_s = 1$，求出 m_α 后代入计算公式得出安全系数 F_s，若计算的 F_s 与假定的 F_s 不等，则重新计算，直到前后两次 F_s 值满足所要求的精度为止。通常迭代 3～4 次即可求得合理的安全系数。

为便于迭代计算，系数 m_α 已经被编制成曲线，如图 2.5-7 所示。

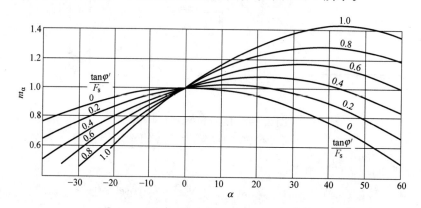

图 2.5-7 m_α 值曲线图

与简单条分法相比，简化 Bishop 方法虽然不考虑条块间的切向力，在公式中水平力没有出现，但其隐含着条块间水平力作用，因此得到的安全系数精度较高，安全系数也较简单条分法高一些。大量工程计算表明，简化 Bishop 方法与严格的极限平衡法相比结果很接近，且因其计算不太复杂，因此 Bishop 方法是目前工程中很常用的一种方法。

3. Janbu 法

在实际工程中常常会遇到非圆弧滑动面的土坡稳定分析，如土坡下面有软弱夹层，或土坡位于倾斜岩层面上，滑动面形状受到夹层或硬层影响而呈现非圆弧形状。此时若采用前述圆弧滑动面法分析就不适应。下面介绍 N. 简布（Janbu, 1954, 1972）提出的非圆弧普通条分法（GPS），也称为简布法。

如图 2.5-8 所示土坡，滑动面任意，划分土条后，其假定：

（1）滑动面上的切向力 T_i 等于滑动面上土所发挥的抗剪强度 τ_{fi}，即 $T_i = \tau_{fi} l_i = (N_i \tan\varphi_i + c_i l_i)/F_s$；

（2）土条两侧法向力 E 的作用点位置为已知，且一般假定作用于土条地面以上 1/3 高度处。分析表明，条间力作用点的位置对土坡稳定安全系数影响不大。

取任一土条如图 2.5-8 所示，h_{ti} 为条间力作用点的位置，α_{ti} 为推力线与水平线的夹角。需求的未知量有：土条底部法向反力 N_i（n 个）；法向条间力之差 ΔE_i（n 个）；切向

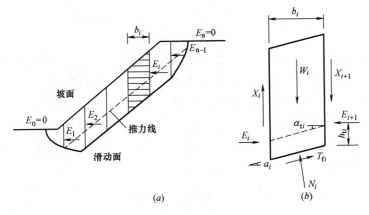

图 2.5-8　Janbu 法条分法的计算简图

(a) 滑体示意图；(b) 土条上的力

条间力 X_i（$n-1$ 个）及安全系数 F_s。可通过对每一土条力和力矩平衡建立 $3n$ 个方程求解。

对每一土条取竖向力的平衡，则

$$N_i \cos\alpha_i = W_i + \Delta X_i - T_{fi} \sin\alpha_i$$

或者

$$N_i = (W_i + \Delta X_i)\sec\alpha_i - T_{fi}\tan\alpha_i \tag{2.5-16}$$

再取水平向力的平衡，有

$$\Delta E_i = N_i\sin\alpha_i - T_{fi}\cos\alpha_i = (W_i + \Delta X_i)\tan\alpha_i - T_{fi}\sec\alpha_i \tag{2.5-17}$$

由图 2.5-8 可以看出土条条块侧面的法向力 E，显然有 $E_1 = \Delta E_1$，$E_2 = \Delta E_1 + \Delta E_2$ 依次类推，有：

$$E_i = \sum_{i=1}^{n} \Delta E_i \tag{2.5-18}$$

对土条中点取力矩平衡，并略去高价微量，则

$$X_i b_i = -E_i b_i \tan\alpha_{ti} + h_{ti}\Delta E_i$$

或者

$$X_i = -E_i \tan\alpha_{ti} + h_{ti}\Delta E_i / b_i \tag{2.5-19}$$

再由整个土坡 $\sum E_i = 0$ 可得

$$\sum(W_i + \Delta X_i)\tan\alpha_i - \sum T_{fi}\sec\alpha_i = 0 \tag{2.5-20}$$

根据安全系数的定义和摩尔-库仑破坏准则

$$T_{fi} = \frac{\tau_{fi}l_i}{F_s} = \frac{c_i b_i \sec\alpha_i + N_i \tan\varphi_i}{F_s} \tag{2.5-21}$$

联合求解式（2.5-16）及式（2.5-21），得

$$T_{fi} = \frac{1}{F_s}\left[c_i b_i + (W_i + \Delta X_i)\tan\varphi_i\right]\frac{1}{m_{\alpha i}} \tag{2.5-22}$$

式中　$m_{\alpha i} = \cos\alpha_i\left(1 + \dfrac{\tan\varphi_i \tan\alpha_i}{F_s}\right)$

将式（2.5-22）代入式（2.5-23），得

$$F_s = \frac{\sum \frac{1}{m_{\alpha i}} [c_i b_i + (W_i + \Delta X_i) \tan\varphi_i]}{\sum (W_i + \Delta X) \sin\alpha_i} \tag{2.5-23}$$

显见，Janbu 法中边坡稳定安全系数的求解仍需采用迭代法，可按以下步骤进行：

（1）先设 $\Delta X_i = 0$（相当于简化的毕肖普总应力法），并假设 $F_s = 1$，算出 $m_{\alpha i}$ 代入式（2.5-23）求得 F_s，若计算 F_s 值与假定值相差较大，则由新的 F_s 值再求 $m_{\alpha i}$ 和 F_s，反复逼近至满足精度要求，求出 F_s 的第一次近似值。

（2）将 $\Delta X_i = 0$ 和 F_s 的第一次近似值代入由式（2.5-22）求出相应的 T_{fi}；再由式（2.5-17），求相应的 ΔE_i。

（3）用式（2.5-18）$E_i = \sum\limits_{i=1}^{n} \Delta E_i$ 分别求条块间的法向力。

（4）将 E_i 和 ΔE_i 代入式（2.5-19）求得 X_i 及 ΔX_i。

（5）用新求的 ΔX_i 重复步骤（1），求出 F_s 的第二次近似值，并以此值重复上述计算每一土条的 T_{fi}、ΔE_i、ΔX_i，直到前后计算的 F_s 值达到某一要求的计算精度 ε。

简布条分法可以满足所有的静力平衡条件，但推力线的假定必须符合条间力的合理要求（即满足土条间不产生拉力和剪切破坏）。目前在国内外应用较广，但也必须注意，在某些情况下，其计算结果有可能不收敛。边坡真正的安全系数还要计算很多滑动面，进行比较，找出最危险的滑动面，其安全系数才是真正的安全系数。因此，该方法的工作量比较大，一般要编成程序在计算机上计算。

2.5.3　抗踢脚稳定验算

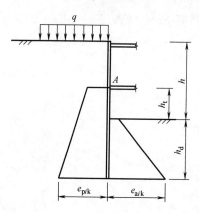

图 2.5-9　踢脚稳定计算示意图

对于内支撑或锚杆支护体系的基坑，其最下道支撑以下的挡土结构在主被动区水土压力的作用下有可能产生以最下道支点为圆心的转动破坏，即踢脚破坏。验算踢脚稳定破坏，主要是验算最下道支撑以下主、被动区绕最下道支点的转动力矩是否平衡。其计算示意图如图 2.5-9 所示。踢脚安全系数验算公式如下：

$$F_s = \frac{M_p}{M_a} \tag{2.5-24}$$

式中，M_p 为基坑内侧被动土压力对 A 点（最下层支点处）的力矩；M_a 为基坑外侧主动土压力对 A 点（最下层支点处）的力矩。

如图 2.5-9 所示，支护底部的主动土压力和被动土压力分别如下：

$$e_{aik} = [\gamma(h + h_d) + q]K_a - 2c\sqrt{K_a} \tag{2.5-25}$$

$$e_{pik} = \gamma h_d K_p + 2c\sqrt{K_p} \tag{2.5-26}$$

根据土压力分布，分别对 A 点取矩，则 M_p 和 M_a 分别为：

$$M_p = \frac{1}{2}\gamma h_d^2 K_p \left(\frac{2}{3}h_d + h_t\right) + 2c\sqrt{K_p} \cdot h_d \cdot \left(\frac{1}{2}h_d + h_t\right) \tag{2.5-27}$$

$$M_a = \frac{1}{2}(h_d + h_t) \cdot \gamma \cdot (h_d + h_t)K_a \cdot \frac{2}{3}(h_d + h_t) + (h_d + h_t)[q + \gamma(h - h_t)]K_a \cdot \frac{1}{2}(h_d + h_t)$$

$$-2c\sqrt{K_a}(h_d+h_t)\cdot\frac{1}{2}(h_d+h_t)$$

$$=\frac{1}{3}\gamma K_a(h_d+h_t)^3+\frac{1}{2}K_a[q+\gamma(h-h_t)-2c/\sqrt{K_a}](h_d+h_t)^2 \tag{2.5-28}$$

需要注意的是，土压力计算时要根据不同的支护体系选择合理分布模式。K_a、K_p 分别为主被动土压力系数。K_a 可按朗肯土压力理论计算，但当围护结构的水平位移有严格限制时，宜采用静止土压力或者是提高的主动土压力。K_p 可按朗肯土压力理论计算，当考虑墙体与坑内土体之间的摩擦角 δ 的影响，坑内墙前极限被动土压力计算公式采用以Rankine公式形式表达的修正Coulomb公式，具体如下：

$$e_{pik}=\gamma h_d K_p+2c\sqrt{K_{ph}} \tag{2.5-29}$$

其中

$$K_p=\frac{\cos^2\varphi}{\left[1-\sqrt{\dfrac{\sin(\varphi+\delta)\cdot\sin\varphi}{\cos\delta}}\right]^2} \tag{2.5-30}$$

$$K_{ph}=\frac{\cos^2\varphi\cdot\cos^2\delta}{[1-\sin(\varphi+\delta)]^2} \tag{2.5-31}$$

δ 为计算点处地基土与墙面间的摩擦角，取值与地基土性、围护墙面粗糙度及排水条件有关，一般 δ 在 $(2/3\sim3/4)\varphi$ 之间，且 $\delta\leqslant20°$。地基土较差时（如淤泥质黏土），取大值，反之取小值。对钢板桩墙取 $\delta=2\varphi/3$，对钻孔桩和现浇地下连续墙取 $\delta=3\varphi/4$。无坑内降水时取 $\delta=0$。

现行基坑规程中，对于单层锚杆和单层支撑的支挡式结构，其嵌固深度应符合下列嵌固稳定性的要求（图2.5-10）：

$$\frac{E_{pk}z_{p2}}{E_{ak}z_{a2}}\geqslant K_{em} \tag{2.5-32}$$

式中　K_{em}——嵌固稳定安全系数；安全等级为一级、二级、三级的锚拉式支挡结构和支撑式支挡结构，K_{em}分别不应小于1.25、1.2、1.15；

　　z_{a2}、z_{p2}——基坑外侧主动土压力、基坑内侧被动土压力合力作用点至支点的距离（m）。

2.5.4　抗倾覆稳定验算

对于支挡式结构，抗倾覆验算主要是为保证其嵌固深度，以免影响围护桩的倾覆稳定，即抗倾覆计算公式如下：

$$K_s=\frac{M_{Ep}+M_T}{M_{Ea}} \tag{2.5-33}$$

式中　K_s——抗倾覆稳定安全系数，安全等级为一级、二级、三级时应不小于1.25、1.2、1.15；

　　M_{Ea}——支护结构底部以上主动侧水平荷载对支护结构最底部点的弯矩标准值（kN·m）；

　　M_{Ep}——支护结构底部以上被动侧水平荷载对

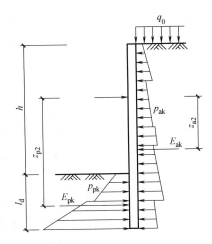

图2.5-10　单支点锚拉式支挡结构和支撑式支挡结构的嵌固稳定性验算

支护结构最底部点的弯矩标准值（kN·m）；

M_T——锚杆（索）或内支撑的支点力标准值对支护结构最底部点的弯矩（kN·m）。

对于悬臂式支挡结构，公式（2.5-33）中 $M_T = 0$，即围护桩应符合下列嵌固稳定性的要求（图 2.5-11）：

$$\frac{E_{pk}z_{p1}}{E_{ak}z_{a1}} \geqslant K_{em} \tag{2.5-34}$$

式中 K_{em}——嵌固稳定安全系数；安全等级为一级、二级、三级的悬臂式支挡结构，K_{em} 分别不应小于 1.25、1.2、1.15；

E_{ak}、E_{pk}——基坑外侧主动土压力、基坑内侧被动土压力合力的标准值（kN）；

z_{a1}、z_{p1}——基坑外侧主动土压力、基坑内侧被动土压力合力作用点至挡土构件底端的距离（m）。

对于设置内支撑的支挡结构，内支撑支点力对支护结构最底部点的弯矩 M_T 的计算如下：

$$M_T = \sum \frac{T_{ki}\gamma_k d_i}{s_i} \tag{2.5-35}$$

式中 T_{ki}——第 i 个支点反力标准值（kN）；

d_i——第 i 个支点距支护结构最底部点的距离（m）；

s_i——第 i 个支点的水平间距（m）；

γ_k——材料抗力调整系数，由用户输入。

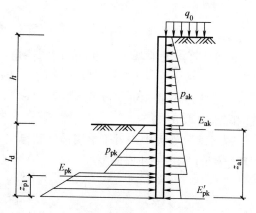

图 2.5-11 悬臂式结构嵌固稳定性验算

对于锚拉式支挡结构，锚杆（索）拉力对支护结构最底部点的弯矩 M_T 的计算如下：

$$M_T = \sum \frac{T_{ki}\cos(\theta_s)d_i}{s_i} \tag{2.5-36}$$

$$T_{ki} = \min(T_{kki}\gamma_k, T_{mki}\gamma_m) \tag{2.5-37}$$

$$T_{kki} = A_s f_{yk}/1000 \tag{2.5-38}$$

$$T_{mki} = \sum \pi d q_{sjk} l_j \tag{2.5-39}$$

式中 T_{kki}——第 i 排锚杆材料抗力（kN）；

T_{mki}——第 i 排锚杆锚固力（kN）；

d_i——第 i 个支点距支护结构最底部点的距离（m）；

s_i——第 i 个支点的水平间距（m）；

γ_k——材料抗力调整系数，由用户输入；

γ_m——锚杆锚固力调整系数，由用户输入；

A_s——锚杆实配钢筋或钢绞线面积（mm²）；

f_{yk}——钢筋强度标准值（N/mm²）；

q_{sjk}——土体与锚固体的极限摩阻力标准值（kPa）；

l_j——第 j 层土中锚固段长度（m）；

d——锚杆直径（mm）。

对于双排桩支挡结构，抗倾覆计算考虑了双排桩、刚架梁和桩间土的自重对抗倾覆的有利作用，具体如下：

$$\frac{E_{pk}z_p + Ga_G}{E_{ak}z_a} \geqslant K_e \qquad (2.5\text{-}40)$$

式中 K_e——抗倾覆稳定安全系数，安全等级为一级、二级、三级时应不小于 1.25、1.2、1.15；

E_{ak}、E_{pk}——分别为基坑外侧主动土压力、基坑内侧被动土压力标准值（kN）；

z_a——水泥土墙外侧主动土压力合力作用点至双排桩底的竖向距离（m）；

z_p——水泥土墙内侧被动土压力合力作用点至双排桩底的竖向距离（m）；

G——双排桩、刚架梁和桩间土的自重之和（kN）；

a_G——双排桩、刚架梁和桩间土的重心至前排桩边缘的水平距离（m）。

2.5.5 抗隆起稳定验算

对深度较大的基坑，当嵌固深度较小、土的强度较低时，土体从挡土构件底端以下向基坑内隆起挤出是锚拉式支挡结构和支撑式支挡结构的一种破坏模式，即隆起失稳破坏。这是一种土体丧失竖向平衡状态的破坏模式，由于锚杆和支撑只能对支护结构提供水平方向的平衡力，对隆起破坏不起作用，对特定基坑深度和土性，只能通过增加挡土构件嵌固深度来提高抗隆起稳定性。

目前，深基坑抗隆起稳定验算的方法主要有：极限平衡法、极限分析法和有限差分法，工程中常以极限平衡法应用最为广泛。当然，随着计算机技术的发展，极限分析法和有限差分法也逐渐被工程界接受，将在未来的工程应用中得到更为广泛的重视。在工程中，基于 Prandtl 和 Terzaghi 地基承载力模式的坑底抗隆起稳定性验算方法应用较为广泛，这两种方法都是基于地基承载力的概念，同时，基于圆弧滑动的极限平衡法也逐渐应用于工程中。

基于 Prandtl 和 Terzaghi 地基承载力模式的坑底抗隆起稳定性验算是以围护墙底作为基准面，按基坑开挖后坑内外土体自重和竖向荷载作用下，墙底以下地基土的承载力和稳定来判别坑底的抗隆起稳定性。虽然本法是对设定的计算基面进行验算，没有考虑基坑开挖面以上土体抗剪强度的影响，有一定的近似性，但该法已为工程实践所采用，其滑动线形状如图 2.5-12 所示。

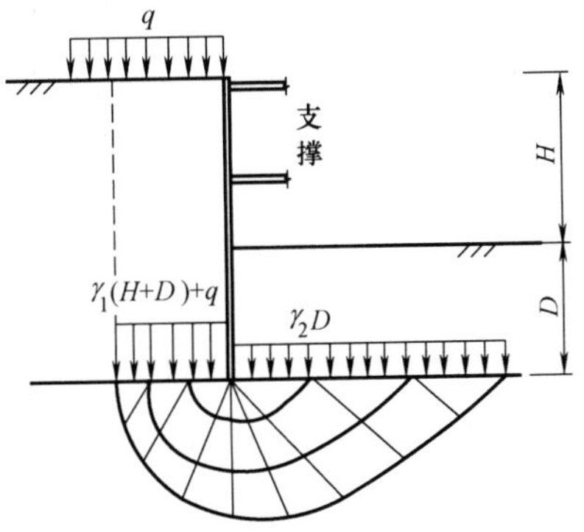

根据 Prandtl 解，抗隆起安全系数为：

图 2.5-12 抗隆起计算法滑动线形状

$$F_s = \frac{\gamma_2 D N_{qp} + c N_{cp}}{\gamma_1(H+D)+q} \qquad (2.5\text{-}41)$$

$$N_{qp} = \tan^2(\pi/4 + \varphi/2)e^{\tan\varphi} \qquad (2.5\text{-}42)$$

$$N_{cp} = \frac{(N_{qp}-1)}{\tan\varphi} \qquad (2.5\text{-}43)$$

根据 Terzaghi 解，抗隆起安全系数为：

$$F_s = \frac{\gamma_2 D N_q + c N_c}{\gamma_1 (H+D) + q} \tag{2.5-44}$$

$$N_q = \frac{\tan\varphi \cdot e^{3\pi/4 - \varphi/2}}{\cos(\pi/4 + \varphi/2)} \tag{2.5-45}$$

$$N_c = \frac{(N_q - 1)}{\tan\varphi} \tag{2.5-46}$$

式中　γ_1——坑外地表至基坑围护墙底各土层天然重度标准值的加权平均值（kN/m^3）；

γ_2——坑内开挖面至围护墙底各土层天然重度标准值的加权平均值（kN/m^3）；

H——基坑开挖深度（m）；

D——围护墙在基坑开挖面以下的入土深度（m）；

q——坑外地面超载（kPa）；

N_{qp}、N_{cp}——Prandtl 解地基土的承载力系数，根据围护墙底的地基土特性计算；

N_q、N_c——Terzaghi 解地基土的承载力系数，根据围护墙底的地基土特性计算；

c、φ——分别为围护墙底地基土黏聚力（kPa）和内摩擦角（°）；

F_s——抗隆起安全系数。

当采用 Prandtl 解时，抗隆起安全系数 $F_s \geqslant 1.10 \sim 1.20$；当采用 Terzaghi 解时，抗隆起安全系数 $F_s \geqslant 1.15 \sim 1.25$。此种方法适用于各种土质条件，但是当土体内摩擦角较大时，计算所得地基承载力系数很大，求得的安全系数会过大。

2012 版基坑规程中，基于 Prandtl 公式，提出了锚拉式支挡结构和支撑式支挡结构的抗隆起稳定计算公式，具体如下（图 2.5-13、图 2.5-14）：

$$\frac{\gamma_{m2} D N_q + c N_c}{\gamma_{m1} (h+D) + q_0} \geqslant K_{he} \tag{2.5-47}$$

$$N_q = \tan^2\left(45° + \frac{\varphi}{2}\right) e^{\pi\tan\varphi} \tag{2.5-48}$$

$$N_c = (N_q - 1)/\tan\varphi \tag{2.5-49}$$

式中　K_{he}——抗隆起安全系数；安全等级为一级、二级、三级的支护结构，K_{he} 分别不应小于 1.8、1.6、1.4；

γ_{m1}——基坑外挡土构件底面以上土的重度（kN/m^3）；对地下水位以下的砂土、碎石土、粉土取浮重度；对多层土取各层土按厚度加权的平均重度；

γ_{m2}——基坑内挡土构件底面以上土的重度（kN/m^3）；对地下水位以下的砂土、碎石土、粉土取浮重度；对多层土取各层土按厚度加权的平均重度；

D——基坑底面至挡土构件底面的土层厚度（m）；

h——基坑深度（m）；

q_0——地面均布荷载（kPa）；

N_c、N_q——承载力系数；

c、φ——挡土构件底面以下土的黏聚力（kPa）、内摩擦角（°）。

当挡土构件底面以下有软弱下卧层时，挡土构件底面土的抗隆起稳定性验算的部位尚应包括软弱下卧层，公式（2.5-47）中的 γ_{m1}、γ_{m2} 应取软弱下卧层顶面以上土的重度（图 2.5-14），D 应取基坑底面至软弱下卧层顶面的土层厚度。

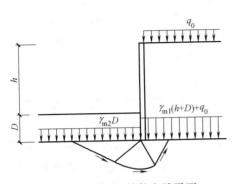

图 2.5-13 挡土构件底端平面
下土的抗隆起稳定性验算

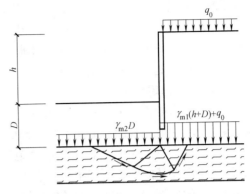

图 2.5-14 软弱下卧层的抗隆起稳定性验算

尽管目前基坑规程采用 Prandtl 极限平衡理论公式进行抗隆起稳定验算，但 Prandtl 理论公式的有些假定与实际情况存在差异，具体应用有一定局限性，如：对无黏性土，当嵌固深度为零时，计算的抗隆起安全系数，而实际上在一定基坑深度内是不会出现隆起的。因此，当挡土构件嵌固深度很小时，不能采用该公式验算坑底隆起稳定性。

在基坑抗隆起稳定验算中，除了基于 Prandtl 和 Terzaghi 地基承载力模式的坑底抗隆起稳定性验算方法外，2012 版基坑规程提出了以最下层支点为转动轴心的圆弧滑动模式，详见图 2.5-15。

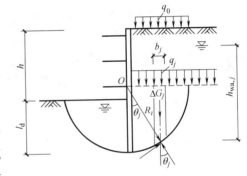

图 2.5-15 最下层支点为轴心
的圆弧滑动稳定性验算图示

计算公式如下：

$$\frac{\sum\left[c_j l_j + (q_j b_j + \Delta G_j)\cos\theta_j \tan\varphi_j\right]}{\sum\left[(q_j b_j + \Delta G_j)\sin\theta_j\right]} \geqslant K_{\mathrm{RL}} \tag{2.5-50}$$

其中，基坑安全等级为一级、二级、三级的抗隆起安全系数分别取不应小于 2.2、1.9、1.7。通过对该计算模型的分析可知，该模型忽略考虑围护桩的抗弯承载力对抗隆起稳定计算的贡献，且未考虑最下道支撑以上滑动土体与围护桩、外侧土体之间摩阻力的影响。

然而，通过对福建软土地区近 20 个深大基坑工程实例（均已成功实施）的分析可知，根据 2012 版基坑规范计算所得的安全系数并无法满足抗隆起安全系数的要求，且即便考虑了围护墙抗弯承载力仍难以满足要求。经分析可知，绕最下支点抗隆起稳定验算的滑动面均系假设以最下支点为圆心，桩端至最下支点距离为半径进行计算。当抗隆起安全系数无法满足规范要求时，应加大围护桩的嵌固深度；加大圆弧滑动的半径，以满足规范的抗隆起安全系数的要求。然而，大量工程实践结果表明，围护桩所能提供的抗滑力矩占总的抗滑力矩比例（通常为 5%～10%）较小，甚至可忽略不计，这表明 2012 版规范关于绕最下支点的抗隆起稳定计算模式是有待商榷的。

此外，在 2012 版规范实施前，福建地区一般以整体稳定验算模式作为基坑支护稳定的主要控制手段之一。2012 版规范实施以来，鉴于绕最下支点抗隆起稳定验算的可操作性，福建地区岩土工程界已逐渐形成共识，对该条文规定进行规避，而采用其他稳定计算要求来控制围护桩的嵌固深度，且到目前为止未发生一例隆起稳定破坏案例。因此，关于绕最下支点抗隆起稳定验算的假设条件及计算模式是有待进一步深入的研究和验证。

2.5.6　抗流土稳定验算

在渗流压力的作用下，坝体或地基土体会发生变形破坏的现象，通常称之为渗透变形。渗透变形一般有管涌、流土、接触冲刷，其中以管涌和流土最为常见。

管涌指渗流将土体中细颗粒带走的现象，又称潜蚀。在砂砾石层中，特别在级配不良、缺乏中间粒径的砂砾石层中最易发生。在未胶结的断层破碎带中也可见到管涌。通常在一定渗透流速下，管涌随时间连续发展，最终引起土体破坏。流土指渗流动水压力使土体表层颗粒呈现浮动的现象。坝基往往由于排水失效，致使下游边坡逸出部位的动水压力大于土体自重，而导致流土发生。流土一般多发生在表层为弱透水层，下部为强透水的砂砾石层组成的双层地质结构中，而不发生于地基土壤内部。

因此，管涌和流土是两个不同的概念，发生的土质条件和水力条件不同，破坏的现象也不相同。在基坑工程中，管涌亦时有发生。例如当止水帷幕失效时，水从帷幕的孔隙中渗漏，水流夹带细粒土流入基坑中，将土体掏空，在墙后地面形成下陷。

但在基坑工程中，由于坑内降水，常形成坑内外水力坡降较大，且土体通常级配较好，管涌的可能性相对较小，但发生流土的可能性则应充分予以考虑，故在基坑稳定验算中，应进行流土稳定验算。

对于悬挂式截水帷幕底端位于碎石土、砂土或粉土含水层时，对均质含水层，地下水渗流的流土稳定性应符合下式规定（图 2.5-16）：

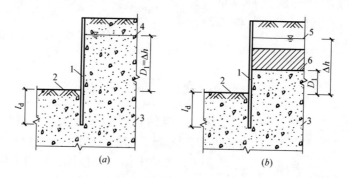

图 2.5-16　采用悬挂式帷幕截水时的流土稳定性验算

（a）潜水；（b）承压水

1—截水帷幕；2—基坑底面；3—含水层；4—潜水水位；
5—承压水测管水位；6—承压含水层顶面

$$\frac{(2l_d + 0.8D_1)\gamma'}{\Delta h \gamma_w} \geqslant K_f \qquad (2.5\text{-}51)$$

式中　K_f——流土稳定性安全系数；安全等级为一、二、三级的支护结构，K_f 分别不应小于 1.6、1.5、1.4；

　　　D_1——截水帷幕底面至坑底的土层厚度（m）；

　　　l_d——截水帷幕在坑底以下的插入深度（m）；

D_1——潜水水面或承压水含水层顶面至基坑底面的土层厚度（m）；

γ'——土的浮重度（kN/m³）；

Δh——基坑内外的水头差（m）；

γ_w——水的重度（kN/m³）。

对渗透系数不同的非均质含水层，宜采用数值方法进行渗流稳定性分析。

当然，对于坑底以下为级配不连续的不均匀砂土、碎石土含水层时，尚应进行土的管涌可能性判别。

2.5.7　抗突涌稳定验算

当基坑坑底以下有承压水存在时，基坑开挖减小了含水层上覆的不透水层的厚度，当不透水层的厚度减小到一定程度时，承压水的水头压力能顶破或冲毁基坑底板，造成基坑突涌现象。当基坑发生突涌时，基坑底部会出现网状或树枝状裂缝，地下水就会从裂缝中涌出，并带出下部土颗粒，发生流砂、喷水及冒砂现象，从而造成基坑积水，软化地基，降低地基强度，严重时还会造成边坡失稳和整个地基悬浮流动，给施工带来很大的困难。因此，含承压水基坑设计时，抗突涌计算越来越引起大家的重视。

目前，已有的基坑突涌计算理论主要有以下几种：压力平衡理论、土体剪切破坏理论、土体挠曲破坏理论、综合考虑土体强度和刚度理论及劈裂理论等，这些方法从不同角度推测基坑突涌破坏机理，但目前对于基坑突涌破坏过程和基坑破坏机理尚无明确定论。

在工程中，目前使用最多的仍以压力平衡理论为基础，当坑底以下有水头高于坑底的承压水含水层，且未用截水帷幕隔断其基坑内外的水力联系时，承压水作用下的坑底突涌稳定性应符合下式规定（图 2.5-17）：

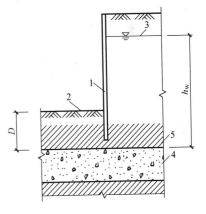

图 2.5-17　坑底土体的突涌稳定性验算
1—截水帷幕；2—基底；3—承压水测
管水位；4—承压水含水层；5—隔水层

$$\frac{D\gamma}{h_w\gamma_w}\geqslant K_h \qquad (2.5\text{-}52)$$

式中　　K_h——突涌稳定性安全系数，K_h 不应小于 1.1；

　　　　D——承压含水层顶面至坑底的土层厚度（m）；

　　　　γ——承压含水层顶面至坑底土层的天然重度（kN/m³）；对成层土，取按土层厚度加权的平均天然重度；

　　　　h_w——承压含水层顶面的压力水头高度（m）；

　　　　γ_w——水的重度（kN/m³）。

参 考 文 献

［1］　刘国彬，王卫东. 基坑工程手册（第二版）［M］，北京：中国建筑工业出版社，2009.

［2］　JGJ 120—2012 建筑基坑支护技术规程［S］. 北京：中国建筑工业出版社，2012.

［3］　中国土木工程学会土力学及岩土工程分会. 深基坑支护技术指南［M］，北京：中国建筑工业出版社，2012.

［4］　赵志缙，应惠清. 简明深基坑工程设计施工手册［M］. 北京：中国建筑工业出版社，1999.

[5]　刘建航，侯学渊. 基坑工程手册 [M]. 北京：中国建筑工业出版社，1997.

[6]　郑刚，焦莹. 深基坑工程：设计理论及工程应用 [M]，北京：中国建筑工业出版社，2010.

[7]　GB 50007—2011　建筑地基基础设计规范 [S]. 北京：中国建筑工业出版社，2012.

[8]　DBJ 13—07—2006　建筑地基基础技术规范 [S]. 北京：中国建筑工业出版社，2006.

[9]　YB 9258—97　建筑基坑工程技术规范 [S]. 北京：冶金工业出版社，1998.

[10]　DB 29—20—2000　岩土工程技术规范 [S]. 北京：中国建筑工业出版社，2000.

[11]　DG/T J 08—61—2010　基坑工程设计规范 [S]. 上海：上海市建筑建材业市场管理总站，2010.

[12]　DB 29—202—2010　建筑基坑工程技术规程 [S]. 天津：天津市城乡建设和交通委员会，2010.

[13]　DB33/T 1096—2014　建筑基坑工程技术规程 [S]. 杭州：浙江工商大学出版社，2014.

[14]　DB42T 159—2012　基坑工程技术规程 [S]. 武汉：湖北省质量技术监督局，2012.

[15]　DBJ/T 15—20—2016　建筑基坑支护工程技术规程 [S]. 北京：中国建筑工业出版社，2017.

[16]　郑刚，程雪松. 考虑弧长和法向应力修正的基坑抗隆起稳定计算方法 [J]. 岩土工程学报，2012，30（2）：781-789.

[17]　黄茂松，宋晓宇，秦会来. K_0 固结黏土基坑抗隆起稳定性上限分析 [J]. 岩土工程学报，2008，30（2）：250-255.

[18]　欧章煜. 深开挖工程分析设计理论与实务 [M]. 台北：科技图书股份有限公司，2004.

[19]　杨光华. 深基坑支护结构的实用计算分析方法及其应用 [M]. 北京：地质出版社，2004.

[20]　黄茂松. 基坑稳定性专题研究报告 [R]. 上海：同济大学，2009.

[21]　姜洪伟，赵锡宏，张保良. 各向异性条件下软土深基坑抗隆起稳定分析 [J]. 岩土工程学报，1997，19（1）：1-7.

[22]　胡展飞，周健，杨林德. 深基坑坑底软土稳定性研究 [J]. 土木工程学报，2001，34（2）：84-95.

第3章 放坡开挖基坑工程

吴平春

中建海峡建设发展有限公司

3.1 概述

在土层较好的区域中,基坑开挖可以选择并确定安全合理的基坑边坡坡度,使基坑开挖后的土体,在无加固及无支撑的条件下,依靠土体自身的强度,在新的平衡状态下取得稳定的边坡并维持整个基坑的稳定状况,为建造基础或地下室提供安全可靠的作业空间,同时又能确保基坑周边的工程环境不受影响或满足预定的工程环境要求。这类无支护措施下的基坑开挖方法通常称作放坡开挖。一般来说,该方法所需的工程费用较低,施工工期短,可为主体结构施工提供较宽敞的作业空间。它涉及的主要施工技术内容是土方开挖,通常易于组织实施。在施工中需要确定边坡坡度的有关边坡稳定分析理论及研究成果也比较丰富,并相应地建立了许多实用的分析简化方法及计算机计算程序。因此在不少工程的基坑开挖施工中采用。如:福州利嘉海峡商业城基坑深度 14.88~16.38m,土方开挖量约 450 万 m³;郑州曼哈顿广场基坑深度约 9m,土方开挖总量约 27 万 m³。这些工程都采用了放坡开挖方法施工,积累了较丰富的工程实践经验,特别是在无地下水或地下水位低于基坑底面、场地土质均匀较好的新开发区工程建设中得到广泛的应用,具有较好的经济效益。

在无支护开挖基坑方法中,一般包括竖向开挖及放坡开挖两种情况。当地基土在竖向挖深超过一定深度时,将会出现坑壁滑塌无法自立稳定,此时必须予以放坡而采用放坡开挖方式。当基坑较深时,在保持稳定边坡的坡度要求下,由于放坡,增加了基坑的挖方及回填土工程量。并且扩大了基坑顶面开口的范围,常常会超出工程用地所许可的条件。特别是在滨海深厚软土地区,土的抗剪强度甚低,能满足稳定边坡的坡度很小,此时,即使开挖不深的基坑,若采用放坡开挖也因需有较大的施工场地条件而往往难以实现。在地下水位较高的场地,基坑的开挖工作尚需在采取降水条件下进行时,降低地下水位又会引起地面下沉,影响邻近建筑物或市政道路管线设施的正常安全使用。因此,无支护开挖基坑的施工方法,在建筑密集的地区或地下水位较高的场地受到了较大的限制,此外,在放坡开挖施工中,所选定的边坡坡度及基坑稳定状态,在很大程度上取决于对场地工程环境特性的了解,对场地土抗剪强度特性和变化规律的认识以及相应的施工组织技术措施。由于影响土体抗剪强度指标 c 和 φ 值的因素很多,土体自身固有的不连续性、非均质、非线性等特性也都增加了工程实践中的复杂因素,因此边坡失稳的工程事故仍时有发生。所以在软土地区,一般仅在基坑不深、周边工程环境对基坑开挖要求不高或有可靠措施的情况下才采用放坡开挖。

放坡开挖基坑的施工，通常需要选择开挖土坡的坡度，验算基坑开挖各阶段的土坡稳定性，确定地面及基坑的排水组织，选择土坡坡面的防护方法以及土方开挖程序等设计及施工组织工作。在有地下水且水位较高又丰富时，尚应进行施工降水设计，并结合邻近工程环境条件提出相应的控制措施和监测方法。

在确定基坑边坡的最优开挖坡度及坡形时，一般可根据基坑及场地条件，分别采用查表法、工程类比法及刚塑体假定的计算方法，其中包括极限平衡法、极限分析法和滑移线法。其中工程类比法是通过全面分析比较拟开挖基坑和已有的放坡开挖基坑工程二者在场地岩土性质、地下水特征、邻近环境、施工条件等方面的相似性，从而对拟开挖基坑边坡的稳定性作出评价及预测，并依此选定合理安全的边坡坡度，但只有在相应条件基本一致的情况下才能引用。

在建筑基坑边坡工程中，当采用极限平衡计算法确定边坡坡度时，较常用的有图解法、条分法。在用条分法计算边坡稳定时，可根据场地条件、地下水渗流的影响程度而采用相适应的土工试验方法所确定的土体抗剪强度指标 c 值及 φ 值，此时则又可相应地区分为总应力法及有效应方法。随着计算机的发展及普及，在基坑工程的边坡稳定分析计算工作中，均已将多种条分法编制计算机程序，程序可以对拟设计的边坡进行自动搜索后取得最危险滑动面的稳定系数以及相应的滑动面位置，从而大大地减轻了计算工作量。

3.2　设计计算

3.2.1　竖向开挖土坡的临界深度和地基承载力分析

1. 基坑坑壁竖向挖深

在无地下水或地下水位低于基坑底面，土质均匀、施工期较短而采用无支撑竖向开挖基坑，坑壁竖向挖深值可参照表 3.2-1 取用。

基坑坑壁竖向挖深值 表 3.2-1

土的类型	深度(m)
软　土	0.75
密实、中密的砂土和碎石类土(充填物为砂土)	1.00
硬塑、可塑的粉土及粉质黏土	1.25
硬塑、可塑的黏土和碎石类土(充填物为黏性土)	1.50
坚硬的黏土	2.00
黄　土	2.50
冻结土	4.00

注：此表引自《建筑施工安全技术手册》；冻结土指严寒地区利用天然冻结的条件，在天然冻结的影响深度和速度能满足挖方工作的安全时采用，对于干燥的砂土则不适用。

2. 竖向开挖临界深度的计算

对于一般性土，在无地下水、土质均匀时，按照边坡土体滑移面的形态如图 3.2-1 所示，可分别按式（3.2-1）～式（3.2-2）计算。

（1）按边坡土体平面滑移的情况

$$H_{cr} = 4c \cdot \tan(45° + 0.5\varphi)/\gamma \tag{3.2-1}$$

或

$$H_{cr} = 2q_u/\gamma \tag{3.2-2}$$

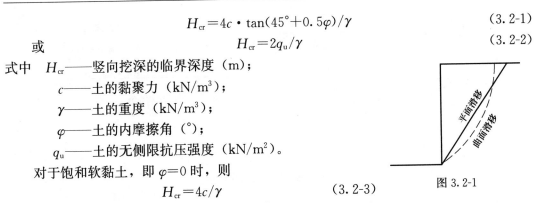

图 3.2-1

式中　H_{cr}——竖向挖深的临界深度（m）；

c——土的黏聚力（kN/m^3）；

γ——土的重度（kN/m^3）；

φ——土的内摩擦角（°）；

q_u——土的无侧限抗压强度（kN/m^2）。

对于饱和软黏土，即 $\varphi = 0$ 时，则

$$H_{cr} = 4c/\gamma \tag{3.2-3}$$

在基坑坑壁顶面有均布荷载 q（kN/m^2）作用时，可将均布荷载折算为坑壁高度（ΔH），此时竖向挖深的计算临界深度为：

$$H_{cr} = 4\cot(45° + 0.5\varphi)/\gamma - \Delta H \tag{3.2-4}$$

$$\Delta H = q/\gamma \tag{3.2-5}$$

（2）按边坡土体曲面滑移的情况

在边坡土体曲面滑移的情况下，则可应用泰勒（Taylor，1937）根据理论计算稳定边坡结果绘制成的图表（图 3.2-10、图 3.2-11）进行计算。

例如对于 $\varphi = 0$ 的饱和软黏土，由图 3.2-10 查坡角为 $\beta = 90°$ 时可得：

$$H_{cr} = 3.85c/\gamma \tag{3.2-6}$$

或

$$H_{cr} = 2q_u/\gamma \tag{3.2-7}$$

（3）考虑土体拉裂的影响

由于土体的抗拉强度较小，常在坑壁深度拉伸区内由于吸水及失水等原因产生裂缝。因此，由上述理论分析所得的竖向开挖临界深度值，对于高塑性非饱和黏土等尚应考虑拉裂的影响，实际取用的竖向开挖临界深度应小于上述理论计算值。

（4）稳定系数 F_s 取值

根据工程条件及所采用的计算方法，竖向开挖时的土壁稳定系数可取用 1.10～1.30，则：

$$F_s = H_{cr}/h \tag{3.2-8}$$

式中　h——基坑竖向开挖深度。

由于黄土具有垂直节理、土质干燥坚硬等性质，其实际竖向开挖临界深度值有时可达几十米。膨胀性土则由于裂隙发育，竖向开挖临界深度值较小，因此上述计算不适用于黄土及膨胀性土。

3. 考虑地基承载力时的竖向挖深分析

（1）边坡稳定与地基承载力

土体由于极限平衡的丧失而发生的破坏，在不同的岩土工程问题中表现不同，具体如下：

① 在边坡工程中，主要表现为稳定性的丧失（图 3.2-2a）；在一般情况下抗隆起失效不起控制作用。

② 在建筑地基问题中表现为承载力失效和整体稳定性丧失（图 3.2-2b）。在挡土和支护结构问题中，表现为挡土结构基础承载力失效，整体稳定性丧失，基础抗滑移失效和基

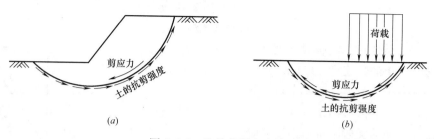

图 3.2-2 地基的强度破坏

（a）边坡稳定问题；（b）地基承载力问题

坑底抗隆起失效。

在上述不同的岩土工程中所涉及的地基承载力及边坡稳定的问题，在本质上都是研究土中的剪应力与土的抗剪强度之间的关系，所不同的只是二者在滑动面上产生剪应力的原因以及在土体平衡分析中各自所考虑的破坏状态等方面有所区别，即：

在边坡稳定性破坏的分析中，滑动面上剪应力主要是由滑动面以上的土体（即滑动体）重力引起的；在平衡分析时只考虑破坏状态下滑动面上的作用力处处达到平衡条件，在平衡条件中不考虑土体的变形。

在地基承载力破坏分析中，地基土破坏面上的剪应力主要是由地表的局部荷载引起的、破坏时的滑动面可以是圆弧的、直线的或其他组合形状。在平衡分析时，则是根据上部建筑的使用安全条件和对破坏状态的限制，按发展过程分别考虑下列多种状态：

① 地基土中不发生剪切破坏即基础下塑性区开展深度为零时的地面荷载；

② 局部发生剪切破坏时的地面荷载；

③ 地基土中发生整体剪切破坏时地面施加的最大荷载。

因此在竖向开挖基坑中，坑底下部存在软弱土层，当坑壁竖向高度内的土体重量 W 及作用于坑壁顶部的地面荷载 q（图 3.2-3）使基坑底水平面处的压力超过该处地基土的承载力时，将会出现坑底隆起的失稳现象，此时基坑竖向的挖深尚应考虑地基土承载力条件。

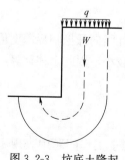

图 3.2-3 坑底土隆起

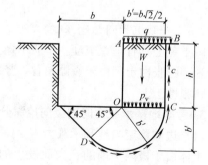

图 3.2-4 地基土强度验算

（2）基坑竖向开挖时坑底土强度验算

由于不同研究者在地基承载力分析工作中对地基破坏时所假定的滑动面的简化方法不同或所假定的滑动面形状不同，因此有许多承载力理论公式。

图 3.2-4 是 Terzaghi 和 Peck 在作基坑垂直挖深下为防止软土基坑坑底隆起的计算简

图。若地基为饱和软黏土，取 $\varphi=0$，c_u（土的不排水抗剪强度）$=c$，$q_u=2c$；则土的极限承载力 $p_u=5.7c$。此时坑壁土柱 $ABCO$ 作用在坑底 OC 水平面上的总竖向压力 P_v 及压应力 p_v 分别为：

$$P_v=\gamma hb'-ch+q$$
$$p_v=\gamma h-ch/b'+q \tag{3.2-9}$$

在地基土濒临破坏发生基坑底隆起时，上述压应力 p_v 为小于或等于地基土的极限承载力 p_u；式（3.2-9）中基坑深度 h 即为满足地基承载力条件下的垂直开挖临界深度值 H_{cr}；因此

$$p_u=p_v$$
$$5.7c=H_{cr}(\gamma-c/b')+q$$
$$H_{cr}=(5.7c-q)/(\gamma-c/b') \tag{3.2-10}$$

在一般情况下，垂直开挖的基坑深度远小于基坑的平面尺寸，若略去坑壁土柱 BC 面上的抗剪力 ch 的影响及假设 $q=0$ 时，则

$$H_{cr}=5.7c/\gamma \tag{3.2-11}$$

为了保证坑底土不发生隆起现象并具有一定安全度，取抗滑稳定系数 $F_s\geqslant1.5$，则：

$$F_s=p_u/p_v\geqslant1.5$$
$$H_{cr}=5.7c/F_s\gamma=3.8c/\gamma$$

对于黏性土，在 c、φ 值不等于零的条件下，参照以上分析方法及 Terzaghi 及 Prandtl 关于地基承载力公式可得：

$$H_{cr}=cN_c/\gamma \tag{3.2-12}$$

式中　N_c——地基承载力系数，该值为内摩擦角 φ 的函数。可查图 3.2-5 取用或按式（3.2-13）确定：

$$N_c=(N_q-1)/\tan\varphi \tag{3.2-13}$$

式中 N_q 可查图 3.2-5 取用或按下式计算：

$$N_q=\frac{1}{2}\left[\frac{e^{(0.75\pi-0.5\cdot\varphi)\tan\varphi}}{\cos(45°+0.5\varphi)}\right]^2 \tag{3.2-14}$$

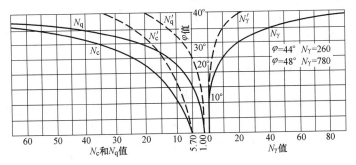

图 3.2-5　太沙基公式中的承载力因数

3.2.2　各类土边坡坡度允许值

基坑开挖时边坡坡度的允许值，当地质条件良好，土（岩）质较均匀时，可根据当地经验，参照有关规范中同类土（岩）体的稳定坡度值确定。我国《建筑地基基础设计规范》GB 50007—2011，福建省地方标准《岩土工程勘察规范》DBJ 13—84—2006，对边

坡坡度允许值都作了相应的规定，必要时，应对边坡稳定性进行验算。

（1）《建筑地基基础设计规范》GB 50007—2011 中规定

《建筑地基基础设计规范》GB 50007—2011 中对碎石土及黏性土边坡的允许坡度作了规定，具体见表 3.2-2。

土质边坡坡度允许值　　　　　　表 3.2-2

土的类别	密实度或状态	坡度允许值（高宽比）	
		坡高在 5m 以内	坡高 5~10m
碎石土	密 实	1：0.35~1：0.50	1：0.50~1：0.75
	中 密	1：0.50~1：0.75	1：0.75~1：1.00
	稍 密	1：0.75~1：1.00	1：1.00~1：1.25
黏性土	坚 硬	1：0.75~1：1.00	1：1.00~1：1.25
	硬 塑	1：1.00~1：1.25	1：1.25~1：1.50

注：1. 表中碎石土的充填物为坚硬或硬塑状态的黏性土。
　　2. 对于砂土或充填物为砂土的碎石土，其边坡坡度允许值均按自然休止角确定。

（2）福建省地方标准《岩土工程勘察规范》DBJ 13—84—2006 中的规定

《岩土工程勘察规范》DBJ 13—84—2006 中对岩质边坡和土质边坡的坡率允许值作了规定，见表 3.2-3、表 3.2-4。

岩质边坡坡率允许值　　　　　　表 3.2-3

边坡岩体类型	风化程度	坡率允许值（高宽比）		
		$H<8m$	$8m{\leqslant}H<15m$	$15m{\leqslant}H<25m$
Ⅰ	微风化	1：0.00~1：0.10	1：0.10~1：0.15	1：0.15~1：0.25
	中风化	1：0.10~1：0.15	1：0.15~1：0.25	1：0.25~1：0.35
Ⅱ	微风化	1：0.10~1：0.15	1：0.15~1：0.25	1：0.25~1：0.35
	中风化	1：0.15~1：0.25	1：0.25~1：0.35	1：0.35~1：0.50
Ⅲ	微风化	1：0.25~1：0.35	1：0.35~1：0.50	
	中风化	1：0.35~1：0.50	1：0.50~1：0.75	
Ⅳ	微风化	1：0.50~1：0.75	1：0.75~1：1.00	
	中风化	1：0.75~1：1.00		

注：1. 表中 H 为边坡高度；
　　2. Ⅳ类强风化岩包括各类风化程度的极软岩；
　　3. 本表适用于无外倾软弱结构面的岩质边坡。

土质边坡坡率允许值　　　　　　表 3.2-4

边坡土体类别	密实度或状态	坡率允许值（高宽比）	
		$H<5m$	$5m{\leqslant}H<10m$
碎石土 （混合土）	密实	1：0.35~1：0.50	1：0.50~1：0.75
	中密	1：0.50~1：0.75	1：0.75~1：1.00
	稍密	1：0.75~1：1.00	1：1.00~1：1.25
粉土	稍密	1：1.00~1：1.25	1：1.25~1：1.50
黏性土	坚硬	1：0.75~1：1.00	1：1.00~1：1.25
	硬塑	1：1.00~1：1.25	1：1.25~1：1.50

注：1. 表中碎石土（混合土），其充填物应为坚硬或硬塑状态的黏性土或稍湿的粉土；
　　2. 当砂土或碎石土（混合土）的充填物为砂土时，其坡率允许值按自然休止角确定。

3.2.3　放坡开挖基坑设计计算

1. 概述

除了按适用的规范和地区经验可以不作稳定验算的边坡外，一般应对放坡开挖的边坡做稳定性验算。边坡的稳定分析大都采用极限平衡静力计算方法来计算边坡的抗滑安全系数。这种方法的主要步骤是：在斜坡的断面图中绘一滑动面，算出作用在该滑动面的剪应力，并以此剪应力与滑动面上的抗剪强度相比较，从而确定抗滑安全系数。对众多的滑动面进行类似的计算，从中找出最小的安全系数，就是该边坡的稳定安全系数 F_s。在放坡开挖设计时，应调整至合适的坡度，采用折线式或台阶式放坡开挖（图 3.2-6），使得计算的边坡稳定安全系数 F_s 满足工程要求。对 F_s 的要求值因工程重要程度及所采用的分析方法而不同，以下将在介绍各种常用分析方法中给出相应的 F_s 经验值。

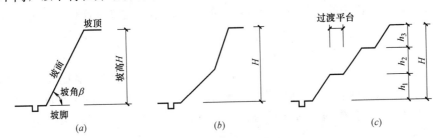

图 3.2-6　常用边坡形式
(a) 单坡式；(b) 折线式；(c) 台阶式

2. 地下水位以上无黏性土边坡的稳定分析

无黏性土颗粒之间没有黏聚力，只有摩擦阻力。只要坡面不滑动，边坡就能保持稳定，我们可以通过图 3.2-7 来分析其稳定的平衡条件。

设边坡坡角为 β，边坡上土颗粒 M，其重量为 W，砂土内摩擦角为 φ，则土颗粒的重量 W 在垂直和平行于坡面方向的分力分别为：

$$N = W \cdot \cos\beta \tag{3.2-15}$$
$$T = W \cdot \sin\beta \tag{3.2-16}$$

与坡面平行的分力 T 将使土颗粒 M 向下滑动，而由垂直于坡面的分力 N 引起的摩擦力 T' 阻止土颗粒下滑，称之为抗滑力：

$$T' = N \cdot \tan\varphi = W \cdot \cos\beta \cdot \tan\varphi \tag{3.2-17}$$

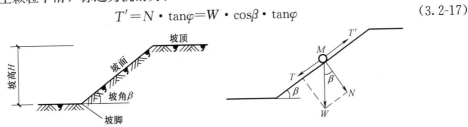

图 3.2-7　无黏性土边坡稳定分析

抗滑力和滑动力的比值称为稳定安全系数，用 F_s 表示，亦即：

$$F_s = T'/T = (W \cdot \cos\beta \cdot \tan\varphi)/(W \cdot \sin\beta) = \tan\varphi/\tan\beta \tag{3.2-18}$$

由上式可见：当土的内摩擦角与坡角 β 相等时，稳定安全系数 $F_s = 1$，抗滑力等于滑动力，边坡处于极限平衡状态。由此可知：无黏性土边坡稳定的极限坡角等于该土的内摩

擦角 φ，称之为自然休止角，与坡高 H 无关，只要 $\beta<\varphi$，则 $F_s>1$，边坡就是稳定的，为保证边坡有一定的安全储备，在基坑工程中，一般取 $F_s=1.1\sim1.3$。

3. 边坡稳定分析的条分法

边坡潜在滑动面的形状，有的近似于圆弧形或对数螺旋线形，有的可用折线来表示，还有的是不规则形状的滑动面，主要取决于斜坡断面构造以及土的层次与性质。

在条分法中，先假定若干可能的剪切面（滑动面），然后将滑动面以上土体分成若干垂直土条，对作用于各土条上的力进行静力平衡分析，求出在极限平衡状态下土稳定的安全系数，并通过一定数量的试算，找出最危险滑动面位置及相应的最低安全系数。

条分法最初是由瑞典人彼德森于1916年提出的，以后经过费伦纽斯、泰勒等人不断改进。条分法根据对土条间作用力的假定不同又可有许多种不同的分析方法。下面仅对费伦纽斯法及简化毕肖普法的分析方法作介绍，并介绍简单边坡稳定计算图表及渗流条件下替代重度法处理。

（1）费伦纽斯法

费伦纽斯法（又称瑞典圆弧滑动法或瑞典法）是条分法中最古老而又是最简单的方法。它假定滑动面是个圆柱面（根据滑坡实地观察，均匀黏性土坡的滑动面与圆柱面十分接近），在进行条分法分析时，按比例画出土坡剖面（图3.2-8），AC 为假定的一个圆弧滑动面，其圆心在 O 点，半径为 R，将该滑动面以上的土体分成若干垂直土条，现取其中第 i 条分析其受力情况（图3.2-8），作用在土条上的力有：土条自重 W_i（包括作用在土条上的荷载），作用在条块底面 ab（简化为直线）的剪切力 T_i 和法向力 N_i，以及作用在土条侧面 bd 和 ac 上得剪力 D_i、D_{i+1} 和法向力 P_i、P_{i+1}。以上作用于土条上的力系是非静定的。为此，假定每一土条两侧的作用力大小相等，方向相反，在考虑力和力矩平衡时可相互抵消，这样土条上的力仅考虑 W_i、N_i 和 T_i。由此产生的误差一般在 $10\%\sim15\%$ 以内，但有的文献认为在某些情况下误差可高达 60%。

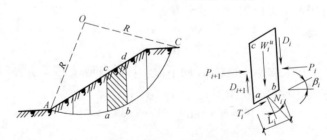

图3.2-8 圆弧滑动条分法稳定分析

根据隔离体的平衡条件：

$$N_i=W_i\cos\beta_i \tag{3.2-19}$$

$$T_i=W_i\sin\beta_i \tag{3.2-20}$$

式中 β_i——滑动面 ab 与水平面夹角。

作用在 ba 面上的单位反力和剪力为：

$$\sigma_i=(1/l_i)N_i=(1/l_i)W_i\cos\beta_i \tag{3.2-21}$$

$$\tau_i=(1/l_i)T_i=(1/l_i)W_i\sin\beta_i \tag{3.2-22}$$

滑动面 $AabC$ 的总剪切力为各土条剪切力之和。即：

$$T = \sum T_i = \sum W_i \sin\beta_i \qquad (3.2\text{-}23)$$

土条 ab 上抵抗剪切的抗剪强度为：

$$\begin{aligned}\tau_{fi} &= (c + \sigma_i \tan\varphi) l_i \\ &= c l_i + W_i \cos\beta_i \tan\varphi\end{aligned} \qquad (3.2\text{-}24)$$

总抗剪强度为各土条抗剪强度之和：

$$T_f = \sum \tau_{fi} = \sum (c l_i + W_i \cos\beta_i \tan\varphi) \qquad (3.2\text{-}25)$$

土坡稳定安全系数：

$$F_s = T_f / T = \left[\sum (c l_i + W_i \cos\beta_i \tan\varphi)\right] / (\sum W_i \sin\beta_i) \qquad (3.2\text{-}26)$$

由于滑弧圆心是任意选定的，它不一定是最危险滑弧，为了求得最危险滑弧，需假定各种不同的圆弧面（即任意选定圆心），按上述方法分别算出相应的稳定安全系数，最小安全系数即为该边坡的稳定安全系数，相应的滑弧就是最危险的滑动面，理论上要求最小稳定安全系数 $F_{smin} > 1$，在深基坑工程中按费伦纽斯法计算时一般要求 $F_{smin} = 1.2 \sim 1.4$，视具体工程要求取值。

这种试算筛选的工作量很大，一般由计算机完成。费伦纽斯根据大量计算经验认为，简单土坡最危险滑弧的圆心位于如图 3.2-9 所示的直线 DE 附近。D 点的确定已在图中标明，E 点则由角度 a 和 b 确定，角度 a 和角度 b 的数值可由坡角 β 查表 3.2-5。当土体的内摩擦角 $\varphi = 0$ 时，最危险滑弧的圆心在 E 点，当 $\varphi > 0$ 时，最危险滑弧的圆心在 DE 的延长线附近，可用试算法确定，即在延长线上选若干点（如 O_1、O_2、O_3、O_4）为圆心，通过坡脚 A 分别作出圆弧，并计算相应的稳定安全系数，然后通过各圆心分别作 DE 的垂直线，按一定比例分别表示各点稳定安全系数值，用曲线连接各稳定安全系数线段顶点，就可以

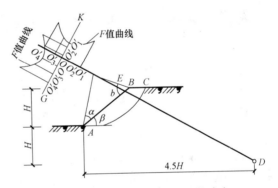

图 3.2-9 简单土坡滑弧圆心的确定

定出相应于最小稳定安全系数的圆心 O' 点。过 O' 点作 DE 线的垂线 KG，并在此垂线上任选若干点 O_1'、O_2'……，按上述同样的方法可求得最危险滑弧的圆心 O 点，这种半图解的分析方法如果用于手算将大大减少计算量。

（2）简单情况下边坡稳定计算图表

a 和 b 角的数值   表 3.2-5

土坡坡度	坡角 β	角 a	角 b
1 : 0.58	60°	29°	40°
1 : 1.0	45°	28°	37°
1 : 1.5	33°41′	26°	35°
1 : 2.0	26°34′	25°	35°
1 : 3.0	18°26′	25°	36°
1 : 4.0	14°03′	25°	36°
1 : 5.0	11°19′	25°	37°

泰勒（Taylor，1937）根据理论计算的结果绘制成图 3.2-10，用该图可以很简单地分析土坡的稳定性。图中横坐标表示土坡的坡角 β，纵坐标表示稳定数 N_s，N_s 由下式确定：

$$N_s = (\gamma H)/c \tag{3.2-27}$$

式中　γ——土的重度（kN/m^3）；

　　　c——土的黏聚力（kPa）；

　　　H——土坡高度（m）。

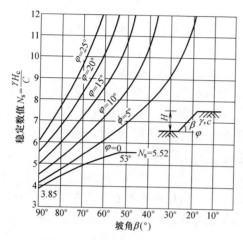

图 3.2-10　一般性土的坡角与
稳定系数的关系

利用泰勒的稳定数图，可根据不同已知条件，求解下列问题：

① 已知坡高 H、坡角 β 和土的 c、φ、γ，求稳定安全系数 F_s；

② 已知坡高 H 及土的 c、φ、γ，求稳定的坡角 β；

③ 已知坡角 β 及土的 c、φ、γ，求稳定的坡高 H。

对于饱和软黏土，当采用快剪指标即 $\varphi=0$ 条件下，泰勒得出了稳定系数如图 3.2-11 所示。当坡度 $\beta \geqslant 53°$ 时，滑动面通过坡脚，当坡度 $\beta < 53°$ 时，滑动的情形不仅取决于坡度 β，还取决于坚硬土层面离坡顶的距离与土坡高度的比值 n_d（称之为深度系数）。

根据图 3.2-11，由 β 和 n_d 可直接查出 N_s，从而计算土坡的临界高度 H_c。

图 3.2-11 中的坡脚圆，系指圆弧通过坡趾；中点圆指圆弧圆心位于通过坡面中点的竖线上，且圆弧与硬层顶面相切；坡切圆指圆弧与硬层面相切且通过坡趾前面的坑底平面。

若软土层很厚，$n_d > 4$，就取 $n_d = \infty$，由图 3.2-11 可知，$N_s = 5.52$，并与 β 角无关，则土坡的临界高度 $H_c = 5.52 c_u/\gamma$。式中 c_u 为土的不排水抗剪强度，单位 kPa；γ 为土的重度，单位 kN/m^3。

（3）渗流条件下替代重度法

如果坡体内有地下水渗流，则滑动土体中存在渗透压力，对土坡稳定性有较大影响。在考虑渗流作用时，严格的计算方法是在条分法分析中，先画出流网图，按流网图计算作用于每一土条上的水力坡降与渗透压力，此渗透压力的作用方向与流线平行。此力已知之后，就可以采用前面介绍的瑞典圆弧滑动条分法的原理进行分析。

但是流网法的计算比较麻烦，在工程上较少应用。工程中常常采用替代重度法作简化的分析。替代重度法的要点是采用土的不同重度以替代渗透压力的作用。如图 3.2-12 所示，考虑到渗透压力的影响，圆弧滑动安全系数的表达式（3.2-26）改写为：

$$F_s = [\sum(cl_i + W_i\cos\beta_i\tan\varphi)]/(\sum W_i'\sin\beta_i) \tag{3.2-28}$$

式中
$$W_i = b_i(\gamma h_{i1} + \gamma' h_{i2} + \gamma' h_{i3});$$
$$W_i' = b_i(\gamma h_{i1} + \gamma_{sat} h_{i2} + \gamma' h_{i3});$$

b_i——土条宽度；

h_{i1}——浸润线（即水位降低后的水位线）以上的土条高度；

h_{i2}——浸润线到坑内水位线的土条高度；

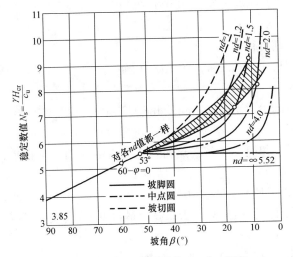

图 3.2-11 各种深度系数 n_d 时，稳定
数与坡角的关系（饱和软黏土，$\varphi = 0$）

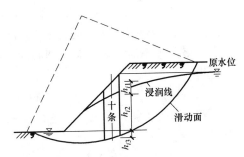

图 3.2-12 替代重度条分法

h_{i3}——坑内水位线以下土条高度。

由上式可见，在计算土条重量时，浸润线以下到坑内水位线之间的土重度按理应采用浮重度 γ'，此处则以饱和重度 γ_{sat} 替代。由于 $\gamma_{sat} > \gamma'$，故 $W'_i > W_i$，因之将使计算得到的安全系数降低，以此来模拟渗透压力作用的效果。

按替代重度法计算，得出的 F_s 值一般偏大，故要求最小安全系数要略大一些，可取 $F_{smin} > 1.3 \sim 1.4$。

（4）简化毕肖普法

上述费伦纽斯法忽略了土条条间力及孔隙水压力，因此，会产生一定误差，毕肖普考虑了条间力与孔隙水压力的作用，于 1955 年提出了一个新的安全系数公式。

如图 3.2-13 所示，E_i、X_i 分别表示法向和切向条间力，W_i 为土条自重，Q_i 为水平作用力，N_i、T_i 分别表示底部的总法向力（包括有效法向力及孔隙水压力）和切向力，其余符号见图 3.2-13。

每一土条垂直方向力的平衡条件为：

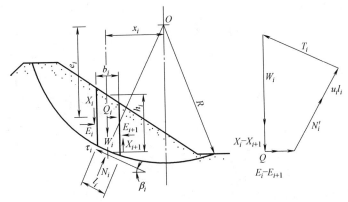

图 3.2-13 毕肖普法边坡稳定分析

$$W_i + X_i - X_{i+1} - T_i \sin\beta_i - N_i \cos\beta_i = 0$$

或
$$N_i \cos\beta_i = W_i + X_i - X_{i+1} - T_i \sin\beta_i \tag{3.2-29}$$

根据安全系数的定义及摩尔一库仑准则可得：

$$T_i = (\tau_i l_i)/Fs = (c_i l_i)/Fs + [(N_i - u_i l_i)(\tan\varphi_i')]/F_s \tag{3.2-30}$$

代入上式，求得土条底部总法向力为

$$N_i = [W_i + (X_i - X_i + 1) - (c_i' l_i \sin\beta_i)/F_s + (u_i l_i \tan\varphi_i' \sin\beta_i)/F_s](1/m\beta_i) \tag{3.2-31}$$

式中 $m\beta_i = \cos\beta_i + (\tan\varphi_i' \sin\beta_i)/F_s$。

在极限平衡时，各土条对圆心的力矩之和应当为零，这时，条间力的作用相互抵消，因此得

$$\sum W_i X_i - \sum T_i R + \sum Q_i e_i = 0 \tag{3.2-32}$$

将式（3.2-30）和式（3.2-31）代入上式，且 $X_i = R\sin\beta_i$，最后可得到安全系数公式：

$$F_s = \sum (1/m\beta_i)\{c_i' b_i + [W_i - ub_i + (X_i - X_i + 1)]\tan\varphi_i'\} / \\ (\sum W_i \sin\beta_i + \sum Q_i e_i/R) \tag{3.2-33}$$

式中 X_i 及 X_{i+1} 是未知的，为使问题得到解，毕肖普又假定各土条之间的切向条间力忽略不计，这样式（3.2-33）可简化为：

$$F_s = \sum (1/m\beta_i)[c_i' b_i + (W_i - ub_i)\tan\varphi_i'] / (\sum W_i \sin\beta_i + \sum Q_i e_i/R) \tag{3.2-34}$$

上式中 Q_i 为考虑地震引起的土条惯性力。深基坑属于短期工程，一般不考虑抗震，即 $Q_i = 0$，故上式可简化为

$$F_s = \sum (1/m\beta_i)[c_i' b_i + (W_i - ub_i)\tan\varphi_i'] / \sum W_i \sin\beta_i \tag{3.2-35}$$

式中的孔隙水压力是由两个因素引起的，一是在坡顶平面上作用有临时堆载；二是静水压力。当坡体中存在地下水时，一般将有渗流作用，为了简化计算，建议按下述方法处理：

① 将地面堆载 q 叠加在土条重量 W_i 中。由荷载 q 产生的孔隙水压力难以估计，但数值不大，可在计算静水压力中一起考虑。

② 地下水在渗流条件下引起的水压力计算，按理应画出流网图，但为了简化，可仅画出浸润线，即在渗流条件下的地下水位面。令各土条底部中点的水头为 h_i，则 $u_i = \gamma_w h_i$，由于实际的 h_i' 略小于 h_i，令取 h_i，已可近似弥补地面堆载引起的孔隙水压力。其中的误差，可以在安全系数中考虑。

用简化的毕肖普法计算，精度较高，其误差只有 $2\% \sim 7\%$，对于深基坑工程，可取 $F_s = 1.25$。基本上已将上述低估了的孔隙水压力考虑在内。

在式（3.2-35）中，由于在 m_β 中也有 F_s 这个因子，所以在求 F_s 时要进行试算。为计算方便，已制成如图 3.2-14 所示的 m_β 图解曲线。试算时，先假定 $F_s = 1$，根据每一土条

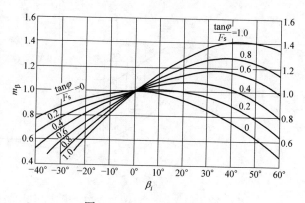

图 3.2-14 m_β-β_i 关系曲线

的 β_i，$\tan\varphi_i'$ 直接查得 m_β 值。再求 F_s，若 $F_s \neq 1$，则用此 F_s 值求出新的 m_β 及 F_s，如此反复迭代，直至假定的 F_s 和算出的 F_s 接近为止，一般情况下，只要迭代 3～4 次就可满足精度要求，而且迭代通常总是收敛的。

对于 β_i 为负值的那些土条，如果 m_β 趋于零，则简化毕肖普法就不能用。因为在计算中忽略了 X_i 的影响，但又必须维持各土条的极限平衡，当土条的 β_i 使 m_β 趋近于零时，N_i 就要趋近于无穷大，当 β_i 的绝对值更大时，土条底部的 T_i 要求和滑动方向相同，这与实际情况相矛盾。一般当 $m_\beta \leqslant 0.2$ 时，就会使求出的 F 值产生较大的误差，这时就应该考虑 X_i 的影响或采用别的计算方法。

如上所述，由于电子计算机的应用已较普及，在土坡稳定分析方面有各种现成程序，采用简化毕肖普法是比较理想的。

3.2.4 降水设计

在放坡开挖基坑时，除了沿基坑四周地面筑堤沟截水，组织疏水以防止地表水流入基坑，冲刷边坡造成塌方和基坑浸水外，当基坑底面低于水位，基坑的开挖切断了土内含水层，地下水将会不断地渗入坑内。为了确保基坑在开挖期间能获得干燥的作业空间，并防止由渗流引起边坡稳定破坏，必须对地下水进行控制。根据基坑工程具体情况可采用坑内井点降水、坑外井点降水、在四周设置止水帷幕等降水方案，做好降水设计工作。

有关基坑降水设计的内容请参阅本手册有关内容。

3.2.5 土坡坡面的防护

1. 土坡坡面的防护要求

要维持已开挖基坑边坡的稳定，必须使边坡土体内潜在滑动面上的抗滑力始终保持大于该滑动面上的滑动力。在设计施工中除了要有良好的降、排水措施，有效控制产生边坡滑动力的外部荷载外，尚应考虑到在施工期间，边坡受到气候季节变化和降雨、渗水、冲刷等作用下，使边坡土质变松，土内含水量增加，土的自重加大，导致边坡土体抗剪强度的降低而又增加了土体内的剪应力。造成边坡局部滑坍或产生不利于边坡稳定的影响。因此，在边坡设计施工中，还必须采用适当的构造措施，对边坡坡面加以防护。

2. 土坡坡面的防护方法

根据工程特性、基坑所需的施工工期、边坡条件及施工环境等要求，常用的坡面防护方法有：塑料薄膜覆盖，水泥砂浆抹面，砂（土）包叠置，挂网（钢丝网或铁丝网）抹面或喷浆等（图 3.2-15）。

（1）薄膜覆盖法

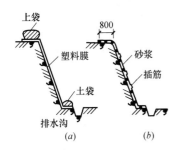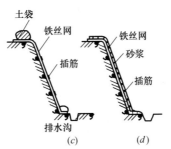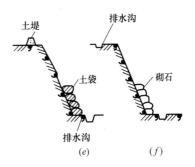

图 3.2-15 坡面防护构造

在已开挖的边坡上铺设塑料薄膜，而在坡顶及坡脚处采用编织袋装土包或砖砌体压边，并在坡脚处设置排水沟（3.2-15a）。

（2）砂浆覆盖法

在边坡坡面上抹 20～25mm 厚的水泥砂浆。为加强连接，可在边坡面土中适当插入锚筋，锚筋的直径为 $\phi6$～$\phi8$，锚筋长取用 $l=300$～400mm，在坡面上应留设泄水孔。坡脚处设置排水沟。本法适用于老黏性土边坡（图 3.2-15b）。

（3）挂网或挂网砂浆抹面

垂直坡面插入直径为 10～12mm，长为 400～600mm 的钢筋，间距为纵横 1m。坡面铺 20 号铁丝网，网格为 200mm×200mm。在铺设的铁丝网上可抹厚为 25～35mm 的 M5 水泥砂浆，也可采用喷浆的施工方法。在边坡的上下端装土（砂）编织袋包压置封边。坡面留设泄水孔，坡顶及坡脚处均设置排水沟（图 3.2-15c，d）。

（4）土（砂）袋或砌石压坡法

在边坡下部用装土（砂）编织袋堆置或砌石叠筑以保持坡脚的稳定。在坡顶可设挡水土堤或排水沟截水，在坡脚处设排水沟。本法适用于各种土质边坡，能防护坡面，有利于坡面的防、排水，同时又具有反压增加边坡稳定的作用（图 3.2-15e，f）。

3.3 放坡开挖的环境保护

3.3.1 放坡开挖的环境要求

1. 放坡开挖的主要工程环境影响

基坑放坡开挖后，边坡土体的一侧出现临空面。边坡侧土的挖除卸载作用，改变了原场地土体的平衡条件。土体在新的平衡力系作用下将产生相应的变形。在软土场地，受软土流变特性等影响，已开挖的边坡土体存在缓慢而长期的剪切变形。在地下水位较高的场地，基坑放坡开挖后，使土体含水层被切断，改变了地下水原有的渗流途径。当地下水量较丰富或水头差较大，在渗流作用下会出现基坑土的流土潜蚀，可能导致基坑坍塌。此时，基坑的放坡开挖尚需采取井点降水等降低地下水位的措施以保证工程的正常施工。但降低地下水位，会使抽水影响半径范围内的土体产生排水固结，引起地面下沉。因此放坡开挖中产生的主要工程环境影响有以下几个方面：

（1）基坑放坡开挖，虽然一般经过边坡分析设计，使边坡土体发挥自身的抗剪强度，在新的平衡条件下达到边坡稳定的要求，但应力状态的变化产生相应的变形，过大的变形或过高速率的变形，可能引起邻近建筑物等设施的不均匀下沉，出现裂缝或倾斜，及拉断地下管线等。

（2）长时间大幅度降低地下水或上层滞水排向基坑，周边地下水位降低，出现较大范围的地面沉降。土体的变形、固结沉降，都将对邻近周边的建筑物和地下市政设施的安全使用产生不利影响。对于建立在天然地基上的建（构）筑物，不均匀的地基土下沉将导致建筑物倾斜开裂的可能性。

（3）由于土体平衡条件的变化及地下水作用的影响，导致基坑边坡发生局部破坏或整体滑移，使得在破坏区及滑移区的建筑物等设施严重倾斜以致倒塌，地下管线断裂（水管折断、电力通信中断、煤气泄漏引发火灾）造成大面积危害的可能。

2. 对工程环境影响的范围及程度

通常可以按下列原则考虑影响的范围及程度。

（1）影响范围：与边坡变形及稳定有关的最大影响范围，在无软弱下卧层和软弱滑动面，不会发生深层滑移或出现破坏面的推移情况下，可按式（3.3-1）计算。

$$L = H / \tan\varphi \qquad (3.3\text{-}1)$$

式中　L——从基坑下边缘至影响区外缘的水平距离（m）；

　　　H——基坑的开挖深度（m）。

由于降水引起的地面沉降，其影响范围随土层的 K 值不同，差别较大，一般可根据抽水试验水位降深资料计算，无资料时降水影响半径可采用经验数据及选用有关公式近似确定。

（2）影响程度：在式（3.3-1）计算的影响范围内，建（构）筑物所受影响或受损的程度尚与变形大小及建（构）筑物自身的工程特性、完好状态有关。对井点降水引起周边地面的最终沉降量可按式（3.3-2）计算：

$$s_\infty = \sum \frac{a_{i1\text{-}2} \Delta p_i \Delta h_i}{1 + e_{oi}} \qquad (3.3\text{-}2)$$

式中　s_∞——固结沉降量（cm）；

　　　$a_{i1\text{-}2}$——第 i 层土 $100\sim200$kPa 的压缩系数（kPa^{-1}）；

　　　e_{oi}——第 i 层土的初始孔隙比；

　　　Δp_i——第 i 层土因降水产生的附加应力（kPa）；

　　　Δh_i——第 i 层土的厚度（cm）。

3. 放坡开挖的环境要求

由于边坡稳定失控引起的事故涉及面大，特别是在软土及地质复杂挖深较大的基坑场地，一旦发生边坡失稳，补救困难，受损严重。因此放坡开挖基坑工程必须把握场地地质条件，确保设计、施工、监测、维护各环节严格按技术要求实施。并从下列几方面考虑工程环境要求：

（1）控制影响范围内的设施。当基坑挖深大于 $5\sim7$m 时，在两倍坑深的水平范围内宜无主干道，生命线工程及重要的建（构）筑物。

（2）足够的边坡稳定系数。在边坡稳定设计计算时，应保证有必要的稳定系数。在软土及地质条件复杂的基坑边坡应选用较大的稳定系数值。

（3）控制基坑暴露时间。应尽量减少基坑暴露时间。对超过半年以上的边坡，施工时必须采取坡面的防护措施，并应在坑周边宽为一倍深的地面范围予以水泥砂浆抹面或做混凝土地面。

（4）预估变形量。对处于特殊工程环境（即在变形影响区内存在需要特殊保护的设施，如地下铁道、国家级保护的建筑、通信网线等）及复杂工程环境（即在变形影响区内有需要特殊考虑的设施如：学校、幼儿园、抢修困难或可能引起灾害性的地下管线，以及可能引起纠纷的建筑物等）条件下的基坑边坡，应预估可能的变形量，并加以控制。

（5）加固措施。经综合分析比较，对可能受影响的建筑物及设施尚应采取相适应的预防性加固措施。

3.3.2 基坑应急防护措施

1. 导致险情的因素

基坑的开挖过程中或基坑开挖后，在进行地下室、基础（箱、筏基础）或工程桩（当采用人工挖孔桩基础）施工期间，常常会存在一些超过边坡稳定设计计算的条件，造成地面开裂，边坡土体变形及滑塌等险情。因此在整个基础施工期间，必须备有相应的应急防护措施及抢险工作所需的设备、材料和组织安排。导致险情的常见因素有：

（1）在边坡地面上堆置的弃土或砂石等施工材料设备附加荷载过大。

（2）在施工期间因排水不畅，受暴雨积水，使边坡土体含水量增加而增加了土的自重；水在土中渗流增加了动水力，土的湿化又降低了土的抗剪强度。

（3）当工程桩施工爆破振动以及软土的蠕变影响。

2. 应急防护方法

基坑边坡出现裂缝、变形以致滑动的失稳险情，其本质的问题是土体潜在破坏面上的抗剪强度未能适应剪应力的结果。因此抢险应急的防护措施也基本上从这两方面考虑，一是设法降低边坡土体中的剪应力；二是提高土体或边坡的抗剪强度。常用的应急防护方法有削坡、坡顶减载、坡脚压载、增设防滑桩体及降低地下水位或加强表面排水等。

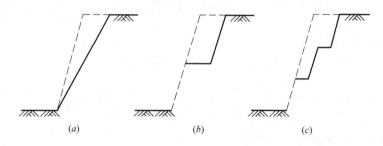

图 3.3-1　削坡减坡法图

(*a*) 直接减坡；(*b*) 削平马道减坡；(*c*) 削平马道减坡

（1）削坡：即改变原有基坑边坡坡率，使边坡减缓。以此减少边坡的下滑力，增加边坡的自稳安全系数。图 3.3-1 为常用的几种减缓边坡的方式，即直接减坡法（图 3.3-1*a*）和削平马道减坡法（图 3.3-1*b*、*c*）。采用削坡减缓边坡，会增加土方开挖及回填土的工作量，此外削坡后也会增大基坑口范围，所以常常受到场地条件的限制。

（2）坡顶减载：坡顶减载包括二个方面，一是清除基坑周边地面堆置的砂石建筑材料及施工设施等以减轻地面荷载；二是可以根据出现的险情程度和需要，进一步降低基坑顶面高程，挖除基坑顶地面一定厚度的土层以减少边坡自身土体重量，降低边坡滑动力而提高边坡的稳定系数。

（3）坡脚压载：在边坡底端，包括斜坡面及紧邻坡脚的基坑底面范围内，采用堆置土、砂包或堆石、砌体等压载的方法以增加边坡抗滑力维持边坡稳定。在斜坡面的堆置范围应控制在潜在破坏面弧心垂线的下侧。

（4）增设抗滑桩体：增设抗滑桩体一般是在情况比较严重且别的措施已难以起作用时采用。抗滑桩体的平面布置、嵌入深度以及截面承载力宜由分析验算确定。一般要求在坡脚处，将桩体打入一定深度，通常是深过边坡可能的滑动面，由此增加滑动面的抗剪能力，提高边坡稳定系数。桩体在滑动面下的长度宜大于 5 倍桩径并不小于 2m。桩体承载的抗滑力在计算时不宜超过总抗滑力的 10%～15%。此法一般适用于有浅层滑动时的险情。

（5）降低地下水位或加强表面排水：一般均为利用预留的降水设施。根据排除险情的要求采取应急降水，以减少边坡内的动水力影响。

3.4 施工要点

3.4.1 施工准备工作

施工准备工作一般包括编制施工组织设计，确定主要的施工方法，场地的测量放线，场地平面布置，道路修正及场地清理等内容。

1. 施工组织设计

在基坑开挖施工前应编制施工组织设计及实施细则。在编制工作前应掌握及完成下列各项技术资料：

（1）基坑场地实测地形图。地形图的比例一般为1：500，特殊情况可取1：1000；

（2）施工场区的工程、水文地质资料。在此基础上作出基坑开挖边坡设计能及必要的场区降水，排水设计和基坑维护措施。应区分土的类别，选择合适的开挖方法，满足施工场区的工程环境保护要求；

（3）绘制基坑开挖施工图。施工图应有横断面，横断面间距一般可取20m。对于基坑平面简单规则，基坑底深单一时，也可在基坑开挖平面图上划出采用不同边坡坡率的区段后，以对应的坑壁边坡剖面详图表达完整；

（4）有关施工场区内的（包括可能受影响范围内）地下管线及建筑物的基础和上部结构的技术资料以及它们的完好状况。对有碍基坑施工的现有建筑物、道路、管线、树木、墓穴等均应在施工前加以妥善处理；

（5）气象资料。应预计在施工期间可能经受到雨季、地下水位的变化及冬季等气象条件下对基坑边坡施工及维护的影响，并确定必要的防护及应急抢险措施。

2. 场地的测量放线工作

根据城市规划部门测放的建筑界线，街道控制桩和水准点进行基坑平面的测放工作。对有关的测放点应加以保护。

3. 道路修整

对所选用的施工机械进入现场需要经过的道路、桥梁和卸车设施等应事先作好必要的加宽、加固工作。并规划出场区内部机械通行的道路和工作面，以利开挖施工及考虑对边坡稳定的设计要求。

4. 确定主要的施工方法

应对土方的挖运，场地降水，排水措施进行多方案比较，选择有利于边坡稳定的施工方法，并对施工程序做出合理的安排，保证满足工期及施工安全。

5. 场地平面布置

做好场区的施工平面布置，应尽量结合工程项目整体施工的要求，如施工上部结构时所需安放的塔吊、井架等施工设备的位置。安排好施工用水用电、材料（包括机械油料等）供应及办公生活等临时设施。

6. 场地清理

根据场区施工平面布置及排水要求完成场地的平整及清理工作。

3.4.2 基坑土方的开挖

土方的开挖应考虑及满足下列要求：

（1）应选用合适的施工机械、开挖程序及开挖线路。在一般条件下宜优先采用反铲机挖土，自卸汽车运土。在基坑挖深较大时，需留设坡道满足机械及运土汽车出入基坑的要求。一次挖土的深度与所选用的施工机械的技术参数有关。但应考虑到因挖土卸载过快，排水不协调或边坡过陡，地基一侧失去平衡而导致坑底涌土，边坡失稳、坍塌等的可能。因此在基坑较深时，应采用对称分层开挖的方法，随时保持一定的坡势，有利于排水。

（2）土方开挖施工宜在保持开挖面干燥的条件下作业。当地下水位高于基坑开挖深度时，应根据土质条件，经分析后选用井点降水或组织明沟、截水沟和集水井等排水。为防止基坑内排出的水和地面雨水等向坑内回渗，在施工期要保持坑顶地面排水的畅通。在边坡保护范围内的地面不应有积水。

（3）在基坑开挖过程中，不宜在坑边堆置弃土或安置其他重型施工设备器材，以尽量减轻地面荷载。若于挖方上侧弃土时，应在边坡稳定验算时考虑它的影响。应控制弃土堆底至基坑顶边距离，在一般土质条件下该距离不宜小于 1.2m，在垂直的坑壁边坡条件下不应小于 3m。弃土堆置的高度不应超过 1.5m。对于软土场地的基坑则不应在坑边堆置弃土。

（4）当基坑开挖至接近坑底高程时，应注意避免超挖。若有超挖应加厚基础垫层混凝土或用砂石回填夯实，但需满足基础设计要求。若基坑内已施工有工程桩桩体，桩顶又高出基坑底面时，则应在坑底标高上留出 0.3～0.5m 高的余土，避免桩体受到挖土机械的撞击受损。对于不便使用大型机械施工的基坑边角，边坡的修整以及上述坑底余土的清除工作，应用人工或小型机具配合进行修边。采用箱基、筏基的基坑，在机械开挖基坑土时，应保持坑底土体的原状结构，在坑底保留 0.2～0.3m 厚的土层于施工基础混凝土垫层前用人工挖除铲平。在严寒地区该保留土层的厚度尚应考虑基槽底土层的防冻要求。

（5）基坑开挖后，应根据设计要求及时做好坡面的防护工作及浇筑垫层封闭基坑。当基坑开挖后仍需在坑内继续施工人工挖孔桩时，也应先做混凝土面层并保护坡脚。有条件时应暂时保留坑底周边部分土体，待在施工地下室结构时挖除。对于箱基或筏基工程，基坑的开挖尚应结合设计要求控制坑底土的回弹变形。对于先施工有工程桩后开挖基坑的工程，应有适宜的开挖工序及时间安排，避免开挖过程中因土体的侧向挤压而导致工程桩桩体的倾斜或断裂。

（6）基坑开挖时，应对平面控制桩、水准点、基坑平面位置、水平标高、边坡坡度等经常复测检查。

3.4.3   施工监测

1. 监测工作内容

大量的工程实践表明，在基坑放坡开挖施工中，由于岩土性质、地质埋藏条件等的复杂性，通过勘察取得的有关技术参数往往存在较大的离散性。在理论上，边坡稳定性的定量分析计算尚只限于较简单的情况。边坡设计中的一些简化假定条件与工程实施状况也往往存在一定的差异，如在施工期间难以避免受到降雨积水，土体浸水而改变边坡土体抗剪强度。施工作业本身，也会发生基坑超挖、排水不畅等不利于边坡稳定的现象。因此，为了有效地预防基坑失稳事故的发生，达到预期的工程经济效益，在基坑开挖工程中，应采用理论分析、设计计算与现场监测相结合的原则。除了有合理的边坡开挖设计，选择适宜的施工方法外，尚需辅以严格的、系统的现场监测工作，实施动态信息化施工，使设计、施工和监测三位一体化。

现场监测工作一般包括：变形监测、地下水动态监测及应力应变监测三个方面。一般的监测对象、项目、方法可参阅图 3.4-1。

2. 监测工作的一般要求

（1）监测的内容（包括对象、项目）、方法和要求应根据基坑地质条件、现场工程环境、施工条件以及工程的安全性要求等因素综合选定。

（2）在基坑施工前应对邻近的建筑物和地下管线的现状进行详细的调查。对发现的裂缝、倾斜等损坏迹象应作标记并记录文件存档。并据此分析确定相适宜的防护措施。

（3）对所有的基坑工程都应有边坡土体位移的监测。对安全要求较高的基坑边坡，尚应对边坡土体的沉降加以监测。有条件时可加做边坡土体内部的分层沉降监测。

（4）对于实施深层降水或者采用重力排水使上层滞水的补给变化较大，并需控制浸润线的基坑边坡工程，均应有地下水动态的监测工作。

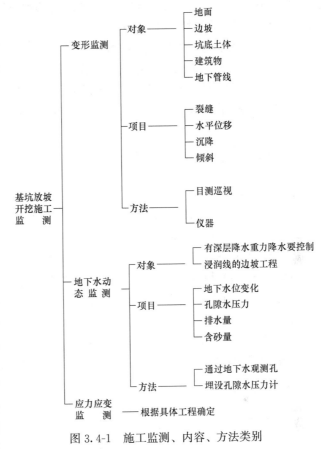

图 3.4-1 施工监测、内容、方法类别

（5）对邻近基坑的建筑物及地下管线，实施变形监测工作应包括沉降、倾斜、水平位移以及因沉降、倾斜而产生裂缝时对裂缝变化的监测工作。

（6）降水影响的监测工作的区域范围与基坑开挖深度及地下水的条件有关，宜由计算分析确定。一般以基坑上边缘 30～50m 宽以内为重点监测范围。当采用深层降水施工时，监测的范围可扩大到降水半径范围。

（7）对地面和边坡的开裂、凸鼓等现象可采用目测巡视，并予以记录，也可使用精密水准仪等仪器测量。

（8）土体变形的监测应有一定数量的观测点，一般不小于 6 个。采用精密水准仪应按照有关规范进行量测。测量用的基准点要稳固，并应设置在受开挖或降水影响以外的区域。基点数量应不小于 2 个。

（9）各项监测工作的时间间隔和持续时间应结合施工进度，考虑气象条件，基坑土特性及已测得数据的变动态势等综合因素按以下原则考虑：

1）在基坑土方开挖土体卸载急剧阶段，不宜超过 3～5 天；在基坑维护阶段可取10～

15 天，并应根据气象条件加以调整。

2）软土场地的基坑应适当加密监测的频率。监测频率应根据已测得的数据变化率随时予以调整。当变化速度较大或超过预控的要求存在险情时，应实施 24 小时的连续监测。

3）在软土地区，对施工影响区内的建筑物和地下管线进行垂直沉降及水平位移监测工作，应持续到基坑回填后 4～6 个月。

4）地下水动态监测的时间和次数宜与降水工作的运行相协调安排。

（10）对定期监测所得的数据信息应作为施工进度和调整施工工艺时参考。由监测所得的数据均应加以整理分析，绘制沉降-时间关系曲线、沉降-水平位移关系展开曲线等与量测数据关系相适应的图表。并应作为工程验收文件归档。

3.5 工程实例

1. 工程概况

郑州曼哈顿广场工程位于郑州市城区，建筑占地面积约 3 万 m^2，建筑总面积 45 万 m^2，由 2 层地下连体建筑及 12 栋 100m 高塔楼组成。地下室基坑深度约 9m。

2. 工程地质

根据岩土工程勘察报告，地下基坑范围内土层情况如下：

① 杂填土：稍湿，可塑。主要为耕植土和回填土，层厚 0.2～1.2m。

② 粉质黏土：可塑—硬塑，层厚 0.4～4.1m，$c=17$kPa，$\varphi=18°$。

③ 砂质黏土：可塑，饱和，层厚 5～12m，$c=22$kPa，$\varphi=24°$。

3. 水文地质状况

场地稳定水位地面下 3.2m 左右，变化在 1.0～2.0m 之间，潜水类型；地表水主要是大气补水及周边地下管线的渗漏水为主。

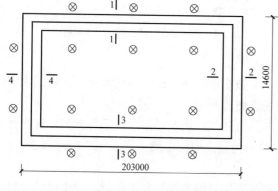

图 3.5-1　基坑土方开挖平面图

注：⊗表示为降水井

4. 周边环境

基坑四周密布建（构）筑物及道路、管线等，距离场地红线有一定距离，基坑西侧为市内主干道，间距 18.5m，南侧为次干道，间距 15m，北侧居民区围墙，间距 10.8m，东侧为一空地。

5. 基坑边坡设计

根据工程地质条件和周边环境状况，基坑四周边坡采用不同坡度的设计方法，平面图及剖面图如图 3.5-1、图 3.5-2、图 3.5-3 所示。

6. 基坑土方开挖

基坑土方开挖采用分层，流水作业方式，即从东向西推进，大体分三层开挖。第一层土方由自然地面一次挖至 4.6m 深处；第二层土方由 4.6m 开挖至大面积底板上 30cm；第三层土方开挖为承台部位的开挖及底层土的清理。

7. 基坑降、排水措施

基坑四周及坑内设降水井，间距 $30\sim40\mathrm{m}$，降水井直径 $\phi219$，井深 $20\mathrm{m}$；土方开挖前开启抽水泵，降水至坑底下 $0.5\mathrm{m}$ 处。

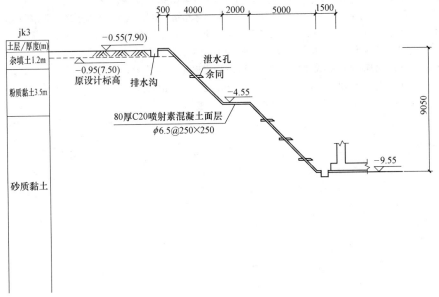

图 3.5-2　1—1、2—2 剖面图

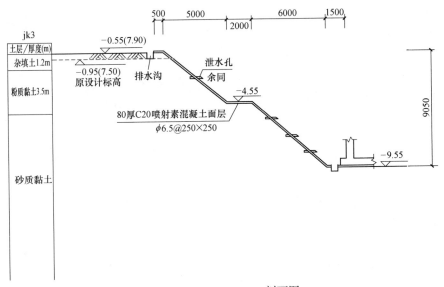

图 3.5-3　3—3、4—4 剖面图

基坑顶部四周设环形截水沟；坑底四周设环向排水沟，间距 $30\mathrm{m}$ 设一集水井，用抽水泵把地表水排至沉淀池，再进入市政管网。

8. 坡面保护

在坡面上喷射 80 厚 C20 混凝土面层，内配 $\phi6.5@250\times250$ 钢筋，每隔 2000×2000 设一泄水孔。

参 考 文 献

［1］ 刘国彬，王卫东. 基坑工程手册（第二版）［M］. 北京：中国建筑工业出版社，2009.

［2］ 龚晓南. 深基坑工程设计施工手册［M］. 北京：中国建筑工业出版社，1998.

［3］ 中国土木工程学会土力学及岩土工程分会. 深基坑支护技术指南［M］. 北京：中国建筑工业出版社，2012.

［4］ 赵志缙，应惠清. 简明深基坑工程设计施工手册［M］. 北京：中国建筑工业出版社，1999.

［5］ JGJ 120—2012 建筑基坑支护技术规程［S］. 北京：中国建筑工业出版社，2012.

［6］ GB 50007—2011 建筑地基基础设计规范［S］. 北京：中国建筑工业出版社，2012.

［7］ GB 50010—2010 混凝土结构设计规范［S］. 北京：中国建筑工业出版社，2011.

第4章　悬臂式支挡结构

简洪钰
福建工程学院

4.1　概述

4.1.1　悬臂式支挡结构的定义

基坑支护形式根据支挡结构的材料、结构形式、支锚手段和施工工艺，一般可分为以下几种形式：支挡结构式、土钉墙式、水泥土墙重力式和放坡式。悬臂式支挡结构是支挡式结构中的一个形式。《建筑基坑支护技术规程》JGJ 120—2012 对支挡式结构是这样定义的：以挡土构件和锚杆或支撑为主的，或仅以挡土构件为主的支护结构都称为支挡式结构。其中仅以挡土构件作为支挡的支护结构就是悬臂式支挡结构。所谓的挡土构件是指设置在基坑侧壁并嵌入基坑底面一定深度的支挡式结构竖向构件（图 4.1-1）。例如支护桩、地下连续墙。

4.1.2　悬臂式支挡结构的适用范围

悬臂式支挡结构由于坑外土体的主动土压力全部依靠支挡构件入土深度范围内坑内外土体的被动土压力来平衡，坑底以上支挡构件完全处于悬臂状态。因此，随着基坑开挖深度的逐渐加大，支挡构件的位移与开挖深度呈三次方增加，与设有支锚的支挡体系相比较，悬臂式支挡结构的顶部位移及构件弯矩均较大。另外，当存在施工质量事故或土层异常时发生突然破坏甚至产生多米诺效应的可能性较大，其冗余安全度较低。所以悬臂式支挡结构的选用受到一定的限制。

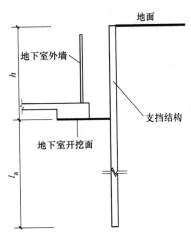

图 4.1-1

一般悬臂式支挡结构遇以下情况时应慎重选用：

（1）基坑的开挖深度大于 5 m；

（2）基坑边 2 倍开挖深度范围内如存在浅基础的建（构）筑物；

（3）基坑底部为软土层；

（4）坑底及支护构件端部为软土层时，因悬臂式支挡结构坑底及桩端土层是平衡主动土压力的关键部位，所以此两部位为软土时对悬臂结构的稳定极为不利；

（5）坑边有重要的管线。

以下情况可考虑选择悬臂式支挡结构：

（1）开挖深度小于 5 m，或深度大于 5 m 但坡顶具有可放坡卸土的空间；

（2）坑底以下土质具有较大的 c、φ 值；

（3）二、三级基坑。

4.1.3 悬臂式支挡结构的种类

悬臂式支挡结构根据支挡构件的材料、结构形式可分为板桩式结构、排桩式结构、桁架式结构和地下连续墙结构，除地下连续墙外以上几种结构形式都属于排桩支护结构。实际工程中，地下连续墙结构因造价较高，一般都用于开挖深度较大、变形要求较严格的重要建（构）筑物基坑工程，因此绝大多数情况下不会做成悬臂式支挡结构，故不在本章介绍。

1. 板桩式结构

板桩式结构是排桩式结构的一种特殊情况，即所采用的支挡结构为木板、型钢板、钢筋混凝土板，其构件抗弯刚度相对较小。板与板之间采用专门设计的连接锁扣搭接或用榫接将各板单元连接成挡土连续板墙。板桩式结构按所用板的材料，大致可分为以下几种类型。

（1）钢板桩

自欧洲开创性地应用钢板桩起至今已有百余年历史。作为现代基础与地下工程领域的一种施工材料，钢板桩可满足传统水利工程、土木工程、道路交通工程、环境污染整治以及突发性灾害控制等众多工程领域的施工需求，目前已是一种重要的不可或缺基坑工程材料。

钢板桩产品按生产工艺可分为冷弯薄壁钢板桩和热轧钢板桩 2 种类型。

冷弯钢板桩采用较薄的板材（常用厚度为 8～14mm），以冷弯成型机组加工而成，其生产成本较低、价格便宜、定尺控制也更灵活。但因钢板桩加工方式简陋，桩体各部位厚度相同，致使截面尺寸无法优化，用钢量增加。锁口部位形状难控制，连接处卡扣不严，因而止水效果不佳。另外，因受冷弯加工设备能力制约，只能生产强度级别较低、厚度较薄的产品。加之冷弯加工过程中产生的应力较大，桩体使用中易产生撕裂，也使得其应用的局限性较大。在工程建设中，冷弯钢板桩应用范围较窄，大多情况下只是作为补充材料。

热轧型钢板桩由开坯机及轨梁轧机或万能轧机高温轧制成形，具有尺寸规范、性能优越、截面合理、质量高等优点。热轧钢板桩的断面形状可分为 Z 形、U 形、直线形、H 形和管形等若干基本类型及其组合形式，见图 4.1-2。

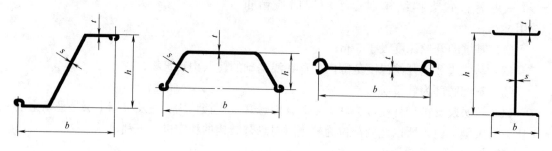

图 4.1-2 热轧钢板桩的断面形状

热轧钢板桩一直是工程应用的主导产品。Z形、直线形钢板桩等产品主要出自欧洲国家，其轧制生产及施工工艺较复杂，价格昂贵且供货周期长，主要流行于欧美，亚洲地区较少使用。U形钢板桩结构形式对称、生产工艺难度相对较小、施工方便，可在工厂预先装配成能够大大提高沉桩功效的"组合桩"，方便拉杆及配件的安装，U形钢板桩构成的墙体外侧部分最厚，整体耐腐蚀性能良好，热轧U形钢板桩在国外已得到了广泛的应用。

前些年，我国热轧钢板桩的生产与应用均属空白，近年来，随着国民经济建设的高速发展，热轧U形钢板桩已开始得到关注，逐渐在堤防加固、截流围堰、构筑船坞码头及挡水墙等水工工程以及构建挡土墙、山体护坡、建筑基坑支护等工程中得到应用。

（2）钢筋混凝土或劲性混凝土板桩

钢筋混凝土板桩是指由若干片独立的钢筋混凝土板桩构件沉桩后通过专门设计的槽榫接头形成连续的板桩墙体，是一种可以实现工厂化和装配化的基坑围护结构形式。

钢筋混凝土板桩具有强度高、刚度大、取材方便、施工简易等优点，其外形可以根据需要设计制作，槽榫结构可以解决接缝防水，与钢板桩相比不必考虑拔桩问题，因此在基坑工程中占有一席之地。在地下连续墙、钻孔灌注桩排桩式挡墙尚未发展以前，基坑围护结构基本采用木板桩、钢板桩和混凝土板桩。

由于早期国内打桩设备大都局限于锤击沉桩，且锤击设备能力有限，桩的尺寸、长度受到一定限制，基坑适用深度有限，钢筋混凝土板桩应用和发展难有拓展的空间。近年来，沉桩方法除锤击外又增加了液压沉桩、高压水沉桩、搅拌后插桩等成桩工艺，支撑方式也从简单的悬臂式、锚碇式发展到斜地锚和多层内撑等多种形式，给钢筋混凝土板桩带来进一步拓展应用的空间。

目前板桩的厚度已达到50cm，长度达到20m，配筋方式有普通钢筋及预应力配筋，截面形式由单一的矩形截面发展到薄壁工字形等截面，又与深层搅拌桩以及地下连续墙结合，弥补了钢筋混凝土板桩在较深基坑支护中的缺陷，钢筋混凝土板桩以其独特的优越性而再度受到青睐。

钢筋混凝土板桩作为深基坑围护结构，在上海虹桥太平洋大饭店深基坑工程中，其支护开挖深度已达到12.6m；钢筋混凝土板桩与搅拌桩结合构成了劲性构件的SMW工法支护，在宝钢某冷轧工程中支护开挖深度已达到9.5m；钢筋混凝土板桩可作为地下连续墙预制接头桩，并在宝钢某热轧厂深基坑工程支护开挖深度达35.4m的基坑中得到了应用。目前，钢筋混凝土板桩、地下连续墙、钻孔灌注桩、SMW工法等已成为深基坑开挖支护的主要手段。此外，钢筋混凝土板桩利用水力插板技术在港务水利工程中也得到了广泛应用，如松花江防洪堤坝，采用了厚0.24m、长8m的钢筋混凝土板桩，在黄河取水工程中还广泛用于水闸、泵站和输水渠道等。

钢筋混凝土板桩适用范围包括：开挖深度小于10m的中小型基坑工程；大面积基坑内的小基坑即"坑中坑"工程，不必坑内拔桩，降低作业难度；较复杂环境下的管道沟槽支护工程，可替代不便拔除的钢板桩；水利工程中的临水基坑工程，内河驳岸、小港码头、港口航道、船坞船闸、河口防汛墙、防浪堤及其他河道海塘治理工程。

如果地下室外墙设计时能考虑钢筋混凝土板桩的作用实现合二为一，将大大提高其经济效益和社会效益。

钢筋混凝土板桩有矩形、"T"形和"工"形截面，也可采用圆管形或组合型。矩形截面板桩墙转角与封闭形式分为矩形转角、T 形封闭、扇形转角等形式，如图 4.1-3 所示。矩形板桩常用槽榫连接形式（图 4.1-4）。

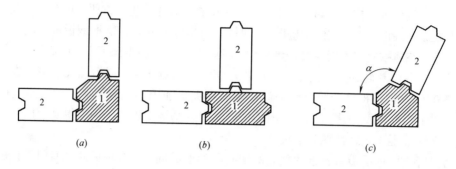

图 4.1-3 板桩墙转角与封闭形式

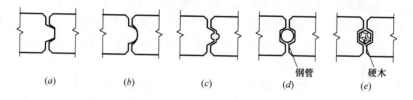

图 4.1-4 矩形板桩常用槽榫形式

目前，非预应力钢筋混凝土板桩桩长一般在 20m 之内，预应力钢筋混凝土板桩主要用在船坞及码头工程上，用水上打桩船施工，桩长一般在 20m 以上。

工字形大截面薄壁板桩由于其截面刚度较大，挤土少、易打入，工程应用比较经济。现场制作时，翼板可以预制再与腹板浇成整体或腹板预制与两翼板现场浇成整体。由于无槽榫结合，沉桩时必须有导向架保证桩位整齐垂直。工字形及方形预制现浇整体式薄壁板桩如图 4.1-5 所示。

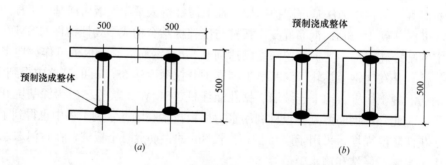

图 4.1-5 工形及方形预制现浇整体式薄壁板桩

工字形板桩已广泛用作地下连续墙接头或与搅拌桩形成复合结构，形成类似 SMW 工法桩墙的复合支护形式，如图 4.1-6 所示。

（3）组合型钢板桩

这种板桩的主要特点是利用抗弯刚度较大的型钢如工字钢或槽钢作为受弯的悬臂杆件，而挡面上则用热轧钢板桩，因而能够各自发挥材料最大的优点，同时又能协同工作，达到节省材料、施工方便的目的。目前，国内采用的组合形式钢板桩有双排钢板桩、HZ/

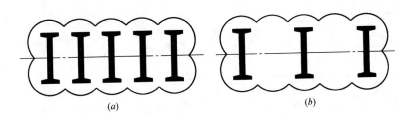

图 4.1-6 工字形板桩复合支护

(*a*) 板桩连续形；(*b*) 板桩间隔形

AZ 组合钢板桩（图 4.1-7）、CAZ 组合箱形钢板桩（图 4.1-8）、CAZ＋AZ 组合桩（图 4.1-9）、U 形组合墙（图 4.1-10）、钢管与钢板桩组合以及型钢组合钢板桩等。

图 4.1-7 HZ/AZ 组合钢板桩

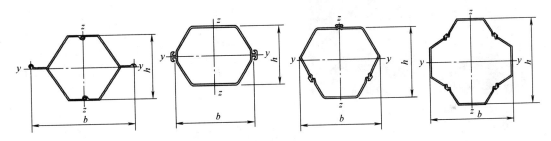

图 4.1-8 CAZ 组合箱形钢板桩

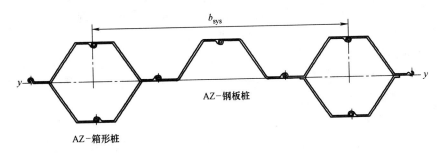

图 4.1-9 CAZ＋AZ 组合桩

以上各种组合形式均为钢板桩之间或钢板桩与型钢之间的组合，钢板桩与型钢分开布置独立施工，这就使施工工艺变得比较复杂，施工过程控制难度较大。为此工程界又开发了 H＋Hat 组合型钢板桩。它是采用大尺寸的热轧宽幅帽型钢板桩（OΩ 系列）和具有丰富规格的 H 型钢进行焊接组合的钢板桩，见图 4.1-11 (*a*)，构造见图 4.1-11 (*b*)。

随着轧钢生产技术的发展，钢板桩以其成本低、质量稳定、综合性能好且可反复使用

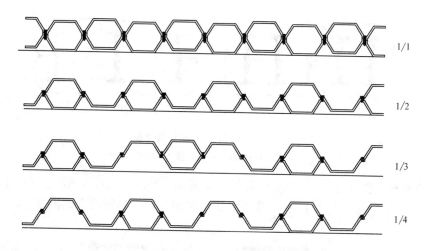

图 4.1-10　U 形组合墙

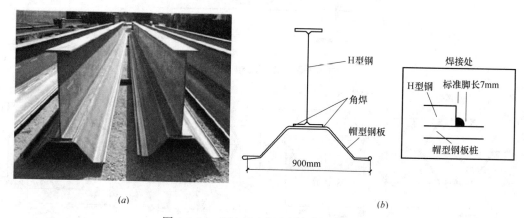

图 4.1-11　H＋Hat 组合型钢板桩构造

的优点，在各类土程中逐渐得到广泛应用。但通过工程实践发现钢板桩应用于城市基坑工程中存在刚度不足、变形量较大等问题。组合型钢板桩具有较大的刚度且施工速度便捷、可重复利用，更加适用于对变形要求较高的城市基坑工程支护。

2. 排桩式结构

所谓排桩式支护是指由成队列式间隔布置或连续咬合排列在一起的形成的挡土结构，常用的桩型有钢筋混凝土人工挖孔桩、钻孔灌注桩、沉管灌注桩、打入或压入的预制桩等。排桩支护是深基坑支护的一个重要组成部分，在工程中已得到广泛应用。

由于其对各种地质条件的适应性、施工简单易操作且设备投入一般不是很大，在我国排桩式支护是应用较多的一种。排桩通常多用于坑深 7～15m 的基坑工程，采用现浇或预制的钢筋混凝土或钢桩做成排桩挡墙，顶部浇筑混凝土压顶冠梁，这种支护形式具有刚度较大、抗弯能力强、变形相对较小、施工较方便、对周围环境影响较小等特点。当工程桩也为灌注桩时，可以同步施工，从而有利于施工组织安排，工期较短。当开挖影响深度内地下水位高且存在强透水层时，除排桩挡土外还需配以止水帷幕隔水或降水措施。当开挖深度较大或对边坡变形要求严格时，需结合锚拉系统或支撑系统使用，见图 4.1-12。排桩支护依其结构形式可分为悬臂式支护结构及（预应力）锚杆结合形成桩锚式和与内支撑（混凝土支撑、钢支撑）结合形成桩撑式支护结构。

悬臂式排桩支护结构的选用主要取决于基坑场地的地质条件、开挖深度和周边环境条件的复杂程度。通常情况下，悬臂式支护结构适用于开挖深度不超过 8m 的黏土层，不超过 5m 的砂性土层，以及不超过 4～5m 的淤泥质土层。

悬臂式排桩结构的优点是结构简单，施工方便，特别是可采用大型机械开挖。缺点是在同等开挖深度下支挡结构的位移和内力较大，支挡构件的截面和嵌入深度要求更大更深。由于悬臂式支护结构完全依靠支挡结构的嵌入深度和其截面抗弯与抗剪强度来完成挡土的功能，所以其安全可靠度较低，施工时，万一发生超挖或地质异常就有可能发生局部垮塌事故。因此，悬臂式排桩支挡结构适用于场地土质较好，坑底处有较大 c、φ 值，开挖深度浅且周边环境对土坡位移要求不严格的基坑。

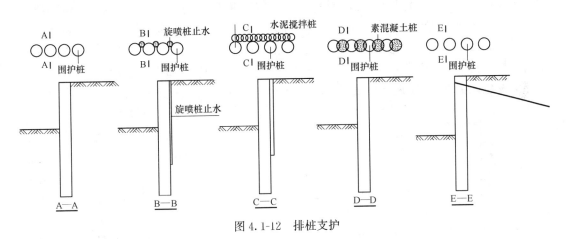

图 4.1-12　排桩支护

3. 桁架式结构

在某些特殊条件下，采用锚杆、土钉、支撑受到某些条件的限制而无法实施，但采用单排悬臂桩又难以满足承载力、基坑变形等要求或者采用单排悬臂桩造价明显不合理的情况下，用桁架来替代单排桩中的实心或空心桩，从受力上来说是一种更为合理的选择。现行的《建筑基坑支护设计规程》JGJ 120—2012 新增了双排桩基坑支护形式，而双排桩支护结构在受力上就是一榀刚架结构的受力，但刚架结构抵抗水平力的能力远不如桁架结构，桁架结构与常用的支挡式支护结构如单排悬臂桩结构、双排桩结构、锚拉式结构、支撑式结构相比，桁架式支护结构有以下特点：

（1）与单排悬臂桩相比，桁架式支护结构的抗侧移刚度远大于单排悬臂桩结构，其内力分布明显优于悬臂结构，在相同的材料消耗条件下，桁架式支挡结构的桩顶位移要小于双排桩刚架结构的桩顶位移，且明显小于单排悬臂桩的桩顶位移，且安全可靠性、经济合理性优于双排桩和单排悬臂桩。

（2）与支撑式支挡结构相比，由于基坑内不设支撑，不影响基坑开挖和地下结构施工，同时不存在内支撑的施工与拆除工序，大大缩短了工期。因此，在基坑面积很大、基坑深度不很深（<7m）的情况下，桁架式支挡结构的造价比支锚式支挡结构更经济。

（3）与锚拉式支挡结构相比，在某些情况下，桁架式支挡结构可避免锚拉式支挡结构难以克服的缺点，如：①拟设置锚杆的部位有已建地下结构、障碍物；②拟设置锚杆的土层存在高水头的强透水层；③拟设置锚杆的土层无法提供足够锚固力；④受地方法律、法规规定的限制，支护结构不得超出用地红线。

桁架式支挡结构在构件受力和基坑开挖施工等方面虽然具有较大的优势，但如何实施沉桩施工，如何将主被动土压力传递到桁架结构上的节点上使桁架结构只承受节点荷载，是亟待解决的问题，当然基坑的外围还需有足够的空间确保桁架的成桩施工，如果能够设计成可回收的装配式桁架结构将具有更高的社会和经济效益。

4.1.4 悬臂式支挡结构的破坏模式

悬臂式支挡结构，因基坑内土体开挖，失去土体一侧的支挡结构也失去了保持其相对静止的静止土压力，因而打破了支挡结构内外土体的平衡体系。随开挖深度的不断增加，支挡结构在坑外土体的主动土压应力的作用下，构件将绕结构端部 B 以上的某点 O 转动，构件顶端朝坑内的水平位移也随开挖深度的增加而不断地加大。坑壁土体对支挡结构的土压力由静止土压力逐渐转变为主动土压力，而坑内土体的土压力也由静止土压力转变为被动土压力。由于支挡结构的构件刚度远大于土体的刚度，正常情况下，随开挖深度的加大不断增加，构件的变形总是绕基坑开挖深度之下某一个点转动，因此构件端部某一区域的土体会发生往坑外方向的移动，此时基坑外土体的土压力逐渐由静止土压力转变为被动土压力，见图 4.1-13。

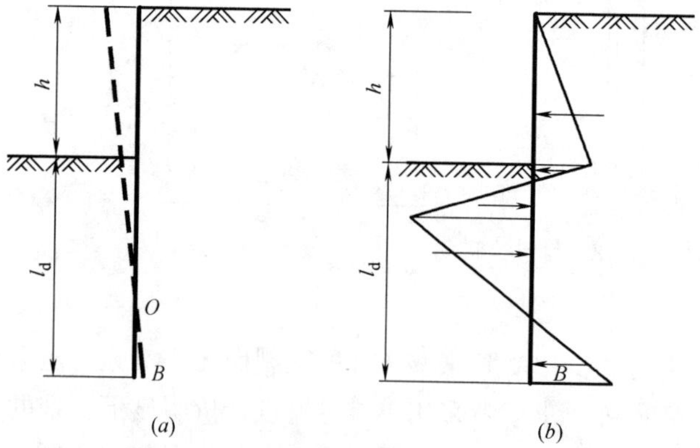

基坑工程事故类型很多，支护结构形式不同，其破坏形式也有差异，破坏原因往往是多方面综合因素造成的。按承载力极限状态和正常使用极限状态来分类，悬臂式支挡结构基坑工程事故可分为下述几类：

图 4.1-13 悬臂式支挡结构的变形模式及简化土压力分布图

(1) 当支挡结构嵌入深度不足以满足主被动区土体的静力平衡要求时，正常情况下将发生倾覆破坏。当桩顶设置了一定抗弯刚度的冠梁时，由于冠梁及其相邻围护桩的共同作用也可能会发生踢脚破坏，即嵌入部分的支挡结构因变形过大导致支挡失效，如图 4.1-14 (a) 所示。

(2) 当基坑土体的抗剪强度较差，特别是软土地区，尽管嵌入的深度能够满足静力平衡要求，但由于其土体的抗剪强度较低，如果支挡结构的嵌入深度不够，还可能会发生绕桩底的圆弧滑动，造成基坑边坡整体滑动破坏，称为整体失稳破坏，如图 4.1-14 (b) 所示。

(3) 当支挡结构截面设计不当或存在施工质量问题时，可能会因构件抗力不足以抵抗水土压力形成的弯矩或剪力，导致构件折断造成基坑边坡倒塌，悬臂式支挡结构最易出此类问题。如图 4.1-14 (c) 所示。

(4) 采用钢板桩或工法桩（SMW）作为悬臂式支挡结构时，常因支挡结构抗弯刚度较小，导致基坑虽未发生垮塌破坏，但因基坑变形较大引起周边道路及建（构）筑物的开裂和不均匀沉降，影响其正常使用，如图 4.1-14（d）所示。

以上 4 种破坏形式中（a）、（b）属承载力极限状态中结构和土体的稳定性问题；（c）属承载力极限状态中的构件强度问题；（d）属于正常使用极限状态问题。当然地下水的渗流作用也会导致渗流稳定破坏，基坑降水会引起基坑周边建（构）筑物、地下管线、道路等的损坏或影响其正常使用。有关降水和渗流问题参考 12 章。

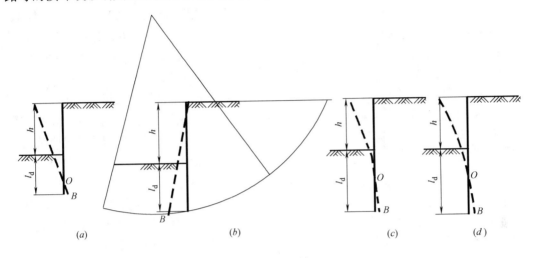

图 4.1-14　悬臂式支挡结构的破坏模式

4.1.5　倾覆破坏

基坑围护如果采用悬臂式支挡结构，那么支挡结构的嵌固深度是决定基坑安全的重要参数，过小的嵌固深度将导致基坑的倾覆破坏，其嵌固深度一般由支挡结构的嵌固稳定安全度和整体稳定安全度来确定。嵌固稳定计算时取支挡结构最底端作为力矩平衡点，分别计算主被动土压力的力矩，并确保被动土压力作用下的力矩与主动土压力作用下的力矩之比大于有关规范或规程规定的嵌固稳定安全系数。尽管科学技术的发展日新月异，但土力学理论中主被动土压应力的计算并未取得突破性的进展，其中有代表性的经典理论如朗肯土压力、库仑土压力还是目前流行的计算方法。各种土压力计算方法都有其各自的适用条件与局限性，也就没有一种统一的且普遍适用的土压力计算方法。总体上，朗肯土压力计算方法的假定概念明确，与库仑土压力理论相比具有能直接得出土压力的分布，从而适合结构计算的特点，受到工程设计人员的普遍接受。因此，《建筑基坑支护技术规程》JGJ 120—99 采用的朗肯土压力计算方法，实施后，经过十多年国内基坑工程应用的考验，证明基本上是可行的，因而现行的《规程》JGJ 120—2012 同样采用朗肯土压力理论的主动、被动土压力计算公式，水土合算与水土分算时，其公式采用不同的形式。当朗肯土压力方法不能适用时，必须考虑采用其他计算方法解决土压力的计算精度问题。计算简图见图 4.1-15。

嵌固稳定安全系数由下式计算：

$$K_e = \frac{\sum\limits_{i=1}^{n} E_{pk_i} a_{pi}}{\sum\limits_{i=1}^{n} E_{ak_i} a_{ai}} \tag{4.1-1}$$

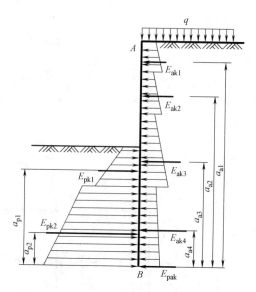

图 4.1-15 悬臂式结构嵌固稳定验算简图

理论上，当 K_e 小于 1.0 时，表明基坑支挡结构被动区的土压应力不足以维持主动土压力作用下的力矩平衡，支挡构件将向基坑坑内发生倾覆破坏。为避免发生倾覆破坏，《建筑基坑支护技术规程》JGJ 120—2012 规定：基坑安全等级为一级、二级、三级的悬臂式支挡结构，K_e 分别不应小于 1.25、1.2、1.15。

4.1.6 整体失稳破坏

解决了悬臂式支挡结构倾覆破坏问题，只是解决了悬臂式支挡结构主被动土压力作用于支挡结构中的静力平衡问题。因挖除坑内土体除了造成坑壁土体的土压应力失衡之外，基坑底以下的土体自重应力也发生了变化，当发生圆弧滑动时坑内土体在滑动面上的抗剪承载力也随着坑内土体的挖除而逐渐减小。因此当嵌固深度不足或支挡构件端部以下存在软弱下卧层时，坑外土体会以坑顶处某一点绕支挡结构端部或其下卧软弱层产生圆弧滑动，这种破坏就是通常说的整体稳定破坏，见图 4.1-16。

整体稳定分析时，以圆弧滑动土体为分析对象，将滑动面以上土体按竖向进行条分，各条分土体作用在滑动面上的竖向力可分解为沿滑动面和垂直滑动面的两个分力，见图 4.1-16。如果过滑动圆弧圆心作一条垂直于基坑的直线，则直线左右两侧土条的下滑力方向正好相反。图 4.1-16 中右侧土条和地面荷载作用下所产生的下滑力便是整体稳定计算的荷载效应。土体的抗力则由圆弧滑动面上的黏聚力、摩阻力及垂直线左侧土条的下滑力组成。稳定

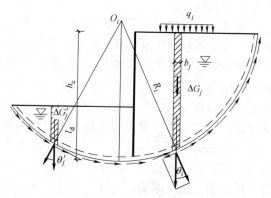

图 4.1-16 悬臂式结构整体稳定计算简图

计算时可通过搜索方式寻找最危险的滑动面，并以滑动面上土体的剪力或以滑动圆心取力矩作为强度极限状态的设计准则，其计算公式见式（4.1-2）和式（4.1-3）。

$$\min\{K_{s,1}, K_{s,2}, L, K_{s,i}, L\} \geqslant K_s \tag{4.1-2}$$

$$K_{s,i} = \frac{\sum (c_j l_j - u_j l_j \cos\theta_j \tan\varphi_j) + (\sum \Delta G'_j \sin\theta'_j + \Delta G' \cos\theta'_j \tan\varphi_j) + \sum [(q_j b_j + \Delta G_j) \cos\theta_j] \tan\varphi_j}{\sum (q_j b_j + \Delta G_j) \sin\theta_j}$$

$$\tag{4.1-3}$$

式中　　K_s——圆弧滑动稳定安全系数，安全等级为一级、二级、三级的支挡式结构，K_s 分别不应小于 1.35、1.30、1.25；

$K_{s,i}$——第 i 个滑动面上抗滑力与下滑力的比值，其最小值应通过搜索不同圆心及半径的所有潜在滑动面确定；

c_j，φ_j——分别为第 j 土条滑动面处土的黏聚力（kPa）和内摩擦角（°）；

b_j、l_j、θ_j、θ_j'——分别为土条的划分宽度（m）、滑弧长度（m）和滑弧面中点处的法线与垂直面的夹角（°）；

q_j——第 j 土条上的分布荷载标准值（kPa）；

$\Delta G_j'$、ΔG_j——分别为垂直线两侧第 j 土条的自重（kN），按天然重度计算；

u_j——第 j 土条滑弧面上的水压力（kPa）。

当挡土结构端部以下存在软弱下卧层时，整体稳定性验算的滑动面中包括由圆弧与软弱土层层面组成的复合滑动面，见图 4.1-17。当支挡结构端部嵌入块状强风化或更加坚硬的岩石层时，则在岩石层段不可能发生圆弧滑动破坏，只需对支挡结构进行抗剪和抗弯承载力计算，见图 4.1-18。

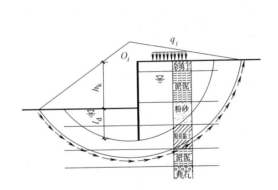

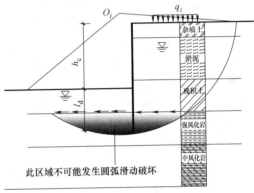

图 4.1-17　存在下卧层时可能发生的整体失稳　　图 4.1-18　支挡结构端部嵌入坚硬土层可能发生的破坏

现行《规范》为了不影响被动区土体对支挡结构的压力忽略了垂直线左侧平行于滑动面的土条自重分力，但此部分的抗力却在荷载效应中扣除，这无疑提高了稳定计算的安全系数。

4.1.7　支挡构件强度破坏

支挡结构强度破坏是指支挡结构构件或连接因超过材料自身的强度而破坏。对于悬臂式基坑的支挡结构主要承受的荷载是坑内外土体和地下水压应力的联合作用，在复杂土、水压应力的作用下使构件内部产生剪应力和弯曲应力。因此，造成支挡结构强度破坏的主要因素主要有：

（1）由于地质条件变化较大或不可预测的其他因素导致计算土压应力小于实际所承受的土压应力，造成支挡构件破坏；

（2）支挡结构外坑顶地面堆载违反设计规定超量堆载造成支挡构件强度破坏；

（3）支挡结构本身存在质量问题导致结构抗力小于设计要求的抗力，引起构件破坏；

（4）基坑超挖导致主被动土压应力失衡致使结构发生破坏。

4.1.8　变形过大引起的周边建（构）筑物破坏

基坑土体开挖时，支挡结构的水平位移将随基坑内土体开挖深度的不断深入而不断加大，同时也会因坑内的降水造成坑外地面的沉降。当开挖影响范围内有建（构）筑物时，如果设计或施工不当可能会造成支护结构的变形超过其控制值，造成建筑物的沉降不能满足现行国家相关标准，甚至造成建构筑物的破坏。悬臂式支挡结构的基坑变形一般要比支锚式支护体系更大，因此周边建筑物的变形问题应更加引起重视。

4.2 悬臂式支挡结构的设计计算方法

目前基坑支护结构的计算方法通常可分为三大类：经典方法、土抗力法、有限元法，见表 4.2-1。

悬臂式围护结构计算理论与方法 表 4.2-1

类别	计算理论与方法	基 本 假 设	名称举例
一	经典板桩计算理论	主被动土压力按经典土压力假定； 不考虑桩、墙体的变形	静力平衡法
二	土抗力法	假定主被动土压力计算方法； 考虑桩、墙体变形对土压力的影响	杆系有限元法 "m"法
三	线性变形理论	假定土体为弹性介质； 土压力随桩、墙体的变形而变化	弹性有限元法
	非线性变形理论	假定土体为非线性介质； 考虑桩、墙体变形对土体应力应变的影响	非线性有限元法

通常主动土压力和被动土压力的计算理论，采用的是朗肯和库仑理论，而较多采用的则是较简便的朗肯理论，这两种理论中，一般朗肯理论的主动土压力偏大，被动土压力偏小，而库仑理论中的被动土压力当土体内摩擦角较大时则又太偏大，据目前的一些工程实践采用朗肯理论的主动土压力和被动土压力计算时较为保守，当采用朗肯土压力理论时，其被动土压力偏小，而当 φ 值较大时，库仑被动土压力与朗肯被动土压力相差较大。

如用朗肯土压力理论公式计算，其主动土压力沿桩长线性分布，但由于桩的位移，实测为曲线分布，如图 4.2-1 朗肯主动土压力比实测为大，且合力点也高，模型试验与工程实测都表明土压力是如图 4.2-1 所示的分布形式。

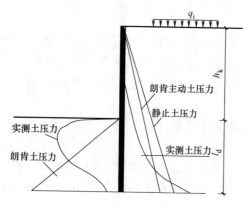

图 4.2-1 实测土压力分布与朗肯土压力对比

实测土压应力的分布形态与变化趋势明显不同于目前基坑设计中采用的三角形分布的朗肯土压应力计算模式。实测土压应力与朗肯理论土压应力的差异在于，当围护桩体的嵌固深度足够深时，基坑的开挖使桩产生了倾斜的位移，即桩体绕嵌固段某一深度点处转动，对于具有黏聚性的土体，刚性桩的位移与主动区土体之间的变形存在不协调的现象，因此桩的上部桩体的水平位移大于土体的水平位移，而形成桩土间虚空的区段。

实测土压力的分布形式是在桩出现倾斜位移时发生的，因此在挖土一侧的嵌固段上，挖土表面的桩位移最大，使土受到挤压，会最先达到屈服强度，但在桩的根部，其位移很小，即使在结构失稳的状态下，土压力仍没有达到极限状态的被动土压力值。因此，按朗肯被动土压力的应力分布模式计算是偏于安全的。

4.2.1 经典板桩理论计算法

经典板桩理论计算方法主要根据经典土压力计算理论，通过静力平衡方程求解支挡结构内力的一种方法。取单位宽度受侧向荷载作用的桩或墙作为梁计算单元，常用的方法有静力平衡法、Blum 法、极限平衡法、试算法等，采用的土压力既有用 Terzaghi-Peck 的经验土压力，也有采用经典的理论土压力，如朗肯土压力等。这种方法可以手算，计算较简单，缺点是不能计算支护结构的位移。此外，静力平衡法也不能考虑施工过程的影响。

1. 静力平衡法

悬臂式支护结构其受力相对简单，也正是其受力简单才使得静力平衡计算法成为可能，并一直应用至今。其破坏一般是绕支挡结构的端部以上的某点转动，如图 4.2-2 (a) 所示的 O 点。这样在转动点 O 以上的桩身前侧以及 O 点以下的桩身后侧，将产生被动土压力，在相应的另一侧产生主动土压力。由于要精确确定土压力的分布规律很困难，一般近似地假定土压力的分布图形如图 4.2-2 (b) 所示，桩身前侧是被动土压力，其合力为 E_p，在桩身后为主动土压力，合力为 E_a。另外在桩下端还作用被动土压力 E_p'，由于 E_p' 的位置不易确定，假定其作用在桩底端，这便是 Blum 法。E_p 和 E_a 相互抵消后的土压力分布如图 4.2-2 (c) 所示。

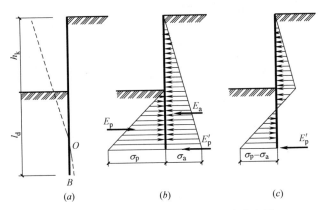

图 4.2-2 悬臂式围护结构的土压应力分布图
($c=0$，无地下水)

桩嵌入基坑底面的部分如果比较深时，当开挖到设计深度时，桩体由于受力，其桩端并非往基坑方向移动，而是在桩端以上某一点处中的 O 点发生向基坑外侧的挠曲变形，见图 4.2-2 (a)，使土压力分布发生变化，量化应力图见图 4.2-3 (a)。为简化计算将嵌固端的应力图近似地简化为图 4.2-3 (b)，从受力上看这是一种偏于安全的简化方法。在结构上产生的主动土压力 E_{a1}、E_{a2} 及被动土压力 E_p 及 E_p'，如图 4.2-3 (b) 所示。

静力平衡法的计算原理是假定结构底部不承受弯矩及剪力，由静力平衡条件建立方程组如下：

$$b = \frac{K_p \cdot (l_d)^2 - K_a \cdot (h_k + l_d)^2}{(K_p - K_a) \cdot (h_k + 2 \cdot l_d)} \tag{4.2-1}$$

$$K_a \cdot (h_k + l_d)^3 - K_p \cdot (l_d)^3 + b^2 \cdot (K_p - K_a) \cdot (h + 2l_d) = 0 \tag{4.2-2}$$

通过联立求解方程组计算出桩的插入深度，然后求出剪力为零的截面，进而求出最大弯矩。式中，k_p 为被动土压力系数；k_a 为主动土压力系数。

2. Blum 法

Blum 法是一种假想支点法，它不考虑板桩本身的刚度，在计算插入深度时偏于安全，如图 4.2-4 所示。

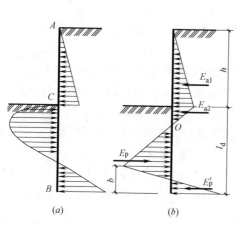

图 4.2-3　悬臂式围护结构应力量化及计算简化图

（$c=0$，无地下水）

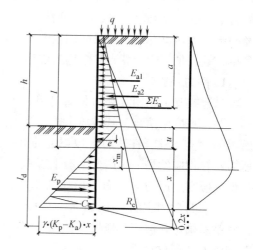

图 4.2-4　Blum 法计算简图

Blum 理论采用简化方法，将反弯点以下的被动土压力近似地以一个作用于桩脚的集中力 R_c 代替，但必须满足绕桩脚 C 的力矩平衡条件，$\sum M_c=0$。建立求解方程如下：

$$\sum E_a(l-a+x)-E_p \cdot \frac{x}{3}=0 \tag{4.2-3}$$

将 $E_p=\gamma(K_p-K_a) \cdot x \cdot \dfrac{x}{2}$ 代入上式，则有

$$x^3-\frac{6\sum E_a}{\gamma \cdot (K_p-K_a)} \cdot x-\frac{6\sum E_a \cdot (l-a)}{\gamma \cdot (K_p-K_a)}=0 \tag{4.2-4}$$

根据图 4.2-4，由三角几何比例关系可推出：

$$u=\frac{e}{\gamma \cdot (K_p-K_a)} \tag{4.2-5}$$

通过求解联合方程组，求出插入深度 x。由于土体阻力是逐渐向桩脚下增加的，在采用 $\sum H=0$ 时会有一个较小的深度差，因此，计算出的插入深度要增加 20%，即：

$$l_d=1.2 \cdot x+u \tag{4.2-6}$$

最大弯矩应在剪力 $Q=0$ 处，设从 O 点往下 x_m 处 $Q=0$，则被动土压力之值应与 $\sum E_a$ 相等，即：

$$\sum E_a-\frac{1}{2}\gamma(K_p-K_a) \cdot (x_m)^2=0 \tag{4.2-7}$$

解方程可求得 x_m：

$$x_m=\sqrt{\frac{2 \cdot \sum E_a}{\gamma \cdot (K_p-K_a)}} \tag{4.2-8}$$

再通过力矩平衡条件求出 M_{max}：

$$M_{max} = \sum E_a \cdot (l + x_m - a) - \frac{\gamma \cdot (K_p - K_a) \cdot x_m^3}{6} \tag{4.2-9}$$

式中，x 为土压力为零点至桩脚的距离（m）；a 主动土压力合力 $\sum E_a$ 距地面距离（m）；l 为地表面到土压力为零点距离（m）；h 为基坑开挖深度（m）；u 为土压力为零点距坑底距离（m），x_m 为土压力为零点至最大弯矩点处距离（m）；$\sum E_a$ 为基坑开挖面以上土压力与地面超载等合力（kN）；γ 为土的重度（kN/m³）。被动土压力可采用库仑土压力理论，并假设坑顶水平挡土结构竖直。

【算例 4.2-1】

北京某医院急诊楼基坑工程，挖深 6.4m，场地自上而下主要土层情况为：①杂填土，②新近代粉质黏土，③第四纪中粉质黏土，③₁砂质粉土，黏质粉土，④粉细砂。经各层土加权平均，土的重度 $\gamma = 19.5$kN/m³，$c = 18$kPa，$\varphi = 25°$。地面超载 20kN/m²，无地下水。求插入深度及最大弯矩。以下为数学软件 MathCAD15 计算结果。

已知：

基坑挖深　$h := 64$m　围护桩间距：　$bs := 15$m

加权平均后土的指标：

$\gamma := 19.5\ \dfrac{kN}{m^3}$　$C := 18$kPa　$\phi := 25$deg

地面超载：$q := 59$kPa

计算主被动土压力系数

被动土压力系数：$Ka := \tan\left(45\deg - \dfrac{\phi}{2}\right)^2 = 0.406$

被动土压力系数：$Kp1 : \tan\left(45\deg + \dfrac{\phi}{2}\right)^2 = 2.464$　朗肯被动土压力系数

设 $\delta = \dfrac{2}{3}\phi$

$\delta := \dfrac{2}{3}\phi$　$Kp2 := \left(\dfrac{\cos(\phi)}{\sqrt{\cos(\delta)} - \sqrt{\sin(\phi + \delta) \cdot \sin(\phi)}}\right)^2$　库仑被动土压力系数

$Kp := Kp2 = 4.079$　建议采用库仑被动土压力系数

计算坑底处主被动土压应力

$eajkh := (q \cdot Ka + \gamma \cdot h \cdot Ka - 2C \cdot \sqrt{Ka}) \cdot bs = 77.5\ \dfrac{kN}{m}$

$eajkh := 2C \cdot \sqrt{Kp} \cdot bs = 109.1\ \dfrac{kN}{m}$

$e := eajkh - epjkh$

$e = -31.6\ \dfrac{kN}{m}$　（若 $e < 0$ 说明嵌固段不存在主被动土压力应力相等的点）

1. 求嵌固深度

根据公式：$u := \dfrac{e}{\gamma(Kp - Ka) \cdot bs}$　$u = -0.294$m

$L := h + u$　$L = 6.106$m

$$\Sigma E_a: \quad \frac{2q \cdot Ka + \gamma \cdot h \cdot Ka - 4 \cdot C \cdot \sqrt{Ka}}{2} \cdot h \cdot bs + \frac{e \cdot u}{2} \qquad \Sigma Ea = 257.471 \text{kN}$$

$$\alpha: = \frac{\left[(q \cdot Ka - 2 \cdot C \cdot \sqrt{Ka}) \cdot \dfrac{h^2}{2} + \dfrac{\gamma \cdot h \cdot Ka \cdot h^2}{3}\right] \cdot bs + \dfrac{e \cdot u}{2} \cdot \left(h + \dfrac{u}{3}\right)}{\Sigma E_a}$$

$a = 4.263 \text{m}$

根据公式 $\qquad x^3 - \dfrac{6\Sigma Ee}{\gamma (Kp - Ka) \cdot bs} \cdot x - \dfrac{6\Sigma Ea \cdot (l - a)}{\gamma \cdot (Kp - Ka) \cdot bs} = 0$

初设 $\qquad\qquad\qquad\qquad\qquad x: = 6 \text{m}$

已知

$$x^3 - \frac{6\Sigma Ea}{\gamma \cdot (Kp - Ka) \cdot bs} \cdot z - \frac{6\Sigma Ea \cdot (l - a)}{\gamma \cdot (Kp - Ka) \cdot bs} = 0$$

求得 $x: = Find(x) \qquad x = 4.501 \text{m}$

嵌固深度：

$ld: = 1.2x + u \qquad ld = 5.108 \text{m}$

2. 求最大弯矩

$$xm: = \sqrt{\frac{2\Sigma Ea}{\gamma \cdot (Kp - Ka) \cdot bs}} = 2.189 \text{m}$$

$$Mmax: = \Sigma Ea(l + xm - a) - \frac{\gamma \cdot (Kp - Ka) \cdot bs \cdot xm^3}{6}$$

$$Mmax = 850.3 \text{kN} \cdot \text{m}$$

简化土压力计算模型确定后也可采用数学工具软件通过简单编程运算获得支挡结构的嵌固深度和最大弯矩值，计算结果如下：

【算例 4.2-2】

已知：

基坑挖深　$h: = 6.4 \text{m}$ 　　　围护桩间距：$bs: = 1.5 \text{m}$

加权平均后土的指标：

$\gamma = 19.5 \dfrac{\text{kN}}{\text{m}^3} \qquad C: = 18 \text{kPa} \qquad \phi = 25 \text{deg}$

地面超载：$q = 59 \text{kPa}$

计算主被动土压力系数

主动土压力系数：$\qquad Ka: = \tan\left(45 \text{deg} - \dfrac{\phi}{2}\right)^2 = 0.406$

被动土压力系数 $\qquad Kp1: = \tan\left(45 \text{deg} - \dfrac{\phi}{2}\right)^2 = 2.464 \qquad$ 朗肯被动土压力系数

设 $\delta = \dfrac{2}{3}\phi \quad \delta: = \dfrac{2}{3}\phi \quad Kp2: = \left(\dfrac{\cos(\varphi)}{\sqrt{\cos(\delta)} - \sqrt{\sin(\phi + \delta) \cdot \sin(\phi)}}\right)^2 \quad$ 库仑被动土压力系数

$$Kp: = Kp2 = 4.079 \qquad\qquad 采用库仑被动土压力系数$$

$pak(x): = [q + \gamma \cdot x] \cdot Ka - 2 \cdot C \sqrt{Ka} \cdot bs$

$$pak(x): \begin{vmatrix} 0 & if & 0 \leqslant x < h \\ -[\gamma \cdot (x-h) \cdot Kp + 2 \cdot C \cdot \sqrt{Kp}] \cdot bs & otherwise \end{vmatrix}$$

$$pk(x):=pak(x)+ppk(x)$$

计算支挡结构剪力零点位置

$$LQ0:= \begin{vmatrix} \Delta \leftarrow 0.01\text{m} \\ for \quad i \in 1..100000 \\ \begin{vmatrix} \alpha \leftarrow i \cdot \Delta \\ A \leftarrow \int_0^a pk(x)\mathrm{d}x \\ k \leftarrow i+1 \quad if \quad A \geqslant 0 \\ break \quad otherwise \end{vmatrix} \\ LQ0 \leftarrow k \cdot \Delta \\ LQ0 \end{vmatrix}$$

$$LQ0 = 8.3\text{m} \qquad \text{支挡结构剪力零点位置}$$

计算最大弯矩

$$Mmax = \int_0^{LQ0} pk(x) \cdot (LQ0-x)\mathrm{d}x \quad Mmax = 850.3\text{kN} \cdot \text{m} \quad \text{最大弯矩值}$$

计算嵌固深度

$$ld:= \begin{vmatrix} \Delta \leftarrow 0.01\text{m} \\ for \quad i \in 1..100000 \\ \begin{vmatrix} \alpha \leftarrow i \cdot \Delta \\ A \leftarrow \int_0^a pk(x) \cdot (\alpha-x)\mathrm{d}x \\ k \leftarrow i+1 \quad if \quad A \geqslant 0 \\ break \quad otherwise \end{vmatrix} \\ l \leftarrow k \cdot \Delta \\ ld \leftarrow (l-h) \cdot 1.2 \end{vmatrix}$$

$$ld = 5.050\text{m}$$

　　以上计算均在 MathCAD 15 中完成，读者可借助该软件进行辅助计算，也可通过该数学工具软件编制一些辅助软件，与其他商业软件相比，借助此软件进行的分析计算更加直观可靠，其计算书与手工计算相同，对帮助岩土工程师进行工程计算分析极其方便。

3. 极限平衡法

极限平衡法是我国深基坑支护发展初期被广泛应用的一种方法。它假定作用在支挡结构上的土压力分别达到朗肯的主被动土压力值。由于它计算方法简单，可根据静力平衡条件计算最小埋置深度，还可用于计算悬臂及单支点结构的内力，因此，在我国很长一段时期均采用极限平衡法进行设计计算。利用此法计算时，假定在基坑开挖面以上桩侧受主动土压力。在主动土压力影响下，桩趋于旋转，从而在桩的受压一侧土体由静止土压力逐渐转为被动压力，另一侧则随桩的水平移动增加桩侧土压力由静止土压力转而成为主动压力。以下就无黏性土均质土、黏性均质土和非均质土场地分别进行分析求解。

（1）无黏性均质土

在经典的悬臂板桩设计中，做了如图 4.2-3 所示的简化假定。解这个问题时假定在基坑开挖面以上桩侧土受主动土压力。在主动土压力作用下，桩趋于旋转，从而在桩的前面产生被动压力及墙后为主动压力。在图 4.2-2（a）的支点 O 处，O 点以下基坑外侧桩的土压力从主动转到被动压力，与之对应的基坑侧桩侧被动土压力转为主动压力。因为悬臂式支护结构计算嵌固深度时需要解一元四次方程式，为了便于推导，假定开挖面以下的土与开挖面以上的土具有同样的内摩擦角，即已知 γ 和 φ 分析开挖深度与嵌固深度的关系，当然也可分析当开挖深度一定时不同的内摩擦角与嵌固深度的关系。

根据以上假设，并假定场地土层为无黏性均质土，悬臂式支挡结构在不考虑地面堆载、不放坡、无地下水的情况下，其土压应力计算简图见图 4.2-5，以下取单位宽度进行分析推导：

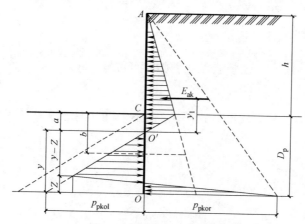

图 4.2-5　极限平衡法的计算简图

（$c = 0$，无地下水）

1）计算土压应力系数 K_a、K_p

对于无黏性土，主动及被动土压力系数 K_a、K_p 分别为：

$$K_a = \tan^2\left(45° - \frac{\varphi}{2}\right) \tag{4.2-10}$$

$$K_a = \tan^2\left(45° + \frac{\varphi}{2}\right) \tag{4.2-11}$$

为分析推导方便，设被动土压力系数与主动土压力系数之比为 ξ，即：

$$\xi = \frac{K_p}{K_a} \tag{4.2-12}$$

2）计算图中各土压应力 P_{pkol} 和 P_{pkor}

$$P_{pkol} = \gamma(K_p - K_a)y \tag{4.2-13}$$

$$P_{pkor} = \gamma(h + D_p)K_p - \gamma D_p K_a \tag{4.2-14}$$

3）计算开挖面以下支挡结构主被动土压应力相等的点 O' 距基坑底的距离 a

支挡结构受土压力为零的点，即为主动土压力与被动土压力相等的位置 O'，其土压力 $P = 0$ 即：

$$P = \gamma(h + a)K_a - \gamma a K_p = 0 \tag{4.2-15}$$

由式（4.2-14）可求得：

$$a = \frac{K_a}{K_p - K_a}h = \frac{1}{\xi - 1}h \tag{4.2-16}$$

令 $n_1 = \dfrac{1}{\xi - 1}$，则：

$$a = n_1 h \tag{4.2-17}$$

4）计算开挖面下最大弯矩作用点距基坑坑底的距离 b

结构最大弯矩作用点，亦即结构断面剪应力为零的点，据此，从图 4.2-5 可导得：

$$\frac{b^2}{2}\gamma K_p - \frac{(h+b)^2}{2}\gamma K_a = 0 \tag{4.2-18}$$

简化整理得：

$$\frac{K_p}{K_a} = \left(\frac{h}{b} + 1\right)^2 \tag{4.2-19}$$

将式（4.2-12）代入上式则可得： $b = \dfrac{1}{\sqrt{\xi} - 1}h$

令 $n_2 = \dfrac{1}{\sqrt{\xi} - 1}$，

则：

$$b = n_2 h \tag{4.2-20}$$

5）求最大弯矩 M_{max}

求得剪力零点位置后可求得：

$$M_{max} = \frac{(h+b)^3}{6}\gamma K_a - \frac{b^3}{6}\gamma K_p \tag{4.2-21}$$

$$M_{max} = \frac{\gamma}{6}\left[(h+b)^3 K_a - b^3 K_p\right] \tag{4.2-22}$$

将式（4.2-12）和式（4.2-20）代入上式并整理后可得：

$$M_{max} = \frac{\gamma h^3 K_a}{6}n_2^2 \xi \tag{4.2-23}$$

令 $\alpha = n_2^2 \xi$

则有：

$$M_{max} = \alpha \frac{\gamma h^3 K_a}{6} \tag{4.2-24}$$

6）求嵌入深度 D_p

围护结构的嵌入深度 D_p 必须满足静力平衡条件，即作用于结构上的全部水平向作用力之和为零，$\sum H = 0$；以及所有水平作用力绕结构根部自由端弯矩总和为零，$\sum M_O = 0$ 的条件。据此按图 4.2-5 可得：

由 $\sum H = 0$ 得：

$$R_{\text{a}} + (p_{\text{pkol}} + p_{\text{pkor}}) \cdot \frac{z}{2} - p_{\text{pkol}} \frac{y}{2} = 0 \tag{4.2-25}$$

$$z = \frac{p_{\text{pkol}} y - 2R_{\text{a}}}{p_{\text{pkol}} + p_{\text{pkor}}} \tag{4.2-26}$$

其中：

$$R_{\text{a}} = \frac{\gamma K_{\text{a}} h (h + a)}{2}$$

$$y_1 = \frac{h + 2a}{3}$$

由 $\sum M_O = 0$ 得：$R_{\text{a}}(y + y_1) + \dfrac{1}{6}(p_{\text{pkol}} + p_{\text{pkor}}) \cdot z^2 - \dfrac{1}{6} p_{\text{pkol}} y^2 = 0$

$$R_{\text{a}}(y + y_1) + (p_{\text{pkol}} + p_{\text{pkor}}) \cdot z^2 - p_{\text{pkol}} y^2 = 0 \tag{4.2-27}$$

将式（4.2-13）、式（4.2-14）和式（4.2-26）代入式（4.2-27），并假设：

$$p' = \gamma(h + a) K_{\text{p}} - \gamma \cdot a \cdot K_{\text{a}}$$

$$\beta = \gamma(K_{\text{p}} - K_{\text{a}})$$

整理后可得：

$$y^4 + \left(\frac{p'}{\beta}\right) y^3 - \left(\frac{8R_{\text{a}}}{\beta^2}\right) y^2 - \left[\frac{6R_{\text{a}}}{\beta^2}(2\beta y_1 + p')\right] y - \frac{6R_{\text{a}} y_1 p' + 4R_{\text{a}}^2}{\beta^2} = 0 \tag{4.2-28}$$

7）计算最小嵌固深度 D_{p}

$$D_{\text{p}} = y + a \tag{4.2-29}$$

由于按式（4.2-28）计算 y 是一个繁杂的过程，为方便快捷计算不发生绕桩端转动的最小嵌固深度，可根据土压力计算简图（图 4.2-6），按主被动土压力绕 O 点的弯矩平衡条件初步估算最小嵌固深度 D。

即由

$$\frac{1}{6}\gamma(h + D)^3 K_{\text{a}} - \frac{1}{6}\gamma D^3 K_{\text{p}} \geqslant 0 \tag{4.2-30}$$

整理后可得：

$$D \geqslant \frac{1}{\sqrt[3]{\xi} - 1} h \tag{4.2-31}$$

令式中

$$n_l = \frac{1}{\sqrt[3]{\xi} - 1}$$

则：

$$D \geqslant n_l h \tag{4.2-32}$$

公式（4.2-32）可作为初步设计时预估最小埋置深度，实际计算时应将公式（4.2-28）求出的 y 值加上土压力零点深度 a，此值就是图 4.2-5 所示的最小埋置深度 D_{p}。

例如，假定某无黏性土基坑工程为悬臂式支挡结构，基坑深度为 8.0m，基坑侧边均为砂土（$\gamma = 19\text{kN/m}^3$）。不考虑地面超载，无地下水，如图 4.2-7 所示。分别计算预估最小和理论最小嵌固深度。计算结果见表 4.2-2，表中 $\dfrac{D_{\text{p}}}{D} = \lambda$。不同 φ 值计算结果如表 4.2-2 最下一行所示。从图 4.2-8 中不难看出，当 φ 值小于 20°时，λ 随 φ 值增加有所增加趋于 1.1。当 φ 值大于 20°时，λ 随 φ 值增加逐渐减小趋于 1.0。总的来看两种计算方法计算结果很接近，其最大误差值均未大于 1.1。因此，为简化计算方便，可应用式（4.2-31）计算预估最小嵌固深度，然后将计算结果乘以不大于 1.1 的系数作为其最小嵌固深度，可以满足设计要求。

此外，对于无黏性土中的土压力为零点埋置深度系数 n_1，最大弯矩作用点深度系数 n_2，最大弯矩系数 α 及简化计算最小嵌固深度系数 n_1，其计算结果也列于表 4.2-2。这些系数与土体的内摩擦角 φ 及 ξ 的关系曲线见图 4.2-9 和图 4.2-10。由图 4.2-9 可见，ξ 值较小时，嵌固深度及弯矩值较大，ξ 值的提高有利于降低弯矩及嵌固深度，这也就是说当 φ 值一定时，可通过提高 ξ 的值来减小悬臂式支

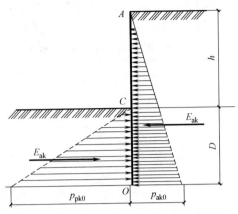

图 4.2-6 抗倾覆最小嵌固深度计算简图

挡结构的嵌固深度，因为 $\xi = \dfrac{K_p}{K_a}$，所以只有提高被动区土体的抗剪强度指标才能提高 ξ 值。实际工程中，就是改善或加固被动土压力区土质条件或预留被动区土体，才能达到减小嵌固深度的目的。图 4.2-10 中明显可见，当均质土中 φ 值较小时，弯矩及嵌固深度较大，φ 值

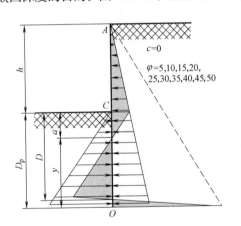

图 4.2-7 最小嵌固深度土压应力计算简图

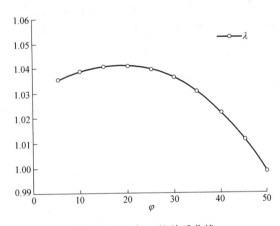

图 4.2-8 λ 与 φ 的关系曲线

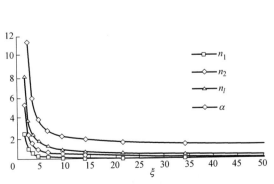

图 4.2-9 n_1、n_2、α 与 ξ 的关系曲线

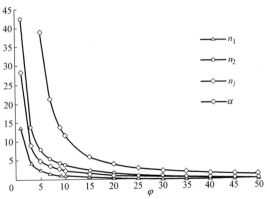

图 4.2-10 n_1、n_2、n_l、α 与 φ 的关系曲线

的微小提高，弯矩、嵌固深度均有较大下降。因此，当 φ 值较小时，采用悬臂式结构设计是不合理的，如沿海一带的软土地区采用悬臂桩进行基坑支护时，是不经济也不安全。

无黏性土基坑开挖深度 **5m**（无超载、无地下水）时不同 φ 值时的相关系数　表 4.2-2

$\varphi(°)$	5	10	15	20	25	30	35	40	45	50
K_a	0.840	0.704	0.589	0.490	0.406	0.333	0.271	0.217	0.172	0.132
K_p	1.191	1.420	1.698	2.040	2.464	3.000	3.690	4.599	5.828	7.549
$x=K_p/K_a$	1.418	2.017	2.885	4.160	6.071	9.000	13.617	21.150	33.971	56.982
$n_1=1/(\xi-1)$	2.390	0.983	0.531	0.316	0.197	0.125	0.079	0.050	0.030	0.018
$n_2=1/(\xi^{1/2}-1)$	5.237	2.379	1.432	0.962	0.683	0.500	0.372	0.278	0.207	0.153
$n_l=1/(\xi^{1/3}-1)$	8.093	3.795	2.361	1.644	1.213	0.926	0.720	0.566	0.447	0.351
$a=(n_2)^2\xi$	38.898	11.420	5.914	3.849	2.833	2.250	1.882	1.633	1.457	1.329
$a(\mathrm{m})$	11.951	4.916	2.653	1.582	0.986	0.625	0.396	0.248	0.152	0.089
$y(\mathrm{m})$	29.942	14.795	9.635	6.980	5.321	4.172	3.316	2.647	2.107	1.663
$D(\mathrm{m})$	41.893	19.711	12.288	8.562	6.307	4.797	3.712	2.895	2.259	1.752
$D_p(\mathrm{m})$	40.466	18.974	11.806	8.220	6.066	4.629	3.602	2.832	2.233	1.752
$\lambda=D_p/D$	1.035	1.039	1.041	1.042	1.040	1.036	1.031	1.022	1.011	0.998

（2）均质黏性土

对于黏性土，由于黏性土中黏聚力 c 作用，如无地面超载的情况下，在支挡结构挡土侧会产生拉应力区，基坑开挖形成临空面后，主动土压力作用零点将从地面下移。此外，基坑开挖至坑底时，由于黏性土中存在黏聚力，根据朗肯被动土压力计算公式，坑底处被动土压应力为：$p_{pkc}=2\cdot c\cdot\sqrt{K_p}$，其土压应力计算简图如图 4.2-11 所示，以下采用以无黏性土相同的推导方法进行相关计算系数的推导。

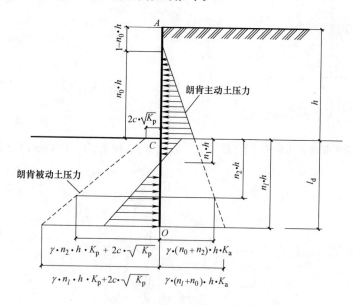

图 4.2-11　极限平衡法的计算简图

（$c>0$，无地下水）

1）计算土压应力系数 K_a、K_p、ξ

主动及被动土压力系数及其比值 ξ 计算同无黏性土，K_a、K_p 分别为：

$$K_a = \tan^2\left(45° - \frac{\varphi}{2}\right), K_a = \tan^2\left(45° + \frac{\varphi}{2}\right), \xi = \frac{K_p}{K_a}$$

2）计算主动土压力零点位置

根据朗肯主动土压力计算公式 $p_{ak} = \gamma_i \cdot h_i \cdot K_{ai} - 2 \cdot c \cdot \sqrt{K_a}$，并令 $p_{ak} = 0$ 根据图 4.2-11 可得：

$$\gamma \cdot (1 - n_0)h \cdot K_a - 2 \cdot c \cdot \sqrt{K_a} = 0 \tag{4.2-33}$$

推导整理后可得：

$$n_0 = 1 - \frac{2 \cdot c}{\gamma \cdot h \cdot \sqrt{K_a}} \tag{4.2-34}$$

3）计算开挖面以下支挡结构主被动土压应力相等的点距基坑底的距离 $n_1 h$

同无黏性土的推导方法，令该点处土压力 $P = 0$ 即：

$$\gamma \cdot n_1 \cdot h \cdot K_p + 2 \cdot c \cdot \sqrt{K_p} - \gamma \cdot (n_0 + n_1)h \cdot K_a = 0 \tag{4.2-35}$$

由式（4.2-35）可求得：

$$n_1 = \frac{n_0 K_a - (1 - n_0)\sqrt{K_p K_a}}{K_p - K_a} \tag{4.2-36}$$

将 $\xi = \frac{K_p}{K_a}$ 代入上式整理得：

$$n_1 = \frac{n_0 - (1 - n_0)\sqrt{\xi}}{\xi - 1} \tag{4.2-37}$$

当黏性土的抗剪强度较高时可能不存在主被动土压应力相等的点，按式（4.2-37）计算，则会出现 $n_1 < 0$。这个现象实际上是因为按照朗肯被动土压力计算出的坑底表面处被动土压力为：$p_{坑底} = 2c\sqrt{K_p}$，而实际上表面处的应力应为零，即计算简图与实际应力分布图存在差异所致。

4）计算开挖面下最大弯矩作用点距基坑坑底的距离 $n_2 h$

最大弯矩作用点，亦即支挡结构断面剪力为零的点，假设该点距坑底的距离为 $n_2 h$，则由图 4.2-12 应力分布图的主被动区应力平衡条件可得：

$$\frac{1}{2}\gamma \cdot (n_2 \cdot h)^2 \cdot K_p + 2 \cdot n_2 \cdot h \cdot c \cdot \sqrt{K_p} - \frac{1}{2}\gamma \cdot [(n_0 + n_2)h]^2 \cdot K_a = 0 \tag{4.2-38}$$

将式（4.2-34）及 $\xi = \frac{K_p}{K_a}$ 代入上式整理得：

$$(n_0 + n_2)^2 - n_2^2 \cdot \xi - \frac{4c}{\gamma \cdot h \cdot \sqrt{K_a}}\sqrt{\xi} \cdot n_2 = 0 \tag{4.2-39}$$

由式（4.2-34）可推得：$\frac{4c}{\gamma \cdot h \cdot \sqrt{K_a}} = 2(1 - n_0)$，代入上式则有：

$$(1 - \xi) \cdot n_2^2 + 2\left[n_0 - (1 - n_0)\sqrt{\xi}\right] \cdot n_2 + n_0^2 = 0 \tag{4.2-40}$$

令：$b = n_0 - (1 - n_0)\sqrt{\xi}$，由式（4.2-40）又可推得：

$$(1 - \xi) \cdot n_2^2 + 2 \cdot b \cdot n_2 + n_0^2 = 0 \tag{4.2-41}$$

根据一元二次方程的求根公式有：

$$n_2 = \frac{b + \sqrt{b^2 - (1 - \xi) \cdot n_0^2}}{\xi - 1} \tag{4.2-42}$$

5) 求最大弯矩 M_{max}

根据图 4.2-12，对剪力为零的点取力矩，则有：

$$M_{max} = \frac{1}{6}\big[(n_0 + n_2)h\big]^3 \cdot \gamma \cdot K_a - \frac{1}{6}(n_2 h)^3 \cdot \gamma \cdot K_p - \frac{1}{2}(n_2 h)^2 \cdot 2c \cdot \sqrt{K_p}$$

$$= \frac{1}{6}\gamma h^3 \sqrt{K_a}\left[(n_0 + n_2)^3 - n_2^3 \frac{K_p}{K_a} - \frac{6n_2^2 c \cdot \sqrt{K_p}}{\gamma h \sqrt{K_a}}\right]$$

$$= \frac{1}{6}\gamma h^3 \sqrt{K_a}\big[(n_0 + n_2)^3 - n_2^3 \cdot \xi - 3n_2^2(1 - n_0)\sqrt{\xi}\big]$$

上式中令：

$$\alpha = (n_0 + n_2)^3 - n_2^3 \cdot \xi - 3n_2^2(1 - n_0)\sqrt{\xi}$$

则：

$$M_{max} = \alpha \cdot \frac{1}{6}\gamma h^3 K_a \tag{4.2-43}$$

6) 近似计算支挡结构的嵌固深度 $n_1 h$

图 4.2-13 中，如果要确保基坑开挖后支挡结构始终绕其端部 O 点之上转动，则必须满足：

$$\sum M_O^{被动} - \sum M_O^{主动} > 0 \tag{4.2-44}$$

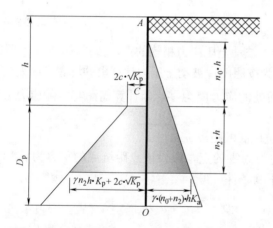

图 4.2-12 剪力零点以上主被动土压应力区域图　　图 4.2-13 近似嵌固深度 l_d 计算简图

则：

$$\frac{1}{6}n_1^3 h^3 \gamma K_p + \frac{1}{2}n_1^2 h^2 2c \sqrt{K_p} - \frac{1}{6}(n_0 + n_1)^3 h^3 \gamma K_a > 0 \tag{4.2-45}$$

将 $\xi = \dfrac{K_p}{K_a}$ 代入上式，经整理后可得求解最小 n_1 值的一元三次方程式：

$$n_1^3 + \frac{3\big[n_0 - (1 - n_0)\sqrt{\xi}\big]}{(1 - \xi)}n_1^2 + \frac{3n_0^2}{1 - \xi}n_1 + \frac{n_0^3}{1 - \xi} = 0 \tag{4.2-46}$$

为表达直观起见，令：

$$b_1 = \frac{3\big[n_0 - (1 - n_0)\sqrt{\xi}\big]}{1 - \xi} \quad b_2 = 3\frac{n_0^2}{1 - \xi} \quad b_3 = \frac{n_0^3}{1 - \xi}$$

代入上式后公式（4.2-46）为如下一元三次方程式：

$$n_l^3 + b_1 n_l^2 + b_2 n_l + b_3 = 0 \qquad (4.2\text{-}47)$$

解此一元三次方程可求得 n_l，进而求出桩的近似嵌固深度 l_d。对安全等级为一、二、三级的基坑，求出 l_d 后分别乘以相应的放大系数。

当 $c=0$ 时，可求得 $n_0 = 1$，将其代入相关公式便可得到与无黏性土的 n_1、n_2 和 a 相同的计算公式。

7）算例

以下算例在 MathCAD 15 中完成供读者参考。

【算例 4.2-3】

已知：

基坑挖深　$h := 5\text{m}$　　　　围护桩间距：$bs := 1.0\text{m}$

加权平均后土的指标：

$$\gamma := 20\frac{\text{kN}}{\text{m}^3} \qquad C := 10\text{kPa} \qquad \phi := 30\text{deg}$$

主动土压力系数：$Ka := \tan\left(45\text{deg} - \frac{\phi}{2}\right)^2 = 0.333$

被动土压力系数：$Kp := \tan\left(45\text{deg} + \frac{\phi}{2}\right)^2 = 3$

$$\xi := \frac{Kp}{Ka} = 9 \qquad n0 := 1 - \frac{2 \cdot C}{\gamma \cdot h \cdot \sqrt{Ka}} = 0.654$$

$$n1 := \frac{n0 - (1 - n0) \cdot \sqrt{\xi}}{\xi - 1} = -0.048 \qquad b := n1 \cdot (\xi - 1) = -0.386$$

$$n2 := \frac{b + \sqrt{b^2 - (1 - \xi) \cdot \xi n0^2}}{\xi - 1} = -0.048 \qquad n2 = 0.188$$

$$n0 \cdot h = 3.268\text{m} \qquad\qquad n1 \cdot h = -0.241\text{m}$$

$$n2 \cdot h = 0.939\text{m}$$

$$b1 := \frac{3 \cdot [n0 - (1 - n0) \cdot \sqrt{\xi}]}{1 - \xi} \qquad b2 := \frac{3 \cdot n0^2}{1 - \xi} \qquad b3 := \frac{n0^3}{1 - \xi}$$

$$\alpha := [(n0 + n2)^3 - \xi \cdot n2^3 - 3 \cdot n2^2 \cdot (1 - n0) \cdot \sqrt{\xi}] \qquad \alpha = 0.426$$

$$nl := 2$$

已知　　　　　$nl^3 + b1 \cdot nl^2 + b2 \cdot nl + b3 = 0$

$$nl := Find(nl)$$

$$nl = 0.425 \qquad\qquad Dp := nl \cdot h = 2.126\text{m}$$

验证：

令：$Mo := nl^3 + b1 \cdot nl^2 + b2 \cdot nl + b3 \qquad Mo = 0$

$$M\text{max} := \alpha \cdot \frac{1}{6}\gamma \cdot h^3 \cdot Ka \cdot bs \qquad M\text{max} = 59.178\text{kN} \cdot \text{m}$$

（3）非均质土

在实际工程中，大部分工程为非均质土的复杂情况，为此，需要考虑各种分层土质、地面超载等复杂条件的设计方法。对于非均质土，图 4.2-14 以分层土状态表示，结构受力如图 4.2-14 所示。转动点 C 以下的合力以 R_c 表示，在实际计算绕 C 点的抵抗弯矩时为

方便计算不计 R_c 的影响。

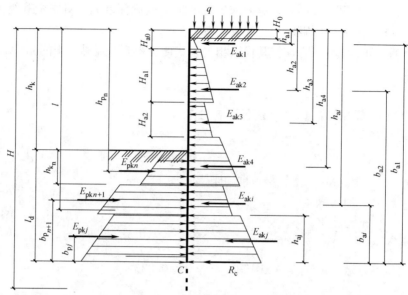

图 4.2-14 非均质土主被动土压应力图（未考虑地下水）

1）计算各土层的主被动土压力

根据场地土层及基坑开挖深度，分别计算出各土层的主被动土压力的合力如图4.2-14所示，并计算各合力点距桩端的距离。

$$E_a k_i = q K_{a_i} \cdot h_{a_i} + \frac{\gamma_i (H_{i1} + H_{i2}) K_{a_i}}{2} h_{a_i} \quad (4.2\text{-}48)$$

$$E_{pk_i} = \frac{\gamma_i \cdot (H_{p_{i1}} + H_{p_{i2}}) K_{p_i}}{2} h_{p_i} \quad (4.2\text{-}49)$$

$$b_{a_i} = h_k + l_d - h a_i$$

$$b_{p_i} = h_k + l_d - h p_i$$

2）嵌固深度计算

在计算非均质土基坑支护桩的嵌固深度 l_d 时，常采用简化计算方法，即取 C 点作为主被动土压力的力矩平衡点的最小嵌固深度条件，以嵌固深度 l_d 为未知变量，根据各力对 C 点取矩通过试算决定，如图 4.2-14 所示假定力矩平衡点 C 位于开挖面下第 n 层土中，则根据力矩平衡条件可得：

$$\sum_{i=m}^{n} E_{p_i} \cdot b_{p_i} - \sum_{i=1}^{n} E_{a_i} \cdot b_{a_i} \geqslant 0 \quad (4.2\text{-}50)$$

式（4.2-50）计算所得嵌固深度 l_d 应乘以大于 1.0 的经验系数 k 以满足嵌固段抵抗嵌固力矩的要求，如图 4.2-14 所示桩的计算长度 H 为：

$$H = k \cdot l_d + h_k \quad (4.2\text{-}51)$$

3）计算开挖面下最大弯矩作用点距基坑坑底的距离

根据：

$$\sum_{i=n}^{m} E_{p_i} - \sum_{i=1}^{n} E_{a_i} \geqslant 0 \quad (4.2\text{-}52)$$

确定支挡结构中剪力零点所在的土层序号，然后在这一层中进行进一步的求解或试算，最后精确确定剪力零点的具体位置 L_{Q0}。

4) 计算最大弯矩

确定剪力零点位置后，将剪力零点以上的主被动土压力对该点取力矩，其和便是最大弯矩值。

$$M_{max} = \sum_{i=1}^{k-1} E_{a_i} \cdot (L_{Q0} - h_{a_i}) + M_{a_k} - \sum_{i=m}^{k-1} E_{p_i} \cdot (L_{Q0} - h_{p_i}) - M_{p_k} \qquad (4.2\text{-}53)$$

式中　L_{Q0}——剪力零点距桩顶的距离；

h_{a_i}、h_{p_i}——各土层主被动土压力合力点距桩顶的距离；

M_{a_k}——剪力零点所在层主动土压力对零点的力矩；

M_{p_k}——剪力零点所在层被动土压力对零点的力矩。

5) 算例

【算例 4.2-4】

已知：

现场土层数 $j=5$ 主要土层物理力学性能指标如下：

层号	土类名称	层厚(m)	重度(kN/m³)	黏聚力(kPa)	内摩擦角(°)
1	杂填土	2	17	10	10
2	淤泥	2	15	10	6
3	细砂	3	19	0	20
4	黏土	10	18	15	25
5	粗砂	15	19	0	30

基坑挖深　　　　　　　　　　　$Hk := 6.4\text{m}$

土层物理力学性能指标

$$\gamma := \begin{pmatrix} 17 \\ 15 \\ 19 \\ 18 \\ 19 \end{pmatrix} \frac{kN}{m^3} \qquad H_Q := \begin{pmatrix} 2 \\ 2 \\ 3 \\ 10 \\ 15 \end{pmatrix} m \qquad C := \begin{pmatrix} 10 \\ 10 \\ 0 \\ 15 \\ 0 \end{pmatrix} kPa \qquad \phi := \begin{pmatrix} 10 \\ 6 \\ 20 \\ 25 \\ 30 \end{pmatrix} deg$$

地面荷载　　　　　　　　　　　$q = 10\text{kPa}$

基坑开挖深度范围内的土层数　　$n = 3$

桩间距　　　　　　　　　　　　$bs := 15\text{m}$

主动土压力系数　　　$Ka := \tan\left(\frac{\pi}{4} - \frac{1}{2} \cdot \phi\right)^2$

被动土压力系数　$Kp := \tan\left(\frac{\pi}{4} + \frac{1}{2} \cdot \phi\right)^2$　$Ka = \begin{pmatrix} 0.704 \\ 0.811 \\ 0.490 \\ 0.406 \\ 0.333 \end{pmatrix}$　$Kp = \begin{pmatrix} 1.420 \\ 1.233 \\ 2.040 \\ 2.464 \\ 3.000 \end{pmatrix}$

计算主动土压力为零的位置 $H0$

$$H0:=\begin{vmatrix} H0 \leftarrow \dfrac{(2 \cdot c_0 \cdot \sqrt{Ka_0} - q \cdot Ka_0)}{\gamma_0 \cdot Ka_0} & \text{（如果 } H0 < 0 \text{ 则无零点）} \\ H0 \leftarrow 0 \quad if \quad H0 \leqslant 0 \end{vmatrix}$$

$$H0 = 0.814 \text{m}$$

计算各土层的主动土压力

$$k := 1 .. j$$

$$HHa_k := \sum_{i=0}^{k-1} Ha_i \qquad HHa = \begin{pmatrix} 0 \\ 2 \\ 4 \\ 7 \\ 17 \\ 32 \end{pmatrix} \text{m（场地土层面深度）}$$

$$eajk1 := \begin{vmatrix} eajk_0 \leftarrow 0 \quad if \, H0 > 0 \\ eajk1_0 \leftarrow [(q + \gamma_0 HHa_0) \cdot Ka_0 - 2 \cdot c_0 \cdot \sqrt{Ka_0}] \cdot bs \quad otherwise \\ for \, i \in 1 .. j-1 \qquad \qquad \text{（土层面主动土压应力）} \\ eajk1_i \leftarrow [(q + \gamma_i \cdot HHa_i) \cdot Ka_i - 2 \cdot c_i - \sqrt{Ka_i}] \cdot bs \\ eajk1 \end{vmatrix}$$

$$eqjk2 := \begin{vmatrix} for \, i \in 1 .. j \\ eqjk2_i \leftarrow [(q + \gamma_{i-1} \cdot HHa_i) \cdot Ka_{i-1} - 2 \cdot c_{i-1} \sqrt{Ka_{i-1}}] \text{（土层底主动土压应力）} \\ eajk2 \end{vmatrix}$$

$$eajk1 = \begin{pmatrix} 0 \\ 21.632 \\ 63.247 \\ 54.127 \\ 166.5 \end{pmatrix} \cdot \frac{kN}{m} \qquad eajk2 = \begin{pmatrix} 0 \\ 21.297 \\ 58.114 \\ 105.167 \\ 163.709 \\ 309 \end{pmatrix} \cdot \frac{kN}{m}$$

计算各土层的主动土压力的合力 $\sum Eai$

$$i := 2 .. j$$

$$Eak_{i-1} = \frac{[(eajk1_{i-1}) + (eajk2_i)] \cdot Ha_{i-1}}{2}$$

$$Eak_0 = \begin{vmatrix} \dfrac{[(eajk1_0) + (eajk2_1)] \cdot Ha_0}{2} & if \, H0 < 0 \\ \dfrac{(eajk2_1) \cdot (Ha_0 - H0)}{2} & if \, H0 \geqslant 0 \end{vmatrix} \qquad Eak = \begin{pmatrix} 12.631 \\ 79.746 \\ 252.622 \\ 1089.179 \\ 3566.250 \end{pmatrix} \cdot kN$$

计算被动区各土压的被动土压应力

$$k := n .. j$$

$$Hp_{n-1} := Hk$$

$$Hp_k := HHa_k$$

$$i := n-1 .. j-1$$

$$epjk1_i := [[\gamma_i \cdot (Hp_i - Hk)] \cdot Kp_i + 2 \cdot c_i \cdot \sqrt{Kp_i}] \cdot bs$$

$$i := n .. j$$

$$epjk2_i := [[\gamma_i \cdot (Hp_i - Hk)] \cdot Kp_{I-1} + 2 \cdot c_{i-1} \cdot \sqrt{Kp_{i-1}}] bs$$

$$epjk1 = \begin{pmatrix} 0 \\ 0 \\ 0 \\ 110.551 \\ 906.3 \end{pmatrix} \frac{kN}{m} \qquad epjk2 = \begin{pmatrix} 0.000 \\ 0.000 \\ 0.000 \\ 34.877 \\ 775.808 \\ 2188.800 \end{pmatrix} \frac{kN}{m}$$

计算各土层的被动土压力的合力 ΣEp_i

$$i := n .. j$$

$$Epk_{i-1} = \frac{[(epjk1_{i-1}) + epjk2_i] \cdot (Hp_i - Hp_{I-1})}{2} \qquad EEpk = \begin{pmatrix} 0.000 \\ 0.000 \\ 10.463 \\ 4431.795 \\ 23213.250 \end{pmatrix} kN$$

计算主被动土压力的合力点距坑顶的距离 ha、hp

$$i := 1 .. j$$

$$ea_i := eajk2_i - eajk1_{i-1} \qquad ep_i := epjk2_i - epjk1_{i=1}$$

$ea_i =$	$\frac{kN}{m}$
21.297	
36.483	
41.920	
109.582	
142.500	

$ep_j =$	$\frac{kN}{m}$
0.000	
0.000	
34.877	
665.256	
1282.500	

$$ha := \begin{vmatrix} for\ i \in 1 .. j \\ \quad ha_{i-1} \leftarrow HHa_{i-1} + \dfrac{(eajk1_{i-1} + 2 \cdot eajk2_i) \cdot Ha_{i-1}}{3 \cdot (eajk1_{i-1} + eajk2_i)} \\ ha_0 \leftarrow \dfrac{Ha_0 - H0}{3} \cdot 2 + H0\ if\ H0 > 0 \\ ha \end{vmatrix} \qquad ha = \begin{pmatrix} 1.605 \\ 3.152 \\ 5.624 \\ 12.838 \\ 25.249 \end{pmatrix} m$$

$$hp = \begin{vmatrix} for\ i \in n .. j \\ \quad hp_{i-1} \leftarrow Hp_{i-1} + \dfrac{(epjk1_{i-1} + 2 \cdot epjk2_i) \cdot (Hp_i - Hp_{i-1})}{3 \cdot (epjk1_{i-1} + epjk2_i)} \\ hp \end{vmatrix} \qquad hp = \begin{pmatrix} 0 \\ 0 \\ 6.8 \\ 13.251 \\ 25.536 \end{pmatrix} m$$

计算嵌固深度

判断桩端应进入的土层层号 npb

$$npb := \left| \begin{array}{l} fo\ i \in 1..j \\ \left| \begin{array}{l} M1a_i \leftarrow \sum_{k=0}^{i-1} \left[Eak_k \cdot (HHa_{k+1} - ha_k) \right] \\ M1p_i \leftarrow \sum_{k=0}^{i-1} \left[Epk_k \cdot (Hp_{k+1} - hp_k) \right] \\ a_i \leftarrow M1p_i - M1a_i \\ m \leftarrow i \qquad if \ \ a_i < 0 \\ break \ otherwise \end{array} \right. \\ m \end{array} \right.$$

$$npb = 3$$

计算最小嵌固深度 l_d

$$ld := \left| \begin{array}{l} i \leftarrow npb + 1 \\ jj \leftarrow 1000 \\ for\ k \in 0..jj \\ \left| \begin{array}{l} x_k \leftarrow \dfrac{Hpi - Hp_{i-1}}{jj} \cdot k \\ Max \leftarrow \dfrac{(Ha_{i-1} - x - H0)^2 \cdot eajk1_{i-1}}{2} + \dfrac{(Ha_{i-1} - x - H0)^3 \cdot ea_i}{6 \cdot (Ha_{i-1} - H0)} \ if\ npb \leqslant 1 \\ Max \leftarrow \dfrac{(Ha_{i-1} - x)^2 \cdot eajk1_{i-1}}{2} + \dfrac{(Ha_{I-1} - x)^3 \cdot ea_i}{6 \cdot Ha_{i-1}} \ otherwise \\ Mpx \leftarrow \dfrac{(Hpi - Hp_{i-1} - x)^2 \cdot epjk1_{i-1}}{2} + \dfrac{(Hp_i - Hp_{i-1} - x)^3 \cdot ep_i}{(Hp_i - Hp_{i-1}) \cdot 6} \\ Ma \leftarrow Max\ if\ npb \leqslant 1 \\ Ma \leftarrow \sum_{k=0}^{i-2} \left[Eak_k \cdot (HHa_{k+1} - ha_k + Ha_{i-1} - x) \right] + Max\ otherwise \\ Mp \leftarrow Mpx\ if\ npb \leqslant 1 \\ Mp \leftarrow \sum_{k=n-1}^{i-2} \left[Epk_k \cdot (Hp_{k+1} - hp_k + Hp_i - Hp_{i-1} - x) \right] + Mpx\ otherwise \\ kf \leftarrow \dfrac{Mp_k}{Ma_k} \\ kk \leftarrow k\ if\ kf > 1.0 \\ break\ otherwise \end{array} \right. \\ kk \leftarrow kk + 1 \\ ld \leftarrow Hp_i - kk \cdot \dfrac{Hp_i - Hp_{i-1}}{jj} - Hk \\ ld \end{array} \right.$$

$$ld = 5.92\text{m} \qquad HH := ld + Hk = 12.320\text{m}(桩长)$$

计算剪力零点位置

$$LQ0 := \begin{array}{|l} \text{for } i \in 1..j \\ \quad \left| \begin{array}{l} b \leftarrow \sum\limits_{K=0}^{i-1} (Epk_k - Eak_k) \\ ii \leftarrow i \; if \; b \leqslant 0 \\ break \; otherwise \end{array} \right. \\ A \leftarrow Epk_0 - Eak_0 \; if \; ii = 0 \\ A \leftarrow \sum\limits_{k=0}^{ii-1} (Epk_k - Eak_k) \quad otherwise \\ jj \leftarrow 1000 \\ i \leftarrow ii + 1 \\ \text{for } k \in 0..jj \\ \quad \left| \begin{array}{l} x_k \leftarrow \dfrac{Hp_i - Hp_{i-1}}{jj} \cdot k \\ Eakx \leftarrow (Ha_{i-1} - x - H0) \cdot eajk1_{i-1} + \dfrac{(Ha_{i-1} - x - H0)^2 \cdot ea_i}{2 \cdot (Ha_{i-1} - H0)} \; if \; ii = 0 \\ Eakx \leftarrow (Ha_{i-1} - x) \cdot eajk1_{i-1} + \dfrac{(Ha_{I-1} - x^2)^2 \cdot ea_i}{2 \cdot Ha_i} \; otherwise \\ Epkx \leftarrow (Hpi - Hp_{i-1} - x) \cdot epjk1_{i-1} + \dfrac{(Hp_i - Hp_{i-1} - x)^2 \cdot ep_i}{(HPi - Hp_{i-1}) \cdot 2} \\ a_k \leftarrow Epkx_k - Eakx_k \; if \; ii = 0 \\ a_k \leftarrow A + Epkx_k - Eakx_k \; otherwise \\ kk \leftarrow k \; if \; a_k > 0 \\ break \; otherwise \end{array} \right. \\ kk \leftarrow kk + 1 \\ LQ0 \leftarrow Hpi - kk\left(\dfrac{Hp_i - Hp_{i-1}}{jj}\right) \\ LQ0 = 9.600\text{m} \end{array}$$

计算最大弯矩 M_{max}

$$Mmax := \begin{array}{|l} \text{for } i \in n-1..j \\ \quad \left| \begin{array}{l} nn \leftarrow i \; if \; Hp_i < LQ0 \\ brea \; otherwise \end{array} \right. \\ i \leftarrow nn + 1 \\ Max \leftarrow \dfrac{(LQ0 - H0)^2 \cdot eajk1_{i-1}}{2} + \dfrac{(LQ0 - H0)^3 \cdot ea_i}{6 \cdot (Ha_{i-1} - H0)} \; if \; nn = 0 \\ Max \leftarrow \dfrac{(LQ0 - HHa_{i-1})^2 \cdot eajk1_{i-1}}{2} + \dfrac{(LQ0 - HHa_{i-1})^2 \cdot ea_i}{6 \cdot Ha_{i-1}} otherwise \\ Mpx \leftarrow \dfrac{(LQ0 - Hp_{i-1})^2 \cdot epjk1_{i-1}}{2} + \dfrac{(LQ0 - Hp_{i-1})^3 \cdot ep_i}{(Hp_I - Hp_{i-1}) \cdot 6} \\ Ma \leftarrow Max \; if \; nn < 1 \\ Ma \leftarrow \sum\limits_{k=0}^{i-2} [Eak_k \cdot (LQ0 - ha_k)] + Max \; otherwise \\ Mp \leftarrow Mpx \; if \; nn < 1 \end{array}$$

$$\left|\begin{array}{l} Mp < \sum_{k=n-1}^{i-2}[Epk_k \cdot [Hp_{k+1}-hp_k+(LQ0-Hp_{i-1})]]]+Mpx \ otherwise \\ Mmax \leftarrow Ma-Mp \\ Mmax \end{array}\right.$$

$$Mmax=1236.7kN \cdot m$$

4.2.2 土抗力法

静力平衡法虽可计算嵌固深度和支挡结构的内力但不能计算支挡结构的位移，特别是支挡结构顶端的位移，而支挡结构顶端和最大位移恰是各省市行业主管部门严格限制的一个参数。因此，静力平衡法有一定的局限性，其计算结果难以满足设计要求。

悬臂结构顶端的变形值计算是个比较复杂的问题，大部分文献中没有涉及这方面的内容。如果假定基坑底部为悬臂支挡结构的固定端，则开挖面以上的悬臂段完全可以通过静力计算法计算各点的位移和内力。因此从实用角度出发，可假定悬臂梁的固定端在开挖面处，开挖面以上的结构按悬臂梁的柔性变形计算。这样开挖面以下部分则类似于桩顶承受水平集中力和力矩的桩，其水平集中力等于开挖面以上支挡结构所受上部主动土压力的合力 H，所受力矩 M 等于开挖面以上主动土压力合力对开挖面的力矩之和。在 M 和 H 的共同作用下，使开挖面处的截面产生水平位移 Δ 相应转角 θ，计算假定如图 4.2-15 （b）及图 4.2-15 （c）所示。据此，桩顶的位移计算公式可表达为：

$$s=\delta+\Delta+\theta \cdot h \tag{4.2-54}$$

式中 s——支挡结构顶端水平位移；

δ——坑底为固定端时按静力法计算的悬臂段顶水平位移；

Δ、θ——坑底以下支挡结构在横向力作用下的坑底水平位移及转角；

h——基坑的开挖深度。

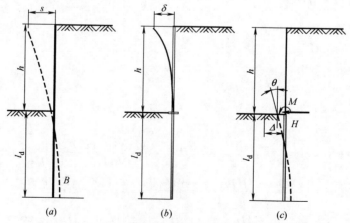

图 4.2-15 悬臂式支挡结构位移计算简图

基坑底以下支挡结构在水平集中荷载及力矩作用下作用点处的位移和转角的计算方法，可采用土抗力法来计算，该方法是将支挡结构简化为竖向弹性地基梁，将结构两侧的土体均假设为土体弹簧，并假定主动侧的土体的土压应力随结构的变形增大而减小，但不小于主动土压力。而被动一侧土体的土压应力随结构变形增加而逐渐增大，其应力随位移增大规律，符合温克尔（Winkler）的地基抗力假设，即横向抗力与压缩土体的横向位移成正比，该比例系数即为地基反力系数。

1. 横向力作用下支挡结构的挠曲方程

设置于土中的竖向弹性构件，当其顶部处承受横向荷载（水平力 H_0 和弯矩 M_0），以及桩身受水平分布荷载 $\bar{q} = q(z)$ 时，桩将发生挠曲，桩侧受压土体（弹性介质）将产生连续分布的土反力，如果忽略结构挠曲变形所引起的竖向侧阻力，则沿结构深度方向任意一点处单位长度上的反力 $\bar{p}$ 为深度 z 和该点桩挠度 y 的函数，即 $\bar{p} = p(z, y)$，见图 4.2-16。

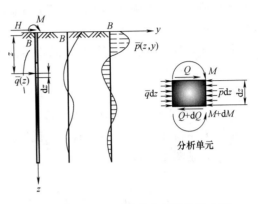

图 4.2-16 置于图中的支挡结构受力图

现截取结构上任意一微分单元（图 4.2-16），单元两侧分别作用分布荷载 $\bar{q} \cdot dz$ 和土反力 $\bar{p} \cdot dz$。图中单元截面上剪力规定为使截面顺时针转动为正；弯矩为左侧纤维受拉为正。支挡结构顶部荷载规定为：水平力正负与 y 轴正负向相同，弯矩以顺时针方向为正；转角位移规定以逆时针方向为正。

由单元体上水平力之和为零的平衡条件得：

$$(Q + dQ) - Q - \bar{p}(z, y) dz + \bar{q}(z) dz = 0 \tag{4.2-55a}$$

故有：

$$\frac{dQ}{dz} = \bar{p}(z, y) dz - \bar{q}(z) \tag{4.2-55b}$$

将 $Q = \dfrac{dM}{dZ}$ 代入上式得：

$$\frac{d^2 M}{dz^2} = \bar{p}(z, y) dz - \bar{q}(z) \tag{4.2-55c}$$

根据梁的挠曲函数与内力弯矩的关系 $EI \dfrac{d^2 y}{dZ^2} = -M$，式中 EI 为支挡结构的抗弯刚度（$kN \cdot m^2$）。若 EI 为常数则将此 M 对 z 的二阶导数代入式（4.2-53c）可得：

$$EI \frac{d^4 y}{dZ^4} = -\bar{p}(z, y) + \bar{q}(z) \tag{4.2.56}$$

上式即为主、被动支挡结构的挠曲线微分方程。

对于悬臂式支挡结构中埋于土中的支挡部分可假设 $\bar{q} \cdot dz = 0$，则上式可改为：

$$EI \frac{d^4 y}{dZ^4} + \bar{p}(z, y) = 0 \tag{4.2-57}$$

2. 地基反力系数

设置于弹性介质中的弹性桩，可假定桩侧地基土为线弹性体或非线弹性体。由于后者计算繁复，工程实际中使用少，故这里只介绍实际中常用的线弹性地基反力法。

如前所述，线弹性地基反力法，假定桩侧土为温克尔（Winkler）离散线性弹簧，不考虑桩土之间的黏着力和摩阻力。根据 Winkler 假定土的横向抗力 p 与桩侧土的横向位移 y 成正比，即：

$$p = k_h \cdot y \cdot b_s \tag{4.2-58}$$

式中，b_s 为桩的计算宽度；k_h 为地基反力系数。k_h 的物理意义是使单位面积的地基土压缩单位值时，所需施加的压应力，也就是说当桩侧某点发生单位横向位移时，土体给予桩的横向抗力。由于支挡结构是竖向植入土中的构件，因此有别于水平置放的建筑物地基梁，所以地基反力系数不仅仅与土的物理力学性能指标有关，还与反力点的深度有关。通常可假设：

$$k_h(z) = k_h \cdot z^n \tag{4.2-59}$$

式中，n 为常数；z 为计算点深度。

由于 k_h 的假定不同，目前有"张氏"法、"k"、"c"法和"m"法地基水平反力系数分布图式，见图 4.2-17。

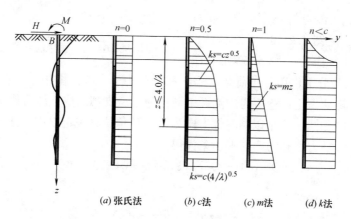

图 4.2-17 不同假设下地基土水平反力系数分布图

以上 4 种方法因地基土水平反力系数沿深度分布规律的假设不同，其计算结果也有所差异。对以往实测资料的结果分析表明，影响支挡结构内力和位移起关键作用的是桩顶部一定范围内土层物理力学性能，因此应根据土层的性状来选择合适的计算方法。理论与实践表明，对超固结土和地面为硬壳层的情况，选用"张氏"法比较合理；对其他土质可选择"m"法或"C"法，桩径较大允许位移较小时宜选用"C"法。因"K"法误差较大且存在假设条件的矛盾，基本没有被采用。

（1）"张氏"法

基本假定：①地基土水平反力系数为与深度无关的常数，故名常数法。②当支挡结构的入土深度很大时，可当作半无限长桩处理，即随构件入土深度的增加（$z \rightarrow \infty$），构件两侧主被动土压力越来越接近静止土压力，也即构件中的弯矩 M 和剪力 Q 趋于零。地基土水平反力系数分布图见图 4.2-17（a），据此式（4.2-56）可简化为：

$$EI \frac{\mathrm{d}^4 y}{\mathrm{d}z^4} + k_h(z) \cdot y(z) \cdot b_0 = 0 \tag{4.2-60}$$

这是我国学者张有龄在 20 世纪 30 年代提出的，较适用于超固结土，地基土水平反力系数 k_h 经验值见表 4.2-3。

式（4.2-60）四阶常微分方程可假定通解方程：

$$y = l^{\beta z}(C_1 \cos\beta z + C_2 \sin\beta z) + l^{-\beta z}C_3(\cos\beta z + C_4 \sin\beta z) \tag{4.2-61}$$

张氏法地基土水平反力系数 k_h 经验值 表 4.2-3

土类	K_h(MN/m³)	土 类	K_h(MN/m³)
极软淤泥及黏土	2.8~14	砂灰黏土	60~80
淤泥与软黏土	14~28	松砂	15~30
填土	10~20	密砂	80~100
饱和黏土	20~35	粗砂	100~150
可塑黏土	30~60	砂卵石	180~240
硬塑黏土	50~90		

$$\beta = \sqrt[4]{\frac{k_h b_0}{4EI}} \text{——桩的特征值}$$

当桩的埋置深度 $l \geqslant \dfrac{\pi}{\beta}$ 时可当作半无限长桩处理，即 $z \to \infty$，$M \to 0$，$Q \to 0$，$y \to 0$。因此可根据边界条件确定通解中的 C_1、C_2、C_3 和 C_4，并结合土体反力和内力与挠曲线的微分关系推导得到完全埋于土中长桩的相关计算公式，见表 4.2-4。

完全埋设于土中的长桩的计算式 表 4.2-4

公式名称	桩顶自由（$M_0 = 0$）	桩顶固定（$\theta_0 = 0$）
挠曲线	$y = \dfrac{-H_0}{2E \cdot I \cdot \beta^3} \cdot e^{-\beta \cdot z} \cos(\beta \cdot z)$	$y = \dfrac{-H_0}{4E \cdot I \cdot \beta^3} \cdot e^{-\beta \cdot z}[\cos(\beta \cdot z) + \sin(\beta \cdot z)]$
桩顶位移	$y_0 = \dfrac{H_0}{2E \cdot I \cdot \beta^3}$	$y_0 = \dfrac{H_0}{4E \cdot I \cdot \beta^3}$
桩顶转角	$\theta_0 = \dfrac{H_0}{2E \cdot I \cdot \beta^2}$	$\theta_0 = 0$
桩身弯矩	$M = -\dfrac{H_0}{\beta} e^{-\beta \cdot z} \sin(\beta \cdot z)$	$M = -\dfrac{H_0}{2\beta} e^{-\beta \cdot z}[\cos(\beta \cdot z) - \sin(\beta \cdot z)]$
桩身剪力	$Q = -H_0 e^{-\beta \cdot z}[\cos(\beta \cdot z) - \sin(\beta \cdot z)]$	$Q = -H_0 e^{-\beta \cdot z} \cos(\beta \cdot z)$
桩顶弯矩	$M_0 = 0$	$M_0 = \dfrac{H_0}{2\beta}$
最大弯矩	$M_{max} = -0.3224 \dfrac{H_0}{\beta}$	$M_{max} = -0.2079 \dfrac{H_0}{\beta}$
最大弯矩深度	$l_m = \dfrac{\pi}{4\beta}$	$l_m = \dfrac{\pi}{2\beta}$
第一位移零点	$l_m = \dfrac{\pi}{2\beta}$	$l_m = \dfrac{3\pi}{4\beta}$

式（4.2-58）也可用数学软件直接求解微分方程，以下是求解实例。

【算例 4.2-5】 已知预应力混凝土管桩，外径 500mm，内径 320mm，弹性模量 $E =$ 40MPa，地基土水平反力系数 $k_h = 2000$kPa（不随深度变化），桩入土深度 $l = 15$m，桩顶自由。按张氏法计算各参数。

土体水平反力系数（kN/m³）　　Kh：=2.10⁴

桩顶水平力（kN）　　H0：=-100　　　桩顶变矩 kN·m　　M0：=0

桩径（m）　　d1：=0.5　　d2：=0.32　　计算宽度 m　　b0：=d1=0.5

桩截面惯性矩（m⁴）　　$I：=\frac{1}{64}\cdot\pi\cdot(d1^4-d2^4)=2.553\times10^{-3}$

受压弹性模量桩径（m）　　Eh：=4×10⁷

桩埋置深度（m）　　l：=12　　　E：=1.0·Eh=4×10⁷

$\beta：=\sqrt[4]{\frac{Kh\cdot b0}{4\cdot E\cdot I}}$　　$\beta=0.396$

$1-\frac{\pi}{\beta}=4.058$　　$1\geq\frac{\pi}{\beta}$　　（可当作半无限长桩处理）

已知

$$E\cdot I\cdot\left(\frac{d^4}{dx^4}y(x)\right)+Kh\cdot b0\cdot y(x)=0$$

$$y'(l)=0\quad y''(0)=\frac{-M0}{E\cdot I}\quad y'''(0)=\frac{-H0}{E\cdot I}\quad y(l)=0$$

（初设未知初始向量）

$$gl：=\begin{pmatrix}0\\0\end{pmatrix}\quad D(x,y)：=\begin{pmatrix}y_1\\y_2\\y_3\\-\dfrac{Kh\cdot b0}{E\cdot I}\cdot y_0\end{pmatrix}\quad（各阶微分向量）$$

$$load1(x,W)：=\begin{pmatrix}W_0\\W_1\\\dfrac{-M0}{E\cdot I}\\\dfrac{-H0}{EI}\end{pmatrix}\quad score1(x,W)：=\begin{pmatrix}W_0-0\\W_1-0\end{pmatrix}$$

icl：=sbval（gl，0，1，D，loadl，scorel）

$$icl=\begin{pmatrix}7.91\times10^{-3}\\-3.129\times10^{-3}\end{pmatrix}\quad IC1：=\begin{pmatrix}icl_0\\icl_1\\\dfrac{-M0}{E\cdot I}\\\dfrac{-H0}{E\cdot I}\end{pmatrix}$$

Npts：=300（计算点数量）

导数值：=rkfixed（IC1，0，1，Npts，D）　　　　（计算桩挠曲线各阶导数值）

导数值⁽³⁾：=导数值⁽³⁾·E·I　　导数值⁽⁴⁾：=导数值⁽⁴⁾·E·I

导数值＝

	0	1	2	3	4
0	0.0000	0.0079	−0.0031	0.0000	100.0000
1	0.0400	0.0078	−0.0031	3.9371	96.8611
2	0.0800	0.0077	−0.0031	7.7496	93.7723
3	0.1200	0.0075	−0.0031	11.4395	90.7334
4	0.1600	0.0074	−0.0031	15.0089	87.7446
5	0.2000	0.0073	−0.0031	18.4597	84.8056
6	0.2400	0.0072	−0.0031	21.7940	81.9164
7	0.2800	0.0070	−0.0031	25.0137	79.0768
8	0.3200	0.0069	−0.0031	28.1208	76.2867
9	0.3600	0.0068	−0.0031	31.1173	73.5459
10	0.4000	0.0067	−0.0031	34.0051	70.8543
11	0.4400	0.0065	−0.0030	36.7863	68.2116
12	0.4800	0.0064	−0.0030	39.4627	65.6176
13	0.5200	0.0063	−0.0030	42.0363	63.0721
14	0.5600	0.0062	−0.0030	44.5091	60.5749
15	0.6000	0.0061	−0.0030	46.8830	58.1255
16	0.6400	0.0059	−0.0030	49.1598	55.7239
17	0.6800	0.0058	−0.0029	51.3415	

$$x := 导数值^{\langle 0 \rangle} \qquad y := 导数值^{\langle 1 \rangle} \qquad \theta := 导数值^{\langle 2 \rangle}$$

$$M := 导数值^{\langle 3 \rangle} \qquad Q := 导数值^{\langle 4 \rangle}$$

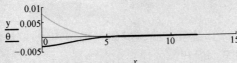

$$k := + \begin{vmatrix} \text{for } i \in 0 .. \text{Npts} \\ \quad \begin{vmatrix} k \leftarrow i+1 \text{ if } |M_{i-1}| - |M_i| \geqslant 0 \\ \text{beak otherwise} \end{vmatrix} \\ k \end{vmatrix}$$

$$lm := k \frac{1}{\text{Npts}} = 2(最大弯矩位置) \qquad Mmax := M_k = 81.526$$

按表 4.2-4 中公式计算结果如下:

$$y(z) := \frac{-H_0}{2E \cdot I \cdot \beta^3} \cdot e^{-\beta \cdot z} \cdot \cos(\beta \cdot z)$$

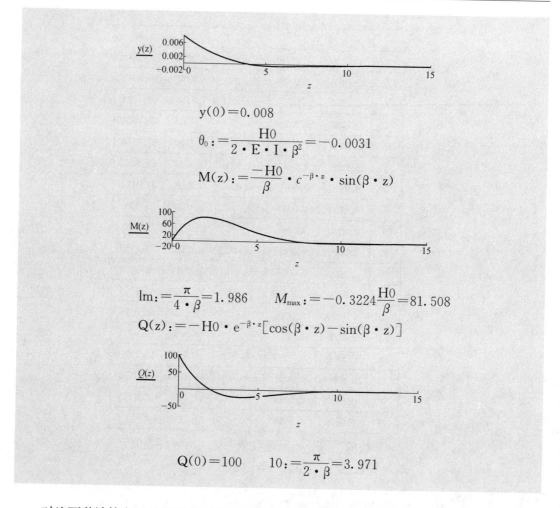

$$y(0) = 0.008$$

$$\theta_0 := \frac{H0}{2 \cdot E \cdot I \cdot \beta^2} = -0.0031$$

$$M(z) := \frac{-H0}{\beta} \cdot c^{-\beta \cdot z} \cdot \sin(\beta \cdot z)$$

$$lm := \frac{\pi}{4 \cdot \beta} = 1.986 \qquad M_{max} := -0.3224 \frac{H0}{\beta} = 81.508$$

$$Q(z) := -H0 \cdot e^{-\beta \cdot z} \left[\cos(\beta \cdot z) - \sin(\beta \cdot z) \right]$$

$$Q(0) = 100 \qquad 10 := \frac{\pi}{2 \cdot \beta} = 3.971$$

　　对比两种计算方法其计算结果相同，但如果采用手工计算则无法用图形直观显示出来。在计算机如此广泛普及的时代，建议采用数学软件进行计算，其结果会显得更加直观明了，此外，表 4.2-4 中的公式无法考虑桩顶还作用力矩 M_0 的情况。

　　埋置于土中的支挡结构与平躺在地基上的基础梁，不论在受荷形式和与土体的接触面性状都存在很大的差异，特别是土体的水平反力系数，前者与深度有关而后者不存在深度影响的问题。为了考虑深度对土水平反力系数的影响，因而就有了如下几种假定条件下的计算方法。

　　(2) "C" 法

　　"C" 法：假定式 (4.2-57) 中 $n=0.5$，即 k_h 随深度按 $C \cdot \sqrt{z}$ 的规律分布，如图 4.2-17 (b) 所示，C 为比例常数，随土的种类不同而各异，也正因如此而取名为："C" 法。其假定为：当桩的入土深度 $z \leqslant 4.0/\lambda$ 段取 $k_h(z) = C \cdot z^{0.5}$（凸形抛物线）；当 $z > 4.0/\lambda$ 的区段取 $k_h(z) = C \cdot \left(\frac{4.0}{\lambda} \right)^{0.5}$（是个常数）。其中 λ 为桩的特征值，$\lambda = \sqrt[4.5]{\frac{C \cdot d}{EI}}$，$C$ 为地基水平反力系数随深度变化的比例系数（$kN/m^{3.5}$）；将 $\overline{p}(z, y) = k_h(z) \, dy$ 代入式 (4.2-55)，在根据边界条件同样可以推导出与 "张氏" 法类似的计算公式，具体推导可参

考有关的文献。

（3）"k"法

"k"法以其地基土水平反力系数用"k"表示而得名。假定在桩身第一挠曲零点（深度 t 处）以上按抛物线变化，该点以下为常数 $k_h(z)=k$。地基土水平反力系数分布见图 4.2-17（d）。

（4）"m"法

"m"法被国内多个行业规程（包括现行《建筑基坑支护技术规程》）所采用。地基土水平反力系数分布见图 4.2-17（c）。

"m"法假定 k_h 随深度成正比增加，即 $k_h(z)=m \cdot z$，则式（4.2-55）可改写为：

$$EI \frac{d^4 y}{dZ^4} + m \cdot b_0 \cdot z \cdot y(z) = 0 \tag{4.2-62}$$

上式中令 $\alpha = \sqrt[5]{\dfrac{m \cdot b_0}{E \cdot I}}$，该值称为桩的特征值。上式可简化为：

$$\frac{d^4 y}{dZ^4} + \alpha^5 \cdot z \cdot y(z) = 0 \tag{4.2-63}$$

该四阶常微分方程有以下几种解法：幂级数法、差分法、差分近似法、反力积分法（Levinton 反力荷载法）和量纲分析法，其求解的精度均可满足工程设计要求。具体求解方法可参考相关文献。为了方便读者手工计算，以往大部分手册、参考书以及设计规程均根据数学求解方法导出后的位移、转角和内力计算公式，将有关影响系数无量纲化后，按不同换算深度（$\bar{h} = \alpha \cdot h$）编制成表格，然后推导出单位荷载作用下的柔度系数，进而计算荷载作用下的内力和位移，有关此类的文献和实例资料已经不少，在本手册第 2 章已做了详细介绍。由于计算机的广泛普及，为方便读者运用数学计算工具软件直接求解，同"张氏"法一样以下介绍数学软件计算方法的实例。

【算例 4.2-6】

已知

土体水平反力系数的比例系数 kN/m^4　m：$= 2 \cdot 10^4$

桩顶水平力（kN）　H0：$= 80$　桩顶弯矩 kN·m　M0：$= 150$

桩径（m）　d1：$= 1$　d2：$= 0$　　计算宽度 m　b0：$= 0.9 \cdot (1.5 \cdot d1 + 0.5)$

桩截面惯性矩（m^4）　I：$= \dfrac{1}{64} \cdot \pi \cdot (d1^4 - d2^4) = 0.049$　I：$= 0.0513$

受压弹性模量桩径（m）　Eh：$= 2.3 \cdot 10^7$

桩埋置深度（m）　l：$= 10$　E：$= 0.85 \cdot Eh = 1.955 \times 10^7$

$$\alpha：= \sqrt[5]{\frac{m \cdot b0}{E \cdot I}} \qquad \alpha = 0.514$$

h：$= \alpha \cdot l = 5.141$　$\dfrac{2.5}{\alpha} = 4.863$　　　（$h > 4$ 可当作半无限长桩处理）

　　　　　　　　　　　　　　　　　　　　　　$l > 2.5/\alpha$

已知

$$\frac{d^4}{dx^4} y(x) + \alpha^5 \cdot x \cdot y(x) = 0$$

$$y'(l) = 0 \quad y''(0) = \frac{-M0}{E \cdot I} \quad y'''(0) = \frac{-H0}{E \cdot I} \quad y(l) = 0$$

（初设未知初始向量）

$$gl:=\begin{pmatrix} 0 \\ 0 \end{pmatrix} \qquad D(x,y):=\begin{pmatrix} y_1 \\ y_2 \\ y_3 \\ -\alpha^5 \cdot x \cdot y0 \end{pmatrix} \quad （各阶微分向量）$$

$$loadl(x,W):=\begin{pmatrix} W_0 \\ W_1 \\ \dfrac{M0}{E \cdot I} \\ \dfrac{H0}{EI} \end{pmatrix} \qquad scorel(x,W):=\begin{pmatrix} W_0-0 \\ W_1-0 \end{pmatrix}$$

$$icl:=sbval(gl,0,1,D,loadl,scorel)$$

$$icl=\begin{pmatrix} 2.342\times10^{-3} \\ -9.968\times10^{-4} \end{pmatrix} \qquad ICl:=\begin{pmatrix} icl_0 \\ icl_1 \\ \dfrac{M0}{E \cdot I} \\ \dfrac{H0}{E \cdot I} \end{pmatrix}$$

Npts：=300（计算点数量）

导数值：=rkfixed（IC，0，1，Npts，D）　　（计算桩挠曲线各阶导数值）

导数值$^{(3)}$：=导数值$^{(3)} \cdot E \cdot I$　　　导数值$^{(4)}$：=导数值$^{(4)} \cdot E \cdot I$

导数值=

	0	1	2	3	4
0	0.0000	0.0023	−0.0010	150.0000	80.0000
1	0.0333	0.0023	−0.0010	152.6662	79.9536
2	0.0667	0.0023	−0.0010	155.3292	79.8162
3	0.1000	0.0022	−0.0010	157.9862	79.5904
4	0.1333	0.0022	−0.0010	160.6343	79.2789
5	0.1667	0.0022	−0.0010	163.2706	78.8841
6	0.2000	0.0021	−0.0010	165.8923	78.4087
7	0.2333	0.0021	−0.0010	168.4970	77.8852
8	0.2667	0.0021	−0.0010	171.0819	77.2262
9	0.3000	0.0020	−0.0009	173.6446	76.5240
10	0.3333	0.0020	−0.0009	176.1827	75.7513
11	0.3367	0.0020	−0.0009	178.6939	74.9104
12	0.4000	0.0020	−0.0009	181.1760	74.0038
13	0.4333	0.0019	−0.0009	183.6268	73.0339
14	0.4667	0.0019	−0.0009	186.0442	72.0029
15	0.5000	0.0019	−0.0009	188.4263	70.9134
16	0.0533	0.0018	−0.0009	190.7712	69.7676
17	0.5667	0.0018	−0.0009	193.0769	...

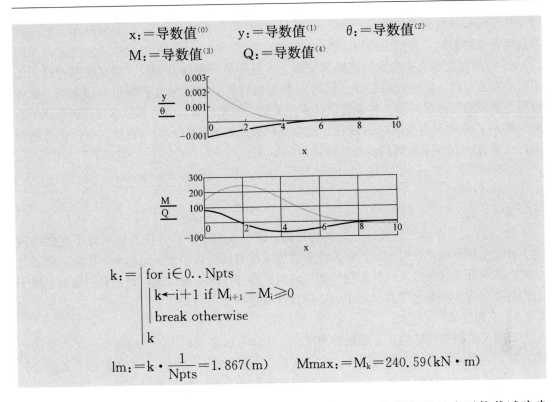

$x:=$导数值$^{(0)}$ $y:=$导数值$^{(1)}$ $\theta:=$导数值$^{(2)}$
$M:=$导数值$^{(3)}$ $Q:=$导数值$^{(4)}$

$$k:=\begin{vmatrix} \text{for } i \in 0..\text{Npts} \\ \quad \begin{vmatrix} k \leftarrow i+1 \text{ if } M_{i+1}-M_i \geqslant 0 \\ \text{break otherwise} \end{vmatrix} \\ k \end{vmatrix}$$

$\text{lm}:=k\cdot\dfrac{1}{\text{Npts}}=1.867\,(\text{m})$ $\text{Mmax}:=M_k=240.59\,(\text{kN}\cdot\text{m})$

地基土反力系数 k_h 随深度成正比增长的比例系数"m"宜根据桩的水平静载试验确定，当无条件进行水平静载试验时可参考相关技术标准的经验值进行取值。表 4.2-5 为非岩石类土层比例系数"m"的参考值。对于嵌入岩石的地基水平反力系数 k_h 可认为不随岩层面的埋置深度而变化，其 k_h 值可参考表 4.2-6。

非岩石类土反力系数随深度成正比增长的比例系数"m"　　　表 4.2-5

序号	土的分类	m 或 m_0（MN/m⁴）
1	流塑黏性土 $I_L>1$、淤泥	3～5
2	软塑黏性土 $0.5<I_L \leqslant 1$、粉砂	5～10
3	硬塑黏性土 $0<I_L \leqslant 0.5$、细砂、中砂	10～20
4	坚硬、半坚硬黏性土 $I_L \leqslant 0$、粗砂	20～30
5	砾砂、圆砾、角砾、碎石、卵石	30～80
6	密实粗砂夹卵石，密实漂卵石	80～120

岩石 k_h　　　表 4.2-6

单轴抗压强度极限值 R_c（MPa）	k_h（MN/m³）
1	3×10^2
25	150×10^2

关于"m"取值的几点说明：

① 虽然"m"法中 m 值假定随深度成正比增长 $k_h=m\cdot z$，但桩的水平反力与土体的水平位移之间的关系却是一种非线性的关系，即 m 值实际上还受桩侧土体水平位移大小的影响，即随位移增大而减小，然而实际工程中还无法建立这种非线性关系。一般情况下

当支挡结构顶部地面处位移小于 10mm（对敏感结构及桥梁结构为 6mm）时不考虑这种非线性带来的影响，否则应适当降低 m 的取值。

② 竖向埋置于土中的支挡结构其侧面土体至少是一种以上土层，当存在两种以上的不同类别土层时，此时如果按各土层的 m 值进行计算，则微分方程就得分段来写，这样分析起来就会变得很复杂。为了简化计算并考虑影响支挡结构内力和位移起关键作用的影响深度 h_m，将此深度范围内的 m 值，按换算前后地基系数图形面积在此深度内相等的原则，换算成一个当量 m 值作为整个深度内的 m 值。

$$m=\frac{m_1h_1+m_2(2h_1+h_2)h_2+\cdots m_i[2(h_1+\cdots h_{i-1})+h_i]h_i}{h_m^2} \tag{4.2-64}$$

其中：$h_m=2(d+1)$

③ 基坑工程中埋于坑底以下的支挡结构，因为坑内土体的开挖对坑底以下支挡结构的主被动土压力是存在影响的。抗力法未考虑开挖对坑内被动土压力的不利影响，将悬臂式支挡结构分为坑底以上的静定结构和坑底以下的弹性地基梁结构，完全套用地面上埋于土体的竖向构件承受水平力和集中力矩进行计算是不安全的。

4.2.3 有限元法

有限元法把支挡结构、土都划分为单元，土体可以采用相应的本构模型，可以采用平面有限元，也可以采用空间有限元。该方法理论上较为完善，但由于本构模型参数确定的麻烦以及有限元程序的复杂，使得计算过程较为复杂，对一般的工程计算，目前应用还不很普遍。

另一种简化的有限元法则是把支护结构体系作为一平面或空间结构采用有限元法求解，而周围土体则分别用土压力和土弹簧代替。由于理论阐述较为繁杂，请读者参考其他相关手册。

经典法的板桩计算理论，把悬臂式围护结构看作为一竖放的梁，支点相当于嵌固段中的反弯点，受梁侧向土压力的作用。这种方法可计算围护结构的内力，但不能计算出围护结构的位移，也难以考虑施工工况，在计算机已广泛普及的时代，该方法已逐渐被淘汰。

土抗力法是把围护结构的计算简化为一单位宽度的竖放弹性地基梁，梁承受其后土压力的作用，土的作用采用一系列的土弹簧来代替，计算土弹簧刚度方法目前主要采用"m"法，支撑或锚杆也可用一系列的弹簧来代替。该方法考虑了土、结构和支撑或锚杆的共同作用，结合增量法可以考虑复杂的施工过程，方法简便，关键是土体弹簧刚度的确定，该方法是目前工程中应用的主流方法，已足可以满足工程设计的需要。

有限元法有两大类型：一类是把围护结构作为一空间三维结构体来计算，土的作用则像土抗力法一样，用土压力和土弹簧来代替，支撑或锚杆也用弹簧来代替，特点是可以考虑空间结构的作用；第二类是把土体和围护结构一起划分单元来计算，其可以考虑土体的复杂的本构关系、时空效应等，但较复杂。作为工程应用，有限元法远不及土抗力法简单和普及，一般的基坑工程设计应用土抗力法已足以解决问题，因此，作为工程实用方法，将以土抗力法为基础去发展和解决基坑工程中的各种复杂问题。

目前支护结构受力计算趋向于弹性地基梁的数值方法较为实用，而经典方法对一些问题的计算则不够理想，有限元法由于计算复杂同时受单元划分、本构模型和计算参数假定等诸多因素的影响，计算精度还不能满足设计要求，工程应用不够方便，实际工程中应用不多。因此，在弹性地基梁方法基础上进一步发展和完善，开发出一套用于解决较复杂基坑支挡问题的方法，这一开发思路可望能提出一个既简便实用又能较好地解决工程问题的实用方法。

4.2.4 《规程》计算方法

现行的《建筑基坑支护技术规程》JGJ 120—2012 对悬臂式支挡结构、双排桩支挡结构采用平面杆系结构弹性支点法进行结构的变形和内力分析，计算简图见图4.2-18。

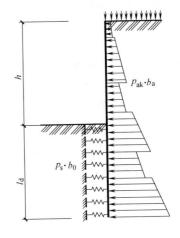

图 4.2-18 平面杆系结构弹性支点法分析模型

1. 主动土压力 p_{ak} 计算

挡土结构物上的土压力计算比较复杂，不同的计算理论和假定，可得出不同的土压力计算方法，其中最具代表性的是朗肯土压力和库仑土压力计算理论。每种土压力计算方法都有其各自的适用条件与局限性，因而至今还没有一种公认的普遍适用的土压力计算方法。由于朗肯土压力方法的假定概念明确，与库仑土压力理论相比具有能直接得出土压力分布的优势，从而很适合结构计算，受到工程设计人员的普遍接受。原《规程》JGJ 120—99 采用的就是朗肯土压力计算理论，施行十多年来，经过国内众多基坑工程应用考验，已证明是可行的，因此现行《规程》JGJ 120—2012 仍然继续采用。

（1）地下水位以上或水土合算的土层

$$p_{ak} = \sigma_{ak} \cdot K_{a,i} - 2c_i \sqrt{K_{a,i}} \tag{4.2-65}$$

$$K_{a,i} = \tan^2\left(45° - \frac{\varphi_i}{2}\right) \tag{4.2-66}$$

（2）水土分算的土层

$$p_{ak} = (\sigma_{ak} - u_a) \cdot K_{a,i} - 2c_i \sqrt{K_{a,i}} + u_a \tag{4.2-67}$$

2. 被动土压力 p_s 计算

（1）分布土反力的计算

$$p_s = k_s \cdot \nu + p_{s0} \tag{4.2-68}$$

式中　　p_s——分布土反力（kPa）；

　　　　k_s——土的水平反力系数（kN/m³），可按下式计算：

$$k_s = m(z - h) \tag{4.2-69}$$

　　　　ν——挡土构件在土反力分布点使土体压缩的水平位移值（m）；

　　　　p_{s0}——挡土构件嵌固段基坑内侧初始分布土反力（kPa），可按以下公式计算：

$$p_{s0} = \sigma_{pk} \cdot K_{a,i} ——（地下水位以上或水土合算）\tag{4.2-70}$$

$$p_{s0} = (\sigma_{pk} - u_a) \cdot K_{a,i} + u_a ——（水土分算）\tag{4.2-71}$$

$$\sigma_{pk} = \sigma_{pc} \tag{4.2-72}$$

　　　　σ_{pc}——支护结构内侧计算点的土体竖向应力标准值（kPa）。

在支挡结构设计时，《规程》JGJ 120—2012 将被动区土反力分成两部分，一部分是忽略土体黏聚力按朗肯主动土压应力计算的初始分布土反力 p_{s0}；另一部分是考虑从土体发生水平压缩变形后产生的反力 $k_s \cdot \nu$。式中 k_s 与土体的抗剪强度及计算点距坑底的深度有关，式（4.2-67）中 m 宜通过桩的水平荷载试验及地区经验确定。因桩的水平荷载试验在实际应用中很难实现，《规程》根据大量实际工程的单桩水平载荷试验和比对统计分析，提出当缺少试验和经验时可按下式计算：

$$m = \frac{0.2\varphi^2 - \varphi + c}{\nu_b} \qquad (4.2\text{-}73)$$

式中　m——土的水平反力系数的比例系数（MN/m⁴）；

　　c、φ——分别为土的黏聚力（kPa）和内摩擦角（°），按不同土层分别取值；

　　　ν_b——挡土构件在坑底处的水平位移量（mm），当此处的 $\nu_b \leqslant 10\text{mm}$ 时，可取 $\nu_b = 10\text{mm}$。

（2）土反力的限制条件

由于土的抗力是有限的，根据摩尔-库仑强度准则，则不应超过被动土压力，因此限定：

$$P_{sk} \leqslant E_{pk} \qquad (4.2\text{-}74)$$

当不符合式（4.2-72）条件时，应增加挡土构件的嵌固深度或取 $P_{sk} = E_{pk}$ 的分布土反力进行计算。

（3）单元宽度

悬臂式支护结构可根据场地土层的地质情况，取若干个典型算单元进行挡土结构的分析计算，见图 4.2-19。当采用排桩作为支挡构件时，排桩外侧土压力计算宽度（b_a）取排桩间距。

排桩的土反力计算宽度应按以下公式进行计算。

圆形桩

$$b_0 = 0.9(1.5d + 0.5) \qquad (d \leqslant 1\text{m}) \qquad (4.2\text{-}75)$$

$$b_0 = 0.9(1.5d + 1) \qquad (d > 1\text{m}) \qquad (4.2\text{-}76)$$

矩形或工字形桩

$$b_0 = 1.5b + 0.5 \qquad (d \leqslant 1\text{m}) \qquad (4.2\text{-}77)$$

$$b_0 = b + 1 \qquad (d > 1\text{m}) \qquad (4.2\text{-}78)$$

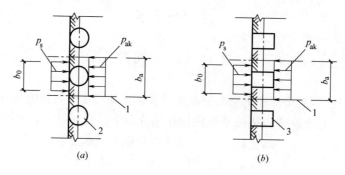

图 4.2-19　排桩单元计算宽度

3. 用"m"法计算内力与变形

如前所述，当竖向弹性构件置于土中时，如顶部处承受横向荷载（水平力 H_0 和弯矩

M_0），桩身受有水平分布荷载 $\bar{q}=q(z)$，则桩将发生挠曲，桩侧受压土体（弹性介质）将产生连续分布的土反力，如果忽略结构挠曲变形所引起的竖向侧阻力，则沿结构深度方向任意一点处单位长度上的反力 $\bar{p}$ 为深度 z 和该点桩挠度 y 的函数，即 $\bar{p}=p(z,y)$，见图 4-2-16。

由图中单元体上水平力之和为零的平衡条件，并将梁的挠曲函数与内力的微分关系代入后可得：

$$EI\frac{\mathrm{d}^4 y}{\mathrm{d}Z^4}=-\bar{p}(z,y)+\bar{q}(z)$$

上式中的 $\bar{q}(z)$ 可以认为是基坑开挖和地面堆载等引起的桩侧横向荷载。通过求解此高阶微分方程便可求得坑底以下嵌固段支挡结构的变形和内力。

4. 实例

以下通过一工程实例采用数学工具软件 MathCAD 15 作为平台详细介绍《规程》法，供读者参考借鉴。

【算例 4.2-7】

基坑开挖深度　hk：=7（m）　基坑顶放坡高度　h1：=1.5（m）

放坡平台宽度　bp：=2（m）　放坡角度　$\beta:=\dfrac{\pi}{4}$

基坑外侧地下水深度 Hwa：=-4（m）基坑内地下水深度 Hwp：=-8（m）γw：=10000（Pa）

基坑土层物理力学性能指标

层号	土类名称	层厚(m)	重度(kN/m³)	黏聚力(kPa)	内摩擦角(度)	土层类型	水土荷载计算模式
1	杂填土	2	17	10	10	1	水土分算
2	淤泥	2	15	10	3	0	水土合算
3	细砂	3	19	0	20	1	水土分算
4	黏土	10	18	15	25	0	水土合算
5	粗砂	15	19	0	30	1	水土分算

（基坑开挖示意图）

$$h:=\begin{pmatrix}2\\2\\3\\10\\25\end{pmatrix}(\mathrm{m})\quad \gamma\gamma:=\begin{pmatrix}17\\15\\19\\18\\19\end{pmatrix}\left(\frac{\mathrm{kN}}{\mathrm{m}^3}\right)\quad cc:=\begin{pmatrix}3\\2\\0\\15\\0\end{pmatrix}(\mathrm{kPa})\quad \phi:=\begin{pmatrix}5\\5\\20\\25\\30\end{pmatrix}(\mathrm{deg})$$

$$ht:=h\qquad ht=\begin{pmatrix}2\\2\\3\\10\\25\end{pmatrix}(\mathrm{m})\qquad n:=last(ht)+1\qquad n=5$$

$$f(x):= \begin{vmatrix} -hl & \text{if} & 3 \leqslant x \leqslant bp+3 \\ -hl+(x-3-bp)-\tan(\beta) & \text{if} & 3+bp \leqslant x \leqslant b1 \cdot \tan\left(\dfrac{\pi}{2}-\beta\right)+bp+3 \\ 0 & \text{if} & x > h1 \cdot \tan\left(\dfrac{\pi}{2}-\beta\right)+bp+3 \\ -hk & \text{otherwise} \end{vmatrix}$$

$$\gamma := \gamma\gamma \cdot 1000 \qquad \gamma = \begin{pmatrix} 17000 \\ 15000 \\ 19000 \\ 18000 \\ 19000 \end{pmatrix} \quad \left(\dfrac{N}{m^3}\right)$$

$$Ht := \begin{vmatrix} s \leftarrow 0 \\ Ht \leftarrow 0 \leftarrow \\ \text{for } i \in 0..n-1 \\ \quad \begin{vmatrix} s \leftarrow Ht_i + s \\ H_{i+1} \leftarrow s \end{vmatrix} \\ H \end{vmatrix}$$

$$c := cc \cdot 1000 \qquad c = \begin{pmatrix} 3000 \\ 2000 \\ 0 \\ 15000 \\ 0 \end{pmatrix} \quad (Pa)$$

$$Ht = \begin{pmatrix} 0 \\ -2 \\ -4 \\ -7 \\ -17 \\ -42 \end{pmatrix} \quad (m)$$

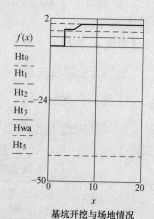

基坑开挖与场地情况

场地荷载情况

Load := (20 0 5 30 4)

基坑顶地面荷载数 $\qquad$ Ln := rows (Load) $\qquad$ Ln = 1

荷载扩散角 $\qquad \theta := \dfrac{\pi}{4} \qquad$ 荷载值 $\qquad p := \text{Load}^{\langle 0 \rangle} 1000 \ (Pa)$

荷载作用深度 $\qquad d := \text{Load}^{\langle 1 \rangle} \qquad d = (0)$

基垂直基坑边的荷载分布范围 $\qquad b2 := \text{Load}^{\langle 2 \rangle} \qquad b2 = (5) \ (m)$

与坑边平行的荷载作用长度 $\qquad l := \text{Load}^{\langle 3 \rangle} \qquad l = (30) \ (m)$

与基坑开挖的距离 $\qquad a2 := \text{Load}^{\langle 4 \rangle} \qquad a2 = (4) \ (m)$

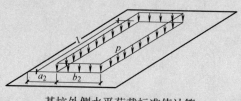

基坑外侧水平荷载标准值计算

主动土压力系数 $\qquad Ka := \tan\left(\dfrac{\pi}{4} - \dfrac{\varphi \cdot \pi}{2 \cdot 180}\right)^2$

基坑外侧竖向应力标准值 $\qquad \sigma_{ak}=\sigma_{ac}+\sum\Delta\sigma_{kg}$

$$Ka=\begin{bmatrix}0.84\\0.84\\0.49\\0.406\\0.333\end{bmatrix}\qquad \phi=\begin{bmatrix}5\\5\\20\\25\\30\end{bmatrix}$$

基坑外侧土体的自重应力计算（Pa）

与土层界面处自重应力标准值

$$\sigma r:=\begin{vmatrix}or\leftarrow 0\cdot Pa\\s\leftarrow 0\cdot Pa\\for\ i\in 1..a\\ \quad\begin{vmatrix}s\leftarrow\gamma_{i-1}\cdot ht_{i-1}+s\\ \sigma r_i\leftarrow s\end{vmatrix}\\ \sigma r\end{vmatrix}\qquad \sigma r=\begin{bmatrix}0\\34000\\64000\\121000\\301000\\776000\end{bmatrix}(Pa)$$

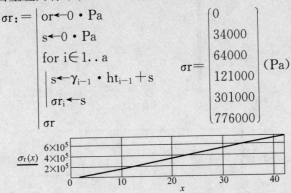

坡脚以下土层任意一点自重应力标准值曲线图（Pa）

放坡土体折算后的坑外土体附加竖向自重应力计算（Pa）

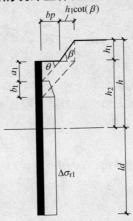

$al:=bp\cdot\tan(\theta)\qquad al=2\ (m)\qquad bl:=bl\cdot\cot(\beta)\qquad bl=1.5\ (m)$

放坡土体折算后的坑外土体附加竖向自重应力计算曲线图

计算地面堆载引起的坑外土体附加竖向自重应力(Pa)

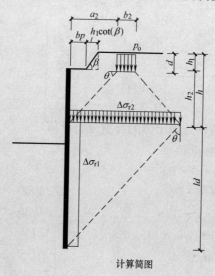

计算简图

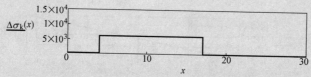

地面荷载作用下附加竖向应力标准值(Pa)

支护结构外侧竖向应力标准值(Pa)

$$\sigma ak(x) := \Delta\sigma k1(x) + \Delta\sigma k(x) + \sigma r(x)$$

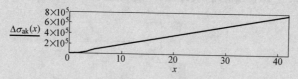

支护结构外侧总竖向应力标准值(Pa)

支护结构外侧主动土压力强度标准值(Pa)

$$\text{土压力分算与合算判定参数 } TL := \begin{pmatrix} 0 \\ 0 \\ 1 \\ 0 \\ 1 \end{pmatrix}$$

$$
\begin{aligned}
&pak(x) := \left| \begin{array}{l}
\text{for } i \in 1..n \\
\left| \begin{array}{l}
\text{if } -Ht_{i-1} \leqslant x \leqslant -Ht_i \\
\left| \begin{array}{l}
\text{if } TL_{i-1} = 1 \\
\left| \begin{array}{l}
ea \leftarrow \sigma ak(x) \cdot Ka_{i-1} - 2c_{i-1} \cdot \sqrt{Ka_{i-1}} \text{ if } -Ht_{i-1} \leqslant x \leqslant |Hwa| \\
ea \leftarrow [\sigma ak(x) - (x + Haw) \cdot \gamma w] \cdot Ka_{i-1} - 2 \cdot c_{i-1} \cdot \sqrt{Ka_{i-1}} \cdots \text{if } |Haw| \leqslant x \leqslant -Ht_i \\
\quad + (x + hwa) \cdot \gamma w
\end{array} \right. \\
ea \leftarrow \sigma ak(x) \cdot Ka_{i-1} - 2c_{i-1} \sqrt{Ka_{i-1}} \text{ if } TL_{i-1} = 0
\end{array} \right.
\end{array} \right.
\end{array} \right.
\end{aligned}
$$

$$Ea \leftarrow 0 \text{ if } ea \leqslant 0$$
$$Ea \leftarrow ea \text{ otherwise}$$
$$Y(x) := 0$$

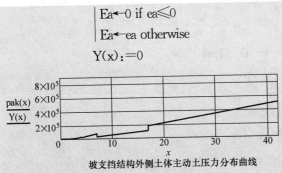

坡支挡结构外侧土体主动土压力分布曲线

基坑内侧水平抗力标准值计算

坑底以下土体的竖向应力标准值(Pa)

$$aal := \begin{vmatrix} aal_0 \leftarrow 0 \\ \text{ror } i \in 1..n \\ \quad \begin{vmatrix} aal_i \leftarrow hk + Ht_{i-1} \text{ if } -Ht_i > hk \\ aal_i \leftarrow 0 \text{ if } -Ht_{i-1} \geqslant hk \end{vmatrix} \\ aal \end{vmatrix} \qquad aal = \begin{pmatrix} 0 \\ 0 \\ 0 \\ 0 \\ 0 \\ 0 \end{pmatrix}$$

$$\sigma pjk\ (x) := \begin{vmatrix} s \leftarrow 0 \\ \text{for } i \in 1..n \\ \quad \begin{vmatrix} \sigma rk_{i-1} \leftarrow 0 \text{ if } -Ht_{i-1} \leqslant hk \\ \text{otherwise} \\ \quad \begin{vmatrix} s \leftarrow \gamma_{i-1} \cdot (ht_{i-1} - aal_i) + s \\ \sigma rk_i \leftarrow s \end{vmatrix} \end{vmatrix} \\ \text{for } i \in 1..n \\ \quad \begin{vmatrix} \sigma rk_{i-1} \leftarrow 0 \text{ if } -Ht_{i-1} \leqslant hk \leqslant -Ht_i \\ \sigma rk_i \leftarrow \sigma rk_i \text{ otherwise} \end{vmatrix} \\ \text{for } i \in 1..n \\ \quad \begin{vmatrix} \sigma p \leftarrow 0 \text{ if } 0 \leqslant x \leqslant hk \\ \text{otherwise} \\ \quad \begin{vmatrix} \sigma p \leftarrow \dfrac{[x-(-Ht_{i-1}+aal_i)]\ (\sigma rk_i - \sigma rk_{i-1})}{ht_{i-1} - aal_i} + \sigma rk_{i-1} \text{ if } -Ht_{i-1} \leqslant x \leqslant -Ht_i \\ \sigma p \leftarrow 0 \text{ if } x = hk \wedge -Ht_{i-1} = hk \end{vmatrix} \\ \sigma p \end{vmatrix} \\ \sigma p \end{vmatrix}$$

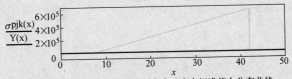

坑底以下土体的竖向自重应力标准值力分布曲线

支护结构内侧被动土压强度标准值计算

$$Kp := \tan\left(\frac{\pi}{4} + \frac{\phi \cdot \pi}{2 \cdot 180}\right)^2$$

$\text{epjk}(x) := \Big|$ $\text{hwp} \leftarrow \text{hk} - \text{Hwp}$

$\text{for } i \in 1..n$

$\quad \text{if } -Ht_{i-1} \leqslant x \leqslant -Ht_i$

$\qquad \text{if } TL_{i-1} = 1$

$\qquad\quad Ep \leftarrow 0 \text{ if } 0 \leqslant x < \text{hk}$

$\qquad\quad Ep \leftarrow \sigma pjk(x) \cdot Kp_{i-1} + 2 \cdot c_{i-1}\sqrt{Kp_{i-1}} \text{ if } \text{hk} \leqslant x \leqslant \text{hwp} + \text{hk}$

$\qquad\quad Ep \leftarrow [\sigma pjk(x) - (x - \text{hk} - \text{hwp}) \cdot \gamma w] \cdot Kp_{i-1} \ldots \text{ if } \text{hwp} + \text{hk} \leqslant x \leqslant -Ht_i$

$\qquad\qquad + 2c_{i-1}\sqrt{Kp_{i-1}} + (x - \text{hk} - \text{hwp}) \cdot \gamma w$

$\qquad \text{if } TL_{i-1} = 0$

$\qquad\quad Ep \leftarrow 0 \text{ if } 0 \leqslant x < \text{hk}$

$\qquad\quad Ep \leftarrow \sigma pjk(x) \cdot Kp_{i-1} + 2 \cdot c_{i-1}\sqrt{Kp_{i-1}} \text{ if } \text{hk} \leqslant x \leqslant -Ht_i$

Ep

$$\text{ppk}(x) := -\text{epjk}(x)$$

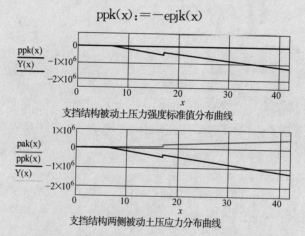

支挡结构被动土压力强度标准值分布曲线

支挡结构两侧被动土压应力分布曲线

基坑安全等级 1　　　嵌固稳定安全系数 $Ke := 1.25$

围护桩直径或边长 $dz := 1.2$（m）

支围护桩截面形状（圆形为：0）；矩形为：1　　$K\phi := 0$

围护桩间距　　$Lp := 1.50$（m）

围护桩被动区计算宽度 b0 计算

$b0 := \Big|$ $\text{if } K\phi = 0$

$\quad\quad b0 \leftarrow 0.9 \cdot (1.5 \cdot dz + 0.5) \text{ if } dz \leqslant 1$

$\quad\quad b0 \leftarrow 0.9 \cdot (dz + 1) \text{ otherwise}$

$\quad \text{if } K\phi = 1$　　　　　　　　　　　　　$b0 = 1.5$（m）

$\quad\quad b0 \leftarrow dz + 1 \text{ if } dz > 1$

$\quad\quad b0 \leftarrow 1.5 \cdot dz + 0.5 \text{ otherwise}$

$\quad b0 \leftarrow Lp \text{ if } b0 > Lp$

$\quad b0 \leftarrow b0 \text{ otherwise}$

计算主动土压力相等的位置 Z0

$$Z0:= \begin{vmatrix} \delta \leftarrow =0.1 \\ kk \leftarrow \left| \dfrac{-Ht_n-hk}{\delta} \right| \\ \text{for } i \in 0..kk \\ \quad \begin{vmatrix} L_i \leftarrow hk+\delta \cdot i \\ Ea_i \leftarrow \displaystyle\int_{hl}^{L_i} pak(x) \cdot Lp\, dx \\ Ep_i \leftarrow \displaystyle\int_{hk}^{L_i} ppk(x) \cdot b0\, dx \\ \eta_i \leftarrow \dfrac{Ea_i+Ep_i}{Ea_i} \\ \text{break if } \eta_i \leqslant 0 \\ Z0 \leftarrow L_i+\delta \end{vmatrix} \\ Z0 \end{vmatrix}$$

$Z0=9.9(m)$

$$En:=\int_{hl}^{Z0} pak(x) \cdot Lp\, dx \qquad Ea=478073.8(N)$$

$$Ep:=\int_{hl}^{Z0} ppk(x) \cdot b0\, dx \qquad Ep=-484584.3(N)$$

$$\frac{Ea+Ep}{Ea}=-1.362\%$$

围护桩嵌固深度计算

根据公式 $\dfrac{E_p \cdot a_{p1}}{E_a \cdot a_{a1}} > K_e$ 　则

$$ld:= \begin{vmatrix} \delta \leftarrow 0.1 \\ kk \leftarrow \left| \dfrac{-Ht_n-hk}{\delta} \right| \\ \text{for } i \in 0..kk \\ \quad \begin{vmatrix} L_i \leftarrow Z0+\delta \cdot i \\ Ma_i \leftarrow \displaystyle\int_{hl}^{L_i} pak(x):Lp(L_i-x)dx \\ Mp_i \leftarrow \displaystyle\int_{hk}^{L_i} ppk(x):b0(L_i-x)dx \\ k_i \leftarrow \dfrac{-Mp_i}{Ma_i} \\ \text{break if } k_i \geqslant Ke \\ Lmin \leftarrow L_i+\delta \end{vmatrix} \\ ld \leftarrow Lmin-hk \end{vmatrix}$$

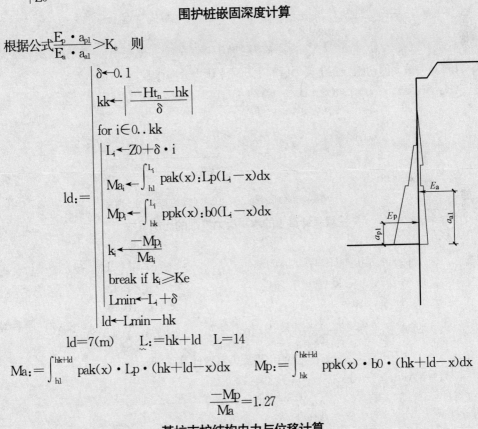

$ld=7(m) \qquad \underset{\sim}{L}:=hk+ld \quad L=14$

$$Ma:=\int_{hl}^{hk+ld} pak(x) \cdot Lp \cdot (hk+ld-x)dx \qquad Mp:=\int_{hk}^{hk+ld} ppk(x) \cdot b0 \cdot (hk+ld-x)dx$$

$$\frac{-Mp}{Ma}=1.27$$

基坑支护结构内力与位移计算

支挡结构抗弯刚度计算

$$E:=3.0 \cdot 10^7 \left(\frac{kN}{m^2}\right) \qquad I:=\frac{\pi}{64} \cdot dz^4 \cdot 0.85m^4 \qquad I=0.087m^4$$

支挡结构被动区初始分布土反力计算（Pa）

$$ps0(z):=\begin{vmatrix} hwp \leftarrow hk - Hwp \\ \text{for } i \in 1..n \\ \text{if } -Ht_{i-1} \leqslant z \leqslant -Ht_i \\ \quad \begin{vmatrix} \text{if } TL_{i-1} = 1 \\ \quad \begin{vmatrix} ps0 \leftarrow 0 \text{ if } 0 \leqslant z < hk \\ ps0 \leftarrow \sigma pjk(z) \cdot Ka_{i-1} \text{ if } hk \leqslant z \leqslant hwp + hk \\ ps0 \leftarrow [\sigma pjk(z) - (z - hk - hwp) \cdot \gamma w]Ka_{i-1}.. \text{ If } hwp + hk \leqslant x \leqslant -Ht_i \\ \quad + (z - hk - hwp) \cdot \gamma w \end{vmatrix} \\ \text{if } TL_{i-1} = 0 \\ \quad \begin{vmatrix} ps0 \leftarrow 0 \text{ if } 0 \leqslant z < hk \\ ps0 \leftarrow \sigma pjk(z) \cdot Ka_{i-1} \text{ if } hk \leqslant z \leqslant -Ht_i \end{vmatrix} \end{vmatrix} \\ ps0 \end{vmatrix}$$

$$\underline{ps0}(z) = -ps0(z)$$

被动区初始分布土反力

计算减去被动区初始分布土反力后的主动区土压力分布函数

$$q(z):=pak(z) \cdot Lp + ps0(z) \cdot b0$$

减去被动区初始分布土反力后的主动区土压力分布曲线

按规程计算土的水平反力系数的比例系数

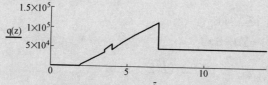

$$MM(z):\frac{0.2\phi(z)^2 - \phi(z) + c(z)}{10} \cdot 10^6 \qquad MM(15) = 11500000\left(\frac{N}{m^4}\right)$$

土的水平反力系数计算

$$ks(z):=MM(z) \cdot (z - hk)$$

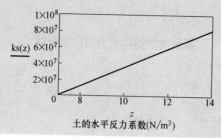

土的水平反力系数(N/m^3)

假设坑底固定用图乘法计算悬臂端位移

$$Mhk:=\int_{h1}^{hk}pak(x)\cdot Lp(hk-x)dx \qquad Eahk:=\int_{h1}^{hk}pak(x)\cdot Lp\,dx$$

$$ym:=\frac{Mhk}{Eahk} \qquad ym=1.723(m)$$

$$yk:=(hk-h1-ym)\cdot 1$$

$$\delta:=\frac{1}{EI}\cdot\left(\frac{Mhk}{1000}\cdot yk\right)$$

$$\delta=0.0007(m)$$

用"m"法计算坑底以下嵌固段的位移和内力

$$Qh:=\int_{h1}^{hk}\frac{q(z)}{1000}dz \qquad h=296.089(kN) \qquad Mn:=\int_{h1}^{hk}q(x)\frac{(hk-z)}{1000}dz \qquad Mh=510.278(kN\cdot m)$$

$$\alpha:=\sqrt[5]{\frac{1.15\times10^4\cdot b0}{EI}} \qquad \alpha:=0.367 \qquad R:=\alpha\cdot 10=3.669 \qquad \frac{25}{\alpha}=6.814$$

已知

$$y''''(z)+\alpha^5\cdot z\cdot b0\cdot y-\frac{q(hk+z)}{E\cdot I}=0$$

$$y'(L)=0 \qquad y''(hk)=\frac{Mh}{E\cdot I} \qquad y'''(hk)=\frac{-Qh}{E\cdot I} \qquad y(L)=0$$

$$g1:=\begin{pmatrix}0.01\\0.01\end{pmatrix} \qquad D(z,y):=\begin{pmatrix}y1\\y2\\y3\\-\alpha^5\cdot z\cdot b0\cdot y0+\dfrac{\dfrac{q(hk+z)}{1000}}{EI}\end{pmatrix}$$

$$load1(z1,W):=\begin{vmatrix}W_0\\W_1\\\dfrac{Mh}{EI}\\\dfrac{Qh}{EI}\end{vmatrix} \qquad score(z,W):=\begin{pmatrix}W_0-0\\W_1-0\end{pmatrix}$$

$$z1:=0 \qquad z2:=8(m)$$

$$ic1:=sbval(g1,z1,z2,D,load1,score)$$

$$ic1=\begin{pmatrix}7.875\times10^{-3}\\-2.27\times10^{-3}\end{pmatrix} \qquad IC1:=\begin{vmatrix}ic1_0\\ic1_1\\\dfrac{Mh}{E\cdot I}\\\dfrac{Qh}{E\cdot I}\end{vmatrix}$$

$$Npts:=1000$$

$$Soll:=rkfixed(IC1,z1,z2,Npts,D)$$

$$Soll^{(3)}:=Soll^{(3)}\cdot E\cdot I \qquad Soll^{(4)}:=Soll^{(4)}\cdot E\cdot I$$

	0	1	2	3	4
0	0.0000	0.0079	—0.0023	510.2780	296.0891
1	0.0080	0.0079	—0.0023	512.6482	296.4575
2	0.0160	0.0078	—0.0023	515.0213	296.8129
3	0.0240	0.0078	—0.0023	517.3972	297.1554
4	0.0320	0.0078	—0.0023	519.7758	297.4851
5	0.0400	0.0078	—0.0023	522.1569	297.8019
6	0.0480	0.0078	—0.0023	524.5406	298.1061
7	0.0560	0.0077	—0.0023	526.9266	298.3975
8	0.0640	0.0077	—0.0023	529.3149	298.6763
9	0.0720	0.0077	—0.0023	531.7054	298.9426
10	0.0800	0.0077	—0.0023	534.0979	299.1963
11	0.0880	0.0077	—0.0023	536.4925	299.4376
12	0.0960	0.0077	—0.0023	538.8889	299.6666
13	0.1040	0.0076	—0.0022	541.2871	299.8832
14	0.1120	0.0076	—0.0022	543.6870	300.0875
15	0.1200	0.0076	—0.0022	546.0885	300.2796
16	0.1280	0.0076	—0.0022	548.4915	300.4596
17	0.1360	0.0076	—0.0022	550.8958	300.6275
18	0.1140	0.0075	—0.0022	553.3015	...

$\text{Sol1}=$ (label to left of table, row 8 area)

$$z := \text{Sol1}^{\langle 0\rangle} \qquad y := \text{Sol1}^{\langle 1\rangle} \qquad \theta := \text{Sol1}^{\langle 2\rangle} \qquad M := \text{Sol1}^{\langle 3\rangle} \qquad Q := \text{Sol1}^{\langle 4\rangle}$$

坑底以下支挡结构的水平位移和转角位移

坑底以下支挡结构的弯矩和剪力图

计算最大弯矩的位置和数值

$$k := \begin{vmatrix} \text{for } i \in 1..\text{Npts} \\ \quad k \leftarrow i+1 \text{ if } M_{i+1} - M_i \geqslant 0 \\ \quad \text{break otherwise} \\ k \end{vmatrix}$$

$$lm := k \cdot \frac{z2}{\text{Npts}} \qquad lm = 2.824\text{m} \qquad M\text{max} = M_k = 1.049 \times 10^3 \text{kN} \cdot \text{m}$$

支挡结构顶端水平位移计算

$$s := \delta \cdot 1000 + y0 \cdot 1000 - (hk - h1) \cdot 1000 \cdot \theta_0 \qquad s = 21.102(\text{mm})$$

4.3 板桩式支挡结构设计要点

4.3.1 悬臂式钢板桩设计要点

钢板桩因其具有强度高、重量轻、施工便捷和环保可循环利用等优点，在国内外的建筑基坑、市政工程、港口码头和铁路建设等领域得到广泛应用。常见的断面形式有 U 型、Z 型等多种形式。需要并接的时候，钢板桩通过边缘的锁口连接，相互咬合而形成连续的钢板墙，起到挡土、挡水的作用，与其他桩型相比，钢板桩的抗弯刚度较小。悬臂式支挡结构无撑无锚，完全依靠支挡结构的强度和嵌入基坑底部的深度来保证挡墙的稳定与安全，同时还要满足基坑的变形要求，因而悬臂式钢板桩挡形式受限于基坑的开挖深度和基坑土层的抗剪强度指标。虽然钢板桩可以通过特制的连接接口，灵活地组合形成各种各样的截面以提高支挡结构的抗弯刚度，但悬臂的钢板桩仍会有较大的变形，使用中应预先对其可能发生的位移量进行估算。

1. 钢板桩的截面形式及性能要求

直至 21 世纪初，国内上产的钢板桩规格很少，仅鞍钢等少数钢铁厂生产小规格的"拉森"式（U 型）钢板桩，在沿海地区的港口工程中大都使用国外钢铁集团生产的钢板桩，但进口钢板桩的价格和租金很高，因此在很长一段时期民用建筑工程中很少采用。近年来随着国民经济的高速增长，国内民用建筑中的钢板桩的用量也在逐年增加，其应用水平也在不断提高。为此 2007 年，由中国钢铁工业协会牵头，制定了国内热轧 U 型钢板桩标准《热轧 U 型钢板桩》GB/T 20933—2007，为钢板桩的推广应用打下了很好基础。

钢板桩的断面形式很多，国外不少国家特别是英、法、德、日等发达国家的钢铁集团都制定有各自的规格标准。常用的钢板桩截面形式有 U 型、Z 型、直线型及 CAZ 型组合截面形式，见图 4.3-1～图 4.3-4。

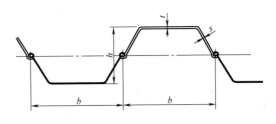

图 4.3-1 U 型截面连接示意

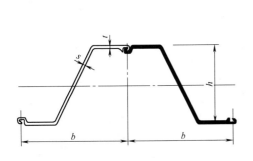

图 4.3-2 Z 型截面连接示意

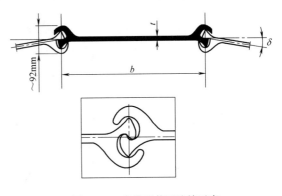

图 4.3-3 直线型截面连接示意

我国热轧 U 型钢板桩的代号为：SP-U（其中 SP 为钢板桩英文名称 Sheet Pile 的缩写）。其尺寸、外形及个标注符号的含义见图 4.3-5。U 型钢板桩的截面尺寸、截面面积、理论重量及截面特性参数见表 4.3-1。

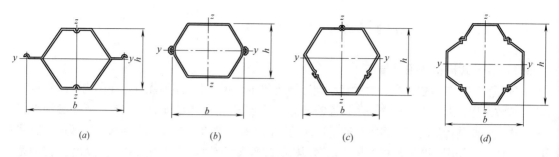

(a)   *(b)*   *(c)*   *(d)*

图 4.3-4 组合型截面连接示意

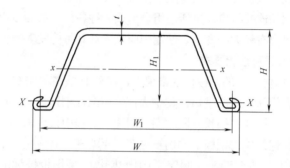

图 4.3-5 U 型钢板桩截面及尺寸符号的含义

W—总宽度；W_1—有效宽度；H—总高度；H_1—有效高度；t—腹板厚度

U 型钢板桩截面尺寸、截面面积、理论重量及截面特性   表 4.3-1

型号 (宽度×高度)	有效宽度 W_1 (mm)	有效高度 H_1 (mm)	腹板厚度 t(mm)	单根材				每米板面			
				截面面积 (cm^2)	理论重量 (kg/m)	惯性矩 I_x (cm^4)	截面模量 W_x(cm^3)	截面面积 (cm^2)	理论重量 (kg/m²)	惯性矩 I_x (cm^4)	截面模量 W_x(cm^3)
400×85	400	85	8.0	45.21	35.5	598	88	113.0	88.7	4500	529
400×100	400	100	10.5	61.18	48.0	1240	152	153.0	120.1	8740	874
400×125	400	125	13.0	76.42	60.0	2220	223	191.0	149.9	16800	1340
400×150	400	150	13.1	74.40	58.4	2790	250	186.0	146.0	22800	1520
* 400×160	400	160	16.0	96.9	76.1	4110	334	242.0	190.0	34400	2150
400×170	400	170	15.5	96.99	76.1	4670	362	242.5	190.4	38600	2270
500×200	500	200	24.3	133.8	105.0	7960	520	267.6	210.1	63000	3150
500×225	500	225	27.6	153.0	120.1	11400	680	306.0	240.2	86000	3820
600×130	600	130	10.3	78.70	61.8	2110	203	131.2	103.0	13000	1000
600×180	600	180	13.4	103.9	81.6	5220	376	173.2	136.0	32400	1800
600×210	600	210	18.0	135.3	106.2	8630	539	225.5	177.0	56700	2700
750×205	750	204	10.0	99.2	77.9	6590	456	132	103.8	28.710	1410
	750	205.5	11.5	109.9	86.3	7110	481	147	115.0	32850	1600
	750	206	12.0	113.4	89.0	7270	488	151	118.7	34270	1665

续表

型号 （宽度×高度）	有效 宽度 W_1 （mm）	有效 高度 H_1 （mm）	腹板 厚度 t （mm）	单根材				每米板面			
				截面 面积 （cm²）	理论 重量 （kg/m）	惯性矩 I_x （cm⁴）	截面 模量 W_x（cm³）	截面 面积 （cm²）	理论 重量 （kg/m²）	惯性矩 I_x （cm⁴）	截面 模量 W_x（cm³）
750×220	750	220.5	10.5	112.7	88.5	8760	554	150	118.0	39300	1780
	750	222	12.0	123.4	96.9	9380	579	165	129.2	44440	2000
	750	222.5	12.5	127.0	99.7	9580	588	169	132.9	46180	2075
750×225	750	223.5	13.0	130.1	102.1	9830	579	173	136.1	50700	2270
	750	225	14.5	140.6	110.4	10390	601	188	147.2	56240	2500
	750	225.5	15.0	144.2	113.2	10580	608	192	150.9	58140	2580

注：根据市场需要，也可供应带＊号型号的产品。

U 型钢板桩的力学性能 表 4.3-2

牌号	屈服强度 R_{eH}（N/mm²）	抗拉强度 R_m（N/mm²）	断后伸长度 A（%）
Q295bz	≥295	390～570	≥23
Q390bz	≥390	490～650	≥20
Q420bz	≥420	520～680	≥19

U 型钢板桩尺寸、外形的允许偏差应符合表 4.3-3 规定。根据需方要求，允许偏差也可按供需双方协议规定执行。

U 型钢板桩尺寸、外形允许偏差（单位为 mm） 表 4.3-3

项　　目		允许偏差
有效宽度 W_1	$w_1 ≤ 500$	$+2.0\% W_1 ～ -1.5\% W_1$
	$w_1 > 500$	$+2.0\% W_1 ～ -1.0\% W_1$
有效高度 H_1		$±4\% H_1$
腹板厚度 t	<10	$±1.0$
	$10～<16$	$±1.2$
	$≥16$	$±1.5$
长度 L		$0～+200$
侧弯	$≤10m$	$≤0.12\% L$
	$>10m$	$≤0.10\% L+2$
翘曲	$≤10m$	$≤0.25\% L$
	$>10m$	$≤0.20\% L+5$
端面斜度		$≤4\% W_1$

2. 钢板桩设计参考资料

钢板桩由于具有施工速度快，兼具挡土和止水的功能，同时又可重复利用等众多优点，在世界各国均得到较为广泛的应用，也是较早较为全面进行研究的一种支挡形式。因此世界大型的钢板桩制造商如 ARCELORMITTAL（安赛乐米塔尔集团）、新日本制铁株社等都有自行编制的钢板桩设计施工手册，这些都是很好的参考借鉴资料。此外我国的

《板桩码头设计与施工规范》JTS 167-3—2009、日本建筑协会《挡土墙设计施工准则》及《基坑工程设计手册》、欧洲《EN 1993—52003：钢结构设计：桩》、DINEN12063《特种岩土工程-板桩施工》、美国钢铁行业的《钢板桩设计手册》、美国陆军《板桩墙设计》EM 1110-2-2504 等规范或专著都是设计工作者很有价值的参考资料。

3. 悬臂式钢板桩的设计

根据基坑开挖深度、场地土层以及基坑周边建构筑物情况，一旦选定采用悬臂式钢板桩作为基坑的支挡形式，则应按以下步骤进行设计。

（1）确定典型的地质剖面

现行的国家相关规范对基坑工程的勘察都有详细的要求，因此在进行基坑设计之前必须仔细认真地阅读工程勘察报告，绘制出基坑四周的地质剖面并进行比对，结合坑边四周的环境情况，确定必须进行计算分析的典型钻孔，并以此划分各典型钻孔所代表的区段范围。

（2）计算主被动土压应力

支护结构承受的土压力与土层地质条件、地下水、支护结构构件的刚度、施工工况、施工方法等因素有关。土压应力还与时空有关，呈现出时空效应，因此影响因素千变万化，十分复杂，要想精确计算土压力值是非常困难的，也可以说是不可能的。目前国内外计算土压力的常用方法仍然是采用经典的库仑或朗肯理论作为基本计算公式。对地下水位以下的砂质粉土、砂土和碎石土地基采用水压力、土压力分算方法；对地下水位以下的黏性土、黏质粉土地基采用水土合算方法。具体的计算模式、计算公式及抗剪强度指标的取值可参考第 2 章相关的内容。

（3）确定嵌固深度和桩长

悬臂式支挡结构的嵌固深度应通过以下几个方面的计算来确定：

1）嵌固稳定计算

嵌固深度的计算可以采用本章介绍的经典板桩理论计算方法进行初步估算，估算时可选用前面所述的静力平衡法、Blum 法、极限平衡法等中的一种方法进行计算。然后按《规程》法进行复核。

2）整体稳定计算

嵌固稳定考虑的是支挡结构前后主被动土压力的静力平衡问题，整体稳定考虑的是基坑开挖后主动区土体绕支挡结构端部的圆弧滑动破坏问题，解决的是圆弧滑动面上的静力平衡问题。由于绕桩端可能发生的滑动面很多，如何确定最不利的滑动面是一个繁琐的不断搜索逼近的过程，其计算工作量很大，在没有计算机的时代一般用图解法近似求解。由于目前程序计算已能满足在很短时间对圆心及圆弧半径以微小步长变化的所有滑动体完成搜索，所以不提倡采用先设定辅助线，然后在辅助线上寻找最危险滑弧圆心的简易方法。最危险滑弧的搜索范围限于通过挡土构件底端和在挡土构件下方的各个滑弧。因支护结构的静力平衡和结构强度已通过结构分析解决，在截面抗剪强度满足剪应力作用下的抗剪要求后，挡土构件不会被剪断。因此，穿过挡土构件的各滑弧不需验算。

（4）钢板桩的内力计算

采用本章所述的静力法或杆系有限元法计算支挡结构的最大弯矩和剪力，并确定相应的截面位置。

（5）选择钢板桩的型号

计算所得的弯矩和剪力乘以分项系数后，按钢结构设计准则计算钢板桩所需的截面抵抗矩，并根据截面抵抗矩选择钢板桩型号。

$$\sigma=\frac{M_{max}}{W}+\frac{N}{A}\leqslant[\sigma] \tag{4.3-1}$$

式中　　σ——钢板桩的计算应力；

$\quad\quad M_{max}$——最大弯矩设计值；

$\quad\quad W$——截面抵抗矩；

$\quad\quad N$——钢板桩所受轴向力；

$\quad\quad A$——钢板桩截面面积。

以上计算都应按每延米来计算。

(6) 进行钢板桩的承载力验算和变形计算

根据所选钢板桩截面的设计参数验算截面承载力和板桩的最大位移。

4.3.2 悬臂式钢筋混凝土板桩设计要点

近年来，随着沉桩设备的发展，沉桩方法除锤击外增加了静压沉桩、高压水沉桩、水泥搅拌后植桩，支撑方式从简单的悬臂式、锚碇式发展到斜地锚和多层内支撑等各种形式，给钢筋混凝土板桩带来了广泛的应用前景。钢筋混凝土板桩与钢板桩相比具有强度高、刚度大、取材方便、施工简易等优点，其外形可以根据需要设计制作，槽榫结构可以解决接缝防水，不必考虑拔桩问题，因此在基坑工程中占有一席之地。目前板桩的厚度已达到50cm，长度达到20m，配筋方式有普通钢筋及预应力配筋，截面形式由单一的矩形截面发展到薄壁工字形等截面，特别是与多轴深层搅拌桩结合所开发的各种施工工法，形成了以钢筋混凝土板桩为劲性构件的SMW工法支护，弥补了钢筋混凝土板桩在较深基坑支护中的缺陷，钢筋混凝土板桩以其独特的优越性而再度受到青睐。

1. 钢筋混凝土板桩的截面形式

钢筋混凝土板桩有矩形、"T"形和"工"形截面，也可采用圆管或组合型。板桩墙转角与封闭分为矩形转角、T形封闭、扇形转角等形式，如图4.3-6所示。

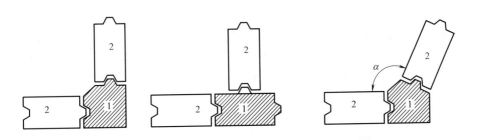

图4.3-6　混凝土板转角连接形式图

(1) 矩形截面槽榫组合

矩形截面槽榫结合为目前常用方式，板桩桩尖一边为直边，一边为斜边，靠沉入时相互挤紧形成板桩墙。作为挡水和挡土结构，为了增加其封闭性，提高防水效果，每根板桩桩身两侧设有凹凸榫槽企口，只起挡土作用的为全榫板桩，需挡水的为半榫板桩。板桩沉入后凹槽内须冲洗干净并灌细石混凝土。凹榫槽深度不宜小于5.0cm。其截面形式及配筋构造如图4.3-7所示。如截面较厚时可以在中间留孔，用抽管法或气囊法生产均可，如在现场设置长线台座用预应力钢丝先张法生产，或在工厂生产均可。

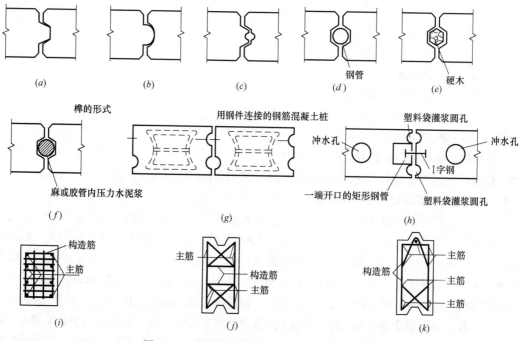

图 4.3-7 钢筋混凝土板桩的榫槽及配筋布置图

常用的非预应力钢筋混凝土板桩桩长一般在 20m 之内。预应力钢筋混凝土板桩主要用在船坞及码头工程上，用水上打桩船施工，桩长一般在 20m 以上。

（2）工字型薄壁截面

大截面薄壁板桩由于其截面刚度较大，挤土少、易打入，工程应用比较经济。现场制作时可以翼板预制再与腹板浇成整体或腹板预制与两翼板现场浇成整体。由于无槽榫结合，沉桩时必须有导架保证桩位整齐垂直。

至于用两块预制槽板现浇筑成中空方形截面的板桩，现场制作工作量较少，刚度亦较大，薄壁截面板桩均可采用预应力钢丝长线台座法生产，进而可充分发挥其薄壁特性。工形及方形预制现浇整体式薄壁板桩构造，如图 4.3-8 所示。

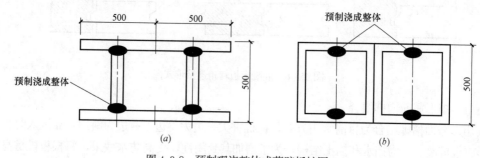

图 4.3-8 预制现浇整体式薄壁板桩图

工字形板桩已广泛用作地下连续墙接头或与搅拌桩形成复合结构，图 4.3-9 为工字形板桩的复合支护示意图。工字形板桩的复合支护形式，如图 4.3-9 (*a*)、图 4.3-9 (*b*) 所示。

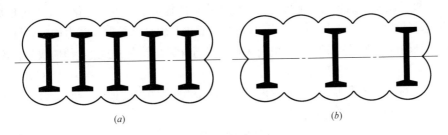

(*a*)　　　　　　　　　　　　　(*b*)

图 4.3-9　工字形板桩的复合支护示意图

(*a*) 板桩连续形；(*b*) 板桩间隔形

2. 悬臂式钢筋混凝土板桩的设计

(1) 嵌固深度计算

与钢板桩相同，钢筋混凝土板桩的主、被动土压力的计算宽度均取单块板的宽度，其嵌固深度一般由嵌固稳定性要求来确定，并满足整体滑动稳定性要求。

(2) 受力特点

悬臂式钢筋混凝土板桩支挡结构的受力与钢板桩支挡结构受力基本相同，如果说有区别主要在于钢筋混凝土板桩刚度一般较大，如果采用打入或静压入式施工，前者由于其截面较大，挤土效应比较突出，基坑开挖后对主被动土压力会有明显的影响，设计时必须足够重视；其次，钢筋混凝土板桩一般不会回收重复使用，而钢板桩则因材料价格较高，在基坑支护工程中一般必须都是回收重复使用。此外，如果把钢筋混凝土板桩与地下室外墙结合起来设计，钢筋混凝土板桩就不是一个临时性的受弯构件，而应当作一个永久性结构的一部分，此时除进行基坑施工阶段悬臂受力工况设计外，还应进行上部结构施工与正常使用阶段的设计，按偏压构件计算构件的承载力和裂缝宽度。

(3) 内力计算

板桩的设计计算要考虑到板桩的工作特性，由于板桩一般普遍采用单支点支撑或锚拉方式，因此板桩墙的内力、弯矩、剪力、支撑力或锚拉力可根据不同工作状态，一般采用自由支承法计算，假定在最小入土深度范围内板桩墙前全部出现极限被动土压力，并由力和力矩平衡求得入土深度以及板桩墙的内力和支锚力，板桩墙的入土深度应满足踢脚要求。由于板桩大部分采用单支点或悬臂板式，当用经典理论极限平衡法计算时，板桩入土部分的主动侧或被动侧水土压力宜按三角形分布。当采用竖向弹性地基梁法计算时，板桩墙的内力和变位可采用杆件有限元法求解。板桩墙计算可参照《建筑基坑支护技术规程》JGJ 120—2012，与地下连续墙等板式结构计算原则基本相同。近年来由于计算机的普及，板桩墙采用杆件有限元法计算时均在计算机上操作，计算快捷，效果较好。国内比较常用的计算软件有理正深基坑以及同济启明星FRWS，只要计算参数取值得当则计算结果基本一致，可以用于工程实际。当用杆件有限元法计算时，板桩入土部分水土压力主动侧按矩形分布，被动侧用弹性抗力并与变形协调。

随着国内外岩土有限元计算软件的推广，采用平面有限元软件计算已日趋普及，无论在应力、应变、位移、塑性分布等的分析比用杆件有限元法分析，内容更深入与丰富，但土工参数取值由于实验条件有限，往往难于取得恰当，所以计算结果需分析判断。至于用 3D 有限元法计算，因计算繁杂，除特殊基坑外，应用较少。

（4）截面设计

与钢板桩相比较，钢筋混凝土板桩的截面形式更能加灵活，可工厂化加工也可现场预制，完全可根据设计要求进行制作，但其正截面受弯承载力和斜截面抗剪承载力均应现行按国家标准《混凝土结构设计规范》GB 50010 的有关规定进行计算，其内力的设计值应取荷载效应基本组合设计值乘以支护结构重要性系数。

长度较长的板桩当截面过于单薄时，要验算锤击沉桩时桩身的侧向弯曲应力，因此一般从使用角度考虑，板桩的长细比可参考表 4.3-4。

板桩长细比参考表

表 4.3-4

桩长(m)	10	15	20
桩的厚度(mm)	160	350	500

（5）构造要求

混凝土设计强度等级不低于 C25，强度达 70％方可场内吊运，达 100％时方可施打；受力筋采用直径不小于 16mm Ⅱ级钢筋，桩顶主筋外伸长度不小于 350mm，构造筋采用直径不宜小于 8mm Ⅰ级钢筋；吊钩钢筋采用直径不小于 20mm Ⅰ级钢筋，需绑扎在下层主筋上，不得采用冷拉钢筋；主筋保护层：顶部为 80mm，底部为 50mm，侧面为 30mm。

4.4 排桩支挡结构设计要点

4.4.1 排桩的材料

围护桩虽称之为桩，但与人们习惯想象中的工程桩受力是不相同的，建筑物中的工程桩主要用于承受竖向力，而围护桩则主要用于承受水平力，因此围护桩实际上是一种竖向地基梁，所以选材时材料的强度并非首选，更为重要的是构件的抗弯刚度。采用混凝土灌注桩时，桩身混凝土的强度等级不宜低于 C25，纵向受力钢筋宜选用 HRB400、HRB500 钢筋。咬合桩中的素混凝土桩，应采用塑性混凝土或强度等级不低于 C15 的超缓凝混凝土，其初凝时间宜控制在 40～70h，坍落度宜控制在 12～14mm。

由于悬臂式支挡结构存在受力大、整体性差和变形大的特点，因此在选材时应选择刚度大却具有一定韧性的桩体。在基坑安全等级较高的基坑不推荐采用高强管桩用作围护桩体，以避免围护桩因施工或运输过程中所造成的桩身缺陷导致桩身脆断，引起基坑局部垮塌，造成周边建筑物倒塌或不均匀沉降。

4.4.2 排桩的直径与间距

悬臂式支挡结构的平面布置就是确定围护桩的直径与间距，影响围护桩的直径与间距的因素主要有：基坑的深度，场地土质的地质条件，地下水位与水量，周边建（构）筑物情况等。

采用混凝土灌注桩时，支护桩的直径不宜小于 600mm，桩的中心距不宜大于桩径的 2.0 倍。但当土质较好时，可利用桩侧"土拱"效应适当扩大桩的间距。当桩间土呈流塑状态时，应严格控制桩间距，通常将桩间净距控制在 250mm 以下。大直径的桩可承受较大的弯矩，但受净距要求的限制，桩距不能加大，因而会造成不经济，此时可以在桩间设置挡土构件或采用土体加固措施，如采用旋喷桩或水泥搅拌桩加固土体，以确保桩间土的稳定。当地下水位较高时，还要考虑是否要截水，当要采用截水施工时，还要进行截水设计。

4.4.3 排桩的嵌固深度

桩的入土深度一般是由稳定安全来确定的，因此桩体的嵌固深度主要受土层抗剪强度的影响，初步设计时，沿海软土地区通常可先假定桩的嵌固深度为开挖深度的 1.0～2.0 倍，按本章前面所述的计算方法进行验算，并综合考虑桩的变形和基坑开挖的止水要求来确定最终的嵌固深度。由于悬臂式排桩支护体系的整体性较差，因此规程规定其嵌固深度除应满足稳定要求外，尚不宜小于 $0.8h$，h 为基坑开挖深度。

4.4.4 内力与变形计算

悬臂式排桩支护体系由一根根独立的桩体独立完成挡土功能，因此与地下连续墙、内撑式支护结构和带围檩的拉锚式支挡结构相比，其横向整体性较差，一般都应在桩顶设置联系梁，以弥补其横向整体性的不足，在内力计算时一般不考虑该梁的支撑作用。目前对悬臂式支挡结构进行结构分析时，一般采用平面杆系结构弹性支点法，其计算模型见图 4.4-1。

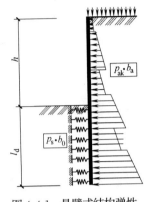

图 4.4-1 悬臂式结构弹性
支点法计算模型

内力与变形计算可采用本章 4.2 节介绍的方法进行计算，也可用一些商业软件进行计算，采用商业软件计算分析时，因软件编制的很多细节不得而知，给出的往往是最终结果，因此常心存疑虑，建议软件算完后进行适当的手工复核计算，以确保结构的安全可靠。

现行方法计算桩体抗弯刚度时，都把桩作为一理想的弹性材料来考虑。实际上，当桩承受较大弯矩作用时，桩身将出现裂缝，裂缝的开展也使桩身刚度显著下降。因此，进行排桩的变形与内力计算时，当桩身弯矩较大时，应考虑桩身刚度下降的影响，一般可将桩身弯矩进行一定的折减，弯矩折减经验系数可取 0.85，也可根据当地的经验取值。

4.4.5 圆形及圆环形桩配筋计算

围护桩作为一种承受水平荷载的构件，从经济的角度出发理论上应该将钢筋布置在受拉区，因此就应该采用不对称配筋。但是由于桩的施工不同于上部结构的现浇构件中的钢筋位置和浇灌的混凝土质量均可直观地控制和检查，围护桩常常采用水下灌注混凝土，钢筋笼也是现场制作后通过吊装放入孔内，因此对混凝土的质量、保护层厚度和钢筋摆放的位置均是不可控的，极容易发生偏差。因此对于水下浇灌的混凝土桩不宜采用不对称配筋，应采用全对称均匀配筋。对于预制桩、干取土作业的全套管桩和人工挖孔桩，可以采用不对称不均匀配筋。

1. 圆形截面桩

对圆形截面受弯构件在《钢筋混凝土结构设计规范》GB 50010—2010 附录 E 中给出了其正截面受弯承载力的计算公式，其公式是在偏心受压计算公式的基础上，假设轴向力设计值为零，取偏心弯矩等于围护桩的计算弯矩值。《建筑基坑支护技术规程》JGJ 120—2012 给出了沿受拉区和受压区周边局部均匀时的不对称截面正截面承载力计算方法。计算简图见图 4.4-2，计算公式如下：

（1）沿周边均匀配筋

$$\alpha \alpha_1 f_c A \left(1 - \frac{\sin 2\pi\alpha}{2\pi\alpha}\right) + (\alpha - \alpha_t) f_y A_s = 0 \tag{4.4-1}$$

$$M \leqslant \frac{2}{3} \alpha_1 f_c A r \frac{\sin^3 \pi\alpha}{\pi} + f_y A_s r_s \frac{\sin\pi\alpha + \sin\pi\alpha_t}{\pi} \tag{4.4-2}$$

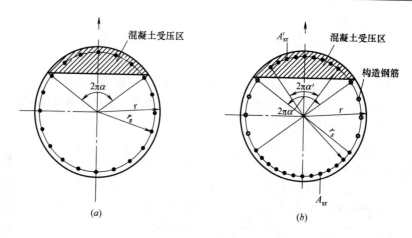

图 4.4-2 圆形截面配筋计算简图

(a) 沿周边均匀配筋；(b) 沿拉压区局部均匀配筋

$$\alpha_t = 1.25 - 2\alpha \tag{4.4-3}$$

(2) 拉压区局部均匀配筋

$$\alpha\alpha_1 f_c A \left(1 - \frac{\sin 2\pi\alpha}{2\pi\alpha}\right) + f_y(A'_{sr} - A_{sr}) = 0 \tag{4.4-4}$$

$$M \leqslant \frac{2}{3} \alpha_1 f_c A r \frac{\sin^3\pi\alpha}{\pi} + f_y A_{sr} r_s \frac{\sin\pi\alpha_s}{\pi\alpha_s} + f_y A'_{sr} r_s \frac{\sin\pi\alpha'_s}{\pi\alpha'_s} \tag{4.4-5}$$

$$\cos\pi\alpha \geqslant 1 - (1 + \frac{r_s}{r}\cos\pi\alpha_s)\xi_b \tag{4.4-6}$$

$$\alpha \geqslant \frac{1}{3.5}$$

当 $\alpha < 1/3.5$ 时，其正截面受弯承载力应满足下式要求：

$$M \leqslant f_y A_{sr}\left(0.78r + r_s \frac{\sin\pi\alpha_s}{\pi\alpha_s}\right) \tag{4.4-7}$$

式中　M——桩的弯矩设计值（kN·m）；

f_c——混凝土轴心抗压强度设计值（N/mm²）；

f_t——混凝土抗拉强度设计值；

α_1——高强度混凝土强度折减系数；当混凝土强度等级不超过 C50 时取值为 1.0，混凝土强度等级为 C80 时取值为 0.94，其间按线性内插法确定；

A——圆形截面面积（mm²）；

A_s——全部纵向普通钢筋截面面积（mm²）；

r——圆形截面的半径（m）；

r_s——纵向钢筋中心所在圆周的半径（m）；

α——对应受压区混凝土截面面积的圆心角（rad）与 2π 的比值；

α_t——纵向受拉钢筋截面面积与全部纵向钢筋截面面积的比值，当 $\alpha > 0.625$ 时，取 $\alpha_t = 0$；

f_y——普通钢筋抗拉强度设计值（N/mm²）；

A_{sr}——均匀配置在圆心角 $2\pi\alpha_s$ 内沿周边的纵向受拉钢筋的截面面积（mm²）；

A'_{sr}——均匀配置在圆心角 $2\pi\alpha'_s$ 内沿周边的纵向受压钢筋的截面面积（mm²）；

α_s——对应于受拉钢筋的圆心角（rad）与 2π 的比值，该值宜取 $1/6\sim1/3$，通常可取 0.25；

α'_s——对应于受压钢筋的圆心角（rad）与 2π 的比值，通常 $\alpha'_s\leqslant0.5\alpha$；

ξ_b——矩形截面的相对界限受压区高度按《混凝土结构设计规范》GB 50010—2010 的规定取值。

沿圆形截面受拉区和受压区周边实际配置的均匀纵向钢筋的圆心角分别为 $2\dfrac{n-1}{n}\pi\alpha_s$ 和 $2\dfrac{m-1}{m}\pi\alpha'_s$，$n$ 和 m 分别为受拉区和受压区均匀配置钢筋的根数。配置在圆形截面受拉区的纵向钢筋，按全截面面积计算的配筋率不宜小于 0.2% 和 $0.45f_t/f_y$ 的较大值。在不配置纵向受力钢筋的圆周范围内应设置周边纵向构造钢筋，纵向受力钢筋的直径不宜小于受力钢筋直径的 $1/2$，且不应小于 10mm。纵向构造钢筋的环向间距不应大于圆形截面的半径和 250mm 的较小值。

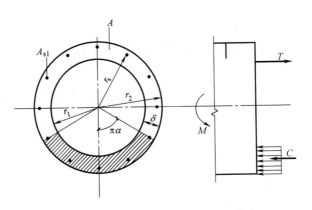

图 4.4-3 沿周边均匀配筋的圆环截面

2. 环形截面桩

《建筑基坑支护技术规程》JGJ 120—2012 没有给出环形截面桩配筋计算公式。目前，对环形截面一般都采用沿周边均匀配置纵向钢筋的配筋形式，见图 4.4-3，其正截面受弯承载力可按《钢筋混凝土结构设计规范》GB 50010—2010 附录 E 提供的计算公式，当计算的 $\alpha<\arccos$ $\left(\dfrac{2r_1}{r_1+r_2}\right)/\pi$ 时，按均匀配筋圆形截面计算。

$$\alpha\alpha_1 f_c A\left(1-\frac{\sin2\pi\alpha}{2\pi\alpha}\right)+(\alpha-\alpha_t)f_y A_s=0 \tag{4.4-8}$$

$$M\leqslant\alpha_1 f_c A(r_1+r_2)\frac{\sin\pi\alpha}{2\pi}+f_y A_s r_s\frac{\sin\pi\alpha+\sin\pi\alpha_t}{\pi} \tag{4.4-9}$$

$$\alpha_t=1-1.5\alpha \tag{4.4-10}$$

式中　　A——环形截面面积（mm²）；

A_s——全部纵向普通钢筋截面面积（mm²）；

r_1、r_2——环形截面的内、外半径（mm）；

r_s——纵向钢筋中心所在圆周的半径（m）。

4.4.6 圆（环）形截面支护桩配筋计算实例

某基坑支护桩，经计算，桩身最大弯矩设计 $M=5668$kN·m。下面就直径为 1500mm 的圆形截面和相同直径的环形截面（壁厚 250mm）两种桩形，分别按规范或规程的方法计算其总配筋量 A_s 及受压区混凝土所对应的圆心角 α。假设支护桩混凝土的强度等级为 C30，$f_c=14.3$ N/mm²，$f_t=1.43$N/mm²，选用 HRB400 普通钢筋，$f_y=360$N/mm²，保护层厚度 $a_s=50$mm。

因为不论是《混凝土结构设计规范》还是《建筑基坑支护技术规程》所提供的圆形或环形

正截面受弯强度计算公式都涉及求解超越方程，要想通过手工计算几乎是不可能实现的，目前已有很多文献提出各种各样的简化计算方法，有些已编制成表格，有些绘制成曲线，由于多种原因编者未将其编入，设计者可参阅参考文献中相关文献。编者推荐采用交互式数学系统工具软件 MathCAD 完成对超越方程的求解，以下求解过程供读者参考。

1. 圆形截面沿周边按均匀配筋

按《混凝土结构设计设计》GB 50010—2010 计算公式编制的 MathCAD 交互计算文档如下：

【算例 4.4-1】

圆形截面沿周边均匀配筋正截面受弯强度计算（按《混凝土结构设计规范》GB 50010—2010 计算）

基 本 参 数

混凝土强度等级： fcuk：=30

混凝土轴心抗压、拉强度设计值： fc：$=14.3\ \dfrac{\text{N}}{\text{mm}^2}$ ft：$=1.43\ \dfrac{\text{N}}{\text{mm}^2}$

钢筋抗拉强度设计值： fy：$=360\ \dfrac{\text{N}}{\text{mm}^2}$

钢筋的弹性模量： Es：$=2.0 \cdot 10^5\ \dfrac{\text{N}}{\text{mm}^2}$

钢筋保护层厚度 as： as：=50mm

最大外弯矩设计值： M：$=5668 \cdot 10^3\text{N} \cdot \text{m}$

设计圆形截面直径 D： D：=1500mm

计算基本假定

1. 截面变形符合平截面假定；
2. 不考虑混凝土的抗拉强度；
3. 混凝土的应力与应变关系符合规范的规定：

上升段：$\sigma_c = f_c \cdot [1-(1-\varepsilon_c/\varepsilon_0)^n]$

下降段：$\sigma_c = f_c$

计算简图：

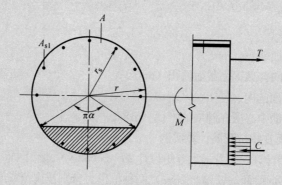

计算基本公式

$0 = \alpha \cdot \alpha_1 \cdot f_c A(1-\sin(2 \cdot \pi \cdot \alpha)/(2 \cdot \pi \cdot \alpha))+(\alpha-\alpha_t) \cdot f_y A_s$

$0 = 2/3 \cdot \alpha_1 \cdot f_c \cdot A \cdot r \cdot \sin^3\pi\alpha/(\pi)+f_y \cdot A_s \cdot r_s \cdot (\sin\pi\alpha+\sin\pi\alpha_t)/\pi;$

$\alpha_t = 1.25 - 2\alpha$

有关参数计算

计算受压区混凝土强度折减系数 α1：

$$\alpha1 := \begin{vmatrix} 1 & \text{if} & \text{fcuk} \leqslant 50 \\ 0.94 & \text{if} & \text{fcuk} = 80 \\ \dfrac{127 - \text{fcuk}}{50} & \text{otherwise} \end{vmatrix} \qquad \alpha1 = 1.00$$

计算截面特征参数：

$$r := \frac{D}{2} \qquad rs := r - as \qquad A := \pi \cdot r^2$$

$$r = 0.75m \qquad rs = 0.7m \qquad A = 1.767m^2$$

解方程求 α 及 As

假定初始值：

$$As := 100 \cdot mm^2 \qquad \alpha := 0.2 \qquad \alpha t := 0.5$$

Given

$$\alpha \cdot \alpha1 \cdot fc \cdot A\left[1 - \frac{\sin(2 \cdot \pi \cdot \alpha)}{(2 \cdot \pi \cdot \alpha)}\right] + (\alpha - \alpha t) \cdot fy \cdot As = 0$$

$$\frac{2}{3}\alpha1 \cdot fc \cdot A \cdot r \frac{(\sin(\pi \cdot \alpha))^3}{\pi} + fy \cdot As \cdot rs \cdot \frac{\sin(\pi \cdot \alpha) + \sin(\pi \cdot \alpha)}{\pi} = M$$

$$\alpha t = \begin{vmatrix} 1.5 - 2 \cdot \alpha & \text{if} & \alpha \leqslant 0.625 \\ 0 & \text{if} & \alpha > 0.625 \end{vmatrix}$$

$$F := Find(\alpha, \alpha t, As) \qquad \alpha := F_{0,0} \qquad \alpha t := F_{1,0} \qquad As := F_{2,0}$$

$$\alpha = 0.294 \qquad \alpha t = 0.661 \qquad As = 26999m^2$$

截面配筋设计

选用钢筋直径 d　　d：=28mm

所需钢筋根数 nds　　$nd := \dfrac{As}{\frac{1}{4} \cdot \pi \cdot d^2}$　　nd=43.847　　nds：=44

截面配筋率 ρ　　$\rho := \dfrac{nds \cdot \pi \cdot d^2}{4 \cdot A}$　　ρ=1.533%

纵向钢筋间距 a　　$a := \dfrac{rs \cdot 2 \cdot \pi}{nds - 1}$　　a=102mm

2. 圆形截面拉压区局部均匀配筋

按《建筑基坑支护技术规程》JGJ 120—2012 计算公式编制的 MathCAD 交互计算如下：

【算例 4.4-2】

圆形截面沿拉、压区局部均匀配筋正截面受弯强度计算（按《基坑支护技术规程》JGJ 120—2012 计算）

基 本 参 数

混凝土强度等级：　　fcuk：=30

混凝土轴心抗压、拉强度设计值：　　$fc := 14.3 \dfrac{N}{mm^2}$　　$ft := 1.43 \dfrac{N}{mm^2}$

钢筋抗拉强度设计值：　　$fy := 360 \dfrac{N}{mm^2}$

钢筋的弹性模量： $Es: 2.0 \cdot 10^5 \dfrac{N}{mm^2}$

钢筋保护层厚度 as： $as: =50mm$

最大外弯矩设计值： $M: =5668 \cdot 10^3 \cdot Nm$

设计截面直径 D： $D: =1500mm$

计算基本假定

1. 截面变形符合平截面假定；

2. 不考虑混凝土的抗拉强度；

3. 混凝土的应力与应变关系符合规范的规定；

上升段： $\sigma_c = f_c \cdot [1- (1-\varepsilon_c/\varepsilon_0)^n]$

下降段： $\sigma_c = f_c$

计算简图：

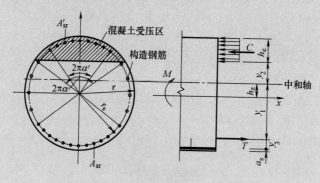

计算基本公式

$$\alpha\alpha_1 f_c A\left(1-\frac{\sin 2\pi\alpha}{2\pi\alpha}\right)+f_y(A'_{sr}-A_{sr})=0$$

$$M \leqslant \frac{2}{3}\alpha_1 f_c Ar \frac{\sin^3\pi\alpha}{\pi}+f_s A_{zp} y_z \frac{\sin\pi\alpha'_z}{\pi\alpha'_z}+r_y A'_{zy} r_z \frac{\sin\pi\alpha'_z}{\pi\alpha'_z}$$

$$\cos\pi\alpha \geqslant 1-\left(1+\frac{r_1}{r}\cos\pi\alpha_2\right)\xi_b$$

设计参数的假设与计算

计算受压区混凝土强度折减系数 α_1：

$$\alpha 1: = \begin{vmatrix} 1 \text{ if fcuk} \leqslant 50 \\ 0.94 \text{ if fcuk}=80 \\ \dfrac{127-\text{fcuk}}{50} \text{ otherwise} \end{vmatrix} \qquad \alpha_1=1.00$$

假设：受拉钢筋分布范围对应的圆心角为 ϕsl $\qquad \phi sl: =120 \cdot deg$

$$\alpha s: =\frac{\phi sl \cdot rad}{2\pi} \qquad \alpha s=0.333$$

受压钢筋分布范围对应的圆心角为 ϕsy $\qquad \phi sy: =90 \cdot deg$

$$\alpha sy: =\frac{\phi sy \cdot rad}{2\pi} \qquad \alpha sy=0.25$$

受压钢筋数量与直径 ny、dy $ny: =0$ $dy: =25 \cdot mm$ $Asry: =ny: \dfrac{\pi \cdot dy^2}{4}$

$$r: =\dfrac{D}{2} \qquad rs: =r-as \qquad A: =\pi \cdot r^2$$

$$r=750mm \qquad rs=710mm \qquad A=1767mm$$

$$\varepsilon cu: =0.0033-(fuck-50) \cdot 10^{-5} \qquad \varepsilon cu: =0.0035$$

$$\beta 1: = \begin{vmatrix} 0.8 & if & fcuk \leqslant 50 \\ 0.74 & if & fcuk=80 \\ 0.9-\dfrac{fcuk}{500} & otherwise \end{vmatrix} \qquad \beta 1=0.8$$

矩形截面 ξ_b： $\xi_b: =\dfrac{\beta 1}{1+\dfrac{fy}{Es \cdot \varepsilon cu}} \qquad \xi_b=0.528$

解方程 α 及 As

假定初始值： $Asrl: =10000 \cdot mm^2 \qquad \alpha: =4$

Given

$$\alpha \cdot \alpha 1 \cdot fc \cdot A \cdot \left[1-\dfrac{\sin(2 \cdot \pi \cdot \alpha)}{(2 \cdot \pi \cdot \alpha)} \right]+(Asry-Asrl) \cdot fy=0$$

$$\dfrac{2}{3}\alpha 1 \cdot fc \cdot A \cdot r \dfrac{\sin(\pi \cdot \alpha)^3}{\pi}+fy \cdot Asrl \cdot rs \dfrac{\sin(\pi \cdot \alpha s)}{\pi \cdot \alpha s}+fy \cdot Asry \cdot rs \cdot \dfrac{\sin(\pi \cdot \alpha sy)}{\pi \cdot \alpha sy}=M$$

$$\cos(\pi \cdot \alpha) \geqslant 1-\left(1+\dfrac{rs}{r}\cos(\pi \cdot \alpha s) \right) \cdot \xi b$$

$$F: =Find(\alpha,Asrl) \qquad \alpha: =F_{0,0} \qquad Asrl: =F_{1,0}$$

$$Asrl=14297mm^2 \qquad \alpha=0.339$$

截面极限承载力计算与配筋设计

根据基坑技术规程第 B.0.3 的规定验算截面的抗弯承载力：

$$\Gamma: =\alpha-\dfrac{1}{3.5} \qquad \Gamma=0.053$$

$$Mu: = \begin{vmatrix} fy \cdot Asrl \cdot \left(0.78 \cdot r+rs \dfrac{\sin(\pi \cdot \alpha s)}{\pi \cdot \alpha s} \right) & if & \Gamma<0 \\ \dfrac{2}{3} \cdot \alpha 1 \cdot fc \cdot A \cdot r \cdot \dfrac{\sin(\pi \cdot \alpha)^3}{\pi}+fy \cdot Asrl \cdot rs \dfrac{\sin(\pi \cdot \alpha s)}{\pi \cdot \alpha s}+ \\ fy \cdot Asry \cdot rs \cdot \dfrac{\sin(\pi \cdot \alpha sy)}{\pi \cdot \alpha sy} & otherwise \end{vmatrix}$$

$M-Mu=0.000N \cdot m$ 满足要求

选用钢筋直径 d $d: =28 \cdot mm$

所需钢筋根数 nds $nd: =\dfrac{Arsl}{\dfrac{1}{4} \cdot \pi \cdot d^2} \qquad nd=23 \qquad nds: =23$

截面配筋率 ρ $\rho: =\dfrac{nds \cdot \pi \cdot d^2}{4 \cdot A} \qquad \rho=0.801\%$

纵向钢筋间距 a $a: =\dfrac{rs \cdot \phi sl}{nds-1} \qquad a=67mm$

3. 环形截面沿周边均匀配筋

根据《混凝土结构设计规范》GB 50010—2010 附录 E.0.3 条提供的计算公式编制的 MathCAD 交互计算文档如下：

【算例 4.4-3】

圆环截面均匀配筋正截面受弯强度计算（按《混凝土结构设计规范》GB 50010—2010 计算）

基 本 参 数

混凝土强度等级： fcuk：=30

混凝土轴心抗压、拉强度设计值： fc：$=14.3 \dfrac{N}{mm^2}$ ft：$=1.43 \dfrac{N}{mm^2}$

钢筋抗拉强度设计值： fy：$=360 \dfrac{N}{mm^2}$

钢筋的弹性模量： Es：$=20 \cdot 10^5 \dfrac{N}{mm^2}$

钢筋保护层厚度 as： as：$=50 \cdot mm$

最大外弯矩设计值： M：$=5668. 10^3 N \cdot m$

设计圆环截面直径 D： D：$=1500mm$

设计圆环的厚度 δ： δ：$=250mm$

计算基本假定

1. 截面变形符合平截面假定；
2. 不考虑混凝土的抗拉强度；
3. 混凝土的应力与应变关系符合规范的规定：

上升段：$\sigma_c = f_c \left[1-(1-\varepsilon_c/\varepsilon_0)^n\right]$

下降段：$\sigma_c = f_c$

计算简图：

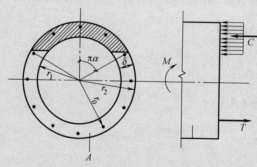

计算基本方式

$0 = \alpha \cdot \alpha_1 \cdot f_c \cdot A + (\alpha - \alpha_t) f_y A_s$；

$M = \alpha_1 \cdot f_c \cdot A(r_1+r_2)\sin\pi\alpha(2\pi) + f_y A_s r_s (\sin\pi a + \sin\pi a)/\pi$；

$\alpha_1 = 1-1.5\alpha$

截面受压区高度判定与配筋设计

根据《混凝土结构设计规范》GB 50010—2010 附录 E.0.3 第 3 条的规定当计算的 α 符合下式条件时，按圆形截面钢筋混凝土偏心受压构件计算。

$$\alpha < \frac{acos\left(\frac{2 \cdot r1}{r1+r2}\right)}{\pi} \qquad \alpha - \frac{acos\left(\frac{2 \cdot r1}{r1+r2}\right)}{\pi} = 0.051 \qquad \text{不必按圆形截面重算}$$

选用钢筋直径 d $\qquad$ d := $28 \cdot$ mm

所需钢筋根数 nds $\qquad$ nd := $\dfrac{As}{\frac{1}{4}\pi \cdot d^2}$ $\qquad$ nd = 45 $\qquad$ nds := 45

截面配筋率 ρ $\qquad$ $\rho := \dfrac{nds \cdot \pi \cdot d^2}{4 \cdot A}$ $\qquad$ $\rho = 2822\%$

纵向钢筋间距 a $\qquad$ a := $\dfrac{rs \cdot 2 \cdot \pi}{nds - 1}$ $\qquad$ a = 100mm

设计参数的假设与计算

计算受压区混凝土强度折减系数 $\alpha 1$：

$$\alpha1 := \begin{vmatrix} 1 & \text{if} & fcuk \leqslant 50 \\ 0.94 & \text{if} & fcuk = 80 \\ \frac{127 - fcuk}{50} & \text{otherwise} \end{vmatrix} \qquad \alpha1 = 1.00$$

$$r2 := \frac{D}{2} \qquad r1 := r2 - \delta \qquad rs := r2 - as \qquad A := \pi \cdot (r2^2 - r1^2)$$

$$r2 = 750mm \qquad r1 = 500mm \qquad rs = 710mm \qquad A = 981748mm^2$$

解方程求 α 及 As

假定初始值：As := $1000 \cdot mm^2$ $\qquad$ α := 0.2 $\qquad$ αt := 0.6

Given

$$\alpha \cdot \alpha1 \cdot fc \cdot A + (\alpha - \alpha t) \cdot fy \cdot As = 0$$

$$\alpha1 \cdot fc \cdot A \cdot (r1+r2) \cdot \frac{\sin(\pi \cdot \alpha)}{2 \cdot \pi} + fy \cdot As \cdot (r2-as) \cdot \frac{\sin(\pi \cdot \alpha) + \sin(\pi \cdot \alpha t)}{\pi} = M$$

$$\alpha t = \begin{vmatrix} 1 - 1.5 \cdot \alpha & \text{if} & \alpha \leqslant \frac{2}{3} \\ 0 & \text{if} & \alpha > \frac{2}{3} \end{vmatrix}$$

F := Find(α, αt, As) $\qquad$ α := $F_{0,0}$ $\qquad$ αt := $F_{1,0}$ $\qquad$ As := $F_{2,0}$

$\alpha = 0.256$ $\qquad$ $\alpha t = 0.617$ $\qquad$ As = $27596.666mm^2$

4. 设计结果汇总分析

上述计算结果是在同一荷载作用下，采用相同的材料，按《混凝土结构设计规范》或《基坑支护技术规程》设计方法，计算同一直径的圆形截面和环形截面配筋的三种计算结果，计算结果汇总见表 4.4-1。

计算结果汇总与对比 表 4.4-1

设计方案	截面形式	截面尺寸 $D(\delta)$ (mm)	配筋形式	纵筋圆心角 (rad)	压区圆心角 (rad)	计算纵筋 $A_s(mm^2)$	受拉区钢筋 A_{s1}/mm^2	计算结果对比	备注
1	圆形	1500(0)	沿周边均匀	2π	0.294	26999	17846	1.0	未考虑
2	圆形	1500(0)	局部均匀	$\pi/3$	0.343	14297	14297	0.530	非拉去
3	圆环	1500(250)	沿周边均匀	2π	0.259	27597	17018	1.022	构造筋

上表的计算结果不难看出，按《混凝土结构设计规范》GB 50010—2010 中的方法求得的配筋量都较大，其主要的原因有以下两个方面：根据受弯构件平截面假定，不论混凝土受压区高度多少，位于中和轴附近的钢筋在弯矩作用下其所受的拉或压应力是微乎其微的，并且该部分钢筋抵抗弯矩的力臂也很小，其抗弯作用几乎可忽略不计，故在中和轴附近配置受力钢筋是一种浪费，只需按构造配置钢筋即可。另一方面，在受压区配置钢筋主要是在构件截面所受弯矩较大，而截面尺寸受各种条件限制不能加大的情况下，为了避免受压区混凝土的高度超过其界限受压高度，不得已才在受压区配置受压钢筋，其目的是为了减小受压区的高度，也就是说用钢筋来代替混凝土。因此当弯矩较小时，由于混凝土受压区面积本来就不大，故在弯矩较小时受压钢筋的存在对圆形截面的正截面抗弯承载力的提高几无益处；当弯矩较大时，混凝土受压区的面积较大，考虑到混凝土受压区为弓形，虽然受压钢筋的存在使混凝土受压区的面积有所减小，而受压区高度的变化并不显著，此时受压钢筋的存在对圆形截面的正截面抗弯承载力的提高也影响甚微。

4.4.7 圆形与环形受弯构件正截面强度计算推荐方法

《混凝土结构设计规范》GB 50010—2010 所给出的均匀配筋设计计算公式，存在无法手工计算和均匀配筋方式浪费大量钢筋的问题，虽然《建筑基坑支护技术规程》JGJ 120—2012 在附录 E 中给出了仅沿受拉受压区局部均匀配筋的计算公式，解决了均匀配筋浪费钢筋的问题。但是它们都存在一个共同的问题，即均未进行界限受压区高度的判断，不能确保所配置的受拉钢筋进入屈服状态，因而是不完备的。当弯矩较大使得受压区高度超过圆截面的界限受压区高度时，截面的受弯破坏属于超筋破坏，而这种情况在《规范》和《规程》的设计公式中并不能体现，况且圆形截面的界限受压区高度与受拉区受力钢筋的配置圆心角有关且小于矩形截面的界限受压区高度，这就意味着上面的计算公式存在一个安全隐患，应该引起设计人员的重视。编者根据传统的矩形截面正截面承载力设计计算方法，结合 MathCAD 数学工具软件，编制了圆形及环形混凝土受弯构件单筋与双筋正截面强度计算书文档。设计基本步骤如下：

（1）假设受拉钢筋和受压钢筋的分布圆心角 β；

（2）计算受压区混凝土边缘应变达到其极限压应变 ε_{cu} 时的混凝土受压区范围的圆心角 α_b；

（3）计算受压区弓形混凝土高度等于圆环厚度时的圆心角 α_h；

（4）假设受拉区圆心角范围内均匀布置的钢筋数量为 n_s；

（5）计算受拉钢筋合力点距圆心轴的距离 e_s；

（6）计算单向配筋圆（环）形截面所能承受的最大弯矩 M_u；

（7）判断所选圆（环）截面尺寸单向配筋时的截面尺寸是否能满足承载力要求；如截面过小可加大直径或采用双向配筋；

（8）根据静力平衡条件应用 MathCAD 解方程组模块求解单向配筋时的受拉区钢筋面积和受压区混凝土的圆心角；

（9）进行截面配筋，计算钢筋直径、间距和配筋率，并判断所选钢筋数量是否合理，钢筋间距和配筋率是否满足构造要求，如不合理则重新假设受拉区钢筋根数，重新计算直至满足要求。

按上例基本数据编写的 MathCAD 计算文档如下：

【算例 4.4-4】 圆环截面单向配筋正截面受弯强度计算

基 本 参 数

混凝土强度等级： fcuk：=30

混凝土轴心抗压、拉强度设计值： fc：=14.3 $\dfrac{N}{mm^2}$ ft：=1.43 $\dfrac{N}{mm^2}$

钢筋抗拉强度设计值： fy：=360 $\dfrac{N}{mm^2}$

钢筋的弹性模量： Es：=2.0 $\cdot$ 10^5 $\dfrac{N}{mm^2}$

钢筋保护层厚度 as： as：=50mm

最大外弯矩设计值： M：=5668.10^3N $\cdot$ m

设计圆环截面直径D： D：=1500mm

设计圆环的厚度δ： δ：=750mm

计算基本假定

1. 截面变形符合平截面假定；

2. 不考虑混凝土的抗拉强度；

3. 混凝土的应力与应变关系符合规范的规定：

上升段：$\sigma_c = f_c[1-(1-\varepsilon_c/\varepsilon_0)^n]$

下降段：$\sigma_c = f_c$

计算简图：

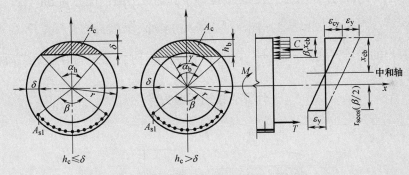

计算有关参数

计算受压区混凝土强度折减系数 α1：

$$\alpha1：=\begin{vmatrix} 1 & if & fcuk \leqslant 50 \\ 0.94 & if & fcuk=80 \\ \dfrac{127-fcuk}{50} & otherwise \end{vmatrix} \qquad \alpha1=1.00$$

计算矩形应力图高度调整系数 β1：

$$\varepsilon cu：=0.0033-(fcuk-50) \cdot 10^{-5} \qquad \varepsilon cu=0.0035$$

$$\beta1：=\begin{vmatrix} 0.8 & if & fcuk \leqslant 50 \\ 0.74 & if & fcuk=80 \\ 0.9 & -\dfrac{fcuk}{500} & otherwise \end{vmatrix} \qquad \beta1=0.8$$

计算受压区混凝土边缘应变达到 ε_{cu} 时钢筋屈服应变所对应的圆心角 α_b

假设：受拉钢筋分布范围对应的圆心角为 β　　　$\beta:=120\text{deg}$　　　$\beta=2.094\text{rad}$

$$r:=\frac{D}{2}\qquad rs:=r-as\qquad A:=\pi\cdot r^2$$

当受压区混凝土边缘应变达到 ε_{cu} 时存在以下几何关系：

$$\frac{\varepsilon_{cu}}{xcb}=\frac{\varepsilon_{cu}+\varepsilon y}{(r-as)\cdot\cos\left(\frac{\beta}{2}\right)+r}\qquad+\qquad\qquad(1)$$

$$\beta 1\cdot xcb=r-r\cdot\cos\left(\frac{\alpha b}{2}\right)\qquad\qquad(2)$$

由式（1）可得：　　$xcb:=\dfrac{r+(r-as)\cos\left(\frac{\beta}{2}\right)}{1+\dfrac{fy}{Es\cdot\varepsilon cu}}$　　　$xcb=726\text{mm}$

$$\xi b:=\frac{\beta 1\cdot xcb}{D-as}\qquad\xi b=0.401$$

由式（2）可得：

$$\alpha b:=2\cdot a\cos\left(\frac{r-\beta 1\cdot xcb}{r}\right)\qquad\alpha b=153.976\text{deg}$$

也就是说在设计弯矩 M 作用下，按以上角度配筋只要以下方程组算得的受压区圆角小于 α_b，则，可确保所配置的纵向钢筋进入屈服状态，截面不会发生超筋破坏。

计算弓形混凝土受压区高度等于圆环厚度时的圆心角 αh

$$\alpha h:=2a\cos\left(\frac{r-\delta}{r}\right)\qquad\alpha h=96.379\text{deg}$$

当计算出的受压区混凝土所对应的圆心角大于 αh 时。受压区混凝土的面积应扣除环内弓形的面积。

计算受拉钢筋合力点

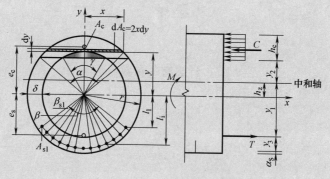

假设：受拉区圆心角范围内均匀布置的受拉钢筋数量为 n：　　　$n:=18$

$$i:=0..n-1$$

$$\beta s1:=\frac{\beta}{(n-1)}\qquad l_i:=(r-as)\sin\left(\frac{\pi-\beta}{2}+i\cdot\beta s1\right)$$

$$es:=\frac{\sum\limits_{i=0}^{n-1}(l_i)}{n}\qquad es=565.5\text{mm}$$

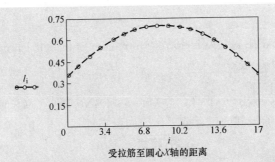

受拉筋至圆心 X 轴的距离

计算受压区混凝土的面积、合力点及圆心的夹角

受压区混凝土的面积为：

$$Ac1 = 2 \int_0^{\frac{\alpha}{2}} \int_0^r R \, d\alpha \, dR - r^2 \cdot \sin(\alpha) \cdot \cos(\alpha)$$

$$Ac2 = 2 \int_0^{\frac{\gamma}{2}} \int_0^r R \, d\alpha \, dR - (r-\delta)^2 \cdot \sin(\gamma) \cdot \cos(\gamma)$$

$$Ac1 = r^2 \cdot \left(\frac{\alpha}{2} - \sin\left(\frac{\alpha}{2}\right) \cdot \cos\left(\frac{\alpha}{2}\right) \right)$$

$$Ac2 = (r-\delta)^2 \cdot \left(\frac{\gamma}{2} - \sin\frac{\gamma}{2} \cdot \cos\frac{\gamma}{2} \right)$$

根据三角几何关系可推导出： $\gamma = 2\mathrm{acos}\left(\dfrac{r \cdot \cos\left(\frac{\alpha}{2}\right)}{r-\delta} \right)$

$$Ac = \left| \begin{array}{ll} Ac1 & \text{if} \quad \alpha \leqslant \alpha h \\ Ac1 - Ac2 & \text{if} \quad \alpha > \alpha h \end{array} \right.$$

受压区混凝土合力为：

$$C = \alpha1 \cdot fc \cdot Ac$$

受压区内外环弓形合力点距圆心轴的距离：

$$ec1 = \frac{2 \cdot r \cdot \left(\sin\left(\frac{\alpha}{2}\right) \right)^3}{3 \cdot \left(\frac{\alpha}{2} - \sin\left(\frac{\alpha}{2}\right) \cdot \cos\left(\frac{\alpha}{2}\right) \right)} \qquad ec2 = \frac{2 \cdot (r-\delta) \cdot \left(\sin\left(\frac{\gamma}{2}\right) \right)^3}{3 \cdot \left(\frac{\gamma}{2} - \sin\left(\frac{\gamma}{2}\right) \cdot \cos\left(\frac{\gamma}{2}\right) \right)}$$

$$ec = \left| \begin{array}{ll} ec1 & \text{if} \quad \alpha \leqslant \alpha h \\ \dfrac{Ac1 \cdot ec1 - Ac2 \cdot ec2}{Ac} & \text{if} \quad \alpha > \alpha h \end{array} \right.$$

计算单向配筋圆环所能承受的最大弯矩 $\mathbf{M_u}$

取 $\alpha = \alpha b$ 则有： $\gamma b := \left| \begin{array}{ll} 2\mathrm{acos}\left(\dfrac{r \cdot \cos\left(\frac{\alpha b}{2}\right)}{r-\delta} \right) & \text{if} \quad \alpha b \geqslant \alpha h \qquad \gamma b = 0\deg \\ 0 & \text{otherwise} \end{array} \right.$

$$ec1b := \frac{2 \cdot r \cdot \left(\sin\left(\frac{\alpha b}{2}\right) \right)^3}{3 \cdot \left(\frac{\alpha b}{2} - \sin\left(\frac{\alpha b}{2}\right) \cdot \cos\left(\frac{\alpha b}{2}\right) \right)} \qquad ec2b := \frac{2 \cdot (r-\delta) \cdot \left(\sin\left(\frac{\gamma b}{2}\right) \right)^3}{3 \cdot \left(\frac{\gamma b}{2} - \sin\left(\frac{\gamma b}{2}\right) \cdot \cos\left(\frac{\gamma b}{2}\right) \right)}$$

$$Ac1b := r^2 \left(\frac{\alpha b}{2} \cdot \sin\left(\frac{\alpha b}{2}\right) \cdot \cos\left(\frac{\alpha b}{2}\right) \right) \qquad Ac2b := (r-\delta)^2 \left(\frac{\gamma b}{2} \cdot \sin\left(\frac{\gamma b}{2}\right) \cdot \cos\left(\frac{\gamma b}{2}\right) \right)$$

Acb：$=Ac1b-Ac2b$ $\quad$ Acb$=632428mm^2$ $\quad$ ec1b$=411mm$ $\quad\quad$ ec2b$=0mm$

ecb：$\dfrac{Ac1b \cdot ec1b - Ac2b \cdot ec2b}{Acb}$ $\quad\quad$ ecb$=411mm$

Mu：$=Acb \cdot (es+ecb) \cdot \alpha1 \cdot fc$ $\quad$ Mu$=883404N \cdot M$ $\quad\quad$ M$-$Mu$=-3166054N \cdot m$

M$-$Mu$\gg$0 时应加大截面尺寸或采用双向配筋。 $\quad\quad$ M$-$Mu$\leqslant$0 时则解方程求配筋。

解方程求 α 及 As

根据静力平衡条件：

fy $\cdot$ As$=\alpha1 \cdot C$

M$=\alpha1 \cdot C(es+es)$ $\quad\quad$ 或 $\quad\quad$ M$=$fy $\cdot$ As $\cdot$ (es+ec)

（给定初值）

$\alpha：=\dfrac{100 \cdot \pi}{180}$ $\quad$ As：$=\dfrac{M}{fy \cdot (es+ecb)}$ $\quad$ Ac：$=\dfrac{M}{\alpha1 \cdot fc \cdot (es+ecb)}$ $\quad$ ec：$=ecb$

Given

$$Ac=\left|\begin{array}{l} r^2 \cdot \left(\dfrac{\alpha}{2}-\sin\left(\dfrac{\alpha}{2}\right) \cdot \cos\left(\dfrac{\alpha}{2}\right)\right) \text{ if } \alpha \leqslant \alpha h \\[2mm] r^2 \cdot \left(\dfrac{\alpha}{2}-\sin\left(\dfrac{\alpha}{2}\right) \cdot \text{co}\left(\dfrac{\alpha}{2}\right)\right)-(r-\delta)^2\left(a\cos\left(\dfrac{r \cdot \cos\left(\dfrac{\alpha}{2}\right)}{r-\delta}\right)-\sin\left(a\cos\left(\dfrac{r \cdot \cos\left(\dfrac{\alpha}{2}\right)}{r-\delta}\right)\right) \cdot \cos \\[4mm] \left(a\cos\left(\dfrac{r \cdot \cos\left(\dfrac{\alpha}{2}\right)}{r-\delta}\right)\right) \text{ if } \alpha > \alpha h \end{array}\right.$$

$$ec=\left|\begin{array}{l} \dfrac{2 \cdot r\left(\sin\left(\dfrac{\alpha}{2}\right)\right)^3}{3 \cdot \left(\dfrac{\alpha}{2}-\sin\left(\dfrac{\alpha}{2}\right) \cdot \cos\left(\dfrac{\alpha}{2}\right)\right)} \text{ if } \alpha \leqslant \alpha h \\[6mm] r^2 \cdot \left(\dfrac{\alpha}{2}-\sin\left(\dfrac{\alpha}{2}\right) \cdot \cos\left(\dfrac{\alpha}{2}\right)\right) \cdot \dfrac{2 \cdot r \cdot \left(\sin\left(\dfrac{\alpha}{2}\right)\right)^3}{3 \cdot \left(\dfrac{\alpha}{2}-\sin\left(\dfrac{\alpha}{2}\right) \cdot \cos\left(\dfrac{\alpha}{2}\right)\right)}-(r-\delta)^2 \cdot \\[6mm] \left(a\cos\left(\dfrac{r \cdot \cos\left(\dfrac{\alpha}{2}\right)}{r-\delta}\right)-\sin\left(a\cos\left(\dfrac{r \cdot \cos\left(\dfrac{\alpha}{2}\right)}{r-\delta}\right)\right) \cdot \cos\left(a\cos\left(\dfrac{r \cdot \cos\left(\dfrac{\alpha}{2}\right)}{r-\delta}\right)\right)\right) \cdot \\[6mm] \dfrac{2 \cdot (r-\delta) 2\left(\sin\left(a\cos\left(\dfrac{r \cdot \cos\left(\dfrac{\alpha}{2}\right)}{r-\delta}\right)\right)\right)^3}{3\left(a\cos\left(\dfrac{r \cdot \cos\left(\dfrac{\alpha}{2}\right)}{r-\delta}\right)-\sin\left(a\cos\left(\dfrac{r \cdot \cos\left(\dfrac{\alpha}{2}\right)}{r-\delta}\right)\right) \cdot \cos\left(a\cos\left(\dfrac{r \cdot \cos\left(\dfrac{\alpha}{2}\right)}{r-\delta}\right)\right)\right)} \\[6mm] \dfrac{}{Ac} \text{ if } \alpha > \alpha h \end{array}\right.$$

M$=\alpha1 \cdot fc(Ac) \cdot (es+ec)$

As $\cdot$ fy$-\alpha1 \cdot fc \cdot (Ac)=0$

$$F:=Find(\alpha, As, Ac, ec)$$

$$\alpha:=F_{0,0} \qquad As:=F_{1,0} \qquad Ac:=F_{2,0} \qquad ec:=F_{3,0}$$

$$\alpha=122.6deg \qquad As=14503mm^2 \qquad Ac=365118mm^2 \qquad ec=520mm$$

截面配筋与构造要求复核

受压区混凝土范围与圆心的夹角：$=\alpha$ 受压区混凝土范围与圆心的夹角$=122.633deg$

受压区混凝土面积：$=Ac$ 受压区混凝土面积$=365118mm^2$

$$hc:=r-rcos\left(\frac{\alpha}{2}\right) \qquad hc=390mm$$

$$hc-\beta1 \cdot xcb=-191.112mm \qquad hc-xcb<0 \quad (受压区高度满足要求)$$

$$\xi:=\frac{hc}{D-as} \qquad \xi=0.269 \qquad \xi-\xi b=-0.132 \quad (满足要求)$$

$$\rho min:=\begin{vmatrix} 0.45 \cdot \dfrac{ft}{fy} & if & 0.45 \dfrac{ft}{fy}>\dfrac{0.2}{100} \\ \dfrac{0.2}{100} & otherwise \end{vmatrix} \qquad \rho min=0.200\% \qquad Asmin:=A \cdot \rho min$$

$$Asmin:=3534mm^2$$

$$As1:=\begin{vmatrix} \dfrac{As}{n} & if & As \geqslant Asmin \\ \dfrac{Asmin}{n} & otherwise \end{vmatrix} \qquad As1=806mm^2$$

$$钢筋直径：=2 \cdot \sqrt{\frac{As1}{\pi}} \qquad 钢筋直径=32mm \qquad d选：=32mm$$

$$钢筋直径：=2 \cdot \sqrt{\frac{As1}{\pi}} \qquad 钢筋直径=32mm \qquad d选：=32mm$$

实配钢筋为 nϕd 选 HRB400 $\qquad$ A 实配：$=\dfrac{n \cdot \pi \cdot d选^2}{4}$

$$钢筋最大间距：=\begin{vmatrix} 250mm & if & r>250mm \\ r & otherwise \end{vmatrix} \qquad 钢筋最大间距=250mm$$

A 实配$=14476mm^2$ $\qquad$ 钢筋间距：$=\dfrac{(r-as) \cdot \beta}{n-1}$ $\qquad$ 钢筋间距$=86mm$（满足要求）

钢筋间距$-$（d 选$+25mm$）$=29mm$（满足要求）

采用上述推荐方法并假定圆环的厚度为 750mm，即圆形截面，其计算结果与《建筑基坑支护技术规程》附录 B 局部均匀配筋的圆形截面计算公式的计算结果非常接近，但单筋矩形截面计算方法可以判定受压区高度是否大于了界限受压区高度，因而可避免发生超筋破坏。当承受的弯矩大于单向配筋所能承受的最大弯矩，需要采用双向配筋时，把上述 MathCAD 计算文档，按双向配筋设计原则进行修改，即充分利用受压区混凝土的抗弯承载力后，剩余的弯矩通过在受压区配置的抗弯受压钢筋来承受，此时受拉区也必须增加与受压区相等数量的受拉钢筋，才能形成抗弯力矩。对多道支撑的支护桩来说，受拉区和受压区在支点和跨中处是相反的，因此，为了充分利用受压区的钢筋，实际工程中大多数情况都是双向配筋的，而且是先已知受压区的配筋，后求受拉区配筋。对这种情况，可先让受压区的钢筋充分发挥，然后按单向配筋计算扣除受压区钢筋所承受弯矩后的剩余弯矩所需的受拉钢筋，将前后两次计算的受拉钢筋叠加便是受拉区所需的总配筋。当然受压区混凝土的高度也不能大于界限受压区高度。其 MathCAD 计算文档如下：

【算例 4.4-5】

圆环截面双向配筋正截面受弯强度计算（已知受压区配筋）

基本参数：

混凝土强度等级： fcuk：＝30

混凝土轴心抗压、抗拉强度设计值： fc：＝14.3 $\dfrac{N}{mm^2}$ ft：＝1.43 $\dfrac{N}{mm^2}$

钢筋抗拉、抗压强度设计值： fy：＝360 $\dfrac{N}{mm^2}$ fyp：＝360 • $\dfrac{N}{mm^2}$

钢筋的弹性模量： Es：＝2.0 • 10^5 $\dfrac{N}{mm^2}$

钢筋保护层厚度 as： as：＝50mm ap：＝50mm

最大外弯矩设计值： M：＝7668 • $10^3 N • m$

设计圆环截面直径 D： D：＝1500mm

设计圆环的厚度δ： δ：＝300mm

计算基本假定

1. 截面变形符合平截面假定；

2. 不考虑混凝土的抗拉强度；

3. 混凝土的应力与应变关系符合规范的规定：

上升段：$\sigma_c = f_c \left[1 - (1 - \varepsilon_c/\varepsilon_0)^n \right]$

下降段：$\sigma_c = f_c$

计算简图：

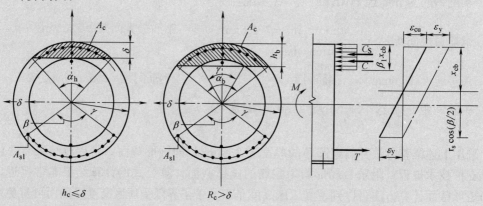

计算有关参数

计算受压区混凝土强度折减系数 α1：

$$\alpha 1 := \begin{vmatrix} 1 & \text{if} & fcuk \leqslant 50 \\ 0.94 & \text{if} & fcuk = 80 \\ \dfrac{127 - fcuk}{50} & \text{otherwise} \end{vmatrix} \qquad \alpha 1 = 1.00$$

计算矩形应力图高度调整系数 β1：

εcu：＝0.0033－(fcuk－50) • 10^{-5} εcu＝0.0035

$$\beta1:=\begin{vmatrix} 0.8 & \text{if} & \text{fcuk}{\leqslant}50 \\ 0.74 & \text{if} & \text{fcuk}{=}80 \\ 0.9 & -\dfrac{\text{fcuk}}{500} & \text{otherwise} \end{vmatrix} \qquad \beta1{=}0.8$$

计算受压区混凝土边缘应变达到 ε_{cu} 时钢筋屈服应变所对应的圆心角 α_b

假设：受拉钢筋分布范围对应的圆心角为 βs $\beta:=150\cdot\text{deg}$ $\beta=2.618\text{rad}$

$$r:=\frac{D}{2} \qquad rs:=r-as \qquad A:=\pi\cdot r^2$$

当受压区混凝土边缘应变达到 ε_{cu} 时存在以下几何关系：

$$\frac{\varepsilon_{cu}}{xcb}=\frac{\varepsilon_{cu}+\varepsilon y}{(r-as)\cdot\cos\left(\dfrac{\beta s}{2}\right)+r} \tag{1}$$

$$\beta1\cdot xcb=r-r\cdot\cos\left(\frac{\alpha b}{2}\right) \tag{2}$$

由式（1）可得： $xcb:=\dfrac{r+(r-as)\cos\left(\dfrac{\beta}{2}\right)}{1+\dfrac{fy}{Es\cdot\varepsilon cu}}$ $xcb=615\text{mm}$

$$\xi b:=\frac{\beta1\cdot xcb}{D-as} \qquad \xi b=0.339$$

由式（2）可得：

$$\alpha b:=2\cdot\text{acos}\left(\frac{r-\beta1-xcb}{r}\right) \qquad \alpha b=139.749\text{deg}$$

也就是说在设计弯矩 M 作用下，按以上角度配筋只要以由下方程组算得的受压区圆角小于 αb，则，可确保所配置的纵向钢筋进入屈服状态，截面不会发生超筋破坏。

计算弓形混凝土受压区高度等于圆环厚度时的圆心角 αh

$$\alpha h:=2\text{acos}\left(\frac{r-\delta}{r}\right) \qquad \alpha h=106.26\text{deg}$$

当计算出的受压区混凝土所对应的圆心角大于 αh 时。受压区混凝土面积应扣除环内弓形的面积。

计算受拉区钢筋合力点

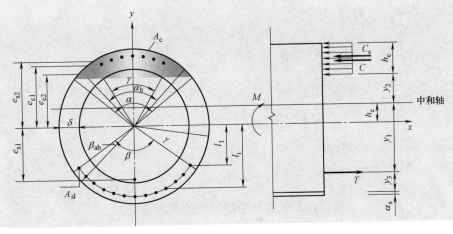

假设：受拉区圆心角范围内均匀布置的受拉钢筋数量为 n： n：$=34$

$$i：=0..n-1$$

$$\beta s1：=\frac{\beta}{(n-1)} \qquad l_i：=(r-as)\sin\left(\frac{\pi-\beta}{2}+i\cdot\beta s1\right)$$

$$es1：=\frac{\displaystyle\sum_{i=0}^{n-1}(l_l)}{n}$$

$$es1=506.4mm$$

计算受压区混凝土的面积、合力点及圆心的夹角

受压区混凝土的面积为：

$$Ac1=2\int_0^{\frac{\alpha}{2}}\int_0^r R\,d\alpha\,dR-r^2\cdot\sin(\alpha)\cdot\cos(\alpha)$$

$$Ac2=2\int_0^{\frac{\gamma}{2}}\int_0^r R\,d\alpha\,dR-(r-\delta)^2\cdot\sin(\gamma)\cdot\cos(\gamma)$$

$$Ac1=r^2\cdot\left(\frac{\alpha}{2}-\sin\left(\frac{\alpha}{2}\right)\cdot\cos\left(\frac{\alpha}{2}\right)\right)$$

$$Ac2=(r-\delta)^2\cdot\left(\frac{\gamma}{2}-\sin\frac{\gamma}{2}\cdot\cos\frac{\gamma}{2}\right)$$

根据三角几何关系可推导出：$\gamma=2acos\left(\dfrac{r\cdot\cos\left(\frac{\alpha}{2}\right)}{r-\delta}\right)$

$$Ac=\begin{vmatrix} Ac1 & if & \alpha\leqslant\alpha h \\ Ac1-Ac2 & if & \alpha>\alpha h \end{vmatrix}$$

受压区混凝土合力为：

$$C=\alpha1\cdot fc\cdot Ac$$

受压区内外环弓形合力点距圆心轴的距离：

$$ec1=\frac{2\cdot r\cdot\left(\sin\left(\frac{\alpha}{2}\right)\right)^3}{3\cdot\left(\frac{\alpha}{2}-\sin\left(\frac{\alpha}{2}\right)\cdot\cos\left(\frac{\alpha}{2}\right)\right)} \qquad ec2=\frac{2\cdot(r-\delta)\cdot\left(\sin\left(\frac{\gamma}{2}\right)\right)^3}{3\cdot\left(\frac{\gamma}{2}-\sin\left(\frac{\gamma}{2}\right)\cdot\cos\left(\frac{\gamma}{2}\right)\right)}$$

$$ec=\begin{vmatrix} ec1 & if & \alpha\leqslant\alpha h \\ \dfrac{Ac1\cdot ec1-Ac2\cdot ec2}{Ac} & if & \alpha>\alpha h \end{vmatrix}$$

计算单向配筋圆环所能承受的最大弯矩 M_u

取 $\alpha=\alpha b$ 则有：

$$\gamma b: = \left| \begin{array}{l} 2a\cos\left(\dfrac{r \cdot \cos\left(\frac{\alpha b}{2}\right)}{r-\delta}\right) \text{ if } \quad \alpha b \geqslant \alpha h \qquad \gamma b = 110.016\text{deg} \\ 0 \quad \text{otherwise} \end{array} \right.$$

$$ec1b: = \frac{2 \cdot r \cdot \left(\sin\left(\frac{\alpha b}{2}\right)\right)^3}{3 \cdot \left(\frac{\alpha b}{2} - \sin\left(\frac{\alpha b}{2}\right) \cdot \cos\left(\frac{\alpha b}{2}\right)\right)} \qquad ec2b: = \frac{2 \cdot (r-\delta) \cdot \left(\sin\left(\frac{\gamma b}{2}\right)\right)^3}{3 \cdot \left(\frac{\gamma b}{2} - \sin\left(\frac{\gamma b}{2}\right) \cdot \cos\left(\frac{\gamma b}{2}\right)\right)}$$

$$Ac1b: = r^2\left(\frac{\alpha b}{2} \cdot \sin\left(\frac{\alpha b}{2}\right) \cdot \cos\left(\frac{\alpha b}{2}\right)\right) \qquad Ac2b: = (r-\delta)^2\left(\frac{\gamma b}{2} - \sin\left(\frac{\gamma b}{2}\right) \cdot \cos\left(\frac{\gamma b}{2}\right)\right)$$

$Acb; = Ac1b - Ac2b \qquad Acb = 404984\text{mm}^2 \qquad ec1b = 462\text{mm} \qquad ec2b = 336\text{mm}$

$$ecb: \frac{Ac1b \cdot ec1b - Ac2b \cdot ec2b}{Acb} \qquad ecb = 492\text{mm}$$

$Mu: = Acb \cdot (es1 + ecb) \cdot \alpha1 \cdot fc \qquad Mu = 5784360\text{N} \cdot \text{m}$

$\Delta M: = M - Mu \qquad \Delta M = 1883640\text{N} \cdot \text{m}$

已知受压区的配筋 Asp 计算受拉区纵向钢筋：

先充分利用受压区的钢筋以使所求受拉区钢筋面积最小：

已知　受压区配筋范围内均匀布置的受压钢筋数量为 np 和直径 dp

受压钢筋分布范围对应的圆心角为 $\beta p \qquad \beta p: = 90 \cdot \text{deg} \qquad \beta p = 1.571\text{rad}$

$np: = 11 \qquad dp: = 28 \cdot \text{mm} \qquad Asp: = \frac{1}{4} \cdot \pi \cdot dp^2 \cdot np \qquad Asp = 6773\text{mm}^2$

钢筋间距：$= \dfrac{(r-ap) \cdot \beta p}{np-1} \qquad$ 钢筋间距 $=110\text{mm}$

钢筋间距 $-(dp+25 \cdot \text{mm}) = 57\text{mm}$

计算受压区钢筋合力点距圆心轴的距离 es2：

$$i: = 0 .. np-1$$

$$\beta p1: = \frac{\beta p}{(np-1)} \qquad li: = (r-ap)\sin\left(\frac{\pi - \beta p}{2} + i \cdot \beta p1\right)$$

$$es2: = \frac{\sum\limits_{i=0}^{np-1}(l_k)}{np}$$

$$es2 = 616.7\text{mm}$$

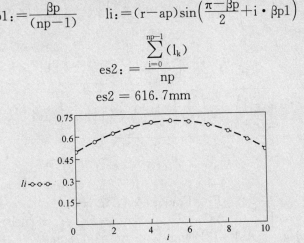

计算受压区钢筋所能承受的弯矩 Mp：

$Mp: = Asp \cdot fyp \cdot (es1 + es2) \qquad Mp = 2738690\text{N} \cdot \text{m}$

计算扣除受压钢筋所承受的弯矩后剩弯矩所需配置的受拉钢筋：

$\text{Ms：} = M - Mp \qquad Ms = 4929310.4 N \cdot m$

解方程求剩弯矩所需配置的受拉钢筋 As1 及受压区混凝土的圆心角 α

根据静力平衡条件：

$fy \cdot As = \alpha 1 \cdot C$

$Ms = \alpha 1 \cdot C(es + ec) \qquad 或 \qquad Ms = fy \cdot As \cdot (es + ec)$

（给定初值）

$\alpha：= \dfrac{120 \cdot \pi}{180} \qquad As1：= \dfrac{Ms}{fy(es1 + ecb)} \qquad Ac：= \dfrac{Ms}{\alpha 1 \cdot fc \cdot (es1 + ecb)} \qquad ec：= ecb$

Given

$$Ac = \begin{cases} r^2 \cdot \left(\dfrac{\alpha}{2} - \sin\left(\dfrac{\alpha}{2}\right) \cdot \cos\left(\dfrac{\alpha}{2}\right) \right) & \text{if } \alpha \leqslant \alpha h \\[2em] r^2 \cdot \left(\dfrac{\alpha}{2} - \sin\left(\dfrac{\alpha}{2}\right) \cdot \cos\left(\dfrac{\alpha}{2}\right) \right) - (r-\delta)^2 \left(acos\left(\dfrac{r \cdot \cos\left(\frac{\alpha}{2}\right)}{r-\delta} \right) - \sin\left(acos\left(\dfrac{r \cdot \cos\left(\frac{\alpha}{2}\right)}{r-\delta} \right) \right) \cdot \cos \right. \\ \left. \left(acos\left(\dfrac{r \cdot \cos\left(\frac{\alpha}{2}\right)}{r-\delta} \right) \right) \right) \text{if } \alpha > \alpha h \end{cases}$$

$$ec = \begin{cases} \dfrac{2 \cdot r \left(\sin\left(\frac{\alpha}{2}\right) \right)^3}{3 \cdot \left(\frac{\alpha}{2} - \sin\left(\frac{\alpha}{2}\right) \cdot \cos\left(\frac{\alpha}{2}\right) \right)} \text{if } \alpha \leqslant \alpha h \\[2em] \begin{array}{c} r^2 \cdot \left(\dfrac{\alpha}{2} - \sin\left(\dfrac{\alpha}{2}\right) \cdot \cos\left(\dfrac{\alpha}{2}\right) \right) \cdot \dfrac{2 \cdot r \cdot \left(\sin\left(\frac{\alpha}{2}\right) \right)^3}{3 \cdot \left(\frac{\alpha}{2} - \sin\left(\frac{\alpha}{2}\right) \cdot \cos\left(\frac{\alpha}{2}\right) \right)} - (r-\delta)^2 \cdot \\[1em] \left(acos\left(\dfrac{r \cdot \cos\left(\frac{\alpha}{2}\right)}{r-\delta} \right) - \sin\left(acos\left(\dfrac{r \cdot \cos\left(\frac{\alpha}{2}\right)}{r-\delta} \right) \right) \cdot \cos\left(acos\left(\dfrac{r \cdot \cos\left(\frac{\alpha}{2}\right)}{r-\delta} \right) \right) \right) \cdot \\[1em] \dfrac{2 \cdot (r-\delta) 2\left(\sin\left(acos\left(\dfrac{r \cdot \cos\left(\frac{\alpha}{2}\right)}{r-\delta} \right) \right) \right)^3}{3\left(acos\left(\dfrac{r \cdot \cos\left(\frac{\alpha}{2}\right)}{r-\delta} \right) - \sin\left(acos\left(\dfrac{r \cdot \cos\left(\frac{\alpha}{2}\right)}{r-\delta} \right) \right) \cdot \cos\left(acos\left(\dfrac{r \cdot \cos\left(\frac{\alpha}{2}\right)}{r-\delta} \right) \right) \right)} \\[1em] \hline Ac \end{array} \text{if } \alpha > \alpha h \end{cases}$$

$$Ms = \alpha 1 \cdot fc(Ac) \cdot (es1 + ec)$$

$$As1 \cdot fy - \alpha 1 \cdot fc \cdot (Ac) = 0$$

$$F：= Find(\alpha, As1, Ac, ec)$$

$\alpha：= F_{0,0} \qquad As1：= F_{1,0} \qquad Ac：= F_{2,0} \qquad ec：= F_{3.0}$

$\alpha = 122.6 deg \qquad As1 = 13179 mm^2 \qquad Ac = 331780 mm^2 \qquad ec = 533 mm$

受拉区所需配置的总受拉钢筋为：$As = As1 + Asp \dfrac{fyp}{fy}$

$As = 19952.3 mm^2 \qquad$ 受拉钢筋面积：$= As \qquad$ 受拉钢筋面积 $= 19952 mm^2$

As 总：＝As＋Asp   As 总＝26726mm^2

已配受压区钢筋为：αp＝28mm   βp＝90deg   Asp＝6773mm^2

截面配筋与构造要求复核

受压混凝土范围与圆心的夹角＝α   受压区混凝土范围与圆心的夹角＝122.584deg

受压区混凝土面积：＝Ac   受压区混凝土面积＝331780mm^2

$$hc：=r-r\cos\left(\frac{\alpha}{2}\right)\quad hc=390mm$$

hc－β1·xcb＝－102.203mm   hc－xcb＜0   （满足要求）

$$hc-1.2\left[r-(r-ap)\cdot\cos\left(\frac{\beta p}{2}\right)\right]=84mm\quad\geqslant 0\quad（满足要求）$$

$$\xi：=\frac{hc}{D-as}\quad \xi=0.269\quad \xi-\xi b=-0.07\quad（满足要求）$$

$$\rho min：=\begin{vmatrix}0.45\cdot\frac{ft}{fy}\ if\ 0.45\frac{ft}{fy}>\frac{0.2}{100}\\ \\ \frac{0.2}{100}\ otherwise\end{vmatrix}\quad \rho min=0.200\%\quad Asmin：=A\cdot\rho min$$

$$Asmin：=3534mm^2$$

$$Ass1：=\begin{vmatrix}\frac{As}{n}\ if\ As\geqslant Asmin\\ \\ \frac{Asmin}{n}\ otherwise\end{vmatrix}\quad Ass1=587mm^2$$

$$钢筋直径：=2\cdot\sqrt{\frac{Ass1}{\pi}}\quad 钢筋直径=27mm\quad d 选：=28mm$$

实配钢筋为 nφd 选 HRB335 $A 实配：=\frac{n\cdot\pi\cdot d 选^2}{4}$

$$钢筋最大间距：=\begin{vmatrix}250mm\ if\ r>250mm\\ r\ otherwise\end{vmatrix}\quad 钢筋最大间距=250mm$$

A 实配＝20936mm^2 $钢筋间距：=\frac{(r-as)\cdot\beta}{n-1}$ 钢筋间距＝56mm

钢筋间距－（d 选－25·mm）＝3mm

4.5 减少悬臂式支挡结构变形的措施

无论采用何种计算方法，悬臂式支挡结构其最大变形都在支挡结构的顶部，要减少结构的变形其途径不外乎有以下几个途径：

（1）卸荷：减少来自于支挡结构挡土侧的荷载，其中放坡卸载是最直接，也是最有效的一种方法；其次可加固主动区的土体，通过提高土体的抗剪强度达到减小主动土压力的目的。

（2）增加结构的抗弯刚度和嵌固深度：这也是一个直接有效的方法但经济代价很高，一般不选择。但通过选择类似薄壁式支撑构件的方式来增加抗弯刚度则是可取的，例如采用大截面薄壁灌注桩、工字型截面桩等；

（3）被动区加固：提高被动区土体的抗剪强度减少其压缩变形量，是目前软土地区减少支护结构变形、地面沉降和基坑隆起的常用手段。

1. 放坡卸荷减少悬臂高度

悬臂式围护结构未加任何支撑或锚杆，仅靠插入其基坑底下一定深度，以取得嵌固和稳定性。由于基坑底以上部分呈悬臂状态，围护结构的弯矩随开挖深度成三次方增加，故与有内支撑的围护结构相比，这种结构的桩顶位移及杆件弯矩值均较大。

当地基土在竖向挖深超过一定深度时，悬臂支护结构将受到巨大土压力导致失稳破坏，此时可以采用放坡卸荷，减少围护结构的悬臂高度，见图 4.5-1，但必须强调的是卸土的宽度不能太小，否则对减少支护结构的受力和变形没有太大的效果，但可节约围护桩的费用。

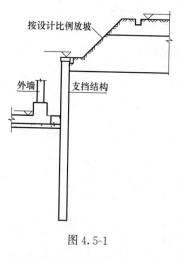

图 4.5-1

当基坑较深时，在保持稳定边坡的坡度要求下，由于放坡增加了基坑的挖方及回填土方工程量，并且扩大了基坑顶面开口的范围，常常会超出工程用地所许可的条件。特别是在滨海深厚软土地区，土的抗剪强度甚低，能满足稳定边坡的坡度很小，此时，即使开挖不深的基坑，若采用放坡开挖也因需有较大的施工场地条件而往往难以实现，因此，一般当浅部土层抗剪强度较好，土的灵敏度较小时，才采用放坡后的悬臂支护形式。在放坡开挖施工中，所选定的边坡坡度及基坑稳定状态，在很大程度上取决于场地工程环境和土体性质，由于影响土体抗剪强度指标 c 和 φ 值的因素很多，土体自身固有的不连续、非均质、非线性等特性也都增加了工程实践中的复杂因素，因此边坡失稳的工程事故仍时有发生。

基坑放坡卸荷的施工，通常需要选择开挖土坡的坡度，验算基坑开挖各阶段的土坡稳定性，确定地面及基坑的排水组织，选择土坡坡面的防护方法以及土方开挖程序等设计及组织工作。在有地下水且地下水位较高又丰富时，尚应进行施工降水设计，并结合邻近工程环境条件提出相应的控制措施和监测方法。

2. 加大嵌固深度

基坑土体开挖的施工过程，是坑内土压力由静止土压力逐步转成被动土压力的过程，支挡结构因失去基坑内侧土体的约束，基坑外侧土体由静止土压力转而成为主动土压力，支挡结构在平衡的转换过程中通过向坑内移动达到新的平衡。随着开挖深度增加，支挡结构在坑外土体的主动土压力作用下，构件顶端朝向坑内的水平位移不断增加。当悬臂支护结构的嵌固深度足够长的时候，支护结构受到的主被动土压力达到平衡，结构安全稳定性满足要求。因此，嵌固深度基本上都是由支挡结构的嵌固稳定安全度和整体稳定安全度来确定的。增加支护结构嵌固深度理论上是可以减少支挡结构的水平位移，在软土地基中的基坑，如果嵌固深度已经满足支挡结构稳定安全，再增加嵌固深度一般情况下对减少支挡结构的变形是没多大作用的。如果被动区土层为深厚流塑状软土，由于主被动土压力系数很接近，要满足支挡结构的稳定安全要求，其要求的嵌固深度较深，甚至难以接受，因此设计者再想通过加大嵌固深度来减少变形是不现实的。如果被动区土质较好适当增加支挡结构的嵌固深度可较好地减少支挡结构的位移，但总体上不经济。

3. 增加支挡结构的抗弯刚度

理论上增加结构的抗弯刚度，对减少结构的变形是最直接有效的，但是增加结构的刚度意味着要打入更多的桩或加大桩的截面或回转半径，由于围护桩是沿基坑四周布置的，打桩的范围是受限的，因此如果仅仅是通过加大支挡结构的截面来提高其抗弯刚度的话，是很不经济的。由此近些年来随着岩土工程理论和桩工机械水平的不断提高，出现了双排门式刚架桩、工字形桩和大直径薄壁桩等支挡结构形式。这些支挡结构形式对减少支挡结构的位移都是直接有效的，也是比较经济的，既方便施工也减少了施工工期。

4. 被动区加固

大量的工程实践及理论分析证明，基坑被动区加固技术能够很好地改善基坑坑底土体的物理力学性质，起到减小支护结构的水平位移、地面沉降及坑底隆起的作用，能够提高被动区土体的侧向抗力，减小因基坑开挖卸土产生的变形，引起了国内外学者的广泛关注。就目前基坑坑内加固研究成果来看，尽管现行的很多加固方案，不论是在加固区域形状、加固宽度和深度等影响因素，还是在主要参数取值问题上都还不够完善，但其加固效果是显而易见的，在国内的应用已越来越普遍。

一般情况下，当基坑底面以下的土层为软土层时，由于被动区土压力随支挡结构的变形增加缓慢，使得结构嵌入深度很大，方能确保围护结构的稳定。即便如此，围护结构内力、变形仍然很大，不能满足周围环境的要求。由于受经济（造价）、地质因素、场地等条件的限制，增加围护结构的插入深度或其他技术措施受到约束时，进行坑底加固是一个很好的选择措施。

坑内被动区土体加固，就是采用各种手段对坑内被动破坏区范围内的软弱土体进行改良，使被动区土体的力学性质得到明显改善。大量的工程实践及理论分析证明，加固坑内被动区土体是一种经济有效的技术措施，它能使坑底土体的力学性质指标得到明显提高，起到减小支护结构的水平位移、地面沉降及坑底隆起的作用，并能防止被动区土体破坏及流土现象。

用于加固被动区土体的方法有：坑内降水、水泥搅拌桩、高压旋喷、压力注浆、化学加固。

（1）坑内降水：当坑底土为砂性土或粉质黏土时，可采用坑内井点降水，以提高坑底土体的物理力学指标。

（2）水泥搅拌桩法：用于坑底土为软土时。加固形式可根据需要灵活布置，较为经济且加固质量易于控制，工程较为常用。双轴水泥搅拌桩的水泥掺入量不宜小于 $230kg/m^3$，水泥土加固体的 28 天龄期无侧限抗压强度 q_u 不宜低于 0.6MPa；三轴水泥搅拌桩的水泥掺入量不宜小于 $360\ kg/m^3$，水泥土加固体的 28 天龄期无侧限抗压强度 q_u 不宜低于 0.8MPa。

（3）高压旋喷：对 $N<10$ 的砂土和 $N<5$ 的黏性土较合适，水泥掺入量不宜小于 $450kg/m^3$，水泥土加固体的 28 天龄期无侧限抗压强度 q_u 不宜低于 1.0MPa，但造价较高。

（4）压力注浆：适用于粉性土和砂性土。水泥掺入量不宜小于 $120kg/m^3$，水泥土加固体的 28 天龄期无侧限抗压强度 q_u 可比原始土体的强度提高 2～3 倍。

悬臂式基坑支护结构基坑被动区坑底加固对支挡结构的内力和变形的影响，可以通过弹性地基梁法分析得到定性的结果。坑内土体的加固深度及程度对围护结构变形的影响具有如下特点：

（1）m 值是弹性地基梁法中的主要参数，其变化有一定的区间，土越软，m 值越小，加固后的土体物理力学参数的增长，如果以 m 值的增加来体现的话，加固后土体的 m 值可取 6 MN/m⁴。

（2）随着加固深度的增加，侧向位移逐渐变小，但是加固深度达到一定值以后，侧向位移变化的幅度不大。若加固深度太小，会造成位移过大，影响基坑周边建筑物及管线的安全；但若加固深度过大，则会造成浪费。因此，坑底合理的加固深度需要通过计算确定。

（3）不论加固深度如何，围护结构的弯矩由地表向下先增大后减少。不同加固深度下围护桩的最大弯矩近似相等，加固深度对弯矩的影响不大。

（4）不论坑底土体加固程度如何，围护结构的位移由地表向下都是逐渐减少的。随着加固程度的增加，位移逐渐变小，当加固程度达到一定值之后，位移变化的幅度不大。因此针对坑底加固程度而言，要达到较高的性价比，需要通过计算确定合理的加固程度。若加固程度太小，易造成位移过大，影响基坑周边建筑物及管线的安全；若加固程度过大，会造成浪费。

（5）不论加固程度如何，围护结构的弯矩呈现出由地表向下先增大后减少的变化规律。不同加固深度下围护桩的最大弯矩近似相等，说明加固程度对弯矩的影响不大。

（6）坑内土体加固的深度及程度均对位移有较大的影响，因此，合理地确定加固深度及程度既能保证基坑安全，又能起到节省造价的日的。

5. 设置连系梁和角支撑

钢板桩、钢筋混凝土板桩和咬合桩，因桩与桩之间的连接均按相应的构造要求来实施，因此，桩单元之间具有一定的共同作用效果，其他的排桩甚至工法桩（SMW）桩单元之间的共同工作效果是非常有限的。因此当采用悬臂式支护形式时，因没有支撑和围檩，桩与桩之间传力有限，各桩均单独承受一定区域的主动土压力。因此，一旦局部地质条件存在突变或其他原因致使局部承载力不够时，因相邻挡土桩不能提供有效帮助，可能因支护结构局部破坏导致类似多米诺式的连环破坏。对于连续墙，由于各槽段之间的连接也是一个薄弱环节，因此也存在此类问题。

为加强支护结构的整体性，通常会在支护桩或墙的顶部加一道连系梁，把各桩或槽段连成一整体，以加强其整体性，同时在基坑围护桩转角处加设斜撑，把局部区域做成一道内支撑的支护形式，由此可增加连系梁对支护构件的水平支撑刚度，增加支护系统的冗余安全度，同时可避免发生局部破坏并减少支护结构的水平位移。

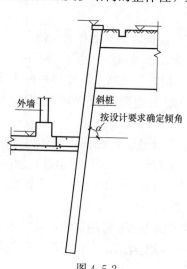

外墙　斜桩

按设计要求确定倾角 α

图 4.5-2

6. 采用倾斜桩作为支挡结构

由于悬臂式排桩支护结构无支点力的作用，桩顶水平位移及桩身弯矩一般较大，容易发生倾覆、断桩等工程事故。为改善支护桩受力性状，寻求更合理的支护形式，国内一些学者试图将传统直立的支护桩，改为朝坑外有一定倾斜角度的桩，以改善支护结构的受力特性，见图 4.5-2。

假定悬臂桩为直桩时，基坑内外的主被动状态区域示意图如图 4.5-3 (*a*) 所示，如果将直立的悬臂桩绕桩端向挡土侧旋转一定的角度如图 4.5-3 (*b*) 所示。不难看出随转动角度的增加主动土压力的区域范围越来越小，而被动土压力的区域反而会有所增加，当然斜桩本身的自重也成了减少变形的有利因素。显而易见采用斜桩可以减少围护桩的变形和内力，遗憾的是斜桩的施工存在一定的困难，因此目前很难看到斜桩的实际应用，但已有不少的学者在这方面做了很多的研究。

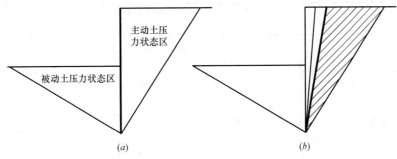

图 4.5-3 直桩与斜桩应力区域对比

4.6 工程实例

1. 工程概况

龙岩某大楼位于龙岩大道及金鸡路交叉路口东北侧，交通方便。场地地势高差不大，原为农田、菜地、荒地及旧房拆迁地，属龙岩盆地陈陂河右岸一级阶地后缘。整个场地高程介于 332.33～334.02m，场地高差约 1.69m，建筑物大楼由 24 层的主楼和 3～4 层裙楼组成，占地面积 2396m²，设 2 层人防地下室，开挖深度约 7.5m，建筑总平面布置如图 4.6-1 所示。

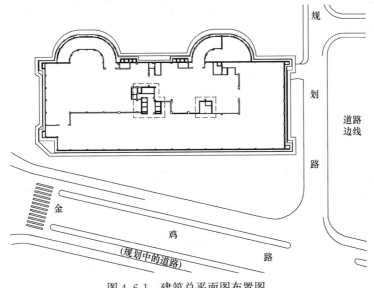

图 4.6-1 建筑总平面图布置图

2. 场地地质概况

根据地质勘察报告，钻探揭露的土层分为 10 个主层，4 个亚层：自上而下依次为：

杂填土①、耕土②、冲洪积成因的中粗砂③、粉质黏土④、圆砾⑤、中粗砂⑤₁、粉质黏土⑥、淤积成因的淤泥质土⑥₁、含角砾粉质黏土⑦、粉质黏土⑦₁、残积成因的红黏土⑧、泥质粉砂岩残积黏性土⑨、栖霞组的破碎灰岩⑩₁及完整灰岩⑩组成。各岩土层的设计参数如表 4.6-1 所示。

场地土层基坑设计参数　　　　　　　　　　　　表 4.6-1

土层编号与名称	厚度（m）	状态	天然重度（kN/m³）	c 值（kPa）	φ 值（°）
②耕　土	0.80～1.60	软塑—可塑	17.0	10.0	10.0
④粉质黏土	0.00～1.60	可塑	19.0	25.0	25.0
⑤圆　砾	0.00～5.35	稍密—中密	21.0	5.0	40.0
⑤₁粗　砂	0.00～3.40	稍密—中密	19.5	5.0	25.0
⑥粉质黏土	0.00～2.20	可塑—硬塑	19.0	27.1	15.0
⑦含角砾粉质黏土	0.00～25.00	可塑—硬塑	19.0	30.2	30
⑧红黏土	0.00～19.50	可塑	17.1	21.6	18.1
⑨泥质粉砂岩残积黏性土	0.00～20.15	可塑—硬塑	19.6	24.5	19.7

3. 支护结构平面布置图

该基坑开挖深度 7.8m，设计采用悬臂式支挡结构，四周支挡结构设计安全等级为二级，围护桩选用外径 1.5m、内径 1.1m、壁厚 0.2m 的大直径现浇沉管钢筋混凝土薄壁灌注桩，桩心间距约 2.5m，基坑顶部根植土、粉质黏土、粗砂和圆砾层采用旋喷桩截水后，按 1∶1 放坡卸荷。基坑围护桩及旋喷桩截水平面图如图 4.6-2 所示。

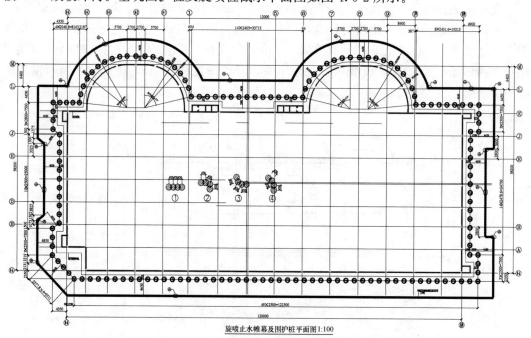

旋喷止水帷幕及围护桩平面图1:100

图 4.6-2　基坑围护桩及旋喷桩截水平面图

4. 支护桩的设计

（1）嵌固深度计算

悬臂式支挡结构的嵌固深度应符合稳定性要求，即基坑内侧被动土压力与基坑外侧主动土压力的比值应大于等于嵌固稳定安全系数 k_e，二级基坑 $k_e=1.20$。嵌固稳定计算与整体稳定验算的 MathCAD 计算文档部分截图如图 4.6-3 和图 4.6-4 所示。计算所需嵌固深度为 6.4m，实际取值为 6.5m。

围护桩嵌固深度计算

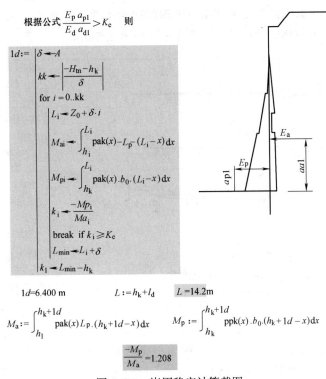

$$1d := \begin{vmatrix} \delta \leftarrow A \\ kk \leftarrow \left| \dfrac{-H_{tn}-h_k}{\delta} \right| \\ \text{for } i = 0..kk \\ \quad \begin{vmatrix} L_i \leftarrow Z_0 + \delta \cdot i \\ M_{ai} \leftarrow \int_{h_i}^{L_i} pak(x) - L_{\bar{p}} \cdot (L_i - x) \, dx \\ M_{pi} \leftarrow \int_{h_k}^{L_i} pak(x) \cdot b_0 \cdot (L_i - x) \, dx \\ k_i \leftarrow \dfrac{-Mp_i}{Ma_i} \\ \text{break if } k_i \geq K_e \\ L_{min} \leftarrow L_i + \delta \end{vmatrix} \\ k_1 \leftarrow L_{min} - h_k \end{vmatrix}$$

$1d = 6.400$ m　　　　$L := h_k + l_d$　　$L = 14.2$m

$$M_a := \int_{h_1}^{h_k+1d} pak(x) L_p \cdot (h_k + 1d - x) \, dx \qquad M_p := \int_{h_k}^{h_k+1d} ppk(x) \cdot b_0 \cdot (h_k + 1d - x) \, dx$$

$$\dfrac{-M_p}{M_a} = 1.208$$

图 4.6-3　嵌固稳定计算截图

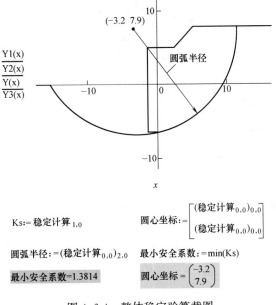

$Ks :=$ 稳定计算$_{1,0}$　　　　　　圆心坐标 $:= \begin{bmatrix} (稳定计算_{0,0})_{0,0} \\ (稳定计算_{0,0})_{0,0} \end{bmatrix}$

圆弧半径 $:= (稳定计算_{0,0})_{2,0}$　　最小安全系数 $:= \min(Ks)$

最小安全系数 = 1.3814　　　　圆心坐标 $= \begin{pmatrix} -3.2 \\ 7.9 \end{pmatrix}$

图 4.6-4　整体稳定验算截图

（2）内力与变形计算

假设坑底处为固定端，则坑底以上悬臂桩可根据主动土压力的分布情况直接计算出支护桩上悬臂段任意深度处的荷载效应，桩顶的位移可采用图乘法直接求得。

坑底以下嵌固段的内力和位移，可按本章 4.2 节介绍的 "m" 法，把悬臂段按静力法求得的弯矩和剪力作为求解桩挠曲线微分方程的初始条件，按前述方法求解嵌固段坑底处的弯矩、剪力和转角位移。计算结果见图 4.6-5 和图 4.6-6。

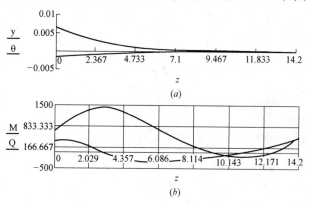

图 4.6-5 "m" 法计算的嵌固段内力与变形
(a) 坑底以下支挡结构的水平位移和转角位移；
(b) 坑底以下支挡结构的弯矩和剪力图

最大弯矩的位置和数值

$$K_i := \begin{vmatrix} \text{for } i \in 0\,..\,\text{Npts} \\ \quad \begin{vmatrix} k \leftarrow i+1 & \text{if} & M_{i+1} - M_i \geq 0 \\ \text{break otherwise} \end{vmatrix} \\ k \end{vmatrix}$$

$$lm := k \cdot \frac{z2}{\text{Npts}} \qquad lm = 2.854\text{m}$$

$$M_{max} := M_k = 1.412 \times 10^3 \text{kN} \cdot \text{m}$$

支挡结构顶端水平位移

$$s := \delta \cdot 1000 + y0 \cdot 1000 - (hk - h1) \cdot 1000 \cdot \theta_0$$

$$s = 15.637(\text{mm})$$

图 4.6-6 最大弯矩、位置及桩顶位移

（3）选材与配筋

基坑支护桩选用 C30 混凝土，并采用高频振动锤实施沉桩和拔桩施工，钢筋选用 HRB335。受拉区钢筋配置范围取 120°，支护桩配筋如图 4.6-7 所示。该工程委托福建工大建筑设计院对基坑开挖过程进行了基坑顶的水平位移、基坑周围道路及构筑物的沉降监测及桩侧土体深层位移监测，实测桩顶处土体的最大水平位移为 11.3mm，略小于理论计算结果的 15.63mm。

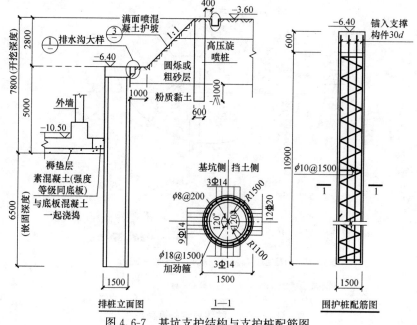

图 4.6-7 基坑支护结构与支护桩配筋图

参 考 文 献

[1] 刘金砺. 桩基础设计与计算 [M]. 北京：中国建筑工业出版社，2012

[2] 金问鲁，顾尧章. 地基基础实用设计施工手册 [M]. 北京：中国建筑工业出版社，1995

[3] 中华人民共和国行业标准. JGJ 120—2012 建筑基坑支护技术规程 [S]. 北京：中国建筑工业出版社，2012

[4] 中华人民共和国国家标准. GB 50010—2010 混凝土结构设计规范 [S]. 北京：中国建筑工业出版社，2011

[5] 欧领特（中国）. 钢板桩工程手册 [M]. 北京：人民交通出版社，2011

[6] 刘国彬，王卫东. 基坑工程手册（第二版）[M]. 北京：中国建筑工业出版社，2009

[7] 杨光华. 深基坑支护结构实用计算方法及其应用 [M] 北京：地质出版社，2004

[8] 黄太华，谭萍，王原琼. 圆形截面正截面受弯承载力计算 [J]. 结构工程师，2005，21（5）：16-19

[9] 吕志涛，周燕勤，鲁宗悫等. 圆形和环形截面钢筋混凝土受力构件正截面承载力的简捷实用计算 [J]. 建筑结构，1996，5：16-23

第5章 水泥土重力式围护结构

潘耀民 唐 勇

福建省建筑科学研究院

5.1 概述

重力式挡土墙是支挡结构中常用的一种结构形式，在地下空间的利用被开发以前，主要用于边坡的防护，它是以自身的重力来维持它在土压力作用下的稳定。常见的挡土墙有砌石、混凝土、加筋土及复合重力式挡墙，其形态一般是简单的梯形，优点是就地取材，施工方便，被广泛地用于铁路、公路、水利、港口、矿山等工程中，这种重力式结构一般情况下是先有坡后筑挡墙。

重力式基坑围护结构是重力式挡土墙的一种延伸和发展，主要仍是以结构自身重力来维持围护结构在侧向土压力作用下的稳定，其特点是先有墙后开挖形成边坡，因此在某种程度上与重力式挡墙有较大的区别。目前常用的重力式围护结构有水泥土重力式围护结构、土钉墙重力式围护结构、加筋土重力式围护结构。

5.1.1 水泥土重力式围护墙的基本概念

水泥土重力式围护墙是以水泥系材料为固化剂，通过搅拌机械采用喷浆施工将固化剂和地基土强行搅拌，形成连续搭接的水泥土柱状加固体挡墙。将水泥系材料和原状土强行搅拌的施工技术，近年来得到大力发展和改进，加固深度和搅拌密实性、均匀性均得到提高。目前常用的施工机械有：双轴水泥土搅拌机、三轴水泥土搅拌机、高压喷射注浆机。

5.1.2 水泥土的发展与现状

搅拌桩起源于20世纪50年代初的美国，而后自60年代发展至今，已形成了一种基础和支护结构两用、海上和陆地两用、水泥和石灰两用、浆体和粉体两用、加筋和非加筋两用的软土地基处理技术，它可根据加固土受力特点沿加固深度合理调整自身强度，具有施工操作简便、工程效率高、工期短、成本低廉、施工中无振动、无噪声、无泥浆污染等特点，因而在世界各地获得广泛应用。

在我国应用深层搅拌法处理软弱地基已有20多年的历史。最近几年，随着经济的发展，深层搅拌桩施工法在高速公路、隧道、市政设施以及建筑基坑工程中的应用越来越多，特别是在高速公路的路基处理中应用较多。

5.1.3 水泥土重力式围护结构的应用

搅拌桩在我国应用的前10年中，主要用于加固软土，构成复合地基以支承建筑物或结构物。搅拌桩用于基坑工程，虽在发展初期已有成功的实例，但大量应用则是20世纪90年代初随着我国各地高层建筑和地下设施大量兴建而迅速发展兴起，其中以沪、浙、闽、苏等沿海省份居多。与此同时，在设计中利用弹塑性有限元分析、土工离心模拟试验等方法，结合基坑开挖现场监测，对水泥土搅拌桩有了更深入的认识。

5.2 水泥土重力式围护结构的类型与适用范围

5.2.1 类型

水泥土重力式围护墙的类型主要包括采用搅拌桩、高压喷射注浆等施工设备将水泥等固化剂和地基土强行搅拌，形成连续搭接的水泥土柱状加固体挡墙。

根据搅拌机械的搅拌轴数的不同，主要有单轴、双轴和三轴等。国外尚有用 4、6、8 搅拌轴等形成的块状大型截面，以及单搅拌轴同时作垂直向和横向移动而形成的长度不受限制的连续一字形大型截面。

此外，搅拌桩还有加筋和非加筋，或加劲和非加劲之分。目前在我国除型钢水泥土（SMW）工法为加筋（劲）工法外，其余各种工法均为非加筋（劲）工法。

近些年来，以水泥土为主体的复合重力式围护墙得到了一定的发展，主要有水泥土结合钢筋混凝土预制板桩、钻孔灌注桩、型钢、斜向或竖向土锚等结构形式。

水泥土重力式围护墙按平面布置区分可以有：满膛、格栅型和宽窄结合的锯齿形布置等形式，常见的布置形式为格栅型布置。

5.2.2 特点

水泥土重力式围护墙系通过固化剂对土体进行加固后形成有一定厚度和嵌固深度的重力墙体，以承受墙后水、土压力的一种挡土结构。水泥土重力式围护墙是无支撑自立式挡土墙，依靠墙体自重、墙底摩阻力和墙前基坑开挖面以下土体的被动土压力稳定墙体，以满足围护墙的整体稳定、抗倾稳定、抗滑稳定和控制墙体变形等要求。

水泥土重力式围护墙可近似看作软土地基中的刚性墙体，其变形主要表现为墙体水平平移、墙顶前倾、墙底前滑以及几种变形的叠加等。

水泥土重力式围护结构的特点：

（1）最大限度利用了原状地基；

（2）搅拌时无侧向挤出、无振动、无噪声和无污染，可在密集建筑群中进行施工，对周围建筑物及地下管道影响很小；

（3）根据围护结构的需要，可灵活地采用柱状、壁状、格栅状和块状等结构形式；

（4）与钢筋混凝土桩相比，可节省钢材并降低造价；

（5）不需内支撑，便于地下室的施工；

（6）可同时起到止水和挡墙的双重作用。

5.2.3 适用条件

（1）地层条件：国内外大量试验和工程实践表明，水泥土桩除适用于加固淤泥、淤泥质土和含水量高的黏土、粉质黏土、粉土外，对砂土及砂质黏土等较硬质的土质的适应性也已逐渐被挖掘出来，近年来出现了一种超强三轴搅拌桩设备，可加固卵石，但对泥炭土及有机质土应慎重对待。

（2）场地周边环境：以水泥土作为维护结构必须满足周边施工场地较宽敞。

（3）适用基坑开挖深度：对于软土的基坑支护，一般支护深度不大于 6m，对于非软土基坑的支护则支护深度可达 10m，作止水帷幕则受到垂直度要求的控制。

（4）用途：

1）直接作为基坑开挖重力式围护结构，同时起到隔水作用。

2）与其他桩、型钢等组成组合式结构。

3）作为坑底土体加固，防止土体隆起，提高支护结构内侧被动土压力，减少支护结构的变形。

4）作为提高边坡抗滑稳定性加固。

5）作为止水帷幕（独立式及联合式）。

6）基坑外侧土体加固，减少主动土压力。

5.3　水泥土的工程力学特性

水泥搅拌法是利用水泥作为主固化剂，通过特制的搅拌机械在软弱土层内就地将软黏土和水泥浆强制拌和。当水泥浆与软黏土拌和后，水泥矿物与水发生水解、水化反应，所生成的水化物与土颗粒进行一系列离子交换反应、团粒化反应、硬凝反应、碳酸化反应，从而形成具有一定整体性、水稳性和足够强度的水泥土体。

5.3.1　水泥土的重度

随水泥惨和量的增加，水泥土的重度比被加固土的天然重度增加约 2%～5%。由温州淤泥和上海黏土形成的水泥土重度如表 5.3-1 所示。在工程设计中，当水泥掺和量为 14%～18%时，可取水泥土的重度 18kN/m³。

不同土样的水泥土重度（18kN/m³）　　　　　　　　　表 5.3-1

土　样	水泥掺和量				
	原状土	7%	10%	15%	20%
温州黏土	16.1	17.6	17.9	18.15	18.23
上海淤泥质粉质黏土	17.7	17.8	17.9	18.1	18.2
上海淤泥质黏土	17.2	17.4	17.6	17.8	17.9

5.3.2　水泥土的力学性质

1. 无侧限抗压强度

软弱土经水泥搅拌加固后形成的水泥土其无侧限抗压强度与水泥、外加剂的种类、掺和量、土质、土中含水量、龄期、水灰比、搅拌的均匀性等诸因素有关，与原软弱土相比可提高数十至数百倍。一般掺和量为 10%～20%时，水泥土室内无侧限抗压强度可达 500～3000kPa。

图 5.3-1 显示了不同水泥掺和量的水泥土试样在无侧限压缩情况下的应力应变关系。由图可见，轴向压力较小时，水泥土的应力应变呈线性关系，水泥掺和量越大，直线越陡，线性段越长。水泥土的破坏特征随强度大小介于脆性体与塑性体之间，强度越大，"脆性程度"越烈，残余强度越小。

（1）现场与室内无侧限抗压强度的关系

由于现场成桩与室内水泥土试样制备采用的拌和方式不同，养护条件不同，使两者

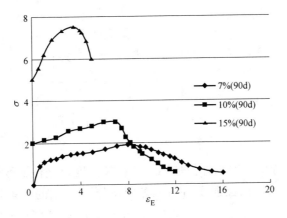

图 5.3-1 无侧限抗压强度 σ 与 ε_E 的关系

强度差异较大,现场强度有时有很大的离散性。

根据《建筑地基处理技术规范》JGJ 79—2012 规定:$q_{uf}=(0.35\sim0.5)q_{ul}$。

M. Kamon,D. T. Bergoto 在第 10 届亚洲土力学会议水平报告中指出现场成桩水泥土无侧限强度 q_{uf} 与室内无侧限抗压强度 q_{ul} 的关系如图 5.3-2 所示。

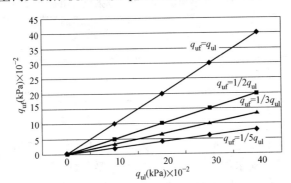

图 5.3-2 水泥土无侧限强度 q_{ul} 与室内无侧限抗压强度 q_{ul} 关系曲线图

日本 CDM 工法设计和施工手册提出:

$$q_{uf}=\eta q_{ul} \tag{5.3-1}$$

式中　η——施工影响系数。海上工程用大型机械时,$\eta=1.0$;海上工程用小型机械时,$\eta=1/2$;陆上工程时,$\eta=1/2$;

q_{ul}——室内无侧限抗压强度;

q_{uf}——现场无侧限抗压强度。

(2)设计标准强度 $q_{uc\cdot R}$

设计标准强度应取现场实际加固体的无侧限抗压强度,因此,我国《建筑地基处理技术规范》JGJ 79—91 规定,$q_{uc\cdot R}=(0.35\sim0.5)q_{ul}$,其中 q_{ul} 为与搅拌桩桩身加固土配比相同的室内加固土 70.7mm 立方体试块的无侧限抗压强度平均值。

考虑到现场强度有时有一定的离散性,日本 CDM 工法设计和施工手册认为设计标准强度与现场强度平均值 $\overline{q_{uf}}$ 之间的关系为:

$$q_{uc\cdot R}=\gamma\cdot\overline{q_{uf}} \tag{5.3-2}$$

$$\gamma = \begin{cases} 2/3 & \text{海上工程} \\ 1/2 & \text{陆上工程} \end{cases}$$

由此得设计标准强度与室内无侧限抗压强度的关系为：

$$q_{uc \cdot R} = \left(\frac{1}{3} \sim \frac{2}{3} \right) q_{ul} \quad \text{（海上工程）} \tag{5.3-3}$$

$$q_{uc \cdot R} = \frac{1}{4} q_{ul} \quad \text{（陆上工程）} \tag{5.3-4}$$

2. 抗拉强度

日本田中洋行、寺师昌明为评价加固土的抗拉强度，进行了劈裂试验。根据试验室制作的试件的试验结果，抗拉强度 σ_1 与无侧限抗压强度 q_u 的关系是：$q_u < 1.5$MPa 时，其抗拉强度 $\sigma_1 = (0.1 \sim 0.2) q_u$；当 $q_u > 1.5$MPa 时，σ_1 则为 $150 \sim 300$kPa。与室内试验所制成的试件相比，现场试件相关数据的离散程度较大，但其结果大致是相同的。曹正康用 10kN 万能压缩机对截面为 12cm^2、高 8.0cm 的试件进行抗拉强度试验，试验结果见表 5.3-2，得到：当水泥土的抗压强度为 $300 \sim 1200$kPa 时，其抗拉强度为 $90 \sim 300$kPa，即 $\sigma_1 = (0.23 \sim 0.30) q_u$。

不同水泥掺和量水泥土抗拉强度（kPa）　　　　　　　　表 5.3-2

σ_1试验用土样	水泥掺和量			
	7%	10%	15%	20%
上海淤泥质粉质黏土	89.8	142.3	247.1	322.9
上海淤泥质黏土	80.7	109.1	128.1	249.2

3. 抗剪强度

重力式水泥土挡墙会因受弯而产生拉应力，受剪切面产生剪应力，因此水泥土的抗拉强度和抗剪强度是重力式水泥土挡墙设计中的重要参数。

通常采用三轴剪切试验和直接剪切试验测定加固土的抗剪强度。一般而言，水泥土的抗剪强度随围压 σ_3 的增大而增大，且随 σ_3 的增大破坏特征也有所改变，由原来无侧限条件下的脆性破坏趋势变为塑性破坏趋势。由此推论，同一土层同一水泥掺和量时，水泥土搅拌桩的抗剪强度随埋置深度而略有增大。

4. 变形模量

当 $q_u < 6000$kPa 时，水泥土的 E_{50} 与 q_u 大致呈直线关系，但其斜率因土样的不同而有很大差异。

5. 渗透系数

水泥土的渗透系数随水泥掺和量的增加而变小，一般为 $10^{-6} \sim 10^{-8}$ cm/s。

6. 破坏应变

水泥掺合量 $a_w = 10\% \sim 20\%$ 时，$\varepsilon_f = 1\% \sim 3\%$。$a_w$ 越高，ε_f 越小。

5.3.3　强度的影响因素及控制措施

影响水泥土强度的因素很多，主要有：

（1）水泥掺和量、水泥标号及品种的影响

水泥土的无侧限抗压强度随水泥掺和量的增大而提高，每增减单位水泥掺和量时不同，且土样不同，掺和效率也不同。一般认为水泥掺和量 $a_w>10\%$ 时的掺和效率大于 $a_w<10\%$ 的掺和效率，但 $a_w>20\%$ 时掺和量效率降低，而且龄期越长，水泥掺和效率越高。

（2）土的含水量、密度等物理力学性质指标的影响。

如土的含水量的提高，水泥水化后产生的新物质的密度相应减小，当水泥掺和量相同时，水泥土强度随土中含水量的提高而降低。

有资料表明，当土样含水量在 $50\%\sim85\%$ 范围内变化时，含水量每降低 10%，强度可提高 $30\%\sim50\%$。

土的物理化学性质对水泥土强度的影响，目前还只有一些初步认识。土中有机质成分和含量、pH 值、离子种类和含量都可能影响水泥土的强度。

近期研究表明，土中地下水含有硫酸盐离子、镁离子等时，对由普通硅酸盐水泥和地基土组成的水泥土有一定的侵蚀性。被侵蚀的水泥土短期强度有一定程度的提高，但长期强度则下降。硫酸盐离子、镁离子浓度越高，水泥土的体积膨胀越大，发生自身膨胀破坏越早。

试验及工程实践表明，土中有机质含量，pH 值对水泥土强度之间有很强的负相关关系。由于有机质使地基土具有较大的溶水性和塑性、较大的膨胀性和低渗透性，并使土具有酸性，这些性质将阻碍水泥的水化反应，减少水化物的生成量，导致水泥土强度降低。土中有机质含量越高、pH 值越低，对水泥土强度的负影响越大。同时，有机质对水泥土的影响还与有机质的成分有关。有机质成分不同，影响程度也不同。

对高含水量或富含有机质的软黏土，可借助于室内配方试验，选用合适的水泥——外加剂混合固化剂，促进水泥水化反应，使水化物生成量增多，水泥土孔隙减小，强度提高，同时也有助于水泥土的抗侵蚀特性。常用的外加剂有：粉煤灰、石膏、减水剂等。

（3）搅拌的均匀程度

搅拌的均匀程度对水泥土强度的影响很大，但达到一定拌和时间后，强度随拌和时间增长缓慢。

土的物理力学指标中含水量 w、塑性指数 I_P、液性指数 I_L 对相同搅拌时间的水泥土的均匀性影响很大。I_P 越大，土体越黏，搅拌均匀的难度越大；对黏性土，w、I_p 过低，易产生抱土现象，不易搅拌均匀。

（4）养护龄期与养护温度

由于水泥土中的土颗粒减缓了水泥的硬凝反应，使水泥土强度随龄期的增长规律不同于混凝土。当龄期超过 28d 后，强度仍有明显增长，但增长率逐渐减小，90d 后逐渐趋于稳定。因此，《建筑地基处理技术规范》规定常温下 90d 强度为水泥土的标准强度。一般情况下：

$$q_{u7}=(0.3\sim0.5)q_{u90}$$

$$q_{u14}=(0.4\sim0.55)q_{u90}$$

$$q_{u28}=(0.4\sim0.75)q_{u90}$$

$$q_{u90}=0.8q_{u180}$$

5.4　重力式围护结构的设计与计算

5.4.1　设计基本参数及注意事项

涉及重力式围护结构设计的基本参数主要有：土的抗剪强度指标 c、φ 值，土的重度 γ。实践证明，计算参数选取是否得当，所造成的误差比采用何种设计理论所造成的误差要大得多，因此如何选择合适的土工参数是确保设计合理化的关键。

1. 土的抗剪强度指标

目前确定抗剪强度指标的室内外试验方法主要有：直剪试验的直接快剪和固结快剪试验；三轴试验的不固结不排水剪、固结不排水剪、固结排水剪试验；原位测试的十字板剪切试验。

直剪试验，仪器简单，操作方便，成本低，因此被广泛地使用，但无法控制排水条件，无法模拟实际应力条件，因此存在着不准确性，三轴试验及原位测试反映实际情况相对准确度高一些。

当然，土的抗剪强度指标是一个比较复杂且影响因素很多的指标，与原状样的采取、土工试验方法、土的应力状态等的选择都有着密切的关系。在支护结构的设计中，应结合实际情况选用合适的抗剪强度指标。

2. 土的重度 γ 及地下水

土的重度的取值，实际上是对地下水如何考虑的问题，在围护结构的设计中对地下水的考虑目前持有不同的看法，但比较统一的认识是对于渗透性好的砂、粉土或杂填土，土的重度应按有效重度考虑，在计算挡墙侧压力时，同时考虑水压力；对于透水性差的黏土则取饱和重度。

在基坑围护中重力式结构往往同时起到防渗作用，地下水的作用变成是一个极为重要的因素，因此设计时应查明各含水层的水头，特别是承压含水层的承压水头。

5.4.2　土压力计算

1. 主动侧向土压力计算

（1）对于砂性土、粉土及透水性好的杂填土按水土分算原则确定主动土压力：

$$e_{aik} = \sigma_{aik} K_{ai} - 2c_i \sqrt{K_{ai}} + \gamma_w (z_i - h_{wa})(1 - K_{ai}) \tag{5.4-1}$$

式中　K_{ai}——第 i 层土的主动土压力系数；

σ_{aik}——作用于深度 z_i 处不考虑水浮力的正压力标准值；

c_i——第 i 层土的黏聚力，根据直剪试验确定；

z_i——计算点深度；

h_{wa}——基坑外侧水位深度。

（2）对于黏性土按水土合算原则确定主动侧压力：

$$e_{aik} = \sigma_{aik} K_{ai} - 2c_i \sqrt{K_{ai}} \tag{5.4-2}$$

根据多数的实测资料表明主动土压力在基坑开挖深度以下与朗肯主动土压力有较大的差距，在坑底以下主动土压力不再呈线性增加。从另一角度分析，按传统的方法在重力式围护结构稳定性验算时出现坑底以下随着深度增加安全度下降的趋势，因此在主动土压力计算时，除按本手册第 2 章的计算方法计算外，也可采用本修正方法计算。计算点位于基坑开挖面以下时取 $\sigma_{aik}=\gamma h$（其中 γ 为开挖面以上土层重度的加权平均值，h 为基坑开挖深度）。主动土压力计算简图见图 5.4-1（a）（均质土），5.4-1（b）（非均质土）。

主动土压力系数 $\qquad K_{ai}=\tan^2\left(45-\dfrac{\varphi_i}{2}\right)$

式中 $\quad \varphi_i$——第 i 层土的内摩擦角。

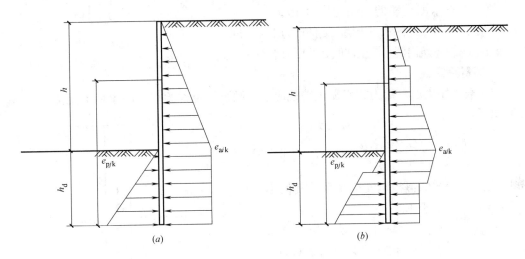

图 5.4-1 主动土压力计的简图

2. 被动侧土压力计算

（1）对于砂性土、粉土及透水性好的杂填土采用水土分算原则计算被动侧土压力：

$$e_{pik}=\sigma_{pik}K_{pi}-2c_i\sqrt{K_{pi}}+\gamma_w(z_i-h_{wp})(1-K_{pi}) \tag{5.4-3}$$

（2）对于黏性土按水土合算原则确定被动侧压力：

$$e_{pik}=\sigma_{pik}K_{pi}+2c_i\sqrt{K_{pi}} \tag{5.4-4}$$

各土层的被动土压力系数为：

$$K_{pi}=\tan^2\left(45+\frac{\varphi_i}{2}\right)$$

5.4.3 稳定性计算

根据《建筑基坑支护技术规程》JGJ 120—2012，水泥土重力式围护结构须计算滑移稳定性、倾覆稳定性、滑动稳定性、抗隆起稳定性。

1. 滑移稳定性

新的基坑规程在原规程基础之上考虑了水泥土墙受到的水浮力。滑移稳定安全系数 K_{sl} 计算如下：

$$\frac{E_{pk}+(G-u_mB)\tan\varphi+cB}{E_{ak}}\geqslant K_{sl} \tag{5.4-5}$$

式中 $\quad K_{sl}$——抗滑移安全系数，其值不应小于 1.2；

E_{ak}、E_{pk}——水泥土墙上的主动土压力、被动土压力标准值（kN/m）；

G——水泥土墙的自重（kN/m）；

u_m——水泥土墙底面上的水压力（kPa）；水泥土墙底位于含水层时，可取 $u_m = \gamma_w(h_{wa}+h_{wp})/2$，在地下水位以上时，取 $u_m = 0$；

c、φ——分别为水泥土墙底面下土层的黏聚力（kPa）、内摩擦角（°）；

B——水泥土墙的底面宽度（m）；

h_{wa}——基坑外侧水泥土墙底处的压力水头（m）；

h_{wp}——基坑内侧水泥土墙底处的压力水头（m）。

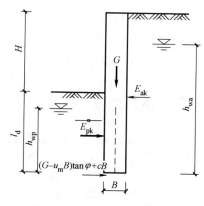

图 5.4-2　滑移稳定验算示意图

2. 倾覆稳定性

与一般挡墙类似，重力式水泥土墙也应进行倾覆稳定性验算，倾覆稳定安全系数 K_{ov} 计算如下：

$$\frac{E_{pk}a_p+(G-u_mB)a_G}{E_{ak}a_a}\geqslant K_{ov} \quad (5.4-6)$$

式中　K_{ov}——抗倾覆稳定安全系数，其值不应小于 1.3；

a_a——水泥土墙外侧主动土压力合力作用点至墙趾的竖向距离（m）；

a_p——水泥土墙内侧被动土压力合力作用点至墙趾的竖向距离（m）；

a_G——水泥土墙自重与墙底水压力合力作用点至墙趾的水平距离（m）。

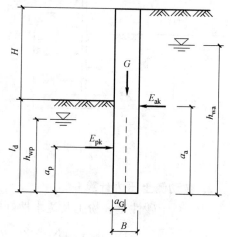

图 5.4-3　倾覆稳定验算示意图

3. 整体稳定计算

《建筑基坑支护技术规程》规定重力式水泥土墙应进行圆弧滑动稳定性验算，采用圆弧滑动条分法时，应符合下列规定（图 5.4-4）

$$\min\{K_{s,1},\ K_{s,2},\ \cdots,\ K_{s,i},\ \cdots\}\geqslant K_s$$

$$K_{s,i}=\frac{\sum\{c_jl_j+[(q_jb_j+\Delta G_j)\cos\theta_j-u_jl_j]\tan\varphi_j\}}{\sum(q_jb_j+\Delta G_j)\sin\theta_j} \quad (5.4-7)$$

式中　K_s——圆弧滑动稳定安全系数，其值不应小于 1.3；

$K_{s,i}$——第 i 个圆弧滑动体的抗滑力矩与滑动力矩的比值；抗滑力矩与滑动力矩之比的最小值宜通过搜索不同圆心及半径的所有潜在滑动圆弧确定；

c_j、φ_j——分别为第 j 土条滑弧面处土的黏聚力（kPa）、内摩擦角（°）；

b_j——第 j 土条的宽度；

θ_j——第 j 土条滑弧面中点处的法线与垂直面的夹角；

l_j——第 j 土条的滑弧长度；

q_j——第 j 土条的附加分布荷载标准值；

ΔG_j——第 j 土条的自重（kN），按天然重度计算；分条时，水泥土墙可按土体考虑；

u_j——第 j 土条滑弧面上的孔隙水压力；对地下水位以下的砂土、碎石土、砂质粉土，当地下水是静止的或渗流水力梯度可忽略不计时，可取 $u_j = \gamma_w h_{wa,j}$，在基坑内侧，可取 $u_j = \gamma_w h_{wp,j}$；滑弧面在地下水位以上或对地下水位以下的黏性土取 $u_j = 0$；

γ_w——地下水重度；

$h_{wa,j}$——基坑外侧第 j 土条滑弧面中点的压力水头；

$h_{wp,j}$——基坑内侧第 j 土条滑弧面中点的压力水头。

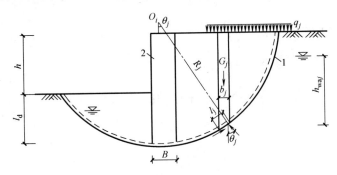

图 5.4-4 整体稳定验算示意

需要指出的是，当墙底以下存在软弱下卧土层时，稳定性验算的滑动面中应包括由圆弧与软弱土层层面组成的复合滑动面。

4. 抗隆起稳定性

隆起稳定性可按排桩与连续墙计算公式计算，但公式中 γ_{m1} 应取基坑外墙底面以上土的重度，γ_{m2} 应取基坑内墙底面以上土的重度，l_d 取水泥土墙的嵌固深度，c、φ 应取水泥土墙底面以下土的黏聚力、内摩擦角。

5. 截面验算

拉应力应满足：

$$\frac{6M_i}{B^2} - \gamma_{cs} z \leqslant 0.15 f_{cs} \tag{5.4-8}$$

压应力应满足：

$$\gamma_0 \gamma_F \gamma_{cs} + \frac{6M_i}{B^2} \leqslant f_{cs} \tag{5.4-9}$$

剪应力应满足：

$$\frac{E_{aki} - \mu G_i - E_{pki}}{B} \leqslant \frac{1}{6} f_{cs} \tag{5.4-10}$$

式中　M_i——水泥土墙验算截面的弯矩设计值；

　　　B——验算截面处水泥土墙的宽度；

　　　γ_{cs}——水泥土墙的重度；

　　　z——验算截面至水泥土墙顶的垂直距离；

　　　f_{cs}——水泥土开挖龄期时的轴心抗压强度设计值，应根据现场试验或工程经验确定；

　　　γ_F——荷载综合分项系数；

E_{aki}、E_{pki}——分别为验算截面以上的主动土压力标准值、被动土压力标准值，当验算截

面在基坑底以上时 $E_{pki}=0$；

$\quad G_i$——验算截面以上的墙体自重；

$\quad \mu$——墙体材料的抗剪断系数。

5.4.4 嵌固深度计算

1. 按极限承载力法的抗隆起稳定嵌固深度

极限承载力法是将围护结构的底平面作为求极限承载力的基准面，其滑动线见图 5.4-5。

根据极限承载力的平衡条件有：

$$K_s=\frac{\gamma h_d N_q+c N_c}{\gamma(h+h_d)+q_0}, \ \text{取} \ K_s \geqslant 1.0$$

$$\frac{\gamma h_d \tan^2\left(45+\frac{\varphi}{2}\right)e^{\pi\tan\varphi}+c\left[\tan^2\left(45+\frac{\varphi}{2}\right)e^{\pi\tan\varphi}-1\right]\cdot\frac{1}{\tan\varphi}}{\gamma(h+h_d)+q_0}\geqslant 1$$

整理得

$$h_d\geqslant\frac{\left(1+\dfrac{q_0}{\gamma h}\right)+\dfrac{c}{\gamma h}(K_p e^{\pi\tan\varphi}-1)\dfrac{1}{\tan\varphi}}{K_p e^{\pi\tan\varphi}-1}$$

式中　h_d——极限平衡状态时的计算嵌固深度；

$\quad q_0$——地面荷载；

$\quad h$——开挖深度；

$\quad c$——嵌固端部以下土层内聚力；

$\quad \varphi$——嵌固端部以下土层内摩擦角。

2. 按墙体极限弯矩的抗滑动稳定确定嵌固深度

此法认为开挖底面以下墙体能起到帮助抵抗基底土体隆起的作用，并假定土体沿墙体底面滑动，认为墙体底面以下的滑动面为一圆形。如图 5.4-6 所示，滑动力由土体重力 γh 及地面荷载 q_0 产生，抵抗滑动力则为滑动面上的土体抗剪强度。

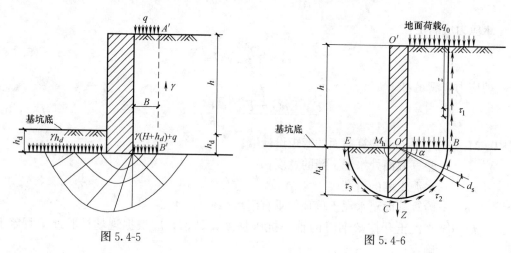

图 5.4-5　　　　　　　　　　　　　　　图 5.4-6

$\tau_1=(\gamma h+q_0)\tan\varphi+c$

$\tau_2=(\gamma h+q_0+\gamma h_d\sin\alpha)\sin^2\alpha\tan\varphi+(\gamma h+q_0+\gamma h_d\sin\alpha)\sin\alpha\cos\alpha K_a\tan\varphi+c$

$$\tau_3 = \gamma h_{\mathrm{d}} \sin^2\alpha\tan\varphi + \gamma h_{\mathrm{d}}\sin\alpha\cos\alpha K_{\mathrm{a}}\tan\varphi + c$$

将滑动力与抗滑力分别对圆心取力矩，得

滑动力矩
$$M_{\mathrm{s}} = \frac{1}{2}(\gamma h + q)h_{\mathrm{d}}^2$$

抗滑动力矩

$$M_{\mathrm{T}} = \int_0^h \tau_1 \mathrm{d}\gamma h_{\mathrm{d}} + \int_0^{s2}\tau_2\,\mathrm{d}sh_{\mathrm{d}} + \int_0^{s3}\tau_3\,\mathrm{d}sh_{\mathrm{d}} + \frac{B}{2}w$$

对上式积分并整理得：

$$M_{\mathrm{T}} = K_{\mathrm{a}}\tan\varphi\left[\left(\frac{\gamma h^2}{2} + qh\right)h_{\mathrm{d}} + \frac{1}{2}(\gamma h + q)h_{\mathrm{d}} + \frac{2}{3}\gamma h_{\mathrm{d}}^2\right] +$$

$$\tan\varphi\left[\frac{\pi}{4}(\gamma h + q)h_{\mathrm{d}}^2 + \frac{4}{3}\gamma h_{\mathrm{d}}^2\right] + c(hh_{\mathrm{d}} + \pi h_{\mathrm{d}}^2) + \frac{B}{2}W$$

为保证抗隆起安全必须满足 $\dfrac{M_{\mathrm{T}}}{M_{\mathrm{s}}} \geqslant 1$

则 $K_{\mathrm{a}}\tan\varphi\left[\left(\dfrac{\gamma h^2}{2} + qh\right)h_{\mathrm{d}} + \dfrac{1}{2}(\gamma h + q)h_{\mathrm{d}} + \dfrac{2}{3}\gamma h_{\mathrm{d}}^2\right] + \tan\varphi\left[\dfrac{\pi}{4}(\gamma h + q)h_{\mathrm{d}}^2 + \dfrac{4}{3}\gamma h_{\mathrm{d}}^2\right] +$

$$c(h + h_{\mathrm{d}} + \pi h_{\mathrm{d}}^2) + \frac{B}{2}W - \frac{1}{2}(\gamma h + q)h_{\mathrm{d}}^2 \geqslant 0 \qquad (5.4\text{-}11)$$

从上式中求解出最小嵌固深度 h_{d}。

3. 按整体稳定计算嵌固深度（图 5.4-7）

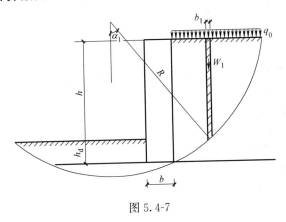

图 5.4-7

根据圆弧滑动条分法有：

$$\sum_{i=1}^n c_i l_i + \sum_{i=1}^n (q_0 b_i + W_i)\cos\alpha_i\tan\varphi_i - \sum_{i=1}^n (q_0 b_i + W_i)\sin\alpha_i \geqslant 0 \qquad (5.4\text{-}12)$$

式中　c_i、φ_i——最危险滑动面上第 i 土条滑动面上的黏聚力、内摩擦角；

　　　　l_i——第 i 土条的弧长；

　　　　b_i——第 i 土条的宽度；

　　　W_i——第 i 土条单位宽度的实际重量，黏性土、水泥土按饱和重度计算，砂类
　　　　　　　土按浮重度计算；

　　　　α_i——第 i 土条弧线中点切线与水平线夹角。

经过验算，墙体的嵌固深度必须穿过最危险滑动面。有关资料表明，整体稳定条件是

墙体嵌固深度的主要控制因素。

4. 防止流土的嵌固深度验算

当地下水位较高且基坑地面以下为砂土、粉土等地层时，水泥土墙作为帷幕墙的插入深度还应满足防止发生流土现象的要求。设某基坑如图 5.4-8 所示。若离坑壁距离为 B 的范围内单位宽度地下水上浮力为：

$$F = \gamma_w h_w B$$

式中　γ_w——水的重度；

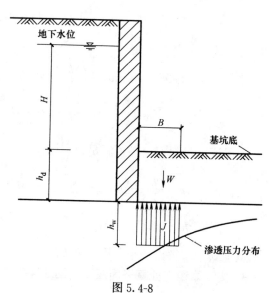

图 5.4-8

$\quad\quad h_w$——B 范围内地下水头评价高度，按经验取：

$$h_w = \frac{H}{2}(\text{m}),\ B = \frac{h_d}{2}(\text{m})$$

离坑壁 B 的范围内墙底端高程以上土重

$$W = J_{cr} h_d B$$

式中　J_{cr}——临界水力坡降；

$\quad\quad h_d$——墙的嵌固深度。

当 $W \geqslant F$ 时不会发生流土现象，

必须　　$J_{cr} h_d B \geqslant \gamma_w h_w B$

即　　$J_{cr} h_d = K_s \gamma_w h_w$，若取 $h_w = \dfrac{H}{2}$

则嵌固深度

$$h_d = \frac{K_s H \gamma_w}{2 J_{cr}} \tag{5.4-13}$$

式中　K_s——抗流土安全系数，一般取 1.5～2.5。

$$J_{cr} = (G_s - 1)(1 - n)$$

式中　G_s——土的比重；

$\quad\quad n$——土的孔隙率。

5. 防止管涌的稳定性验算

为满足管涌破坏必须满足

$$\frac{J_{cr}}{J} = F_s \tag{5.4-14}$$

取 $F_s = 1.5～2.0$。

J_{cr} 可按当地经验法确定，当无当地经验时可参照下面方法计算：

（1）南京水科院沙金煊法

$$J_{cr} = \frac{42 d_3}{\sqrt{K/n^3}} \tag{5.4-15}$$

式中　K——土的渗透系数（cm/s），也可取 $K = 0.14 C_u^{-\frac{3}{8}} d_{20}^2$

d_3、d_{20}——分别为占总土重 3% 和 20% 土粒粒径（mm）；

$\quad\quad C_u$——不均匀系数。

（2）水利水电科学研究院方法

$$J_{cr} = 2.4(G_s - 1)(1 - n)^2 \frac{d_5}{d_{20}} \tag{5.4-16}$$

式中 d_5、d_{20}——分别为占总土重5%和20%土粒粒径（mm）。

通过以上的稳定性验算得出的最大嵌固深度即为所需的挡墙嵌固深度计算值，当引入地区性的安全系数和基坑安全等级进行修正后，即为嵌固深度的设计值，一般取计算值的1.1～1.2倍。为满足基底承载力要求，并保证水泥土墙有嵌固深度的特点，取最小嵌固深度为0.4倍开挖深度。

5.4.5 重力式围护结构宽度计算

重力式围护结构的嵌固深度确定后，墙宽对抗倾覆稳定起控制作用，而在所确定的嵌固深度条件下，当抗倾覆满足后，抗滑移自然满足。因此，按重力式围护结构的抗倾覆极限平衡条件来确定最小结构宽度。

1. 砂性土、粉土及透水性好的杂填土（图 5.4-9a）

倾覆力矩

$$M_s = \sum E_a h_a$$

抗倾覆力矩

$$M_T = \sum E_p h_a + \left[\gamma_{sp}(h+h_d) - \frac{\gamma_w}{2}((h-2h_d)-h_{wa}-h_{wp}) \right] \frac{b^2}{2}$$

满足 $M_T \geqslant M_s$

$$\sum E_p \cdot h_p + \left[\gamma_{sp}(h+h_d) - \frac{\gamma_w}{2}(h+2h_d-h_{wa}-h_{wp}) \right] \frac{b^2}{2} \geqslant \sum E_a h_a$$

$$b \geqslant \sqrt{z(\sum E_a h_d - E_p h_p)/(\gamma_{sp}-\gamma_w)(h+h_d)+\gamma_w(h+h_{wa}+h_{wp})/2} \qquad (5.4\text{-}17)$$

2. 黏性土（图 5.4-9b）

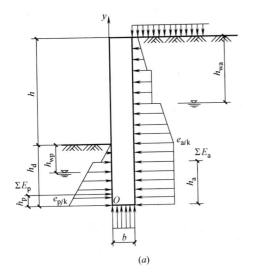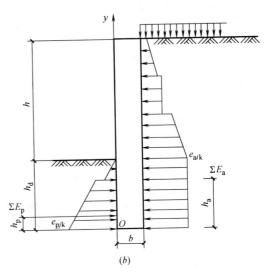

(a)   (b)

图 5.4-9

倾覆力矩

$$M_s = \sum E_a h_a$$

抗倾覆力矩

$$M_T = \sum E_p h_p + \gamma_{sp}(h+h_d)\frac{b^2}{2}$$

满足 $M_T \geqslant M_s$

$$\sum E_p \cdot h_p + \gamma_{sp}(h+h_d)\frac{b^2}{2} \geqslant \sum E_a h_a$$

$$b \geqslant \sqrt{z(\sum E_a h_d - E_p h_p)/[\gamma_{sp}(h+h_d)]} \tag{5.4-18}$$

式中 $\sum E_a$——基坑外侧（主动侧）水平力总和；

      $\sum E_p$——基坑内侧（被动侧）水平力总和；

    h_a、h_p——分别为基坑外侧及内侧水平力合力作用点距围护结构底部的距离；

   h_{wa}、h_{wp}——分别为基坑外侧及内侧的地下水位埋深；

       γ_{sp}——水泥土墙的复合重度；

       γ_w——水的重度；

        b——重力式围护结构的计算宽度。

5.4.6 水泥土重力式围护结构正截面抗弯承载力及剪应力验算

作用于结构某深度处的截面正应力：

$$P_{max} = \gamma_{sp} \cdot Z + \frac{M_{max}}{W} \tag{5.4-19}$$

式中 P_{max}——最大正应力；

    γ_{sp}——水泥土墙的平均重度；

     Z——计算点深度；

   M_{max}——墙身最大弯矩；

     W——水泥土墙截面模量。

作用于结构某深度处的截面拉应力

$$P_{min} = \frac{M_{max}}{W} - \gamma_{sp} Z \tag{5.4-20}$$

式中 P_{min}——截面最大切应力。

必须满足：

$$P_{max} \leqslant f_{cs}$$

$$P_{min} \leqslant 0.1 f_{cs}$$

$$\tau_{max} \leqslant \left(\frac{1}{2} - \frac{1}{3}\right) f_{cs}$$

式中 τ_{max}——截面或桩与桩之间搭接处的水平向及竖向最大剪应力。

     f_{cs}——水泥开挖龄期抗压强度设计值。

当按抗倾覆条件确定的水泥土墙宽度同时满足截面承载力时，再引入地区性的安全系数和基坑安全等级进行修正，即可得出宽度的设计值。一般情况下墙宽的设计值为计算最小结构宽度的 1.1～1.3 倍。为保证水泥土墙不失去重力式结构的特性，取最小水泥土墙宽度为 0.4 倍开挖深度。

通过计算分析表明，当同时满足以上嵌固深度和墙宽的条件下，水泥土墙的抗滑移稳定条件及基底承载力也自然满足，因此就不必再进行抗滑移稳定验算及基底承载力验算。

5.4.7 提高水泥土重力式围护结构刚度及安全度的有效措施

（1）水泥土重力式结构顶部宜设置 0.15～0.2m 厚的钢筋混凝土压顶。压顶与水泥土用插筋连结，插筋长度不宜小于 1.0m，采用钢筋时直径不宜小于 $\phi12$，采用竹筋时断面

不小于当量直径 $\phi 16$，每桩至少 1 根。

（2）为改变重力式结构的性状，缩小重力式结构的宽度，可在结构的两侧采用间隔插入型钢、钢筋的办法提高抗弯能力，也可采用两侧间隔设置钢筋混凝土桩的方法，如图 5.4-10 所示。

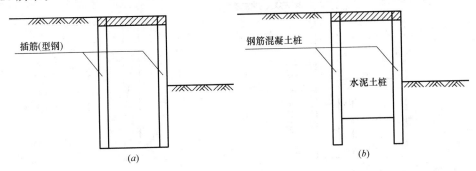

图 5.4-10

（3）为了增加重力式结构的抗倾覆能力，可通过加固围护结构前的被动土区来提高重力式结构的安全度，减少变形，被动土区的加固可采用连续的，也可采用局部加固。

（4）为了提高重力式结构抗倾覆力矩，充分发挥结构自重的优势，加大结构自重的力臂，可采用变截面的结构形式，如图 5.4-11 所示。

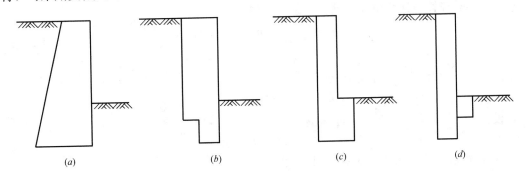

图 5.4-11

5.5 重力式围护结构的变形计算

目前，对重力式水泥搅拌桩挡墙，一般按传统的重力式挡墙来设计，即先设定挡墙的墙高和墙宽，通过抗倾覆稳定验算、抗滑移稳定验算、墙身强度验算、整体稳定验算来调整设定的墙高和墙宽，以满足重力式挡墙的要求。由此可见，在传统的重力式挡墙设计中未考虑挡墙变形问题。但在越来越密集的城区进行地下室基坑开挖，挡墙变形成为控制挡墙及周围环境安全的重要因素，设计时必须对变形做出正确估计以确保安全。同时，亦可完善重力式挡墙的设计方法。

5.5.1 "刚性拦土墩"法

假定墙体刚度为无限大，挡墙在土、水压力作用下，只产生水平移动和转动。将墙前被动土视为弹簧，土的弹簧系数随深度增加（$k = mz$），挡墙墙背主动土压力分布如图

5.5-1 所示。把坑底以上的墙背主动土压力等效到挡墙坑底截面处（为 M_0、H_0），然后根据挡墙坑底以下墙身受力平衡条件，计算坑底截面处的水平位移 y_0 和转角 θ_0。

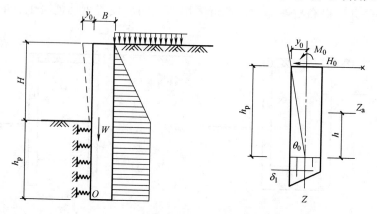

图 5.5-1 "刚性拦土墩"法计算见图

墙身任一点的水平位移为：

$$Y = Y_0 - \theta_0 z \tag{5.5-1}$$

墙前被动土体的水平抗力为：

$$\sigma_p = KY = m(Y_0 - \theta_0 Z)Z = m(Y_0 Z - \theta_0 z^2) \tag{5.5-2}$$

取 1.0m 墙长为计算单元，据平衡条件可得：

$$\sum X = 0, \quad \frac{m}{2}Y_0 h_p^2 - \frac{m}{3}\theta_0 h_p^3 = H_0 + E_a - S_l \tag{5.5-3}$$

$$\sum M = 0, \quad \int_0^{h_p}(mY_0 Z - m\theta_0 Z^2)(h_p - Z)\mathrm{d}z + \int_{-B/2}^{B/2} m_v \theta \left(\frac{B}{2} + X\right)\mathrm{d}X$$
$$= M_0 + H_0 h_p + E_0 h - M$$

设：
$$M' = M_0 + H_0 h_p + E_a h - M_w$$
$$H' = H_0 + E_a - S_l \tag{5.5-4}$$

联立式（5.5-1）和式（5.5-2）求解得：

$$Y_0 = \frac{h_p(24M' - 8H'h_p)}{mh_p^4 + 36m_v I_B} + \frac{2H'}{mh_p^2} \tag{5.5-5}$$

$$\theta_0 = \frac{36M' - 12H'h_p}{mh_p - 36m_v I_B} \tag{5.5-6}$$

式中　$M_w = W \cdot \dfrac{B}{2}$

E_a——坑底以下墙背主动土压力合力；

S_l——墙底面摩阻力，取 $S_l = c_u B$（c_u 为墙底土的不排水抗剪强度）；或取 $S_l = W\tan\varphi + cB$（c、φ 为墙底土的固结快剪强度指标）；

I_B——墙底截面的惯性矩，$I_B = \dfrac{1 \times B^3}{12}$；

m_v——墙底土竖向抗力系数经计算比较 m_v 对 Y_0、θ_0 的影响很小，可取 $m_v = m$，由此，挡墙墙顶位移 $Y_s = Y_0 + H\theta_0$。

转点 O 到坑底距离 $h_0 = \dfrac{Y_0}{\tan\theta_0}$。

5.5.2 "*m*" 法

将坑底以上的墙背土压力简化到挡墙坑底截面处，坑底以下墙体视为桩头有水平力 H_0 和力矩 M_0 共同作用的完全埋置桩，坑底处挡墙截面的水平位移 Y_0 和转角 θ_0 分别为：

$$Y_0 = H_0 \delta_{HH} - M_0 \delta_{HM}$$

$$\theta_0 = H_0 \delta_{MH} - M_0 \delta_{MM}$$

式中 δ_{HH}、δ_{HM}——分别为单位力、单位力矩引起的挡墙截面的水平位移；

        δ_{MH}、δ_{MM}——分别为单位力、单位力矩引起的挡墙截面的转角。

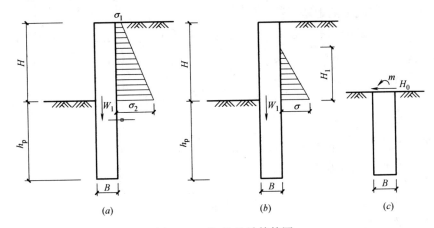

图 5.5-2   "*m*" 法计算简图

（1）当墙底支撑于非岩石类土中且 $ah_p \geqslant 2.5$ 时，或当墙底支撑于基岩且 $ah_p \geqslant 3.5$ 时：

$$\delta_{HH} = \frac{1}{\alpha^3 EI} A_0 \tag{5.5-7}$$

$$\delta_{HM} = \delta_{MH} = \frac{1}{\alpha^2 EI} B_0 \tag{5.5-8}$$

$$\delta_{MM} = \frac{1}{\alpha EI} C_0 \tag{5.5-9}$$

（2）当墙底支撑于非岩石类土中且 $ah_p < 2.5$ 时，或当墙底支撑于基岩且 $ah_p < 3.5$ 时：

$$\delta_{HH} = \frac{1}{\alpha^3 EI} = \left[\frac{(B_3 D_4 - B_4 D_3) + K_h(B_2 D_4 - B_4 D_2)}{(A_3 B_4 - A_4 B_3) + K_h(A_2 B_4 - A_4 B_2)} \right] \tag{5.5-10}$$

$$\delta_{HM} = \delta_{MH} = \frac{1}{\alpha^2 EI} \left[\frac{(A_3 D_4 - A_4 D_3) + K_h(A_2 D_4 - A_4 D_2)}{(A_3 B_4 - A_4 B_3) + K_h(A_2 B_4 - A_4 B_2)} \right] \tag{5.5-11}$$

$$\delta_{MM} = \frac{1}{\alpha EI} \left[\frac{(A_3 C_4 - A_4 C_3) + K_h(A_2 C_4 - A_4 C_2)}{(A_3 B_4 - A_4 B_3) + K_h(A_2 B_4 - A_4 B_2)} \right] \tag{5.5-12}$$

（3）式（5.5-11）、式（5.5-12）中第二项为力矩 M 对位移的影响。作用在坑底处（完全埋置桩桩头）挡墙截面上的力矩 M 包括坑底以上的墙背土压力产生的力矩 M_0 和坑底以上的墙体自重产生的力矩 M_{wl}，即 $M = M_0 - M_{wl}$。当 $M < 0$ 时，略去力矩 M 对位移的影响，此时：

$$Y_0 = H_0 \delta_{HH} \tag{5.5-13}$$

$$\theta_0 = H_0 \delta_{MH} \tag{5.5-14}$$

式中：$\alpha = \dfrac{mb_1}{EI}$

E——水泥土搅拌桩弹性模量；

I——挡墙截面惯性矩，$I = \dfrac{B^3 b_1}{12}$；

b_1——挡墙计算单元长度，一般取 $b_1 = 1.0$m；

m——地基土水平抗力沿深度墙长的比例系数；

A_0、B_0、C_0——无量纲系数，按 ah_p 查《桩基工程手册》（龚晓南，1995）表 4.3-5；

m_v——墙底上的地基系数；

A、B、C、D——无量纲系数，按 ah_p 查《桩基工程手册》（龚晓南，1995）表 4.3-4。

墙顶位移 $\qquad Y_a = Y_0 + \theta_0 H + \dfrac{qH_1}{72EI}\left(3H_1^2 \cdot H - \dfrac{3H_1^3}{5}\right)$ （5.5-15）

或 $\qquad Y_a = Y_0 + \theta_0 H + \dfrac{11q_1 + 4q_2}{120EI}H_4$ （5.5-16）

5.5.3 "上海经验公式法"

当水泥土围护结构的插入深度 $h_p = (0.8 \sim 1.2)H$，墙宽 $B = (0.6 \sim 1.0)H$ 时，对边长为 L 的围护结构其墙顶水平位移按下式计算：

$$Y_a = \dfrac{H^2 L}{10 h_p B}\zeta \qquad (5.5\text{-}17)$$

式中 Y_a——墙顶计算水平位移；

L——基坑最大边长；

B——墙宽；

ζ——施工质量系数，取 $0.8 \sim 1.5$。

5.6 重力式围护结构的施工与检测

5.6.1 施工机械

深层搅拌机械按固化剂的状态不同分为浆液输入深层搅拌机和粉体喷射深层搅拌机，根据搅拌轴数分为单轴和多轴深层搅拌机。

1. 浆液输入深层搅拌机

（1）单轴搅拌机械

1）GZB-600 型深层搅拌机

国内首台深层搅拌机是由天津施工公司与交通部一航局科研所等单位利用进口螺旋钻机改制而成。其特点为：由两台 30kW 电机各连接一台 2K-H 行星齿轮减速器组成驱动系统，驱动功率较大，水泥浆由中空搅拌轴经搅拌头叶片沿着旋转方向输入土中，且搅拌轴轴身有多片叶片，易于将水泥浆与土搅拌均匀。

2）DSJ 型单轴深层搅拌机

由浙江大学与浙江临海建筑工程公司共同研制。已有多种型号，在南方地区广泛使用。其大功率搅拌机，最大加固深度可达 23m。更值得一提的是，该种机型配有成桩质量自动监测仪，可连续监测记录成桩过程中的成桩质量、提升速度、水灰比、水泥掺入比和搅拌次数等参数，当成桩过程中产生质量缺陷时还能报警，使成桩质量得到严密监控。福建省建筑科学研究院研制成功的 DSI-FJ 型深层搅拌机，主要由一台 55kW 电动机驱动一根搅拌轴，可用于非软弱黏性土中深层搅拌，特别适用于在砂性土中止水帷幕施工。

（2）双轴深层搅拌机

1）SJB-1 型双轴深层搅拌机

由原冶金部建筑研究总院和交通部水运规划院于 1978 年合作研制，1984 年开始批量生产。其特点是采用中心管集中供浆方式，可适用于多种固化剂，除纯水泥浆外，还可用水泥砂浆，甚至渗入工业废料等粗粒固化剂。

2）DSJ 型双轴深层搅拌机

根据 DSJ 型单轴深层搅拌机改制而成，由二台电动机分别驱动二根搅拌轴，搅拌轴间距可根据桩中心距需要进行调整，水泥浆通过各自的搅拌轴从叶片上的喷浆口喷出，独立喷浆，其余辅助设备同 DSH 型单轴深层搅拌机。

各型浆液深层搅拌机械技术参数见表 5.6-1。

浆液深层搅拌机械技术参数汇总　　　　　　　　　　　　　表 5.6-1

	机型	SJB-1	SJB-2	GZB-600	DSJ-Ⅰ	DSJ-Ⅱ	DSJ-Ⅲ	DSJ-FJ
搅拌机主体	搅拌轴数	2(ϕ129)	2(ϕ129)	1(ϕ129)	2(ϕ108)	1(ϕ129)	1(ϕ129)	1(ϕ129)
	轴间距(mm)	514	514			可调		
	搅拌叶片直径(mm)	700~800	700~800	600	500	500	500~700	500~700
	最大钻进深度(m)	15	20	15	15	18	23	23
	搅拌轴转速(r/min)	46	46	50	60	60	59	60
	搅拌轴钻进、提升速度(m/min)	0.2~1.0	0.2~1.0	0.6~1.0	0.5~1.0	0.5~1.0	≤0.65	≤0.65
	喷浆方式	中心管	中心管	叶片	叶片	叶片	叶片	叶片
	最大扭矩(kN·m)				9.0	12.0	15.0	15.0
	驱动方式	电动机	电动机	电动机	电动机	电动机	电动机	电动机
	电机功率(kW)	2×30	2×40	2×30	22(30)	2×30	2×30	45~55
	行走形式	走管移动式	走管移动式	步履式	走管移动式	走管移动式	走管移动式	走管移动式
	重量(t)	4.5	5.0	12.0	7.6	8.5	9.5	12.0
附属设备	施工管理测试仪							
	灰浆拌制机　容量(L/台)	200	200	500	200	200	200	300
	灰浆拌制机　台数	2	2	2	1	2	1	1
	集料斗容量(L)	400	400	180	180	2/180	180	180
	灰浆泵　型号	HB6-3	HB6-3	PA-15-B	UBJ-1	UBJ-1	UBJ-1.8G	UBJ-1.8G
	灰浆泵　工作压力(kPa)	1500	1500	1400	100~500	100~500	600~1000	600~1000
	灰浆泵　输浆量(L/min)	50	50	281	60	2×60	60	60
	技术指标　一次加固面积(m²)	0.71~0.88	0.71~0.88	0.283	0.196	2×0.196	0.196~0.385	0.196~0.385
	技术指标　效率(m/台班)	40~50	40~50	60	60	2×60	60	60

2. 粉体喷射搅拌机

粉体喷射搅拌机械一般由搅拌主机、粉体固化材料输送机、空气压缩机、压力储料罐等组成，目前我国粉体喷射搅拌机主要有 GPP 型和 YPP 型。GPP 型粉喷搅拌机由铁道部第四勘测设计院研制。YPP 型粉喷搅拌机由上海探矿厂生产。各自技术性能见表5.6-2。

粉体喷射深层搅拌机械技术参数汇总表　　　　　　　　　　　表 5.6-2

	机　　型	GPP-5	YPP-5/YPP-7
粉喷搅拌机主体	搅拌轴数	1(ϕ108)	1(方形钻杆)
	轴间距(mm)		
	搅拌叶片直径(mm)	500	500
	最大钻进深度(m)	12.5～18.0	12.5～18.0
	搅拌轴钻进、提升速度(m/min)	0.48、0.8、1.47	0.48、0.8、1.47
	喷浆方式	叶片	叶片
	最大扭矩(kN·m)	4.9～8.6	5.2～9.6
	驱动方式	电动机	电动机
	电机功率(kW)	30～37.5	30～37.5
	行走形式	液压步履	液压步履
	重量(t)	9.2	10.0
粉体喷射机	储料量(kg)	2000	2000
	最大送粉压力(MPa)	0.5	0.6
	送粉管直径(mm)	50	50
	最大送粉量(kg/min)	100	120

5.6.2　施工工艺及施工参数

正式施工搅拌前，应进行现场采集土样的室内水泥土配比试验，当场地存在成层土时应取得各层上土样，至少应取得最软弱层土样。通过室内水泥配比试验，测定各水泥土试块不同龄期、不同水泥掺入量、不同外加剂的抗压强度，为深层搅拌施工寻求满足设计要求的最佳的水灰比、水泥掺入量及外加剂品种、掺量。

利用室内水泥土配比试验结果进行现场成桩试验，以确定满足设计要求的施工工艺和施工参数。

1. 施工工艺

（1）定位

开启走位卷扬机将深层搅拌机移到指定桩位，对中。当地面起伏不平时，应调整塔架丝杆或平台基座，使搅拌机保持垂直。一般对中误差不宜超过 2.0cm，搅拌轴垂直偏差不超过 1.0%。

（2）浆液配制

1）严格控制水灰比，一般为 0.45～0.55。袋装水泥应抽检，加水应经过核准的定量容器。

2）水泥浆必须充分拌和均匀。使用砂浆搅拌机制浆时，每次投料后拌合时间不得少于 3min。

3）为改善水泥和易性，可加入适量的外加剂，尤其在夏季施工时应加适量的减水剂，如木质硫酸钙，一般掺入量为水泥用量的 0.2%。

（3）送浆

将制备好的水泥浆经筛过滤后，倒入贮浆桶，开动灰浆泵，将浆液送至搅拌头。

（4）钻进喷浆搅拌

证实浆液从喷嘴喷出并具有一定压力后，启动桩机搅拌头向下旋转钻进搅拌，并连续喷入水泥浆液。

1）根据设计要求和成桩试验结果调整灰浆泵压力档次，使喷浆量满足要求。

2）钻进喷浆搅拌至设计桩长或层位后，应原地喷浆搅拌 30s。

（5）提升搅拌喷浆

将搅拌头自桩端反转匀速提升搅拌，并继续喷入水泥浆液，直至地面。

（6）重复钻进喷浆搅拌

按上述（4）操作进行。

（7）重复提升搅拌

按上述（5）操作进行。如喷浆量已达到设计要求时，可只复搅不再送浆，但需注意此时喷浆口易于堵塞。

（8）当搅拌轴钻进、提升速度为 0.65～1.0m/min 时，应重复一次（4）～（7）操作。

（9）成桩完毕，清理搅拌叶片上包裹的土块及喷浆口，桩机移至另一桩位施工。

2. 施工参数

为了使水泥搅拌桩能满足设计要求，其施工参数根据成桩试验确定。一般浆液深层搅拌桩施工参数有：

（1）搅拌钻杆的钻进、提升速度（0.5～1.0m/min）；

（2）搅拌钻杆（轴）的转速（60r/min）；

（3）钻进、提升次数；

（4）施工桩径（0.5～0.7m）；

（5）施工桩长（小于 23.0m）；

（6）水泥浆液配合比：水泥：水：外加剂；

（7）灰浆搅拌机内每次投料量：水泥量 X ＋水量 Y ＋外加剂量 Z；

（8）每根桩水泥浆液用量（需变掺量时，应确定各桩段水泥用量）；

（9）灰浆泵压力档次；

（10）垂直度偏差限值、桩位偏差限值。

粉体喷射时，另有：

（11）输送轮转数；

（12）输送空气压力大小；

（13）输送空气流量。

3. 粉体喷射搅拌桩施工工艺

粉体喷射搅拌桩施工工艺流程，与浆液搅拌不同的是：

（1）使搅拌轴垂直且搅拌钻头对准桩位后，启动粉喷钻机，搅拌轴边旋转钻头便钻进直至加固深度，此时不喷射加固材料。但为了不使喷口堵塞，需连续不断喷出压缩空气。

（2）钻头钻进至设计标高后，启动粉体发送器，并使搅拌钻头反向旋转提升，同时连续喷射粉体固化材料。

（3）搅拌钻头提升距地面 30～50cm 时应关闭粉体发送器，防止粉体溢出地面污染环境。

4. 深层搅拌水泥土挡墙施工工序

（1）平整场地，桩位放样，开挖导槽。导槽宽度宜比设计墙宽大 0.4～0.6m，深度宜为 1.0～1.5m。

（2）施工机械就位；

（3）制备水泥浆或水泥干粉；

（4）钻进喷浆搅拌（或无粉预搅）；

（5）提升喷浆（粉）搅拌至孔口；

（6）必要时重复（4）～（5）操作；

（7）施工机械移位；

（8）根据设计要求桩身插筋。

5.6.3　施工质量控制措施

（1）基坑支护挡墙施工前，会同有关设计人员进行设计图纸会审和技术交底。

（2）编制施工组织设计，内容包括：

1）场区工程地质、水文地质概况；

2）基坑周边环境、地下障碍物情况，施工场地总平面布置图；

3）根据成桩试验结果确定的搅拌桩施工工艺和施工参数；

4）基坑支护挡墙搅拌桩施工方案和施工顺序；

5）机械设备的型号、数量、动力；各工种材料的数量、质量、规格、品种、使用计划；工程技术人员、管理人员和关键岗位人员的配置；

6）施工中的关键问题和技术难点的技术质量要求标准和保证措施等；

7）施工工期、质量、安全控制方案；

8）施工期间的质量监控、抢险应急措施。

（3）施工时应做到：

1）严格控制桩位和桩身的垂直度，以确保足够的搭接长度和整体性。施打桩前需复核建筑物轴线、水准基点、场地标高；桩位对中偏差不超过 2.0cm，桩身垂直度偏差不超过 1.0%。

2）挖除表层障碍物，若埋深 3.0m 以下存在障碍物时与设计人员商量，酌情处理。

3）水泥必须无受潮、无结块，并且有出厂质保单及出厂合格证，发现水泥有结硬块，严禁投料使用。

4）对浆液搅拌桩，应严格控制水灰比，一般水泥浆液的水灰比为 0.45～0.5。

① 加水应用经过核准的定量容器，为使浆液泵送减少堵管，应改善水泥的和易性，

增加水泥浆的稠度，可适量加入减水剂（如木质素硫酸钙，一般为水泥用量的 0.2%）。

② 水泥浆必须充分拌和均匀，每次投料后拌和时间不得少于 3min，分次拌和必须连续进行，确保供浆不中断。

③ 水泥浆从砂浆拌和机倒入贮浆桶前，需经筛过滤，以防出浆口堵塞，并控制贮浆桶内贮浆量，以防浆液供应不足而断桩。贮浆桶内的水泥浆应经常搅动以防沉淀引起的不均匀。

④ 制备好的水泥浆不得停置时间过长，超过 2h 应降低标号使用或不使用。

⑤ 成桩宜采用二次搅拌。二次喷浆施工工艺，搅拌轴钻进提升速度不宜大于 0.5m/min，或钻头每转一圈的钻进或提升量不应超过 1.0～1.5cm。

⑥ 必须待水泥浆从喷浆口喷出并具有一定压力后，方可开始钻进喷浆搅拌操作，钻进喷浆必须到设计深度，误差不超过 5.0cm，并做好记录。

⑦ 搅拌钻头钻进搅拌时若遇较硬土层阻力大，钻进慢，钢丝绳松，钻进困难时，应增加搅拌机头自重，或启动加压卷扬机，或适当更改搅拌头叶片，不宜采用冲水下沉搅拌。

⑧ 按成桩试样确定的压力档次操作挤压泵，并随时观察送浆管的松江情况。桩机操作者应与制浆施工人员保持密切联系，保证搅拌机喷浆时供浆连续，因故停浆时，须立即通知桩机操作者，并从地面重新开始钻进喷浆，不得留一定长度搭接后中途开始工作。送浆异常时应迅速查明原因，妥善处理并记录。

⑨ 若施工过程中因停电或设备故障停工 1h 以上，必须立即进行全面冲洗，防止水泥在设备用管中结块，影响施工。

⑩ 尽量采用沿挡墙纵向走机。桩排之间的搭接时间不应超过 24h。如因故超过上述时间时，应先将待搭接的桩进行空钻留出榫头，或采取局部补桩措施。挡墙施工始点可留有锯齿形截面以便于终点连接。

⑪ 若成桩过程中，出现反土或冒浆现象，必须在一定深度内增加一次搅拌。

⑫ 使用水泥搅拌桩专用测试仪，在成桩全过程中对成桩质量进行跟踪监测。

5）对粉体喷射搅拌桩，施工时除应做到上述相应的要求外，还应有以下措施：

① 粉体输送器必须有粉量的计量装置，并在喷粉成桩过程中随时监测其喷粉量。完成一根后应立即打开料罐，测量用粉量，对喷粉量达不到设计要求的桩立即复搅复喷。

② 成桩宜采用二次搅拌工艺，即再次钻进提升喷粉搅拌。喷粉搅拌时，钻头每转一圈的上提量以 1.0～1.5cm 为宜。

③ 正式施工前应进行成桩试验，以确定满足设计要求的施工参数（气压、气量、喷灰量调节以及搅拌轴提速等）。

④ 对地下水位以上的桩，为保证水泥水解水化反应充分，施工时或施工完成后应从地面浇入适量的水。

5.6.4 质量检验

应在成桩施工期、开挖前、开挖期三个阶段对水泥土围护结构的质量作相应的检验，及时发现问题，防患于未然。

1. 成桩施工期的质量检验

项目包括：

（1）验证机械性能、材料质量、掺和比试验结果；

（2）逐根检查桩位、桩长、桩顶标高、桩身垂直度、水泥用量、钻进提升速度、水灰比、外加剂掺量、灰浆泵压力档次、搅拌次数、搭接桩施工间歇时间等。

（3）施工一定量后，可抽样进行开挖检验或取样检验桩身质量，发现问题及时补救并纠正。

开挖检验：根据工程要求，选取一定数量的桩体进行开挖，检查桩身的外观质量、搭接质量、整体性等。

取样检验：从开挖外露桩体中凿取试块或采用岩芯钻孔取样制成试块，检查桩身的均匀性，并与室内制作的试块进行强度比较。

2. 基坑开挖前的质量检测

（1）复核桩位、桩数。

（2）采用钻孔取芯检验桩长和桩身强度。钻孔取芯宜采用 ϕ110 钻头，连续钻取全桩长范围内的桩芯。桩芯应呈坚硬状态并无明显的夹泥、夹砂断层，有效桩长范围内的桩身强度应满足开挖设计要求。

3. 基坑开挖期的质量检测

（1）直观检验：对开挖桩体的质量以及墙体和坑底渗漏水情况进行检查，如不能满足设计要求应立即采取必要的补救措施。如注浆、高压旋喷补强，或改变土方开挖方案。

（2）位移监测：对支挡结构及周围建筑物和周围设施进行位移监测，以指导开挖施工。

5.7　工程实例

1. 工程概况

福建泉州远太大厦位于泉州东大路与泉秀路交叉口，由主楼、裙楼组成，主楼地上22层，地下2层，裙楼地上4层、地下2层，总面积34000m²，高81.0m。基础采用钢筋混凝土预制桩，共布桩689根，桩长24.0m。

地下室平面形状呈扇形（图5.7-1），占地面积2750m²，地下室外墙周长210.0m。按上部结构设计，地下室底板埋深为天然地面下6.7m，桩基独立承台埋深为天然地面下8.7m，即地下室基坑开挖深度为6.7m，局部8.0～8.7m（占面积70%）。

2. 地质情况

地质剖面见图5.7-2，土工参数见表5.7-1，由此可知，该处土质软弱，含水量高，抗剪强度极低。

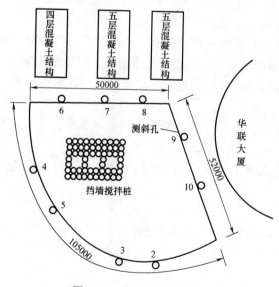

图 5.7-1　地下室平面形状

各土层物理力学指标 表 5.7-1

土层	含水量 $w(\%)$	重度 γ (kN/m³)	孔隙比 e	c (kPa)	φ (°)	压缩模量 $E_{s(1-2)}$ (MPa)	f_k (kPa)
人工填土	—	—	—	—	—	—	—
亚黏土（Ⅰ）	31	19.5	0.768	31.3	21.2	4.53	140～160
淤泥质亚黏土	—	17.00		10.0	13.0		80～90
淤泥（Ⅰ）	62.28	15.00	1.866	8.3	12.6	0.902	60～65
中粗砂夹淤泥		18.5		10	30	5.0	120～140
淤泥（Ⅱ）	64.72	16.2	1.73	11.0	14.4	1.15	65～70
亚黏土（Ⅱ）	29.36	19.4	0.8	28.0	21.1	5.10	160～180

3. 工程特点

大厦地下室占地面积大，形状不规则，西侧三座 4～5 层混凝土结构建筑距基坑边缘仅 5.0m，北侧紧邻正在施工的高层，市区两交通主干道紧绕基坑东南侧，并且由于工期紧，要求施打工程桩（预制桩）与基坑围护施工同时进行。因此，基坑支护必须满足：（1）基坑开挖及地下室施工顺利进行；（2）基坑支护的施工、工程桩的施打、基坑土方开挖、地下室施工不会给邻近建筑物、道路造成任何危害。

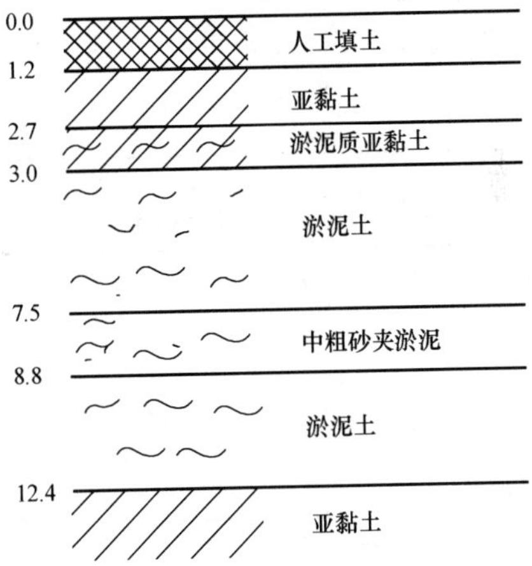

4. 方案选择

对此基坑支护可能的方案有：

（1）排桩（板桩）加内支撑；

（2）地下连续墙；

（3）水泥搅拌桩挡墙。

图 5.7-2 地质剖面

在方案选择阶段，业主曾在拟建场地试挖三根人工挖孔桩，但挖至地下 7.0m 时，均由于 7.0m 下约 2.5m 厚的细砂夹淤泥层发生流砂，致使人工挖孔桩无法进行。采用灌注桩加一道内支撑或钢板桩加二道支撑作支护不仅造价高，而且由于基坑占地面积大、形状不规整，使支撑设置难度很大。内支撑的存在给地下室施工造成许多困难，地下室施工难度增大，工期延长，综合效益降低。同时由于场地地下水位很高（自然地面下 2.4m），为保证紧邻建筑物、道路的安全，须对基坑另设止水措施，又增加了工程造价。对本基坑支护，地下连续墙造价过高。

采用格栅式布置的水泥搅拌桩作重力式挡墙，不需设置内支撑，同时也是极好的止水围堰，还能起隔振作用，以消除施打工程桩对周围建筑、道路产生的振动及挤土影响。经比较，水泥搅拌桩支护挡墙比排桩支护可节省支护造价 20% 左右。因此，业主选择了水泥搅拌桩挡墙支护方案。

5. 设计计算

（1）按试算法计算 Z_0

设 $Z_0 = 3.3\text{m}$，则 Z 范围内的 γ、c、φ 加权平均值为：

$$\bar{\gamma} = \frac{18 \times 1.2 + 19.5 \times 1.5 + 17 \times 0.3 + 15.8 \times 0.3}{3.3} = 18.39\text{kN/m}^3$$

$$\bar{c} = \frac{20 \times 1.2 + 31.3 \times 1.5 + 10 \times 0.3 + 8.3 \times 0.3}{3.3} = 23.16\text{kN/m}^3$$

$$\bar{\varphi} = \frac{20 \times 1.2 + 21.2 \times 1.5 + 13 \times 0.3 + 12.6 \times 0.3}{3.3} = 19.24\text{kN/m}^3$$

$$Z_0 = \frac{Z_c - q\sqrt{K_a}}{\gamma\sqrt{K_a}} = \frac{2 \times 23.16 - 10 \times 0.7103}{18.39 \times 0.7103} = 3.0\text{m}$$

取 $Z_0 = 3.3\text{m}$

（2）土压力计算

见表 5.7-2、表 5.7-3。

土压力计算表 表 5.7-2

深度	位置	γ (kN/m³)	γ_w (kN/m³)	c (kPa)	φ	K_a	$\sqrt{K_a}$	σ_a	K_p	$\sqrt{K_p}$	σ_p (kPa)
3.0		18.39		23.16			0.713	0			
6.7		15.8		8.3	12.6			66.55	1.558	1.248	20.71
7.5	上	15.8		8.3	12.6	0.6418		74.66	1.558	1.248	40.41
	下	8.2	10	10	30	0.3333	0.5733	34.13	3.00	1.732	81.89
8.8	上	8.2	10	10	30	0.3333	0.5733	50.68	3.00	1.732	113.36
	下	16.2		11	14.1	0.6016	0.7756	79.62	1.644	1.2822	87.89
12.5	上	16.2		11	14.1	0.6016	0.7756	115.68	1.644	1.2822	186.44
	下	19.4		28	21.1						

表 5.7-3

序号	E_a	Z_a	M_a	E_p	Z_p	M_p
1	167.98	7.33		16.57	5.4	
2	44.37	4.35		7.88	5.27	
3	10.76	4.13		106.46	4.35	
4	294.59	1.85		20.46	4.13	
5	66.71	1.23		325.19	1.85	
6				182.32	1.23	
Σ	584.41		2079.02	658.88		1504.46

（3）墙体自重

设墙宽 $B = 3.2\text{m}$

$$W = 18 \times 3.2 \times 12.5 = 720.0\text{kN/m}$$

$$W_z = 720.0 \times \frac{3.2}{2} = 1152 \text{kN/m}$$

（4）抗倾覆稳定验算

$$K_q = \frac{M_p + W_z}{M_a} = \frac{1152 + 1504.46}{2079.02} = 1.28$$

（5）抗滑移验算

$$W \tan\varphi + cB = 720 \times \tan21.1° + 28 \times 3.2 = 367.42$$

$$K_h = \frac{E_p + W \tan\varphi + cB}{E_a} = \frac{367.42 + 658.88}{584.41} = 1.76$$

（6）墙身强度验算：

基坑面以上 $E_a = 123.12 \text{kPa/m}$

$$\tau = \frac{E_a}{B} = 38.48 \text{kPa} \leqslant 0.2 q_u = 0.2 \times 1000 = 200 \text{kPa}$$

$$\sigma_{\min}^{\max} = \frac{W}{B} \pm \frac{E}{B^2/6} = 120.6 \pm \frac{123.12 \times 6}{3.2^2} = \frac{192.74 \text{kPa}}{48.46 \text{kPa}}$$

6. 施工情况

大厦支护挡墙水泥搅拌桩采用单头浆液搅拌机械和单头粉喷搅拌机械进行施工。

（1）搅拌桩施工工艺

1）单头浆液搅拌机械施工工艺

① 钻进/提升速度 1.0m/min；

② 钻杆转速 60r/min；

③ 四次搅拌、四次喷浆。

2）单头喷粉搅拌机械施工工艺

① 钻进进度：淤泥层 1.47m/min，黏土及淤泥夹砂层 0.8m/min；

② 喷粉提升速度：淤泥层 0.5m/min，黏土及淤泥夹砂层 0.8m/min；

③ 送粉压力 300～500kPa；

④ 四次搅拌、三次喷粉的施工工艺。

从基坑开挖后暴露的搅拌桩情况看，浆液搅拌桩、粉喷搅拌桩成桩质量均良好。在搅拌次数相同的情况下，粉喷搅拌桩的成层性较浆液搅拌桩成层性略大，且上部黏性土中由于缺乏足够的水分使得喷粉搅拌桩成桩质量较差。实践证明，要使粉喷搅拌桩在上部硬壳层中成桩完好，须在上部桩身边加入一定量的水。

（2）竹筋插入情况

在大厦支护结构施工初期，曾试图在刚成桩的搅拌桩桩芯插竹筋，以改善挡墙墙身强度，但实际上竹筋只能进入表层 1.0m 左右，无法进入 $\tau_{\max}$ 深度处。

（3）水泥土挡墙的隔振

由于大厦施工工期较紧，水泥搅拌桩挡墙施工必须与预制工程桩施工同期进行，450mm×450mm、400mm×400mm 二种截面长约 24m 的工程桩共 700 根，用 6t 锤击入土层。大量预制桩的挤入及强烈的锤击振动，无疑对刚成形的水泥挡墙墙身强度有一定的削弱作用。为减少巨大的挤土作用及锤击振动对挡墙的影响，采取了在挡墙段留一定缺口等措施。基坑开挖结果表明，在挡墙段留缺口等措施有效，预制桩的锤击振动和挤土没有给挡墙带来明显的损害，并且由于搅拌桩挡墙的存在，大幅度减少了打桩锤击振动对周围建筑物及道路的影响，未给相距仅 5m 的三座石结构带来任何危害。

7. 工程效果

大厦地下室基坑于 1993 年 1 月开始开挖，1993 年 5 月地下室施工完毕。在整个基坑开挖及地下室施工期间，对埋设在挡墙内的 9 根测斜管及周围环境进行了严密监测。测斜结果如图 5.7-3 所示。

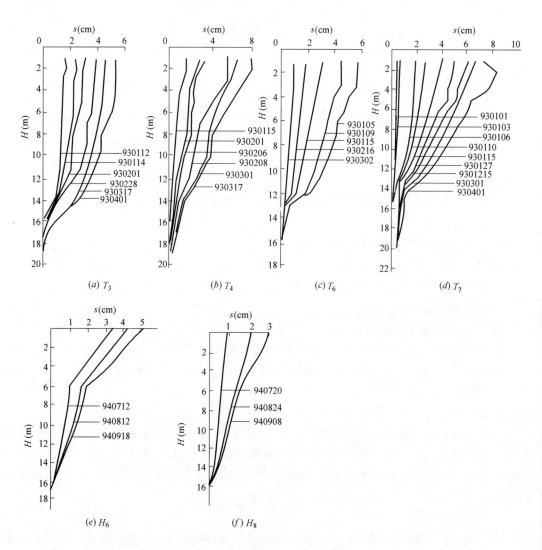

图 5.7-3 实测挡墙侧向位移

现场及实测资料表明：

（1）挡墙最大倾斜率 6.5‰，墙顶最大位移 8.2cm，发生在西侧挡墙的中段。

（2）基坑开挖及地下室施工期间，正值当年的雨季，挡墙经受住了特大暴雨的考验。

（3）距西侧挡墙仅 5m 的三座石结构建筑完好无损，没有出现任何裂缝及危害，周围道路也未出现裂缝等任何危害。

（4）由于搅拌桩挡墙的存在，消除了快速施打预制桩对三座石结构及周围环境产生的强烈锤击振动影响。

（5）搅拌桩采用搭接 5cm 的布桩方式，挡墙的整体性和止水性均良好，未出现坑壁、坑底冒水涌砂等现象。

（6）由于基坑开挖及地下室施工时，坑内无任何空间障碍，为地下室开挖及施工带来了极大的方便。

参 考 文 献

［1］《地基处理手册》编写委员会. 地基处理手册. 北京：中国建筑工业出版社，1988.

［2］中国土木工程学会土力学及基础工程学会. 第六届土力学及基础工程学会会议论文集. 上海：同济大学出版社，北京：中国建筑工业出版社，1991.

［3］中国土木工程学会土力学及基础工程学会地基处理学术委员会. 深层搅拌法设计与施工学术讨论论文集. 北京：中国铁道出版社，1993.

［4］中国土木工程学会土力学及基础工程学会地基处理学术委员会. 第三届地基处理学术讨论会论文集. 杭州：浙江大学出版社，1992.

［5］中国土木工程学会土力学及基础工程学会地基处理学术委员会. 第四届地基处理学术讨论会论文集. 杭州：浙江大学出版社，1995.

［6］中国土木工程学会土力学及基础工程学会地基处理学术委员会. 第五届地基处理学术讨论会论文集. 杭州：浙江大学出版社，1997.

［7］《桩基工程手册》编写委员会. 桩基工程手册. 北京：中国建筑工业出版社，1995.

［8］黄强. 深基坑支护工程设计技术. 北京：中国建材工业出版社，1995.

第6章 内撑式围护结构

赵剑豪 黄继辉
（福建省建筑科学研究院）
晏 音
（福建省建筑设计研究院）

6.1 概述

6.1.1 内撑式围护结构的组成

顾名思义，内撑式围护结构由外围护和内支撑组成，简称"外护内撑"；"外护"是指竖向围护结构和挡土（止水）帷幕，主要用以抵挡坑外的岩土体、防止或控制坑外地下水的渗漏；"内撑"是指为外围护结构的强度、变形及稳定性提供支撑和约束的结构系统。工程应用上内撑式围护结构主要包含竖向围护桩（墙）、桩（墙）顶冠梁、腰梁、水平支撑（对撑、角撑、边桁架等）、斜撑、立柱（桩）、止水帷幕等，组成示意图见图 6.1-1。

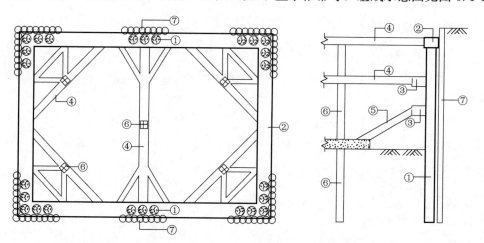

图 6.1-1 内撑式围护结构的主要组成
①—围护桩；②—冠梁；③—腰梁；④—水平支撑；⑤—斜撑；⑥—立柱（桩）；⑦—止水帷幕

竖向围护结构常采用钢板桩、钢筋混凝土排桩、地下连续墙等形式；内撑可采用水平支撑和斜支撑。工程上常用的水平支撑一般有钢支撑结构、钢筋混凝土支撑结构以及钢-混凝土组合支撑结构，在逆作法工程中还可用主体地下结构的楼板作为基坑的水平支撑，根据不同开挖深度、工程地质等条件又可采用单道、二道、多道水平支撑。当基坑平面面积很大且开挖深度不太大时，采用斜支撑较为经济。如图 6.1-2 所示，以下为工程上常见的内撑式围护结构剖面示意图。

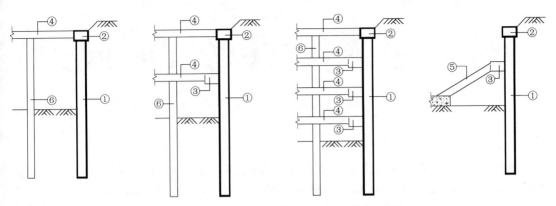

图 6.1-2　内撑式围护结构剖面示意图
①围护桩，②冠梁；③腰梁；④水平支撑；⑤斜撑；⑥立柱（桩）

1. 竖向围护结构

竖向围护结构可视为插入岩土体中的梁式结构，主要承受着岩土体的水平土压力和地下水压力，当然也承担了围护结构系统的自重和竖向施工荷载等引起的轴向力。工程上，常见的竖向围护结构有板桩式、柱列式、地下连续墙、组合式四种形式。

（1）板桩式

用作竖向围护结构的板桩主要有拉森钢板桩、H 型钢、钢管桩、PHC 管桩、预制钢筋混凝土板桩等。竖向围护受力桩之间设置钢板、木板、高压旋喷桩、水泥搅拌桩等挡土或止水帷幕。

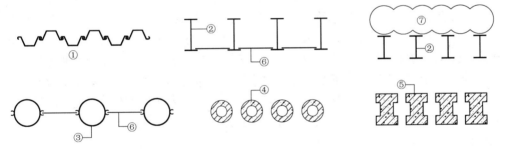

图 6.1-3　各种类型的板桩示意图
①—拉伸钢板桩；②—H 型钢；③—钢管桩；④—PHC 管桩；⑤—预制钢筋混凝土板桩；
⑥—钢板、木板；⑦—水泥搅拌桩

（2）柱列式

柱列式竖向围护结构是基坑工程中较为传统且应用较为广泛的竖向围护结构之一，主要有冲（钻）孔灌注桩、沉管桩、人工挖孔桩、旋挖桩、长螺旋灌注桩等各种形式的钢筋混凝土灌注桩。竖向围护受力桩之间采用高压旋喷桩、水泥搅拌桩、咬合素混凝土（砂浆）桩挡土止水帷幕。

（3）地下连续墙

地下连续墙常用于对坑外周边环境的变形和地下水控制要求较严格、开挖深度较大的基坑工程中，其不仅作为竖向围护结构，有时还可兼作永久结构的一部分。有关地下连续墙的详细介绍请参阅第 13 章的地下连续墙技术有关内容。

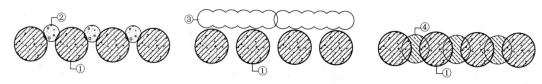

图 6.1-4 柱列式竖向围护结构

①—灌注桩；②—高压旋喷桩；③—水泥搅拌桩；④—咬合素混凝土（砂浆）桩

（4）组合式

采用不同材料和同一材料但在平面布置上形成空间结构的竖向围护结构称为组合式竖向围护结构，如 SMW 工法由 H 型钢和三轴搅拌桩组成，ESC 工法（HUC 工法）由 H 型钢和 U 型钢板组成。有关 SMW 工法的详细介绍请参阅第 14 章的加筋水泥土墙技术有关内容。

图 6.1-5 组合式竖向围护结构

2. 挡土或止水帷幕

当竖向围护结构为非密排布置时，各竖向围护构件之间存在一定的间隔距离，若坑外或竖向围护构件间土体为淤泥、淤泥质土等流塑性土，或为砂性土等无粘结、弱粘结性土层时，其土层的自立性、自稳定性差，应设置挡土帷幕，防止坑外或竖向围护构件间土体的崩塌、掉落。当坑侧存在透水层、地下水补给较充分或坑底影响范围内存在承压水头时，若降水费用高昂或不允许抽降水时，应设置止水帷幕以有效控制坑外的地下水位变化。挡土或止水帷幕承受着局部土水压力，可与竖向围护结构统一设置，也可分开设置。挡土、止水帷幕的材料选择、工艺措施、工序安排上应充分慎重，特别是止水帷幕，务求其与竖向围护构件密切齿合，不留明显的渗水通道。常见的挡土、止水帷幕有喷射钢筋网护面、预制钢板（木板）、水泥搅拌桩、高压旋喷桩、素混凝土桩等。有关止水帷幕的详细介绍请参阅第 12 章基坑工程地下水控制和第 16 章咬合桩支护技术有关内容。

3. 内支撑系统

内支撑系统一般由水平支撑体系（或内斜撑）、立柱（桩）等支撑结构构成。支撑结构从杆件材料上可分为钢支撑结构、钢筋混凝土支撑结构以及钢-混凝土组合支撑结构等形式；水平支撑体系从布置方式上可分为角撑支撑体系、对撑式支撑体系、桁架式支撑体系、圆环形支撑体系以及前述各体系的组合布置体系。

由于基坑规模、环境条件、主体结构的布置以及施工方法等不同，难以为支撑结构的选型确定出一套标准的方法，应以在确保基坑安全可靠的前提下经济合理、施工方便为原则，根据实际工程具体情况综合考虑确定。各种形式的支撑体系具有不同的优缺点和应用范围，以下仅对工程上常用的支撑结构作一简单介绍。

（1）钢筋混凝土水平支撑

钢筋混凝土水平支撑（图 6.1-6）由于是现场定位、浇筑，可布置成不同形式的支撑体系：角撑、对撑、桁架、圆环形及其各种组合形式；同时该水平支撑整体性好、支撑刚度可通过构件截面尺寸及布置形式调整、变形控制能力好，其与主体结构的平面位置关系协调性较强。钢筋混凝土水平支撑适用于各种平面形状、各种开挖深度、各种土层分布的基坑工程。缺点是其需要一定的养护时间、使用后一般需进行拆除，工期相对较长，自重大、为了保证平面外的刚度及稳定等需设置一定数量的竖向支撑。

（a）　　　　　　　　　　　　　　（b）

图 6.1-6　钢筋混凝土水平支撑

（2）型钢水平支撑

型钢水平支撑（图 6.1-7）采用 H 型钢或钢管进行现场拼装、焊接等安装而成，其主要的布置形式为：角撑、对撑。型钢水平支撑传力体系清晰、受力直接明确，节点简单、形式少，支撑刚度亦可通过构件截面尺寸进行调整、刚度较大、变形控制能力较好，无须养护、安装及拆除时间短，可重复利用、经济性较好。适用于平面较为规整的基坑工程。

（a）　　　　　　　　　　　　　　（b）

图 6.1-7　型钢水平支撑

（3）装配式预应力鱼腹梁钢结构支撑技术

近年由韩国引进的装配式预应力鱼腹梁钢结构支撑技术（图 6.1-8），简称 IPS 工法，是基于预应力原理，开发出的一种新型内支撑结构体系，预应力鱼腹梁装配式钢结构支撑系统由鱼腹梁、对撑、角撑、立柱、横梁、拉杆、三角形接点、预压顶紧装置等标准部件组合并施加预应力，形成平面预应力支撑系统与立体结构体系。与传统钢筋混凝土、钢结构支撑相比，极大提高了支撑体系的整体刚度和稳定性，可有效精确地控制基坑位移，大幅度减小基坑的变形。

装配式预应力鱼腹梁钢结构支撑技术有以下主要优点：基坑变形比传统钢支撑小且易控制；施工空间大，土方挖运、地下结构施工方便快捷，工期缩短；技术的先进性，与传统钢支撑相比安全度大幅提高；高强材质、高精度工艺、装配式作业，材料全部回收循环使用；绿色环保、产业升级。

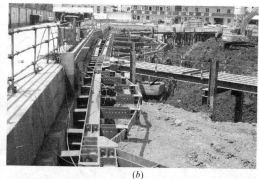

图 6.1-8　装配式预应力鱼腹梁钢结构支撑

（4）装配式张弦梁钢支撑技术

张弦梁技术在钢结构工程中已有十分成熟的应用。新型基坑张弦梁钢支撑系统（图 6.1-9）是一项用于地下空间开发的绿色深基坑支护技术。该系统主要由张弦梁、对撑式桁架、斜撑、钢围檩、立柱等装配式钢构件组成。支撑体系在现场安装完毕后，张弦梁、对撑等主要受力构件上都可以精确地施加较大预应力并可适时补偿，提高支撑系统整体刚度，从而精确有效地控制基坑位移，大幅度减小基坑的变形。

新型基坑张弦梁钢支撑系统在工厂生产标准化部件，在工程现场装配。当地下结构部分施工完成后，所有钢构件可全部回收、循环使用。该系统与混凝土支撑、传统钢支撑相比具有绿色环保、节省施工工期、降低造价等优点；与装配式预应力鱼腹梁钢结构支撑技术相比也具有自平衡、刚度大等明显的特点。

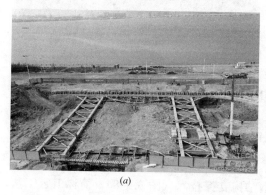

图 6.1-9　装配式张弦梁钢支撑

（5）竖向支承——立柱（桩）

内支撑系统中的竖向支承（图 6.1-10）一般由钢立柱和立柱桩一体化施工构成，其主要功能是作为内支撑的竖向承重结构，并保证内支撑的纵向稳定、加强内支撑体系的空间刚度，常用的钢立柱形式一般有角钢格构柱、H 型钢柱、钢管混凝土柱等，立柱桩常用的为灌注桩、三轴搅拌桩。

（6）内斜撑

内斜撑（图 6.1-11）一般采用 H 型钢、钢管，同时一般通过在桩（墙）顶设置冠梁、

(a)   (b)

图 6.1-10 立柱

桩（墙）身设置腰梁进行其与竖向围护结构的连接和力的传递，另一端通过在主体结构上设置墩等构件把内斜撑的轴力传至主体结构的底板或楼板上。内斜撑的设置应对称、均衡布置，否则将对主体结构产生不均衡的侧向推力，应进行必要的验算并采取相应的技术措施。内斜撑式的支撑体系必须与土方的开挖及主体地下结构的施工紧密结合。土方的开挖要求采用盆式开挖方案，即基坑周边预留一定宽度的土台保证竖向围护结构的内力、变形及稳定要求，中部先行开挖至设计标高。主体地下结构的施工亦根据设计要求，在预留土台的边界处留设后浇带，先行施工基坑的中间部位主体结构（底板或楼板）。

(a)   (b)

图 6.1-11 内斜撑

6.1.2 内撑式围护结构的优缺点

评价一种围护结构的优缺点，可从其技术先进性、经济合理性、安全可靠性，并结合施工质量控制、施工工期、与主体结构的结合协调等方面进行。

1. 主要优点

（1）施工质量容易控制

内撑式围护的竖向围护结构和内支撑系统主要采用型钢或钢筋混凝土，因其工艺本身，不管是施工人员还是监督人员均易于控制其质量，其质量稳定性均较高。

（2）充分发挥各围护材料的特点

竖向围护结构作为主要承受弯剪的弹性地基梁，其内力可通过平面布置、支撑位置及刚度的设置等进行调整，同时其材料型号选择和断面设计也较为灵活。内支撑系统中，不管是型钢构件的对撑或角撑，还是由钢筋混凝土构成的对撑、角撑、环撑或桁架支撑，其受力上均以受压为主，较小的弯矩也仅是由自重、施工荷载、平面变形等引起，充分体现了钢筋混凝土和型钢高抗压承载力的特点。

（3）支护结构变形及周边环境的控制效果好

内支撑系统的水平刚度大，对竖向围护结构的变形及周边土体的变形的控制能力强、效果好。而且若采用型钢或型钢与钢筋混凝土组合内支撑，还可以通过施加预应力以更好地控制竖向围护结构及周边环境的变形。对于周边环境复杂、变形控制严格的基坑工程，应首选内撑式围护结构。

（4）支护结构占地面积小——节地

内撑式围护结构，其竖向围护结构除了自身有限的截面尺寸外，仅预留了其与主体地下室外墙的模板等施工空间，在竖向围护结构与外墙合二为一的结构中甚至还取消了模板施工空间；同时内撑系统又不占用地下室以外的空间，因此内撑式围护结构的占地面积最小，最节约土地，同时最大限度地避免了其对周边场地及建（构）筑物的影响。

（5）支撑的平面布置灵活多变

内撑式围护结构的支撑平面布置灵活多变，型钢或钢筋混凝土内支撑可适用于规则的基坑平面，钢筋混凝土内支撑可用于各种不规则的、复杂平面的基坑工程。

（6）适用的范围广泛

从地质条件上看，内撑式围护结构的应用不受周围土质条件的制约，其承载能力只与构件的强度、截面尺寸及形式有关。在软弱地基中，单根土锚所能提供的拉力很有限，使用拉锚式围护很不经济，此时内撑式围护结构最能发挥其优越性。

从开挖深度上看，内撑式围护的基坑理论上无深度限制，是否采用内撑应通过技术和经济比较决定。

从基坑的平面尺寸上看，内撑式围护的适用性最广。对于平面尺寸小的基坑，拉锚式围护上每延米基坑所需的锚拉力与平面尺寸大小无关，此时采用内撑式围护更加经济。对于平面尺寸大的基坑，采用逆作法或半逆作法，将主体地下结构的楼板作为内支撑系统，可节约工程造价，缩短工期。

从围护的平面布置上看，内撑式围护一般适用于周圈围护或对边围护，内撑应对称均衡布置，使支撑杆件中形成对称的轴力，否则应进行特殊的处理以满足静力平衡条件。

（7）与主体结构的结合、协调性好

内撑式围护结构是最合理、最节材、最可靠的支护结构形式。其竖向围护结构，特别是地下连续墙常作为主体建筑地下室外墙的一部分进行设计，近年来，灌注桩围护与地下室外墙"桩墙合一"也成功应用在若干实际工程中。在大型基坑中，全逆作或顺逆结合的施工方式是较为合理的内支撑方案之一，将主体地下室的楼板结构作为围护结构的内支撑或内支撑的一部分进行协调设计，不仅避免了传统围护结构中内支撑的施作和拆除，而且节约了工程造价和施工工期，同时可最大限度控制基坑支护结构对周边环境的影响。

2. 缺点和局限性

（1）形成内支撑，特别是钢筋混凝土内支撑强度的形成需要一定的工期。

（2）内支撑的存在，一定程度上可能会影响土方的大规模机械化开挖。

（3）在换撑和拆撑阶段，换撑构件强度的形成和原支撑的拆除需要一定的工期，同时钢筋混凝土内支撑拆除后，除钢筋以外的大部分材料不可回收。

（4）大型平面的基坑中，传统内支撑的工程量较大，经济合理性上不占优势，同时应妥善考虑换撑后其对主体结构的潜在影响并采取必要措施。

6.1.3 内撑式围护结构的适用范围

1. 地质条件

内撑式围护结构适用于各种地质条件下的基坑工程。不论是软土、砂性土、黏性土，还是坚硬的岩层，均有相应的施工设备机具形成有效的竖向围护结构；竖向围护结构的类型、截面尺寸及布置形式多种多样、灵活多变；内支撑的构件的承载能力及刚度仅与构件的强度、截面尺寸及布置形式有关，不受基坑土层的物理、力学参数的影响与制约。

2. 基坑深度

内撑式围护结构适用于各种开挖深度的基坑工程。随着基坑开挖深度的加大，可通过调整竖向围护结构的截面、平面布置、嵌入坑底深度，以及内支撑的道数、刚度、平面和竖向布置形式等相关参数，以满足基坑的稳定、变形控制、强度等要求。

3. 基坑平面形状和尺寸

内撑式围护结构的灵活性最强。对于中小平面尺寸的基坑，相比外拉锚围护结构，内支撑的经济合理性最好；基坑平面形状不规则，特别是出现内阳角的基坑工程，内支撑的经济性较好、平面布置最合理灵活，同时可有限进行变形控制；大型基坑工程中，采用传统的型钢或现浇钢筋混凝土内支撑将出现经济上不合理的情况，采用全逆作或顺逆结合的内撑式围护结构是合理的方案选择。

6.2 内撑式围护结构的选型、设计控制要点

6.2.1 设计资料、依据与图纸内容

1. 设计资料、依据

（1）工程地质和水文地质资料。

（2）周边建（构）筑物、道路、地下管网（线）等的详细资料：周边的范围以基坑开挖的影响范围确定，一般不小于开挖深度的2～3倍；建筑物的资料包含工程地质及水文地质资料、设计图纸（主要了解基础形式、建筑结构类型等）、竣工资料、现状调查等；地下管网（线）的资料包含管网类型、材料、平面位置、埋深、直径等。

（3）主体建筑总平规划、地下结构及基础施工图。

（4）围护结构的施工设备机具的进场条件及现场施工条件，施工工艺的可行性及其对周边环境影响的评估。

（5）国家及行业的相关规范及规程。

（6）政府主管部门对该地区基坑工程的有关管理规定、指导性或指令性文件。

（7）区域已有类似工程的经验。

2. 设计图纸

内撑式围护结构的主要设计图纸应包括以下内容：

（1）设计说明、周边环境影响控制措施

（2）基坑总平面布置图

（3）基坑竖向围护结构的平面布置图

（4）基坑竖向围护结构的立面展开图

（5）基坑内支撑系统布置图

（6）基坑围护结构剖面图

（7）基坑降、排水布置图

（8）围护结构的施工顺序示意图及施工工况

（9）围护结构施工大样图

（10）围护结构节点大样图

（11）基坑监测布置及要求

6.2.2　内撑式围护结构的选型与方案

如 6.1.1 节所述，内撑式围护结构由竖向围护结构、挡土或止水帷幕、内支撑系统组成，各组成部分又有多种不同形式。对于某一基坑工程实践，内撑式围护结构的选型与场地的工程地质和水文地质、周边环境条件（建构筑物、道路、地下管网等）及影响控制、基坑开挖深度、建筑总平面布置、主体地下结构特点与基础形式等因素息息相关，同时还应考虑基坑的平面尺寸及形状，并结合经济合理性、施工设备能力、施工条件、工期及关键施工节点要求等综合确定。

对于某一基坑工程实践，从技术层面上其支护方案没有唯一性，但根据以上综合因素可从概念上确定较合理的支护形式，确定是否采用内撑式围护结构是比较合理、合适的；同时由于经济合理性、工期、功能要求等几个因素常常是相互矛盾和约束的，即便是内撑式围护结构，在确定最终方案时，亦需在影响因素中抓住主要问题和矛盾，加以必要的初步计算分析、技术及经济比较，从而确定可以较好地解决该问题的合理方案。

支撑结构选型包括支撑体系的选择以及支撑结构布置等内容。以下为内撑式围护结构的各组成构件、各内支撑体系的若干主要特点，供选型与方案概念设计时参考。

竖向围护结构 表 6.2-1

类型	板桩式		柱列式	地下连续墙	组合式（如 SMW 工法/TRD 工法）
	型钢	预制钢筋混凝土板桩			
受力构件截面参数	固定值（成品）	固定值（预制成品）	可调整	可调整	固定值（成品）
承载能力	固定值	可调整	可调整	可调整	固定值
最大桩长	相对固定	相对固定	可调整	可调整	相对固定
开挖深度	1. 拉伸钢板桩、小型号的 H 型钢：单层地下室或 $H \leqslant 6m$；2. 大型号 H 型钢、钢管桩：2～3 层地下室	单层地下室或 $H \leqslant 6m$	不限制	不限制	2～3 层地下室

续表

类型	板桩式		柱列式	地下连续墙	组合式 (如 SMW 工法/ TRD 工法)
	型钢	预制钢筋 混凝土板桩			
适用土层条件	采用振动沉桩， $N \leqslant 15 \sim 20$	采用静压沉桩 (由施工设备确定)	无限制(由施工 设备确定)	无限制(由施工 设备确定)	一般 $N \leqslant 30$， (TRD 工法等除 外)
回收利用	可以	不可以	不可以	不可以	可以
两墙合一	不可以	不可以	可以(尚在应用 研究)	可以	不可以
工期	快,无强度养护 时间	快,无强度养护 时间	较快,需强度养 护时间	较快,需强度养 护时间	较快

挡土或止水帷幕 表 6.2-2

类型	喷射钢筋网护面	预制钢板	水泥搅拌桩	高压旋喷桩	素混凝土桩
止水效果	不考虑其止水	不考虑其止水	好(机械咬合)	较好(桩间布 置)	好(机械咬合)
最大桩长	开挖面以上	开挖面以上及 以下一定深度(有 限)	受施工设备 限制	取决于设备能 力,一般不限制	一般不限制
适用土层条件	不限制	软弱土层	普通机械:$N \leqslant$ $15 \sim 20$ 三轴机:N $\leqslant 30$	一般不限制	一般不限制
施工设备	喷射机	吊车、振动器	搅拌桩设备	单、双、三重管、 RJP、MJS 旋喷 桩机	各种灌注桩施 工设备

内支撑 表 6.2-3

类型	混凝土水平支撑	型钢支撑	装配式预应力鱼腹 梁结构支撑、 张弦梁钢支撑技术	逆作法(利用地下 室楼板结构)	组合支撑(钢筋 混凝土＋型钢)
布置形式	布置灵活多样: 对撑、角撑、环撑、 桁架等	对撑、角撑	桁架(配合对 撑、角撑)	楼板结构局部 预留洞口	混凝土:布置 较灵活;型钢:对 撑、角撑
基坑平面	任意形状	较规整的平面	较规整的平面	任意形状	较规整的平面
刚度、整体性	刚度大、整体 性好	刚度较大、整体 性差	刚度较大、整体 性较差	刚度大、整体 性好	刚度较大、整 体性较差
工期	需养护时间,需 换撑、拆撑时间	无强度养护时 间,需换撑、拆撑 时间,工期短	无养护时间,需 换撑、拆撑时间, 工期短	需养护时间,无 换撑、拆撑时间	需换撑、拆撑 时间

常用的各类支撑体系

表 6.2-4

支撑体系	形式	示意图	特点
钢支撑体系	十字正交		1. 传力体系清晰、受力直接明确; 2. 节点简单、形式少; 3. 可重复利用,经济性较好; 4. 安装、拆除时间短; 5. 适用于面积较小、1~2 道支撑、形状规则的近方形基坑
	对撑与角撑结合	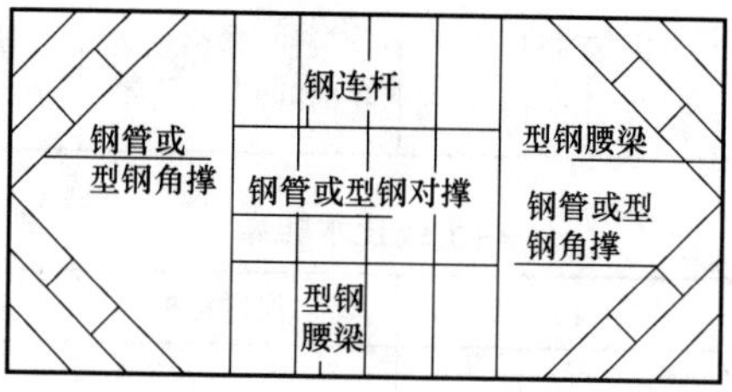	1. 传力体系清晰、受力直接明确; 2. 节点简单、形式少; 3. 可重复利用,经济性较好; 4. 安装、拆除时间短; 5. 适用于面积较小、1~2 道支撑、形状规则的长形基坑
	装配式预应力鱼腹梁钢结构、装配式张弦梁钢支撑技术	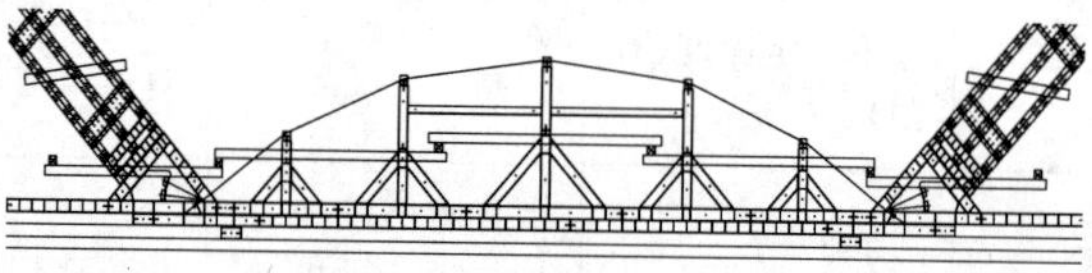	1. 传力体系清晰、受力直接明确; 2. 节点简单、形式少; 3. 可重复利用,经济性较好; 4. 安装、拆除时间短; 5. 可适用于面积较大、形状较规则的基坑
钢筋混凝土支撑体系	十字正交	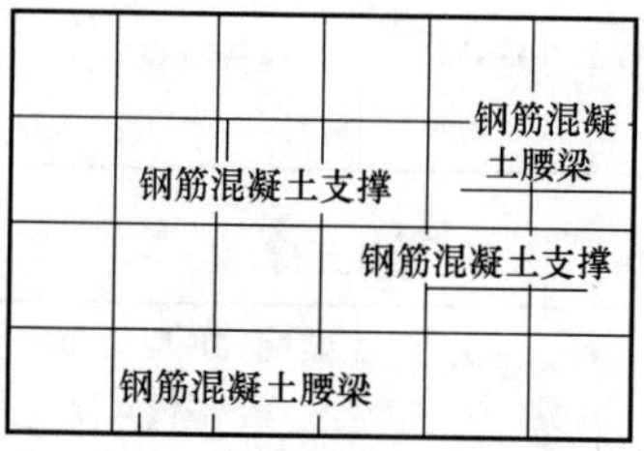	1. 传力体系清晰、受力直接明确; 2. 支撑整体性好、刚度大、变形控制能力好; 3. 挖土空间小,出土速度慢; 4. 适用于变形控制严格的基坑工程
	对撑与角撑结合	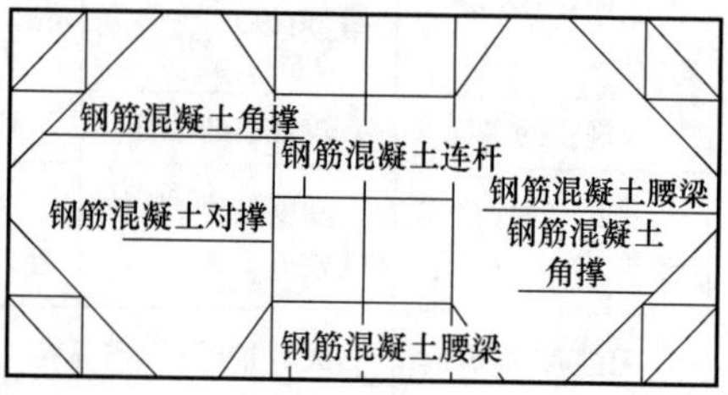	1. 传力体系清晰、受力直接明确; 2. 各区块支撑受力相对独立,可部分实现支撑施工与土方开挖的流水作业; 3. 挖土空间较大,出土速度较快 4. 适用于变形控制较严格、形状较规则的基坑工程

续表

支撑体系	形式	示意图	特点
钢筋混凝土支撑体系	对撑、角撑结合边桁架	钢筋混凝土角撑 钢筋混凝土边桁架 钢筋混凝土连杆 钢筋混凝土对撑 钢筋混凝土边桁架 钢筋混凝土腰梁 钢筋混凝土角撑 钢筋混凝土腰梁	1. 空间受力较明显； 2. 支撑整体性好、刚度大、变形控制能力好； 3. 挖土空间较大，出土速度较快 4. 适用于各复杂平面、周边环境复杂、变形控制严格的基坑工程
	圆环支撑	钢筋混凝土圆环支撑 钢筋混凝土腰梁 钢筋混凝土辐射杆及支撑	1. 充分发挥混凝土抗压性能，受力合理、经济性较好； 2. 无支撑面积最大，出土空间大，出土速度快； 3. 受力均匀性要求高，对基坑土方施工单位的管理与技术能力要求高； 4. 下层土方的开挖必须在上层支撑全部形成并达到强度后方可进行； 5. 适用于面积大、长宽两个方向尺寸相近的各种形状的基坑工程
	对撑、角撑结合双半圆环	钢筋混凝土圆环对撑 钢筋混凝土连杆 钢筋混凝土对撑 钢筋混凝土腰梁 钢筋混凝土辐射杆及支撑	1. 充分发挥混凝土抗压性能，受力合理、经济性较好； 2. 无支撑面积最大，出土空间大，出土速度快； 3. 受力均匀性要求高，对基坑土方施工单位的管理与技术能力要求高； 4. 下层土方的开挖必须在上层支撑全部形成并达到强度后方可进行； 5. 适用于面积大、长度方向尺寸略大于宽度方向的基坑工程
	多圆环支撑	钢筋混凝土圆环支撑 钢筋混凝土圆环支撑 钢筋混凝土连杆 钢筋混凝土腰梁 钢筋混凝土辐射杆及支撑 钢筋混凝土辐射杆及支撑	1. 充分发挥混凝土抗压性能，受力合理、经济性较好； 2. 无支撑面积最大，出土空间大，出土速度快； 3. 受力均匀性要求高，对基坑土方施工单位的管理与技术能力要求高； 4. 下层土方的开挖必须在上层支撑全部形成并达到强度后方可进行； 5. 适用于面积大、多塔楼的基坑工程

支撑体系	形式	示意图	特点
钢与混凝土组合支撑体系	同层平面组合	钢筋混凝土支撑　钢支撑　钢筋混凝土支撑	1. 可充分发挥钢支撑与钢筋混凝土支撑的优点； 2. 基坑端部采用混凝土支撑可发挥混凝土支撑刚度大，控制基坑角部变形，同时可避免出现复杂的钢支撑节点； 3. 基坑中部设置钢支撑，施工速度快、工程造价低； 4. 适用于面积、开挖深度一般、形状呈方形的深基坑
	分层组合	钢筋混凝土支撑　钢支撑	1. 可充分发挥钢支撑与钢筋混凝土支撑的优点； 2. 第一道支撑采用钢筋混凝土支撑可通过局部区域适当加强作为施工栈桥，方便施工； 3. 第二道以下支撑采用钢支撑，可加快施工速度和节约工程造价； 4. 上下各层支撑宜采用简单的正交布置或者对撑结合角撑的支撑布置形式，而且支撑中心线应上下对应； 5. 适用于面积、开挖深度一般、形状呈方形的深基坑
竖向斜撑体系	中心岛结合斜撑	钢支撑　混凝土底板支座　盆边坡体	1. 可大幅度节省支撑和立柱的工程量，经济性显著； 2. 基坑施工流程：基坑盆式开挖至中部基底→完成中心岛基础底板→利用中心岛底板作为基座→设置斜支撑→开挖基坑盆边土→施工周边盆边基础底板； 3. 适用于面积巨大、开挖深度较浅的基坑

续表

支撑体系	形式	示意图	特点
竖向斜撑体系	K形支撑		1. 特定条件下,可发挥围护体和支撑的潜能,节约工程造价; 2. 基坑施工流程:周边盆式开挖→浇筑形成中部区域的支撑→其后施工斜撑→利用斜撑的支撑作用,挖出盆边土→浇筑形成完整的水平支撑系统; 3. 基坑开挖深度界于需要设置($N-1$)道和 N 道支撑之间,或者基坑某一侧环境保护要求较高或者某一侧开挖深度较其他侧略深等情况下适用

6.2.3 竖向围护结构设计控制要点

竖向围护结构是内撑式围护结构的重要组成部分。如表 6.2-1 所列,竖向围护结构可分为型钢、预制钢筋混凝土板桩、柱列式现浇钢筋混凝土灌注桩、地下连续墙等,是直接承受土水压力的结构体系,它与支撑系统共同构成一个可靠的基坑工程结构空间。竖向围护结构的设计要点及主要内容如下:

(1) 材料的选择;

(2) 竖向围护结构的计算分析;

(3) 平面布置图;

(4) 立面展开图;

(5) 竖向围护结构的施工大样图;

(6) 竖向围护结构的设计说明及注意事项;

(7) 竖向围护结构的监测、检测及施工控制要求。

1. 竖向围护结构材料的选择

竖向围护结构材料的选用目前主要为:型钢、预制钢筋混凝土、现浇钢筋混凝土。型钢工程上常用的钢号一般有 Q235、Q345;预制钢筋混凝土常用的强度等级一般不小于 C30;现浇钢筋混凝土常用的强度等级一般为 C20~C40。

2. 竖向围护结构的计算分析方法的选取

基坑的抗隆起、抗倾覆、抗滑移以及整体稳定等稳定验算与竖向围护结构的强度、刚度、嵌固深度等有直接的相关性,该部分内容详见本书第 2 章相关内容。工程上,常用的竖向围护结构内力及变形计算分析方法主要有以下几种,应根据基坑平面形状、工程重要性等级、基坑安全等级、土层的分布情况等因素综合确定。

(1) 传统和经典的极限平衡法

该方法可以手算,由于该方法的一些假定与实际受力状况有一定差别,且难以准确计算竖向围护结构的变形,因此仅作为其他主要计算方法的一种参考,在方案阶段、概念设计、简单的基坑工程中采用。

（2）平面杆系结构弹性支点法

平面杆系结构弹性支点法是以竖向围护结构本身为分析对象，竖向围护结构简化为弹性地基梁，竖向围护结构上土体和内支撑简化为荷载或约束，一般是主动区土体简化为荷载，被动区土体简化为弹性约束；内支撑简化为约束。该方法是目前最常用和成熟的竖向围护结构计算分析方法，也是《建筑基坑支护技术规程》JGJ 120 推荐的分析方法之一。

（3）空间结构分析法

内撑式围护结构是空间结构，采用空间结构分析法进行计算分析较为合理。空间结构分析法是以竖向围护结构和内支撑构成的整体基坑支护结构为分析对象，可考虑围护结构空间效应，其中竖向围护结构简化为弹性地基梁，土体对竖向围护结构的作用同平面杆系结构弹性支点法。空间结构分析方法复杂，分析时整体结构的边界条件与实际情况难以完全一致，需有较强的工程经验和设计水平，才能做到足够接近。采用空间结构分析法的同时应采用平面杆系结构弹性支点法等方法进行复核，并根据工程经验，在强度设计时对计算分析结果进行必要的归并与调整。

（4）结构与土相互作用的分析方法

当理论或试验数据充分、可靠时，可采用二维或三维数值分析方法对支护结构和土进行整体分析，该法考虑结构与土相互作用，是岩土工程中先进的计算方法。考虑结构与土相互作用的数值分析方法是岩土工程计算理论和计算方法的发展方向，但需要选用合理的理论模型和可靠的试验参数，该方法多用于工程技术研究或复杂工程实践的定性分析，实际工程设计中需结合其他成熟的计算分析结果并在丰富的工程经验的基础上加以参考采用。

3. 平面布置及立面布置

竖向围护结构的平面布置包括桩型、桩径（墙厚）、桩间距、布桩形式、与挡土止水桩（构件）的位置关系等；立面展开布置包括桩长（墙深）、桩（墙）顶（底）标高。

（1）平面布置的常用形式

1）开挖深度较小或桩间土层稳定性较好，且无地下水影响时，竖向受力桩间可不设置挡土、止水帷幕。

图 6.2-1　竖向围护结构的平面布置 1

2）竖向受力桩与竖向挡土、止水帷幕相间布置或咬合布置。

图 6.2-2　竖向围护结构的平面布置 2

3）竖向受力桩与竖向挡土、止水帷幕前后分离布置。

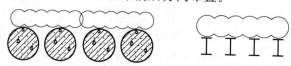

图 6.2-3　竖向围护结构的平面布置 3

4）开挖深度大、坑外地下水水头高、周边环境控制严格等重要基坑工程中，为了保证止水帷幕的可靠性，除了在竖向受力桩间布置挡土止水帷幕外，还可在外侧再布设一道水泥搅拌桩或高压旋喷桩止水帷幕。

图 6.2-4 竖向围护结构的平面布置 4

（2）受力桩间距的确定原则

1）受力桩间距的布置主要与土层的地质条件、挡土止水桩等有关。

2）当与挡土止水桩相间咬合布置时，受力桩的净距由挡土止水桩的桩径及咬合长度确定，咬合长度一般不少于 200mm。

3）当与挡土止水桩前后排布置时，在软土层、砂层中受力桩的净距一般不大于 200mm；其他土层中，可充分利用"土拱"效应，桩的净距可根据围护结构计算分析及需要综合确定，但一般不应大于 2D，必要时应采取桩间挂网喷面防护等措施。

（3）桩径（墙厚）的确定原则

桩径（墙厚）的确定与场地的工程地质和水文地质、基坑开挖深度、支撑的道数及间距、周边环境影响控制条件等直接相关。

1）常用的桩径为 $\phi100 \sim \phi200$mm，常用的现浇钢筋混凝土墙厚为 $700 \sim 1000$mm。

2）对于小尺寸基坑或窄条基坑，为了提高竖向围护结构的刚度，增加支撑的道数比增大围护桩直径（墙厚）更为经济；对于较大尺寸的基坑，由于水平内支撑的相对刚度较小、立柱（桩）较多、工程量较大，相应其成本也较大，是采用增大围护桩直径（墙厚）还是采用增设水平内支撑来提高竖向围护结构的刚度，应通过计算及经济比较后方可确定。

（4）桩长的确定

竖向受力结构的桩长确定与场地的工程地质和水文地质、基坑开挖深度、内支撑、周边环境影响控制条件等直接相关。同时桩长及嵌固深度还应满足基坑围护结构的抗隆起、抗倾覆、抗滑移以及整体稳定等要求。一般，挡土止水桩（构件）的桩长同竖向受力结构，当工程地质或水文地质原因、施工设备成桩能力原因使得挡土止水桩（构件）的桩长小于竖向受力结构（桩）时，应重视基坑围护结构的抗隆起、整体稳定验算中竖向围护结构（综合考虑竖向受力桩的间距、挡土止水桩的类型等）的有效底部深度（标高）的合理取值，应重视无挡土止水桩段的竖向围护结构在相关计算分析中其有效宽度的取值。

6.2.4 支撑系统设计控制要点

支撑系统是基坑围护结构的重要组成部分。支撑系统一般由支撑杆件、环（腰梁）、立柱（桩）等构件组成，是承受竖向围护结构所传递的土水压力的结构体系，它与竖向围护结构共同构成一个可靠的基坑工程结构空间。支撑系统的设计要点及主要内容如下：

（1）支撑材料的选择；

（2）竖向布置——支撑道数及其合理位置；

（3）平面布置——支撑体系形式；

（4）支撑系统的计算分析；

（5）支撑系统的施工图及说明；

（6）支撑构件断面及节点设计；

（7）换撑及拆撑设计；

（8）支撑系统的监测、检测及施工控制要求。

1. 支撑材料的选择

支撑系统中的支撑杆件、环（腰梁）材料的选用目前主要为：型钢、现浇钢筋混凝土、装配式预应力鱼腹梁钢结构、装配式张弦梁钢支撑。工程上常用的型钢钢号一般有 Q235、Q345，材料目前国内主要为 $\phi609$ 钢管、H300×300、H400×400、H488×300、H700×300、H800×300 等型号；现浇钢筋混凝土常用的强度等级一般为 C20～C40。立柱多采用型钢（$\phi609$ 钢管、H400×400、H700×300 等）、钢格构柱（由角钢及缀板组成）、钢管混凝土等，立柱桩多为灌注桩、钢管混凝土桩、三轴搅拌桩。

2. 竖向布置——支撑道数及其合理位置

基坑竖向需布置的支撑数量，主要根据场地工程地质与水文地质条件、基坑开挖深度、周围环境保护要求、基坑围护结构的承载能力和变形控制要求、工程经验等确定，同时应满足土石方开挖及地下结构的施工要求。支撑系统的竖向布置一般情况下可参照以下若干原则确定：

（1）土石方开挖要求

上、下各层水平支撑的轴线应尽量布置在同一竖向平面内，以便于基坑土方的开挖，同时保证各层水平支撑共用竖向支承立柱系统。上下相邻水平支撑的净距、支撑与坑底之间的净距不宜小于 3m；此外各道支撑之间的净高，应尽可能便于开挖机械的操作施工，当有土石方水平运输车辆的通行要求时，各道支撑之间的净高不宜小于 4m。

（2）主体地下结构的施工要求

对内支撑围护结构，其支撑位置的选择往往受主体地下结构布置的制约。这主要指支撑在竖向标高上应避开底板及楼板结构的位置，因此支撑一般只能布置在两层楼板之间，即当施工至某一层楼板及相应上层的柱墙时，先行换撑，然后拆除该层楼板上方、上一层楼板下方的水平支撑。对于施工要求，任何一道支撑底面与下一层楼板面之间净距不宜小于 500mm（JGJ 120 中规定不宜小于 700mm），并应满足主体地下结构对墙、柱钢筋连接长度的要求，对于钢结构还应满足节点板的加工预制及安装的施工要求。

首道水平支撑和围檩的布置宜尽量与围护墙结构的顶圈梁相结合。在环境条件容许时，可尽量降低首道支撑标高。基坑设置多道支撑时，最下道支撑的布置在不影响主体结构施工和土方开挖条件下，宜尽量降低。当基础底板的厚度较大，且征得主体结构设计认可时，也可将最下道支撑留置在主体基础底板内。

（3）从受力合理的角度提出要求

等弯矩布置：这种布置方式的特点是可充分利用竖向围护结构的抗弯强度。对于钢筋混凝土桩，可减少由于采用通长配筋所造成的浪费；对于钢板桩可使材料强度充分发挥，从而达到经济的目的。在某一特定工况下，不论桩身的土压力如何分布，通过试算均可确定令各跨出现相等最大弯矩的支撑点位置。

等反力布置：这种布置方式的特点是各道环梁（腰梁）和支撑所承受的荷载相等，以简化支撑系统的设计和施工。

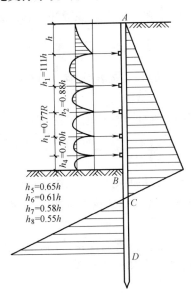

图 6.2-5 支撑的等弯矩布置

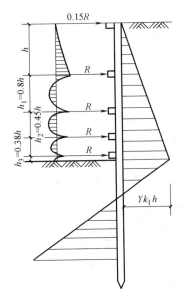

图 6.2-6 支撑的等反力布置

需要指出的是，支撑的设置是随着土方的开挖自上而下在不同开挖工况下依次完成的，而非同时设置、一次完成，同时还存在支撑的拆除工况，所以理论上"等弯矩"或"等反力"的支撑布置仅仅针对某一特定的工况，仅可作为布置方式的一种指导原则；对于支撑设置与拆撑的全过程，难以得到"等弯矩"或"等反力"的结果。对于实际工程，支撑的竖向设置必须考虑地下结构施工和土方开挖条件等的要求和制约。

3. 平面布置——支撑体系形式

内支撑可做成水平式、斜撑式、复合式。如图 6.2-7 所示。

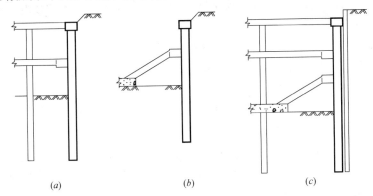

图 6.2-7 支撑形式示意图
(*a*) 水平式内撑；(*b*) 斜撑式内撑；(*c*) 复合式内撑

（1）水平式内支撑

水平式内支撑必须是稳定的结构体系，有可靠的连接，能满足承载力、变形、稳定性的要求，常用的形式如表 6.2-4 所示，有井字形、角撑、对撑、圆环、桁架、以及它们的组合型。对于某一特定基坑，其内支撑的平面布置形式也不是唯一的，多种布置形式均是可行的，但科学、合理的水平式内支撑布置形式应兼顾基坑平面形状和工程特点、主体地下结构布置、周边环境控制要求、土方开挖及主体地下结构施工要求、经济性、总体施工工期安排等综合因素的要求。

1) 一般要求

① 支撑杆件相邻水平距离首先应确保支撑系统整体变形和支撑构件承载力在要求范围之内，其次应满足土方工程的施工要求；

② 水平支撑应在同一平面内形成整体，上、下各道支撑杆件的中心线宜布置在同一竖向平面内；

③ 支撑的平面布置应有利于利用主体工程桩作为支撑立柱桩；

④ 支撑系统平面布置时，支撑轴线应尽量避开主体工程的柱、墙网轴线，同时，避免出现整根支撑位于结构剪力墙之上的情况。另外主体地下竖向结构构件采用内插钢骨的劲性结构时，应严格复核支撑的平面分布，确保支撑杆件完全避让劲性结构；

⑤ 水平支撑应设置于挡土构件连接的腰梁；当支撑设置在挡土构件顶部所在平面时，应与挡土构件的冠梁连接；在腰梁或冠梁上支撑点的间距，对钢腰梁不宜大于 4m，对混凝土腰梁不宜大于 9m；

⑥ 当需要采用相邻水平间距较大的支撑时，宜根据支撑冠梁、腰梁的受力和承载力要求，在支撑端部两侧设置八字斜撑杆与冠梁、腰梁连接，八字斜撑杆宜在支撑两侧对称布置，且斜撑的长度不宜超过 9m，斜撑杆与冠梁、腰梁之间的夹角宜取 $45°\sim60°$；当主撑两侧的八字斜撑需要不对称布置且其轴向力相差较大时，可在受力较大的斜撑与相邻支撑之间设置水平连系杆；

⑦ 平面设计时尽量避免出现坑内折角（阳角），当无法避免时，阳角位置应从多方面进行加强处理，如在阳角的两个方向上设置支撑点，或者可根据实际情况将该位置的支撑杆件设置现浇板，通过增设现浇板增强该区域的支撑刚度，控制该位置的变形。无足够的经验可借鉴时，最好对阳角处的坑外地基进行加固，提高坑外土体的强度，以减少围护墙体的侧向水土压力。

2) 钢筋混凝土

① 水平支撑可采用由对撑、角撑、圆环撑、半圆环撑、拱形撑、边桁架及连系杆件等结构形式所组成的平面结构；

② 长条形基坑工程中，可设置以短边方向的对撑体系，两端可设置水平角撑体系支撑；

③ 当基坑周边紧邻保护要求较高建（构）筑物、地铁车站或隧道，对基坑工程的变形控制要求较为严格时，或者基坑面积较小、两个方向的平面尺寸大致相等时，或者基坑形状不规则，其他形式的支撑布置有较大难度时，宜采用相互正交的对撑布置方式；

④ 当基坑面积较大，平面形状不规则时，同时在支撑平面中需要留设较大作业空间时，宜采用角部设置角撑、长边设置沿短边方向的对撑结合边桁架的支撑体系；

⑤ 基坑平面为规则的方形、圆形或者平面虽不规则但基坑两个方向的平面尺寸大致相等，或者是为了完全避让塔楼框架柱、剪力墙等竖向结构以方便施工、加快塔楼施工工期，尤其是当塔楼竖向结构采用劲性构件时，临时支撑平面应错开塔楼竖向结构，以利于塔楼竖向结构的施工，可采用圆环形支撑；如果基坑两个方向平面尺寸相差较大时，也可

采用双半圆环支撑或者多圆环支撑；

⑥ 当采用环形支撑时，环梁宜采用圆形、椭圆形等封闭曲线形式；并应按环梁弯矩、剪力最小的原则布设辐射支撑。

3）钢结构

① 宜采用十字或井字正交布置、对撑、角撑等平面简洁、受力明确的布置形式；

② 尽量采用标准装配式的节点，避免出现复杂节点形式，减少现场的焊接工作量；

③ 在满足承载力要求的前提下，可通过加大围檩刚度和强度以尽量加大支撑平面净间距，便于土方开挖。

（2）斜撑式

斜撑式的支撑体系必须与土方的开挖及主体地下结构的施工紧密结合。土方的开挖要求采用盆式开挖方案，即基坑周边预留一定宽度的土台保证竖向围护结构的内力、变形及稳定要求，中部先行开挖至设计标高。主体地下结构的施工亦根据设计要求，在预留土台的边界处留设后浇带，先行施工基坑的中间部位主体结构（底板或楼板）。待中间部位的主体结构达到设计强度后设置内斜撑，再完成预留土台的土方开挖和其下的主体结构施工。对于斜撑式体系，主要有以下几点要求：

① 内斜撑的设置及预留土台的开挖应对称均衡进行。

② 穿地下室外墙的斜撑宜采用 H 型钢替代，墙体厚度内的 H 型钢应设置止水钢板等措施。

③ 斜撑坡度不宜大于 1:2，斜撑长度大于 15m 时，宜在斜撑中部设置立柱。

④ 斜撑应设置可靠的端部支座作为斜撑基础，不应设置在水平向不连续、局部落深区等位置，且其位置不应妨碍主体结构的施工，应考虑与主体结构底板施工的关系。

⑤ 腰梁和支撑基础上应设置牛腿或采用其他能够承受剪力的连接措施；腰梁与挡土构件之间应采用能够承受剪力的连接措施；斜撑基础应满足竖向承载力和水平承载力要求。

⑥ 拆除斜撑应在墙体外侧进行，减少斜撑卸除荷载时对地下室外墙结构的影响；若需在墙体内侧拆除斜撑时，必须考虑斜撑卸荷对地下室外墙结构的不利影响。

4. 立柱（桩）

内支撑基坑工程中的竖向支承系统，多采用钢立柱插入桩基的形式。钢立柱需要承受较大的荷载，必须具备足够的强度和刚度，其具体形式是多样的。根据支承荷载的大小，立柱一般可采用角钢格构式钢柱、H 型钢、钢管、钢管混凝土等。立柱桩多为灌注桩，也可采用钢管混凝土桩、三轴搅拌桩。

设置支撑立柱时，临时立柱应避开主体结构的梁、柱及承重墙；对纵横双向交叉的支撑结构，立柱宜设置在支撑的交汇点处；对用作主体结构柱的立柱，立柱在基坑支护阶段的负荷不得超过主体结构的设计要求；立柱与支撑端部及立柱之间的间距应根据支撑构件的稳定要求和竖向荷载的大小确定，且对混凝土支撑不宜大于 15m，对钢支撑不宜大于 20m。

5. 支撑系统计算分析方法的选取

水平支撑体系的结构计算分析主要包括：确定荷载类型、方向和大小；选择计算模型、合理的计算方法，确定相应的计算假定和边界约束条件；计算结果的分析判断和取用。目前，支撑体系的计算方法大致分为四种：

（1）简化计算方法

首先将各层水平支撑结构从基坑支护结构中分离出来，坑外的水土压力通过竖向围护结构传递给各层水平支撑，并转化为围檩（冠梁和腰梁）的线性分布荷载；再将各层水平支撑结构离散为受力简单的连续梁结构或构件，对于支撑平面简单的对撑、斜撑、正交平面杆系支撑，均可按偏心受压构件进行计算；腰梁或冠梁可按以支撑为支座的多跨连续梁计算，计算跨度可取相邻支撑点的中心距；立柱按轴心受压构件计算。简化的计算方法简单，适宜手算，仅在方案阶段或基坑形状规则时可采用这种方法。

（2）平面有限元计算方法

将各层水平支撑结构从基坑支护结构体系中截离出来，围护桩及立柱作为该层水平支撑结构的竖向约束，此时内支撑（包括围檩和支撑杆件）形成一自身平衡的封闭体系，为限制整个平面结构的刚体位移，必须在周边的围檩上添加适当的约束，一般可考虑在结构上施加不相交于一点的三个约束链杆形成静定约束结构，或在围檩上设置分布弹性约束。内支撑平面模型以及约束条件确定后，将竖向围护结构计算（由平面竖向弹性地基梁法或平面连续介质有限元方法）得到的弹性支座反力作用在内支撑平面模型的围檩上，采用杆系有限元的方法即可求得水土压力、竖向荷载作用下的各层水平支撑结构及杆件的内力和位移。该方法是《建筑基坑支护技术规程》JGJ 120 推荐的分析方法之一。

（3）空间结构整体分析方法

现今，基坑工程的分析理论及计算软件已有了长足的发展，已完全可实现将竖向围护结构、多道内支撑结构以及立柱等作为一个整体结构，把竖向围护体上的水土压力及约束、内支撑结构上的竖向荷载等施加于空间模型，采用整体分析能较准确的计算出各种工况下空间模型各结构及构件的内力和变形。在实际的内撑式围护结构基坑工程中，特别是大型、周边环境复杂的基坑工程中，该方法是目前应用最多、最为常用的方法，同时也是《建筑基坑支护技术规程》JGJ 120 推荐的分析方法之一。

（4）三维数值分析方法

以上三种方法均把坑外的水土作为荷载作用在支撑系统上，未考虑基坑支护结构与土相互作用。在一些大型、周边环境复杂的重要基坑中，当理论或试验数据充分、可靠时，可采用三维数值分析方法对支护结构和土进行整体分析，该法考虑结构与土相互作用，是岩土工程中先进的计算方法。

6. 换撑设计

顺作法的内撑式围护结构基坑工程需历经基坑土方开挖与支撑设置、地下结构顺作施工两个阶段，两个阶段都必须解决好对基坑竖向围护结构的支撑问题，以控制竖向围护结构的受力和变形在要求范围之内。所谓换撑即指：基坑土方开挖至基底之后地下结构顺作施工阶段，为了不妨碍地下结构的施工，将结合地下结构的施工流程逐层拆除已设置好的临时内支撑，通过利用回筑的地下结构合理的换撑设置和设计，调整支撑点，实现竖向围护结构的应力安全有序的调整、转移和再分配，达到各个阶段、各个工况基坑变形的控制要求。

换撑的设计主要分成两个部分：竖向围护结构与主体地下结构外墙之间的换撑设计；地下结构内部结构开口、后浇带等水平结构不连续位置的换撑设计。

（1）竖向围护结构与地下结构外墙（主体结构楼、底板）间的换撑

1）与基础底板间换撑

为了施工上的便利，基础底板周边的换撑板带通常采用与基础底板同标号的素混凝土进行充填处理；换撑板带的厚度一般也同位置的基础底板，当基础底板较厚时，换撑板带的厚度通过计算满足换撑传力要求即可，一般要求不小于 300mm，其余部分可采用造价较低的砖模及回填土进行处理；换撑板带垫层的厚度及素混凝土强度同基础底板的要求，有时根据工程要求，必要时可加大竖向围护结构内一定区域范围内的垫层厚度；由于仅起到了支挡围护体的抗压作用，一般无需对换撑板带进行配筋；为避免正常使用阶段主体结构与基坑周围围护体之间存在差异沉降对主体结构造成不利影响，换撑与围护体之间设置低压缩性的隔离材料。如果围护体与基础底板之间距离较大时，采用素混凝土充填其间空档混凝土工程量将过大，此种情况下，可沿围护体设置一圈围檩，之间设置间隔布置的临时型钢或混凝土支撑短梁，以减少换撑的工程量。

当出现基础底板完成，拆除最下道支撑后竖向围护结构计算跨度过大，变形不能满足要求的情况，可通过在基础底板周边设置上翻的换撑牛腿，换撑牛腿高于基础底板面标高一定距离，目的是缩短拆撑工况下的竖向围护结构计算跨度和控制其变形。

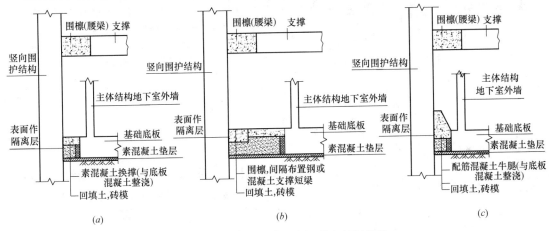

图 6.2-8　竖向围护结构与基础底板间换撑

2）与地下各层结构间换撑

临时支撑的拆除需在其下方的地下结构及换撑设置完成并达设计要求强度后方可进行。竖向围护结构与地下各层结构之间的换撑一般采用钢筋混凝土换撑板带或短梁的方式，换撑结构与地下结构同步浇筑施工，采用混凝土时其强度等级可取同相邻的地下结构构件。换撑结构应与相应的地下结构楼板同一标高，以便能充分发挥地下结构楼板的受压作用。

采用钢筋混凝土换撑板带时，换撑板带应间隔设置外墙防水、拆模等施工作业的通道以及将来竖向围护结构与外墙之间密实回填处理的通道，开口大小应能满足施工人员的通行要求，一般不应小于 1000mm×800mm，平面上应间隔布置，开口的中心距离一般控制在 3～6m 左右，也可根据实际施工要求适当调整其间距。换撑板带由于需承受施工人员的作业荷载，换撑板带应根据施工人员作业荷载对其计算并适当配筋，必要应设置一定数量的吊筋以解决其竖向支承问题。同时为了避免正常使用阶段主体地下结构与竖向围护结

构之间的差异沉降引发的问题，换撑板带与围护体之间应设置压缩性小的隔离材料；同时换撑板带锚入结构外墙的钢筋采用交叉形的方式以形成铰的连接，削弱换撑板带与结构外墙的连接刚度。

采用短梁的方式，短梁可采用钢筋混凝土梁或型钢梁。短梁的间距、截面选择及配筋均应通过计算后确定。短梁的间距亦应满足后期外墙防水、拆模等施工作业的通道以及将来竖向围护结构与外墙之间密实回填处理的施工通道要求。采用型钢梁时，其一端应锚入主体地下结构的边梁内一定长度，一般要求不小于 300mm。采用换撑短梁一般要求短梁逐根与竖向围护结构对应顶紧，当要求局部换撑短梁间距较大且无法逐根对应转换时，应在竖向围护结构内侧设置转换腰梁。

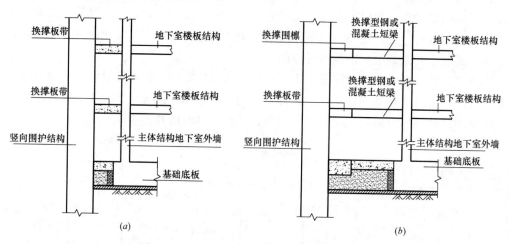

图 6.2-9　竖向围护结构与地下室楼板间换撑

（2）地下结构的换撑设计

地下结构由下往上顺作施工过程中，将经历换撑结构的逐层设置与临时支撑的逐层拆除过程，竖向围护结构外侧的水土压力也将逐步通过换撑结构转移至施工完毕的地下结构上，因此必须进行地下结构的换撑设计，主要是施工后浇带、楼梯坡道或设备吊装口等结构开口、局部高差、错层较大等结构不连续位置的水平传力设计。

1）后浇带位置的换撑设计

单层面积较大的地下结构，或为了调节不同荷重、不同沉降控制要求，或为了解决混凝土的温度应力以及收缩问题，地下结构的底板及楼板均会在特定位置设置沉降后浇带或温度后浇带。但地下结构施工阶段是将地下室各层结构作为基坑支护结构的水平支撑系统，后浇带的存在使得支撑的水平力无法传递，因此必须采取措施解决后浇带位置的水平传力问题。

根据大量实际工程的设计施工经验，后浇带位置水平力传递问题可通过计算并在板、梁内设置小截面的型钢，后浇带内设置型钢一方面可以传递水平力，另一方面，尤其型钢抗弯刚度相对混凝土梁的抗弯刚度小许多，不会约束后浇带两侧的单体的自由沉降。

2）结构缺失位置的换撑设计

楼梯、车道以及设备吊装口位置的楼板结构缺失区域如较大时，应设置临时支撑以传递水平力，临时支撑的材料应根据工程的实际情况确定，钢筋混凝土、型钢或钢管均可采用，另外楼板结构缺失区的边梁根据计算，必要时应加强其强度和刚度。楼板结构缺失区的换撑结构或构件待整个地下结构全部施工完毕、形成整体刚度，并在基坑周边回填后方可拆除。

6.3 内撑式围护结构的计算分析

6.3.1 主要岩土层的物理、力学指标的合理选择

岩土层的物理、力学指标的合理选择是基坑支护工程的设计基础，对于内撑式围护结构，其竖向围护结构上所承受的水土压力与围护结构的变形及开挖过程中主被动区岩土体的应力状态紧紧相关，相应地所选择的土水压力计算模式及岩土体抗剪力学指标对应的试验方法也不尽相同。同时内撑式围护结构计算分析所采用的方法不同，其岩土体的物理力学指标及试验方法、岩土体的本构模型的选择等亦存在一定的差异。该部分的详细内容请参阅第 2 章设计计算理论与分析方法有关内容。

6.3.2 主要分析内容：强度、变形、稳定

内撑式围护结构的基坑工程是一个由竖向围护结构（排桩、墙体等）、支撑结构、坑内外土体组成的一个系统，基坑的变形是由系统的各组成元素（竖向围护结构、支撑、土体）之间的相互作用决定的，并受基坑开挖过程的时空效应影响；同时，由于地下水的存在及土体的固结与流变，基坑的变形还与时间有关。内撑式围护结构的内力分析及强度计算包含竖向围护结构、挡土及止水帷幕、内支撑系统等各结构、构件。变形分析包含竖向围护结构、内支撑系统、坑外影响范围内的土体、地表、建构筑物等。稳定性验算包括支护结构的倾覆稳定、滑移稳定、整体滑动、隆起稳定、渗流稳定、地下水的控制等。

简而言之，内撑式围护结构的计算分析内容主要包括：

(1) 竖向围护结构与支撑系统的强度、变形、稳定；

(2) 坑内与坑外土体、周边建构筑物的变形与稳定；

(3) 地下水的渗流与稳定。

本章主要介绍内撑式围护结构中竖向围护结构与支撑系统的强度、变形，其他内容详见第 2 章设计计算理论与分析方法等其他相关章节。

6.3.3 分析方法与理论

经过三十余年的工程实践，针对内撑式围护结构强度与变形的计算分析，国内外已积累了许多经验，并在此基础上提出和发展了多种计算分析方法。分析方法从大的方面分类，主要有古典法、解析法、数值分析方法。古典法主要有静力平衡法、等值梁法、1/2 分割法、塑性铰法，其中等值梁法（也称假想铰法）是目前工程上常用及规范推荐的主要方法之一。而常见的解析方法主要有山肩邦男法、弹性法和弹塑性法。复杂基坑工程中，古典分析方法和解析方法由于在理论上存在各自的局限性而难以满足计算分析与设计要求，数值分析方法应运而生，数值分析方法亦分为二维分析方法和三维分析方法；二维数值分析方法有平面弹性地基梁法、平面连续介质有限元法，平面弹性地基梁法（弹性支点法）也是目前工程上常用及规范推荐的主要方法之一；三维数值分析方法有空间弹性地基梁（板）法和三维连续介质有限元法。

进行内撑式围护结构的计算分析时，也应根据实际情况，选择合理的计算分析方法。实际工程应用上，应根据基坑的复杂程度、安全等级、周边环境条件及控制要求、平面形状及特

点，选择合理的围护结构及支撑系统的分析方法。如周边环境条件简单，平面相对规整，主要采用对撑及角撑等受力明确的支撑系统时，其基坑围护结构的分析的方法可采用等值梁法和平面弹性地基梁法，支撑可近似按单跨或多跨连续梁分析；如周边环境条件复杂，支撑系统采用环撑、桁架等空间结构时，其基坑围护结构的分析的方法建议在采用等值梁法和平面弹性地基梁法的基础上补充三维数值分析方法，支撑应采用平面整体分析或空间整体分析。

计算分析方法分类与主要基本假定如表6.3-1所示。

分析方法分类与假定

表6.3-1

类别	分析方法	主要方法列举	土压力假定	其他假定条件
1	古典法	静力平衡法	主、被动侧土压力均已知；不考虑支护体系的变形	竖向围护结构底为自由端
		等值梁法（假想铰法）		竖向围护结构底为固定端，假想铰 Q 点的位置： (1)土压力为零处； (2)挡土结构入土面处； (3)Q 点距离入土面深度为 $y=(0.1\sim 0.2)H$； (4)查表法
		1/2 分割法		支撑承受上下半跨的主动区水土压力
		塑性铰法（Terzaghi法）		假定挡土结构在横撑（除第一道撑）支点和开挖面处形成塑性铰
2	解析法	山肩帮男法	主动侧土压力在开挖面以上为三角形，开挖面以下抵消被动侧的静止土压力后取为矩形；被动侧土分为塑性区和弹性区	不考虑支撑的变形；考虑竖向围护结构的变形；支撑轴力保持不变，且下道支撑点以上挡土结构位置不变
		弹性法	主动侧土压力已知，但开挖面以下只有被动侧的土抗力；被动侧的土抗力数值与墙体变位成正比	
		弹塑性法	主动侧土压力假设为竖向坐标的二次函数并采用实测资料；被动侧分为塑性区和弹性区	考虑支撑的弹性变位；考虑竖向围护结构的变形；挡土结构有限长，端部支承可为自由、铰接或固定
3	数值分析方法	平面弹性地基梁法	主动侧土压力已知；被动侧为土弹簧（土抗力数值与墙体变位成正比）	考虑支撑的弹性变位；考虑竖向围护结构的变形；挡土结构有限长，端部支承可为自由、铰接或固定
		平面连续介质有限元法	土介质本构关系的模拟	支撑简化为弹簧支座；竖向围护结构为弹性地基梁
		空间弹性地基梁（板）法	土压力的计算方法与平面弹性地基梁的方法相同	支撑简化为弹簧支座；竖向围护结构为梁单元
		三维连续介质有限元法	土介质本构关系的模拟	支撑系统按实际布置，定义为梁（板）单元；竖向围护结构为梁（板）单元

1. 等值梁法——极限平衡理论

（1）计算原理

如图 6.3-1 所示，对于内撑式围护结构，通常竖向围护结构需要有较大的插入深度，故可假定竖向围护结构的底部为固定端；同时竖向围护结构变形曲线存在一个反弯点 Q，并假定该点弯矩为零，即称为假想铰；因此等值梁法亦称为假想铰法，该法是目前实际工程上应用较多的一种古典方法。有了上述基本假定，同时在多道支撑中假定下层挖土不影响上层支点的计算水平力，不考虑支护体系的变形影响，竖向围护结构的内力（弯矩、剪力）和支撑轴力即可按照弹性结构的连续梁法求解。

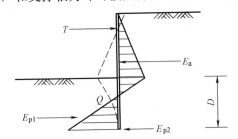

图 6.3-1 挡土结构底端为嵌固时的稳定状态

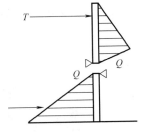

图 6.3-2 假想梁法计算简图

采用等值梁法求解多支撑支护结构的内力时，反弯点 Q 点的位置假定是一经验数据，如何确定反弯点 Q 点的位置对计算结果有直接影响，工程上存在若干种不同假定，详见本书第 2 章设计计算理论与分析方法相关内容。假定假想铰的位置即是土压力为零的那一点，该假定的应用较多，本章以下内容中除非特别说明，均采用该假定。

（2）单支点支护结构

1）计算简图

2）计算公式

基坑底面以下支护结构设定弯矩零点位置至基坑底面的距离 h_{c1} 的计算：

$$e_{a1k} = e_{p1k} \qquad (6.3-1)$$

支点水平力 T_{c1}：

$$T_{c1} = (h_{a1} \sum E_{ac} - h_{p1} \sum E_{pc})/(h_{T1} + h_{c1}) \qquad (6.3-2)$$

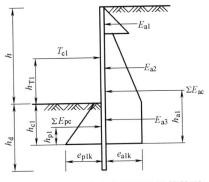

图 6.3-3 单层支点支护结构计算简图

式中　e_{a1k}——水平荷载标准值（kPa）；

e_{p1k}——水平抗力标准值（kPa）；

T_{c1}——支点水平力（kN）；

$\sum E_{ac}$——设定弯矩零点位置以上基坑外侧各土层水平荷载标准值的合力之和（kN）；

$\sum E_{pc}$——设定弯矩零点位置以上基坑内侧各土层水平荷载标准值的合力之和（kN）；

h_{a1}——合力 $\sum E_{ac}$ 作用点至设定弯矩零点的距离（m）；

h_{p1}——合力 $\sum E_{pc}$ 作用点至设定弯矩零点的距离（m）；

h_{T1}——支点至基坑底面的距离（m）；

h_{c1}——基坑底面至设定弯矩零点的距离（m）。

（3）多支点支护结构

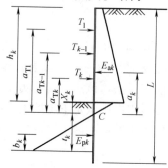

图 6.3-4　多支点支护结构计算简图

1）计算简图

2）支点力计算

① 第 1 层支点的支点力 T_1

基坑深度 h_1 取第二层支撑设置时的开挖深度，T_1 计算公式如下：

$$T_1 = E_{a1} \cdot a_1 / a_{T1} \tag{6.3-3}$$

② 第 k 层支点的支点力 T_k

基坑深度 h_k 取第 $k+1$ 层支撑设置时的开挖深度。第 1 层至第 $k-1$ 层支撑的支撑力为已知。T_k 计算公式如下：

$$T_k = (E_{ak} \cdot a_k - \sum T_A \cdot a_{T_A}) / a_{T_k} \tag{6.3-4}$$

式中　T_1——第 1 层支撑的支撑力（kN）；

$\quad E_{a1}$——基坑开挖至 h_1 深度时，主动侧土压力的合力（kN）；

$\quad a_1$——E_{a1} 对土压力零点的力臂（m）；

$\quad a_{T1}$——第 1 层支撑的支撑力对反弯点的力臂（m）；

$\quad T_k$——第 k 层支撑的支撑力（kN）；

$\quad T_A$——第 1 层至第 $k-1$ 层支撑的支撑力（kN）；

$\quad E_{ak}$——基坑开挖至 h_k 深度时，主动侧土压力的合力（kN）；

$\quad a_k$——E_{ak} 对土压力零点的力臂（m）；

$\quad a_{T_A}$——第 1 层至第 $k-1$ 层支撑的支撑力对土压力零点的力臂（m）；

$\quad a_{T_k}$——第 k 层支撑的支撑力对土压力零点的力臂（m）。

3）有效嵌固深度 t

第 k 层支撑设置后，基坑开挖至 h_k 深度时支护结构的有效嵌固深度 t_k 计算公式如下：

$$t_k = E_{pk} \cdot b_k / Q_k \tag{6.3-5}$$

$$Q_k = E_{ak} - \sum T_A \tag{6.3-6}$$

式中　t_k——基坑开挖至 h_k 深度时，支护结构有效嵌固深度，即土压力零点至墙脚的距离（m）；

$\quad E_{pk}$——基坑开挖至 h_k 深度时，被动侧土压力的合力（kN）；

$\quad b_k$——E_{pk} 对支护结构底端的力臂（m）；

$\quad Q_k$——土压力零点处支护结构剪力（kN）；

$\quad T_A$——第 1 层至第 k 层支撑的支撑力（kN）；

$\quad E_{ak}$——基坑开挖至 h_k 深度时，主动侧土压力的合力（kN）。

2. 平面弹性地基梁法（m 法）——杆系有限元

（1）计算原理

平面弹性地基梁法的基本原理为：假定基坑工程的围护结构为平面应变问题（处于平面应变受力状态），计算时将内撑式围护结构离散分开为竖向围护结构与水平支撑系统，取单根竖向围护桩或单位宽度的墙体作为研究对象（计算单元）并假定其为竖向放置的弹性地基梁，水平支撑系统简化为竖向围护结构的弹簧支座，坑内开挖面以下的土体亦采用弹簧进行模拟，而坑外土体的水土压力则视为外部荷载施加于地基梁上，从而通过杆系有限元的方法即可计算弹性地基梁的内力和变形。图 6.3-5 为平面弹性地基梁法典型的计算简图。

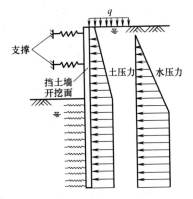

图 6.3-5 为平面弹性地基梁法计算简图

计算单元宽度 b_0 的确定原则：一般情况下，取单根竖向围护桩或单位宽度的墙体作为研究对象，即弹性地基梁的计算单元宽度 b_0 取为竖向围护桩的中心间距或单位宽度（墙体），弹性地基梁的几何及物理力学参数以单根桩或单位宽度墙体为计算依据，弹性地基梁的弹簧支座刚度及水土压力计算以该计算单元为计算依据；在竖向围护桩的中心间距较大且围护桩未设置有效的横向传力构件（如未设置挡土桩、板）时，弹性地基梁的几何及物理力学参数均以单根桩为计算依据，坑外土体的水土压力计算宽度取为围护桩的中心间距，弹性地基梁的弹簧支座刚度的计算单元宽度 b_0 应按下式（式 6.3-7 或式 6.3-8）计算：

对于圆形桩
$$b_0 = 0.9(1.5d + 0.5) \qquad d \leqslant 1\text{m}$$
$$b_0 = 0.9(d + 1) \qquad d > 1\text{m} \tag{6.3-7}$$

对于矩形桩或工字形桩 $b_0 = 1.5b + 0.5 \qquad d \leqslant 1\text{m}$
$$b_0 = b + 1 \qquad d > 1\text{m} \tag{6.3-8}$$

弹性地基梁的变形微分方程为：

$$EI \frac{\mathrm{d}^4 y}{\mathrm{d}z^4} - e_a(z) = 0 \qquad (0 \leqslant z \leqslant h_n) \tag{6.3-9}$$

$$EI \frac{\mathrm{d}^4 y}{\mathrm{d}z^4} + mb_0(z - h_n)y - e_a(z) = 0 \qquad (z \geqslant h_n) \tag{6.3-10}$$

式中　EI——竖向围护结构的抗弯刚度；

　　　y——竖向围护结构的侧向位移；

　　　z——深度；

　　$e_a(z)$——z 深度处的主动土压力；

　　　m——地基土水平抗力比例系数；

　　　h_n——第 n 步的开挖深度。

在具体的计算过程中，需沿着竖向将弹性地基梁划分成若干单元，列出每个单元的上述微分方程。其中，地基梁单元的划分，应考虑土层的分布（m 值不同）、地下水位、支撑的位置、基坑的开挖深度等因素。同时，为了保证围护结构在基坑开挖的各个阶段均能满足强度和刚度的要求，需要对施工开挖、支撑架设、支撑转换及拆除等各个工序进行内力及变形的计算分析，且计算中需考虑各个工况下边界条件和荷载形式的变化，并取上一工况计算所得的围护结构位移作为下一工况的初始值。

（2）支撑刚度计算

1）对于采用十字交叉、对撑的钢筋混凝土撑或钢支撑，其支撑刚度为：

$$K_{Bi} = 2EA/SL \tag{6.3-11}$$

式中　A——支撑横截面积；

　　　E——支撑材料的弹性模量；

　　　S——支撑的水平间距；

　　　L——支撑的计算长度。

2）对于梁板式水平支撑，其支撑刚度为：

$$K_{Bi} = EA/L \tag{6.3-12}$$

式中　A——计算宽度范围内楼板横截面积；

　　　E——楼板材料的弹性模量；

　　　L——楼板的计算长度，一般取开挖宽度的一半。

3）对于较为复杂的支撑体系，难以直接根据以上公式确定弹性支撑的刚度，且弹性支撑刚度沿基坑周圈的布置是变化的、非均匀的。为了较为准确计算支撑的刚度，一般需先进行支撑体系的刚度计算，即在水平支撑的围檩上施加与围檩相垂直的单位分布荷载 $p=1kN/m$，求得围檩上各结点的平均位移 δ（荷载平面内的位移），则支撑刚度为：

$$K_{Bi} = p/\delta \tag{6.3-13}$$

（3）支撑反力计算

当支撑刚度已知，任意一道支撑的反力 T_i 即可通过下式计算：

$$T_i = K_{Bi}(y_i - y_{0i}) \tag{6.3-14}$$

式中　y_i——第 i 道支撑处的侧向位移；

　　　y_{0i}——未架设第 i 道支撑时该处的侧向位移。

（4）土弹簧线刚度计算

坑内侧开挖面以下的土弹簧线刚度 K_H 为：

$$K_H = m(z-h)b_0 \tag{6.3-15}$$

式中　m——土的水平反力系数的比例系数（kN/m^4），

　　　z——计算点距地面的深度（m）；

　　　h——计算工况下的基坑开挖深度（m）。

土的水平反力系数的比例系数 m 的确定：

1）可根据单桩水平荷载试验的结果确定，具体如下：

$$m = \frac{\left(\dfrac{H_{cr}}{x_{cr}}\upsilon_x\right)^{\frac{5}{3}}}{b_0(EI)^{\frac{2}{3}}} \tag{6.3-16}$$

式中　H_{cr}——单桩水平临界荷载，按《建筑桩基技术规范》JGJ 94 的方法确定；

　　　x_{cr}——单桩水平临界荷载所对应的位移；

　　　υ_x——桩顶位移系数，按《建筑桩基技术规范》JGJ 94 的方法确定；

　　　b_0——计算宽度；

　　　EI——桩身抗弯刚度。

2）可采用《建筑基坑支护技术规程》JGJ 120 的经验方法进行计算，即：

$$m = \frac{1}{\Delta}(0.2\varphi_k^2 - \varphi_k + c_k) \tag{6.3-17}$$

式中 φ_k——土的固结不排水快剪内摩擦角标准值；

c_k——土的固结不排水快剪黏聚力标准值；

Δ——基坑开挖面处的位移，可按地区经验确定，当无经验时可取 10mm。

由于基坑开挖面处的竖向围护结构的水平位移值 Δ 难以确定，通过上述经验公式计算所得的 m 值往往与地区经验取值相差较大，而且当 φ_k 较大时，计算出的 m 值偏大，可能导致计算得到的被动侧土压力大于实际被动土压力。

3）《建筑桩基技术规范》、上海市等全国多个地区也提出了 m 的经验取值范围，需要说明的是不同的规范或规程得到的 m 值的范围可能相差较大，因此 m 值的确定在很大程度上仍依赖于当地的工程经验。关于平面弹性地基梁法的其他详细原理、表格等资料均可具体详见本书的第 2 章《设计计算理论与分析方法》中的相关内容。

单向压缩型土弹簧模型：在基坑的开挖过程中，支护结构并不是单一的只向基坑内方向位移，在某些工况，支护结构的某些部位也会向基坑外方向位移，此时支护结构外侧的水土压力将会加大。针对这一情况，有人曾提出将开挖面以上土对结构的作用在上述情况下也模拟为弹簧的方法。但是，如在开挖面以上加弹簧后，当支护结构向基坑内方向位移时，土弹簧将受拉，与实际情况不符。为此，可将土弹簧处理为单向只压缩弹簧模型，即在基坑开挖和加支点预加力各工况下，在基坑开挖面以上支护结构与土的接触面上，当支护结构位移方向朝向基坑外时，土弹簧起作用，而位移方向朝向基坑内时，土弹簧不起作用。采用单向压缩型土弹簧模型，既解决了前述普通弹簧拉伸的不合理现象，又使计算模型合乎基坑施工过程的实际情况。单向压缩型土弹簧模型能较为准确地反映竖向围护结构的实际受力与变形情况。

（5）主动侧土压力的计算

作用在竖向围护结构上的土压力的计算参见第 2 章《设计计算理论与分析方法》中的相关内容。

（6）求解方法

基于有限元的平面弹性地基梁法的一般分析过程如下：

1）结构理想化，即把竖向围护结构的各个组成部分根据其结构受力特点理想化为杆系单元-弹性地基梁单元。

2）结构离散化，把竖向围护结构沿竖向划分为若干个单元，一般每隔 1m 划分一个单元。为计算简便，尽可能将节点布置在挡土结构的截面、荷载突变处，弹性地基基床系数变化处及支撑的作用点处。

3）竖向围护结构的节点应满足变形协调条件，即结构节点的位移和联结在同一节点处的每个单元的位移是互相协调的，并取节点的位移为未知量。

4）单元所受荷载和单元节点位移之间的关系，以单元的刚度矩阵 $[K]^e$ 来确定，即

$$[F]^e [K]^e = [\delta]^e \tag{6.3-18}$$

式中 $[F]^e$——单元节点力；

$[K]^e$——单元刚度矩阵；

$[\delta]^e$——单元节点位移。

作用于结构节点上的荷载和结构节点位移之间的关系以及结构的总体刚度矩阵是由各个单元的刚度矩阵，经矩阵变换得到。

5）根据静力平衡条件，作用在结构节点上的外荷载必须与单元内荷载平衡，单元内荷载是由未知节点位移和单元刚度矩阵求得。外荷载给定，用直接法或迭代法求解结点位移，进而求得单元内力。m 法-杆系有限元平衡方程可按下式确定：

$$[K] \cdot [S_k] + [K_B] \cdot [S_B - S_{B-1}] + [K_H] \cdot [S_k] = [E_k] \qquad (6.3-19)$$

式中　　$[K]$——弹性地基梁（杆）单元刚度矩阵；

　　　　$[S_k]$——位移向量；

　　　　$[K_B]$——支撑弹簧单元刚度矩阵；

　　　　$[K_H]$——土弹簧（土抗力）单元刚度矩阵；

　　　　$[E_k]$——结点荷载向量。

3. 空间弹性地基梁（板）法——空间杆系有限元法

内撑式围护结构本身是一个具有长、宽和深三维尺寸的空间结构，空间效应的影响不可忽略。空间弹性地基梁（板）法为空间弹性杆系三维有限元法，与各种经典方法、解析方法相比，更能体现基坑开挖过程的实际工况，边界条件可根据工程特点灵活确定和选择，能较为准确地计算结构的变形和水平位移；与考虑土的应力-应变本构模型的二维、三维有限元法相比，涉及的计算参数少，且这些参数的确定方法简单、明确，已有大量工程经验对参数进行验证和校对。因此，就目前理论与工程实践的发展水平，当边界条件选择合理时，空间弹性地基梁法计算精度较高，针对内撑式围护结构是一种比较适宜的计算方法。

在以往的二维分析中，内支撑围护结构被人为地拆成水平面分析（内支撑）和竖直面分析（桩、墙），只能做到点上的位移协调。在空间弹性杆系三维有限元法发展的早期，国内还有一种拟三维（空间协同）的计算方法，即拟三维方法只考虑了其中 3 个主要的位移，即 U_x，U_y 和 θ_z（主要由水平的土压力，水压力，基坑周边附加荷载引起），而不能计算另外的三个位移 U_z 和 θ_x，θ_y，因此，它忽略了水平支撑结构上的竖向荷载（如内支撑的自重、在内支撑上行走的吊车荷载）对竖向围护结构的影响。

内撑式围护结构本质上是一空间结构，即由竖向围护结构（围护桩、地下连续墙）、钢筋混凝土或钢支撑梁、钢或混凝土支撑立柱（桩）所组成的空间结构。真三维的空间弹性地基梁法计算分析具备理论上的先进性，可实现真正的位移协调；可得到更符合实际的内力和位移计算结果，真正反映支护体系的空间效应，使支护体系内力计算更合理，从而节省工程造价。

（1）计算原理

空间弹性地基梁（板）法是在平面弹性地基梁法的基础上发展起来的一种空间分析方法，该方法完全继承了竖向平面弹性地基梁法的计算原理。如图 6.3-6、图 6.3-7 所示，三维弹性地基梁（板）法以实际基坑支护结构体系作为模型建立三维有限元模型，模型包括竖向围护结构、水平支撑体系、竖向支承系统和土弹簧单元。对于采用排桩的围护结构，可采用梁单元进行模拟；对于采用地下连续墙的围护结构，可采用三维板单元进行模拟；对于水平内支撑体系，可采用梁单元及板单元进行模拟；对于竖向支撑体系，可采用梁单元进行模拟；基坑开挖面标高以下的土体作为竖向围护结构的弹性约束，模拟为土弹簧。根据施工工况和工程地质条件确定坑外开挖面标高以上土体及其他地表附加荷载对竖向围护结构的水土压力，由此分析支护结构的内力与变形。

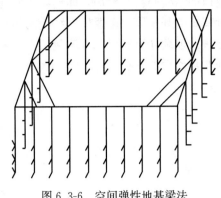

图 6.3-6 空间弹性地基梁法

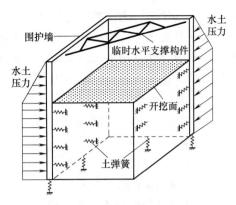

图 6.3-7 空间弹性地基板法

（2）土弹簧刚度系数的确定与坑外水土压力的计算

土弹簧刚度系数的确定与平面弹性地基梁法相同，可按公式（6.3-15）计算。基坑外开挖面标高以上的水土压力的计算方法亦与平面弹性地基梁法计算方法一致，为平面假定确定的土（水）压力，空间弹性地基梁中水土压力为作用在竖向围护结构上的线荷载，而在空间弹性地基板法中水土压力则是作用在竖向围护结构上的面荷载。

（3）求解程序

空间弹性地基梁（板）法的求解可采用大型通用有限元程序如 ANSYS、ABAQUS、ADINA、MARC、MIDAS、SAP2000，近年国内的基坑工程专业软件的功能得到不断完善与提高，如北京理正深基坑 F-SPW 7.0、中国建筑科学研究院的基坑与边坡支护结构设计软件 RSD3.0 等，均可作为空间弹性地基梁（板）法的求解软件。

4. 连续介质有限元法

如图 6.3-8 所示，连续介质有限元方法充分考虑了土与结构的相互作用，是一种模拟基坑开挖问题的有效方法，它能考虑复杂的因素，如土层的分层情况和土的性质、支撑系统分布及其性质、土层开挖、支护结构支设与拆除的施工过程等。随着高层建筑及地铁等地下工程的大规模建设，近 20 年基坑工程得到了快速的发展，朝着面积大、开挖深的方向发展，基坑周边环境越趋复杂、影响控制越趋严格，基坑工程与已建地下结构的相互关系及影响越趋显著。采用传统的计算分析方法显然无法充分、有效地评估基坑工程对周边

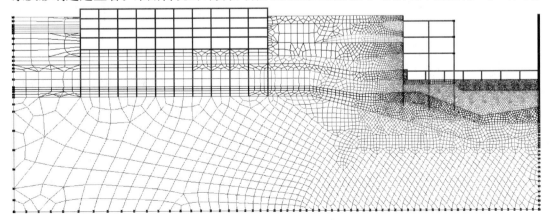

图 6.3-8 连续介质有限元法

环境产生的影响,无法准确分析基坑工程及周边已建地下结构的相互作用,而连续介质有限元方法的数值分析是准确分析基坑支护结构、分析基坑工程及周边已建地下结构的相互作用、有效评估基坑工程对周边环境影响的最有效方法。连续介质有限元方法包括平面和三维方法,该方法目前已经成为复杂基坑设计的一种非常流行的方法。

(1)计算原理

1)有限单元法(位移法)分析解题过程

① 连续体的离散化;

② 选择位移模式;

③ 按虚功原理各类型单元的刚度矩阵,建立平衡方程;

④ 建立计算模型连续体的代数方程式组:

$$[K]\{\delta\}=\{R\} \tag{6.3-20}$$

⑤ 用直接法或迭代法求解结点位移矢量;

⑥ 计算土介质和支护结构的应力应变。

2)施工过程的模拟

① 初始应力、应变的计算

初始应力 $\{\sigma_0\}$ 可采用有限元方法计算,也可根据经验给出水平侧压力系数 K_0 计算初始地应力。计算式为

$$\sigma_z=\sum\gamma_iH_i, \qquad \sigma_x=K_0\cdot(\sigma_z-p_w)+p_w \tag{6.3-21}$$

式中 σ_z,σ_x 分别为竖直向和水平向初始地应力;γ_i 为计算点以上第 i 层土的重度;H_i 为相应的厚度;p_w 为计算点的孔隙水压力。

同时将初始应变置零。

② 开挖释放荷载的计算

开挖效应一般通过在开挖基坑边界上设置释放荷载,并将其转化为等效结点力模拟。释放荷载可由已知初始地应力或前一步开挖相应的应力场确定。先求得预计开挖边界上各结点的应力,并假定各结点间应力呈线性分布,然后反转开挖边界上各结点应力的方向(改变其符号),据以求得释放荷载。

③ 有限元计算方程

对各开挖阶段的状态,有限元分析的表达式为:

$$[K]_i\{\Delta\delta\}_i=\{\Delta F_r\}_i+\{\Delta F_g\}_i+\{\Delta F_P\}_i \quad (i=1,L) \tag{6.3-22}$$

式中 L 为开挖阶段数;$[K]_0$ 为岩土体和结构(开挖开始前存在时)的初始总刚度矩阵;$[K]_i=[K]_0+\sum_{\lambda=1}^{i}[\Delta K]_\lambda$ 为第 i 开挖阶段岩土体和结构总刚度矩阵;$[\Delta K]_\lambda$ 为开挖施工过程中,第 λ 开挖阶段的土体和结构刚度的增量或减量,用以体现土体单元的挖除、填筑及结构单元的施作或拆除;$\{\Delta F_r\}_i$ 为第 i 开挖阶段开挖边界上的释放荷载的等效结点力;$\{\Delta F_g\}_i$ 为第 i 施工步新增自重等的等效结点力;$\{\Delta F_P\}_i$ 为第 i 施工步增量荷载的等效结点力;$\{\Delta\delta\}_i$ 为第 i 施工步的结点位移增量。

对每个开挖步,增量加载过程的有限元分析的表达式为:

$$[K]_{ij}\{\Delta\delta\}_{ij}=\{\Delta F_{\mathrm{r}}\}_i\cdot\alpha_{ij}+\{\Delta F_{\mathrm{g}}\}_{ij}+\{\Delta F_{\mathrm{P}}\}_{ij}\,(i=1,L;\ j=1,M) \qquad (6.3\text{-}23)$$

式中：M 为各施工步增量加载的次数；$[K]_{ij}=[K]_{i-1}+\sum\limits_{\xi=1}^{j}[\Delta K]_{i\xi}$ 为第 i 开挖步中施加第 j 增量步时的刚度矩阵；α_{ij} 为第 i 开挖步第 j 增量步的开挖边界释放荷载系数，开挖边界荷载完全释放时有 $\sum\limits_{j=1}^{M}\alpha_{ij}=1$；$\{\Delta F_{\mathrm{g}}\}_{ij}$ 为第 i 施工步第 j 增量步新增自重等的等效结点力；$\{\Delta\delta\}_{ij}$ 为第 i 施工步第 j 增量步的结点位移增量；$\{\Delta F_{\mathrm{P}}\}_{ij}$ 为第 i 施工步第 j 增量步增量荷载的等效结点力。

将算得的单元应力增量和位移增量与增量加载前的单元应力、位移分别叠加，得到增量加载后的单元应力和位移；计算单元主应力；对岩土体单元检验抗拉强度和抗剪强度（屈服）是否满足要求。

（2）土的本构关系

根据不同的工程实践和研究的需要，土的应力—应变关系可以选用线弹性、非线性弹性（如 Duncan-Chang 模型等）、弹塑性（如 Cambridge 模型、修正的 Cambridge 模等）、黏弹性、黏弹塑性等模型。基坑开挖是一个土与结构共同作用的复杂过程。对土介质本构关系的模拟是采用土与结构共同作用方法的关键。虽然土的本构模型有很多种，但广泛应用于基坑工程中的仍只有少数几种如弹性模型、Mohr-Coulomb 模型、修正剑桥模型、Drucker-Prager 模型、Duncan-Chang 模型、Plaxis Hardening Soil Model 等。基坑工程中土介质的本构关系模型选择要点及注意事项：

　　1）土体的本构模型参数应能根据室内试验和原位测试等手段给出；

　　2）最好应能同时反映土体在小应变时的非线性行为和土的塑性性质；

　　3）弹性模型不能反映土体的塑性性质因而不适合于基坑开挖问题的分析；

　　4）弹-理想塑性模型的 Mohr-Coulomb 模型和 Drucker-Prager 模型，其卸载和加载模量相同，应用于基坑开挖时往往导致不合理的坑底回弹，只能用作基坑的初步分析；

　　5）修正剑桥模型和 Plaxis Hardening Soil Model 由于刚度依赖于应力水平和应力路径，应用于基坑开挖分析时能得到较弹-理想塑性模型更合理的结果。

（3）单元类型

平面有限元分析中常用的单元类型有平面应变单元（三节点单元、四节点单元）、梁单元、杆件单元及接触面单元（如 Desai 薄层单元、Goodman 无厚度接触面单元）。三维有限元方法需采用三维单元，例如土体需用三维的六面体单元、四面体单元等；围护墙与支撑楼板等需采用板单元，围护桩、立柱与梁支撑等需采用三维梁单元来模拟。关于有限元分析中的单元类型的详细定义、描述及应用等可参考本书的第 2 章《设计计算理论与分析方法》相关内容及其他专业有限元分析的参考书籍。

（4）求解程序

随着有限元技术、计算机软硬件技术和土体本构关系的发展，随着工程实践与经验的不断积累，连续介质有限元法在基坑工程中的应用取得了长足的进步，发展了如 EXCAV、PLAXIS、ADINA、CRISP、FLAC2D/3D、ABAQUS、MIDAS/GTS、同济曙光（GeoFBA）等适合于基坑工程分析的岩土及地下工程专业软件。

（5）需要注意的问题

1）本构关系的选取与模型计算参数准确性。在土体本构模型的选取上，应根据土体自身的变形特性，选择合乎其变形特点的本构关系；除了选择合理的本构关系外，需要通过有效的室内外试验，得到模型所需的计算参数。

2）施工过程简化模拟的合理性。

3）流固耦合考虑的必要性。

4）空间效应考虑的必要性。

5）可利用基坑平面的对称性，简化模型，减小计算量，缩短计算时间。

6.3.4 计算工况

内撑式围护结构的竖向围护结构和支撑系统的计算分析时应对支撑的逐层设置、逐层拆除与换撑等形成的支护系统的各个工况进行计算分析，并应按其中最不利的作用效应进行支护结构设计。所谓支护结构设计计算工况，是指设计时在土方开挖阶段要拟定支撑与基坑开挖的关系，需要设计开挖支撑设置的步骤；同时在地下主体结构建造阶段要拟定支撑拆除与主体楼（底）板换撑的关系，需要设计支撑拆除的步骤；对每一开挖过程和主体楼（底）板换撑过程的支护结构的稳定、受力与变形状态进行分析。

因此，支护结构施工、基坑开挖、地下主体结构建造时，只有按设计的开挖、支撑与换撑步骤才能满足内撑式围护结构的设计受力状况的要求。一般情况下，基坑开挖到基底时竖向围护结构的内力与变形最大；但有时也会出现开挖中间过程支护结构内力最大；特别是，当主体结构楼板作为支撑替代支护结构的内支撑构件时，此时支护结构构件的内力可能会是最大的。

基坑工程的施工（包括围护结构施工、拆除、土方开挖等）是复杂的、存在诸多工况，要模拟基坑施工的复杂受力过程，可采用增量法。增量法较直观方便，每步的计算采用当时的结构体系，包括当时的支撑和开挖状况，荷载则采用增量荷载，以前的各增量步内力和位移计算结果的叠加即是当前步的结果。增量法可以模拟基坑的分步开挖、支撑拆除、换撑、支撑预加力等复杂的施工过程的受力。

6.4 支撑系统的计算分析

6.4.1 支撑系统的计算分析要点

（1）水平支撑体系的结构计算分析主要包括：确定荷载类型、方向和大小；选择计算模型、合理的计算方法，确定相应的计算假定和边界约束条件；计算结果的分析判断和取用。

（2）荷载：支撑系统主要承受水平荷载和竖向荷载，水平荷载为由竖向围护结构传来的水、土压力和坑外地表附加荷载产生的侧向压力，竖向荷载为支撑结构自重和施工活荷载。施工活荷载当主要为施工人员通道、临时施工管道架设时可取为 $2\sim5kPa$，当需作为堆放材料、施工机械等施工平台时应按实际情况确定荷载并专门设计。

（3）对于整体浇注的刚性节点，对计算支座弯矩可进行调幅折减，折减系数一般可取为 $0.8\sim0.9$，但跨中弯矩应相应增加；对于较大的节点，实际配筋时的内力取值宜考虑节点刚域的影响。

（4）对于温度变化和加在钢支撑上的预压力对支撑结构的影响，由于目前对这类超静定结构所做的试验研究较少,难以提出确切的设计计算方法。温度变化的影响程度与支撑构件的长度有较大关系,根据经验和实测资料,对长度超过 40m 的支撑宜考虑 10% 左右支撑内力的变化影响。

(5) 当支撑立柱下沉或隆起量较大时,应考虑支撑立柱与竖向围护结构之间差异沉降产生的作用。

(6) 立柱的受压计算长度:根据《建筑基坑支护技术规程》JGJ 120 的相关规定,单层支撑的立柱、多层支撑底层立柱的受压计算长度应取底层支撑与基坑底面的净高度与立柱直径或边长的 5 倍之和,相邻两层水平支撑的立柱受压计算长度应取此两层水平支撑的中心间距。

(7) 立柱桩的计算:内支撑系统中的立柱桩可按竖向受荷桩进行计算、设计,验算其竖向抗压、抗拔承载力,可参照《建筑桩基技术规范》JGJ 94 的相关规定进行。

6.4.2 简化的计算方法

1. 计算模型与假定

假定竖向围护结构及立柱与各层水平支撑结构的连接均为铰接,且竖向围护结构及立柱作为各层水平支撑结构的竖向约束,分离出各层水平支撑结构;在同一水平支撑结构内,将水平支撑结构离散为受力简单、明确的连续梁结构或单一构件。

(1) 冠梁或腰梁可按以对撑、角撑等构件为约束支座的多跨连续梁,计算跨度可取相邻支撑点的中心距;

(2) 对撑、角撑、斜撑、正交平面杆系支撑等可离散为以竖向围护结构及立柱作为竖向约束的连续梁或单一构件,两端部受压,竖向承受自重及其他施工荷载;

(3) 立柱离散为轴心受压构件。

2. 荷载

分离的连续梁结构或构件承受水平荷载和竖向荷载。水平荷载为由第 6.3 节内撑式围护结构计算而得的支撑力并计及结构(构件)有效受荷宽度后确定,竖向荷载为结构或构件的自重和施工活荷载。

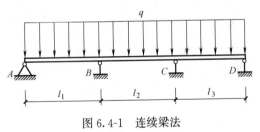

图 6.4-1 连续梁法

3. 计算方法

离散后的连续梁结构或构件,在特定的荷载作用下,可通过手算、查表、结构计算工具箱等方法进行计算分析。

4. 特点

(1) 计算简单,适宜手算;

(2) 该方法适用于支撑布置的方案阶段,只适用于基坑形状比较规则且以对撑、角撑、正交平面杆系支撑为主的基坑工程;斜撑、立柱内力与变形的计算分析采用简化的计算方法较为方便,亦可取得合理的结果;

(3) 竖向斜撑应按偏心受压杆件进行计算;

(4) 该方法未考虑支撑的自身变形影响,简略了计算区域外的水平支撑的相互影响;

(5) 没有考虑水平支撑与竖向围护结构、土的相互作用,不能考虑基坑的空间效应影响。

6.4.3 平面有限元计算方法

1. 计算模型与假定

将各层水平支撑结构从基坑支护结构体系中分离出来，围护桩及立柱作为该层水平支撑结构的竖向约束。分离出的各水平支撑结构（包括围檩和支撑杆件）形成一自身平衡的封闭体系，但经竖向围护结构计算分析而得来的作用在围檩上的分布荷载对于离散出的封闭的各水平支撑结构不一定为平衡力系。当基坑各边的土压力相差较大时，在简化为平面杆系时，尚应考虑基坑各边土压力的差异产生的土体被动变形的约束作用，为限制该水平支撑结构的刚体位移，必须在周边的围檩上添加适当的约束，约束一般有以下两种方式：

（1）如图 6.4-2 所示，此法根据水平支撑结构的受力和变形特点，人为地添加一定的约束条件，如固定铰支座等，可考虑在周圈围檩结构上施加不相交于一点的三个约束链杆形成静定约束结构，约束添加的位置和形式对计算结果会产生较大的影响，添加的支座应合理，计算结果才有参考价值，否则计算结果将与实际情况相差较大。一般可在水平位移最小的角点设置水平约束支座，在基坑阳角处不宜设置支座。

（2）如图 6.4-3 所示，为了避免上述模型中人为加人支座约束的影响，采用在围檩上设置分布的弹簧支座（线性弹性约束）来考虑水平支撑与竖向围护桩（墙）的相互作用，以代替集中支座约束的影响，该法可一定程度上考虑水平支撑的空间效应。

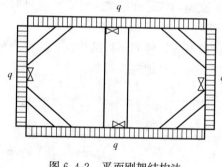

图 6.4-2 平面刚架结构法

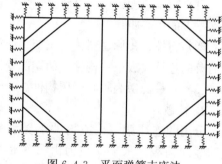

图 6.4-3 平面弹簧支座法

2. 荷载

水平支撑结构周圈围檩上的水平荷载，需采用第 6.3 节内撑式围护结构计算分析中的相应方法而得到的各典型基坑区域、各典型基坑支护剖面、各工况或最不利的水平支撑反力。竖向荷载为该层水平支撑结构的自重和施工活荷载。

3. 计算方法

该方法一般可采用杆系有限元计算；当水平支撑结构布置有板等构件时，亦可采用通用有限元软件进行计算分析，可以较好反映水平支撑的变形与受力状态，特别是分析水平支撑中复杂部位的变形与受力情况。

4. 特点

（1）平面有限元计算方法将各层的水平支撑结构作为一个整体进行分析，不适宜手算，但采用结构工具箱软件或通用有限元软件，计算分析相对比较简便；

（2）适用于基坑形状不规则、水平支撑结构受力复杂的基坑工程；

（3）采用该模型，可较为准确地确定复杂平面布置的水平支撑结构对竖向围护结构的约束刚度；

（4）该方法考虑了同一水平支撑结构的相互作用，难以考虑多道内支撑的基坑工程中不同标高的水平支撑结构之间的相互影响；

（5）同样的，无法考虑水平支撑结构与竖向围护结构及土体的相互作用，不能考虑基坑的空间效应影响。

（6）基坑开挖施工过程中，基坑由于土体的大量卸荷会引起基坑回弹隆起，立柱也将随之发生隆起，立柱间隆沉量存在差异时，也会对支撑产生次应力，因此在进行竖向力作用下的水平支撑计算时，应适当考虑立柱桩存在差异沉降的因素予以适当的增强。

6.4.4 空间结构整体分析方法

1. 计算模型与假定

如本章第6.3节中的空间弹性地基梁（板）法——空间杆系有限元法所述，空间结构整体分析方法以实际基坑支护结构体系作为模型建立三维有限元模型，模型包括竖向围护结构、水平支撑体系、竖向支承系统和土弹簧单元。排桩采用梁单元进行模拟，地下连续墙采用三维板单元进行模拟，水平内支撑可采用梁单元及板单元进行模拟，竖向支撑采用梁单元进行模拟。计算模型的约束为施工工况下基坑开挖面标高以下的土体，其模拟为土弹簧作为竖向围护结构的弹性约束。

2. 荷载

作用在计算模型上的荷载分别为某施工工况下坑外开挖面标高以上土体及坑外地表其他附加荷载对竖向围护结构的土水压力、各层水平内支撑结构的自重及施工荷载。

3. 计算方法

基坑工程的空间结构整体计算方法只有通过大型通用有限元程序（如 ANSYS、ABAQUS、ADINA、MARC、MIDAS、SAP2000 等）以及基坑工程专业计算软件（如北京理正深基坑 F-SPW、中国建筑科学研究院的 RSD 等），才可进行计算分析，较准确地计算出各种工况下空间模型各结构及构件的内力和变形。

需要指出的是基坑工程支护结构的施工、土方开挖、主体地下结构的施工是一个动态的过程，而在这动态的过程中，将出现不同的计算分析工况，且对应着不同的动态变化的计算模型与荷载，而动态变化的荷载是以增量的形式施加于计算模型上的，同时计算模型中的各结构的内力与变形亦是以增量的形式叠加的。因此基坑工程的空间结构整体计算分析是一个复杂得多工况动态计算，对应于各工况、各过程，基坑支护结构及各构件均有相应的内力和变形，在构件设计时应取其最不利状态、取其内力包络图。

4. 特点

（1）空间结构整体分析方法将基坑的水平支撑结构与竖向围护结构作为一个整体进行分析，不适宜手算，须采用通用有限元软件或专业的基坑工程计算软件；

（2）适用于各种地质条件、基坑平面形状、复杂水平支撑结构的基坑工程；

（3）无需人为设置、增加支撑系统的约束，计算结果较为精确；

（4）考虑水平支撑结构与竖向围护结构的相互作用，可部分考虑基坑支护结构与土体的相互作用。

（5）竖向围护结构模拟为梁单元时，基坑外侧的超载、水土压力等侧向水平力通过竖向围护结构，将全部由坑内的内支撑系统进行平衡，未考虑基坑支护结构的空间效应影响。竖向围护结构模拟为板单元且基坑形状具有较强的空间效应时，比如拱形、圆形情况或者基坑角部区域，竖向围护结构还将同时承受部分坑外水平力，可考虑基坑支护结构的空间效应影响，否则将高估了内支撑实际的内力和变形，造成不必要的浪费。

(6) 需要时，可考虑基坑回弹隆起产生的立柱间隆沉量存在差异影响；可考虑水平支撑结构温差引起的附加应力与变形。

(7) 模型上的土压力采用平面土压力理论，未考虑土压力的空间效应。

6.4.5 三维数值分析方法——三维连续介质有限元法

以上三种方法均把坑外的水土作为荷载作用在基坑支护结构上，未能完全考虑基坑支护结构与土相互作用。随着有限元技术、计算机软硬件技术和土体本构关系的发展，有限元在基坑工程中的应用取得了长足的进步，三维数值分析方法——三维连续介质有限元法可对支护结构和土进行整体分析，该法充分考虑了土与结构的相互作用。近年出现并发展了 EXCAV、PLAXIS、ADINA、CRISP、FLAC2D/3D、ABAQUS、MIDAS/GTS、同济曙光 (GeoFBA) 等适合于基坑工程分析的岩土及地下工程专业软件。该方法是岩土工程中先进的计算方法。

如本章第 6.3.3 节所述，三维数值分析方法以实际基坑支护结构体系及其周边环境作为模型建立三维连续介质有限元模型，模型包括竖向围护结构、水平支撑体系、竖向支承系统、影响范围内岩土体、基坑周边的地上及地下建构筑物、地下管线、整体模型岩土体边界的约束等。现阶段，三维数值分析方法由于土体参数获取困难、建模要求高、计算量大、数据分析要求高等原因，在量大面广的中小型基坑工程实践中应用尚不广泛；在一些大型、周边环境复杂的重要基坑中，当理论或试验数据充分、可靠时，可采用三维连续介质有限元进行计算分析。

6.5 围护结构的截面（承载力）设计及构造

6.5.1 围护结构的截面（承载力）设计原则

1. 设计使用期限

基坑支护设计应规定其设计使用期限，正常情况下基坑支护的设计使用期限不应小于一年。

2. 承载力设计的表达式

支护结构构件或连接因超过材料强度或过度变形的承载能力极限状态设计，应符合下式要求：

$$\gamma_0 S_d \leqslant R_d \tag{6.5-1}$$

式中　γ_0——支护结构重要性系数；

S_d——作用基本组合的效应（轴力、弯矩等）设计值；

R_d——结构构件的抗力设计值。

对临时性支护结构，作用基本组合的效应设计值应按下式确定：

$$S_d = \gamma_F S_k \tag{6.5-2}$$

式中　γ_F——作用基本组合的综合分项系数；

S_k——作用标准组合的效应。

支护结构构件按承载能力极限状态设计时，作用基本组合的综合分项系数 γ_F 不应小于 1.25。对安全等级为一级、二级、三级的支护结构，其结构重要性系数（γ_0）分别不应小于 1.1、1.0、0.9。

3. 内力设计值

支护结构重要性系数与作用基本组合的效应设计值的乘积（$\gamma_0 S_d$）可采用下列内力设计值表示：

弯矩设计值 M

$$M = \gamma_0 \gamma_F M_k \tag{6.5-3}$$

剪力设计值 V

$$V = \gamma_0 \gamma_F V_k \tag{6.5-4}$$

轴向力设计值 N

$$N = \gamma_0 \gamma_F N_k \tag{6.5-5}$$

式中　M_k——按作用标准组合计算的弯矩值（kN·m）；

　　　V_k——按作用标准组合计算的剪力值（kN）；

　　　N_k——按作用标准组合计算的轴向拉力或轴向压力值（kN）。

6.5.2　竖向围护结构的截面（承载力）设计及构造

1. 支护桩正截面承载力

支护桩作为基坑的竖向围护结构构件，可按钢筋混凝土圆形截面受弯构件进行配筋计算。当支护桩的截面内均匀布置的纵向受力钢筋不少于 6 根时，支护桩的正截面受弯承载力可按下式进行计算，计算示意图如图 6.5-1 所示。

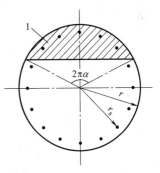

图 6.5-1　沿周边均匀配置
纵向钢筋的支护桩截面
1—混凝土受压区

$$M_u = \frac{2}{3} f_c A r \frac{\sin^3 \pi\alpha}{\pi} + f_y A_s r_s \frac{\sin\pi\alpha + \sin\pi\alpha_t}{\pi}$$

$$\alpha f_c A \left(1 - \frac{\sin 2\pi\alpha}{2\pi\alpha}\right) + (\alpha - \alpha_t) f_y A_s = 0 \tag{6.5-6}$$

$$\alpha_t = 1.25 - 2\alpha \tag{6.5-7}$$

式中　M_u——桩的抗弯承载力（kN·m）；

　　　f_c——混凝土轴心抗压强度设计值（kN/m²），当混凝土强度等级超过 C50 时，f_c 应以 $\alpha_1 f_c$ 代替，当混凝土强度等级为 C50 时，取 $\alpha_1 = 1.0$，当混凝土强度等级为 C80 时，取 $\alpha_1 = 0.94$，其间按线性内插法确定；

　　　A——支护桩截面面积（m²）；

　　　r——支护桩的半径（m）；

　　　α——对应于受压区混凝土截面面积的圆心角（rad）与 2π 的比值；

　　　f_y——纵向钢筋的抗拉强度设计值（kN/m²）；

　　　A_s——全部纵向钢筋的截面面积（m²）；

　　　r_s——纵向钢筋重心所在圆周的半径（m）；

　　　α_t——纵向受拉钢筋截面面积与全部纵向钢筋截面面积的比值，当 $\alpha > 0.625$ 时，取 $\alpha_t = 0$。

配置在圆形截面受拉区的纵向钢筋，其按全截面面积计算的配筋率不宜小于 0.2% 和 0.45f_t/f_y 的较大值。f_t 为混凝土抗拉强度设计值。

表 6.5-1～表 6.5-6 分别为桩径为 600mm、700mm、800mm、900mm、1000mm 和 1200mm，桩身混凝土强度等级为 C20、C25、C30、C35，钢筋等级为 Ⅱ 级和 Ⅲ 级，纵向钢筋的混凝土保护层厚度为 50mm 时，沿周边均匀配置纵向钢筋的圆形支护桩在各种配筋量情况下计算的受弯承载力表，在实际工程中可作为参考使用。

ϕ600 支护桩受弯承载力（kN·m） 表 6.5-1

A_s(mm²)		1000	1500	2000	2500	3000	3500	4000	4500	5000	5500
配筋率 ρ(%)		0.35	0.53	0.71	0.88	1.06	1.24	1.41	1.59	1.77	1.95
C20	Ⅱ级钢	76	110	142	173	204	233	262	290	318	345
	Ⅲ级钢	85	125	160	195	230	260	293	324	355	385
C25	Ⅱ级钢	78	112	146	178	209	239	269	298	326	354
	Ⅲ级钢	90	127	164	200	235	270	302	333	365	395
C30	Ⅱ级钢	80	117	142	173	204	234	263	291	320	347
	Ⅲ级钢	93	128	167	204	240	275	308	342	375	406
C35	Ⅱ级钢	82	120	145	176	208	238	268	296	326	354
	Ⅲ级钢	95	133	170	208	245	280	315	348	382	415

ϕ700 支护桩受弯承载力（kN·m） 表 6.5-2

A_s(mm²)		1500	2500	3500	4500	5500	6500	7500	8500	9500	10500
配筋率 ρ(%)		0.39	0.65	0.91	1.17	1.43	1.69	1.95	2.21	2.47	2.73
C20	Ⅱ级钢	131	203	275	343	410	474	536	598	659	719
	Ⅲ级钢	155	240	323	402	480	555	628	701	773	843
C25	Ⅱ级钢	134	208	282	352	420	486	551	615	678	739
	Ⅲ级钢	157	245	331	414	493	570	646	720	794	866
C30	Ⅱ级钢	136	212	288	360	430	497	564	630	693	757
	Ⅲ级钢	160	250	338	422	504	584	662	738	813	887
C35	Ⅱ级钢	137	215	292	366	437	507	575	642	707	772
	Ⅲ级钢	162	254	344	430	514	595	675	753	830	905

ϕ800 支护桩受弯承载力（kN·m） 表 6.5-3

A_s(mm²)		2000	3000	4000	5000	6000	7000	8000	9000	10000	11000
配筋率 ρ(%)		0.40	0.60	0.80	0.99	1.19	1.39	1.59	1.79	1.99	2.19
C20	Ⅱ级钢	195	284	370	452	530	607	682	760	830	900
	Ⅲ级钢	240	338	435	530	622	712	800	888	973	1058
C25	Ⅱ级钢	200	290	378	462	543	623	700	777	853	926
	Ⅲ级钢	243	343	445	543	636	731	821	912	1000	1087
C30	Ⅱ级钢	205	295	385	471	553	636	716	793	873	947
	Ⅲ级钢	246	350	454	554	652	747	841	932	1022	1114

续表

A_s (mm²)		2000	3000	4000	5000	6000	7000	8000	9000	10000	11000
配筋率 ρ(%)		0.40	0.60	0.80	0.99	1.19	1.39	1.59	1.79	1.99	2.19
C35	Ⅱ级钢	207	298	390	478	563	647	728	808	887	965
	Ⅲ级钢	250	355	460	563	663	761	856	950	1042	1133

ϕ900 支护桩受弯承载力（kN·m）　　　　表 6.5-4

A_s (mm²)		2500	3500	4500	5500	6500	7500	8500	9500	10500	11500
配筋率 ρ(%)		0.39	0.55	0.71	0.86	1.02	1.18	1.34	1.49	1.65	1.81
C20	Ⅱ级钢	288	388	478	573	665	755	843	930	1017	1100
	Ⅲ级钢	337	450	563	675	782	888	990	1093	1193	1293
C25	Ⅱ级钢	290	390	490	586	680	773	865	955	1042	1130
	Ⅲ级钢	340	458	575	690	800	910	1016	1121	1225	1326
C30	Ⅱ级钢	295	397	497	596	693	788	882	974	1065	1154
	Ⅲ级钢	345	466	587	704	817	928	1037	1146	1250	1355
C35	Ⅱ级钢	297	400	503	605	704	801	896	990	1083	1175
	Ⅲ级钢	349	472	595	714	830	943	1055	1165	1274	1380

ϕ1000 支护桩受弯承载力（kN·m）　　　　表 6.5-5

A_s (mm²)		3000	4000	6000	8000	9000	10000	12000	14000	16000	18000
配筋率 ρ(%)		0.38	0.51	0.76	1.02	1.15	1.27	1.53	1.78	2.04	2.29
C20	Ⅱ级钢	386	512	740	959	1065	1170	1376	1577	1774	1968
	Ⅲ级钢	445	575	835	1080	1198	1315	1545	1770	1990	2208
C25	Ⅱ级钢	388	521	755	979	1089	1196	1408	1614	1817	2016
	Ⅲ级钢	447	583	855	1105	1228	1347	1585	1815	2043	2266
C30	Ⅱ级钢	390	525	736	955	1062	1168	1375	1580	1776	1973
	Ⅲ级钢	462	598	870	1127	1252	1375	1620	1855	2086	2315
C35	Ⅱ级钢	400	530	747	970	1080	1187	1400	1605	1808	2007
	Ⅲ级钢	468	606	882	1145	1275	1400	1650	1888	2126	2360

ϕ1200 支护桩受弯承载力（kN·m）　　　　表 6.5-6

A_s (mm²)		4000	6000	8000	10000	12000	14000	16000	18000	20000	22000
配筋率 ρ(%)		0.35	0.53	0.71	0.88	1.06	1.24	1.41	1.59	1.77	1.95
C20	Ⅱ级钢	638	928	1207	1478	1741	1999	2252	2501	2747	2989
	Ⅲ级钢	745	1055	1365	1674	1963	2250	2535	2813	3080	3360
C25	Ⅱ级钢	647	943	1229	1507	1777	2042	2302	2558	2810	3058
	Ⅲ级钢	763	1078	1393	1705	2008	2305	2595	2880	3165	3445
C30	Ⅱ级钢	650	925	1200	1470	1735	1995	2250	2500	2745	2990
	Ⅲ级钢	767	1089	1415	1735	2045	2350	2648	2940	3230	3515

续表

$A_s(mm^2)$		4000	6000	8000	10000	12000	14000	16000	18000	20000	22000
配筋率 $\rho(\%)$		0.35	0.53	0.71	0.88	1.06	1.24	1.41	1.59	1.77	1.95
C35	Ⅱ级钢	664	938	1212	1490	1760	2025	2285	2540	2791	3040
	Ⅲ级钢	771	1103	1435	1760	2078	2388	2690	2990	3286	3575

2. 支护桩斜截面承载力

（1）支护桩的受剪截面应符合下列条件：

$$V \leqslant 0.704\beta_c f_c r^2 \tag{6.5-8}$$

式中　V——支护桩斜截面上的最大剪力设计值；

　　　β_c——混凝土强度影响系数：当混凝土强度等级不超过 C50 时，β_c 取 1.0；当混凝土强度等级为 C80 时，β_c 取 0.8；其间按线性内插法确定；

　　　f_c——混凝土轴心抗压强度设计值；

　　　r——支护桩的半径。

（2）支护桩由于施工工艺的特点，无法配置弯起钢筋。仅配置箍筋的支护桩斜截面受剪承载力应符合下列规定：

$$V \leqslant 1.97 f_t r^2 + 1.6 f_{yv}\frac{A_{sv}}{s}r \tag{6.5-9}$$

式中　V——支护桩斜截面上的最大剪力设计值；

　　　f_t——混凝土轴心抗拉强度设计值；

　　　f_{yv}——箍筋抗拉强度设计值；

　　　A_{sv}——配置在同一截面内箍筋各肢的全部截面面积，即 nA_{sv1}，此处，n 为在同一个截面内箍筋的肢数，A_{sv1} 为单肢箍筋的截面面积；

　　　s——支护桩的箍筋间距。

当支护桩箍筋采用分段配筋时，各区段的斜截面的受剪承载力均应符合式（6.5-9）的要求。

表 6.5-7～表 6.5-12 分别为桩径为 600mm、700mm、800mm、900mm、1000mm 和 1200mm，桩身混凝土强度等级为 C20、C25、C30、C35，钢筋等级为Ⅱ级和Ⅲ级，纵向钢筋的混凝土保护层厚度为 50mm 时，圆形支护桩在各种配箍量情况下计算的受剪承载力表，在实际工程中可作为参考。

φ600 支护桩受剪承载力（kN）　　　　表 6.5-7

箍筋直径(mm)		8	10	12	8	10	12
箍筋间距(mm)		150			200		
C20	Ⅱ级钢	292	345	412	267	308	358
	Ⅲ级钢	310	376	455	281	330	390
C25	Ⅱ级钢	322	376	442	297	338	388
	Ⅲ级钢	341	406	485	311	360	420
C30	Ⅱ级钢	350	404	470	325	366	416
	Ⅲ级钢	370	434	514	340	389	450

续表

箍筋直径(mm)		8	10	12	8	10	12
箍筋间距(mm)		150			200		
C35	Ⅱ级钢	375	429	495	350	391	440
	Ⅲ级钢	393	459	539	364	414	473

$\phi700$ 支护桩受剪承载力（kN）　　　　　　　表 6.5-8

箍筋直径(mm)		8	10	12	8	10	12
箍筋间距(mm)		150			200		
C20	Ⅱ级钢	378	441	518	350	397	455
	Ⅲ级钢	400	476	570	366	423	493
C25	Ⅱ级钢	419	482	560	391	438	496
	Ⅲ级钢	441	517	610	408	465	534
C30	Ⅱ级钢	457	521	600	429	477	535
	Ⅲ级钢	480	556	650	446	503	573
C35	Ⅱ级钢	491	555	632	463	511	570
	Ⅲ级钢	514	590	683	480	537	607

$\phi800$ 支护桩受剪承载力（kN）　　　　　　　表 6.5-9

箍筋直径(mm)		8	10	12	8	10	12
箍筋间距(mm)		150			200		
C20	Ⅱ级钢	475	547	636	443	497	564
	Ⅲ级钢	500	588	694	462	527	607
C25	Ⅱ级钢	530	600	690	497	551	617
	Ⅲ级钢	555	641	747	516	581	661
C30	Ⅱ级钢	580	652	740	547	600	668
	Ⅲ级钢	605	692	800	566	631	711
C35	Ⅱ级钢	623	696	784	591	645	712
	Ⅲ级钢	650	736	842	610	676	755

$\phi900$ 支护桩受剪承载力（kN）　　　　　　　表 6.5-10

箍筋直径(mm)		8	10	12	8	10	12
箍筋间距(mm)		150			200		
C20	Ⅱ级钢	583	665	764	547	608	683
	Ⅲ级钢	612	710	830	569	642	732
C25	Ⅱ级钢	651	733	832	615	676	751
	Ⅲ级钢	680	778	897	637	710	800
C30	Ⅱ级钢	715	797	896	679	740	815
	Ⅲ级钢	744	842	961	700	774	863

续表

箍筋直径(mm)		8	10	12	8	10	12
箍筋间距(mm)			150			200	
C35	Ⅱ级钢	771	852	952	735	796	870
	Ⅲ级钢	800	898	1017	756	830	920

φ1000 支护桩受剪承载力（kN）　　　　　表 6.5-11

箍筋直径(mm)		8	10	12	8	10	12
箍筋间距(mm)			150			200	
C20	Ⅱ级钢	702	793	903	662	730	813
	Ⅲ级钢	735	843	976	686	768	867
C25	Ⅱ级钢	786	877	987	746	814	897
	Ⅲ级钢	818	927	1060	770	852	951
C30	Ⅱ级钢	865	956	1066	825	893	976
	Ⅲ级钢	897	1006	1138	850	930	1030
C35	Ⅱ级钢	934	1025	1135	895	962	1045
	Ⅲ级钢	966	1075	1207	918	1000	1100

φ1200 支护桩受剪承载力（kN）　　　　　表 6.5-12

箍筋直径(mm)		8	10	12	8	10	12
箍筋间距(mm)			150			200	
C20	Ⅱ级钢	973	1082	1214	925	1006	1106
	Ⅲ级钢	1012	1142	1300	954	1052	1171
C25	Ⅱ级钢	1094	1202	1335	1045	1127	1226
	Ⅲ级钢	1132	1263	1422	1074	1172	1292
C30	Ⅱ级钢	1207	1316	1450	1160	1240	1340
	Ⅲ级钢	1246	1376	1535	1188	1286	1405
C35	Ⅱ级钢	1307	1415	1548	1258	1340	1440
	Ⅲ级钢	1345	1476	1635	1287	1385	1504

3. 支护桩的构造要求

（1）支护桩的桩径和间距的确定

支护桩桩径和间距的确定主要与支护桩所承受的弯矩、剪力的大小、支护桩的变形控制要求、施工条件等密切相关，以达到受力要求，并满足经济合理和施工可行性的要求。当支护桩采用混凝土灌注桩时，对于悬臂式支护结构，支护桩的桩径不宜小于 600mm；对于锚拉式和支撑式的支护结构，支护桩的桩径不宜小于 400mm。支护桩的间距不宜大于桩直径的 2 倍。

特殊情况下，还应验算桩间土的稳定性，并根据桩间土的稳定性确定支护桩的间距。一般的，对大桩径或黏性土地层，支护桩的净距在 900mm 以内；对于小桩径或砂土地层，支护桩的净间距在 600mm 以内。

（2）支护桩的混凝土构造

当支护桩采用混凝土灌注桩时，支护桩的混凝土构造应符合下列规定：

1）桩身混凝土强度等级不宜低于 C25；

2）支护桩的纵向受力钢筋宜选用 HRB400、HRB500 钢筋，单桩的纵向受力钢筋不宜少于 8 根，净间距不应小于 60mm；支护桩顶部设置钢筋混凝土构造冠梁时，纵向钢筋伸入冠梁的长度宜取冠梁厚度；冠梁按结构受力构件设置时，桩身纵向受力钢筋伸入冠梁的锚固长度应符合现行国家标准《混凝土结构设计规范》GB 50010 对钢筋锚固的有关规定；当不能满足锚固长度的要求时，其钢筋末端可采取机械锚固措施；

3）箍筋可采用螺旋式箍筋，箍筋直径不应小于纵向受力钢筋最大直径的 1/4，且不应小于 6mm；箍筋间距宜取 100～200mm，且不应大于 400mm 及桩的直径；

4）沿桩身配置的加强箍筋应满足钢筋笼起吊安装要求，宜选用 HPB300、HRB400 钢筋，其间距宜取 1000～2000mm；

5）纵向受力钢筋的保护层厚度不应小于 35mm；采用水下灌注混凝土工艺时，不应小于 50mm；

6）当沿桩身分段配置纵向受力主筋时，纵向钢筋的锚固长度应符合现行国家标准《混凝土结构设计规范》GB 50010 的相关规定。

7）支护桩的构造尚应符合现行国家标准《混凝土结构设计规范》GB 50010 和现行国家行业标准《建筑桩基技术规范》JGJ 94 的有关规定。

灌注桩典型配筋大样如图 6.5-2 所示。

6.5.3 混凝土水平支撑的截面（承载力）设计及构造

现浇混凝土支撑由于其刚度大，整体性好，可以采取灵活的布置方式适应于不同形状的基坑，而且不会因节点松动而引起基坑的位移，施工质量相对容易得到保证，所以使用面也较广。但是混凝土支撑在现场需要较长的制作和养护时间，制作后不能立即发挥支撑作用，需要达到一定的强度后，才能进行其下土方作业，施工周期相对较长。同时，混凝土支撑采用爆破方法拆除时，对周围环境（包括振

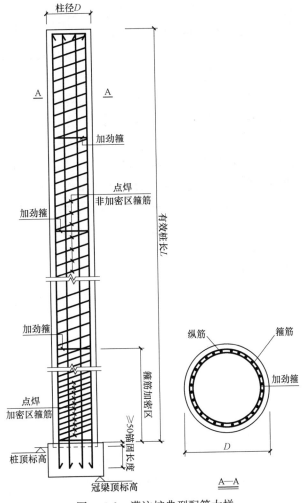

图 6.5-2　灌注桩典型配筋大样

动、噪声和城市交通等）也有一定的影响，爆破后的清理工作量也很大，支撑材料不能重复利用。

水平支撑要承受由竖向围护结构传来的土压力、水压力、坑外地表、坑外浅基础所产生的侧向荷载以及水平支撑结构自重和支撑顶面的施工传来的竖向荷载，严格意义上，水平支撑构件为双向偏心受压构件，其计算详见现行国家标准《混凝土结构设计规范》GB 50010的相关章节。当竖向荷载较小时，水平支撑结构也近似按单向偏心受压构件进行截面设计。

1. 偏心受压构件的 N-M 相关曲线

对于截面尺寸和材料强度确定的偏心受压构件，达到承载力极限状态时，截面极限荷载 N_u 和 M_u 不是相互独立的，而是存在着相关性，即 N_u 与 M_u 之间存在一一对应关系。如将一组截面、材料及配筋已知的偏压构件进行试验，可得到达到极限状态的 N_u 和 M_u 组合。将试验所得的 N_u 和 M_u 组合表示在以 M 为横轴，以 N 为纵轴的坐标图内，就可以在坐标图内绘出的 N_u-M_u 相关曲线，如图 6.5-3 所示。整个曲线分两个曲线段，其中 AB 曲线为小偏心受压破坏 N_u-M_u 曲线，而 BC 曲线为大偏心受压破坏 N_u-M_u 曲线。

试验结果表明，在截面、材料及配筋确定的情况下，构件截面存在无数个 N_u 和 M_u 的组合。当给定轴力 N_u 时，在承载能力极限状态下存在唯一对应的弯矩 M_u。

从 N_u-M_u 相关曲线可以看出，当构件发生小偏压破坏时，随着轴向力 N 的增大，构件的抗弯承载力减小；而当构件发生大偏压破坏时，轴向力 N 的增大，构件的抗弯承载力提高。这主要是因为在小偏心受压时，轴向力在截面上产生的压应力和弯矩产生的压应力叠加，加速了构件的受压破坏；在大偏心受压破坏时，轴向力在截面上产生的压应力抵消了部分由弯矩引起的拉应力，推迟了受拉破坏的产生。

如图 6.5-4 所示，N_u-M_u 相关曲线是偏心受压构件承载能力计算的依据。在坐标系中，任意一点都对应于一组内力 P（N，M），如果 P 点位于曲线与坐标轴围成的区域内（图 6.5-4），则说明这样的内力 P（N，M）小于截面的承载力，截面不会发生破坏。反之，如果 P 点位于曲线与坐标轴围成的区域之外时，则说明这样的内力 P（N，M）大于截面的承载力，截面将发生破坏；如果 P 点正好位于曲线上，则说明这样的内力 P（N，M）与截面的承载力相等，处于极限状态。

N_u-M_u 相关曲线反映以下特征：

1）A 点坐标（0，N_a）是轴心受压承载力；B 点坐标（M_b，N_b）是大、小偏心受压

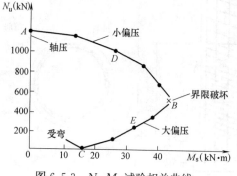

图 6.5-3　N_u-M_u 试验相关曲线

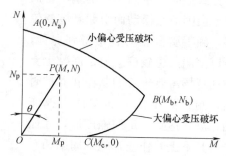

图 6.5-4　采用 N_u-M_u 相关曲线判断偏心受压构件的承载能力

的界限点；C 点坐标（M_c，0）是受弯构件的承载力。整个曲线段说明了在截面（尺寸、配筋和材料等）一定时，构件从轴心受压到偏心受压，再至受弯的全过程中正截面承载力的变化规律。

2）$M=0$ 时，N 最大；$N=0$ 时，M 不是最大；界限破坏 B 点（M_b，N_b）对应的 M 最大。

3）大偏心受压时，当 M 值确定时，N 值越大，图中的受力坐标点离边界线越远，构件越安全，N 值越小，图中的受力坐标点离边界线越近，构件越不安全，而需配更多的钢筋；但在小偏心受压时情况正好相反，当 M 值确定时，N 值越大，图中的受力坐标点离边界线越近，构件越不安全。但无论大偏心受压还是小偏心受压，在某一 N 值下，M 值越大越不安全，M 值越小越安全。

对于在坐标系中的任意一点 $P(N,M)$，OP 线与 N 轴的夹角为 θ，$\tan\theta=M/N=e_0$ 代表荷载的偏心距。截面发生何种类型的破坏，不仅取决于截面的尺寸、材料和配筋，还取决于截面所受的轴力和偏心距的大小。

2. 混凝土水平支撑承载力计算及若干参数确定

混凝土支撑构件及其连接的受压、受弯、受剪承载力计算应符合现行国家标准《混凝土结构设计规范》GB 50010 的规定。支撑构件的受压计算长度应按下列规定确定：

（1）水平支撑在竖向平面内的受压计算长度，不设置立柱时，应取支撑的实际长度；设置立柱时，应取相邻立柱的中心间距。

（2）水平支撑在水平平面内的受压计算长度，对无水平支撑杆件交汇的支撑，应取支撑的实际长度；对有水平支撑杆件交汇的支撑，应取与支撑相交的相邻水平支撑杆件的中心间距；当水平支撑杆件的交汇点不在同一水平面内时，水平平面内的受压计算长度宜取与支撑相交的相邻水平支撑杆件中心间距的 1.5 倍。

（3）在对混凝土水平支撑进行承载力计算时，应考虑施工偏心误差的影响，偏心距取值不宜小于支撑计算长度的 1/1000，且不小于 20mm。

表 6.5-13~表 6.5-26 为部分典型截面支撑梁，混凝土强度等级为 C25、C30、C35 和 C40，支撑梁采用左右侧对称配筋的形式，钢筋等级为Ⅲ级，最外层钢筋的混凝土保护层厚度为 25mm 时，假定优先选择直径 $d\leqslant32$mm 的钢筋，考虑钢筋排布规则，在各种配筋量情况下的压弯承载力表，在实际工程中可作为参考使用。当实际钢筋排布为 3 排及 3 排以上时，表中数值不适用。

500×500 支撑梁压弯承载力（Ⅲ级钢）（kN·m）　　　　表 6.5-13

混凝土强度等级	A_s	500	1050	1630	2210	2790	3490	4070	4650	5230	5810	6390
	$\rho_s(\%)$	0.2	0.45	0.70	0.95	1.20	1.50	1.75	2.00	2.25	2.50	2.75
C25	$\mu_N=0$	80	163	252	342	430	540	630	720	715	795	874
C25	$\mu_N=0.5$	233	316	403	492	582	690	779	868	957	1047	1119
C25	$\mu_N=0.75$	150	224	303	385	468	570	655	740	828	913	980
C30	$\mu_N=0$	81	165	252	342	430	540	630	720	715	795	874
C30	$\mu_N=0.5$	264	347	435	524	613	720	809	899	988	1077	1150
C30	$\mu_N=0.75$	166	240	320	400	482	582	665	752	837	923	993

续表

混凝土强度等级	A_s	500	1050	1630	2210	2790	3490	4070	4650	5230	5810	6390
	$\rho_s(\%)$	0.2	0.45	0.70	0.95	1.20	1.50	1.75	2.00	2.25	2.50	2.75
C35	$\mu_N=0$	81	167	252	342	430	540	630	720	715	795	874
	$\mu_N=0.5$	296	379	467	555	644	751	840	929	1019	1107	1180
	$\mu_N=0.75$	183	257	335	415	496	596	680	763	848	933	1002
C40	$\mu_N=0$	82	168	254	342	431	540	630	719	715	795	874
	$\mu_N=0.5$	328	410	498	587	675	782	870	960	1050	1140	1210
	$\mu_N=0.75$	198	273	352	433	512	610	692	778	861	945	1014

注：μ_N 为轴压比

600×600 支撑梁压弯承载力（Ⅲ级钢）（kN·m） 表 6.5-14

混凝土强度等级	A_s	720	1525	2373	3220	4070	5085	5935	6780	7630	8475	9325
	$\rho_s(\%)$	0.2	0.45	0.70	0.95	1.20	1.50	1.75	2.00	2.25	2.50	2.75
C25	$\mu_N=0$	141	290	452	614	776	970	1132	1171	1318	1464	1611
	$\mu_N=0.5$	415	565	722	886	1045	1240	1402	1468	1570	1715	1862
	$\mu_N=0.75$	275	406	553	700	850	1033	1185	1245	1360	1505	1645
C30	$\mu_N=0$	142	292	452	614	776	970	1132	1171	1318	1464	1611
	$\mu_N=0.5$	470	620	782	942	1102	1295	1455	1523	1625	1770	1915
	$\mu_N=0.75$	305	440	582	730	878	1055	1210	1273	1385	1520	1665
C35	$\mu_N=0$	143	295	452	614	776	970	1132	1171	1318	1464	1611
	$\mu_N=0.5$	528	675	837	998	1155	1350	1510	1575	1675	1822	1950
	$\mu_N=0.75$	335	473	610	758	905	1083	1235	1295	1407	1545	1685
C40	$\mu_N=0$	143	297	452	614	776	970	1132	1171	1318	1464	1611
	$\mu_N=0.5$	540	680	828	1053	1213	1405	1568	1630	1730	1875	2020
	$\mu_N=0.75$	370	502	644	788	933	1110	1260	1320	1430	1568	1705

700×700 支撑梁压弯承载力（Ⅲ级钢）（kN·m） 表 6.5-15

混凝土强度等级	A_s	980	2095	3260	4420	5585	6985	8145	9310	10475	11640	12800
	$\rho_s(\%)$	0.2	0.45	0.70	0.95	1.20	1.50	1.75	2.00	2.25	2.50	2.75
C25	$\mu_N=0$	227	475	740	1000	1266	1458	1700	1943	2187	2430	2672
	$\mu_N=0.5$	660	913	1175	1438	1700	2010	2280	2425	2597	2835	3080
	$\mu_N=0.75$	440	662	898	1140	1385	1680	1935	2074	2255	2490	2725
C30	$\mu_N=0$	228	475	740	1000	1266	1458	1700	1943	2187	2430	2672
	$\mu_N=0.5$	752	1003	1265	1528	1790	2105	2370	2515	2680	2923	3165
	$\mu_N=0.75$	490	710	945	1185	1426	1720	1970	2105	2285	2520	2750
C35	$\mu_N=0$	229	475	740	1000	1266	1458	1700	1943	2187	2430	2672
	$\mu_N=0.5$	842	1092	1354	1615	1878	2193	2455	2600	2765	3008	3250
	$\mu_N=0.75$	541	760	993	1230	1470	1760	2006	2145	2310	2550	2785
C40	$\mu_N=0$	229	475	740	1000	1266	1458	1700	1943	2187	2430	2672
	$\mu_N=0.5$	932	1180	1443	1705	1968	2280	2545	2690	2850	3090	3335
	$\mu_N=0.75$	591	810	1040	1275	1515	1805	2050	2185	2360	2590	2820

800×800 支撑梁压弯承载力（Ⅲ级钢）（kN·m） 表 6.5-16

混凝土强度等级	A_s	1280	2755	4285	5815	7345	9180	10710	12240	13770	15300	16830
	$\rho_s(\%)$	0.2	0.45	0.70	0.95	1.20	1.50	1.75	2.00	2.25	2.50	2.75
C25	$\mu_N=0$	338	724	1126	1528	1930	2247	2621	2996	3370	3745	4120
	$\mu_N=0.5$	995	1380	1780	2180	2580	3065	3290	3620	3990	4365	4740
	$\mu_N=0.75$	663	1000	1360	1730	2100	2560	2776	3110	3470	3830	4195
C30	$\mu_N=0$	343	724	1126	1528	1930	2247	2621	2996	3370	3745	4120
	$\mu_N=0.5$	1125	1510	1910	2315	2715	3195	3425	3745	4120	4492	4865
	$\mu_N=0.75$	735	1070	1430	1795	2165	2615	2830	3160	3520	3880	4235
C35	$\mu_N=0$	344	724	1126	1528	1930	2247	2621	2996	3370	3745	4120
	$\mu_N=0.5$	1260	1645	2045	2445	2845	3330	3555	3875	4250	4620	4995
	$\mu_N=0.75$	810	1147	1503	1865	2233	2677	2890	3217	3572	3925	4285
C40	$\mu_N=0$	345	726	1126	1528	1930	2247	2621	2996	3370	3745	4120
	$\mu_N=0.5$	1397	1780	2180	2580	2980	3462	3692	4005	4377	4750	5120
	$\mu_N=0.75$	885	1222	1575	1935	2300	2742	2952	3275	3625	3980	4335

900×900 支撑梁压弯承载力（Ⅲ级钢）（kN·m） 表 6.5-17

混凝土强度等级	A_s	1620	3504	5450	7395	9340	11680	13625	15570	17515	19465	21410
	$\rho_s(\%)$	0.2	0.45	0.70	0.95	1.20	1.50	1.75	2.00	2.25	2.50	2.75
C25	$\mu_N=0$	488	1046	1628	2209	2790	3280	3825	4372	4918	5465	6012
	$\mu_N=0.5$	1420	1985	2565	3145	3725	4422	4725	5270	5813	6360	6903
	$\mu_N=0.75$	948	1442	1965	2498	3037	3696	4010	4533	5055	5582	6116
C30	$\mu_N=0$	491	1046	1628	2209	2790	3280	3825	4372	4918	5465	6012
	$\mu_N=0.5$	1610	2175	2754	3334	3915	4612	4910	5453	5997	6543	7086
	$\mu_N=0.75$	1055	1546	2065	2592	3127	3778	4087	4604	5125	5650	6175
C35	$\mu_N=0$	494	1046	1628	2209	2790	3280	3825	4372	4918	5465	6012
	$\mu_N=0.5$	1800	2365	2943	3523	4105	4801	5095	5638	6190	6725	7270
	$\mu_N=0.75$	1160	1650	2165	2690	3220	3865	4170	4683	5200	5720	6240
C40	$\mu_N=0$	494	1046	1628	2209	2790	3280	3825	4372	4918	5465	6012
	$\mu_N=0.5$	1993	2550	3133	3712	4295	4990	5285	5825	6370	6910	7455
	$\mu_N=0.75$	1270	1758	2266	2787	3315	3955	4257	4765	5275	5795	6310

1000×1000 支撑梁压弯承载力（Ⅲ级钢）（kN·m） 表 6.5-18

混凝土强度等级	A_s	2000	4343	6755	9170	11580	14475	16890	19300	21715	24125	26540
	$\rho_s(\%)$	0.2	0.45	0.70	0.95	1.20	1.50	1.75	2.00	2.25	2.50	2.75
C25	$\mu_N=0$	673	1454	2261	3070	3668	4585	5350	6114	6880	7643	8408
	$\mu_N=0.5$	1958	2743	3550	4355	5165	5916	6592	7355	8117	8881	9643
	$\mu_N=0.75$	1305	1995	2720	3460	4215	4920	5600	6332	7066	7807	8550

混凝土强度等级	A_s	2000	4343	6755	9170	11580	14475	16890	19300	21715	24125	26540
	$\rho_s(\%)$	0.2	0.45	0.70	0.95	1.20	1.50	1.75	2.00	2.25	2.50	2.75
C30	$\mu_N=0$	676	1454	2261	3070	3668	4585	5350	6114	6880	7643	8408
	$\mu_N=0.5$	2218	3003	3810	4615	5425	6176	6847	7610	8372	9134	9896
	$\mu_N=0.75$	1452	2138	2858	3591	4337	5035	5704	6428	7159	7891	8628
C35	$\mu_N=0$	679	1454	2261	3070	3668	4585	5350	6114	6880	7643	8408
	$\mu_N=0.5$	2478	3263	4070	4877	5685	6435	7105	7865	8628	9390	10150
	$\mu_N=0.75$	1600	2283	2998	3725	4463	5155	5817	6535	7260	7988	8716
C40	$\mu_N=0$	681	1454	2261	3070	3668	4585	5350	6114	6880	7643	8408
	$\mu_N=0.5$	2738	3557	4330	5135	5945	6695	7362	8120	8882	9643	10404
	$\mu_N=0.75$	1748	2456	3138	3861	4594	5280	5936	6650	7370	8090	8817

700×500 支撑梁压弯承载力（Ⅲ级钢）（kN·m）　　　　表 6.5-19

混凝土强度等级	A_s	700	1495	2330	3160	3990	4990	5820	6650	7480	8313	9145
	$\rho_s(\%)$	0.2	0.45	0.70	0.95	1.20	1.50	1.75	2.00	2.25	2.50	2.75
C25	$\mu_N=0$	162	339	528	716	905	1131	1319	1388	1561	1735	1909
	$\mu_N=0.5$	472	652	840	1028	1215	1440	1628	1730	1855	2028	2200
	$\mu_N=0.75$	313	472	642	814	989	1202	1382	1480	1611	1779	1948
C30	$\mu_N=0$	163	339	528	716	905	1131	1319	1388	1561	1735	1909
	$\mu_N=0.5$	535	716	903	1090	1278	1505	1693	1795	1915	2088	2260
	$\mu_N=0.75$	350	507	675	845	1018	1230	1407	1505	1635	1800	1968
C35	$\mu_N=0$	164	340	528	716	905	1131	1319	1388	1561	1735	1909
	$\mu_N=0.5$	602	780	967	1155	1340	1568	1755	1855	1975	2150	2321
	$\mu_N=0.75$	385	542	710	879	1050	1259	1435	1530	1660	1824	1990
C40	$\mu_N=0$	164	342	528	716	905	1131	1319	1388	1561	1735	1909
	$\mu_N=0.5$	665	843	1030	1218	1405	1630	1820	1920	2038	2210	2383
	$\mu_N=0.75$	421	578	745	912	1082	1290	1464	1562	1687	1850	2015

800×600 支撑梁压弯承载力（Ⅲ级钢）（kN·m）　　　　表 6.5-20

混凝土强度等级	A_s	960	2065	3215	4360	5510	6885	8030	9180	10330	11475	12625
	$\rho_s(\%)$	0.2	0.45	0.70	0.95	1.20	1.50	1.75	2.00	2.25	2.50	2.75
C25	$\mu_N=0$	256	542	844	1145	1448	1685	1965	2247	2528	2809	3090
	$\mu_N=0.5$	745	1035	1335	1635	1937	2155	2433	2714	2995	3274	3540
	$\mu_N=0.75$	497	751	1022	1298	1578	1798	2064	2333	2603	2875	3130
C30	$\mu_N=0$	257	542	844	1145	1448	1685	1965	2247	2528	2809	3090
	$\mu_N=0.5$	842	1135	1435	1735	2036	2253	2530	2810	3090	3370	3635
	$\mu_N=0.75$	552	807	1075	1348	1625	1841	2105	2370	2640	2908	3165

续表

混凝土强度等级	A_s	960	2065	3215	4360	5510	6885	8030	9180	10330	11475	12625
	$\rho_s(\%)$	0.2	0.45	0.70	0.95	1.20	1.50	1.75	2.00	2.25	2.50	2.75
C35	$\mu_N=0$	258	542	844	1145	1448	1685	1965	2247	2528	2809	3090
	$\mu_N=0.5$	947	1234	1535	1835	2135	2350	2628	2908	3187	3465	3730
	$\mu_N=0.75$	608	861	1126	1398	1675	1888	2149	2413	2680	2945	3200
C40	$\mu_N=0$	259	544	844	1145	1448	1685	1965	2247	2528	2809	3090
	$\mu_N=0.5$	1047	1335	1635	1935	2235	2448	2725	3005	3285	3562	3825
	$\mu_N=0.75$	655	917	1182	1452	1725	1935	2194	2456	2720	2985	3250

900×600 支撑梁压弯承载力（Ⅲ级钢）（kN·m）　　表 6.5-21

混凝土强度等级	A_s	1080	2335	3635	4930	6230	7785	9080	10380	11680	12975	14275
	$\rho_s(\%)$	0.2	0.45	0.70	0.95	1.20	1.50	1.75	2.00	2.25	2.50	2.75
C25	$\mu_N=0$	325	697	1086	1473	1861	2186	2550	2914	3280	3307	3597
	$\mu_N=0.5$	948	1323	1710	2095	2485	2785	3150	3513	3875	4120	4323
	$\mu_N=0.75$	632	960	1310	1665	2026	2327	2673	3020	3372	3610	3828
C30	$\mu_N=0$	327	697	1086	1473	1861	2186	2550	2914	3280	3307	3597
	$\mu_N=0.5$	1075	1450	1837	2222	2475	2910	3271	3635	3880	4100	4440
	$\mu_N=0.75$	703	1030	1378	1728	2085	2380	2723	3070	3418	3655	3865
C35	$\mu_N=0$	329	697	1086	1473	1861	2186	2550	2914	3280	3307	3597
	$\mu_N=0.5$	1200	1575	1963	2350	2735	3035	3396	3760	4122	4365	4560
	$\mu_N=0.75$	775	1100	1444	1793	2147	2440	2778	3120	3465	3700	3912
C40	$\mu_N=0$	329	697	1086	1473	1861	2186	2550	2914	3280	3307	3597
	$\mu_N=0.5$	1325	1702	2090	2475	2863	3160	3520	3882	4245	4490	4680
	$\mu_N=0.75$	845	1170	1512	1860	2210	2500	2835	3178	3520	3750	3960

1000×700 支撑梁压弯承载力（Ⅲ级钢）（kN·m）　　表 6.5-22

混凝土强度等级	A_s	1400	3040	4730	6420	8105	10135	11820	13510	15200	16890	18575
	$\rho_s(\%)$	0.2	0.45	0.70	0.95	1.20	1.50	1.75	2.00	2.25	2.50	2.75
C25	$\mu_N=0$	471	1017	1583	2150	2567	3210	3744	3890	4377	4864	5350
	$\mu_N=0.5$	1373	1952	2485	3050	3615	4085	4615	5150	5685	6218	6435
	$\mu_N=0.75$	915	1397	1905	2425	2950	3412	3920	4432	4946	5465	5675
C30	$\mu_N=0$	473	1017	1583	2150	2567	3210	3744	3890	4377	4864	5350
	$\mu_N=0.5$	1552	2102	2668	3233	3798	4262	4794	5326	5860	6395	6615
	$\mu_N=0.75$	1016	1496	2000	2518	3035	3491	3993	4500	5010	5525	5735
C35	$\mu_N=0$	475	1017	1583	2150	2567	3210	3744	3890	4377	4864	5350
	$\mu_N=0.5$	1735	2283	2848	3415	3980	4442	4973	5505	6040	6572	6790
	$\mu_N=0.75$	1123	1597	2098	2608	3123	3573	4072	4575	5082	5592	5800
C40	$\mu_N=0$	476	1017	1583	2150	2567	3210	3744	3890	4377	4864	5350
	$\mu_N=0.5$	1917	2465	3031	3596	4126	4623	5152	5685	6220	6750	6970
	$\mu_N=0.75$	1220	1698	2197	2703	3215	3660	4155	4655	5158	5662	5870

1200×900 支撑梁压弯承载力（Ⅲ级钢）（kN·m）

表 6.5-23

混凝土强度等级	A_s	2160	4720	7340	9960	12580	15730	18350	20970	23590	26215	28835
	$\rho_s(\%)$	0.2	0.45	0.70	0.95	1.20	1.50	1.75	2.00	2.25	2.50	2.75
C25	$\mu_N=0$	878	1903	2959	3900	4737	5923	6909	7247	8152	9060	9965
	$\mu_N=0.5$	2550	3590	4657	5723	6782	7750	8395	9545	10330	11400	12270
	$\mu_N=0.75$	1705	1902	3580	4382	5300	6485	7130	8200	8993	9990	10880
C30	$\mu_N=0$	882	1903	2959	3900	4737	5923	6909	7247	8152	9060	9965
	$\mu_N=0.5$	2886	3926	4993	5852	6865	8085	8720	9880	10655	11730	12590
	$\mu_N=0.75$	1895	2805	3755	4550	5485	6630	7265	8325	9112	10105	10982
C35	$\mu_N=0$	885	1903	2959	3900	4737	5923	6909	7247	8152	9060	9965
	$\mu_N=0.5$	3223	4265	5330	6188	7200	8420	9050	10210	10980	12065	12915
	$\mu_N=0.75$	2085	2993	3937	4723	5650	6783	7413	8465	9245	10225	11100
C40	$\mu_N=0$	888	1903	2959	3900	4737	5923	6909	7247	8152	9060	9965
	$\mu_N=0.5$	3565	4600	5668	6523	7536	8755	9380	10545	11310	12395	13240
	$\mu_N=0.75$	2275	3180	4120	4900	5820	6942	7567	8615	9385	10360	11225

1200×1000 支撑梁压弯承载力（Ⅲ级钢）（kN·m）

表 6.5-24

混凝土强度等级	A_s	2400	5245	8155	11070	13980	17475	20390	23300	26215	29125	32040
	$\rho_s(\%)$	0.2	0.45	0.70	0.95	1.20	1.50	1.75	2.00	2.25	2.50	2.75
C25	$\mu_N=0$	966	2095	3258	4423	5264	6580	7678	8052	9060	10066	11073
	$\mu_N=0.5$	2833	3990	5175	6130	7258	8612	9325	10520	11478	12560	13630
	$\mu_N=0.75$	1895	2912	3978	4870	5922	7202	7923	9025	9995	11040	12085
C30	$\mu_N=0$	970	2095	3258	4423	5264	6580	7678	8052	9060	10066	11073
	$\mu_N=0.5$	3205	4365	5550	6503	7630	8982	9690	10890	11840	12925	13990
	$\mu_N=0.75$	2110	3115	4174	5055	6098	7364	8073	9170	10126	11164	12202
C35	$\mu_N=0$	975	2095	3258	4423	5264	6580	7678	8052	9060	10066	11073
	$\mu_N=0.5$	2582	4739	5923	6877	8000	9355	10055	11260	12202	13295	14350
	$\mu_N=0.75$	2320	3322	4372	5248	6280	7535	8237	9305	10272	11300	12332
C40	$\mu_N=0$	978	2095	3258	4423	5264	6580	7678	8052	9060	10066	11073
	$\mu_N=0.5$	3955	5113	6297	7250	8375	9725	10422	11630	12567	13665	14715
	$\mu_N=0.75$	2530	3533	4578	5443	6467	7714	8408	9490	10427	11447	12473

1400×1000 支撑梁压弯承载力（Ⅲ级钢）（kN·m）

表 6.5-25

混凝土强度等级	A_s	2800	6143	9955	12730	16080	20100	22770	26160	29430	32700
	$\rho_s(\%)$	0.2	0.45	0.70	0.95	1.20	1.50	1.75	2.00	2.25	2.50
C25	$\mu_N=0$	1323	2897	4694	5710	7212	9016	9426	10830	12184	13538
	$\mu_N=0.5$	3867	5470	7095	8370	9910	11340	12810	14015	15460	16900
	$\mu_N=0.75$	2592	4000	5470	6643	8080	9470	10810	12488	13418	14815

续表

混凝土强度等级	A_s	2800	6143	9955	12730	16080	20100	22770	26160	29430	32700
	$\rho_s(\%)$	0.2	0.45	0.70	0.95	1.20	1.50	1.75	2.00	2.25	2.50
C30	$\mu_N=0$	1330	2897	4694	5710	7212	9016	9426	10830	12184	13538
	$\mu_N=0.5$	4378	5980	7605	8880	10420	11850	13320	14515	15957	17400
	$\mu_N=0.75$	2882	4280	5735	6895	8318	9690	11030	12680	13600	14990
C35	$\mu_N=0$	1335	2897	4694	5710	7212	9016	9426	10830	12184	13538
	$\mu_N=0.5$	4888	6485	8115	9388	10930	12350	13825	15013	16455	17900
	$\mu_N=0.75$	3170	4562	6005	7158	8565	9925	11260	12433	13800	15178
C40	$\mu_N=0$	1339	2897	4694	5710	7212	9016	9426	10830	12184	13538
	$\mu_N=0.5$	5400	6997	8625	9900	11433	12850	14335	15515	16957	18400
	$\mu_N=0.75$	3460	4847	6280	7424	8820	10170	11490	12657	14015	15380

1600×1000 支撑梁压弯承载力（Ⅲ级钢）（kN·m） 表 6.5-26

混凝土强度等级	A_s	3200	7045	10955	14870	18395	22995	26830	30660	33775
	$\rho_s(\%)$	0.2	0.45	0.70	0.95	1.20	1.50	1.75	2.00	2.25
C25	$\mu_N=0$	1739	3829	5955	7740	9575	11176	13040	14900	16171
	$\mu_N=0.5$	5065	7180	9128	11210	12710	15215	17027	18993	20595
	$\mu_N=0.75$	3400	5260	7010	8920	10348	12675	14450	16340	17875
C30	$\mu_N=0$	1744	3829	5955	7740	9575	11176	13040	14900	16171
	$\mu_N=0.5$	5730	7845	9794	11875	13380	15880	17682	19650	21250
	$\mu_N=0.75$	3775	5627	7552	9252	10660	12965	14720	16590	18120
C35	$\mu_N=0$	1751	3829	5955	7740	9575	11176	13040	14900	16171
	$\mu_N=0.5$	6394	8510	10460	12550	14040	16545	18340	20308	21904
	$\mu_N=0.75$	4152	5995	7910	9590	10990	13270	15008	16865	18380
C40	$\mu_N=0$	1756	3829	5955	7740	9575	11176	13040	14900	16171
	$\mu_N=0.5$	7060	9177	11125	13206	14700	17210	19000	20963	22560
	$\mu_N=0.75$	4533	6370	8072	9940	11310	13595	15313	17155	18660

表 6.5-27～表 6.5-40 为部分典型截面支撑梁，混凝土强度等级为 C25、C30、C35 和 C40，钢筋等级为Ⅲ级，最外层钢筋的混凝土保护层厚度为 25mm，剪跨比 $\lambda=2$，在各种配箍量情况下计算的受剪承载力表，在实际工程中可作为参考使用。其中箍筋肢数均指水平向箍筋肢数。

500×500 支撑梁斜截面承载力（三肢箍，Ⅲ级钢）（kN） 表 6.5-27

箍筋直径(mm)		8	10	12	8	10	12
箍筋间距(mm)			150			200	
C25	$\mu_N=0$	333	426	539	292	362	446
	$\mu_N\geqslant0.3$	396	488	602	355	424	509

续表

箍筋直径(mm)		8	10	12	8	10	12
箍筋间距(mm)		150			200		
C30	$\mu_N=0$	354	447	560	313	383	468
	$\mu_N \geqslant 0.3$	430	522	635	388	458	543
C35	$\mu_N=0$	373	466	579	332	401	486
	$\mu_N \geqslant 0.3$	461	553	667	420	489	574
C40	$\mu_N=0$	392	484	597	350	420	505
	$\mu_N \geqslant 0.3$	492	585	698	451	520	605

600×600 支撑梁斜截面承载力（三肢箍，Ⅲ级钢）(kN) 表 6.5-28

箍筋直径(mm)		8	10	12	8	10	12
箍筋间距(mm)		150			200		
C25	$\mu_N=0$	448	561	699	397	482	586
	$\mu_N \geqslant 0.3$	538	651	789	487	572	676
C30	$\mu_N=0$	479	592	730	428	513	617
	$\mu_N \geqslant 0.3$	587	700	838	537	621	725
C35	$\mu_N=0$	506	619	757	456	540	644
	$\mu_N \geqslant 0.3$	632	745	883	582	667	770
C40	$\mu_N=0$	533	646	784	483	568	671
	$\mu_N \geqslant 0.3$	677	790	929	627	712	816

700×700 支撑梁斜截面承载力（四肢箍，Ⅲ级钢）(kN) 表 6.5-29

箍筋直径(mm)		8	10	12	8	10	12
箍筋间距(mm)		150			200		
C25	$\mu_N=0$	656	834	1051	577	710	873
	$\mu_N \geqslant 0.3$	778	956	1173	699	833	995
C30	$\mu_N=0$	699	876	1094	620	753	916
	$\mu_N \geqslant 0.3$	846	1023	1241	767	900	1063
C35	$\mu_N=0$	736	914	1131	657	790	953
	$\mu_N \geqslant 0.3$	908	1086	1303	829	962	1125
C40	$\mu_N=0$	773	951	1169	694	828	991
	$\mu_N \geqslant 0.3$	970	1148	1365	891	1024	1187

800×800 支撑梁斜截面承载力（四肢箍，Ⅲ级钢）(kN) 表 6.5-30

箍筋直径(mm)		8	10	12	8	10	12
箍筋间距(mm)		150			200		
C25	$\mu_N=0$	812	1017	1267	721	874	1062
	$\mu_N \geqslant 0.3$	972	1177	1427	881	1034	1222

箍筋直径(mm)		8	10	12	8	10	12
箍筋间距(mm)		150			200		
C30	$\mu_N=0$	868	1073	1324	777	931	1119
	$\mu_N\geqslant0.3$	1060	1265	1516	969	1123	1311
C35	$\mu_N=0$	917	1122	1373	826	980	1168
	$\mu_N\geqslant0.3$	1142	1347	1597	1051	1205	1392
C40	$\mu_N=0$	967	1172	1422	876	1029	1217
	$\mu_N\geqslant0.3$	1224	1428	1679	1132	1286	1474

900×900 支撑梁斜截面承载力（四肢箍，Ⅲ级钢）(kN)　　表 6.5-31

箍筋直径(mm)		8	10	12	8	10	12
箍筋间距(mm)		150			200		
C25	$\mu_N=0$	983	1215	1498	880	1054	1266
	$\mu_N\geqslant0.3$	1185	1417	1701	1082	1256	1469
C30	$\mu_N=0$	1054	1287	1570	951	1125	1338
	$\mu_N\geqslant0.3$	1298	1530	1813	1195	1369	1581
C35	$\mu_N=0$	1117	1349	1633	1014	1188	1401
	$\mu_N\geqslant0.3$	1401	1633	1917	1298	1472	1685
C40	$\mu_N=0$	1180	1412	1696	1077	1251	1464
	$\mu_N\geqslant0.3$	1505	1737	2021	1402	1576	1789

1000×1000 支撑梁斜截面承载力（五肢箍，Ⅲ级钢）(kN)　　表 6.5-32

箍筋直径(mm)		8	10	12	8	10	12
箍筋间距(mm)		150			200		
C25	$\mu_N=0$	1284	1608	2004	1140	1383	1680
	$\mu_N\geqslant0.3$	1533	1857	2253	1389	1632	1929
C30	$\mu_N=0$	1373	1697	2093	1229	1472	1769
	$\mu_N\geqslant0.3$	1673	1997	2393	1529	1772	2069
C35	$\mu_N=0$	1451	1775	2171	1307	1550	1847
	$\mu_N\geqslant0.3$	1801	2125	2521	1657	1900	2197
C40	$\mu_N=0$	1529	1853	2249	1385	1628	1925
	$\mu_N\geqslant0.3$	1930	2254	2650	1786	2029	2326

700×500 支撑梁斜截面承载力（三肢箍，Ⅲ级钢）(kN)　　表 6.5-33

箍筋直径(mm)		8	10	12	8	10	12
箍筋间距(mm)		150			200		
C25	$\mu_N=0$	480	613	776	420	520	643
	$\mu_N\geqslant0.3$	567	700	863	508	608	730

续表

箍筋直径(mm)		8	10	12	8	10	12
箍筋间距(mm)		150			200		
C30	$\mu_N=0$	510	644	807	451	551	673
	$\mu_N\geqslant0.3$	615	749	912	556	656	778
C35	$\mu_N=0$	537	670	833	478	578	700
	$\mu_N\geqslant0.3$	660	793	956	600	700	823
C40	$\mu_N=0$	564	697	860	504	604	727
	$\mu_N\geqslant0.3$	704	837	1000	645	745	867

800×600 支撑梁斜截面承载力（三肢箍，Ⅲ级钢）(kN)　　　　表 6.5-34

箍筋直径(mm)		8	10	12	8	10	12
箍筋间距(mm)		150			200		
C25	$\mu_N=0$	609	763	950	541	656	797
	$\mu_N\geqslant0.3$	729	882	1070	660	776	917
C30	$\mu_N=0$	651	805	993	583	698	839
	$\mu_N\geqslant0.3$	795	949	1137	727	842	983
C35	$\mu_N=0$	688	842	1030	620	735	876
	$\mu_N\geqslant0.3$	856	1010	1198	788	903	1044
C40	$\mu_N=0$	725	879	1067	657	772	913
	$\mu_N\geqslant0.3$	918	1071	1259	849	965	1105

900×600 支撑梁斜截面承载力（三肢箍，Ⅲ级钢）(kN)　　　　表 6.5-35

箍筋直径(mm)		8	10	12	8	10	12
箍筋间距(mm)		150			200		
C25	$\mu_N=0$	689	864	1076	612	743	902
	$\mu_N\geqslant0.3$	824	998	1211	747	878	1037
C30	$\mu_N=0$	737	911	1124	660	791	950
	$\mu_N\geqslant0.3$	900	1074	1286	822	953	1112
C35	$\mu_N=0$	779	953	1166	702	832	992
	$\mu_N\geqslant0.3$	969	1143	1355	891	1022	1181
C40	$\mu_N=0$	821	995	1208	744	874	1034
	$\mu_N\geqslant0.3$	1038	1212	1425	960	1091	1250

1000×700 支撑梁斜截面承载力（四肢箍，Ⅲ级钢）(kN)　　　　表 6.5-36

箍筋直径(mm)		8	10	12	8	10	12
箍筋间距(mm)		150			200		
C25	$\mu_N=0$	956	1215	1532	841	1035	1273
	$\mu_N\geqslant0.3$	1131	1390	1707	1016	1210	1448

续表

箍筋直径(mm)		8	10	12	8	10	12
箍筋间距(mm)		150			200		
C30	$\mu_N=0$	1018	1278	1595	903	1098	1335
	$\mu_N \geqslant 0.3$	1229	1488	1805	1113	1308	1546
C35	$\mu_N=0$	1073	1332	1649	958	1152	1390
	$\mu_N \geqslant 0.3$	1319	1578	1895	1203	1398	1635
C40	$\mu_N=0$	1128	1387	1704	1012	1207	1444
	$\mu_N \geqslant 0.3$	1408	1668	1984	1293	1488	1725

1200×900 支撑梁斜截面承载力（四肢箍，Ⅲ级钢）（kN） 表 6.5-37

箍筋直径(mm)		8	10	12	8	10	12
箍筋间距(mm)		150			200		
C25	$\mu_N=0$	1327	1641	2024	1188	1423	1711
	$\mu_N \geqslant 0.3$	1597	1911	2294	1458	1693	1981
C30	$\mu_N=0$	1424	1738	2121	1285	1520	1808
	$\mu_N \geqslant 0.3$	1749	2062	2445	1609	1845	2132
C35	$\mu_N=0$	1509	1823	2206	1370	1605	1893
	$\mu_N \geqslant 0.3$	1888	2202	2585	1749	1984	2271
C40	$\mu_N=0$	1594	1908	2291	1455	1690	1977
	$\mu_N \geqslant 0.3$	2027	2341	2724	1888	2123	2411

1200×1000 支撑梁斜截面承载力（五肢箍，Ⅲ级钢）（kN） 表 6.5-38

箍筋直径(mm)		8	10	12	8	10	12
箍筋间距(mm)		150			200		
C25	$\mu_N=0$	1552	1944	2423	1378	1672	2031
	$\mu_N \geqslant 0.3$	1852	2244	2723	1678	1972	2331
C30	$\mu_N=0$	1660	2052	2531	1486	1780	2139
	$\mu_N \geqslant 0.3$	2021	2412	2891	1846	2140	2499
C35	$\mu_N=0$	1754	2146	2625	1580	1874	2233
	$\mu_N \geqslant 0.3$	2175	2567	3046	2001	2295	2654
C40	$\mu_N=0$	1849	2241	2720	1675	1969	2328
	$\mu_N \geqslant 0.3$	2330	2722	3201	2156	2450	2809

1400×1000 支撑梁斜截面承载力（五肢箍，Ⅲ级钢）（kN） 表 6.5-39

箍筋直径(mm)		8	10	12	8	10	12
箍筋间距(mm)		150			200		
C25	$\mu_N=0$	1821	2281	2843	1617	1962	2383
	$\mu_N \geqslant 0.3$	2171	2631	3193	1967	2311	2733

续表

箍筋直径(mm)		8	10	12	8	10	12
箍筋间距(mm)			150			200	
C30	$\mu_N=0$	1948	2407	2969	1743	2088	2510
	$\mu_N\geqslant0.3$	2368	2828	3390	2164	2509	2930
C35	$\mu_N=0$	2058	2518	3080	1854	2199	2620
	$\mu_N\geqslant0.3$	2549	3009	3571	2345	2690	3111
C40	$\mu_N=0$	2169	2629	3191	1965	2309	2731
	$\mu_N\geqslant0.3$	2730	3190	3752	2526	2871	3292

1600×1000 支撑梁斜截面承载力（五肢箍，Ⅲ级钢）(kN) 表 6.5-40

箍筋直径(mm)		8	10	12	8	10	12
箍筋间距(mm)			150			200	
C25	$\mu_N=0$	2090	2618	3262	1855	2251	2735
	$\mu_N\geqslant0.3$	2490	3017	3662	2255	2651	3135
C30	$\mu_N=0$	2235	2763	3408	2001	2396	2880
	$\mu_N\geqslant0.3$	2716	3243	3888	2481	2877	3360
C35	$\mu_N=0$	2362	2890	3535	2128	2523	3007
	$\mu_N\geqslant0.3$	2923	3451	4096	2689	3084	3568
C40	$\mu_N=0$	2489	3017	3662	2255	2650	3134
	$\mu_N\geqslant0.3$	3131	3658	4303	2896	3292	3776

3. 混凝土水平支撑的构造要求

（1）混凝土的强度等级不应低于 C25。

（2）支撑构件的截面高度不宜小于其竖向平面内计算长度的 1/20；腰梁的截面高度（水平尺寸）不宜小于其水平方向计算跨度的 1/20，截面宽度（竖向尺寸）不应小于支撑的截面高度。

（3）支撑构件的纵向钢筋直径不宜小于 16mm，沿截面周边的间距不宜大于 200mm；箍筋的直径不宜小于 8mm，间距不宜大于 250mm。

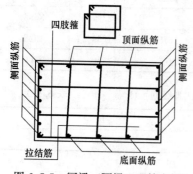

图 6.5-5 冠梁（腰梁）配筋大样

（4）钢筋混凝土冠梁和腰梁受力以承受弯矩和剪力为主，其腰筋和箍筋的数量应根据计算结果进行配置，同时应注意箍筋形式应符合水平受剪的要求，同时箍筋形式应有利于充分发挥混凝土的受力性能，典型的配筋形式如图 6.5-5 所示。

（5）支撑结构节点处应进行加腋处理，以增强支撑平面内刚度及改善交点处应力集中的状态。节点的最外层钢筋的保护层厚度不应小于 25mm。对于节点处的梁受力纵筋，应尽量拉通或者采用机械连接套筒进行连接，钢筋角度相差过大或者直径相差超过 2 级时，应进行锚固搭接，梁纵筋锚固长度 ≥35d。

典型的节点配筋大样如图 6.5-6 所示。

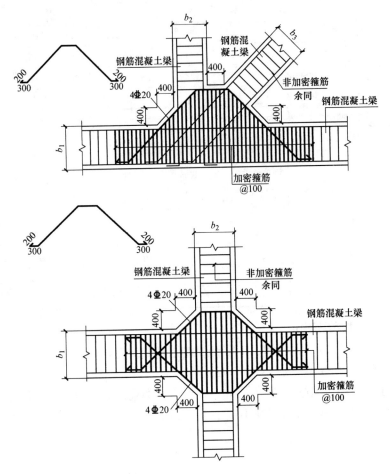

图 6.5-6 支撑节点配筋大样

6.5.4 型钢水平支撑的截面（承载力）设计及构造

1. 型钢水平支撑截面（承载力）设计

钢结构支撑除了自重轻、安装和拆除方便、施工速度快以及可以重复使用等优点外，安装后能立即发挥支撑作用，对减少由于时间效应而增加的基坑位移，是十分有效的，因此如有条件应优先采用钢结构支撑。但是钢支撑的节点构造和安装相对比较复杂，如处理不当，会由于节点的变形或节点传力的不直接而引起基坑过大的位移。因此，提高节点的整体性和施工技术水平是至关重要的。

钢结构支撑所承受的荷载和受压计算长度同钢筋混凝土支撑，详见 6.5.2 节。

钢结构支撑的计算应符合现行国家标准《钢结构设计规范》GB 50017 的要求，对于温度变化对轴力的影响，当支撑长度超过 40m 时，宜考虑 10%～20% 的支撑内力变化。

表 6.5-41 和表 6.5-42 常用 H 型钢和钢管支撑型号。

常用 H 型钢支撑截面参数 表 6.5-41

尺寸(mm)		单位重量 (kg/m)	断(截)面 (cm²)	回转半径 (cm)		截面惯性矩 (cm²)		截面抵抗矩 (cm³)	
$h \times b \times t_1 \times t_2$	W	A	i_x	i_y	I_x	I_y	W_x	W_y	
400×400×13×21	172	220	17.5	10.1	66900	22400	3340	1120
500×300×11×18	129	164	20.8	7.03	71400	8120	2930	541
600×300×12×20	151	193	24.8	6.85	118000	9020	4020	601
700×300×12×14	185	236	29.3	6.78	201000	10800	5760	722
800×300×14×26	210	267	33	6.62	254000	9930	7290	782

常用钢管支撑截面参数 表 6.5-42

尺寸(mm)	单位重量 (kg/m)	截面面积 (cm²)	回转半径 (cm)	截面惯性矩 (cm⁴)	截面抵抗矩 (cm³)
$D \times t$	W	A	i	I	W_2
ϕ580×12	168	214	20.09	86393	5958
ϕ580×16	223	283	19.95	112815	7780
ϕ609×12	177	225	21.11	100309	6588
ϕ609×16	234	298	20.97	131117	8612

2. 型钢水平支撑截面构造

（1）钢支撑可采用钢管、型钢、工字钢或槽钢及其组合构件。钢腰梁可采用型钢或型钢组合构件，其截面宽度不应小于 300mm。

（2）在支撑、腰梁的节点或转角位置，型钢构件的翼缘和腹板均应焊接加劲肋，加劲肋的厚度不应小于 10mm，焊脚尺寸不应小于 6mm，如图 6.5-7 和图 6.5-8 所示。

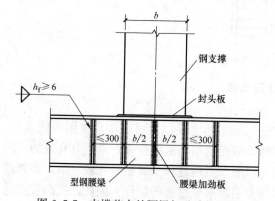

图 6.5-7 支撑节点处腰梁加劲肋构造图

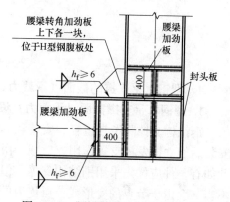

图 6.5-8 腰梁转角处加劲肋构造图

（3）钢腰梁的现场拼接点位置应尽量设置在支撑点附近，并不应超过腰梁计算跨度的 1/3。腰梁的分段预制长度不应小于支撑间距的 2 倍。

（4）钢腰梁与混凝土围护墙之间应留设宽度不小于 60mm 的水平向通长空隙，并用强度等级不低于 C30 的细石混凝土填实。当二者之间的缝宽较大时，为了防止所填充的混凝土脱落，缝内宜放置钢筋网。

（5）钢支撑与混凝土冠梁（腰梁）斜交时，在交点位置应设置牛腿来传递荷载，牛腿的设计应符合受力和构造要求，如图6.5-9所示。

（6）支撑长度方向的拼接宜采用高强度螺栓连接或焊接，如图6.5-10和图6.5-11所示，拼接点强度不应低于构件的截面强度。螺栓连接施工方便但整体性不如焊接，为减少节点变形，宜采用高强螺栓。构件在基坑内的接长，由于焊接条件差，焊缝质量不易保证，通常采用螺栓连接。

（7）水平支撑的现场安装点应尽量设置在纵横向支撑的交汇点附近。相邻横向（或纵向）水平支撑之间的纵向（或横向）支撑的安装点不宜多于两个。

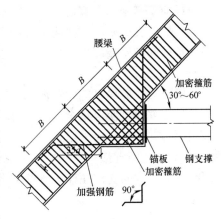

图6.5-9 钢支撑与混凝土冠梁（腰梁）斜交处节点大样

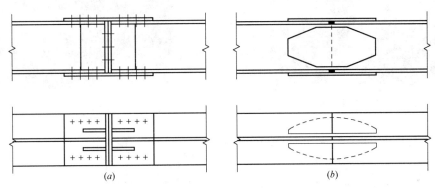

图6.5-10 型钢支撑长度方向的拼接

(a) 高强螺栓连接；(b) 焊接

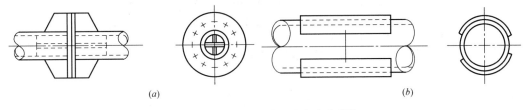

图6.5-11 钢管支撑长度方向的拼接

(a) 螺栓连接；(b) 焊接

（8）立柱与钢支撑之间应设置可靠钢托架进行连接，钢托架应能对节点位置支撑在侧向和竖向的位移进行有效约束。

（9）钢支撑的预压力控制值宜为设计轴力的50%～80%。

钢支撑除了上述要求之外，尚应符合现行国家标准《钢结构设计规范》GB 50017的有关规定的要求。

3. 钢支撑的节点构造

（1）两个方向的钢支撑连接节点

纵横向支撑采用重叠连接，虽然施工安装方便，但支撑结构整体性差，应尽量避免采用。当纵横向支撑采用重叠连接时，则相应的围檩在基坑转角处不在同一平面相交，此时应在转角处的围檩端部采取加强的构造措施，以防止两个方向上围檩的端部产生悬臂受力状态。

纵横向支撑应尽可能设置在同一标高上，一方面对纵横两个方向支撑形成有效的侧向约束，另一方面可使得整个支撑平面形成整体平面框架，支撑刚度大且受力性能好。当支撑采用钢管支撑时，应采用定制成品的"十"字形接头（图 6.5-12）或"井"字形接头（图 6.5-13）进行连接；当采用型钢支撑时，如图 6.5-14 所示，在保证一个方向支撑贯通的同时，另一方向支撑在连接节点位置采用焊接或螺栓连接的方式使两个方向支撑形成整体连接。

图 6.5-12 "十"字形接头

图 6.5-13 "井"字形接头

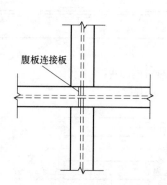

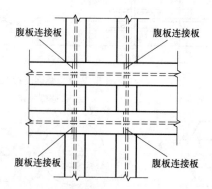

图 6.5-14 双向型钢支撑连接节点

（2）钢支撑与钢腰梁斜交处抗剪连接节点

当支撑与腰梁斜交时，支撑受力时会在沿腰梁方向产生水平分力，为传递此水平分力需在腰梁与围护墙之间设置剪力传递装置。对于地下连续墙可通过预埋钢板并设置抗剪块进行连接，如图 6.5-15 所示，对于钻孔灌注桩可通过钢围檩焊接抗剪块来进行连接，如图 6.5-16 所示。

（3）支撑与混凝土腰梁斜交处抗剪连接节点

通常情况下，围护墙与混凝土围檩之间的结合面不考虑传递水平剪力。当基坑形状比较复杂，支撑采用斜交布置时，特别是当支撑采用大角撑的布置形式时，由于角撑的数量多，沿着围檩长度方向需传递十分巨大的水平力，此时如围护墙与围檩之间能设置抗剪件

图 6.5-15 钢支撑与地下连续墙间的抗剪连接图

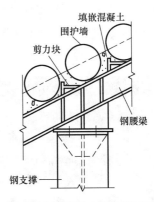

图 6.5-16 钢支撑与混凝土灌注桩间的抗剪连接

和剪力槽，以确保围檩与围护墙能形成整体连接，二者接合面能承受剪力，可使得围护墙也能参与承受部分水平力，既可改善围檩的受力状态、又可减少整体支撑体系的变形。围护墙与围檩结合面的墙体上设置的抗剪件一般可采用预埋插筋，或者预埋埋件，开挖后焊接抗剪件，如图 6.5-17所示。预留的剪力槽可间隔抗剪件布置，其高度一般与围檩截面相同，间距 150～200mm，槽深 50～70mm。

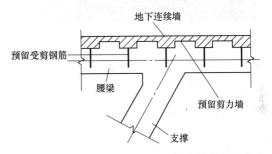

图 6.5-17 混凝土腰梁与地下连续墙抗剪连接节点

（4）钢支撑端部预应力活络头构造

钢支撑的端部，考虑预应力施加的需要，一般均设置为活络端，待预应力施加完毕后固定活络端，且一般配与琵琶撑。除了活络端设置在钢支撑端部外，还可以采用螺旋千斤顶等设备设置在支撑的中部。由于支撑加工及生产厂家不同，目前投入基坑工程使用的活络端有以下两种形式，一种为契型活络端、一种为箱体活络端，分别如图 6.5-18 和图 6.5-19 所示。

图 6.5-18 契型活络端

图 6.5-19 预应力箱体活络端

钢管支撑为了施加预应力常设计一个预应力施加活络头子，并采用单面施加的方法进行。由于预应力施工后会产生各种预应力损失，基坑开挖变形后预应力也会发生损失，为了保证预应力的强度，当发现预应力损失达到一定程度时须及时进行补充，复加预应力。目前也可设置专用预应力复加装置，一般有螺杆式及液压式两种动态轴力复加装置，如图 6.5-20 和图 6.5-21 所示。

图 6.5-20　螺杆式预应力复加装置

图 6.5-21　液压式预应力复加装置

6.5.5 钢立柱（桩）的截面（承载力）设计及构造

采用内支撑支护结构的工程，在基坑内部需要设置支承支撑梁的竖向支承体系，已承受来自支撑梁和施工的荷载等。基坑竖向支承系统，通常采用钢立柱插入立柱桩桩基的形式。

竖向支承系统是内支撑支护结构的关键构件，要求具有足够的强度和刚度，同时截面不宜过大，故一般采用钢立柱的形式。钢立柱的具体形式多样，有角钢格构柱、H 型钢柱和钢管柱等。立柱基础为桩基础，一般采用灌注桩或者钢管桩，当条件许可时，可充分利用主体结构的工程桩；当无法利用工程桩时，应在合适位置加设临时立柱桩。

1. 立柱的结构形式

竖向支承钢立柱可以采用角钢格构柱、H 型钢柱或钢管混凝土立柱。

角钢格构柱由于构造简单、便于加工且承载能力较大，因而近几年来，它无论是在采用钢筋混凝土支撑或是钢支撑系统的顺作法基坑工程中，还是在采用结构梁板代替支撑的逆作法基坑工程中，均是应用最广的形式。

角钢格构柱是采用 4 根角钢拼接而成的缀板或缀条格构柱，工程中最常用的规格有 L125×12、L140×14、L160×16、L180×18、L200×20 等。表 6.5-43 为常用角钢的有关参数。依据所承受的荷载大小，钢立柱设计钢材牌号可采用 Q235B 或 Q345B。

常用角钢的计算参数　　　　　　　　　　　　　　　表 6.5-43

尺寸 (mm)	单位称重 (kg/m)	截面积 (cm²)	回转半径 (cm)	惯性矩 (cm⁴)	截面抵抗矩 (cm³)	
$LA \times t$	W	A	i_x	I_X	W_{xmax}	W_{xmin}
L125×12	22.7	28.9	3.83	423	120	47.2
L140×14	29.5	37.6	4.28	689	173	68.7
L160×16	38.5	49.1	4.89	1175	258	103
L180×18	48.6	62	5.5	1881	367	146
L200×20	60.1	76.5	6.12	2867	504	200

为满足下部连接的稳定与可靠，钢立柱一般需要插入立柱桩顶以下 3～4m。角钢格构柱在梁板位置也应当尽量避让结构梁板内的钢筋。因此其断面尺寸除需满足承载能力要求外，尚应考虑立柱桩桩径和所穿越的结构梁等结构构件的尺寸，同时为确保混凝土导管的顺利穿越，格构立柱的截面尺寸一般为 420～460mm 的方形，如图 6.5-22 所示。

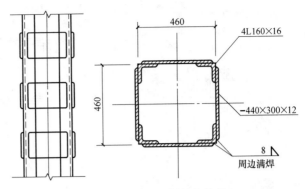

图 6.5-22 角钢拼接格构柱

为了便于避让临时支撑的钢筋，钢立柱拼接采用从上至下平行、对称分布的钢缀板，而不采用交叉、斜向分布的钢缀条连接。钢缀板宽度应略小于钢立柱断面宽度，钢缀板高度、厚度和竖向间距根据稳定性计算确定，其中钢缀板的实际竖向布置，除了满足设计计算的间距要求外，也应当尽量设置于能够避开临时支撑主筋的标高位置。基坑开挖施工时，在各道临时支撑位置需要设置抗剪件以传递竖向荷载。

2. 立柱的截面（承载力）设计

（1）竖向支承钢立柱由于柱中心的定位误差、柱身倾斜、基坑开挖或浇筑桩身混凝土时产生位移等原因，会产生立柱中心偏离设计位置的情况，过大偏心将造成立柱承载能力的下降，同时会给支撑与立柱节点位置钢筋穿越处理带来困难，而且可能带来钢立柱与主体梁柱的矛盾问题。因此施工中必须对立柱的定位精度严加控制，并应根据立柱允许偏差按偏心受压构件验算施工偏心的影响。

一般情况下钢立柱的垂直度偏差不宜大于 1/200，平面偏差不宜大于 20mm。立柱长细比应不大于 25。对于具有方向性的格构柱，为利于水平支撑构件的钢筋穿越格构立柱，必要时，应在设计图纸上明确角钢格构柱的具体定位角度，并规定施工时的转向误差不超过 5°。

（2）基坑施工阶段，应根据每一施工工况对立柱进行承载力和稳定性验算。同时，当基坑开挖至坑底、底板尚未浇筑前，最底层一跨钢立柱在承受最不利荷载的同时计算跨度也相当大，一般情况下，该工况是钢立柱的最不利工况。

无论对于哪种钢立柱形式，所采用的定型钢材长度均有可能小于工程所需的立柱长度。钢立柱的接长均要求等强度连接，并且连接构造应易于现场实施。图 6.5-23 为工程中常用的角钢格构柱拼接构造。

（3）钢立柱的可能破坏形式有强度破坏、整体失稳破坏和局部失稳等几种。一般情况下，整体失稳破坏是钢立柱的主要破坏形式；强度破坏只可能在钢立柱的受力构件截面有削弱的条件下发生。

钢立柱计算，应根据立柱允许偏差按偏心受压构件验算施工偏心的影响，按现行的国家标准《钢结构设计规范》GB 50017 等的有关规定进行强度和稳定性的计算。具体计算中，在两道支撑之间的立柱计算跨度可取为上一道支撑杆件中心至下一道支撑杆件中心的距离。最低层一跨立柱计算跨度可取为上一道支撑中心至立柱桩顶标高。此外，基坑开挖土方钢立柱暴露出来之后，应及时复核钢立柱的水平偏差和竖向垂直度，应根据实际的偏差测量数据对钢立柱的承载力进一步校核，当施工偏差严重时，应采取限制荷载、设置柱

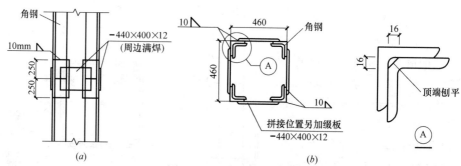

图 6.5-23　角钢拼接立柱

(a) 立面图；(b) 平面图

间支撑等措施确保钢立柱承载力满足要求。

常用钢格构立柱规格及承载力可参见表 6.5-44。常用钢管柱的规格及承载力可参见表 6.5-45～表 6.5-47。

常用钢格构立柱规格及承载力　　　　表 6.5-44

角钢	截面尺寸 $B \times B$(mm)	缀板尺寸 $a \times h \times t$ (mm)	截面积 (cm²)	每米重量 (kg/m)	钢材牌号	计算长度(m)								
						4	4.5	5	5.5	6	6.5	7	7.5	8
4L125 ×10	420×420	400×300 ×8	98	120	Q235B	1500	1450	1410	1360	1320	1280	1240	1200	1170
					Q345B	2160	2080	2010	1950	1880	1820	1760	1700	1640
4L125 ×12	420×420	400×300 ×8	116	134	Q235B	1780	1720	1670	1610	1560	1510	1470	1420	1380
					Q345B	2550	2470	2380	2300	2220	2150	2080	2000	1940
4L140 ×12	440×440	420×300 ×8	130	148	Q235B	2030	1960	1900	1840	1790	1730	1680	1630	1580
					Q345B	2920	2820	2730	2640	2550	2470	2390	2310	2230
4L140 ×14	440×440	420×300 ×10	150	175	Q235B	2340	2260	2190	2130	2060	2000	1940	1880	1820
					Q345B	3360	3250	3140	3040	2940	2840	2750	2660	2570
4L160 ×14	460×460	440×300 ×10	173	196	Q235B	2720	2640	2560	2480	2410	2340	2270	2200	2140
					Q345B	3930	3800	3670	3550	3440	3330	3220	3120	3020
4L160 ×16	460×460	440×300 ×12	196	226	Q235B	3080	2990	2890	2810	2720	2640	2560	2480	2410
					Q345B	4440	4290	4150	4020	3890	3760	3640	3520	3410
4L180 ×16	480×480	460×300 ×12	222	249	Q235B	3520	3410	3310	3210	3110	3020	2930	2850	2770
					Q345B	5070	4910	4750	4600	4460	4320	4180	4050	3920
4L180 ×18	480×480	460×300 ×14	248	282	Q235B	3920	3800	3680	3570	3470	3370	3270	3170	3080
					Q345B	5660	5470	5300	5130	4960	4800	4650	4510	4360
4L200 ×18	500×500	480×300 ×14	277	309	Q235B	4430	4290	4170	4040	3930	3810	3700	3600	3500
					Q345B	6390	6190	5990	5810	5630	5450	5280	5120	4960
4L200 ×20	500×500	480×300 ×14	306	331	Q235B	4880	4730	4590	4450	4320	4200	4080	3960	3840
					Q345B	7000	6800	6600	6400	6200	6000	5800	5600	5420

注：1. 本表表示钢格构立柱常用规格承载力设计值（kN），本表中钢格构立柱根据《钢结构设计规范》GB 50017，按两端简支的双向偏心受压构件计算，计算中偏心值按计算长度范围内的 1/200 偏心量采用。不符合上述计算条件时应另行计算。

2. 钢格构立柱在满足本表计算条件的前提下，若其实际长度无法与表中计算长度对应，其计算长度宜选取较高一级的计算长度，例如：钢格构立柱为 4.7m，则其轴心受压承载力宜取计算长度为 5m 条件下的承载力设计值。

3. 钢格构立柱截面积为 4 根角钢的截面积之和，每米重量为 4 根角钢和缀板的平均每米自重。钢格构立柱缀板中心距统一按 700mm 间距考虑。

常用钢管柱的规格及承载力（混凝土强度等级为 C30）　　　　表 6.5-45

尺寸(mm)	单位重量 (kg/m)	截面面积 (cm²)	钢材牌号	计算长度(m)								
				4	4.5	5	5.5	6	6.5	7	7.5	8
φ580×12	168	214	Q235B	8550	8100	7740	7470	7110	6840	6660	6435	6210
			Q345B	10530	9990	9540	9180	8865	8505	8235	7956	7695
φ580×16	223	283	Q235B	9900	9360	9000	8640	8298	7992	7722	7452	7200
			Q345B	12492	11835	11322	10863	10440	10062	9702	9378	9063
φ609×12	177	225	Q235B	9450	8964	8559	8217	7902	7623	7353	7110	6885
			Q345B	11646	11034	10539	10116	9729	9387	9063	8762	8478
φ609×16	234	298	Q235B	10926	10350	9891	9486	9126	8793	8496	8217	7947
			Q345B	13698	12983	12402	11898	11444	11034	10652	10296	9963

注：1. 本表表示钢管立柱常用规格承载力设计值（kN），本表中钢管立柱根据《钢结构设计规范》GB 50017 和《钢管混凝土结构设计与施工规范》CECS 28：2012，按两端简支的双向偏心受压构件计算，计算中偏心值按计算长度范围内的 1/200 偏心量采用，计算长度系数取 0.7，不符合上述计算条件时应另行计算。

2. 钢管立柱在满足本表计算条件的前提下，若其实际长度无法与表中计算长度对应，其计算长度宜选取较高一级的计算长度，例如：钢格构立柱为 4.7m，则其轴心受压承载力宜取计算长度为 5m 条件下的承载力设计值。

常用钢管柱的规格及承载力（混凝土强度等级为 C35）　　　　表 6.5-46

尺寸(mm)	单位重量 (kg/m)	截面面积 (cm²)	钢材牌号	计算长度(m)								
				4	4.5	5	5.5	6	6.5	7	7.5	8
φ580×12	168	214	Q235B	9225	8757	8370	8028	7713	7434	7173	6930	6705
			Q345B	11250	10710	10242	9819	9441	9099	8775	8478	8199
φ580×16	223	283	Q235B	10602	10062	9603	9216	8856	8532	8231	7952	7686
			Q345B	13212	12537	11979	11484	11043	10638	10260	9900	9576
φ609×12	177	225	Q235B	10179	9648	9216	8838	8505	8208	7920	7659	7412
			Q345B	12420	11763	11241	10782	10377	10008	9657	9342	9036
φ609×16	234	298	Q235B	11673	11061	10566	10134	9747	9396	9072	8775	8487
			Q345B	14508	13743	13122	12591	12114	11673	11277	10899	10548

注：同表 6.5-45 注。

常用钢管柱的规格及承载力（混凝土强度等级为 C40）　　　　表 6.5-47

尺寸(mm)	单位重量 (kg/m)	截面面积 (cm²)	钢材牌号	计算长度(m)								
				4	4.5	5	5.5	6	6.5	7	7.5	8
φ580×12	168	214	Q235B	9855	9351	8937	8577	8244	7938	7659	7398	7155
			Q345B	11961	11358	10845	10404	10008	9639	9297	8982	8685
φ580×16	223	283	Q235B	11241	10674	10188	9774	9396	9045	8730	8433	8154
			Q345B	13905	13194	12600	12087	11619	11187	10800	10427	10080
φ609×12	177	225	Q235B	10881	10314	9846	9459	9099	8766	8469	8190	7920
			Q345B	13167	12483	11921	11439	11007	10611	10242	9900	9585
φ609×16	234	298	Q235B	12393	11745	11205	10764	10350	9981	9639	9315	9020
			Q345B	15282	14472	13824	13266	12762	12303	11880	11484	11115

注：同表 6.5-45 注。

角钢格构柱和钢管立柱插入立柱桩的深度计算可按下式计算：

$$l \geqslant K \frac{N - f_c A}{L\sigma} \tag{6.5-10}$$

式中　l——插入立柱桩的长度（mm）；

　　　K——安全系数，取 $2.0 \sim 2.5$；

　　　f_c——混凝土的轴心抗压强度设计值（N/mm²）；

　　　A——断面面积（mm²）；

　　　L——钢立柱断面的周长（mm）；

　　　σ——粘结设计强度，如无试验数据可近似取混凝土的抗拉强度设计值 f_t（N/mm²）。

3. 立柱桩的设计

（1）立柱桩的结构形式

立柱桩必须具备较高的承载能力，同时应保证与钢立柱有可靠的连接，因此各类预制桩难以作为立柱桩的基础。工程中常利用灌注桩将钢立柱承担的竖向荷载传递给地基，另外也有工程采用钢管桩作为立柱桩基础，但由于造价高，与立柱连接构造相对更加复杂，且施工工艺难度比较高，因此其应用范围并不广泛。

当立柱桩采用钻孔灌注桩时，首先在地面成桩孔，然后置入钢筋笼及钢立柱，最后浇筑混凝土形成桩基。要求桩顶标高以下混凝土强度必须满足设计强度要求，因此混凝土一般都有 2m 以上的泛浆高度，可在基坑开挖过程中逐步凿除。钢立柱与钻孔灌注立柱桩的节点连接较为便利，可通过桩身混凝土浇筑使钢立柱底端锚固于灌注桩中，当插入深度满足式（6.5-10）的要求时，一般不必将钢立柱与桩身钢筋笼之间进行焊接。

实施过程中，在桩孔形成后应将桩身钢筋笼和钢立柱一起下放入桩孔，在将钢立柱的位置和垂直度进行调整满足设计要求后，浇筑桩身混凝土。施工中需采取有效的调控措施，保证立柱桩的准确定位和精确度。

立柱桩可以是专门加打的灌注桩，但在允许的条件下应尽可能利用主体结构的工程桩以降低工程造价，提高工程经济性。立柱桩应根据相应规范按受压桩的要求进行设计，目前《建筑基坑支护技术规程》JGJ 120 未要求对基坑立柱桩进行专门的荷载试验。因此在工程设计中需保证立柱桩的设计承载力具备足够安全度，并应提出全面的成桩质量检测要求。

（2）立柱桩的设计

立柱桩的设计计算方法与主体结构工程桩相同，可按照现行国家标准《建筑桩基技术规范》JGJ 94 进行。立柱桩以桩与土的摩阻力和桩的端阻力来承受上部荷载，在基坑施工阶段承受钢立柱传递下来的支撑结构自重荷载与施工荷载。

钢立柱插入立柱桩需要确保在插入范围内，灌注桩的钢筋笼内径大于钢立柱的外径或对角线长度。若遇钢筋笼内径小于钢立柱外径或对角线长度的情况，可以将灌注桩端部一定范围进行扩径处理，如图 6.5-24 所示，且使得钢立柱有空间进行垂直度调控，钢立柱与立柱桩钢筋笼之间一般不必采用焊接等任何方式进行直接连接。

4. 钢立柱的节点设计

钢立柱的节点设计，应确保节点在基坑施工阶段和地下室施工阶段能够可靠有效地传递支撑的自重和各种施工荷载。这里对工程实践中各种成熟的竖向支承系统与支撑的连接

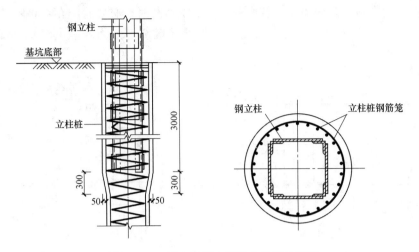

图 6.5-24 钢立柱插入灌注立柱桩构造图

构造进行介绍。

（1）角钢格构柱的节点连接构造

角钢格构柱节点，施工期间主要承受临时支撑竖向荷载引起的剪力，设计一般根据剪力的大小计算确定后在节点位置钢立柱上设置足够数量的抗剪钢筋（图 6.5-25）或抗剪栓钉如图 6.5-26 所示。

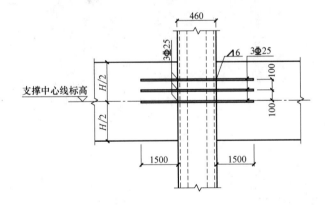

图 6.5-25 钢立柱节点位置设置抗剪钢筋

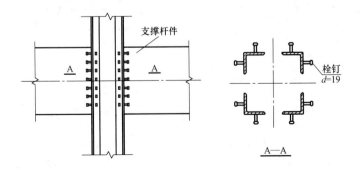

图 6.5-26 钢立柱节点位置设置抗剪栓钉

当支撑梁面在施工阶段需承受较大的施工车辆荷载时，必要时应在钢立柱上设置钢牛腿（图 6.5-27，图 6.5-28）或者在梁内钢牛腿上焊接抗剪能力较强的槽钢（图 6.5-29）等构件。

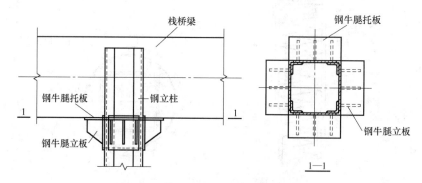

图 6.5-27　钢立柱节点位置设置牛腿构造图

图 6.5-28　钢立柱节点位置设置牛腿实景图

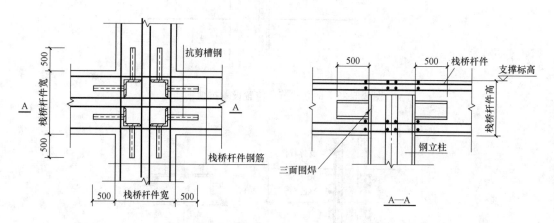

图 6.5-29　钢立柱节点位置设置槽钢构造图

（2）钢立柱在底板位置的止水构造

由于钢立柱需在水平支撑全部拆除之后方可割除，水平支撑则随着地下结构由下往上逐层施工而逐层拆除，因此钢立柱需穿越基础底板，钢立柱穿越基础底板范围将成为地下水往上渗流的通道，为防止地下水涌入地下室，钢立柱在底板位置应设置止水构件，通常采用在钢立柱构件周边加焊止水钢板的形式。

对于角钢拼接格构柱通常止水构造是在每根角钢的周边设置两块止水钢板，通过延长渗水途径起到止水目的，如图 6.5-30 所示。对于钢管混凝土立柱，则需要在钢管位于底板的适当标高位置设置封闭的环形钢板，如图 6.5-31 所示，作为止水构件。

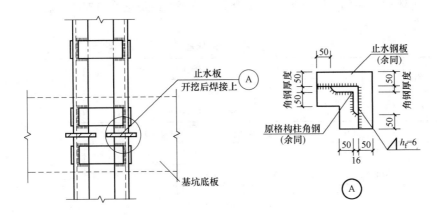

图 6.5-30　钢拼接格构柱在底板位置止水构造图

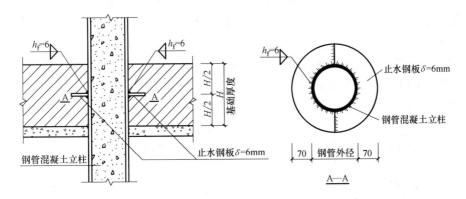

图 6.5-31　钢管混凝土立柱在底板位置止水构造图

6.6　内撑式围护结构的施工

6.6.1　竖向围护结构的施工技术

1. 拉森钢板桩、H 型钢、钢管桩

（1）施工前准备工作

在钢板桩施工前，首先必须做好打设前的准备工作。钢板桩的位置设置应便于基础施工，即在基础结构边缘之外并留有支、拆模板的余地。特殊情况下如利用钢板桩作为箱基底板或桩基承台的侧模，则必须衬以纤维板（或油毛毡）等隔离材料，以利钢板桩的拔除。钢板桩的平面布置，应尽量平直整齐，避免不规则的转角，以便充分利用标准钢板桩和便于设置支撑。

（2）钢板（管）桩的检验与矫正

用于基坑临时支护的钢板桩，应进行外观检验，包括长度、宽度、厚度、高度等尺寸是否符合设计要求，有无表面缺陷。对桩上影响打设的焊接件应割除，如有割孔、断面缺损等应补强，若有严重锈蚀，应量测断面实际厚度，以便计算时予以折减。除外观检验外，还要对各种缺陷进行矫正，如表面缺陷矫正、端部矩形比矫正、桩体绕曲矫正、桩体扭曲矫正、桩体截面局部变形矫正、锁扣变形矫正等。经矫正后的桩体外观质量必须符合表 6.6-1 要求。

钢板桩质量标准　　　　　　　　　　　　　　　　　　　　　表 6.6-1

桩型	有效宽度 b（%）	端头矩形比（mm）	厚度比（mm）				平直度（%·L）				重量（%）	长度 L（mm）	表面欠陷（%·δ）	锁口（mm）
			<8m	8～12m	12～18m	>18m	垂直向		平行向					
							<10m	>10m	<10m	>10m				
U 形	±2	<2	±0.5	±0.6	±0.8	±1.2	<0.15	<0.12	<0.15	<0.12	±4	≤±200	<4	±2
Z 形	−1～+3	<2	±0.5	±0.6	±0.8	±1.2	<0.15	<0.12	<0.15	<0.12	±4	≤±200	<4	±2
箱形	±2	<2	±0.5	±0.6	±0.8	±1.2	<0.15	<0.12	<0.15	<0.12	±4	≤±200	<4	±2
直线形	±2	<2	±0.5	±0.5	±0.5	±0.5	<0.15	<0.12	<0.15	<0.12	±4	≤±200	<4	±2

（3）钢板（管）桩的焊接

由于钢板（管）桩的长度为定长，因此在施工常需焊接。工程应用上，接桩位置不可在同一平面上，必须采用相隔一根上下隔开的接桩方式。

（4）沉桩机械的选择

钢板（管）桩的沉桩机械主要分为冲击打入法及振动打入法，近年国内外亦开发出了静压植桩机。冲击打入法采用落锤、汽锤、柴油锤，为使桩锤的冲击力能均匀分布在桩断面上，避免桩顶受损坏，在桩锤和钢板（管）间应设置桩帽。振动打入法采用振动锤，它既可用来打桩，也可用来拔桩。工程上多采用振动打入法沉桩。

（5）钢板（管）桩的打设

1）钢板桩打设方法可分为"单独打入法"和"屏风式打入法"两种。单独打入法：从板桩墙的一角开始，逐块（或两块）打设，直至工程结束。屏风式打入法：该方法是将 10～20 根钢板桩成排插入导架内，呈屏风状，然后再分批施打，如图 6.6-1 所示；按屏风组的排数，又有单屏风、双屏风和全屏风打入法。单屏风应用最为普遍，双层屏风多用于轴线转角处施工，全屏风只用

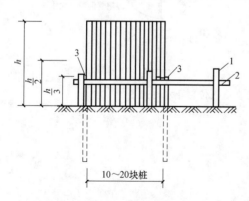

图 6.6-1　导架及屏风式打入法
1—围檩桩；2—导梁；3—定位钢板桩

于要求较高的轴线闭合的施工。

两种打入法的优缺点及适用条件如表 6.6-2 所示。

2）U 形及 Z 形钢板桩，根据板桩与板桩之间的锁扣方式，可分为大锁扣扣打施工法及小锁扣扣打施工法。大锁扣扣打施工法：这种方法从板桩墙的一角开始，逐块打设，每

块之间的锁扣并没有扣死，如图 6.6-2 所示。小锁扣扣打施工法：此种方法也从板桩墙的一角开始，逐块打设，且每块之间的锁扣均要求锁好。此两种方法的优缺点及适用条件见表 6.6-3。

单独打入法与屏风式打入法优缺点比较 表 6.6-2

比较内容 打入方法	优 点	缺 点	适用条件
单独打入法	打入方法简便迅速不需辅助支架	易使板桩向一侧倾斜，误差积累后不易纠正	板桩墙要求不高，板桩长度较小的情况
屏风式打入法	可减少倾斜误差积累，阻止大的倾斜，易于实现封闭合拢，保证施工质量	插桩的自立高度较大，必须注意插桩稳定和施工安全，较单独打入法施工速度慢	除个别情况外均适用

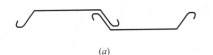 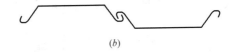

(a) (b)

图 6.6-2 钢板桩打设方式

(a) 大锁扣扣打施工法示意图；(b) 小锁扣扣打施工法示意图

大锁扣和小锁扣优缺点比较 表 6.6-3

比较内容 施工方法	优 点	缺 点	适用条件
大锁扣扣打施工法	打入方法简便迅速	板桩有一定倾斜度不止水，整体性较差，钢板桩用量较大	仅适用于强度较好透水性差，对围护系统要求精度低的工程
小锁扣扣打施工法	能保证施工质量，且止水效果、支护效果均较佳，相对上种施工法，钢板桩用量小	相对上种打法复杂缓慢	大都采用此种方法，适用范围广

3）钢板桩的打设过程

选用吊车将钢板桩吊至插桩点处进行插桩，插桩时锁口要对准，每插入一块即套上桩帽，并轻轻加以锤击。在打桩过程中，为保证钢板桩的垂直度，用两台经纬仪在两个方向加以控制，为防止锁口中心线平面位移，同时在围檩上预先计算出每一块板桩的位置，以便随时检查校正。钢板桩应分几次打入，如第一次由 20m 高打至 15m，第二次则打至 10m，第三次打至导梁高度，待导架拆除后第四次才打至设计标高。打桩时，开始打设的第一、二块钢板桩的打入位置和方向要确保精度，它可以起样板导向作用，一般每打入 1m 就应测量一次。

4）钢板桩的转角和封闭

钢板桩墙的设计水平总长度，有时并不是钢板桩标准宽度的整数倍，或者板桩墙的轴线较复杂、钢板桩的制作和打设有误差等，均会给钢板桩墙的最终封闭合拢施工带来困难，这时候可采用以下方法：异形板桩法、连接件法、骑缝搭接法、轴线调整法。

5）钢板桩施工中监测

在钢板桩施工中，打设的允许误差一般分别为：桩顶标高偏差±100mm，钢板桩轴线偏差±100mm，钢板桩垂直度偏差1%。在打设过程中，如发现有超过上述允许值应及时纠正。

（6）钢板（管）桩的拔除

在进行基坑回填土时，要拔除钢板桩，以便修整后重复使用，拔除前要研究钢板桩拔除顺序、拔除时间及坑孔处理方法。拔除钢板桩宜采用振动锤或振动锤与千斤顶（起重机）共同拔桩，多采用振动拔桩，后者常用于阻力大且振动锤拔不出的钢板桩、SMW工法中的钢板桩。

由于振动，拔桩时可能会发生带土过多，从而引起土体位移及地面沉降，给施工中的地下结构带来危害，并影响邻近建筑物、道路及地下管线的正常使用。这一点在拔桩时应充分重视，并予以防止该现象发生，一般情况，可采用跳拔方法，即隔一根拔一根。对于封闭式钢板桩墙，拔桩的开始点宜离开角桩一定距离（如5根以上）。拔桩的顺序一般与打设顺序相反。

拔桩时，可先用振动锤将锁口振活以减少与土的粘结，然后边振边拔，为及时回填桩孔，当将桩拔至比基础底板略高时，暂停引拔。用振动锤振动几分钟让土孔填实，对阻力大的钢板桩，还可采用间歇振动的方法。对拔桩产生的桩孔，需及时回填以减少对邻近建筑物等的影响，方法有振动挤实法和填入法，有时还需在振拔时回灌水、回填细砂或回灌水泥浆。

2. PHC管桩、预制钢筋混凝土板桩

PHC管桩、预制钢筋混凝土板桩可采用直接锤击、静压、振动配合射水沉入等方法进行沉桩。预制钢筋混凝土板桩的断面形状和尺寸目前主要有以下几种：

（1）矩形：一般厚度$h=450\sim700$mm，宽度$b=500\sim800$mm。

（2）T形：由翼板和肋两部分组成，翼板的厚度$h=100\sim150$mm，宽度$b=1000\sim1600$mm，翼板的作用是挡土和挡水。肋的作用主要是承受竖向弯矩，它的厚度常采用$d=200\sim300$mm，肋的高度c由最大弯矩决定。施工中常用的T形板每块的吊装重量$8\sim12$t，黏土中用直接锤击法打入，而在砂性土质中，常用振动配合射水法沉入。

（3）实心或空心的管柱断面也是常用的桩型之一，管柱之间的接口用预制锁槽连接。

桩尖沿厚度方向的尖楔形是为了打入时减小阻力。同时，在桩尖的1m范围内，将钢箍适当加密，间距100mm左右。当需要打入硬土或风化层时，桩尖也常采用钢桩靴加固保护。为了保护桩顶在打入时不致开裂，桩顶需另外加固多配箍筋，间距一般也为100mm，$4\sim6$层，必要时还应配置套上钢桩帽。为了不妨碍相邻钢筋混凝土桩的打入，钢桩帽一般要做得比桩的实际断面略小一点。

非预应力板桩混凝土的强度等级一般采用C25以上，预应力板桩混凝土的强度等级一般用C35以上，多用双向对称配筋，纵向受力钢筋的直径选用12mm以上。

钢筋混凝土板桩过去多用于施工后不再拔除的地段，近年来，高层地下室施工中结合"内贴法"防水层技术，把这一类板桩作为外墙模板来使用，收到了一定的效果。但总的说来，钢筋混凝土板桩的使用到目前为止还不很普遍。从广义来说，地下连续墙的结构形式也可以看作为一种特殊的钢筋混凝土板桩体系，它配合"逆作法"技术，并作为永久性

工程结构的一部分，可以大量节省材料和资金，缩短施工周期，提高支护安全和稳定性，具有不可替代的作用。

钢筋混凝土板桩预制工艺过程要严格遵守规范，保证质量。主筋位置要求准确，保护层均匀且不宜太厚，否则在锤击过程中骨架会产生偏心冲击力，使桩身混凝土开裂甚至出现折断。主筋的顶部一般要求整齐，以保证不会发生个别筋应力集中而首先产生局部的破坏。混凝土粗骨料应采用 5～40mm 碎石，浇筑过程要保证密实性和均匀性。在混凝土达到设计强度后，才能进行搬运和起吊，否则应作施工运输过程验算。钢筋混凝土桩的抗弯能力很低，起吊时因吊点不同产生的由最大弯矩所决定的拉应力，往往是控制纵向钢筋的因素。这点在运输、堆放过程中也应随时注意。

3. 灌注桩

（1）主要施工设备

基坑支护工程中围护灌注桩的常用桩型与建筑地基的桩型相同，主要有冲（钻）孔灌注桩、沉管桩、人工挖孔桩、旋挖桩、长螺旋压灌桩等，目前主要的施工设备及机具如图 6.6-3 所示。

图 6.6-3 灌注桩主要的施工设备

（a）、（b）钻孔机；（c）冲孔机；（d）旋挖桩机；（e）长螺旋取土桩机；（f）沉管灌注桩机

（2）典型设备的施工介绍

各种围护灌注桩施工设备的施工要求及适用的岩土层可参照现行国家行业标准《建筑桩基技术规范》JGJ 94 附录 A 桩型与成桩工艺选择中的有关内容，用作围护的灌注桩在施工前建议进行试成孔，数量不得少于 2 根。以便核对地质资料，检验所选的设备、机具、施工工艺以及技术要求是否适宜。如孔径、垂直度、孔壁稳定和沉淤等检测指标不能满足设计要求时，应拟定补救技术措施或重新选择施工工艺。

各种围护灌注桩的施工原理及工艺流程可参照《建筑桩基技术规范》JGJ 94 相关内容及规定。若干典型的灌注桩施工工艺介绍如下：

1）钻孔灌注桩干作业成孔施工

钻孔灌注桩干作业成孔的主要方法有螺旋钻孔机成孔、机动洛阳挖孔机成孔及旋挖钻机成孔等方法。

螺旋钻孔机由主机、滑轮、螺旋钻杆、钻头、滑动支架、出土装置等组成。主要利用螺旋钻头切削土壤，被切的土块随钻头旋转，并沿螺旋叶片上升而被推出孔外。该类钻机结构简单，使用可靠，成孔作业效率高、质量好，无振动、无噪声，耗用钢材少，最宜用于匀质黏性土，并能较快穿透砂层。螺旋钻孔机适用于地下水位以上的匀质黏土、砂性土及人工填土。钻头的类型有多种，黏性土中成孔大多常用锥式钻头。耙式钻头用 45 号钢制成。齿尖处镶有硬质合金刀头，最适宜于穿透填土层，能把碎砖破成小块。平底钻头，适用于松散土层。

机动洛阳挖孔机由提升机架、滑轮组、卷扬机及机动洛阳铲组成。提升机动洛阳铲到一定高度后，靠机动洛阳铲的冲击能量来开孔挖土，每次冲铲后，将土从铲具钢套中倒弃。宜用于地下水位以下的一般黏性土、黄土和人工填土地基。设备简单，操作容易，北方地区应用较多。

旋挖钻机是近年来引进发展的先进成孔机械，利用功率较大的电机驱动可旋转取土的钻斗，采用将钻头强力旋转压入土中，通过钻斗把旋转切削下来的钻屑提出地面。该方法在土质较好的条件下可实现干作业成孔，不必采用泥浆护壁。

2）钻孔灌注桩湿作业成孔施工

钻孔灌注桩湿作业成孔的主要方法有冲击成孔、潜水电钻机成孔、工程地质回转钻机成孔及旋挖钻机成孔等。

潜水电钻机其特点是将电机、变速机构加以密封，并同底部钻头连接在一起，组成一个专用钻具，可潜入孔内作业，多以正循环方式排泥的潜水电钻。潜水电钻体积小，重量轻、机器结构轻便简单、机动灵活、成孔速度较快，宜用于地下水位高的轻硬地层，如淤泥质土、黏性土以及砂质土等，其常用钻头为笼式钻头。

工程水文地质回转钻机由机械动力传动，配以笼式钻头，可多档调速或液压无级调速，以泵吸或气举的反循环方式进行钻进。有移动装置，设置性能可靠，噪声和振动小，钻进效率高，钻孔质量好，适用于松散土层、黏土层、砂砾层、软硬岩层等多种地质条件。

3）人工挖孔围护桩

人工挖孔桩是采用人工挖掘桩身土方，随着孔洞的下挖，逐段浇捣钢筋混凝土护壁，直到设计所需深度。土层好时，也可不用护壁，一次挖至设计标高，最后在护壁内一次浇注完成混凝土桩身的桩。挖孔桩作为基坑围护结构与钻孔灌注桩相似，是由多个桩组成桩墙而起挡土作用。它有如下优点：大量的挖孔桩可分批挖孔，使用机具较少，无噪声、无振动、无环境污染；适应建筑物、构筑物拥挤的地区，对邻近结构和地下设施的影响小，场地干净，造价较经济。

应当指出，选用挖孔桩作围护结构，除了对挖孔桩的施工工艺和技术要有足够的经验外，还应符合当地建设主管部门人工挖孔桩的使用限制条件，注意在有流动性淤泥、流砂和地下水较丰富的地区不宜采用。

人工挖孔桩在浇筑完成以后，即具有一定的防渗能力和支承水平土压力的能力。把挖孔桩逐个相连，即形成一个能承受较大水平压力的挡墙，从而起到支护结构防水、挡土等作用。

挖孔桩选作基坑围护结构时，人工挖孔桩直径一般为 $\phi900\sim1200$mm，属于刚性支护。桩身的有关设计参数，应根据地质情况和基坑开挖深度计算确定，设计时应考虑桩身刚度较大对土压力分布及变形的影响。

（3）控制周边环境的防护措施

当排桩桩位邻近的既有建筑物、地下管线、地下构筑物等对地基变形敏感时，如处理不当，经常会造成基坑周边建构筑物、地下管线等损害的工程事故，应根据其位置、类型、材料特性、使用状况等采取相应的控制地基变形的防护措施：

1）宜采用间隔成桩的施工顺序，应在混凝土终凝后，再进行相邻桩的成孔施工；

2）对松散或稍密的砂土、稍密的粉土、软土等易坍塌或流动的软弱土层，对冲（钻）孔灌注桩宜采取改善泥浆性能等措施，对人工挖孔桩宜采取减小每节挖孔和护壁的长度、加固孔壁等措施；

3）支护桩成孔过程中出现流砂、涌泥、塌孔、缩径等异常情况时，应暂停成孔并及时采取针对性的措施进行处理，防止继续塌孔；

4）当成孔过程中遇到不明障碍物时，应查明其性质，在不会危害邻近的既有建筑物、地下管线、地下构筑物的情况下方可采取措施排除后继续施工；

（4）钢筋笼制作

1）接头的连接方式及位置：灌注混凝土支护桩主要为水平受荷，其截面配筋一般由受弯和受剪承载力控制，钢筋的接头位置不宜设置在内力较大处。同一连接区段内，纵向受力钢筋的连接方式及接头面积百分率应符合现行国家标准《混凝土结构设计规范》GB 50010 对梁类构件的规定及要求；

2）采用纵向（上下）分段配筋时，钢筋笼制作和安放时应采取控制钢筋竖向定位的措施；

3）采用沿桩截面周边非均匀配筋时，应按设计的钢筋配置方向进行安放，其偏转角不得大于 10°；

4）桩身设有预埋件时，应根据预埋件的用途和受力特点的要求，控制其安装位置及方向。

（5）支护桩的施工偏差要求

除特殊要求外，支护桩的施工偏差应符合下列规定：

1）桩位的允许偏差为 50mm；

2）桩的垂直度的允许偏差为 0.5%；

3）预埋件位置的允许偏差为 20mm；

4）桩的其他施工允许偏差应符合现行国家行业标准《建筑桩基技术规范》JGJ 94 中的有关规定。

地下连续墙、SMW 工法、HUC 工法的施工要求详见本书的相关章节内容，这里不再重复。

6.6.2 支撑结构的施工

支撑结构的形式常用的有钢筋混凝土支撑、钢结构支撑、钢结构与钢筋混凝土组合支撑。无论何种支撑，其总体施工原则都是相同的，土方开挖的顺序、方法必须与设计工况一致，并遵循"先撑后挖、限时支撑、分层开挖、严禁超挖"的原则进行施工，尽量减小基坑无支撑暴露时间和空间。同时应根据基坑工程等级、支撑形式、场内条件等因素，确定基坑开挖的分区及其顺序。宜先开挖周边环境要求较低的一侧土方，并及时设置支撑。环境要求较高一侧的土方开挖，宜采用抽条对称开挖、限时完成支撑或垫层的方式。

基坑开挖应按支护结构设计，降排水要求等确定开挖方案，开挖过程中应分段、分层、随挖随撑、按规定限时完成支撑的施工，作好基坑排水，减少基坑暴露时间。基坑开挖过程中，应采取措施防止碰撞支护结构、工程桩或扰动原状土。支撑的拆除过程时，必须遵循"先换撑、后拆除"的原则进行施工。

1. 钢筋混凝土支撑

钢筋混凝土支撑应首先进行施工分区和流程的划分，支撑的分区一般结合土方开挖方案，按照"分区、分块、对称"的原则确定，随着土方开挖的进度及时跟进支撑的施工，尽可能减少围护体侧开挖段无支撑暴露的时间，以控制基坑工程的变形和稳定性。

钢筋混凝土支撑的施工有多项分部工程组成，根据施工的先后顺序，一般可分为施工测量、钢筋工程、模板工程、混凝土工程、支撑拆除。

（1）施工测量

施工测量的工作主要有平面坐标系内轴线控制网的布设和场区高程控制网的布设。

平面坐标系内轴线控制网应按照"先整体、后局部"、"高精度控制低精度"的原则进行布设。根据城市规划部门提供的坐标控制点，经复核检查后，利用全站仪进行平面轴线的布设。设置轴线的控制点，做好显著标记，妥善保护控制点。根据施工需要，以主轴线为依据进行轴线加密，形成平面控制网。施工过程中，定期复查控制网，确保测量精度，并以控制网为依据进行支撑构件定位放样。支撑的水平轴线偏差控制在 30mm 之内。

场区高程控制网方面应根据城市规划部门提供的高程控制点，用精密水准仪进行闭合检查，布设一套高程控制网。场区内至少引测三个水准点，并根据实际需要另外增加，以此测设出建筑物高程控制网。支撑系统中心标高误差控制在 30mm 之内。

（2）钢筋工程

内支撑系统的钢筋工程的基本要求与普通钢筋混凝土基本一致，控制重点及内容主要有钢筋的进场及检验、钢筋的抽筋及加工制作、钢筋的连接、钢筋的质量检查等。

1）钢筋的进场及检验：钢筋进场必须附有出厂证明（试验报告）、钢筋标志，并根据相应检验规范分批进行见证取样和检验。钢筋进场时分类码放，做好标识，存放钢筋场地要平整。

2）钢筋的抽筋及加工制作：抽筋下料时应根据内支撑构件的受力特征、特点，把握重点、要点，钢筋的连接接头应设置在受力较小的位置。上下纵筋：下部纵筋宜在跨内通长设置，需连接时应避开跨中的 1/3 范围；上部纵筋宜在本跨中部的 1/3 范围内连接。左右纵筋：跨中受弯侧宜通长设置，需连接时应避开跨中的 1/3 范围；支座受弯侧宜在本跨中部的 1/3 范围内连接。钢筋的加工制作方面，受力钢筋加工应平直，无弯曲，否则应进行调直钢筋；加工要注意首件半成品的质量检查，确认合格后方可批量加工。批量加工的钢筋半成品经检查验收合格后，按照规格、品种及使用部位，分类堆放。

3）钢筋的连接：支撑及腰梁内纵向钢筋接长根据设计及规范要求，可以采用直螺纹套筒连接、焊接连接或者绑扎连接，位于同一连接区段内纵向受拉钢筋接头数量不大于 50%。

4）钢筋的质量检查

钢筋工程属于隐蔽工程，在浇筑混凝土前应对钢筋进行验收，及时办理隐蔽工程记录。钢筋加工均在现场加工成型，钢筋工程的重点是粗钢筋的定位和连接以及梁的下料、绑扎，钢筋绑扎，以上工序均严格按照相关规范要求进行施工。

（3）模板工程

内支撑系统的模板工程的基本要求与普通钢筋混凝土基本一致，表面颜色基本一致、无蜂窝麻面、露筋、夹渣、锈斑和明显气泡存在。结构阳角部位无缺棱掉角，梁柱、墙梁的接头平滑方正，模板拼缝基本无明显痕迹。表面平整，线条顺直，几何尺寸准确，外观尺寸允许偏差在规范允许范围内。

需要指出的是，钢筋混凝土支撑底模一般采用土模法施工，即在挖好的原状土面上浇捣不小于 100mm 厚的素混凝土垫层。垫层施工应紧跟挖土进行，及时分段铺设，其宽度为支撑构件宽度两边各加 200mm。为避免支撑钢筋混凝土与垫层粘在一起，造成施工时清除困难，在垫层面上用油毛毡做隔离层。隔离层采用一层油毛毡，宽度与支撑宽等同。油毛毡铺设尽量减少接缝，接缝处应用胶带纸满贴紧，以防止漏浆。

（4）混凝土工程

内支撑系统的混凝土工程的基本要求与普通钢筋混凝土基本一致，其施工目标为确保混凝土质量优良，确保混凝土的设计强度，特别是控制混凝土有害裂缝的发生。确保混凝土密实、表面平整，线条顺直，几何尺寸准确，色泽一致，无明显气泡，模板拼缝痕迹整齐且有规律性，结构阴阳角方正顺直。

需要特别注意及提醒的是施工缝的设置及处理问题。当前基坑工程的规模呈愈大愈深的趋势，单根支撑杆件的长度甚至达到了 200m 以上，混凝土浇筑后会发生压缩变形、收缩变形、温度变形及徐变变形等效应，在超长钢筋混凝土支撑中的负作用非常明显。为减少这些效应的影响必须分段浇筑施工。支撑分段施工时设置的施工缝处必须待已浇筑混凝土的抗压强度不小于 1.2MPa 时，才允许继续浇筑，在继续浇筑混凝土前，施工缝混凝土表面要剔毛，剔除浮动石子，用水冲洗干净并充分润湿，然后刷素水泥浆一道，下料时要避免靠近缝边，机械振捣点距缝边 30cm，缝边人工插捣，使新旧混凝土结合密实。

临时支撑结构与竖向围护结构等连接部位都要按照施工缝处理的要求进行清理：剔凿连接部位混凝土结构的表面，露出新鲜、坚实的混凝土；剥出、搬直和校正预埋的连接钢筋。需要埋设止水条的连接部位，还须在连接面表面干燥时，用钢钉固定延期膨胀型止水条。冠梁上部需通长埋设刚性止水片时，需在混凝土浇筑前应做好预埋工作，保证止水钢板埋设深度和位置的准确性。在浇筑混凝土前要冲洗混凝土接合面，使其保持清洁、润湿，即可进行混凝土浇筑。

（5）支撑的拆除

1）钢筋混凝土支撑拆除要点

钢筋混凝土支撑拆除时，应严格按设计工况进行支撑拆除，遵循先换撑、后拆除的原则。采用爆破法拆除作业时应遵守当地政府的相关规定。内支撑拆除要点主要为：

① 内支撑拆除应遵照当地政府的有关规定，考虑现场周边环境特点，按先置换后拆除的原则制定详细的操作条例，认真执行，避免出现事故；

② 支撑相应层的主体结构达到规定的强度等级，可承受该层内支撑的内力，并按规定的换撑方式将支护结构的支撑荷载传递到主体结构后，方可拆除该层内支撑；

③ 原则上应先拆轴力小、断面小的辐射杆件、连系杆件，再拆除环撑、圆撑，最后拆除对撑及角撑。

④ 内支撑拆除应小心操作，不得损伤主体结构。在拆除下层内支撑时，支撑立柱及支护结构在一定时期内还处于工作状态，必须小心断开支撑与立柱，支撑与支护桩的节点，使其不受损伤；

⑤ 最后拆除支撑立柱时，必须作好立柱穿越底板位置的加强防水处理；

⑥ 在拆除每层内支撑的前后必须加强对周围环境的监测，出现异常情况立即停止拆除并立即采取措施，确保换撑安全、可靠。

2）钢筋混凝土支撑拆除方法

目前钢筋混凝土支撑拆除方法一般有人工拆除法、用静态膨胀剂拆除法和爆破拆除法。以下为三种拆除方法的简要说明：

① 人工拆除法，即组织一定数量的工人，用大锤和风镐等机械设备人工拆除支撑梁。该方法的优点在于施工方法简单、所需的机械和设备简单、容易组织。缺点是由于需人工操作，施工效率低，工期长；施工安全较差；施工时，锤击与风镐噪声大，粉尘较多，对周围环境有一定污染。

② 膨胀剂拆除法，即在支撑梁上按设计孔网尺寸钻孔眼，钻孔后灌入膨胀剂，数小时后利用其膨胀力，将混凝土胀裂，再用风镐将胀裂的混凝土清掉。该方法的优点在于施工方法较简单；而且混凝土胀裂是一个相对缓慢的过程，整个过程无粉尘，噪声小，无飞石。其缺点是要钻的孔眼数量多；装膨胀剂时，不能直视钻孔，否则产生喷孔现象易使眼睛受伤，甚至致盲；膨胀剂膨胀产生的胀力小于钢筋的拉应力，该力可使混凝土胀裂，但拉不断钢筋，要进一步破碎，尚困难，还得用风镐处理，工作量大；施工成本相对较高。

③ 爆破拆除法，即在支撑梁上按设计孔网尺寸预留炮眼，装入炸药和毫秒电雷管，起爆后将支撑梁拆除。该办法的优点在于施工的技术含量较高、爆破率效率较高、工期短、施工安全、成本适中，造价介于上述二者之间。其缺点是爆破时产生爆破振动和爆破飞石，爆破时会产生声响，对周围环境有一定程度的影响。

上述三种支撑拆除方法中，爆破拆除法由于其经济性适中而且施工速度快、效率高以及爆破之后后续工作相对简单的特点，近年来得到了广泛的推广应用。

2. 钢支撑

钢支撑的施工根据流程安排一般可分为测量定位、起吊、安装、施加预应力以及拆撑等施工步，以下分别为各个施工步进行说明：

(1) 测量定位

钢支撑施工之前应做好测量定位工作，测量定位工作基本上与混凝土支撑的施工相一致，包含平面坐标系内轴线控制网的布设和场区高程控制网的布设两个大方面的工作。

钢支撑定位必须精确控制其平直度，以保证钢支撑能轴心受压，一般要求在钢支撑安装时采用测量仪器（卷尺、水准仪、塔尺等）进行精确定位。安装之前应在围护体上作好控制点，然后分别向围护体上的支撑埋件上引测，将钢支撑的安装高度、水平位置分别认真用红漆标出。

(2) 钢支撑的吊装

从受力可靠角度，纵横向钢支撑一般不采用重叠连接，而采用平面刚度较大的同一标高连接，以下针对后者对钢支撑的起吊施工进行说明。

第一层钢支撑的起吊与第二及以下层支撑的起吊作业有所不同，第一层钢支撑施工时，空间上无遮拦相对有利，如支撑长度一般时，可将某一方向（纵向或者横向）的支撑在基坑外按设计长度拼接形成整体，其后1~2台吊车采用多点起吊的方式将支撑吊运至设计位置和标高，进行某一方向的整体安装，但另一方面的支撑需根据支撑的跨度进行分节吊装，分节吊装至设计位置之后，再采用螺栓连接或者焊接连接等方式与先行安装好的另一方向的支撑连接成整体。

第二及以下层钢支撑在施工时，由于已经形成第一道支撑系统，已无条件将某一方向的支撑在基坑外拼接成整体之后再吊装至设计位置。因此当钢支撑长度较长，需采用多节钢支撑拼接时，应按"先中间后两头"的原则进行吊装，并尽快将各节支撑连起来，法兰盘的螺栓必须拧紧，快速形成支撑。对于长度较小的斜撑在就位前，钢支撑先在地面预拼装到设计长度，拼装连接。

支撑钢管与钢管之间通过法兰盘以及螺栓连接。当支撑长度不够时，应加工饼状连接管，严禁在活络端处放置过多的塞铁，影响支撑的稳定。

(3) 预加轴力

钢支撑安放到位后，吊机将液压千斤顶放入活络端顶压位置，接通油管后开泵，按设计要求逐级施加预应力。预应力施加到位后，在固定活络端，并烧焊牢固，防止支撑预应力损失后钢锲块掉落伤人。预应力施加应在每根支撑安装完以后立即进行。支撑施加预应力时，由于支撑长度较长，有的支撑施加预应力很大，安装的误差难以保证支撑完全平直，所以施加预应力的时候为了确保支撑的安全性，预应力分阶段施加。支撑上的法兰螺栓全部要求拧到拧不动为止。

支撑应力复加应以监测数据检查为主，以人工检查为辅。监测数据检查的目的是控制支撑每一单位控制范围内的支撑轴力，其复加位置应主要针对正在施加预应力的支撑之上的一道支撑及暴露时间过长的支撑。复加应力时应注意每一幅连续墙上的支撑应同时复加，复加应力的值应控制在预加应力值的110%之内，防止单组支撑复加应力影响到其周边支撑。

采用钢支撑施工基坑时，最大问题是支撑预应力损失问题，特别深基坑工程采用多道钢支撑作为基坑支护结构时，钢支撑预应力往往容易损失，对在周边环境施工要求较高的地区施工、变形控制的深基坑很不利。造成支撑预应力损失的原因很多，一般有以下几点：①施工工期较长，钢支撑的活络端松动；②钢支撑安装过程中钢管间连接不精密；③基坑围护体系的变形；④下道支撑预应力施加时，基坑可能产生向坑外的反向变形，造成上道钢支撑预应力损失；⑤换撑过程中应力重分布。

因此在基坑施工过程中，应加强对钢支撑应力的检查，并采取有效的措施，对支撑进行预应力复加。预应力复加通常按预应力施加的方式，通过在活络头子上使用液压油泵进行顶升，采用支撑轴力施加的方式进行复加，施工时极其不方便，往往难以实现动态复加。目前国内外也可设置专用预应力复加装置，一般有螺杆式及液压式两种动态轴力复加装置。采用专用预应力复加装置后，可以实现对钢支撑动态监控及动态复加，确保了支撑、基坑的安全性。

对支撑的平直度、连接螺栓松紧、法兰盘的连接、支撑牛腿的焊接支撑等进行一次全面检查。确保钢支撑各节接管螺栓紧固、无松动，且焊缝饱满。

（4）钢支撑施工质量控制

1）钢立柱开挖出来后，用水准仪根据设计标高来划线焊接托架。

2）基坑周围堆载控制在20kPa以下。

3）做好技术复核及隐蔽验收工作，未经质量验收合格，不得进行下道工序施工。

4）电焊工均持证上岗，确保焊缝质量达到设计及国家有关规范要求，焊缝质量由专人检查。

5）法兰盘在连接前要进行整形，不得使用变形法兰盘，螺栓连接控制紧固力矩，严禁接头松动。

6）每天派专人对支撑进行1~2次检查，以防支撑松动。

7）钢支撑工程质量检验标准为：支撑位置标高允许偏差30mm，平面允许偏差：100mm；

预加应力允许偏差：±50kN；立柱位置标高允许偏差：30mm，平面允许偏差：50mm。

（5）支撑的拆除

按照设计的施工流程拆除基坑内的钢支撑，支撑拆除前，先解除预应力。

3. 竖向立柱

内支撑体系的钢立柱目前用得最多的形式为角钢格构柱，即每根柱由四根等边角钢组成柱的四个主肢，四个主肢间用缀板或者缀条进行连接，共同构成钢格构柱。

钢格构柱一般均在工厂进行制作，考虑到运输条件的限制，一般均分段制作，单段长度一般最长不超过15m，运至现场之后再组成整体进行吊装。钢格构柱现场安装一般采用"地面拼接、整体吊装"的施工方法，首先将工厂里制作好运至现场的分段钢立柱在地面拼接成整体，其后根据单根钢立柱的长度采用两台或多台吊车抬吊的方式将钢格构柱吊装至安装孔口上方，调整钢格构柱的转向满足设计要求之后，和钢筋笼连接成一体后就位，调整垂直度和标高，固定后进行立柱桩混凝土的浇筑施工。

钢格构柱作为基坑实施阶段的重要的竖向受力支承结构，其垂直度至关重要，将直接影响钢立柱的竖向承载力，因此施工时必须采取措施控制其各项指标的偏差度在设计要求的范围之内。钢格构柱垂直度的控制首先应特别注意提高立柱桩的施工精度，立柱桩根据不同的种类，需要采用专门的定位措施或定位器械，其次钢立柱的施工必须采用专门的定位调垂设备对其进行定位和调垂。目前，钢立柱的调垂方法基本分为气囊法、机械调垂架法和导向套筒法三大类。其中机械调垂法是几种调垂方法中最经济实用的，因此大量应用于内支撑体系中的钢立柱施工中，当钢立柱沉放至设计标高后，在灌注桩孔口位置设置只型钢支架，在支架的每个面设置两套调节丝杆，一套用于调节钢格构柱的垂直度，另一套用于调节钢格构柱轴线位置，同时对钢格构柱进行固定。

具体操作流程为：钢格构柱吊装就位后，将斜向调节丝杆和钢柱连接，调整钢格构柱安装标高在误差范围内，然后调整支架上的水平调节丝杆，调整钢柱轴线位置，使钢格构柱四个面的轴向中心线对准地面（或支撑架只型钢上表面）测放好的柱轴线，使其符合设计及规范要求，将水平调节丝杆拧紧。调整斜向调节丝杆，用经纬仪测量钢柱的垂直度，使钢立柱柱顶四个面的中心线对准地面测放出的柱轴线，控制其垂直度偏差在设计要求范围内。

6.7 工程实例

6.7.1 工程实例1——灌注桩与钢筋混凝土内支撑角撑、对撑、圆撑

1. 工程概况

拟建的海西商务大厦为1幢39层商务大厦，采用框架-双核心筒体结构体系，基础拟采用冲孔灌注桩基础，并设有4层满铺地下室。

本工程±0.00相当于罗零标高7.580。现地面整平标高约为罗零高程6.380，即相对标高约为−1.20m，坑底标高为−19.85m，开挖深度为18.65m，坑中坑（如集水井及电梯井）开挖至−23.65，开挖深度为22.45m，基坑周长约为280m。

2. 工程地质及水文地质条件

（1）工程地质条件

基坑开挖影响范围内的主要土层为①杂填土、②淤泥、③粉质黏土、④砾砂、⑤淤泥质土、⑥卵石、⑦淤泥质土、⑧粉质黏土、⑨粗砂、⑩卵石，其主要土层分布及描述如下，设计计算参数如表6.7-1所示。

① 杂填土：浅灰色、灰黄色，松散—稍密，湿—饱和。上部成分以水泥块、块石等建筑垃圾为主，之下以黏性土及回填砂为主，不均匀含有碎块石、碎石等硬质物，硬质物含量约占30%～40%，均匀性差。上部堆填时间小于1年，下部大于10年。本层分布于整个场地，层厚为1.80～6.40m。

② 淤泥：深灰色，饱和，流塑，含水量约为65.7%，含有腐殖质，略有臭味。不均匀夹有1～30cm薄层粉细砂。捻面较光滑，局部有砂感，稍有光泽，干强度、韧性中等，摇振反应慢。本层分布于整个场地，厚度11.50～17.90m。

③ 粉质黏土：灰绿、灰黄色，可塑，饱和，含有高岭土及少量石英砂。捻面较光滑，稍有光泽，干强度、韧性中等，无摇振反应。本层分布于整个场地，厚度0.70～6.00m。

④ 砾砂：浅灰色，饱和，中密。砂粒成分以石英砾砂为主，含有黏性土，根据颗分成果，粒径大于20mm颗粒平均含量占2.8%，粒径20～2mm颗粒平均含量占22.6%，

黏性土平均含量占 25.0%。分布厚度 0.60～3.60m。

⑤ 淤泥质土：深灰色，饱和，流塑—软塑，含有腐殖质，略有臭味，不均匀夹有 1～15cm 薄层粉细砂。捻面较光滑，局部有砂感，稍有光泽，干强度、韧性中等，摇振反应慢或无。本层分布于整个场地，厚度 2.00～7.80m。

⑥ 卵石：浅灰色、灰黄色，稍密—中密，饱和。粒径一般为 50～70mm，局部可达110mm 以上，粒径大于 50mm 颗粒平均含量约占 53.7%，粒径 50～20mm 平均含量约占12.3%，黏性土平均含量占 9.6%。颗粒磨圆度较好，亚圆状为主，粗颗粒母岩成分为中风化花岗岩或凝灰熔岩，充填物以砂砾为主，次为黏性土。本层分布于整个场地，厚度0.90～5.30m。

⑦ 淤泥质土：深灰色，饱和，流塑，含有腐殖质，略有臭味，不均匀夹有 1～10cm薄层粉细砂。捻面较光滑，局部有砂感，稍有光泽，干强度、韧性中等，无摇振反应。本层分布于整个场地，厚度 1.20～4.40m。

⑧ 粉质黏土：灰绿色、灰黄色，可塑，饱和，含有高岭土及少量石英砂。捻面较光滑，稍有光泽，干强度、韧性中等，无摇振反应。本层分布于场地部分地段，分布厚度1.00～5.10m。

⑨ 粗砂：灰黄色，饱和，密实。成分以石英粗砂为主，局部为中砂或细砂。粒径大于 0.50mm 颗粒平均含量约占 63.5%。颗粒呈次棱角状，分选性较差，级配较好，厚度1.00～2.40m。

⑩ 卵石：紫灰色、灰黄色，中密，饱和。粒径一般为 60～80mm，局部可达 130mm以上，粒径大于 50mm 颗粒平均含量约占 52.6%，粒径 50～20mm 平均含量约占 13.5%，黏性土平均含量占 8.6%。颗粒磨圆度较好，亚圆状为主，粗颗粒母岩成分为中风化花岗岩或凝灰熔岩，充填物以砂砾为主，次为黏性土。本层分布于整个场地，厚度4.90～11.90m。

⑪ 强风化岩：根据岩性、风化程度及力学强度不同，可分为三大类，即强风化辉绿岩、强风化花岗斑岩和强风化花岗岩。

基坑支护影响范围土体物理力学指标　　　　　　　表 6.7-1

物理力学指标 土层及编号	天然重度 γ kN/m³	抗剪强度指标		渗透系数 k m/d	承载力特征值 f_{ak} kPa
		黏聚力 c kPa	内摩擦角 φ °		
①杂填土	18.5	10.0 *	15.0 *	0.887	90
②淤泥	15.8	8.0	8.0		40
③粉质黏土	19.1	26.5	13.0	—	170
③₁ 中砂	18.5	0 *	24.0 *	0.940	—
④砾砂	19.4	0 *	26.0 *	5.340	220
④₁ 粉质黏土	19.6	28.0	12.5	—	180
⑤淤泥质土	17.3	15.0	10.0		65
⑥卵石	21.0	0 *	33.0 *	—	320
⑥₁ 粉质黏土	19.5	27.5	13.5		180

续表

物理力学指标 土层及编号	天然重度 γ kN/m³	抗剪强度指标		渗透系数 k m/d	承载力特征值 f_{ak} kPa
		黏聚力 c kPa	内摩擦角 φ °		
⑦淤泥质土	17.0	15.0	11.0	—	70
⑧粉质黏土	18.9	24.0	14.0	—	200
⑨粗砂	18.8	0	28.0	—	250
⑩卵石	21.5	0	35.0	—	650

（2）水文地质条件

拟建场地的地下水按其埋藏条件和性质可分为孔隙潜水、孔隙承压水、基岩风化裂隙承压水三种类型。其中，孔隙潜水主要赋存于①杂填土中，该层土质不均，补给来源主要为大气降水和生活用废水；孔隙承压水主要赋存于③₁中砂、④砾砂、⑥卵石、⑨粗砂、⑩卵石中，以上各含水层介质结构松散，连通性较好，透水性中等—强。

勘察期间测得场地①杂填土层潜水静止水位埋深为 0.83～2.42m，相应的水位标高为 4.41～4.83m，主要受大气降水、生活废水补给，其水位受季节和降雨的影响，一般变幅约 0.80～1.00m。

3. 基坑支护及地下水控制方案

（1）基坑支护方案

根据该场地的工程地质、水文地质、周边环境等条件，本工程采用 $\phi1200@1400$ 的灌注桩＋四道钢筋混凝土内支撑（两道对撑＋两道圆撑，具体如图 6.7-1～图 6.7-3 所示）的支护形式，同时为减小支护桩的内力及变形，对基坑被动区土体采用水泥搅拌桩及高压旋喷桩进行加固，典型支护剖面如图 6.7-4 所示。

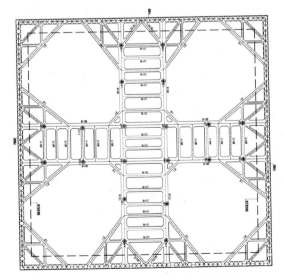

图 6.7-1　第一道内支撑平面布置图

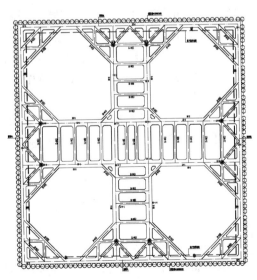

图 6.7-2　第三道内支撑平面布置图

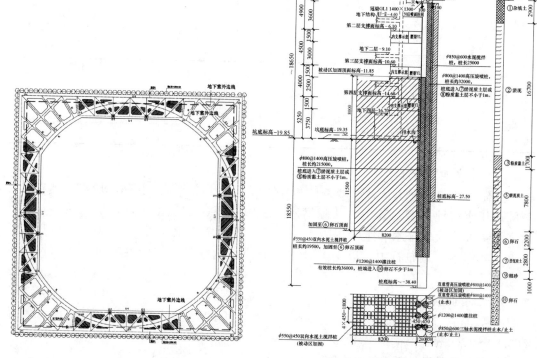

图 6.7-3　第二/四道内支撑平面布置图 　　　图 6.7-4　典型支护剖面图

（2）地下水控制方案

考虑到场地内④砾砂承压含水层水位埋深为 12.80，为确保基坑开挖的顺利进行，防止基坑突涌的发生，本工程在灌注桩外侧采用 $\phi850@600$ 的三轴水泥搅拌桩（由于场地约束，南侧采用 $\phi800@650$ 双重管高压旋喷桩）作为止水帷幕，并在支护桩桩间采用 $\phi800@1400$ 的双重管高压旋喷桩，截断④砾砂及⑥卵石承压含水层，从而确保土方开挖和地下室结构施工的顺利进行。

坑中坑（即电梯井及集水井区域）采用 $\phi900@1200$ 灌注桩进行支护，并设置一道钢筋混凝土内支撑进行支护；同时，坑中坑采用 1 排 $\phi800@1200$ 的双重管高压旋喷桩进行止水/止泥。

同时，考虑到本场地承压含水层水头较高，为防止坑中坑发生突涌，在坑中采用管井对⑥卵石、⑩卵石承压水进行降水减压，使承压含水层水头满足抗突涌要求。

此外，为了避免由于坑中坑降水减压造成坑外水头下降，引发邻近建筑物及管线发生沉降，在坑外四周布置回灌井，对⑥卵石、⑩卵石承压水进行回灌，以保护邻近建筑物及管线的安全。

4. 主要计算分析资料

典型面剖面围护桩内力值如图 6.7-5 所示。

各支撑梁变形如图 6.7-6 所示。

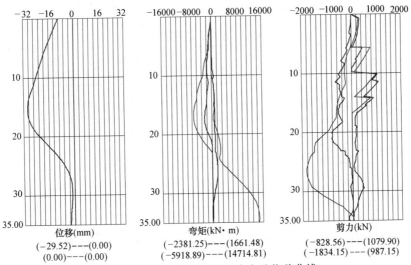

图 6.7-5 典型剖面围护桩内力及位移曲线

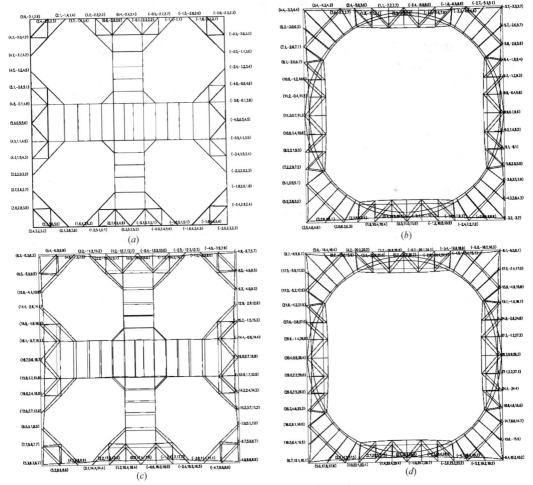

图 6.7-6 内支撑体系变形图

(a) 第一道内支撑水平位移图；(b) 第二道内支撑水平位移图；
(c) 第三道内支撑水平位移图；(d) 第四道内支撑水平位移图

各道支撑典型断面内力标准值如表 6.7-2 所示。

各道支撑典型断面内力标准值　　　　　　　　　表 6.7-2

截面编号	截面尺寸	水平弯矩 (kN·m)	竖向弯矩 (kN·m)	水平剪力 (kN)	竖向剪力 (kN)	轴力 (kN)
DC-1(1)	1500×1300	395.9	3949	202.4	1879.5	3718.3
DC-1(2)	1500×1300	108.1	3738.8	18.3	1181	3044.8
JC-1	900×1100	196.8	378.1	39	190.2	2444.5
DC-2	1800×1500	266.2	6952.5	192.6	1587.9	8211.5
JC-2(1)	1000×1200	452.2	1136.6	0	236	6280.6
CL-2	800×1000	586.3	766.8	212.4	220.8	1657.1
HL	2000×1500	3598.3	936.3	997.8	389.7	32663.9
LL-3	1200×1400	941.7	266.2	310.5	178.6	5548.4
JC-3	1000×1200	2161.9	1195.8	1016.9	301.7	13246.3
FG	800×1000	177	760.7	738.9	184.1	1204.3

5. 工程特点、难点、重点解决问题及对策

（1）基坑支护结构变形及稳定控制

本工程场地水文及地质条件复杂，周边市政道路、建筑物及管线密集，对基坑变形控制要求较高，为严格控制基坑支护的变形，本工程采用 $\phi1200@1400$ 的灌注桩＋四道钢筋混凝土内支撑的支护方式，其中第一、三道采用十字混凝土对撑及角撑，该支撑布置形式受力简单有效，且支撑刚度大，第二、四道采用钢筋混凝土圆撑，该支撑布置形式为土方开挖及临时施工栈桥的布设提供了更大的空间。因此，该支撑体系刚度大，可有效控制基坑支护结构的变形，且能保证抗倾覆稳定要求。

同时，灌注桩进入⑩卵石不少于 1m，可有效保证基坑支护结构的隆起稳定及整体稳定满足规范要求。

此外，考虑到场地开挖深度范围内以淤泥土层为主，最终开挖面以下一定深度范围内土层仍以淤泥质土为主，为进一步控制支护桩的变形，本工程对基坑被动区土体采用水泥搅拌桩及高压旋喷桩进行加固。

（2）地下水控制及基坑抗渗流稳定控制

为防止基坑突涌的发生，本工程在灌注桩外侧采用三轴水泥搅拌桩或双重管高压旋喷桩作为止水帷幕，并在支护桩桩间采用双重管高压旋喷桩，截断④砾砂及⑥卵石承压含水层。

坑中坑（如电梯井及集水井区域）采用灌注桩进行支护，并采用 1 排 $\phi800@1200$ 双重管高压旋喷桩进行止水/止土。

考虑到卵石层中高压旋喷桩的成桩质量较难保证，为防止坑中坑发生突涌，在坑中采用管井对⑥卵石、⑩卵石承压水进行降水减压，使承压含水层水头满足抗突涌要求。

（3）周边环境保护措施

为避免降水减压或止水帷幕渗水而导致坑外地下水位下降，不仅在基坑内侧桩间加设150 厚的喷面挂网，还在基坑四周布置了回灌井，对⑥卵石、⑩卵石承压水进行回灌，从而尽可能避免因水头下降而导致坑外土体发生沉降，从而有效保护邻近建筑物及管线的安全。

6.7.2 工程实例2——型钢桩（SMW）与型钢内支撑

1. 工程概况

拟建前田大厦位于福州市湖东路东段南侧，东侧为永德信花园（桩基础，框架结构），西侧为省图书馆（桩基础，框架结构），南侧为一栋8.5层民房（桩基础，框架结构）。场地地貌单元上属福州盆地冲海积平原。据建设方资料，场地北侧及西侧基坑开挖范围外约1~2m分布有煤气管道、高压电缆沟、雨水污水管道、通信电缆及有线电视线等。场地内拟建1幢18层写字楼，高度70.2m，局部2层，框架-剪力墙结构，设3层地下室。

本工程±0.00标高相当于罗零高程7.70m，基坑周边现地面标高约在罗零高程6.7~7.2m左右。拟建物地下室承台面标高－12.50m，承台高1.80~2.50m，底板厚0.6m，混凝土垫层厚100mm。综上所述，本基坑坑底标高按－14.50m考虑，基坑开挖深度约为13.50~14.00m，基坑周长约为200m。

2. 工程地质及水文地质条件

（1）工程地质条件

场地地层主要由杂填土①、粉质黏土②、淤泥③、粉质黏土④、淤泥质土⑤、粉质黏土⑥等地层构成。

计算参数 表6.7-3

物理力学指标 土层及编号	重度 $\gamma(kN/m^3)$	黏聚力 $c(kPa)$	内摩擦角 $\varphi(°)$
杂填土①	17.5	5	20
粉质黏土②	18.5	31.0	6.2
淤泥③	15.9	10.8	2.1/(6*)
粉质黏土④	18.5	35.7	9.8
淤泥质土⑤	17.2	19.8	3.7/(8*)
粉质黏土⑥	18.9	23.1	11.1

注：表中带（*）为经验值，其余均为直接快剪指标。淤泥和淤泥质土内摩擦角指标采用经验值计算。

（2）水文地质条件

水文地质条件：场地的地下水类型主要为：1）杂填土①的上层滞水，富水性差，水量贫乏；2）粉砂⑥₁、中砂⑧、中砂⑨₁及卵石⑩层中的孔隙承压水，渗透性较强，水量较丰富；3）基岩风化带孔隙裂隙水，水量较贫乏，分布较不均匀。地质勘探期间测得杂填土①的水位埋深为1.10~3.10m，粉砂⑥₁稳定水位标高约为－5.0m，中砂⑧稳定水位标高约－10.0m左右，中砂⑨₁和卵石⑩存在水力联系，稳定水位标高约－15.0m左右，场地地下水变幅约1.0m，历史最高水位标高为罗零高程7.0m。本场地环境类型为Ⅱ类，场地地下水对混凝土结构具微腐蚀性，对钢筋混凝土结构中的钢筋具微腐蚀性。

3. 基坑支护及地下水控制方案

（1）基坑支护方案

根据该场地的工程地质、水文地质、周边环境等条件，本工程采用SMW工法桩＋三道钢结构支撑的支护形式，剖面及支撑平面详见图6.7-7~图6.7-9。

（2）地下水控制方案

杂填土①的地下水主要为上层滞水，水量较少。粉砂⑥₁、中砂⑧、中砂⑨₁及卵石

⑩层中的孔隙承压水埋藏较深,坑底稳定(突涌)满足要求,地下水以集水明排为主。

4. 主要计算分析资料

典型面剖面围护桩内力及位移曲线值如图 6.7-10、图 6.7-11 所示。

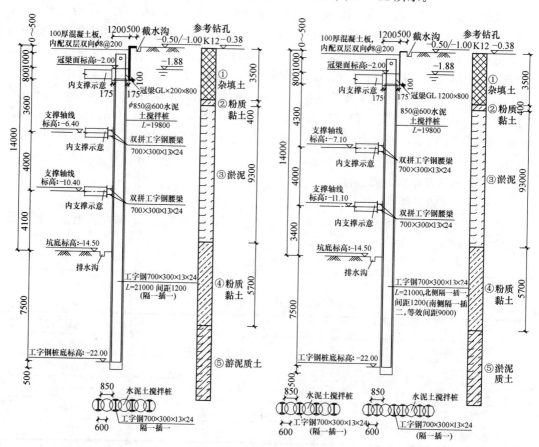

图 6.7-7 典型支护剖面图

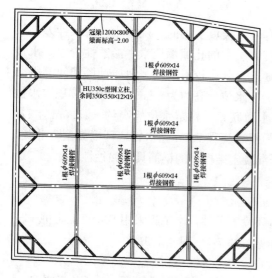

图 6.7-8 第一道内支撑平面布置图

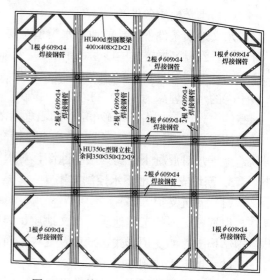

图 6.7-9 第二、三道内支撑平面布置图

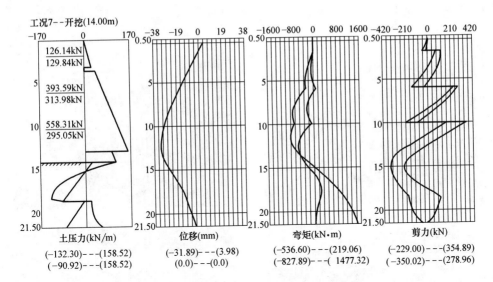

图 6.7-10　1-1 剖面围护桩内力及位移曲线

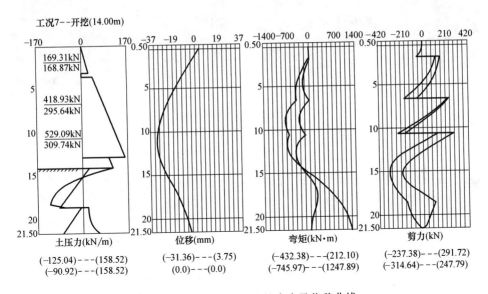

图 6.7-11　2-2 剖面围护桩内力及位移曲线

5. 工程特点、难点、重点解决问题及对策等

本工程场地地质条件复杂，周边市政道路、建筑物及管线密集，对基坑变形控制要求较高，为严格控制基坑支护的变形，本工程采用 SMW 工法桩＋三道钢结构对撑的支护方式，其中第二道和第三道采用双拼钢管，该支撑布置形式受力明确，支撑刚度大。因此，该支撑体系刚度大，可有效控制基坑支护结构的变形，且能保证抗倾覆稳定要求。

该基坑的难点在于淤泥层较厚，好在基坑底附近有一层厚度约为 6m 的粉质黏土层，该层土质较好，能提供较大的被动土压力，对于排桩下部有较强的约束作用。同时，也减少了排桩的嵌固深度。

6. 工程实施照片

图 6.7-12　施工现场照片

参 考 文 献

［1］　刘国彬，王卫东. 基坑工程手册（第二版）［M］. 北京：中国建筑工业出版社，2009.

［2］　龚晓南主编，深基坑工程设计施工手册［M］. 北京：中国建筑工业出版社，1998.

［3］　中国土木工程学会土力学及岩土工程分会. 深基坑支护技术指南［M］. 北京：中国建筑工业出版社，2012.

［4］　赵志缙，应惠清. 简明深基坑工程设计施工手册［M］. 北京：中国建筑工业出版社，1999.

［5］　刘建航，侯学渊. 基坑工程手册［M］. 北京：中国建筑工业出版社，1997.

［6］　郑刚，焦莹. 深基坑工程：设计理论及工程应用［M］，北京：中国建筑工业出版社，2010.

［7］　建筑基坑支护技术规程 JGJ 120—2012［S］. 北京：中国建筑工业出版社，2012.

［8］　建筑地基基础设计规范 GB 50007—2011［S］. 北京：中国建筑工业出版社，2011.

［9］　混凝土结构设计规范 GB 50010—2010［S］. 北京：中国建筑工业出版社，2010.

［10］　建筑桩基技术规范 JGJ 94—2008［S］. 北京：中国建筑工业出版社，2008.

第7章 拉锚式围护结构

刘国楠

（中国铁道科学研究院深圳研究设计院）

7.1 概述

拉锚式围护结构主要由围护桩（墙）和拉锚组成，是一种常用的基坑支护结构形式。基坑工程中的拉锚主要指土层锚杆（索）和地面锚碇等，是一种利用拉杆将围护桩（墙）承受的水土压力传递到后侧稳定土体的一种构件，在岩土工程中统称为锚固技术。在本章中为方便计，锚杆和锚索统称为锚杆。在基坑工程中常用的拉锚形式主要有地面锚碇（桩）和锚杆两种。地面浅埋的锚碇拉锚形式，施工简便，拉力可靠，但要求具有无障碍平坦的场地；锚杆利用钻孔、注浆等方法，将钢筋或钢绞线等拉杆锚固在较深的地层中，以获得可靠的抗拔力。锚杆由于布置方便，抗拔力吨位大，不受地表场地的限制，在深基坑支护工程中得到广泛应用。

相比基坑支护的支撑式围护结构，拉锚式围护结构具有以下特点：

（1）便于基坑土方开挖和地下室施工；

（2）用拉锚代替钢支撑或混凝土支撑，可大量节省材料，在工期和经济上有优势；

（3）施工机械及设备的作业空间大，布置灵活；

（4）拉锚的设计拉力可由抗拔试验来获得，因此保证了设计的安全度；

（5）拉锚可以施加预应力，以控制支护结构的变形。

同时，拉锚也有受到地层条件和地下空间的限制、施工技术要求高等特点，在实际应用中应予以重视。

锚杆技术是20世纪50年代开始发展起来的一项技术，早先锚杆只作为施工过程中的一种临时措施，如临时的螺旋地锚以及采矿工业中的临时性木锚杆或钢锚杆等。50年代中期，在国外的隧道工程中开始广泛采用小型永久性灌浆锚杆和喷射混凝土代替以往的隧道衬砌结构。60年代以来，锚固技术得到迅速的发展，锚杆不仅在临时性的建（构）筑物基坑开挖中使用，亦在修建永久性建（构）筑物中得到较为广泛的应用。与此同时，可供锚固的地层不仅限于岩石，而且还在软岩、风化层以及砂卵石、软黏土等岩（土）层中取得锚固的经验。1969年，在墨西哥召开的第七届国际土力学和基础工程会议上，曾有一个分组专门讨论了土层锚固技术问题；70年代以来召开过的多次地区性的国际会议上，均涉及锚固技术的经验与研究；瑞典、德国、法国、英国、美国、日本等国家中的土木建筑公司分别研制了多种不同类型的锚杆施工机具、锚头和专利的灌浆工艺。各国还各自制定了锚杆设计和施工的技术标准。

20世纪50年代，我国在矿山支护、加固隧洞洞顶等工程中应用锚杆的例子已很多。

1962 年安徽梅山水库在修筑溢洪道消力池加固工程中采用了预应力灌浆锚杆；1972 年，在湘黔铁路凯里车站路堑边坡（强风化的软岩）中采用了锚杆挡墙和锚固桩综合治理滑坡。1976 年，北京修建地下铁道西直门车站时，首次采用土层锚杆与钢板桩相结合的支护结构代替钢横撑的施工方法，取得了良好的效果。1980 年代以来，高层建筑建造迅速发展，要求开挖基础的深度加大。与此同时，高效锚杆钻机的引进和制造开发，使得锚杆在深基坑支护工程中得到了广泛的应用。目前，可以参照的锚固工程技术标准和规范主要有：①中华人民共和国行业标准《建筑基坑支护技术规程》JGJ 120；②中国工程建设标准化协会标准《岩土锚杆（索）技术规程》CECS 22；③中华人民共和国国家标准《建筑边坡工程技术规范》GB 50330；④中华人民共和国国家标准《岩土锚杆与喷射混凝土支护工程技术规范》GB 50086；⑤中华人民共和国行业标准《水工预应力锚固设计规范》SL 212 以及其他一些地方和行业规范等。

虽然，锚杆技术在我国基坑支护、边坡加固、滑坡治理、地下结构抗浮、挡土结构锚固和结构抗倾等工程中得到广泛应用，积累了丰富的工程经验，但由于锚杆的作用多种多样，锚固的地层或岩层复杂多变，锚杆技术中的许多问题有待进一步研究，而且随着技术的发展，施工更简便、技术上更可靠的新型锚杆技术也不断出现。近年来，提高锚固效率的扩孔锚杆、受力性能和防腐性能好的压力分散型锚杆，以及避免地下空间污染的可回收式锚杆等新的锚杆技术应用日益广泛。

由于拉锚式围护结构的围护结构一般采用支护桩或地下连续墙等，在有关章节已有详尽的介绍，本章重点在于介绍拉锚的设计与施工技术，内容包括锚碇、拉力型锚杆，以及扩孔性锚杆、压力型锚杆、分段压力型锚杆、可回收锚杆等新技术。

7.2 拉锚的基本形式

7.2.1 拉锚型围护结构的基本形式

拉锚式围护结构如图 7.2-1 所示，主要由围护桩（墙）和拉锚组成。大部分基坑工程拉锚采用锚杆（索），如图 7.2-1（a）所示；在场地条件许可的条件下，也有用锚碇提供拉锚，如图 7.2-1（b）所示。在基坑支护中锚杆、锚索和锚碇等锚固的作用都在于为围护

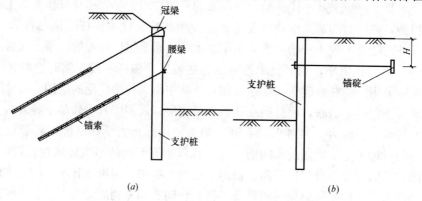

图 7.2-1 拉锚围护结构示意图

（a）桩＋锚杆支护；（b）桩＋锚碇支护

结构提供背拉力，统称为拉锚。

工程习惯上将以钢筋等刚性杆件作为拉杆的锚固称为锚杆，采用钢绞线等柔性拉杆的锚固称为锚索。相比之下，钢绞线的材料强度高，可以节约用钢量，所以在实际工程中应用更为普遍。在锚杆设计吨位小且长度较短时，采用钢筋锚杆施工更方便。近年来，高强度的精轧螺纹钢应用日益普遍，采用钢筋作为拉杆的锚杆仍然有用武之地。对于基坑支护采用的锚杆，一般锚固段设置在土层或风化岩层，相比岩层锚杆，土层锚杆技术上更为复杂。

锚碇埋设在基坑侧壁的一定远处，由拉杆与围护桩相连的拉锚形式称之为锚碇。锚碇的形式可以是板状，称之为锚碇板；也可以是桩，称之为锚桩，也可以做成通长布置的锚梁。锚碇的特点是需要较大的布置空间，受深度的限制不可能获得较大的抗拔力。

7.2.2 岩土锚固的分类

土层锚杆是由岩石锚杆发展而来的，指锚固段埋设在土层或风化岩中的锚杆。在天然地层中的锚固方法多以钻孔灌浆为主，一般称为灌浆锚杆，它的受拉杆件有粗钢筋、高强度钢丝、钢绞线等不同的类型，施工工艺有常压灌浆、高压灌浆、化学灌浆，以及许多采用特殊锚固灌浆的专利技术。在基坑工程中广泛采用的土钉在形式与锚杆有相似之处，但在构造上、受力机理上有区别。

锚杆的分类很多，可以根据是否施加预应力分为预应力锚杆和非预应力锚杆；也可根据灌浆方式不同分为高压灌浆锚杆和常压灌浆锚杆；按照受力的特性可以分为压力型锚杆和拉力型锚杆，以及压力分散型锚杆和拉力分散型锚杆。在基坑工程中为了与土钉有所区别，将锚杆的类型、构造，以及与土钉的对比列于表 7.2-1。

锚固的分类 表 7.2-1

		锚　杆			土　钉		
天然岩土层中锚固	拉杆材料	粗钢筋（精轧螺纹钢筋，高强度钢筋 45SiMnV 等）、高强度钢丝、钢绞线			钢筋、钢管		
	使用年限	临时性，永久性（使用年限两年以上）			临时性为主，在地下水低的条件下，可以作为永久性支挡		
	控制变形和增大承载力	普通锚杆（加压或不加压灌浆）预应力锚杆（一般采用压力灌浆）			大多为不加压灌浆型		
	施工方法（灌浆）	一次	二次	多次	注浆型	打入型	射入型
地表或填土层中锚固	锚碇						

根据锚杆锚固段受力特性不同，锚杆可分为不同的类型：拉力型锚杆、压力型锚杆、拉力分散型锚杆、压力分散型锚杆和扩孔型锚杆，各种锚杆的构造简图如图 7.2-2 所示。

由图 7.2-2 中可以看出，各类锚杆分别具有以下构造特点：

（1）拉力型锚杆，圆柱状钻孔，在锚固段拉杆由注浆体与孔壁岩土层粘结在一起，锚杆的自由段注浆与拉杆不粘结；

（2）压力型锚杆，拉杆在端部设置一块承压板，拉杆与注浆体全长不粘结；

（3）拉力分散型锚杆，多拉杆，各拉杆在锚固段与注浆体粘结的长度不同；

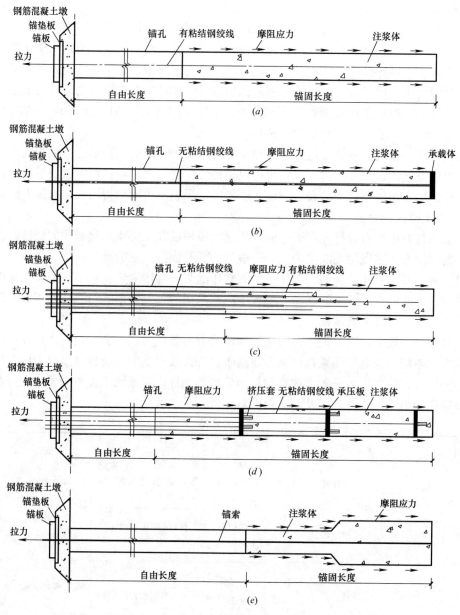

图 7.2-2 各类型锚杆结构示意图

(a) 拉力型；(b) 压力型；(c) 拉力分散型；(d) 压力分散型；(e) 扩孔型

（4）压力分散型锚杆，多拉杆，各拉杆端部承载板在锚固段的位置不同；

（5）扩孔锚杆，在锚固段扩大了钻孔的直径。

不同形式的锚杆，锚固端的应力分布是不同的，这种应力分布的特点也决定了锚固效率和锚杆的其他工作特性。

图 7.2-3 为不同类型锚杆锚固段钻孔内锚固体与岩土体之间的应力分布图，从图中可以看出：

（a）拉力型锚杆应力分布不均匀，锚固段前部应力水平高，锚固体受拉易开裂结果造

成锚杆的防腐性能差,锚固效率低;

(b)压力型锚杆锚固体受压,锚杆全长无粘结,拉力由端部承压板传递到锚固体,在锚固段的底端锚固体与岩土侧壁的应力水平高,靠近孔口方向荷载明显减小,整个锚固端的锚固体受压,由于受压体积膨胀趋势改善了锚固体与钻孔壁之间的摩阻力,可提高锚固效率,锚固体受压应力不易开裂,防腐性能好;

(c)压力分散型能较好地分段分担锚杆的拉力,提高锚杆总的承载力,但在承载体端部因局部应力过大,容易引起注浆体压碎。

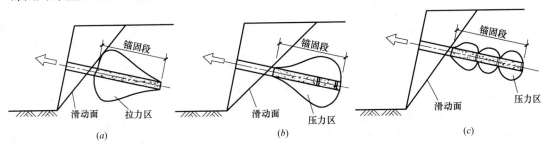

图 7.2-3 不同类型锚杆锚固段应力的分布

(a)拉力型;(b)压力型;(c)压力分散型

7.2.3 拉力型锚索的结构与抗拔力作用机理

1. 拉力型锚索的基本结构

拉力型锚索基本构造可由图 7.2-4 表示。拉力型锚索指的是锚杆中的锚固段注浆固结体受到的是拉应力。

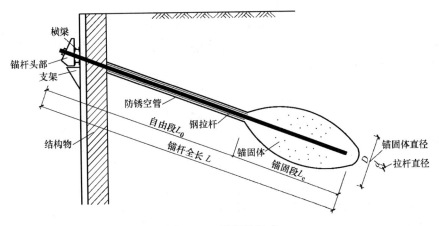

图 7.2-4 锚杆的组成

许多资料表明,锚杆锚固体与孔壁周边土层之间的粘结强度由于地层土质不同、埋深不同以及灌浆方法不同而有很大的变化和差异。对于锚杆的抗拔作用原理可从其受力状态进行分析。图 7.2-5 表示一个灌浆锚杆的注浆锚固段,如将锚固段的注浆固结体作为自由体,其作用力受力机理为:

当锚固段受力时,拉力 T_i 首先通过钢拉杆周边的握固力(u)传递到锚固体中,然后再通过锚固段钻孔周边的地层摩阻力或称为粘结力(τ)传递到锚固的地层中。因此锚杆如受到拉力的作用,除了钢筋本身需要足够的截面积(A)承受拉力之外,即 $T_i = p_i \cdot A$

（式中 p_i 为钢筋单位面积上的应力），锚杆的抗拔作用还必须同时满足以下三个条件：

（1）锚固段的砂浆对于钢拉杆的握固力需能承受极限拉力；

（2）锚固段地层对于锚固体的摩阻力需能承受极限拉力；

（3）锚固土体在最不利的条件下仍能保持整体稳定性。

以上第（1）和第（2）个条件是影响抗拔力的主要因素。

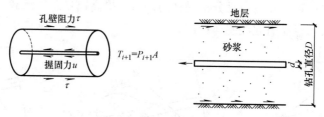

图 7.2-5 灌浆锚杆锚固段受力状态

2. 锚固段的注浆固结体对拉杆的握固力

对于岩层锚杆，如果按照规定的注浆工艺施工，注浆固结体与岩层孔壁之间的摩阻力一般会大于注浆固结体与拉杆之间的握固力。所以，岩层的锚杆的抗拔力和最小锚固段长度一般取决于注浆固结体与锚杆拉杆之间的握固力，为此：

$$T_{u岩} \leqslant \pi d L_e u \tag{7.2-1}$$

式中 $T_{u岩}$——岩层锚杆的极限抗拔力（kN）；

　　 d——钢拉杆的直径（m）；

　　 L_e——锚杆的有效锚固长度（m）；

　　 u——砂浆对于钢筋的平均握固应力（kPa）。

注浆体的平均握固应力 u 是一个关键的参数，假定图 7.2-5 中的 T_i 和 T_{i+1} 分别为钢筋在 i 截面上和 $i+1$ 截面上所受的拉力，p_i 为钢筋单位面积上的应力，若令 u_i 为这一段砂浆对于钢筋的单位面积握固力，则

$$T_i - T_{i+1} = u_i \pi d L_i \tag{7.2-2}$$

$$\therefore u_i = \frac{T_i - T_{i+1}}{\pi d L_i} = \frac{(p_i - p_{i+1})d}{4 L_i} \tag{7.2-3}$$

由此可见只要将孔口内的钢筋划分成不同区段，则可根据各区段两端截面上的钢筋应力 p 的数值，按式（7.2-3）计算求得各个区段中砂浆对于钢筋的握固力（u），资料表明，砂浆对于钢筋的握固力，取决于砂浆与钢筋之间的粘结强度。如果采用螺纹钢筋，这种握固力取决于螺纹凹槽内部的注浆固结体与其周边以外注浆固结体之间的抗剪力，也就是注浆固结体本身的抗剪强度。

锚杆孔内注浆固结体的握固力分布情况相当复杂，在实际工作中，可暂不探讨这些变化细节，而只需获得平均握固应力的数值，并研究其必需的锚固长度问题。某些钢筋混凝土试验资料建议钢筋与混凝土之间的粘结强度大约为其标准抗压强度的 $10\% \sim 20\%$，如果按照这种方法去计算一根钢筋所需的最小锚固长度 L_{emin}，并令钢筋的抗拉强度 f_{sk}，则

$$\left(\frac{\pi d^2}{4}\right) f_{sk} = \pi d L_{emin} u$$

$$L_{emin} = \frac{f_{sk} \cdot d}{4u} \tag{7.2-4}$$

按式（7.2-4）计算，在岩层中一般直径 25mm 的钢筋锚杆所需的锚固长度只需 1～2m 就够了，这已被铁道部科学研究院在多次岩层拉拔试验中得到证实。试验资料表明：当采用热轧螺纹钢筋作为拉杆时，在完整硬质岩层的锚孔中其应力传递深度不超过 2m，在风化岩层中，应力传递深度达 7～9m，影响岩层锚杆抗拔能力的主要因素是注浆固结体的握固能力。例如，当岩层锚固深度大于 1.0m，采用 $\phi 25$ 的钢筋时，往往钢筋被拉断而锚固段不会从锚杆孔中拔出；$\phi 32$ 的 II 级钢筋被拉到屈服点（290kN），以及 $2\phi 32$ 的 20MnSi 钢筋被拉到屈服点（550kN）都未发现岩层有较明显的变化；这表明一般锚杆在完整岩层中的锚固深度只要超过 2m 就足够了。但在使用中，为了保证岩质锚杆的可靠性，还必须事先判别锚固区山坡岩体有无坍塌和滑坡的可能，并需防止个别被节理分割的岩体承受拉力后发生松动。因此，建议灌浆锚固段达到岩层内部（除表面风化层外）的深度应不小于 4m。

必须指出，上述的平均握固应力和最小锚固长度的估算只适用于锚固在岩层中的锚杆，如果灌浆锚固段在土层或风化岩中，则岩土层对于锚杆孔注浆固结体的单位长度的粘结力小于注浆固结体对钢筋的单位长度握固力，因此，土层锚杆的最小锚固长度将主要受岩土层性质的影响，锚杆的抗拔力主要取决于锚固段提供的注浆固结体与土层之间的粘结力。

3. 锚固段孔壁的抗剪强度

土层锚杆，锚固端设置在风化岩层和土层中，同样长度条件下，锚杆拉杆与注浆固结体之间的握固力要大于由注浆固结体与锚固段孔壁之间的粘结力。所以，土层锚杆的极限抗拔能力取决于锚固段地层对于锚固段所能提供的最大粘结力强度，按图 7.2-5 表示的锚固端单元受力简图，土层柱状锚固段的极限抗拔力可表达为：

$$T_{u\pm} \leqslant \pi D L_e \tau \tag{7.2-5}$$

式中　$T_{u\pm}$——岩土层柱状锚固体的极限抗拔力（kN）；

D——锚杆钻孔的直径（m）；

L_e——锚杆的有效锚固长度（m）；

τ——锚固段周边锚固体与土层之间的粘结强度（kN/m²）。

锚杆的钻孔直径 D，有效锚固长度 L_e 和注浆固结体与孔壁周边的粘结强度 τ 是直接影响灌浆锚杆抗拔能力的几个因素。其中，锚杆锚固段周边的粘结强度 τ 的数值受地层性质、锚杆所处的埋深、锚杆类型和施工灌浆工艺等许多复杂因素的影响。不仅在不同的地层中和不同深度处的锚固体与土层的粘结强度 τ 值有很大差异，即使在相同地层和相同深度处，τ 值也可能由于锚杆类型和施工注浆工艺的差别而有较大的变化。

一般认为，锚杆孔壁土层与注浆固结体接触面的粘结可能有三种破坏情况：

（1）注浆固结体与土层接触面外围的岩土层的剪切破坏，这只有当岩土层的强度低于注浆固结体和接触面的强度时才发生；

（2）沿着注浆固结体与孔壁的接触面剪切破坏，这只有当注浆工艺不合要求以致锚固体与孔壁粘结不良时才会发生；

（3）接触面注浆固结体的剪切破坏。

在较完整的岩层中，最危险的剪裂面往往不在孔壁附近，而是发生在沿钢筋周边的握固力作用面上，即岩层锚杆孔壁的摩阻力一般均大于砂浆对钢筋的握固力。土层的强度一般低于注浆固结体的强度，因此，如果施工灌浆的工艺良好，土层锚杆孔壁对于砂浆的摩阻力应取决于沿接触面外围的土层抗剪强度。土层的抗剪强度的表达式为：

$$
\left.
\begin{array}{l}
\tau = c + \sigma \tan\varphi \\
\tau = c + K_0 \gamma h \tan\varphi
\end{array}
\right\} \tag{7.2-6}
$$

式中　c——锚固区土层的黏聚力（kPa）；

　　　φ——土的内摩擦角（°）；

　　　σ——孔壁周边法向压应力（kPa）；

　　　h——锚固段以上的地层覆盖厚度（m）；

　　　K_0——锚固段孔壁的土压系数，常压灌浆时可取 $K_0 = 1.0$。

如采用特殊的高压注浆工艺，则孔壁土压系数 K_0 将大于 1。其具体数值需根据地层和施工工艺的情况试验决定。但如果是在松软地层中进行高压灌浆，高压灌浆所产生的局部应力将逐渐扩散减小，因而 K_0 的增大也是有所限度的。因此，在松软的地层往往采用扩大孔径的方法增大锚杆的抗拔能力。

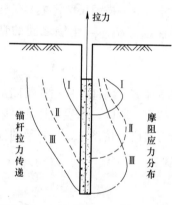

图 7.2-6　拉力型锚杆（索）荷载
传递与摩擦应力分布示意图

4. 拉力型锚索的荷载传递

进一步了解拉力型锚索的荷载传递规律，对于合理设计拉锚的锚固段是非常有用的。拉力型锚索的荷载传递规律可以根据图 7.2-6 所示来说明。图 7.2-6 中的曲线 Ⅰ 代表锚索拉力较小的阶段，主要在锚固段的前端发挥锚固作用。随着拉力荷载增大，锚固体与钻孔侧壁之间的摩阻力分布进入曲线 Ⅱ 状态，表明锚固段的受力区后移；可以注意到锚固段的前部由于摩阻力达到了极限强度之后迅速衰减，显然与曲线 Ⅰ 状态相比抗拔力增大了。进一步增加拉拔力，进入曲线 Ⅲ 状态，此时锚索的拉力达到了极限值，此时锚索前端随着锚索拉杆的变形增大，摩阻力进一步衰减，锚固段的受力区进一步后移，直至接近端部摩阻力达到极限值。

从以上分析和阐述可以看出，对于拉力型锚索，有效锚固端会随着拉拔荷载增大而后移的现象。所以在设计时，对于拉力型锚杆增加锚固段设计长度，锚索的抗拔力并不会线性增长。

图 7.2-7（a）进一步说明普通的拉力型锚索随着拉力荷载增大粘结应力分布区后移的现象。为了解决该问题，有效的方法就是分段受力。将锚杆的拉杆分成不同长度的段，分别锚固在不同的锚固段中，锚固段中的粘结应力分布如图 7.2-7（b）所示，此时锚杆的总拉力是若干个应力分布区提供拉拔力之和。

7.2.4　压力型锚索抗拔力作用机理

1. 压力型锚杆的基本结构

圆柱状钻孔条件下的压力型锚索、压力分散型锚索的构造如图 7.2-8 所示。压力型锚索的拉杆采用无粘结钢绞线，端部设承压板，锚杆的拉力通过无粘结钢绞线传递到锚固段注浆固结体的底部。压力分散型锚索的承压板设置在不同的深度，以减小应力峰值，提高锚固效率。

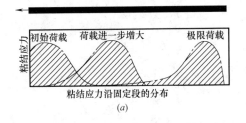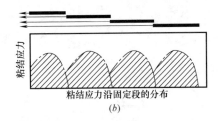

图 7.2-7　单孔复合锚固型锚杆与普通拉力型锚杆的比较

（*a*）普通拉力型锚杆；（*b*）单孔复合型锚杆

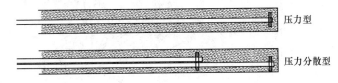

图 7.2-8　压力型锚杆构造示意图

多段扩孔压力分散型锚杆的结构如图 7.2-9 所示，该类锚杆根据压力分散型锚杆的受力特点，在剪应力分布相对集中的部位，扩大钻孔直径，增加注浆体与岩土体的接触面积，形成的一种新型的锚杆结构形式，在减小锚固体端部应力的同时，提高锚固承载力，与同样大孔径锚杆相比又能减少注浆量，经济性更好。

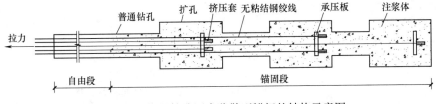

图 7.2-9　多段扩孔压力分散型锚杆的结构示意图

2. 压力型锚杆的荷载传递

1977 年，Mastrantuono 和 Tomiolo 对同一场地压力型和拉力型锚杆的锚固效果进行了现场对比试验，得出了在同等荷载下拉力型锚杆的注浆固结体轴向应变比压力型锚杆的应变要大的结论，如图 7.2-10 所示。从对比图 7.2-9 中的锚固段应力分布，可以看出拉力型锚杆的注浆固结体承受拉应变，前部注浆固结体的轴向拉应变大，随着深度迅速减小。压力型锚杆的锚固段注浆固结体承受压应变，分布相对较均匀。

压力型锚索的受力原理，参照图 7.2-11，在拉杆拉力的作用下，锚固体受压应力，锚固体与钻孔岩土层之间的粘结力提供抗拔力。锚杆的抗拔力受到两个条件的制约：一是锚固体的抗压强度，当端部锚固体所受的压力超过抗压强度时，锚杆就发生破坏；二是锚固段与岩土钻孔壁之间的粘结力。

按图 7.2-11 表示的锚固端单元受力简图，土层柱状锚固段摩阻力提供的极限抗拔力可表达为：

$$T_{u\pm} \leqslant \pi D L_e \tau \tag{7.2-7}$$

式中　　$T_{u\pm}$——岩土层柱状锚固体的极限抗拔力（kN）；

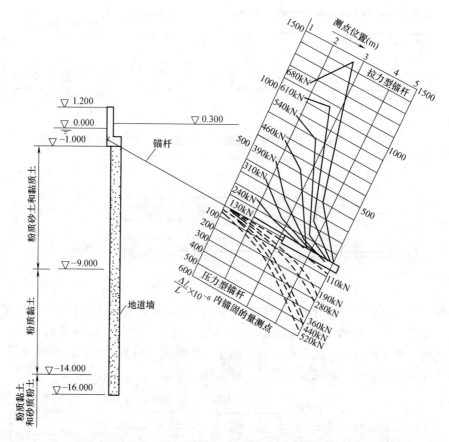

图 7.2-10　压力型锚杆和拉力型锚杆的荷载分布

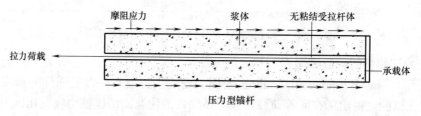

图 7.2-11　压力型锚杆原理

D——锚杆钻孔的直径（m）；

L_e——锚杆的有效锚固长度（m）；

τ——锚固段周边锚固体与土层之间的粘结强度（kN/m²）。

3. 压力型锚杆注浆固结体抗压强度

由压力型的锚杆的结构可知，锚杆的拉拔力，通过拉杆传递到设置在端部的承载板，再传递到锚固段，注浆固结体承受压应力。因此，由注浆固结体强度控制的锚杆抗拔力极限值为：

$$T_{注浆体} \leqslant \frac{1}{4}\pi D^2 f_m \qquad (7.2\text{-}8)$$

式中　$T_{注浆体}$——由注浆固结体承受的最大锚杆极限抗拔力（kN）；

D——锚杆钻孔的直径（m）；

f_m——注浆固结体的抗压强度（kPa）。

由式（7.2-7）和式（7.2-8）可知，要提高压力型锚杆的抗拔力时，最有效的方法是加大钻孔的直径。为了提高功效、节约造价，扩孔和分段扩孔锚杆应运而生。

7.3　拉锚式围护结构的计算模式

锚杆的作用有多种，荷载确定方法也不尽相同，限于篇幅在本章仅讨论拉锚式围护结构中的锚杆设计荷载的确定问题。

在拉锚式围护结构中，拉锚的作用主要是抵消围护结构承受的侧壁水土压力，因而首先应计算作用在结构侧壁上的总水土压力及其分布，然后才能确定锚杆的配置，并以此为条件计算确定其拉力。土压力的大小既取决于土的种类及其力学性质，又与挡土结构的刚度、位移、变形情况及施工方法等有密切关系。实际土压力的计算分析至今仍然是一个未能很好解决的难题。但是，工程一般采用极限状态土压力和经修正的土压力分布模式，实践证明能够较好地解决工程问题，具有实际工程意义。

计算拉锚式围护结构的拉锚荷载的方法有多种，以下介绍工程上常用的几种计算方法：1）单拉锚围护结构的拟梁法；2）多锚围护结构的土压力荷载分配法；3）弹性支点法（多支点弹性地基梁法）。

7.3.1　拟梁法计算单拉锚荷载

拉锚式围护结构属柔性或半柔性挡土结构，作用在结构物上的土压力分布比较复杂，不易确定，可按下述原则假设：如果墙身位移是使土体的侧向约束减小，作用于墙身的土压力按朗肯主动土压力 p_a 考虑；如果是挤压土体，作用于墙上的土压力将介于静止土压力 p_a 和朗肯被动土压力 p_p 之间，取决于位移程度，最大不超过 p_p。

朗肯土压力计算式（墙背直立，墙后土体为平面时）：

（1）无黏性土情况：

$$p_a = K_a \gamma z \tag{7.3-1}$$

$$p_p = K_p \gamma z \tag{7.3-2}$$

（2）黏性土情况：

$$p_a = K_a \gamma z - 2c\sqrt{K_a} \tag{7.3-3}$$

$$p_p = K_p \gamma z + 2c\sqrt{K_p} \tag{7.3-4}$$

式中　K_a——朗肯主动土压力系数，$K_a = \tan^2\left(45° - \dfrac{\varphi}{2}\right)$；

K_p——朗肯被动土压力系数，$K_p = \tan^2\left(45° + \dfrac{\varphi}{2}\right)$；

γ——土的重度（kN/m³），水土分算时用土的有效重度；

φ、c——土的内摩擦角（°）和黏聚力（kN/m²），水土合算时用总应力指标，水土分算时用有效应力指标；

z——计算深度（m）。

对于黏性土层采用总应力强度指标水土合算土压力时，不单独计入水压力；无黏性土层采用有效应力强度指标水土分算土压力时，水压力按静水压力叠加。

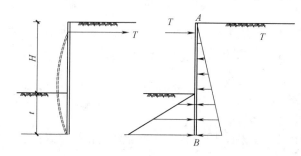

图 7.3-1 锚拉（板桩）墙的土压力计算

如图 7.3-1 中，在桩（墙）顶附近设置拉锚 T，以维持墙体的稳定。当埋深 t 较小时，墙的变形不出现反弯点，这时，可假定墙一侧为主动土压力 P_1，另一侧为被动土压力 P_2，但 P_2 不得超过朗肯被动土压力的 $1/2 \sim 1/3$。通过试算，根据 $\sum M_B = 0$ 和 $\sum F_X = 0$，便可确定 t_1、M_{max} 和 T。但当 t 较大时，墙下半部分可能出现反弯点，这时土压力分布和受力情况与图 7.3-1 不同，具体情况参考有关书籍及规范。

7.3.2 多支点拉锚围护结构的土压力分配法

拉锚式围护结构有多道锚杆时，属于超静定结构，采用拟梁法较难计算支点力。此时，可以采用荷载分配法，简化锚杆支点力的计算。

首先，分析多道锚杆的拉锚围护结构的施工工序。施工时一般是先设置围护结构如排桩（或板桩）进入基坑底部的土层中，然后从地面向下开挖，每挖一定深度，及时安装锚杆并施加预张力，如图 7.3-2（a）所示。由于桩（墙）的变位在各锚杆的支点处受到不同程度的限制，墙的挠曲变形趋势如图 7.3-2（b）所示。在这种情况下，支挡结构上作用的土压力不再是三角形分布，也不能用朗金或库伦土压力理论计算，因为墙后土体并不全部都达到极限平衡状态，而且在局部地方起"拱"的作用，使土压力发生重分布，有拱的中部（变位大的地方）转移一部分到拱的两端（变位小的地方）。这就使得基坑支护的土压力分布很不规律，见图 7.3-2，并在很大程度上取决于施工情况（如安装各锚杆的时间是否及时，预张力的大小等）。因此，对这种有多排支锚的支挡结构上的土压力分布只能凭经验估计。太沙基和派克根据实测资料和模型试验结果提出了经验计算图式，如图 7.3-2（c）所示。这组图式不代表土压力的真正分布规律，而是最大土压力的可能包线，可用于确定支锚荷载。

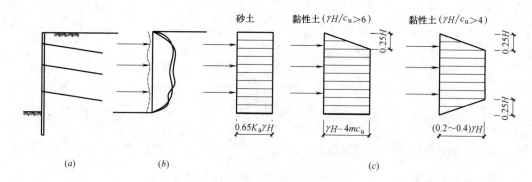

图 7.3-2 基坑支护的土压力计算

对于砂土，可按沿深度均匀分布考虑，土压力值为 $0.65K_a\gamma h$；K_a 为朗肯主动土压力系数，γ 为土的重度。对于黏性土，如果是 $\gamma H/c_u > 6$ 的较软黏性土（c_u 为不排水抗剪强度），最上面土压力为零，自 $0.25H$ 深度起为均匀分布，压力值为 $\gamma H - 4mc_u$；其中系数

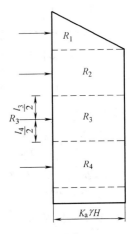

m 在一般情况下可用 1.0，如果基坑底面以下有深厚软土层，可能引起坑底隆起，板桩外软土向内挤动情况，则 m 值宜采用 0.4。对于 $\gamma H/c_u < 4$ 的较硬黏土，可按中间深度 $0.5H$ 为均匀分布，最上面 $0.25H$ 和最下面 $0.25H$ 均为三角形分布考虑，最大压力值为 $0.2 \sim 0.4\gamma H$。对 $\gamma H/c_u = 4 \sim 6$ 情况，则采用两者之间的过渡。

选定了土压力分布模式之后，可以根据图 7.3-3 所示的 1/2 分担法计算拉锚力。l_i 指的是节 i 排锚杆至节 $i-1$ 排锚杆的距离。

图 7.3-3 1/2 分担法
计算拉锚力

7.3.3 弹性支点法确定拉锚荷载

弹性支点法将支挡结构简化为平面应变问题，取单位宽度的围护桩（墙）作为竖向放置的弹性地基梁，拉锚简化为弹簧支座，基坑内开挖面以下土体采用弹簧模拟，挡土结构外侧作用已知的水压力和土压力。图 7.3-4 为弹性支点法典型计算简图。

拉锚的支点刚度系数 k_i 是一个关键参数，它代表单位位移值拉锚增加的力。锚杆的支点刚度系数 k_i 可以通过锚杆的拉拔试验取得试验数据，按式（7.3-5）计算确定。

$$k_i = \frac{(Q_2 - Q_1)b_a}{(s_2 - s_1)s} \qquad (7.3-5)$$

式中 Q_1、Q_2——锚杆循环加荷或逐级加荷试验中 $(Q \sim s)$ 曲线上对应锚杆锁定值与轴向拉力标准值的荷载值（kN）；对锁定前进行预张拉的锚杆，取循环加荷试验中在相当于预张拉荷载加载量下卸载后的再加载曲线上的荷载值（kN）；

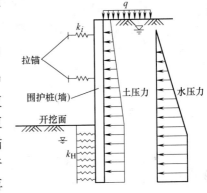

图 7.3-4 弹性支点计算简图

b_a——围护结构的计算宽度，一桩一锚布置时，取桩间距；地下连续墙取单幅墙的宽度（m）；

s_1、s_2——Q_1、Q_2 对应的锚头位移值（m）；

s——锚杆的水平布置间距（m）。

在缺少试验数据的方案阶段，可以根据锚杆的设计参数采用式（7.3-6）计算取得。

$$k_i = \frac{3E_s E_c A_p A b_a}{[3E_c A l_f + E_s A_p (l - l_f)]s} \qquad (7.3-6)$$

$$E_c = \frac{E_s A_p + E_m (A - A_p)}{A} \qquad (7.3-7)$$

式中 E_s——锚杆杆体的弹性模量（kPa）；

E_c——锚杆的复合模量（kPa）；

E_m——注浆固结体的弹性模量（kPa）；

A_p——锚杆杆体的截面面积（m^2）；

A——锚杆注浆体的截面面积（m^2）；

l、l_f——锚杆长度和锚杆自由段长度（m）。

根据弹性地基梁的原理，基坑开挖面以下，坑内土体对围护桩的反力由反力弹簧支座来模拟。土弹簧刚度可按下式计算：

$$K_H = k_H bh \tag{7.3-8}$$

式中　K_H——土弹簧压缩刚度（kN/m）；

　　　k_H——地基土水平向基床系数（kN/m³）；

　　　b——弹簧的水平向计算间距（m）；

　　　h——弹簧的嵌固面以下深度（m）。

《基坑工程手册》（第二版）给出了地基水平基床系数的五种不同分布形式，如图7.3-5所示，地基水平向基床系数采用下式表示：

$$k_H = A_0 k_h + kz^n \tag{7.3-9}$$

式中　z——距离开挖面或地面的深度（m）；

　　　k——比例系数；

　　　n——指数，反映地基水平基床系数随深度的变化情况；

　　　A_0——开挖面或地面处的地基水平基床系数，一般取为零。

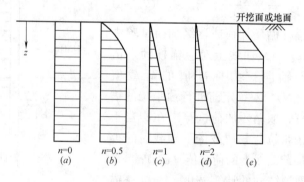

图 7.3-5　地基水平向基床系数的不同分布形式

现行的行业标准《建筑深基坑支护技术规范》JGJ 120 采用第三种 $n=1$ 的分布形式（m 法）计算挡土结构内侧嵌固段上土的水平向基床系数：

$$k_H = m(z - h) \tag{7.3-10}$$

式中　m——土的水平反力系数的比例系数（kN/m⁴）；

　　　z——计算点距地面的深度（m）；

　　　h——计算工况下的基坑开挖深度（m）。

现行的行业规范《建筑基坑支护技术规范》JGJ 120 推荐，土的水平反力系数的比例系数（m）按桩的水平荷载试验及地区经验取值，缺少试验和经验时，按下列经验公式计算：

$$m = \frac{0.2\varphi^2 - \varphi + c}{v_b} m(z - h) \tag{7.3-11}$$

式中　m——土的水平反力系数的比例系数（kN/m⁴）；

　　　φ、c——土的内摩擦角（°）和黏聚力（kN/m²）；

　　　v_b——挡土构件在坑底处的水平位移量（mm），当此处的水平位移不大于10mm时，可取10mm。

7.4 土层锚杆的勘察设计

在基坑支护工程方案论证之前，应初步了解基坑场地的地质、周边地下建（构）筑物的分布等条件，要了解当地的锚固工程经验等。当确定基坑支护工程采用拉锚式围护结构方案之后，应根据锚杆的工程特点，进行必要的地质详勘、环境调查、收集当地规范和工程经验等工作；应根据工程条件，进一步论证分析锚杆的适用条件，选取锚固类型。经论证通过支护方案之后，要结合围护结构进行锚索设计、选定施工工艺和方法、进行现场锚杆拉拔试验，根据试验结果改进设计，然后开展现场施工、检验验收、张拉锁定，最后根据需要拆卸锚索。

7.4.1 场地勘查

1. 场地地质勘察

当基坑工程选用拉锚式围护结构支护方案时，除了应按建筑基础或一般基坑的勘察要求，进行调查、钻探、原位测试和土工试验之外，还应根据锚固工程的特点，对地质勘察工作有所侧重。主要应了解基坑以外锚固区地层的分布和性质，一般要求：当场地地层变化较大时，勘察场地范围应超过基坑边线之外1.5～2.0倍基坑深度；查明地层分布及厚度、土质性状；地下水位及水质对锚索的侵蚀性影响；通过工程地质钻探及土工试验，掌握锚固层土的颗粒级配、抗剪强度和渗透系数等物理力学性质指标；当不能在基坑外布置勘探点时，应通过调查取得周边相关的勘察资料并结合场地内的勘察资料综合分析基坑周边的土层分布状况。

锚杆设计依据的地勘资料应包括以下内容：

（1）地层，地质剖面、地层分布及厚度、土质性状；

（2）提供各土层的物理及力学性质指标；

（3）地下水及水质对锚杆的侵蚀性影响；

（4）提供锚固土层的颗粒级配和渗透系数；

（5）提供锚固土层的抗剪强度强度指标，如有经验应提供锚固土层的锚固体与岩土层粘结强度参考值，室内试验所提供的资料，试验条件必须与锚固段的工作状态一致，如基坑外是降水的，对于砂性土则可采用排水固结以后的土力学指标；基坑外不降水，则应采用不固结、不排水土力学指标；对于渗透性很小的软黏土，不论降水条件，均宜采用不固结、不排水强度指标。

2. 环境调查

基坑支护采用拉锚式围护结构时，应调查基坑场地周边的地上和地下环境条件，包括附近建筑物，以及建筑物的基础类型和埋置深度；邻近的地下建（构）筑物及保护要求、各种管线分布（上下水和煤气管道、动力和通信电缆的埋深，管线材料和接头形式等），以及地面上的道路、交通、气象等情况；要了解周边地块地下空间的规划情况，比如是否有规划的轨道交通路线、共同管沟和地下通道等。

3. 其他调研工作

在编制拉锚式围护结构设计方案之前，除了上述勘查工作之外，还应了解当地基坑支护技术标准，以及对于锚杆使用的限制和其他要求；应了解地方有关地下环境保护的条例和法规。

近年来，随着地下空间开发力度加大，城市轨道交通建设的跨越式发展，后续建设的地下工程遇到以前施工锚杆干扰的事件层出不尽。为了避免锚杆对地下空间造成"污染"，许多城市出台了地方性的法规或规定，对锚杆的使用提出限制条件：一是要求基坑支护锚杆不得永久侵入相邻场地地下，除非取得相邻地块业主的许可；二是，锚杆进入红线外道路等公共用地地下时，不得影响规划的地下空间开发和轨道交通建设；三是，在上述情况下不得已使用锚杆时，应选用可回收锚杆。

在有软黏土层、易流砂塌孔的粉质土和砂层的场地，锚杆的钻孔施工也会产生地面沉降等影响，所以有的城市规定锚杆不得进入天然地基的建筑物之下。所以，了解当地对于锚杆使用的限制要求、地方有关地下环境保护的条例和法规，是锚杆设计的重要条件，是一项十分重要的调研工作。

在设计工作之前，还应该调查该地区锚杆应用的工程经验，通过调研了解可锚固的地层、各种土层的锚固粘结强度值等。同时，要注意积累锚杆工程经验，统计锚杆试验得出的锚固粘结强度值，总结不同锚固地层锚杆变形性状等。丰富的当地工程经验对于提高锚固工程技术水平有不可替代的作用。

7.4.2 锚杆的选型

从锚杆的工作机理上看，锚杆是一种受拉结构体系，由拉杆、注浆锚固体、自由段和外锚头等主要部件组成。只有深刻认识各工作部件的工作机理和作用，才能够合理地选型。

1. 拉杆

拉杆是锚杆的最基本构件，对材料的主要要求是高强度、耐腐蚀、易于加工和安装。拉杆所用的材料和主要特点介绍如下：

（1）钢筋：一般采用 HRB335 级钢以上的钢筋或精轧螺纹钢，具有施工安装简便、较抗腐蚀、取材容易、造价经济等特点，缺点是强度较低，而且普通钢筋的预应力锚头制作复杂等。钢筋拉杆一般用于非预应力锚杆。当采用高强钢筋锚杆时，钢筋锚杆吨位偏小的问题可以解决，若采用精轧螺纹钢等特种材料也能够作为预应力锚杆的拉杆，精轧螺纹钢有与之配套的螺纹套筒，可以方便地用来施加预应力并锁定。

（2）钢绞线：具有强度高、易于施加预应力、造价经济等特点，缺点是易松弛、防腐问题比较突出等。钢绞线是国内目前应用最广泛的预应力锚索的拉杆材料。无粘结钢绞线一般用于压力型锚杆，该种钢绞线外包塑料，防腐蚀性能好。

（3）非金属材料：为近年出现的新型材料，主要特点是强度高、耐腐蚀，目前应用的主要有碳纤维拉带和聚合物拉带等。由于国内应用还不普遍，而且应用时间较短，推广应用还有一个过程。

表 7.4-1 所列为几种常用钢筋和钢绞线的规格和强度标准值。

	常用拉杆材料的规格和强度标准值（N/mm²）	表 7.4-1
	种　类	f_{yk} 或 f_{pyk} 或 f_{ptk}
钢绞线	$d＝9.5(15\phi3)$	1720
	$d＝12.7(15\phi4)$	1860
	$d＝15.2(15\phi5)$	1960
热轧螺纹钢筋	HPB300（Ⅰ级钢），$d＝6～22mm$	235
	HRB335（Ⅱ级钢），$d＝6～50mm$	335
	HRB400（Ⅲ级钢），$d＝6～50mm$	400
	HRB500（Ⅳ级钢），$d＝6～50mm$	500
精轧螺纹钢	JL540	540
	JL785	785
	JL930	930

注：钢绞线三种强度值指的是有三种规格可选。

在实际工作中，锚杆拉杆的选型应遵循以下原则：

（1）在设计大吨位抗拔力的锚杆时，优先考虑采用钢绞线，它的强度高，相同设计吨位的情况下，钢材用量少，重量轻，便于安装和运输，特别是设计吨位较高时，还可以减少钻孔数量，减轻安装和张拉工作量。

（2）当中等设计吨位（300kN 左右）时，可以选精轧螺纹钢，它具有强度高、安装方便等优点。当设计吨位小于 200kN 且为非预应力锚杆时，可以优先考虑采用 HRB335 级或 HRB400 级钢筋。

（3）在工作环境恶劣，对锚杆的防腐蚀性能有特殊要求的情况下，可考虑聚合物材料或碳纤维等材料作为锚杆的拉杆。

2. 注浆材料

水泥浆和水泥砂浆是目前最廉价、应用最广的注浆材料。注浆材料中，水泥、水和骨料是组成锚固体浆液的基本材料，工程选用时应该符合有关规范和标准的规定和要求。在没有特殊要求的条件下，水泥可选硅酸盐水泥或普通硅酸盐水泥，强度等级宜大于 42.5MPa，为了达到早强、容易灌浆的要求，可添加早强剂和减水剂等。为了提高灌浆锚固效果，也可以采用膨胀水泥等特种水泥。

搅拌水泥浆用的水所含油、酸度、盐类、有机物等都会影响水泥浆或水泥砂浆的质量，因此必须控制在无害的范围之内。

水泥砂浆具有结石收缩性小、强度较高等特点，在工程中应优先考虑采用。水泥砂浆的骨料要求用中细砂，并且必须经过筛选和清洗，泥质和有机质等含量应在 3% 以下。

实际工程中，较多采用水泥净浆，具有施工方便、可灌性好等特点。为了避免水泥净浆的结石收缩率大引起的不利影响，在锚杆首次注浆时应采用较小的水灰比；为了改善可灌性，添加适量高效减水早强复合外加剂。一次性灌注的锚杆，或者防腐问题突出的永久锚杆，通常在注浆液中添加适量微膨胀剂，以提高注浆固结体和岩土体的粘结强度，减少注浆体结石收缩裂隙。

多次注浆的锚杆，第二次以及以后的注浆液均应采用水泥净浆；相比一次注浆，二次注浆液的水灰比应适当加大，以增加可灌性。

在地下水受某种化学物质污染，或者地层中有含腐植酸的泥炭层时，一般的水泥浆凝结合会受影响，应选用特种水泥，经试验后确定注浆水泥基材。

3. 锚固地层

设置锚杆锚固段的岩土层简称为锚固地层。要求锚固地层自身稳定，能够提供较大的锚固力，注浆锚固体和周边岩土层之间具有较小的蠕变特性等条件。

工程实际中，选取合理、可靠锚固地层应遵循以下基本原则：

（1）锚固地层应能自身稳定，不得在基坑围护结构后侧极限平衡状态的破裂面之内，不能设置在滑坡地段和有可能顺层滑动地段的潜在滑动面以内。

（2）锚杆的锚固段不应设置在未经处理的下列土层：

① 有机质土；

② 液限 $w_L > 50\%$ 的土层；

③ 相对密实度 $D_r < 0.3$ 的砂土层。

（3）锚固段设置在岩层的锚杆，应尽量避开基岩的破碎带。

（4）在有节理构造面存在的情况，应分析锚固受力之后对基岩稳定性的影响，有不利影响的情况，应予以避开。

（5）基坑变形限制较为严格的锚杆，要注意锚固段的蠕变特性，尽量将锚固段避开软土层，设置在蠕变特性小的基岩层、密实的砂砾土层和硬黏土层。

4. 锚固形式

应根据工程要求、地质条件和场地条件，合理选取基坑支护工程使用的锚固形式。不同类型锚杆的区别主要体现在锚固段，根据设置锚固段的岩土体性质和工程特性与使用要求等，锚固段可以有多种形式，常用的有圆柱形、端部扩大形和分段扩孔形等三种类型。图 7.4-1 为三种类型的锚固形式简图。

在实际工程中应结合地下空间条件、地质条件和基坑支护要求等合理选用锚固形式。有关选取锚固形式的建议如下：

（1）有较好锚固土层，锚杆抗拔力要求适中、地下空间限制少的条件下，可选普通拉力型锚杆；

（2）锚固地层较差，围护结构变形控制要求较高时，可选扩大头式锚杆；

（3）地下空间受限制时，优先选用扩大头锚杆；

（4）锚杆的设计吨位较大，锚固段长度超出 20.0m 时，宜采用拉力分散或压力分散型锚杆；如采用分段扩孔则效果更好；

（5）基坑支护兼做长期支挡使用的锚杆，宜选用压力型锚杆。

圆柱形锚固体锚杆，直接由钻孔注浆形成，施工最为简便。端部扩孔形锚杆采用机械扩孔，或高压旋喷扩孔，技术上目前已经普及。分段扩大形锚杆可以采用分段高压注浆的简易方法形成，也可以采用分段机械扩孔的方法形成。由于岩层的锚固力大，锚固段设置在岩层的锚杆，优先选用圆柱形锚固体锚杆，施工时既方便，锚固力又可靠。对于锚固段设在硬黏土层并要求有较高锚固力时，宜选用端部扩孔形锚杆，通过扩大锚固端部，到达缩短锚固长度、减少注浆量而增加锚固力的目的。对于锚固段设置在黏性土和砂土层的情况，为了获得可靠的锚固力，宜采用分段扩大形锚杆，一般通过高压注浆的方法，在设置的锚固段，按一定的间隔进行高压扩孔注浆，形成分段受力的锚固体形式。分段扩大形锚杆的优点还在于可以减少锚固长度，改善锚杆孔周

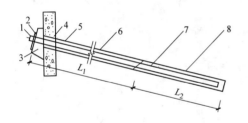
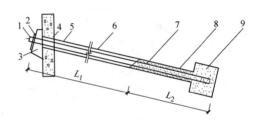

(a) 圆柱形

1—锚具；2—承压板；3—台座；

4—支挡结构；5—钻孔；

6—注浆防护处理；

7—预应力筋；8—圆柱形锚固体；

L_1—自由段长度；L_2—锚固段长度

(b) 端部扩孔形

1—锚具；2—承压板；3—台座；

4—支挡结构；5—钻孔；

6—注浆防护处理；7—预应力筋；

8—圆柱形锚固体；9—端部扩大体；

L_1—自由段长度；L_2—锚固段长度

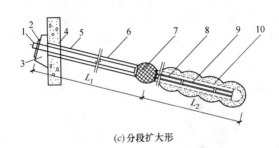

(c) 分段扩大形

1—锚具；2—承压板；3—台座；4—支挡结构；5—钻孔；6—塑料套管；

7—止浆密封装置；8—预应力筋；9—注浆套管；10—异形扩大体；

L_1—自由段长度；L_2—锚固段长度

图 7.4-1 锚固形式简图

边土层的力学性质，提供较大的单位长度抗拔力，同时可以有效地减小锚固段的应力水平，从而改善锚杆的蠕变性能。

5. 锚头构造

锚杆头部是围护结构与拉杆的联结部分，为了能够可靠地将来自围护结构的力传递到后侧稳定土体内，一方面要求构件自身的材料有足够的强度，相互的构件能紧密固定；另一方面又必须将集中力分散开，为此锚杆头部需对台座承压板及紧固器三部分进行设计。因实际现场施工条件不同，而设计拉力也不同，必须根据每个工点的不同情况进行个别设计。

（1）台座

构筑物与拉杆方向不垂直时，需要设台座调整拉杆受力，并能固定拉杆位置，防止其横向滑动与有害的变位，台座用钢板或混凝土做成，如图 7.4-2 所示。

（2）承压垫板

为使拉杆的集中力分散传递，并使紧固器与台座的接触面保持平顺，拉杆（钢筋或钢绞线）必须与承压板正交，一般采用 20～30mm 厚的钢板。

（3）锚具

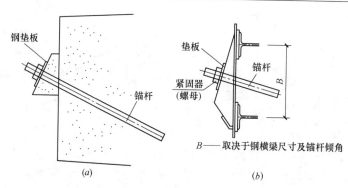

图 7.4-2　台座形式

(a) 钢筋混凝土；(b) 钢板

　　拉杆通过锚具的紧固作用将其与垫板、台座、构筑物紧贴并牢固连接。如拉杆采用粗钢筋，则用螺母或专用的连接器，配合焊接在锚杆端头的螺杆等。

　　拉杆采用钢丝或钢绞线时，采用专用锚具，应选用与设计锚索钢绞线根数一致的低松弛锚具。锚具由锚盘及锚片组成，锚盘的锚孔根据设计钢绞线的多少而定，见图 7.4-3。

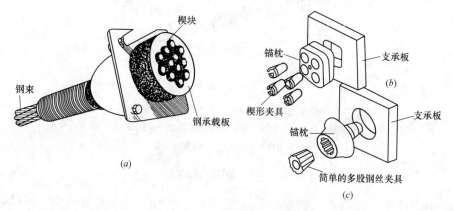

图 7.4-3　多根钢绞线锚具

(a) 锚头；(b)、(c) 夹具

　　（4）腰梁

　　在拉锚式围护结构中，腰梁起分散拉锚集中力的作用。当锚杆设置在围护结构的顶部时，可以利用锁口梁作为腰梁；当拉锚设置在锁口梁以下位置并在围护桩间布置锚杆时，应设腰梁。地下连续墙作为围护结构时，吨位大的拉锚宜设腰梁；小吨位的拉锚可在地下连续墙的本幅宽度中对称设置，不设腰梁。腰梁有型钢制作和现浇的钢筋混凝土两种形式，实际工程中应结合工程实际条件选用坚固可靠，施工方便的腰梁形式。图 7.4-4 为常用的钢腰梁和钢筋混凝土腰梁示意图。

　　6. 锚杆的竖向和水平布置间距

　　当锚杆的布置较密的情况下，锚固段的受力类似于群桩效应会产生相互影响，称之为群锚效应。在国内这方面的研究很多，结论表明群锚效应与锚固岩土层的性质有关，与锚固的深度有关，与锚固段的长度有关。在锚杆设计时，从布置上应遵守一定的规则，避免或尽量减小群锚效应。

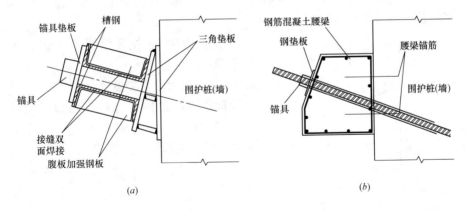

图 7.4-4　两种腰梁示意图

（a）钢腰梁；（b）钢筋混凝土腰梁

目前，在国内有关规范中未能提出考虑群锚效应的锚杆承载力计算方法，但对锚杆的布置作了规定。日本有关锚杆设计手册中介绍群锚效应可以采用简化的方法予以分析，对于抗拔锚杆布置设计有一定的指导作用，参见图 7.4-5。

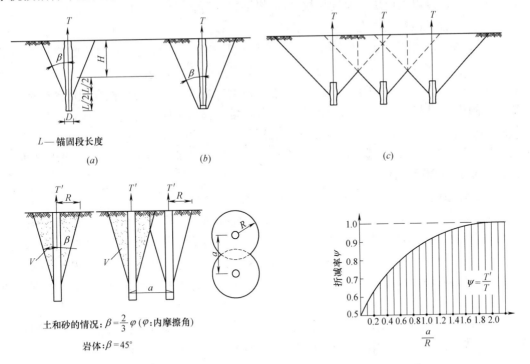

图 7.4-5　群锚效应分析简图

（a）拉伸型锚杆（索）；（b）压缩型锚杆（索）；（c）影响锥体的相互干涉；（d）群锚效应考虑锚杆间距的折减率

国内现行规范对锚杆布置的要求如下：

（1）锚杆的上下排间距不宜小于 2.5m；

（2）锚杆的水平间距不宜小于 2.0m；

（3）锚固体上覆土层的厚度不小于 5.0m；

（4）支挡结构的锚杆的水平倾角不应小于 13°，也不应大于 45°，以 15°～35° 为宜，垂直布置的抗浮锚杆等不受此限制；

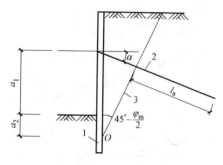

图 7.4-6　自由段计算简图

1—围护结构；2—锚杆；3—理论直线滑动面

（5）土层锚杆的锚固段不应小于 4.0m，岩层锚杆不受此限制。

7.4.3　锚杆自由段长度设计

拉锚式围护结构的锚杆自由段长度，参照图 7.4-6，按式（7.4-1）计算确定，且不应小于 5.0m。

锚杆的自由段按下式计算：

$$l_f = \frac{(a_1 + a_2 - d\tan\alpha) \cdot \sin\left(45° - \dfrac{\varphi_m}{2}\right)}{\sin\left(45° + \dfrac{\varphi_m}{2} + \alpha\right)} + \frac{d}{\cos\alpha} + 1.5$$

（7.4-1）

式中　l_f——锚杆自由段（非锚固段）的长度（m）；

　　　α——锚杆与水平面的倾角（°）；

　　　d——围护结构的水平宽（厚）度（m）；

　　　φ_m——O 点以上土层按厚度加权平均的等效摩擦角（°）；

　　　a_1——锚杆的锚头中点至基坑底面的距离（m）；

　　　a_2——基坑底面至基坑外侧主动土压力强度与基坑内侧被动土压力强度等值点 O 的距离（m），对于成层土，存在多个等值点时，按最深点计算。

在实际问题中，自由段长度的设定除了满足上述条件之外，还要根据地层条件来确定锚杆的锚固区，以保证锚杆在设计荷载下具备正常工作的条件，为此锚固段应设置在稳定的地层，确保有足够的锚固力。同时，在采用压力注浆的情况，锚固段应有足够的埋深，一般要求不小于 5～6m，锚固区宜布置在离现有建筑物基础不小于 5～6m 的距离之外。

7.4.4　锚杆锚固段设计

1. 设计原则

锚杆的承载力主要取决于锚固体的抗拔力，而锚固体的抗拔力可以从两方面考虑：一方面是锚固体抗拔力应具有一定的安全系数；另一方面是它在受力情况下发生的位移必须不超过一定的允许值。对于一般的基坑和支挡结构而言，允许有一定量的位移，因而主要是由稳定破坏控制。如果对结构有严格的变形要求，这时锚杆的承载力应根据变形控制要求确定。

普通的灌浆锚杆的工作原理如图 7.4-7 所示，图中表示锚杆锚固段中的一段锚固体，如果锚固段的注浆固结体作为自由体，则可将其受力状态作如下分析：

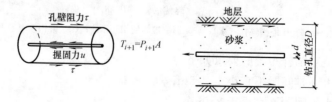

图 7.4-7　灌浆锚杆锚固段受力状态

当锚固段受力时，拉力 T_i 首先钢拉杆周边的注浆固结体握固力（u）传递到砂浆中，然后再通过锚固段钻孔周边的地层摩阻力（τ）传递到地层中，因此锚杆的锚固体必须满足四个条件：

（1）拉杆本身必须有足够的截面积；

（2）注浆固结体与钢拉杆之间的握固力需能承受极限拉力；

（3）锚固段地层对于砂浆的摩擦力需能承受极限拉力；

（4）锚固土体在最不利的条件下，但能保持整体稳定。

对于第（2）和第（3）条件，需要作一些说明。在一般较完整的岩层中灌注锚杆时（砂浆或纯水泥浆的强度等级不小于 M30），只要严格按照规定的灌浆工艺施工，岩层孔壁的摩阻力一般能大于砂浆的握固力，所以锚固长度实际上由锚固体本身的强度控制。如果锚孔在土层中灌浆，土层对于锚孔砂浆的单位摩阻力远小于砂浆对钢筋的握固力。因此，土层锚杆的最小锚固长度将受土层性质的影响，主要由注浆固结体与钻孔周边土层的粘结强度所控制。

2. 锚固段长度的确定

（1）锚杆的安全系数

现阶段基坑工程锚杆锚固段长度设计主要采用安全系数法。

参照现行的国家行业标准《建筑基坑技术规程》JGJ 120 和《岩土锚杆（索）技术规程》CECS 22 的有关规定如下：基坑工程使用年限在 2 年以内的锚杆，定性为临时锚杆；如果有特殊要求，锚杆的使用年限超过 2 年，应定性为永久性锚杆。锚杆的抗拔安全系数依据基坑工程安全等级确定，如表 7.4-2 所列。

锚杆抗拔安全系数　　　　　　　　　　　表 7.4-2

基坑工程安全等级	安全系数	
	临时锚杆	永久锚杆
三级	1.4	2.0
二级	1.6	2.0
一级	1.8	2.2

（2）锚杆极限抗拔力计算

当通过计算得到拉锚围护结构的支点反力后，按下式计算锚杆的轴向拉力标准值：

$$N_k = \frac{F_h S}{b_a \cos\alpha} \qquad (7.4\text{-}2)$$

式中　N_k——锚杆的轴向拉力标准值（kN）；

　　　F_h——计算宽度内，围护结构锚杆支点的水平反力（kN）；

　　　S——锚杆的水平布置间距（m）；

　　　b_a——围护结构的计算宽度（m）；

　　　α——锚杆与水平面的倾角（°）

拉锚式围护结构的锚杆极限抗拔力根据下式计算：

$$R_k \geqslant K N_k \qquad (7.4\text{-}3)$$

式中　R_k——锚杆的极限抗拔力标准值（kN）；

K——锚杆的抗拔安全系数，根据基坑工程安全等级，按表7.4-2选取；

N_k——锚杆的轴向拉力标准值（kN）。

（3）锚杆锚固段长度确定

规范规定，锚杆的抗拔力由锚杆的抗拔力基本试验确定。重要的工程项目要求在正式开展施工之前，应按初步设计的锚杆长度在现场进行锚杆的抗拔力基本试验，将试验锚杆按照规定的方法拉至破坏，由试验结果得出锚杆的极限抗拔力值。根据试验结果，调整锚杆的设计。

方案设计阶段一般还不具备开展锚杆抗拔力基本试验的条件，所以利用锚固体与土层的粘结强度经验值，计算锚杆的锚固段设计长度也是锚杆设计的重要步骤。

锚杆锚固段设计长度，可按以下不同的锚固段形式，按下述公式通过计算确定：

1）均质黏性土层中圆柱形锚杆

$$l_a = \frac{R_k}{\pi d q_{sk}} \tag{7.4-4}$$

式中 R_k——锚杆极限抗拔力标准值（kN）；

d——锚杆的锚固体钻孔直径（m）；

q_{sk}——土层和锚固体的粘结强度（kPa），当无当地经验时可参照表7.4-3选取。

2）均质黏性土层端部扩大头型锚杆，由式（7.4-5）确定：

$$l_a \geq \frac{1}{\pi q_{sk}} \cdot \left(\frac{R_k - R_{tk}}{d} \right) \tag{7.4-5}$$

$$R_{tk} = \frac{\pi}{4}(d_1^2 - d^2)\beta_c \cdot c_u \tag{7.4-6}$$

式中 R_{tk}——单个扩大头抗拔力标准值（kPa）；

d_1——扩大头直径（m）；

d——非扩大头端锚固体的直径（m）；

β_c——扩大头承载力系数，取0.5～9.0，土质松软时取较小值；

c_u——土体不排水抗剪强度（kPa），可按 $c_u = c + k_0 \gamma h \tan\varphi$，其中 k_0 为静止土压力系数，γ 为土的重度平均值，h 为扩大头的埋置深度。

3）多层黏性土层圆柱形锚杆，锚固段的设计长度可按式（7.4-7）通过试算确定：

$$R_k = \pi d \sum q_{sk,i} l_{ai} \tag{7.4-7}$$

式中 $q_{sk,i}$——第 i 土层的锚固体与土层粘结强度标准值（kPa）；

l_{ai}——第 i 土层锚固段的长度（m）。

土体与锚固体极限摩阻力标准值　　　　　　　　　　　表 7.4-3

土的名称	土的状态	q_{sk}(kPa)	
		一次常压注浆	二次压力注浆
填土		16～30	30～45
淤泥质土		16～20	20～30
黏性土	$I_L > 1$	18～30	25～45
	$0.75 < I_L \leqslant 1$	30～40	45～60

土的名称	土的状态	q_{sk}(kPa)	
		一次常压注浆	二次压力注浆
黏性土	$0.50<I_L\leqslant0.75$	40～53	60～70
	$0.25<I_L\leqslant0.50$	53～65	70～85
	$0.0<I_L\leqslant0.25$	65～73	85～100
	$I_L\leqslant0$	73～80	100～130
粉土	$e>0.90$	22～44	40～60
	$0.75<e\leqslant0.90$	44～64	60～90
	$e<0.75$	64～100	80～130
粉细砂	稍密	22～42	40～70
	中密	42～63	75～110
	密实	63～83	90～130
中砂	稍密	54～74	70～100
	中密	74～90	100～130
	密实	90～120	130～170
粗砂	稍密	90～130	100～140
	中密	130～170	170～220
	密实	170～220	220～250
砾砂	中密、密实	190～260	240～290
风化岩	全风化	80～100	120～150
	强风化	150～200	200～260

（4）锚杆的拉杆的截面设计

锚杆的拉杆属于构件，根据锚杆的设计承载能力确定锚杆所需的钢筋或钢绞线等拉杆的截面面积。锚杆的轴向拉拔力设计值，应根据围护结构分析取得的拉杆轴向拉力标准值，按下式计算确定：

$$N=\gamma_0\gamma_F N_k \tag{7.4-8}$$

式中　N——锚杆拉力设计值（kN）；

　　　γ_0——支护结构的重要性系数，基坑安全等级一级取 1.1，二级取 1.0，三级取 0.9；

　　　γ_F——作用基本组合的综合分项系数，对于拉杆等构件取 1.25；

　　　N_k——锚杆的轴向拉力标准值，或称为作用标准组合的轴向拉力值。

锚杆钢拉杆的截面由式（7.4-9）确定：

$$A_p\geqslant\frac{N}{f_{py}} \tag{7.4-9}$$

式中　A_p——钢拉杆的面积（m²）；

　　　f_{py}——钢筋或钢绞线的抗拉强度设计值（kPa）。

7.4.5 腰梁的设计计算

拉锚的腰梁有两种受力形式，一是围护桩间设置锚杆，腰梁类似于多跨连续梁，可以将锚杆力作为荷载，接触点作为支座反力；二是腰梁设置在地下连续墙面，后侧为平面，可以将锚杆支点看成是连续梁的支点，承受墙面传过来的均布荷载。

第一种情况桩间设锚对腰梁刚度和强度的要求高，作为以下讨论的对象。在锚杆张拉锁定时，锚杆的轴向力是 $0.7N_k$，在锚杆全部张拉锁定之后，锚杆承受的最大轴向设计拉力为 N。按照锚杆逐孔张拉的特点，锚杆腰梁的受力应该是：

（1）张拉锁定时，相当于简支梁，跨中集中荷载为：$N_k\cos\alpha$，N_k 为锚杆轴向拉力标准值；

（2）张拉锁定之后，相当于连续梁，跨中最大集中荷载为：$N\cos\alpha$，其中 $N = \gamma_0\gamma_F N_k$。

张拉时，按简支梁跨中承受张拉荷载（集中荷载），计算的跨中最大弯矩为：

$$M^+ = 0.25 l N_k \cos\alpha \qquad (7.4\text{-}10)$$

对于一级基坑，重要性系数取 1.1，荷载分项系数取 1.25，锚杆锁定之后，按三跨连续梁计算在锚杆工作承受的最大拉力作用下跨中弯矩（M^+）和支座弯矩（M^-）分别为：

$$M^+ = 0.24 l N_k \cos\alpha \qquad (7.4\text{-}11)$$

$$M^- = 0.21 l N_k \cos\alpha \qquad (7.4\text{-}12)$$

式中　l——锚杆的布置间距，腰梁的计算跨度（m）；

N_k——锚杆轴向拉力标准值（kN）；

α——锚杆水平面的倾角（°）。

有上述分析结果可以看出，围护桩桩间设锚杆的条件下，腰梁跨中承受的最大弯矩可以按简支梁跨中承受锚杆轴向拉力标准值的水平分力计算；支点的负弯矩，可以按多跨连续梁跨中承受锚杆轴向拉力标准值的水平分力计算。

当腰梁后侧是平整的地下连续墙等平面整体围护结构时，可以假定腰梁后侧承受均布荷载，锚杆作为支点。同上述方法，可以计算出跨中和锚杆支点的弯矩。

张拉时，按简支梁计算跨中最大弯矩为：

$$M^+ = 0.125 l N_k \cos\alpha \qquad (7.4\text{-}13)$$

对于一级基坑，重要性系数取 1.1，荷载分项系数取 1.25，锚杆锁定之后，按三跨连续梁计算跨中弯矩（M^+）和支座弯矩（M^-）分别为：

$$M^+ = 0.11 l N_k \cos\alpha \qquad (7.4\text{-}14)$$

$$M^- = 0.14 l N_k \cos\alpha \qquad (7.4\text{-}15)$$

从上述分析可以看出，在腰梁后侧整体受力的条件下，连续布置的腰梁按式(7.4-15)计算正截面弯矩比较合理。

腰梁还应验算剪切力，以及腰梁托架的竖向承载能力。当锚杆的倾角小于 30°时，托架承受的竖向力可只考虑腰梁等部件的自重；当锚杆的倾角大于 30°时，托架的竖向荷载还应考虑同时锚杆拉力的竖向分力，以及腰梁和围护结构之间的摩阻力。

7.4.6　注浆固结体对拉杆的握固强度验算

对于一般的土层锚杆，锚固段的长度较大，不需要验算锚固体与钢拉杆之间的握固力。当锚固段设置在岩层或者扩大头锚杆锚固段较短时，应验算锚固段锚固体与拉杆之间的握固力。

锚固段的长度应满足有抗拔计算的锚固段长度之外，还应满足以下条件：

$$l_a \geqslant \frac{KN_k}{n\pi d\beta\tau_u} \tag{7.4-16}$$

式中 n——钢筋或钢绞线的根数；

　　d——锚杆的钢筋或钢绞线的直径（m）；

　　β——考虑成束钢筋系数，单根钢筋 $\beta=1.0$，两根 $\beta=0.85$，三根一束 $\beta=0.7$，钢绞线 $\beta=1.0$；

　　τ_u——砂浆与锚杆间的粘结力，可取注浆固结体抗压强度 f_{ck} 的 10%，也可参考表 7.4-4 取值。

锚杆与砂浆之间粘结强度设计值（MPa）　　表 7.4-4

锚杆类型	水泥浆或砂浆的强度等级		
	M25	M30	M35
水泥砂浆与螺纹钢筋间	2.10	2.40	2.70
水泥砂浆与钢绞线、高强度钢丝间	2.75	2.95	3.40

7.4.7 拉锚式围护结构的稳定性分析

在利用锚杆技术的支护结构中，拉锚式围护结构是最普遍的形式，在设计中除了按照规范的要求计算锚杆的受力、设计锚杆的强度和长度外，还应进行桩锚结构的整体稳定性分析。通常认为，锚固段所需的长度是由于承载力的需要，而锚杆所需的总长度则取决于整体稳定的要求。稳定计算方法依结构的形状而定，对于桩锚支护结构，必须进行外部稳定和内部稳定两方面的计算。当锚杆的设置角度（与水平向的倾角）较大时，还应验算竖向稳定性。

（1）外部稳定计算

所谓外部稳定是指锚杆、支护桩（墙）系统和土体全部合在一起的整体稳定。由于边坡本身失稳或受荷载作用，从支护墙基础底部产生滑动而向外推移，整个体系沿滑动面向下滑动，土体从墙角外隆起，如图 7.4-8（a）所示，整个土锚均在土体的滑裂面范围之内，造成整体失稳。一般采用古典圆弧法具体试算边坡的整体稳定。土锚长度必须超过滑动面，要求稳定安全系数不小于 1.5。

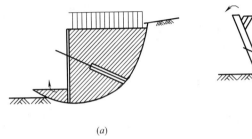
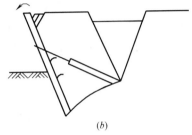

（a）　　　　　　　　　　　　　　　（b）

图 7.4-8　锚杆的整体稳定

（a）土层深层滑动（外部稳定）；（b）内部稳定

（2）内部稳定计算

所谓内部稳定计算是指土锚与支护墙基础假想支点之间滑动面的稳定验算，如图7.4-8（b）所示。内部稳定最常用的计算是采用 Kranz 稳定分析方法，德国 DIN 4125、日本 JSFD 1-77 等规范采用此法。也有的国家如瑞典规范推荐用 Brows 对 Kranz 的修正方法。我国有些锚碇式支挡工程设计中采用了 Kranz 方法，并对该法提出了一些修正。

① 单层锚杆深部破裂面稳定性验算方法

从地基内取一平面楔体（包括桩、锚杆与土体）作为单元体，根据单元体的平衡状态用力多边形图解法对锚杆稳定性进行验算。其计算见图7.4-9，即通过锚固体中心点 c 与基坑支护桩下端的假想支撑点 b 连一直线，并假定 bc 线为深部滑动线，再通过点 c 垂直向上作直线 cd，这样 $abcd$ 块体上除作用有自重 G 外，还作用有 E_a、F 和 E_1，当块体处于平衡状态时，即可利用力多边形求得锚杆承受的最大拉力 R_{tmax}。R_{Amax} 与锚杆设计轴向拉力 N_t 之比就是锚杆的稳定安全系数 K_s，一般取 1.5。即：

$$K_s = \frac{R_{tmax}}{N_t} \geqslant 1.5 \tag{7.4-17}$$

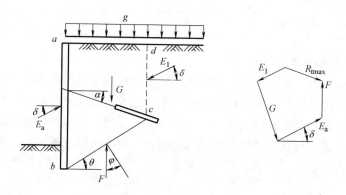

图 7.4-9　单层锚杆深部破裂的稳定性验算

G—深部破裂面范围内土体重量；E_a—作用在基坑支护上的主动土压力的反力；
E_1—作用在 cd 面上的主动土压力；F—bc 面上的反力的合力；φ—土的内摩擦角；
δ—基坑支护与土体间的摩擦角；θ—深部破裂面与水平的交角；α—锚杆倾角

② 双排锚杆深部破裂面稳定性验算方法

双排锚杆深部破裂面稳定性验算的假设和计算方法与单排锚杆深部破裂面稳定性验算相同，其计算简图见图7.4-10。在单元体内存在 bc、be、bec 三个滑动面，当其处于平衡状态时，即可利用多边形求得锚杆承受的最大拉力 $R_{t(bc)max}$、$R_{t(be)max}$ 和 $R_{t(bec)max}$，相应的稳定安全系数 $K_{s(dc)}$、$K_{s(de)}$ 和 $K_{s(dec)}$ 应不小于 1.5。即：

$$K_{s(bc)} = \frac{R_{t(bc)max}}{N_t} \geqslant 1.5 \tag{7.4-18}$$

$$K_{s(be)} = \frac{R_{t(be)max}}{N_t} \geqslant 1.5 \tag{7.4-19}$$

$$K_{s(bec)} = \frac{R_{t(bec)max}}{N_t} \geqslant 1.5 \tag{7.4-20}$$

（3）竖向稳定分析

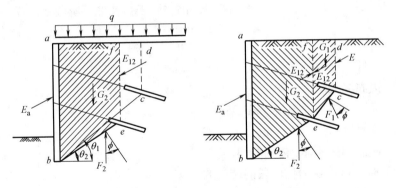

图 7.4-10 双层锚杆深部破裂面稳定验算

由于锚杆的抗拔荷载一般斜向作用于支挡结构上，方向角为 α，则会产生一竖向分力，这一竖向力可能促使挡墙结构向下位移，引起土层锚杆松弛而失稳。见图 7.4-11。

挡墙结构向下位移的力有：锚杆拉力的竖向分力 $P\sin\alpha$，墙体自重 Q；阻止挡墙结构向下位移的力有：墙体表面与土体的摩阻力 N，墙体趾部的端承反力 R，为此结构的竖向稳定性须满足：

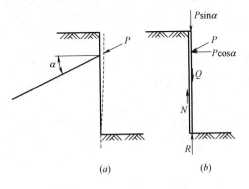

$$\frac{P\sin\alpha+Q}{N+R}\geqslant 1.5 \qquad (7.4\text{-}21)$$

图 7.4-11 竖向稳定分析
(a) 竖向失稳；(b) 竖向荷载

这类破坏发生在土体特别松软，围护结构入土深度很浅以及地下连续墙或桩在护壁泥浆施工时，泥浆的存在减小了墙表面与土体之间的摩阻力。因此 N、R 的取值与施工方法有密切的关系。特别对于地下连续墙，要考虑泥皮对 N 的减小和沉渣对 R 的减小。为安全计，也可忽略 R 值。当采用一定入土深度的桩或板桩时，只要围护桩（板）有一定嵌固深度，一般竖向稳定性能够满足要求。

7.4.8 拉锚式围护结构的水平位移

按常规设计的拉锚式围护结构，当其周围环境要求严格控制位移时，还需进行位移量的估计。如总位移量可能超过围护结构位移的允许值时，可采取加大预应力的方法加以控制。

锚杆的位移可能产生的位移来自（1）拉杆自由段受力后的弹性伸长（Δ_1）；（2）锚杆张拉锁定后个部件和钢材的松弛（Δ_2）；（3）锚固体弹性变形（Δ_3）；（4）锚固体周围土体剪切变形（Δ_4）。

锚杆总位移量：

$$\Delta=\Delta_1+\Delta_2+\Delta_3 \qquad (7.4\text{-}22)$$

其中 Δ_1 比较容易计算，自由段钢拉杆的伸长可按增加的拉力按虎克定律计算得出。锚杆张拉锁定后由于台座、锚头应力调整和钢拉杆的蠕变效应也会发生位移增量，但是 Δ_2 难以计算确定，可以通过试验或监测数据经统计后确定。锚固体的弹性伸长 Δ_3 是一个比较复杂的问题，它与拉力沿锚固段的分布有关，同时还取决于锚固段的开裂情况，如设

段首拉力为 P，段尾为 0，平均拉力为 $P/2$，仍按处于弹性伸长阶段来计算：

$$\Delta_3 = \frac{1}{2}\frac{PL_e}{E_s F} \tag{7.4-23}$$

式中 P——锚杆设计时的使用荷载（kN）；

$\qquad L_e$——锚固段长度（m）；

$\qquad E_s$——锚固体的弹性模量（kPa）；

$\qquad F$——锚固段的截面积（m^2）。

而（4）项锚固段周围土体的剪切位移难以估算。当锚固段长度较大，锚杆承受的拉力小于设计值时，可以认为锚固段的端头的位移为 0。

7.4.9 锚杆的蠕变

土层锚杆的蠕变指的是，在恒荷载作用下，锚杆的变形随时间不断增加的情况。锚杆的蠕变对于基坑的变形控制是有害的。在一些地区采用拉锚式围护结构的基坑开挖后，变形会持续发展，严重时会导致锚杆的预应力值明显下降，或者支护结构的变形随时间发展，进而危及工程的安全；也有可能在基坑的设计使用期内，变形就会超过规范的要求，导致了安全性论证，基坑加固等一系列后续附带的工作。因此，在软黏土地区，应考虑锚杆蠕变对基坑变形控制的影响。

以往的研究表明，锚杆的蠕变主要与以下因素有关：

（1）锚固所在土层土的性质，锚固段所处的土层含水量越高、塑性指数大，锚杆的蠕变明显；

（2）锚固的应力水平高，锚杆的蠕变明显，拉力型锚杆的蠕变就会比拉力分散型的锚杆明显。

中国工程建设标准化协会标准《岩土锚杆（索）技术规程》CECS 22 明确规定：在塑性指数大于 17 的地层中，应做锚杆的蠕变试验。这是因为在软黏土中由地层压缩产生的变形相当大，变形衰减速度缓慢。在普通的张拉试验和锚杆张拉检验过程中很难觉察得到。

根据试验研究的结果，预应力锚杆在软黏土层中由于蠕变而产生的应力松弛与锚杆的锁定荷载与极限承载力的比值 β 有关。当 β 值越小时，锚杆的蠕变量也越小，因此有人建议将 $\beta \leqslant 0.55$ 作为控制软黏土地层中锚杆蠕变变形收敛的制约条件。

综上所述，在分布软黏土层的场地采用拉锚式围护结构支护深基坑时，为了避免锚杆蠕变的影响，应该采取以下措施：

（1）锚固段避开塑性指数大于 17 的软土层；

（2）采用拉力分散型锚杆，降低锚固段剪应力分布峰值；

（3）增大锚杆的安全系数，减小锁定荷载和极限荷载的比值，$\beta \leqslant 0.55$；

（4）锚固段设置在软黏土层时，应做锚杆的蠕变试验。

7.4.10 锚杆的设计工作程序

拉锚式围护结构的设计具有特殊的要求，原因在于：一是城市深基坑环境复杂，周边常有管线和地下建（构）筑物分布限制了锚杆的布置，而且要求锚杆不应对后续周边地下工程开发建设留下障碍物；二是由于土的性质千差万别，土层空间分布也难以把握，土层锚固与其他岩土工程技术工作一样，具有不确定性。所以，基坑工程的锚杆设计时，应特别注重调查和现场试验工作。应通过锚杆的抗拔力基本试验，取得锚杆的极限抗拔力，或换算成锚固体与岩土层的粘结强度值，指导基坑工程的拉锚设计。

将一般基坑工程拉锚围护结构的拉锚设计工作的若干步骤，总结成锚杆设计工作程序框图，如图 7.4-12 所示。

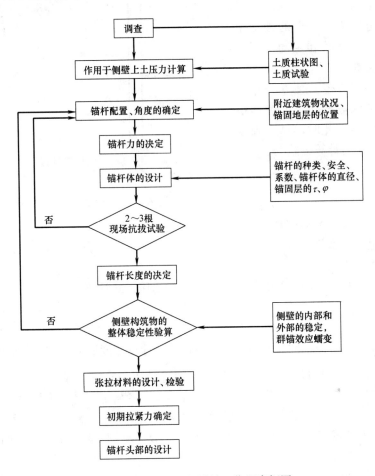

图 7.4-12 锚杆设计工作程序框图

7.5 锚碇的设计

在基坑工程中应用的锚碇一般称为地面拉锚，拉杆布置地面或者浅埋，端部设锚桩或者锚碇。以下介绍锚碇的设计要点。

7.5.1 锚碇拉拔力计算

基坑工程中应用的锚碇通常有锚碇板、锚桩和通长连续布置的锚碇等。各种布置形式虽有差别，但是工作机理基本一致，都是利用拉杆将围护结构上受到的水土压力传递到后侧稳定的土体。与锚杆有所不同的是，锚碇浅埋且有一定的尺寸，利用土的被动土压力。

如图 7.5-1 所示，假定锚碇（板）通长布置，底部埋深为 H，高度为 B；当 $H <$ 4.5B 时，称之为浅埋锚碇，每延米宽度锚碇的极限抗拔力为：

$$T_\mathrm{u}=\frac{1}{2}\gamma H^2(K_\mathrm{p}-K_\mathrm{a}) \quad (7.5\text{-}1)$$

式中 T_u——每延米锚碇极限抗拔力
               （kN/m）；

         γ——土的重度（kN/m³）；

K_p、K_a——分别为地基土的被动土
               压力系数和主动土压力
               系数。

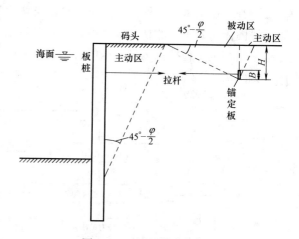

图 7.5-1   浅埋锚碇板简图

当锚碇板是正方形，独立分布埋设时，则需要考虑被推动土的楔体每边增加一定的宽度。此时，每个独立锚碇板的极限抗拔力计算公式为：

$$T_\mathrm{u}=\frac{1}{2}\gamma H^2(K_\mathrm{p}-K_\mathrm{a})mB$$

$$(7.5\text{-}2)$$

式中 T_u——单个锚碇的极限抗拔力（kN）；

     B——锚碇的宽度（m）；

    m——大于 1 的系数。

当独立布置不考虑相邻锚碇的相互作用时，可以用下式计算：

$$m=1+\frac{H}{2B}\tan\varphi \tag{7.5-3}$$

当锚碇的布置间距 D，且$(D-B)\leqslant\dfrac{H}{2B}\tan\varphi$ 时，计算宽度取 D，即为：$mB=D$。

当锚碇的深度超过当 $H>4.5B$（B 为方形锚碇的边长）时，其锚碇前方和周边土体的应力状态在接近极限以前会十分复杂。虽然有不少学者从不同途径进行探索，并提出不同的计算方法，但与实际有很大差异。铁道部科学研究院等单位曾在许多工程的现场进行大量的原形锚碇板拉拔试验，并作了深入分析，认为现场试验是判断锚碇板极限抗拔力和变形的最后依据，而且是十分必要的。

7.5.2 拉杆长度的确定

参照图 7.5-1，用于围护结构拉锚的锚碇埋设位置应该避开锚碇板前方的被动土压力区，以及围护桩后侧的主动土压力区，所以锚碇拉杆的长度应满足下式要求：

$$L\geqslant h\tan\left(45°-\frac{\varphi}{2}\right)+H\left(45°+\frac{\varphi}{2}\right) \tag{7.5-4}$$

式中 L——锚碇拉杆的长度（m）；

    h——围护桩土压力作用零点至锚头的高度（m）；

    H——锚碇的埋置深度（m）；

    φ——地基土层的综合摩擦角（°）。

7.6   锚杆的施工

锚杆作为一种新技术得到迅速的发展与大量新建工程的兴起有关，但主要还是由于各

种高效率锚杆钻机的问世以及有了特殊的施工工艺与专利装置所促成。从安全和经济的角度而言，在各种不同的土质条件下，采用哪些施工方法，选用何种机械设备，这是锚杆施工中至关重要的环节。机械设备选择得当，施工工艺合理，锚杆技术才能发挥其应有的经济效益。与此同时，只有良好的施工质量，才能使锚杆技术的可靠性得到保证。

7.6.1 施工计划与准备

为满足设计要求做成可靠的锚杆，必须综合对锚杆的使用目的、环境状况、施工工艺等，编制出施工方案。锚杆一般设置在复杂的地基土层内，是在不能直接观察的状态下进行施工的，因此在施工前必须实地了解和核实周围情况，安排有经验的技术人员担任负责人。根据详细观察地表可见到的种种现象去做出判断和决定。按设计要求选定施工方法、施工机械和材料，并在施工方案中制定出施工工期、安全要求和防止公害措施等等。必须安排必要的管理体制，当出现与最初的预想、设计条件不一致的不测情况时，能够迅速和适当的处理。

施工的准备工作有：钻孔作业空间及场地平整，钻孔机械、张拉机具及其他机械等设备的选定，材料的准备与堆放，拉杆的制作，电力和燃料供应及给水排水条件等。

基坑锚杆一般的施工顺序如图 7.6-1 所示。

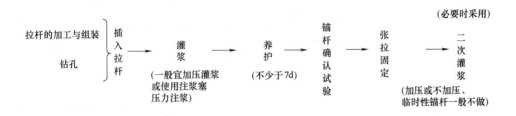

图 7.6-1　锚杆施工顺序图

7.6.2 钻进成孔工艺

1. 锚杆钻机类型

由于岩层锚杆的施工机具和施工工艺都比较简单，在此不作特殊的介绍。对于土层锚杆，现有多种施工机械以及施工工艺，在此将介绍常见锚杆钻进机具和锚杆施工方法。

（1）回旋式钻机

回旋式钻机为最常见的土层锚杆施工机具，适用于黏性土及砂性土地基。钻孔装置在可自行的履带底盘上或固定在可移动的框架上，钻头安装在套管的底端，由钻机回转机构带动孔底钻头转动并施以一定的压力。被切削的渣土，通过循环水流排出孔外而成孔。如在地下水位以下钻进，对土质松散的粉质黏土、粉细砂、砂卵石及软黏土等地层应有套管保护孔壁以避免坍孔。一般禁止使用泥浆护壁成孔。

（2）螺旋钻

利用回旋的螺旋钻杆，在一定的钻压和钻速之下向土体钻进，同时将切削下来的松动土体顺螺杆排出孔外。螺旋钻法适宜在无地下水条件下的黏土、粉质黏土及较密实和具有粘结性的砂层中成孔。根据不同的土质，需选用不同的回转速度和扭矩，为了施工方便，螺旋钻杆不宜太长，一般以 4～5m 为一节，并宜搭配一些短杆，目前 YTM87 型钻机是履带式全液压钻机，使用螺旋杆的干式钻进，钻孔深度可达到 30m。

（3）旋转冲击钻机

旋转冲击钻机又称为万能钻机，具有旋转、冲击和钻进三种功能同时作用的功能。在钻进的过程中，可以边钻进边下套管，因此特别适用于砾砂层、卵石层及涌水层地层。该种钻机也可根据地层的情况，分别使用旋转、冲击等钻进，并具有能迅速装卸、方便移动等功能。

（4）潜孔冲击钻机

潜孔冲击钻机又称为潜孔锤，高压风驱动，风力排渣。特点是冲击头进入钻孔内，硬的岩土层中钻进效率高，机具体积小移动和布置方便。在土层锚杆施工中，潜孔锤主要用于无地下水，坚硬的土层或风化岩层。

将各种类型的锚杆钻机总结于表 7.6-1。

锚杆常用钻孔机具

表 7.6-1

钻机类型		技术性能	适用条件	特点
钻孔设备	普通回旋钻机	钻孔角度 0°～90°；钻孔直径 100～200mm，钻孔深度小于 30m；软地层可下套管护壁	有地下水的各种黏性土层	效率较低，打拔套管难度较大
	自行式液压套管钻机	全自动液压装置，液压回旋下套管，可以套管钻进，也可先下套管保护后钻杆钻进，配置履带移动方便，可钻任何角度，深度可超过 40m	除有孤石之外的各种地层和地下水条件	施工效率高，套管保护对地层的扰动小
	旋转冲击钻机	具备下套管钻进，套管和钻杆符合钻进，冲击钻进和回旋钻进等功能	适合各种地层和地下水条件	施工效率高，设备体积较大，成本高
	螺旋钻机	钻孔直径 100～200mm；钻孔深度小于 30m	无地下水作用的黄土层、黏性土层	干式成孔，质量好
	潜孔冲击钻机	钻孔直 100～200mm；深度可到 40m；不能带套管钻进	坚硬的风化岩层和无地下水作用的黏性土层	干式成孔，破除障碍物的能力强，设备简单易移动

2. 钻孔护壁

不同的土层钻孔时，对护壁工艺有不同的要求，归纳如下：

（1）坚硬的土层，无地下水作用时，可以采用冲击钻孔、螺旋钻成孔，不需要采取钻孔护壁措施。

（2）坚硬土层，如硬塑的黏性土、风化岩等，有地下水作用时，可以采用套管直接钻进的工艺成孔，钻头置于套管的前端，钻进的过程中循环水自套管压入，泥渣从钻孔和套管之间返出。也可采用水平地质钻机钻杆钻进，清水循环清渣。

（3）易于塌孔的土层，如粉砂层、砂砾层、软土层，以及卵石层等强透水层，且有地下水的作用时，需要采用套管钻杆复合钻进。

（4）锚杆的钻孔上方地面有建筑物，或者钻孔邻近建筑物基础、重要的地下构筑物时，应采用对土层扰动小的钻孔工艺和方法，一般应采用套管超前钻杆钻进的工艺。

（5）在锚杆钻孔时，一般禁止泥浆护壁。对于不易塌孔的硬土层采取回旋钻进时，可采用清水循环排出钻孔切削下来的泥渣，钻孔到位之后自孔底压清水洗孔直至孔口返出清水。

7.6.3 锚杆制作与组装

（1）拉杆的组装

用粗钢筋作拉杆时，根据承受荷载的要求，以不超过3根为宜，如必须更多时，则应按需要长度的拉杆点焊成束，间隔2~3m点焊。为了使拉杆钢筋能放置在钻孔的中心以便于插入，宜在拉杆下部焊船形支架（成120°分布）。同时，为了插入钻孔时不至于经孔壁置带入大量的土体，必要时可在拉杆尾端放置圆形锚靴。

拉杆采用钢绞线时，一般锚索需要在工地现场装配。首先要决定锚索的总长，并将各锚索切断至该长度，每股长度误差不大于50mm。由于锚索通常是以涂油脂和包装物保护的形式运到现场，因此锚索切断后应清理锚固段的防护层（用溶剂或蒸汽清除防护油脂）。如锚索是由多根钢绞线构成时，则必须在锚固端沿锚索长度安装架线环，以使各钢索保持一定的分开间距，架线环间距1.0~1.5m，使用的材料能经受住装卸和安装就位时的强度并能保证对锚索钢材无有害的影响。图7.6-2是多根钢绞线锚索的构造简图。

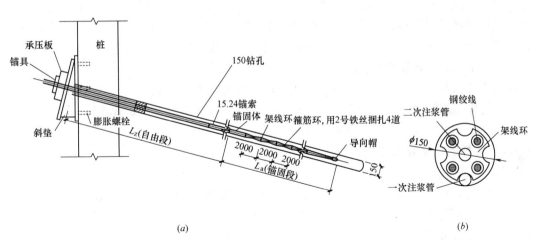

图 7.6-2 拉力型锚索结构简图

（a）锚索结构；（b）锚固段支架

锚杆的拉杆加工和安装结束时，必须进行仔细的检验，如核对尺寸，检查间隔块和定位中心装置是否恰当，防护装置有否损坏等等。

（2）拉杆焊接

粗钢筋长度不够时，拉杆焊接可采用对焊，亦可用电焊在工地用帮焊焊接。帮焊可用E-55电焊条。帮焊长度，应满足现行国标《混凝土结构工程施工质量验收规范》GB 50204 钢筋焊接技术要求，例如采用两条帮焊四条焊缝，帮条长不小于$4d$（d 位锚杆钢筋直径），焊缝高一般不小于$7\sim8mm$，焊缝宽不小于$16mm$。

如采用精轧螺纹钢筋，如45SiMnV，出厂产品有配套的套管作联结，不用焊接，使用方便。

（3）插入拉杆

在一般情况下，拉杆钢筋与灌浆管应同时插入钻孔底部，尤其对于土层锚杆，要求杆体插入孔内深度不宜小于杆体长度，退出钻杆立即将拉杆插入孔内，以免坍孔。插入时要将拉杆有支架的一段向下方，若钻孔使用套管护壁时，则在插入拉杆灌浆后，逐段将套管拔出。

对长锚杆（或锚索）重量较大时，要用起重设备。起吊的高度与锚杆钻孔的倾斜角度有关，目的是能顺着钻孔的斜度将拉杆送入孔内，避免由于人工搬运、插入引起拉杆的弯曲。

（4）钢拉杆的防锈

拉杆的防锈保护层取决于锚杆使用的时间及周围介质对钢材腐蚀的影响程度。国内外迄今尚未制订评价腐蚀危险程度及其防治措施的标准。一般认为临时性的锚杆可以不作防锈保护层，而永久性锚杆必须有严格的防锈保护。

对临时性锚杆使用时间目前还没有明确的规定，3～24 个月，甚至更长，但一般情况下指不超过 2 年。必要时锚固体敷以水泥砂浆外，非锚固段涂防锈油漆或用聚氯乙烯套管，防锈保护措施视工地的环境条件（地下水及工业废水的侵蚀作用，土中含有的溶解盐对钢材、水泥的腐蚀等）而定。

对永久性的锚杆，防锈必须作为一个重要的问题来对待。设计时对地下水无腐蚀性时，钢材要求采用 2cm 的保护层，有腐蚀性时应有 3cm 以上的保护层。对粗钢筋放入锚孔前要除锈，涂防锈油漆。常采用的方法是有效锚固段在钻孔内用水泥砂浆保护，保护层厚度不小于 4cm，非锚固段在涂防锈漆后用被热沥青浸透过的玻璃纤维布两层缠裹，并特别注意锚杆孔及接缝处的防锈质量。使用钢丝绳时必须在其全长上进行预先的防锈处理，如在车间里加塑料套管，并向管内注入机油等。国外锚杆规范上，如欧洲各国 FIP、德国 DIN-4125、日本 JSF-D177 上都有较详细的规定。

7.6.4 锚杆的注浆施工工艺

（1）注浆液的配制

锚杆注浆液应选用可灌性好、结石收缩率小、强度高，且具有早强性能的注浆液配方。一次注浆锚杆，或者多次注浆锚杆的第一次注浆时，建议优先选用砂浆，推荐锚杆灌浆砂浆的配比如下：

1）水灰比 0.4～0.45，选用强度等级不低于 42.5MPa 的普通硅酸盐水泥；

2）灰砂比 1∶1～1∶0.5，砂宜选用中砂并过筛，含泥量不得大于 3%；

3）搅拌用水，要求硫酸盐含量不超过 0.1%，氯盐含量不超过 0.5%，不得使用有大量悬浮物含有机质的水；

4）为避免大块浆液堵塞压浆泵，砂浆需经过滤网再注入压浆泵；

5）根据需要添加早强剂和减水剂，或早强和减水复合型外加剂；

6）注浆液试块 7d 抗压强度不小于 20MPa；28d 抗压强度应不小于 30MPa。

当不具备砂浆泵条件，或者锚杆进行二次注浆时，灌浆液采用纯水泥浆，浆液水灰比 0.45～0.50，7d 试块抗压强度不小于 20MPa；28d 试块抗压强度不小于 30MPa，可根据需要添加早强剂和减水剂。

为了增加水泥的早期强度、流动度和降低固结后的收缩，可在水泥浆中加入外加剂，但应注意，外加剂不能对钢材有腐蚀作用。常用水泥外加剂的掺量见表 7.6-2。

水泥浆用外加剂　　　　　　　　　表 7.6-2

外加剂种类	化学及矿物成分	宜掺量(占水泥重量%)	说明
早强剂	三乙醇胺	0.05	加速凝固和硬化
减水剂	LINF-S 型	0.6	增强和减少收缩
膨胀剂	铝粉	0.005~0.02	膨胀量可达 15%
缓凝剂	木质素磺酸钙	0.2~0.5	缓凝并增大流动性
复合早强减水剂	FDN 系列	0.3~0.6	增加流动性,早强

(2) 灌浆工艺

灌浆有常压和高压灌浆之分。

常压灌浆一般采用 1 根直径 $D25mm$ 左右的钢管(或硬质尼龙管)作导管,一端与压浆泵连接,另一端用细铁丝固定在锚杆的钢筋或锚索的架线环中间,同时送入钻孔内,距孔底应预留 0.3~0.5m 的空隙。灌浆管如采用尼龙管,使用时应先用清水洗净内外管,然后再开动压浆泵将搅好的浆液注入钻孔底部,自孔底向外灌注。随着浆的灌入应逐步地将灌浆管向外拔出直至孔口,但灌浆管管口必须低于浆液面,这样的灌浆法可将孔内的水和空气挤出孔外,以保证灌浆质量。灌浆完成后,应将灌浆管、压浆泵和搅拌机等用清水洗净。用压缩空气灌浆时,压力不宜过大,以免吹散砂浆,而且在地层中有时可能产生大的压力,因此必须控制灌浆压力,以避免损坏毗邻的锚杆。

高压灌浆需要用密封圈或密封袋(注浆塞)等封闭灌浆段,高压灌浆才成为可能。灌浆时应当采用一根小直径的排气管将灌浆段内的空气排出钻孔。如有浆液从该管流出,则表明在这锚固段上已经填满水泥浆。在压力进一步增大时封住这根排气管。注浆塞与高压装置大多为专利产品,各公司出品均有所不同,日本在钻孔中用的注浆塞是在压力灌浆时将帆布塞膨胀起来,使膨胀体内的浆液出不来,保证了浆液的压力。还有用二次高压注浆的方法,在灌浆锚固体内留有一根灌浆管,在初凝后,进行二次注浆,使得一次注浆形成的锚固体在压

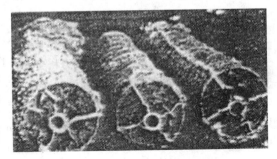

图 7.6-3　二次灌浆后的锚固体

力灌注下产生劈裂缝并用浆液填充以提高灌浆的质量,一般劈裂第一次注浆的固结体需要大于 2.5MPa 的压力。见图 7.6-3,上海太平洋饭店基坑护坡工程采用高压注浆,锚杆承载力比一次常压注浆提高一倍以上。

(3) 简易二次注浆施工工艺

为了增大锚杆的抗拔力,常见而且有效的方法就是对锚固段进行二次压力注浆,称为二次注浆工艺。锚杆锚固段的注浆分为两次,第一次在钢筋或钢绞线放入锚孔之后,进行全段注浆。在锚固体内预留一根二次注浆管,该注浆管间隔 0.3~0.5m,左右对穿钻孔,并用胶带包扎封住。待第一次注浆液达到初凝时,利用二次注浆管对锚固体进行二次劈裂压力注浆。该技术的关键在于掌握好第一次注浆体的初凝时间,把握第二次注浆的时机。在第一次注浆体达到初凝时,进行第二次注浆。在第一次注浆体未能初凝的情况下,第二

次注浆有可能发生孔口冒浆达不到注浆压力，不能在锚固段产生扩孔、劈裂注浆等效应。当第一次注浆体完全凝固，第二次注浆就很难胀破第一次注浆固结体，达不到二次注浆的目的。

二次注浆增加锚杆承载力的机理可以解析如下：

1）对于砂性土，通过二次注浆在锚固体和周边土层中产生裂缝，并由浆液填充，这样在土中就形成了较大的径向压力，同时由于裂缝内充填了浆液，使得锚固体获得了粗糙的表面在很大程度上增大了锚固体与土之间的摩擦力。在砂性土中二次压力灌浆后锚固体截面如图 7.6-4（a）所示。

2）对较软的黏性土、回填土等软弱土层，二次注浆不仅有以上功效，还会由于二次注浆在锚固体形成类似于糖葫芦状的注浆扩大体，如图 7.6-4（b）所示，使得锚固体的直径加大，同时改善锚孔周边土层的性质，使得锚固大为增加。有统计资料表明，合理的二次注浆工艺，可以使得锚杆的极限抗拔承载力增加 50%～100%。

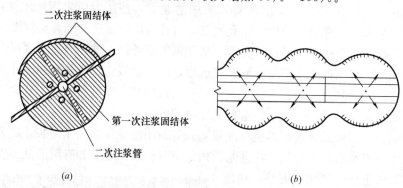

图 7.6-4 二次注浆的效果

（a）砂性土二次注浆截面；（b）软土层二次注浆的扩大作用

（4）多次注浆锚杆施工工艺

与简易二次注浆的区别在于，与钢绞线一起放入锚孔的二次注浆管是一根弹性、强度很好的袖阀注浆管。一般该袖阀管的直径 50mm，在侧壁每隔 0.3～1.0m 对开 4 个小孔，小孔外侧用橡胶袖阀封盖。注浆时外侧的浆液由于袖阀的封盖不能进入注浆管，当注浆管内的注浆压力大于外侧第一次注浆体的强度时，就会产生劈裂达到注浆目的。当第一次注浆固结体初凝之后，就可利用袖阀管进行二次或多次重复注浆。二次或多次重复注浆采用特制的注浆头，该注浆头一定的长度上下端由皮碗封堵。对准需要注浆的孔位可实现定位注浆。注浆之后清洗注浆袖阀管，以备后用。通过这种多次反复注浆，可以使得锚固注浆的效果更好，而且可以有针对性地对软弱土层进行加固注浆，在使用一段时间进行注浆，可以补救锚固力不足以及防止锚固段钢筋锈蚀。

（5）压力注浆锚杆施工工艺

在许多土层和工程中，通过一次性压力注浆施工的锚杆也可获得较大的锚固力。该施工工艺简介如下：采用旋转或旋转冲击式钻机带套管钻进，在钻进的过程中用清水循环清孔，钻进到位后在套管内放入锚杆杆体，拔出套管时，利用套管将水泥浆在较高的压力下注入，一般上拔 0.5～1.0m 压浆一次直至锚固段全长，注浆压力根据地层情况控制在 1.0～1.5MPa。通过该种方法，在锚固段形成圆柱体注浆扩大区，达到增加抗拔力的目的。

7.6.5 锚杆的张拉与锁定

1. 张拉荷载

拉锚式围护结构所采用的锚杆，应在锚杆下方土体开挖之前进行张拉锁定。初期张拉力指固定锚杆时所施加的拉力，也称为预应力或张拉力。

锚杆的张拉力应根据锚杆的设计荷载，以及围护结构变形控制要求确定。

当对围护结构的变形没有提出特殊要求时，张拉力可以选锚杆轴向拉力标准值的70%；当对围护结构有变形控制要求时，应根据变形控制计算所需的荷载确定锚杆的张拉锁定力，可以大于70%，但不宜大于锚杆轴向拉力标准值，且不应大于设计荷载。

在一般情况下，锚杆张拉锁定力不是越大越好，围护结构小变形时，锚杆的受力就有可能比计算模式的极限状态大，造成拉锚不安全；锚杆张拉锁定力过大时，靠近基坑侧面的地基土层沉降会有造成锚杆进一步拉紧，有超出设计荷载的风险。此外，锚杆张拉锁定力取决于构筑物的允许变形量，因此必须对锚杆变形量和构筑物的允许变形量进行详尽的考虑。

锁定的形式主要有：螺帽（套筒）拧紧、专用锚具夹片锁定和锚头焊死等形式。精轧螺纹钢钢筋一般配套有专用的内螺纹套筒，用来锁定锚杆很方便；一般螺纹钢筋，吨位小时可以采用锚头焊接的方式固定，吨位较大时可以帮焊螺栓，张拉后采用螺帽拧紧固定；钢绞线作为杆体的预应力锚索，采用孔数和直径与钢绞线型号和根数匹配的专用锚具，张拉夹片自动锁紧。在特殊的情况下，锚杆或锚索要求分期张拉时，钢筋锚杆应考虑采用螺栓锚头，钢绞线的锚头采用工具锚，以方便二次张拉或多次张拉。

2. 预应力锚杆张拉

确定了锚杆的张拉锁定力之后，应选用张拉千斤顶，在锚杆注浆固结体达到张拉要求的强度之后，进行锚杆的张拉锁定。锚杆张拉用千斤顶应选用穿心式，自由行程不得小于150mm，千斤顶的出力荷载不得小于1.5倍锚杆设计荷载。

锚杆张拉还应符合以下规定和要求：

（1）当注浆体的强度达到设计强度的75%且不小于20MPa后，方可进行锚杆的张拉锁定；

（2）为了避免锚杆锁定时荷载损失，锁定时的实际张拉力应略大于设计要求的锁定荷载值，一般张拉力是设计锁定荷载的1.1～1.15倍；

（3）宜采用锚杆拉力测试计对锁定后的锚杆拉力进行测试；在锚杆锁定后的48h内，锚杆拉力低于设计锁定值的90%时，应进行再次锁定；锚杆锁定尚应考虑相邻锚杆张拉锁定引起的预应力损失，当锚杆拉力低于设计锁定值的90%时，应进行再次锁定；锚杆出现松弛、锚头脱落、锚具失效等情况时，应及时进行修复并再次张拉锁定；

（4）锁定后锚杆外端部宜采用冷切割方法切除；锚具外切割后的钢绞线保留长度不应小于50mm，采用热切割时，不应小于80mm；当锚杆需要再次张拉锁定时，锚具外的杆体预留长度应满足二次张拉要求；

（5）对于压力分散型锚杆，要对较长自由段的钢绞线先进行补偿张拉，之后再进行整体张拉，补偿张拉的荷载按公式（7.6-1）确定：

$$\Delta P = nEA \frac{L_2 - L_1}{1000 L_2} \tag{7.6-1}$$

式中　ΔP——张拉补偿荷载（kN）；

　　　n——该单元钢绞线的根数；

　　　E——钢绞线弹性模量（MPa）；

　　　A——钢绞线截面积（mm²）；

　　　L_1——短单元自由段长度（m）；

　　　L_2——长单元自由段长度（m）。

3. 预应力锚杆张拉荷载分级与观测时间

预应力锚杆张拉锁定时，应该将锚杆张拉至锚杆轴向拉力标准值的 1.1～1.2 倍，保持 10min，然后退到设计要求的锁定荷载锁定。张拉时的荷载分级和每级荷载下静止观测时间要求，如表 7.6-3 所列。当锚杆恒定拉力下的位移不能收敛稳定时，应判定为不合格。

锚杆张拉荷载分级及观测时间（min）　　　　　　　　表 7.6-3

张拉荷载分级	$0.1N_k$	$0.25N_k$	$0.50N_k$	$0.75N_k$	$1.00N_k$	$1.10\sim1.20N_k$	锁定
砂质土	5	5	5	5	5	10	10
黏性土	5	5	5	5	10	15	10

注：N_k 为锚杆的轴向拉力标准值。

7.7　扩大头式锚杆

岩体具有很高的强度，锚固效率很高，一般没有扩孔的必要。土层强度较低，为了获得较大的锚固力通常加长锚杆长度和加大钻孔直径，结果导致锚固效率降低、费用增加。如果能做到只在锚固段加大直径，则可以减少注浆量，同时又可以获得较大的锚固力。所以，锚杆扩孔主要对土层有意义，而且对于较软的土层也可以获得较好的效果。在工程中采用扩大头锚杆，可以提高锚固效率，节约投资；也因为锚杆的长度可以大幅度减短，使得在狭小的地下空间内实现锚杆支护。扩大锚固端在于扩孔施工技术，目前扩孔技术主要有机械扩孔，旋喷高压注浆扩孔，爆炸扩孔等。由于爆炸扩孔对环境影响大，现在已经很少应用，在本章将介绍机械扩孔和旋喷扩孔的扩大头式锚杆。

7.7.1　扩大头式锚杆的结构

扩大头式锚杆，可以采用拉力型锚杆、压力型锚杆或压力分散型锚杆等锚固形式。图 7.7-1 所示，为端部扩孔压力型锚杆的结构简图，锚杆的拉杆采用无粘结钢绞线，在端部承载板处，设挤压套管，将钢绞线可靠地固定在承载板；注浆管放置在架线环的中间，随着锚杆的拉杆一起放置到钻孔中；如果是二次注浆工艺，一次和二次注浆管均应随锚杆的拉杆一起送入钻孔，一次注浆管可以边注边拔，直至注满，二次注浆管留在孔内，在一次注浆液初凝时，进行压力注浆。实际应用中，扩大头锚杆也可以采用拉力型锚杆。

图 7.7-2 所示，为分段扩孔压力分散锚杆的结构简图，该锚杆分两段扩孔，扩孔的位置可以设置在锚固有利地层。

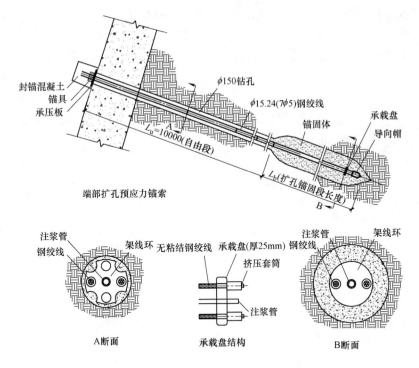

图 7.7-1 端部扩孔压力型锚杆结构

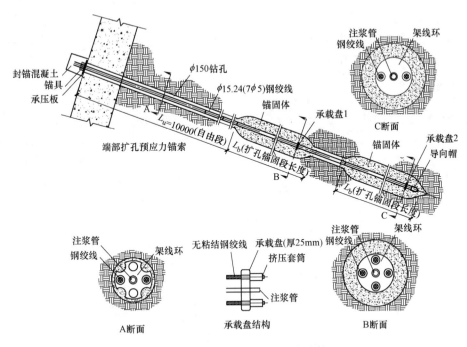

图 7.7-2 分段扩孔压力型锚索结构

7.7.2 扩孔钻头

机械式扩孔一般通过特制的钻头实现扩孔。扩孔钻头的种类很多，但目前土层扩孔主要采用伞形扩孔钻头。本章介绍中国铁道科学研究院研发的可调直径的伞形扩孔钻头。

可调扩孔直径伞形钻头的照片如图 7.7-3 所示。钻头结构如图 7.7-4 所示。该钻头主要由钻杆连接头、可张合的钻臂、钻头和传动杆以及限位器等部分组成。钻头水循环和风动清孔两用,水或风通过钻杆进入钻头前部,带着土屑从钻杆外侧排出钻孔。

图 7.7-3　扩孔钻头照片

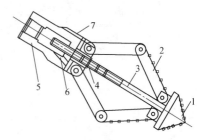

图 7.7-4　钻头的结构示意图
1—钻头;2—可张合钻臂;3—传动杆;
4—变径限位器;5—杆钻杆接头

如图 7.7-5 所示,伞式扩孔钻头主要原理为:锚杆钻孔的自由段使用普通钻头钻孔,在钻进到预定扩孔位置后,更换扩孔钻头,扩孔钻头采用可伸缩的两级连杆装置,头部不受力时钻孔的扩孔臂(连杆)收拢,可方便进出较小直径钻孔;扩孔钻头进入孔底时,通过钻杆施加推力,连杆结构向外张开,镶嵌有合金颗粒的钻臂随钻杆转动后对孔壁切削形成扩孔;钻头中部设一传力杆,除了向头部传递扭矩之外,还设有限位杆,通过控制限位杆活动的长度,可以调整扩孔的直径。扩孔段施工完成后,钻杆带钻头向后退出,可伸缩的连杆由于受到孔壁的摩擦作用,两个张开的连杆自行收拢伸直,钻头的整体直径变小,从而可以从非扩孔段内顺利退出到孔外。

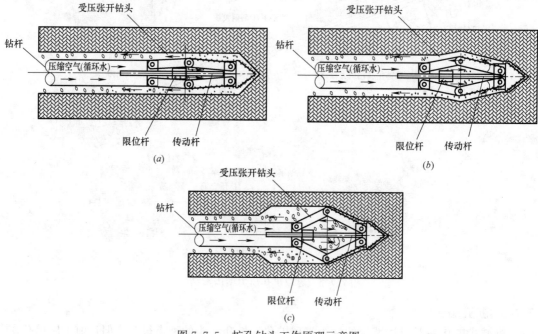

图 7.7-5　扩孔钻头工作原理示意图
(a) 扩孔钻头开始扩孔的状态;(b) 扩孔钻头连杆张开时的状态;(c) 扩孔钻头完全张开后的状态

7.7.3 旋喷扩孔

旋喷扩孔是利用高压射流切削土体，达到锚杆扩孔的一种工艺和方法，近年来由于旋喷扩孔工序简单有效，在基坑工程应用较广。如图 7.7-6 中的照片所示，在 150mm 直径钻孔的条件下，通过旋喷扩孔，可以获得大于 300mm 直径的扩大头。

(a)   (b)

图 7.7-6　旋喷扩孔的机具和扩孔效果
（a）锚杆钻孔旋喷一体机；（b）黏土层中扩孔的效果

旋喷扩孔技术的适用条件如下：

（1）适合用于地下空间狭小，常规锚索不能布置的场合；

（2）可用于易塌孔和流沙的土层；

（3）当土中含有较多的大粒径块石、含大量植物根茎或有过多的有机质时，应根据现场试验结果确定其适用程度；

（4）对基岩和碎石土中的卵石、块石、漂石呈骨架结构的地层，地下水流速过大和已涌水的地基工程，地下水具有侵蚀性，应慎重使用；

（5）应通过高压喷射注浆试验确定其适用性和技术参数；

（6）旋喷扩孔段的埋置深度应不小于 7.0m；

（7）当锚杆上方地表有重要建（构）筑物时，要特别注意旋喷扩孔对地面的影响。

现在市场上也有多种旋喷扩孔专利和技术，从扩孔的介质可以分为高压水射流扩孔和高压水泥浆射流扩孔两种，以下作简单的介绍。

1. 高压水射流扩孔

该工艺是利用高压水射流在预先准备好的钻孔中进行扩孔，步骤如下：

（1）钻孔至锚杆的设计长度；

（2）插入旋喷管，喷射高压水旋转提升；

（3）必要时可以进行复喷扩孔，直至完成计划的锚固段扩孔；

（4）扩孔完毕，拔出旋喷管；

（5）插入锚杆杆体，进行一次注浆，必要时进行二次注浆；

（6）扩孔锚杆施工完成。

该种工艺，扩孔的效果较好，采用水流扩孔可节约成本。该工艺可用于坚硬的土层，不宜用于易塌孔的土层。相比水泥浆液射流扩孔的方法，扩孔直径较大。

2. 高压水泥浆射流扩孔

该工艺是利用水泥浆高压射流在预先钻好的空中进行扩孔，步骤如下：

（1）钻孔至锚杆的设计长度；

（2）插入旋喷管，喷射高压水泥浆旋转提升；

（3）必要时可以进行复喷扩孔，直至完成计划的锚固段扩孔；

（4）扩孔完毕，拔出旋喷管；

（5）插入锚杆杆体，进行补注浆，必要时进行二次注浆；

（6）扩孔锚杆施工完成。

高压水泥浆喷射扩孔工艺适用于较易塌孔的不稳定地层，喷射的水泥浆除了切削钻孔壁土体，并予以置换之外，还能起到钻孔的泥浆护壁作用。

3. 旋喷工艺要求

锚杆扩孔的旋喷施工工艺与高压喷射注浆的工艺参数基本一致，可总结如下：

（1）扩孔旋喷一般采用单重管旋喷工艺；

（2）喷射压力 20～25MPa；

（3）喷头移动速度 10～20cm/min，硬土层、砂层应选用较小的移动速度；

（4）喷嘴旋转速度 15～20r/min；

（5）钻杆拆卸钻杆，或旋喷因故停顿时，旋喷搭接的长度不得小于 200mm。

4. 质量控制和检验

旋喷扩孔的质量检验是难点，特别射流切削土体的效果与土层中的障碍物、土的性质，以及施工工艺参数等有关，由于缺少直接的检验手段，往往对扩孔的质量难以把握。为了在实际工程达到预想的效果，需要进行工艺试验、施工过程管理、加强锚杆检验等质量控制和管理措施。

（1）工艺试验，应在基坑预定设置扩大头的地层进行旋喷扩孔试验，数量不少于 3 根，经开挖验证扩孔效果后由设计调整施工图；

（2）旁站现场管理，在旋喷扩孔施工时，除了施工单位技术管理人员之外，监理和建设方的代表应旁站监督施工，严格按照工艺试验确定的工艺参数进行施工，并做好记录，对水泥用量、每日的进尺等工程量进行分析和验收；

（3）加强锚杆张拉验收，对于扩孔锚索，应进行锚杆的抗拔力基本试验，数量不少于 3 根，应增加验收锚杆张拉试验的比例数量。

7.8 可回收式锚索

随着城市建设的发展，地下空间的开发日益普遍，为了避免基坑锚杆对周边场地后续地下空间的开发造成影响，对锚杆永久侵入建筑红线外地下空间做出了限制。可回收式锚索就是应运发展的一种新型锚固技术。使用后回收，既可避免钢绞线遗留地下对地下空间开发造成影响；又可以重复利用或者回收钢材，节约造价。为此，可回收锚杆在基坑工程中的应用日益普遍。目前，常用的可回收式锚杆主要有抽拉回收式和可拆芯式两种类型。

7.8.1 抽拉式可回收锚杆

抽拉式可回收锚杆是一种结构简单的可回收式锚杆，主要由无粘结钢绞线作为拉杆，在锚杆的端部设置一个 U 形的承载体，无粘结钢绞线穿过承载体形成一组两根钢绞线拉杆，可以根据需要设置多个承载体，以达到较大锚固吨位。如图 7.8-1 所示，该类锚杆可在基坑逐层回填时将锚杆的拉杆抽出回收，避免对周边后续工程的影响。

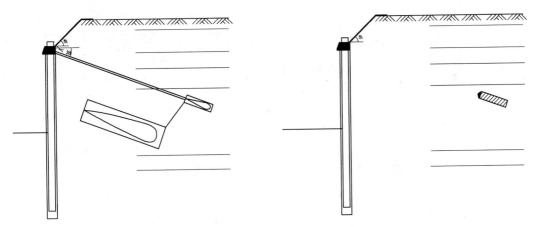

图 7.8-1　可回收锚杆应用示意图

　　抽拉回收式锚杆，结构如图 7.8-2 所示，主要由承载体、无粘结钢绞线组成，一般配合扩大头使用锚固效果更好；张拉时，需要成对张拉钢绞线锁定；拆除回收时，拉拔一根钢绞线将之抽出回收。为了提高单孔锚固力，可采用多个承载体的锚固方案，如图 7.8-3 所示。根据一些工程报道，抽拉式锚杆很难做到 100% 回收。

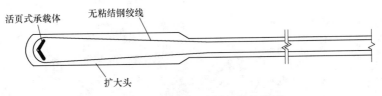

图 7.8-2　抽拉回收式锚杆结构简图

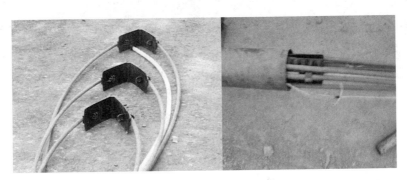

图 7.8-3　多承载体可回收锚杆

7.8.2　可拆芯式锚杆

　　可拆芯式锚杆的种类较多，以日本的 JCE 型可回收式锚杆最具有代表性，其结构如图 7.8-4 所示。该锚杆将无粘结钢绞线的端部固定在一个特制的台座上（相当于压力型锚索的承载板和挤压头），拆芯钢绞线放置在受力钢绞线布置的中间，锚杆受力工作时，拆芯钢绞线不参与工作，只在拆卸锚杆时，抽取中间的拆芯锚杆后，固定台座中心产生缝隙，其余钢绞线便从承载体处脱离出来，钢绞线就可以逐根从孔口抽出回收。

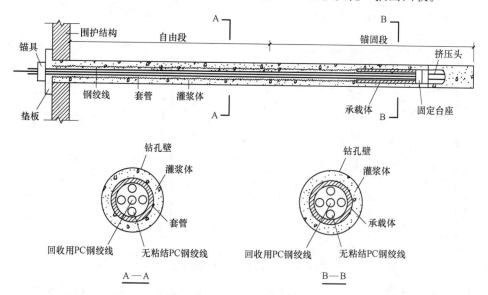

图 7.8-4　拆芯式可回收锚杆

拆芯式锚杆的回收率比较高，钢绞线回收后可以重复使用。近几年，在北京、广州和深圳等城市的一些深基坑支护工程中，应用 JCE 型可回收锚杆取得了良好的工程效果。图 7.8-5 为在实际工程中应用的 JCE 拆芯式可回收锚杆。

(a)　　　　　　　　　　　　　　　　　　　(b)

图 7.8-5　拆芯式锚杆照片
(a) 拆芯式锚杆的锚头；(b) 抽出钢绞线拆除锚杆

7.9　锚固试验与质量检验

7.9.1　锚杆试验的目的与种类

1. 锚杆试验的目的

由于地质条件复杂、土层的性质变异性，以及施工工艺的不同，土层锚杆的抗拔形状常会出现各种复杂的问题；在地基中锚杆钻孔时，会引起土的应力释放及扰动；向锚杆孔注浆，用高压注浆、机械扩孔等都会出现不同的应力变化，这些复杂的影响因素都会影响锚杆的抗拔力。所以要结合具体的工程，进行锚杆现场试验，取得可靠的锚固参数。对于重要的工程，现场试验是不可替代的，锚杆的设计远非套用经验参数，用标准的设计可以解决。因此，规范规定基坑工程安全等级一级的深基坑，锚杆在施工前必须进行现场抗拔试验，目的是为了判明施工的锚杆能否达到设计要求的性能，如果不能满足时，应及时修改设计或采取补救措施，以保证锚杆工程的安全。另外采用新技术、新工艺的锚杆时，必须事先进行锚杆的现场张拉试验。

2. 常规性的材料试验与检验

在锚杆正式施工之前，应该根据标准和规范的要求，进行锚杆材料、设备的试验和检验工作。锚杆工程需要检验的材料和项目包括：1) 拉杆的材料和强度、锚头；2) 注浆用的水泥、砂和水，设计浆液固化强度；3) 施工机械、注浆压力表、张拉千斤顶等设备的检验、标定等工作。这些常规性试验和检验通常由承包施工锚杆的单位进行，施工监理单位抽检。

3. 锚杆现场张拉试验的种类

锚固工程需要进行的张拉试验有三类：

第一类：锚杆基本试验也称为锚杆极限抗拔力试验

锚杆的基本试验又称为锚杆的极限抗拔力试验。要求试验锚杆的参数、材料、施工工艺及其所处的地质条件与工程锚杆相同。应在工程锚杆正式施工之前开展锚杆基本试验，在试验中要求锚杆张拉至破坏，取得锚杆的极限抗拔力；也可以根据试验成果大概计算出锚杆锚固段与土层的平均粘结强度值。试验成果可以检验锚杆设计的合理性，将作为锚杆设计的主要依据。锚杆的基本试验一般不少于 3 根，如果施工地段很长，而且地层变化很大的场地还应根据具体情况增加试验的数量。在实际工作中，如有条件，应请有检测资质的单位进行锚杆基本试验。

第二类：验收试验也称为锚杆抗拔力检测试验。

验收试验是对已施工的锚杆进行抗拔承载力检测，是一种常规的验收要求。验收试验在锚杆施工完成后，全面张拉锁定之前进行。要求选一定比例数量的锚杆进行张拉检验，试验方法、试验荷载和抽检数量等在各种锚杆技术规程或规范中均有明确规定。

第三类：特殊试验。

在一些特殊的条件下，为了检验锚杆的工作性能，需在现场进行的试验称为特殊试验。包括锚杆群锚效果试验、长期蠕变性能、抗震耐力试验等。特殊试验应选择与施工锚杆相同的地层地段进行现场试验，一般要求在工程锚杆施工前进行。特殊试验一般有：

（1）杆群拉张试验。由于情况不得已，锚杆间距必须很密（小于 $10D$ 或 $1.5m$，D 为钻孔直径）时才需做此试验，以判明锚杆群的效果。

（2）循环的拉张试验。承受风力、波浪或反复式等其他震动力的锚杆，需判断由于地基在重复荷载作用下的性状变化所引起的效果。

（3）蠕变试验。为了判明永久性锚杆拉紧力的下降，蠕变可能来自锚固体与地基之间的蠕变特性，也可能来自锚杆区间的压密收缩，应在设计荷载下长期量测张拉力与变位量，以便于决定什么时候需要做再拉紧。

7.9.2 锚杆基本试验

锚杆基本试验（又称极限抗拔力试验）的方法如下：

（1）试验方法和步骤

在现场钻孔、灌浆后的锚杆，待注浆固结体达到 70％ 以上的强度后才能进行拉拔试验。一般情况下对普通水泥必须养护 8d 左右，早强水泥 4d 左右。进行拉拔试验前应平整边坡，做好支座及千斤顶等的安装工作。试验时，张拉千斤顶和配套的油压系统的额定出力，应该大于预计的试验荷载值；加载反力系统应该可靠，能有足够的反力和刚度满足试验的要求，能保持试验过程千斤顶与锚杆同轴；计量仪器仪表的量程和精度能满足试验的要求。试验时的最大张拉荷载，不应超过锚杆杆体极限强度的 0.85 倍，在试验时要注意保护防止锚杆杆体断裂弹出伤人。根据工程的重要和试验工作的需要，锚杆的基本试验可以采用单循环分级加载试验或多循环分级加载试验（简称多循环试验）。

（2）锚杆张拉破坏标准

锚杆试验时，锚杆的破坏标准主要有以下三条，符合其一可以认为锚杆破坏：

1）第二级加载开始，后一级荷载产生的单位荷载下锚头的位移增量大于前一级荷载产生的单位荷载下的锚杆位移增量的 5 倍；

2）锚头的位移不收敛；

3）锚杆杆体破坏。

（3）一单循环分级加载试验

对于一般工程，为了检验锚杆的极限抗拔力是否能够达到设计要求，可以采用单循环分级加载的试验方法。试验初始荷载为预计锚杆极限抗拔力的 1/10，之后每级荷载按事先预计极限荷载的 1/10 施加，加载到预计的极限荷载之后，按预计极限荷载的 1/15 分级施加荷载直至破坏为止。加载后每隔 5～10min 测读一次变位数值，每级加载阶段内记录数值不少于 3 次，每级荷载的稳定标准位连续 3 次百分表读数的累计变位量不超过 0.1mm，稳定后即可加一级荷载。若变位量不断有所增加直至两小时后仍不能达到稳定者即认为该锚杆已达极限破坏。卸荷分级约为加荷的 2～4 倍，每级卸荷后隔 10min 记录一次位移量，荷载全部卸除后，再测读 2～3 次，即读完残余变位数值以后，试验结束。

单循环分级加载至破坏的锚杆拉拔试验的数据按以下方法整理：

① 绘制荷载-变位曲线，如图 7.9-1（a）所示。以明显的转折点作为屈服拉力或将 OA 延长交于 E 点，用 E 点的抗拔力作为锚杆的屈服应力。

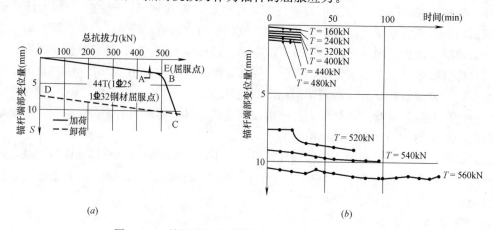

(a) (b)

图 7.9-1　单循环加载试验拉拔力-变位量-稳定时间曲线

② 绘制变位量-稳定时间曲线，见图 7.9-2（b），可了解在各级拉拔荷载作用下锚杆的位移发展情况。

（4）多循环加载试验

对于重要工程，或者有科研试验意义的锚杆基本试验，应按现行的行业标准《建筑基坑支护技术规程》JGJ 120 对锚杆的基本试验推荐采用多循环加载法，其加载分级和锚头位移监测时间按表 7.9-1 确定。

多循环加载试验的加载分级与锚头位移监测时间　　　　表 7.9-1

循环次数	分级荷载与最大试验荷载的百分比（％）						
	初始荷载	加载过程			卸载过程		
第一循环	10	20	40	50	40	20	10
第二循环	10	30	50	60	50	30	10
第三循环	10	40	60	70	60	40	10
第四循环	10	50	70	80	70	50	10
第五循环	10	60	80	90	80	60	10
第六循环	10	70	90	100	90	70	10
检测时间		5	5	10	5	5	5

多循环加载试验的成果按以下方法整理并作分析：

① 绘制多循环加载荷载与锚头位移的关系图，如图 7.9-2 为例，可以看出在锚杆拉拔力荷载达到 600kN 时，锚杆的位移显著增大，可以判定锚杆的极限抗拔力为 600kN；

② 绘制锚杆荷载与弹性位移和塑性位移的关系曲线，如图 7.9-3 为例，锚杆的拉拔力荷载达到 600kN 时，锚杆的塑性位移突然增大，此时可以认为锚杆达到破坏，所以锚杆的极限抗拔力可以定为 600kN。

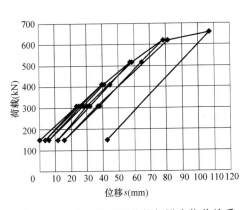

图 7.9-2　多循环加载荷载与锚头位移关系

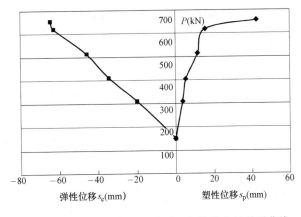

图 7.9-3　锚杆荷载与弹性位移和塑性位移的关系曲线

7.9.3　锚杆抗拔力检测试验

锚杆抗拔力检测试验也称为锚杆的验收试验，用以检验锚杆施工是否达到设计要求。现行的行业规范《建筑基坑支护技术规程》JGJ 120 规定，锚杆抗拔力检测试验的锚杆数量应不少于锚杆数量 5％，而且在同一种条件下的锚杆不少于 3 根，试验锚杆应该采取随机抽样的方法选取。试验时一般采用单循环分级加载，最大荷载与基坑的安全等级有关，如表 7.9-2 所列。

表 7.9-2

锚索检验试验的张拉荷载

基坑支护安全等级	检验预张拉力与 N_k 的倍数
一级	1.4
二级	1.3
三级	1.2

注：N_k 为锚杆的轴向拉力标准值。

采用单循环法进行锚杆抗拔力监测试验时，加载分级和锚头位移监测时间要求如表 7.9-3 所列。当锚杆张拉到检验荷载之后，张拉荷载退到 $0.1N_k$，记录锚头的回弹位移。

表 7.9-3

单循环加载试验的加载分级与锚头位移观测时间

最大荷载	分级荷载与锚杆轴向拉力标准值 N_k 的百分比（%）						
$1.4N_k$	加载	10	40	60	80	100	120	140
$1.3N_k$	加载	10	40	60	80	100	120	130
$1.2N_k$	加载	10	40	60	80	100	120	—
观测时间（min）		5	5	5	5～10	5～10	5～10	10

在锚杆抗拔力检测试验时，在每级荷载作用下应在保持荷载的时间内测读锚头位移量不少于 3 次。当在保持荷载的观测时间内，前后两次测到的位移值增量不大于 1.0mm 时，可视为位移收敛，可加下级荷载；否则，应该延长观测时间至 60min，并应每 10min 测读锚头位移 1 次；当 60min 时间内锚头的位移增量大于 2.0mm 时，可认为锚头位移不收敛。锚杆加载试验中，遇到本章第 7.9.2 节第（2）条所列的标准之一时，认为锚杆破坏。

锚杆检验试验的单循环试验结果，绘制荷载-位移（Q-s）曲线，如图 7.9-1（a）所示。符合以下条件时，认为锚杆合格：

（1）在抗拔承载力检测值下，锚杆的位移稳定，或位移发展收敛；

（2）在抗拔承载力检测值下，测得的弹性位移量应大于杆体自由段长度理论弹性伸长量的 80%。

锚杆检测试验中合格与否的判别方法，可以进一步用下列计算 P-δ 关系式作为参考：

$$\delta = \Delta l_0 = \frac{P - P_0}{AE} l_0 \tag{7.9-1}$$

$$\delta_{min} = \Delta l_{0min} = \Delta l_0 \times 0.8$$

（考虑 0.2 的自由长度因施工漏浆而减少）

$$\delta_{max} = \Delta l_{0max} = \frac{P - P_0}{AE}\left(l_0 + \frac{1}{2}l_e\right) \tag{7.9-2}$$

式中　l_0——拉杆的自由长度（m）；

　　　l_e——锚固体长度（m）；

　　　E——拉杆材料的弹性模量（kN/m^2）；

　　　A——拉杆的断面面积（m^2）；

　　　P_0——设计荷载（kN）；

P——施加的荷载（kN）。

只要实测的 δ 值落在 δ_{min} 与 δ_{max} 范围内即认为合格，见图 7.9-4。

7.9.4 锚杆的蠕变试验

对于设置在岩层和粗粒土中的锚杆，没有蠕变问题。但对于设置在软土里的锚杆，存在蠕变问题，主要的表现在于在长期荷载作用下，锚头的位移会随时间有明显的发展；或者锚杆的拉力随着时间会有明显的松弛。在深基坑工程中，这种蠕变现象会给工程安全和周边环境保护带来影响。所以，设置在软土地层

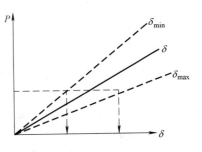

图 7.9-4 锚杆检验试验（试验荷载的变位量关系）

的锚杆应做蠕变试验，判定可能发生的蠕变变形是否在容许范围内。中国工程建设标准化协会标准《岩土锚杆（索）技术规程》CECS 22 明确规定：在塑性指数大于 17 的地层中，应做锚杆的蠕变试验。尤其在没有锚固经验的软土地区，当周边环境要求高时，应在基坑设计之前进行锚杆的蠕变试验。

锚杆蠕变试验的加载分级与锚头位移测读时间要求如表 7.9-4 所列。

锚杆蠕变试验的加载分级与锚头位移测读时间 表 7.9-4

加载分级	$0.50N_k$	$0.75N_k$	$1.00N_k$	$1.20N_k$	$1.50N_k$
观测时间 t_2	10	30	60	90	120
观测时间 t_1	5	15	30	45	60

注：N_k 为锚杆的轴向拉力标准值。

锚杆蠕变试验的数量应不少于 3 根。蠕变试验需用能自动调整压力的油泵系统，使得作用于锚杆上的张拉荷载保持恒量，不因变形而降低，然后按一定时间间隔（1min、5min、10min、15min、30min、45min、60min、90min、120min）精确测读 2h 变形值，在半对数坐标纸上绘制蠕变时间关系，如图 7.9-5 所示。曲线（近似为直线）的斜率即锚杆的蠕变系数 K_s：

$$K_s = \frac{\Delta s}{\lg t_2 - \lg t_1} \tag{7.9-3}$$

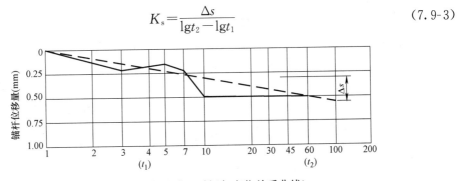

图 7.9-5 蠕变试验（时间与变位关系曲线）

Δs 及如图 7.9-5 中所示 t_1、t_2 可以按表 7.9-4 选取。

一般认为，$K_s \leqslant 2.0mm$，锚杆是安全的；$K_s > 2.0mm$ 时，锚固体与土之间可能发生蠕变滑动，使锚杆丧失承载力。

7.10 工程实例

深圳机场轨道交通基坑在 T3 候机楼之下，面积约 65000m²，周长约 3500 m，深度 13.0～17.0m。该基坑位于新填海区，地质条件复杂，同时由于工期紧迫的原因，基坑要在 T3 候机楼工程桩确定之前开挖，所以只能采用锚杆支护方案。

1. 工程条件

（1）工程位置和基本条件

深圳机场轨道交通工程位于 T3 候机楼和站坪之下，如图 7.10-1 所示。

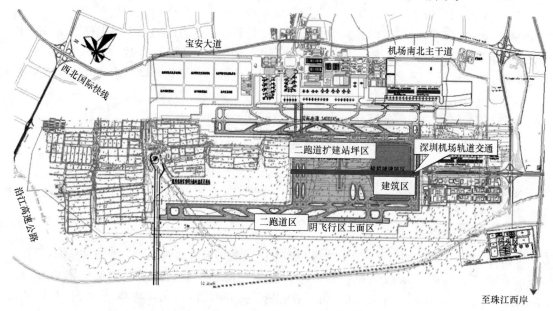

图 7.10-1 深圳机场轨道交通工程位置图

（2）地质条件

场地原始地貌为海域，海床下有 6.0～12.0m 厚的海积淤泥层。基坑开挖时，场地在进行填海同时对淤泥层进行插板排水堆载预压处理，未达到排水固结堆载预压地基处理的卸载要求。基坑所处场地地质剖面如图 7.10-2 所示。

地面以下约 7.5m 深度是填海时吹填的砂层和填土层，以下是约 6.0m 厚的海积淤泥层，其性质特别软弱，可以提供可靠锚固力的黏性土层和残积土层的埋深约 14.0m。

基坑场地除了淤泥之外，各土层土的强度指标和锚固粘结强度值如表 7.10-1 所列。由于基坑施工期间场地未完成排水固结地基处理，所以，淤泥层处于欠固结状态。该淤泥层在工程填海勘察、基坑工程勘察、基坑开挖验证勘察和排水固结检验勘察四个阶段，均做了十字板原位剪切试验，由十字板试验换算的淤泥各阶段的强度指标如表 7.10-2 所列。

2. 基坑设计方案

本基坑采用咬合桩＋锚索（锚碇）的支护方案。围护桩采用 D1000mm 直径的全套管成孔灌注桩，按密排咬合布置，间一配一（一荤一素），局部逐桩配筋，桩间距按咬合尺

土层（不含淤泥层）的强度指标　　　　表 7.10-1

土类名称	状态	黏聚力 c(kPa)	摩擦角 φ(°)	锚固粘结强度(kPa)
粉质黏土	可塑	26.8	17.3	80
砂质、砾质黏土	可塑—硬塑	29.25	22.35	100
全风化花岗岩				110
砂层		0	32	120

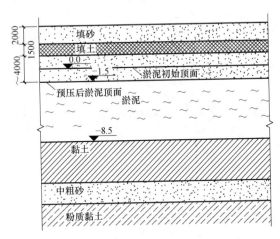

图 7.10-2　基坑场地典型地质断面图

各阶段十字板推算的淤泥强度指标和室内试验强度指标　　　　表 7.10-2

勘察阶段	固结度 (%)	三轴固结不排水剪 (CU)		十字板强度推算的实际强度指标	
		c_{cu}(kPa)	φ_{cu}(°)	c(kPa)	φ(°)
原始海积淤泥		6.0	12.5	5.7	1.6
基坑工程勘察	52.3	6.5	12.6	6.7	7.5
基坑开挖前勘察	82.5	4.5	13.6	6.7	10.7
软基处理效果检测勘察	98.2	6.9	13.9	5.8	13.9

寸不小于 200mm，围护桩的嵌固深度 7.0～9.0m；桩顶冠梁设置锚碇，桩中部设置 3 道锚索，锚碇、锚索水平间距 1.6m。典型设计剖面如图 7.10-3 所示。

第一道拉锚设置在填砂层，利用场地填海刚刚形成，具备设置锚碇式拉锚的空间条件；三道锚杆的锚固段均设在锚固条件好的黏性土和残积土层；锚杆的入土倾角 30°，第一锚碇直接锁定在锁口梁，其余锚杆配置钢腰梁，2 [28B 双拼槽钢，锚头托架采用钢板焊接制作。

3. 计算分析

（1）设计选用的土工参数

本工程基坑设计时，场地正在进行排水固结地基处理，淤泥层属于欠固结状态。测算基坑工程开挖时场地满载预压约 60d，固结度 81.3%，推算的淤泥强度指标 φ_t 为 10.5°；设计时各土层土工参数取值如表 7.10-3 所列；地面超载按 20kPa 考虑，地下水位埋深按最不利考虑，取 2.0m；各土层摩阻强度标准值如表 7.10-3 所列，锚索、锚碇刚度如表 7.10-4 所列。

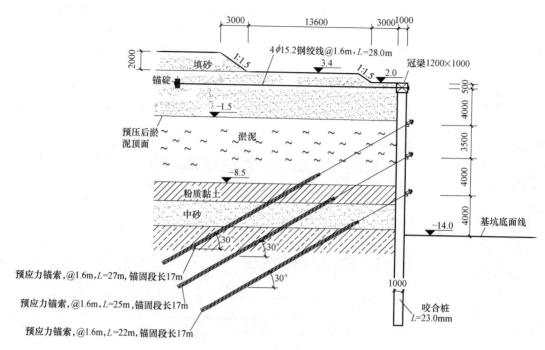

图 7.10-3   支护剖面图

设计采用的土工参数

表 7.10-3

土层名称	重度 (kN/m³)	摩擦角 (°)	黏聚力 (kPa)	泊松比	弹性模量 (MPa)	m 值	锚固粘结强度 (kPa)
填砂	17.0	30.0	0.0	0.35	10		
淤泥质土(基坑设计阶段)	16.0	7.5	6.7	0.42	0.6		
淤泥质土(基坑开挖时)	16.0	10.5	6.7	0.42	0.6	1750	
粉质黏土	18.5	17.3	26.8	0.35	6	6936	80
残积土	19.0	22.3	29.3	0.33	11	10680	100
中粗砂	18.5	32.0	0.0	0.28	30	17280	

锚索、锚碇刚度

表 7.10-4

锚索、锚碇	刚度(kN/m)
锚碇	4000
第一排锚索	7500
第二排锚索	11000
第三排锚索	20000

（2）计算方法

采用平面有限元法计算锚杆的受力和维护结构的内力，以及地面和支护结构的变形。计算程序采用 MIDAS/GTS，土的本构模型采用修正的莫尔库仑理想弹塑性模型。围护桩简化为梁单元，计算宽度 1.6m；锚索采用组合单元，自由段和锚固段采用不同的单元模拟。自由段锚索仅承受拉应力，采用嵌入式桁架单元（只受拉）。锚固段，在锚索和土体单元之间施加接触面单元，模拟锚固段与土的相互作用；锚碇的不同部位采用不同单元模拟，拉杆采用嵌入式桁架单元（只受拉），锚碇实体单元模拟。

（3）计算结果

平面有限元计算出的拉锚式围护结构的位移、锚杆和锚碇轴力，以及围护结构的正截面弯矩分布分别如图 7.10-4～图 7.10-6 所示。

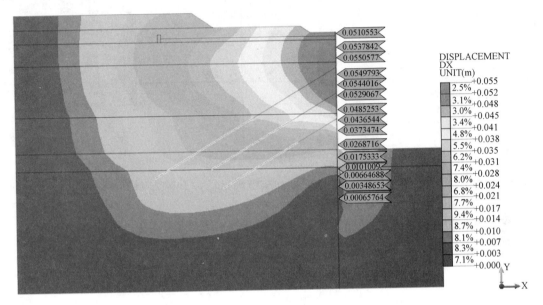

图 7.10-4　基坑位移云图

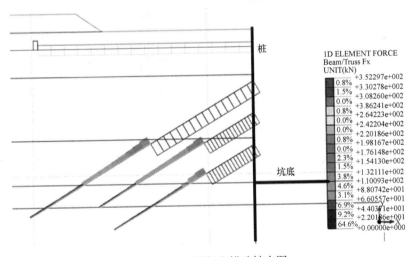

图 7.10-5　锚杆和锚碇轴力图

由计算结果可知，第一道锚碇的拉力标准值约为 250kN，第三道锚杆的轴向拉力标准值最大，约为 350kN。为了方便和安全起见，锚索设计时，取所有锚杆的轴向拉力标准值 360kN。

4. 锚碇设计

锚碇轴向拉力标准值 250kN，抗拔安全系数取 1.8，锚碇极限抗拔承载力应不小于

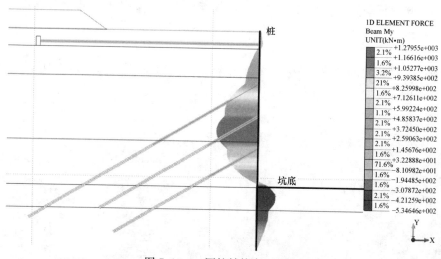

图 7.10-6 围护结构弯矩分布图

450kN。如图 7.10-7 所示，锚碇所在场地有深厚的填砂层和淤泥层，填砂呈台阶形，规范公式不能套用。

（1）锚碇拉杆长度确定

如图 7.10-8 所示，锚碇拉杆的长度用作图法确定，要求为 26.85m，设计取 28.0m。

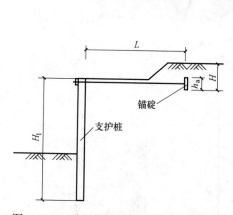

图 7.10-7 本工程台阶填方锚碇计算简图

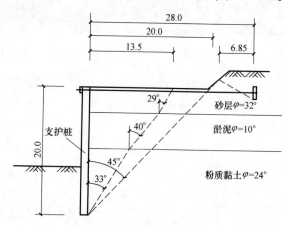

图 7.10-8 拉杆长度确定示意图

（2）锚碇抗拔力验算

本工程锚碇不能采用规范方法计算抗拔力。采用极限状态法分析计算台阶形场地的锚碇抗拔力，计算简图如图 7.10-9 所示。

$$T = W \times \cos\left(45° - \frac{\varphi}{2}\right)$$

$$\left[\cos\left(45° - \frac{\varphi}{2}\right)\tan\varphi + \tan\left(45° + \frac{\varphi}{2}\right)\right]$$

$$- \frac{1}{2}K_a\gamma H^2 \qquad (7.10-1)$$

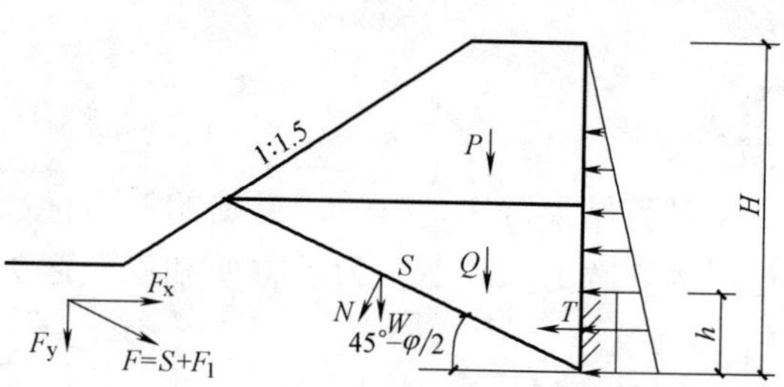

锚碇抗拔力标准值 250kN/m，抗拔

图 7.10-9 锚碇极限抗力计算图式

安全系数 1.8，锚碇极限抗拔承载力应不小于 450kN。根据公式（7.10-1），锚碇的底埋深 $H=4.5\text{m}$，锚碇尺寸 $h=1.5\text{m}$，宽度 $D=1.5\text{m}$，取填砂层干重度 16.5kN/m³，强度指标 $c=0$，$\varphi=32°$，平台前宽度 5.0m，锚碇的布置宽度 1.6m，锚碇的极限抗拔力为 465kN，能满足要求。

（3）锚碇设计

锚碇设计方案如下：

a. 锚碇填土厚度为 4.5m，平台宽 5.0m，拉杆长 28.0m。

b. 锚碇设计抗拔力取 250kN，锁定荷载取 200kN。

c. 锚碇为正方形钢筋混凝土板，高 1.5m。

本基坑工程锚碇大样图如图 7.10-10 所示。

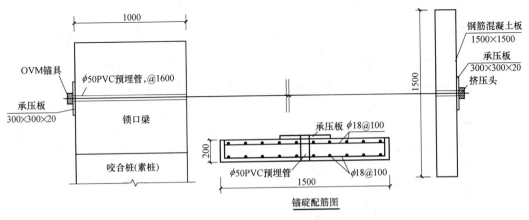

图 7.10-10　锚碇大样图

（4）锚碇拉拔试验

锚碇轴向拉力标准值 250kN，抗拔安全系数 1.8，锚碇极限抗拔承载力标准值不小于 450kN。考虑本基坑中锚碇工程条件特殊，锚碇拉拔试验检验荷载 500kN。

现场共进行了 12 个锚碇拉拔试验，图 7.10-11 是其中 1 个锚碇拉拔试验的 $P\text{-}s$ 曲线。锚碇拉拔试验结果如表 7.10-5 所列。

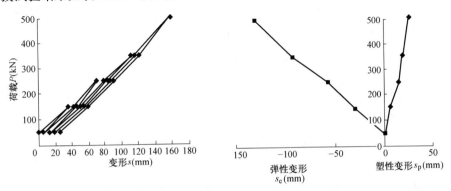

图 7.10-11　锚碇 $P\text{-}s$ 曲线图

5. 锚杆设计

（1）锚索设计参数

锚碇拉拔试验结果 表 7.10-5

序号	锚碇编号	检验荷载(kN)	总变形量(mm)	弹性变形(mm)	塑性变形(mm)
1	MD-301	450.0	156.2	130.8	25.4
2	MD-302	450.0	154.8	129.6	25.2
3	MD-303	450.0	158.5	132.1	26.4
4	MD-304	450.0	159.1	132.9	26.2
5	MD-305	450.0	158.0	131.8	26.2
6	MD-306	450.0	158.6	132.1	26.5
7	MD-307	450.0	157.5	131.6	25.9
8	MD-308	450.0	159.2	133.6	25.6
9	MD-309	450.0	156.5	130.9	25.6
10	MD-310	450.0	155.3	130.0	25.3
11	MD-311	450.0	157.6	132.6	25.0
12	MD-312	450.0	155.2	131.0	24.2
13	平均值		157.2	131.6	25.6

本基坑三排锚杆的轴向拉力标准值均取 360kN,极限抗拔力取 650kN,相当于安全系数 1.8,钻孔直径 130mm,拉杆由 4 根 1860 级 ϕ15.2 钢绞线制作,要求锚杆二次注浆,其中二次注浆的起始压力不小于 2.5MPa,保压注浆压力不小于 1.0 MPa;二次注浆量由水泥用量控制,每孔锚杆不少于 15 包水泥;注浆液用水泥净浆,用普通硅酸盐水泥,强度等级 P.O 42.5R;一次注浆水灰比 0.45,二次注浆水灰比 0.5,均加水泥用量 0.5% FDN-5 早强减水复合外加剂。

根据所处的位置采取不同的锚杆设计长度:

a. 第一排锚杆,自由段长 12.0m,锚固段长 17.0m,锚固土层为冲洪积粉质黏土层和残积粉质黏土层;

b. 第二排锚杆,自由段长 8.0m,锚固段长 17.0m,锚固土层以残积粉质黏土层和砂层为主;

c. 第三排锚杆,自由段长 5.0m,锚固段长 17.0m,锚固土层以残积粉质黏土层和砂层为主。

经计算,设计的各排锚杆的锚固段长度对应的极限抗拔力如表 7.10-6 所列。按深圳地区的锚固粘结强度经验值,验算锚固段的设计长度,结果能够满足要求。

锚固段长度与极限抗拔力验算结果 表 7.10-6

锚索	锚固段长度(m)	极限抗拔力(kN)
第一排锚索	17.0	696
第二排锚索	17.0	712
第三排锚索	17.0	748

(2)锚杆拉拔试验

为了验证锚杆的极限抗拔力能否满足设计要求,每排锚杆均作了 9 根锚杆基本试验,共做基本试验 27 根,试验采取多循环加载法,试验 P-s 曲线如图 7.10-12～图 7.10-14 所示,以及锚杆的拉拔试验结果列于表 7.10-7～表 7.10-9。试验结果表明,27 根锚杆均能满足设计要求。

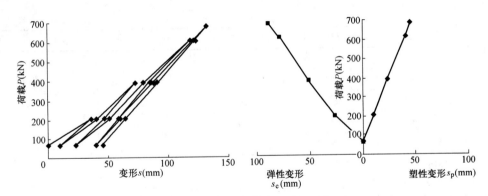

图 7.10-12 MS1-2 锚杆张拉 *P-s* 曲线图

第一排锚杆基本试验结果 表 7.10-7

序号	锚索编号	检验荷载(kN)	总变形量(mm)	弹性变形(mm)	塑性变形(mm)
1	MS-1-01	680.0	126.8	91.2	35.6
2	MS-1-02	680.0	126.5	90.3	36.2
3	MS-1-03	680.0	124.6	86.6	38.0
4	MS-1-04	680.0	131.9	89.5	42.4
5	MS-1-05	680.0	129.2	92.1	37.1
6	MS-1-06	680.0	132.6	87.6	45.0
7	MS-1-07	680.0	133.8	88.4	45.4
8	MS-1-08	680.0	130.0	87.9	42.1
9	MS-1-09	680.0	132.6	92.8	39.8
10	平均	680.0	129.8	89.6	40.2

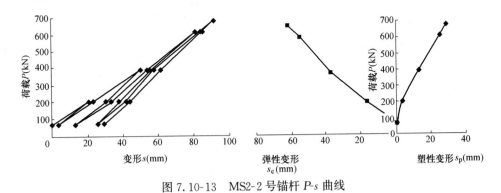

图 7.10-13 MS2-2 号锚杆 *P-s* 曲线

第二排锚索拉拔试验结果 表 7.10-8

序号	锚索编号	检验荷载(kN)	总变形量(mm)	弹性变形(mm)	塑性变形(mm)
1	MS-2-01	680.0	92.5	59.6	32.9
2	MS-2-02	680.0	91.5	62.5	29.0
3	MS-2-03	680.0	95.5	60.5	35.0

续表

序号	锚索编号	检验荷载(kN)	总变形量(mm)	弹性变形(mm)	塑性变形(mm)
4	MS-2-04	680.0	94.6	60.8	33.8
5	MS-2-05	680.0	96.8	61.4	35.4
6	MS-2-06	680.0	93.9	58.9	35.0
7	MS-2-07	680.0	94.4	62.0	32.4
8	MS-2-08	680.0	96.4	61.8	34.6
9	MS-2-09	680.0	95.1	60.2	34.9
10	平均		94.5	60.9	33.6

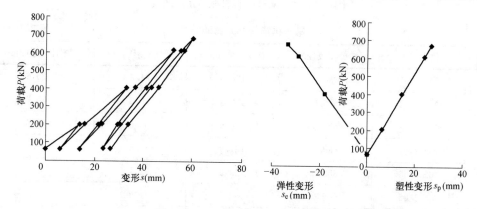

图 7.10-14 第三排锚杆 P-s 曲线

第三排锚杆拉拔试验结果   表 7.10-9

序号	锚索编号	检验荷载(kN)	总变形量(mm)	弹性变形(mm)	塑性变形(mm)
1	MS-3-01	680.0	59.2	33.3	25.9
2	MS-3-02	680.0	57.1	31.9	25.2
3	MS-3-03	680.0	59.9	32.9	27
4	MS-3-04	680.0	60.2	33.8	26.4
5	MS-3-05	680.0	57.8	31.4	26.4
6	MS-3-06	680.0	56.7	30.7	26
7	MS-3-07	680.0	57.4	32	25.4
8	MS-3-08	680.0	58.4	32.8	25.6
9	MS-3-09	680.0	57.1	31.2	25.9
10	平均		58.2	32.2	26.0

6. 主要施工工序和施工概况

本基坑工序与步骤如图 7.10-15 所示。

基坑总工期施工顺利,锚杆施工机具采用了履带自行式套管钻机,基坑开挖到底见图 7.10-16。

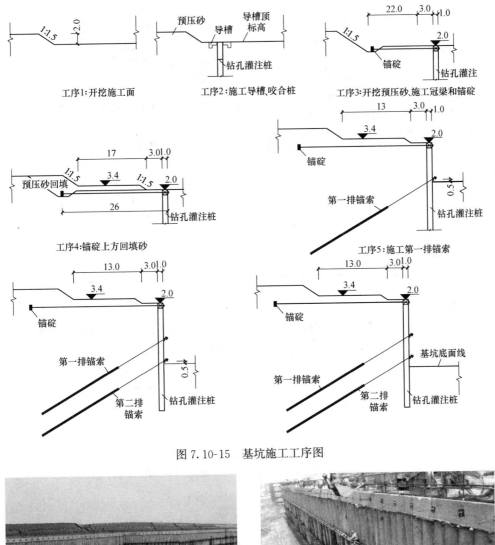

图 7.10-15 基坑施工工序图

图 7.10-16 开挖到位后的基坑照片

7. 锚碇和锚杆拉力监测

图 7.10-17 为部分锚碇和锚杆拉力监测结果，结果表明，锚碇的拉力随着时间有增长的趋势，主要是由于坑外场地排水固结下沉，使得锚碇拉杆受拉引起的。锚杆的监测拉力与设计值接近，其中第三排锚杆的拉力略大于计算的锚杆轴向拉力标准值。分析原因主要在于：本基坑工程周边空旷，基本上没有车辆、随机堆载等影响；在设计时，考虑了场地淤泥排水固结强度增长等因素，设计比较符合实际；施工时对质量和张拉锁定管理严格。

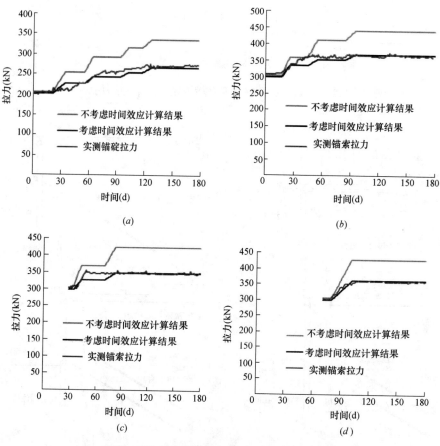

图 7.10-17 断面 3 拉锚的拉力时间关系
(a) 锚碇；(b) 第一排锚杆；(c) 第二排锚杆；(d) 第三排锚杆

参 考 文 献

[1] 中华人民共和国行业标准. 建筑基坑支护技术规程 JGJ 120—2012 [S]. 北京：中国建筑工业出版社，2012

[2] 中国工程建设标准化协会标准. 岩土锚杆（索）技术规程 CECS 22：2005 [S]. 中国工程建设标准化协会，2005

[3] 中国土木工程学会土力学及岩土工程分会. 深基坑支护技术指南. 北京：中国建筑工业出版社，2012

[4] 龚晓南，高有潮. 深基坑工程设计施工手册（第一版）. 北京：中国建筑工业出版社，1998

[5] 刘国彬，王卫东. 基坑工程手册（第二版）. 北京：中国建筑工业出版社，2009

[6] 龚晓南. 地基处理手册（第三版）. 北京：中国建筑工业出版社，2008

[7] 梁月英. 土层扩孔压力型锚杆的锚固机理研究 [D]. 中国铁道科学研究院博士论文，北京，2012

[8] 马驰. 深圳机场新填海场地深基坑支护技术的研究 [D]. 中国铁道科学研究院博士论文，北京，2016

[9] 中国铁道科学研究院深圳研究设计院. 深圳地质灾害治理新技术研究报告——压力型锚索设计原则与施工技术要求 [R]. 深圳，2013

[10] 中国铁道科学研究院深圳研究设计院. 深圳地质灾害治理新技术的研究——应用报告 [R]. 深圳，2013

第8章 土钉及复合土钉支护

吴铭炳　林希鹤　林生凉
（福建省建筑设计研究院）

8.1 概述

8.1.1 土钉及复合土钉支护的概念

土钉支护技术又称为土钉墙或喷锚支护，土钉支护主要是用于土体开挖边坡支护的一种挡土结构。土钉一般是通过钻孔、插筋、注浆来设置的，但也可通过直接打入较粗的钢筋或型钢形成土钉。土钉沿通长与周围土体接触，依靠接触界面上的粘结摩阻力，与其周围土体形成复合土体-土钉墙，土钉在土体发生变形的条件下被动受力，并主要通过其受拉工作对土体进行加固。而土钉间土体变形则通过面板（通常为配筋喷射混凝土）予以约束。其典型结构如图 8.1-1 所示。因此，其支护效果主要由土钉的长度、设置密度、土钉的抗拉抗弯和抗剪强度、土钉与土体的粘结强度、面板刚度、土钉与面板结合程度、原状土体性状、坡顶荷载、开挖深度等因素综合决定。

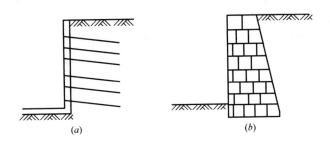

图 8.1-1　土钉墙与重力式挡土墙

复合土钉支护是由普通土钉支护与一种或若干种单项轻型支护技术（如预应力锚杆、竖向钢管、微型桩等）或截水技术（深层搅拌桩、旋喷桩等）有机组合成的支护截水体系，分为加强型土钉支护、截水型土钉支护、截水加强型土钉支护三大类。复合土钉墙具有支护能力强，适用范围广，可作超前支护，并兼备支护、截水等性能，是一项技术先进，施工简便，经济合理，综合性能突出的深基坑支护新技术。如图 8.1-2 所示为截水加强型

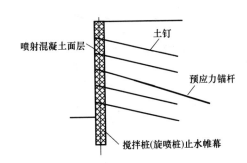

图 8.1-2　土钉墙＋止水帷幕＋
预应力锚杆（索）支护

土钉支护。

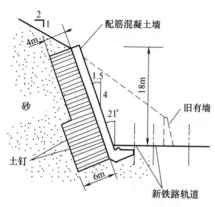

图 8.1-3 法国凡尔赛附近的铁路路堑工程

8.1.2 土钉及复合土钉支护的发展概况

现代土钉技术是从 20 世纪 70 年代出现的。德国、法国和美国几乎在同一时期各自独立地开始了土钉墙的研究和应用。出现这种情况并非偶然，因为土钉在许多方面与隧道新奥法施工类似，可视为是新奥法概念的延伸。20 世纪 60 年代初期出现的新奥法，采用喷射混凝土和粘结型锚杆相结合的方法，能迅速控制隧洞变形并使之稳定。特别是 20 世纪 70 年代及稍后的时间内，先后在德国法兰克福及纽伦堡地铁的土体开挖工程中应用获得成功，对土钉墙的出现给予了积极的影响。此外，20 世纪 60 年代发展起来的加筋土技术对土钉墙技术的萌生也有一定推动作用。

1972 年法国首先在工程中应用土钉墙技术。该工程为凡尔塞附近的一处铁路路堑的边坡开挖工程（图 8.1-3），边坡坡度为 70°，长 965m，最大坡高 21.6m，采用厚 50～80mm 的喷射混凝土面层和在土体中设置长度为 4m 和 6m 的土钉作为临时支护，共采用了 25000 多根土钉。现场土体为黏性砂土、摩擦角 $\varphi=33°\sim40°$，黏聚力 $c=20\mathrm{kPa}$。这是有详细记载的第一个土钉墙工程。

据 1992 年的调查，法国土钉墙支护每年仅用于公路工程中就有 10 万 m^2，此外，尚有数以百计的小型建筑工程采用土钉墙技术。

开发应用土钉支护仅次于法国的是德国。德国于 1979 年首先在 Stuttgart 建造了第一个永久性土钉工程（高 14m），并进行了长达 10 年的工程测量，获得了许多有价值的数据。自 1992 年，德国已建成 500 个土钉墙工程。为了减少支护变形对附近建筑物设施造成的影响，德国工程师们认为上排土钉宜加长或改用锚杆，他们曾在一个 28m 的边坡开挖中（坡度 82°）用 10 排长 15m 的土钉，上排加用两排 30m 长的锚杆（图 8.1-4）。

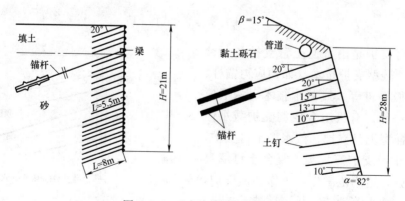

图 8.1-4 土钉与锚杆的联合应用

美国最早应用土钉墙在 1974 年。使用中一项有名的土钉工程是匹茨堡 PPG 工业总部的深基开挖。由于与其紧挨已有建筑物，所以开挖时对土体用了注浆处理，并对土钉区内已有建筑物基础用微型桩作了托换。

法国、德国、美国、英国等国还十分重视土钉墙的工作性能的试验研究，包括分析方法和程序开发，大型足尺土钉墙试验与模型试验，离心机试验，实际工程长时间的土钉内力实测与支护变形实测等，获得了许多宝贵资料，并编制了有关土钉墙的技术文件，包括设计和施工监理手册。

我国应用土钉支护的首例工程可能是 1980 年将土钉用于山西柳湾煤矿的边坡支护。近年来，冶金部建筑研究总院、北京工业大学、清华大学、广州军区建筑工程设计院和总参工程兵二所等单位，在土钉墙的研究开发应用方面做了不少工作。北京、深圳、广州、长沙、武汉、石家庄、成都等地的基坑工程已开始较广泛地应用土钉墙支护。国内冶金部建筑研究总院、清华大学等单位还编制了土钉墙稳定性分析及设计计算程序。《建筑基坑支护技术规程》规定土钉墙适用条件：基坑侧壁安全等级宜为二、三级的非软土场地，基坑深度不宜大于 12m。

复合土钉支护是 20 世纪 90 年代研究开发成功的一项深基坑支护新技术。近年来，沿海一带淤泥和淤泥质土为主的软土地区使用复合土钉支护技术，根据软土的特性和性能，即以水泥土桩墙、竖向锚管注浆、微型桩超前支护、木桩等竖向增强体措施来解决土体的自立性、并防止软土开挖后产生侧向位移与破坏，增强隔水性及喷射混凝土面层与土体的粘结问题，以水平向锚管压力注浆解决土体加固和土钉抗拔力问题，竖向增强体需插入一定深度解决坑底隆起、渗流和管涌等问题，常用的是以止水帷幕、超前支护和土钉等组成的复合土钉支护。

与国外相比，我国在发展土钉技术上也有一些独特的成就。如：（1）土钉墙与土层预应力锚杆（索）相结合，成功地解决了深达 17m 的垂直开挖工程的稳定性问题。（2）发展了洛阳铲成孔这种简便、经济的施工方法。（3）对软弱地层地下水位以下的基坑工程，采用深层搅拌桩（或旋喷桩）加固土体并形成止水帷幕，同时结合预应力锚杆（索）和注浆锚管复合土钉技术，对复合土钉支护技术进行了探索，并取得了经验。

《建筑基坑支护技术规程》规定预应力锚杆复合土钉墙适用于地下水位以上或降水的非软土基坑，且基坑深度不宜大于 15m；水泥土桩复合土钉墙适用于非软土基坑时，基坑深度不宜大于 12m，用于软土基坑时，基坑深度不宜大于 6m；微型桩复合土钉墙适用于地下水位以上或降水的非软土基坑，且基坑深度不宜大于 12m，用于软土基坑时，基坑深度不宜大于 6m；同时规定，当基坑潜在滑动面内有建筑物、重要地下管线时，不宜采用土钉及复合土钉支护。

8.1.3 土钉及复合土钉支护的应用领域

土钉支护技术不仅用于临时构筑物，而且也用于永久构筑物。当用于永久性构筑物时，宜增加喷射混凝土层厚度、敷设预制板或增加钢筋混凝土框架梁或立柱，并对土钉及其他锚固体采取防腐措施，同时有必要考虑外表的美观。

目前土钉墙的应用领域主要有（图 8.1-5）：

（1）托换基础；

（2）基坑或竖井的支挡；

（3）边坡斜坡面的挡土墙；

（4）斜坡面的稳定；

（5）与锚杆相结合作为边坡的防护；

（6）岩石边坡、危岩体加固。

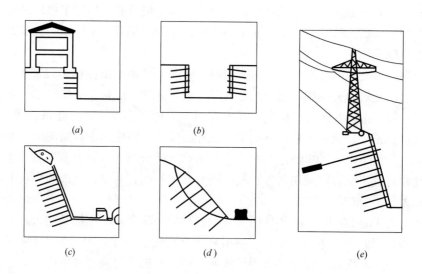

（a）　　　　　　　　　（b）　　　　　　　　　（c）　　　　　　　　　（d）　　　　　　　　　（e）

图 8.1-5　土钉墙的应用领域

（a）托换基础；（b）基坑的挡墙；（c）斜面的挡土墙；（d）斜坡面稳定；（e）和锚杆并用的斜面防护

8.2　土钉及复合土钉的特点与适用范围

8.2.1　土钉支护的基本结构

土钉主要可分为钻孔注浆土钉、打入式土钉及打入式注浆土钉三类。

钻孔注浆土钉，是最常用的土钉类型。即先在土中钻孔，置入钢筋，然后沿全长注浆，为使土钉钢筋处于孔的中心位置，有足够的浆体保护层，需沿钉长每隔 2～3m 设对中支架。土钉外露端宜做成螺纹并通过螺母、钢垫板与配筋喷射混凝土面层相连或直接与面层加强筋通过锁定筋焊接，采用螺母时，在注浆体硬结后用扳手拧紧螺母，使在钉中产生约为土钉设计拉力 10％ 左右的预应力。

打入土钉，是在土体中直接打入角钢、圆钢或钢筋等，不再注浆。由于打入式土钉与土体间的粘结摩阻强度低，钉长又受限制，所以布置较密，可用人力或振动冲击钻、液压锤等机具打入。打入钉的优点是不需预先钻孔，施工速度快但不适用于砾石土和密实胶结土，也不适用于服务年限大于 2 年的永久支护工程。

由于在淤泥等软土中，钻孔容易缩径、塌孔，难于成孔，甚至无法插入注浆管，国内开发了一种打入式注浆土钉，它是直接将带孔的钢管（端部有扩大头）打入土中，然后通过钢管注浆孔注浆形成土钉，确保了土钉施工，延扩了土钉支护的应用范围，已在软土地基中普遍使用，这种土钉还特别适合于成孔困难的砂层，土钉使用效果好。

土钉打入土层后，土钉外端通过面层连接形成整体，起支挡作用。

8.2.2　土钉及复合土钉支护的特点

与其他支护类型相比，土钉与复合土钉支护具有以下一些特点或优点：

（1）能合理利用土体的自承能力，将土体作为支护结构不可分割的部分；

（2）结构轻型，柔性大，有良好的抗震性和延性。1989年美国加州7.1级地震中，震区内有8个土钉墙结构估计遭到约0.4g水平地震加速度作用，均未出现任何损害迹象，其中3个位于震中33km范围内；

（3）施工设备简单，土钉的制作与成孔不需复杂的技术和大型机具，土钉施工的所有作业对周围环境干扰小；

（4）施工不需单独占用场地，对于施工场地狭小，放坡困难，有相邻低层建筑或堆放材料，大型护坡施工设备不能进场，该技术显示出独特的优越性；

（5）有利于根据现场监测的变形数据，及时调整土钉长度和间距。一旦发现异常不良情况，能立即采取相应加固措施，避免出现大的事故，因此能提高工程的安全可靠性；

（6）工程造价低，据国内外资料分析，土钉墙工程造价比其他类型的工程造价低1/2~1/3左右；

（7）支护施工与开挖同时进行，施工工期短；

（8）通过增加预应力锚杆（索），形成复合土钉支护，可以控制基坑边坡变形；

（9）通过竖向增强体，拓展了土钉支护在软土地基上的应用。

8.2.3 土钉支护的适用条件

土钉支护适用于地下水位以上或经人工降水后的人工填土、黏性土和砂层上的基坑支护或边坡加固。

土钉支护适用于深度不大于12m的非软土基坑支护或边坡支护，当土层性质相对较好、坡度可适当放缓或分台阶放坡时，深度可增加。

土钉支护不宜用于地下水位以下含水丰富的粉细砂层、砂砾卵石层和淤泥质土，不得用于没有自稳能力的淤泥和饱和软弱土层。

8.2.4 复合土钉支护的基本结构

复合土钉支护是将土钉支护与一种或几种单项支护技术或截水技术有机组合成的复合支护体系，它的构成要素主要有土钉、预应力锚杆、截水帷幕、微型桩、深层搅拌桩、旋喷桩、树根桩、钢管土钉、挂网喷射混凝土面层、原位土体等。

常见的有三种类型：（1）预应力锚杆复合土钉支护，即在土钉支护中增设预应力锚杆（索），增大了土钉支护的抗拔力，能够有效控制边坡变形；（2）水泥土桩复合土钉支护，即在基坑侧壁超前施工水泥土桩或高压旋喷桩，形成截水帷幕，并增强基坑侧壁稳定性和自稳性；（3）微型桩复合土钉支护，即在基坑侧壁超前施工微型桩，增强基坑侧壁稳定性和自稳性。

8.2.5 复合土钉支护的特点

复合土钉支护除了具有土钉支护的特点和优点外，还弥补了一般土钉支护的一些缺陷，通过预应力锚杆（索）可以控制土钉支护变形，通过竖向增强体拓展了土钉支护的应用范围，在软土中也可以应用，具有适用范围广、造价低、工期短、安全可靠等特点，支护能力强，可作超前支护，并兼备支护、截水等效果。在实际工程中，复合土钉技术可根据工程需要进行灵活的有机结合，形式多样，是一项技术先进、施工简便、经济合理、综合性能突出的支护技术。

8.2.6 复合土钉支护的适用条件

随着土钉支护理论与施工技术的不断成熟，在经过大量工程实践后，复合土钉支护除了适用于一般土钉支护条件外，在杂填土、松散砂土、软塑或流塑土、软土中也得以应用，并与混凝土灌注桩、钢板桩或在地下水位以上的土层与止水帷幕等组合支护，从而扩大了土钉墙的使用范围。预应力锚杆复合土钉墙宜用于深度不大于15m的非软土基坑支护或边坡支护，当场地可以适当放坡或分台阶放坡时，深度可增加；水泥土桩或微型桩复合土钉支护还适用于淤泥及淤泥质土等软土地基或松散砂土地基，但深度一般不宜大于6m。在软土中应用需特别谨慎，在国内，特别是沿海地区，软土地基应用复合土钉支护取得大量成功实例，且造价便宜，但也出现了一些失败的例子，究其原因，主要是由于没有按照设计要求开挖或设计不当造成，因此，应严格遵循分层、分段开挖，分层、分段支护的要求施工，不能只考虑经济而忽视安全问题，要根据具体情况决定。

8.3   土钉支护与加筋土墙、锚杆的比较

8.3.1   土钉支护与加筋土墙的比较

1. 两者的相似处

（1）一般情况下，均不施加预应力；

（2）借助土的微小变形使杆件受力而工作；

（3）通过土与杆件的粘结而使加强的土体稳定，而后形成类似于重力式挡墙的结构，支撑其后部土体传来的土压力和荷重；

（4）侧向面板受力不大，对整个结构物的稳定性不起很大作用，而且均很薄。

2. 两者的不同处

（1）施工顺序不同，加筋土墙是自下而上先修筑面板和筋系，然后夯填土体而形成的；土钉墙则是随着边坡或基坑开挖自上而下逐步形成，见图8.3-1。故两者的受力条件截然不同。

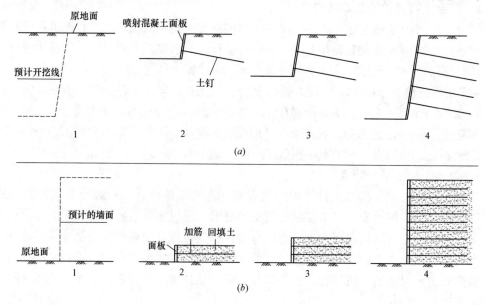

图 8.3-1   土钉墙与加筋土墙的形成过程

(a) 土钉支护；(b) 加筋土墙

（2）土钉墙用于原状土的挖方工程，对于土的质量无法选择和控制；加筋土墙用于填方工程，在一般情况下，对土的种类可以选择，对土的工程性质是可以控制的。

（3）随着新型工程材料的不断出现，加筋条多采用土工合成材料，直接同土接触面起作用；而土钉则多用金属杆，通过砂浆同土接触面起作用（有时直接在原状土中打入钢筋或角钢而起作用）。

（4）加筋条带一般水平放置，而土钉则倾斜一定角度安设。

（5）施工方法不同，加筋条带采用铺设，而土钉需依靠一定手段打入土体中。

8.3.2 土钉与锚杆的比较

（1）作用机理有所不同，土钉主要起加固作用，锚杆则主要起拉拔作用。锚杆安装后，通常施加预应力，主动约束挡土结构的变位；而土钉一般不施加预应力，须借助土体产生小量变位，而使土钉受力后工作，故两者的受力状态不同，结构上的要求自然也是不同的。

（2）锚杆只在锚固长度内受力，而自由段长度内只起传力作用；土钉则是全长受力，故两者在杆件长度方向上的应力分布是不同的。

（3）锚杆密度小，其间距较大，每个杆件都是重要的受力部件；而土钉密度大，其间距较小，靠土钉的相互作用形成复合整体作用，其中个别土钉发生破坏或不起作用，对整个结构物影响不大。

（4）锚杆挡墙或锚杆被拉的挡土结构受力较大，要求锚头特别牢固；土钉面板基本不受力，其锚头用一小块钢板同杆件连接起来或与面板钢筋焊接即可。

（5）锚杆一般较长，受力较大，锚固体直径较大，施工质量要求高，所需的各种机具也较大；而土钉的长度一般较短（3～15m），受力较小，锚固体直径较小，所需的各种机具均较灵便。

8.3.3 土钉支护与重力式挡土墙的比较

重力式挡土墙通过墙身自重来平衡墙后的土压力以保持墙体稳定。重力式挡墙破坏形式分为墙身强度破坏及稳定性破坏两大类，其中失稳破坏有4种形式：①墙体平面滑移；②绕墙趾倾覆；③地基沉降及不均匀沉降；④挡墙连同土体整体失稳。在早期，有的学者将土钉支护视为原位土中的加筋土挡墙，其作用机理类似于重力式挡墙，认为土体在加筋及注浆等作用下得到加固，与土钉共同形成复合结构，即"复合土体挡土墙"，利用其整体性来承受墙后的土压力以维持边坡的稳定，故也存在着这些失稳破坏形式，如图8.3-2所示，认为挡土墙设计时需对这些不同的破坏形式分别进行稳定性分析，称之为外部稳定

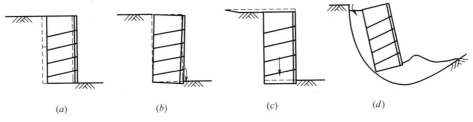

图 8.3-2 学者们早期认为土钉墙可能存在的外部破坏方式

(a) 滑移；(b) 倾覆；(c) 沉降；(d) 整体失稳

性分析，同时为了区别，将破裂面部分或全部穿过了土钉墙内部时的整体稳定性称之为内部稳定性。

但土钉墙毕竟不是重力式挡墙，越来越多的学者怀疑按照重力式挡土墙理论去分析土钉支护尚缺乏足够的证据。目前业界普遍认为重力式挡土墙与土钉支护之间存在着较大的差别：

（1）重力式挡土墙及加筋土挡土墙均是先构筑挡墙后填土，而土钉墙先有土后开挖，施工顺序不同导致了土压力的分布及结构内力分布均不同，能否采用相同的受力模型需要更深入的理论研究及工程实践。

（2）重力式挡土墙一般被视为刚性体，在外力作用下不发生变形或变形微小可以忽略，这才可能出现整体性的滑移、转动、沉降等破坏形式。而土钉支护是柔性复合结构，达不到重力式挡墙那样的整体刚度及强度。

（3）重力式挡土墙墙趾压力较大是沉降乃至倾覆的重要原因之一。导致压力较大的原因主要有二：一是挡土墙材料一般为浆砌毛石或钢筋混凝土，密度比土大25%～50%，挡土墙稳定性与地基承载力有关；二是墙后土压力产生的倾覆力矩导致基底压力偏心，加大了墙趾压力。而土钉支护不同，土钉支护几乎没有增加土的密度（增加幅度一般1%～3%）；土钉支护底较宽，基底的偏心距很小，即便因偏心力矩导致墙趾压力增加，其增加量也很小，故土钉支护墙趾压力较天然状态并不会显著增加，其承载力对土钉支护的影响不如挡土墙大。

土钉密度越大，土体的复合模量也越大，土钉墙受力后的变形也就越带有重力式挡土墙平移、转动及墙底应力增加等特征，但是，尚未有研究成果表明土钉的密度达到何种程度后土钉墙才可能产生滑移、倾覆及沉降破坏，实际工程中土钉也远远没有密集到能够成"墙"，土钉在土体中除了起加固作用外，还起拉拔作用，国内外近年来的工程实践及研究试验成果证实这些破坏形式发生的概率极低，仍缺乏此类破坏的工程实例。这类破坏也许根本就不会发生，因为在发生这类破坏之前，土钉墙应该已产生了内部失稳破坏。故不宜将滑移、倾覆及沉降等破坏模式笼统地称为外部稳定破坏，外部稳定破坏应仅指图8.3-2(d)所示的破坏模式。

总之，从结构构造、作用机理、破坏模式等各方面，土钉支护与重力式挡土墙均存在着本质的差异，这是两种不同类型的挡土结构，不能采用重力式挡土墙的设计理论进行土钉支护的设计计算。作为一种作用原理、工作机制尚不十分清晰的较为新型的支挡结构，将土钉支护视为"类重力式挡土墙"进行抗滑移、抗倾覆及墙底压力验算有利于工程的安全，但若以此作为设计原则则是危险的。土钉支护存在着外部整体失稳破坏模式，但不仅是土钉支护，其他支护方法也存在着同样的破坏模式，这已经是与支护方法无关的素土边坡整体稳定问题了。

8.4 土钉及复合土钉支护的作用机理与工作性能

8.4.1 土钉支护的作用机理

1. 整体作用机理

土体的抗剪强度较低，抗拉强度几乎可以忽略，但土体具有一定的结构强度及整体性，土坡有保持自然稳定的能力，能够以较小的高度即临界高度保持直立，当超过临界高度或者有地面超载等因素作用时，将产生突发性整体失稳破坏。传统的支挡结构均基于被动制约机制，即以支挡结构自身的强度和刚度，承受其后面的侧向土压力，防止土体整体稳定性破坏。而土钉支护通过在土体内设置一定长度和密度的土钉，与土共同工作，形成了以增强边坡稳定能力为主要目的的复合土体，是一种主动制约机制，在这个意义上，也可将土钉加固视为一种土体改良。土钉的抗拉及抗弯剪强度远远高于土体，故复合土体的整体刚度、抗拉及抗剪强度较原状土均大幅度提高。

土钉与土的相互作用，改变了土坡的变形与破坏形态，显著提高了土坡的整体稳定性。试验表明，直立的土钉支护在坡顶的承载能力约比素土边坡提高一倍以上，更为重要的是，土钉支护在受荷载过程中一般不会发生素土边坡那样突发性的塌滑。土钉墙延缓了塑性变形发展阶段，而且明显地呈现出渐进变形与开裂破坏并存且逐步扩展的现象，即把突发性的"脆性"破坏转变为渐进性的"塑性"破坏，直至丧失承受更大荷载的能力，一般也不会发生整体性塌滑破坏。试验表明，荷载 P 作用下土钉墙变形及土钉应力呈 4 个阶段，如图 8.4-1 所示。

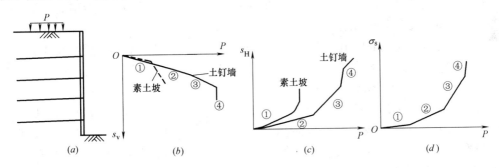

图 8.4-1 土钉墙试验模型及试验结果

(a) 试验模型；(b) P 与沉降 s_v 关系；(c) P 与水平位移 s_h 关系；(d) P 与土钉钢筋应力 σ_s 关系
①弹性阶段；②塑性阶段；③开裂变形阶段；④破坏阶段

有限元模拟分析表明：基坑开挖后，在坡顶产生拉应力，在坡脚产生剪应力集中；随着开挖深度的增加，坡顶拉应力增大，拉张区逐渐扩大，出现塑性区，沿水平及竖向扩散；坡脚剪应力增大，出现塑性区，塑性区也逐渐向周边扩大；坡脚塑性区向上扩散，最终与坡顶塑性区相互贯通，塑性破坏带贯穿边坡，边坡发生整体坍塌，如图 8.4-2 (a) 所示。土体中加入土钉后，由于土钉的应力分担、扩散及传递，土体的拉张区及塑性区滞后出现且范围明显减小，坡脚尽管依旧剪应力集中，但集中区的范围及集中程度明显减小减弱，塑性区范围缩小且发展延缓，如图 8.4-2 (b) 所示，贯穿整体边坡的破坏带的发生滞后，且滑移面的半径增大，即意味着边坡的稳定性提高，或者可以使边坡开挖得更深。

2. 土钉的作用

土钉在挡土墙结构中起主导作用。其在复合土体的作用可概括为以下几点：

（1）箍束骨架作用。该作用是由土钉本身的刚度和强度以及它在土体内的分布空间所决定的。土钉制约着土体的变形，使土钉之间能够形成土拱，从而使复合土体获得了较大的承载力，并将复合土体构成一个整体。

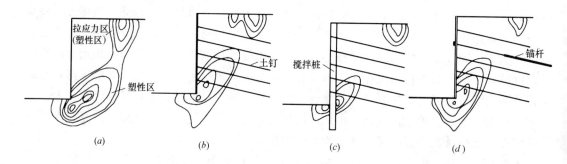

图 8.4-2 基坑开挖拉张区与塑性区发展示意图

(a) 无支护；(b) 土钉墙支护；(c) 搅拌桩复合支护；(d) 锚杆复合支护

（2）承担主要荷载作用。在复合土体内，土钉与土体共同承担外来荷载和土体自重应力。由于土钉有较高的抗拉、抗剪强度以及土体无法比拟的抗弯刚度，所以当土体进入塑性状态后，应力逐渐向土钉转移，延缓了复合土体塑性区的开展及渐进开裂面的出现。当土体开裂时，土钉分担作用更为突出，这时土钉内出现弯剪、拉剪等复合应力，从而导致土钉体中浆体碎裂，钢筋屈服。

（3）应力传递与扩散作用。依靠土钉与土的相互作用，土钉将所承受的荷载沿全长向周围土体扩散及向深处土体传递，复合土体内的应力水平及集中程度比素土边坡大大降低，从而推迟了开裂的形成与发展。

（4）对坡面的约束作用。在坡面上设置的与土钉连成一体的钢筋混凝土面板是发挥土钉有效作用的重要组成部分。坡面鼓胀变形是开挖卸荷、土体侧向变位以及塑性变形和开裂发展的必然结果，限制坡面鼓胀能起到削弱内部塑性变形，加强边界约束作用，这对土体开裂变形阶段尤为重要。土钉使面层与土体紧密接触从而使面层有效地发挥作用。

（5）加固土体作用。地层常常有裂隙发育，往土钉孔洞中进行压力注浆时，按照注浆原理，浆液顺着裂隙扩渗，形成网络状胶结。当采用一次常压注浆时，宽度 1～2mm 的裂隙，注浆可扩成 5mm 的浆脉，不仅增加了土钉与周围土体的粘结力，而且直接提高了原位土的强度。有资料表明，一次压力注浆最大可影响到土钉周边 4 倍直径范围内的土体。对于打入式土钉，打入过程中土钉位置的原有土体被强制性挤向四周，使土钉周边一定范围内的土层受到挤压，密实度提高，一般认为挤密影响区半径约为土钉半径的 2～4 倍。

（6）土钉的拉拔作用，基坑开挖后，不稳定土体范围是有限的，土钉长度一般超过不稳定土体范围，土钉除了对不稳定范围土体起加固作用外，由于其长度伸入"稳定"土体，通过"稳定"土体提供的锚固力，起拉拔作用。

3. 面层的作用

（1）面层的整体作用

① 承受作用到面层上的土压力，防止坡面局部坍塌，这在松散的土体中尤为重要，并将压力传递给土钉；

② 限制土体侧向膨胀变形，如前所述；

③ 通过与土钉的紧密连接及相互作用，增强了土钉的整体性，使全部土钉共同发挥作用，在一定程度上均衡了土钉个体之间的不均匀受力程度；

④ 防止雨水、地表水冲刷坡面及渗透，是土钉支护及防水系统的重要组成部分。

（2）喷射混凝土面层的作用

① 支承作用。喷射混凝土与土体密贴和粘结，给土体表面以抗力和剪力，从而使土体处于三向受力的有利状态，防止土体强度下降过多，并利用本身的抗冲切能力阻止局部不稳定土体的坍塌。

②"卸载"作用。喷射混凝土面层属于柔性，能有控制地使土坡在不出现有害变形的前提下，进入一定程度的塑性，从而使土压力减少。

③ 护面作用。形成土坡的保护层，防止风化及水土流失。

④ 分配外力。在一定程度上调整土钉之间的内力，使各土钉受力趋于均匀。

（3）钢筋在面层中的作用

① 防止收缩裂缝，或减少裂缝数量及限制裂缝宽度；

② 提高支护体系的抗震能力；

③ 使面层的应力分布更均匀，改善其变形性能，提高支护体系的整体性；

④ 增强面层的柔性；

⑤ 提高面层的承载力，承受剪力、拉力和弯矩；

⑥ 与土钉钢筋焊接，形成牢固的整体。

4. 土钉支护受力过程

荷载首先通过土钉与土之间的相互摩擦作用，其次通过面层与土之间的土－结构相互作用，逐步施加及转移到土钉上。土钉支护受力大体可分为四个阶段：

（1）土钉安设初期，基本不受拉力或承受较小的力。喷射混凝土面层完成后，对土体的卸载变形有一定的限制作用，可能会承受较小的压力并将之传递给土钉。此阶段土压力主要由土体承担，土体处于线弹性变形阶段。

（2）随着下一层土方的开挖，边坡土体产生向坑内位移趋势，即出现产生滑动破坏的趋势，潜在滑动面内侧，钉、土、面层形成整体，主动土压力一部分通过钉土摩擦作用直接传递给土钉，一部分作用在面层上，并使面层在与土钉连接处产生应力集中，土钉长度伸入潜在滑动面外侧的部分，钉土摩擦提供抗拔力，对土钉产生拉力，控制了潜在滑动面内侧土体的滑动破坏。因此，土钉长度应超过潜在滑动面一定深度，开挖深度越大，潜在滑动面越大，土钉长度应考虑最深处的影响。土钉受力特征为：开始沿全长离面层近处较大，越远越小，随着开挖深度增大，土钉通过应力传递及扩散等作用，调动周边更大范围内土体共同受力，体现了土钉主动约束机制，土体进入塑性变形状态。

（3）土体继续开挖，各排土钉的受力继续加大，土体塑性变形不断增加，土体发生剪胀，钉土之间局部相对滑动，使剪应力沿土钉向土钉内部传递，受力较大的土钉拉力峰值从靠近面层处向中部（破裂面附近）转移，土钉通过钉土摩擦力分担应力的作用加大，约束作用增强，上部土钉主要承担受拉作用，下部土钉还承担剪切作用，土钉拉力在水平及竖直方向上均表现为中间大、两头小的枣核形状（如果土钉总体受力较小，可能不会表现为这种形状）。土体中逐渐出现剪切裂缝，地表开裂，土钉逐渐进入弯剪、拉剪等复合应力状态，其刚度开始发挥功效，通过分担及扩散作用，抑制及延缓了剪切破裂面的扩展，土体进入渐进性开裂破坏阶段。

（4）土体抗剪强度达到极限不再增加，但剪切位移继续增加，土体开裂剩残余强度，土钉承担主要荷载，土钉在弯剪、拉剪等复合应力状态下注浆体碎裂，钢筋屈服，破裂面贯通，土体进入破坏阶段。如果潜在滑动面内侧整体性尚好，但土钉伸入潜在滑动面外侧长度不足，抗拔力不够，或外部稳定性达不到要求，也会出现整体破坏。在软土地基，下层土开挖后，若软土直接暴露，当上方土体自重超过软土承载力时，软土容易侧向鼓出破坏，导致基坑失稳。

8.4.2　土钉支护工作性能的试验研究

国内外已对土钉支护进行了大量的试验研究工作，其中不乏一些大规模的模型试验及实际工程现场测试，获得了许多有价值的数据。国外的试验多在土钉支护的性能研究上，而国内多在复合土钉支护上，且模型较小。现介绍几项典型试验。

1. 德国斯图加特一处永久性土钉墙工程的实测情况

该工程测试了 M1、M2 及 M3 三个剖面。M3 剖面尺寸为：坡面角度 $80°$，坡高 $13.3m$，坡顶上设有约 $1:5$ 的斜坡。坡顶以下为 $0.8m$ 厚回填土，$\varphi=30°$，$\gamma=19kN/m^3$；下部为 $8.0m$ 厚粉质黏土，$\varphi=27.5°$，$c=4.8\sim9.6kPa$，$\gamma=20kN/m^3$；底部为黏土岩，$\varphi=23°$，$c>48kPa$，$\gamma=21kN/m^3$。在坡顶处设置第一排土钉，上 2 排土钉长度 6m，钢筋直径 25mm，排距 1.08m，下 11 排土钉长度 8m，钢筋直径 28mm，排距 0.98m，水平间距均为 1.1m。面层为 250mm 厚的挂网喷射混凝土，施工时每步挖深约 1.0m。离坡顶 1m、3m 及 7m 处分别设置 20m 深测斜仪孔观测变形，大约有 5% 的土钉逐一加载到 200kN 进行非破坏性检验，并在这一设计荷载下停留约 15min 观察徐变。试验及量测结果表明：

（1）土钉墙最大位移出现在墙顶，水平位移随深度向下增加而逐渐变小。开挖面以下的土体也发生水平位移，受影响的深度约为开挖深度的 $20\%\sim60\%$，具体与底部土体的强度有关。离开墙面愈远，墙体内土体的水平位移愈小，但 M3 剖面在离墙面 7m 远处，最大的水平位移仍有 13mm。

（2）土钉墙的变形由剪切变形、弯曲变形以及墙体底部土体变形所引起。

（3）最大位移比（墙体最大水平位移与当时挖深的比值）约为 $1‰\sim3.6‰$，平均 $2.5‰$。位移比与当时挖深之间不呈现规律性。

（4）土钉受拉，其拉力值沿土钉长度方向分布不均匀，一般呈现中间大、两端小的纺锤形，最大拉力值出现在破裂面附近。在竖向上土钉的受力也呈中部大、顶底部小的形态，潜在破裂面与中下部土钉最大拉力值位置的连线大体重合。

（5）土钉拉力随着开挖深度增加而增加，但当挖至一定深度后，几乎不再增加，即超过一定深度后继续向下开挖对上部土钉内力的影响不大。

（6）开挖到不同深度时测得的面层变形曲线形状均相似。

2. 法国 CEBTP 的大型试验

在法国 CEBTP（国家建筑与公共工程试验中心）内进行了 Clouterre 研究项目中的三个大型土钉墙试验。土体是每隔 20cm 厚夯实堆积而成的，然后从上到下建造土钉墙。所用砂土的级配均匀，堆积后相当于中密砂，$\varphi=38°$，$c=3kPa$，标准贯入击数在 1m 深处为 8 击，6m 深处为 15 击。1 号墙高 7m，宽 7.5m，用铝管作为土钉的筋体，管径 16～

40mm，壁厚 1~2mm，土钉孔径 63mm，管外低压注浆，土钉的水平间距为 1.15m，竖向间距 1.0m，共 7 排，墙体分步修建，每步挖深 1.0m。选用铝管作土钉是为了能同时提供拉力和弯矩。为保证发生预定的土钉抗拉强度破坏，设计使土钉有足够长度并将强度的安全系数降到 1.1，从顶部加水使土体逐步饱和引起破坏。开挖到最后一步（第 7 步）时，第一排土钉断裂。试验结果表明：

（1）随着自上向下开挖深度的增加，土钉墙的水平位移明显增加。

（2）开挖结束时，最下排土钉拉力为零，由于土体徐变，开挖完成三个月后测得的各排土钉拉力值要比开挖刚结束时增加 15%，最下排土钉开始受拉。

（3）土钉内最大拉力沿高度呈现上下小、中间大的形态。上排土钉拉力接近或超出按静止土压力算出的数值，而下部土钉拉力远低于按主动土压力算出的数值。

（4）土钉墙建造三个月后，进行破坏试验。水从土钉墙顶面加入，逐渐使土体饱和。砂土的黏聚力消失并且自重增加，然后土体沿破裂面滑动，面层下沉 0.27m，顶部水平位移 0.09m，下部水平位移 0.17m，破坏面与地面相交点距面层约 0.35 倍墙高。

（5）第 3 排土钉端部拉力随着开挖深度的增加而增加。土钉端部受力较小，与钉内最大拉力的比值在土钉刚置入后约为 1，随着向下开挖，这一比值降低。

（6）土钉拉力在土体开挖支护 2~3 步的过程中增加很多，再往后增加较小。一是说明了基坑开挖引起的应力增量主要施加在临近 2~3 开挖步的土钉中，二是说明了土钉的界面摩擦力的充分发挥仅需要较小的相对位移。

（7）土钉在使用阶段主要受拉，临近破坏时抗弯刚度才起作用，弯剪作用对于提高支护承载能力的贡献甚少，但对防止快速破坏有好处。

（8）最大水平位移与最大竖向位移大体相等。

（9）最大位移比与安全系数有关。安全系数越大，最大位移比越小。

（10）极限平衡分析方法能够估计土钉支护破坏时的承载能力。

3. 德国 Karlsruhe 大学岩土研究所的大型试验

这是国际上最早进行的大型土钉墙试验，共有 7 个墙体，高 6m 及 7m，边坡具有一定的坡角，打 5 排土钉支护，上 3 排 3m 长，下 2 排 3.5m 长。该试验研究了土钉内力、面层土压、支护变形、破坏机构，以及土钉长度、间距等参数对支护稳定性的影响，所用土体包括松砂、中密砂、粉砂和黏土，采用地表加载造成破坏。研究结果表明：

（1）由地表加载引起的土钉墙面层倾斜与由土自重引起的形状不同。由土自重引起的水平位移呈现为"探头"形状，即坡顶最大，坡底最小，大体自下而上递减；而由地表加载引起的水平位移上下小，中间大，即呈现为"鼓肚"形状。

（2）自重产生的土侧压力坡顶、坡底小，中间大，呈现为"鼓肚"形；而地表加载引起的土侧压力上小下大。

（3）面层背后实测的土压力合力为按自重作用下三角形分布的库仑土压力计算值的 50%，地表荷载增加时，面层下土压力增加也较小，约为库仑值的 70%。

（4）继续增加荷载做破坏试验时，底部土压力最后突然增大，最下一排土钉拔出。

（5）随着荷载的加大，土钉墙下半部分土钉沿全长轴力从枣核形逐渐转变为离面层处大、尾端小，上半部分土钉沿全长受力仍保持枣核形不变，峰值位置也大体保持不变。

（6）最大位移比约为 0.15%~0.22%。

（7）由于实际工程中土钉墙主要受重力作用，所以加大地表荷载造成的破坏不能准确反映出土钉墙支护的实际工作性能。

（8）土钉墙受地面交通动载试验的结果表明，土钉墙抗动载性能优良，其稳定性和变形不受振动影响。

4. 中冶建筑研究总院有限公司（原冶金部建筑研究总院）部分研究成果

程良奎、杨志银等人1992年开始，结合工程实践，对土钉墙及复合土钉墙技术做了大量现场测试、室内试验、数值分析及理论研究、机械设备研制、施工工艺试验等工作，取得了不少重要成果，部分成果如下：

（1）竖向的土侧压力并非总是表现为鼓肚形分布，有时也呈现上部小、下部大的分布曲线，将之简化为梯形（即土压力的上半部分为三角形，下半部分为矩形）更准确一些。这与传统的库仑土压力三角形分布不同，但总的土压力与之相接近。这种形状在基坑上半部分土质较好、下半部分土质较差时容易出现，且与土钉的设置参数有关。当基坑的下半部分为软土、含水量丰富的砂土及松散填土等不良土质，或裂隙发育的残积土、全风化、强风化岩，如果主要结构面与基坑侧壁的走向、倾向大体一致，或有两组结构面的交线倾向侧壁，下层土体在重力等因素作用下易产生崩塌、剥落等平面或楔形破坏，以及地下水位维持在较高水平时，都可能出现这种形状。当出现这些地质条件时，土钉墙沿竖向的变形也可能呈现鼓肚形，而并非通常的上大下小。变形呈现"踢脚"形，即底部的水平位移最大时，往往是基坑失稳的前兆。

（2）有些工程土钉的拉力值及基坑变形在基坑完成后基本稳定，而有些要持续较长时间，即便在较好的土层中。某工程土质为花岗岩残积土，土钉墙完工6个月后内力及变形才趋于稳定。这与土的性质密切相关，主要可能是由于土体的徐变或流变所致，尚不能准确判断。增加的幅度也可能较大，最大值能够达到基坑刚刚完成开挖的2倍。雨水、坡顶荷载等因素均会加大土钉的拉力及基坑变形。

（3）土钉内力重分布过程中能够在一定程度上自行调节所受荷载的大小，即刚度、强度大的土钉可分担更多的荷载。这对土钉墙的整体安全性非常重要，假定局部有土钉失效，周边的土钉可分担本该失效土钉承担的荷载，体现了土钉靠群体共同作用的工作性能。

（4）通常情况下，最大破裂面与坡顶的距离不固定，主要受土质影响，土质较好且较为单一时，约为0.3～0.35倍开挖深度。

5. 福建省建筑设计研究院软土地基土钉支护研究成果

吴铭炳等人1993年开始，对福建软土地基土钉支护应用进行了研究，对正反两方面经验教训进行了总结，阐述了福建软土地基应用土钉支护经历了三个阶段，分别是：传统工艺应用、探索阶段和总结提高阶段。1994年，福州首次在软土基坑中采用土钉支护；1996年，土钉施工工艺改用打入锚管，然后压力注浆做成土钉，锚管用人工打入或挖掘机挖土铲压入，但工艺改进后相应的设计计算方法没有改进。吴铭炳等人通过总结福州地区软土基坑中应用土钉支护的进展与经验，提出了软土基坑土钉支护的不同机理和计算方法，并在基坑支护设计计算中应用验证。

8.4.3　土钉支护的工作性能

通过对国内外土钉墙工程的实际测试资料及大型模拟试验结果的分析，可以将土钉支护的工作性能归纳为以下几点：

（1）土钉支护的最大水平位移一般发生于墙体顶部，在深度方向越往下越小，即呈"探头"形，上部土钉长度较短时尤为明显，但上部土钉较长，拉拔力较大时，则顶部位移受到控制，呈"弓"形，在水平方向离墙面越远越小。水平位移在开挖面以下的开展深度有时较深，最大可达到开挖深度的 0.3～0.6 倍，土质越差，影响深度越大。变形大小受土质影响较大，较好土层中最大水平位移一般为（0.1%～0.5%）h（h 为开挖深度），有时可达 1%h，软弱土层中较大，有时高达 2%h 以上。对于较好土质，这种数量级的位移值通常不会影响工程的适用性和长期稳定性，不构成控制设计的主要因素，但容易出现地面开裂和突发性破坏，在软土中则容易出现长期变形，致使变形偏大，但其承受的变形量较大，多表现为渐变破坏。土钉的设计参数是控制位移的主要因素，土钉间距、长度、刚度、孔径、倾角、注浆量、浆液强度等对位移均有影响；施工方法，如土方开挖的快慢、每步开挖高度、开挖面暴露时间的长短等均对位移有影响；此外，一些外界条件，如地面超载、地下水位变化、振动及挤压等，也会对位移产生影响。开挖完成后位移仍有一定量的增长，增长量与土的性状密切相关，也与土钉的蠕变、内力的重分布等因素相关，软弱土层中随时间增加的幅度相对较大且延续的时间相对较长。

（2）土钉内的拉力分布是不均匀的，一般呈现沿全长中间大、两端小的枣核形规律，反映了土钉对土的约束。最大拉力一般位于土钉中部，临近破裂面处。实际破裂面位置不唯一确定，主要由土钉墙设计参数决定。土钉刚安装时，一般位于边坡的底部，边坡土体受紧邻基底土的约束，变形和应变很小，沿土钉周边产生的钉-土界面剪力较小，不足以使土钉产生较大拉力，故土钉仅受较小的力甚至不受力，且最大受力点靠近面层。随着土方开挖，土钉的内力逐步增大，但拉力增大到一定程度后增速变缓；最大受力点逐步向尾部转移，土钉位置越往下，最大受力点越靠近面板。这样，在竖向上土钉最大受力也大体呈现在中部大、在顶部及底部小的鼓肚形规律。最大拉力值连线与最危险滑移面并不完全重合，最危险滑移面是土钉、面层与土相互作用的结果。土体产生微小变位即能使土钉受力，大量拉拔试验表明，十毫米至四五十毫米的相对位移往往就能使钉土粘结力达到极限。

（3）由于测量面层所受荷载的难度很大，测量数据质量差难以采信，故人们对面层的受力状况尚不十分清楚。对土钉的监测数据表明在面板附近土钉头受力不大，锚头的荷载总是小于土钉最大荷载，对土钉支护较上部分中承受最重荷载的土钉，锚头的荷载一般也仅约为土钉最大荷载的 0.4～0.5 倍。实际工程中也并未发现在土钉墙整体破坏之前喷射混凝土面板和钉头已产生破坏现象，故设计中一般对面层不作特殊设计，结构满足构造要求即可。

（4）面层后土压力分布接近于三角形，由于受基底土的约束，在坡角处土压力减少，不同于传统认为的上小下大的三角形。测量数据表明土压力合力约为库仑土压力的 60%～70%。

（5）一般认为，破裂面将土体分成了两个相对独立的区域，即靠近面层的"主动区"及破裂面以外的"稳定区"，如图 8.4-3 所示。在主动区，土作用在土钉上的剪应力朝向面层并趋于将土钉从土中拔出；在稳定区，剪应力背离面层并趋于阻止将钢筋拔出。土钉将主动区与稳定区连接起来，否则，主动区将产生相对于稳定区向外和向下的运动而引起

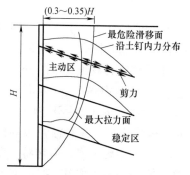

图 8.4-3　典型的土钉内力分布图

破坏。为了达到稳定，土钉的材料抗拉强度必须足够大以防止被拉断，抗拔能力必须足够大以防止被拔出，锚头连接强度必须足够大以防止面层与土钉脱落。

上层进行土钉支护后，下层开挖暴露的土层不可能立即支护，暴露的土层，由于侧向失去约束，容易产生侧向变形，当上部土层自重超过其承载力时，容易出现侧向鼓出破坏，由于土钉水平或近水平布置，承担竖向荷载能力极低，导致主动区土体滑动破坏，在软土地基，这种破坏模式尤为常见，因此，保证开挖坡脚的稳定也是确保基坑稳定的关键，软土地基超前增设竖向增强体形成复合土钉支护是非常必要的。

8.4.4　复合土钉支护的作用机理与工作性能

止水帷幕、微型桩及预应力锚杆等构件的存在，使复合土钉支护与土钉支护有着不同的工作机理，受力工作机理更为复杂多变。构件的性能各异，不同的复合形式工作机理必然不同，不可能用一个统一的模式进行分析研究，这里仅提出一些常见的复合土钉支护进行研究。

从结构组成、受力机理、使用条件及范围等方面出发，复合土钉支护大体可分为三个基本类型，即止水帷幕类复合土钉支护、预应力锚杆类复合土钉支护及微型桩类复合土钉支护，其他类型的复合土钉墙可视为这三类基本型的组合型。这三种类型中，又分别以深层搅拌桩复合土钉支护、预应力锚索复合土钉支护及钻孔灌注微型桩复合土钉支护为代表。

1. 深层搅拌桩复合土钉支护

（1）结构特征

与土钉支护相比，搅拌桩复合土钉墙在构造上存在几个特点：

① 搅拌桩在土体开挖之前就已经设置，而土钉支护构件只能在土体开挖之后设置；

② 搅拌桩与喷射混凝土面层形成复合面层，较单纯混凝土面层的刚度提高数倍；

③ 搅拌桩通常插入坑底有一定的深度，而土钉墙墙底与坑底基本持平；

④ 搅拌桩通常连续布置，两两相互搭接成墙；

⑤ 下层开挖时，暴露搅拌桩，而土钉支护则直接暴露土层。

（2）搅拌桩在复合支护体系中的作用

① 增加复合抗剪强度

与土相比，搅拌桩具有较高的抗剪强度，通常比土体高几倍甚至高出一个数量级，这对复合支护体系的内部整体稳定性具有一定的贡献，在基坑较浅或土质较差时，这种贡献不可小觑。

② 超前支护，减少变形

某层土体开挖后至该层土钉支护施工完成前的一段时间内，土体水平位移及沉降均会迅速增大，该突变量在总变形量中占有较大的比例，有研究表明能占到总位移的50%。设置了搅拌桩后，搅拌桩随开挖即刻受力，承担了该层土体释放的部分应力并通过桩身将之向下传递到未开挖土体及向上传递给土钉，约束了土体的变形及减少了变形向上层土钉的传递，从而减少了支护体系的总变形量。

③ 预加固开挖面及土体开挖导向

软土、新填土及砂土等自立能力较差，开挖面易发生水土流失或流变，搅拌桩连续分布且预先设置，防止了此类破坏，增加了开挖面临时自稳能力，且能够使开挖面保持直立。

④ 帷幕止水

搅拌桩帷幕的防治水作用有三点：a. 无止水帷幕时，土钉墙施工前，坑外的地下水在土方开挖时从开挖面流入坑内；土钉墙完成施工后，坑外地下水会从土钉墙与坑底土的交界面、土钉孔及喷射混凝土面层中的薄弱点等处向坑内渗透，主要从坡脚逸出，坑外水位下降较多，浸润线较长，降水漏斗较大，基坑起到了一个巨大的降水井的作用，对周边环境影响较大。有止水帷幕时，尽管土钉施工期间及完成施工后，地下水仍会沿着土钉孔向坑内渗透，但帷幕阻止了地下水向坑内的自由渗流，改变了流线轨迹，减缓了地下水的渗流速度，减少了渗流量，同时防止了地下水从坡脚逸出，提高了地下水位，从而缩短了浸润线，缩小了降水漏斗半径，缩小、减轻了对周边环境的影响。b. 坡面涌水量较大时，止水帷幕限制了出水点的位置，容易封堵或导流，如果没有止水帷幕则很难治理。c. 地下水降低了喷射混凝土与面层的粘结强度，边坡表面地下水渗出严重时，喷射混凝土与土体甚至不能粘结。对已经成型的混凝土面层，如果土层的渗透系数大，土体中裂隙是地下水渗透的通道，在水头作用下地下水从混凝土面层下渗出，携带走混凝土面层下细小土颗粒，使混凝土面层下出现空隙。空隙越来越多、越来越大，渗进去的水量也越来越多，携带走的土粒也就越来越多，使混凝土面层与土体逐渐脱开，最终失去防护作用，时间越久这种机率越大。搅拌桩防止了此类破坏的发生。

⑤ 扩散应力

搅拌桩的刚度较大，限制了钉土之间的相对位移，削弱了土钉之间的土拱效应，承担了部分土压力，使土钉受力减小。与土钉墙通过钉土的摩擦作用传力相比，搅拌桩刚度较大且传力直接，在竖向上能更好地协调上下排土钉的内力分配，能调动更远处的土钉、土钉的更远端及更深处（最深约 1 倍开挖深度）未开挖的土体参与共同受力，减小了坡顶拉张区及塑性区的范围，扩大了滑移面的半径，如图 8.4-2（c）所示，增加了土体稳定性。

⑥ 稳固坡脚

土钉墙坡脚是剪应力集中带，常因积水浸泡、修建排水沟或集水井、开挖承台或地梁等原因受到扰动破坏，降低了支护结构的稳定性。搅拌桩减少了应力集中程度及范围，阻止了塑性区在坡脚的内外连贯，防止了这类扰动破坏对支护体系造成不良影响。

⑦ 抵抗坑底隆起

基坑开挖过程是坑底开挖面卸载的过程，卸荷和应力释放造成坑内土体向上位移。基坑开挖较浅时，坑底只发生弹性隆起，开挖到一定深度后，基坑内外土面高差形成压力差，引起基坑底面以下的支护结构向基坑内变位，挤推支护结构前面的土体，坑底产生向上的塑性隆起，并引起地面沉降，严重时会造成基坑失稳。弹性隆起量在基坑中央最大，而塑性隆起量最大值靠近基坑边。坑底隆起与多种因素有关，如基坑面积、开挖深度、支护结构的入土深度、降水、工程桩、渗压等。支护结构入土深度从三个方面改善了基坑抗隆起稳定性：a. 支护体有一定的刚度和强度，能够阻挡土体从基坑外流向基坑内，因而减小了隆起量；b. 在正常固结的土体中，有效应力随深度增加而增加，土的强度相应增加，因而在滑动面上发挥了更高的抵抗力；c. 支护结构与被动区土体间具有一定的摩阻力，可减少隆起量。故在一定深度范围内，支护结构入土越深，抵抗隆起的效果越好。搅拌桩复合土钉支护较土钉支护加深了支护结构的入土深度，抗隆起稳定性得到提高。

（3）工作机理及性能

土钉墙的面板为柔性，搅拌桩复合土钉墙的面板为半刚性且有一定的入土深度，这种结构上的差异导致了受力机理不同。①基坑刚开挖时，搅拌桩呈悬臂状态独自受力，桩身外侧（背基坑侧）受拉，墙顶变形最大；②随着土钉的设置及土方的开挖，土钉开始与搅拌桩共同受力，由于搅拌桩承担了部分压力，并起一定的抗剪作用，土钉受力较土钉支护有所减小，且土钉主要受拉，水平位移逐渐增大，在竖向上呈现上部大、下部小的特点，但顶部水平位移较土钉支护明显减小，搅拌桩受土钉拉结，弯矩曲线在土钉拉结处局部出现反弯；③基坑继续加深，搅拌桩上部几乎不再受力，传递到基坑上部的力主要由上排土钉承担，上排土钉的内力增大，顶部水平变形继续增加，搅拌桩下部与土钉继续共同受力；基坑继续加深，土钉内力继续增大，上排土钉的拉力基本与不设搅拌桩时相同，拉力峰值向土钉中后部转移，支护结构表现为土钉墙的受力特征，即仍为土钉受力为主，但土钉拉力的峰值降低，沿深度的水平变形仍表现为顶部大底部小，搅拌桩上部受拉区逐渐转化为受压区；④基坑进一步加深，支护结构表现出桩锚支护结构的特征，上排土钉拉力增加缓慢，搅拌桩顶部水平位移不再增加且在离桩顶一定距离内产生反向弯曲，新增加的土压力由搅拌桩的下部及下排土钉承担，由于搅拌桩顶部所受的侧向荷载较中下部小，搅拌桩刚度较大，类似于弹性支撑的简支梁，受压后产生弯曲变形，故搅拌桩中部水平变形增大，使竖向的水平位移呈现出鼓肚形状，同时，搅拌桩下部拉压力继续增大，在坑底附近弯矩及剪力达到最大。上述过程如图 8.4-4 所示。

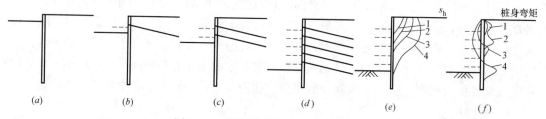

图 8.4-4　搅拌桩复合支护变形及受力
$(a)\sim(d)$ 开挖步骤；(e) 水平位移 s_h；(f) 搅拌桩弯矩

搅拌桩复合土钉墙有如下工作性能：

① 变形曲线与土钉墙不同。土钉墙的变形特征与素土边坡类似，一般表现为：沿深度的水平位移呈探头形，坑外沉降曲线坡顶最大，向远处单调递减，如图 8.4-5 (a) 中曲线 1、2 所示。搅拌桩复合土钉墙的变形特征一般表现为：沿深度的水平位移中部大、顶底两头小的鼓肚形，如图 8.4-5 (b) 中曲线 1 所示，鼓肚的位置不确定，主要与土质状况及土钉参数有关，但距坡面一定距离后仍表现为上大下小，如图 8.4-5 (b) 中曲线 3 所示；坑外沉降曲线表现为锅底形，如图 8.4-5 (b) 中曲线 2 所示，沉降影响范围（锅的直径）一般为 1~2 倍的基坑深度，锅底的位置大约为坑深的 0.5~1.0 倍处，随着基坑的开挖不断远离坡顶，沉降量很难估计。这种形状主要是搅拌桩造成的，搅拌桩桩顶几乎不沉

降，也减缓了相邻土体的沉降。搅拌桩复合土钉支护可使总位移量减少 20%～30%，地表沉降量小于一般土钉支护，沉降速率也较缓，也易趋于稳定。

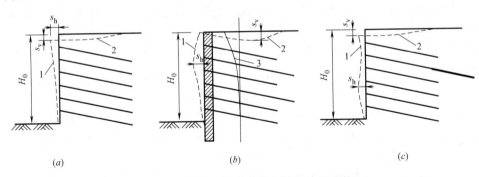

图 8.4-5 复合土钉墙与土钉墙的变形比较
(a) 土钉墙；(b) 搅拌桩复合土钉墙；(c) 锚杆复合土钉墙

② 土钉受力沿全长方向仍表现为中部大，两端小，但峰值向挡墙一侧移动，且位于峰值与挡土墙之间的拉力与土钉墙相比增大了，上排土钉尤为明显。

③ 土钉刚度越大，对减少水平位移越有效，尤其是上排土钉，如果刚度较大可明显减少土钉墙的水平位移。

④ 第一排土钉加长对控制桩顶变形的效果明显。

⑤ 搅拌桩刚度增加，可有效减少深度方向上的最大水平位移且变形速率减缓，但对减少桩顶水平位移效果不明显；可降低下排土钉拉力，位置越低的土钉受影响越明显；可减少地面沉降量。但刚度过大，可能会使最上排土钉受力增加。

⑥ 搅拌桩入土深度加长，可减少基坑水平位移、沉降、坑底隆起量及减少土钉拉力，搅拌桩嵌固存在临界深度，桩长超过临界深度后有利影响不再加大。临界深度和土质有关，土质越差越深，故在软弱土层中需适当加深桩长。

⑦ 搅拌桩提供的抗剪强度是个相对固定值，土体的下滑力及抗滑力总量随着基坑的加深而增加，所以基坑较浅时，搅拌桩对稳定计算所做的贡献较大，基坑较深时，所起的作用相对较小。搅拌桩抗剪强度所提供的抗滑力矩在总抗滑力矩中通常能占到5%～40%。

⑧ 高压喷射注浆桩因造价高，使用少，缺少对其专项研究。其强度较搅拌桩高一些，可视为搅拌桩进行设计计算。

(4) 地表裂缝分析

搅拌桩复合土钉支护施工及暴露期间地表会产生裂缝。根据裂缝产生原因及时期可分为三组，如图 8.4-6 所示。

① 基坑开挖后不久，就会在搅拌桩背后与土体之间出现一条裂缝。该条裂缝沿基坑走向通长发展，深度较浅，宽度一般不超过10～20mm，土质越差宽度越大。其原因主要是搅拌桩与土的刚度相差较大、搅拌桩受力后位移及土钉注浆所致。该组裂缝施工完

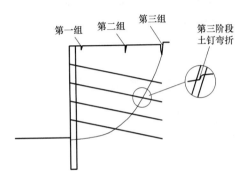

图 8.4-6 搅拌桩复合土钉墙的地表裂缝

2~3 排土钉后一般不再扩大，对基坑的整体稳定性影响不大。基本型土钉墙偶尔也会在墙后 0.3~0.8m 距离内出现这组裂缝，情况类似。

② 随着基坑的开挖，地表距墙顶一定距离处出现较小裂缝。这为第二组，表明土的抗剪强度基本充分发挥，是土体压力从静止土压力向主动土压力转变的外在表现。如果没有土钉的存在，这组裂缝即潜在破裂面。因为土钉的存在，破裂面至临空面（主动区）的土体不会沿该破裂面滑动，而是随着基坑的挖深，通过塑性区的不断向后扩展把破裂面向后传递，在更远处相继出现多条裂缝，原有裂缝可能同时在加宽、加长、加深。第二组裂缝在土钉墙及复合土钉墙中普遍存在，长度不等，从几米至几十米均有可能，深度较浅，宽度宽窄不一，与土体开挖状况及土钉墙施工周期密切相关。第二组裂缝也可能在基坑开挖结束后出现，且往往不只一条，有几条基本平行发展，潜在破裂面处一般会出现裂缝，但受多种因素影响，其他位置也可能会出现。

③ 在土钉末端附近可能产生第三组裂缝。此时上排土钉拉力已传递到尾端，土体强度得到充分调动，部分土钉拉力峰值基本达到极限状态，裂缝至坑边的土体有整体滑移的趋势。该组裂缝较长，一般在十几米以上，裂缝继续发展，两侧土体错动出现高差，搅拌桩桩身出现水平剪切裂缝，如被剪断则上半部分桩向坑内滑出，土钉弯折，基坑侧壁达到极限平衡开始失稳破坏。

2. 微型桩复合土钉支护

微型桩复合土钉支护的工作机理和性能与搅拌桩复合支护类似。不同之处在于：

(1) 微型桩因不连续分布，与搅拌桩相比存在几方面不足：①不能起到止水帷幕作用；②因在软土、松散砂土等土层中很难形成土拱效应，桩间水土容易挤出流失；③在软土中抵抗坑底隆起效果不如搅拌桩明显。

(2) 微型桩复合土钉支护的破坏模式有两种：①类似于搅拌桩复合土钉支护的整体剪切失稳破坏，桩被剪断，土钉被拔出或弯断，面层被撕裂成几块。②非整体性破坏，主要表现为土体剪切破坏后，土方从桩间坍塌，微型桩未被破坏，或被坍塌土方冲剪折断破坏。目前尚不清楚这两种破坏形式的产生条件，但经验表明微型桩与土体的刚度比是个重要因素。刚度比较小，即微型桩刚度较小或土质较硬时，常常表现为第 1 种破坏形式，刚度比较大时常常表现为第 2 种。

(3) 搅拌桩连续分布，对桩后土约束极强，迫使桩后复合土体与搅拌桩几乎同时剪切破坏，而微型桩断续分布，不能强迫桩后土体与之同时变形，且因其含金属构件，刚度更大，抗剪强度更高，其抗剪强度不能与土钉、土体同时达到极限状态，与面层的复合刚度越大受力机理越接近于桩锚支护体系。

(4) 微型桩刚度较大时，可显著地减少坡体的水平位移及地表沉降。

(5) 微型桩种类繁多，福建软土地基多采用木桩，采用不同的做法对复合支护结构的影响差异较大。

3. 预应力锚杆复合土钉支护

(1) 工作机理及性能

预应力锚杆与土钉的相同之处，在于起到了与土钉相同的作用，即成为土体骨架、分担荷载、传递与扩散应力、约束坡面、加固土体等；与土钉的不同之处有三：①额外提供了预加应力；②其刚度、长度通常比土钉大很多；③提供较大的抗拔力。

土钉需借助土体的微小变形被动受力，锚杆如果不施加预应力，其工作机理及性能大体上等同于土钉，施加了预应力之后锚杆主动约束土体的变形，改变了复合支护体系的性能。锚杆锁定时会有瞬间预应力损失，有时较大，导致锁定后预应力比张拉时预应力要小。张拉完成后，随着锁具、承压构件及其下卧土体变形趋于稳定，锁定的预应力值基本稳定。随着时间的推移，锁定值仍会因钢材的松弛、土体的徐变等因素继续损失，但这是一个长期的过程，不影响研究锚杆与土钉的复合作用机理。研究表明：

① 锚杆施加预应力会导致周边1～3排的土钉的内力下降，施加的预应力越大，土钉内力下降的程度越大，影响的距离也越远，受影响的土钉排数也越多。

② 随着基坑的开挖、土压力的增加，锚杆受到的土压力增大。

③ 随着基坑的开挖、土压力的增加，土钉的内力不断增大。土钉内力的增幅受到相邻锚杆的锁定值的影响，如果锁定值小于标准值，土钉内力增加较快、较大；如果锚杆锁定值大于标准值，土钉内力增加较慢、较小。

④ 锚杆的锁定值小于标准值时，锚杆的拉力与土钉拉力并不同步增加，锚杆拉力增速较慢，但增加的幅度大，达到标准值的时间要更长，这说明了锚杆对位移不如土钉敏感，强度较大。

⑤ 土钉内力分布及传递特征与一般土钉支护基本相同，说明锚杆施加预应力只改变了土钉内力的大小。土钉几乎不对锚杆产生影响，锚杆表现出其固有的各种特征，例如施加的预应力较大时，损失值也会较大。

⑥ 预应力提前施加给土体，有利于保护边坡土的固有强度，避免土体因受到开挖扰动而强度降低。随着预应力的提高，坡体内的潜在破坏区——拉张区和塑性区均明显减小，如图8.4-2（d）所示。预应力起到了提前"缝合"滑移面的作用，改善了坡内的应力分布状态，延缓或阻止了破裂面的连贯及出现，增加了边坡的稳定性。

⑦ 如果锚杆只布置在基坑的下部，施加预应力后可使边坡上部变形增大，上部土钉向坑内位移，这将增加土体的应力集中，使塑性区及拉张区增加，对基坑的稳定不利。工程中常遇到土钉墙完成后基坑需局部加深情况，如采用预应力锚杆加固基坑底部，需谨慎考虑这种不利因素。

⑧ 与土钉支护、止水帷幕复合土钉支护一样，工程中观察到锚杆复合土钉支护几乎也只有整体失稳破坏这一种破坏模式。土体超挖、地面荷载剧增、地下水渗流等不利因素，可导致土钉及锚杆内力增加，土体塑性变形加大，土钉内力先达到极限，部分开始失效，将其承担的大部分荷载转移到锚杆上，锚杆内力增大。土钉失效后对土体的约束变小，土体水平及竖向变形均加大，土体沉降，带动锚杆锚头与之一起下沉或者与锚头脱开，使锚杆自由段松懈，预应力损失殆尽，锚杆失效，基坑坍塌，土钉被拔出或弯断。锚杆因设计抗力一般较大，是土钉的数倍，安全储备大于土钉，此时尚未达到承载极限，一般不会被拉断或被拔出破坏。

综上所述，锚杆能够与土钉协调工作，增加了边坡的稳定性。当锚杆锁定值小于标准值时，锚杆对土钉的影响不大，锚杆土钉支护在受力上基本等同于土钉支护；当锚杆锁定值大于标准值时，锚杆承担了一部分本来应该由土钉承担的荷载，导致土钉受力减少，相当于上下排土钉内力分配不太合理的土钉支护。由于锚杆的强度高，多分担些荷载并不会降低支护结构的整体安全性，可以将锚杆视为长土钉进行土钉支护的稳定性计算。

（2）变形特征

预应力预加给土体，约束了边坡的变形。加大锚杆的预应力可显著减少面层的水平位移，位移量最大可减少 40%～50%。但预应力存在着临界值，超过临界值后再加大对控制变形效果不大，一般锁定 100～150kN 的预应力即可达到较好的效果。

水平位移在深度方向上的分布有时表现为探头形，与土钉支护相似，但变形曲线不够光滑，锚杆处存在较尖锐的拐点，如图 8.4-5（c）曲线 1 所示。有时也表现为鼓肚形，即"弓"形，与搅拌桩复合土钉墙相似，此时地表沉降最大值位置离坡顶距离约为 0.2～0.6 倍开挖深度。曲线形状除了与土钉支护相同的原因外，还与最上排预应力锚杆的位置及施加的预应力值密切相关，锚杆预应力较大时易出现后一种形状。

锚杆施加预应力对减少坡顶沉降作用不大，对抵抗坑底隆起基本没作用。

有一种设计观点认为：可以将土钉墙整体视为一块较厚的墙面板，则锚杆复合土钉支护类似于锚杆挡土墙，可按锚杆挡土墙理论进行分析设计。但锚杆复合土钉墙的整体刚度较差，这样做是否可行很值得商榷，对于开挖深度较小的基坑，土钉墙受力较小，可以按此考虑，但基坑开挖深度较大时，因土钉墙强度不够，无法起到挡板的作用。深圳市福田区某三层地下室基坑按此理论设计，变形很大，最终第三层地下室因风险太大没有开挖，改为了两层。

4. 其他几种复合土钉支护

上述 3 种复合土钉支护为基本型，另外 4 种是这 3 种的组合型，有预应力锚杆＋水泥土搅拌桩复合土钉支护；预应力锚杆＋微型桩复合土钉支护；水泥土搅拌桩＋微型桩复合土钉支护；预应力锚杆＋水泥土搅拌桩＋微型桩复合土钉支护。组合型的工作机理及性能取决于基本型。搅拌桩止水帷幕、锚杆及微型桩中，搅拌桩止水帷幕对土钉墙性能的影响最大，而微型桩在不需止水的地层中与搅拌桩的作用类似，故这 4 种组合型复合土钉支护基本上均包括了搅拌桩复合土钉支护的工作特征。

8.5 勘察要求

（1）查明基坑周边的地层结构和土的物理力学性质，重点试验项目为土的重度、快剪或固结快剪试验、三轴不固结不排水剪或固结不排水剪（试验方法要根据场地土的固结程度确定）、渗透试验，对砂性土要做休止角试验。勘察报告中应提供土的重度 γ，土的内摩擦角 φ、土的黏聚力 c 及土的变形模量 E 等参数。

（2）查明地下水类型、埋藏条件及渗透性，分析地下水对基坑开挖、基底隆起和支护结构的影响，判断人工降低地下水位的可能性并评价对已有建筑物和地面沉降的影响，提供降低地下水位设计、施工所需有关资料。

（3）对基坑周边建筑物、管线、道路的现状进行调查，判断基坑开挖对其影响的程度。勘察报告中应提供周边建筑物、管线、道路与基坑的相互关系，基础形式及埋置深度等内容。

（4）勘察平面图，其上应附有基坑开挖线和周边环境情况；沿开挖线的工程地质剖面图及垂直于基坑边线的典型地质剖面图。

8.6 设计计算

土钉支护工程设计应包括以下内容：

(1) 确定土钉支护的结构尺寸及分段施工长度与高度；

(2) 设计土钉的长度、间距及布置、孔径、钢筋直径等；

(3) 进行内部和外部稳定性分析计算；

(4) 设计面层和注浆参数；必要时，进行土钉支护变形分析；

(5) 进行构造设计及制定质量控制要求；

(6) 检测、监测内容、测点布置及检测、监测要求。

根据土钉支护的设计内容，具体设计计算如下：

8.6.1 确定土钉支护结构尺寸

土钉支护适用于地下水位以上或经人工降水后的人工填土，黏性土和弱胶结砂土的基坑支护，基坑高度以 5～12m 为宜，所以在初步设计时，先根据基坑环境条件和工程地质资料，决定土钉支护的适用性，然后确定土钉支护的结构尺寸，土钉支护高度由工程开挖深度决定，开挖面坡度可取 60°～90°，在条件许可时，尽可能降低坡面坡度。

土钉支护均是分层分段施工，每层开挖的最大高度取决于该土体可以站立而不破坏的能力。在砂性土中，每层开挖高度一般为 0.5～2.0m，在黏性土中可以增大一些。开挖高度一般与土钉竖向间距相同，常用 1.0～1.5m；每层开挖的纵向长度，取决于土体维持稳定的最长时间和施工流程的相互衔接，一般多用 10m 长。

8.6.2 土钉参数的设计

根据土钉支护结构尺寸和工程地质条件，进行土钉的主要参数设计，包括土钉长度、间距及布置、孔径和钢筋直径等。

1. 土钉长度

在实际工程中、土钉长度一般为土坡的垂直高度的 0.8～1.2 倍，试验表明，对高度小于 12m 的土坡采用相同的施工工艺，在同类土质条件下，当土钉长度达到垂直高度时，再增加其长度对承载力的提高不明显；另外，土钉越长，施工难度越大，单位长度费用越高，但对变形的控制效果越好，所以选择土钉长度是综合考虑技术、经济和施工难易程度后的结果。Schlosser（1982）认为，当土坡倾斜时，倾斜面使侧向土压力降低，这就能使土钉的长度比垂直加筋土挡墙拉筋的长度短。因此，当坡面倾斜时，土钉的长度常采用约为坡面垂直高度的 60%～70%。Bruce 和 Jewell（1987）通过对十几项土钉工程分析表明：对钻孔注浆型土钉，用于粒状土陡坡加固时，其长度比（土钉长度与坡面垂直高度之比）一般为 0.5～0.8；对打入型土钉，用于加固粒状土陡坡时，其长度比一般为 0.5～0.6。

2. 土钉直径及间距布置

土钉直径 D 可根据成孔方法确定。人工成孔时，孔径一般为 70～120mm；机械成孔时，孔径一般为 100～150mm。

土钉间距包括水平间距 S_x 和垂直间距 S_y，对钻孔注浆型土钉，可按 6～12 倍土钉直径 D 选定土钉行距和列距，且宜满足：

$$S_x S_y = KDL \tag{8.6-1}$$

式中 K——注浆工艺系数，对一次压力注浆工艺，取 1.5～2.5；

D——土钉直径（m）；

L——土钉长度（m）；

S_x，S_y——土钉水平间距和垂直间距（m）。

Bruee 和 Jewell 统计分析表明：对钻孔注浆型土钉用于加固颗粒状土陡坡时，其粘结比 $D \cdot L/(S_x \cdot S_y)$ 为 0.3～0.6；对于打入型土钉，用于加固粒状土陡坡时，其粘结比为 0.6～1.1。

3. 土钉钢筋直径 d 的选择

为了增强土钉钢筋与砂浆（纯水泥浆）的握裹力和抗拉强度，土钉钢筋一般采用 Ⅱ 级以上的钢筋，钢筋直径一般为 $\phi 6～\phi 32$，常用 $\phi 22$，土钉钢筋直径也可按下式估算：

$$d = (20～25)10^{-3}(S_x S_y)^{1/2} \tag{8.6-2}$$

Bruce 和 Jewell（1987）统计资料表明：对钻孔注浆型土钉，用于粒状土陡坡加固时，其布筋率 $d^2/(S_x \cdot S_y)$ 为 $(0.4～0.8) \times 10^{-3}$；对打入型土钉，用于粒状陡坡时，其布筋率为 $(1.3～1.9) \times 10^{-3}$。

8.6.3 内部稳定性分析

土钉墙内部稳定性分析是保证土钉墙本身的稳定，这时的破裂面全部或部分穿过加固土体的内部（图 8.6-1a、b），只不过在破坏面上需要计入土钉的作用，这方面比较著名的分析方法，有法国的 Schlosser 方法与美国的 Davis 方法。但是也有按挡土墙概念作内部稳定分析的，如德国的 Stosker 和 Gasler 方法，其中取可能发生的破坏面如图 8.6-1 （c）、(d)。破坏面由两部分组成，上部发生在支护背面上，受背后破坏土体楔块的主动土压力作用，下部则穿过部分土钉并与趾部相连，并不认为破坏面会穿过全部土钉，即只承认混合破坏方式，图 8.6-1 （c）、(d) 的破坏机理虽然有模型和大量试验为依据，但显然不适合 L/H 比值较大的支护，后来的试验分析说明，这种双折线的破坏面只适用于大地表荷载下非黏性土中的支护。

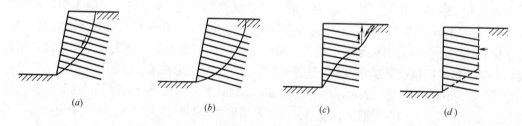

(a) (b) (c) (d)

图 8.6-1 内部整体稳定性破坏简图

内部稳定性分析常采用的是极限平衡分析方法，滑动面或破坏面的形状常假定为双折线、圆弧线、抛物线或对数螺旋曲线中的一种，因为土钉支护是陡坡，所以根据边坡稳定理论可知，破坏面的底端通过趾部（在匀质中），至于破坏面与地表相交的另一端位置就需要通过试算来决定，每一个可能的破坏面位置对应一个稳定性安全系数，作为设计依据的临界破坏面具有最小的安全系数，极限平衡分析的目的就是要找出这个临界破坏面的位置并给出相应的安全系数。作用于破坏面上的抗力由两部分提供，一部分是土体抗力，即沿破坏面上的土的抗剪能力，照例用摩尔库仑准则确定，其抗剪强度为 $\tau = c + \sigma \tan\varphi$，其中 σ 为破坏面上的正应力。另一部分是与破裂面相交的土钉所提供，认为土钉的最大拉力发生在破坏面上，并且等于土钉的抗拔能力，所以这部分抗力等于土钉抗拉能力沿破坏面的切向分力，抗剪强度中的 σ 除与自重、地表荷载等有关外，也与破坏面上土钉抗拉能力的法向分力有关，后者使 σ 增加，所以土钉对支护稳定性的作用还是增加土体抗剪强度的一个方面，再加上支护土体往往由多种不同土层组成，因此这种整体稳定性的极限平衡分析常用条分法来完成，计算工作量很大，需要编制一个专用的小型计算程序。

对于土钉墙稳定性，国外的还有：英国的 Bridle 法，Juran 的机动法、有限元方法，Schlosser 方法。

1. 冶建总院方法——力矩极限平衡法

（1）基本假定

① 破裂面为圆弧形，破坏是由圆形破裂面确定的准刚性区整体滑动产生的；

② 破坏时，土钉的最大拉力和剪力在破裂面处；

③ 土体抗剪强度（由库仑破坏准则定义）沿着破裂面全部发挥；

④ 假定小土条两边的水平作用力相等；

⑤ 土体强度参数取加权平均值。

（2）土钉力简化

土钉的实际受力状态非常复杂，一般情况下，土钉中产生拉应力、剪应力和弯矩，土钉通过这个复合的受力状态对土钉墙稳定性起作用。为了要合理地确定土钉所产生的拉力、剪力和弯矩大小，就需要知道土体中会出现的变形，土钉的弯曲刚度，土钉的抗弯能力以及土钉周围土体的侧向刚度，但这在实际工程中往往是比较困难的。单就土钉的抗拉能力而言，土钉界面摩阻力分布也是非均匀的，一般在破裂面处最大，往两边逐渐减小，对常用的 3～12m 的土钉，土钉界面摩阻力简化成沿土钉全长均匀分布。该法在土钉墙稳定性分析计算中仅考虑土钉的抗拉作用，这是因为同激发侧向力相比，激发土钉的抗拉能力所要求的土体变形量要小得多（Juran1985），而且只考虑土钉的抗拉作用就使得分析计算大大简化。大量实尺试验认为土钉剪力的作用是次要的，仅考虑抗拉作用的设计虽有点保守却是很方便的设计方法（Gassler1980）。土钉相对弯曲刚度对土钉墙安全系数的提高大约为 0%～15% 之间（Glasgow1980）。

土钉的抗拉作用具体计算为该土钉与破裂面交点处的土钉拉力，简化后的破裂面与土钉相交处土钉抗拉能力标准值 T_x 可计算如下：

① 由土钉与土体界面的抗剪强度 τ_f 计算，则

$$T_{Xl} = \pi D L_B \tau_f \tag{8.6-3}$$

式中 L_B——土钉伸入破裂面外约束区内长度（m）；

       τ_f——土钉与土体间的抗剪强度标准值（一般由试验资料确定，如果无试验资料，可由该处土体抗剪强度换算）（kN/m²）。

② 由土钉钢筋强度 f_y 计算，则

$$T_{x2} = f_y A_s \tag{8.6-4}$$

式中 A_s——钢筋截面积（m²）；

       f_y——钢筋抗拉强度标准值（kN/m²）。

③ 由钢筋与砂浆间的粘结强度 τ_g 计算，则

$$T_{X3} = \pi d L_B \tau_g \tag{8.6-5}$$

式中 d——钢筋直径（m）；

  τ_g——钢筋与砂浆界面的粘结强度标准值（当无试验资料时，可用注浆体的抗剪强度代替）(kN/m²)。

在式（8.6.3）~式（8.6.5）计算中，取用小值作为土钉的抗拉能力标准值。一般情况下，土钉的抗拉能力标准值由式（8.6.3）决定，从许多试验结果可以看出，土钉破坏均是土钉与土体界面的破坏，即土钉被拔出。

（3）最危险破裂面的选择

土钉支护的实际破裂面是无任何确定形状的，这种破裂面形状取决于坡面的几何形状，土的强度参数，土钉间距，土钉能力以及土钉的倾斜角度等。该方法分析采用圆弧形破裂面是因它与一些试验结果比较接近，并且圆弧形破裂面分析计算比较容易一些。虽然土钉为空间三维分布，为简化计算，仍以二维方式取给定长度来进行土钉支护的稳定性分析。最危险破裂面具体选择方法如下：

① 确定可能圆心点位置

根据 Gred·Gadehus 对于土坡稳定性分析的研究结果，土坡圆弧滑动可能的圆心位置是 $\{x=H[(40-\varphi)/70-(\beta-40)/50],\ y=H[0.8+(40-\varphi)/100]\}$，它与土的内摩擦角 φ 值、边坡高度 H 及边坡坡角 β 值有关。我们将此圆心位置作为土钉墙稳定性分析圆心搜索区域的初始圆心位置。

② 确定圆心搜索区范围

以上面确定的圆心位置为中心，四个方向各扩大 $0.35H_i$，形成一个 $0.7H_i \times 0.7H_i$ 的矩形区域作为计算滑裂面圆心的搜索范围，经反复计算验证，上面所确定的区域已足够大，再扩大搜索计算范围已无必要，此处 $H_i=H+H_0$（H 为每次计算的坡高，H_0 为坡顶超载换算高度）。

③ 确定最危险破裂面

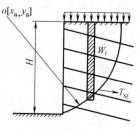

图 8.6-2 内部整体稳定计算简图

在滑裂面圆心搜索范围内按一定规律确定 $m \times n$ 个圆心，以圆心到计算高度底部连线为半径画弧，确定了 $m \times n$ 个圆弧形破裂面，分别计算每个滑裂面上考虑与不考虑土钉作用的稳定安全系数，并分别从中选择最小安全系数所对应的滑动面即为最危险破裂面。

④ 整体稳定安全系数计算

整体稳定安全系数计算为改进的稳定性分析条分法（图8.6-2）。对于施工时不同开挖高度和使用时不同位置，对应于每个圆心沿破裂面滑动的安全系数计算为滑裂面上抗滑力矩与下滑力矩之比。

a. 当不考虑土钉作用时，其安全系数 K_{si} 计算为：

$$K_{si}=\frac{\sum c_i L_i + \sum W_i \cos\theta_i \tan\varphi_i}{\sum W_i \sin\theta_i} \tag{8.6-6}$$

b. 当考虑土钉作用时，其安全系数 K_{pi} 计算为：

$$K_{pi}=\frac{\sum c_i L_i S + \sum W_i \cos\theta_i \tan\varphi_i S + \sum T_{xj}\cos(\theta_i+\alpha_j) + \sum T_{xj}\sin(\theta_i+\alpha_j)\tan\varphi_i}{\sum W_i \sin\theta_i S} \tag{8.6-7}$$

式中 K_{si}——不考虑土钉作用时安全系数；

K_{pi}——考虑土钉作用后安全系数；

c_i——土体的黏聚力（kPa）；

φ_i——土体的内摩擦角（°）；

L_i——土条滑动面弧长（m）；

W_i——土条重量（kN）；

T_{xj}——某位置土钉的抗拉拔能力标准值（kN）；

S——计算单元的长度（m）；

θ_i——滑动面某处切线与水平面之间的夹角（°）；

α_j——某土钉与水平面之间的夹角（°）。

计算取得结果是每个计算高度中考虑与不考虑土钉作用的最小安全系数及对应圆心点位置，安全系数分别表示为 K_{smin} 和 K_{pmin}。容许安全系数的大小可根据工程性质或安全等级取 1.2~1.5。

（4）计算高度的选择

① 使用阶段计算高度的选择

根据以前的试验情况分析，在土钉支护建成以后，滑裂面破坏一般都通过土钉头附近位置；在最下排土钉离基坑底面较近的情况下，最危险的滑动面常常通过最下排土钉头位置。因此，除了计算基坑底部的滑裂面安全系数外，还需计算每排土钉头位置处的滑裂面安全系数。

② 施工阶段计算高度的选择

由于土钉支护是从上到下逐段施工面形成的，因而在基坑边坡开挖阶段的稳定性非常重要，它往往比建成土钉支护后使用阶段的稳定性更处于危险的状态，尤其是某一层开挖完毕，而土钉还没有安装的情况下。因此，计算时选取每个开挖阶段的这个时刻进行稳定性分析。

（5）土钉抗拔力极限状态验算

土钉抗拔力的验算是对内部整体稳定性分析的补充，是从另一个角度核算土钉的抗拔能力；为简化计算，假定破裂面形状。根据有关资料及试验结果，采用图8.6-3（a）简化破裂面进行土钉抗拔力验算，此时土压力采用图8.6-3（b）土压力形式，图中 $K=1/2(K_0+K_a)$，$K_0=1-\sin\varphi$，$K_a=\tan^2(45°-\varphi/2)$。土钉抗拔力验算包括单根土钉抗拔力验算和计算断面内全部土钉总抗拔力验算。

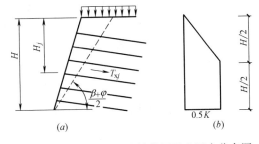

图 8.6-3 土钉抗拔力验算简图及土压力分布图

① 单根土钉抗拔力验算

在破裂面后土压力的作用下，土钉墙内部给定破裂面外的土钉锚固段应提供足够的抗拉能力标准值面使土钉不被拔出或拉断，应满足下式：

$$K_{Bj}=\frac{T_{xj}\cos\alpha_j}{e_{aj}S_xS_y} \tag{8.6-8}$$

$$T_{xj}=\pi D\tau_f\{L-(H-H_j)\sin[(\beta-\varphi)/2]/\{\sin\beta\cdot\sin[(\beta+\varphi)/2+\alpha_j]\}\};$$

式中 $K_{\mathrm{B}j}$——某一土钉抗拔力安全系数，取 $1.5 \sim 2.0$，对临时性土钉墙工程取小值，永久性工程取大值；

$\quad\quad T_{\mathrm{x}j}$——第 j 个土钉破裂面外土体提供的有效抗拉能力标准值 (kN)，破裂面与水平面之间的夹角取 $(\beta+\alpha)/2$；

$\quad\quad \beta$——边坡坡度 (°)；

$\quad\quad e_{\mathrm{a}j}$——土压力强度 (kPa)，当 $h < H/2$ 时，$e_{\mathrm{a}j} = K\gamma h$，当 $h > H/2$ 时，$e_{\mathrm{a}j} = 0.5K\gamma h$；

$\quad\quad H$——土钉墙高度 (m)；

$\quad\quad H_j$——土钉距坡顶的距离 (m)。

② 总抗拔力验算

由土钉墙内部给定破裂面后土钉有效抗拔能力标准值对土钉墙底部的力矩应大于主动土压力所产生的力矩，即

$$K_{\mathrm{F}} = \frac{\sum T_{\mathrm{x}j}(H-H_j)\cos\alpha_j}{E_{\mathrm{a}i}H_{\mathrm{a}i}} \quad\quad (8.6\text{-}9)$$

式中 K_{F}——总体抗拔力安全系数，取 $1.5 \sim 2.5$，对临时性土钉墙工程取小值，永久性工程取大值；

$\quad\quad E_{\mathrm{a}i}$——面层分段部分所受的土压力合力 (kN)；

$\quad\quad H_{\mathrm{a}i}$——土压力合力到土钉墙底面的距离 (m)。

2. 法国的 Schlosser 方法

（1）土钉与土体间的界面摩阻力

对没有超载或均匀超载的情况，土钉墙可能产生的破裂面与水平线的夹角为 $\delta = (\beta+\varphi)/2$，如图 8.6-4 所示。考虑作用于土钉侧面的水平应力，土钉与土间的界面摩阻力为：

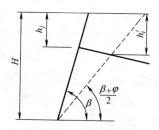

$$T_{\mathrm{N}i} = L_{\mathrm{b}i}\tan\varphi'_i h'_i D[2+(\pi-2)K_0] \quad\quad (8.6\text{-}10)$$

图 8.6-4　Schlosser
方法计算简图

式中 $T_{\mathrm{N}i}$——土钉与土体间的界面摩阻力 (kN)；

$\quad\quad L_{\mathrm{b}i}$——土钉破裂面外锚固长度 (m)；

$\quad\quad \varphi$——土的内摩擦角 (°)；

$\quad\quad K_0$——静止土压力系数，$K_0 \approx 1-\sin\varphi'$，其中 φ' 为土的有效内摩擦角；

$\quad\quad h'_i$——土钉有效锚固长度以上的土层厚度 (m)。

计算单位宽度内若干土钉的总摩阻力 $\sum T_{\mathrm{N}i}$ 及侧向总压力 E：

$$E = 0.5K_{\mathrm{a}}\gamma H^2 \quad\quad (8.6\text{-}11)$$

式中 K_{a}——主动土压力系数，可按下式计算：

$$K_{\mathrm{a}} = \left[\frac{\sin(\beta+\varphi)}{(\sin\beta)^{1.5}+\sin\varphi\,(\sin\beta)^{0.5}}\right]^2$$

$\quad\quad \gamma$——土的重度 (kN/m³)；

$\quad\quad H$——土坡垂直高度 (m)。

土钉墙结构的安全系数为 $K = \sum T_{\mathrm{N}i}/E$，考虑到目前为止已建土钉墙工程数量有限，建议 K 取 2.5。

（2）土钉承受的拉力

每根土钉产生的拉力可假定为作用于土钉所控制坡面面层上的侧向土压力。由于面层

上的侧向土压力是随着土钉设置深度的增大而增大。为此，最底层的土钉上的拉力将是最大，其值可按下式计算：

$$T=K_a\gamma h_m S_x S_y \tag{8.6-12}$$

式中　T——土钉的拉力（kN）；

h_m——最底层土钉的深度（m）；

S_x、S_y——土钉间的水平间距和垂直间距（m）。

当土钉钢筋具有极限强度 f_u 时，材料抗拉安全系数为：

$$K_g=(f_u\pi d^2/4)/T \tag{8.6-13}$$

8.6.4 外部稳定性分析

以土钉原位加固土体，当土钉达到一定密度时所形成的复合体就会出现类似锚定板群锚现象中的破裂面后移现象，在土钉加固范围内形成一个"土墙"，在内部自身稳定得到保证的情况下，它的作用类似重力式挡墙，因此，我们用重力式挡墙的稳定性分析方法对土钉墙进行分析。

1. 土钉墙厚度的确定

将土钉加固的土体分三部分来确定土墙厚度。第一部分为墙体的均匀压缩加固带，如图 8.6-5 所示，它的厚度为 $2/3L$（L 为土中平均钉长）；第二部分为钢筋网喷射混凝土支护的厚度，土钉间土体由喷射混凝土面板稳定，通过面层设计计算保证土钉间土体的稳定，因此喷射混凝土支护作用区厚度为 $1/6L$；第三部分为土钉尾部非均匀压缩带，厚度为 $1/6L$，但不能全部作为土墙厚度来考虑，取 $1/2$ 值作为土墙的计算厚度，即 $1/12L$。

所以土墙厚度为三部分之和，即 $11/12L$，当土钉倾斜时，土墙厚度为 $\dfrac{11}{12}L\cdot\cos\alpha$（$\alpha$ 为土钉与水平面之间的夹角）。

2. 类重力式土墙的稳定性计算

参照重力式挡墙的方法分别计算简化土墙的抗滑稳定性、抗倾覆稳定性和墙底部土的承载能力，如图 8.6-6 所示。计算时纵向取一个单元，一般取土钉的水平间距进行计算。

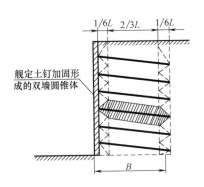

图 8.6-5　土钉墙计算厚度确定简图

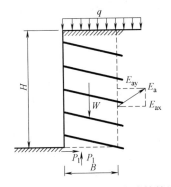

图 8.6-6　土钉墙外部稳定计算简图

（1）抗滑动稳定性验算

抗滑安全系数 $\qquad\qquad K_H=F_t/E_{ax} \tag{8.6-14}$

式中　E_{ax}——简化土墙后主动土压力水平分力；

F_t——简化土墙底断面上产生的抗滑合力，

$$F_t = (W+qB)S_x \tan\varphi + cBS_x$$

（2）抗倾覆稳定性验算

抗倾覆安全系数
$$K_Q = M_w / M_0 \qquad (8.6-15)$$

式中 M_w——抗倾覆力矩，$M_w = (W+qB)(0.5B+0.5H/\tan\beta)$；

M_0——土压力产生的倾覆力矩，$M_0 = 1/3(H+H_0)E_{ax}$。

（3）墙底土承载力验算

承载力安全系数
$$K_c = Q_0 / P_0 \qquad (8.6-16)$$

式中 Q_0——墙底部处部分塑性承载力，

$$Q_0 = \frac{\pi c \tan\varphi + 1/3\gamma B}{c \tan\varphi + \varphi - \pi/2} + \gamma H$$

P_0——墙底处最大压应力，$P_0 = (W+qB)/B + 6(M_0 - E_{ay}B)/B_0^2$。

8.6.5 土钉墙变形分析

用极限平衡分析法不能提供任何变形的信息，土钉墙的变形可用有限元分析方法做出估计，但单纯的有限元计算不一定能得出可信的定量数据；所以目前了解的土钉墙变形性能主要是根据监测资料。

Elias 和 Juran 综合工程实测和室内试验，提出以下看法：

（1）土钉墙变形引起的地表角变位和位移随 L/H 增加而减少。

（2）颗粒中土离开面层水平距离 $(1\sim1.25)H$ 时，地表角变位已不会造成对周围地表建筑影响，一般情况下，大于 $1.5H$ 时地表角变位已不重要。

（3）最大水平变位（面层顶部水平位移）与竖向沉降的比值随 L/H 减少而增加，其最大值为 1.0。对于常用的 $L/H = 0.6\sim1.0$ 情况，可取为 $1.0\sim0.75$。这与一般的撑式支护相近。

（4）增大土钉倾角，会增加地表变位与支护位移。

（5）水平位移过大导致破坏，最大水平位移的限制标准可取为不大于 $5\text{‰}H$。

Schlosser 指出，在土钉墙面顶部，最大水平位移 δ_H 与墙高 H 的比值据法国观测资料为 $1\text{‰}\sim3\text{‰}$，德国为 $2.5\text{‰}\sim3\text{‰}$；地表的水平位移和竖向位移在离开墙面为 λ 处接近于零，有经验式：

$$\lambda = k(1-\tan\beta)H \qquad (8.6-17)$$

式中 β——支护面层与垂线的夹角，直立开挖时 $\beta=0$；

k——系数，对风化岩层，砂性土和黏性土分别为 0.8、1.25 和 1.5。但是根据有些测斜仪的实测数据来看，上式给出的 λ 值可能偏小。

土钉墙尾端地面的水平位移 δ_0，据法国报道为 $\delta_0/H = (4\sim5)\times10^{-5}$，而相应的 $\delta_h/H = 1\text{‰}\sim3\text{‰}$；不过有一个早期的实测资料说，面层顶部最大水平变位为 10mm (1.8‰)，而离开面层 $0.53H$ 和 $1.2H$ 的地面处，仍有水平位移约 1‰ 和 0.7‰，不过这一支护为打入钉，钉体为 $50\times50\times5$ 的角钢。

看来对一般非饱和土中的土钉墙支护，如发现 δ_h/H 大于 $3\text{‰}\sim4\text{‰}$ 就应视为工作有趋向失常的可能，需密切监视。根据软土中土钉支护的监测资料，软土中的变形值要比非饱和土中大得多，一般大 $2\sim3$ 倍左右。

可以根据传统支护变形的经验来估计土钉墙支护对邻近建筑物的影响，当地表的角变位分别超过 1‰ 和 1.3‰ 时，砖砌承重结构和钢筋混凝土框架结构中的建筑损害（如抹灰层开裂）就有可能发生，角变位如超过 7‰，砖砌承重结构就会受到损害。

我国在基坑支护设计中，一般要求对土钉墙支护结构的水平位移和沉降进行监测，据几个工程的统计，位移数据一般在 5～50mm 之间，软土地基位移一般在 30～100mm 之间。

8.6.6 面层设计

面层的工作机理是土钉设计中最不清楚的问题之一，现在已积累了一些喷射混凝土面层所受土压力的实测资料，但是，测出的土压力显然与面层的刚度有关。欧洲对面层的设计方法有很多种，而且差别极为悬殊，一些临时支护的面层往往不做计算，仅按构造规定一定厚度的网喷混凝土，据说现在还没有发现面层出现破坏的工程事故，在国外所做的有限数量的大型足尺试验中，也仅发现在故意不做钢筋网片搭接的喷射混凝土面层才出现问题。面层设计计算中有两种极端，一种是认为面层只承受土钉竖向间距 S_y 范围内的局部土压，取 1～2 倍的 S_y 作为高度来确定主动土压力并以此作为面层所受的土压力。另一个极端则将面层作为结构的主要受力部件，受到的土压力与锚杆支护中的面部墙体相同。较为合理的算法是将面积 $S_x \cdot S_y$ 上的面层土压合力取为该处土钉最大拉力的一部分。德国有的工程按 85% 主动土压力设计永久支护面层，但也认为实际测量数据并没有这样大，而且土钉之间的土体起拱作用尚可造成墙面土压力降低。法国 Clouterre 研究项目得出的结论是面层荷载合力一般不超过土钉最大拉力的 30%～40%。为了限制土钉间距不要过大，他们建议面层设计土压取为土钉中最大拉力的 60%（间距 1m）～100%（间距 3m）。需要指出的是这些比值只适用于自重作用下的情况。

面层在土压作用下受弯，其计算模型可取为以土钉为支点的连续板进行内力分析并验算抗弯强度和所需配筋率。另外，土钉与面层连接处要作抗剪验算和局部承压验算。

当支护有地下水作用或地表有较大均布荷载或集中荷载时，支护面层则有可能成为重要的受力构件。德国曾做过土钉支护的地表加载试验，认为地表荷载引起的面层土压要小于按主动土压力算出的数值，因此设计时如取地表均布荷载 q 引起的面层土压力为 $K_a q$ 应该偏于安全。当有地下水作用时，还要加上侧向水压力。

8.7 施工要点及质量检验

8.7.1 土钉墙施工要点

土钉墙施工过程包括以下几个方面：

1. 作业面开挖

土钉墙施工是随着工作面开挖分层施工的，每层开挖的最大高度取决于该土体可以站立而不破坏的能力，在砂性土中每层开挖高度为 0.5～2.0m，在黏性土中每层开挖高度可按式（8.7-1）估算：

$$h = \frac{2c}{\gamma \tan(45° - \varphi/2)} \tag{8.7-1}$$

式中　h——每层开挖深度（m）；

c——土的黏聚力（直剪快剪）（kPa）；

γ——土的重度（kN/m³）；

φ——土的内摩擦角（直剪快剪）（°）。

开挖高度一般与土钉竖向间距相匹配，便于土钉施工。每层开挖的纵向长度，取决于交叉施工期间保持坡面稳定的坡面面积和施工流程的相互衔接，长度一般为 10m。使用的开挖施工设备必须能挖出光滑、规则的斜坡面，最大限度地减少对支护土层的扰动。松动部分在坡面支护前必须予以清除。对松散的或干燥的无黏性土，尤其是当坡面受到外来振动时，要先进行灌浆处理，在附近爆破可能产生的影响也必须予以考虑。在用挖土机挖土时，应辅以人工修整。

2. 喷射混凝土面层

一般情况下，为了防止土体松弛和崩解，必须尽快做第一层喷射混凝土。根据地层的性质，可以在安设土钉之前做，也可以在放置土钉之后做。对于临时性支护来说，面层可以做一层，厚度 50～150mm；面对永久性支护则多用两层或三层，厚度为 100～300mm。喷射混凝土强度等级不应低于 C15，混凝土中水泥含量不宜低于 400kg/m³。喷射混凝土最大骨料尺寸不宜大于 15mm，通常为 10mm。两次喷射作业应留一定的时间间隔，为使施工搭接方便，每层下部 300mm 暂不喷射，并做 45° 的斜面形状，为了使土钉同面层能很好地连成整体，一般在面层与土钉交接中间加一块 150mm×150mm×10mm 或 200mm×200mm×12mm 的承压板，承压板后一般放置 2～4 根加强钢筋。在喷射混凝土中应配置一定数量的钢筋网，钢筋网能对面层起加强作用，并对调整面层应力有着重要的意义。钢筋网间距通常双向均为 200～300mm，钢筋直径为 $\phi6$～$\phi10$，在喷射混凝土面层中配置 1～2 层。有时，用粗钢筋锁定筋将土钉与加强筋连接起来，这样面层的整体作用得到进一步加强。

3. 排降水措施

当地下水位较高时，应采取人工降低地下水措施，一般沿坡顶每隔 10～20m 左右设置一个降水井，常采用管井井点降水法，效果比较好。

在降水的同时，也要做好坡顶、坡面和坡底的排水，应提前沿坡顶挖设排水沟并在坡顶一定范围内用混凝土或砂浆护面以排除地表水。坡面排水可在喷射混凝土面层中设置泄水管，一般使用 300～500mm 长的带孔塑料管子，向上倾斜 5°～10°，排除面层后的积水。在坡底设置排水沟和集水井，将排入集水井的水及时抽走。

4. 土钉施工

土钉施工包括定位、成孔、置筋、注浆等工序，一般情况下，可借鉴土层锚杆的施工经验和规范。

（1）成孔

成孔工艺和方法与土层条件、机具装备及施工单位的手段和经验有关。当前国内大多采用螺旋钻、洛阳铲等干法成孔设备，也可使用如 YTN-87 型土锚专用钻机成孔。对边坡加固土钉，由于往往要在脚手架上施工且钻孔长度较短，要求使用重量轻，易操作及搬运的钻机。为满足土钉钻孔的要求，可选用 KHYD40KBA 型岩石电钻，配置 $\phi75$ 的麻花钻杆，每节钻杆长 1.5m，钻机整机重量 40kg，搬运操作非常方便，钻孔速度 0.2～0.5m/min，工效较高，适合于土钉施工。

依据土层锚杆的经验，孔壁"抹光"会降低浆土的粘结作用，当采用回转或冲击回转方法成孔时，建议不要采用膨润土或其他悬浮泥浆做钻进护壁。

显然，在用打入法设置土钉时，不需要进行预先钻孔。在条件适宜时，安装速度是很快的。直接打入土钉的办法对含块石的土是不适宜的，在松散的弱胶结粒状土中应用时要谨慎，以免引起土钉周围土体局部结构破坏而降低土钉与土体间的粘结力。

（2）置筋

在置筋前，最好采用压缩空气将孔内残留及扰动的废土清除干净。放置的钢筋一般采用 HRB335、HRB400 级螺纹钢筋，为保证钢筋在孔中的位置，在钢筋上每隔 2～3m 焊置一个定位架。

（3）注浆

土钉注浆可采用注浆泵或砂浆泵灌注，浆液采用纯水泥浆或水泥砂浆。纯水泥浆可用 425 号普通硅酸盐水泥用搅拌装置按水灰比 0.45 左右搅拌，水泥砂浆采用 1：2 至 1：3 的配合比并用砂浆搅拌机搅拌，再采用注浆泵或灰浆泵进行常压或高压注浆。为保证土钉与周围土体紧密结合，在孔口处设置止浆塞并旋紧，使其与孔壁紧密贴合。在止浆塞上将注浆管插入注浆口，深入至孔底 0.2～0.5m 处，注浆管连接注浆泵，边注浆边向孔口方向拔管，直至注满为止，放松止浆塞，将注浆管与止浆塞拔出，用黏性土或水泥砂浆充填孔口。为防止水泥砂浆或水泥浆在硬化过程中产生干缩裂缝，提高其抗拔性能，保证浆体与周围土壁的紧密粘和，可掺入一定量的膨胀剂。具体掺入量由试验确定，以满足补偿收缩为准。为提高水泥砂浆或水泥浆的早期强度，加速硬化，可掺入速凝剂或早强剂。

目前有一种打入注浆式土钉（或称注浆锚管）应用越来越多，它施工速度快，试用范围广，尤其对于粉细砂层、回填土、软土等难以成孔的土层，更显示出优越性。另外，国外报道了具有高速的土钉施工专利方法——"喷栓"系统，它是利用高达 20MPa 的高压力，通过钉尖的小孔进行喷射，将土钉安装或打入土中，喷出的浆液如同润滑剂一样有利于土钉的贯入，在其凝固后还可提供较高的钉土粘结力。但是，喷栓系统除法国以外，其他地区还未获得广泛应用。

5. 土钉防腐

在正常环境条件下，对临时性支护工程，一般仅由砂浆做锈蚀防护层，有时可在钢筋表面涂一层防锈涂料；对永久性工程，可在钢筋外加环装塑料保护层或涂多层防腐涂料，或加大锚固层厚度，以提高钢筋的锈蚀防护能力。

6. 边坡表面处理

对临时支护的土钉墙工程来说，只要求喷射混凝土同边坡面很好地粘结在一起就可以了；而对永久性工程来说，边坡表面还必须考虑美观的要求，有时使用预制的面板或喷涂。

8.7.2 质量检验与监测

土钉墙工程质量检验包括土钉抗拔力基本试验、土钉抗拔力检验试验、原材料的进场检验、喷射混凝土面层强度和厚度检验等。复合土钉墙工程质量检验除了上述试验和检验，还需对其他支护构件根据相关规范要求进行相应试验和检验，如预应力锚杆（索）、水泥搅拌桩等。

1. 土钉抗拔力检验

严格来说，每种地层均应分别做抗拔力试验，为土钉墙设计提供依据或用以证明设计中使用的粘结力是否合适。由于土钉的整体作用是主要的，不像锚杆那样要求高，所以只有对重要的工程，设计或施工前需要进行土钉抗拔力基本试验，以确定土钉界面摩阻力的分布形式及土钉的极限抗拔力等。土钉抗拔力基本试验可采用循环加荷的方式，第一级取土钉钢筋屈服强度的 10％为基本荷载，进而以土钉钢筋屈服强度的 0.15 倍为增量来增加荷载，同时用退荷循环来测量残余变形，每一级荷载持续到变形稳定为止；土钉破坏标准为：在同级荷载下变形不能趋于稳定，即认为土钉达到极限荷载。必须量测荷载和位移，提出荷载变形曲线。在土钉上连接钢筋计或贴应变片，可以测试土钉应力分布及其变化规律，这对设计是非常有益的。

对于一般的土钉墙工程，土钉抗拔力检验试验是必需的，试验数量应为土钉总数的 1％，且不少于 3 根；土钉检验的合格标准可定为：土钉抗拔力平均值应大于设计极限抗拔力，抗拔力最小值应大于设计极限抗拔力的 0.9 倍。土钉抗拔力设计安全系数：对临时性工程可取 1.5，对永久性工程可取 2.0。

2. 原材料检验

土钉墙工程原材料（钢筋、水泥、砂、石等）进场检验，与钢筋混凝土工程相同，可按有关的规范进行质量检验。

3. 面层强度及厚度检验

喷射混凝土应进行抗压强度试验，试块数级可为每 500m² 时取一组，每组试块不少于 3 个；对于小于 500m² 的独立工程，取样不少于一组。喷射混凝土抗压强度试块可采用现场喷射混凝土大板方法制作。大板模具尺寸为 450mm×350mm×120mm（长×宽×高），其尺寸较小的一边为敞开状，现场喷射混凝土大板养护 7d 后，加工切割成边长为 100mm 的立方体试块。当不具备切割制取试块的条件时，亦可直接向边长为 150mm 的立方体无底试模内喷射混凝土制取试块，其抗压强度换算系数可通过试验确定。

喷射混凝土厚度检查可采用凿孔法或其他方法检查，检查数量可为每 100m² 取一组，每组不少于 3 个点，其合格条件可定为：全部检查孔处厚度平均值应大于设计厚度，最小厚度不应小于设计厚度的 80％，并不应小于 50mm。

4. 监测

对于土钉墙基坑支护工程，监测工作是非常必要的，最为直观和重要的监测是土钉墙顶面的水平位移和垂直位移；对土体内部变形的监测，可在坡面后不同距离的位置布置测斜管，用测斜仪进行观测，其他的监测项目，如土钉应力、土压力和面层应力等，可根据实际工程的需要选择。做好施工期间的监测，可以达到信息化施工的目的，对保证工程质量和安全具有重要的意义。

监测过程中应特别加强雨天和雨后的监测，以及对各种可能危及支护安全的水源进行仔细观察。在支护施工阶段，应加强监测；在完成基坑开挖，变形趋于稳定的情况下可适当减少监测次数。施工监测过程应持续至整个基坑回填结束，支护退出工作为止。

8.8 工程实例

1. 工程概况

长乐皇庭名郡基坑场地位于福建长乐城西片区，北侧与吴航路相邻，西与泮野港、规划海峡路相邻，南侧为规划住宅用地，东侧为规划广场南路，场地西北角与已建龙芝大厦建筑群相邻，东北侧与已建国惠大酒楼相邻。为闽江一级阶地地貌单元，场地原为农田、菜地，分布有大量的池塘、河沟等，基坑开挖至地下室底板底的深度约 4.3m，多桩承台挖深约 5.65m，基坑侧壁安全等级二级，影响基坑的土层分布及参数见表 8.8-1。

场地土层设计计算指标　　　　　　　　　　　　　　　　　表 8.8-1

层号	土层	厚度 (m)	重度 (kN/m³)	黏聚力 (kPa)	内摩擦角 (°)	土钉摩阻力 (kPa)
1	杂填土	0.3~3.8	17.0	10.0	15.0	20
2	粉质黏土	0.4~-2.0	17.5	20.0	10.0	40
3	淤泥	15.5~27.8	16.0	9.5	2.0	16

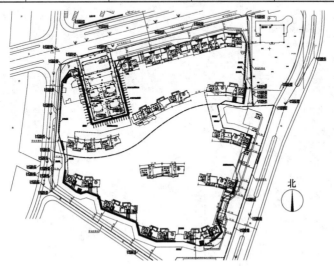

图 8.8-1　基坑工程总平面图

2. 本基坑支护工程难点

（1）基坑地处城区，西侧、北侧及东南侧临近城区主干道，东侧紧邻已有建筑物，对变形控制要求严格。

（2）场地地质条件差，属于软土地层，软弱土层淤泥厚度较大且形成时间短，至今仅有数百年历史，为欠固结软土淤泥的含水量最大值超过 80%，局部地段分布有池塘、河道等欠固结的流泥，工程力学性能极差。

（3）基坑底开挖至淤泥层，若支护不到位将引起淤泥深层滑动，危及基坑支护及其周边安全。

（4）本基坑占地面积大，连体地下室面积达 75000m²，基坑形状复杂且分区开发，无论从技术或造价角度均不宜采用内支撑支护。场地临近基坑曾采用常规的土钉支护，结果造成边坡失稳、滑塌及推桩，以失败告终。若采用排桩加外锚支护，则造价高，建设单位难以接受。

3. 本基坑支护方案

针对上述难点，并综合考虑了工程造价和场地工程地质条件，本基坑支护采用了水泥搅拌桩复合土钉墙支护形式，顶部杂填土和部分粉质黏土层平用 1∶1.0 坡度放坡，水泥搅拌桩水泥掺量为 18%，无侧限抗压强度 1.0MPa，抗剪强度 100kPa。并且设置了 3 道土钉，土钉采用 φ48 焊接钢管作为注浆锚管，浆体喷射直径 130mm，土钉水平间距 1.3m，长度 15~18m，为了稳固坡脚、控制坡脚变形，坑底被动土采用水泥搅拌桩进行加固，如图 8.8-2 所示。

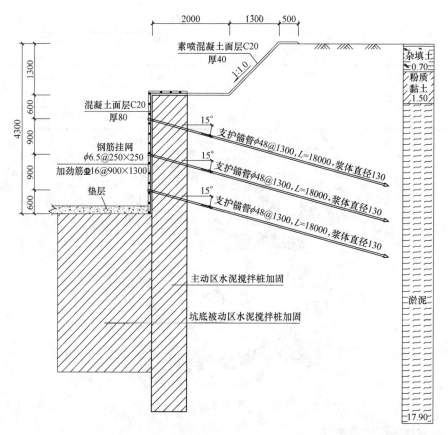

图 8.8-2　基坑支护剖面图

4. 监测结果

该基坑按照上述支护方案进行施工，从土方开挖到地下室土方回填前后历时约 9 个月，共进行了 70 多次的基坑监测，通过监测数据得出，基坑侧壁土体水平位移变形特征表现为沿深度的水平位移中部大，顶底两头小的鼓肚形变形曲线，位移最大值达 26.14～33.55mm，水平位移最大值位于基坑底标高附近，满足规范要求。由于受到水泥搅拌桩和注浆锚管的约束，未出现淤泥侧向挤出及基坑坑底隆起等现象，水泥搅拌桩的存在延缓了土体塑性变形发展阶段，并且由于在坡脚被动区采用了多排水泥搅拌桩加固，很好地控制了基坑变形，达到了良好的效果，本基坑支护造价每延米约 5000 元，虽然较喷锚支护造价略高，但比排桩加外锚支护、重力式支护等造价均低。

5. 现场施工情况（图 8.8-4）

6. 小结

软土基坑采用单纯的土钉墙支护变形大，基坑整体稳定性低，并且基坑深度受到限制。水泥搅拌桩复合土钉墙通过在土体主动区和被动区设置水泥搅拌桩，形成超前支护，起到了增加支护复合抗剪强度、预加固开挖面及稳固坡脚和抵抗坑底隆起等作用，使得基坑整体稳定性、抗隆起稳定性大大提高，基坑风险相应降低。同时，增加了基坑支护的适用深度，并能够有效地控制基坑的水平位移等变形。

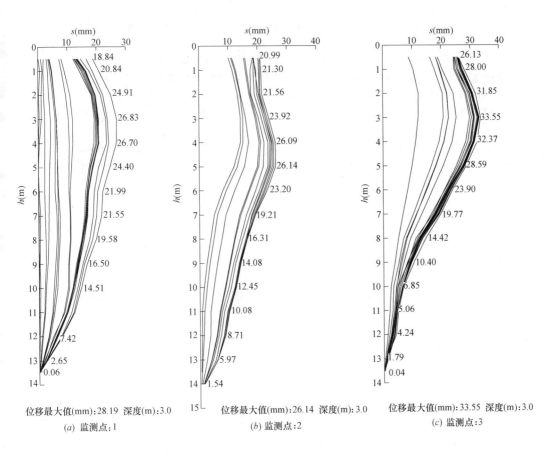

图 8.8-3 基坑侧壁土体水平位移-深度关系曲线

图 8.8-4 现场施工情况

水泥搅拌桩复合土钉墙支护考虑了搅拌桩的抗剪强度对整体稳定性的贡献。同时，注浆锚管的存在提供了部分的抗滑力，延缓了复合土体塑性区开展和滑裂面的出现，起到了应力传递和扩散、加固土体、改善土体物理力学性能的作用。

参 考 文 献

［1］ JGJ 120—2012 建筑基坑支护技术规程［S］. 北京：中国建筑工业出版社，2012.

［2］ 刘国彬，王卫东. 建筑基坑工程手册［M］. 北京：中国建筑工业出版社，2009.

［3］ 龚晓南主编，高有潮副主编. 深基坑工程设计施工手册. 北京：中国建筑工业出版社，2001.

［4］ 深圳市勘察测绘院有限公司，深圳市岩土工程有限公司. 深圳市基坑支护技术规范 DB-SJG 05—2011［S］. 深圳，2011.

［5］ 曾宪明，黄久松，王作民等编著. 土钉支护设计与施工手册［M］. 北京：中国建筑工业出版社，2000 .

［6］ 陈利洲，庄平辉，何之民. 复合型土钉墙支护与土钉墙的变形比较［J］. 施工技术. 2001，30（1）：26-27.

第9章 冻结法围护结构

岳丰田

（中国矿业大学）

9.1 概述

人工冻结的应用和研究是以天然冻结条件下冻土的物理力学性质研究为基础，随着人工冻结凿井逐步发展起来的。冻结法是利用人工制冷技术，使地层中的水冻结，把天然岩土变成冻土，增加其强度和稳定性，隔绝地下水与地下工程的联系，以便在冻结壁的保护下进行隧道、立井和地下工程的开挖与衬砌施工技术。其实质是利用人工制冷技术临时改变岩土的状态以固结地层。人工土冻结应用开始于19世纪，已有130余年的历史。最初主要应用于矿山立井工程，是通过厚表土层建设深立井的主要工法。

1862年英国首次在南威尔士的建筑基坑中使用了冻结法加固土体；随后，冻结法逐渐成为煤矿建井的传统方法。1872年德国首先应用于矿井建设。1880年，德国工程师F. H. Poetch在国际上首次提出并获得人工冻结法专利。1883年，在德国阿尔巴里煤矿中首先应用冻结法施工井筒，至1900年人工冻结技术用于矿山施工次数已达60次以上。1888年美国用于煤矿矿井开挖；1965年加拿大开挖1089m矿井，其冻结深度达684m；1952年至1981年间，北美用人工冻结技术凿井达29个。迄今为止，各国冻结井最大深度分别为：英国930m，美国915m，波兰860m，加拿大634m，比利时638m，苏联620m，德国531m，法国550m，中国940m。

人工冻结技术在城市土木工程中的应用开始于1886年瑞典24m长人行隧道建设工程[1]。在此后的一个多世纪里，人工冻结技术在许多国家的煤矿、隧道、地铁、建筑基础、工程抢险和环境保护等领域中得到不断应用和发展，并且成为许多工程唯一可选的方法。

1979年美国采用冻结法进行了地下核电站基坑和直径40m、深6m的烟囱基础施工。英国伦敦市郊地下液态瓦斯库，采用冻结法围护施工直径40m、深度40m的基坑，由于基坑底部处于透水层中，在冻结施工时，在基坑内设置了20个冻结管进行基底局部冻结。

20世纪70~80年代，苏联应用冻结法施工城市地铁、矿井和其他工业建筑的大型工程达200余项，包括莫斯科、圣彼得堡、基辅等城市地铁进站大厅35座、隧道工程35项，同时在高138.5m、重270000MN大楼基坑开挖支护中采用冻结法并获得成功。

日本从1962年开始在岩土工程中应用人工地层冻结技术，随后20年中约施工了250个冻结工程，其中通过河流、铁路、公路和其他构筑物下的隧道工程、支承明挖的墙体工程、与盾构施工有关的工程和其他工程分别占20.2%、9.8%、66.9%和3.1%。

从20世纪中叶起，波兰、德国、法国、比利时、意大利、奥地利、挪威、西班牙、芬兰、澳大利亚、法国、荷兰、加拿大等国家相继开展了人工冻结技术的应用研究，并日益受到重视。近年来，美国、日本、韩国等国正在研究将人工冻结技术用于核废料处理工程中，这对于防止核废料的环境污染具有重要意义。

我国于 1955 年首次在开滦林西风井使用盐溶液冻结法凿井并获得成功。之后经过 40 多年的实践，具有了一定技术水平的冻结凿井施工、设计队伍。20 世纪 60 年代末，北京一期地铁大开挖工程中，曾试用冻结法作护坡工程，长度达 90m，挖深 20～22m。此后从 20 世纪 80 年代中期开始，随着我国地下工程的增多，逐渐由矿山工程向城市各类工程推广应用，完成了数例基坑工程和上海、南京、杭州、广州等地铁联络通道冻结工程。1993 年起，在上海地铁旁通道施工的地层加固、上海大连路和复兴路越江隧道的盾构进出洞、上海地铁四号线体育场站穿越工程、南京地铁一号线张—三区间联络通道、广州地铁六号线坦尾站穿越等地下工程中采用了冻结法。其他工程，如内蒙古海拉尔水泥厂地下卸矿室及皮带走廊工程、安徽凤台淮河大桥主桥墩基础工程、江西九江虎口大桥桥墩工程、广州丫髻沙大桥桩基处理工程等也采用了冻结法，在润扬长江公路大桥南岸悬索南锚锭基坑的施工中，也采用冻结法进行施工，其主要目的是在锚锭基坑的周围形成可靠的挡水墙，利用冻土墙止水的特点，确保基坑内施工的安全性。

人工土冻结法由于基本不受支护范围和支护深度的限制，以及能有效防止涌水以及控制地下工程施工中相邻土体的变形而受到越来越多的重视，是岩土工程尤其是特殊地质和工程条件下工程施工的重要方法之一。国外许多国家如德国、法国、美国、加拿大、英国和俄罗斯等，研究和应用人工土冻结技术起步较早，积累了许多成功经验。现在许多较大规模的国际工程技术公司如 Freeze Wall Inc，Moretrench，RKK Soil Freeze Technologies 等，在地下工程建设中使用着人工冻结支护方法，并且发展很快。国内外大量的冻结工程实践表明，冻结法应用具有下述的优点：

（1）安全可靠。可有效地隔绝地下水。冻结施工使土体中的大部分水结冰，这不仅提高了土的强度，在 $-10℃$ 时其瞬时强度可达到 3（黏土）～10MPa（砂土），而且其隔水效果是其他方法所无法比拟的。

（2）适应性广。适用于任何含一定水量的松散岩土层，在软土、含水不稳定层、流砂、高水压及高地压地层条件下冻结技术有效、可行。如我国北京地铁复—八线大北窑—热电厂区间有南北两条东西走向隧道，南隧道顶部有 2m 厚的粉细砂层，降低水位后开挖，引起地表塌陷，采用冻结法施工成功地控制了地层位移。而注浆、地下连续墙等方法对地质条件的适应性差，而且其加固深度有一定的限制。

（3）灵活性好。可以人为地控制冻结体的形状和扩展范围，必要时可以绕过地下障碍物进行冻结。

（4）可控性较好。冻结加固土体均匀、完整。土层注浆和深层搅拌桩，只是对土体局部加固，加固范围不易控制、加固体强度不均匀；而冻结技术可以把设计的土体全部冻成冻土，冻结加固体均匀，整体性好，可形成地下工程施工帷幕。

（5）污染性小。冻结工程施工最大的污染是钻孔时少量的泥浆排出，冻结过程不向地层注入任何有害物质。冻结工程完毕后，地层自然融化恢复原有状况，不会在地层留下有碍于其他工程施工的地下障碍物。作为一种"绿色"施工方法，符合环境岩土工程发展趋势。

（6）经济上合理。国内外的工程实例表明，冻结工程成本与其他施工法（如注浆法和旋喷桩）处于相同的数量级，而且随着加固深度的加大，冻结工法的经济性越来越明显。

9.2 冻结原理

9.2.1 冻结系统

根据使用冷媒的不同，制冷方式包括四种系统：氨（氟利昂）-盐水冻结系统；二氧化碳系统（干冰、CO_2）；液化气体系统（液氮）；混合冻结系统（盐水＋干冰；盐水＋液氮）。

氨（氟利昂）-盐水冻结制冷系统以氨（氟利昂）作为制冷工质。整个制冷系统由三大循环构成：氨循环系统，盐水循环系统，冷却水循环系统。氨循环是指液氨变为饱和蒸气氨，再被氨压缩机压缩成过热蒸气进入冷凝器冷却，高压液氨从冷凝器经贮氨器、节流阀流入蒸发器，液氨在蒸发器中气化吸收周围盐水的热量；盐水循环是指盐水吸收地层热量，在盐水箱内将热量传递给蒸发器中的液氨；冷却水循环是指冷却水在冷却水泵，冷凝器和管路中的循环。将地热和压缩机产生的热量传递给大气。这种制冷系统可获−35℃左右的低温盐水。

干冰是固态的二氧化碳（CO_2），它是一种良好的制冷剂，广泛应用于实验研究、食品工业、医疗、机械加工和焊接等方面。干冰的平均相对密度为 1.56g/kg，干冰在化学性质上稳定，对人无害。在大气压力下升华温度为−78.5℃，升华潜热为 573.6kJ/(kg·K)。

20 世纪 60 年代，由于钢铁工业的发展，制氧过程得到了大量的液氮副产品，液氮在一个标准大气压下的气化温度为−195.8℃。由于它的沸点低，通常处于剧烈的沸腾状态。一个大气压下气化潜热 197.6kJ/kg。因此作为一种廉价、低温、快速冻结技术——液氮冻结技术得到了迅速发展。它适用于冻土体积不大的地下工程或抢险堵水，或换支架和处理紧急事故或者冻土体积小于 200m³ 的地下工程。由于液氮冻结系统简单，具有冻结速度快、温度低、冻土强度高的特点，特别适用于城市的地下工程建设。莫斯科和圣彼得堡的地下铁道建设工程多处使用液氮冻结技术。美国佐治亚州核电站利用液氮冻结加固大型起重机基础，既保证了施工进度又减小了反应堆外壳安装后的沉降量。许多欧洲国家将液氮冻结用于桥涵和其他交通工程。在法兰克福至瑞士布鲁塞尔的一条铁路下，利用液氮冻结建造桥涵公路，施工冻结加固面平整，过往旅客未感振动。奥地利维也纳 u 线隧道亦采用液氮冻结，成功地通过著名的赫兹曼商厦下的第四纪松软砂土层，施工中冻胀仅 1mm，融降 1cm。日本东京新日光街道下工业用水隧道施工，东京煤气修建地下天然气储罐，大阪地铁 5 号线工程等都采用了液氮快速冻结，取得良好的技术和经济效益。

现在，美国和意大利还发展了将液氮作为积极冻结，传统的氨循环冻结作为消极冻结，构成混合冻结系统，达到快速和经济的施工效果。目前，大量使用的仍然是氨循环制冷技术。

传统的人工冻结是在开挖之前，用人工制冷的方法，将开挖空间周围含水地层冻结成一个封闭的不透水的帷幕—冻结壁，用以抵抗地压、水压，隔绝地下水。而后，在其保护下进行挖砌施工。为形成冻结壁，首先在欲开挖空间周围打一定数量的冻结孔，孔内安装冻结器。冻结站制出的低温盐水（−25～−35℃），经去路盐水干管，配液圈到供液管底部，沿冻结管和供液管之间的环形空间上升到回液管、集液圈、回路盐水干管至蒸发器

（盐水箱），形成盐水循环。低温盐水在冻结器中流动，吸收周围地层之热量形成冻结圆柱，冻结圆柱逐渐扩大并连接成封闭的冻结壁，直至达到其设计厚度和强度为止。通常将冻结壁扩展到设计厚度所需要的时间称为积极冻结期，而将维护冻结壁的期间称为消极（或维护）冻结期。吸收了地层热量的盐水，在盐水箱内将热量传递给蒸发器中的液氨，使液氨变为饱和蒸汽氨，再被氨压缩机压缩成过热蒸汽进入冷凝器冷却，将地热和压缩机产生的热量传递给冷却水，最后这些热量传给大气。高压液氨从冷凝器经贮氨器，经节流阀流入蒸发器液氨在蒸发器中气化吸收周围盐水的热量，这一循环称为氨循环，是制冷的主体。冷却水在冷却水泵，冷凝器和管路中的循环叫冷却水循环。制冷三大循环系统构成热泵，其功能是将地层中的热量通过压缩机排到大气中去。

由于地热在热泵作用下传递给大气，使开挖地层降温，冻结形成冻结壁。人们在它的保护下进行挖砌施工，以便安全穿过含水层，这就是冻结法施工。

液氮冻结的工艺系统是液氮自地面槽车，储罐，经管路输送至工作面。液氮在冻结器内气化吸热后，气氮经管路排向地面，放入大气。液氮冻结无需建立冻结站和维护制冷工质的循环系统。随着空气分离技术的发展，大量的制氧副产品氮气经过液化得到的液氮已被利用到实用的工业领域和国民经济部门。液氮固有的物理化学性质，使之成为一种比较理想的制冷工质。液氮无色，透明，稍轻于水，其外貌酷似于水。它惰性很强，没有腐蚀性，对振动、热和电火花是稳定的，可能产生的危害是冻伤和窒息。

在形成冻结壁的积极冻结期内，液氮需不断灌注，气化活动连续不断，含水土层逐渐冷却以致冻结。冻结壁形成达到设计厚度后在握砌施工的维护冻结期内，液氮可断续灌注。

四种系统的适用范围，设备容量和主要技术指标见表 9.2-1。

不同系统情况汇总表

表 9.2-1

	盐水系统	液氮系统	干冰系统	混合系统
制冷温度	$-10\sim-35℃$	$-60\sim-150℃$	$-20\sim-70℃$	$-40\sim-70℃$
适用土层	任何含水地层	任何含水地层	任何含水地层	任何含水地层
地下水流速	$v\leqslant17*10^{-3}\text{m/s}$	不限	不能有动水	少量动水
冷量估算	$Q=1.3\pi dHK$	460kg/m^3	600kg/m^3	$Q=1.3\pi dHK$
制冷效率	$30\%\sim50\%$	50%	70%	60%
冻土速度	2cm/d	20cm/d	10cm/d	3cm/d
备注		配备储气罐：大于5000L		盐水加入乙二醇

9.2.2 冻结法围护的工艺流程

（1）现场勘探

除常规项目外，应侧重了解：

含水层的层位、地下水流速及是否承压；黏土层分布、层厚及平面分布的连续性；气象及地温资料；土层含盐量和 pH 值；现场附近的地下埋设物、原有结构物的状况及位置以及周边施工降水情况及位置。

（2）室内试验

土的物理性质：颗粒级配、含水量、液限、塑限、密度及冻土中的未冻水含量和冻结温度。

土的热物理性质：土的渗透系数，冻土和融土的比热、导热系数，冻胀和融沉特性。

土的力学性质：冻土的抗压、抗剪、抗拉和抗弯强度及蠕变特性。

（3）设计

力学设计：根据现场地温条件及室内参数测试，通过计算确定冻结壁的厚度和冻结深度。

热工设计：根据现场地温条件及室内参数测试，通过计算确定冻结管的数量、布局；冻结壁的交圈时间、冷冻机组的装机容量及配置。

（4）现场施工

冻结孔、测温孔和泄压孔的钻进；冻结孔测斜纠偏；冷冻设备及冻结管路系统（包括水、电）的连接安装和运营；管路系统、冻结管及冻结壁的保温。

（5）现场监测

低温盐水温度和流量监测；冻土壁及外围 δ 土层温度监测；土体水平、竖向位移和应力监测；地下水位监测等。

9.2.3　冻结法施工的阶段及工序

1. 冻结法施工可分为三个阶段：

（1）积极冻结期。冻土首先从每个冻结管向外扩展，在每个冻结管周围形成冻结圆柱，随着冻结时间的延长，各冻结管的冻结圆柱连成一片形成封闭的冻结帷幕，冻结壁的平均温度逐渐降低，当冻结壁的厚度和平均温度达到设计值时，该阶段结束。

（2）维护冻结期。此阶段主要是补充地层的冷量损失，维持冻结壁的稳定。

（3）解冻（恢复）期。当地层开挖和永久结构施工完成，就可以停止冻结，解冻，拔除冻结管，进入自然解冻阶段。

2. 冻结法施工的四大工序：

（1）冻结站安装。冻结站由压缩机、冷凝器、蒸发器、节流阀、中间冷却器、盐水循环系统设备冷却水循环系统设备等组成。

（2）冻结管的施工。钻冻结孔，在冻结孔内设置冻结器，将各冻结孔内的冻结器连成一个系统，并与冻结站连接。

（3）地层冻结。

（4）地下工程掘进施工。

3. 冻结法围护适用的地基条件：

（1）地基土宜为砂性土、黏性土（包括砂层、淤泥质土等）及强风化基岩，对于卵砾石地层，因成孔困难，应有相应的钻孔设备；

（2）地基土的含水量＞10%；

（3）地下水的临界流速＜5m/d。

以上条件并不是绝对的，在一些特殊条件下，可根据工程的具体特点和采用的冻结系统的不同灵活抉择。

9.3　冻土物理力学性质

9.3.1　冻土的形成

冻土是泛指含水的土层或岩层，当温度降至结冰温度（一般为0℃）或更低时，其中大部分水冻结成冰，胶结了固体颗粒或充填岩层的裂隙。对这些被冻结了的土或岩石，统称冻土。

（1）水对冻土形成的影响

冻土形成的过程，实质上是土中水结冰并胶结固体颗粒的过程。土中水的冻结与普通净水的冻结有着一些不同的特点，诸如冻土中存在着未冻水，冻结后物理性质的变化等。

土颗粒表面带负电荷，当水和土粒接触时，就会在这种静电引力下发生极化作用，使靠近土粒表面的水分子失去自由活动的能力而整齐地、紧密地排列起来，如图 9.3-1 所示。距土粒表面越近，静电引力强度越大，对水分子的吸附力也越大，而形成一层密度很大的水膜，叫作吸附水或强结合水。离土粒表面稍远，静电引力强度减小，水分子自由活动能力增大，这部分水叫薄膜水或弱结合水。再远则水分子主要已受重力作用控制，形成所谓毛细水（一般归属于弱结合水的范围）。更远的水只受重力的控制，叫重力水（自由水），就是普通的液态水。

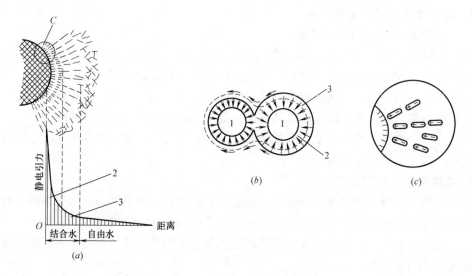

图 9.3-1 土粒和水相互作用示意图

（a）土粒周围静电引力强度的变化；（b）薄膜水由厚膜向薄膜移动；（c）水分子的双极构造

1—土粒；2—吸附水；3—薄膜水

综上所述，土中水一般可分为吸附水、薄膜水和自由水三种。吸附水和薄膜水组成结合水。结合水的密度增大，冰点降低。其中吸附水的厚度只有几十个水分子厚，相对密度为 1.2～1.4，最低冰点为 $-186℃$，呈不流动状态，它在土层的总含水量中约为 0.2%～2%，薄膜水的相对密度也大于 1，冰点低于 $0℃$，一般在 -20～$-30℃$ 时才全部冻结。在冻结法施工的条件下，大部分薄膜水被冻结。未被冻结的水称未冻水。薄膜水的显著特征是能直接从一个土粒表面迁移到另一个土粒表面，这种移动是缓慢的，而且只能从厚膜向薄膜移动（图 9.3-1b）。自由水存在于土层或岩石的孔隙中，它与普通的水相同，服从重力定律，能传递静水压力，相对密度一般为 1。在一个大气压下其冰点为 $0℃$。冻结法施工时主要是冻结自由水，它在地层中含量的多少，直接影响着冷量的消耗、冻结速度和冻土强度。

黏土的颗粒小且成片状，其结合水的含量最多，而砂土次之，至于粗砂、砾石层或裂隙岩层则绝大部分为自由水，结合水可忽略不计。未冻水含量与温度、水的 pH 值、压力有关（图 9.3-2）。

冻土中未冻水的存在对冻土的强度和热物理性质有着极大的影响。例如，在同样的负温和同样的含水量情况下，冻结砂砾的强度就要比冻结黏土的强度高。这是由于砂砾中的水几乎全部冻结成冰，把土粒牢固地胶结在一起；而在黏土中则存在着相当数量的未冻水，土粒被胶结的程度差，所以强度就低。

（2）冻土的形成过程

试验表明，土中水冻结过程曲线（土冻结时某一点的温度变化）如图 9.3-3 所示，大致可分为如下五个阶段：

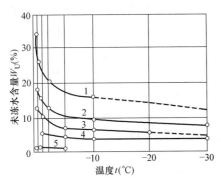

图 9.3-2 冻土中未冻水含量与温度的关系曲线

1—黏土；2—覆盖黏土；3—粉质黏土；4—粉质砂土；5—砂土

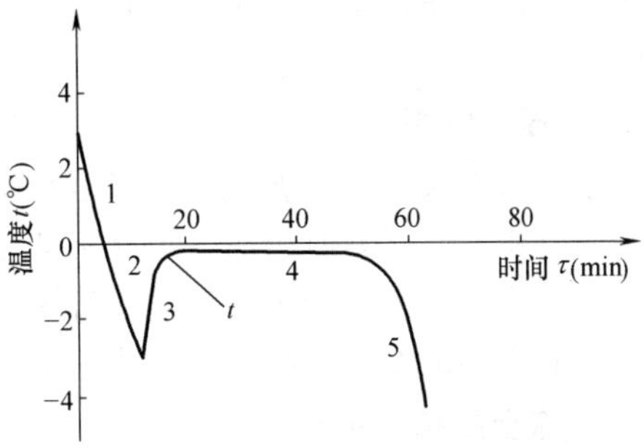

图 9.3-3 土中水冻结过程曲线

① 冷却段：向土层供给冷量后，在初期使土体（包括土粒、水和气）逐步降温以致达到水的冰点；

② 过冷段：土体降温至 0℃ 以下，但自由水仍不结冰，产生水的过冷现象；

③ 温度突变段：水过冷以后，只要一开始结晶，就有结冰潜热放出，温度迅速上升；

④ 冻结段：温度升至 0℃ 或其附近后稳定下来，土体孔隙中的水便发生结冰过程，使土胶结为冻土；

⑤ 冻土继续冷却段：随着温度的降低，冻土强度逐渐增高。

在整个冻土形成过程中，水变成冰的冻结段是最重要的过程，它是使土的物理力学性质发生质变的过程，也是消耗冷量最多的过程。

开始冻结的温度（图 9.3-3 中 t）称为起始冻结温度，其值取决于水溶液的含盐浓度。含盐量越大时，起始冻结温度越低。一般在含水丰富的砂砾层起始冻结温度约为 0℃，在亚砂土和黏土约为 -0.03～-0.2℃ 或更低。

在冻土的形成过程中，往往伴生着水的过冷现象和水分迁移。

在结冰之前，若水中没有结晶核，则水温低于 0℃ 仍不结晶，就产生过冷现象。过冷温度的数值取决于冷却情况。当温度梯度大时，仅在水结冰的初期才可能产生。开始结冰以后，这种现象就不再发生或很不明显了。

土层冻结时发生水分向冻结面转移的现象，即所谓水分迁移。如图 9.3-1（b）所示，由于土粒间彼此的距离很小，甚至互相接触，所以相邻两个土粒的薄膜水就汇合在一起，形成公共水化膜。在冻结过程中，增长着的冰晶不断地从邻近的水化膜中夺走水分，造成水化膜的变薄。而相邻的厚膜中的水分子又不断地向薄膜补充。这样，依次传递就形成了冻结时水向冻结面的迁移。由于分子引力的作用，变薄了的水膜也要不断地从自由水中吸取水分，这就使冻土的水分增大。水变成冰时其体积要增大9%，当这种体积膨胀足以引起土颗粒间的相对位移时，就形成冻土的冻胀，并随之产生极大的冻胀力。由于水分迁移，变成冰的那部分水量增大，土的冻胀量亦增大，水分迁移使冻土的冻胀加剧。

水分迁移和冻胀与土性，水补给条件和冻结温度等有密切关系。在细粒土中，特别是粉质黏土和粉质砂土中的水分迁移最强烈，冻胀最甚。黏土虽然颗粒很细，但其含水量小，其冻胀性稍次于粉质黏土和砂土。砂、砾由于颗粒粗，冻结时一般不发生水分迁移。外部水分补给条件是影响水分迁移和冻胀的重要因素之一。温度梯度越大，水分迁移和冻胀越小。

9.3.2 冻土强度

冻土属于流变体。冻土强度（包括抗压强度和抗剪强度）是由冰和土颗粒胶结后形成的粘结力和内摩擦力所组成，与冻土的生成环境和过程、外载大小和特征、温度、土的含水率、含盐量、土性和土颗粒组成等因素有关。其中，影响冻土强度的主要因素有：冻结温度、土的含水率、土的颗粒组成、荷载作用时间和冻结速度等。

1. 冻土的抗压强度

（1）温度对冻土强度的影响

试验表明，冻土强度随着冻结温度的降低而增大。这是因为随着温度降低，冰的强度和胶结能力增大，冰与土颗粒骨架之间的联结加强，同时使土中原来的一部分未冻水逐步冻结，而增加土中含冰量。

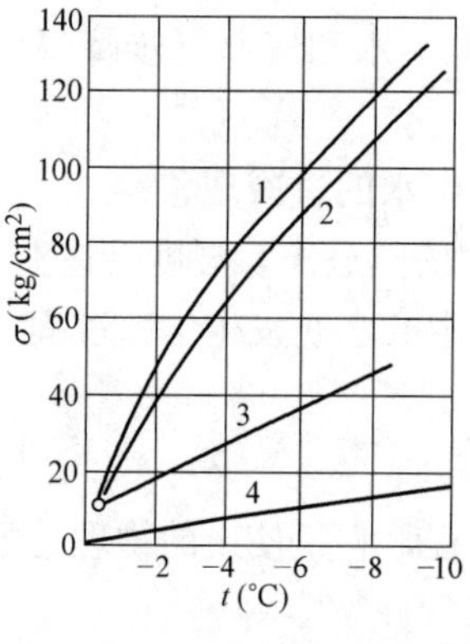

图9.3-4 冻土强度与冻
结温度的关系

1—冻结砂子；2—冻结砂土；
3—冻结黏土；4—冰

当负温不太大时，温度对强度的影响较明显，图9.3-4。但是，随着负温的继续增加，强度的增长逐渐变慢，所以强度与温度的关系虽然密切，但却不是线性的。

苏联学者根据研究结果曾建议用下列两个简单的经验公式之一来计算饱和砂的极限抗压强度：

$$\sigma_b = -0.0153|t|^2 + 1.1|t| + 2 \tag{9.3-1}$$

$$\sigma_b = 0.8|t| + 2 \tag{9.3-2}$$

式中　σ_b——冻土的极限抗压强度（MPa）；

t——冻土的温度（℃）。

这两个公式的计算结果相差较大，当冻结温度在-8～-12℃时，相差约为12%～17%，但作为工程估算还是可以的。

苏联科学院试验站（崔托维奇）认为：计算地面浅部土冻土的极限强度用式（9.3-1）为好；舒舍丽娜和维亚洛夫的研究表明：计算冻结凿井工程中的冻土强度，应采用式（9.3-2）。

我国冻土力学学者吴紫汪等研究了我国两淮矿区各类土的冻土强度所得出的成果为：

$$\sigma_b = c_1 + c_2|t| \tag{9.3-3}$$

式中　c_1、c_2——实验系数，见表9.3-1。

实验系数 c_1、c_2 值　　　　　表 9.3-1

名称	类型			c_1	c_2	相关系数
	液限	密度	含水量			
冻结黏土	高	中	小	0.715	0.186	0.89
	高	大	中	0.882	0.274	0.95
	高	小	大	1.107	0.304	0.96
	中	中	中	1.627	0.216	0.90
	中	小	大	1.303	0.392	0.98
	低	大	大	2.215	0.402	0.97
	低	中	中	3.430	0.323	0.94
冻结砂土、砾石土	细砂、中砂			4.155	0.461	0.86
	含砾中砂、粗砂、砾砂			4.988	0.304	0.78
	中砂、细砂、砾砂			1.597	0.364	0.95

（2）含水率对冻土强度的影响

试验表明，含水率是影响冻土强度的主要因素之一。在土中含水量未达到饱和时，冻土强度随着含水率的增加而提高，但当达到饱和后，含水量继续增加时冻土强度反而会降低。当含水量比饱和含水率大的很多时，冻土强度就降低到和冰的强度差不多了。

在未达到饱和含水率前，含水率 W 和冻土强度 σ 的关系如图 9.3-5 所示。冻土的瞬时和长时抗压强度与含水率和温度的关系见表 9.3-2。

（3）土的颗粒组成对冻土强度的影响

土颗粒成分和大小是影响冻土强度的一个重要因素。试验表明，在其他相同的条件下，土颗粒越粗，冻土强度越高，反之就低。这主要是由于不同的颗粒成分造成土中所含结合水的差异所引起的。例如，粗砂、砂砾和砾石的颗粒粗，其中几乎没有结合水，冻土中不存在未冻水，所以冻土强度高。相反，黏土类土颗粒很细，总的表面积很大，因而其表面能也大，在其中含有较多的吸附水和薄膜水，吸附水一般是完全不冻结的，薄膜水也只是部分冻结，因而在冻土中保存了较多的未冻水，使冻土的活动性和黏滞性增加，强度降低。另外，土颗粒的矿物成分和级配对强度也有一定的影响。

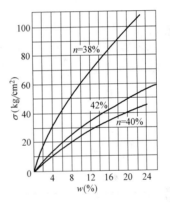

图 9.3-5　冻土强度与
含水率的关系

注：① 此图系在 $t=-8℃$ 的条件下作的；

② n 为砂土的孔隙率。

冻土的瞬时和常时抗压强度与含水率和温度的关系　　　　　表 9.3-2

土壤名称	孔隙率（%）	含水率（%）	饱和度	抗压强度（kg/cm²）	
				荷载作用时间为 30s 的强度	常时强度
中砂	38	10	0.44	$11.2+17.1\sqrt{t}$	$3.3+9.7\sqrt{t}$
		16.7	0.73	$21.9+21.5\sqrt{t}$	$5.3+13.2\sqrt{t}$
		22.5	0.97	$37.6+21.6\sqrt{t}$	$13.0+14.4\sqrt{t}$

续表

土壤名称	孔隙率(%)	含水率(%)	饱和度	抗压强度(kg/cm²)	
				荷载作用时间为30s的强度	常时强度
粉砂	42	8.3	0.30	$5.1+2.26t$	$0.7+0.97t$
		15	0.56	$8.6+3.67t$	$2+1.6t$
		23	0.85	$11.5+5.2t$	$2.7+2.1t$
黏土	46	8	0.27	$5.9+1.96t$	$1.4+0.84t$
		14.7	0.49	$10.2+3.12t$	$2.8+1.14t$
		24	0.80	$15.7+3.5t$	$9.3+1.47t$

注：t 为冻土温度的绝对值（℃）。

土的颗粒组成对冻土强度的影响可从图 9.3-4 和表 9.3-2 及表 9.3-3 看出。

不同颗粒组成的冻土强度   表 9.3-3

土壤名称	重量湿度(%)	试样温度(℃)	极限抗压强度(kg/cm²)
砂	18.1	−0.5	9
	17.0	−2.9	64
	17.2	−3.4	67
	16.8	−9.0	127
砂土	27.6	−0.5	9
	30.0	−1.8	35
	28.2	−5.1	78
	27.1	−10.3	128
黏土	55.2	−0.5	9
	54.0	−1.5	13
	53.7	−3.4	23
	54.6	−8.2	45

（4）荷载作用时间对冻土强度的影响

试验表明，由于冻土的流变性，其强度随着荷载作用时间的延长而降低（图 9.3-6）。

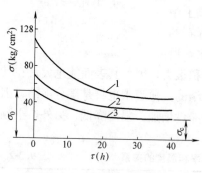

图 9.3-6 冻土流变性曲线

在实验室条件下，荷载作用时间少于 1h 时的冻土强度称为瞬时强度，大于 1h 的强度称为长时强度。一般荷载作用 200h 时的破坏应力称长时强度。所以冻土的瞬时强度比长时强度要大得多，而且冻结温度越高，两者相差越大。

当冻结温度在 −4～−15℃ 时，冻土长时强度与瞬时强度的比值为：

（1）长时抗压强度约为瞬时抗压强度的 1/2～1/2.5；

（2）长时粘结力约为瞬时粘结力的 1/3；

（3）长时抗剪强度约为瞬时抗剪强度的 1/1.8～1/2.5；

（4）长时抗拉强度约为瞬时抗拉强度的 1/12～1/16。

冻结法凿井时所考虑的冻土强度一般都属长时强度。但冻结壁是在受外力作用的情况下形成的，因此冻结壁内的冻土强度比在实验室内不受外力的情况下形成的冻土强度要大。而且，冻结壁一般是处在三向受力状态，其强度也要比试验时的单向受力强度为大。

由于冻结壁内温度分布是不均匀的，其各点的强度也是不均匀的，例如紧挨冻结管周围的冻土强度最大，靠边缘的强度最小，要用数理方法精确计算冻结壁的强度是困难的，所以一般都是用冻结壁的平均温度去计算其平均强度。

（5）冻结速度对冻土强度的影响

冻土形成的快慢速度直接影响到冰的结构。若冻结速度快，冻土中的细粒冰就多，冻土强度就高；相反，若冻结速度慢，冻土中的粗粒冰含量增多，冻土强度相应降低。所以，积极冻结期的冻结状况对冻结壁的形成有重要意义。为此必须尽量降低盐水的温度，这样不仅使冻土由于温度低而强度高，同时也因冻结速度快而进一步增加其强度。采用液氮低温快速冻结新工艺便具有这方面的优点。

2. 冻土的抗剪强度

试验表明：当正应力小于 10MPa 时，冻土的抗剪强度可用库仑表达式描述（图9.3-7）：

$$\tau_b = c_0 + \sigma \cdot \tan\varphi \qquad (9.3-4)$$

式中　τ_b——冻土的抗剪强度（MPa）；

　　　c_0——冻土的粘结力（MPa）；

　　　σ——正应力（MPa）；

　　　φ——冻土的内摩擦角（°）。

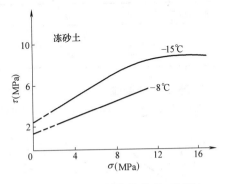

图 9.3-7　冻土的抗剪强度（细砂）

影响冻土抗剪强度的因素与冻土抗压强度的影响因素相同，仅在程度上有所区别。冻土长时粘结力约为瞬时粘结力的 1/3（表 9.3-4）。

冻土的粘结力和内摩擦角　　　　　　　　表 9.3-4

土壤名称	温度（℃）	含水量（%）	饱和度	瞬时		长时	
				粘结力（MPa）	内摩擦角	粘结力（MPa）	内摩擦角
中砂	−4～−14	6.5～23.0	0.25～0.98	0.82～4.05	21°0′～29°10′	0.37～2.10	20°30′～28°49′
粉砂	−4～14	6.8～21.9	0.25～0.81	0.39～3.09	16°12′～20°30′	0.13～1.12	17°0′～29°20′
粘土	−4～−14	9.2～28.0	0.31～0.93	0.43～2.58	12°48′～29°12′	0.14～0.99	12°0′～23°36′

3. 冻土的流变性

由于冻土内存在固相水（冰）和少量液相水（未冻水），所以使其具有显著的流变性，即冻土在荷载作用下应力和应变将随时间而变化的特性。当外力恒定时，冻土的变形随着时间的延长而增大，且没有明显的破坏特征。

国内外许多学者对冻土的本构关系做了大量的试验研究。在实验的基础上，获得较公认的本构关系为：

$$\sigma = A(\tau)\varepsilon^m \qquad (9.3-5)$$

式中　σ——应力（MPa）；

　　　ε——应变，无量纲；

　　　τ——随时间变化的变形模量，MPa；

m——强化系数，无量纲。一般 $m<1$。当冻土温度在$-5\sim-10℃$范围内时，对于砂土 $m=0.3$，对于黏土 $m=0.34$。

据格奥列德基的试验研究，m 既与温度无关，也与荷载作用时间无关。

$A(\tau)$ 是时间和冻土温度的函数，在温度一定时可表示为：

$$A(\tau)=c_1\tau^{-c_2} \tag{9.3-6}$$

式中　　τ——时间，min；

c_1、c_2——试验系数，其值见 9.3-5。

c_1、c_2 值　　　　　　表 9.3-5

冻土性质	砂土		黏土	
冻土温度(℃)	-5	-10	-5	-10
c_1	8.01	9.29	4.32	7.17
c_2	0.107	0.07	0.09	0.04

4. 冻土的蠕变性

当外力恒定时，冻土的变形随着时间的延长而增大。单向受压状态下冻土的蠕变（指应力不变时变形随时间变化的流变性质）变形规律如图 9.3-8 所示。

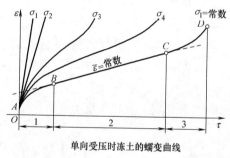

图 9.3-8　单向受压时冻土的蠕变曲线

冻土受力后首先发生瞬时的弹性和塑性变形（OA 段），其后进入蠕变变形时可分成下列几个阶段：

1——不稳定的蠕变或弹性蠕变阶段（AB段），其变形速度$\left(\bar\varepsilon=\dfrac{\mathrm{d}\varepsilon}{\mathrm{d}t}\right)$是逐渐衰减的；

2——稳定的粘塑性流动阶段（BC 段），其变形速度是不变的（$\bar\varepsilon=$常数），

3——变形速度逐渐增长的流动强化阶段（CD 段），直到最后脆性破坏（致密的砂类冻土）或塑性流动（黏土类冻土）。

冻土的蠕变性是在应力不变时，应变随时间变化的特性。根据研究成果，人工冻土的单轴蠕变方程一般表示为

$$\varepsilon=\frac{\sigma}{E_0(T)}+\frac{A_0}{(|T|+1)^k}\sigma^B t^C \tag{9.3-7}$$

式中　　σ——应力（MPa）；

ε——应变；

$E_0(T)$——冻土单轴弹性模量（MPa）；

A_0——冻土蠕变试验常数 $[(\text{MPa})^B \text{h}^C(℃)^K]$；

B——试验确定的应力无量纲常数；

C——试验确定的时间无量纲常数；

T——冻土的温度（℃）；

t——冻土蠕变时间。

若忽略弹性变形的影响，冻土的单轴蠕变方程简化为：

$$\varepsilon_c = \frac{A_0}{(|T|+1)^k} \sigma^B t^C \tag{9.3-8}$$

单轴蠕变速率方程简化为：

$$\varepsilon_c = \frac{A_0 C}{(|T|+1)^k} \sigma^B t^{C-1} \tag{9.3-9}$$

人工冻土蠕变应变表达式为：

$$\varphi_c(S_2) = f_t(J_2, T, I_1, t) \tag{9.3-10}$$

式中　I_1——应力张量第一不变量，$I_1 = \sigma_1 + \sigma_2 + \sigma_3$；

J_2——应力偏量第二不变量，$J_2 = \frac{1}{6}[(\sigma_1-\sigma_2)^2+(\sigma_2-\sigma_3)^2+(\sigma_3-\sigma_1)^2]$；

S_2——应变偏量第二不变量，$S_2 = \frac{1}{6}[(\varepsilon_1-\varepsilon_2)^2+(\varepsilon_2-\varepsilon_3)^2+(\varepsilon_1-\varepsilon_3)^2]$。

根据弹塑性力学的基本理论，冻土蠕变剪切应变强度 $\bar{\varepsilon}$、剪应力强度 σ_c 分别与第二应变不变量、第二应力不变量的关系为：

$$\bar{\varepsilon} = \frac{2}{3}\sqrt{3S_2}$$

$$\sigma_c = \sqrt{3J_2}$$

由单轴蠕变方程的进一步推广，采用分离变量法，忽略平均法向应力和内摩擦角的影响因素，可得：

$$\varphi_c(S_2) = g(J_2)h(t)k(t)$$

式中　$\varphi_c(S_2) = 2\sqrt{S_2}$；$g(J_2) = J_2^{\frac{B}{2}}$；$h(t) = A_0/(|T|+1)^K$；$k(t) = t^C$

即人工冻土蠕变的数学模型为：

$$2\sqrt{S_2} = A_0 J_2^{\frac{B}{2}} t^C/(|T|+1)^K \tag{9.3-11}$$

将等效应力（σ_e）和等效应变（$\bar{\varepsilon}$）代入上式，得到用应力强度和应力强度表达的三轴蠕变方程：

$$\varepsilon = A\sigma_e^B t^C \tag{9.3-12}$$

式中　$A = \dfrac{A_0}{\sqrt{3}^{B+1}(|T|+1)^K}$

对于三维蠕变问题，通常将塑性理论推广到蠕变情况，根据 Prundtl-Reus 塑性理论，用张量形式表示的塑性应变增量方程：

$$d\varepsilon_{ij}{}^p = \frac{3d\bar{\varepsilon}^p}{2\sigma_e} S_{ij} \tag{9.3-13}$$

再根据时间应化理论，$\dot{\varepsilon}_{ij}^{cr} = \lambda S_{ij}$

因而得到人工冻土三轴蠕变速率方程：

$$\dot{\varepsilon}_{ij}^{cr} = \frac{3}{2} A C S_{ij} \sigma_e^{B-1} t^{C-1} \tag{9.3-14}$$

对于图中的三个蠕变阶段的特征，则应变方程可按下式计算：

$$\dot{\varepsilon} = \bar{\varepsilon}_0 \exp\left[k\left(\frac{\tau}{\tau_0} - \ln\frac{\tau}{\tau_0} - 1\right)\right] \tag{9.3-15}$$

式中　$\dot{\varepsilon}$——冻土应变速率（1/s）；

$\bar{\varepsilon}_0$——冻土的起始应变速率，$\bar{\varepsilon}_0 = \dfrac{\mathrm{d}\varepsilon_0}{\mathrm{d}\tau}$（1/s）；

k——蠕变参数，当 $\bar{\varepsilon}_0 < 10^{-5}$ 时，$k = 1 = \text{const}$；当 $\bar{\varepsilon}_0 > 10^{-5}$ 时，k 随 $\bar{\varepsilon}_0$ 的增大而增大；

τ——蠕变时间（s）；

τ_0——蠕变起始时间（s）。

在实际应用中，不稳定蠕变段时间很短，应把稳定蠕变段作为主要研究对象。特别是在冻结黏土中，只需计算稳定蠕变段的变形速率。冻土的流变性也主要是指稳定阶段的流变。其特征是：当应力 σ 小于某一起始应力值 σ_0 时，冻土流变速率 $\dot{\varepsilon} \to 0$，而当 $\sigma > \sigma_0$ 时，$\dot{\varepsilon}$ 为常数。可用下式表示：

$$\dot{\varepsilon} = \frac{1}{\mu}(\sigma - \sigma_0)^n \tag{9.3-16}$$

式中　μ——冻土的黏滞系数，由试验求得；

n——实验常数。

当冻土温度在 $-15\,^{\circ}\mathrm{C}$ 时，冻结砂土：$\mu = 5 \times 10^9$，$n = 7.5$，$\sigma_0 = 1.56\,\mathrm{MPa}$；冻结黏土：$\mu = (0.05 \sim 0.13) \times 10^9$，$n = 7 \sim 11$，$\sigma_0 = 1.8 \sim 2.5\,\mathrm{MPa}$。$\mu$、$n$、$\sigma_0$ 均与冻土类型及温度有关。

5. 强度松弛

冻土强度（破坏应力）随着荷载作用时间的延长而降低，称为冻土的强度松弛。荷载作用时间很短时（一般 $0.5 \sim 1.0\mathrm{h}$）的强度称为瞬时强度，大于 1h 的强度称为长时强度。实验室不可能施加过长的时间，一般将 200h 作用下的破坏应力称为长时强度。冻土强度松弛曲线规律可用松弛方程来描述。

$$\sigma_{\mathrm{f}} = \frac{\sigma_{\mathrm{f}_0}}{\left(\dfrac{t}{t_0}\right)^{\xi}} \tag{9.3-17}$$

式中　σ_{f}——冻土松弛强度（MPa）；

σ_{f_0}——冻土瞬时强度（MPa）；

t_0——对应于瞬时强度，荷载作用的瞬时，取 $t_0 = 0.5 \sim 1\mathrm{h}$；

t——作用在冻土上的时间，通常取 200h；

ξ——试验常数，随冻土性质及温度变化。

6. 冻土强度的取值

根据试验和工程经验，冻土长时抗压强度参考值见表 9.3-6（沈季良等，1986）。

冻土长时抗压强度参考值

表 9.3-6

土层名称	中粒砂			粉砂			软泥		
孔隙率(%)	38			42			46		
含水率(%)	10.0	16.7	22.5	8.3	15.0	23.0	8.0	14.7	24.0
饱和度	0.44	0.73	0.97	0.30	0.56	0.85	0.27	0.49	0.80

续表

土层名称		中粒砂			粉砂			软泥		
荷载作用时间为72h时的冻土抗压强度(MPa)	−1℃	1.30	1.85	2.74	0.17	0.36	0.48	0.22	0.39	1.08
	−2℃	1.70	2.39	3.33	0.26	0.52	0.69	0.31	0.51	1.22
	−3℃	2.00	2.81	3.79	0.36	0.69	0.90	0.39	0.62	1.37
	−4℃	2.27	3.17	4.18	0.46	0.84	1.11	0.48	0.74	1.52
	−5℃	2.50	3.49	4.52	0.56	1.0	1.32	0.56	0.85	1.67
	−6℃	2.71	3.76	4.82	0.65	1.16	1.53	0.64	0.96	1.81
	−7℃	2.91	4.03	5.12	0.75	1.32	1.74	0.73	1.08	1.96
	−8℃	3.07	4.27	5.38	0.85	1.48	1.95	0.81	1.19	2.11
	−9℃	3.24	4.49	5.62	0.94	1.64	2.16	0.90	1.31	2.28
	−10℃	3.40	4.70	5.88	1.04	1.80	2.37	0.98	1.42	2.40
	−11℃	3.55	4.91	6.07	1.15	1.94	2.58	1.06	1.53	2.55
	−12℃	3.69	5.10	6.28	1.23	2.10	2.79	1.15	1.65	2.70
	−13℃	3.83	5.28	6.48	1.33	2.26	3.00	1.23	1.76	2.84
	−14℃	3.96	5.45	6.67	1.43	2.42	3.21	1.32	1.87	2.99
	−15℃	4.08	5.61	6.86	1.53	2.58	3.42	1.40	1.99	3.14

由于土赋存条件不同，土性、含水量和冻土温度均有差别，对于具体工程，宜采用原状土进行实验，获得强度值及有关参数。特别是城市地下工程方面，目前仅有上海地区软土地层冻土参数比较全面，其他地区或地层可以参照煤炭相关手册选取。

9.3.3 冻土的热物理参数

冻土是由矿物颗粒、冰、未冻水和气体所组成的混合体，冻土和未冻土的热物理性质有很大差别，是由于土中水处在不同相态时或者正在发生相变时的特性所决定的。由于冰的导热系数约为水的四倍，而冰的热容量约为水的二分之一，冻土中的含冰量越大，其热物理性能的差异也越显著。

描述冻土热物理性质的主要指标有比热、导热系数、导温系数和热容量。

1. 比热

单位质量的土体，温度改变1℃所需要吸收（或放出）的热量称作质量比热，按下式进行计算：

$$C_{du} = \frac{C_{su} + WC_w}{1+W} \tag{9.3-18}$$

$$C_{df} = \frac{C_{sf} + (W-W_u)C_i + W_uC_w}{1+W} \tag{9.3-19}$$

式中　C_{du}、C_{df}、C_{su}、C_{sf}、C_w、C_i——分别为融土、冻土、融土骨架、冻土骨架、水和冰的质量比热 $[J/(kg \cdot ℃)]$；

W、W_u—— 土中的总含水量和未冻水含量。

一般 C_w 和 C_i 可分别取为4182J/(kg·℃)和2090J/(kg·℃)。对不同土体，骨架比热变化不大，可取 $C_{su} = 850J/(kg \cdot ℃)$、$C_{sf} = 778J/(kg \cdot ℃)$。计算中可近似认为

$W_u=0\%$。

2. 导热系数

在热流方向上，单位温度梯度 1℃/m（1m 长度上温度降低 1℃）作用下，单位时间内通过单位面积的热量称为导热系数（λ），其单位为 W/(m·℃)，它是反映冻土传热难易的指标。

冻土的导热系数受土性、含水率和温度变化的影响。当土性相同时，含水率愈大，λ 值也愈大。工程中常采用平均导热系数，冻土与未冻土的导热系数范围为 0.9～3.9W/(m·℃)。

试验结果表明，导热系数与导热体所受外界压力无关，这是人工冻结工程测温孔在浅部测得的数据可应用于深部同类土的依据。

岩土体在未冻结状态下的导热系数和在冻结状态下导热系数不同，一般通过试验获得。有关资料[8]说明温度的变化对导热系数等热物理参数的影响不是很大，在分析中可以只考虑分为未冻土和冻土两种状态，冻土融化后按照未冻土考虑。根据有关参考资料和淮南、淮北矿区以及巨野矿区深部土层的试验资料，土冻结后的导热系数约为冻结前的 1.20～1.60 倍，工程实践中冻土导热系数可以取为 1.2 倍的未冻土导热系数。

3. 导温系数

反映在不稳定传热过程中温度变化速度的指标称为导温系数，冻土的导温系数 a 可用以下表达式：

$$a=\frac{\lambda}{C\gamma} \tag{9.3-20}$$

式中　a——冻土的导温系数（m^2/h）；

　　　C——冻土的比热 [J/(kg·℃)]；

　　　γ——冻土的表观密度（kg/m^3）。

冻土的导温系数随含水量增大而增大，但到一定含水量后，增长率缓慢。

4. 热容量

在冻结过程中，土体从初始温度降到所需要的冻结温度时，每 $1m^3$ 土所放出的总热量称为土的热容量。

冻土的热容量 Q 可用下式计算：

$$Q=Q_1+Q_2+Q_3+Q_4 \tag{9.3-21}$$

式中　Q_1——$1m^3$ 土体中水由原始温度 t_0 将到结冰温度 t_b 时所放出的总热量：

$$Q_1=WC_s(t_0-t_b)\rho$$

　　　W——含水率（%）

　　　C_s——水的比热 [J/(kg·℃)]

　　　ρ——土的密度（kg/m^3）

　　　Q_2——土中水结冰时放出的潜热量：$Q_2=W\rho L$

　　　L——1kg 水结冰时放出的潜能量，一般为 335kJ/kg

　　　Q_3——冻土中的冰由结冰温度将到所需要的冻结温度时所放出的热量：

$$Q_3=WC_b\gamma_b(t_b-t)$$

　　　C_b——冰的比热 [kJ/(kg·℃)]

γ_b——冰的密度（kg/m³）

t——所需的冻土平均温度（℃）

Q_4——土颗粒由原始温度降到设计的平均温度时所放出的热量：

$$Q_4 = (1-W)C_t\gamma_t(t_0-t)$$

5. 相变潜热

在一定温度下将水或某种水溶液由液态变成固态时所需放出的热量，即相变潜热。

土体冻结时放出的结冰潜热与土体的未冰冻水含量关系可用下式表示：

$$\Psi = L\rho_d(W-W_u) \tag{9.3-22}$$

式中　Ψ——土的相变潜热（kJ/m³）；

L——水的结冰潜热，$L=335$kJ/kg；

W_u——冻土中的未冻水含量（%）；

ρ_d——土的干密度（kg/m³），按下式计算：

$$\rho_d = \rho/(1+W) \tag{9.3-23}$$

ρ——土的密度（kg/m³）。

9.4　土体冻结基本理论

9.4.1　冻结温度场

冻结温度场是一个相变的、移动边界的和有内热源的、边界条件复杂的不稳定导热问题。掌握冻结温度场的目的在于：求冻结壁的平均温度，为确定冻土强度提供依据；确定冻结锋面的位置，用以计算冻结壁的厚度；确定冷量的消耗；了解冻结温度场，也就是掌握了冻土中温度分布情况，可以较准确地知道冷冻站供出的有效冷量，作为冻结方案比较的依据；确定冻结壁的扩展速度，为估算所需积极冻结时间提供参考。

1. 温度场定义

在空间一切点瞬间温度值的总称为温度场。

温度场分为稳定的温度场和不稳定的温度场。

稳定温度场：场内任何点的温度不随时间而改变的称为稳定温度场；

不稳定温度场：场内各点的温度不仅随空间发生变化，而且随时间的改变而改变的称为不稳定温度场。

在人工冻结法中，冻结温度场属于不稳定的温度场。

冻结壁中温度分布比较复杂。常用三个面来描述（图 9.4-1）

主面：通过冻结管中心和井筒中心的剖面叫主面（图 9.4-1 之 A—A 剖面）。

界面：通过相邻冻结管中心连线的中点与井筒中心的剖面称界面（图 9.4-1 之 B—B 剖面）。

轴面：通过各个冻结管中心所构成的圆形剖面称轴面（图 9.4-1 之 C—C 剖面）。

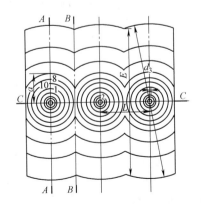

图 9.4-1　冻结壁中的等温线
（平面图）

2. 冻结温度场理论

冻结法的主要理论依据是冻结温度场理论，分降温区理论和冻结区理论。

在测温点温度为正值时，运用降温区理论，此时

$$t = \frac{2t_0}{\sqrt{\pi}} \int_0^{x/\sqrt{4a\tau}} e^{-x^2/4a\tau} \mathrm{d}(x/\sqrt{4a\tau}) \tag{9.4-1}$$

式中　x——测温点与冻土边缘的最小距离（m）；

　　　t——测温点的土层温度（℃）；

　　　t_0——土层的原始温度（℃）；

　　　π——圆周率；

　　　τ——冻结时间（h）；

　　　a——冻结土层的导温系数（m²/h）。

公式（9.4-1）$2\delta/\sqrt{\pi}\int_0^{x/\sqrt{4a\tau}} e^{-x^2/4a\tau} \mathrm{d}(x/\sqrt{4a\tau})$ 为高斯误差函数，可记作为 $\mathrm{erf}(x/\sqrt{4a\tau})$，公式（9.4-1）可简化为：

$$\frac{t}{t_0} = \mathrm{erf}\left(\frac{x}{\sqrt{4a\tau}}\right) \tag{9.4-2}$$

在测温点温度为负值时，适用冻结区理论，此时

$$t = \frac{t_e \ln\dfrac{r_f}{r}}{\ln\dfrac{r_f}{r_\rho}} \tag{9.4-3}$$

式中　t——测温点处的冻土温度（℃）；

　　　t_e——盐水温度（℃）；

　　　r_f——冻土半径（m）；

　　　r——冻土温度为 t 处的冻土半径（m）；

　　　r_ρ——冻结管半径（m）。

冻结区的温度分布自冷源（冻结管）至冻土边缘（0℃等温线）呈对数曲线变化。

如果从某测温孔（已知 r），测得温度（已知 t），求此时的冻土半径 r_f，则公式（9.4-3）转化成：

$$r_f = \exp\left(\frac{t_e \ln r - t \ln r_\rho}{t_e - t}\right) \tag{9.4-4}$$

冻结过程中，每根循环盐水的冻结管与周围土体发生热交换，其周围土体受其影响而形成多个区域，按不同特征分别称为冻结区、降温区和常温区，如图 9.4-1 所示。

在冻结区，即 $t \leqslant \pm 0℃$ 的区域内，土体温度呈对数分布，在降温区，即 $\pm 0℃ \leqslant t \leqslant t_0$ 的区域内，土体温度服从高斯误差函数分布；在常温区，即 $t = t_0$ 的区域内，土体温度不随距离冻结管的远近而变化。

3. 冻结壁导热方程

以圆形基坑为例，针对其冻结管布置特性，在土层中沿垂直深基坑轴线方向，取出一

定厚度（1m）的薄片作为研究对象。认为，在薄片范围内研究对象是均质连续的土体，沿冻土墙纵向温度无梯度。因此，冻结温度场可简化为轴对称的平面问题，不考虑薄片垂直方向的热传导，其导热方程可写为

$$\frac{\partial t_n}{\partial \tau}=a_n\left(\frac{\partial^2 t_n}{\partial r^2}+\frac{1}{r}\frac{\partial t_n}{\partial r}\right) \qquad \tau>0;0<r<\infty \tag{9.4-5}$$

在冻结开始前，岩土中具有均一的初始温度 t_0，有初始条件

$$t(r,0)=t_0$$

在无限远处的温度不受冻结的影响，其温度为初始温度，因此有

$$t(\infty,t)=t_0$$

在冻结锋面，永远为冻结温度 t_d

$$t(\xi_N,\tau)=t_d$$

在冻结锋面上有热平衡方程

$$\lambda_2\frac{\partial t_2}{\partial r}\bigg|_{r=\xi_N}-\lambda_1\frac{\partial t_1}{\partial r}\bigg|_{r=\xi_N}=Q\frac{d\xi}{d\tau} \tag{9.4-6}$$

在冻结管布置圈径上，有

$$t(R_0,\tau)=t_y$$

式中　　t_n——未冻土与冻土中 r 点温度，右下角标 $n=1$ 时为未冻土，$n=2$ 时为已冻土；

τ——时间；

a_n——导温系数；

r，φ——极坐标系下坐标；

λ_1，λ_2——未冻土与冻土的导热系数；

ξ_N——表示冻结锋面在 N 区域内的坐标（m）；当 $N=1$ 时，表示冻结锋面在冻结管布置圈以内；当 $N=2$ 时，表示冻结锋面在冻结管布置圈以外；

Q——单位土体冻结时放出的潜热量；

R_0——冻结管布置半径（m）；

t_0，t_y，t_d——分别为土体初始温度、盐水温度、冻结温度。

4. 平均温度的确定

冻结壁平均温度是确定冻土强度的基本依据，主要取决于冻结壁厚度、冻结盐水温度、冻结孔间距、井帮冻土温度诸因素。

（1）按圆管稳定导热求解冻结壁平均温度

冻结壁交圈后，冻结锋面很快就发展为以基坑中心线为轴的圆柱面。当冻结壁达到设计厚度时，冻结壁的发展速度就很慢了。此时的冻结温度场可近似看作为稳定温度场，可将冻结管的布置圈视为一个热流源，其温度为轴面的平均温度。轴面平均温度 t_{zm} 可用依·姆·伺捷潘诺夫公式计算，或查图 9.4-2。其公式为：

$$t_{zm}=t_b\left(0.77+0.03\frac{S}{2R_0}-0.40\frac{S}{2R_2}+\frac{d}{S}+0.07\frac{E_1}{E_2}\right) \tag{9.4-7}$$

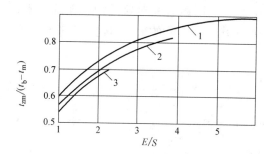

图 9.4-2　轴面平均温度的综合图
1—$d/S=0.182$；2—$d/S=0.112$；
3—$d/S=0.073$

这样，冻结壁温度场就可看成是两个圆管的稳定导热问题。这两个圆管分别为：

（1）以冻结管布置圈面和外冻结锋面为内、外表面的圆管，其内表面的温度取为轴面平均温度 t_{zm}，外表面的温度为土层的冻结温度 t_d；

（2）以内冻结锋面（如冻土已扩展入井内，则为基坑掘进荒径侧面）和冻结管布置圈面为内外表面的圆管，其内表面的温度为土层的冻结温度 t_d（如冻土已扩展入井内，则为井帮温度 t_n）。

根据圆管稳定导热问题的解（翁家杰，1991）可推导得：

$$t_{m1}=\frac{3t_i}{2}-\frac{t_{zm}}{2}-\frac{t_{zm}-t_i}{1-\left(1-\frac{E_1}{R_0}\right)^2}\ln\left(1-\frac{E_1}{R_0}\right) \tag{9.4-8}$$

$$t_{m2}=\frac{3t_{zm}}{2}-\frac{t_d}{2}-\frac{t_d-t_{zm}}{1-\left(\frac{R_0}{R_0+E_2}\right)^2}\ln\left(\frac{R_0}{R_0+E_2}\right) \tag{9.4-9}$$

$$t_m=\frac{E_1(2R_0-E_1)t_{m1}+E_2(2R_0+E_2)t_{m2}}{(2R_0+E_2-E_1)(E_2+E_1)} \tag{9.4-10}$$

式中　t_{m1}——冻结管布置圈内侧冻结壁的平均温度（℃）；

　　　t_{m2}——冻结管布置圈外侧冻结壁的平均温度（℃）；

　　　t_i——如冻土没有进入掘进荒径内，取为 t_d；如冻土已扩展入井内，则取为井帮温度 t_n；

　　　t_m——冻结壁的平均温度（℃）。

有的学者在计算中，用冻结管外表面温度 t_b 甚至盐水温度 t_y 直接代替轴面平均温度 t_{zm}，这样给计算带来一定的方便，但算出的冻结壁平均温度略低。

（2）根据试验、实测、数值计算结果拟合得到的平均温度计算公式

鉴于冻结壁的厚度是以界面厚度为准的，故有时用界面平均温度表征整个冻结壁的平均温度。试验证明，界面平均温度 t_{jm} 可用下述波·夫·巴哈金公式计算，也可查图 9.4-3 求得。其公式为：

$$t_{jm}=0.5t_k \tag{9.4-11}$$

苏联用纳斯诺夫公式计算冻结壁的平均温度 t_m，

$$t_m=t_y\left(0.32+0.8\frac{d}{S}-0.20\frac{S}{E}\right) \tag{9.4-12}$$

波兰常用依·姆·伺捷潘诺夫公式计算冻结壁平均温度，

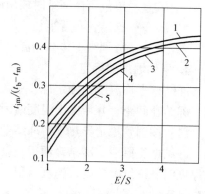

图 9.4-3　确定界面平均温度的综合图
1—$d/S=0.182$；2—$d/S=0.146$；
3—$d/S=0.112$；4—$d/S=0.091$；
5—$d/S=0.073$

$$t_m = t_b \left(0.42 + 0.09 \frac{S}{2R_0} - 0.20 \frac{S}{2E_2} + 0.37 \frac{d}{S} + 0.01 \frac{E_1}{E_2} \right) \tag{9.4-13}$$

中国计算冻结壁平均温度多用成冰公式，

$$t_m = t_y \left(1.135 - 0.352 \sqrt{S} - 0.785 \frac{1}{\sqrt[3]{E}} + 0.266 \sqrt{\frac{S}{E}} \right) - 0.466 \tag{9.4-14}$$

对于上式，当井帮温度低于0℃时，冻结壁有效厚度中的平均温度 t_m' 为

$$t_m' = t_m + \omega t_n \tag{9.4-15}$$

式中　ω——经验系数，$\omega = 0.25 \sim 0.30$；

　　　t_n——计算水平的井帮温度（℃）。

　　　t_K——界面与轴面相交点温度。

5. 影响温度场的主要因素

（1）未冻水含量

当土体冻结时，特别是当细分散土（如黏性土）冻结时，在土的冻结温度下，远非所有的水都结成了冰，而只是其中的一部分变成了冰。当负温进一步下降时，继续发生水的相变，但总的含水量减小了。而且，发生冻结的水的数量不仅将决定于负温度值（主要因素），而且决定于矿物颗粒的比表面积、吸附阳离子的成分、压力等。

土体中的未冻水含量多，土体冻结较慢，黏性土比砂土中含较多的未冻水，砂土就较容易冻结。土体中的未冻水含量直接影响到土体的相变潜热，进而影响土体温度的下降。

冻土中的未冻水含量不仅是计算相变潜热的必要指标，而且直接制约冻土的力学特性，其含量随土类、温度和外载而变，并与冻结负温值保持幂函数形式的动态平衡关系。

其数学表达式如下：

$$W_u = a\theta^b \tag{9.4-16}$$

式中　W_u——无外载条件下的未冻水含量（%）；

　　　θ——冻土温度，取其绝对值（℃）；

　　　a、b——由土质决定的常数，由试验确定。

（2）土的冻结温度

标准大气压下自由水的冻结温度（也称"冰点"）为0℃，但处于矿物颗粒表面力场中的孔隙水，特别是当其呈薄层（薄膜水）时，冻结温度更低，而土的冻结温度是指土体中孔隙水稳定冻结的温度，土体孔隙水的冻结有其自身特点，这是由于与土体矿物颗粒表面的相互作用和水中具有某种数量的盐分所决定的。孔隙水冻结的同时，伴随着土体体积增大、析冰作用、土颗粒冻结。

土体中的水由于受土颗粒表面能的作用及溶质的存在和地压力的影响，其冻结温度均低于0℃，因而土体的冻结温度应试验测定。

在给定含水量及无外载条件下土体的冻结温度

$$\theta_f = -\exp\left(\frac{\ln a - \ln w_0}{b} \right) \tag{9.4-17}$$

式中　θ_f——土体的冻结温度（℃）；

　　　w_0——土体的含水量（%）；

　　　a、b——由土质决定的常数，由试验确定。

在相同初始含水量的情况下，土颗粒细的，其冻结温度低；土颗粒粗的冻结温度高。

一般情况下，当含水量为液限含水量时，黏性土类的冻结温度为$-0.1\sim-0.3℃$；砂和砂性土的为$0.0\sim-0.2℃$。

另外根据中国矿业大学的研究，承压土的冻结温度的计算公式为

$$t_d = t_s + \eta p \tag{9.4-18}$$

式中　t_s——无外载条件下含盐湿土的冻结温度（℃）；通常情况下，$t_s = 0 \sim -6℃$；

　　　η——有载荷作用时，不含盐湿土冻结温度随外载的平均变化率，一般取为$-0.075℃/MPa$；

　　　p——湿土所受外载荷（以压为正）（MPa），取为土的竖向地压

$$p_v = \gamma H \tag{9.4-19}$$

式中　p_v——竖向地压（MPa）；

　　　γ——土体的湿重度，一般可取为$0.0194\sim0.025MN/m^3$；

　　　H——土体的埋深（m）。

按上述常见参数取值范围，应有$t_d = 0 \sim -8℃$。

土的含盐量的大小也影响着它的冻结温度的高低，含盐量大，其冻结温度低，而含盐量又与水分有关，土的含水量大，土中盐稀释，冻结温度高；土的含水量小，盐的浓度增大，冻结温度就低。试验表明，当土的含水量不同时，冻结温度也不同，其规律是土的冻结温度随含水量的增加而升高。

9.4.2　冻胀融沉

冻胀融沉是人工冻结法不可避免的问题。

1. 冻胀机理

含水土体的冻结伴随着复杂的物理、物理化学、物理力学过程[9]。在含水土体的冻结过程中，除黏性细粒土中的原位水发生冻结外，还会发生未冻水向冻结锋面的迁移，从而引起土中水分重分布和析冰作用。

因此，冻胀可分为原位冻胀和分凝冻胀。孔隙水原位冻结造成体积增大约9%，但由于外界水分补给并在土体迁移到某个冻结位置，体积增大会远大于9%，所以开放系统饱和土中分凝冻胀是构成土体冻胀的主要分量。一般说来，分凝冻胀的机理包括两个物理过程：水分迁移和成冰作用。因为原位水分冻结引起的冻胀量十分微小，从工程角度可以忽略，所以土体冻胀主要指水分迁移引起的分凝冻胀。

对冻土水分迁移机理及水－冰相转换的认识，是从微观角度研究冻土物理力学性质、土体冻胀融沉规律的基点。正是冻土中冻结过程中的水分迁移，引起土中水分的重新分布和析冰作用，使土体的性质发生剧烈的跳跃式变化，如黏聚力增大、强度提高、体积大大增加。

基于土体冻结过程中水分迁移机理的重要性，研究工作者已经花费了很大精力集中于这一方面的研究。但是，由于水分迁移过程受到许多复杂因素的影响，并依水分的相转换及各种类型水的变化而变化，使这个问题的研究仍没有一个统一的、是否能完善并有定量依据的水分迁移理论，仍是一个激烈争论的问题[10]。但是，已经通过室内试验，得到了正冻土由温度梯度引起的水分迁移的驱动力三要素：温度、未冻土含水量和土水势之间的经验关系。

对冻土中析冰作用，已经认识到，正冻土中的析冰作用与土体类型、含水量及水分分

布、温度和荷载条件密切相关。

（1）水分迁移机理的基本观点

大量的研究可以归纳为以下几种观点：

1）热量、流动动力观点

这种观点认为，在热力梯度的作用下，毛细孔隙胶体介质中会发生热量与物质的传递迁移，致使水分在土系中移动，称之为薄膜水迁移。

2）抽吸力、结晶力观点

抽吸力观点认为，土体矿物骨架的吸力作用造成水膜外层压力亏损而引起水分迁移。水分迁移流量取决于土的吸力与外荷载，以及冰晶体增长所产生的压力差值。而结晶力观点认为，在冰-水系统中，冰晶作用所产生的压力梯度会引起水膜移动。也有人认为，水-冰边界上的吸力与水向冰晶生长方向迁移势取决于土体的孔隙尺寸，因而也就归结到抽吸力观点之中。事实上，抽吸力是一种综合力，它包括孔隙力、毛细作用力、结晶力等。因此，抽吸力依土体埋藏条件、岩土的化学成分、孔隙率而变化。

3）物理化学观点

这种观点认为矿物颗粒表面、同一相内离子交换、同相分界表面离子相吸附的薄膜水，或土体颗粒表面能等势差作用均是水分迁移的基本力。这种势差取决于土颗粒大小、土的吸水作用力大小等因素。

4）构造形成观点

这种观点认为土粒的凝聚作用、分散作用、压缩沉陷等形成水分迁移和薄膜水结构特征，是水分迁移的动力。

总之，关于水分迁移的学说很多，但无论哪一种假说，都未能全面地解释土体冻结过程中水分迁移的现象。所以，有些学者就用一种综合力来解释这种现象。即使如此，仍未能解释水分迁移的全面过程。

从以上各种观点可以得知，土体冻结过程中要使水分能在土中流动，就要有一个"力"或"势"作为驱动。从现有的文献看，除现有特大孔隙率的土体冻结时，水分迁移以水蒸气扩散的形式自地下水面向冻结锋面迁移为主外，其他土体的水分迁移是各种驱动力综合作用的结果，尤以薄膜-毛细作用迁移方式为主。

（2）影响水分迁移量的主要因素

尽管水分迁移的机理十分复杂，目前还未能有十分全面的解释，但基于大量的研究，已有下面的一些共同认识：

1）冻土中未冻水和冰的驱动力平衡原理

冻土中未冻水和冰的数量、成分及性质不是固定不变的，而是随外界热力作用的改变而处于动态平衡之中。换而言之，土体的相态平衡是一种动态的平衡，外部热力作用如温度、压力等的不断变化，使得水分迁移现象在土体中不断地进行着。这种迁移现象不仅发生在迁移面，而且也发生在已经冻结的土体中。

2）冻土温度及温度梯度对水分迁移的影响

黏性细粒土土体降温是水分迁移的基本外在因素[12]。土体降温引起水结晶、冰分凝、土颗粒自由能量增长，使得冷源方向存在着各种分子力，引起土体内部液态水向冻结锋面不断迁移。

土体温度越低，土体中未冻水含量越少，含冰量越大。降低负温，不仅减少了土中未冻水含量，而且改变了未冻水的性质，如盐分浓度增大、黏度增大、冻结温度降低等。

冻土温度梯度决定着水分迁移的大小。在有外来水源补给的情况，土体冻结锋面上的冷却温度越高，时间越长，外部渗入水分在冻结面上形成的冰晶体、冰夹层的厚度也越厚。所以说，冻土的温度梯度越小，水分迁移量越大；温度梯度越大，水分迁移量越小。

在已冻土中，当冰面及土颗粒表面存在着未冻水时，在温度梯度的影响下，未冻水迁移也遵循正冻土中薄膜水的迁移的基本规律。

3）荷载作用对水分迁移的影响

除冻土温度外，外荷载对未冻水含量的影响十分显著，外荷载越大，冻土中的未冻水含量越大，含冰量越小。这是由于在外部压力作用下，矿物颗粒的接触点上会产生巨大的接触应力，促使冻土中冰产生融解，因而使未冻水含量增加。

4）土的粒度组成对水分迁移的影响

土颗粒越细，土颗粒比表面积越大，自由表面能越大，因而结合水的厚度也相应增加，在相应的负温度条件下未冻水含量也就越高，因此，冻融现象研究的主要对象是细粒土。

5）水分迁移量的计算

水分迁移量的计算是计算冻胀融沉的基础，如能准确地计算冻结过程中水分迁移量，则冻胀和融沉的精确计算也就成为可能。但是水分迁移的复杂性，水分迁移量的准确估计目前还只能是通过实验、现场实测等方法给出经验数据。

6）未冻水含量和含水量的计算

对于自然冻土，苏联学者给出了一些经验及基于抽吸力迁移理论的水分迁移量计算公式，但参数多，有些参数难以确定，仅能做参考。

安德森等人给出了与冻结温度和比表面积有关的无盐土未冻水含量计算公式：

$$W_u = \alpha t^\beta \tag{9.4-20}$$

根据安德森选用的 11 个有代表性的土（比表面积 S 为 $0.02 \sim 800 \text{m}^2/\text{g}$）进行实验，系数 α 和 β 与冻土比表面积有关。用回归方程分析，得到概括性的水相组成的方程式：

$$\ln W_u = \alpha + b \ln S - cS^{-d \ln t} \tag{9.4-21}$$

根据试验资料，系数 $\alpha = 0.2618$；$b = 0.5519$；$c = 1.449$；$d = 0.264$。在无荷载作用条件下，当土的比表面积 S 值为已知或可估计时，便可用上述公式计算任意负温的无盐土未冻土的含水量。

（3）冻胀计算模型

冻胀计算的模型按照物理参数的选择方式，可以分为确定型计算模型和随机型计算模型。确定型计算模型根据精确确定土的物理、力学、热学参数以及它们之间的数学关系计算冻胀；随机模型则是一个暗箱，综合考虑多种影响因素，借助模拟试验和统计规律来获得冻胀。

按照计算原理划分：冻胀模型又可以分为经验和半经验计算模型、流体模型、流体动力学计算模型、刚冰模型及热力耦合模型。

1）经验及半经验公式

经验及半经验公式是基于大量实验室和现场观察的结果。其中半经验公式是利用实验或观察获得的参数结合理论分析而得到的计算公式。

我国从 20 世纪 70 年代以来，设立了与冻胀有关的观测站 20 个以上，进行了大量的室外研究，同时，以中科院兰州冰川冻土研究所为首的一批科技工作者也进行了大量的室内研究，对各种影响因素与冻胀之间的关系总结了不少经验公式，并已提出了多种土的冻胀分类方案[9]。

试验表明，粗颗粒土中粉黏颗粒含量对冻胀率有明显的影响。当粉黏颗粒含量小于 12% 时，即使在充分饱水条件下，冻胀率不大于 2%。当粉黏颗粒含量大于 12% 后，冻胀率明显增大。

根据细砂在不同分散度时的室内冻胀试验资料，给出冻胀率与比表面积（S）间的经验公式：

$$\eta = 0.59\exp(1.7\alpha S) \tag{9.4-22}$$

式中　α——比例系数，等于 10^{-3}。

非饱和土中存在起始冻胀含水量，即当土体初始含水量小于起始冻胀含水量时，冻胀为零，冻胀率为零。黏性土的起始冻胀含水量 W_0 与塑性含水量 W_p 间有如下的关系：

$$W_0 = 0.48W_p \tag{9.4-23}$$

土的冻胀率与含水量的关系可用下式表示：

$$\eta = A(W - W_0)^B \tag{9.4-24}$$

粗颗粒土及含水量小于 $W_p + 35\%$ 的黏性土的冻胀率与含水量的关系可以表达为：

$$\eta = A(W - W_0)K \tag{9.4-25}$$

式中　A、B、K——与土的性质有关的系数。

一些试验观测结果表明，冻胀率随地下水位埋深增大而按指数规律衰减。

外界条件中土的热状况对冻胀的影响主要是冷却速度、冻结速度、温度和温度梯度等指标来衡量，黏性土中冻胀率随冻结速度（V_f）及优势阳离子在土中的原始量（C_0）增大而减小。

荷载（P）对冻土的冻胀起抑制作用：

$$\eta = \eta_0\exp(-AP) \tag{9.4-26}$$

式中　η_0——无荷载条件下土的冻胀率；

　　　A——与土质有关的系数。

从工程实用目的出发，在室内外大量试验和观测资料统计的基础上，提出了各种冻胀量计算的经验公式。其中，在工程实践中应用较广的有以下几个：

对于地下水深埋的情况，即封闭体系的冻胀量按下式计算：

$$\eta = A(W - BW_p) \tag{9.4-27}$$

对于地下水浅埋的情况，即开放体系的冻胀量按下式计算：

$$\eta = Ae^{BZ} \tag{9.4-28}$$

式中　A、B——与土质及与当地冻结条件有关的系数；

　　　W——土层冻前含水量；

　　　W_p——为塑性含水量；

　　　Z——地下水埋藏深度。

则冻胀量：

$$H = \eta H_f \tag{9.4-29}$$

式中　H——冻胀量；

　　　H_f——土层冻结深度。

2）流体动力学模型

20 世纪 70 年代，由于计算机技术特别是计算机的发展，使得能够用数值方法求解复杂的微分方程。Harlan 在 1973 年提出了一个流体动力学冻胀模型。流体动力学模型是基于非饱和土中水的运动和正冻土中水的迁移的相似性并用热量关系建立的。此后基于这个模型，Sheppard（1978）、Janson（1978）、Fuda（1982）、Guymon（1993）等相继提出了一系列新的计算模型。其中，用于解决季节性冻土层冻融问题，特别是季节冻土区道路的冻融分析。

提出的流体动力学模型可以解决包括冻融在内的冻土的各方面问题，但是这种模型没有描述冰晶的构造问题，也没有考虑上覆荷载的影响。

3）刚冰模型

O'Neill 和 Miller1982 年提出的刚冰模型是基于 Miller1972 年提出的二次冻胀模型，即冰晶的生长是在冻结冰锋面后面一定距离，即在冰晶和冻结冷锋面之间是部分冻结，这部分区域是由冰晶和水填充。

按照这一理论，新的冰晶是在冻结锋面处有效应力足以克服超荷载时开始生成。刚冰模型假设冻结边缘的冰与增长的冰晶是刚性连接、孔隙冰可以移动，因而称为刚冰模型。刚冰模型可以用于计算冻胀问题，但不能用于计算融沉。

在第一个刚冰模型之后，其他一些研究学者如 Holden（1983）、Ishizaki（1988）、Piper（1987）又相继提出并发展了刚冰模型。Sheng 1994 年提出了基于刚冰模型的新模型，可以用于处理现场条件如层状土层、非饱和土层问题，据介绍其计算值与现场观察值十分吻合。Sheng 和 Ladanyi（1987）在刚冰模型中考虑了应力和应变特性，但没有把他们和热—质传输方程联系起来。

Hopke 于 1980 年提出了与刚冰模型基本类似的模型，首次考虑了外力的作用。Gilpin（1980）、Nixon（1991）、Padilla（1992）等也相继提出了类似的模型。

4）水热耦合模型

水热力耦合模型是把冻土的力学特性和水—热传输一起考虑，即把水分场、温度场和应力场统一考虑。这种模型首先是由 Duquenoi 等于 1985 年，Fremond 和 Mikkola 于 1991 年提出的。模型基于质量、动量、能量守恒定律和熵不均等原则。在这一模型中，饱和水土被视作是由颗粒骨架、液体水和冰三种介质组成。水热力耦合模型可以描述孔隙水的冻结、孔隙水和热的传输以及冻胀融沉。

（4）土体冻胀性分类

为工程目的，对土的冻胀性分类是十分必要的。最初进行分类主要是基于在永冻土或季节冻区每年发生的大量的道路破坏提出的（Kuebler 1964，Dueker 1939）。如果一种土层经过一次或多次冻融循环后，与最初的土层性质相比超过了一定量的改变，那么就说这种土是冻结敏感的。这些土层性质主要是指体积的改变（冻结时的冻胀，融化时的沉降）和融化后的力学性质（抗剪强度，承载能力）。

最早对土层冻结敏感性的分类标准时依据确定颗粒粒径级配（Casagrande 1931，

Duecker 1939，Achaible 1957）。土层被简单地分成冻结敏感和冻结不敏感两种。随着人们研究的不断深入，提出了新的判定准则。对土的冻胀性的各种分类方法如表 9.4-1 所示。

对土层冻胀分类方法   表 9.4-1

判断标准	参 考 文 献
毛细水上升高度	Scheiding(1934)，Beskow(1949)
土的液限	Rieke et al.（1983）
比表面积	Rieke et al.（1983），Nieminen(1989)
冻胀速度	U. S. Army Corps of Engineers(1965)
弹性冻胀系数，即融化后的剩余冻胀量和 24h 最大冻胀量的比值	Dysli(1991)
吸水能力	Stepkowska/Skarzynska(1989)
试样的冻胀压力	Kujala(1993)
分凝势	Konrad/Morgenstern(1980)，Kujala(1991)
细度因子	Rieke et al.（1983），Vinson et al.（1987），Kujala(1991)

从表 9.4-1 可以看出，许多人把孔隙比和比表面积作为判定冻胀敏感性的依据，但同时也要考虑其他因素，如有同样比表面积的土层由于具有不同的强结合水和不同的金属离子，因而其冻胀量也不是完全一样的。

颗粒粒径级配虽然不是很好的判断准则，但结合其他因素综合考虑在国内外的实际工程中也得到应用。

英国"运输和道路研究实验室"把试样高度 152mm 时冻胀量 13mm 作为土层冻胀敏感性的判定准则。

美国"冻区和寒区工程实验室"的试验把特定试样按一定的冻结速率作为土层冻胀敏感性的判定准则。

使用分凝势（SP）进行土体冻胀性分类的方法使用的也多起来，所谓分凝势 SP（$mm^2/s℃$）是开敞系统冻结试验中水分迁移速度 v（mm/s）和冻结带内的温度梯度的比，即：

$$SP = V/grad T \qquad [mm^2/(s \cdot ℃)] \qquad (9.4\text{-}30)$$

SP 描述了时间、荷载和冻结条件有关的土层吸水性及冰晶形成的能力。SP 值越大表明土层的冻胀敏感性越强。假定所有吸收的水都转换成冰使体积增长 9%，那么由 SP 也可以算出冻胀速度：

$$h_f = 1.09v = 1.09 \times SP \times grad T \qquad (mm/s) \qquad (9.4\text{-}31)$$

由于影响冻结敏感性的因素众多，可以说目前没有很理想的方法，而具体工程涉及的土层往往是很复杂的，对其冻胀敏感性的判断，要综合考虑各方面因素。

2. 融沉机理

富冰冻土融化时，融化后的土体由于冰变成水体积减小产生融化性沉降，同时由于在融化区域发生排水固结，引起土层的压密沉降。融化沉降的沉降量与外压力无关，而压密沉降与正压力成正比。冻土的融化沉降量及随时间而发生的过程不仅取决于冻土的性质

（冻土构造及冰包裹体的存在等）及作用荷载，而且还取决于融化过程中土的温度状况。此外，冻土还将在其自重作用下发生融化沉降，因为它在天然状态下是不够密实的（由于在冻结期间土将被松散化并且存在冰的结晶联结—胶结冰联结）。相应地，在工程上一般都是以融沉系数 A_s 来描述冻土的融化沉降，用压缩系数 A_r 来描述融土的压密沉降。

通常融沉要大于冻胀，有时候融沉会变为突陷。融沉的不均匀性及突陷往往会导致结构的破坏。

像冻胀一样，融沉也是与温度、温度梯度、上覆荷载以及土层的物理、力学及热学性质相关的。

冻结地层温度上升，冻土发生融化，冰晶和冰膜融化成水只要条件适宜，在重力和上覆荷载的作用下将发生排水，土层重新固结。土层发生固结造成的沉降与冻结过程中形成的土粒结构的稳定性、冰融化成水释放的自由孔隙空间以及上覆荷载的重量有关。

如果冰层融化的水大于土的排水能力，而土体又没有可供这部分水膨胀的空间，则会导致超孔隙水压力，这种超孔隙水压力会大大降低土层的强度。

对融土，特别是在冻结时形成层状和网状构造的融土，其抗剪强度将降低达 80％ 之多，而对于冻结形成整体状构造的冻土，融化后的土抗剪强度则可能不会降低。在任何情况下，冻土融化时凝聚力将急剧降低，而内摩擦角则可能无明显变化，特别是对粗骨架土和砂土。

按照 Kujala（1989）的说法，在融化过程中的绝对沉降量要比由于后加上覆荷载一起的固结沉降量大，如果在融化过程中已存在有上覆荷载，则这种情况下的最终沉降量要比同样的荷载在融化后立即加上去要大。这可以用在非饱和悬浮状态下土颗粒容易进行调整来解释。

20 世纪 30 年代，许多学者特别是苏联的学者就已经开始研究冻土融化时的沉降，研制了专门的融沉测定仪，进行过一系列的现场实测，其后逐步深入。如拉普金根据诺里尔斯克的试验提出把冻土的融化沉降分成两部分："标准融化沉降"（它不仅包括因融化引起的沉降，而且还包括在一定的压力下恒定的压缩沉降部分）和与冻土上覆压力成比例增加的"可变压缩沉降"；戈里什腾（1942 年）研究了冻土加载及卸载时的压缩性；以及崔托维奇（1937～1939）研究了受荷载作用冻土的融化下沉。

（1）冻土的融化下沉性分类

为工程应用目的，通过实验和现场观察，对特定土体进行融沉分类，得出融沉系数，以方便进行经验估算或结合进行理论分析。如吴紫汪（1982）基于对青藏高原天然冻土的研究结果，将土的融沉性分为五类，对应的融沉系数 A_s 见表 9.4-2。

土的融沉分类
表 9.4-2

融沉分类	不融沉	弱融沉	融沉	强融沉	融陷
融沉系数	$<1\%$	$1\%\sim5\%$	$5\%\sim10\%$	$10\%\sim25\%$	$>25\%$

（2）冻土融化时的压缩

早在 20 世纪 30 年代就曾制订了冻土融化时的压缩试验方法（无侧向膨胀和均布荷载作用的压密）。崔托维奇提出了一种专门的仪器——隔热压缩仪，它能保证冻土试样通过来自具有过滤底板的加热器的热量随时间以平行平面融化，且试验既可以在土样无荷载情况下进行，也可以在对土样施加均布压密荷载达 0.7～0.8MPa 下进行。

在冻土融化下沉同时压密并且遵循上述边界条件的情况下，这种沉降量完全符合普通土力学中熟知的一维固结的关系式：

$$s=\frac{h}{1+\varepsilon_0}(\Delta\varepsilon) \tag{9.4-32}$$

式中 h——整个试验土层总的融化深度（cm）；

ε_0——冻土的初始孔隙比；

$\Delta\varepsilon$——在均布压强 p（kg/cm^2）作用下孔隙比的变化。

试验土层完全融化以后 h 和 ε_0 便是常值；正融土的总稳定沉降决定于可变的（$\Delta\varepsilon$），它不仅是土的性质的因数，而且也是外压力 P 的函数。

另外，崔托维奇研究了正融土（砂土和黏土）沉降在达到稳定状态之前时间的增加过程。试验所获得的正冻（末冻）土和同一种土的冻结后又融化的土（冻土）均在 0.1MPa 荷载下压密（正融土和未冻土）的压缩曲线。

低透水性、饱和细粒土的冻土融化时在外部荷载和自重的作用产生压缩固结作用。正融土的压缩曲线如图 9.4-4 所示。

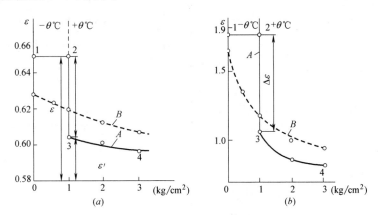

图 9.4-4　冻土融化压缩曲线
（a）砂；（b）黏土
A—冻土融化时；B—未冻土（正温下）

不论是砂或黏土，冻土融化压缩曲线可以划分为三个特征线段：

线段 1—2：表示土体冻结状态下因水分迁移及荷载作用，冻土流变等作用导致冻土压密；

线段 2—3：表示冻土在融化、荷载作用下压缩及水被渗流挤出过程中，土体构造的剧烈变化；

线段 3—4：表示融化后由于残余的渗透固结作用和融土矿物骨架的蠕变引起的附加压缩。

比较未冻结过的土和冻土融化时的压缩曲线可以明显地看出，在融化过程中孔隙比的变化最大，而决定正融土融沉量的值是融化过程中孔隙比的变化量 $\Delta\varepsilon$。

（3）冻土融化时细粒土结构破坏

图 9.4-5 是日本东京关于软弱 silt（粉砂、淤泥）的冻结和解冻试验曲线。细粒土在

冻结的过程发生冻胀，解冻过程由于土体结构的破坏，发生急剧的沉降，以至于沉降量超过原土面的水平，其最终沉降量超过了冻胀量。上海大连路越江隧道联络通道施工土层粉细砂的融沉状况类似于图 9.4-5。

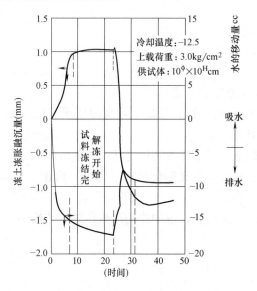

图 9.4-5   软弱 silt（粉砂、淤泥）冻结解冻试验
（东京神田桥附近土样）

3. 冻胀融沉的影响因素分析

土体的冻胀融沉与土体本身的性质和各种外部影响因素有关。土体本身的性质包括土的矿物成分、粒度组成、土体的含水量、土的结构、压缩系数以及土的热物理性质，土体本身的性质决定了土体冻胀融沉的机理。但是各种外部因素对冻胀融沉也有极大的影响，这些外部影响因素主要包括上覆荷载、水源补给条件、冻结和融化温度、温度梯度等。

（1）土的矿物成分和结构对冻胀融沉的影响

土的矿物成分和颗粒组成决定了土的基本性质，矿物成分决定了它的比表面积，从而决定了与水的结合力，它的阴阳离子交换能力。土的结构主要是粒度组成及密度等影响到土的孔隙水离子含量、毛细作用、渗透性、膨胀性。

土的分类基于应用目的的不同，有不同的分类方法。从研究冻胀出发可以把土分为以下四类：

粒径＞2mm 的粗粒土；

粒径为 2～0.05mm 的砂粒土；

粒径为 0.05～0.005mm 的粉粒土；

粒径＜0.005mm 的黏土。

对于研究冻胀融沉有意义的主要是后面三种土。

与其他矿物种类和颗粒尺寸比，黏土的性质具有显著的特点，如比表面积大，电荷性质及引起的膨胀以及典型的塑性。黏土之所以具有这些特性主要是其矿物成分决定的。

许多试验表明，在三种细粒土中，其中粒径为 0.5～0.005mm 的粉粒土持水性强，其孔隙结构为水分迁移创造了最好的条件，即毛细作用强，因此是冻胀敏感性最强的土层。

随着土层固体颗粒的变细，土层的比表面积增大，自由表面能越大，颗粒与水交界面上发生物理化学作用的场所就越大，与水的作用越强，因而结合水的厚度也相应增加，在相应的负温条件下未冻水含量也越高。黏土矿物等细小颗粒矿物的比表面积很大，具有很大的表面能，有时含量不足百分之几，但足以改变土的性质。在一定含水量条件下，土体密度越大，土的冻胀性越强；在一定土体密度条件下，土体含水量达到初始冻胀含水量，随含水量增加，土的冻胀性增加。

（2）与温度的关系

土中温度降低是水分迁移的基本外在因素。土温降低引起水结晶、冰分凝、土粒自由能量增长，使得冷源方向存在各种分子力，引起土体内部液态水向冰锋面的不断迁移。

冻土土温越低，土体中未冻水含量越少，含冰量越大。降低负温，不仅减少了土中未冻水含量，且改变了未冻水的性质，如盐分浓度增大，黏度增大，冻结温度降低。

（3）与温度梯度关系

冻土的温度梯度决定着水分迁移量的大小。在有外来水源补给的条件下，土体冰锋面的冷却温度越高，时间越长，外部渗入水分在冰锋面上形成的冰晶体、冰夹层的厚度也越厚。所以说，冻土温度场梯度越小，水分迁移量越大，冻胀量越大；温度梯度越大，水分迁移量越小，冻胀量越小。冻土的温度梯度小，水分迁移量大，对土体的结构破坏大，含水量增加，相应的土体融化时的沉降量也要增大。

（4）与荷载的关系

除冻土温度外，外荷载对未冻水含量的影响十分显著，外荷载越大，冻土中的含水量越大，含冰量越小。这是由于在外部压力作用下，矿物颗粒的接触点会产生巨大的接触压力，促使冻土中冰产生融解，因而是未冻水含量增加。

荷载（P）对冻土的冻胀起抑制作用：

$$\eta = \eta_0 \exp(-AP) \tag{9.4-33}$$

式中 η_0——无荷载条件下土的冻胀率；

A——与土质有关的系数。

（5）外界水源补给条件

水源补给条件土体冻胀性影响见图9.4-6。由图可见，当无水源补给时，由于水分迁移受到限制，因此冻胀达到一定量时就不再增长。有水源补给时，水分迁移得到保证，只要其他适宜，冻胀就会持续增长，达到较大的数值。封闭系统土样的总冻胀量按 Terzaghi/Peck（1961）只有大约3%～5%，而开系统中，不同材料和温度条件下，冻胀量可以达到100%甚至更大。

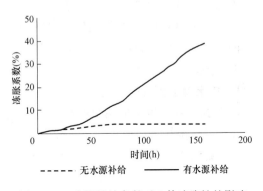

图9.4-6 水源补给条件对土体冻胀性的影响

4. 人工冻土冻胀融沉的特殊性分析

地层人工冻结是通过在含水不稳定土层中预先埋设冻结器，利用人工冻结技术，使地层中的水结冰，把天然岩土变成冻土，形成较高强度，不透水的临时支撑结构—冻结壁，用以抵抗地压、水压等外部荷载，隔绝地下水与地下工程的联系，以便在冻结壁的保护下进行地下工程的施工。人工冻结技术主要用于含水不稳定地层的施工，土体一般经历一次冻结和融化过程。

天然冻结土体的冻结主要受当地气候条件的影响，冬季季节随着气候的变化自上而下冻结，春暖季节随着气温升高，分别同时自上而下和自下而上融化。自然冻土中的季节冻土和永冻区的融化带要每年循环经历冻结和融化的过程。

由于人工冻土温度是根据工程的要求人为形成的，与自然冻土的边界条件存在着较大的差异，早在 1978 年的第一次国际地层冻结会议上就有学者进行过阐述，并指出了在人工冻结地层领域要重点研究的问题，其中主要包括冻结设计、冻土的力学性质研究、冻土的蠕变、土的冻胀融沉等。

人工冻土与自然冻土的冻融特征方面的主要差异见表 9.4-3。

自然冻结和人工冻结地层的差别 表 9.4-3

项目	自然冻结（永冻土）	人工冻结
地层类型	任何含水量的土或岩土	通常是松散含水不稳定淤泥、砂、软弱黏土层
温度	很少低于－15℃自然气候控制时间和空间上变化小	通称低于－20℃，用液氮冻结时低于－60℃ 要选择设计参数，变化大
冰封面扩展	一个向上或向下扩张的平面	采用垂直冻结管冻结时，冻结面是一个水平向扩展的不规则曲面
荷载	一般长时荷载（冻土为永久结构）	大部分为短期或中期荷载（冻土为临时结构）
冰晶	大部分呈水平状厚度和出现的频率随深度减少	近似平行于冻结管

9.5 设计计算

冻结法围护结构即为通常所说的冻土挡土墙及与其一齐起支撑作用的内衬结构的总称。冻土挡土墙是介于悬臂式地下连续墙与重力式挡墙之间的一种特殊深基坑支护方式，其支护特点是以自身的重量和强度来抵抗外界作用于其上的荷载，而其内衬结构也在某种程度上起到挡土和隔水的作用。

9.5.1 冻土墙上荷载的确定

1. 作用在冻土墙上的主要荷载

在深基坑围护结构中，外界荷载由冻土墙和混凝土内衬共同来承担，但冻土墙对围护深基坑的稳定性及地下结构工程的施工安全性起到主导作用。因此，在进行深基坑围护结构设计之前，有必要清楚冻土墙承受的主要荷载情况，为设计出安全、可靠的深基坑围护结构提供可靠的依据。

（1）侧向土压力

作用在冻土墙上的土压力称为侧向土压力，它分为静止土压力、主动土压力和被动土压力三种，其分布情况与大小不仅与地基土体的特性有关，而且在很大程度上还与支护结构本身的变形有关，它是作用在冻土墙上的最主要荷载。在侧向土压力的计算中，最重要的是冻土墙给予土体的变形条件，作为临时性深基坑围护体系，根据基坑侧壁安全及重要性，一般允许基坑有不同程度的变形，因此冻土墙的侧向土压力符合墙前被动土压力和墙后主动土压力的计算理论。在基坑开挖到基坑底后，在侧向土压力作用下，冻土墙会产生横向位移和绕墙踵转动变形，冻土墙的可能位移和变形如图 9.5-1 所示，冻土墙由 ABC 位移到 $A'B'C'$，则冻土墙外侧承受主动土压力，而在基坑开挖侧冻土墙将从基坑底起承受被动土压力。

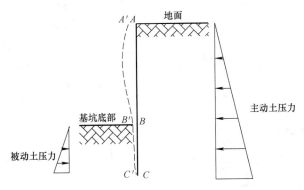

图 9.5-1 冻土墙所受侧土压力

（2）冻土墙体的自重

在深基坑围护体系结构中，作为承担主要外界荷载的冻土墙，其自重在围护体系的设计和计算中是不容忽视的，这是由于一般冻土墙结构的体积较大，对其本身有较大的作用力。

（3）温度荷载

冻土墙与板桩、重力式挡土墙、地下连续墙、土钉墙等支护方式所受荷载有一显著不同之处，即其在自身温度场作用下，要承受温度荷载。由于土体中的水在冻结温度下会凝固成冰，发生体积膨胀，因而在土体中产生冻胀力，这在冻结法施工工程中是不容忽视的。对于矿物颗粒的热胀冷缩，在冻土应力场的分析计算中一般给予忽视。

（4）其他荷载

由于基坑施工现场周围不可避免地存在建筑物、大型管道等地下构筑物，所以这些设施和建筑物会产生永久荷载；同时，冻土墙周围道路上汽车的行驶会产生振动荷载；由于降水或地表雨水补给使地下水位受到影响，可能出现水位上升而引起土压力增加，或下降而增加附加应力；另外，现场施工设备的重量和工作会产生施工荷载。

2. 荷载的计算

在冻结法围护结构中，侧向土压力是作用在冻土墙上的主要荷载，因而土压力的计算是围护结构设计计算的第一步也是关键的一步。

（1）影响侧向土压力的主要因素

① 填土的性质：是指冻土墙背后填土的重度、含水量、内摩擦角和黏聚力的大小以及填土面的性状；

② 冻土墙的性状、墙背的光滑程度和位移量；

③ 冻土墙的位移方向和位移量。

其中，冻土墙的位移方向和位移量是最主要的因素，因为它直接决定了是按主动土压力计算还是按被动土压力计算。

（2）主动土压力与被动土压力的计算

冻土墙所受水、土压力如图 9.5-2 所示。土压力的计算，当不考虑地下水的存在时，比较简单。但是在地下水位以下，而且基坑内外存在较大的水位差的条件下，土压力应包括两部分，即水压力和有效土压力。目前，比较统一的认识是对于渗透性好的砂粉土或杂填土，同时考虑水压力，即进行水土压力分算法；对于透水性差的黏土，宜进行水土压力合算法。

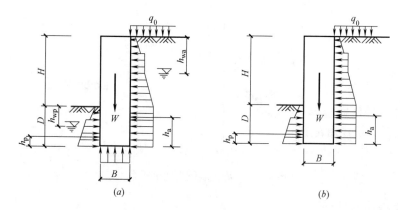

图 9.5-2　冻土墙受力图

1）主动侧压力计算

如图 9.5-2（a）所示，砂性土、粉土及透水性好的杂填土按水土压力分算原则确定主动土压力为：

$$e_{aik} = \sigma_{aik} K_{ai} - 2c_i \sqrt{K_{ai}} + \gamma_w (z_i - h_{wa})(1 - K_{ai}) \tag{9.5-1}$$

式中　e_{aik}——作用于冻土墙上的主动土压力（MPa）；

σ_{aik}——作用于深度 z_i 处不考虑水浮力的正压力的标准值（MPa）；

z_i——计算点深度（m）；

c_i——第 i 层的内聚力，根据直剪试验确定（Pa）；

γ_w——水的重度（kN/m³）；

h_{wa}——基坑外侧水位深度（m）；

K_{ai}——第 i 层土的主动土压力系数；

$$K_{ai} = \tan^2 \left(45° - \frac{\varphi_i}{2} \right)$$

φ_i——第 i 层土的内摩擦角。

如图 9.5-2（b）所示，对于黏性土根据水土合算的原则确定主动土压力为：

$$e_{aik} = \sigma_{aik} K_{ai} - 2c_i \sqrt{K_{ai}} \tag{9.5-2}$$

根据多数基坑支护工程的实测资料证明主动土压力在基坑开挖深度以下与朗肯主动土压力有较大的差距。在基坑底以下主动土压力不再随深度呈线性增加。从另一角度分析，在按传统的计算重力式挡土墙的方法进行稳定性验算时，出现基坑底以下随着挡土墙深度的增加而降低的趋势。因此在计算主动土压力时，采用如下修正方法：计算点位于基坑开挖面以下时，可以取 $\sigma_{aik} = \gamma \cdot h$（其中，$\gamma$ 指开挖面以上土层的加权平均值，h 指基坑开挖深度）。

2）被动侧压力的计算

对于砂性土、粉土及透水性好的杂填土采用水土分算原则计算被动侧压力为：

$$e_{pjk} = \sigma_{pjk} K_{pj} + 2c_j \sqrt{K_{pj}} + \gamma_w (z_j - h_{wp})(1 - K_{pj}) \tag{9.5-3}$$

对于黏性土按水土分算的原则确定被动土压力为：

$$e_{pjk} = \sigma_{pjk} K_{pj} + 2c_j \sqrt{K_{pj}} \tag{9.5-4}$$

式中 e_{pjk}——作用于冻土墙上的被动土压力（MPa）；

K_{pj}——第 j 层土的被动土压力系数；

$$K_{pj} = \tan^2 \left(45° - \frac{\varphi_j}{2} \right)$$

其他符号意义同前。

9.5.2 冻土墙墙体嵌固深度的确定

1. 按临时支护作用考虑

采用冻结法施工的工程，为确保施工阶段基坑的稳定性，必须将墙体深入到基坑底面以下某一深度；同时，为了降低工程造价，在确保安全的前提下，应尽量减少嵌固深度。

冻土墙的嵌固深度与基坑抗隆起稳定、挡墙抗滑动稳定、墙体整体稳定、管涌等因素有关。墙体嵌固深度主要取决于土的强度与墙体的稳定性，而不是变形的大小，即嵌固深度满足墙体稳定最小值要求的条件下，与变形量关系不大。因此，确定冻土墙嵌固深度时应通过稳定性验算，取最不利条件下所需的嵌固深度。

（1）按整体稳定计算嵌固深度

如图 9.5-3 所示，采用圆弧滑动简单条分法计算，则有：

$$K_s = \sum_{i=1}^{n} c_i l_i + \sum_{i=1}^{n} (q_i b_i + W_i) \cos\alpha_i \tan\varphi_i \Big/ \sum_{i=1}^{n} (q_i b_i + W_i) \sin\alpha_i \geqslant 1.0 \sim 1.25 \tag{9.5-5}$$

式中 c_i——最危险滑动面上第 i 土条滑动面上的黏聚力（Pa）；

φ_i——最危险滑动面上第 i 土条滑动面上的内摩擦角（°）；

l_i——第 i 土条的弧（m）；

b_i——第 i 土条的宽度（m）；

W_i——第 i 土条的单位宽度的实际重量（N/m）；

α_i——第 i 土条弧线中点切线与水平线夹角（°）。

（2）抗隆起稳定确定嵌固深度

抗隆起稳定采用极限承载力法来计算，它是将围护结构的底平面作为极限承载力的基准面，其滑动线如图 9.5-4 所示。

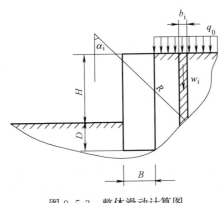

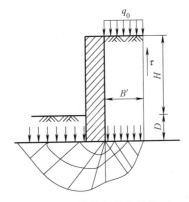

图 9.5-3 整体滑动计算图　　　　　　图 9.5-4 抗隆起稳定计算图

根据极限承载力的平衡条件有（参照 Prandtl 承载力公式）：

$$K_s = \frac{\gamma D N_q + c N_c}{\gamma(H+D) + q_0} \qquad 取 \ K_s \geqslant 1.10 \sim 1.20$$

$$\frac{\gamma D \tan^2\left(45° + \frac{\varphi}{2}\right) e^{\pi\tan\varphi} + c\left[\tan^2\left(45° + \frac{\varphi}{2}\right) e^{\pi\tan\varphi} - 1\right]\frac{1}{\tan\varphi}}{\gamma(H+D) + q_0} \geqslant K_s$$

$$\tan^2\left(45° + \frac{\varphi}{2}\right) = k_p$$

整理得

$$D \geqslant \frac{K_s(H + q_0) - \frac{c}{\gamma}(k_p e^{\pi\tan\varphi} - 1)\frac{1}{\tan\varphi}}{k_p e^{\pi\tan\varphi} - K_s} \tag{9.5-6}$$

式中　γ——土层的平均重度（kN/m^3）；

φ——土体的内摩擦角（°）；

c——土体的黏聚力（Pa）；

q_0——地面超载（kPa）。

（3）按抗滑动稳定确定嵌固深度

此法认为开挖面以下墙体能起到抵抗基底土体隆起的作用，并假定土体沿墙体底面滑动，认为墙体底面以下的滑动面为一圆弧。如图 9.5-5 所示。将滑动力与抗滑动力分别对圆心取力矩，得：

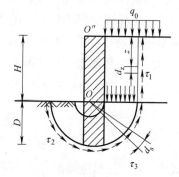

图 9.5-5　抗滑动稳定计算图

滑动力矩　　　　$M_s = \frac{1}{2}(\gamma H + q_0)D^2$

抗滑动力矩　　　$M_T = \int_0^H \tau_1 dz \cdot D + \int_0^{S_1} \tau_2 ds \cdot D + \int_0^{S_2} \tau_3 ds \cdot D + \frac{B}{2}W$

$$M_T = k_a \tan\varphi\left[\left(\frac{\gamma H^2}{2} + q_0 H\right)D + \frac{1}{2}(\gamma H q_0)D^2\right]$$

$$+ \tan\varphi\left[\frac{\pi}{4}(\gamma H + q_0)D^2 + \frac{4}{3}\gamma D^3\right] + c(HD + \pi D^2) + \frac{B}{2}W$$

为保证抗隆起安全系数必须满足

$$K_s = \frac{M_T}{M_s} \geqslant 1.2 \sim 1.3 \tag{9.5-7}$$

即可从上式中求得最小嵌固深度 D。

2. 按止水作用考虑

冻土墙作为止水帷幕有两种作用：一种是防止流土出现；另一种是阻止或减少坑外地下水向坑内的渗流。

（1）**防止流土的嵌固深度验算**

当地下水位较高且基坑底面以下为砂土、粉土地层时，冻土墙作为帷幕墙的插入深度应满足防止发生流土现象的要求。

如图 9.5-6 所示，离墙体距离为 B_w 的范围内单位宽度地下水上浮力为：$F = \gamma_w B_w h_w$，其中，h_w 为 B_w 范围内单位宽度地下水头平均高度，其按经验取 $h_w = H_w/2$，$B_w = D/2$。

离墙体距离为 B_w 的范围内墙底端高程以上土重为：$W = J_{cr}\gamma_w D B_w$，其中，J_{cr} 为临界

水力坡度 $(J_{cr}=(G_s-1)(1-n)$，其中 G_s 为土的相对密度；n 为土的孔隙比）。

当 $W \geqslant F$ 时不会发生流土现象，则嵌固深度：

$$D \geqslant K_s \frac{H_w}{2J_{cr}} \qquad (9.5-8)$$

式中 K_s ——抗流土安全系数，一般取 $1.5 \sim 2.5$。

（2）阻止地下水渗流的冻土墙嵌固深度确定

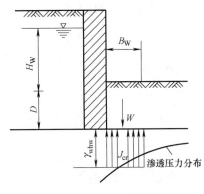

图 9.5-6 流土计算图

为阻止或减少坑外地下水向坑内的渗流，冻土墙嵌固深度的确定常与土层的分布有关。坑底以下存在黏土层时，冻土墙仅需进入黏土层一定的深度；在深厚透水层中，冻土墙原则上，应穿透透水层。在这种情况下，随着冻土墙嵌固深度的增加，水土压力也增大，这样势必要增大墙体的厚度，大大增加了工程的造价和施工的难度。这时可以考虑采用降水方案或在基坑开挖面以下形成冻土垫层与冻土墙相结合的方法。

通过以上按冻土墙的临时支护作用和止水作用所确定的最大嵌固深度即为所需的冻土墙嵌固深度计算值。当引入地区性的安全系数和基坑安全等级进行修正后，即为嵌固深度的设计值，一般取计算值的 $1.1 \sim 1.2$ 倍。

9.5.3 冻土墙墙体厚度的确定

冻土墙的厚度取决于外部压力的大小、冻土强度特性和变形特性、冻土墙暴露高度和时间、冻土和周围环境的温度状况以及其他因素，所以冻土墙厚度的计算是个复杂的热—力学问题，特别是当考虑空间影响、蠕变影响、非均质影响等因素后，要取得一般的显式简单解是极其困难的。因此在设计中进行如下的假定：①未冻土为线弹性体；②冻土为各向同性、均质的弹性体；③冻土墙墙体厚度为等厚体。

对于圆形基坑并假定计算图形如图 9.5-7 所示，则冻土墙的厚度可按下式计算：

$$e=R\left(\sqrt{\frac{\sigma}{\sigma-2p}}-1\right) \qquad (9.5-9)$$

式中 e ——冻结壁厚度（m）；

R ——冻结壁内半径（m）；

σ ——冻土极限抗压强度（已考虑安全系数），可用长时强度替代（MPa）；

p ——地压（MPa）。

对于矩形基坑，可以按照下面的方法计算。

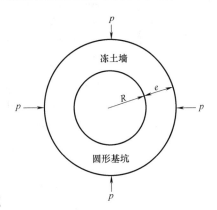

图 9.5-7 冻土墙厚度计算图

1. 按抗倾覆稳定确定墙体的厚度

重力式围护结构的嵌固深度确定后，墙厚对抗倾覆稳定起控制作用[12]。而在所确定的嵌固深度条件下，当抗倾覆满足后，抗滑动自然满足。因此按重力式围护结构的抗倾覆极限平衡条件来确定最小结构厚度，取单位长度（1m）墙体进行计算。

（1）对砂性土、粉土及透水性好的杂填土（参见图 9.5-2a）

倾覆力矩　　　$M_s = \sum E_a h_a$

抗倾覆力矩　　$M_T = \sum E_p h_p + \left[\gamma_D (H+D) - \dfrac{\gamma_w}{2}(H+2D-h_{wa}-h_{wp}) \right] \dfrac{B^2}{2}$

满足　　$M_T \geqslant 1.5 M_S$

则求得冻土墙厚度 B：

$$B \geqslant \sqrt{2(1.5\sum E_a h_a - \sum E_p h_p)/\left[(\gamma_D - \gamma_w)(H+D) + \gamma_w (H + h_{wa} + h_{wp})/2 \right]}$$

$$(9.5\text{-}10)$$

式中　$\sum E_a$——基坑主动侧水平力的总和（kN）；

　　　$\sum E_p$——基坑被动侧水平力的总和（kN）；

　　　h_a——基坑主动侧水平合力作用点距墙底部的距离（m）；

　　　h_p——基坑被动侧水平合力作用点距墙底部的距离（m）；

　　　h_{wa}——基坑外侧地下水位埋深（m）；

　　　h_{wp}——基坑内侧地下水位埋深（m）。

（2）对黏性土（参见图 9.5-2b）

倾覆力矩　　　$M_s = \sum E_a h_a$

抗倾覆力矩　　$M_T = \sum E_p h_p + \left[\gamma_D (H+D) \right] \dfrac{B^2}{2}$

满足　　$M_T \geqslant 1.5 M_S$

则求得冻土墙厚度 B：

$$B \geqslant \sqrt{2(1.5\sum E_a h_a - \sum E_p h_p)/\left[(\gamma_D - \gamma_w)(H+D) \right]} \qquad (9.5\text{-}11)$$

2. 按变形条件确定墙体厚度

按变形条件确定冻土墙厚度，然后按强度条件来对墙身截面承载力及剪应力进行验算，且所求得的墙体厚度满足抗倾覆稳定，这样所求得的冻土墙厚度即为设计厚度。

作为深基坑支护结构，冻土墙和其他支护结构一样必须满足基坑支护结构位移的控制标准 δ[52]；另外还应考虑到冻土是一种黏弹性体，它作为重力式挡土墙时，表现出较大的转动变形 U_1 和弹性挠曲变形 U_2 以及蠕变变形 U_3。即使冻土墙在没有被破坏、没有丧失承载力之前，墙体的弹性挠曲变形 U_2 以及蠕变变形 U_3 可能导致冻结管断裂，引发工程事故。这时，应根据冻结管相对挠度不超过其允许值的原则来确定，即：$f \leqslant [f]$。冻结管的相对挠度 f 可表示为冻土墙的弹性变形 U_2 和蠕变变形 U_3 之和与冻结管长度 H_d 比值。综合以上两方面的变形要求，冻土墙的最大位移应满足：

$$\begin{cases} U_2 + U_3 \leqslant [f] \cdot H_d \\ U_1 + U_2 + U_3 \leqslant \delta \end{cases} \qquad (9.5\text{-}12)$$

（1）冻土墙墙体变形的计算

1）墙体的转动位移 U_1

假定墙体的刚度无限大，即不计及其本身挠曲变形的影响，挡墙在土、水压力作用下只产生转动，按极限平衡状态理论进行计算（取墙长 1m 为计算单元），如图 9.5-8 所示。下面对墙体两侧和底端进行受力分析。

① 墙体两侧

挡墙墙背侧土压力分布如图 9.5-8 所示，按式（9.5-1）或式（9.5-2）计算，将坑底

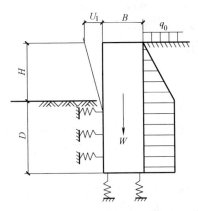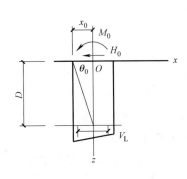

图 9.5-8 墙体转动位移计算简图

以上墙背主动土压力等效到挡墙坑底截面处（为 M_0，H_0）。

将墙前被动土体视为弹簧，土的弹簧系数随深度增加，用"m"法则有 $k=mZ$。其中，m 为土的水平地基反力系数。

设坑底截面处的水平位移为 X_0，墙体转角为 θ_0，则坑底以下墙身任一点的水平位移为：$X=X_0-\theta_0Z$。

则墙前被动土体的水平抗力为：

$$P_{\text{p}}=kX=mZ(X_0-\theta_0Z) \tag{9.5-13}$$

② 墙体底端

将墙底土体也等效为一组弹簧，则各点的弹簧系数为 $k_{\text{v}}=m_{\text{v}}\cdot D$，其中为 m_{v} 为土的竖向地基反力系数，经过计算比较，m_{v} 对 X_0、θ_0 影响很小，可近似取 $m_{\text{v}}=m$。

在墙体的倾斜变形下，墙体将产生梯形分布的基底竖直反力，如图 9.5-9 所示。其反力可分解为由墙体竖向位移引起的矩形分布力和墙体转动在基底边缘产生位移引起三角形分布力。矩形分布力的合力与墙重 W 相平衡；三角形分布力对墙底产生力偶 M_θ，其值为：

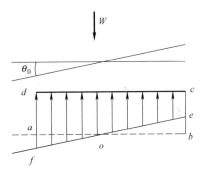

图 9.5-9 墙底受力图

$$M_\theta=2\times\frac{1}{2}\times\frac{B}{2}\times m_{\text{v}}\times D\times\frac{B}{2}\times\tan\theta_0\times\frac{2}{3}\times\frac{B}{2}\approx m\cdot D\cdot I_{\text{B}}\cdot\theta_0 \tag{9.5-14}$$

另外，除了竖向受力外，墙体还受到水平方向的墙底与土层间的摩阻力 S_{L}，可按下式计算：$S_{\text{L}}=c_{\text{u}}B$（$c_{\text{u}}$ 为墙底土的不排水抗剪强度）或 $S_{\text{L}}=W\tan\varphi+cB$（$c$、$\varphi$ 为墙底土的固结快剪强度指标）。

取墙长 1.0m 为计算单元，根据平衡条件可以求得：

$$\sum F_{\text{X}}=0 \int_0^D P_{\text{p}}\text{d}z=H_0+E_{\text{a}}-S_{\text{L}}$$

$$\sum M=0 \quad \int_0^D P_{\text{p}}(D-z)\text{d}z+M_{\text{W}}+M_\theta=M_0+E_{\text{a}}h_{\text{a}}+H_0D$$

则

$$\begin{cases} X_0 = \dfrac{D(24M'-8H'D)}{mD^4+36mI_B} + \dfrac{2H'}{mD^2} \\ \theta_0 = \dfrac{36M'-12H'D}{mD^4+36mI_B} \end{cases} \tag{9.5-15}$$

由上式可求出 X_0 和 θ_0。

冻土墙墙体顶端的转动位移为：$U_1 = X_0 + H\theta_0$

由以上的计算公式可以看出，冻土墙墙体的转动位移计算只涉及墙体的几何尺寸和土层的性质参数以及冻土的重度，而与冻土本身的温度、强度、变形等性质无关。

2）墙体弹性挠曲变形 U_2

采用弹性地基反力法，即假定地基土为弹性体，用梁的弯曲理论来求墙的水平抗力。将坑底以上的墙背土压力简化到挡墙坑底截面处，坑底以下墙体视为桩头有水平力 H_0 和力矩 M_0 共同作用的完全埋置桩，如图 9.5-10 所示，按"1m"可求得坑底处墙身的位移为：

$$\begin{cases} X_0 = \dfrac{1}{\alpha^2 EI}\left(\dfrac{H_0}{\alpha}Y_{OH} + M_0 Y_{OM} \right) \\ \varphi_0 = \dfrac{1}{\alpha EI}\left(\dfrac{H_0}{\alpha}\varphi_{OH} + M_0 \varphi_{OM} \right) \end{cases}$$

式中，$\alpha = \sqrt[5]{\dfrac{mb_1}{EI}}$ 为挡墙截条的变形系数（b_1 为挡墙计算单元长度），Y_{OH}、Y_{OM}、φ_{OH}、φ_{OM} 为 αD 的函数。

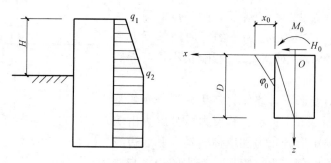

图 9.5-10　弹性变形计算简图（"m"法）

作用在坑底处挡墙截面上的力矩 M 包括坑底以上的墙背上压力产生的力矩 M_0 和坑底以上的墙体自重产生的力矩 M_{W1}，当 $M = M_0 - M_{W1} < 0$ 时，略去力矩对位移的影响。

取墙长 1.0m 为计算单元，可得墙顶最大挠曲变形：

$$U_2 = X_0 + \varphi_0 H + \dfrac{11q_1 + 4q_2}{120EI}H^4 \tag{9.5-16}$$

（2）确定墙体厚度

冻土墙墙体的最大位移：$U = U_1 + U_2$，根据所计算的位移求得冻土墙的厚度 B。

（3）按强度条件对墙身截面承载力及剪应力验算

以抗倾覆稳定和冻土墙变形要求所求得的冻土墙厚度和所设计平均温度为基础，进行墙体应力校核。

求得基坑底面处的最大弯矩 M_{max}，则该截面处所受到的最大压应力为：

$$\sigma_{\max} = \gamma_D \cdot H + \frac{M_{\max}}{W} \qquad (9.5\text{-}17)$$

最大拉应力为:

$$\sigma_{\min} = \left| \gamma_D \cdot H - \frac{M_{\max}}{W} \right| \qquad (9.5\text{-}18)$$

基坑底面处剪力最大,求得坑底截面最大剪应力为:

$$\tau_{\max} = \frac{H_0}{1 \times B} \qquad (9.5\text{-}19)$$

对冻土墙抗压强度和抗剪强度进行校核:

$$\sigma_{\max} \leqslant [\sigma] \qquad (9.5\text{-}20)$$

$$\tau_{\max} \leqslant [\tau] \qquad (9.5\text{-}21)$$

式中 $[\sigma]$、$[\tau]$——冻土许用长时抗压强度和抗剪强度。

视平面冻土墙两端为铰支边,墙底和墙顶分别为固定边和自由边,按弹性理论的李兹方法得其自由边中点的位移为墙的最大位移公式(张乃柱等,1995):

$$u_{\max} = \frac{2pH^4}{3\pi D \left[2 + \left(\frac{4}{3} - 2\mu \right) \right] \frac{\pi H^4}{L} + \frac{1}{10} \left(\frac{\pi H}{L} \right)^4} \leqslant [u] \qquad (9.5\text{-}22)$$

式中 $[u]$——平面冻土墙允许变形,邻近无建筑物时,由冻结管允许挠度确定,$0.02H$;

p——冻土墙所受土压力的等效均布值(MPa);

H——冻土墙计算深度(m);

D——冻土的抗弯刚度,$D = Ee^3 / 12(1 - \mu^2)$(MN·m);

E——长时弹模;

e——冻土壁厚度(m);

μ——冻土的泊松比;

L——冻土墙跨距(m)。

冻土墙厚度计算后,尚需进行下列强度验算:

① 抗倾覆验算

冻土墙的受力状态见图 9.5-11。

$$K_g = \frac{\dfrac{Ge}{2}}{|p_a(h_a + h) - p_p h_p|} \geqslant 1.5 \qquad (9.5\text{-}23)$$

式中 K_g——抗倾覆系数;

$h_a + h$——主动土压力作用点距墙底的距离(m);

G——每米长冻土墙自重,$G = 1 \times \rho_d e H$(kN);

ρ——冻土密度(kN/m³);

p_a——冻土墙所受主动土压力(kN/m²);

h_p——被动土压力作用点距冻土墙底的距离(m);

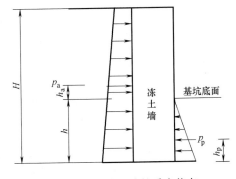

图 9.5-11 冻土墙的受力状态

p_p——冻土墙在基底以下部分所受被动土压力（kN/m²）。

② 抗剪切验算

$$K_j = \frac{1 \times e\tau}{p_a} \geqslant 1.5 \tag{9.5-24}$$

式中 K_j——抗剪系数；

τ——冻土的抗剪强度。

③ 抗弯验算

$$\sigma_{\max} = \frac{\dfrac{p_a h_a e}{2}}{I} = \frac{3 p_a h_a}{e^2} \leqslant [\sigma_e] \tag{9.5-25}$$

式中 $\sigma_{\max}$——冻土最大拉应力，发生于冻土墙跨中的坑底处；

$[\sigma_e]$——冻土墙最大允许拉应力。

（3）冻土墙高度的确定

冻土墙高度（包括挡土部分高度和基坑底面下的入土深度）与基坑设计深度、土压力、墙体稳定系数关系密切。当基坑设计深度以下有含水层且其埋藏深度在基坑设计深度的 70%～80% 范围内时，冻土墙高度应穿过含水层，坐落在隔水层中，并进行坑底抗隆起和抗管涌验算。

9.5.4 热工设计计算

1. 冻结负荷计算

（1）冻结土方量

$$V = eDL \tag{9.5-26}$$

式中 V——冻结土方量（m³）；

e——冻土墙厚度（m）；

D——冻土墙高度（m）；

L——冻土墙长度（m）。

（2）墙体所需冻结负荷

降温耗热

$$Q_1 = C_V^+ \Delta\theta^+ = (C_S^+ + wC_w)\rho_d(\theta_o - \theta_f) \tag{9.5-27}$$

$$Q_2 = C_V^- \Delta\theta^- = [C_S^- + w_u C_w + (w - w_u)C_I]\rho_d(\theta_f - \theta_d) \tag{9.5-28}$$

相变耗热

$$Q_3 = q(w - w_u)\rho_d \tag{9.5-29}$$

式中 Q_1——未冻土降温耗热（kJ/m³）；

Q_2——冻土降温耗热（kJ/m³）；

Q_3——相变耗热（kJ/m³）；

C_S^+、C_S^-、C_w、C_I——分别为未冻和已冻土颗粒、水、冰的比热 [kJ/(kg·℃)]；

ρ_d——土的干密度（kg/m³）；

q——冰的融化潜热（kJ/kg）；

w_u——冻土中未冻水含量（%）；

θ_o、θ_f、θ_d——分别为未冻土平均温度、土的起始冻结温度和冻土平均温度（℃）。

单位体积冻土墙耗热量

$$Q_4 = Q_1 + Q_2 + Q_3 \tag{9.5-30}$$

冻结墙体总耗热量

$$Q_T = Q_4 V \tag{9.5-31}$$

考虑侧向散热的冻结墙体总耗热量

$$Q_S = 1.15 Q_T \tag{9.5-32}$$

2. 冻结管配置

根据所需冻土墙的壁厚和深度及地基土的条件和工期，配置冻结管。一般配置原则为：单排冻结管间距 1.0～2.5m，双排或双排以上的辅助冻结管间距可放宽至 3m 左右。软弱地基、高含水量土层及地下水流速大且工期紧时，冻结管间距宜相应缩小；冻结管的排数视冻土墙的厚度而定：墙厚≤3m 时以单排为宜；墙厚>3m 时以双排为宜。排间冻结管布设以梅花状为宜。冻结管的插入深度与冻土墙的深度相同。

3. 冷冻机容量确定

地层冻结时，从地中渗入冻结管表面的总热量

$$Q = 1.15 \pi dL q_d \tag{9.5-33}$$

式中　Q——冻结管的吸热总量（kJ/h）；

　　　d——冻结管直径（m）；

　　　L——冻结管总长度（m）；

　　　q_d——冻结管的吸热系数 [kJ/(m^2·h)]，一般可取 690～920。

4. 冻结时间计算

（1）冻土墙所需冻结时间

$$T_1 = \frac{Q_S}{24Q} \tag{9.5-34}$$

式中　T_1——构筑设计断面冻土墙所需冻结时间（d）。

（2）平均冻结速度

可根据《建井工程手册》（第四卷）冻结法部分选取或按下式计算

$$T = \frac{1.15 Q_4 \pi (R-r)^2 DN}{24Q} \tag{9.5-35}$$

$$v_d = \frac{R}{T} \tag{9.5-36}$$

式中　T——冻结时间（d）；

　　　R——冻结半径（m）；

　　　r——冻结管半径（m）；

　　　D——冻结管插入深度（m）；

　　　N——冻结孔数；

　　　v_d——平均冻结速度（m/d）。

当 Q、Q_4、r、D 和 N 等参数已给定，则可给出如图 9.5-12 所示冻结半径与冻结时间关系曲线和图 9.5-13 所示冻结速度与冻结时间关系曲线。

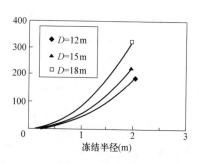

图 9.5-12 冻结半径与冻结时间关系曲线

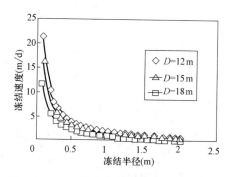

图 9.5-13 冻结速度与冻结时间关系曲线

（3）冻结交圈时间

考虑到冻结管插入地中时会有一定倾斜，允许误差为 0.3%～0.5%。两冻结管间冻结交圈半径为：

$$R_g = a + 2\varepsilon D \tag{9.5-37}$$

式中 R_g——冻结交圈半径（m）；

  a——1/2 冻结孔间距（m）；

  ε——冻结管偏斜率。

将 R_g 替换式（9.5-35）中的 R 即得交圈时间。

（4）冻结交排时间

在梅花状排列情况下，冻结交排半径为：

$$R_P = (a^2 + b^2)^{\frac{1}{2}} + 2\varepsilon H \tag{9.5-38}$$

式中 R_P——冻结交排半径（m）；

  b——排间距（m）。

将 R_p 替换式（9.5-35）中的 R 即得交排时间。

5）开挖时间的确定

根据交圈和交排时间及基坑开挖工期和实测冻土墙的温度确定。一般原则为冻结交圈和交排已完成并预期在基坑开挖期内冻土墙达设计厚度时即可开挖。

5. 冻结进程

冻结进程估算是基于假设冻结管表面散热量相同的条件下得到的。同一个基坑围护工程中，有时出现开挖深度不等的情况，因此，冻土墙的厚度和冻土墙高度也不同。不同厚度冻土墙所需冷量不等，交圈和交排时间均有差异，为便于掌握开挖时间，应制定冷冻液的配管计划（盐水管主干管和分干管直径和流量）。全面考虑冻结顺序、供液的不均匀性及控制的简便性。

6. 地面、开挖面保温及基坑积水处理

为减少施工期间冻结管的冷量损耗，除对供液管本身进行隔热处理外，应对冻土墙从地面和开挖侧面进行保温。采用聚酯泡沫塑料板镶嵌拼接保温，外加塑料薄膜覆盖或用聚氨基甲酸酯泡喷涂。

为防止基坑开挖期间雨水积聚对冻土墙的不利影响，应在基坑内适当位置设置排水井。

9.6 冻结法施工要点

1. 冻结法施工阶段及各阶段的作业内容

冻结法施工按进度顺序可分为四个阶段：准备期、积极冻结期、维护冻结期和解冻期。积极冻结期指从低温盐水在冻结管内循环、地基土冻结开始至冻结壁达到设计厚度和强度的时间，维护冻结期指掘砌时间，在此期间内只需保持冻土墙不升温即可。

准备期间可进行冻结管、供液管、监测设备和冷冻机械安装平行作业。各阶段的作业内容见表 9.6-1。

冻结法施工各阶段作业内容　　　　　　　　　　　表 9.6-1

准备期	积极冻结期	冻结维护期		解冻期
冻结管及冷冻液配置	钻孔	冻土墙形成	开挖基坑	工程完成
	下放冻结管			停止机械运转
	测定偏斜		冻土墙暴露面保温	
	耐压试验			
	冷冻液配置		浇灌混凝土	自然解冻或强制解冻
	配管隔热	冷冻液循环		
监测仪器安装调试	钻孔		冷冻液温度、流量管理	起拔冻结管
	地温冻土墙温度			
	冻胀量		冻水墙的温度测定及监视	
	地下水位			孔内充填砂砾
	冻土墙体变形		地面冻胀、冻土墙变形及地下水位测定及监视	
	精度检测			
冷冻设备安装	冷冻机安装	开始运转	冷冻机运转管理	撤出基地
	输电安装安装			
	供水设备安装			
	耐压漏水试验			
	设备组装调试			

2. 冻结法施工应注意的事项

（1）做好现场监测是冻结法施工成败的关键步骤之一。如上所述，冻土是对温度十分敏感且性质不稳定的土体，为了及时掌握施工质量、发现并杜绝事故的苗头，应根据实际工况监测循环盐水的温度和流量、冻土墙的温度、开挖期冻土墙体的变形量、地面冻胀和融沉量等。

（2）土体的冻结膨胀和融沉及其对邻近建筑物的影响

冻土墙形成过程中，由于水分迁移和冰分凝引起地基土体冻胀，是冻结法施工的最大弱点。由于土体冻胀，不但在垂直方向上，使地面向上隆起，形成以冻土墙为中心的草笠状，可能对冻胀范围内的邻近建筑物构成威胁，而且在水平方向上，在把冻土墙外侧的未冻结土体侧向挤出的同时，增大了未冻土体对冻结挡墙的土压力。但对于软土地层，由于侧向变位较大，水平方向冻胀影响范围衰减较快，一般对冻土墙体外围 5m 以远的构筑物不会构成严重威胁。为减少冻胀影响，施工中应设置一定数量的减压孔。对于有 2～3 排冻结孔的情况，可采用不同时冻结的方法，避免封闭型冻结。在冻结维护期也可采用间歇冻结法。

为减缓开挖过程中侧向冻胀力的释放速度，基坑开挖宜由中心向边缘逐步推进。

为避免冻土墙解冻后的土体融沉应采用自然解冻及时跟踪注浆或采用强制解冻融沉注浆。为了减小冻结管拔除后的影响，注意夯实。若遇有沉降收缩很大的地基时，应采用下列方法：设计的结构物具有一定柔性、冻结前在结构物下面设支承桩或灌注灰浆、药液增加地理承载力。

（3）做好主体工程施工和冻结施工两者的密切配合是完成冻结法施工的必要条件，否则会造成人力、物力浪费，甚至导致工程失败。为此，应组织设计、施工和监测人员组成的施工领导小组，统一协调施工。

9.7 工程实例

1. 工程概况

珠江三角洲城际快速轨道交通广州至佛山段普君北路站～朝安站区间左线隧道在推进至 196 环时，由于该处地质条件复杂导致盾构 196～225 环已经拼装完成的 45m 长隧道管片发生超限，为了以后地铁运营的安全，考虑对该段隧道采取原位修复，即在需要修复的管片东西两侧施工钢筋混凝土连续墙作为竖井围护结构（外侧施做素混凝土连续墙外包搅拌桩加固体，连续墙宽 800mm。在钢筋混凝土连续墙接口处、素混凝土与内侧搅拌桩咬合部分采用直径为 600mm，间距 450mm 的双管旋喷桩止水，旋喷桩与连续墙咬合100mm。搅拌桩采用直径 550mm，间距 400mm 错开布置。端头加固区各增加一口直径为 500mm 的降水井，降水井深度至钢筋混凝土连续墙底，见图 9.7-1）。在修复区域施工钢筋混凝土连续墙在原位对变形隧道进行加固，而后在加固土体的保护下对已经变形的管片进行拆除，换上现浇结构并与完好隧道交接，从而达到修复隧道的目的。

考虑到搅拌桩、连续墙、旋喷桩等不可进入管片 0.5m 范围内（图 9.7-1），因此，管片顶部和下部的封水将无法保证，对以上两个部位进行冷冻处理，使原位明挖修复管片在冻结帷幕的保护下顺利进行。

沿钢筋混凝土连续墙东西两端施工一定数目的冻结孔，作为管片顶部封水的保证措施；适当时候，在隧道底部施工冻结孔，作为封底的需要。

隧道内径为 $\phi5500mm$，管片厚度为 300mm，该段隧道最底埋深约为 21.5m，隧道管片宽度为 1.5m。

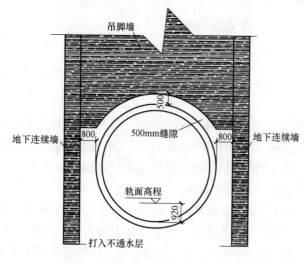

图 9.7-1 吊脚墙示意图

2. 工程地质及水文地质

根据地质资料勘察报告和物探报告，工程范围内的土层从上至下依次为：①$_1$杂填土、①$_2$素填土、②$_1$淤泥质土、②$_2$淤泥质粉细砂、③$_1$粉细砂层、③$_2$中粗砂层、④$_1$粉质黏土、⑤$_2$硬塑性残积岩、⑦强风化层。可以看出，这些土层中有承压水，施工中必须采取可靠的加固工法，才能确保隧道的安全。具体参数见地层分布情况见图9.7-2、图9.7-3。

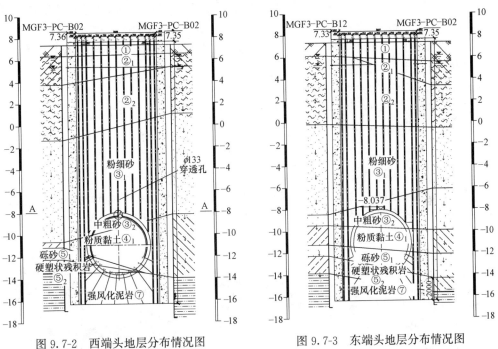

图 9.7-2 西端头地层分布情况图　　　　图 9.7-3 东端头地层分布情况图

3. 冻结主要施工技术参数

（1）冻结孔布置

布置垂直冻结孔23个，总长度422.31m；管片下部布置斜孔17个，总长度38.59m；供液盘管2圈，长36.42m，具体见图9.7-4。

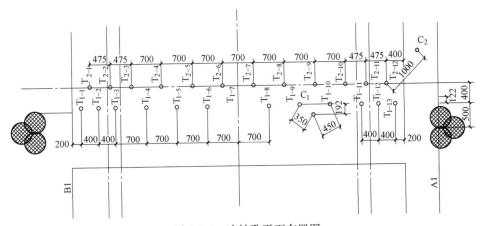

图 9.7-4 冻结孔平面布置图

（2）冻结管规格

垂直冻结孔选用 $\phi127\times4.5$mm 的无缝钢管，水平冻结孔选用 $\phi89\times8$mm 的无缝钢管，隧道内冻结孔丝扣连接，其余冻结孔均采用管箍连接。

（3）冻结钻孔施工设备

根据工程量及工期要求，选用 XY-2 型钻机 2 台，每个工作面 1 台，同时配用 BW250 型泥浆泵各 1 台。该钻机是一种多级转速、可用牙轮钻头、潜孔钻进、人造金刚石复合片等钻进工艺，完全可满足本工程钻进的工期及质量需要。隧道内钻孔选用 MD-50 钻机 2 台，每个工作面 1 台，配用 BW250 型泥浆泵各 1 台，钻具利用 $\phi127\times4.5$mm 和 $\phi89\times8$mm 冻结管作钻杆，冻结管之间采用套管丝扣连接，接头螺纹紧固后再用手工电弧焊焊接，确保其同心度和焊接强度。

（4）制冷主要施工参数

冻结盐水温度：积极期：$-25\sim-30℃$；维护期：$-22\sim-25℃$；冻结孔单孔盐水流量 $4\sim6$m³/h；需冷量 10.97×104kcal/h。

4. 基坑开挖

（1）第一层土方的开挖

开挖第一道支撑以上全部土方（地面下 2m），根据基坑开挖总体顺序施工，自从东向西依次开挖，先破除路面然后采用一台 PC200 挖掘机进行开挖，自卸式卡车装土（图 9.7-5）。

(a)   (b)

图 9.7-5 第一层土开挖过程

（2）第二层土方开挖

开挖第二道支撑以上全部土方（地面下 9.1m），本层土方开挖层深为 7.1m，开挖方量 2441.9m³（图 9.7-6）。由于本层土方开挖层高过大，该部分土层垂直分成 3 层，2.1m、2.4m、2.6m，即以两道混凝土角撑位置为分界线。土方开挖采取从中间向两个端头开挖的顺序进行，土方开挖至每第一道混凝土角撑位置时及时施工角撑，防止因支撑施工不及时而产生的结构变形，待第一道角撑施工完毕后再进行下层土方开挖，下层土方开挖也采用从中间向两个端头开挖的顺序，依次开挖至第二道支撑位置并及时施做支撑梁。

（3）第三层土方开挖

开挖第三道支撑以上全部土方（地面下 14.7m），本层土方开挖层深为 5.6m，开挖放量 1925.5m³，待第二层土方开挖结束后。本层土方开土层垂直分成 2 层，2.5m、3.1m，

(a)　　　　　　　　　　　　　　　(b)

图 9.7-6　第二层土开挖及支撑制作

(a) 开挖土体；(b) 整平

即以混凝土角撑位置为分界线。土方开挖采取从中间向两个端头开挖的顺序进行，土方开挖至每第一道混凝土角撑位置时及时施工角撑，防止因支撑施工不及时而产生的结构变形，待角撑施工完毕后再进行下层土方开挖，依次开挖至第三道支撑位置并及时施做支撑梁。一台长臂挖掘机配合一台 PC200 挖掘机进行施工，将土方分层传递至地面运出。

(4) 管片拆除和永久结构制作

明挖拆除管片，分片拆除后使用履带吊出基坑的施工方法。当第三道支撑浇注完成满足开挖要求后，将管片上方的土层用挖机清除直至露出管片背后的注浆层。用 PC120 挖机将注浆层破除后，从中间向两端进行拆除（图 9.7-7）。

需要拆除的管片环号为 196～225 环，其中 196～200 环为宽度 1.2m 的管片，201～225 环为宽度 1.5m 的管片。

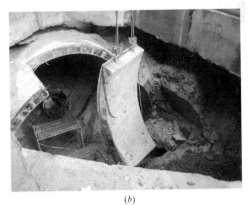

(a)　　　　　　　　　　　　　　　(b)

图 9.7-7　顶部管片拆除起吊

(5) 永久结构的制作

待到一侧管片拆除完毕即进行与原隧道管片接头处结构的施工。首先敷设一层防水层，然后再进行钢筋的绑扎，以确保尽可能快地做好结构以减少端头冻结壁的暴露时间，降低施工风险。基坑内部永久结构首先进行底板钢筋的绑扎，浇筑，待底板拆除模板后搭设脚手架进行两侧及顶部钢筋的绑扎，浇筑混凝土，待达到一定强度后拆除模板（图 9.7-8）。

(a)　　　　　　　　　　　　　　　(b)

图 9.7-8　端头处永久结构的制作

参 考 文 献

［1］ Proceeding of the third international symposium on ground freezing，1982.

［2］ Proceeding of the fourth international symposium on ground freezing，1985.

［3］ Proceeding of the fifth international symposium on ground freezing，1988.

［4］ Proceeding of the sixth international symposium on ground freezing，1991.

［5］ Proceeding of the seventh international symposium on ground freezing，1994.

［6］ 沈季良等. 建井工程手册（第四卷）. 煤炭工业出版社，1986.

［7］ 翁家杰. 特殊凿井. 煤炭工业出版社，1981.

［8］ 中科院兰州冰川冻土研究所，煤炭工业部特殊凿井公司冻土壁研究组. 冻结凿井冻土壁的工程性质. 兰州大学出版社，1988.

［9］ 翁家杰. 液氮冻结土层的理论与实践. 煤炭科学技术，1994，22（9）.

［10］ 翁家杰. 冻结法在盾构隧道工程中的应用. 中国地层冻结工程40年论文集. 北京：煤炭工业出版社，1995.

［11］ 龚晓南. 21世纪岩土工程发展展望. 岩土工程学报，2000（2）.

［12］ 刘建航，侯学渊. 基坑工程手册. 北京：中国建筑工业出版社，1997.

［13］ 程国栋. 冻土力学与工程的国际研究新进展——2000年国际地层冻结和土冻结作用会议综述. 地球科学进展，2000，16（3）.

［14］ 岳丰田等. 隧道联络通道冻结位移场模型试验研究. 中国矿业大学学报，2005，34（2）.

［15］ 徐学祖，王家澄，张立新. 冻土物理学. 北京：科学出版社，2001.

［16］ 东兆星，崔广心. 深基坑支护中冻土墙力学特性研究综述. 岩土力学，2002，23（5）.

［17］ 杨平. 平面冻土墙变形计算的理论分析. 阜新矿业学院学报，1997，16（4）.

［18］ 张晶，杨更社. 深基坑维护中冻土墙厚度的计算. 岩石力学与工程学报，2000，19（6）.

［19］ 马巍，吴紫旺等. 深基坑围护中人工冻土墙厚度的计算. 中国科学院兰州冰川冻土研究所冻土工程国家重点实验室年报，1996.

［20］ 岳丰田，张勇等. 隧道联络通道冻结位移场模拟试验研究. 中国矿业大学学报，2005，34（4）.

［21］ 岳丰田，张水宾. 地铁联络通道冻结加固融沉注浆研究. 岩土力学，2008，29（8）.

［22］ 张志，张勇等. 冻结法在强扰动地层地铁联络通道施工中的应用. 隧道建设，2011，31（1）.

［23］ 杨超，岳丰田. 上海长江隧道联络通道冻结优化设计研究. 隧道建设，2012，32（6）.

［24］ 陆路，石荣剑等. 人工冻结法在富水砂层地铁洞门加固工程中的应用. 铁道建筑，2013，（4）.

第10章 其他形式围护结构

林功丁　周建安　陈晓东　秦志忠　石金华
（福州市建筑设计院）
张仪萍　俞建霖
（浙江大学建筑工程学院）

10.1 双排桩围护结构

10.1.1 概述

实际的基坑工程中，在某些特殊情况下，锚杆、土钉、支撑受到实际条件的限制而无法实施，而采用单排悬臂桩又难以满足承载力、基坑变形等要求或者采用单排悬臂桩造价明显不合理的情况下，可采用双排桩支护形式，通过竖向柔性桩、压顶梁和连系梁形成空间门架式支护结构体系。双排桩作为一种土体支护结构，早期主要应用于边坡工程治理，在基坑支护工程中的应用并不多，很多基坑工程采用锚杆支护，但锚杆为邻近地下空间的后续开发留下了隐患。随着城市大规模建设的兴起，人们对地下室空间产权意识的日益增强，双排桩作为锚杆的替代方案也越来越多的应用于基坑支护中，同时现行行业标准《建筑基坑支护技术规程》JGJ 120—2012 也将其作为一种重要的支护结构列入其中。

双排桩支护结构的构成可以看作是将单排悬臂桩部分桩向后移动，前后排桩顶用刚性连系梁连接。布桩形式通常有：（1）梅花形；（2）矩形格构式；（3）前后排桩间距不相等的形式。如图 10.1-1 所示，不论哪种形式，都是以单桩为基础，通过连梁的连接形成具有特色的布置形式。双排桩支护结构可以是前后排桩不同桩长或者桩间土体是否加固的形式，常见剖面形式如图 10.1-2 所示。

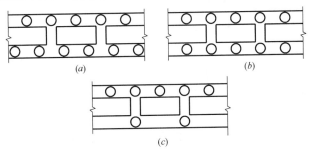

图 10.1-1 双排桩常见平面布置形式

（a）梅花形；（b）矩形；（c）前、后排桩间距不相等

双排桩围护结构相对于单排桩围护结构可大大增加其侧向刚度，能有效地限制边坡的侧向变形。其作用机制主要是通过连梁发挥空间组合桩的整体刚度和空间效应，并与桩土协同工作，支挡开挖引起的不平衡土压力，达到保持坑侧稳定、控制变形、满足施工和相

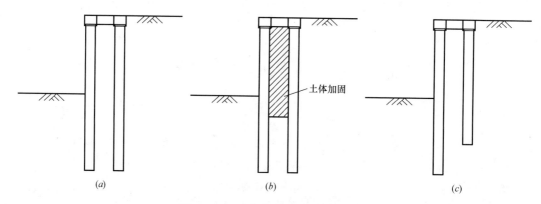

图 10.1-2 双排桩常见剖面布置形式

（a）前、后排桩桩长相等；（b）桩间土体加固；（c）前、后排桩桩长不相等

邻环境安全的目的。其特点体现在：

（1）在双排桩支护结构中，前后排桩均分担主动土压力，但有主次，后排桩兼起支挡和"拉锚"双重作用；

（2）双排桩支护结构形成空间格构，增强支护结构自身稳定性和整体刚度；

（3）充分利用桩土共同作用中的土拱效应，改变土体侧压力分布，增强支护效果。

相比于其他支护结构，双排桩支护结构具有以下优点：

（1）与单排悬臂桩相比，双排桩为刚架结构，其抗侧移刚度远大于单排悬臂桩结构，期内力分布明显优于悬臂式结构，在相同耗材下，双排桩刚架结构的桩顶位移明显小于单排悬臂桩，其安全可靠性、经济合理性优于单排悬臂装。

（2）与支撑支挡结构相比，由于基坑内不设支撑，不影响基坑开挖、地下结构施工，同时省去设置、拆除内支撑的工序，大大缩短了工期。在基坑面积很大、基坑深度不很深的情况，双排桩刚架支护结构的造价常低于支撑式支挡结构。

（3）与锚拉式支挡结构相比，在某些情况下，双排桩刚架结构可避免锚拉式支挡结构难以克服的缺点。如：①在拟设置锚杆的部位有已建地下结构、障碍物，锚杆无法实施；②拟设置锚杆的土层为高水头砂层（有隔水帷幕），锚杆无法实施或实施难度、风险大；③拟设置锚杆的土层无法提供要求的锚固力；④拟设置锚杆的工程，地方法律、法规规定支护结构（含锚杆）不得超出用地红线。

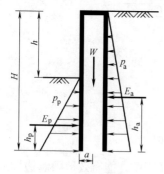

图 10.1-3 双排桩抗倾覆稳定性

（4）由于双排桩具有施工工艺简单、不与土方开挖交叉作业、工期短等优势，在可采用悬臂桩、支撑式支挡结构、锚拉式支挡结构条件下，综合考虑技术、经济、工期等因素，双排桩支护结构往往也是具有竞争力的支护方案。

10.1.2 双排桩支护结构的稳定性

1. 抗倾覆稳定性

当双排桩结构的嵌固深度不够时，在土压力作用下双排桩结构可能会绕前排桩底部发生转动并发生倾覆，见图10.1-3，根据静力平衡条件

$$E_p h_p + Wa - E_a h_a = 0 \qquad (10.1-1)$$

式中 E_a、E_p——分别为基坑外侧主动土压力，基坑内侧被动土压力（kN）；

$\qquad$ W——桩间土自重（kN）；

$\qquad$ h_a、h_p——分别为主动土压力、被动土压力合力作用点至双排桩底端的距离（m）；

$\qquad$ a——桩间土重心至前排桩边缘的水平距离（m）。

为保证结构的稳定性，应考虑一个抗倾覆稳定安全系数 K_1，则：

$$\frac{E_p h_p + Wa}{E_a h_a} \geqslant K_1 \tag{10.1-2}$$

根据不同安全等级的要求，取 $K_1 \geqslant 1.15 \sim 1.25$。

双排桩嵌固深度还应满足构造的要求，在一般黏性土、砂土中应大于 $0.6h$，淤泥质土中应大于 $1.0h$，淤泥中应大于 $1.2h$。

2. 整体滑动稳定性

双排桩支护结构同时还应满足整体滑动稳定性要求。根据圆弧滑动条分法，如图 10.1-4 有：

$$K_2 = \frac{\sum(c_i b_i / \cos\theta_i) + \sum\left[(q_i b_i + W_i)\cos\theta_i - u_i b_i / \cos\theta_i\right]\tan\varphi_i}{\sum(q_i b_i + W_i)\sin\theta_i} \tag{10.1-3}$$

式中 K_2——通过最危险滑动面情况计算的安全系数。根据不同安全等级的要求，应满足 $K_2 \geqslant 1.25 \sim 1.35$；

$\qquad$ c_i、φ_i——分别为第 i 土条滑面处黏聚力（kPa）、内摩擦角；

$\qquad$ q_i——第 i 土条上的附加荷载（kPa）；

$\qquad$ W_i——第 i 土条的自重（kN）；

$\qquad$ u_i——第 i 土条滑弧面上的水压力（kPa）；

$\qquad$ b_i——第 i 土条的宽度（m）；

$\qquad$ θ_i——第 i 土条滑弧面中点处法线与垂直面的夹角。

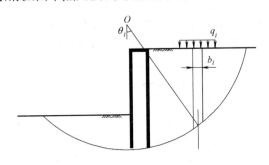

图 10.1-4 双排桩整体滑动稳定性

10.1.3 双排桩支护结构的内力和变形计算

1. 计算方法

由于双排桩结构体系中后排桩的存在，使墙背土体的剪切角与单排悬臂支护桩后的剪切角有较大差异，以及桩间土对前后排桩的影响，导致双排桩计算方法与单排悬臂桩有较大差别。目前，双排桩围护结构的设计计算方法主要有以下三种：

（1）基于经典土压力理论的极限平衡法

极限平衡法认为随着基坑开挖的进行，桩体受到的土压力为极限状态下的土压力，并忽略连梁与桩体的变形协调的关系，根据支护结构的静力平衡条件，通过结构力学方法计算插入深度、旋转点的位置和内力，它计算方法简单，但极限平衡状态下土体接近破坏时的应力状况，用于分析工作状态下的情形不太合适；此外，极限平衡法也不能计算支护结构的变形。

（2）基于 Winkle 假定的弹性抗力法

目前对双排桩支护结构的计算探讨中意见较为一致的是依据 Winkler 假定的计算模式，即以 Winkler 假定为基础，将前、后排桩的被动土体简化为弹簧，然后根据力平衡和位移的协调建立方程。这种方法在一定程度上考虑了支护结构与土体的相互作用的影响，同时能计算支护结构的内力和变形，能较好地模拟支护结构的实际受力状态。值得注意的是，弹性抗力法中的弹簧刚度取值方法并不一致，主要有 m 法、c 法、k 法，目前设计中主要采用 m 法。

（3）数值分析方法

数值分析方法，特别是有限元分析方法的最大优势在于对双排桩进行数值分析时能考虑支挡结构与土共同作用的复杂性，用该方法可以对影响双排桩支护结构性状的各影响因素进行参数敏感性分析，并可根据前期开挖的实测资料，用反分析方法确定计算参数，对后期开挖进行预测和指导，进而对双排桩支护体系进行优化设计。进行分析计算需要考虑：整体参数的选择，土与结构的本构模型，施工过程的模拟，不同材料之间的接触模拟，土体参数的确定等。目前有限元的求解方法在应用中还存在计算参数和计算模式难以确定的问题，选择合适的土体本构模型、考虑各类非线性问题、实现三维模拟是用有限元方法分析双排桩支护结构体系的研究发展方向。

2. 弹性抗力法

由于极限平衡法不能分析结构体系的变形，数值分析方法较为复杂，所以弹性抗力法在目前的工程设计中得到了较为广泛的应用。目前，不少学者根据土压力的分布以及桩间土的假定不同建立了不同的计算模型，《建筑基坑支护技术规程》JGJ 120—2012 中也给出了前后排桩矩形布置的计算方法，模型如图 10.1-5 所示。

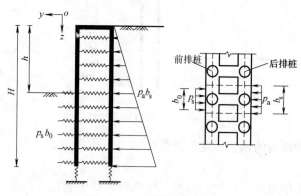

图 10.1-5　计算模型简图

该模型将前后排桩桩间土视为很多离散的弹簧，通过弹簧传递荷载来确定双排桩支护结构内力及位移，以此反映桩间土体对前后排桩的变形协调作用。基坑面以下土体对前排桩的作用采用水平弹簧模拟。前、后排桩桩底竖向与弹簧连接，主动土压力作用于后排桩。

作用在后排桩上的主动土压力按下式计算:

$$p_a = (\gamma z + q)K_a - 2c\sqrt{K_a} \tag{10.1-4}$$

式中　p_a——支护结构外侧主动土压力强度 (kPa);

γ——土体重度 (kN/m³);

z——计算点距离地面的高度 (m);

q——均布附加荷载 (kPa);

K_a——主动土压力系数;

c——土体的黏聚力 (kPa)。

前排桩嵌固段的土反力按下列公式计算:

$$p_s = k_s y + p_{s0} \tag{10.1-5}$$

$$k_s = m(z - h) \tag{10.1-6}$$

$$p_{s0} = \gamma(z - h)K_a \tag{10.1-7}$$

式中　p_s——分布土反力 (kPa);

k_s——土的水平反力系数 (kN/m³);

y——前排桩在计算点处使土体压缩的水平位移值 (m);

p_{s0}——初始分布土反力 (kPa);

m——水平反力系数的比例系数 (kN/m⁴);

h——基坑开挖深度 (m)。

m 宜按桩的水平荷载试验及地区经验取值,缺少试验和经验时,可按以下经验公式确定:

$$m = \frac{1}{y_b}(0.2\varphi^2 - \varphi + c) \tag{10.1-8}$$

式中　y_b——桩在坑底处的水平位移量 (mm),当其不大于 10mm 时,可取 $y_b = 10$mm;

c、φ——分别为土体的黏聚力和内摩擦角。

考虑基坑开挖后桩间土应力释放后仍存在一定初始土压力,根据土的侧限约束假定,桩间土对前后排桩的土反力与桩间土的变形压缩有关,视桩间土为水平向单向压缩体,前、后排桩桩间土对桩侧的压力按下列公式计算:

$$p_c = k_c \Delta y + p_{c0} \tag{10.1-9}$$

$$k_c = \frac{E_s}{t} \tag{10.1-10}$$

$$p_{c0} = (2\alpha - \alpha^2)p_a \tag{10.1-11}$$

$$\alpha = \frac{t}{h\tan(45° - \varphi/2)} \tag{10.1-12}$$

式中　p_c——前、后排桩桩间土对桩侧的压力 (kPa);

k_c——水平刚度系数 (kN/m³);

Δy——前、后排桩水平位移差值 (m),相对位移减小时为正,$\Delta y < 0$ 取 $\Delta y = 0$;

p_{c0}——前、后排桩桩间土对桩侧的初始压力 (kPa);

E_s——桩间土的压缩模量 (kPa);

t——桩间土的厚度（m）；

α——土压力计算系数；

p_a——支护结构外侧主动土压力强度（kPa），按式（10.1-4）计算。

桩底弹簧刚度系数综合考虑桩端阻力及桩侧摩阻力的影响，可按下式计算：

$$K_b = mHA + Q_s/s_d \tag{10.1-13}$$

式中 K_b——桩底弹簧刚度系数（kN/m）；

H——桩底距离地面的高度（m）。

A——桩端截面面积（m²）；

Q_s——前排桩桩侧摩擦力（kN）；

s_d——前排桩桩底竖向位移（m）。

作用于后排桩上主动土压力的计算宽度为桩间距 b_s，土反力的计算宽度针对不同桩型和桩径，按下列公式计算：

对圆形桩：

$$b_0 = 0.9(1.5d + 0.5) \qquad (d \leqslant 1\text{m}) \tag{10.1-14}$$
$$b_0 = 0.9(d + 1) \qquad (d > 1\text{m}) \tag{10.1-15}$$

对矩形桩或工字形桩：

$$b_0 = 1.5b + 0.5 \qquad (d \leqslant 1\text{m}) \tag{10.1-16}$$
$$b_0 = b + 1 \qquad (d > 1\text{m}) \tag{10.1-17}$$

求解前、后排装桩身位移 y_f、y_b 时可先建立前、后排桩侧向受荷下的挠曲微分方程。基坑开挖面以上前排桩的挠曲微分方程为

$$EI \frac{\mathrm{d}^4 y_f}{\mathrm{d}z^4} - p_c b_s = 0 \tag{10.1-18}$$

即

$$EI \frac{\mathrm{d}^4 y_f}{\mathrm{d}z^4} - k_c(y_b - y_f)b_s - p_{c0}b_s = 0 \tag{10.1-19}$$

基坑开挖面以下前排桩的挠曲微分方程为

$$EI \frac{\mathrm{d}^4 y_f}{\mathrm{d}z^4} + p_s b_0 - p_c b_s = 0 \tag{10.1-20}$$

即

$$EI \frac{\mathrm{d}^4 y_f}{\mathrm{d}z^4} + b_0 m(z - h)y_f - k_c(y_b - y_f)b_0 - (p_{c0}b_s - p_{s0}b_0) = 0 \tag{10.1-21}$$

后排桩的挠曲微分方程

$$EI \frac{\mathrm{d}^4 y}{\mathrm{d}z^4} + p_c b_s - p_a b_s = 0 \tag{10.1-22}$$

即

$$EI \frac{\mathrm{d}^4 y_b}{\mathrm{d}z^4} + k_c(y_b - y_f)b_s - (p_a b_s - p_{c0}b_s) = 0 \tag{10.1-23}$$

式中 y_f——前排桩桩身水平位移（m）；

y_b——后排桩桩身水平位移（m）；

E——桩的弹性模量（kPa）；

I——桩截面的惯性矩（m^4）。

式（10.1-19）、式（10.1-21）、式（10.1-23）是一个四阶变系数微分方程，方程没有解析解，一般可采用幂级数法、有限差分法或有限元法求得近似解。

采用有限差分法求解时，一般是先将前后排桩桩体按间距 λ 等分为有限个网格节点以代替连续的求解域，然后以 Taylor 级数展开等方法，把控制方程中的导数用网格节点上的函数值的差商代替进行离散，从而建立以网格节点上的值为未知数的线性方程组。最后利用桩底边界关系及前后排桩桩顶的连续条件，求解线性方程组获得桩体的位移，进而得到桩体的内力及土体抗力。

平面杆系有限元法也是求解该类问题常用的一种方法，求解过程包含以下几个步骤：

步骤一：支护结构单元离散。结构离散就是将支护结构离散成仅在节点处发生关系的有限数目的平面刚架杆单元和平面弹簧单元。为了计算方便，在挡土结构的截面和荷载突变处，在结构周围土体的各种因素发生变化处设置单元节点。

步骤二：单元分析。该过程是建立单元节点位移和单元节点力的表达式。联系单元节点力与单元节点位移之间关系的变换矩阵即为单元刚度矩阵。在双排桩结构中任取一平面刚架单元，在单元局部坐标系下，杆端力及杆端位移关系可写成如下形式：

$$\{K\}^e\{\delta\}^e=\{F\}^e \tag{10.1-24}$$

式中　$\{F\}^e$——平面刚架单元杆端节点力列阵；

　　　$\{K\}^e$——平面刚架单元刚度矩阵；

　　　$\{\delta\}^e$——平面刚架单元杆端节点位移列阵。

步骤三：建立整个结构的平衡方程。即按照静力平衡与变形协调条件把各个单元重新组集成为一个完整的结构进行求解。这个过程包括两方面内容：一是将各个单元的刚度矩阵集合成整个结构的整体的刚度矩阵；二是将作用于各单元的等效节点力向量集合成总的荷载向量。于是整个结构的平衡方程为：

$$\{K\}\{\delta\}=\{F\} \tag{10.1-25}$$

式中　$\{F\}$——整体荷载列阵；

　　　$\{K\}$——整体刚度矩阵；

　　　$\{\delta\}$——整体位移列阵。

步骤四：求解未知结点的位移和内力。根据静力平衡条件，作用在结构节点上的外荷载必须与单元内荷载平衡，单元内荷载是由未知节点位移和单元刚度矩阵求得。利用边界条件可以求得全部未知的节点位移，进而利用单元刚度矩阵即可算出各单元的内力。

10.1.4　各种因素对双排桩内力与变形的影响

1. 排距对双排桩内力与变形的影响

排距直接关系到能否使双排桩和桩间土共同作用，直接影响到双排桩的受力机理，而且排距的增大带来连梁增长，影响到连梁的刚度和工程的造价。一般而言，在排距很小时，双排桩支护结构类似于悬臂式单排桩特性，前后排桩的位移相差较小，随着排距的增大，前后排桩桩体位移都在逐渐减小，但减小的趋势越来越缓慢。当排距大于 $5d$ 时，前排桩的位移已无明显的变化。基坑开挖面以下，前排桩的弯矩受排距变化的影响较小，基坑开挖面以上，随着排距的增加，前排桩的最大弯矩逐渐增大。后排桩桩身弯矩随着排距的增加则逐渐减小。相对而言，排距的变化对后排桩弯矩影响更大。从计算结果来看，桩身位移和内力在排距（3～8）d 之间变化不大。因此较为合理的排距可取（3～5）d，此时桩体的变形和受力比较合理，双排桩的整体性能能够得到充分的发挥。

2. 桩径对双排桩内力与变形的影响

桩体抗弯刚度主要取决于桩径，桩体的刚度增加，有利于控制桩体位移。然而，对影响工程造价的桩径的选择应采取谨慎态度，适当提高桩径可在一定程度上减小围护结构的侧向变形，但在桩径达到一定值之后，对减小位移的作用不再明显，且同时增加了桩身的弯矩，尤其是开挖面以上桩身弯矩。因此，在桩体强度符合要求的情况下，不能单纯地依靠增加桩径来减小结构变形，要结合其他措施，以达到最佳的经济和技术效果。

3. 桩间土性质对双排桩内力与变形的影响

桩间土处于前后排桩和连梁的约束之下，其受力情况比较复杂，土体的性质对双排桩围护结构有重要的影响。桩间土模量的增大会减小前后排桩的最大弯矩，有利于控制支护结构的变形，特别是后排桩。从计算结果来看，桩间土压缩模量在 2～20MPa 范围内增加时，前后排桩的位移和弯矩变化较为明显，桩间土压缩模量大于 20MPa 时，桩间土压缩模量对前后排桩的位移和弯矩影响效果减弱。

4. 前后排桩沉降差对双排桩内力与变形的影响

双排桩刚架结构在水平荷载作用下，桩的内力除弯矩、剪力外，轴力的影响不容忽视，前排桩的轴力为压力，后排桩的轴力为拉力。桩身轴力的存在，使得前排桩发生向下的竖向位移，后排桩发生相对向上的竖向位移。前后排桩出现不同方向的竖向位移，如同普通刚架结构对相邻柱间的沉降差敏感一样，双排桩刚架结构前、后排桩沉降差对结构的内力、变形影响较大。图 10.1-6（a）为双排桩刚架结构在不考虑沉降差时的弯矩图，图 10.1-6（b）为双排桩刚架结构在前、后排桩产生差异沉降后的弯矩图，图 10.1-6（c）为叠加后的弯矩图。从图中可以看出，差异沉降产生的附加弯矩会减小开挖面以上的桩身弯矩和连梁弯矩，但会增大基坑开挖面以下桩身弯矩，而该支护体系一般以基坑底以下的桩身弯矩控制桩身配筋。沉降差同时会增大双排桩刚架的顶部变形，与没有沉降差相比，桩顶的水平位移最大可能会增加 1 倍以上，且随沉降差的增大基本成线性增加。因此，在设计双排桩支护时应采取措施减小前、后排桩的沉降差，对前排桩可采取选择较好的持力层、采用泥浆护壁灌注桩时控制桩底沉渣厚度小于 50mm、适当增加桩长等措施减小前排桩沉降，当坑底持力层埋深较浅时，应适当增加后排桩嵌固深度，以减小后排桩的相对上拔量。

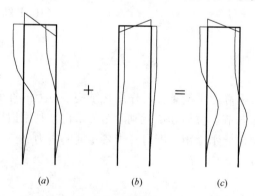

图 10.1-6　前、后排桩沉降差对弯矩的影响

10.1.5　结构设计

双排桩结构构件有竖向支护桩、连系梁和压顶梁，其截面承载力和构造应符合现行国家标准《混凝土结构设计规范》GB 50010 的有关规定。

1. 支护桩的承载力计算

支护桩主要承受弯矩、剪力作用，前排桩还承受轴向压力，后排桩承受轴向拉力，因此，双排桩应按偏心受压、偏心受拉构件进行支护桩的截面承载力计算。当轴向力不大时，支护桩可跟其他支护排桩结构一样，按纯弯构件进行结构承载力计算。

2. 连系梁截面计算

连系梁的刚度对双排桩的结构变形影响较大，因适当加强连系梁刚度。连系梁应根据其跨高比按普通受弯构件或深受弯构件进行截面承载力计算。

3. 压顶梁截面计算

由于双排桩结构为刚性的门架，桩顶与压顶梁间为刚性连接，支护桩桩顶弯矩传递至压顶梁后表现为压顶梁的扭矩，其扭矩与连系梁间距呈正比，一般情况下可按构造设置。

10.1.6 算例

某基坑工程拟采用双排桩（桩型为灌注桩）支护形式，基坑开挖深度 $h=6.0\mathrm{m}$，坡顶作用 $q=10\mathrm{kPa}$ 均布荷载，如图 10.1-7 所示。基坑安全等级为二级，桩顶水平位移不大于 30mm。基坑开挖影响范围内主要土层为黏性土，层厚 20m，重度 $\gamma=18.5\mathrm{kN/m^3}$，黏聚力 $c=21\mathrm{kPa}$，内摩擦角 $\varphi=15°$，压缩模量 $E_s=4\mathrm{MPa}$。灌注桩、冠梁及连系梁的混凝土强度等级为 C30，弹性模量 $E=3\times10^7\mathrm{kPa}$，重度为 $\gamma_c=25\mathrm{kN/m^3}$。设计时，取灌注桩直径 $d=0.8\mathrm{m}$，冠梁截面尺寸 1.0m（宽）×0.8m（高），连系梁截面尺寸 0.8m（宽）×0.7m（高），连系梁及桩间距 $b_s=2.0\mathrm{m}$，前后排距按 3 倍桩径取值 $L=2.4\mathrm{m}$，根据最小嵌固深度 $0.6h$ 构造要求，桩长暂按 $H=10\mathrm{m}$ 取值。

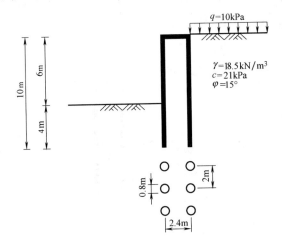

图 10.1-7 双排桩计算简图

（1）抗倾覆稳定性计算

主动土压力系数 $\quad K_a=\tan^2(45°-\varphi/2)=\tan^2(45°-15°/2)=0.5888$

被动土压力系数 $\quad K_p=\tan^2(45°+\varphi/2)=\tan^2(45°+15°/2)=1.6984$

后排桩主动土压力临界深度

$$z_0=(2c/\sqrt{K_a}-q)/\gamma=(2\times21/\sqrt{0.5888}-10)/18.5=2.42\mathrm{m}$$

后排桩桩底主动土压力强度

$$p_a=(\gamma H+q)K_a-2c\sqrt{K_a}$$

$$=(18.5\times10+10)\times0.5888-2\times21\times\sqrt{0.5888}$$

$$=82.589\text{kPa}$$

后排桩主动土压力 $\qquad E_a=\dfrac{1}{2}p_a(H-z_0)=\dfrac{1}{2}\times82.589\times(10-2.42)=313.0\text{kN}$

作用点距双排桩底端的距离 $\qquad h_a=\dfrac{1}{3}(H-z_0)=\dfrac{1}{3}\times(10-2.42)=2.53\text{m}$

前排桩基坑开挖面处被动土压力强度 $\qquad p_{p1}=2c\sqrt{K_p}=2\times21\times\sqrt{1.6984}=54.736\text{kPa}$

前排桩桩底被动土压力强度

$$
\begin{aligned}
p_{p2}&=\gamma(H-h)K_p+2c\sqrt{K_p}\\
&=18.5\times(10-6)\times1.6984+2\times21\times\sqrt{1.6984}\\
&=180.417\text{kPa}
\end{aligned}
$$

前排桩被动土压力

$$E_p=\frac{1}{2}(p_{p1}+p_{p2})(H-h)=\frac{1}{2}\times(54.736+180.417)\times(10-6)=470.3\text{kN}$$

作用点距双排桩底端的距离

$$h_p=\frac{1}{3}(H-h)\frac{2p_{p1}+p_{p2}}{p_{p1}+p_{p2}}=\frac{1}{3}\times(10-6)\times\frac{2\times54.736+180.417}{54.736+180.417}=1.64\text{m}$$

桩、冠梁、连梁及桩间土按土重简化计算

$$W=\gamma(L+d)H=18.5\times(2.4+0.8)\times10=592\text{kN}$$

作用点至前排桩边缘的水平距离

$$a=\frac{1}{2}(L+d)=\frac{1}{2}(2.4+0.8)=1.6\text{m}$$

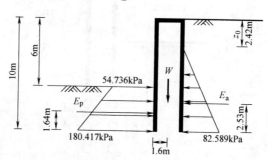

图 10.1-8 抗倾覆验算

抗倾覆稳定性

$$\frac{E_ph_p+Wa}{E_ah_a}=\frac{470.3\times1.64+592\times1.6}{313.0\times2.53}=2.17\geqslant1.2\quad(\text{满足要求})$$

（2）整体稳定性计算

整体稳定性根据圆弧滑动法按式（10.1-3）计算，整体稳定安全系数

$$K_s=\frac{\sum(c_ib_i/\cos\theta_i)+\sum[(q_ib_i+W_i)\cos\theta_i-u_ib_i/\cos\theta_i]\tan\varphi_i}{\sum(q_ib_i+W_i)\sin\theta_i}=1.873>1.3\quad(\text{满足要求})$$

（3）支护结构变形及内力计算

后排桩桩底主动土压力 $\qquad p_ab_s=82.589\times2=165.178\text{kN/m}$

土反力计算宽度 $\qquad b_0=0.9(1.5d+0.5)=0.9\times(1.5\times0.8+0.5)=1.53\text{m}$

前排桩桩桩底初始土反力

$$p_{s0} = \gamma(H-h)K_a = 18.5 \times (10-6) \times 0.5888 = 43.571\text{kPa}$$

$$p_{s0}b_0 = 47.426 \times 1.53 = 66.664\text{kN/m}$$

桩间土初始压力计算系数

$$\alpha = \frac{t}{h\tan(45° - \varphi/2)} = \frac{2.4 - 0.8}{6 \times \tan(45° - 15°/2)} = 0.3475$$

桩底部桩间土对桩侧初始压力

$$p_{c0} = (2\alpha - \alpha^2)p_a = (2 \times 0.3475 - 0.3475^2) \times 82.589 = 47.426\text{kPa}$$

$$p_{c0}b_s = 47.426 \times 2 = 94.852\text{kN/m}$$

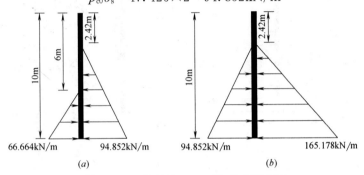

图 10.1-9 桩长为 10m 时初始土压力图

(a) 前排桩；(b) 后排桩

水平反力系数的比例系数按经验公式确定

$$m = \frac{1}{y_b}(0.2\varphi^2 - \varphi + c) = \frac{1}{10}(0.2 \times 15^2 - 15 + 21) = 5\,100\text{kN/m}^4$$

水平刚度系数　　　$k_c = \dfrac{E_s}{t} = \dfrac{4000}{2.4 - 0.8} = 2500\text{kN/m}^3$

桩底弹簧竖向刚度系数　　　$k_b = 3 \times 10^5\text{kN/m}$

按 10.1.3 节中双排桩计算模型，根据式（10.1-19）、式（10.1-21）、式（10.1-23），按有限差分求解得桩顶水平位移 $s = 33.1\text{mm} > 30\text{mm}$，不满足要求。

（4）增加嵌固深度，取桩长 $H = 12\text{m}$，按照步骤（1）、步骤（2）验算抗倾覆稳定性与整体稳定性，其中

抗倾覆稳定性

$$\frac{E_p h_p + Wa}{E_a h_a} = \frac{893.98 \times 2.37 + 710.4 \times 1.6}{500.06 \times 3.19} = 2.04 \geqslant 1.2 \quad \text{（满足要求）}$$

整体稳定性

$$K_s = \frac{\sum(c_i b_i / \cos\theta_i) + \sum[(q_i b_i + W_i)\cos\theta_i - u_i b_i / \cos\theta_i]\tan\varphi_i}{\sum(q_i b_i + W_i)\sin\theta_i} = 2.067 > 1.3 \quad \text{（满足要求）}$$

（5）桩长加长后支护结构变形及内力计算

后排桩桩底主动土压力

$$p_a = (\gamma H + q)K_a - 2c\sqrt{K_a}$$

$$= (18.5 \times 12 + 10) \times 0.5888 - 2 \times 21 \times \sqrt{0.5888}$$

$$= 104.375\text{kPa}$$

$$p_a b_s = 104.375 \times 2 = 208.75 \text{kN/m}$$

前排桩桩桩底初始土反力

$$p_{s0} = \gamma(H-h)K_a = 18.5 \times (12-6) \times 0.5888 = 65.357 \text{kPa}$$

$$p_{s0}b_0 = 65.357 \times 1.53 = 99.996 \text{kN/m}$$

桩底部桩间土对桩侧初始压力

$$p_{c0} = (2\alpha - \alpha^2)p_a = 0.5742 \times 104.375 = 59.932 \text{kPa}$$

$$p_{c0}b_s = 59.932 \times 2 = 119.864 \text{kN/m}$$

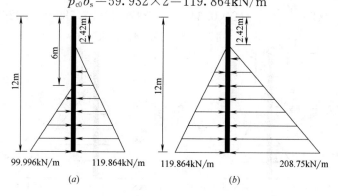

图 10.1-10　桩长为 12m 时初始土压力图

(a) 前排桩；(b) 后排桩

前、后排桩的内力、变形及土压力，连系梁内力如图 10.1-11、图 10.1-12 所示。根据计算结果，最大水平位移在桩顶，$s = 28.7 \text{mm} < 30 \text{mm}$，满足要求。

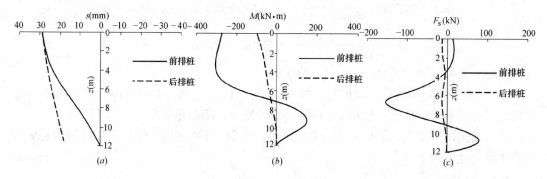

图 10.1-11　支护结构的内力、变形及土压力计算结果

(a) 水平位移；(b) 弯矩；(c) 剪力

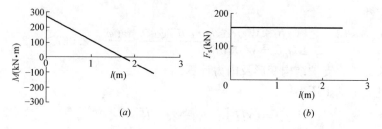

图 10.1-12　连系梁的内力、变形计算结果

(a) 弯矩；(b) 剪力

（6）配筋及构造设计

前排桩

最大弯矩	$M_{max}=308\text{kN}\cdot\text{m}$
弯矩设计值	$M=\gamma_0\gamma_f M_{max}=1.0\times1.25\times308=385\text{kN}\cdot\text{m}$
最大剪力	$N_k=153\text{kN}$
剪力设计值	$N=\gamma_0\gamma_f N_k=1.0\times1.25\times153=191.3\text{kN}$
轴向压力	$N_k=156\text{kN}$
轴力设计值	$N=\gamma_0\gamma_f N_k=1.0\times1.25\times156=195\text{kN}$

后排桩

桩身最大弯矩	$M_{max}=102\text{kN}\cdot\text{m}$
桩身弯矩设计值	$M=\gamma_0\gamma_f M_{max}=1.0\times1.25\times102=127.5\text{kN}\cdot\text{m}$
最大剪力	$N_k=14\text{kN}$
剪力设计值	$N=\gamma_0\gamma_f N_k=1.0\times1.25\times14=17.5\text{kN}$
轴向拉力	$N_k=156\text{kN}$
轴力设计值	$N=\gamma_0\gamma_f N_k=1.0\times1.25\times156=195\text{kN}$

连系梁

最大弯矩	$M_{max}=273\text{kN}\cdot\text{m}$
弯矩设计值	$M=\gamma_0\gamma_f M_{max}=1.0\times1.25\times273=341.3\text{kN}\cdot\text{m}$
最大剪力	$N_k=156\text{kN}$
剪力设计值	$N=\gamma_0\gamma_f N_k=1.0\times1.25\times156=195\text{kN}$

前、后排桩、连系梁和冠梁的截面配筋和构造参考现行国家标准《混凝土结构设计规范》GB 50010 进行设计，计算结果如图 10.1-13、图 10.1-14 所示。

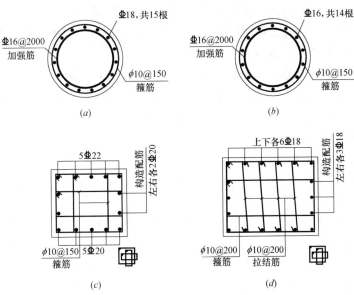

注：Φ代表HRB400钢筋，φ代表HPB300钢筋

图 10.1-13　前、后排桩、连系梁和冠梁的截面配筋

（a）前排桩配筋；（b）后排桩配筋；（c）连系梁配筋；（d）冠梁配筋

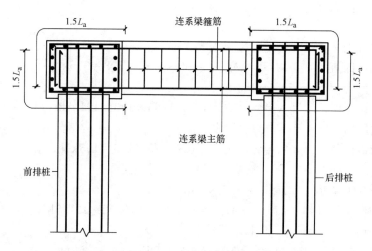

图 10.1-14 竖向支护桩、连系梁和冠梁连接大样

10.2 拱形围护结构

10.2.1 拱形围护结构简介

拱作为一种承载结构,从古至今得到了广泛的应用。例如,大跨度屋顶常采用拱形,地下隧道一般也是拱形,拱桥、拱坝等都是典型拱形结构。拱结构用作深基坑围护结构,也在工程中得到了应用。拱形围护结构通过对材料的合理空间组合,改善材料的受力性状,一方面利用土体自拱作用,减小作用于围护结构上的土压力,另一方面结构受力合理,拱壁基本受压,可充分发挥水泥材料抗压强度高的特点。由于这些优点,采用拱形围护结构具有很好的经济效益,在开挖深度不是很深的情况下,甚至可以不设支撑或拉锚,为基坑开挖施工带来了极大方便。

目前拱形围护结构主要有两种结构形式,一种是水泥土拱形围护结构,其拱壁由水泥土搅拌桩排列成的拱形组成;另一种是(素)混凝土拱形围护结构,其拱壁是由(素)混凝土灌注桩排列成拱形组成。拱形围护结构的拱跨度一般为数米,在拱座处一般设 1~2根钢筋混凝土钻孔灌注桩。

1. 水泥土拱形围护结构

水泥土拱形围护结构的拱壁由水泥土搅拌桩排列成拱形组成,拱脚设 1~2 根钻孔灌注桩,拱脚桩上可设支撑加强,其结构示意图如图 10.2-1 所示。由于水泥土搅拌桩桩与桩之间都有一定的搭接量,一般能形成性质比较均一的拱壁,所以这种结构具有较好的整体性,挡土止水效果好,施工方便,价格也比较便宜,但水泥土搅拌桩强度比较低,所以拱壁一般也较厚,拱壁一般由两排及以上的搅拌桩排列而成。

2. (素)混凝土拱形围护结构

(素)混凝土拱形围护结构拱壁由 $\phi 250 \sim \phi 600$ 的小直径(素)混凝土灌注桩排列成拱形组成,桩与桩之间可采用高压旋喷桩堵缝止水,顶部用钢筋混凝土帽梁连成整体,如开挖深度较大,沿深度方向适当距离增加 1~2 道钢筋混凝土(或钢结构)的加劲肋,以增

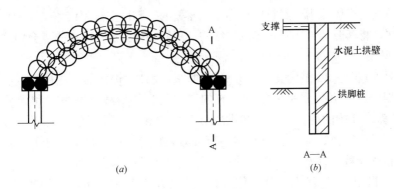

图 10.2-1　水泥土拱形围护结构示意图

(a) 单个拱跨；(b) A—A 剖面示意图

强组合截面的整体性，拱脚桩采用大直径钢筋混凝土钻孔桩。结构示意图如图 10.2-2 所示。这种结构由于采用了（素）混凝土灌注桩形成拱壁，强度比水泥土搅拌桩高，因此拱壁厚度较小，但由于桩与桩之间没有搭接，所以止水效果差（如果没有采用旋喷桩等止水措施），整体性也差些，而且造价也高些。

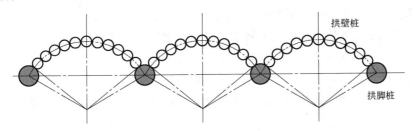

图 10.2-2　（素）混凝土拱形围护结构示意图

10.2.2　拱形围护结构设计计算方法

拱形围护结构通过改变围护桩的排列方式（排列成拱形），来改善围护桩的受力状况，使材料性能得到充分发挥。在本质上拱形围护结构仍是桩型围护结构，但受力状态与一般桩型围护结构又有很大的不同，所以在设计计算时又不能按一般桩型围护结构来考虑。

基坑拱形围护结构设计计算目前尚无统一的模式和技术规程可循，蔡伟铭和李有成（1992）在计算水泥土拱形围护结构时，取一单位高度的水平拱来分析。陈德文（1994，1995）将拱形围护结构简化为平面结构，计算时分水平向计算和竖向计算两部分。在水平向计算上，方法与蔡伟铭和李有成（1992）提出的方法类似。俞洪良（1997）采用了拱坝分析中的拱冠梁法来分析拱形围护结构，这种方法与前两种方法有着根本性区别。潘泓（1996）提出用壳体理论来分析拱形围护结构的内力和变形。通过求解壳体的微分方程，结合给定的边界条件，得到拱形围护结构的内力和变形计算表达式。赵利益和蔡伟铭（1997）曾用三维弹塑性有限元分析水泥土拱形围护结构，得到的主要结论是：（1）同样工程条件下，拱形围护结构的变形明显小于普通围护结构的变形；（2）在一定范围内增加矢高能减小拱形围护结构的变形；（3）在拱身内力中，拱身轴力比较大，而拱内弯矩、剪力比较小，说明拱形围护结构主要受压，能充分发挥水泥土桩的受压性能；（4）根据有限元计算结果，认为简化计算方法（按无铰拱计算的纯拱法）是可行的。拱形围护结构在受力上与拱坝极其类似，拱坝承担的是坝后水体压力，经拱壁传递至拱肩处的岩体，而拱形围护结构承担的是墙后土体压力，经拱壁传递至拱座处的拱脚桩上。张仪萍（2000）借鉴拱坝分析中的拱梁法，将其改造成用于拱形围护结构计算的一种方法。下面重点介绍这种方法。

1. 基本假设

拱梁法是 20 世纪 30 年代美国垦务局针对拱坝设计而提出的一种计算方法。其基本原理是将拱坝划分成一系列水平的拱和垂直的梁，认为外荷载分别由拱和梁承担（分载原理），分别计算拱和梁的变位，在梁和拱的交汇处，由拱和梁两套体系计算出来的变位应一致。因此，只要以拱、梁各自所承担的荷载为未知量，根据交汇处变形一致条件，就可解出拱荷载和梁荷载，荷载求出后，即可计算变位、拱梁内力、坝体应力等，从而求解出整个问题。20 世纪 70 年代末，陈正作（1992）提出了反力参数法（简称反力法），其基本思想是把水平拱在拱座处的拱反力作为未知量，以梁为计算单位，将每根梁处的拱内力、变位和拱荷载表示成反力的线性函数，计算每根梁处的拱内力、变位和拱荷载时，都利用前一根梁的计算结果（即已将前一根梁的拱内力、变位和拱荷载表示成反力的线性函数），并利用拱梁变位一致条件，同样可将该梁处的拱内力、变位和拱荷载也表示成反力的线性函数，逐步由拱座向中间计算，最后在拱冠梁上建立左右侧拱变位一致、拱梁变位一致和拱内力平衡方程组，由平衡方程解出拱座反力，然后将反力回代就可计算出拱内力、变位和拱荷载，进而可计算梁内力、拱壁应力等。

反力法本质上仍是拱梁法，但其计算比传统拱梁法要简单些。本小节介绍的拱形围护结构分析方法就是依据反力法的思想来建立的。分析时作如下假定：（1）拱壁材料为均质各向同性的弹性体；（2）拱、梁变形前后，径向纤维保持直线；（3）拱壁为等壁厚，竖向曲率为零；（4）采用四项变位协调；（5）泊松比为零；（6）不计温度影响；（7）拱壁不开裂。

假设（1）、（2）是拱梁法本身所做的假设，而假设（3）～（7）是为了简化计算所作的假设。这些假设的意义说明如下：

假设（1）是将拱形围护结构作为一个弹性体考虑，虎克定理适用，其力学性能可由两个弹性常数来描述，即弹性模量和泊松比。

假设（2）是拱梁法中的一个基本的重要的假设，相当于壳体理论中的法截面维持平面假设或杆件系统中的法截面维持平面假设。这样使拱和梁的变位计算和材料力学中的算法类似，可简单应用杆件力学中的拱、梁计算公式。

假设（3）是围护结构本身特点所决定的，由于拱壁常由搅拌桩（或混凝土桩）形成，在垂直方向不存在曲率变化，曲率为零，假定为等壁厚是为了简化计算。

假设（4）是指在平衡方程推导时选用四种荷载，即切向荷载、径向荷载、水平扭载和绕切向轴的垂直扭载四种荷载，采用切向变位、径向变位、水平扭转变位和绕切向轴的垂直扭转变位四种变位协调一致条件，忽略垂直荷载和绕径向轴的垂直扭载的影响。传统的拱梁法为节省计算机内存，进行变位协调时一般采用前三种变位，而在径向变位计算中考虑垂直扭载的作用。这就要求将垂直扭载用其他荷载来表示，或采用其他方法来处理垂直扭载，这将导致公式的复杂性和增加编程的难度。随着计算机技术的发展，内存限制在很大程度上得到了缓解，因此在此将垂直扭转变位直接参与变位协调计算。不考虑其他两种荷载（垂直荷载和绕径向的扭载）的作用是因为它们不引起所要计算的变位或很小，可忽略不计。

假设（5）是美国垦务局拱梁法计算中的常用假定。假设泊松比为零是因为混凝土或水泥土材料的泊松比很小，而作这一假定后又可使拱和梁的变位计算大为简化，这时拱的变位只与拱内力有关，而梁的变位只与梁内力有关，不存在交叉作用。泊松比为零的假设只是认为拱梁的变位计算只与各自的内力有关，计算是相互独立的，而在其他计算当中（如形常数计算）并不认为泊松比为零。

假设（6）是因为围护结构是临时性结构，因此不计温度的影响，而在拱坝分析中，温度应力常是主要因素之一。

假设（7）指拱壁应力不超过材料的抗拉强度。

2. 拱梁法

将整个围护结构划分成若干个水平拱和垂直梁，拱和梁的编号如图 10.2-3 所示，共分为 n 个拱和 $2m-1$ 根梁，左右两侧梁的数量相等（结构并不要求对称）。反力法以梁为计算单位，各力学参数均以梁为单位来表示，如第 i 根梁处的拱内力可表示为：

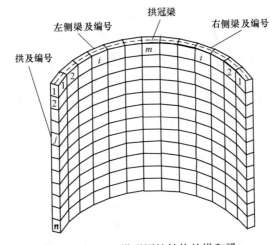

图 10.2-3 拱形围护结构的拱和梁

$$F(i)=\begin{Bmatrix} F_1 \\ F_2 \\ \vdots \\ F_n \end{Bmatrix}, i=1,\cdots,m; \quad F_j=\begin{Bmatrix} N \\ V \\ M_z \\ M_t \end{Bmatrix}_j, j=1,\cdots,n$$

其中 F_j 表示第 j 个拱处的拱截面内力，包括轴力 N、径向剪力 V、弯矩 M_z 和垂直弯矩 M_t。

第 i 根梁处的变位：

$$D(i)=\begin{Bmatrix} D_1 \\ D_2 \\ \vdots \\ D_n \end{Bmatrix}, i=1,\cdots,m; \quad D_j=\begin{Bmatrix} u \\ v \\ \theta_z \\ \theta_t \end{Bmatrix}_j, j=1,\cdots,n$$

其中 D_j 表示第 j 个拱处的变位，包括径向变位 u、切向变位 v、水平扭转变位 θ_z 和垂直扭转变位 θ_t。

第 i 根梁处的拱荷载：

$$L(i) = \begin{Bmatrix} L_1 \\ L_2 \\ \vdots \\ L_n \end{Bmatrix}, i=1,\cdots,m; \quad L_j = \begin{Bmatrix} q \\ p \\ m_z \\ m_t \end{Bmatrix}_j, j=1,\cdots,n$$

其中 L_j 表示第 j 个拱处拱所承担的荷载，包括径向荷载 q、切向荷载 p、水平扭载 m_z 和垂直扭载 m_t。

反力法以左右拱座的反力为基本未知量，将拱内力、变位和拱荷载都表示成反力的线性函数，从第 1 根梁逐步向中间拱冠梁计算，最后在拱冠梁处建立左右两侧变位一致、拱梁变位一致和左右拱内力一致等平衡方程组。

假设在计算第 $i+1$ 根梁时，第 i 根梁处的力学参数已全部表示成反力的线性函数，即：

$$\boldsymbol{F}(i) = [\boldsymbol{M}_F]_i \cdot \boldsymbol{R} + C_F(i) \tag{10.2-1}$$

$$\boldsymbol{D}(i) = [\boldsymbol{M}_D]_i \cdot \boldsymbol{R} + \boldsymbol{C}_D(i) \tag{10.2-2}$$

$$\boldsymbol{L}(i) = [\boldsymbol{M}_L]_i \cdot \boldsymbol{R} + \boldsymbol{C}_L(i) \tag{10.2-3}$$

式中 $\boldsymbol{R}$ 为拱座反力，$[\boldsymbol{M}_F]_i$、$[\boldsymbol{M}_D]_i$ 和 $[\boldsymbol{M}_L]_i$ 分别为系数矩阵，$\boldsymbol{C}_F(i)$、$\boldsymbol{C}_D(i)$ 和 $\boldsymbol{C}_L(i)$ 分别为常数列阵。

下面根据第 i 根梁的计算结果推导出第 $i+1$ 根梁的各系数矩阵及常数列阵。

第 $i+1$ 根梁处的拱内力可按下式计算：

$$\boldsymbol{F}(i+1) = [\boldsymbol{A}_F] \cdot \boldsymbol{F}(i) + [\boldsymbol{A}_1] \cdot \boldsymbol{L}(i) + [\boldsymbol{A}_2] \cdot \boldsymbol{L}(i+1) \tag{10.2-4}$$

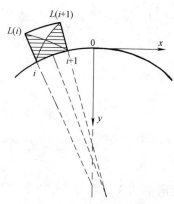

式中 $[\boldsymbol{A}_F]$ 为内力传递矩阵，表示由 i 节点处的内力 $\boldsymbol{F}(i)$ 引起在 $i+1$ 节点处的内力。由于每个节点有四种内力，因此 $[\boldsymbol{A}_F]$ 是一个准对角线矩阵，即矩阵对角线上是一个 4 阶小方阵，表示节点 i 和 $i+1$ 之间 4 种内力的传递关系。$\boldsymbol{L}(i)$、$\boldsymbol{L}(i+1)$ 为节点 i 和 $i+1$ 处的荷载强度，假定外荷载在两节点之间沿拱轴线线性变化，当水平拱分段数较多时，可模拟任意形式的荷载分布。拱段上的荷载又可分成两个三角形荷载，每个三角形荷载在某节点处为该点的荷载强度，线性变化到另一节点处为零（图 10.2-4）。$[\boldsymbol{A}_1]$ 为由三角形拱荷载 $\boldsymbol{L}(i)$ 引起的内力增量系数矩阵，$[\boldsymbol{A}_2]$ 为由三角形拱荷载 $\boldsymbol{L}(i+1)$ 引起的内力增量系数矩阵，它们同样是准对角线矩阵。在拱壁形状确定以后，不难确定上述系数矩阵，具体请参看文献（张仪萍，2000）。

图 10.2-4 三角形拱荷载

将式 (10.2-1)、式 (10.2-3) 代入式 (10.2-4) 得：

$$\boldsymbol{F}(i+1) = [\boldsymbol{M}_{F0}]_{i+1} \cdot \boldsymbol{R} + [\boldsymbol{A}_2] \cdot \boldsymbol{L}(i+1) + C_{F0}(i+1) \tag{10.2-5}$$

其中：

$$[\boldsymbol{M}_{F0}]_{i+1} = [\boldsymbol{A}_F] \cdot [\boldsymbol{M}_F]_i + [\boldsymbol{A}_1] \cdot [\boldsymbol{M}_L]_i$$

$$C_{F0}(i+1) = [\boldsymbol{A}_F] \cdot \boldsymbol{C}_F(i) + [\boldsymbol{A}_1] \cdot \boldsymbol{C}_L(i)$$

第 $i+1$ 根梁处的拱变位可按下式计算：

$$D(i+1)=[A_D] \cdot D(i)+[A_{DF}] \cdot F(i+1)+[D_1] \cdot L(i)+[D_2] \cdot L(i+1)$$

$$(10.2-6)$$

式中 $[A_D]$ 为变位传递系数矩阵；$[A_{DF}]$ 为拱内力引起的变位系数矩阵；$[D_1]$、$[D_2]$ 分别为由拱荷载 $L(i)$ 和 $L(i+1)$ 引起的变位系数矩阵。这些矩阵均为准对角线矩阵，具体形式请看文献（张仪萍，2000）。

将式（10.2-2）、式（10.2-3）和式（10.2-5）代入式（10.2-6）中得：

$$D(i+1)=[M_{D0}]_{i+1} \cdot R+([A_{DF}][A_2]+[D_2]) \cdot L(i+1)+C_{D0}(i+1) \quad (10.2-7)$$

其中：

$$[M_{D0}]_{i+1}=[A_D] \cdot [M_D]_i+[A_{DF}] \cdot [M_{F0}]_{i+1}+[D_1] \cdot [M_L]_i$$

$$C_{D0}(i+1)=[A_D] \cdot C_D(i)+[A_{DF}] \cdot C_{F0}(i+1)+[D_1] \cdot C_L(i)$$

而第 $i+1$ 根梁的变位也通梁来计算，梁的变位可表示：

$$D(i+1)=[M_{DB0}]_{i+1} \cdot L_B(i+1) \tag{10.2-8}$$

式中 $[M_{DB0}]$ 表示梁的变位系数矩阵，假定梁为底端固支的悬臂梁或弹性地基梁，可推导出相应的变位系数矩阵（张仪萍，2000）。$L_B(i+1)$ 为第 $i+1$ 根梁分担的外荷载，根据分载原理，外荷载分别由拱和梁承担，即有：

$$L(i+1)+L_B(i+1)=P(i+1) \tag{10.2-9}$$

其中 $P(i+1)$ 为总的外荷载，代入式（10.2-8）可得：

$$D(i+1)=[M_{DB}]_{i+1} \cdot L(i+1)-C_P(i+1) \tag{10.2-10}$$

其中：

$$[M_{DB}]_{i+1}=-[M_{DB0}]_{i+1}$$

$$C_P(i+1)=-[M_{DB0}]_{i+1} \cdot P(i+1)$$

根据拱梁变位一致条件，式（10.2-7）与式（10.2-10）应相等，则得

$$L(i+1)=[M_L]_{i+1} \cdot R+C_L(i+1) \tag{10.2-11}$$

此式已将第 $i+1$ 根梁的拱荷载表示成反力的线性函数。系数矩阵和常数列阵分别为：

$$[M_L]_{i+1}=[[M_{DB}]_{i+1}-([A_{DF}][A_2]+[D_2])]^{-1} \cdot [M_{D0}]_{i+1}$$

$$C_L(i+1)=[[M_{DB}]_{i+1}-([A_{DF}][A_2]+[D_2])]^{-1}(C_{D0}(i+1)+C_P(i+1))$$

将式（10.2-11）代入式（10.2-5）得：

$$F(i+1)=[M_F]_{i+1} \cdot R+C_F(i+1) \tag{10.2-12}$$

此式已将第 $i+1$ 根梁的拱内力表示成反力的线性函数，对相应的系数矩阵和常数列阵分别为：

$$[M_F]_{i+1}=[M_{F0}]_{i+1}+[A_2] \cdot [M_L]_{i+1}$$

$$C_F(i+1)=C_{F0}(i+1)+[A_2] \cdot C_L(i+1)$$

将式（10.2-11）代入式（10.2-7）得：

$$D(i+1)=[M_D]_{i+1} \cdot R+C_D(i+1) \tag{10.2-13}$$

此式已将第 $i+1$ 根梁处的变位也表示成了反力的线性函数，其中系数矩阵和常数列阵分别为：

$$[M_D]_{i+1}=[M_{D0}]_{i+1}+([A_{DF}][A_2]+[D_2]) \cdot [M_L]_{i+1}$$

$$C_D(i+1)=C_{D0}(i+1)+([A_{DF}][A_2]+[D_2]) \cdot C_L(i+1)$$

至此，已全部推导出第 $i+1$ 根梁的各系数矩阵及常数列阵，即将拱内力、变位和拱荷载都表示成了反力的线性函数。

在计算第 1 根梁时，由于前面已没有梁，因此其计算会略有不同，仿照前面的推导同样可推导出第 1 根梁的各系数矩阵和常数列阵。

第 1 根梁的拱内力：

$$F(1)=[A_F]\cdot F(0)+[A_1]\cdot L(0)+[A_2]\cdot L(1) \tag{10.2-14}$$

由于在拱座处拱内力即反力，即 $F(0)=R$。取拱座处拱荷载 $L(0)=L(1)$，上式变为

$$F(1)=[A_F]\cdot R+([A_1]+[A_2])\cdot L(1) \tag{10.2-15}$$

第 1 根梁处的拱变位：

$$\begin{aligned}D(1)&=[A_D]\cdot D(0)+[A_{DF}]\cdot F(1)+[D_1]\cdot L(0)+[D_2]\cdot L(1)\\&=[A_D]\cdot D(0)+[A_{DF}][A_F]\cdot R+([A_{DF}]([A_1]+[A_2])+[D_1]+[D_2])\cdot L(1)\end{aligned}$$
$$\tag{10.2-16}$$

式中 $D(0)$ 为拱座处的变位，如果假定拱座不变形，则 $D(0)=0$。对于拱形围护结构，拱座一般为拱脚桩，需要考虑拱座变形的影响。拱座处的拱脚桩所受的外荷载即拱传递过来的荷载，数值上等于拱座反力。因此可根据桩型围护结构计算中的弹性抗力法建立拱座变位 $D(0)$ 与反力 R 之间的关系，在形式上可表示成（张仪萍，2000）：

$$D(0)=[D_0]\cdot R \tag{10.2-17}$$

其中 $[D_0]$ 即拱座反力引起拱座平面内变位的变位系数矩阵。

第 1 根梁处的变位也可根据梁来计算，参照式（10.2-10），可表示成：

$$D(1)=[M_{DB}]_1\cdot L(1)-C_P(1) \tag{10.2-18}$$

根据拱梁变位一致条件，式（10.2-16）和式（10.2-18）应相等，可得

$$\begin{aligned}L(1)=[M_{DB}]_1-([A_{DF}]([A_1]+[A_2])+[D_1]+\\ [D_2])]^{-1}\cdot(([A_{DF}][A_F]+[A_D][D_0])\cdot R+C_P(1))\end{aligned} \tag{10.2-19}$$

因此可得到第 1 根梁的各系数矩阵和常数列阵为：

$$[M_L]_1=[[M_{DB}]_1-([A_{DF}]([A_1]+[A_2])+[D_1]+[D_2])]^{-1}([A_{DF}][A_F]+[A_D][D_0])$$
$$C_L(1)=[[M_{DB}]_1-([A_{DF}]([A_1]+[A_2])+[D_1]+[D_2])]^{-1}\cdot C_P(1)$$
$$[M_F]_1=[A_F]+([A_1]+[A_2])[M_L]_1$$
$$C_F(1)=([A_1]+[A_2])\cdot C_L(1)$$
$$[M_D]_1=[A_D][D_0]+[A_{DF}][A_F]+([A_{DF}]([A_1]+[A_2])+[D_1]+[D_2])[M_L]_1$$
$$C_D(1)=([A_{DF}]([A_1]+[A_2])+[D_1]+[D_2])\cdot C_L(1)$$

从左右两侧的第 1 根梁开始计算，逐步向拱冠梁推进，最后在拱冠梁（即第 m 根梁）处利用三组条件建立方程组，一是从左右两侧推算的拱变位应相等，二是左右两侧计算得出的拱内力应平衡，三是梁的变位与左右任一侧的拱变位应相等。

根据式（10.2-7），由左右两侧拱变位一致条件得：

$$\begin{aligned}([M_{D0}]_m)_L\cdot R_L-([M_{D0}]_m)_R\cdot R_R+(([A_{DF}][A_2]+[D_2])_L-\\ ([A_{DF}][A_2]+[D_2])_R)\cdot L(m)+C_{D0}m_L-C_{D0}m_{(R)}=0\end{aligned} \tag{10.2-20}$$

根据式（10.2-5），由左右两侧拱内力平衡条件得：

$$([M_{F0}]_m)_L\cdot R_L-([M_{F0}]_m)_R\cdot R_R+([A_2]_L-[A_2]_R)\cdot L(m)+C_{F0}(m)_L-C_{F0}(m)_R=0$$
$$\tag{10.2-21}$$

由拱梁变位一致条件得：

$$([\boldsymbol{M}_{D0}]_m)_L \cdot \boldsymbol{R}_L + (([\boldsymbol{A}_{DF}][\boldsymbol{A}_2] + [\boldsymbol{D}_2])_L - [\boldsymbol{M}_{DB}]_m) \cdot \boldsymbol{L}(m) + \boldsymbol{C}_{D0}(m)_L - \boldsymbol{C}_P(m) = 0$$

$$(10.2-22)$$

式中下标"L"表示左侧，下标"R"表示右侧。由以上三组方程可解出左右拱座反力和拱冠梁处的拱荷载，将反力回代可得变位、拱内力及拱荷载，进而可计算梁荷载、梁内力和拱壁应力等。

张仪萍（2000）已将上述计算方法编制成相应的拱形围护结构分析程序 ARSAP（Arched Retaining Structure Analysis Program），如有需要可向作者索取。计算程序可以实现以下功能：

（1）在约束处理上，拱座可以假设为固支和弹性约束两种情况，围护结构下部约束也可假设为固支和弹性约束两种情况。

（2）水土压力采用朗肯土压力理论计算，可以考虑水土合算和水土分算两种情况。水土压力分布可以假设为沿径向均布和沿跨长均布。

（3）程序适用于均质土层，也适用于成层土情况。

（4）围护结构可以是对称结构和非对称结构，拱轴线形状可以是由下式描述的任意拱形：

$$R = \frac{R_0 \exp(k\varphi)}{(\cos^2\varphi + \alpha \sin^2\varphi)^\beta}$$

$$(10.2-23)$$

式中　R——中心角为 φ 处的曲率半径；

R_0——拱冠处的曲率半径；

φ——中心角；

k、α、β——任意参数。

R_0、k、α、β 取不同值可表示不同拱形状。

（5）围护结构可以是悬臂式的或支锚式的，支锚可以设在拱脚桩上或拱壁上，或两处都设有支撑，可以是单道或多道支锚。

（6）程序能给出围护结构的内力和变形，拱脚桩（如果设有拱桩）的内力和变形，以及拱壁上下游面应力等计算结果。

10.2.3　悬臂式拱形围护结构性状

利用所开发的拱形围护结构分析程序（ARSAP），通过数值分析来研究不同因素对拱形围护结构性状的影响，如何影响及影响程度，从而为合理设计拱形围护结构提供设计依据。拱形围护结构性状分析主要针对悬臂式和单支撑两种拱形围护结构形式，所考虑的影响因素包括拱座变形、插入深度、土质条件、拱形、支撑位置、支撑刚度、拱壁刚度、土压力平面分布形式等。悬臂式拱形围护结构性状分析所用的基本参数如下（张仪萍，张土乔，2001）：

基坑宽 20m，长 50m，开挖深度 6.0m。围护结构采用三排水泥土搅拌桩，平面排列成圆弧形，圆弧半径 3.0m，单拱跨度（弦长）4.5m，桩径 $\phi500$，桩长 12.0m，桩与桩搭接 150mm。拱脚处设两根 $\phi600$ 的钻孔灌注桩。均质土层，土的强度指标 $c_{cu} = 10\text{kPa}$，$\varphi_{cu} = 10°$，重度 $\gamma = 17.0\text{kN/m}^3$，采用被动区加固，取地基抗力系数的比例系数 $m = 4000\text{kN/m}^4$。在计算中拱壁厚度取 1.2m，拱壁材料弹性模量取 $1.20 \times 10^5\text{kPa}$，拱脚桩弹性模量取 $2.55 \times 10^7\text{kPa}$，墙后超载取 30kPa。墙后土压力沿深度的分布假定在开挖面以上为朗肯主动土压力，在开挖面以下为定值，等于开挖面处的土压力值。

为与常用直线型围护结构作比较，同时计算一悬臂式单排桩围护结构，用于比较同一影响因素对两种不同形式的围护结构的影响规律。单排围护结构采用 $\phi800$ 的钻孔灌注桩，桩长 12.0m，桩中心间距 1.0m。土质条件等与拱形围护结构相同。计算方法采用弹性抗力法中"m"法。

1. 插入深度的影响

图 10.2-5（a）为不同插入深度下拱形围护结构拱冠处的变形曲线，图 10.2-5（b）为单排桩在不同插入深度下的变形曲线。从图中可以看出，两种围护结构的最大变形都发生在桩顶，插入深度对单排桩围护结构影响较大，对拱形围护结构的影响却很小。在插入深度较小时（如 4m）单排桩桩顶位移很大，最大变形接近 60cm，而对拱形围护结构无论插入深度大小如何，其变形相差不大。图 10.2-5（c）为拱脚桩弯矩图，图 10.2-5（d）为单排桩弯矩图。比较这两张图可知，同是悬臂式结构，拱形围护结构拱脚桩的弯矩分布规律与单排桩的弯矩分布规律完全不同，拱脚桩弯矩分布存在一个反弯点，而单排桩却没

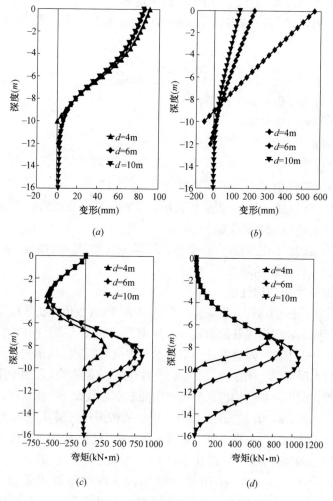

图 10.2-5 不同插入深度下的变形和弯矩

（a）拱冠变形 ；（b）单排桩变形 ；（c）拱脚桩弯矩 ；（d）单排弯矩

有，说明拱脚桩和单排桩的各自受力机理完全不同。拱脚桩弯矩反弯点的存在有效地减小了桩身最大弯矩，使拱脚桩受力处于合理的状态。插入深度对开挖面以下的桩身弯矩分布有一定影响，插入深度越大弯矩越大，对于拱形围护结构当插入较小时最大弯矩发生在开挖面以上，插入深度较大时最大弯矩与悬臂式单排桩一样，发生在开挖面以下。

图 10.2-6 是最大变形和最大弯矩随插入深度的变化关系。图 10.2-6（a）表示悬臂式拱形围护结构，从图可知，插入深度对变形影响很小，最大变形随插入深度增大首先略有减小，最后趋于稳定。开挖面以上的最大弯矩随插入深度增大首先略有减小，最后趋于稳定，而开挖面以下的最大弯矩随插入深度增大而增大，最后也趋于稳定；图 10.2-6（b）表示悬臂式单排桩围护结构，对悬臂式单排桩围护结构而言，最大变形随插入深度增大而减小，而且首先减小的幅度很大，最后也趋于稳定，同时可以看到插入深度不宜小于 1 倍开挖深度，否则变形太大。最大弯矩随插入深度增大而增大。

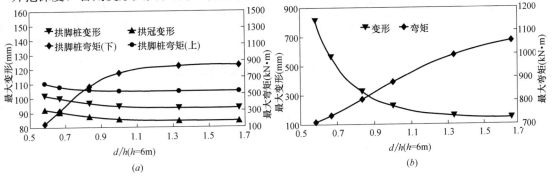

图 10.2-6 插入深度与最大变形和弯矩的关系
（a）拱形围护结构；（b）单排桩围护结构

2. 坑底土质的影响

坑底土质的影响通过地基抗力系数的比例系数 m 值来反映。图 10.2-7（a）为拱冠处的变形曲线，图 10.2-7（b）为单排桩变形曲线。从图中可以看出，无论哪种围护结构，m 值越大，变形越小。当 m 值较小时，单排桩变形很大（约 40cm），变形随 m 值增大而急剧减小，而对拱形围护结构而言，m 值对变形的影响幅度要小得多。图 10.2-7（c）为

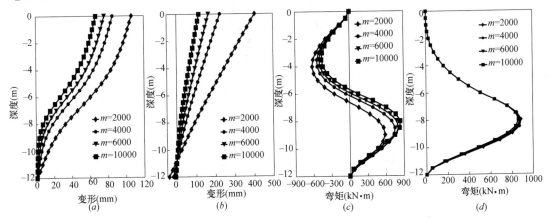

图 10.2-7 不同 m 值下的变形和弯矩
（a）拱冠变形；（b）单排桩变形；（c）拱脚桩弯矩；（d）单排桩弯矩

拱脚桩弯矩图，在拱脚桩上部弯矩随 m 值增大而减小，在拱脚桩下部弯矩随 m 值增大而增大。图 10.2-7（d）为单排桩弯矩图，m 值对单排桩弯矩的影响很小。

图 10.2-8（a）为拱形围护结构最大变形和最大弯矩随 m 值的变化曲线，最大变形随 m 值增大而减小，最大弯矩随 m 值增大而增大。图 10.2-8（b）为单排桩最大变形和最大弯矩随 m 值的变化曲线，最大变形随 m 值增大而减小很快，但 m 值对最大弯矩的影响非常有限。

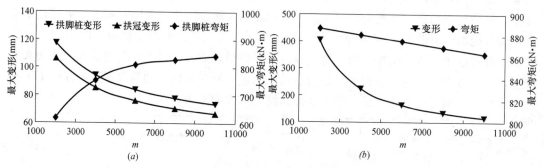

图 10.2-8　m 值与最大变形和弯矩的关系
（a）拱形围护结构；（b）单排桩围护结构

3. 拱形状的影响

拱形状的影响包括两个方面，一是矢跨比相同情况下，拱形的影响；另一是相同拱形下，矢跨比的影响。计算所用拱形包括圆弧拱、抛物线拱、悬链线拱、椭圆拱、双曲线拱和对数螺线拱。计算时发现，在矢跨比相同的情况下，不同拱形的影响非常有限，而矢跨比的影响很大。图 10.2-9（a）为不同矢跨比下拱冠处的变形曲线，对于同种拱形，矢跨比越大，变形越小。图 10.2-9（b）为不同矢跨比下的拱脚桩弯矩图，从图中可知，随着矢跨比增大，弯矩减小。图 10.2-10 为拱脚桩和拱冠处最大变形、拱脚桩最大弯矩与矢跨比的关系，从图中可知，最大变形和最大弯矩均随矢跨比增大而减小，而且首先减小的幅度很大，当矢跨比大于 0.3 以后，其影响幅度已小得多了。考虑到矢跨比越大，所需起拱

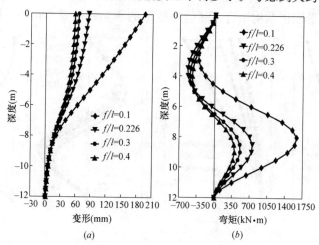

图 10.2-9　不同矢跨比下的变形和弯矩
（a）拱冠变形；（b）拱脚桩弯矩

的场地越大，因此综合考虑两方面的因素，对悬臂式拱形围护结构矢跨比不宜小于 0.3，也不宜取得过大，在 0.3～0.35 之间较为合适。

4. 拱壁刚度的影响

拱壁刚度的变化可以通过拱壁弹性模量或拱壁厚度的变化来反映。图 10.2-11（a）为不同拱壁模量下拱冠处的变形曲线，拱壁弹性模量越大，变形越小。图 10.2-11（b）为不同拱壁厚度

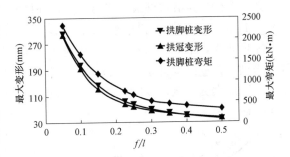

图 10.2-10　矢跨比与最大变形和弯矩的关系

下拱冠处的变形曲线，拱壁厚度越大，变形越小。图 10.2-12（a）为拱壁弹性模量对拱脚桩弯矩的影响，拱壁弹性模量越大，弯矩越小。图 10.2-12（b）为拱壁厚度对拱脚桩弯矩的影响，拱壁厚度越大，弯矩越小。

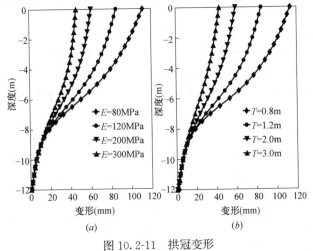

图 10.2-11　拱冠变形
（a）不同拱壁模量；（b）不同拱壁厚度

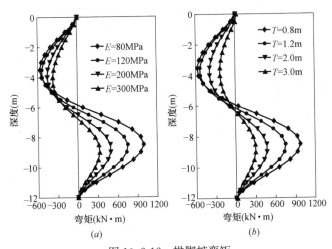

图 10.2-12　拱脚桩弯矩
（a）不同拱壁模量；（b）不同拱壁厚度

图 10.2-13 为拱脚桩最大变形、拱冠处最大变形及拱脚桩弯矩三者随拱壁刚度变化的关系，其中（a）图为与拱壁模量的关系，（b）图为与拱壁厚度的关系。从图中可知：（1）拱壁刚度越大，最大变形和最大弯矩越小，这无论是通过增大拱壁模量还是通过增大拱壁厚度来增大拱壁刚度都是一样的；（2）最大变形和最大弯矩随拱壁刚度增大首先减小较快，当刚度大到一定程度时，其减小的速度已小得多。

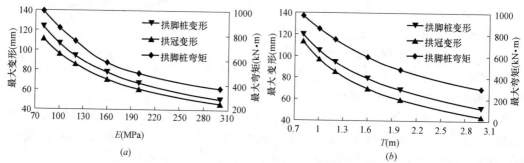

图 10.2-13　拱壁刚度与最大变形和弯矩的关系
（a）拱壁模量影响；（b）拱壁厚度影响

通过对悬臂式拱形围护结构性状的分析，可得到如下一些结论：

（1）插入深度对悬臂式拱形围护结构的性状影响很小，插入深度只需满足结构稳定性要求，因此可取小些。（2）坑底土质的 m 值对变形的影响大于对弯矩的影响，对单排桩的影响大于对拱形围护结构的影响，m 值在较小时的影响大于 m 值较大时的影响，在 m 值小于 $6000kN \cdot m^{-4}$ 时影响更大。（3）在矢跨比相同的情况下，不同拱形对悬臂式拱形围护结构内力和变形的影响非常有限，但矢跨比的影响很大，围护结构的矢跨比在 $0.3 \sim 0.35$ 之间比较合适。（4）增大拱壁刚度可较大幅度地减小结构的变形和拱脚桩弯矩。增大拱壁材料弹性模量或增加拱壁厚度都可达到增大拱壁刚度的目的，但在实际中通过增加拱壁厚度来增大拱壁刚度更容易实现。（5）拱形围护结构的变形一般较小，究其原因是因为拱形围护结构是一种受力合理的围护结构形式，部分荷载通过水平拱传向拱座，而传到拱座的荷载又大部分左右相互抵消，这部分荷载引起的结构变形很小，因此整个围护结构的变形较小。拱壁也主要处于受压状态，充分发挥了水泥材料受压性能好的特点。（6）拱形围护结构是一种自立能力较强的围护结构，即使在插入深度较小坑底土质较差的情况下，只要能保证围护结构不发生整体失稳和隆起破坏，悬臂式拱形围护结构一般是不会出现桩顶变形过大的情况。

10.2.4　单支撑拱形围护结构性状

单支撑拱形围护结构性状分析的基本参数如下（张土乔等，2001）：

基坑宽 20m，长 50m，开挖深度 6.0m。围护结构采用三排水泥土搅拌桩，平面排列成圆弧形，圆弧半径 3.0m，单拱跨度（弦长）4.5m，搅拌桩桩径 $\phi500$，桩长 12.0m，桩与桩搭接 150mm。拱脚处设两根 $\phi600$ 的钻孔灌注桩。均质土层，强度指标 $c_{cu}=10kPa$，$\varphi_{cu}=10°$，重度 $\gamma=17.0kN/m^3$，被动区加固，地基抗力系数的比例系数 $m=4000kN/m^4$。在拱脚桩上离桩顶 2.0m 处设一道 400mm×500mm 钢筋混凝土支撑。在计算中，支撑模量取 $2.55×10^7kPa$，拱壁厚度取 1.2m，拱壁模量取 120MPa，拱脚桩模量取 $2.55×10^7$ kPa，墙后超载取 30kPa。墙后土压力沿深度的分布假定在开挖面以上为朗肯主动土压力，在开挖面以下为定值，等于开挖面的土压力值。

为了便于比较影响因素对围护结构性状的影响，同时计算一单支撑单排桩围护结构。单排桩围护结构采用 $\phi 800$ 的钻孔灌注桩，桩长 12.0m，桩中心间距 1.0m。同样在离桩顶 2.0m 处设一道 400mm×500mm 钢筋混凝土支撑，支撑计算长度取 10.0m，支撑水平间距 8.0m。土质条件与拱形围护结构相同。计算方法采用弹性抗力法中"m"法。

1. 拱脚桩变形的影响

拱形围护结构拱座处一般设有钻孔灌注桩，在以往的一些拱形围护结构计算方法中一般都未能考虑拱脚桩变形的影响，而将拱壁和拱脚桩分开计算，计算拱壁时假定拱座为铰支或固支而不计拱座变形的影响，实际上拱座处的拱脚桩是与拱壁一起变形的，拱脚桩的变形必引起拱座的变形。

图 10.2-14 是拱冠处变形沿深度的变化曲线。从图中可以看出，当计拱座变形时，围护结构的最大变形远大于不计拱座变形时的值，也就是说，拱座的变形对整个围护结构的变形影响很大。同时也说明在计算拱壁时若假定拱座为铰支或固支，而不计拱座变形影响是不合理的，将引起较大的误差。

拱形围护结构所承担的外荷载分别由水平拱和垂直梁承担。图 10.2-15 是拱冠梁处拱和梁的荷载分配关系，图中的荷载是拱承担的荷载。从图中可知，在围护结构上部外荷载主要由水平拱承担，而在围护结构下部梁是荷载的主要承担者。两种情况下，围护结构上部荷载分配相差不大，而在围护结构下部计拱座变形时水平拱承担的荷载小于不计拱座变形时水平拱承担的荷载。当假定拱座不变形时，水平拱即使在围护结构下部仍承担较大的荷载，外荷载主要水平向拱座传递，说明当拱座刚性较好（拱座不变形或变形较小）时，外荷载更容易通过水平拱向拱座传递，而传递到拱座的荷载大部分左右相互抵消，这部分荷载所引起的结构变形很小，因此整个围护结构的变形较小，这也是拱形围护结构变形一般较小的原因之一。

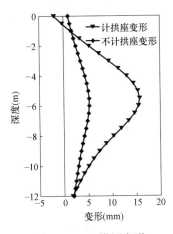

图 10.2-14 拱冠变形

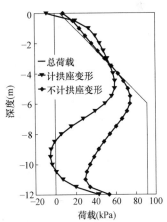

图 10.2-15 拱冠荷载分配

2. 插入深度的影响

图 10.2-16 (a)、(b) 分别为不同插入深度下拱形围护结构拱冠处的变形和单排桩的变形。从图中可以看出，插入深度对拱形围护结构变形影响不大，而对单排桩的变形影响要大些，特别是在插入深度较小时影响更大。与拱形围护结构相比，单排桩在插入深度较

小时，易出现踢脚形变形曲线，而对于拱形围护结构即使插入深度只有 4m，桩底变形仍然较小。

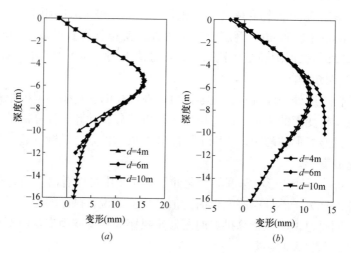

图 10.2-16　不同插入深度下的变形

(*a*) 拱冠变形；(*b*) 单排桩变形

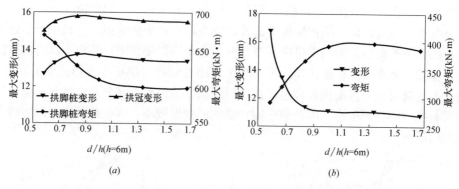

图 10.2-17　插入深度的影响

(*a*) 拱形围护结构；(*b*) 单排桩围护结构

图 10.2-17 (*a*) 为拱脚桩最大变形、拱冠最大变形和拱脚桩最大弯矩随相对插入深度 d/h（d 为插入深度，h 为开挖深度）的变化规律。从图中可知，最大变形值随插入深度增大略有增大，在插入深度约为 0.9 倍开挖深度时达到最大，随后趋于稳定。插入深度大变形反而大的原因，可能是因为插入深度越小，在围护结构下部拱承担的荷载略大些，荷载更易向拱座传递，而拱座两边传递过来的荷载大部分在拱座处相抵消，传递到拱座的这部分荷载对结构变形影响很小，因此总的变形反而小些。最大弯矩随插入深度增大而有所减小，减小幅度不大，在插入深度约为 1 倍开挖深度以后基本保持不变。图 10.2-17 (*b*) 单排桩桩身最大变形和最大弯矩随相对插入深度的变化规律。与拱形围护结构不同，最大变形值随插入深度增大总是减小的，而且在插入深度较小时减小较快，在插入深度约等于 1 倍开挖深度以后，基本趋于稳定。最大弯矩值的变化规律也不同，它随插入深度增大而增大，在插入深度较小时增加较快，在插入深度约等于 1 倍开挖深度以也基本趋于稳定。

3. 坑底土质的影响

坑底土质的影响可通过地基抗力系数的比例系数 m 值来反映。图 10.2-18 (a)、(b) 分别为不同 m 值下拱冠和单排桩的变形，从图中可以看出，m 值对两种围护结构变形的影响规律是类似的，m 值越大，变形越小，m 值较小时影响较大。不同的是当 m 值较小时，单排桩围护结构易出现踢脚形变形曲线。

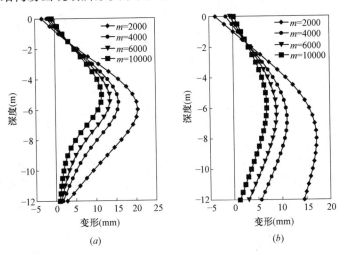

(a) (b)

图 10.2-18   不同 m 值下的变形

(a) 拱冠变形；(b) 单排桩变形

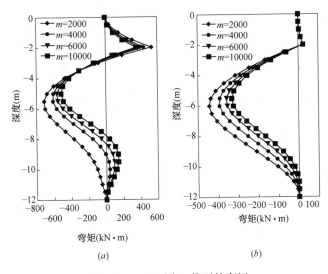

(a) (b)

图 10.2-19   不同 m 值下的弯矩

(a) 拱脚桩弯矩；(b) 单排桩弯矩

图 10.2-19 (a) 为拱脚桩弯矩图，(b) 为单排桩桩身弯矩图，m 值对这两种围护结构弯矩影响也是类似的，m 值越大，弯矩越小，m 值较小时影响较大。

图 10.2-20 (a) 为拱脚桩最大变形、拱冠最大变形和拱脚桩最大弯矩随 m 值的变化规律，最大变形和最大弯矩均随 m 值增大而减小。图 10.2-20 (b) 为单排桩桩身最大变形和最大弯矩随 m 值的变化规律，同样最大变形和最大弯矩均随 m 值增大而减小。m 值

较小时，最大变形和最大弯矩减小较快，m 值影响较大。

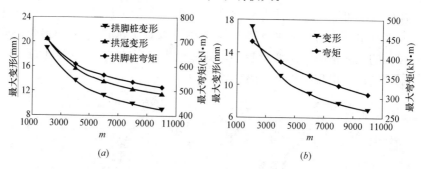

图 10.2-20　m 值的影响

（a）拱形围护结构；（b）单排桩围护结构

4. 拱形状的影响

拱形状的影响包括两个方面，一是矢跨比相同时，拱形的影响；另一是拱形相同，矢跨比的影响。计算时采用圆弧、抛物线、悬链线、椭圆、双曲线和对数螺线等拱形，计算结果表明在矢跨比相同时，拱形的影响很小，当拱形相同，矢跨比影响很大。

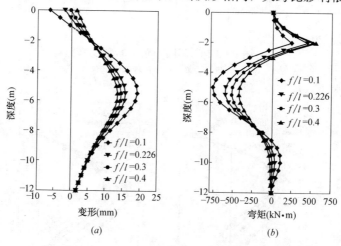

图 10.2-21　不同矢跨比下的变形和弯矩

（a）拱冠变形；（b）拱脚桩弯矩

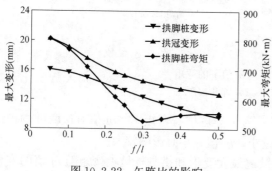

图 10.2-22　矢跨比的影响

图 10.2-21（a）、（b）为不同矢跨比下拱冠变形曲线和拱脚桩弯矩图，图 10.2-22 为拱脚桩和拱冠处最大变形、拱脚桩最大弯矩与矢跨比的关系曲线。从图中可知，对同种拱形，矢跨比越大，变形越小，而弯矩随着矢跨比增大，首先减小，约在 $f/l = 0.3 \sim 0.35$ 之间最大弯矩达到最小值，此后最大弯矩发生在支撑处，并随矢跨比增大而增大，但增长较慢。

5. 支撑位置的影响

在围护结构设计中，支撑位置的确定相当重要。图 10.2-23（a）、（b）分别为不同支撑位置下拱冠和单排桩变形曲线。从图中可知，随着支撑位置下移，变形减小，且减小的幅度较大，最大变形发生的位置也逐渐下移。

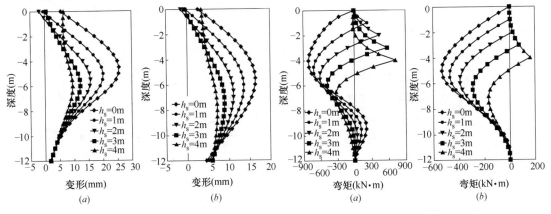

图 10.2-23　不同支撑位置下的变形
（a）拱冠变形；（b）单排桩变形

图 10.2-24　不同支撑位置下的弯矩
（a）拱脚桩弯矩；（b）单排桩弯矩

图 10.2-24（a）为拱脚桩桩身弯矩图，随着支撑位置下移，最大弯矩逐渐减小，支撑位置低于 3m 后，最大弯矩发生在支撑处，并呈增大趋势。图 10.2-24（b）为单排桩桩身弯矩图，弯矩随支撑位置下移而减小。

图 10.2-25（a）为拱脚桩、拱冠最大变形和拱脚桩最大弯矩（绝对值）随支撑相对位置 h_s/h（h_s 为支撑位置深度，h 为开挖深度）变化的关系曲线。最大变形随支撑相对位置增大而减小，而最大弯矩随支撑相对位置增大首先减小，当支撑相对位置大于 0.4～0.5 以后，最大弯矩反向增大，发生在支撑处。因此若现场条件允许，支撑的合理位置应在开挖深度的 0.4～0.5 倍处。图 10.2-25（b）为单排桩围护结构桩身最大变形和最大弯矩随支撑相对位置变化的关系曲线，最大变形和最大弯矩均随支撑相对位置增大而减小，但并不是说支撑越低越好，因为当支撑位置低于开挖深度之半时易出现围护桩整体平移，而且支撑轴力太大，因此支撑位置也不宜太低，在 0.4～0.5 倍的开挖深度处比较合适。

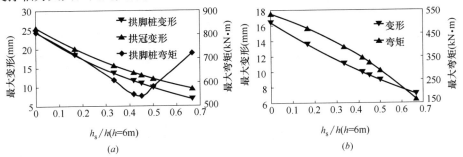

图 10.2-25　支撑位置的影响
（a）拱形围护结构；（b）单排桩围护结构

6. 支撑刚度的影响

支撑刚度的变化通过支撑截面面积的变化来反映。图 10.2-26（a）为拱脚桩、拱冠最大变形和最大弯矩与支撑截面积的关系曲线，图 10.2-26 （b） 为单排桩围护结构桩身最大变形和最大弯矩与支撑截面积的关系曲线。这两种围护结构最大变形、最大弯矩随支撑面积的变化规律是类似的，随着支撑截面积增大，最大变形值减小，最大弯矩增大，但很快都趋于稳定。总之，无论是拱形围护结构还是单排桩围护结构，支撑刚度只在较小时才有所影响。

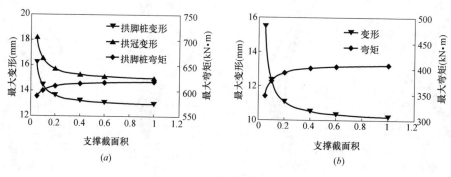

图 10.2-26　支撑刚度的影响

（a）拱形围护结构；（b）单排桩围护结构

7. 拱壁刚度的影响

拱壁刚度的变化可以通过拱壁弹性模量或拱壁厚度的变化来反映。图 10.2-27 为拱脚桩最大变形、拱冠处最大变形、拱脚桩弯矩三者随拱壁刚度变化的关系，其中（a）图为三者与拱壁弹性模量的关系，（b）图为与拱壁厚度的关系。从图中可以看出：（1）拱壁刚度越大，变形和弯矩越小，这无论是通过增大拱壁模量还是通过增大拱壁厚度都是一样的。（2）拱壁刚度对拱冠处变形的影响要大于对拱脚桩变形的影响，拱冠处的变形随拱壁刚度增大减小得更快。在刚度较小时拱冠处的变形大于拱脚桩的变形，当刚度大到一定程度时，拱冠处的变形反而小于拱脚桩在变形。（3）拱脚桩最大弯矩随拱壁刚度增大首先减小较快，当刚度大到一定程度时已减小很慢。

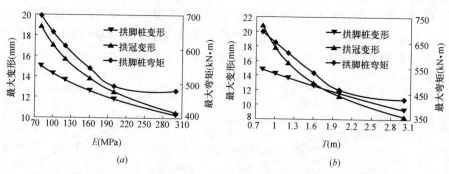

图 10.2-27　拱壁刚度的影响

（a）拱壁弹性模量影响；（b）拱壁厚度影响

8. 土压力平面分布形式的影响

拱形围护结构墙后土压力平面分布形式可假定是沿水平拱径向均匀分布，或是沿水平拱弦长均匀分布。图 10.2-28 （a）是两种土压力分布形式下拱冠处的变形曲线，图 10.2-28 （b）是拱脚桩的弯矩分布图。从图中可以看出，假定土压力沿弦长均布的变形和弯矩

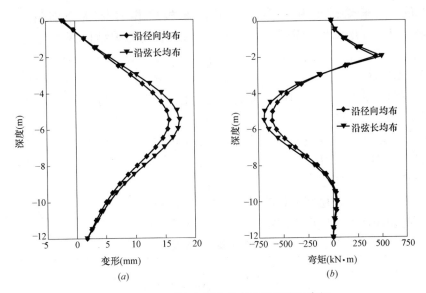

图 10.2-28 不同土压力分布下的变形和弯矩

(*a*) 拱冠处变形；(*b*) 拱脚桩弯矩

大于假定沿径向均布的变形和弯矩。

拱形围护结构墙后土压力分布形式目前尚未能准确确定。众所周知，当拱形成一闭合曲线（如圆）时，其后土压力分布应是沿径向均布的；而当拱退化成一直线时，其后土压力分布又相当于沿弦长均布。因此，实际拱形围护结构墙后土压力分布形式可能介于两种分布形式之间。

根据上述单支撑拱形围护结构性状分析，可得到如下一些结论：

(1) 拱形围护结构受力机理与一般直线形围护结构不同，结构外荷载（土压力）分别由水平拱和垂直梁承担，荷载向水平和垂直两个方向传递。(2) 拱座变形对整个围护结构的性状影响很大，在计算中应予以考虑。(3) 插入深度对围护结构的性状影响很小，一般只需满足结构稳定性要求。(4) 坑底土质的 m 值较大时，其影响小些，而 m 值较小时影响较大。(5) 在矢跨比相同的情况下，拱形的影响非常有限，但矢跨比的影响很大，围护结构的矢跨比在 0.3～0.35 之间比较合适。(6) 适当降低支撑位置可大幅度减小结构变形和拱脚桩弯矩。开挖深度在 6m 左右时，若现场条件允许，支撑设在 0.4～0.5 倍开挖深度处较为合适。(7) 支撑刚度较小时，才对围护结构有所影响。(8) 增大拱壁刚度可较大幅度地减小结构的变形和拱脚桩弯矩。(9) 拱形围护结构墙后土压力的平面分布形式可能介于沿拱径向均布和沿弦长均布之间，一般假定沿弦长均布所计算的围护结构变形和弯矩更大些。(10) 拱形围护结构是一种受力合理的围护结构形式，部分荷载通过水平拱传向拱座，而传到拱座的荷载又大部分左右相互抵消，因此结构变形一般较小。拱壁也主要处于受压状态，充分发挥了水泥材料受压性能好的特点。(11) 拱形围护结构是一种自立能力较强的围护结构，即使在插入深度较小坑底土质较差的情况下，只要能保证围护结构不发生整体失稳和隆起破坏，单支撑拱形围护结构一般是不会出现踢脚的情况。

10.2.5 工程实例

宁波某钢铁有限公司汽车受矿槽和 3 号转运站长度约 60m，宽约 10m。原地表相对标

高－2.600m，汽车受矿槽和 3 号转运站的底板底相对标高分别位－9.000m 和
－13.000m，基坑开挖深度分别为 6.4m、10.4m。基坑围护结构深度范围内土层分布
如下：

① 层素填土（Q^{ml}）

主要由黏性土组成，含少量砂，可塑，湿。主要分布于塘间的坎上。

② 层粉质黏土（Q_4^{3m}）

黄褐色、灰黄色，含少量铁锰质斑点，上部呈可塑，往下渐变为软塑，饱和。该层仅
在场地北部河流附近局部缺失。

③ 层淤泥质黏土（Q_4^{2m}）

灰色，具层理构造，层间夹粉砂薄层，流塑，饱和。全场分布。

基坑开挖影响深度范围内土层主要土工指标见表 10.2-1。

土层主要土工指标 表 10.2-1

层号	土层名称	w(%)	γ(kN/m³)	e	E_{s1-2}(MPa)	a_{1-2}(MPa⁻¹)	快剪 φ(°)	快剪 c(kPa)	固快 φ(°)	固快 c(kPa)
②	粉质黏土	32.7	19.04	0.905	4.27	0.46	11.4	8.5	13.1	10.9
③	淤泥质黏土	44.6	17.61	1.251	2.79	0.81	7.8	6.2	10.9	7.9

开挖深度为 6.4m 的汽车受矿槽基坑采用水泥搅拌桩拱形围护，每侧 7 跨，每拱跨度
为 6.5m，如图 10.2-29 所示。拱壁由三排 ϕ700@500 双头水泥搅拌桩组成，排列成圆形，
如图 10.2-30 所示，拱壁高度为 10m。拱脚设 2 根 ϕ600@600 桩长 15m 的钻孔灌注桩，桩
顶设 700×1000 压顶梁和一道 700×700 钢筋混凝土支撑，被动区采用水泥搅拌桩加固，
围护结构剖面如图 10.2-31 所示。开挖深度为 10.4m 的基坑采用两道撑的单排桩钻孔灌
注桩围护结构。

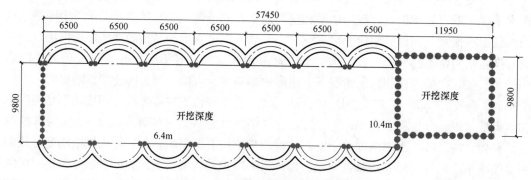

图 10.2-29 基坑围护结构平面布置图

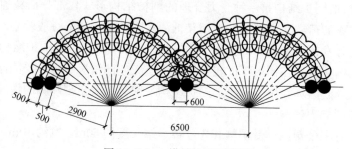

图 10.2-30 拱结构平面详图

拱形围护结构采用 10.2-2 节介绍的拱梁法进行计算，排桩围护结构采用"*m*"法。土体指标按表 10.2-1 中的参数选取，计算时自然地坪按相对标高－2.600 考虑，计算中考虑坑边 15kPa 的施工堆载。计算结果如表 10.2-2 所示。

计算结果　　　　　　　　表 10.2-2

工况描述	最大位移（cm）		拱脚桩最大弯矩（单桩）(kN·m)	支撑轴力(kN)
	拱脚桩	拱冠		
开挖至－9.000	2.49	3.18	423	1560

基坑开挖过程中，拱冠处的深层水平位移变化情况如图 10.2-32 所示。开挖结束后，拱冠处的最大水平位移 3.6cm，与计算结果较为接近。

从该工程实例来看，在软土地区开挖深度达 6.4m 的深基坑中，最大水平位移不超过 4cm，充分体现了拱形围护结构受力合理、位移量小的优良性能，采用水泥搅拌桩同时还无需额外的止水帷幕，节省了工程造价。拱形围护结构具有良好的工作性能，尤其适合在狭长形基坑支护中使用。

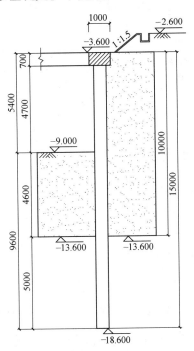

图 10.2-31　基坑围护结构剖面图

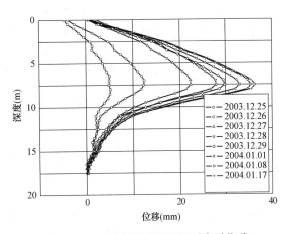

图 10.2-32　拱冠处的实测深层水平位移

10.3　组合型围护结构

10.3.1　概述

常用的基坑围护结构包括放坡开挖、土钉及复合土钉支护、水泥土重力式挡墙、悬臂式围护结构、拉锚式围护结构和内撑式围护结构等。通常情况下，放坡开挖及土钉支护最为经济，但围护结构变形偏大，在软土地基中可靠性较差；而内撑式围护结构的变形小，安全性高，对周围环境的保护比较有利，在环境条件复杂的情况下应优先考虑采用。

《建筑基坑支护技术规程》JGJ 120—2012 中总结了各类围护结构的适用条件，见表 10.3-1。

各类围护结构的适用条件   表 10.3-1

结构类型		适用条件	
		安全等级	基坑深度、环境条件、土类和地下水条件
支挡式结构	拉锚式结构	一级、二级、三级	适用于较深的基坑	1. 排桩适用于可采用降水或截水帷幕的基坑 2. 地下连续墙宜同时用作主体地下结构外墙，可同时用于截水 3. 锚杆不宜用在软土层和高水位的碎石土、砂土层中 4. 当邻近基坑有建筑物地下室、地下构筑物等，锚杆的有效锚固长度不足时，不应采用锚杆 5. 当锚杆施工会造成基坑周边建(构)筑物的损害或违反城市地下空间规划等规定时，不应采用锚杆
	支撑式结构		适用于较深的基坑	
	悬臂式结构		适用于较浅的基坑	
	双排桩		当拉锚式、支撑式和悬臂式结构不适用时，可考虑采用双排桩	
	支护结构与主体结构结合的逆作法		适用于基坑周边环境条件很复杂的深基坑	
土钉墙	单一土钉墙	二级、三级	适用于地下水位以上或经降水的非软土基坑，且基坑深度不宜大于 12m	当基坑潜在滑动面内有建筑物、重要地下管线时，不宜采用土钉墙
	预应力锚杆复合土钉墙		适用于地下水位以上或经降水的非软土基坑，且基坑深度不宜大于 15m	
	水泥土桩垂直复合土钉墙		用于非软土基坑时，基坑深度不宜大于 12m；用于淤泥质土基坑时，基坑深度不宜大于 6m；不宜用在高水位的碎石土、砂土、粉土层中	
	微型桩垂直复合土钉墙		适用于地下水位以上或经降水的基坑，用于非软土基坑时，基坑深度不宜大于 12m；用于淤泥质土基坑时，基坑深度不宜大于 6m	
重力式水泥土墙		二级、三级	适用于淤泥质土、淤泥基坑，且基坑深度不宜大于 7m	
放坡		三级	1. 施工场地应满足放坡条件 2. 可与上述支护结构形式结合	

基坑围护的选型应综合考虑：(1) 基坑开挖深度、平面尺寸和形状；(2) 工程地质及水文地质条件；(3) 场地条件；(4) 支护结构及周边环境的变形控制要求；(5) 基坑支护施工的可行性、质量可靠性及施工过程的环境影响；(6) 经济指标和施工工期等因素后确定，必要时可进行多方案的比较分析。

基坑工程是一个具有长、宽、深的三维空间体系，同一个基坑不同区域的环境条件、土质条件、开挖深度等方面可能存在较大差异，因此可以针对不同区域采用两种或多种围护结构形式相结合以形成组合型围护结构，从而达到"安全适用、技术先进、经济合理、保护环境"的目的。

具体地说，组合型围护结构可分为以下两种情况：

(1) 平面组合

随着基坑规模的不断扩大，当基坑不同部位的周边环境条件、土层性状、基坑深度等不同时，可在不同部位分别采用不同的围护形式。例如：在开挖深度大、环境条件复杂、土质条件较差的区域采用内撑式围护结构；而在环境条件和土质条件好的区域则可考虑采用放坡开挖、土钉及复合土钉支护。这样既可保证周边环境的安全，又可达到节约工程造价，方便施工的目的。

必须指出的是：在不同围护形式的结合处，应充分考虑相邻围护结构的相互影响，其过渡段应有可靠的连接措施，同时对土方开挖也应有专门的要求。

（2）竖向组合

竖向组合是指对于开挖深度较大的基坑工程，在环境条件允许时围护结构的上、下部分分别采用不同围护类型的组合型围护结构。通常围护结构上部的受力较小，可采用放坡开挖、土钉及复合土钉支护；而围护结构下部承受的侧向荷载较大，则采用抗弯和抗变形能力较强的内撑式围护结构或拉锚式围护结构。常用的竖向组合型围护结构见图10.3-1。

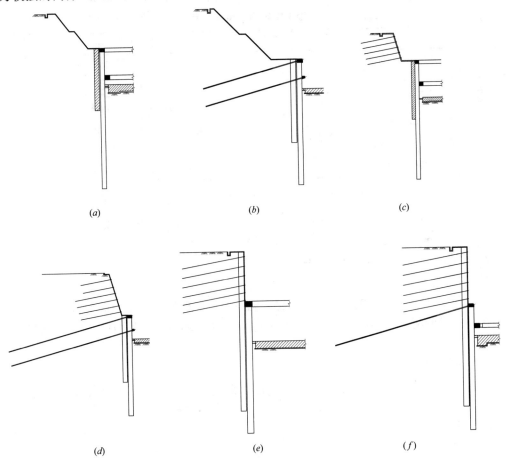

图 10.3-1 组合型围护结构的竖向组合形式

（a）放坡开挖与内撑式围护结构组合；（b）放坡开挖与拉锚式围护结构组合；
（c）土钉墙与内撑式围护结构组合；（d）土钉墙与拉锚式围护结构组合；
（e）复合土钉墙与内撑式围护结构组合；（f）复合土钉墙与拉锚式、内撑式围护结构组合

竖向组合型围护结构的设计计算分析应按整体结构考虑并结合施工工况进行分析，宜优先考虑采用数值分析方法。如采用简化分析方法，可先对上部的放坡开挖、土钉墙和复

合土钉墙进行计算；然后对下部的内撑式或拉锚式围护结构进行分析。在计算中应考虑上下部围护结构的相互影响：在上部围护结构分析支护应考虑下部围护结构在基坑开挖后产生变形的影响，而在下部围护结构分析中则应考虑上部放坡开挖或土钉支护部分超载的影响。

10.3.2　工程实例

1. 工程概况

本工程位于杭州市钱江世纪城，主要用途为办公用房，包括塔楼 A、塔楼 B、塔楼 C 及裙房，总建筑面积约291336m²，其中地上总建筑面积约222519m²，地下总建筑面积约68817m²，设有三层地下室，基础形式采用钻孔灌注桩基础。±0.000 相当于绝对标高 7.500m，场内自然地坪相对标高为−1.000m（以下标高除注明外均为相对标高）。地下室的结构标高分别见表 10.3-2。

地下室结构标高一览表　　　　　　　　　　　　　　表 10.3-2

项　　目	地下室结构标高
地下一层楼板面标高	−5.900m、−6.500m、−7.300m
地下二层楼板面标高	−10.400m、−11.000m、−11.800m
地下室底板面标高	−14.200m、−14.800m、−15.600m 和−16.400m
地下室底板底标高	−15.300m、−15.900m、16.700m 和−17.500m
承台底标高	−15.400m～−17.600m
电梯井底标高	−18.300m、−22.200m、−22.600m 和−23.000m

综合考虑主体地下室承台、电梯井的间距和密度，取设计基坑底标高分别为 −15.400m、−16.000m、−16.800m、−17.100m 和−17.600m，故设计基坑开挖深度 为 14.40～16.60m。设计基坑安全等级为一级。

2. 基坑周边环境条件（图 10.3-2）

基坑东侧：

紧邻用地红线，用地红线以东为待建的规划道路，现为空地，拟借为施工场地。基坑东南角为在建的另一工程（设有三层地下室），在本基坑开挖时，该工程可完成地下室施工。

基坑南侧：

距离用地红线约0.6～13.3m（与基坑上坎线距离，下同），用地红线以南为已建的公园西路，公园西路上有电力管、给水管、雨水管等地下管线，与基坑边距离分别为7.0m、9.0m 和 18.1m。

基坑西侧：

紧邻用地红线，用地红线以西为待建市政路，现为空地，拟借为施工场地。

基坑北侧：

紧邻用地红线，用地红线以北为待建绿化带，绿化带以北为市心北路。市心北路下设有地铁2号线内环路站及隧道。车站主体埋深15～16m，采用地下连续墙作为支护结构。盾构隧道底埋深约15m，距基坑最近处约37.2m。

综上所述，本基坑东、南、北三侧环境条件尚可，但基坑北侧的地铁车站、隧道及其附属设施是本基坑开挖的重点保护对象。

3. 地质概况

勘察深度范围内的场地地层按性质、特征可分为 8 个工程地质层、17 个亚层，基坑开挖影响范围内各土层的工程特性及分布特征自上而下分述如下：

① 杂填土

杂色、灰色，稍湿，松散。以碎石块、碎混凝土块和碎砖块等建筑垃圾为主，硬杂物含量约占20%～70%，由黏性土和粉性土充填。部分地段为素填土或耕植土。全场分布。层顶标高 5.60～6.79m，层厚 0.40～4.80m。

② 黏质粉土

灰黄色—黄色，湿，稍密。切面无光泽，韧性低，摇振反应快。含大量云母碎屑，上部含少量铁锰质结核。场地东北角部分地段缺

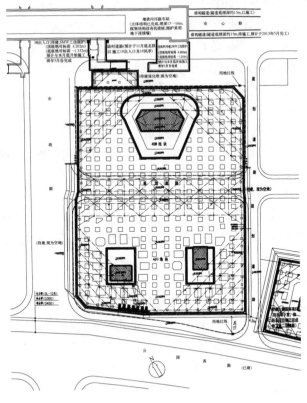

图 10.3-2　基坑周边环境图

失。层顶标高 3.59～5.85m，层厚 0.00～2.90m。

④$_1$ 砂质粉土

灰色—灰黄色，湿，稍密—中密。切面无光泽，韧性低，摇振反应迅速。含较多云母碎屑，局部地段为粉砂。全场分布。层顶标高 1.73～3.83m，层厚 2.40～9.10m。

④$_2$ 黏质粉土

灰色—灰黄色，很湿，稍密。切面无光泽，韧性低，摇振反应快。含大量云母碎屑。场地东北部分布。层顶标高 −2.11～1.01m，层厚 0.00～3.20m。

④$_3$ 粉砂

灰色—灰黄色，湿，中密。切面粗糙，韧性低，摇振反应迅速。含较多云母碎屑，局部地段砂质粉土含量较高。Z17 孔内缺失。层顶标高 −5.60～−1.99m，层厚 0.00～11.60m。

④$_4$ 砂质粉土

灰色，湿，稍密—中密。切面无光泽，韧性低，摇振反应快。局部为黏质粉土层或砂质粉土与黏质粉土互层，含较多云母碎屑。Z20 和 Z27 孔内缺失。层顶标高 −9.43～−2.75m，层厚 0.00～6.30m。

⑤$_1$ 淤泥质黏土

灰色，流塑。切面较光滑，韧性较低，干强度中等。具层理，夹粉土薄层，含少量植物腐殖物或贝壳，局部为淤泥质粉质黏土。全场分布。层顶标高 −14.87～−7.35m，层

厚 2.80～9.70m。

⑤₂ 淤泥质粉质黏土

灰色—灰黑色，流塑。切面较光滑，韧性较低，干强度中等。具层理，夹粉土薄层，含少量植物腐殖物或贝壳，局部为粉质黏土或淤泥质黏土。全场分布。层顶标高 −19.16～−15.47m，层厚 2.30～8.40m。

⑤₃ 含砂粉质黏土

青灰色—灰黄色，软可塑，局部硬可塑。切面较粗糙，韧性和干强度中等，无摇震反应。局部具层理，夹粉土薄层，含少量细砂，局部含量较大。全场分布。层顶标高 −27.52～−18.41m，层厚 0.80～9.30m。

⑥₁ 中砂

黄色，稍湿，中密—密实。颗粒级配一般，砂粒含量约 60%，其余为粉粒和黏粒，少量颗粒大于 2mm。局部夹黏性土薄层，含较多云母碎屑。局部缺失。层顶标高 −34.39～−22.78m，层厚 0.00～3.10m。

⑥₂ 圆砾

灰色，中密—密实。颗粒直径大于 2mm 者含量约占 60%～80%，其中颗粒直径为 20～50mm 者含量约占 30%，偶见颗粒直径较大者，直径可达 80mm，磨圆度较好，亚圆形为主，母岩成分以中风化石英砂岩、砾岩等为主，其余充填物以砂粒和粉粒为主，少量黏性土胶结。局部为卵石或砾砂。全场分布。层顶标高 −35.46～−23.87m，层厚 7.50～19.70m。

地基典型地质剖面图见图 10.3-3。场地浅部地下水属孔隙潜水。勘察期间，测得钻

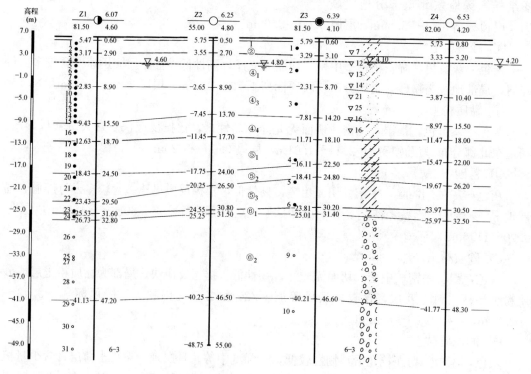

图 10.3-3　典型地质剖面图

孔孔内稳定地下水位深度在 3.80～5.20m，标高在 1.49～2.65m。其水位动态变化随气候、季节性变化以及钱塘江水位影响较大，年变化幅度一般为 1.50～2.00m。孔隙潜水对基坑坑壁稳定性有一定的影响。

基坑开挖深度影响范围内各土层主要物理力学性质指标设计参数表见表 10.3-3。

各土层主要物理力学性质指标　　　　　　表 10.3-3

层号	土 层 名 称	w (%)	γ (kN/m³)	e	水平渗透系数(cm/s)	地基承载力特征值(kPa)	固结快剪 c(kPa)	固结快剪 φ(°)
①	杂填土					110	14.8	28.7
②	黏质粉土	29.5	18.5	0.851	$1.5×10^{-4}$	150	9.8	31.8
④₁	砂质粉土	28.0	18.6	0.821	$4.1×10^{-4}$	140	12.0	30.5
④₂	黏质粉土	32.3	18.3	0.919	$5.1×10^{-4}$	200	5.0	33.0
④₃	粉砂	23.7	19.1	0.713	$2.8×10^{-4}$	150	9.0	32.3
④₄	砂质粉土	26.5	18.6	0.797	$4.9×10^{-4}$	80	11.5	9.5
⑤₁	淤泥质黏土	44.1	17.1	1.259		90	12.8	10.1
⑤₂	淤泥质粉质黏土	38.0	17.4	1.110		170	32.5	13.8
⑤₃	含砂粉质黏土	23.1	19.4	0.678		250	(5.0)	(35.0)
⑥₁	中砂	17.9	20.0	0.552				

4. 围护体系方案选择

（1）放坡开挖

放坡开挖是最为经济的围护形式，具有施工速度快、土方开挖方便等优点，在条件许可的情况下应优先考虑选用。但放坡开挖需要占用的场地较大，本基坑周边在考虑施工场地布置后，没有全深度采用放坡开挖的条件。但在周边场地条件较好的西侧，可在基坑上部适当放坡，以减小围护结构侧压力。

（2）土钉墙

土钉墙围护结构具有经济性好、施工方便、施工工期短等优点，是除放坡开挖以外最经济的围护结构形式。目前已在杭州城东地区许多深基坑工程中取得了成功的经验。该围护结构具有如下特点：

① 基坑开挖作业面宽敞，施工速度快，施工工期短。由于基坑内无支撑等障碍物，基坑开挖时能全面铺开作业，大型施工挖土机具，运输车辆均能直接下坑作业。土钉墙施工与基坑挖土同时进行，交叉作业，边开挖边支护。

② 围护结构造价低，经济性好。

③ 土钉墙施工设备轻便，方法简单，场地适应性强，无需大型、复杂设备。施工所占场地小，对周围环境干扰少，施工噪声小，无振动，施工文明。

④ 土钉墙围护结构有较好柔性，自重轻，能承受较大变形，并具有良好抗动荷载的能力。

⑤ 在砂性土地基中施工安全度高。在基坑开挖过程中，可根据现场情况和测试结果，随时调整土钉间距和长度或采取加固措施，保证基坑顺利开挖。

因本基坑开挖深度较大，且基坑底已处于淤泥质土中，完全采用土钉墙围护结构，需要较大的放坡场地和较长的土钉。考虑到基坑周边场地条件限制，无法全深度采用土钉墙围护，但基坑浅部可采用土钉墙围护，以节约施工场地和工程造价。

（3）拉锚式围护结构

拉锚式围护结构通过预应力锚杆来提供支点，具有受力合理、对周围环境影响小、经济性好等优点，同时可在基坑中形成较大的挖土空间，大大方便挖土施工，加快施工进度。但本工程基坑底已基本进入淤泥质土中，由于锚杆长度大且有一定倾角，由此将导致部分锚杆锚固段已进入软弱的淤泥质土层中，锚杆抗拔力小且施工质量难以控制，因此本基坑不宜采用拉锚式围护结构。

（4）内撑式围护结构

内撑式围护结构可通过支撑对围护结构提供支点，具有围护结构受力合理，可靠性好，变形易控制、有利于周围环境保护等优点，同时占用的场地较小。但支撑养护和拆除的工期长，土方开挖及出土不便，地下室施工工期相对较长。在环境条件复杂的基坑北侧必须全深度采用内撑式围护结构支护。

根据上述分析，综合考虑安全、经济和工期等方面的因素，结合本基坑周边的环境条件特点，本基坑所采用的围护形式如下：

（1）基坑北侧有地铁车站、隧道及出入口等建筑物，对围护结构变形控制要求高，在基坑北侧及东西两侧的北段均采用内撑式围护结构，设三道钢筋混凝土内支撑；

（2）其余各侧环境条件相对较好，对围护结构的变形控制要求可适当放宽，因此采用上部土钉墙或放坡开挖与下部内撑式围护结构（设两道钢筋混凝土内支撑）相结合的组合型围护结构。基坑围护结构的典型剖面见图 10.3-4。

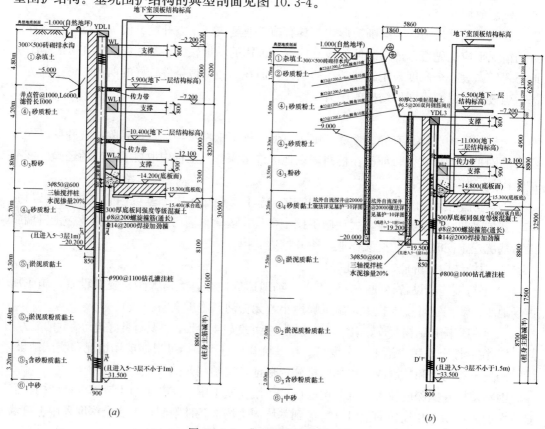

图 10.3-4 典型围护结构剖面图

（a）北侧内撑式围护结构；（b）土钉与内撑式围护结构组合剖面图

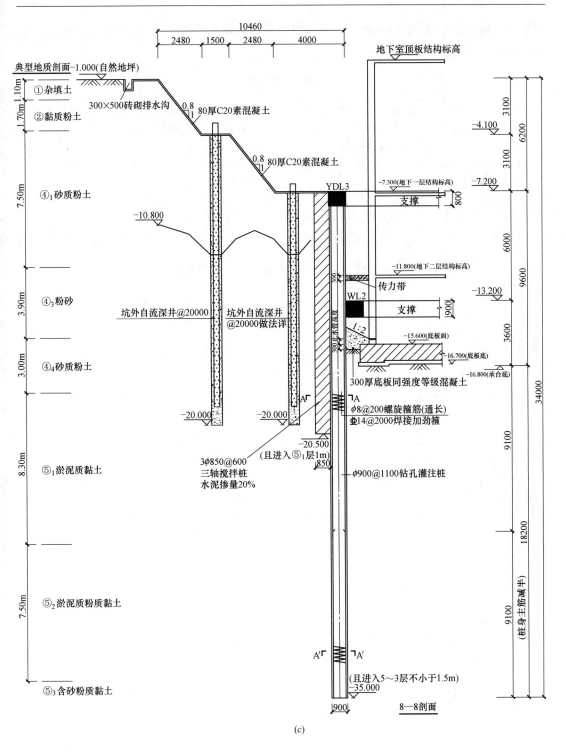

图 10.3-4 典型围护结构剖面图（续）

（c）放坡开挖与内撑式围护结构组合剖面图

5. 实施效果

本基坑采用上述组合型围护结构顺利地完成了基坑开挖和地下室施工。其中基坑北侧围护结构最大水平位移约 20mm，基坑南侧围护结构最大水平位移约 50mm，达到了"安全、经济、方便施工"的目的。

参 考 文 献

[1] 聂庆科，梁金国. 深基坑双排桩支护结构设计理论与应用 [M]. 北京：中国建筑工业出版社，2008.

[2] 龚晓南. 深基坑工程设计施工手册（第一版）[M]. 北京：中国建筑工业出版社，1998.

[3] 刘国彬，王卫东. 基坑工程手册（第二版）[M]. 北京：中国建筑工业出版社，2008.

[4] 何颐华，杨斌，金宝森，李瑞茹，谭永坚，王铁宏. 双排护坡桩试验与计算的研究 [J]. 建筑结构学报，1996，17（2）：58-66.

[5] 郑刚，李欣，刘畅，高喜峰. 考虑桩土相互作用的双排桩分析 [J]. 建筑结构学报，2004，25（1）：99-106.

[6] 陆培毅，杨靖，韩丽君. 双排桩尺寸效应的有限元分析 [J]. 天津大学学报，2006，39（8）：963-967.

[7] 崔宏环，张立群，赵国景. 深基坑开挖中双排桩支护的三维有限元模拟 [J]. 岩土力学，2006，27（4）：662-666.

[8] 应宏伟，初振环，李冰河，刘兴旺. 双排桩支护结构的计算方法研究及工程应用 [J]. 岩土力学，2007，28（6）：1145-1150.

[9] 吴刚，白冰，聂庆科. 深基坑双排桩支护结构设计计算方法研究 [J]. 岩土力学，2008，29（10）：2753-2758.

[10] 黄凭，莫海鸿，陈俊生. 双排桩支护结构挠曲理论分析 [J]. 岩石力学与工程学报，2009，28（增2）：3870-3875.

[11] 刘泉声，付建军. 考虑桩土效应的双排桩模型及参数研究 [J]. 岩土力学，2011，32（2）：481-486.

[12] 蔡伟铭，李有成. 拱形水泥—土槽壁支护. 岩土工程学报，1992，14（2）：21-27.

[13] 陈德文. 连拱式支护结构设计. 见：黄熙龄主编. 高层建筑地下结构及基坑支护. 北京：宇航出版社，1994.

[14] 陈德文. 南京新世纪广场深基连拱式组合拱结构支护设计. 工业建筑，1995，25（9）：19～24.

[15] 俞洪良. 拱形支护结构的性状分析. 浙江大学硕士学位论文，杭州，1997.

[16] 潘泓. 深基坑围护结构内力变形分析. 浙江大学博士学位论文，杭州，1996.

[17] 赵利益，蔡伟铭. 深基坑开挖三维弹塑性有限元分析. 上海铁道大学学报，1997，18（4）：100-105.

[18] 张仪萍. 深基坑拱形围护结构拱梁法分析与优化设计. 浙江大学博士学位论文，杭州，2000.

[19] 陈正作. 拱坝及板壳计算的新方法—反力参数法. 北京：水利电力出版社，1992.

[20] 张仪萍，张土乔. 悬臂式拱形围护结构性状分析. 岩土工程学报，2001，23（5）：614-617.

[21] 张土乔，张仪萍，龚晓南. 基坑单支撑拱形围护结构性状分析. 岩土工程学报，2001，23（1）：99-103.

[22] 张土乔，张仪萍，龚晓南. 基于拱梁法原理的深基坑拱形围护结构分析. 土木工程学报，2002，35（5）：64-69.

[23] 刘建航，侯学渊. 基坑工程手册 [M]. 北京：中国建筑工业出版社，1997.

[24] 杨雪强，刘祖德. 论深基坑支护的空间效应 [J]. 岩土工程学报，1998，20（2）：74-78.

[25] 国家行业标准，建筑基坑支护技术规程 JGJ 120—2012 [S]. 北京：中国建筑工业出版社，2012.

[26] 湖北省建设厅，湖北省质量技术监督局，基坑工程技术规程 DB42/T 159—2012 [S]. 2012.

[27] 上海市城乡建设和交通委员会. 基坑工程技术规范 DG/TJ 08—61—2010 [S]. 2010.

[28] 国家行业标准. 建筑地基基础设计规范 GB 50007—2011 [S]. 北京：中国建筑工业出版社，2011.

[29] 杨光华. 深基坑支护结构的实用计算分析方法及其应用 [M]. 北京：地质出版社，2004.

[30] 郑文尤. 深大基坑中混凝土支撑收缩徐变对围护结构内力及位移影响分析 [D]. 同济大学土木工程学院，2008.

[31] 俞建霖，龚晓南. 深基坑空间效应的有限元分析 [J]. 岩土工程学报，1999，21（1）：21-25.

[32] 刘国华，汪树玉. 结构优化的健壮性约束与拱坝新型合理体型研究. 浙江大学学报（增刊），31（3）：13-19.

[33] 龚晓南，高有潮. 深基坑工程设计施工手册. 北京：中国建筑工业出版社，1998.

第11章　围护墙的一墙多用技术

严平

（浙江大学建筑工程学院）

左人宇

（深圳市工勘岩土集团有限公司）

11.1　围护墙一墙多用技术的应用及发展概况

11.1.1　排桩围护墙的一墙多用技术概述

1. 问题的提出

基坑围护是地下工程施工中的临时辅助工程，具有施工难度大、风险性高、投资费用大等特点，通常在地下工程完成后即报废。如此投入的围护工程可否永久利用，如何利用是值得思考的问题。此外在城市地下工程施工中经常会碰到狭窄场地围护桩甚至工程桩打设困难问题，此时存在按常规围护墙与地下室外墙留施工间距的做法无法实现的问题，需要临时的围护墙与永久的地下工程外墙紧贴。为解决上述问题，发展了一墙多用技术，而且适用下述各种排桩围护墙。

2. 排桩围护墙的做法简介

（1）传统钻孔桩排桩围护墙

传统的钻孔灌注桩排桩围护墙，具有施工操作简单、噪声低、质量可靠、侧向挤土小，对邻近建筑、地下管线的危害较小等优点，施工工艺成熟，并积累了大量的工程实践经验，是目前基坑围护工程中最常用的围护形式。

但钻孔灌注桩施工工序繁杂，在施工过程中影响成桩质量的因素诸多，而且施工速度慢，造价高，存在成孔过程中将产生大量泥浆需外运污染环境问题，这与城市可持续发展的趋势相悖，这必影响其发展。

（2）新近开发的排桩围护墙

1）沉管灌注桩排桩围护墙

传统的沉管灌注桩直径为 377mm 和 426mm，用于基坑围护的是直径 426mm 的沉管桩。但作为围护抗侧向力桩，$\phi426$ 的桩径显太小，受到抗侧弯剪力承载力的限制，因而作为围护桩使用受限制。也曾采用 $\phi600$ 沉管桩用作围护桩，但由于沉管桩属挤土桩，因挤土等原因而限制了推广。

由于沉管桩在施工速度和造价上的优势，笔者开发了矩形截面的沉管灌注桩用作抗侧向力的围护桩，进而又开发了 T 形和工字形的沉管灌注围护桩。采用这种新型的沉管围护桩，使桩截面抗弯能力增加，解决了传统圆形管桩截面抗弯能力不佳问题，而且控制了桩截面积，节省材料并减少了挤土，同时缩短了工期。

2）水泥土植入预制钢筋混凝土工（T）字形桩（SCPW 工法）围护墙

传统围护墙一般采用排桩结合水泥搅拌桩帷幕的做法，施工复杂、速度慢、造价高，尤其是需泥浆外运，不仅污染环境而且与城市建设可持续发展方向相悖；而水泥搅拌桩插入可回收型钢围护墙做法（SMW 工法）虽无需泥浆外运，但存在着围护墙抗侧能力不足、造价受施工工期牵制、型钢回收麻烦等问题。

上述各技术的基础上，综合其各自优点，新近开发出了水泥土植入预制钢筋混凝土工（T）字形桩围护墙技术（SCPW 工法）。该技术具有施工简单、速度快、抗侧强度高、质量安全可靠、造价低、无泥浆外运处理问题、无需回收等优点。

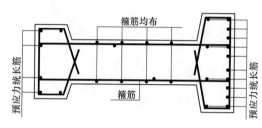

图 11.1-1　预制钢筋混凝土工字形

水泥搅拌土植入工（T）字形桩围护墙技术是指：采用传统的水泥搅拌桩工艺松动土体形成流动状水泥土，在水泥土凝结前，植入预制钢筋混凝土工（T）字形桩，凝结后形成复合挡土止水墙体，再结合支撑或锚杆，桩即形成完整的围护体系。根据基坑开挖深度、土质情况和桩侧土压力等，工（T）字形桩可以相应地采用密插、隔一插二、隔一插一、隔二插一等方法，并可对预制桩中预应力钢棒的数目进行调整，如图 11.1-2 所示。

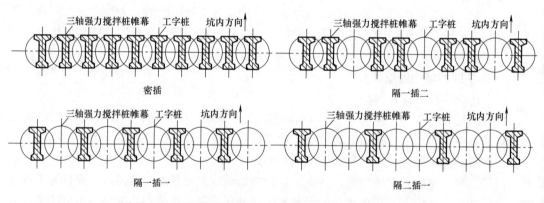

图 11.1-2　预制钢筋混凝土工（T）字形桩植桩做法平面图

通过对桩体截面形式进行优化，并采用预应力技术，工（T）字形桩相比沿圆周配筋的圆桩抗弯强度提高 20% 以上，而截面积仅为相应圆桩之半，即节约一半的混凝土用量。相比钻孔排桩墙，综合造价可节约 10%～20%；相比按正常工期回收考虑的 SMW 工法围护墙，综合造价可节约约 10%，否则将节约更多。

为了配合 SCPW 工法的施工，专门改进了施工桩机，其特点是将水泥土搅拌功能和压桩功能组合在一起，同步地进行土体搅拌和压桩。搅拌部件具有强力搅拌功能，辅助以螺旋叶片和喷射压缩空气，能搅动常见的黏性土和砂土；压桩部件配备了静力压桩和振动沉管成桩功能，确保桩体植入到位。一台 SCPW 工法的施工功效与一台三轴搅拌桩机加 10 台钻孔桩机相当，而耗电量仅约为钻孔排桩墙的 60%。

3）水泥土植入预制空心菱形桩围护墙

在上述 SCPW 工法的基础上近来又研发了水泥土植入预制钢筋混凝土空心菱形桩围护墙技术。相比工字形桩，预制钢筋混凝土空心菱形桩截面的抗弯剪性质相对较差，通常适用于软土中的一层地下室围护工程，但其可以像空心管桩一样方便地实施钢筋笼的制作和旋转离心法浇筑混凝土，制桩成本大幅下降，植入形成的围护桩墙的经济成本更具优势，因而值得在大量的一层地下室围护工程或其他领域的围护墙工程中加以推广。

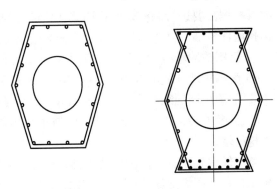

图 11.1-3　预制空心菱形桩

植入预制空心菱形桩墙的做法根据基坑开挖的深度、场地土层分布与土性、周边环境及基坑围护重要性、围护桩墙的受力大小等因素，类似植入预制工字桩墙，可设计打设成各种围护墙，举例如图 11.1-4 所示。

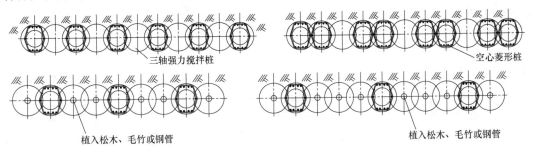

图 11.1-4　各种围护墙

4）可旋转多轴钻孔灌注桩围护墙

针对不断加深的基坑工程，传统的大直径钻孔排桩墙、单排咬合钻孔排桩墙及地下连续墙抗侧强度和刚度显得不足，因而开发新的围护墙技术很有必要。

可旋转多轴钻孔灌注桩围护墙，是利用新开发的可平面 360°旋转的多轴钻孔灌注桩机，采用传统的泥浆护壁钻孔桩工艺，先沿围护墙轴线方向打设多轴咬合的水泥搅拌土帷幕，然后间隔一定距离平面旋转 90°打设多轴咬合的钻孔灌注桩，如此可方便地一次性完成围护墙施工。

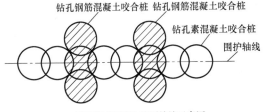

图 11.1-5　可旋转多轴咬合桩围护墙示意图

多轴咬合钻孔灌注桩桩体截面的长边与围护轴线垂直，钻孔完成后放入整体钢筋笼并浇筑混凝土，形成多轴咬合的整体抗弯剪截面，如图 11.1-5 所示。在截面两头配置受力主筋，使截面的抗侧刚度和抗弯剪强度大增，达到了增强围护墙抗侧强度和刚度、减少工程造价的目的。

可旋转多轴咬合桩围护墙技术的咬合

孔数可根据需要进行调整，通过调整钻孔设备的轴数，可打设双轴、三轴、四轴等多轴咬合钻孔灌注桩墙。具体实施可有以下多种组合方式：

① 沿围护墙轴线的素混凝土灌注桩帷幕与垂直向的多轴咬合受力排桩墙；

② 沿围护墙轴线的混凝土加配筋灌注桩帷幕与垂直向的大间距多轴咬合受力排桩墙；

③ 沿围护墙轴线的水泥搅拌桩帷幕与垂直向的多轴咬合受力排桩墙；

④ 沿围护墙轴线的水泥搅拌桩内植小型预制桩加固帷幕与垂直向的大间距多轴咬合受力排桩墙。

可旋转多轴咬合桩围护墙技术具有很好的经济效益：据初步计算，相比传统的单轴钻孔灌注桩，在同样配筋条件下，抗弯能力提高 2.5 倍，抗侧刚度提高约 15 倍，综合围护造价下降约 20%～30%；相比地下连续墙技术，抗弯能力提高 2 倍，抗侧刚度提高 6 倍，且配筋量减小一半，综合造价也仅为地下连续墙的一半。

5）植入巨型空腹预制桩围护墙

针对传统围护墙施工复杂、速度慢、造价昂贵，且抗侧强度和刚度不足、泥浆外运污染环境等缺点，研发了植入巨型空腹预制桩围护墙技术。这种适用于大深基坑开挖的新型围护墙技术，相比目前任何一种围护形式具有刚度大、抗弯剪能力强的特点，主要解决在大深基坑围护工程中传统围护墙抗弯能力小和刚度不足的问题，而且具有施工简单、施工速度快、质量可靠、造价低且无泥浆外运优点。

其施工工艺类似于水泥土植入预制钢筋混凝土工（T）字形桩，即先打设水泥搅拌桩帷幕，然后利用专用松动土或预成孔方式植入巨型空腹预制桩排桩，水泥土凝结后即形成围护墙。根据开挖深度、土性状况及周边环境可植入不同间距、不同类型的巨型空腹预制桩，也可在空腹排桩之间的帷幕中插小型预制桩等进行加强，如此可组成多种围护墙以满足围护需要。针对土性好且无需止水的基坑，也可直接植入巨型空腹预制桩，结合挂网喷混凝土或镶预制板形成围护墙。空腹桩的截面形式如图 11.1-6 所示。

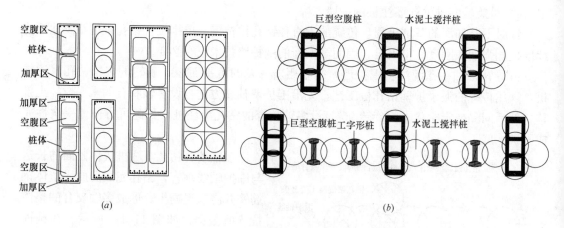

图 11.1-6　巨型空腹预制桩示意图

(a) 巨型空腹桩截面示意图；(b) 巨型空腹桩围护墙示意图

这种巨型空腹预制桩植桩方法有两种，一是桩端机械松动土直接植桩法，二是预成孔植桩法。针对不同的施工方法研发了相应的植桩设备。

巨型空腹预制桩围护墙具有很好的技术和经济指标。其抗弯强度和刚度约是传统钻孔排桩围护墙的 4～7 倍，是地下连续墙的 3～5 倍；造价仅为传统钻孔排桩围护墙的 50% 左右，为地下连续墙的 40% 左右；且具有施工简单、施工速度快、质量可靠、无泥浆外运污染环境等优点。这项系列发明为土木工程各领域的围护工程提供了一种全新的围护做法。

3. 排桩围护墙的一墙多用技术

排桩围护墙的一墙多用技术是一种地下工程中将临时的围护结构与永久结构合用的技术，其内容包括：

（1）作为围护墙在基坑开挖期间承受水土侧向压力，起到围护结构作用；

（2）作为地下室外墙侧模或直接作为地下室外墙，承受侧向水土压力，满足结构使用要求；

（3）兼作工程承压桩或抗浮桩，承担竖向结构荷载；

（4）满足工程使用的特殊要求，如人防功能、护坡功能、防汛墙功能等。

通过采用一墙多用技术，可以起到以下作用：

（1）将传统需报废的临时围护结构兼作地下室永久结构，减少材料的浪费，缩短施工工期，大幅降低了工程造价；

（2）解决了狭窄场地围护桩无法施工的问题，同时又能充分利用地下空间，扩大地下室建筑面积，起到了很好的经济和社会效益；

（3）结构刚度大，整体性好，抗震性能高，抗渗止水能力较好。

排桩围护墙的一墙多用技术包含了一墙二用技术和一墙三用技术，区别是在满足基坑围护功能的基础上兼有其他一种或多种功能的技术。

排桩围护墙的一墙二用技术是指：排桩墙除作为开挖阶段围护墙外，在建筑物使用阶段还与地下室外墙组成复合结构，共同承担水土侧向压力。此时排桩墙与地下室外墙的连接方案大致包括：桩内预埋连接钢筋方案、沿桩外表面砌筑砖墙方案、插筋方案、后期焊接方案等。

排桩围护墙的一墙三用技术是在一墙二用技术的基础上，围护排桩墙还作为工程桩或抗浮桩承担结构荷载。围护排桩通过压顶梁、垫梁和牛腿的传力作用以及地下室外墙与围护桩的连结结构传力作用起到分担上部荷载的目的。

使用一墙多用技术时，要综合考虑围护结构在各种工况阶段的受力情况和使用要求，故设计施工难度较大，对施工质量控制要求较高。

一墙多用技术一般适用于常规地质条件和周边环境条件的单层或多层地下工程中，目前在土木工程的各个领域均进行了一定的工程实践，如基坑工程、地铁工程、市政工程、港口工程、护坡工程等。

11.1.2 排桩围护墙的一墙多用半逆作技术概述

1. 问题的提出

由于汽车时代的快速到来，为解决泊车问题而需向地下要车位，因而大范围的基坑大量涌现。此类大范围的基坑，尤其在软土地基，基坑开挖不设支撑围护风险很大，但基坑范围太大无法设置内支撑或设内支撑费用昂贵，采用一墙多用半逆作施工技术不失为好的围护施工对策，而且利用地下室楼层梁系作为内支撑，达到提高施工速度、降低工程造价之目的；此外在旧城区狭窄场地开发地下空间，具有很大风险性，需严格地控制围护墙侧向变位，一墙多用半逆作施工技术利用永久的楼层梁系作为内支撑，是一项较安全可靠的地下工程施工技术。

2. 排桩围护墙的一墙多用半逆作技术

地下工程一墙多用半逆作技术包含了三个方面：

一是地下工程外围的一墙多用技术。先沿地下工程外围打围护排桩及水泥土搅拌桩止水挡土帷幕，使形成围护墙。如上所述，这些围护排桩可多用：先是用作围护桩；再是用作地下工程周边工程桩（承压或抗浮）和地下工程外墙受力结构的组成部分，共同承担使用阶段的侧向压力（也可按常规围护桩做法施工）。

二是地下工程中部的工程桩可根据结构设计情况选出部分或全部按一桩多用要求设计施工。具体是将这些桩用作承压桩、用作抗浮桩、用作开挖围护阶段的支撑桩、用作今后地下工程的承重柱。

三是将地下工程各层楼板梁系用作基坑开挖阶段的内支撑，同时结合后浇筑的楼板，成为今后地下工程各层的永久梁板结构。具体是先自上而下逐层施工各层纵横楼板主梁，这些梁系在基坑开挖阶段用作支撑体系，应符合支撑受力要求；基坑开挖到底后施工基础底板，再自下而上逐层施工完成地下工程柱、墙、楼面梁板至地面。

按上述地下工程一墙多用半逆作施工技术，解决了平面大范围基坑，尤其是在软土中的基坑，不设内撑风险巨大甚至无法实施地下工程施工，而设临时内支撑费用昂贵等棘手问题。利用地下工程各楼层梁系兼作内支撑体系，改变了传统大规模投入设临时支撑，然后又化大投入凿除的做法，在节约造价的前提下又提高了施工速度，展示了其先进性。此外从地表就开始浇筑楼层梁系，可严格控制围护墙的侧向变位，对旧城区狭窄场地提供了一种安全经济的地下工程施工技术。

11.1.3　地下连续墙的一墙多用技术概述

地下连续墙是指利用专门的成槽设备，沿着地下建筑物或构筑物的周边，在特制的泥浆护壁条件下，分段逐次开挖一定长度与深度的沟槽，清槽后在槽内吊放钢筋笼，然后用导管法灌注水下混凝土，将泥浆从槽内置换出来形成一个单元墙段，再通过接头将各单元墙段连接起来，形成连续的地下钢筋混凝土围护墙体。

传统的地下连续墙的做法仅作为基坑开挖阶段的挡土止水围护墙体，地下工程主体结构完成后即做报废，不仅浪费人力物力，施工工艺复杂，工期较长，而且造价很高。随着地下连续墙设计施工技术的日益成熟，国内外越来越多的工程开始将地下连续墙和主体结构结合设计，地下连续墙的一墙多用技术和一墙多用半逆作或全逆作技术也逐渐成熟。

关于地下连续墙的一墙多用技术和一墙多用半逆作或全逆作技术详见本书的专门章节。

11.1.4　一墙多用技术的深化应用及应研究的问题

1. 桶状地下工程围护墙的一墙多用技术

（1）桶状地下工程简介

在城市中心地段及老城区，由于用地紧张，地块周边道路及地下管线密集，大面积的开发利用地下空间已无可能。桶状地下工程围护墙具有圆形结构，相对于传统的多边形围护结构更能发挥其结构的拱效应，受力性能更加优越，开挖深度更大，且占地面积较小，能够较好地解决该矛盾。

传统的地下工程围护结构的受力形式以平面受弯为主，其空间上的受力性能往往不被考虑。桶状围护结构能更好地发挥其空间作用及拱效应，将结构以承受弯矩为主转变为承受轴向压力为主，充分发挥混凝土的抗压性能。这种更加合理的围护结构形式能大大降低围护结构的造价，提高经济效益。具体来说桶状围护结构具有以下特点：

1) 桶状围护结构在平面上的布置形式为圆形。这种形式将常规的平面围护结构改进成空间围护结构，较好地发挥了结构的空间性能；同时将围护结构的侧向水土压力转化为混凝土的轴向压力，能充分发挥混凝土的抗压性能；

2) 可以减少内部的对撑而采用环撑，从而扩大工程施工空间，方便采用大规模的机械作业以缩短工程工期。

正是利用这种结构的受力优良性，桶状地下工程在各领域都有应用，如桶状地下电站、桶状地下仓储、桶状地下车库等。

（2）桶状地下工程的一墙多用技术

桶状地下工程的围护结构可以是传统钻孔灌注排桩围护墙、地下连续墙，也可以是上述新近开发的排桩围护墙。桶状地下工程围护结构也常结合一墙多用技术，也可采用一墙多用逆作法或半逆作法施工工艺，据此可进一步缩短工期，提高安全性，降低造价，提高其经济和社会效益。

2. 超长地下室外墙板防止混凝土收缩裂缝的一墙多用技术

（1）超长地下室防止混凝土收缩裂缝问题

随着大型地下工程不断出现，地下室越来越深，面积也越来越大。大量的工程实践表明，地下工程建造和使用阶段由于混凝土的收缩和温差变化等原因产生裂缝致使地下工程产生漏水等工程事故无法完全避免，尤其是超长地下工程更是如此。如何确保地下工程在施工阶段和永久使用阶段不开裂、不漏水已经成为必须解决的难题。

国家对超长钢筋混凝土地下室的设计施工有明确的规定，地下室的长度超过规范后必须设变形缝以控制裂缝。而变形缝施工麻烦，且随着地下工程越来越深，地下水渗透压力越来越大，变形缝的抗渗能力、安全性和耐久性问题更加严重，给地下工程的永久安全和正常使用构成了无法消除的隐患。

针对超长地下室混凝土收缩产生裂缝的问题，近年来工程界开始突破规范推行无永久缝设计建造方法，采用的手段无非是"防"（改变混凝土级配和使用添加剂）、"放"（设置后浇带或施工缝）、"抗"（设置后浇膨胀混凝土加强带及增设抗裂筋等）三种手段，并进行了一定的工程实践，然而混凝土收缩裂缝产生漏水的现象仍无法避免。但有个现状令人注意，即多个使用一墙多用技术的地下工程中其地下外墙的抗渗性状均很好，究其机理，由此提出了超长地下室防止混凝土收缩裂缝的一墙多用技术。

（2）超长地下室外墙板防止混凝土收缩裂缝一墙多用技术

超长地下室防止混凝土收缩裂缝的一墙多用技术主要包括以下要点：

1) 提出了不动约束体和约束度的概念。不动约束体是指可对该区域地下工程墙板混凝土收缩起到约束或阻止作用的构件，如地下室底板下的工程桩、下凸地梁、承台、电梯井、围护桩、围护压顶梁、围檩梁等，这里主要指一墙多用的围护墙。约束体对于超长地下室底板、侧墙的约束能力，即为约束度。

2）根据超长地下室外墙板的分布状况，结合已有的围护桩、压顶梁、围檩梁等不动约束体，设置后浇带，将超长地下工程划分为多个小区域。

3）在各小区域的施工中，采用一墙多用技术将地下室外墙板与围护桩连接成整体，利用这些不动约束体，阻止施工中混凝土的收缩变形和使用中由于温差引起的收缩变形，确保该区域地下工程不会产生收缩开裂。

通过这种方法，可以取消设置永久变形缝，将一超长地下室外墙化大为小，根据各小区域内客观存在的或经过改造的不动约束体的约束度大小确定该区域不动约束体的数量，确保该区域不会产生混凝土收缩开裂，并阻止其变形的传递和积累，很好地解决了超长地下室外墙混凝土收缩的问题。

超长地下室防止混凝土收缩裂缝的一墙多用技术是解决超长地下室混凝土收缩产生裂缝的问题的全新理念，有待深化研发。

3. 一墙多用技术应深化研究的问题

作为一项新的技术方法，一墙多用或一墙多用半逆作技术仍有很多问题需进一步深化研究以便推广使用。

（1）围护桩与工程桩的共同作用

在基坑围护设计中，围护桩一般按抗侧向力设计，插入深度主要由基坑开挖深度及土质条件决定；工程桩按承受竖向力设计，插入深度由上部建筑物荷载及下部地质情况决定。因此，工程桩与围护桩的插入深度和桩径大小可能不一致，且围护桩与围护桩之间也可能因部分围护桩插入深度加大而不同。"一桩三用"技术中，要求围护桩在基坑开挖结束后作为工程桩参与分担上部荷载，因此，在建筑物基础的边缘，桩长、桩径不同的工程桩与围护桩如何共同工作、群桩受力如何分析等问题是一墙多用技术中需要重点深化研究的内容。

（2）围护墙的抗浮效能

围护排桩除了可作为工程桩分担上部荷载外，还可作为抗浮桩发挥作用。作为抗浮桩时的计算可按后面章节提上的简化方法进行，其考虑到了与常规抗浮桩的以下几点不同：

1）围护桩在基坑深度以上部分应按一半面积计算侧摩阻力；

2）围护桩在基坑深度以下部分，由于围护桩的桩距较近，为防止整体上浮，桩侧表面积应按群桩外围表面积计算。

但目前对围护排桩的抗浮承载力机理的研究成果甚少，深化研究围护排桩的抗浮承载力的设计计算方法很有必要。

（3）一墙多用技术的防水问题

在一墙多用技术中，由于采用了桩墙合一的施工做法，改变了在地下室外墙面施工防水层，然后再回填的传统做法，但在检查多个运用一墙多用技术的地下工程中，其使用阶段地下室外墙的防水效果都很好。因而值得深究一墙多用技术的防水机理，从而为简化防水做法提供依据，如此可简化施工工序，加快施工速度，节约工程造价。

（4）一墙多用技术的抗震效能

围护墙具有整体刚度大，抗侧向能力强等优点。一墙多用技术将围护墙与结构整体连接，增强了建筑主体的刚度和整体性，因而必提高了结构的抗震能力。但由于一墙多用技术如何提高建筑物的抗震效应，紧贴建筑物地下结构的围护排桩墙对结构抗震性能提高的机理和贡献尚无人深化研究。

（5）外围土、围护墙、地下结构的共同作用

在建筑物使用阶段，围护桩与地下室外墙组成复合结构，共同承担水土侧向压力（或人防侧压力）。目前对一墙多用技术仅限于将外围的土作用简化为水土侧压力，据此对该组合结构进行受力分析。其实土体也是有刚度的，严格地说外围土、围护墙、地下结构均紧密结合，应视为更广义的复合结构整体，据此深化分析很有必要和意义。

11.2　排桩围护墙的一墙多用技术

11.2.1　排桩围护墙的一墙多用技术做法

1. 一墙多用技术施工过程

（1）一墙二用技术施工过程

1）单层支撑的单层地下室施工

单层地下室排桩围护一墙二用技术做法如图11.2-1所示，具体施工步骤如下：

① 围护墙的定位和施工。对于采用一墙多用技术的围护墙，其定位非常重要。围护墙的定位不仅要考虑围护桩施工过程中的偏位和倾斜，还应考虑基坑开挖引起的围护桩的侧向变位，这与基坑开挖深度、围护的形式、基坑土性密切相关。为此，应在围护墙与地下室外墙间设找平衬墙及防水层，为围护墙可能存在的变位预留出位置，也为防水层施工找出平整的基层面。结合围护桩径、找平预留位置和地下室外墙厚度与外墙轴线的关系，定出围护桩墙轴线。围护桩墙按常规方法施工，但应注意控制围护的定位偏差和垂直度。

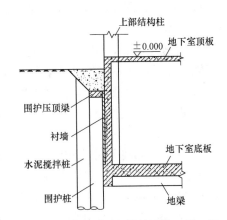

图 11.2-1　单层地下室排桩围护一墙二用

② 开挖施工支撑压顶梁或锚杆。围护桩墙施工完成后按常规要求开挖施工压顶梁和支撑；对于支撑下移低于压顶梁的围檩梁做法，应先施工桩顶压顶梁，然后开挖施工围檩梁和支撑。对锚杆围护，应先打设锚杆，再施工压顶梁或围檩梁。

③ 开挖到底，施工地下室底板、地梁及承台。施工完支撑或锚杆后，可开挖至坑底，按常规做法完成地下室底板、地梁及承台浇筑并预埋地下室外墙插筋和上翻外墙水平施工缝钢板止水带。

④ 凿除支撑，施工找平衬墙和防水层。基坑开挖后，开始进行围护桩墙面的清理凿毛，复测桩位和垂直度。待地下室底板完成后，可凿除支撑，施工找平衬墙，粉刷面层，在找平衬墙面施工防水层。同时可进行围护桩与地下室外墙的连接筋及单侧模拉筋施工（若围护墙仅作侧模，无需施工桩墙连接筋）。

⑤ 地下室外墙及顶板施工。完成围护桩与外墙连接筋及单侧模拉筋施工后，绑扎外墙、梁板配筋，施工外墙单侧支模和顶板支模，浇筑混凝土完成地下室施工。

2）多层支撑的多层地下室施工

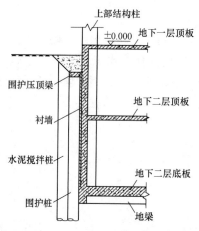

图 11.2-2 多层支撑排桩围护一墙二用

① 围护墙的定位和施工。与单层地下室做法相同，定位时应为围护桩偏位、倾斜和开挖引起的侧向变位及找平层留出位置。

② 开挖施工上部支撑压顶梁或锚杆。施工完围护桩墙后，按常规要求开挖施工压顶梁和支撑。对于上部支撑下移低于压顶的围檩梁做法，应先施工桩顶压顶梁，然后开挖施工围檩梁和支撑。对于锚杆围护，应先打设锚杆，再施工压顶梁或围檩梁。对于上部压顶梁内设锚杆代替上部支撑的做法，应先打设锚杆再施工压顶梁或围檩梁。

③ 开挖施工下部支撑及围檩梁。上部支撑完成后，按常规做法施工下部支撑及围檩梁。对下部多层支撑情况，应向下逐层完成下部各层支撑及围檩梁施工。同时可进行围护桩与地下室外墙连接筋及单侧模拉筋施工（若围护墙仅作侧模，无需施工桩墙连接筋）。

④ 开挖至坑底，施工底板、地梁及承台。下层支撑及围檩梁施工完成后，可开挖到底，施工完成地下室底板、地梁及承台。在施工底板前应清理围护桩面，按常规做法完成地下室底板、地梁及承台浇筑并预埋地下室外墙插筋和上翻外墙水平施工缝钢板止水带。

⑤ 凿除下层支撑及围檩梁。完成地下室底板、地梁及承台施工后，可按围护设计要求凿除下层支撑及围檩梁。

⑥ 施工下部找平衬墙和防水层。凿除下层支撑及围檩梁后，清理围护桩面并凿毛。复测围护桩墙面及地下室外墙面，定出衬墙位置及厚度，施工下部找平衬墙和防水层。完成围护桩与墙连接筋及单侧模拉筋的埋设。

⑦ 施工地下室下部外墙及楼板。完成下部找平衬墙、防水层和围护桩与墙连接筋及单侧模拉筋的埋设，绑扎下部外墙配筋和外墙单侧支模，施工下部楼板支模和配筋，浇筑混凝土完成地下室下部外墙及楼板施工。注意在下部楼板预插好向上的外墙插筋和上翻外墙水平施工缝钢板止水带。

⑧ 凿除上层支撑。对二层支撑的二层地下室，完成下层地下室及楼板结构后，可凿除上层支撑；对多层地下室的多层支撑情况，应按上述步骤⑤、⑥、⑦自下而上逐层浇筑地下室外墙及楼板，逐层凿除支撑及围檩梁直至完成地下一层的底板后，再凿除最上层支撑，施工地下室一层外墙及顶板，完成整个地下室结构施工。

（2）一墙三用技术施工过程

1）单层支撑的单层地下室施工

① 围护墙的定位和施工。与一墙二用技术做法相同，定位时应为围护桩偏位、倾斜和开挖引起的侧向变位及找平层留出位置。

② 开挖施工支撑压顶梁或锚杆。与一墙二用技术做法相同，施工完围护桩墙后，按常规要求开挖施工压顶梁和支撑。注意围护桩顶设有与地下室主体结构整体浇筑的传力牛腿构件，据此决定压顶梁及支撑的标高。

③ 开挖到坑底，施工地下室底板、地梁及承台。与一墙二用技术做法相同，开挖到

坑底后，清理围护桩面，设置围护桩与底板边梁连接锚筋，施工底板、地梁及承台。同样应预埋地下室外墙插筋和上翻外墙水平施工缝钢板止水带。

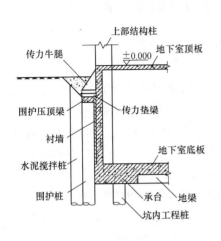

图 11.2-3　单层地下室排桩一墙三用

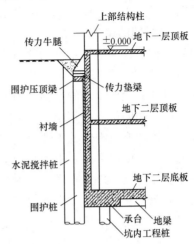

图 11.2-4　多层地下室排桩一墙三用

④ 施工找平衬墙和防水层。与一墙二用技术做法相同，待地下室底板完成后，通常可凿除支撑。对围护桩墙面进行清理凿毛，复测桩位和垂直度，定出衬墙厚度及墙面位置，此项工作在基坑开挖后即可同步开始。施工找平衬墙和防水层，同时进行围护桩与墙连接筋及单侧模拉筋施工。

⑤ 绑扎外墙、主体结构、传力垫梁牛腿配筋。完成衬墙及防水层施工后，衬墙面就是地下室外墙面，然后按设计要求绑扎地下室外墙、主体结构和一墙三用传力垫梁牛腿配筋。

⑥ 支模、浇筑混凝土完成地下室施工。完成绑扎地下室外墙钢筋后，进行地下室外墙的单侧支模，同时完成地下室一墙三用传力垫梁、牛腿和地下室顶梁板钢筋绑扎及支模，然后整体浇筑混凝土完成地下室结构施工。

2）多层支撑的多层地下室施工

① 围护墙的定位和施工。与一墙二用技术做法相同，定位时应为围护桩偏位、倾斜和开挖引起的侧向变位及找平层预留出位置。

② 开挖施工上部支撑压顶梁或锚杆。施工完成围护桩墙后，按常规要求开挖施工上部压顶梁和支撑。

③ 向下开挖，逐层施工下部各层支撑及围檩梁。与一墙二用技术做法相同，上部支撑完成后，按常规要求向下开挖，逐层施工下部各层支撑及围檩梁；同步可进行围护桩墙面的清理和围护桩与地下室外墙连接筋及单侧模拉筋的埋设。

④ 开挖到坑底，施工底板、地梁及承台。与一墙二用技术做法相同，最下层围檩梁及支撑完成后，开挖到底，施工完成地下室底板、地梁及承台。在施工底板前应清理围护桩面，按要求埋设围护桩与地下室底板边梁的连接筋。按常规要求预埋地下室外墙插筋和上翻的外墙水平施工缝钢板止水带。

⑤ 逐层凿除下部支撑及围檩梁，施工下部找平衬墙和防水层。完成地下室底板承台施工后，可自下而上逐层凿除各层支撑及围檩梁、清理围护墙面并施工找平衬墙和防水层、施工完地下室外墙和楼板，如此直至完成地下一层的底板。

⑥ 完成地下室结构施工。完成地下一层的底板后，如同单层地下室情况，清理上部围护桩墙面、设置围护桩与地下室外墙连接筋及单侧模拉筋、施工找平衬墙和防水层、绑扎地下室外墙配筋、绑扎传力垫梁及牛腿配筋、支模并浇筑混凝土，完成地下室结构施工。

2. 找平衬墙的施工要求

（1）围护墙作为地下室外墙的组成部分的做法

1）衬墙厚度

衬墙厚度的预留，目的是调节围护墙在施工和基坑开挖中可能产生的侧向变位，确保基坑开挖后围护墙位不会影响地下室外墙的定位施工。在围护设计中应根据基坑开挖深度、基坑开挖影响范围内的土性、基坑围护形式等因素，对围护墙施工中可能的偏位、开挖后可能产生的侧向变位做出预测，据此初定衬墙的厚度。对软土地基中的单地下室，建议衬墙厚度在 150~200mm 外墙组成部分的做法间取值；对二层地下室取 200~250mm；对二层以上地下室，随着深度增加，应充分考虑围护墙侧向变位增大的可能，为一墙多用技术的实施预留充分余地。设计中初定出衬墙厚度后，根据地下室外墙与围护轴线的定位关系、围护桩墙的厚度，再计入衬墙厚度和粉刷防水层的厚度就可定出围护桩墙轴线，对围护墙进行定位。基坑开挖后，找平衬墙及防水层的厚度应根据围护桩墙的具体偏位情况调整确定。

2）衬墙材料

基坑开挖后应先对围护桩墙面进行清理，复测围护墙的变位状况，对找平衬墙的表面进行定位，并留出衬墙面粉刷层和防水层厚度，然后自下而上施工找平衬墙。

找平衬墙通常采用 MU50 水砂浆和 M100 红砖砌筑，也可分层分段立模浇筑 C10 或 C15 素混凝土形成。找平衬墙完成后通常应粉刷 20mm 厚混合砂浆，为施工防水层创造条件。

3）衬墙的质量控制和稳定性

衬墙质量控制的首要内容是表面垂直度和定位。衬墙及防水层表面就是浇筑地下室外墙的侧模，因而必须严格控制其与地下室外墙面一致。衬墙表面的垂直度和平整度应严格参照对地下室外墙的要求执行。

衬墙作为地下室外墙的单侧支模，其稳定性十分重要。衬墙的稳定性与砌筑高度、厚度、砌筑材料、是否用来固定以后地下室外墙单侧模拉杆以及与围护基面的贴紧程度等因素有关。通常在衬墙砌筑时应沿高度分层埋设与围护桩连接的拉结筋，拉结筋的垂直间距一般为 300~1000mm，水平间距约 600~1200mm。

4）衬墙后回填

衬墙定位后按要求紧贴围护桩墙基面砌筑。对于围护墙作为地下室外墙组成部分的做法，要求衬墙沿围护排桩间分段砌筑，如图 11.2-5 所示。而基坑开挖后桩间土大部分流失，因而在边砌衬墙的同时，边对衬墙后桩间空隙采用黏土回填密实。衬墙后的回填密实事实上增大了原围护防水帷幕的厚度，对地下室外墙防水有利。对衬墙后桩间空隙也常采用浇筑素混凝土填实，当找平衬墙较薄时，也可立模一次浇筑完成衬墙和桩间回填。

（2）围护墙仅作侧模做法

在场地狭窄或邻近有重要管线或障碍，无法按正常情况定位围护桩墙；或开挖施工后

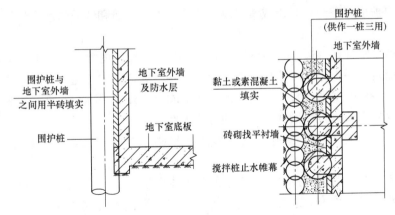

图 11.2-5　围护墙作为地下室外墙组成部分的做法

围护产生过大侧移变位事故，不得将围护墙作为地下室外墙组成部分时，也常将围护墙仅用作侧模，并不考虑围护桩墙对地下工程受力的有利作用。如图 11.2-6 所示，此时根据定位沿围护桩墙通长砌筑衬墙。

衬墙一般是由混合砂浆砌砖形成，当衬墙较薄时也可立模浇筑素混凝土。衬墙砌筑应严格定位，切不可侵占永久地下室外墙位置。应按施工地下室外墙侧模要求控制衬墙面的垂直度和表面平整度。

衬墙的稳定性也是要点。这主要视地下室外墙单侧模拉结筋是否与衬墙相关。通常应将拉结筋穿过衬墙直接固定在围护桩上，如此起到稳定衬墙的作用；若将拉结筋固定在衬墙上，应设置衬墙与围护桩墙的

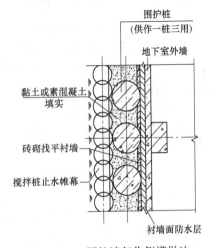

图 11.2-6　围护墙仅作侧模做法

连接筋；也可沿衬墙高度方向间隔浇筑梁进行加强，此时腰梁与围护桩墙应用拉结筋连接。

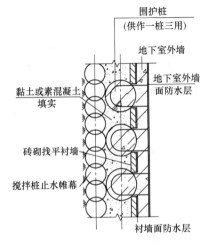

图 11.2-7　地下室一墙多用防水做法

3. 地下室一墙多用外墙防水做法

（1）地下室一墙多用的多层防水体系

根据对多个采用一墙多用技术施工的地下工程的调查表明，地下室外墙的防水效果均很好。分析其原因，一墙多用技术的确在防水方面存在着许多优势。如图 11.2-7 所示，采用一墙多用技术施工的地下工程防水体系从地下室墙外至墙内，由下述多道做法组成。

其一是围护墙的挡土止水帷幕。挡土止水帷幕一般由连续咬合的水泥搅拌桩墙形成，通常仅在基坑开挖和地下室施工期间起挡土止水作用，地下工程完成后即报废。但在一墙多用技术中，水泥搅拌桩帷幕可协助地下室外墙起到防水作用。

其二是围护桩间空隙用黏土或素混凝土填实，外有衬墙和墙面防水层封闭，形成第二道防水层。

其三是地下室外墙混凝土自身的防水，这也是最重要的防水体系。地下室外墙浇筑施工混凝土收缩裂缝一直是施工通病，严重影响了外墙的自防水性能。采用一墙多用技术可使围护桩与地下室外墙形成整体，密集的围护桩能阻止外墙混凝土的收缩和变形传递，防止了收缩裂纹的出现，自然增强了外墙的自防水性能。

其四是若有必要，还可在地下室内墙面再粉刷一层防水层，进一步提高外墙防水性能。

综上所述，在一墙多用技术中地下室的防水体系是多层次的。而传统做法是在地下室外墙与围护墙间留有约 1m 的施工空间，待地下室外墙面施工完防水层后进行回填，存在永久的透水回填土，仅靠地下室外墙和防水层进行防水。

（2）地下室一墙多用外墙防水做法

1）围护墙的挡土止水帷幕

围护墙的挡土止水帷幕一般由连续咬合的单轴或双轴水泥搅拌桩形成，搭接长度一般为 100~200mm，通常为单排，也可采用双排甚至三排的做法以提高止水效果。单轴或双轴水泥搅拌桩直径 500~700mm，水泥掺合比通常为 15%，成桩中采用上下两个回次搅拌，每次下沉和提升速度均小于 1m/min，工效很低。目前单轴或双轴搅拌桩止水帷幕做法由于咬合搭接可靠性差而逐渐被止水效果更好的三轴水泥搅拌桩墙代替。三轴水泥搅拌桩墙采用套一孔施工工艺，水泥掺合比通常为 20%，直径 600~900mm，咬合搭接长度 150~250mm，采用高压空气辅助沸腾搅拌，上下一个回次即可完成施工，大幅提高了水泥搅拌桩墙的挡土止水能力。

2）桩间回填和衬墙面防水层

桩间回填和衬墙面防水层是地下室外墙防水体系中的第二层次。通常是边砌衬墙边回填黏土，黏土一般在基坑内就地取材，其含水量应适中，以便于分皮捣实。桩间回填也常采用浇筑 C10 素混凝土做法，素混凝土现场自拌，用振动棒捣实。

砌筑好找平衬墙后，通常用混合砂浆粉刷，然后贴卷材类防水层或刷涂料防水层。也可在衬墙面直接粉刷水泥防水砂浆作为防水层。

3）地下室外墙混凝土自防水层

现浇钢筋混凝土外墙是地下室外墙防水体系中的第三层次，也是最重要的层次。按一墙多用技术实施的地下室外墙混凝土强度等级和墙厚建议仍按不低于建筑自防水抗渗等级要求取值。

4）地下室内墙面防水层

地下室内墙面防水层是地下室防水体系中的第四层次。该防水层通常采用直接在墙面粉刷防水砂浆的做法，也可在墙面刷防水涂料或粘贴卷材防水层。

根据建筑审美的需要，还可采用贴墙面砖隔离做法。具体是在墙面用不饱满的砂浆层贴铺面砖，使可能存在的墙面渗水沿贴面砖砂浆层空隙向下流至墙脚，再通过墙脚截水沟有组织地流入集水井。正常情况下无需做此防水层。

4. 地下室外墙施工单侧支模做法

采用一墙多用技术施工时，地下室外墙紧贴围护墙，以围护找平衬墙作为单侧模板，而另一侧在混凝土浇筑时采用单侧支模做法。地下室外墙混凝土浇筑时对模板产生的向外挤胀力要靠沿墙高间隔分布的模板加劲横档承受，因此加劲横档的固定是单侧支模的要点。单侧模板的固定通常采用拉杆固定法，也可采用内撑固定法。

（1）单侧模板的拉杆固定法

用来固定单侧支模加劲横档的拉杆可通过拉结筋直接固定在围护桩上，也可固定在衬墙的加劲横梁上，加劲横梁再通过锚筋与围护桩墙相连接。

1）拉杆直接固定在围护桩上

基坑开挖并清理桩墙面后，可根据地下室外墙单侧模加劲横档的标高定位然后根据围护桩间距确定单侧模拉结筋水平间距。拉结筋可直接焊接在凿出的桩筋上或焊接在围护桩的预埋件上（通常对预制围护桩），也可采用打孔植筋灌浆法施工。然后根据围护桩间距确定单侧模拉结筋水平间距。拉结筋可直接焊接在凿出的桩筋上或焊接在围护桩的预埋件上（通常对预制围护桩），也可采用打孔植筋灌浆法施工（图11.2-8a）。

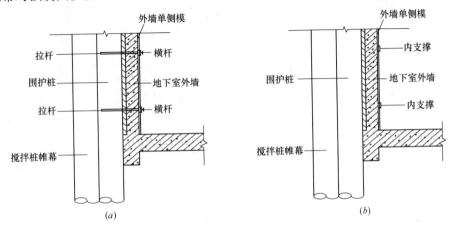

图 11.2-8　地下室一墙多用单侧模固定做法
（a）拉杆直接固定；（b）内撑固定

拉结筋一般采用Ⅰ级圆钢筋制作，其埋设间距通常与围护桩间距一致。当围护桩间距较大时，应加大拉结筋直径和模板加劲横档尺寸及强度，以确保浇筑墙板混凝土时不产生胀模。

2）拉杆固定在衬墙上

这种做法是将拉结筋锚固在找平衬墙的加劲横梁上。加劲横梁沿墙高间隔设置，通过锚筋与围护桩连接。此时单侧模拉结筋的水平间距可根据立模需要设置，不受围护桩距限制。

对于其他形式的围护墙，如土钉墙围护，可将衬墙加劲横梁直接与土钉墙钉头焊接锚固；对水泥搅拌重力式挡墙也可打设短土钉来锚固找平衬墙的加劲横梁。

（2）单侧模板内撑固定法

对于围护墙仅用作侧模做法，或地下室施工时内部可方便地提供可靠支撑点的情况，也可采用内部设支撑的方式来固定单侧支模（图11.2-8b）。通常采用斜撑或水平撑固定单侧模的加劲横档，也可采用脚手架钢管连续密集分布支撑的方法，还可结合型钢横梁或水平桁架采用大间距支撑的做法。

5. 围护墙与主体结构的连接

（1）围护墙与地下室梁板结构的连接

一墙多用技术中，当围护墙仅用作侧模或地下室外墙的组成部分（一墙二用）时，可不考虑围护桩墙与地下室底板边梁的连接；当围护墙不仅用作地下室外墙的组成部分，还兼作工程桩（一墙三用）时，应按计算要求配置围护桩与地下室底板边梁的连接锚筋，如图 11.2-9 所示。

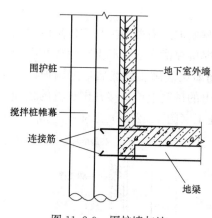

图 11.2-9　围护墙与地下室梁板结构的连接

现行的围护桩通常为钻孔灌注桩。当计算出的围护桩与地下室底板边梁的连接锚筋受力较大时，建议采用植筋做法。每根围护桩所需锚筋的直径和根数由计算决定，并在地下室底板边梁的高度范围分层设置，通常是设在边梁的上下部。当计算出的围护桩与地下室底板边梁的连接锚筋受力较小时，可将锚筋与凿出的围护桩主筋采用绑焊法连接；若每根围护桩所需锚筋根数较多，建议部分采用植筋做法。

基坑开挖到底后，应先清理围护桩墙面，然后按设计要求在每根围护桩上设置锚筋。若锚筋采用植筋做法，围护桩上的钻孔直径、深度、灌浆要求等应按受拉构件参照植筋规范执行；若锚筋与围护桩主筋采用焊接做法，则每根围护桩上每排锚筋数量不应超过 2 根，且各排总数不超过 4 根，否则应以植筋法补足。焊接的锚筋直径不应大于桩主筋直径，焊缝长度和厚度应按受拉构件的要求执行。

对于预制桩围护墙，围护桩通常是预应力构件，锚筋可直接焊在围护桩面的预埋件上，也可采用植筋做法或二者共用。

围护桩墙与地下室底板边梁的锚筋应按受拉构件要求锚入地梁，锚固长度通常取 $40d$。

（2）围护墙与地下室外墙的连接

除仅用作侧模情况外，一墙多用技术要求围护墙与地下室外墙直接连接。对于常用的钻孔灌注桩围护墙，这种连接做法由两部分组成：其一是要求每根围护桩面清理凿毛，按混凝土施工缝要求处理，使后浇筑的地下室外墙与围护桩更好地形成整体；其二是沿墙高度按构造要求设置拉结钢筋，如图 11.2-10 所示。

围护桩与地下室外墙连接的拉结钢筋做法有多种：其一是将拉结筋直接等距焊接在凿出的围护桩主筋上，如图 11.2-10（a）所示。拉结筋直径宜取 12mm 以上，竖向间距宜在 500mm 左右；拉结筋也可直接焊接在凿出的围护桩箍筋上，直径和间距宜与围护桩箍筋相同或隔一设置；其二是在围护桩上沿竖向等距钻孔植筋，植筋直径宜取 12～16mm，间距约 500mm，如图 11.2-10（b）所示；其三是在围护桩上凿出桩箍筋，直接将箍筋锚入地下室外墙内，如图 11.2-10（c）所示。

对于预制围护桩，与地下室外墙连接钢筋通常采用在围护桩预埋件上焊接钢筋做法，也可采用植筋做法。

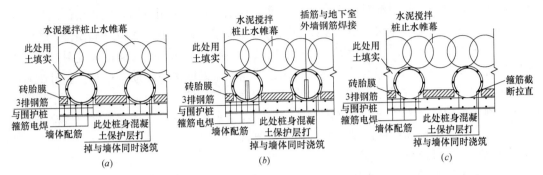

图 11.2-10 围护墙与地下室外墙的连接

（a）焊接法构造示意图；（b）插筋法构造示意图；（c）预埋筋法构造示意图

（3）围护桩顶与主体结构外墙的连接

围护桩顶与主体结构外墙连接的主要作用是将主体结构的荷重传递给围护桩，使围护桩除具备围护功能外，还兼有增强地下室外墙和工程桩的功能，从而达到一墙多用之目的。围护桩作为工程桩的作用主要是通过传力牛腿来实现，围护桩与地下室外墙、基础底板等的连接也起到一定的作用。主体结构与围护墙的传力做法有独立牛腿传力连接法和地下室外墙直接连接法两种。

1）独立牛腿传力连接法

独立牛腿传力连接法是指：在各主结构框架边柱上外伸大牛腿，牛腿下设垫梁，垫梁直接压在围护的压顶梁上，据此将主结构边框架柱荷载传递给围护桩墙，如图 11.2-11 所示。垫梁的作用是增强围护压顶梁的刚度，使线状分布的围护桩都能充分发挥其承载能力。

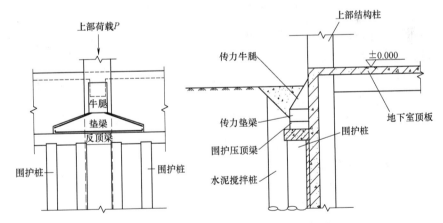

图 11.2-11 独立牛腿传力连接法示意图

传力牛腿的尺寸及配筋根据围护桩的承载力通过计算决定，作为安全储备，计算中一般不考虑围护桩与地下室外墙和基础底板连接的抗冲剪作用。

垫梁与围护压顶梁的尺寸及配筋和所考虑的围护桩承载力根据构造设置，垫梁根部截面高度和压顶梁高度的总和建议在 1/8～1/5 围护墙方向框架柱间距取值，端部截面高度应大于 200mm；垫梁的截面宽度一般与压顶梁宽相同，长度一般是框架柱间距的 1/5～1/3；配筋通常为上下各 2～4ϕ20～25 钢筋，箍筋为 ϕ8～10@200～400。垫梁与压顶梁的连接应先清理梁面，然后配置一定量的拉结筋，拉结筋通常采用将锚入压顶梁的围护桩桩筋直接伸入到垫梁中的做法，也可采用间隔凿出压顶梁上部配筋焊接拉结筋做法。

对于围护桩用作抗浮桩的情况，围护桩对传力牛腿的作用力是反向的，此时应严格要求围护桩桩筋按受拉要求锚入压顶梁内，压顶梁与垫梁之间的拉结筋应按抗拉设计配置。

对围护桩是预制桩且作为抗浮桩的情况，应确保围护桩与压顶梁的连接。由于预制桩通常是预应力构件，配置的是高强度钢棒，因而通常采用在桩头结合预埋件焊接锚筋的做法，也可直接预埋锚固钢筋以满足连接的抗拉要求。

2）地下室外墙直接连接法

围护桩用作承压桩也常采用压顶梁与地下室外墙的直接传力做法。此时直接在地下室外墙面外伸牛腿压在围护压顶梁上，将建筑主体荷载通过地下室外墙传给条状分布的围护桩，如图 11.2-12 所示。沿地下室外墙分布的条状牛腿的尺寸和配筋应根据围护桩承担的载荷力通过计算确定。条状牛腿应尽量靠近楼板，以减少牛腿对地下室外墙产生的竖向弯扭作用，并对外墙配筋进行围护桩偏心承载力的强度验算。

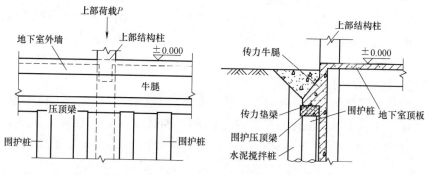

图 11.2-12　地下室外墙直接连接法示意图

地下室外墙直接连接法中，条状牛腿与压顶梁的连接同样应按构造要求设拉结筋，拉结筋做法同上述独立牛腿垫梁与压顶梁连接法。

对于围护桩用作抗浮桩的情况，通常是采用这种地下室外墙直接连接法传力。此时应严格按受拉要求配置条状牛腿与压顶梁的连接筋，同时应验算围护桩与压顶梁连接的抗拉强度。

11. 2. 2　排桩围护一墙多用技术的设计计算方法

1. 围护墙在开挖围护阶段的设计计算

（1）围护墙在开挖围护阶段的计算理论

1）开挖围护阶段围护墙的水土压力

在理论上，经典的土力学理论已不能满足基坑工程的发展要求，近年来诸如考虑应力路径的作用、土的各向异性、土的流变性、土的扰动、土与支护结构的共同作用等因素的土侧压力计算理论及有限元理论和系统工程学等的研究取得了一定的进展。但由于土体性状等的复杂性和不确定性，要精确定量地得出围护墙所承受的水土侧压力尚有难度。因此传统的 Coulomb（1773）和 Rankine（1857）土压力理论仍是应用最广的计算理论。现行的基坑围护工程规范中采用的土压力计算方法亦是基于上述两者的理论，结合大量的工程实践所取得的经验，证明采用这两个理论的计算方法简单有效而且是可靠的。一墙多用排桩墙在基坑开挖阶段的水土侧压力计算理论与常规排墙围护墙完全相同，因而可参见本书相关章节，此处不赘述。

2）开挖围护阶段围护墙的受力和变位分析

开挖围护阶段围护墙的受力和变位分析通常是采用杆系有限元法。利用杆系有限元法分析挡土结构的一般过程与常规的弹性力学有限元法相似，通过计算可得围护桩身的弯矩、剪力、支撑轴力和变位。有关排桩围护墙按杆系有限元法的计算分析理论参见本书相关章节，此处不赘述。

3）开挖围护阶段围护墙的稳定性分析

对有支护的基坑进行稳定性分析，是基坑工程设计的重要环节之一。基坑的稳定性分析内容包括基坑的整体稳定性分析、围护结构的抗倾覆或踢脚稳定性分析、基坑底部土体的抗隆起稳定分析、抗管涌分析等。这些排桩墙基坑稳定性计算分析理论可参见本书其他章节。

（2）围护墙在开挖围护阶段的工程设计方法

1）基坑围护工程内力、变位及稳定性分析

对围护墙按一墙多用技术在开挖围护阶段的设计，应对围护墙和支撑体系的刚度提出较高要求，以确保侧向变位的控制，具体应充分考虑如下因素：

① 正确地确定基坑开挖计算深度。应综合考虑地下室板底、边梁底、承台底标高，考虑坑边承台分布密集性，邻近基坑边缘的坑中坑状况及坑底土性状况等。

② 正确地确定支撑体系的分布。首先确定支撑的竖向分布，明确支撑的层数和分层支撑的标高；再确定每层支撑的平面分布，应综合考虑支撑分布的均衡性及抗侧压变位的受力特性，同时也应充分考虑施工开挖基坑底部土体的便利性和建设方分期施工总体安排和相应先后拆撑的可行性；确定各层支撑体系中各支撑杆件的截面尺寸，确保强度、刚度和稳定性要求。

③ 正确判定周边环境状况。应探明周边地下管线的类别及分布状况，判定周边建（构）筑物的用途、地基及结构状况以及抗邻近基坑开挖变位的能力；应充分考虑由于基坑开挖可能引起这些建（构）筑物沉降、开裂等的综合影响及对策。

④ 正确的土性指标确定及开挖后围护结构侧向变位的预测。应认真分析地质勘察报告，并做出偏于安全的参数选择；对软土层应正确地判定可能的侧向变位和是否需要进行坑底被动区加固；对砂土应分析透水性及合理的坑内外降水方式。

⑤ 充分考虑开挖施工的不利因素。开挖施工对围护体系产生的不利因素首先应考虑围护周边的堆载和挖运土车通行路线及车动载；坑内出土路线及对出土口围护结构与内部支撑的碾压；支撑桩由于打设中或挖土的挤压造成倾斜、挖土中挖斗的撞击影响；软土中挖土引起土体滑移形成的挤压造成工程桩的偏斜事故。

围护墙在开挖围护阶段的工程设计是依靠现行的基坑围护电算程序进行的。在围护工程设计中首先要确定基坑的开挖深度、基坑开挖影响范围内土层分布和土的物理力学指标、地下水文状况、基坑周边的环境状况，然后对围护方法做出正确的选择。对于使用一墙多用技术的围护工程，对基坑开挖阶段围护墙的侧向变位提出了更严格的控制要求，而围护工程中最可靠的正是排桩（或地下连续墙）加内支撑围护体系。

围护工程在开挖围护阶段的具体设计方法是根据已有的围护信息：基坑开挖深度、土层分布及土性状况、周边环境状况、基坑的平面大小和分布形式、地下水及土体透水性状等，凭借已有工程经验初定所采用的围护体系。具体做法：

① 围护墙的具体做法。初定围护桩型及桩的直径、间距、桩插入到坑底以下深度、桩顶标高及总桩长；初定挡土止水帷幕墙的做法及帷幕直径、搭接尺寸、插入坑底以下长度。

② 支撑体系的具体做法。初定支撑层数及各层标高；初定各层支撑的平面分布；初定各支撑构件的截面尺寸；定出支撑桩的分布及做法。

据此，通过基坑围护程序进行分析计算，根据分析结果进行调整，调整后再分析，如此反复计算调整定出最终围护做法，得出有关围护墙在各工况下的内力和位移包络图；得出了合格的围护墙整体稳定性、抗倾覆或踢脚稳定性、基坑底部土体的抗隆起稳定性和抗管涌稳定性分析结果；得出了有关支撑的内力变位图。根据这些分析结果，可完成围护墙和支撑体系各构件的截面设计。

目前应用最广泛的是基坑围护启明星软件和理正软件。

2）开挖围护阶段基坑围护墙及支撑的截面设计

根据基坑围护电算程序分析得出的围护桩墙在各工况下的内力和变位包络图，按现行钢筋混凝土结构计算理论和规范可方便地进行围护墙的截面设计。

排桩围护墙中最常用的是钢筋混凝土圆形钻孔灌注桩，有了围护桩墙在各工况下的内力和变位包络图，根据沿圆周配筋钢筋混凝土圆截面抗弯构件的计算理论，可得出满足围护受力要求的截面抗弯抗剪配筋。具体围护工程设计中可利用钢筋混凝土圆截面抗弯构件截面配筋设计电算程序，只需输入圆截面直径、混凝土和钢筋强度等级、承受弯矩和剪力，就可方便得出所需桩截面配筋量。

对预制钢筋混凝土 T 形或工字形围护桩墙，通常是预应力构件，采用高强钢棒配筋，根据基坑围护电算程序分析得出的围护桩墙在各工况下的内力和变位包络图，参照现行钢筋混凝土结构规范，也可计算出截面抗弯剪配筋量。T 形或工字形围护桩墙技术的开发人已有完善的预制钢筋混凝土 T 形或工字形围护桩截面配筋设计电算程序和计算表格。

对支撑体系中各构件的截面设计，根据现行的基坑围护电算程序，可得出支撑体系各构件的轴力、弯矩、剪力及变位分布图，按照现行的钢筋混凝土结构计算理论与规范可完成截面的配筋设计。但基坑围护工程在开挖中受到诸如挖土造成土坡滑移挤压、运土车的碾压、挖斗的撞击等不利影响因素很多，目前最常用的仍是结合工程经验的简化计算方法来确定各构件所受的内力，据此进行截面配筋设计更为可靠。

支撑体系的简化计算方法以基坑围护体系的传力路线为基础。根据基坑围护体系的传力路线：基坑围护墙外水土侧压传给围护桩墙；围护桩墙将侧压通过围护桩上传递给支撑压顶梁或围檩梁，下传递给坑底土体；压顶梁或围檩梁将侧压力传递给各层支撑。

支撑体系的简化计算方法是将各层的压顶梁或围檩梁作为平躺的连续梁，各支撑点作为支座，承受围护桩传递来的侧压集中力，据此计算支撑压顶梁或围檩梁所受内力（弯矩和剪力）。围护桩传递来的侧压集中力根据围护桩墙电算程序分析结果取值。考虑到围护桩传递来的侧压集中力很大，通常按常规弹性方法所得弯矩巨大而很难进行截面配筋设计，而且围护是临时工程，允许产生开裂，建议采用塑性内力重分布理论确定跨中和支座弯矩值，据此在配筋设计中还可考虑基坑整体受力效应以及临时结构等因素对内力适当折减。

支撑体系的简化计算方法中对各支撑主杆件，根据压顶梁或围檩梁传递的轴力，按钢筋混凝土轴力受压构件进行截面配筋设计，其中压屈稳定系数按经验在 0.5～0.7 间取值，如此用以综合考虑挖运土偶然碾压、挖机挖斗撞击及支撑自重或可能的施工堆载产生侧压的影响。

2. 围护墙作为地下室外墙组成部分的设计计算

（1）围护墙作为地下室外墙组成部分的计算理论

排桩与地下室外墙形成的复合结构截面如图 11.2-13 所示。

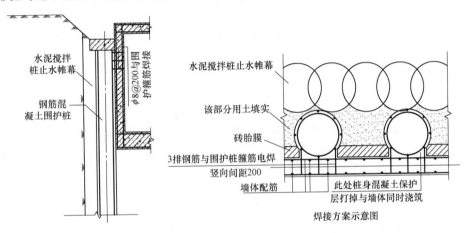

图 11.2-13 桩墙合一截面与做法示意图

在一墙多用技术中，围护排桩与地下室外墙形成复合结构共同抵抗水土压力。该复合结构相当于一变截面梁，有地下室外墙部分抗弯刚度更大。对该复合结构的计算方法有弹性理论解析解法与弹性地基梁杆系有限元法等。其中以弹性地基梁杆系有限元法更适应多种地质条件。

1）弹性理论解析解

将围护桩与地下室外墙组成的复合结构视作一变截面梁，沿基坑边缘取单位宽度的墙体，对其进行分析计算。基本假设如下：墙体作用的水土压力为三角形分布，底板以下桩体受到的土压力为矩形分布，桩基础内侧作用土弹簧，弹簧系数不随深度改变（变弹簧系数将形成非常微分方程而导致无解析解）。在变截面处（底板处）视为固定，顶部视为一弹性支撑，如图 11.2-14 所示。该模型模拟的是地下室正常使用阶段的受力情况。

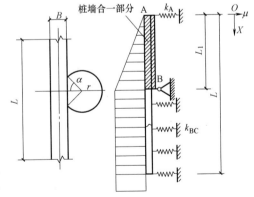

图 11.2-14 解析解计算模型示意图

将该结构分为两部分：AB 段与 BC 段，对应位移为 U_{AB}、U_{BC}。土压力分布分别为：

AB 段
$$q_{AB}(x) = \frac{a}{l_1}x \tag{11.2-1}$$

BC 段
$$q_{BC}(x) = a \tag{11.2-2}$$

AB 段控制方程为：
$$E_{AB}I_{AB}\frac{d^4U_{AB}}{dx^4} = \frac{a}{l_1}x \tag{11.2-3}$$

BC 段控制方程为：
$$E_{BC}I_{BC}\frac{d^4U_{BC}}{dx^4} + k_{BC}U_{BC} = a \tag{11.2-4}$$

令 $\bar{x} = \frac{x}{l}$，$m_1 = \frac{l_1}{l}$，$I_{AB} = \xi I_{BC}$，$\bar{\alpha} = \frac{al^4}{E_{AB}I_{AB}}$，$\beta = \frac{k_{BC}l^4}{EI_{AB}}$，

代入上式得：
$$\frac{d^4U_{AB}}{d\bar{x}^4} = \frac{\bar{\alpha}}{m_1}\bar{x} \tag{11.2-5}$$

$$\frac{d^4U_{AB}}{d\bar{x}^4} + \beta\xi U_{BC} = \bar{\alpha}\xi \tag{11.2-6}$$

式（11.2-6）的通解为：
$$U_{AB} = \frac{\bar{\alpha}}{120m_1}\bar{x}^5 + \frac{1}{6}A_1\bar{x}^3 + \frac{1}{2}A_2\bar{x}^2 + A_3\bar{x} + A_4 \tag{11.2-7}$$

令式（11.2-6）中的 $\beta\xi = -\lambda^4$，则式（11.2-6）的齐次方程的解为：
$$U'_{BC} = \beta_1 ch\lambda\bar{x} + \beta_2 sh\lambda\bar{x} + \beta_3 cos\lambda\bar{x} + \beta_4 sin\lambda\bar{x} \tag{11.2-8}$$

易求得式（11.2-6）的通解为：
$$U_{BC} = B_1 ch\lambda\bar{x} + B_2 sh\lambda\bar{x} + B_3 cos\lambda\bar{x} + B_4 sin\lambda\bar{x} + \frac{\bar{\alpha}}{\beta} \tag{11.2-9}$$

计算模型的边界条件为：

A 点 $\begin{cases} EI_{AB}\dfrac{d^3U_{AB}}{dx^3} + k_AU_{AB}\Big|_{x=0} = 0 \\ EI_{AB}\dfrac{d^2U_{AB}}{dx^2}\Big|_{x=0} = 0 \end{cases}$，C 点 $\begin{cases} EI_{AB}\dfrac{d^3U_{AB}}{dx^3}\Big|_{x=l} = 0 \\ EI_{AB}\dfrac{d^2U_{AB}}{dx^2}\Big|_{x=l} = 0 \end{cases}$

B 点处有以下相容条件：

$$\begin{cases} U_{AB} = 0 \\ U_{BC} = 0 \\ EI_{AB}\dfrac{d^2U_{AB}}{dx^2} + EI_{BC}\dfrac{d^2U_{BC}}{dx^2} = 0 \\ \dfrac{dU_{AB}}{dx} = \dfrac{dU_{BC}}{dx} \end{cases} \tag{11.2-10}$$

量细化之后：

$$\begin{cases} \dfrac{d^3U_{AB}}{dx^3} + \beta_AU_{AB}\Big|_{\bar{x}=0} = 0 \\ \dfrac{d^2U_{AB}}{dx^2}\Big|_{\bar{x}=0} = 0 \end{cases} \tag{11.2-11}$$

$$\begin{cases} \dfrac{d^3U_{BC}}{dx^3} + k_AU_{AB}\Big|_{\bar{x}=l} = 0 \\ \dfrac{d^2U_{BC}}{dx^2}\Big|_{\bar{x}=l} = 0 \end{cases} \tag{11.2-12}$$

$$
\begin{cases}
U_{AB}=U_{BC}\big|_{\bar{x}=m_1}=0 \\[2mm]
\dfrac{\mathrm{d}U_{AB}}{\mathrm{d}\bar{x}}=\dfrac{\mathrm{d}U_{BC}}{\mathrm{d}\bar{x}}\bigg|_{\bar{x}=m_1} \\[2mm]
\xi\dfrac{\mathrm{d}^2U_{AB}}{\mathrm{d}\bar{x}^2}+\dfrac{\mathrm{d}^2U_{BC}}{\mathrm{d}\bar{x}^2}=0
\end{cases}
\tag{11.2-13}
$$

通解代入式（11.2-11）、式（11.2-12）和式（11.2-13）中，得：

$$
\begin{cases}
A_1+\beta_A A_4=0 \\[1mm]
A_2=0 \\[1mm]
B_1\,\mathrm{sh}\lambda+B_2\,\mathrm{ch}\lambda+B_3\sin\lambda-B_4\cos\lambda=0 \\[1mm]
B_1\,\mathrm{ch}\lambda+B_2\,\mathrm{sh}\lambda+B_3\cos\lambda-B_4\sin\lambda=0 \\[1mm]
\dfrac{\bar{\alpha}}{120m_1}m_1^5+\dfrac{1}{6}A_1m_1^3+\dfrac{1}{2}A_2m_1^2+A_3m_1+A_4=0 \\[2mm]
B_1\,\mathrm{ch}\lambda m_1+B_2\,\mathrm{sh}\lambda m_1+B_3\cos\lambda m_1-B_4\sin\lambda m_1+\dfrac{\bar{\alpha}}{\beta}=0 \\[2mm]
\dfrac{1}{24m_1}\bar{\alpha}\,m_1^4+\dfrac{1}{2}A_1m_1^2+A_2m_1+A_3-B_1\lambda\,\mathrm{sh}\lambda m_1-B_2\lambda\,\mathrm{ch}\lambda m_1+B_3\lambda\sin\lambda m_1+B_4\lambda\cos\lambda m_1=0 \\[2mm]
\dfrac{\xi}{6}\dfrac{\bar{\alpha}}{m_1}m_1^3+\xi A_1m_1+\xi A_2+B_1\lambda^2\,\mathrm{ch}\lambda m_1+B_2\lambda^2\,\mathrm{sh}\lambda m_1-B_3\lambda^2\cos\lambda m_1-B_4\lambda^2\sin\lambda m_1=0
\end{cases}
\tag{11.2-14}
$$

写成矩阵形式：

$$
\begin{bmatrix}
1 & 0 & 0 & \beta_A & 0 & 0 & 0 & 0 \\
0 & 1 & 0 & 0 & 0 & 0 & 0 & 0 \\
0 & 0 & 0 & 0 & \mathrm{sh}\lambda & \mathrm{ch}\lambda & \sin\lambda & -\cos\lambda \\
0 & 0 & 0 & 0 & \mathrm{ch}\lambda & \mathrm{sh}\lambda & -\cos\lambda & -\sin\lambda \\
\frac{1}{6}m_1^3 & \frac{1}{2}m_1^2 & m_1 & 1 & 0 & 0 & 0 & 0 \\
0 & 0 & 0 & 0 & \mathrm{ch}\lambda m_1 & \mathrm{sh}\lambda m_1 & \cos\lambda m_1 & \sin\lambda m_1 \\
\frac{1}{2}m_1^2 & m_1 & 1 & 0 & -\lambda\,\mathrm{sh}\lambda m_1 & -\lambda\,\mathrm{ch}\lambda m_1 & \lambda\sin\lambda m_1 & -\lambda\cos\lambda m_1 \\
\xi m_1 & \xi & 0 & 0 & \lambda^2\,\mathrm{ch}\lambda m_1 & \lambda^2\,\mathrm{sh}\lambda m_1 & -\lambda^2\cos\lambda m_1 & -\lambda^2\sin\lambda m_1
\end{bmatrix}
\cdot
\begin{bmatrix}
A_1 \\ A_2 \\ A_3 \\ A_4 \\ B_1 \\ B_2 \\ B_3 \\ B_4
\end{bmatrix}
=
\begin{bmatrix}
0 \\ 0 \\ 0 \\ 0 \\ -\frac{\bar{\alpha}}{120}m_1^4 \\ -\frac{\bar{\alpha}}{\beta} \\ -\frac{\bar{\alpha}}{24}m_1^3 \\ -\frac{\bar{\xi}\bar{\alpha}}{6}m_1^2
\end{bmatrix}
\tag{11.2-15}
$$

写成紧凑形式，有：

$$
W\cdot A=F
\tag{11.2-16}
$$

则有：

$$
A=W^{-1}\cdot F
\tag{11.2-17}
$$

即可解得系数 A，从而求得桩体位移与内力。

2) 弹性地基梁杆系有限元法

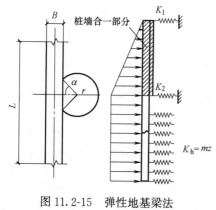

图 11.2-15 弹性地基梁法
桩墙合一计算示意图

沿基坑边缘取一单元段墙体，如图 12.2-15 所示，在弹性地基梁法的基础上利用杆系有限元法求解整个单元段桩墙组合结构的剪力与弯矩，从而得到墙体的配筋。一般而言，在基坑围护设计阶段，已充分考虑了水土压力与地面超载，当不考虑人防要求时，墙体仅需按构造配筋。当考虑人防要求时，其受力会大大增加，这时对墙体的配筋应按计算确定。

在进行弹性地基梁法计算前，对计算模型进行一定的简化：支撑（地下室顶板）简化为与截面积、弹性模量、计算长度等有关的二力杆弹簧；基坑内侧土体视作土弹簧，外侧作用已知土压力和水压力；地下室底板视为一刚度较大的弹簧。

在此基础上对该结构单元进行杆系有限元计算。与常见的计算模型相比该方法考虑了桩的上段与下段抗弯刚度的不同。

(2) 围护墙作为地下室外墙组成部分的工程设计方法

1) 组合后地下室外墙的侧压力

地下室在永久使用阶段承受的侧向压力有土层传递的土压力和地下水压力、邻近地表堆载产生的侧压力，对地下室作为人防工程情况，尚有人防设计要求的侧压力。围护墙作为地下室外墙组成部分的做法剖面及受力分布参见图 11.2-16。此时由于土层及地表堆载产生的侧压力应按静止土压力计算取值，人防侧压力应根据设计采用的人防等级按人防规范取值。人防荷载作为突发荷载在与水土压力共同考虑时应参照荷载规范乘以荷载组合系数。

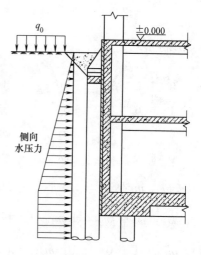

图 11.2-16 围护墙作为地下室外墙
组成部分的做法剖面及受力分布

2) 组合后地下室外墙的内力分析

围护墙作为地下室外墙组成部分形成整体后，地下室主体框架结构柱、外墙、楼板、底板、围护桩及压顶梁的相互组成关系参见图 11.2-12，据此可得出组合地下室外墙的内力实用计算方法。具体可视地下室的顶板、各层楼板、底板以及围护压顶梁作为外墙板的水平支承边，而主体结构柱作为外墙板的竖向支承边，在外墙面承受沿深度增大分布的侧向水土压力和人防侧压力下，不计外墙竖向自重，按抗弯楼板构件计算内力。由于围护压顶梁的存在，地下室外墙板的内力计算方法简化为地下一层墙板的内力计算和地下一层以下各层墙板的内力计算。

① 地下一层墙板的内力

地下一层墙板的内力因有围护压顶梁存在，对外墙板起到支承作用，将墙板划分为压顶梁以上区域和以下区域。

对于压顶梁以上的外墙板区域，通常属于四边支承的单向板，只需按竖向取计算板带，在侧压作用下求出外墙弯矩值，而水平向按构造配筋。注意对一墙多用中条状牛腿传力的做法，尚应验算由于条状牛腿对外墙传递的弯曲压力，而且通常是以此控制外墙的竖向配筋。

对于压顶梁以下的外墙板区域，由于竖向密集分布的围护桩支承作用，使外墙板水平方向的受力很小，可按构造要求配筋；若竖向围护排桩的间距较大时，取水平计算板带，以围护排桩为支承，排桩的间距为跨度的连续多跨板，承受均布侧压荷载，据此计算配筋用弯矩值，此处均布侧压荷载应取地下室底部深处最不利水土侧压力。对于竖向受力，可取每根围护桩与相应的外墙板为计算单元，压顶梁和楼板两端作为支承点，求出最大弯矩值，按带围护桩肋的组合截面确定外墙板的竖向配筋。

上述外墙板最大跨中或支座弯矩值均可按两端简支单跨梁在均布的侧压力作用下的跨中弯矩值乘折减系数确定，折减系数取 0.8；其中均布的侧压力按该跨深度范围的平均侧压取值。

② 地下一层以下各层墙板的内力

由于竖向密集围护排桩的支承，同上，地下一层以下各层墙板沿竖向的内力可取每根围护桩与相应的外墙板为计算单元，楼板和底板作为两端支承点的简支的梁，在均布的侧压力作用下求出最大弯矩值，乘 0.8 的折减系数取值。其中均布的侧压力按该跨深度范围的平均侧压取值。

地下一层以下各层外墙板水平向受力的确定完全同地下一层墙板。

3）组合后地下室外墙的截面设计

在一墙多用技术中围护墙作为地下室外墙组成部分的常用做法参见图 11.2-16，由于考虑了围护桩的共同作用，地下室外墙厚度和配筋量可比常规地下室大幅下降，节约了工程造价。地下室外墙的厚度和配筋设计要求如下：传递的弯矩值中取最大者，据此确定外墙沿竖向的配筋；而外墙的水平向配筋按构造要求配筋。

① 外墙板的厚度设计

在一墙多用技术中地下室外墙在永久使用阶段抵抗水土侧压或人防侧压主要依靠围护桩来承担，而外墙板主要起建筑围护功能，因此外墙板的厚度通常只需满足一些建筑构造要求。

据前述，在一墙多用技术中地下室外墙的防水体系及做法有很多的优点，因而按构造外墙的厚度可以比常规设计要求更低，根据多个工程的实践，可以适当减小按建筑构造要求的墙厚，但对多层地下室外墙，仍应满足规范关于抗渗等级的混凝土强度等级和墙厚的最低要求。

地下室作为人防工程，对外墙厚度有着最低构造要求。在一墙多用技术中，外墙的厚度可以按组合墙体等刚度折算后的墙厚度考虑。

综上所述，可方便地确定一墙多用技术的地下室外墙厚度，但建议单层地下室的外墙厚应≥200mm；多层地下室的外墙厚应≥300mm。

② 外墙板的竖向配筋设计

在一墙多用技术中，地下一层外墙板的竖向配筋应按沿竖向板带的最不利受力弯矩计算确定。地下一层墙板沿竖向板带的最不利受力弯矩应从上述压顶梁以上的外墙板区域弯矩值、压顶梁以下的外墙板区域弯矩值和由条状牛腿传递给外墙的弯矩值中取大者。竖向配筋应据此最不利弯矩值按单筋截面计算配筋量，然后拉通，双面配置，且建议双面配筋均应≥ϕ10@200。

③ 外墙板的水平配筋设计

由于竖向密集分布的围护桩支承作用，使外墙板水平方向的受力很小，通常按构造要求双面配筋。对特殊情况，竖向围护排桩的间距较大时，按上述水平板带计算出弯矩值，以单筋截面计算配筋量，但按双面进行贯通配筋。

外墙板的水平配筋除应满足上述局部受力计算要求外，尚应考虑整体性受力、抗温度收缩裂缝以及作为人防工程的构造配筋要求，且建议≥ϕ12@200 或≥ϕ10@150。

3. 围护桩作为工程桩的设计计算

（1）围护桩作为工程桩的计算理论

在基坑围护设计中，为了确保基坑工程的安全，围护桩一般按抗侧向力设计，间距较密，并且是沿基坑边缘呈条形分布的。而在一墙多用技术中，由于要求围护桩在基坑开挖结束后又作为工程桩参与分担上部荷载，这就涉及条形、密集分布桩群的承载力问题。

基坑围护设计过程中，围护桩的插入深度主要由基坑开挖深度及基坑开挖影响范围内的土质决定。工程桩的插入深度则是由上部建筑物传递下来的荷载及下部地质情况决定。在一墙多用技术中，为了使围护桩具有更高的承载力，在下部存在较好土层的条件下，设计时可将全部或部分围护桩插入深度加大进入好土层中，而这好土层可以是工程桩的持力层也可以是上部的较好土层，即围护桩与工程桩的持力层不一致。另外，围护桩的桩径与基础底板下的工程桩的桩径也可能不一致。因此，在建筑物基础的边缘，插入深度不同的工程桩与围护桩如何共同工作，其群桩效应如何是值得探讨的问题。

1）条形分布情况下群桩计算理论

在一墙多用技术中，如图 11.2-17 所示，围护排桩通过牛腿等传力构件起到工程桩的作用，与基础底板下的工程桩一起分担上部荷载。排桩的分布一般是沿着基坑边缘呈条形分布的，而且其桩距较近，这与传统的工程桩有所不同。传统的工程群桩计算理论是建立在桩群呈方形或其他规则平面分布的。条形分布情况在各种群桩计算理论中也可以说是其中的一种特殊情况。另外，在工业民用建筑中也常有条形承台梁下布置单排桩的基础形式，但通常桩距较大，符合规范的布桩最小间距要求，因而不考虑群桩效应。因此，有必要对密集条形分布情况下的群桩计算方法进行研究。此外在地下室基础边缘条形分布的围护排桩与基础底板下的工程桩也可能因相距较近而要考虑群桩效应。再者，排桩的桩径、桩长与工程桩的桩径、桩长可能不一致，这就要对由桩长、桩径不同的单桩组成的群桩的沉降进行研究。

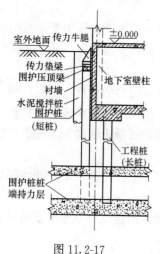

图 11.2-17

依据已有的研究成果，Mindlin 解给出了弹性固体内作用一集中力的解，Geddes 利用 Mindlin 解对桩侧阻力沿深度呈矩形及正三角形分布进行积分，得到了单桩在竖向荷载作用下的应力影响系数表达式，并给出了桩端以下的应力系数表。但 Geddes 未考虑桩径给沉降计算带来的影响，使计算结果对非细长桩有较大误差。在基坑围护设计中，采用排桩围护的情况下，围护桩桩距通常小于 3.5～4.0 倍桩径。在这样近的桩距情况下，采用 Mindlin 方法求解群桩沉降时应该考虑桩径对群桩沉降的影响。若将桩侧摩阻力和桩端阻力按分布力考虑，利用 Geddes 解沿圆周和半径积分，即可求得考虑桩径影响的应力系数。

设 K_B、K_R、K_T 分别为 Geddes 解中桩端集中力、矩形桩侧摩阻力、正三角形桩侧摩阻力作用下的应力系数，$KB(D)$、$KR(D)$、$KT(D)$ 为考虑桩径影响后的应力系数。

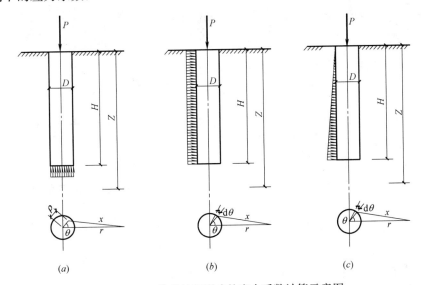

图 11.2-18 考虑桩径影响的应力系数计算示意图

当桩端阻力为圆形分布时，应力系数 $KB(D)$ 的计算模型如图 11.2-18（a）所示，此时，

$$\sigma_{zb} = \int_0^{2\pi} \int_0^{\frac{D}{2}} \frac{K_B}{H^2} \frac{4P}{\pi D^2} \rho d\rho d\theta = \frac{P}{H^2} \frac{8}{\pi D^2} \int_0^{2\pi} \int_0^{\frac{D}{2}} K_B \rho d\rho d\theta \tag{11.2-18}$$

令 $\sigma_{zb} = KB(D) \dfrac{P}{H^2}$，则应有：

$$KB(D) = \frac{8}{\pi D^2} \int_0^{2\pi} \int_0^{\frac{D}{2}} K_B \rho d\rho d\theta \tag{11.2-19}$$

式中 K_B 为 Geddes 解中不考虑桩径的桩端集中力作用下的应力系数。

$$K_B = \frac{1}{8\pi(1-\mu)} \left[-\frac{(1-2\mu)(m-1)}{A^3} + \frac{(1-2\mu)(m-1)}{B^3} - \frac{3(m-1)^3}{A^5} - \right.$$
$$\left. \frac{3(3-4\mu)m(m+1)^2 - 3(m+1)(5m-1)}{B^5} - \frac{30m(m+1)^3}{B^7} \right] \tag{11.2-20}$$

式中 $m = \dfrac{z}{H}$，$n = \dfrac{X_1}{H}$，$F^2 = m^2 + n^2$，$A^2 = n^2 + (m-1)^2$，$B^2 = n^2 + (m+1)^2$

$X_1^2 = r^2 + \rho^2 - 2r\rho\cos\theta$

当桩侧摩阻力为矩形分布时，应力系数 KR（D）的计算模型如图 11.2-18（b）所示，此时，

$$\sigma_{zr} = \int_0^{2\pi} \frac{K_R}{H^2} \frac{P}{\pi D} \frac{D}{2} d\theta = \frac{P}{H^2} \frac{1}{\pi} \int_0^{\pi} K_R d\theta \qquad (11.2\text{-}21)$$

令 $\sigma_{zr} = KR$（D）$\dfrac{P}{H^2}$，则应有：

$$KR(D) = \frac{1}{\pi} \int_0^{\pi} K_R d\theta \qquad (11.2\text{-}22)$$

式中 K_R 为 Geddes 解中桩侧摩阻力为矩形时的应力系数。

$$K_R = \frac{1}{8\pi(1-\mu)} \left[-\frac{2(2-\mu)}{A} + \frac{2(2-\mu)+2(1-2\mu)\frac{m}{n}\left(\frac{m}{n}+\frac{1}{n}\right)}{B} - \frac{(1-2\mu)2\left(\frac{m}{n}\right)^2}{F} \right.$$

$$+\frac{n^2}{A^3} + \frac{4m^2 - 4(1+\mu)\left(\frac{m}{n}\right)^2 m^2}{F^3} + \frac{4m(1+\mu)(m+1)\left(\frac{m}{n}+\frac{1}{n}\right)^2 - (4m^2+n^2)}{B^3}$$

$$\left. +\frac{6m^2\left(\frac{m^4-n^4}{n^2}\right)}{F^5} + \frac{6m\left[mn^2 - \frac{1}{n^2}(m+1)^5\right]}{B^5} \right] \qquad (11.2\text{-}23)$$

式中

$$m = \frac{z}{H}, \quad n = \frac{X_1}{H}, \quad F^2 = m^2 + n^2, \quad A^2 = n^2 + (m-1)^2, \quad B^2 = n^2 + (m+1)^2$$

$$X_1^2 = r^2 + \frac{D^2}{4} - rD\cos\theta$$

当桩侧摩阻力为正三角形分布时，应力系数 KT（D）的计算模型如图 11.2-18（c）所示，此时，

$$\sigma_{zt} = \int_0^{2\pi} \frac{K_T}{H^2} \frac{P}{\pi D} \frac{D}{2} d\theta = \frac{P}{H^2} \frac{1}{\pi} \int_0^{\pi} K_T d\theta \qquad (11.2\text{-}24)$$

令 $\sigma_{zt} = KT$（D）$\dfrac{P}{H^2}$，则应有：

$$KT(D) = \frac{1}{\pi} \int_0^{\pi} K_T d\theta \qquad (11.2\text{-}25)$$

式中 K_T 为 Geddes 解中桩侧摩阻力为三角形分布时的应力系数。

$$K_T = \frac{1}{4\pi(1-\mu)} \left[-\frac{2(2-\mu)}{A} + \frac{2(2-\mu)(4m+1) - 2(1-2\mu)\left(\frac{m}{n}\right)^2(m+1)}{B} \right.$$

$$+\frac{2(1-2\mu)\frac{m^3}{n^2} - 8(2-\mu)m}{F} + \frac{mn^2 + (m-1)^3}{A^3}$$

$$+\frac{4\mu n^2 m + 4m^3 - 15n^2 m - 2(5+2\mu)\left(\frac{m}{n}\right)^2(m+1)^3 + (m+1)^3}{B^3}$$

$$+\frac{2(7-2\mu)mn^2 - 6m^3 + 2(5+2\mu)\left(\frac{m}{n}\right)^2 m^3}{F^3}$$

$$+\frac{6mn^2(n^2-m^2) + 12\left(\frac{m}{n}\right)^2(m+1)^5}{B^5}$$

$$-\frac{12\left(\dfrac{m}{n}\right)^2 m^5+6mn^2\left(n^2-m^2\right)}{F^5}-2(2-\mu)\ln\left(\frac{A+m-1}{F+m}\cdot\frac{B+m+1}{F+m}\right)\Bigg] \quad (11.2\text{-}26)$$

$$m=\frac{z}{H},\ n=\frac{X_1}{H},\ F^2=m^2+n^2,\ A^2=n^2+(m-1)^2,\ B^2=n^2+(m+1)^2$$

式中

$$X_1^2=r^2+\frac{D^2}{4}-rD\cos\theta$$

将修正的应力系数计算式与原应力系数比较可知，应力系数的变化与桩径、桩长、土层性质和计算深度有关。当计算深度比桩端下 $0.1H$ 还要深，且桩长细比为 10 时，应力系数分别为不考虑桩径影响时的 76.58%、83.65% 和 80.8%。当计算深度在桩端以下 $0.1H$ 内时，桩径对应力系数的影响更为明显。同时，计算结果表明，在桩轴线处桩径对应力系数影响最大，随着水平距离的增加，桩径的影响逐渐减小，应力系数沿水平方向逐渐收敛于不考虑桩径影响的 Geddes 解，这同圣维南原理是一致的。桩径对应力系数的影响在水平方向上主要集中于桩端两侧各 $0.1H$（H 为桩长）内。另外，随着计算深度的增加，桩径的影响逐渐减小，应力系数沿深度方向逐渐收敛于不考虑桩径影响的 Geddes 解，桩径对应力系数的影响在垂直方向上主要集中于桩端以下 $0.2H$ 内。这部分土层对桩的沉降影响也较大。因此，考虑桩径对应力计算的影响是必要的。

分析条形分布群桩的几何特性可知，在群桩中部的某一根桩，其沉降的影响增量仅来自于两侧，而且所谓的承台（压顶梁）的截面面积较小，长宽比大，为狭长形，桩间土的分担作用不明显。因此，对于条形分布的群桩，可以采用上述修正了的应力影响系数，求出群桩荷载在桩基础中心点以下的各土层中点处的竖向应力，然后用分层总和法计算群桩沉降。

2）不同桩长情况下群桩计算理论

剪切位移法最初由 Cooke 等在试验与理论分析基础上提出来，从某种意义来说，也是荷载传递法，所不同的是剪切位移法的传递函数是线性的。剪切位移法可通过给出桩周围土体的位移场，再对位移场进行叠加从而实现对群桩的分析。该方法认为，受荷桩身周围土体以承受剪切变形为主，并理想地视为同心圆柱体。该方法具有精度高、计算量小等优点，尤其在对群桩基础的沉降计算中更为明显。

剪切位移法是把桩身和桩端的变形分别计算。对于桩身部分，由于桩上荷载的作用使桩周土体发生剪切变形，而剪应力又通过桩周土体向外侧传递。桩端部分采用一般弹性理论方法计算其变形，考虑两个变形相容条件，求解桩的轴力、位移和摩阻力等。

① 单桩桩侧土位移计算

受荷桩身周围土的变形可理想地视为同心的圆柱体。这一假定的正确性已被 Cooke 桩的试验所证实，后来，Frank 和 Baguelin 等人的有限元分析也证实了这一假定的正确性。

从圆柱体内取一微分体，根据弹性理论可得竖向平衡微分方程：

$$\frac{\partial}{\partial r}(\tau_{rz}\cdot r)+r\frac{\partial\sigma_z}{\partial z}=0 \quad (11.2\text{-}27)$$

由于桩受荷后，桩身附近处的剪应力 τ 的增加远大于竖向应力 σ_z，因此略去 $\dfrac{\partial\sigma_z}{\partial z}$ 项后，方程式近似变为：

$$\frac{\partial}{\partial r}(\tau_{rz} \cdot r)=0 \tag{11.2-28}$$

解此方程可得：

$$\tau_{rz}=\frac{\tau_0 r_0}{r} \tag{11.2-29}$$

式中　τ_0、r_0——桩侧土表面处的剪应力和桩半径。

由弹性理论几何方程，剪切变形表达式为：

$$\gamma=\frac{\partial u}{\partial z}+\frac{\partial w}{\partial r} \tag{11.2-30}$$

再由轴对称课题的物理方程，有：

$$\gamma=\frac{\tau}{G_s} \tag{11.2-31}$$

将式（11.2-31）、式（11.2-29）代入式（11.2-30），并略去$\frac{\partial u}{\partial z}$项，得到如下方程：

$$\partial w=\frac{\tau}{G_s}\partial r=\frac{\tau_0 r_0}{G_s} \cdot \frac{\partial r}{r} \tag{11.2-32}$$

对式（11.2-32）左右积分，可求得地表下任一深度 z 处水平面上土体的竖向位移：

$$\left.\begin{array}{l} w(z,r)=\int\partial w=\frac{\tau_0 r_0}{G_s}\int_{r_0}^{\infty}\frac{\partial r}{r}=\frac{\tau_0 r_0}{G_s}\ln\left(\frac{r_m}{r}\right) \quad (r_0 \leqslant r \leqslant r_m) \\ w(z,r)=0 \qquad\qquad\qquad\qquad\qquad\qquad (r > r_m) \end{array}\right\} \tag{11.2-33}$$

式中　u、w——土的径向位移与竖向位移；

　　　G_s——桩身影响范围内土的剪切模量；

　　　r——离桩轴线的水平距离；

　　　r_m——距桩轴线的足够远的距离，其剪切变形已可以忽略。

Cooke 通过试验认为，一般当 $r_m=nr_0>20r_0$ 后，土的剪应变已很小可略去不计。因此可将桩的影响半径 r_m 定为 $20r_0$。Randolph 和 Worth 提出，桩的影响半径应为 $r_m=2.5L\rho(1-\nu_s)$，其中 ρ 为不均匀系数，表示桩入土深度 1/2 处和桩端处土的剪切模量的比值。因此，对均匀土 $\rho=1$，对 Gibson 土 $\rho=0.5$。在上述确定影响半径的两种经验方法中，Cooke 提出 r_m 只与桩径有关，而 Randolph 等提出 r_m 与桩长及土层性质有关，更为合理。

若设桩侧摩阻力均匀分布，则有：

$$P_s=2\pi r_0 L \cdot \tau_0 \tag{11.2-34}$$

则刚性桩单桩桩侧沉降计算式应为：

$$w_s=\frac{P_s}{2\pi LG_s}\ln\left(\frac{r_m}{r_0}\right) \tag{11.2-35}$$

② 单桩桩端土体位移计算

Cooke 提出的单桩沉降计算公式由于忽略了桩端处的荷载传递作用，因此对短桩误差较大。将桩端视为一个刚性冲头，Randolph 建议可用 Boussinesq 公式求解桩端位移 w_b，即：

$$w_b=\frac{P_b(1-\nu_s)}{4r_0 G_s}\eta \tag{11.2-36}$$

式中，η——桩入土深度影响系数。一般而言，$\eta = 0.85 \sim 1.0$。也有人建议（Randolph & Wroth，1978），$\eta = 0.85\ (r_0/r_b)$；Vesmic 则认为，η 在 $0.5 \sim 0.78$ 的范围内。又有 Lee C Y 认为桩端土体位移可表示为：

$$w_b = \frac{P_b(1-\nu_s)}{4 r_0 G_s} \left[1 - e^{-h/2r_0} \right] \tag{11.2-37}$$

将钢筋混凝土桩视为刚性桩，且桩侧摩阻力均匀分布，则有：

$$\begin{cases} P_0 = P_s + P_b \\ w_0 = S_s = S_b \end{cases} \tag{11.2-38}$$

由式（11.2-35）、式（11.2-36）和式（11.2-38）可得：

$$P_0 = P_s + P_b = \frac{2\pi L G_s}{\ln\left(\dfrac{r_m}{r_0}\right)} w_s + \frac{4 r_0 G_s}{(1-\nu_s)\eta} w_b \tag{11.2-39}$$

$$w_0 = w_s = w_b = \frac{P_0}{G_s r_0 \left[\dfrac{2\pi L}{r_0 \ln\left(\dfrac{r_m}{r_0}\right)} + \dfrac{4}{(1-\nu_s)\eta} \right]} \tag{11.2-40}$$

式（11.2-40）即为单桩在桩顶荷载作用下考虑桩端沉降后得到的桩顶沉降计算公式。

③ 不同桩长组成的群桩沉降计算理论

结合一墙多用技术，围护桩在上部结构完成后通过传力结构分担上部荷载。这涉及以下几种情况：

围护桩与工程桩共用同一个持力层，见图 11.2-19 (a)。这时，围护桩与工程桩的群桩工作问题可以采用已有的计算方式来分析群桩的受力与变形情况。如采用等代墩基法或规范法计算群桩的沉降。

围护桩与工程桩长度不一致，见图 11.2-19 (b)。这时有两种可能，一是围护桩插入相对较好土层，二是围护桩桩端无较好持力层。传统的分析方法考虑的多是群桩基础中采用相同几何条件的桩，而关于桩长、桩径、桩插入深度不同的群桩计算理论尚未多见。为此，需要对由不同桩长、桩径和插入深度的单桩组成的群桩计算理论进行分析。实际上，

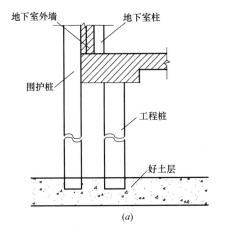
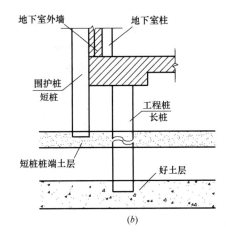

图 11.2-19　围护桩与工程桩群桩计算分析示意图

在已有的按沉降控制设计理论中或疏桩设计理论中，已经开始应用不等长桩和不等径桩进行桩基设计。

一墙多用技术中，围护桩与工程桩如何分担上部荷载问题是设计过程中所必须知道的。鉴于地下岩土工程问题的复杂性，对此问题进行适当的简化分析是必要的。在以下的分析中，首先做如下的假定：

a. 假定上下土层之间没有相互作用；

b. 由于桩基的工作荷载往往比极限荷载要低很多，因此假设桩与土之间不产生相对位移；

c. 不考虑桩的打入对土体的加强作用；

d. 与土体的轴向位移相比，土体的径向位移是很小的，Mattes、Booker 和 Poulos 等人已经证明了这一点。他们的研究结果认为，同时考虑竖向位移及径向位移相容条件所得出的结果与只考虑竖向位移相容条件所得出的结果相差很小，因此，忽略土体径向位移的影响。

据此，可针对分层土中单桩和群桩沉降分析如下：

a. 分层土中单桩的沉降分析

在现实情况中，土体是分层有限层，且桩身是可压缩的。基于这两种情况对单桩沉降进行分析可得到更符合实际情况的桩体沉降方程。

根据剪切位移理论，桩侧土体位移为：

$$\left.\begin{aligned} w(z,r) &= \int \partial S = \frac{\tau_0 r_0}{G_s} \int_{r_0}^{\infty} \frac{\partial r}{r} = \frac{\tau_0 r_0}{G_s} \ln\left(\frac{r_m}{r}\right) \quad (r_0 \leqslant r \leqslant r_m) \\ w(z,r) &= 0 \quad\quad\quad\quad\quad\quad\quad\quad\quad\quad (r > r_m) \end{aligned}\right\}$$ (11.2-41)

当地基是层状且有限深时，将桩分成 n 段，r_m 可以表示为：

$$\left\{\begin{aligned} r_m &= 2.5 L \rho_m (1-\nu) \\ \rho_m &= \frac{1}{G_m L} \sqrt{\frac{G_m}{G_b}} \left[1 - e^{1-\frac{h}{L}}\right] \sum_{i=1}^{n} G_i l_i \end{aligned}\right.$$ (11.2-42)

式中　L——最大桩长；

　　　μ——土体泊松比；

　　　G_m——桩长范围内土的最大剪切模量；

　l_i、G_i——单元 i 的长度和剪切模量；

　　　h——桩顶到刚性层的深度。

桩端土的位移可表示为：

$$w_b = \frac{P_b(1-\nu)}{4 r_0 G_b}\left[1 - e^{-h/2r_0}\right]$$ (11.2-43)

根据桩身应变和桩轴力 $P(z)$ 的关系可得：

$$\frac{\partial W}{\partial z} = -\frac{P(z)}{\pi r_0^2 E_p} = -\frac{P(z)}{\pi r_0^2 \lambda G}$$ (11.2-44)

式中　E_p——桩弹性模量，$\lambda = E_p / G$。

由桩单元的平衡方程，得：

$$\frac{\partial P(z)}{\partial z} = -2\pi r_0 \tau_0(z)$$ (11.2-45)

由上两式可得，

$$\frac{\partial^2 W}{\partial z^2} = \frac{2}{r_0 \lambda G} \tau_0(z) \tag{11.2-46}$$

由桩侧位移方程与上式可得控制微分方程：

$$\frac{\partial^2 W}{\partial z^2} = \frac{2}{r^2 \lambda \ln(r_m/r_0)} W \tag{11.2-47}$$

此微分方程的解为：

$$W(z) = A\mathrm{e}^{\mu z} + B\mathrm{e}^{-\mu z} \tag{11.2-48}$$

式中　$\mu = \dfrac{1}{r_0}\left[\dfrac{2}{\lambda \ln(r_m/r_0)}\right]^{\frac{1}{2}}$，$A$、$B$ 为待定系数。

将该解代入桩身应变方程中，可得桩身轴力为：

$$P(z) = -\pi \lambda r_0^2 G\mu (A\mathrm{e}^{\mu z} - B\mathrm{e}^{-\mu z}) \tag{11.2-49}$$

在任一深度 z 处的位移和轴力可表示为：

$$\left\{\begin{matrix} W(z) \\ P(z) \end{matrix}\right\} = [t(z)]\left\{\begin{matrix} A \\ B \end{matrix}\right\} \tag{11.2-50}$$

其中：

$$t(z) = \begin{bmatrix} \mathrm{e}^{\mu z} & \mathrm{e}^{-\mu z} \\ -\pi \lambda r_0^2 G\mu \mathrm{e}^{\mu z} & \pi \lambda r_0^2 G\mu \mathrm{e}^{-\mu z} \end{bmatrix} \tag{11.2-51}$$

对于桩单元 i，其顶部和底部的位移与轴力可分别表示为：

$$\left\{\begin{matrix} W_{ti} \\ P_{ti} \end{matrix}\right\} = [t(z_{ti})]\left\{\begin{matrix} A_i \\ B_i \end{matrix}\right\} \tag{11.2-52}$$

$$\left\{\begin{matrix} W_{bi} \\ P_{bi} \end{matrix}\right\} = [t(z_{bi})]\left\{\begin{matrix} A_i \\ B_i \end{matrix}\right\} \tag{11.2-53}$$

其中 z_{ti} 和 z_{bi} 分别为桩单元 i 的顶部和底部和 z 坐标。

消去上式中的待定系数 A_i 和 B_i，便可得桩单元 i 的顶部位移和轴力与底部位移和轴力之间的关系

$$\left\{\begin{matrix} W_{ti} \\ P_{ti} \end{matrix}\right\} = [T_i]\left\{\begin{matrix} W_{bi} \\ P_{bi} \end{matrix}\right\} \tag{11.2-54}$$

其中：

$$[T_i] = \begin{bmatrix} \mathrm{ch}(\mu l_i) & \dfrac{1}{\pi r_0^2 E_p \mu}\mathrm{sh}(\mu l_i) \\ \pi r_0^2 E_p \mu \cdot \mathrm{sh}(\mu l_i) & \mathrm{ch}(\mu l_i) \end{bmatrix} \tag{11.2-55}$$

由于桩分成 n 段，用依次递推的方法可得桩顶位移和轴力与桩底位移和轴力之间的关系为：

$$\left\{\begin{matrix} W_t \\ P_t \end{matrix}\right\} = [T_1][T_2]\cdots[T_i]\cdots[T_n]\left\{\begin{matrix} W_b \\ P_b \end{matrix}\right\} = [T]\left\{\begin{matrix} W_b \\ P_b \end{matrix}\right\} = \begin{bmatrix} [T(1,1)] & [T(1,2)] \\ [T(2,1)] & [T(2,2)] \end{bmatrix}\left\{\begin{matrix} W_b \\ P_b \end{matrix}\right\}$$

$$\tag{11.2-56}$$

由桩底位移方程和桩顶位移方程，可得桩 i 在桩顶作用单位荷载 $P_i = 1$ 情况下的位移，即单桩桩顶位移柔度系数：

$$f_{ii} = \frac{W_t}{P_t} = \frac{T(1,1)\dfrac{1-\nu}{4G_b r_0}\left[1-\mathrm{e}^{-\frac{h}{2r_0}}\right] + T(1,2)}{T(2,1)\dfrac{1-\nu}{4G_b r_0}\left[1-\mathrm{e}^{-\frac{h}{2r_0}}\right] + T(2,2)} \tag{11.2-57}$$

b. 分层土中群桩沉降分析

一墙多用技术中，由于围护桩与工程桩的桩长、桩径都有可能不等，因此考虑这两个因素时计算群桩沉降与由相同几何条件组成的群桩其计算理论有所不同。

如前所述，一墙多用技术中围护桩与工程桩共同作用时有几种情况，一是围护桩桩端有相对较好持力层，二是围护桩桩端无较好持力层。对这两种情况应分别进行群桩沉降计算。

a. 围护桩桩端无较好持力层

当围护桩桩端无较好持力层时，短桩（围护桩）的桩端沉降对长桩（工程桩）的影响较小。这时群桩之间相互影响的主要因素是群桩侧摩阻力。根据前述理论，桩距为 s 的两根桩，桩 j 的第 k 段的桩侧摩阻力 τ_{0k} 引起桩 i 的第 k 段的位移 W_{ik} 为：

$$W_{ik} = \frac{\tau_{0k} r_0}{G_k} \ln\left(\frac{r_m}{S}\right) \tag{11.2-58}$$

对桩 j 的桩侧摩阻力求和，则可得到群桩相互作用的桩顶位移柔度系数：

$$f_{ij} = \frac{w_{ij}}{P_j} = \frac{\ln\left(\dfrac{r_m^j}{s_{ij}}\right)}{2\pi L_j G_m \rho_m}\left[1 - \frac{1}{T(2,1)\dfrac{1-\mu}{4G_b r_0^j}(1-\mathrm{e}^{\frac{-h}{2r_0^j}}) + T(2,2)}\right] \tag{11.2-59}$$

式中　r_m^j——第 j 根桩的影响半径；

　　　r_0^j——第 j 根桩的半径；

　　　L_j——第 j 根桩的桩长；

　　　s_{ij}——第 i 根桩与第 j 根桩桩轴线间距。

上式即为考虑不同桩长、不同桩径情况下的群桩影响系数。则在 N 根桩组成的群桩中某根桩的桩顶沉降为：

$$W_i = \sum_{j=1}^{N} f_{ij} P_j \tag{11.2-60}$$

b. 围护桩桩端有较好持力层

当围护桩桩端有较好持力层时，围护桩桩端沉降对工程桩也会产生一定影响。根据 Boussinesq 理论，单桩作用时，桩端平面上离桩轴线距离 r 处土体竖向位移 $w_b(r)$ 为：

$$w_b(r) = w_b \cdot \frac{2}{\pi} \cdot \arcsin\left(\frac{r_b}{r}\right) \tag{11.2-61}$$

则距离为 s 的长桩 i 与短桩 j 之间，短桩 j 桩端沉降对长桩 i 的影响为

$$w_{ij}^b = \frac{P_b^j(1-\nu)}{4r_0^j G_b}\left[1-\mathrm{e}^{\frac{-h}{2r_0^j}}\right] \cdot \frac{2}{\pi} \cdot \arcsin\left(\frac{r_b^j}{s_{ij}}\right) \tag{11.2-62}$$

式中　w_{ij}^b——长桩受短桩桩端影响后产生的沉降增量；

　　　P_b^j——桩 j 的桩端荷载；

　　　r_b^j——桩 j 的桩端半径。

群桩之间的桩侧摩阻力相互影响分析与前面所分析的相同。

这时，由桩径和桩长不同的桩组成的群桩中长桩的桩顶沉降为：

$$W_i = \sum_{j=1}^{N} (f_{ij} P_j + w_{ij}^{b})$$ (11.2-63)

而短桩由于受长桩的桩端沉降影响较小，可忽略不计，其沉降计算只需考虑长桩侧摩阻力的影响。

若假设承台为刚性的，荷载均由群桩分担，则由平衡方程和桩顶位移相等可求出各桩的桩顶应力以及承台的沉降。

(2) 围护桩作为工程桩的工程设计方法

1) 围护桩作为承压桩的工程设计方法

① 围护桩作为承压桩的设计计算

围护桩首先是起围护作用，因而在桩径、桩距、桩长方面首先按围护要求设定。考虑到一墙多用，应根据上部结构的分布和荷重状况、地下土层分布状况选定全部或部分围护桩作为工程承压桩，并选定这些围护桩的持力层。

根据不同土层分布，围护桩作为承压桩由于持力层的不同，可有如下几种情况（图11.2-20）：

一是当工程桩持力层不太深时，可将全部或部分围护桩的插入深度与工程桩一致（图11.2-20a）。

二是当工程桩持力层较深，而在工程桩持力层之上还有一层较好土层时，可在满足基坑围护要求的情况下将全部或部分围护桩插入该较好土层中（图11.2-20b）。

三是当工程桩持力层较深，而上部并无较好土层时，可将选定作为工程桩的全部或部分围护桩插入深度与工程桩一致（图11.2-20c）。

四是当工程桩持力层较深，而在工程桩持力层之上还有一层较好土层时，将部分围护桩插入该较好土层中，部分插入深度与工程桩一致（图11.2-20d）。

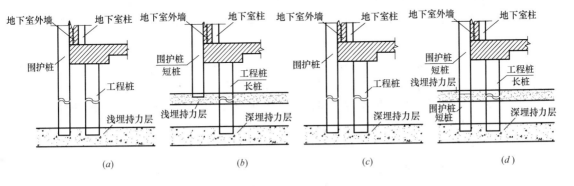

图 11.2-20 围护桩与工程桩的空间布置关系

围护桩单桩承压承载力包括桩端持力层的端阻力和桩侧摩阻力，而桩侧摩阻力由底板以上和底板以下两部分组成。底板以下部分桩侧摩阻力按常规地质勘察报告的土性指标确定；底板以上部分桩侧摩阻力较复杂，其一边紧靠土层或挡土墙止水帷幕，而另一边是紧靠地下室外墙，偏于安全，可简化按常规地质勘察报告的土性指标计算结果减半确定。

围护桩作为承压工程桩与常规工程桩主要不同之一是其分布是条状的而且是密集的，无法满足常规群桩设计中的桩距要求，必须考虑桩距引起的群桩效应折减；此外围护桩作为承压工程桩其持力层可能不一致，这就产生了长短群桩共同作用折减效应。

综上所述，在一墙多用技术中围护桩作为承压工程桩的设计计算公式如下：

$$Q = n_1 \cdot (Q_p + Q_s) \cdot \zeta_1 \lambda + [n_2 \cdot (N_{p1} + N_{s1}/2 + N'_{s1}) + n_3 \cdot (N_{p2} + N_{s2}/2 + N'_{s2})] \cdot \zeta_2 \lambda$$

$$(11.2\text{-}64)$$

式中　　n_1、n_2、n_3——工程桩桩数，与工程桩持力层相同的围护桩数，与工程桩持力层不同的围护桩数；

ζ_1、ζ_2——工程桩距折减系数与围护桩距折减系数，建议分别取值 $0.8 \sim 0.9$ 与 $0.7 \sim 0.9$；

Q_p、Q_s——工程桩桩端阻力和桩侧阻力；

N_{p1}、N_{s1}、N'_{s1}——与工程桩持力层相同的围护桩桩端阻力、底板以上桩侧阻力、底板以下桩侧阻力；

N_{p2}、N_{s2}、N'_{s2}——与工程桩持力层不同的围护桩桩端阻力、底板以上桩侧阻力、底板以下桩侧阻力。

将围护桩用作工程桩的一墙多用技术的设计是项综合规划和试算复核的过程。首先根据地下室建筑要求决定开挖深度，根据周边环境和开挖影响范围内土性决定围护墙做法，然后根据上部结构平面布局及地下室周边荷重大小，土层分布及工程桩持力层状况，初定建筑物周边工程桩和作为工程桩的围护桩分布，初定围护承压桩的持力层，据上式复算群桩承载力，调整后完成布桩设计。

② 围护桩作为承压桩的截面设计

围护桩是抗侧向力桩，其最大配筋量通常能满足作为工程桩的承压要求，但其配筋并非全部统长配置，因而应根据单桩承压力大小对桩各截面配筋作复核。

2）围护桩作为抗浮桩的工程设计方法

① 围护桩作为抗浮桩的设计计算

在一墙多用技术中围护桩也可用作工程抗浮桩发挥作用。围护桩作为抗浮桩的承载力应考虑以下因素：

首先是围护桩是条状密集分布的，而且通常在桩一侧或沿围护桩轴线打设水泥搅拌桩或旋喷桩挡土止水帷幕，因而桩侧抗浮摩阻力建议按围护墙的表面，即围护群桩外围表面积计算摩阻力；此外，围护桩墙应按底板以下和底板以上两部分分开考虑：围护墙底板以下部分按围护墙双面计算摩阻力，以上部分围护墙按单面计算摩阻力。

沿建筑地下室的外围抗浮设计通常是由围护桩墙和增设的工程抗浮桩来满足要求。而围护桩作为抗浮桩可以根据需要将全部围护桩等长度加深，也可根据间隔对部分围护桩加长。增设的工程抗浮桩通常与围护桩距较近，应考虑群桩抗浮承载力的折减效应。

在一墙多用技术中围护桩作为抗浮桩的设计计算公式如下：

$$c = n_a \cdot Q_s \cdot \zeta_a + n_b \cdot (N_{su} + N_{sd}) \qquad (11.2\text{-}65)$$

式中　n_a、n_b——抗浮工程桩数及抗浮围护桩数；

ζ_a——抗浮工程桩桩距折减系数；

N_{su}、N_{sd}——抗浮围护桩底板以上侧摩阻力及底板以下侧摩阻力。

② 围护桩作为抗浮桩的截面设计

围护桩作为抗侧向力桩其最不利截面的配筋量较大，但非沿桩长全部通长配置，应根据在计算抗浮单元范围内每根围护桩承担的抗浮力来复核桩筋抗拉强度是否满足要求。

4. 围护桩作为工程桩传力构件的设计计算方法

（1）独立牛腿传力连接法的设计计算

1）承压独立牛腿传力连接法的构造和传力方式

在一墙多用技术中，主体结构外围的承压桩可以全用围护桩代替，也可以是围护桩与增设的工程桩合用，如图 11.2-21 所示。

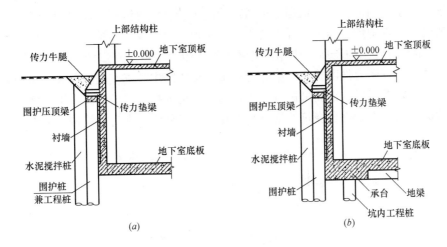

图 11.2-21 独立牛腿连接法

在上部结构的一个计算单元内（通常指一榀框架受力范围），当上部框架柱荷重和地下室部分荷重全由周边该计算单元范围内的围护桩承担时，如图 11.2-21（a）示，在独立牛腿传力连接法中，这些荷重是通过框架柱直接外凸的独立牛腿将荷载通过垫梁和围护压顶梁传递给条状分布的围护桩，围护桩与地下室外墙、底板地梁的连接也起到了辅助传力作用。

在上部结构的一个计算单元内（通常指一榀框架受力范围），当上部框架柱荷重和地下室部分荷重由周边该计算单元范围内的围护桩与增设的工程桩共同承担时，如图 11.2-21（b）所示，这些荷重是通过与框架柱直接外凸的独立牛腿、垫梁及压顶梁与设在底板工程桩顶的承台共同将荷载传递给条状分布的围护桩和工程桩。对于高层建筑，这种做法可减少受荷偏心，应较合理。

2）承压独立牛腿传力连接法传力构件的强度验算

① 围护桩和工程桩的桩顶反力

在上部结构一个计算单元内的总荷重通过传力牛腿、垫梁和压顶梁传递给参与承压的围护桩和工程桩，反过来围护桩的桩顶反力也逐次作用给这些传力构件，据此可对这些传力构件的受力进行设计验算。

在上部结构一个计算单元内承压围护桩和新增工程桩的桩顶反力分布是复杂的，考虑到计算单元内地下室结构，尤其是作为深梁的外墙刚度很大，而且传力构件中牛腿垫梁的尺寸大小均有刚度构造要求，因而可视整个与这些承压桩体连接的地下室结构为刚体，按单桩承载力的大小比例分担计算单元内的荷重，据此确定出各承压桩的反力。具体如下：

$$\begin{cases} W_1 = \mu_1 \cdot P \\ W_2 = \mu_2 \cdot P \\ W_3 = \mu_3 \cdot P \\ \mu_1 = R_1/(n_1 \cdot R_1 + n_2 \cdot R_1 + n_3 \cdot R_1) \\ \mu_2 = R_2/(n_1 \cdot R_1 + n_2 \cdot R_1 + n_3 \cdot R_1) \\ \mu_3 = R_3/(n_1 \cdot R_1 + n_2 \cdot R_1 + n_3 \cdot R_1) \end{cases} \tag{11.2-66}$$

② 围护压顶梁和传力垫梁验算

压顶梁在基坑围护阶段已根据围护结构的内力计算配置钢筋。但其配筋一般仅考虑了水平向的受力。现围护桩作为工程桩使用，使压顶梁也将受到围护桩顶反力的作用。如图 11.2-22 所示，可将围护压顶梁和传力垫梁作为以传力牛腿为支座的带腋连续梁，作用多个集中荷载来进行受力强度验算。据此可求出压顶梁跨中和支座处的最大弯矩和剪力，对压顶梁按围护要求配置的钢筋量进行复核，同时也可根据求出的支座弯矩和剪力设计新增垫梁的截面配筋。由于叠合浇筑的垫梁受力复杂，工程中通常对垫梁按构造设置配筋。

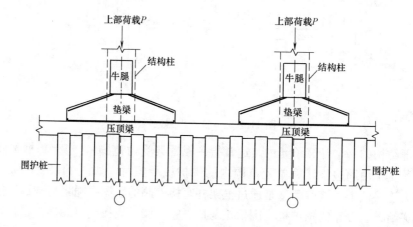

图 11.2-22　垫梁围护压顶梁示意图

③ 传力牛腿验算

承压独立牛腿传力连接法中一个计算单元范围的承压围护桩反力通过围护压顶梁和传力垫梁最终由独立牛腿传递给结构柱，传力牛腿应按现行钢筋混凝土结构规范进行设计，参考单层厂房排架柱牛腿构造进行截面配筋设计。

如图 11.2-23 所示，独立牛腿的截面高度 h 应满足抗冲切要求，具体按下式验算抗冲切强度：

$$V \leqslant 0.7\beta_h f_t b h_0 \tag{11.2-67}$$

其中，牛腿宽度 b 取柱宽减 50mm；牛腿外边缘 h_1 高度应不小于 $h/3$ 且不应小于垫梁高；β_h 为截面高度影响系数 $\beta_h = \left(\dfrac{800}{h_0}\right)^{1/4}$。

承压独立牛腿的配筋可参照排架柱牛腿设置，纵向受力钢筋宜采用变形钢筋；其钢筋面积按计算确定：

$$A_s \geqslant \frac{F_v a}{0.85 f_y h_0} \tag{11.2-68}$$

式中 F_v——一个计算单元范围的承压围护桩反力设计值。

此外承受竖向力所需的纵向受拉钢筋的配筋率不应小于 0.2%，也不宜大于 0.6%，且不小于 4 根，直径不应小于 12mm。

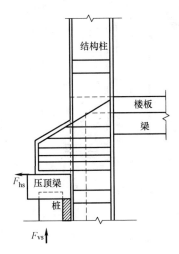

图 11.2-23 牛腿构造示意图

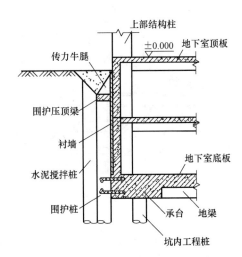

图 11.2-24 承压围护群桩偏心受力

承压独立牛腿应设置弯起钢筋。弯起钢筋宜采用变形钢筋，应配置在牛腿上部 $\frac{l}{6} \sim \frac{l}{2}$ 之间的范围内，其面积不应少于纵向受拉钢筋面积的 $2/3$，且不少于 $0.0015bh$。其数量不少于 3 根，直径不小于 12mm。

承压独立牛腿应设置平箍筋，平箍筋直径应取 $8 \sim 12mm$，间距 $100 \sim 150mm$。

④ 围护桩整体偏心受力验算

在一墙多用技术中，由于围护桩作为承压桩沿地下室外墙分布，因此就算增设工程承压桩，群桩承载合力也必与上部荷重合力产生偏心，此外围护墙外的侧向水土压力也将使群桩受荷产生偏心。群桩的这些偏心受力将由围护桩与地下室外墙、各层楼间板的连接锚筋的受力来平衡，据此设计配置连接锚筋。

在承压围护桩偏心受力验算中，为简化分析，忽略了水土侧向力的偏心不利作用，也忽略了围护桩与地下室外墙的二次浇筑连接和地下室作为整体侧向不动的有利因素，如图 11.2-24 所示，承压围护群桩偏心受力验算按式（11.2-79）进行，据此决定围护桩与地下室楼板、底板的连接锚筋。

$$\sum P \cdot e \leqslant N_1 \cdot e_1 + \sum(F_i \cdot h_i) + \sum(F_j \cdot h_j) \tag{11.2-69}$$

式中 $\sum P$——计算单元上部与地下总荷重；

F_i、F_j——底板连接锚筋拉力与楼板连接锚筋拉力；

h_i、h_j——底板连接锚筋与围护桩顶竖向间距，楼板锚筋连接锚筋与围护桩顶间距。

（2）地下外墙牛腿传力连接法的设计计算

1）承压围护桩地下外墙牛腿传力连接法的设计计算

在一墙多用技术中，地下室周边的承压围护桩与主体结构的传力连接常采用地下外墙牛腿传力连接法。传力牛腿应尽量设置在楼板标高处，如此可以避免对外墙产生弯曲压力；若牛腿标高位于楼板下，应复核牛腿传递给外墙的弯曲压力，验算外墙的配筋。地下外墙牛腿传力连接法的配筋见图 11.2-25。

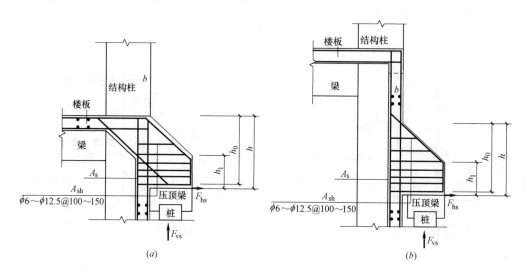

图 11.2-25 地下外墙牛腿传力连接法的配筋

(a) 牛腿顶与楼板平；(b) 牛腿顶低于楼板

取上部结构一个计算单元（通常以一榀框架柱为单元），根据该范围内承压围护桩和新增工程桩的数量和分布，按式（11.2-66）确定出承压围护桩顶反力，据此设计外墙传力牛腿。

① 地下外墙牛腿的截面设计

牛腿的截面高度 h 应满足抗冲切要求，具体按式（11.2-67）验算抗冲切强度，其中的牛腿宽度应取计算单元宽度。

牛腿的纵向受力钢筋宜采用变形钢筋，计算单元范围内总钢筋面积按式（11.2-68）计算确定，其中 F_v 是计算单元范围内承压围护桩反力总和。

② 地下室外墙牛腿传力的抗弯曲验算

当牛腿位于楼板以下，由承压围护桩给牛腿的反力将对外墙产生额外的弯曲力矩，应验算地下室外墙的抗弯曲强度。在一墙多用技术中，围护桩与地下室外墙、楼板与底板均有连接，形成一体，为此该项验算可不考虑这些有利因素，也不考虑外墙使用工况下的水土侧压作用，简化为外墙承受牛腿传来的弯曲力验算。

具体验算可视外墙下部与底板连接为固定端，上部与顶连接为铰支端的单跨梁，在牛腿底面标高处承受力矩 $\sum F_v \times a$，求解出外墙承受最大弯矩。外墙的截面应考虑框架壁柱的作用，按计算单元内带壁柱的外墙截面验算外墙及壁柱的配筋和截面尺寸以满足强度要求。

③ 围护桩整体偏心受力验算

围护桩整体偏心受力验算参照上述独立牛腿传力做法式（11.2-69）进行，据此确定围护桩与地下室楼底板的连接锚筋。

2）抗浮围护桩地下外墙牛腿传力连接法的设计计算

在一墙多用技术中当围护桩用作抗浮桩时，通常采用地下外墙牛腿传力连接做法。图 11.2-26 是围护桩用作抗浮桩时外墙牛腿传力连接做法，具体设计计算如下。

① 传力牛腿验算

牛腿的截面高度 h 应满足抗冲切要求，具体按式（11.2-67）验算抗冲切强度，其中的牛腿宽度 b 应取计算单元宽度，冲剪力 V 是计算单元范围内抗浮围护桩所承受的抗浮力，即计算单元内总上浮力减去工程桩承担抗浮力和地下室梁板承台及墙体结构自重。

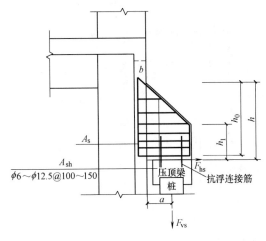

图 11-2-26 围护桩用作抗浮桩时外墙牛腿传力连接

计算单元内牛腿的配筋 A_s 按式（11.2-70）确定：

$$A_s \geqslant \frac{F_v a}{0.85 f_y h_0} + 1.2 \frac{F_h}{f_y} \tag{11.2-70}$$

② 围护桩压顶梁与牛腿连接验算

压顶梁与牛腿连接锚筋数量应满足抵抗围护桩浮力的抗拉强度要求，压顶梁和牛腿内锚固筋应按抗拉要求设置。

围护桩与压顶梁的连接也应满足抗拉强度要求。对于钻孔灌注围护桩，只需按抗拉要求将桩筋锚入压顶梁；对预制桩，应对桩与压顶梁连接按抗拉要求专门设置预埋筋或预埋件进行焊接连接。

11.3 排桩围护墙的一墙多用半逆作施工技术

11.3.1 排桩围护墙的一墙多用半逆作施工技术的做法

1. 地下工程一墙多用半逆作施工方法

地下工程一墙多用半逆作施工方法是先沿地下工程外围打围护桩及水泥土搅拌桩止水挡土帷幕，这些围护桩可一墙多用：一是用作围护桩；二是用作地下工程周边工程桩（承压或抗浮）；三是用作地下工程外墙受力结构组成部分，共同承担使用阶段的侧向压力（也可按常规围护桩做法施工）。地下工程中部的工程桩可根据结构设计情况选出部分或全部按一桩多用要求设计施工：一是用作承压桩；二是用作抗浮桩；三是用作开挖围护阶段的支撑桩；四是用作今后地下工程的承重柱。然后根据地下工程各层楼板梁标高，自上而下逐层先施工各层纵横楼板主梁，这些梁系在基坑开挖阶段用作支撑体系，应符合支撑受力要求；基坑开挖到底后施工基础底板，自下而上逐层施工完成地下工程柱、墙、楼面梁板至地面。

地下工程一墙多用半逆作施工流程如图 11.3-1 所示，具体步骤如下：

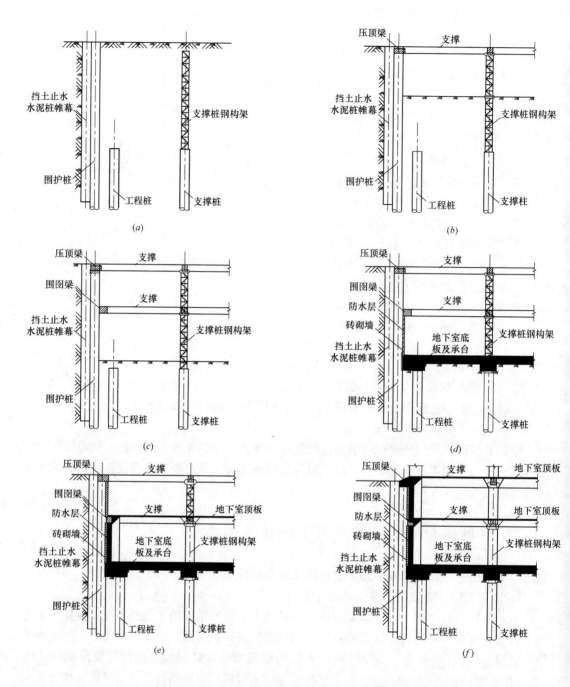

图 11.3-1　地下工程一墙多用半逆作施工流程（1）

（1）施工水泥搅拌桩止水挡土帷幕和围护桩，施工坑内的工程桩及支撑桩；

（2）施工地下一层的压顶梁和地下一层的支撑，该支撑兼作地下一层顶板的主梁；

（3）开挖至地下一层楼板底，施工地下二层的围檩梁和地下二层的支撑，该支撑兼作地下二层楼板的主梁；

（4）开挖至地下二层底板底，施工地下室底板及桩承台，地下室底板及桩承台与围护桩采用钢筋焊接整浇连接；

（5）施工地下二层围护桩外砌砖衬墙粉刷找平及施工外防水层，施工地下二层外墙和地下二层顶板；

（6）施工地下一层围护桩外砌砖衬墙粉刷找平及施工外防水层，施工地下一层外墙和地下一层顶板。

地下工程一墙多用半逆作施工也可以参照图 11.3-2 流程做法，将围护桩压顶梁下移，如此可减少一道支撑，节约了造价而且方便施工。具体做法视上部土质及周边环境决定：若土质好而且周边环境许可，首先，上部可直接放坡开挖至压顶梁底标高（若土质或周边

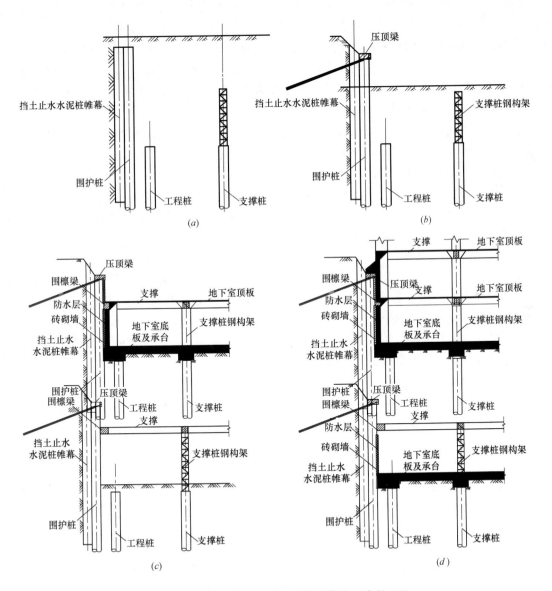

图 11.3-2 地下工程一墙多用半逆作施工流程（2）

环境不允许直接放坡，可采用土钉墙围护方式开挖），施工围护桩的压顶梁；然后开挖至

支撑（地下二层）底部位置，整浇施工围檩梁和支撑（地下二层）；接下同图 11.3-1 流程做法。若需要利用围护桩兼作工程桩的一墙多用技术，施工上部地下外墙的同时施工传力垫梁和传力牛腿，将上部结构荷载通过传力牛腿、传力垫梁及压顶梁传给围护桩。

对多层地下室工程，一墙多用半逆作法施工方法和程序同上类推。

2. 地下工程周边的一墙多用做法

（1）周边的一墙多用做法

地下工程的围护墙通常为排桩结合挡土止水帷幕组成，对大深度开挖的地下工程，也可以是地下连续墙。围护墙若按一墙多用做法，可以将围护墙仅用作地下工程外墙施工的侧模，围护桩墙紧贴地下外墙，主要为解决周边有障碍或场地狭窄无法正常施工围护桩问题；围护桩墙也可以按一墙二用做法，围护桩除起到围护作用外，还兼作地下工程外墙的组成部分，用以抵抗使用阶段水上侧压或人防荷载，这对侧向荷载很大的深基坑或人防工程很有意义，这样可大幅减少地下外墙的厚度和配筋；围护桩墙也可以按一墙三用做法，围护桩除起到围护作用外，还兼作地下工程外墙的组成部分同时又具有承压桩或抗浮桩功能，实现围护桩墙完整意义上的一墙多用。

有关地下连续墙的一墙多用（或称二墙合一）技术参见地下连续墙逆作或半逆作设计施工专篇介绍，本处仅限介绍排桩围护墙的一墙多用半逆作法设计施工技术。

（2）周边围护墙与结构体的连接做法

围护墙若按一墙多用做法，就应将围护桩墙与地下工程外围结构形成整体，关键是围护桩墙与地下结构的连接。围护桩墙与地下结构的连接包含了围护桩与底板连接、围护桩与墙板连接、墙板与围檩梁连接、墙与楼板支撑梁连接等。

1）围护桩与底板连接

围护桩与底板连接采用在围护桩上设锚固连接筋做法。锚固连接筋可以采用植筋做法、围护主筋上焊接锚筋做法、围护桩上预理件焊接锚筋或各种方法的混用。

2）围护桩与墙板连接

围护桩与墙板连接采用在围护桩上设锚固连接筋做法。锚固连接筋可以采用预埋箍筋、植筋或围护主筋上焊接锚筋等做法。

3）墙板与围檩梁连接

在一墙多用半逆作法中支撑和围檩梁是永久结构的组成部分，因而与前述一墙多用技术的区别在于支撑和围檩梁不凿除，而且后施工的地下工程外墙和楼板将与围护桩墙、围檩梁及支撑形成整体。

按常规，为固定围檩与支撑，围护桩与围檩梁在围护阶段已有连接，通常是在围护桩筋上焊接吊筋以抵抗围檩支撑的荷重。但在一墙多用半逆作法中，对连接筋应有严格要求，见图 11.3-3，在围檩梁高度的上下，每根桩均应有锚筋与围檩梁连接，连接锚筋的数量及抗拉强度应按一墙多用技术要求复校确定。

后浇筑的地下工程外墙与围檩梁的连接的要点是墙体竖向钢筋的贯通。竖向筋一般间距 200mm，双面配置，通常是在围檩梁内预插上下交错短筋，开挖施工外墙时可交错焊接竖向墙配筋；也可在围檩梁内按外墙筋的分布预埋小管，用以施工外墙时穿过墙配筋；也可预插筋和预埋管二者交错设置。

在浇筑地下工程外墙和楼板时应设斜腋加强。斜腋外包围檩梁的最小厚度应 ≥

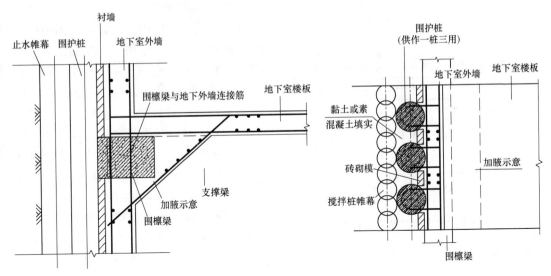

图 11.3-3 墙体与围檩梁连接

100mm，配置的钢筋应≥$\phi12@200$。

4）楼面梁与地下工程外墙柱及围护桩连接

地下工程外墙柱在楼面梁处设有倒棱锥状柱帽，如图 11.3-4 所示，使得地下工程外墙柱与楼面梁板实现整体浇筑。结构外墙柱的主筋应穿过围檩梁，通常采用预埋小管穿筋和预插钢筋混合做法。倒棱锥状柱帽所设放射状斜向配筋不应小于 $\phi12@200$，水平箍筋应穿过支撑梁并锚入围檩处斜腋中形成封闭。

楼面梁与地下工程外墙柱及围护桩连接是指后施工的叠合楼面梁上部支座筋的锚固处理。如图 11.3-4 所示，通常做法是有至少两根楼面梁支座主筋与围护桩直接连接，连接方法可以直接与凿出的围护桩筋焊接，或与围护桩上的预埋件或植筋焊接；此外有至少两根楼面梁支座主筋应向下弯入穿过围檩梁，具体可采用预埋小管或与预插的钢筋焊接；其余的楼面梁支座主筋可以水平弯曲锚入后浇筑的地下外墙中；上述楼面梁支座主筋均应按刚结要求确定锚固的长度。

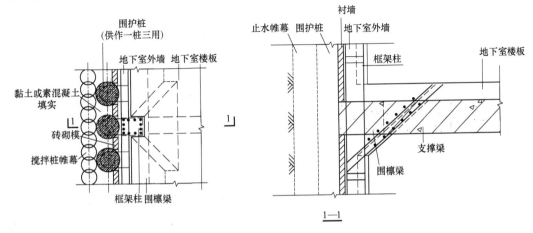

图 11.3-4 楼面梁与地下工程外墙柱及围护桩连接

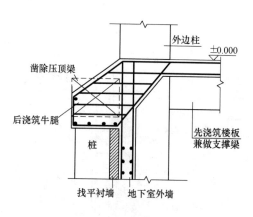

图 11.3-5 围护桩传力牛腿

5）围护桩传力牛腿

作为一墙多用的围护墙，要使围护桩起到承压或抗浮工程桩作用，主要靠设置传力牛腿来实现。对于地下室顶板楼面梁兼作支撑的一墙多用半逆作法（图 11.3-1），在施工地下室顶板楼面梁板时，通常需将围护桩压顶梁凿除，然后在压顶梁标高处重新按传力牛腿要求配筋，与地下工程外墙及顶板整体浇筑形成传力牛腿，使围护桩墙与地下工程形成整体，参见图 11.3-5。

对于地下室顶板楼面梁不兼作支撑的一墙多用半逆作法（图 11.3-2），要使围护桩起到承压或抗浮工程桩作用，采用在围护压顶梁上设独立传力牛腿或地下外墙连续传力牛腿做法。

3. 地下工程内部的一桩多用做法

（1）承压桩与抗浮桩功能做法

1）承压桩设计要求

地下工程内部承压桩应采用钻孔灌注桩，承压桩的持力层选定、单桩承载力的确定、桩的数量及分布与常规工程设计相同。对于地下工程采用一桩多用半逆作法技术，内部工程桩设计最好是一柱一桩，但对一柱一桩设计，要采用一桩多用，而控制施工中桩偏位是实现一桩多用理念的关建。

2）抗浮桩设计要求

同常规地下工程一样，一墙多用半逆作法设计中同样存在地下工程在施工阶段或使用阶段的抗浮桩设计问题。抗浮桩的设计通常应在充分发挥承压桩抗浮承载力的基础上，再根据需要补充专门的抗浮桩。新增的抗浮桩应优先沿纵横地梁轴线分布，且优先分布在地梁的跨中区域，对地梁形成实际上的支承作用，如此除达到抗浮目的外还起到减少地梁内力之功效。

3）一桩多用设计做法

根据地下工程场地土层分布及单桩承载力的不同和地下工程上部荷重的不同，每根结构柱下的桩数及分布通常也是不同的，可以是一柱一桩情况或是一柱多桩情况。

① 一柱一桩情况

对于地下工程内部一柱一桩情况，应用一桩多用半逆作法可以有如下做法选择：一是采用一桩四用，即该桩用作工程承压桩、工程抗浮桩、围护支撑桩和地下工程的柱子，这对桩的定位和垂直度有严格的控制要求，实现了完全意义上的一桩多用（图 11.3-6a）；二是沿主轴线偏离桩位新增一根支撑桩避开工程桩承台，而桩按工程承压桩、抗浮桩和地下工程柱要求设计，形成一桩三用，此时对工程桩和支撑桩的桩位及垂直度按常规要求设计施工（图 11.3-6b）；三是沿主轴线偏离桩位新增两根支撑桩避开工程桩承台，而桩仍按工程承压桩、抗浮桩和地下工程柱要求设计，实现一桩三用（图 11.3-6c）；四是偏离主轴线新增一根支撑桩避开工程桩承台做法，仍为一桩三用（图 11.3-6d）。

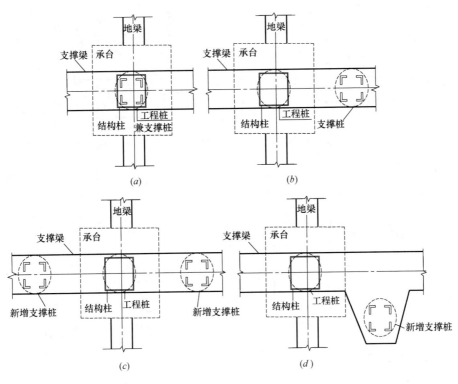

图 11.3-6 一柱一桩

② 一柱多桩情况

对于地下工程内部一柱多桩情况（图 11.3-7），应用一桩多用半逆作法可以有如下做法选择：一是采用一柱二桩情况，此时可选一根代支撑桩，该桩实现一桩三用：工程承压桩、抗浮桩、支撑桩，此时所有柱及柱均按常规要求设计施工；二是一柱三桩情况，此时也可选在主轴线上的一根代支撑桩，该桩实现一桩三用；三是一柱四桩情况，选其中一根代支撑桩，偏离主轴线，该桩实现一桩三用；三是一柱五桩情况，选正中的桩代支撑桩和柱子，该桩实现一桩四用，但对该桩的定位和垂直度有严格的控制要求。

（2）支撑桩功能做法

支撑桩是地下工程开挖围护中用以支承支撑体系的临时桩体，通常在围护功能结束后给以报废凿除。在一墙多用半逆作法施工中，支撑桩常可用工程桩代替，达到一桩多用、节约造价的目的；也可根据需要重新增设，这根据结构柱下桩数来灵活决定。

1）支撑桩定位

支撑桩的定位分两种情况：

一是支撑桩兼作地下工程结构柱，如上述一柱一桩和一柱五桩情况（图 11.3-6a，图 11.3-7d），此时支撑桩的钢构架作为结构柱的主配筋，直接浇筑进入结构柱混凝土中形成永久的结构柱。对此，对该一桩四用桩的定位和垂直度有严格的控制要求，其允许偏位应按结构柱要求执行。此外支撑桩钢构柱作为结构柱混凝土的钢骨架，在水平面内旋转偏位也应严格控制，因此在施工中桩成孔后放置钢筋笼和骨架时，应注意控制骨架的整体旋转偏位。

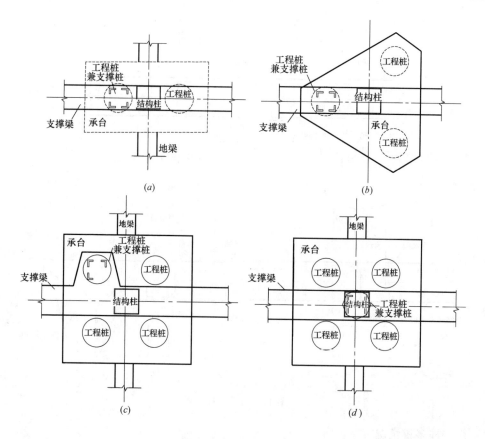

图 11.3-7 一柱多桩

二是新增支撑桩情况，通常是一柱一桩，但考虑到控制桩位要求高，不考虑将支撑桩用作结构柱（图 11.3-6b，c，d），此时地下工程的桩和柱均按常规要求控制设计和施工。

三是工程桩兼作支撑桩但不用作柱子情况，如上述一柱二桩、一柱三桩和一柱四桩情况（图 11.3-7a，b，c），此时地下工程的桩和柱也均按常规要求控制设计和施工。

如上所述，在一墙多用半逆作法施工中应更严格控制桩位和垂直度的是一柱一桩和一柱五桩中采用一桩四用情况。要在桩施工中严格控制桩的偏位，必须在桩施工全过程制定措施进行严格控制：先是桩位的严格复测和控制、施工成孔中桩垂直度的控制、放入钢筋笼及钢构骨架的定位和垂直度复测、浇筑桩混凝土施工中应有防止钢骨架偏位措施、基坑开挖阶段应制定防止土体滑动或挖斗撞击等危及钢构柱及定位的措施以及浇筑支撑前钢构柱定位的复测和偏位修复等。长期的施工实践已制定出一套较成熟的工法，具体可借鉴地下连续墙逆作或半逆作施工法。

2）支撑桩做法

支撑桩的功能是在地下工程开挖施工期间用以支承支撑体系，然而基坑开挖到底施工地下工程基础底板阶段，支撑及支撑桩尚不能去除，支撑桩对基础底板的施工起到障碍作用。传统的做法是将基坑底以上支撑桩采用钢构柱，以便基础底板钢筋可从钢构柱间隙中穿过，将钢构柱整体浇筑在基础底板中，围护完成后将钢构在基础底板面处切除即可。支撑桩常规做法参见图 11.3-8。支撑桩是承压桩，主要承受由支撑体系传来的竖向轴力以及由于偏心受力传递来的部分弯矩，这些轴力主要是支撑自重及有关施工堆载。但支撑桩设计中尚应考虑挖土施工中挖斗可能的撞击力、挖机碾压支撑产生的动荷、单边挖土产生土体滑移对支撑桩的侧向挤不利作用。

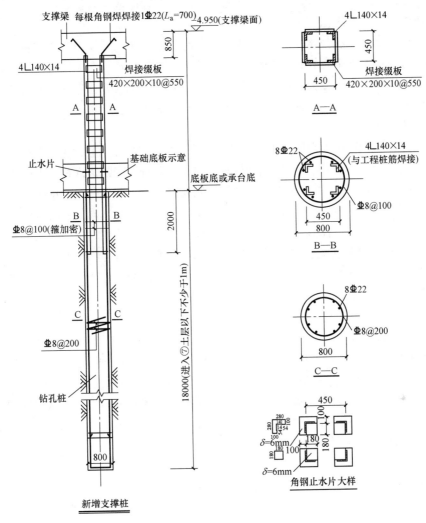

图 11.3-8 支撑桩

对于一桩多用施工技术，通常支撑桩坑底以下部分为工程桩，因而只要钢构柱强度满足，竖向承载力肯定无问题；但对新增支撑桩，应按荷载大小选择可行的持力层，设计支撑桩以满足承载力要求。

支撑桩的钢构柱通常用四根角钢焊接钢缀板形成，角钢边长一般应≥100mm，钢构截面外围边长对角线应内接支撑桩下部钻孔灌注桩钢筋笼，并与桩筋焊接形成一体，且角钢锚入基坑底以下钻孔桩内≥1500mm；缀板的厚度≥10mm，板面宽度≥150mm、板中竖向分布间距≤800mm。最终应以钢构柱的强度和稳定性计算确定。

支撑桩钢构柱与支撑的连接要求将角钢伸支撑内≥50mm，且每根角钢应焊接锚筋，锚筋直径≥14mm。

支撑桩钢构柱的角钢在施工基础底板时应焊接钢板止水片，防止地下水沿钢面渗流，焊接时应分肢进行，因此时钢构正处于承受最大荷重阶段。

在一桩多用半逆作法中，通常支撑桩位于主轴线上，也就是位于纵横地梁上，其钢构柱必阻碍了地梁的配筋，因而应考虑加宽地梁做法，以确保地梁施工。

（3）地下室柱功能做法

在一墙多用半逆作法技术中，支撑桩可兼作地下工程柱也可仅用作支撑桩。支撑桩兼作柱子情况只是在地下工程设计中采用一柱一桩或一柱五桩时，支撑桩可以兼作柱子，此时对此桩在定位和垂直度方面应有更严格的控制；对于一柱二桩、三桩、四桩情况，支撑桩不兼作柱子，对于一柱一桩或五桩，也有另打设支撑桩做法。

1）支撑桩兼作柱

在一墙多用半逆作法技术中，对于一柱一桩或一柱五桩情况，通常采用一桩四用，支撑桩兼作地下工程柱子。此时支撑桩的钢构柱将直接作为钢骨架浇筑进入柱子混凝土中，成为主体结构的组成部分。具体做法是先严格地按控制要求打设工程桩并设置钢构柱，采取严格措施防止基坑开挖影响钢构桩柱的定位；基础开挖施工地下工程基础梁板时对钢构立柱的定位进行复测，确定其偏差状况以及相对地下工程柱位的关系，分别对待处理如下：

① 钢构柱定位和垂直度控制较好，整体进入工程柱内，而且无旋转偏位或仅有旋转偏位。此情况只需根据柱截面与钢构柱大小相对关系适当沿柱边配置柱筋，这些新增的柱筋按常规根据柱定位及形状插入基础底板，连同钢构架共同成为柱的配筋。柱的截面通常采用圆形，如此当钢构有整体旋转偏位时不影响柱子配筋施工。

② 钢构柱下部在工程柱内但上部倾斜偏出或钢构柱上部在工程柱内而下部倾斜偏出。此情况应视钢构偏离状况，工程柱设计时可部分取消或全部取消偏离出柱面的角钢，沿工程柱截面周边按设计要求重新设置柱筋，支模浇筑混凝土后切除偏出柱面的钢构。

③ 上下部整体部分偏出工程柱面，但无倾斜或少量倾斜。此情况视钢构偏离状况，工程柱设计时取消偏离出柱面的角钢，沿工程柱截面周边按设计要求重新设置柱筋，支模浇筑混凝土后切除偏出柱面的钢构。

2）支撑桩不兼作柱

在一墙多用半逆作法技术中，支撑桩可以不兼作工程柱子，这通常是一柱二桩、三桩、四桩情况；对一柱一桩，为施工方便，也可新增支撑桩做法。对此，工程桩、新增支撑桩和工程柱子均可按常规做法要求设计施工。

4. 地下工程梁板体系的多用做法

在地下工程一墙多用半逆作施工方法中地下工程各层纵横楼板梁系在基坑开挖阶段将用作支撑体系，因而自上而下开挖中各层楼面梁系应按支撑受力要求进行平面分布和截面设计；基坑开挖到底后自下而上施工基础底板，逐层施工完成地下工程墙柱，并完成楼面梁板施工，如此自下而上施工至地面完成地下工程。

（1）围护支撑功能做法

1）支撑平面分布

在地下工程一墙多用半逆作施工方法中支撑平面分布应与楼面梁系分布一致，通常支撑就是楼面结构的主梁，而主支撑的横向连杆选用合适位置的楼面结构中的次梁代替。

在一墙多用半逆作法中，由于楼面梁系分布局部可能与基坑围护所需支撑分布有矛盾或不妥处，如地下工程汽车通道处、基坑挖运土出口处、深坑若设挖土栈桥出口处等，需留较大口子而使楼面梁在围护阶段无法浇筑，需临时增设支撑满足围护要求，待基坑开挖到底完成基础底板，并按半逆作法施工楼面时再一次补这些空缺的梁系完成楼面结构，而新增的临时支撑可以凿除或保留。

在一墙多用半逆作法中，也可能永久的楼面梁系作为支撑体系强度和刚度不足，尤其是局部基坑挖运土出口处梁系临时的削弱，可采取局部区域楼面梁系和楼板在围护阶段一次整浇完成做法，以此来增强围护阶段的支撑体系。利用已施工的支撑体系面作为临时施工辅助场地，此时就需在围护阶段将梁系与楼板共同浇筑，此时楼面应按施工荷载进行复核加强。

上述由于增强支撑体系所需或由于施工临时辅助场地所需在围护阶段整浇楼面梁板的区域应统筹规划，除兼顾满足增强支撑和临时辅助施工场地需求外，还应顾及基坑挖土施工的便利。

2）支撑竖向分布

在地下工程一墙多用半逆作施工方法中支撑的层数及竖向标高应与各层楼面梁一致，并应预留好后浇筑楼面板的厚度标高（参见图 11.3-1）。

在地下工程一墙多用半逆作施工方法中也可采用图 11.3-2 做法，此时上部楼面梁处第一层支撑取消，采用悬臂围护桩或增设土钉锚杆做法，将第一层支撑降至地下一层地面处，如此方便开挖施工，各层支撑标高均与其下各层楼面一致。

在地下工程一墙多用半逆作施工方法中由于土性原因，若按楼层面设支撑，下部围护桩的受力可能很大，此时可在楼层间增设锚杆方法来减少围护桩的受力。

3）支撑截面做法

在地下工程一墙多用半逆作施工方法中楼面梁兼作围护支撑，但楼面梁的功能是承受横向荷载产生的弯剪力，而支撑的功能主要是承受围护墙传来的轴向压力，二者必须相结合。因而在这些楼面梁系的截面在围护阶段应满足支撑功能要求，而在地下工程使用阶段应满足楼面梁功能要求。通常作为支撑功能所需的截面尺寸要比楼面梁大，而支撑截面上下部配筋又以楼面梁要求控制，因而应注意若因支撑功能要求截面高度大于原楼面梁设计高度，应复核地下工程层高净空是否符合建筑功能要求，至于加宽截面宽度一般不会影响建筑使用功能。

在地下工程一墙多用半逆作施工方法中首先施工完成支撑体系，在支撑截面预留次梁筋和主梁箍筋，待基坑开挖到底完成基础底板并向上施工楼面结构时，将楼板、次梁一次叠合整浇完成楼面结构。楼面结构做法详见下述。

（2）永久梁板功能做法

在地下工程一墙多用半逆作施工方法中当基坑开挖完成并施工地下工程结构时，与常规方法不同的是这些支撑体系不会被凿除，而是与后浇筑的楼面共同形成永久的楼面结构。因此地下各层楼面结构的做法与常规有别，主要是楼面主、次梁以及与结构柱的连接做法。

1）楼面主梁做法

一墙多用半逆作施工方法中地下各层楼面主梁做法有两种：一是楼面主梁的计算高度与支撑截面一致，今后楼板直接在支撑面上浇筑，形成叠合梁，参见图 11.3-9（a）；二是楼面主梁的计算高度与支撑截面不一致，今后楼板浇筑后主梁计算高度应是支撑截面高度加板厚，形成叠合梁，参见图11.3-9（b）。第一种做法施工较方便，但可能由于支撑或主梁截面尺寸要求影响建筑楼层净高，需调整建筑层高；第二种做法主梁的计算高度增加，但需在支撑阶段预留主梁箍筋，待施工楼板结构时清理调直箍筋，安置主梁上部主筋，浇筑楼板后完成主梁；三是由于施工场地需要或支撑体系强度和稳定性要求，楼面主次梁及楼板在基坑开挖围护阶段就共同浇筑完成，此时主梁的截面尺寸及配筋均按施工荷载要求设置。

对于上述前两种后浇筑楼板做法，在楼板与支撑之间形成了叠合面，对此应做成凹凸差不小于6mm的粗糙面，而且第一种梁箍筋未插入后浇楼板做法，建议沿梁纵向设2ϕ6～8@300～500的构造连接插筋。

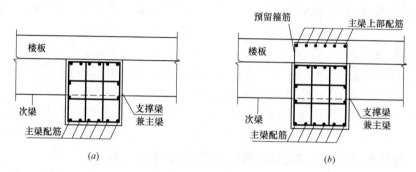

图11.3-9 楼面主梁做法

2）楼面次梁做法

在地下工程一墙多用半逆作施工方法中，在基坑开挖浇筑主梁支撑时，应根据楼面梁系设计分布，按支撑体系要求在分布的次梁中间隔选定部分次梁兼作为主支撑的腹杆，此时这些腹杆间距符合支撑体系要求，而且截面尺寸应按支撑要求确定，通常要比楼面次梁截面大。待基坑开挖后进入楼面施工阶段，再按楼面设计要求在浇筑楼板时将所有次梁补齐。

楼面次梁做法参见图11.3-10，其中图（a）是主梁作为支撑先浇筑，次梁与楼板同时后浇筑做法；图（b）是主梁、次梁及楼板在围护阶段就整体浇筑的常规做法；图（c）是用支撑横向腹杆兼作永久楼面次梁，楼板后浇筑做法。

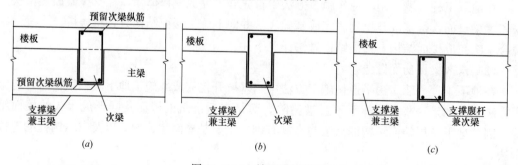

图11.3-10 楼面次梁做法

楼面次梁与主梁连接主要是在施工主梁支撑时就应将次梁下部钢筋按结构设计位置穿过主筋，现场做法有二：一是在主梁支撑上预理钢筋头，施工次梁时采用焊接设置次梁筋；二是在主梁支撑上预理小管，施工次梁时穿过小管设置次梁筋。为施工方便，采用增大钢筋直径来控制配筋根数，一般配两根，不宜超过 4 根。

3）楼盖楼板做法

在地下工程一墙多用半逆作施工方法中，各层楼板是在兼作支撑的已施工楼面梁系上连同未施工的部分主次梁整体浇筑形成。楼板的立模、配筋和浇筑混凝土与常规施工方法相同，但在半逆作法施工中，根据围护支撑刚度需要，局部区域在围护阶段与主梁支撑体系一同先浇筑，这主要是在由于预留出土口导致主梁支撑无法贯通区域、地下工程周边梁系分布复杂不宜兼作支撑区域，以及汽车坡道主梁支撑不能贯通等区域。

楼板及梁系经常应根据施工需要通过设计考虑围护等施工阶段的临时堆载和车载。

4）楼盖节点做法

在地下工程一墙多用半逆作施工方法中，楼盖节点做法主要是指楼面梁板与立柱的连接方法，由于楼板梁系兼作支撑已先施工，立柱是后施工，一般采用扩大柱帽做法。常见两种状况：一是对一柱一桩或一柱五桩情况，此时正中桩集工程承压柱、抗浮桩、围护支撑桩和地下工程立柱为一体，属一桩四用，采用做法参见图 11.3-11（a）；二是对一柱二桩、一柱三桩、一桩四桩情况，此时立柱与支撑桩不重合，由于在围护阶段主次梁已先施工完成，立柱与楼面梁板仍需采用扩大柱帽法连接，做法同图 11.3-11（a），只是图中无钢构立柱，待楼板立柱浇筑达强度后，切除原支撑刚架柱。

地下工程立柱可以是方柱或圆柱，相应地扩大柱帽是倒棱锥形或倒圆形，如图 11.3-11（c）所示，立柱的配筋有部分穿过已施工的主次梁，此时应按立柱配筋位置在施工主次梁支撑时应预留插筋或预理穿筋用小钢管，待楼面配筋绑扎完成，整体浇筑立柱、柱帽和楼板。柱帽的另一作用是为立柱留浇筑混凝土的缺口，以便顺利浇筑立柱混凝土。

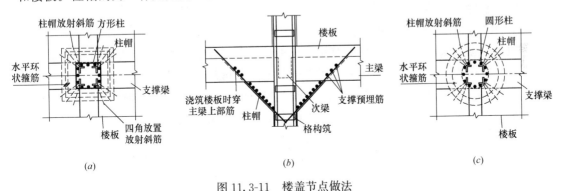

图 11.3-11 楼盖节点做法

11.3.2 一墙多用半逆作施工技术的设计计算

1. 地下工程周边的一墙多用设计计算

在地下工程一墙多用半逆作施工技术中地下工程的围护墙通常为排桩结合挡土止水帷幕组成，对大深度开挖的地下工程，也可以用作地下连续墙。围护墙若按一墙多用做法，可以将围护墙仅用作地下工程外墙施工的侧模，则围护桩墙紧贴地下外墙，主要为解决周边有障碍或场地狭窄无法正常施工围护桩问题；围护桩墙也可以按一墙二用做法，围护桩除起到围护作用外，还兼作地下工程外墙的组成部分，用以承受使用阶段水土侧压或人防荷载，如此可大幅减少地下外墙的厚度和配筋，这对侧向荷载很大的深基坑或人防工程很有意义；围护桩墙也可以按一墙三用做法，围护桩除起到围护作用外，兼作地下工程外墙的组成部分，同时又具有承压桩或抗浮桩功能，实现围护桩墙完整意义上的一墙多用。

（1）一墙二用设计计算

围护桩墙按一墙二用做法的设计计算需按两阶段进行：

一是围护桩墙在地下工程开挖围护阶段的设计计算。首先根据已有工程经验初定所采用的围护体系具体做法（初定围护桩型及桩的直径、间距、桩插入到坑底以下深度、桩顶标高及总桩长以及挡土止水帷幕墙的做法及帷幕直径、搭接尺寸、插入坑底以下长度），据此，通过基坑围护程序进行分析计算，根据分析结果进行调整，调整后再分析，如此反复计算调整定出最终围护做法，得出有关围护墙在各工况下的内力和变位包络图；得出合格的围护墙整体稳定性、抗倾覆或踢脚稳定性、基坑底部土体的抗隆起稳定和抗管涌稳定分析结果。根据这些分析结果，可完成围护墙的截面设计。目前应用最广泛的是基坑围护启明星软件和理正软件，具体可参照 11.2.2 节进行。

二是围护桩墙作为地下室外墙的永久组成部分，共同承受地下室使用阶段水土侧压力及人防工程侧压力的设计计算。首先确定组合后地下室外墙的侧压力，这主要根据使用阶段地下室外围状况按静止土压力确定，若是人防工程应按现行人防规范确定人防侧压。然后按组合后地下室外墙进行内力分析，据此确定地下室外墙的截面及配筋，具体可参照 11.2.2 节进行。

（2）一墙三用设计计算

围护桩墙按一墙三用做法的设计计算需按四阶段进行：

1）围护桩墙在地下工程开挖围护阶段的设计计算，这与上述一墙二用完全相同。

2）围护桩墙作为地下室外墙的永久组成部分，共同承受地下室使用阶段水土侧压力及人防工程侧压力的设计计算，这也与上述一墙二用完全相同。

3）围护桩作为工程桩的设计计算：

包括根据土层分布选定围护桩兼作工程桩的分布及数量、选定持力层及桩长，确定这些围护桩的单桩承载力，并与地下工程周边新增工程桩形成整体共同考虑其群桩承载力。这些兼作承压工程桩的围护桩与常规工程桩主要不同之一是其分布是条状且密集的，无法满足常规群桩设计中的桩距要求，必须考虑由于桩距引起的群桩效应折减；此外围护桩作为承压工程桩其持力层可能不一致，这就产生了长短群桩共同作用折减效应。

4）围护桩作为工程桩传力构件的设计计算：

在地下工程一墙多用半逆作施工技术中围护桩与地下工程周边的工程桩将作为整体共同承担上部结构传下的荷载或共同承担由地下水产生的向上浮力，此时通过围护桩的传力构件、地下工程外墙与围护桩墙的连接、地下梁板结构与围护墙的连接形成整体，因此设计计算除满足前述构造要求外，应对前述两种传力牛腿做法进行强度设计验算，包括针对承压独立牛腿传力连接法中围护桩的桩顶反力确定、围护压顶梁和传力垫梁的强度及配筋验算、传力牛腿的强度及配筋验算以及确定围护桩与地下室楼底板和围护桩与各层围檩梁连接锚筋强度的整体偏心受力验算；针对地下外墙牛腿传力连接法中围护桩的桩顶反力确定、地下外墙牛腿的截面及配筋设计、地下室外墙由牛腿传力的抗弯曲验算，以及确定围护桩与地下室楼底板和围护桩与各层围檩梁连接锚筋强度的整体偏心受力验算。

围护桩若兼作工程抗浮桩，应根据其承受浮力进行外墙传力牛腿截面和配筋验算及围护桩与压顶梁及压顶梁与牛腿的连接验算。

2. 地下工程内部的一桩多用设计计算

（1）承压桩与抗浮桩功能设计计算

1）承压桩设计计算

在地下工程一墙多用半逆作施工技术中内部结构柱下的桩基采用钻孔灌注桩作为工程承压桩，根据场地土层分布和上部结构荷重，决定桩持力层及单桩承载力。每根结构柱下的桩数及分布经常不同，可以分为一柱一桩情况和一柱多桩情况。如前述，对于一柱一桩和一柱五桩的中心桩，可完全实现一桩四用（工程承压桩、工程抗浮桩、支撑桩及地下工程立柱），对一柱二桩、三桩或四桩情况，可选其中一桩兼作支撑桩，围护完成后，去除支撑钢构柱，而地下工程结构立柱按常规方法施工。

内部结构柱下工程承压桩的单桩极限承载力按下式确定：

$$Q_{uk} = Q_{sk} + Q_{pk} = \mu \sum q_{sik} l_i + q_{pk} A_p \qquad (11.3\text{-}1)$$

式中　　Q_{sk}、Q_{pk}——总极限侧阻力标准值和总极限端阻力标准值；

　　　　μ——桩身周长；

　　　　q_{sik}——桩侧第 i 层土的极限侧阻力标准值；

　　　　q_{pk}——极限端阻力标准值；

　　　　A_p——桩端面积。

根据结构立柱所承受的压力，决定桩数并按现行规范要求设计桩及桩基础。

2）抗浮桩设计计算

在地下工程一墙多用半逆作施工技术中内部结构柱下的桩基也用作工程抗浮桩，单桩抗浮承载力按下式确定：

$$N \leqslant f_y A_s + f_{py} A_{py} \qquad (11.3\text{-}2)$$

式中　　N——荷载效应基本组合下桩顶轴向拉力设计值；

　　　　f_y、f_{py}——普通钢筋、预应力钢筋的抗拉强度设计值；

　　　　A_s、A_s——普通钢筋、预应力钢筋的抗拉强度设计值。

对地下工程产生向上的荷载通常是水浮力，这由使用阶段地下水位确定；对人防工程尚有向上的人防荷载，根据现行人防规范确定。抗浮桩的设计通常应在充分发挥承压桩抗浮承载力的基础上，再根据需要补充专门的抗浮桩。在一柱一桩情况中若不考虑工程桩兼作支撑和立柱，需新增的支撑桩可兼作抗浮桩。新增的抗浮桩应优先沿纵横地梁轴线分布，且优先分布在地梁的跨中区域，对地梁形成事实上的支承作用，如此除达到抗浮目的外还起到减小地梁内力之功效。

（2）支撑桩功能设计计算

1）基坑围护阶段支撑桩的受力

支撑桩是承压桩，主要承受由支撑体系传来的竖向轴力以及由于偏心受力传来的部分弯矩，这些轴力主要是支撑自重及有关施工堆载。但支撑桩设计中尚应考虑挖土施工中挖斗可能的撞击力、挖机碾压支撑产生的动荷、挖运土车的辗压动荷、作为临时施工场地堆载、作为临时施工通道的动载、单边挖土产生土体滑移对支撑桩的侧向挤压等不利作用。

对于一桩多用施工技术，支撑桩分为两类，一是由工程桩代替，二是完全新增支撑桩。前者支撑桩坑底以下部分为工程桩，因而只要钢构柱强度满足，竖向承载力肯定无问题；后者为新增支撑桩，应按受荷大小选择可行的持力层，若考虑兼作抗浮桩，除满足向下支承承载力外尚应满足向上抗浮承载力要求。

支撑桩设计计算中除坑底以下的钻孔灌注桩外，关键还是对坑底以上的钢构立柱的设计计算。

2）支撑桩的设计计算

① 支撑桩坑底以上钢构柱整体承压强度和稳定计算

支撑桩刚构立柱由四肢角钢焊接缀板形成四肢组合构件（参见图 11.3-12），依据现行钢结构设计规范，格构式受压构件的整体承压强度和稳定按下式计算：

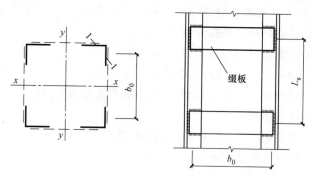

图 11.3-12　钢构立柱截面

$$N/\varphi A \leqslant f \tag{11.3-3}$$

式中　N——支撑桩承受的轴心力，包括了所分担支撑体系的自重、支撑上可能的施工临时堆载及明确地下室施工阶段作为临时施工场地堆载、在开挖阶段挖机碾压及挖运土车的碾压支撑的动荷或开挖后可能作为临时施工通道的动载；

A——格构柱四肢角钢的截面积；

f——角钢的抗压强度设计值；

φ——钢构立柱的稳定系数，可根据构件长细比查规范表格确定，或按下式计算确定：

$$先计算 \lambda_n = \frac{\lambda_0}{\pi}\sqrt{f_y/E} \tag{11.3-4}$$

当 $\lambda_n \leqslant 0.215$ 时

$$\varphi = 1 - 0.65\lambda_n^2 \tag{11.3-5}$$

当 $\lambda_n > 0.215$ 时

$$\varphi = \frac{1}{2\lambda_n^2}\left[(0.965 + 0.3\lambda_n + \lambda_n^2) - \sqrt{(0.965 + 0.3\lambda_n + \lambda_n^2)^2 - 4\lambda_n^2}\right] \tag{11.3-6}$$

式中　f_y——钢构立柱型钢的抗压屈服强度；

E——钢构立柱型钢的弹性模量；

λ_0——钢构立柱的换算长细比，按下式确定：

$$\lambda_0 = \sqrt{(\lambda^2 + \lambda_1^2)} \tag{11.3-7}$$

式中　λ_1——钢构四肢立柱中任一肢截面对最小刚度轴 1-1 的分肢长细比。

$$\lambda_1 = L_1/i_1 \tag{11.3-8}$$

式中 L_1——计算长度取相邻缀板间的中心距离；

i_1——型钢对最小刚度轴 1—1 的回转半径，可从型钢表中查出。

λ——整个立柱的对截面虚轴 $x-x$ 或 $y-y$ 的长细比：

$$\lambda = L/i \tag{11.3-9}$$

式中 L——钢构立柱的计算长度，视基坑底土质取值。

a. 对单层支撑的立柱

当坑底为硬黏土层或中密以上砂性土层，取支撑底与坑底之间净距＋500mm；

当坑底为软黏土层或松散砂性土层，取支撑底与坑底间净距＋2000mm。

b. 对多层支撑的立柱

上部各层支撑间净距与最下层按上述单层支撑定出的长度之中取较大者。

i——钢构立柱的截面对虚轴 $x-x$ 或 $y-y$ 的回转半径，根据钢构立柱截面尺寸（图 11.3-12），角钢型号和查出的截面几何特征参数，求出截面对轴 $x-x$ 或 $y-y$ 的惯性矩，进而确定回转半径 i。

② 支撑桩坑底以上钢构柱的局部稳定和缀板设计计算

支撑桩钢构立柱的设计除满足上述整体承压强度和稳定外，在钢构型钢的选型和缀板分布上尚应满足局部稳定和刚度要求，具体如下：

a. 分肢长细比 λ_1 应满足如下条件：

$$\lambda_1 < 40 \text{ 或钢构立柱长细比 } \lambda \text{ 的一半}$$
$$（若求出的 \lambda < 50 \text{ 时}, \lambda \text{ 取 } 50） \tag{11.3-10}$$

b. 分肢型钢（通常为角钢）的截面边长 b 和厚度 t_1 的比值应满足：

$$b/t \leqslant 13\sqrt{(235/f_y)} \tag{11.3-11}$$

撑桩钢构立柱的缀板设计应满足如下要求：

a. 缀板刚度按下式验算

$$(I_b/b_0)/(I_1/L_1) \geqslant 6 \tag{11.3-12}$$

式中 I_b/b_0——钢构立柱同一截面处一周四块缀板线刚度之和；

I_b——四块缀板惯性矩之和；

b_0——立柱每边缀板净长度（二肢角钢间净距加 $4t_0$）；

(I_1/L_1)——钢构立柱单肢线刚度；

I_1——单肢角钢截面对 1—1 轴的惯性矩，可由型钢规格表查出；

L_1——相邻缀板间的中心距离。

b. 缀板的构造及焊缝要求

缀板的设计除满足上述刚度要求外，尚应满足：缀板的宽度 $h_0 \geqslant 200$mm，缀板厚度 $t_0 \geqslant 10$mm，缀板沿钢构立柱的中心间距 $L_1 \leqslant$ 钢构立柱截面边长。

缀板搭接角钢的长度应大于角钢边长的 80%，缀板与立柱角钢的连接应采用三面围焊，必须连续施焊，且角焊缝截面直角边长 $h_f \geqslant 1.5\sqrt{t_0}$。

按上述公式设计计算确定钢构立柱截面尺寸和型钢选型后，尚应考虑挖土过程中无意撞击和单侧挖土产生土体侧压的不利因素，鉴于目前尚无此方面定量计算方法，并且考虑到一桩多用半逆作方法，需满足更大的刚度要求，参照已有工程经验，建议钻孔支撑桩的直径应 $\geqslant 800$mm，据此决定内切钢构立柱的截面边长；此外在上述计算结果的基础上将格构柱角钢型号提高至少一级，并且对开挖深度在 5m 左右的基坑，单肢角钢截面尺寸应不小于 $100 \times 100 \times 10$；对开挖深度在 9m 左右的基坑，且仍为一层支撑，或对多层支撑的基坑地下室，单肢角钢截面尺寸应不小于 $140 \times 140 \times 14$。

③ 支撑桩坑底以下桩体的承压和抗浮承载力计算

在地下工程一墙多用半逆作施工技术中支撑桩的坑底以下部分可以是工程桩，也可是新增设的钻孔桩，前者工程桩兼作支撑桩用以承受地下室施工阶段的荷重通常无问题，而后者新增钻孔桩，其持力层和桩长及单桩承载力应满足地下室施工阶段的荷重要求，若兼作工程抗浮桩，尚应满足抗拔承载力要求，具体参照式（3.2-1）和式（3.2-2）计算确定。

（3）地下室柱功能设计计算

1）支撑桩兼作柱

在地下工程一墙多用半逆作施工技术中在一柱一桩或一柱五桩的情况下，支撑桩可兼作柱。此时支撑桩钢立柱将直接整浇入地下室永久的柱子中，形成劲性钢构混凝土结构。地下室柱一般采用圆截面，其直径外包整个钢构立柱，这考虑了钢构立柱施工中可能产生平面旋转，有利柱子外包钢立柱。

在施工兼作支撑的工程桩时应有严格的控制变位措施。当基坑开挖到底施工基础底板阶段，对钢立柱位置进行复测，若无偏位或偏位较小，钢立柱被柱整个外包，按正常沿柱截面边配量柱筋，配置柱箍后立模浇筑混凝土；若钢构立柱偏位较大，视具体情况调整柱配筋设计，并对钢立柱参与承压的强度进行折减（图 11.3-13）：

a. 钢构上下部整体落在柱面内，钢构倾斜度小于 5%，钢构承压强度不折减；

b. 钢构上下部整体落在柱面内，钢构倾斜度大于 5%，钢构承压强度折减；

c. 钢构某肢上或下部倾斜偏出柱面，偏出该肢型钢取消参与承压，未偏出柱面各肢承压强度折减。

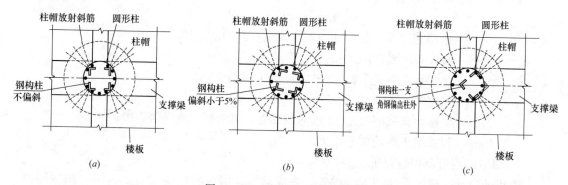

图 11.3-13　钢构立柱偏位情况

对于多跨大底盘的地下工程，考虑到地下各层楼板及底板刚度，上部各单幢结构向下传递的受压偏心效应很有限，因而在地下工程一墙多用半逆作施工技术中支撑桩兼作柱的截面强度可直接按轴心受压构件设计，具体按下式计算：

$$N \leqslant 0.9\varphi(f_c A + f_y A_s + \eta f_0 A_0) \tag{11.3-13}$$

式中　N——地下室柱轴向压力设计值；

　　　φ——钢筋混凝土构件的稳定系数，据 H/D 由钢筋混凝土规范表查出，其中 H 对单层地下室是基础底板面至楼层板底间距离；对多层地下室是各层楼板板面和板底间距的大者；D 是圆柱截面直径；

f_c——柱混凝土轴心抗压强度设计值；

A——柱截面面积；

F_y——配置纵向钢筋的抗压强度设计值；

A_s——全部纵向配筋的截面面积；

F_0——钢构立柱型钢抗压强度设计值；

A_0——全部参与承压钢构立柱型钢截面面积；

η——考虑承压型钢偏斜、开挖中可能撞击损害等的强度折减系数，建议在0.85～0.95 间取值。

地下工程内部柱的配筋尚应满足：

a. 柱纵筋直径不应小于 12mm，柱全部纵筋数不应小于柱外围圆周长度除以 200mm。柱纵筋分布应考虑立柱型钢的偏位，以截面重心尽量均衡原则沿圆截面圆周边配置；柱纵筋及邻近柱边的型钢净间距不应小于 50mm，且不宜大于 250mm。

b. 柱中箍筋直径不应小于 8mm，箍筋间距不应大于 300mm。箍筋应为封闭，搭接长度 L_{ab} 按下式（11.3-14）确定，末端应做成 135°弯钩，弯钩末端平直段长度不应小于 5 倍箍筋直径。建议每隔二道箍设一道焊接封闭箍。

$$L_{ab} = \alpha(f_y/f_t)d \tag{11.3-14}$$

式中　f_y——箍筋的抗拉强度设计值；

F_t——混凝土轴心抗拉强度设计值；

d——箍筋的直径；

α——箍筋的外形系数，常用圆钢筋取 0.16。

2）支撑桩不兼作柱

在地下工程一墙多用半逆作施工技术中经常支撑桩不兼作柱。如桩基设计中的一柱二桩、一柱三桩和一柱四桩情况，兼做支撑桩工程桩的不在柱位上，因而不兼作柱；而一柱一桩或一桩五桩情况，为施工方便也常另设支撑桩做法。

对上述支撑桩不在柱位情况，地下工程内部柱的设计完全按常规钢筋混凝土规范要求执行。其施工次序是基坑开挖到底后按设计要求在底板承台上设立柱配筋，同时在钢构柱穿过底板区段焊接止水钢板，浇筑底板、立柱及上部楼板后，除掉支撑钢构立柱。

3. 地下工程梁板体系多用途的设计计算

（1）基坑围护阶段支撑功能设计计算

1）基坑围护阶段支撑体系的受力

① 楼面梁板支撑体系中支撑承受的轴向压力

在地下工程一墙多用半逆作施工技术中，周边水土侧压力通过围护墙传递给由楼面梁板组成的支撑体系，具体为围护墙传递给与其直接接触的压顶梁或围檩梁，然后压顶梁或围檩梁再传递给与其连接的各楼面梁板支撑。可视压顶梁或围檩梁是平躺着的连续梁，围护墙的排桩对其作用集中力，而各楼面梁板支撑是其支座，根据围护排桩在侧向水土压力作用下的受力分析计算结果，其支撑反力值就是作用在压顶梁或围檩梁上的集中力，据此可确定压顶梁或围檩梁所承受的弯剪力；而压顶梁或围檩梁计算得出的支座反力或该支撑承担区域围护桩侧压力总和就是该楼面梁板支撑所承受的轴力。

楼面梁板支撑受力也可按整体进行分析计算。具体工程设计可采用现行的基坑围护启明星软件或理正软件，在围护墙侧压力作用下对楼面梁板支撑进行整体分析，可方便得出各楼面梁板支撑承受的轴压力。

② 楼面梁板支撑体系中支撑承受的施工弯剪力

在基坑围护阶段楼面梁板支撑将承受由于基坑开挖及地下室施工中可能存在的竖向力产生的弯剪力。这些竖向力是支撑的自重、支撑上可能的常规施工堆载、楼面梁板支撑作为临时施工场地的堆载、作为临时施工通道穿越支撑时由挖机或运土车产生的动载、整个区域楼面梁板作为施工通道由挖机、运土车或运输材料车产生的动载等。

楼面梁板支撑所承受的竖向力建议按下取值：

a. 支撑的自重按每延米支撑体积乘钢筋混凝土重度（25kN/m³）的均布线荷载确定；

b. 支撑上可能的常规施工堆载按 20kPa 乘 2m 宽作为均布线荷载确定；

c. 楼面梁板支撑作为临时施工场地的堆载按实际楼面施工堆载量及受荷区域折算成等效均布荷载，然后根据该支撑承担的受荷区域确定出所承受的均布线荷载，应根据堆载可能产生的冲击或振动，乘以 1.5～3 倍的动力系数作为均布线静荷载值；

d. 作为临时施工通道穿越支撑由挖机或运土车产生的动载确定应分两种情况：一是通道穿越支撑时铺设的路基板与支撑严格脱离，而且支撑下土体无缺失，可不考虑挖机或运土车产生的动载；二是通道穿越支撑时铺设的路基板与支撑未脱离，而且支撑下土体缺失严重，挖机或运土车产生的动载建议按运土车重的 50% 折算成沿该跨支撑的均布线荷载乘 2～4 倍的动力系数确定；三是介于上述两种情况，视现场路基板铺设可控制状况、支撑下土体可能缺失状况、运土车辆行驶可控制状况等在上述两种状况中取值；

e. 整个区域楼面梁板作为施工通道由挖机、运土车或运输材料车产生的动载按实际通行最大车载量及通行受荷区域折算成等效均布荷载，然后根据该支撑承担的受荷区域确定出所承受的均布线荷载，再乘以 3～5 倍的动力系数作为均布线静荷载值。

楼面梁板各支撑所承受的施工弯剪力可根据该跨支撑承受的竖向力按下简化公式计算确定：

$$跨中最大弯矩 \ M_1 = 0.09ql^2\eta \tag{11.3-15a}$$

$$支座最大弯矩 \ M_2 = 0.09ql^2\eta \tag{11.3-15b}$$

$$支座最大剪力 \ V = 0.5ql\eta \tag{11.3-15c}$$

式中 l——该跨支撑的跨度；

q——该跨支撑承受的最大均布施工线荷载；

η——考虑基坑开挖挖斗撞击、挖机碾压、开挖中单侧土挤压力、施工期混凝土养护不足等不利因素的提高系数，建议在 1.1～1.3 间取值。

根据上述确定的竖向力，通过启明星或理正基坑围护设计软件按整体稳定分析确定出各支撑所承受的最大弯剪力，用最大剪力乘以考虑施工不利因素的提高系数就可以得到楼面梁板各支撑所承受的施工弯剪力。

③ 楼面梁板支撑体系中围檩压顶梁承受的弯剪力

楼面梁板支撑体系中围檩压顶梁的受力可视为平躺着的连续梁，其支座为各支撑点，其上所受的集中力即为围护桩传来的水平侧压力，因此从理论上可根据连续梁确定出基坑围护阶段所承担的弯剪力。由于常规计算的围护桩墙传递给围檩压顶梁的侧压力巨大，加上支撑的水平间距（围檩压顶梁跨度）也大，如此按常规弹性方法求出的弯剪力很大，这必大幅增加围檩压顶梁截面尺寸及配筋量，以至无法在工程中设计实施，这是围护工程设计中常遇的问题。

经过长期基坑围护工程的理论和实践发现按现行常规围护设计理论及方法得出的受力结果普遍存在偏大问题，主要是因为岩土工程问题的复杂性和不确定性、围护工程设计理论发展的滞后、未很好地考虑整体受力效应等因素，再考虑到楼面梁板支撑体系中围檩压顶梁属临时过渡构件，无需控制裂缝，因此可适当降低安全系数，建议按考虑塑性内力重分布确定围檩压顶梁的弯剪力，而且在现行针对永久结构规范确定的截面配筋情况下作适当折减，具体如下：

$$支撑间跨中最大弯矩 M_1 = 0.07QL^2\eta \tag{11.3-16a}$$

$$支撑处支座最大弯矩 M_2 = 0.06QL^2\eta \tag{11.3-16b}$$

$$支撑处支座最大剪力 V = 0.5QL\eta \tag{11.3-16c}$$

式中　L——围檩压顶梁的跨度（支撑间的水平距离）；

　　　Q——围护排桩传给围檩压顶梁的侧压力折算成的线荷载；

　　　η——考虑基坑开挖挖斗撞击、挖机碾压、开挖中单侧土挤压力、施工期混凝土养护不足等不利因素的提高系数，建议取 1.1。

2）基坑围护阶段楼面梁板支撑体系中支撑截面的设计计算

① 支撑截面尺寸确定

在地下工程一墙多用半逆作施工技术中，围护支撑体系是利用楼面梁板结构，支撑平面分布与楼面梁系分布一致，支撑就是楼面结构的主梁，而主支撑的横向连杆则可选用楼面结构中的次梁代替。考虑到地下工程建筑层高的功能要求，原则上主支撑截面高度就是楼面的主梁高度，但在基坑开挖支撑阶段，围护桩墙传递给支撑的水平侧压力巨大，而且有施工堆载等不利状况，因而存在着地下工程楼面主梁作为围护支撑截面高度不足的问题，通常采取加大主梁截面宽度或局部整浇楼面梁与板等措施加以解决，若仍需增大主梁截面高度，这将影响地下楼层高度，应征得地下工程建筑设计同意，协商解决。

确定出楼面梁板支撑截面尺寸后，应验算受弯构件对截面的受剪要求：

$$V \leqslant 0.25f_c bh_0 \tag{11.3-17}$$

式中　V——楼面梁板支撑体系中支撑承受的最大剪力；

　　　f_c——支撑混凝土轴心抗压强度设计值；

　　　b——支撑矩形截面宽度尺寸；

　　　h_0——支撑截面的有效高度。

② 支撑正截面承载力的配筋设计

楼面梁板支撑体系中支撑在基坑开挖围护阶段承受围护桩墙通过压顶围檩梁传来的水平轴压力，同时承担竖向的自重和可能的施工荷载，因此支撑属于偏心受压构件，严格地说应按现行混凝土结构设计规范有关钢筋混凝土偏心受压构件要求进行截面的配筋设计。考虑到楼面梁板支撑受力的复杂性，存在诸多的不确定因素，如不能精确地确定围护桩墙传递来水土侧压、受压构件稳定分析中的计算长度很难确定、基坑开挖及地下工程施工过程中挖运土车的辗压和挖斗的意外撞击很难计算等，楼面梁板支撑体系中支撑截面配筋可按如下简化方法计算确定：

a. 依据现行混凝土结构设计规范，先按轴心受压构件确定支撑正截面承载力配筋，具体参照如下规范公式确定：

$$N \leqslant 0.9\varphi(f_c A + f'_y A'_s) \tag{11.3-18}$$

式中　N——楼面梁板支撑体系中支撑承受的最大轴压力；

$\quad\quad A$——支撑截面面积；

$\quad\quad f'_y$——支撑截面纵向配筋抗压强度设计值；

$\quad\quad A'$——支撑所有纵向配筋截面面积；

$\quad\quad \varphi$——支撑的稳定系数，按 l_0/b 查现行混凝土结构设计规范表格确定；

$\quad\quad b$——支撑矩形截面短边尺寸；

$\quad\quad l_0$——支撑受压计算长度，按下式确定：

$$l_0 = \lambda l \tag{11.3-19}$$

式中　l——沿主支撑方向两支撑桩间或两腹杆间的最大距离；

$\quad\quad \lambda$——支撑受压计算长度调整系数，根据楼面梁板支撑体系中主支撑的排数与跨数及分布状况（对撑或临时的转角斜撑）、支撑腹杆的分布及间距、支撑桩的数量及间距等因素确定，建议如下：

主支撑为基坑平面对撑分布，是楼面主梁而且平行排数在 4 排以上时，主梁跨数在 4 跨及以下时，λ 取 1.5；楼面主梁平行排数在 3 排及以下，主梁跨数在 5 跨及以上时，λ 取 2.0；其余情况 λ 取 1.8。

主支撑为临时的转角斜撑，最外排斜撑支撑桩数在 2 根及以下时，λ 取 1.8，当外排斜撑支撑桩数在 3 根及以上时，λ 取 2.0。

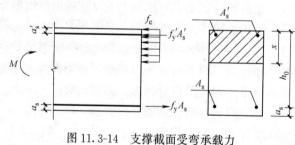

图 11.3-14　支撑截面受弯承载力

b. 在按轴心受压确定出的支撑截面配筋分布基础上，依据如下现行混凝土结构设计规范公式，适当增设截面受拉区配筋，使支撑截面的受弯承载力符合下列规定（图 11.3-14）：

$$M \leqslant f_c bx(h_0 - x/2) + f'_y A'_s(h_0 - a_s) \tag{11.3-20}$$

式中　M——楼面梁板支撑体系中支撑承受的最大弯矩值；

$\quad\quad f_y$、f'_s——支撑截面受拉区、受压区纵向配筋抗压强度设计值；

$\quad\quad A_s$、A'_s——支撑截面受拉区、受压区纵向配筋截面面积；

$\quad\quad a_s$、a'_s——支撑截面受拉区、受压区纵向配筋合力点至截面外边缘距离。

式中混凝土受压区高度 x 按下式确定：

$$f_c bx = f_y A_s - f'_y A'_s \tag{11.3-21}$$

混凝土受压区高度尚应符合下列条件：

$$x \leqslant \zeta_b h_0 \tag{11.3-22a}$$

$$x \geqslant 2a' \tag{11.3-22b}$$

式中相对界限受压区高度 ζ_b 按现行混凝土结构设计规范确定。

③ 支撑斜截面承载力的配筋设计

基坑开挖围护阶段楼面梁板支撑承受的施工横向力可以是竖向的，也可能是水平向的挖斗撞击、单侧挖土土体产生的侧压力等，因此严格地说在支撑斜截面抗剪箍筋应按双向受剪偏心受压构件设计。考虑到许多施工荷载无法确定，建议支撑的截面配箍设计参照现行混凝土结构设计规范公式执行：

$$V \leqslant 0.7 f_t b h_0 + f_{yv} v \left(\frac{A_{sv}}{s} h_0 + 0.07 \mathrm{N} \right) \tag{11.3-23}$$

式中　f_t——支撑混凝土轴心抗拉强度设计值；

　　　f_{yv}——箍筋的抗拉强度设计值；

　　　A_{sv}——配置在支撑同一截面内箍筋各肢的全部截面面积；

　　　s——沿支撑长度方向箍筋间距。

3）基坑围护阶段楼面梁板支撑体系中围檩压顶梁截面的设计计算

① 围檩压顶梁截面尺寸确定

在地下工程一墙多用半逆作施工技术中，围檩压顶梁是支撑体系的重要组成部分，也是今后地下工程外围结构的组成部分，起到将围护桩墙传来的外部侧向水土压力传递给内部楼面梁板支撑的作用。但围檩压顶梁属于临时的过渡构件，这与内部的楼面梁板支撑有区别，因而只需满足承载力强度要求，对变形和裂缝控制要求可放宽。

围檩压顶梁是围护桩墙与楼面梁板支撑间传力构件，是以支撑为支座，作用着围护排桩墙传来侧压力平躺着的连续梁，因此其截面尺寸应满足抗弯抗剪承载力要求，而且还应满足一定的刚度要求。对平躺着的围檩压顶梁截面，其截面宽度应是受弯剪的截面高度，而截面高度是受弯剪的截面宽度，通常与支撑截面高度一致。据上，围檩压顶梁的截面尺寸建议按如下确定：

围檩压顶梁截面宽度 b_1 在 （1/12～1/8）L 间取值，L 是支撑间距；

围檩压顶梁截面高度 h_1 与支撑截面高度一致；

围檩压顶梁截面尺寸应满足下式要求：

$$V \leqslant 0.25 f_c b_1 h_1 \tag{11.3-24}$$

式中　V——围檩压顶梁承受的最大剪力；

　　　f_c——围檩压顶梁混凝土轴心抗压强度设计值；

　　　b_1——围檩压顶梁截面的受弯剪有效宽度；

　　　h_1——围檩压顶梁矩形截面高度尺寸。

此外压顶梁是围护排桩墙顶的盖梁，其截面宽度 b_1 应大于围护排桩墙的厚度（围护桩径），而且根据受力需要可加大；但围檩梁位于围护桩墙侧，其截面宽度 b_1 应考虑到今后地室外墙施工而受限制。

② 围檩压顶梁正截面抗弯承载力的配筋设计

按上述方法确定的最大弯矩值，围檩压顶梁正截面抗弯承载力的配筋可依据现行混凝土结构设计规范，参照式（11.3-20）确定，具体配筋设计建议如下：

基坑开挖过程中围护桩墙的受力与周边土性不均、周边的荷载分布不均、土体分段开挖等诸多因素有关，因此围檩压顶梁的受力与上述视为平躺着连续梁的受力复杂得多，因此配筋设计除应满足上述规范要求外，围檩压顶梁的配筋应满足如下构造要求：沿围檩压顶梁截面受弯方向的两边应至少有一定数量的通长拉通配筋，对单层地下室或多层地下室的上部围檩压顶梁，每边不应少于 $4\phi22$，对多层地下室的下部围檩压顶梁不应少于 $6\phi22$。围檩压顶梁正截面抗弯配筋应在上下通长配筋的基础上在受拉区增设配筋方式设计。

③ 围檩压顶梁斜截面抗剪承载力的配筋设计

围檩压顶梁斜截面抗剪承载力的配筋依据现行混凝土结构设计规范按下式确定：

$$V \leqslant 0.7 f_t h_1 b_1 + f_{yv} \frac{A_{sv}}{s} b_1 \qquad (11.3\text{-}25)$$

式中 f_t——围檩压顶梁混凝土轴心抗拉强度设计值；

f_{yv}——围檩压顶梁箍筋的抗拉强度设计值；

A_{yv}——配置在支撑同一截面内箍筋各肢的全部截面面积；

s——沿支撑长度方向箍筋间距。

围檩压顶梁箍筋配置建议不低于 $\phi8$ 箍筋，箍筋间距不应大于 200mm，并且对多层地下室的下部围檩压顶梁，截面受剪方向应配置不低于 4 肢箍。

(2) 浇筑楼面板施工阶段楼面梁系支撑的复核

1) 浇筑楼面板施工阶段楼面梁板的受力计算

在地下工程一墙多用半逆作施工方法中，各层楼板是在兼作支撑的已施工楼面梁系上连同未施工的主次梁整体浇筑形成，因此其受力应分为两个阶段：一是后浇筑楼板施工过程的受力，此时后浇筑楼板混凝土未达到设计强度，仅作为在基坑围护阶段作用在已施工楼面支撑的外部荷载；二是后浇筑楼板混凝土达到强度要求后，与已施工楼面支撑形成整体，承担着使用阶段楼面荷载。

在后浇筑楼板施工过程中受力的第一阶段，已施工的楼面梁板支撑将承受后浇筑楼面钢筋混凝土的自重及在混凝土浇筑施工中可能产生的施工动荷载，注意此时支撑体系仍在承担由围护桩墙传来的水土侧压力，而这些荷载对支撑来说都是很不利的横向荷载，因此应对楼面梁系支撑的受力和截面配筋进行复核计算。

在此受力阶段，楼面梁系支撑所承受的内力建议按下确定：

① 楼面梁系支撑所承受的轴向压力 N 应按照地下工程基础底板施工完成并与围护桩墙相连后的围护工况得到，围护桩墙上作用的外部水土侧压力，通过围檩梁传递给支撑梁，则支撑轴压力可通过围护桩墙杆系有限元分析求解，具体可利用启明星或理正基坑软件得出结果。

② 楼面梁系支撑所承受的弯剪力按下式确定：

$$\text{跨中最大弯矩 } M_1 = 0.08 q l^2 \eta \qquad (11.3\text{-}26a)$$

$$\text{支座最大弯矩 } M_2 = 0.065 q l^2 \eta \qquad (11.3\text{-}26b)$$

$$\text{支座最大剪力 } V = 0.5 q l \eta \qquad (11.3\text{-}26c)$$

式中 l——该跨支撑的跨度；

q——该跨支撑在此阶段所承受的最大均布施工线荷载，依据该支撑所承担的受荷面积内楼面钢筋混凝土自重折算得出；

η——考虑施工楼面钢筋混凝土中可能产生的施工动荷载的提高系数，建议取值范围为 $1.1 \sim 1.2$。

2) 浇筑楼面板施工阶段楼面梁板的截面配筋复核

在地下工程一墙多用半逆作施工方法中，根据基坑围护阶段支撑体系受力设计的支撑截面及配筋，按此后浇筑楼板施工过程的受力进行截面强度的复核计算：

支撑正截面抗弯承载力的配筋复核参照式（11.3-20）～式（11.3-22）进行；

支撑斜截面抗剪承载力的配箍复核参照式（11.3-23）进行。

（3）使用阶段楼面梁板功能设计计算

1）形成整体楼面结构后楼面梁板的受力

在后浇楼面与已施工楼面梁系支撑形成整体后，前期围护阶段施工荷载作用下楼面梁系支撑中产生的轴压和弯剪力仍存在，但后叠合楼面使得梁截面增大，因而此类前期受力产生的应力相对大幅下降。将这种叠合的楼面梁板结构视为常规一次施工的楼面结构，承担着按地下使用功能决定的楼面荷载（常规的静载、活载以及人防荷载），据此决定出各楼面梁板结构的内力值。具体可利用现行的结构分析软件方便的得出各主次梁和楼板的内力值，也可按传统的梁板结构采用手算求出各构件的内力值。

2）形成整体楼面结构后楼面梁板的截面配筋设计

综上所述，在地下工程一墙多用半逆作施工方法中，楼面梁板结构的受力历经了基坑开挖围护、叠合楼面梁板浇筑和楼面结构正常使用三个阶段，通常楼面梁板结构的受力和截面设计受基坑围护阶段控制，而后的两个阶段应进行设计复核。在楼面梁板结构受力的前两个阶段，其受力性状均来源于基坑围护阶段，只是围护工况和支撑的横向受力发生变化，而在楼面结构正常使用阶段，此时楼面梁板结构是二次浇筑的叠合构件，依据地下工程的使用功能确定的楼面荷载，按叠合构件进行截面的配筋复核设计。

① 楼板的配筋设计

在地下工程一墙多用半逆作施工方法中，楼面梁板结构中的楼板分为两类：一是根据基坑围护阶段支撑体系或施工需要，作为支撑的组成部分与支撑梁系同时浇筑；二是在基坑开挖到底并施工完基础底板后，在逐层向上施工地下室墙柱过程中在梁系支撑上叠合浇筑。

无论何种情况，楼板都是一次整体浇筑的，因而楼板的配筋均可按肋梁楼盖设计，依据主次梁平面分布划分为单向板或双向板求出内力进行配筋设计。此时应注意，前期与支撑整体浇筑的楼板，通常将承受施工堆载，尤其常作为施工通道承受施工动荷载，因此楼板上下应设置一定数量的通长配筋。

② 楼面次梁截面的配筋设计

在地下工程一墙多用半逆作施工方法中，楼面次梁的配筋设计原则如下：

一是次梁在后期连同楼板整体浇筑情况（图 11.3-10a），应按常规使用阶段的受荷状况，按肋梁楼盖结构进行次梁的正截面抗弯配筋设计，而斜截面抗剪应根据常规使用阶段的受荷状况，按常规肋梁楼盖中次梁的截面配箍要求设计；

二是楼面梁系浇筑中由于支撑腹杆分布需要而将楼面次梁用作支撑腹杆情况（图11.3-10c），此时次梁的截面高度通常与主梁支撑高度相同，配筋按围护支撑阶段承受的施工荷载和作为支撑腹杆的配筋要求配置，其承载力通常能满足永久楼面次梁的受力要求，仅当楼面使用阶段有特殊荷重或人防荷重时应进行正截面抗弯强度复核；

三是楼面梁系浇筑中由于施工场地需要连同楼板在围护阶段共同浇筑的次梁（图11.3-10b），此时次梁的截面尺寸及配筋均按施工荷载要求设置，其次梁的截面及配筋也定能满足常规地下工程使用阶段的承载力要求，除非有人防或特殊功能受荷要求；对于次梁是在后期连同楼板整体浇筑情况，应根据常规使用阶段的受荷状况，按肋梁楼盖结构进行次梁的截面配筋设计。

③ 楼面主梁截面的配筋设计

在地下工程一墙多用半逆作施工方法中，楼面主梁的配筋设计原则如下：

一是当主梁的截面计算高度就是围护阶段支撑高度，今后楼板直接叠合在梁上（图11.3-9a）。对此应根据使用阶段楼面的荷载复核主梁的跨中抗弯配筋和斜截面抗剪配箍，此时主梁截面高度不计叠合楼板的厚度，但主梁抗弯剪承载力可以考虑由于叠合楼板而提高，建议按提高 10% 计。

二是主梁的截面计算高度是围护阶段支撑高度加今后叠合楼板厚度（图11.3-9b）。对此根据使用阶段楼面的荷载，主梁截面高度计入叠合楼板的厚度，复核主梁的跨中抗弯配筋，并按肋梁楼盖连续主梁计算支座上部的配筋。对于主梁的抗剪承载力，从理论上说应按叠合构件考虑，其叠合面有可能先于斜截面达到其受剪承载力极限状态，因此主梁的配箍应按斜截面受剪计算与叠合面受剪计算结果取大者。但考虑到支撑前阶段的截面配箍已满足围护施工阶段较大的荷载，再者叠合的楼板是整体大面积的，且叠合的厚度相对支撑的高度较小，因而在对叠合面进行构造要求的凹凸处理后可不考虑叠合面的影响。

三是由于施工场地需要或支撑体系强度和稳定性要求，楼面主次梁及楼板在基坑开挖围护阶段就共同浇筑完成，此时主梁的截面尺寸正截面抗弯配筋和斜截面抗剪配箍均按施工荷载要求设置，通常也定能满足常规地下工程使用阶段的承载力要求，除非有人防或特殊功能受荷要求需进行复核。

11.4 工程实例

11.4.1 工程概况

采用一墙多用技术的地下工程已很多，在浙江省就有如温岭的金融大厦地下工程、秋水苑大型地下工程、繁昌小区大型地下工程、影视城地下工程、杭州的景湖花高层住宅地下工程、萧山的众安综合楼地下工程、众安花园地下工程等，其他地区的工程应也不少见，如合肥市的大型商住地下工程等。这些使用排桩围护一墙多用技术的工程有的是因场地所限不得不采用，也有全为节约工程造价、增快施工进度而采用，均取得了较好的工程和经济效果。限于篇幅，此处仅以萧山众安花园 10 号与 11 号楼地下工程为例，因针对此地下工程，不仅在地下工程中应用了排桩围护的一墙多用技术，而且作为立项的科研课题，对这一技术进行了全面的实测研究。

萧山众安花园位于萧山区中心区，西临环城东路，北接萧绍路，占地面积约 29 亩，总建筑面积约 3.5 万 m^2。10 号楼上部 7 层，与 11 号楼上部 12 层，二楼及之间的绿化带均开挖约 6m 形成单层地下车库。基坑的周边被已建的 1~9 号楼环绕，基坑边缘距最近建筑物约 6m。

该工程场地土层分布自上而下依次为：2~3m 厚的杂填土层，1~3m 厚的粉质黏土层，8~12m 厚的淤泥质黏土层，7~10m 厚的粉质黏土层。各土层常用土性指标如表11.4-1 所示。

土层物理力学参数表　　　　　　　表 11.4-1

层号	土层名称	土层状态	层厚(m)	含水量(%)	压缩模量(MPa)	黏聚力(kPa)	内摩擦角(°)
1	杂填土	松散	1				
2	粉质黏土	软—可塑	2	32.8	5.88	25	15
3	淤泥质黏土	流塑	15	48.7	2.38	10	8
4	粉质黏土	可塑	8	25	5.87	29	18

11.4.2　技术应用概况

　　本地下工程在 10 号楼与 11 号楼区域采用排桩围护墙的一墙多用技术（外围排桩围护墙兼作工程桩和地下室外墙组成部分），而两幢楼之间的地下工程采用一墙多用半逆作技术（外围排桩围护墙兼作工程桩和地下室外墙组成部分，内部工程桩采用一桩多用技术，地下楼板梁系兼作围护支撑）。

　　本地下工程的 10 号楼与 11 号楼区域采用一墙多用技术，其周边围护排桩分为两部分：一是仅用作围护的短桩，桩长度及配筋按围护要求确定；二是兼作工程桩，桩长及配筋应符合围护与工程桩要求的长桩。基坑围护剖面参见图 11.4-1。

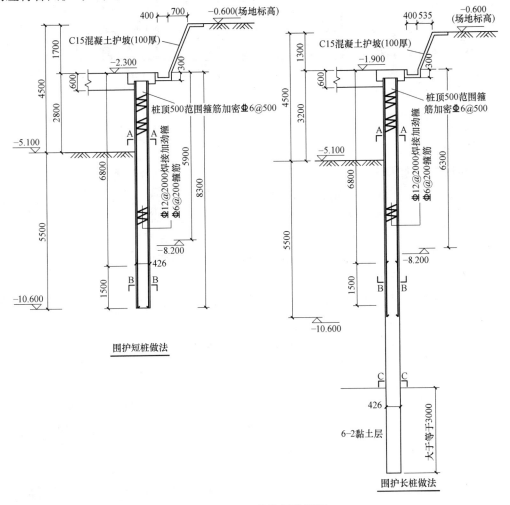

图 11.4-1　基坑围护剖面

本地下工程 10 号楼与 11 号楼之间区域的采用一墙多用半逆作技术，周边围护桩墙为一墙多用，内部桩为一桩多用，楼面梁系在围护阶段兼作支撑体系。这区域地下室的外墙柱和内部结构柱均与叠合楼板一同后浇筑。

围护桩及工程桩均为 $\phi426$ 沉管桩，围护止水帷幕采用 $\phi500$ 水泥搅拌桩。桩位平面参见图 11.4-2。

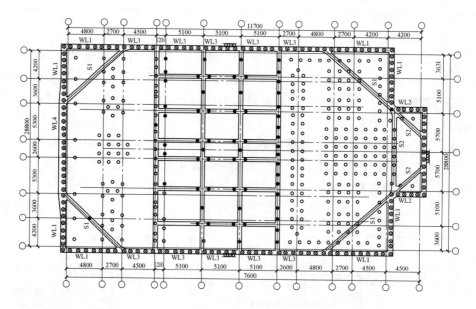

图 11.4-2　桩位平面

11.4.3　实测分析

1. 实测分析研究概况

在本地下工程中，作为立项的科研项目，对该一墙多用技术做了以下实测分析工作：

（1）对基坑开挖过程进行侧向位移监测和附近土体沉降观测；

（2）在基坑围护桩内埋设钢筋计，监测围护桩桩身应力和弯矩变化；

（3）在基坑压顶梁内埋设钢筋计，监测压顶梁应力弯矩变化；

（4）在基础底板下部土层中埋设土压力盒，监测桩间土压力变化情况；

（5）对建筑桩基进行静压试验，在静压试验同时，在桩顶埋设钢筋计，推算采用钢筋计换算桩顶荷载的计算方法；

（6）在工程桩的桩头中埋设钢筋计，监测工程桩桩顶受力变化情况；

（7）在建筑物地下室外墙中埋设钢筋计，监测地下室外墙的受力变化情况；

（8）在基础底板中埋设钢筋计，监测基础底板的应力变化情况；

（9）在 ±0.000 楼板中埋设钢筋计，监测 ±0.000 楼板的应力变化情况；

（10）在 11 号楼的上部各层结构中埋设钢筋计，监测上部结构应力变化情况；

（11）在建筑物施工过程中对建筑物进行全方位的沉降观测。

2. 开挖围护阶段的受力变形实测分析

为了监测基坑开挖阶段围护桩的受力情况，在 2 根围护桩桩身埋设了 12 只钢筋计用以测试桩体弯矩。从实测数据与采用弹性地基梁杆系有限元法计算出的结果来看，计算数据与实测数据相当接近（图11.4-3）。

此外埋设了5根测斜管，对基坑开挖过程进行了浅层和深层侧向位移监测，分析计算位移与实测位移可看出，计算值与实测值能很好地吻合（图11.4-4）。

3. 围护桩及工程桩单桩静压试验

本地下工程根据桩基工程检测要求和科研测试要求，进行了4根桩的单桩承载力静压试验，其中2根为工程桩，2根为围护桩，在10号楼和11号楼各1根工程桩和围护桩。

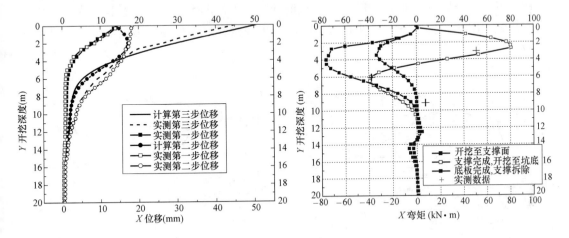

图11.4-3　计算位移与实测位移对比图　　　　图11.4-4　实测桩身弯矩与计算弯矩对比图

4. 围护桩及工程桩顶反力全过程测试

在11号楼的基础底板下8根工程桩中埋设了钢筋计用以监测大厦建造全过程桩顶反力及分布，同时在6根围护桩中埋设钢筋计用以监测围护桩兼作工程桩的竖向承压受力状况。实测出的工程桩顶和围护桩顶的反力分布值与工程进度曲线举例如图11.4-5、图11.4-6所示。

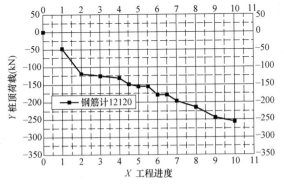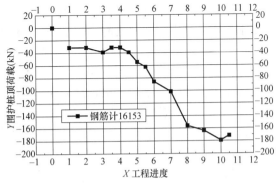

图11.4-5　工程桩钢筋计　　　　　　　　图11.4-6　围护桩钢筋计
12120实测桩顶荷载曲线　　　　　　　　16153实测围护桩顶荷载曲线图

（图中：桩反力以受压为负，受拉为正；工程进度指工程的进展情况，0代表地下室底板完成，1代表第一层结构完成，2代表第二层结构完成，余类推）

5. 传力构件受力全过程测试

为监测一墙多用技术传力构件的受力，在11号楼的4个传力牛腿中埋设了钢筋计，用以监测大厦建造全过程荷载传递给围护桩的状况和传力牛腿的受力。图11.4-7是实测出的传力牛腿钢筋计随工程进度的受力变化曲线。

6. 围护桩与地下室外墙受力全过程测试

为监测一墙多用技术中地下室外墙的受力性状并验证相关计算理论的正确性，在11号楼地下室外墙板中埋设了两组共12只钢筋计，用以监测大厦施工全过程在水土侧压和上部荷载作用下的受力变化。图11.4-8是实测出埋设在地下外墙中钢筋计随工程进度的受力变化曲线。

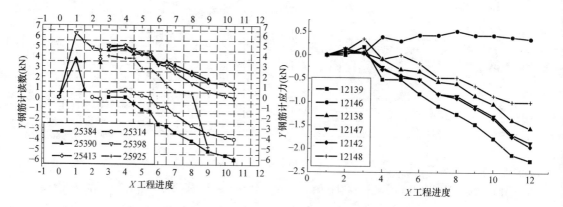

图11.4-7 牛腿钢筋计受力图　　　　　图11.4-8 地下室外墙钢筋计应力变化图

11.4.4 应用效果

总结众安花园10号、11号楼地下工程采用一墙多用技术可得到如下工程效益：

（1）节省地下室外墙混凝土和钢筋用量。在此地质条件下按常规做法地下室外墙厚30cm，墙体配筋 $\phi16@200$ 双向双面。采用一墙多用技术后，由于围护桩与地下室外墙形成整体，大幅增强墙体抗侧向力承载力，因此外墙厚可减少。本工程采用20cm厚墙体，墙体配筋 $\phi12@200$ 双向双面，完全是按构造配筋。本工程采用一墙多用技术后地下室外墙钢筋用量只占常规做法的56.25%，混凝土只占常规做法的66.7%。

（2）节省了工程桩用量。由于围护桩作为工程桩，建筑物周边基础底板下的工程桩数量可相应减少，同时承台也相应减少。就10号与11号楼而言，约少打设工程桩（桩径426m，桩长约20m）100根，约减少30%的工程桩。

（3）节约了围护支撑费用。因10号与11号楼之间地下室基坑采用一墙多用半逆作技术，地下室楼面梁系兼作围护支撑体系，除很好地控制围护侧向变位外，节约了临时支撑的建造和凿除费用。

（4）加快了地下工程施工进度。因10号与11号楼之间地下室基坑采用一墙多用半逆作技术，改变传统施工内支撑、换撑、凿除支撑工序，加快了施工进度。

（5）减少了地下工程土方开挖和回填量。因采用一墙多用技术，改变了围护桩墙与地下室外墙留约1m宽施工操作空间做法，减少了基坑开挖土方量和基坑回填土方量。对场地狭窄状况，减少这1m空间常常会显得很重要。

（6）地下室外墙的防水效果好。因采用一墙多用技术，围护桩墙与地下室外墙结合在一起，起到阻止外墙混凝土收缩力传递而产生裂缝的约束效应，再是原临时的围护桩墙防水由于二墙合一而归入永久防水体系，因而防水效果好。

采用一墙多用技术后会产生以下的额外支出。如由于要将上部荷载传递到围护桩上，因此增加了牛腿、垫梁的混凝土与钢筋用量、增加了围护桩墙施工找平衬墙的费用、增加了半逆作施工柱帽的费用等。

综合而言，采用一墙多用技术所带来的工程效益是多方面的。尤其是在城市建设场地狭窄、周边环境敏感复杂需严格控制基坑侧向变位、平面大范围基坑必须设内支撑等情况，采用排桩墙—墙多用半逆作技术是可靠合理的选择。

参 考 文 献

[1] 严平. 植入预制钢筋混凝土工字形围护桩墙技术（SCPW工法）[J]. 基础工程. 2014，（23）：65～77

[2] 国家标准. 混凝土结构设计规范 GB 50010—2010 [S]. 北京：中国建筑工业出版社，2011.

[3] 国家标准. 钢结构设计规范 GB 50017—2003 [S]. 北京：中国建筑工业出版社，2003.

[4] 国家标准. 建筑桩基技术规范 JGJ 94—2008 [S]. 北京：中国建筑工业出版社，2008.

[5] 国家行业标准. 建筑基坑支护技术规程 JGJ 120—2012 [S]. 北京：中国建筑工业出版社，2012.

[6] 严平，左人宇. 基坑围护桩兼作工程桩与地下室墙挡土'一桩三用'的开发研究 [R]. 浙江大学岩土工程研究所. 2000

[7] 左人宇. "一桩三用"技术与实践 [D]. 浙江大学博士学位论文. 2001

[8] 龚晓南，俞建霖，严平. 岩土力学与工程的理论与实践//浙江省第四届岩土力学与工程学术讨论会论文集 [C]. 上海：上海交通大学出版社，1999，152-158

第 12 章　基坑工程地下水控制技术

陈振建　方家强　黄伟达　杨岳峰
（福建省建筑科学研究院）

12.1　概述

近年来，国民经济快速发展，越来越多的工程项目沿江、沿海开发建设，基坑工程越挖越深，规模越来越大，对于城市区域的深、大基坑而言，基坑地下水的控制已成为必不可少的施工措施之一。

为了减少地下水对基坑开挖的影响，保证土方开挖和基础施工在干燥条件下进行，地下水控制措施主要有两种方式，一种是直接抽取地下水以便降低地下水位，另外一种则是通过设置止水帷幕隔断地下水的补给源头。前者依据采用的施工方法不同又分为明排和暗降两种，后者经常与基坑围护结构相结合或者单独设置止水帷幕，隔断或减弱与基坑外围地下水之间的水力联系。

降水历史已逾百年。起初用竖井；随着工业发展而采用管井，19世纪30年代采用双阀自冲式井点，以后又实行配套化，在建造大坝时已采用四层甚至五层轻型井点；19世纪50年代，喷射井点加入到降水的行列。轻型井点和管井相配合，用管井作为下卧承压水层的减压降水井，也不乏其例。近年来，由于采用机械化连续挖土，常交叉采用轻型井点、喷射井点和管井。

在城市建设过程中，由于场地工程地质与水文地质条件的复杂性以及基坑开挖规模与深度的不断增加，对基坑降排水的要求也越来越高。目前因降排水不当造成的工程事故仍时有发生，这就要求我们对基坑降排水技术不断地进行改进和完善。

节约、保护水资源是我国的基本国策之一。在水资源匮乏地区，尤其地下水资源紧缺地区，建设工程中应谨慎采用基坑降排水措施，以避免浪费、破坏宝贵的地下水资源。当经过技术与经济论证，不得不采用基坑降排水措施，设计与施工应遵循"按需抽水""抽水量最小化"的原则，以保证在满足建设工程基本需求的前提下，达到节约、保护地下水资源的根本目的。另外，应采取有效措施，对建设工程中抽、排出的地下水加以回收利用，减少地下水资源的浪费。

12.2　地下水渗流

12.2.1　地下水类型

地下水，是贮存于包气带以下地层空隙，包括岩石孔隙、裂隙和溶洞之中的水。地下水是水资源的重要组成部分，由于水量稳定，水质好，是农业灌溉、工矿和城市的重要水源之一。其渗入和补给与邻近的江、河、湖、海有密切联系，受大气降水的影响，并随着季节变化。地下水根据埋藏条件可以分为包气带水、潜水和承压水。包气带水位于地表最上部的包气带中，受气候影响很大。

地下水的分类方法主要有以下四种。

1. 按起源不同，可将地下水分为渗入水、凝结水、初生水和埋藏水。

岩溶水渗入水：降水渗入地下形成渗入水。

凝结水：水汽凝结形成的地下水称为凝结水。当地面的温度低于空气的温度时，空气中的水汽便会进入土壤和岩石的空隙中，在颗粒和岩石表面凝结形成地下水。

初生水：既不是降水渗入，也不是水汽凝结形成的，而是由岩浆中分离出来的气体冷凝形成，这种水是岩浆作用的结果，成为初生水。

埋藏水：与沉积物同时生成或海水渗入到原生沉积物的孔隙中而形成的地下水成为埋藏水。

2. 按矿化程度不同，可分为淡水、微咸水、咸水、盐水、卤水。

地下水按矿化度分类表   表 12. 2-1

地下水类型	总矿化度(g/L)
淡 水	<1
微 咸 水	$1\sim3$
咸 水	$3\sim10$
盐 水	$10\sim50$
卤 水	>50

3. 按含水层性质分类，可分为孔隙水、裂隙水、岩溶水。

孔隙水：疏松岩石孔隙中的水。孔隙水是储存于第四系松散沉积物及第三系少数胶结不良的沉积物的孔隙中的地下水。沉积物形成时期的沉积环境对于沉积物的特征影响很大，使其空间几何形态、物质成分、粒度及分选程度等均具有不同的特点。

裂隙水：赋存于坚硬、半坚硬基岩裂隙中的重力水。裂隙水的埋藏和分布具有不均一性和一定的方向性；含水层的形态多种多样，明显受地质构造的因素的控制，水动力条件比较复杂。

岩溶水：赋存于岩溶空隙中的水。水量丰富而分布不均一，在不均一之中又有相对均一的地段。其含水系统中多重含水介质并存，既具有统一水位面的含水网络，又具有相对孤立的管道流；既有向排泄区的运动，又有导水通道与蓄水网络之间的互相补排运动；水质水量动态受岩溶发育程度的控制，在强烈发育区，动态变化大，对大气降水或地表水的补给响应快；岩溶水既是赋存于溶孔、溶隙、溶洞中的水，又是改造其赋存环境的动力，不断促进含水空间的演化。

4. 按埋藏条件不同，可分为包气带水、潜水、承压水。

包气带水：埋藏在离地表不深、包气带中局部隔水层之上的重力水。一般分布不广，呈季节性变化，雨季出现，干旱季节消失，其动态变化与气候、水文因素的变化密切相关。

潜水：埋藏在地表以下、第一个稳定隔水层以上、具有自由水面的重力。潜水在自然界中分布很广，一般埋藏在第四纪松散沉积物的孔隙及坚硬基岩风化壳的裂隙、溶洞内。

承压水：埋藏并充满两个稳定隔水层之间的含水层中的重力水。承压水具有以下特点：受静水压力作用，补给区与分布区不一致；动态变化不显著；承压水不具有潜水那样的自由水面，所以它的运动方式不是在重力作用下的自由流动，而是在静水压力的作用下，以水交替的形式进行运动。

地下水的分类和主要特征如表 12.2-2 和表 12.2-3 所示。孔隙水、裂隙水和岩溶水的分类和特征列于表 12.2-4～表 12.2-6。

地下水主要类型[1,2]　　　　　　　　　　　　　　表 12.2-2

分类	孔隙水	裂隙水	岩溶水
包气带水	土壤水，沼泽水，上层滞水，沙丘中的水	裂隙岩层浅部季节性存在的水，熔岩流及凝灰角砾岩顶板上的水	垂直渗入带中的水，裸露熔岩层季节性存在的水，分布不均匀
潜水	山间盆地、平原松散沉积物中的水	构造盆地，向斜及单斜岩层中的层状裂隙承压水，构造断层带及不规则裂隙中局部或深部承压水	构造盆地和向斜及单斜岩溶岩层中的层状或脉状溶洞水，裂隙岩溶承压水
承压水	山间盆地、平原松散沉积物中的水	构造盆地，向斜及单斜岩层中的层状裂隙承压水，构造断层带及不规则裂隙中局部或深部承压水	构造盆地和向斜及单斜岩溶岩层中的层状或脉状溶洞水，裂隙岩溶承压水

地下水的分类及特征[1,2]　　　　　　　　　　　　　　表 12.2-3

基本类型		水头性质	主要种类	补给区域与分布区关系	动态特征	地下水面特征	备注
包气带水		无压水	土壤水、上层滞水、多年冻土区中的融冻层水、沙漠及滨海沙丘中的水	补给区域与分布区一致	水压力小于大气压力；受气候影响大；有季节性缺水现象	随局部隔水层的起伏面变化	含水量不大，易受污染
饱水带水	潜水	无压水	冲积、洪积、坡积、湖积、冰碛层中的孔隙水、基岩裂隙与岩溶岩石裂隙溶洞中的层状或脉状水	补给区域与分布区一致	水压力大于大气压力；水位、水温、水质等受当地气象条件影响很大；与地表水联系紧密	潜水面是自由水面，与地形一致	易受污染
饱水带水	承压水	承压水	构造盆地或向斜、单斜岩层中的层间水	补给区域与分布区一般不一致	水压力大于大气压力；性质稳定；承压力大小与该含水层补给区与排泄区的地势有关	承压水面是假想的平面，当含水层被揭露时才显现出来	不易受污染

孔隙水的分类和特征[2]　　　　　　　　　　　　　　表 12.2-4

按沉积物成因分类	埋藏条件和主要特征	说明
洪积物中的地下水	由山麓至低地，可分为潜水补给—径流带、溢出带和蒸发带，含水层由单层潜水过渡为多层承压水，一般富水性强，水质好，常作为供水水源	如北京永定河冲洪积扇，河西走廊等
冲积物和湖积物中的地下水	多为潜水含水层，在湖积物下部或湖积层交错沉积的其他成因的富水砂层富含承压水，水质好，可开采利用	一般由河水、降水入渗、灌溉水入渗补给

续表

按沉积物成因分类	埋藏条件和主要特征	说明
黄土中的地下水	黄土层是一个孔隙以储水为主,裂隙以导水为主的孔隙－裂隙含水层,具有双层介质特性;黄土塬区饱气带较厚,潜水埋藏深,地下水矿化度高	主要由大气降水补给,垂向渗透系数往往比水平向的大几倍
冰碛物及冰水沉积物中地下水	冰碛物级配不良,一般不构成含水层;冰川消融后,融冰水可以形成洪流、河流或湖泊,相应地可形成洪积物、冲积物及湖积物中的含水层	第四系以来,我国部分地区有冰川活动,分布有冰川堆积物
滨海三角洲沉积物和沙丘中的地下水	一般属于半咸水沉积,矿化度较高,不能用于供水,抽取量应小于降水入渗量和侧向补给之和,否则会造成海水入侵	大气降水是主要的补给来源

裂隙水的分类及特征[2-5] 表 12.2-5

按裂隙成因分类		埋藏条件	特征
风化裂隙水		赋存和运移于密集、均匀、相互连通的风化裂隙网络中,有统一的水力联系	分布广,水力联系好,厚度从数米至数十米,易于开采,埋深浅,水量不大,一般为潜水
成岩裂隙水		赋存和运移于岩石形成过程中产生的原生裂隙中	裂隙网络中往往形成强大的潜水流,当被地形切割时,常呈泉群涌而出;可能是潜水或承压水
构造裂隙水	层状构造裂隙水	因各组裂隙相互切割,形成统一的含水层	一般分布均匀,水量不大,水力联系不好
	脉状构造裂隙水	埋藏在断层破碎带或接触破碎带中	往往汇集周围透水性较差的层状构造裂隙水,水量较大,具有局部承压性

岩溶水的分类及特征[1,2,4,5] 表 12.2-6

按埋藏条件分类		埋藏条件	特征
裸露型岩溶区地下水	岩溶裂隙潜水	赋存于弱岩溶化的薄层灰岩和白云岩的各种裂隙中的水,埋藏浅,水量丰富而集中,富水程度不均,与地表水联系密切	动态变化复杂,分布不均一,多见岩溶潜水,其矿化度低
	地下暗河水	由强烈差异溶蚀作用导致岩溶发育的山区中形成地下管道,地下水构成暗河(带),有一定的汇水面积和主要地下河道	
	地下湖水	岩熔化岩内因溶蚀和冲刷形成大空间,聚集地下水呈湖泊状	
覆盖型岩溶区地下水	脉状岩溶裂隙水	分布于断裂带中,岩溶与非岩溶层的接触面处	动态变幅不大,分布不均一,矿化度较低
	地下河系	主要集于断裂发育地区,破碎带的溶洞及裂隙中,各带相互连通而形成地下水系	
埋藏型岩溶区地下水	层状裂隙岩溶水	岩溶与非岩溶地层相互成层的地区,赋存于层状岩溶地层中的承压水	动态稳定,分布较均一,多为高温、高压和高矿化度的地下水
	脉状裂隙岩溶水	赋存于构造破碎带和条带状灰岩中	

注:覆盖型岩溶区,系指岩溶层被疏松岩层所覆盖的地区;埋藏型岩溶区,系指岩溶岩层被非岩溶基岩所覆盖的地区。

地下水在岩土体孔隙中的运动称为渗流。地下水渗流按随时间变化规律可分为稳定流和非稳定流。稳定流为运动参数如流速、流向和水位等不随时间变化的地下水流动。反之,非稳定流。绝对意义上的稳定流并不存在,常把变化微小的渗流按稳定流进行分析。地下水渗流按运动形态可分为层流和紊流。层流指在渗流的过程中水的质点的运动是有秩序、互不混杂的。反之,称为紊流。层流服从达西定律,紊流服从 Chezy 公式。根据渗透系数划分岩土透水性等级列于表 12.2-7。

岩土透水性等级表[6] 表 12.2-7

透水性等级	极强透水性	强透水性	中等透水性	弱透水性	微透水性	不透水性
渗透系数 k(m/s)	$>10^{-2}$	$10^{-4}\sim10^{-2}$	$10^{-6}\sim10^{-4}$	$10^{-7}\sim10^{-6}$	$10^{-8}\sim10^{-7}$	$<10^{-8}$
土类	巨砾	砂砾、卵石	砂、砂砾	粉土、粉砂	黏土、粉土	黏土

12.2.2 地下水渗流原理

存在于地基中的地下水,在一定的压力差作用下,将透过土中孔隙发生流动,这种现象称为渗流或渗透。实际土体中的渗流仅是流经土粒间的孔隙,由于土体孔隙的形状、大小及分布极为复杂,导致渗流水质点的运动轨迹很不规则。考虑到实际工程中并不需要了解具体孔隙中的渗流情况,可以对渗流作出如下两方面的简化:一是不考虑渗流路径的迂回曲折,只分析它的主要流向;二是不考虑土体中颗粒的影响,认为孔隙和土粒所占的空间之总和均为渗流所充满。作了这种简化后的渗流其实只是一种假想的土体渗流,称之为渗流模型。为了使渗流模型在渗流特性上与真实的渗流相一致,它还应该符合以下要求:

(1) 在同一过水断面,渗流模型的流量等于真实渗流的流量;

(2) 在任意截面上,渗流模型的压力与真实渗流的压力相等;

(3) 在相同体积内,渗流模型所受到的阻力与真实渗流所受到的阻力相等。

1. 达西渗透实验与达西定律

地下水在土体孔隙中渗透时,由于渗透阻力的作用,沿程必然伴随着能量的损失。为了揭示水在土体中的渗透规律,法国工程师达西(H. Darcy)经过大量的试验研究,1856年总结得出渗透能量损失与渗流速度之间的相互关系即为达西定律。

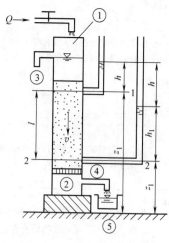

图 12.2-1 达西渗透实验装置图

达西实验的装置如图 12.2-1 所示。装置中的①是横截面积为 A 的直立圆筒,其上端开口,在圆筒侧壁装有两支相距为 l 的侧压管。筒底以上一定距离处装一滤板②,滤板上填放颗粒均匀的砂土。水由上端注入圆筒,多余的水从溢水管③溢出,使筒内的水位维持一个恒定值。渗透过砂层的水从短水管④流入量杯⑤中,并以此来计算渗流量 q。设 Δt 时间内流入量杯的水体体积为 ΔV,则渗流量为 $q=\Delta V/\Delta t$。同时读取断面 1—1 和断面 2—2 处的侧压管水头值 h_1,h_2,Δh 为两断面之间的水头损失。

达西分析了大量实验资料,发现土中渗透的渗流量 q 与圆筒断面积 A 及水头损失 Δh 成正比,与断面间距 l 成反比,即

$$q=kA\frac{\Delta h}{l}=kAi \qquad (12.2\text{-}1)$$

或

$$v=\frac{q}{A}=ki \qquad (12.2\text{-}2)$$

式中 $i=\Delta h/l$，称为水力梯度，也称水力坡降；k 为渗透系数，其值等于水力梯度为 1 时水的渗透速度，单位 cm/s。

式（12.2-1）和式（12.2-2）所表示的关系称为达西定律，它是渗透的基本定律。

2. 渗透系数的测定

渗透系数 k 是综合反映土体渗透能力的一个指标，其数值的正确确定对渗透计算有着非常重要的意义。影响渗透系数大小的因素很多，主要取决于土体颗粒的形状、大小、不均匀系数和水的黏滞性等，要建立计算渗透系数 k 的精确理论公式比较困难，通常可通过试验方法或经验估算法来确定 k 值。

一般地，根据土的岩性确定其排水性能渗透系数的测定方法，见表 12.2-8。岩土水力参数试验测定方法主要分为室内试验测定和现场试验测定两种。测定渗透系数的室内试验测定分为常水头渗透试验和变水头渗透试验。现场渗透试验分为渗水试验、注水试验、压水试验和抽水试验等。基坑工程中常采用现场抽水试验确定含水层的水文地质参数，抽水试验的类型与目的如表 12.2-9 所示。

渗透系数的测定方法　　　　　　　　　　　　　表 12.2-8

渗透系数值 k(cm/s)的确定（对数尺）										
10^2　10^1　10^0　10^{-1}　10^{-2}　10^{-3}　10^{-4}　10^{-5}　10^{-6}　10^{-7}　10^{-8}　10^{-9}										
透水性能	透水性良好			弱透水性		不透水			
土壤	干净砾石	干净砂土、砂砾		砂、粉砂、极细砂、粉土、粉土和黏土混合物、层状黏土堆积物等		"不透水"土			
		泥炭		层状黏土		未风化黏土			
岩土		油岩		砂岩		白云岩、花岗岩、角砾岩			
直接测定	原位抽水试验								
	常水头渗透仪								
	落水头渗透仪								
间接测定	通过粒径分布、孔隙率等计算得到								
		水平毛细管试验				用固结试验的固结系数和压缩系数计算得到			

抽水试验类型与目的　　　　　　　　　　　　表 12.2-9

试验类型	试验目的	适用范围
单孔抽水试验（无观测孔）	测定含水层富水性、渗透性及流量与水位降深的关系	方案制订与优化阶段
多孔抽水试验（观测孔数≥1）	测定含水层富水性、渗透性和各向异性，漏斗影响范围和形态，补给带宽度，合理井距，流量与水位降深关系，含水层与地表水之间的联系，含水层之间的水力联系。进行流向、流速测定和含水层给水度的测定等	方案优化阶段，观测孔布置在抽水含水层和非抽水含水层中
分层抽水试验（开采段内为单一含水层）	测定各含水层的水文地质参数，了解各含水层之间的水力联系	各含水层水文地质特征尚未查明的地区
混合抽水试验（开采段内含水层数量>1）	测定含水层组的水文地质参数	各含水层水文地质特征已基本查明的地区

续表

试验类型	试验目的	适用范围
完整井抽水试验	测定含水层的水文地质参数	含水层厚度不大于 25～30m
非完整井抽水试验	测定含水层水文地质参数、各向异性渗透特征	含水层厚度较大的地区
稳定流抽水试验	测定含水层的渗透系数,井的特性曲线,井损失	单孔抽水,用于方案制订或优化阶段
非稳定流抽水试验	测定含水层水文地质参数,了解含水层边界条件、顶底板弱透水层水文地质参数、地表水与地下水、含水层之间的水力联系等	一般需要 1 个以上的观测孔,用于方案优化阶段
阶梯抽水试验	测定井的出水量曲线方程(井的特性曲线)和井损失	方案优化阶段
群孔(井)抽水试验	根据基坑施工工况,制订降水运行方案	制订降水运行方案阶段
冲击试验 (slug test)	测定无压含水层、承压含水层的水文地质参数	含水层渗透性相对较低,或无条件进行抽水试验

12.2.3　地下水渗流分析方法

地下水按含水层的性质可分为孔隙水、裂隙水和岩溶水,其中裂隙水的渗流分析一般采用三类数学模型,如表 12.2-10 所示。一般地,基坑工程中应用最多的是孔隙水的渗流理论,也是研究得最透彻的渗流理论。土体中孔隙水的渗流分析方法可分为流网分析法、解析法和数值分析法等,其中以数值分析法适用性最强,应用越来越广泛。

岩石裂隙水力学的数学模型[3]　　　　　　　　　　　　　表 12.2-10

模型分类	主要内容	特点	备注
等效连续介质模型	把裂隙透水性按流量均化到岩石中,得到以渗透张量表示的等效连续介质模型	采用孔隙介质渗流学解决问题,使用方便	有局限,在特定情况下会得到错误结果
裂隙网络模型	忽略岩石的透水性,认为水只在裂隙中流动	比连续介质模型更接近实际	需要建立裂隙网络样本,再作统计分析和计算
裂隙孔隙介质模型	考虑岩石裂隙和孔隙之间的水交换	最切合实际的模型	涉及参数多,实施难度大

1. 流网分析法

流网是由流线和等势线两组垂直交织的曲线组成,可以形象地表示出整个渗流场内各点的渗流方向,是研究渗流问题的最有效工具,见图 12.2-2。流线是一根处处与渗流速度矢量相切的曲线,代表渗流区域内各点的水流方向,水流不能穿越流线,在稳定渗流情况下表示水质点的运动路线。流函数是描述流线的函数。流线的方程为:

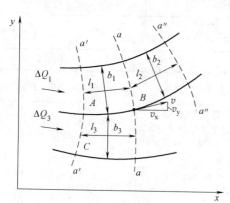

图 12.2-2　流网示意图

$$v_x dy - v_y dx = 0 \qquad (12.2-3)$$

势线表示势能或水头的等值线,沿等势线上各点之间的水头差 $\Delta H = 0$。

流函数和流网具有以下特性:

(1) 不同的流线具有不同的常数值,流函数决定于流线；

（2）平面运动中两流线间的流量等于和这两流线相应的两个流函数的差值；

（3）在非稳定流中流线不断变化，只能给出某瞬时的流线图；

（4）等势线和流线互相正交；

（5）若流网中各等势线间的差值相等，则各流线间的差值也相等；

（6）在均质各向同性的介质中，流网的每一网格边长比为常数。

流网可以通过数值求解绘出。工程中常采用图示法绘制流网，如图 12.2-3 所示，步骤如下：

（1）按一定比例尺绘出结构物和土层的剖面图；

（2）判定边界条件，如 $a'a$ 和 $b'b$ 为等势线（透水面）；acb 和 ss' 为流线（不透水面）；

（3）先绘制若干条流线，一般是相互平行不交叉的缓和曲线，流线应与进水面和出水面（等势面）正交，并与不透水面（流线）平行；

（4）添加若干等势线，与流线正交；重复以上步骤反复调整，直到满足上述条件为止。

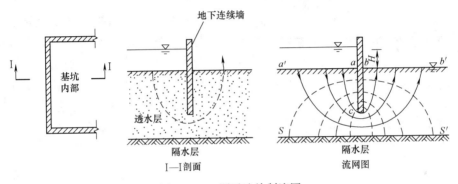

图 12.2-3 图示法绘制流网

流网在计算渗流问题中具有很大的实用价值，利用流网可以解决如下渗流要素：

（1）水头和渗透压强：渗流区任意点的水头 H 可以由等水头线或可采用两水头线间水头内插法确定水头；由水头可以计算渗透压强：

$$\frac{p}{\gamma_{\mathrm{w}}} = H \pm z \qquad (12.2\text{-}4)$$

式中　p——渗透压强；

　　　z——该点到基准面的距离。

（2）水力梯度和渗流速度：流网中某一点的相邻等水头间的距离为 ΔS，等水头线间的水头差为 ΔH，则该点的水力梯度和渗流速度分别为：$J = \dfrac{\Delta H}{\Delta S}$，$q = kJ$

（3）渗流量：在各向同性渗流场中，若相邻势函数差值相等，则每个网格的流量相等，所以整个渗流区的单宽流量 Q 等于各流线间所夹区域的渗流量之和，即：

$$Q = k\Delta H \sum_{i=1}^{n} \frac{\Delta l_i}{\Delta S_i} \qquad (12.2\text{-}5)$$

式中　$\dfrac{\Delta l_i}{\Delta S_i}$——第 i 条与第 $i+1$ 流线间所夹网格的长宽比；

n——相邻流线所夹流带的数目。

2. 解析法

裴布依（Dupuit）以达西定律为基础，于 1863 年根据试验观测结果建立假设[9]：在大多数地下水流中，潜水面坡度很小，常为 1/1000～1/10000，因此可假定水是水平流动而等势面铅直，以 $\tan\theta = \mathrm{d}h/\mathrm{d}x$ 代替 $\sin\theta$。在图 12.2-4 的二维 xz 平面上，潜水面就是一根流线，在潜水面上 $q=0$，$\phi=z$；假设土体渗透系数 k，沿着这条流线方向，根据达西定律得到

$$q = -k\frac{\mathrm{d}\phi}{\mathrm{d}s} = -k\frac{\mathrm{d}z}{\mathrm{d}s} = -k\sin\theta \tag{12.2-6}$$

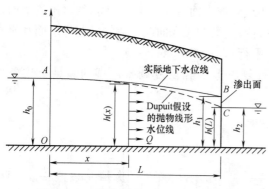

图 12.2-4　稳定非承压水流渗流示意图

对于土体中稳定的非承压水流渗流问题，按照裴布依假设和式（12.2-6），在 x 方向上经过高为 $h(x)$ 的垂直截面上的单宽流量为：

$$Q = k\frac{h_0^2 - h(x)^2}{2} \tag{12.2-7}$$

当潜水面向接近某个流域的外部边界时，它总是在流域外地表水体的水面以上 B 到达潜水面下游边界，这段敞开边界上由地下水渗出点到下游边界点的边界 BC 称为渗出面。使用裴布依假设认为水位线是抛物线形的，忽略渗出面 BC，使得潜水面在 $x=L$ 处在 C 点到达下游边界，得到

$$Q = k\frac{h_0^2 - h(L)^2}{2} \tag{12.2-8}$$

这就是 Dupuit-Forch Heimer 流量公式[10]。

裴布依假设适用于对于 θ 很小和水流基本水平流动的区域。在实际工程中与下游端点 C 的距离大于（1.5～2）倍的地方，可以认为地下水沿水平向流动，等势面铅直，使用裴布依假设求解结果是足够精确的。

工程中设计基坑降水系统需要选用渗流公式，确定井的数目、间距、深度、井径和流量等参数。选用渗流公式时要考虑基坑的深度、场地的水文地质条件和降水井的结构等。

其基本假设为：

（1）含水层为均质，各向同性；

（2）地下水渗流为层流；

（3）流动条件为稳定流；

（4）抽水井的出水量不随时间变化。

3. 数值分析法

基坑降水将引起地下水的三维渗流，往往具有复杂的边界和渗透各向异性等问题，较难有解析解。可应用于求解渗流问题的数值方法有：有限差分法（FDM）、有限单元法（FEM）和边界单元法（BEM）等。其中有限单元法因为能够适应复杂的边界和多种介质情况，更适用于基坑工程的渗流分析。

（1）有限差分法[11]

在近似水平分布的饱和含水层中，在重力作用下，地下水的运动可以看作二维平面运动。

常见的二维地下潜水在各向同性介质中非稳定流的方程式为

$$\frac{\partial}{\partial x}(kM\frac{\partial h}{\partial x})+\frac{\partial}{\partial y}(kM\frac{\partial h}{\partial y})+\varepsilon(x,y,t)=\mu\frac{\partial h}{\partial t},(x,y)\in D,t>0 \qquad (12.2\text{-}9)$$

边界条件：

初始时刻： $\qquad h(x,y,t)=h(x,y),(x,y)\in D,t=0$

水头边界条件： $\qquad h\mid_{\Gamma_1}=\bar{h}(x,y),(x,y)\in\Gamma_1,t>0$

流量边界条件： $\qquad kM\frac{\partial h}{\partial n}\mid_{\Gamma_1}=q(x,y,t),(x,y)\in\Gamma_2,t\geqslant0$

其中： $\qquad\qquad D$——求解区域；

$\qquad\qquad\Gamma_1,\Gamma_2$——分别为水头边界条件和流量边界条件；

$\qquad\qquad h_0$——各点的初始水位；

$\qquad\qquad M$——含水层的厚度；

$\qquad\qquad k$——渗透系数；

$\qquad\qquad\mu$——给水度；

$\qquad\varepsilon(x,y,t)$——源函数，表示地下水的垂直补给；

$h(x,y,t),q(x,y,t)$——分别表示已知水头边界条件和已知流量边界条件。

差分法是数值法中的早期方法，用于求解近似解，对于各种工程边界条件都适用，但也有其局限性。例如二维差分法计算中，对于每一个具体的工程地下水问题，就有一个与之对应的先行方程组和系数矩阵和常数矩阵，要给出各矩阵的赋值，就需要编写一个对应的程序，较繁琐。若为不等距差分，这一过程将更繁琐，现在已较少采用有限差分法。

（2）有限单元法[11]

有限单元法是把流动区域离散成有限数目个小单元，用单元函数逼近总体函数；适用于多种边界、非均质地层、各向异性介质、移动的边界（用连续变化的网格）、自由表面、分界面、变形介质和多相流等问题的地下水计算，大多数工程地下水问题都可以用有限单元法求解。

（3）边界单元法[7,11]

边界单元法是 20 世纪 70 年代发展起来的一种新的数值计算方法，广泛应用于地下水的计算。应用 Green 公式和把原始问题中的区域积分转化成边界积分，使得 n 维问题转化成 $n-1$ 维问题。它只需要对计算区域的边界进行离散化，当边界上的未知量求出后，计算区域内的任何一点的物理量都可以通过边界上的已知量用简单的公式求出。

边界单元法需要准备的原始数据较简单，只需要对区域的边界进行剖分和数值计算等，具有降维、可解决奇异性问题，特别适合解决无限域问题及远场精度高等优点。一旦求得边界值，可以由积分表达式解析地求出域内解，处处连续，精度较高。边界元法的主要缺点是它的应用范围以存在相应微分算子的基本解为前提，对于非均匀介质等问题难以应用，故其适用范围远不如有限元法广泛，而且通常由它建立的求解代数方程组的系数阵是非对称满阵,对解题规模产生较大限制。对一般的非线性问题,由于在方程中会出现域内积分项,从而部分抵消了边界元法只要离散边界的优点。

对于不同水力条件下的基坑渗流场进行数值分析表明,渗流作用的存在对于工程安全是很不利的。通过设置防渗体可以改善渗流场的分布。但由于各种原因造成渗流场的变化也很有可能成为安全隐患。采用数值分析的方法,进行不同工况下的渗流场的计算分析,对于基坑的设计和施工都有一定的指导意义。在工程设计和施工阶段中,针对基坑渗流影响工程安全的环节,应采取相应的工程措施减少工程事故的发生。

12.3 地下水控制

基坑工程中的降低地下水亦称地下水控制,即在基坑工程施工过程中,地下水要满足支护结构和挖土施工的要求,并且不因地下水位的变化,对基坑周围的环境和设施带来危害。

12.3.1 地下水控制方法选择

在软土地区基坑开挖深度超过 3m,一般就要用井点降水。开挖深度浅时,亦可边开挖边用排水沟和集水井进行集水明排。地下水控制方法有多种,其适用条件大致如表 12.3-1 所示,选择时根据土层情况、降水深度、周围环境、支护结构种类等综合考虑后优选。当因降水而危及基坑及周边环境安全时,宜采用截水或回灌方法。

地下水控制方法适用条件表 表 12.3-1

方法名称		土 类	渗透系数 (m/d)	降水深度 (m)	水文地质特征
集水明排			7～20.0	<5	
降水	真空井点	填土、粉土、黏性土、砂土	0.1～20.0	单级<6 多级<20	上层滞水或水量不大的潜水
	喷射井点		0.1～20.0	<20	
	管井	粉土、砂土、碎石土、可溶岩、破碎带	1.0～200.0	>5	含水丰富的潜水、承压水、裂隙水
截水		黏性土、粉土、砂土、碎石土、岩溶土	不限	不限	
回灌		填土、粉土、砂土、碎石土	0.1～200.0	不限	

当基坑底为隔水层且层底作用有承压水时,应进行坑底突涌验算,必要时可采取水平封底隔渗或钻孔减压措施,保证坑底土层稳定。否则一旦发生突涌,将给施工带来极大麻烦。

12.3.2 集水明排法

在地下水位较高地区开挖基坑,会遇到地下水问题。如涌入基坑内的地下水不能及时排除,不但土方开挖困难,边坡易于塌方,而且会使地基被水浸泡,扰动地基土,造成竣工后的建筑物产生不均匀沉降。为此,在基坑开挖时要及时排除涌入的地下水。当基坑开挖深度不大,基坑涌水量不大时,集水明排法是应用最广泛,亦是最简单、经济的方法。

1. 明沟、集水井排水

明沟、集水井排水多是在基坑的两侧或四周设置排水明沟,在基坑四角或每隔 30～

40m 设置集水井，使基坑渗出的地下水通过排水明沟汇集于集水井内，然后用水泵将其排出基坑外（图 12.3-1）。

排水明沟宜布置在拟建建筑基础边 0.4m 以外，沟边缘离开边坡坡脚应不小于 0.3m。排水明沟的底面应比挖土面低 0.3～0.4m。集水井底面应比沟底面低 0.5m 以上，并随基坑的挖深而加深，以保持水流畅通。

沟、井的截面应根据排水量确定，基坑排水能力 V 应满足下列要求：

$$V \geqslant 1.5Q \tag{12.3-1}$$

式中　Q——排水沟的设计流量。

明沟、集水井排水，视水量多少连续或间断抽水，直至基础施工完毕、回填土为止。

当基坑开挖的土层由多种土组成，中部夹有透水性能的砂类土，基坑侧壁出现分层渗水时，可在基坑边坡上按不同高程分层设置明沟和集水井构成明排水系统，分层阻截和排除上部土层中的地下水，避免上层地下水冲刷基坑下部边坡造成塌方（图 12.3-2）。

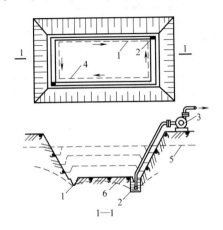 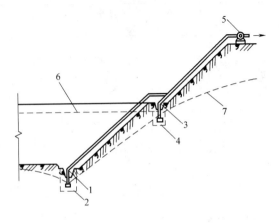

图 12.3-1　明沟、集水井排水方法

1—排水明沟；2—集水井；3—离心式水泵；
4—设备基础或建筑物基础边线；5—原地下
水位线；6—降低后地下水位线

图 12.3-2　分层明沟、集水井排水法

1—底层排水沟；2—底层集水井；3—二层排水沟；
4—二层集水井；5—水泵；6—原地下
水位线；7—降低后地下水位线

2. 水泵选用

集水明排水是用水泵从集水井中排水，常用的水泵有潜水泵、离心式水泵和泥浆泵。排水所需水泵的功率按下式计算：

$$N = \frac{K_1 QH}{75\eta_1 \eta_2} \tag{12.3-2}$$

式中　K_1——安全系数，一般取 2；

Q——基坑涌水量（m^3/d）；

H——包括扬水、吸水及各种阻力造成的水头损失在内的总高度（m）；

η_1——水泵效率，0.4～0.5；

η_2——动力机械效率，0.75～0.85。

一般所选用水泵的排水量为基坑涌水量的（1.5～2.0）倍。

12.3.3　降水

基坑施工中，为避免产生流砂、管涌、坑底突涌，防止坑壁土体的坍塌，保证施工安

全和减少基坑开挖对周围环境的影响，当基坑开挖深度内存在饱和软土层和含水层及坑底以下存在承压含水层时，需要选择合适的方法进行基坑降水与排水。降排水的主要作用为：

（1）防止基坑底面与坡面渗水，保证坑底干燥，便于施工。

（2）增加边坡和坑底的稳定性，防止边坡或坑底的土层颗粒流失，防止流砂产生。

（3）减少被开挖土体含水量，便于机械挖土、土方外运、坑内施工作业。

（4）有效提高土体的抗剪强度与基坑稳定性。对于放坡开挖而言，可提高边坡稳定性。对于支护开挖，可增加被动区土抗力，减少主动区土体侧压力，从而提高支护体系的稳定性和强度保证，减少支护体系的变形。

（5）减少承压水头对基坑底板的顶托力，防止坑底突涌。

目前常用的降排水方法和适用条件，表 12.3-2 所示。

常用降排水方法和适用条件 表 12.3-2

适用范围 降水方法	降水深度 （m）	渗透系数 （cm/s）	适用地层
集水明排	<5		
轻型井点 多级轻型井点	<6 6~10	$1\times10^{-7}\sim2\times10^{-4}$	含薄层粉砂的粉质黏土，黏质粉土，砂质粉土，粉细砂
喷射井点	8~20		
砂（砾）渗井	按下卧导水层性质确定	$>5\times10^{-7}$	
电渗井点	根据选定的井点确定	$<1\times10^{-7}$	黏土，淤泥质黏土，粉质黏土
管井（深井）	>6	$>1\times10^{-6}$	含薄层粉砂的粉质黏土，砂质粉土，各类砂土，砾砂，卵石

12.3.4 截水

截水即利用截水帷幕切断基坑外的地下水流入基坑内部。

截水帷幕的厚度应满足基坑防渗要求，截水帷幕的渗透系数宜小于 1.0×10^{-6}cm/s。

当坑底以下存在连续分布、埋藏较浅的隔水层时，应采用落底式帷幕。落底式帷幕进入下卧隔水层的深度应满足下式要求，且不宜小于 1.5m：

$$l\geqslant0.2\Delta h-0.5b \qquad (12.3-3)$$

式中　l——帷幕进入隔水层的深度（m）；

　　　Δh——基坑内外的水头差值（m）；

　　　b——帷幕宽度（m）。

当地下含水层渗透性较强、厚度较大时，可采用悬挂式竖向截水与坑内井点降水相结合或采用悬挂式竖向截水与水平封底相结合的方案。

截水帷幕目前常用注浆、旋喷法、深层搅拌水泥土桩墙等。

12.4 基坑降水井

12.4.1 概述

基坑降水是开挖过程中保证基坑围护结构安全的必要措施，当场地地下水为承压水时通常在基坑内或沿基坑外围设置降水井。降水井设计一般是先确定基坑的总涌水量，然后基于单井出水量的计算确定所需降水井数量。降水井设计研究主要关注降水的布置、降水后对坑外地面沉降、围护结构水平位移的影响。

在地下水位较高的透水土层，例如砂石类土及粉土类土中进行基坑开挖施工时由于坑内外的水位差大，较易产生流砂、管涌等渗透破坏现象。有时还会影响到边坡或坑壁的稳定。因此，除了配合围护结构设置止水帷幕外，往往还需要在开挖前，采用井点降水方法，将坑内或坑内外水位降低至开挖面以下，降水作用具体有以下三个方面：

(1) 防止地下水因渗流而产生流砂与管涌等破坏作用。

(2) 消除或减少作用在边坡或坑壁围护结构上的静水压力与渗透压力，提高边坡或围护结构的稳定性。

(3) 避免水下作业，使基坑施工能在水位以上进行，为施工提供方便，也有利于提高施工质量。

以上三方面都是降水对深基坑工程的有利作用。但是必须指出，降水对邻近环境会有不良影响，主要是随着地下水位的降低，在水位下降的范围内，土体的重度自浮重度增大至或接近于饱和重度。这样在降水水位影响范围内的地面，包括建（构）筑物就会产生附加沉降。在采用降水方案前，必须认真分析，慎重考虑。

降水方案一般适用于以下情况与条件：

(1) 地下水位较浅的砂石类或粉土类土层。对于弱透水性的黏性土层，除非工程有特殊需要，一般无需降水也难以降水。

(2) 周围环境容许地面有一定的沉降。

(3) 止水帷幕密闭，坑内降水时坑外水位下降不大。

(4) 基坑开挖深度与抽水量均不大，或基坑施工期很短。

(5) 有有效措施，足以使邻近地面沉降控制在容许值以内。

(6) 具有地区性的成熟经验，证明降水对周围环境不产生大的不良影响。

降水方法是指采用各类井点降低地下水位的方法。目前常见的有：轻型井点法、喷射井点法、管井井点法、电渗井点法和深井井点法等。

12.4.2 轻型井点

轻型井点系统降低地下水位的过程如图 12.4-1 所示，即沿基坑周围以一定的间距埋入井点管（下端为滤管），在地面上用水平铺设的集水总管将各井点管连接起来，在一定位置设置真空泵和离心泵。当开动真空泵和离心泵时，地下水在真空吸力的作用下经滤管进入管井，然后经集水总管排出，从而降低水位。

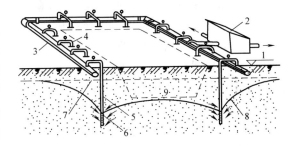

图 12.4-1 轻型井点降低地下水位全貌图

1—地面；2—水泵房；3—总管；4—弯联管；5—井点管；
6—滤管；7—初始地下水位；8—水位降落曲线；9—基坑

1. 井点成孔施工

(1) 水冲法成孔施工：利用高压水流冲开泥土，冲孔管依靠自重下沉。砂性土中冲孔所需水流压力为 0.4～0.5MPa，黏性土中冲孔所需水流压力为 0.6～0.7MPa。

（2）钻孔法成孔施工：适用于坚硬地层或井点紧靠建筑物，一般可采用长螺旋钻机进行成孔施工。

（3）成孔孔径一般为 300mm，不宜小于 250mm。成孔深度宜比滤水管底端埋深大 0.5m 左右。

2. 井点管埋设

（1）水冲法成孔达到设计深度后，应尽快减低水压、拔出冲孔管，向孔内沉入井点管并在井点管外壁与孔壁之间快速回填滤料（粗砂、砾砂）。

（2）钻孔法成孔达到设计深度后，向孔内沉入井点管，在井点管外壁与孔壁之间回填滤料（粗砂、砾砂）。

（3）回填滤料施工完成后，在距地表约 1m 深度内，采用黏土封口捣实以防止漏气。

（4）井点管埋设完毕后，采用弯联管（通常为塑料软管）分别将井点管连接到集水总管上。

12.4.3　喷射井点

1. 工作原理与井点布置

喷射井点工作原理如图 12.4-2 所示。喷射井点的主要工作部件是喷射井管内管底端的扬水装置——喷嘴的混合室（图 12.4-3）；当喷射井点工作时，由地面高压离心水泵供应的高压工作水，经过内外管之间的环形空间直达底端，在此处高压工作水由特制内管的两侧进水孔进入至喷嘴喷出，在喷嘴处由于过水断面突然收缩变小，使工作水流具有极高的流速（30～60m/s），在喷口附近造成负压（形成真空），因而将地下水经滤管吸入，吸入的地下水在混合室与工作水混合，然后进入扩散室，水流从动能逐渐转变为位能，即水流的流速相对变小，而水流压力相对增大，把地下水连同工作水一起扬升出地面，经排水管道系统排至集水池或水箱，由此再用排水泵排出。

2. 井点管及布置

井点管的外管直径宜为 73～108mm，内管直径宜为 50～73mm，滤管直径为 89～127mm。井孔直径不宜大于 600mm，孔深应比滤管底深 1m 以上。滤管的构造与真空井点相同。扬水装置（喷射器）的混合室直径可取 14mm，喷嘴直径可取 6.5mm，工作水箱不应小于 $10m^3$。井点使用时，水泵的起动泵压不宜大于 0.3MPa。正常工作水压为 $0.25P_0$（扬水高度）。

井点管与孔壁之间填灌滤料（粗砂）。孔口到填灌滤料之间用黏土封填，封填高度为 0.5～1.0mm。

常用的井点间距为 2～3m。每套喷射井点的井点数不宜超过 30 根。总管直径宜为 150mm，总长不宜超过 60m。每套井点应配备相应的水泵和进、回水总管。如果由多套井点组成环圈布置，各套进水总管宜用阀门隔开，自成系统。

每根喷射井点管埋设完毕，必须及时进行单井试抽，排出的浑浊水不得回入循环管路系统，试抽时间要持续到水由浑浊变清为止。喷射井点系统安装完毕，亦需进行试抽，不应有漏气或翻砂冒水现象。工作水应保持清洁，在降水过程中应视水质浑浊程度及时更换。

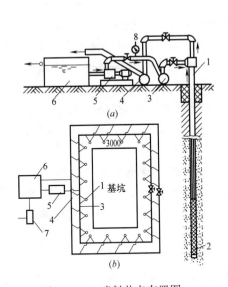

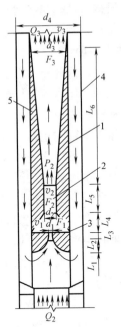

图 12.4-2 喷射井点布置图

（a）喷射井点设备简图；（b）喷射井点平面布置图

1—喷射井管；2—滤管；3—供水总管；4—排水总管；
5—高压离心水泵；6—水池；7—排水泵；8—压力表

图 12.4-3 喷射井点扬水装置
（喷嘴和混合室）构造

1—扩散室；2—混合室；3—喷嘴；4—喷射井点外管；5—喷射井点内管；L_1—喷射井点内管底端两侧进水孔高度；L_2—喷嘴颈缩部分长度；L_3—喷嘴圆柱部分长度；L_4—喷嘴口至混合室距离；L_5—混合室长度；L_6—扩散室长度；d_1—喷嘴直径；d_2—混合室直径；d_3—喷射井点内管直径；d_4—喷射井点外管直径；Q_2—工作水加吸入水的流量（$Q_2 = Q_1 + Q_0$）；P_2—混合室末端扬升压力（MPa）；F_1—喷嘴断面积；F_2—混合室断面积；F_3—喷射井点内管断面积；v_1—工作水从喷嘴喷出时的流速；v_2—工作水与吸入水在混合室的流速；v_3—工作水与吸入水排出时的流速

3. 井点管埋设与使用

喷射井点管埋设方法与轻型井点相同，为保证埋设质量，宜用套管法冲孔加水及压缩空气排泥，当套管内含泥量经测定小于5％时下井管及灌砂，然后再拔套管。对于深度大于10m的喷射井点管，宜用吊车下管。下井管时，水泵应先开始运转，以便每下好一根井点管，立即与总管接通（暂不与回水总管连接），然后及时进行单根井点试抽排泥，井管内排出的泥浆从水沟排出，测定井管内真空度，待井管出水变清后地面测定真空度不宜小于93.3kPa。

全部井点管沉没完毕后，将井点管与回水总管连接并进行全面试抽，然后使工作水循环，进行正式工作。各套进水总管均应用阀门隔开，各套回水管应分开。

为防止喷射器损坏，安装前应对喷射井管逐根冲洗，开泵压力不宜大于0.3MPa，以后逐步加大开泵压力。如发现井点管周围有翻砂、冒水现象，应立即关闭井管后进行检修。

工作水应保持清洁，试抽 2d 后，应更换清水，此后视水质污浊程度定期更换清水，以减轻对喷嘴及水泵叶轮的磨损。

4. 施工注意事项

利用喷射井点降低地下水位，扬水装置的质量十分重要。如果喷嘴的直径加工不精确，尺寸加大，则工作水流量需要增加，否则真空度将降低，影响抽水效果。如果喷嘴、混合室和扩散室的轴线不重合，不但降低真空度，而且由于水力冲刷导致磨损较快，需经常更换，影响降水运行的正常、顺利进行。

工作水要干净，不得含泥砂及其他杂物，尤其在工作初期更应注意工作水的干净，因为此时抽出的地下水可能较为混浊，如不经过很好的沉淀即用作工作水，会使喷嘴、混合室等部位很快地磨损。如果扬水装置已磨损应及时更换。

为防止产生工作水反灌现象，在滤管下端最好增设逆止球阀。当喷射井点正常工作时，蕊管内产生真空，出现负压，钢球托起，地下水吸入真空室；当喷射井点发生故障时，真空消失，钢球被工作水推压，堵塞蕊管端部小孔，使工作水在井管内部循环，不致涌出滤管产生倒涌现象。

5. 喷射井点的运转和保养

喷射井点比较复杂，在其运转期间常需进行监测以便了解装置性能，进而确定因某些缺陷或措施不当时而采取的必要措施。在喷射井点运转期间，需注意以下方面：

（1）及时观测地下水位变化。

（2）测定井点抽水量，通过地下水量的变化，分析降水效果及降水过程中出现的问题。

（3）测定井点管真空度，检查井点工作是否正常。出现故障的现象包括：

① 真空管内无真空，主要原因是井点蕊管被泥砂填住，其次是异物堵住喷嘴；

② 真空管内无真空，但井点抽水通畅，是由于真空管本身堵塞和地下水位高于喷射器；

③ 真空出现正压（即工作水流出），或井管周围翻砂，这表明工作水倒灌，应立即关闭阀门，进行维修。

常见的故障及其检查方法包括：

（1）喷嘴磨损和喷嘴夹板焊缝裂开；

（2）滤管、蕊管堵塞；

（3）除测定真空度外，类同于轻型井点，可通过听、摸、看等方法来检查。

排除故障的方法包括：

（1）反冲法：遇有喷嘴堵塞、蕊管、过滤器淤积，可通过内管反冲水疏通，但水冲时间不宜过长；

（2）提起内管，上下左右转动、观测真空度变化，真空度恢复了则正常；

（3）返浆法：关住回水阀门，工作水通过滤管冲土，破坏原有滤层，停冲后，悬浮的滤砂层重新沉淀，若反复多次无效，应停止井点工作；

（4）更换喷嘴：将内管拔出，重新组装。

12.4.4 管井

管井由滤水井管、吸水管和抽水机械等组成（图 12.4-4）。管井设备较为简单，排水量大，降水较深，水泵设在地面，易于维护。适于渗透系数较大，地下水丰富的土层、砂层。但管井属于重力排水范畴，吸程高度受到一定限制，要求渗透系数较大（1～200m/d）。

1. 井点构造与设备

（1）滤水井管

下部滤水井管过滤部分用钢筋焊接骨架，外包孔眼为1～2mm滤网，长2～3m，上部井管部分用直径200mm以上的钢管、塑料管或混凝土管。

（2）吸水管

用直径50～100mm的钢管或胶皮管，插入滤水井管内，其底端应沉到管井吸水时的最低水位以下，并装逆止阀，上端装设带法兰盘的短钢管一节。

（3）水泵

采用BA型或B型，流量10～25m³/h离心式水泵。每个井管装置一台，当水泵排水量大于单孔滤水井涌水量数量时，可另加设集水总管将相邻的相应数量的吸水管连成一体，共用一台水泵。

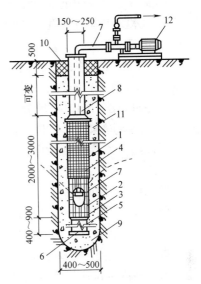

图 12.4-4　管井构造

1—滤水井管；2—φ14mm 钢筋焊接骨架；3—6mm×30mm 铁环@250mm；4—10 号铁丝垫筋@250mm 焊于管骨架上，外包孔眼1～2mm 铁丝网；5—沉砂管；6—木塞；7—吸水管；8—φ100～200mm 钢管；9—钻孔；10—夯填黏土；11—填充砂砾；12—抽水设备

2. 管井的布置

沿基坑外围四周呈环形布置或沿基坑（或沟槽）两侧或单侧呈直线形布置，井中心距基坑（槽）边缘的距离，依据所用钻机的钻孔方法而定，当用冲击钻时为0.5～1.5m；当用钻孔法成孔时不小于3m。管井埋设的深度和距离，根据需降水面积和深度及含水层的渗透系数等而定，最大埋深可达10m，间距10～15m。

3. 管井埋设

管井埋设可采用泥浆护壁冲击钻成孔或泥浆护壁钻孔方法成孔。钻孔底部应比滤水井管深200mm以上。井管下沉前应进行清洗滤井，冲除沉渣，可灌入稀泥浆用吸水泵抽出置换或用空压机洗井法，将泥渣清出井外，并保持滤网的畅通，然后下管。滤水井管应置于孔中心，下端用圆木堵塞管口，井管与孔壁之间用3～15mm 砾石填充作过滤层，地面下0.5m 内用黏土填充夯实。

水泵的设置标高根据要求的降水深度和所选用的水泵最大真空吸水高度而定，当吸程不够时，可将水泵设在基坑内。

4. 管井的使用

管井使用时，应经试抽水，检查出水是否正常，有无淤塞等现象。抽水过程中应经常对抽水设备的电动机、传动机械、电流、电压等进行检查，并对井内水位下降和流量进行观测和记录。井管使用完毕，井管可用倒链或卷扬机将井管徐徐拔出，将滤水井管洗去泥砂后储存备用，所留孔洞用砂砾填实，上部50cm 深用黏性土填充夯实。

5. 现场施工工艺流程

降水管井施工的整个工艺流程包括成孔工艺和成井工艺，具体又可以划分以下过程：

准备工作→钻机进场→定位安装→开孔→下护口管→钻进→终孔后冲孔换浆→下井管→稀释泥浆→填砂→止水封孔→洗井→下泵试抽→合理安排排水管路及电缆电路→试抽水→正式抽水→水位与流量记录。

6. 成孔工艺

成孔工艺也即管井钻进工艺，指管井井身施工所采用的技术方法、措施和施工工艺过程。

管井钻进方法习惯上一般分为：冲击钻进、回转钻进、潜孔锤钻进、反循环钻进、空气钻进等。选择降水管井钻进方法时，应根据钻进地层的岩性和钻进设备等因素进行选择，一般以卵石和漂石为主的地层，宜采用冲击钻进或潜孔锤钻进，其他第四系地层宜采用回转钻进。

钻进过程中为防止井壁坍塌、掉块、漏失及钻进高压含水、气层时可能产生的喷涌等井壁失稳事故，需采取井孔护壁措施。可根据下列原则，采用护壁措施：

（1）保持井内液柱压力与地层侧压力（包括土压力和水压力）的平衡，是维系井壁稳定的基本方法。对于易坍塌地层，应注意经常维持和调整压力平衡关系。冲击钻进时，如果能以保持井内水位比静止水位高 3～5m，可采用水压护壁。

（2）遇水不稳定地层，选用的冲洗介质类型和性能应能够避免水对地层的影响。

（3）当其他护壁措施无效时，可采用套管护壁。

（4）冲洗介质是钻进时用于携带岩屑、清洗井底、冷却和润滑钻具及保护井壁的物质。

常用的冲洗介质有清水、泥浆、空气、泡沫等。钻进对冲洗介质的基本要求是：

① 冲洗介质的性能应能在较大范围内调节，以适应不同地层的钻进；

② 冲洗介质应有良好的散热能力和润滑性能，以延长钻具的使用寿命，提高钻进效率；

③ 冲洗介质应无毒，不污染环境；

④ 配置简单，取材方便，经济合理。

7. 成井工艺

管井成井工艺是指成孔结束后，安装井内装置的施工工艺，包括探井、换浆、安装井管、填砾、止水、洗井、试验抽水等工序。这些工序完成的质量直接影响到成井后井损失的大小、成井质量能否达到设计要求的各项指标。如成井质量差，可能引起井内大量出砂或井的出水量大大降低，甚至不出水。因此，严格控制成井工艺中的各道工序是保证成井质量的关键。

（1）探井

探井是检查井深和井径的工序，目的是检查井深是否圆直，以保证井管顺利安装和滤料厚度均匀。探井工作采用探井器进行，探井器直径应大于井管直径，小于孔径 25mm；其长度宜为 20～30 倍孔径。在合格的井孔内任意深度处，探井器应均能灵活转动。如发现井身质量不符要求，应立即进行修整。

（2）换浆

成孔结束、经探井和修整井壁后，井内泥浆黏度很大并含有大量岩屑，过滤管进水缝隙可能被堵塞，井管也可能沉不到预计深度，造成过滤管与含水层错位。因此，井管安装前，应进行换浆。换浆是以稀泥浆置换井内的稠泥浆的施工工序，不应加入清水，换浆的浓度应根据井壁的稳定情况和计划填入的滤料粒径大小确定，稀泥浆一般黏度为 $16\sim18s$，密度为 $1.05\sim1.10g/cm^3$。

（3）安装井管

安装井管前需先进行配管，即根据井管结构设计，进行配管，并检查井管的质量。井管沉设方法应根据管材强度、沉设深度和起重设备能力等因素选定，并宜符合下列要求：

① 提吊下管法，宜用于井管自重（或浮重）小于井管允许抗拉力和起重的安全负荷；

② 托盘（或浮板）下管法，宜用于井管自重（或浮重）超过井管允许抗拉力和起重的安全负荷；

③ 多级下管法，宜用于结构复杂和沉设深度过大的井管。

（4）填砾

填砾前的准备工作包括：①井内泥浆稀释至密度小于 1.10（高压含水层除外）；②检查滤料的规格和数量；③备齐测量填砾深度的测锤和测绳等工具；④清理井口现场，加井口盖，挖好排水沟。

滤料的质量包括以下方面：①滤料应按设计规格进行筛分，不符合规格的滤料不得超过 15％；②滤料的磨圆度应较好，棱角状砾石含量不能过多，严禁以碎石作为滤料；③不含泥土和杂物；④宜用硅质砾石。

填砾的方法应根据井壁的稳定性、冲洗介质的类型和管井结构等因素确定。常用的方法包括静水填砾法、动水填砾法和抽水填砾法。

（5）洗井

为防止泥皮硬化，下管填砾之后，应立即进行洗井。管井洗井方法较多，一般分为水泵洗井、活塞洗井、空压机洗井、化学洗井和二氧化碳洗井及两种或两种以上洗井方法组合的联合洗井。洗井方法应根据含水层特性、管井结构及管井强度等因素选用，简述如下：

① 松散含水层中的管井在井管强度允许时，宜采用活塞洗井和空压机联合洗井。

② 泥浆护壁的管井，当井壁泥皮不易排除，宜采用化学洗井与其他洗井方法联合进行。

③ 碳酸盐岩类地区的管井宜采用液态二氧化碳配合六偏磷酸钠或盐酸联合洗井。

④ 碎屑岩、岩浆岩地区的管井宜采用活塞、空气压缩机或液态二氧化碳等方法联合洗井。

（6）试抽水

管井施工阶段试抽水主要目的不在于获取水文地质参数，而是检验管井出水量的大小，确定管井设计出水量和设计动水位。试抽水类型为稳定流抽水试验，下降次数为 1 次，且抽水量不小于管井设计出水量；稳定抽水时间为 $6\sim8h$；试抽水稳定标准为，在抽水稳定的延续时间内井的出水量、动水位仅在一定范围内波动，没有持续上升或下降的趋势，即可认为抽水已经稳定。

抽水过程中需考虑自然水位变化和其他干扰因素影响。试抽水前需测定井水含砂量。

（7）管井竣工验收质量标准

降水管井竣工验收是指管井施工完毕，在施工现场对管井的质量进行逐井检查和验收。

管井验收结束后，均须填写"管井验收单"，这是必不可少的验收文件，有关责任人应签字。根据降水管井的特点和我国各地降水管井施工的实际情况，参照我国《管井技术规范》GB 50296—2014 关于管井竣工验收的质量标准规定，管井竣工验收质量标准主要应符合以下要求：

① 管井结构应符合设计要求。

② 管井实际深度应在井位处实际测量。

③ 单井出水量和降深应符合设计要求。

④ 抽水试验结束前，应对抽出井水的含砂量进行测定。供水管井含砂量的体积比应小于 1/200000，降水管井含砂量的体积比应小于 1/100000。

⑤ 井身应圆正、垂直，井身直径不得小于设计井径。小于或等于 100m 的井段，其顶角的倾斜不得超过 1°；大于 100m 的井段，每百米顶角倾斜的递增速度不得超过 1.5°；井段的顶角和方位角不得有突变。

⑥ 井底沉淀物的高度应小于井深的 5‰。

12.4.5 真空井点

1. 机具设备

真空井点系统由井点管（管下端有滤管）、连接管、集水总管和抽水设备等组成。

（1）井点管

井点管为直径 38～110mm 的钢管，长度 5～7m，管下端配有滤管和管尖。滤管直径与井点管相同，管壁上渗水孔直径为 12～18mm，呈梅花状排列，孔隙率应大于 15%；管壁外应设两层滤网，内层滤网宜采用 30～80 目的金属网或尼龙网，外层滤网宜采用 3—10 目的金属网或尼龙网；管壁与滤网间应采用金属丝绕成螺旋形隔开，滤网外面应再绕一层粗金属丝。

滤管下端装一个锥形铸铁头。井点管上端用弯管与总管相连。

（2）连接管与集水总管

连接管常用透明塑料管。集水总管一般用直径 75～110mm 的钢管分节连接，每节长4m，每隔 0.8～1.6m 设一个连接井点管的接头。

（3）抽水设备

根据抽水机组的不同，真空井点分为真空泵真空井点、射流泵真空井点和隔膜泵真空井点，常用者为前两种。

真空泵真空井点由真空泵、离心式水泥、水气分离器等组成（图12.4-5)，有定型产品供应（真空泵型真空井点系统设备规格与技术性能）。这种真空井点真空度高（67～80kPa）带动井点数多，降水深度较大（5.5～6.0m）；但设备复杂，维修管理困难，耗电多，适用于较大的工

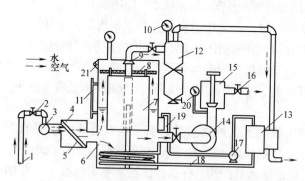

图 12.4-5 真空泵真空井点抽水设备工作简图
1—井点管；2—弯联管；3—集水总管；4—过滤箱；5—过滤网；6—水气分离器；7—浮筒；8—挡水布；9—阀门；10—真空表；11—水位计；12—副水气分离器；13—真空泵；14—离心泵；15—压力箱；16—出水管；17—冷却泵；18—冷却水管；19—冷却水箱；20—压力表；21—真空调节阀

程降水。真空泵型真空井点系统设备规格与技术性能如表 12.4-1 所示。

真空泵型真空井点系统设备规格与技术性能　　　　　　　　表 12.4-1

名称	数量	规格技术性能
往复式真空泵	1 台	V5 型（W6 型）或 V6 型；生产率 4.4m³/min，真空度 100kPa，电动机功率 5.5kW，转速 1450r/min
离心式水泵	2 台	B 型或 BA 型；生产率 30m³/h，扬程 25m，抽吸真空高度 7m，吸口直径 50mm，电动机功率 2.8kW，转速 2900r/min
水泵机组配件	1 套	井点管 100 根，集水总管直径 75～100mm，每节长 1.6～4.0m，每套 29 节，总管上节管间距 0.8m，接头弯管 100 根；冲射管用冲管 1 根；机组外形尺寸 2600mm×1300mm×1600mm，机组重 1500kg

　　射流泵真空井点设备由离心水泵、射流器（射流泵）、水箱等组成，如图 12.4-6（a）所示，配套设备见图 12.4-6（b），系由高压水泵供给工作水，经射流泵后产生真空，引射地下水流；设备构造简单，易于加工制造，操作维修方便，耗能少，应用日益广泛。$\phi50$型射流泵真空井点设备规格及技术性能如表 12.4-2 所示。

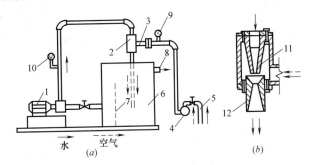

图 12.4-6　射流泵真空井点设备工作简图

（a）工作简图；（b）射流器构造

1—离心泵；2—射流器；3—进水管；4—集水总管；5—井点管；6—循环水箱；

7—隔板；8—泄水口；9—真空表；10—压力表；11—喷嘴；12—喉管

$\phi50$ 型射流泵真空井点设备规格及技术性能　　　　　　　　表 12.4-2

名称	型号技术性能	数量	备注
离心泵	3BL-9 型，流量 45m³/h，扬程 32.5m	1 台	供给工作水
电动机	JO₂-42-2，功率 7.5kW	1 台	水泵的配套动力
射流泵	喷嘴 $\phi50$mm，空载真空度 100kPa，工作水压 0.15～0.3MPa，工作水流 45m³/h，生产率 10～35m³/h	1 个	形成真空
水箱	1100mm×600mm×1000mm	1 个	循环用水

注：每套设备带 9m 长井点 25～30 根，间距 1.6m，总长 180m，降水深 5～9m。

2. 井点布置

　　井点布置应根据基坑平面形状与大小、地质和水文情况、工程性质、降水深度等而定。当基坑（槽）宽度小于 6m，且降水深度不超过 6m 时，可采用单排井点，布置在地下水上游一侧（图 12.4-7）；当基坑（槽）宽度大于 6m，或土质不良，渗透系数较大时，宜采用双排井点，布置在基坑（槽）的两侧，当基坑面积较大时，宜采用环形井点（图 12.4-8）；挖土运输设备出入道可不封闭，间距可达 4m，一般留在地下水下游方向。井点管距坑壁不应小于 1.0～1.5m，距离太小，易漏气。井点间距一般为 0.8～1.6m。集水总管标高宜尽量接近地下水位线并沿抽水水流方向有 0.25%～0.5%的上仰坡度，水泵轴心与总管齐平。井点管的入土深度应根据降水深度及储水层所有位置决定，但必须将滤水管埋入含水层内，并且比挖基坑（沟、槽）底深 0.9～1.2m，井点管的埋置深度亦可按式（12.4-1）计算。

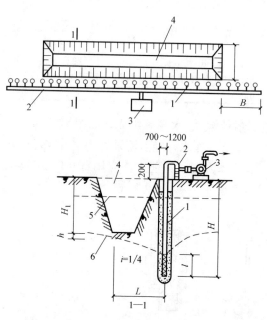

图 12.4-7　单排线状井点布置

1—井点管；2—集水总管；3—抽水设备；4—基坑；5—原地下水位线；6—降低后地下水位线；H—井点管长度；H_1—井点埋设面至基础底面的距离；h—降低后地下水位至基坑底面的安全距离，一般取 0.5～1.0m；L—井点管中心至基坑外边的水平距离；l—滤管长度；B—开挖基坑上口宽度

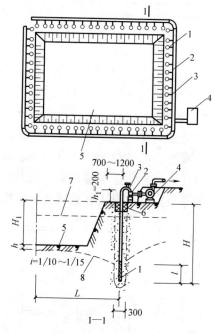

图 12.4-8　环形井点布置图

1—井点；2—集水总管；3—弯联管；4—抽水设备；5—基坑；6—填黏土；7—原地下水位线；8—降低后地下水位线；H—井点管埋置深度；H_1—井点管埋设面至基坑底面的距离；h—降低后地下水位至基坑底面的安全距离，一般取 0.5～1.0m；L—井点管中心至基坑中心的水平距离；l—滤管长度

$$H \geqslant H_1 + h + iL + l \tag{12.4-1}$$

式中　H——井点管的埋置深度（m）；

$\quad\quad H_1$——井点管埋设面至基坑底面的距离（m）；

$\quad\quad h$——基坑中央最深挖掘面至降水曲线最高点的安全距离（m），一般为 0.5～1.0m，人工开挖取下限，机械开挖取上限；

$\quad\quad L$——井点管中心至基坑中心的短边距离（m）；

$\quad\quad i$——降水曲线坡度，与土层渗透系数、地下水流量等因素有关，根据扬水试验和工程实测确定。对环状或双排井点可取 1/10～1/15；对单排线状井点可取 1/4；环状降水取 1/8～1/10；

$\quad\quad l$——滤管长度（m）。

井点露出地面高度，一般取 0.2～0.3m。

H 计算出后，为安全计，一般再增加 1/2 滤管长度。井点管的滤水管不宜埋入渗透系数极小的土层。在特殊情况下，当基坑底面处在渗透系数很小的土层时，水位可降到基坑底面以上标高最低的一层，渗透系数较大的土层底面。

一套抽水设备的总管长度一般不大于100～120m。当主管过长时，可采用多套抽水设备；井点系统可以分段，各段长度应大致相等，宜在拐角处分段，以减少弯头数量，提高抽吸能力；分段宜设阀门，以免管内水流紊乱，影响降水效果。

真空泵由于考虑水头损失，一般降低地下水深度只有5.5～6m。当一级轻型井点不能满足降水深度要求时，可采用明沟排水与井点相结合的方法，将总管安装在原有地下水位线以下，或采用二级井点排水（降水深度可达7～10m），即先挖去第一级井点排干的土，然后再在坑内布置埋设第二级井点，以增加降水深度。抽水设备宜布置在地下水的上游，并设在总管的中部。

3. 井点管的埋设

井点管的埋设可用射水法、钻孔法和冲孔法成孔，井孔直径不宜大于300mm，孔深宜比滤管底深0.5～1.0m。在井管与孔壁间及时用洁净中粗砂填灌密实均匀。投入滤料数量应大于计算值的85%，在地面以下1m范围内用黏土封孔。

4. 井点使用

井点使用前应进行试抽水，确认无漏水、漏气等异常现象后，应保证连续不断抽水。应备用双电源，以防断电。一般抽水3～5d后水位降落漏斗渐趋稳定。出水规律一般是"先大后小、先浑后清"。

真空降水管井施工方法与降水管井施工方法相同，详见前述。真空降水管井施工尚应满足以下要求：

（1）宜采用真空泵抽气集水，深井泵或潜水泵排水。

（2）井管应严密封闭，并与真空泵吸气管相连。

（3）单井出水口与排水总管的连接管路中应设置单向阀。

（4）对于分段设置滤管的真空降水管井，应对开挖后暴露的井管、滤管、填砾层等采取有效封闭措施。

（5）井管内真空度不宜小于0.065MPa，宜在井管与真空泵吸气管的连接位置处安装高灵敏度的真空压力表监测。

12.4.6 电渗井点

电渗井点埋设程序一般是先埋设轻型井点或喷射井点管，预留出布置电渗井点阳极的位置，待轻型井点降水不能满足降水要求时，再埋设电渗阴极，以改善降水性能。电渗井点（阴极）埋设与轻型井点、喷射井点埋设方法相同。阳极埋设可用75mm旋叶式电钻钻孔埋设，钻进时加水和高压空气循环排泥，阳极就位后，利用下一钻孔排出泥浆倒灌填孔，使阳极与土接触良好，减少电阻，以利电渗。如深度不大，亦可用锤击法打入。钢筋埋设必须垂直，严禁与相邻阴极相碰，以免造成短路，损坏设备。电渗井点施工方法简述如下：

1. 阳极用 $\phi50\sim70$mm 的钢管或 $\phi20\sim25$mm 的钢筋或铝棒，埋设在井点管内侧，并成平行交错排列。阴阳极的数量宜相等，必要时阳极数量可多于阴极数量。

2. 井点管与金属棒，即阴、阳极之间的距离，当采用轻型井点时，为0.8～1.0m；当采用喷射井点时，为1.2～1.5m。阳极外露于地面的高度为200～400mm，入土深度比井点管深500mm，以保证水位能降到要求深度。

3. 阴、阳极分别用BX型铜芯橡皮线、扁钢、 $\phi10$ 钢筋或电线连成通路，接到直流发电机或直流电焊机的相应电极上。

4. 通电时，工作电压不宜大于 60V。土中通电的电流密度宜为 $0.5 \sim 1.0 A/m^2$。为避免大部分电流从土表面通过、降低电渗效果，通电前应清除井点管与金属棒间地面上的导电物质，使地面保持干燥，如涂一层沥青绝缘效果更好。

5. 通电时，为消除由于电解作用产生的气体积聚于电极附近、土体电阻增大、增加电能消耗，宜采用间隔通电法，每通电 24h，停电 $2 \sim 3h$。

6. 在降水过程中，应对电压、电流密度、耗电量及预设观测孔水位等进行量测、记录。

12.4.7 深井井点

深井井点降水是在深基坑的周围埋置深于基底的井管，通过设置在井管内的潜水泵将地下水抽出，使地下水位低于坑底。该法具有排水量大，降水深（＞15m）；井距大，对平面布置的干扰小；不受土层限制；井点制作、降水设备及操作工艺、维护均较简单，施工速度快；井点管可以整根拔出重复使用等优点；但一次性投资大，成孔质量要求严格。适于渗透系数较大（$10 \sim 250 m/d$），土质为砂类土，地下水丰富，降水深，面积大，时间长的情况，降水深可达 50m 以内。

1. 井点系统设备

由深井井管和潜水泵等组成（图 12.4-9）。

（1）井管

井管由滤水管、吸水管和沉砂管三部分组成。可用钢管、塑料管或混凝土管制成，管径一般为 300mm，内径宜大于潜水泵外径 50mm。

1）滤水管（图 12.4-10）

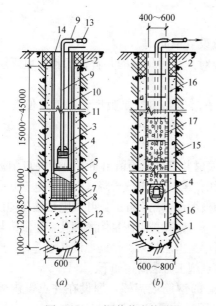

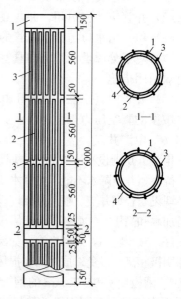

图 12.4-9 深井井点构造

（a）钢管深井井点；（b）无砂混凝土管深井井点

1—井孔；2—井口（黏土封口）；3—$\phi300 \sim 375mm$ 井管；4—潜水电泵；5—过滤段（内填碎石）；6—滤网；7—导向段；8—开孔底板（下铺滤网）；9—$\phi50mm$ 出水管；10—电缆；11—小砾石或中粗砂；12—中粗砂；13—$\phi50 \sim 75mm$ 出水总管；14—20mm 厚钢板井盖

图 12.4-10 深井滤水管构造

1—钢管；2—轴条后孔；3—$\phi6mm$ 垫筋；4—缠绕 12 号铁丝与钢筋锡焊焊牢

在降水过程中，含水层中的水通过该管滤网将土、砂过滤在网外，使地下清水流入管内。滤水管长度取决于含水层厚度、透水层的渗透速度和降水的快慢，一般为3～9m。通常在钢管上分三段轴条（或开孔），在轴条（或开孔）后的管壁上焊ϕ6mm垫筋，与管壁点焊，在垫筋外螺旋形缠绕12号铁丝（间距1mm），与垫筋用锡焊焊牢，或外包10孔/cm²和14孔/cm²镀锌铁丝网两层或尼龙网。

当土质较好，深度在15m内，亦可采用外径380～600mm、壁厚50～60mm、长1.2～1.5m的无砂混凝土管作滤水管，或在外再包棕树皮二层作滤网。

2）吸水管连接滤水管，起挡土、贮水作用，采用与滤水管同直径的实钢管制成。

3）沉砂管在降水过程中，起砂粒的沉淀作用，一般采用与滤水管同直径的钢管，下端用钢板封底。

（2）水泵

常用长轴深井泵（表12.4-3）或潜水泵。每井一台，并带吸水铸铁管或胶管，配上一个控制井内水位的自动开关，在井口安装75mm阀门以便调节流量的大小，阀门用夹板固定。每个基坑井点群应有2台备用泵。

常用深井水泵主要技术性能　　　　　　　　　　　表12.4-3

型号	流量 (m³/h)	扬程 (m)	转速 (r/min)	比转数	扬水管入井的最大长度(m)	轴功率 (kW)	重量 (kg)	配带电机 型号	配带电机 功率 (kW)	叶轮直径 D(mm)	效率 (%)
4JD10×10	10	30	2900	250	28	1.41	585	JLB2	5.5	72	58
4JD10×20		60			55.5	2.82	900	JLB2	5.5	72	
6JD36×4	36	38	2900	200	35.5	5.56	1100	JLB2	7.5	114	67
6JD36×6		57			55.5	8.36	1650	JLB2	11	114	
6JD56×4	56	32	2900	280	28	7.27	850	DMM402-2	11		68
6JD56×6		48			45.5	10.8	1134		15		
8JD80×10	80	40	1460	280	36	12.04	1685	DMM452-4	18.5	160	70
8JD80×15		60			57	18.75	2467	DMM451-4	22	160	
SD8×10	35	35	1460			5.8	883	JLB62-4	10	138.9	63
SDS×20		70	1460			10.6	1923	JLB63-4	14	138.9	
SD10×3	72	24	1460			7.05	991	JLB62-4	10	186.8	67
SD10×5		40	1460			11.75	1640	JLB63-4	14	186.8	
SD10×10		80	1460			23.5	3380	JLB73-4	28	186.8	
SD12×2		26	1460			12.7	1427	JLB72-4	20	228	
SD12×3		39				19.1	1944	JLB73-4	28		70
SD12×4	126	52	1460			25.5	2465	JLB82-4	40	228	
SD12×5		65				31.8	3090	JLB82-4	40		

注：SD、JLB2（深井泵专用三相异步电动机）型的轴功率单位为kW。

（3）集水井

用ϕ325～500mm钢管或混凝土管，并设3‰的坡度，与附近下水道接通。

2. 深井布置

深井井点一般沿工程基坑周围离边坡上缘0.5～1.5m呈环形布置；当基坑宽度较窄，亦可在一侧呈直线形布置；当为面积不大的独立的深基坑，亦可采取点式布置。井点宜深入到透水层6～9m，通常还应比所需降水的深度深6～8m，间距一般相当于埋深，由10～30m。

3. 深井施工

成孔方法可冲击钻孔、回转钻孔、潜水钻或水冲成孔。孔径应比井管直径大 300mm，成孔后立即安装井管。井管安放前应清孔，井管应垂直，过滤部分放在含水层范围内。井管与土壁间填充粒径大于滤网孔径的砂滤料。井口下 1m 左右用黏土封口。

在深井内安放水泵前应清洗滤井，冲洗沉渣。安放潜水泵时，电缆等应绝缘可靠，并设保护开关控制。抽水系统安装后应进行试抽。

4. 真空深井井点

真空深井井点是近年来上海等软土地基地区深基坑施工应用较多的一种深层降水设备，主要适应土壤渗透系数较小情况下的深层降水，能达到预期的效果。

真空深井井点即在深井井点系统上增设真空泵抽气集水系统。所以它除去遵守深井井点的施工要点外，还需再增加下述几点：

（1）真空深井井点系统分别用真空泵抽气集水和长轴深井泵或井用潜水泵排水。井管除滤管外应严密封闭以保持真空度，并与真空泵吸气管相连。吸气管路和各个接头均应不漏气。

（2）孔径一般为 650mm，井管外径一般为 273mm。孔口在地面以下 1.5m 的一段用粘土夯实。单井出水口与总出水管的连接管路中，应装置单向阀。

（3）真空深井井点的有效降水面积，在有隔水支护结构的基坑内降水，每个井点的有效降水面积约为 250m²。由于挖土后井点管的悬空长度较长，在有内支撑的基坑内布置井点管时，宜使其尽可能靠近内支撑。在进行基坑挖土时，要设法保护井点管，避免挖土时损坏。

12.5 疏干井设计与施工

12.5.1 概述

疏干降水的目的，除有效降低开挖深度范围内的地下水位标高之外，还必须有效降低被开挖土体的含水量，达到提高边坡稳定性、增加坑内土体的固结强度、便于机械挖土及提供坑内干作业施工条件等诸多目的。疏干降水的对象一般包括基坑开挖深度范围内上层滞水、潜水。当开挖深度较大时，疏干降水涉及微承压与承压含水层上段的局部疏干降水。

当基坑周边设置了隔水帷幕，隔断基坑内外含水层之间的地下水水力联系时，一般采用坑内疏干降水，其类型为封闭型疏干降水，如图 12.5-1（a）所示。当基坑周边未设置隔水帷幕、采用大放坡开挖时，一般采用坑内与坑外疏干降水，其类型为敞开型疏干降水，如图 12.5-1（b）所示。当基坑周边隔水帷幕深度不足、仅部分隔断基坑内外含水层之间的地下水水力联系时，一般采用坑内疏干降水，其类型为半封闭型疏干降水，如图 12.5-1（c）所示。

常用疏干降水方法一般包括轻型井点（含多级轻型井点）降水、喷射井点降水、电渗井点降水、管井降水（管材可采用钢管、混凝土管、PVC 硬管等）、真空管井降水等方法。可根据工程场地的工程地质与水文地质条件及基坑工程特点，选择针对性较强的疏干降水方法，以求获得较好的降水效果。

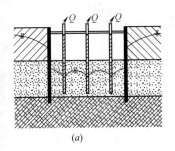 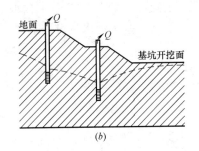 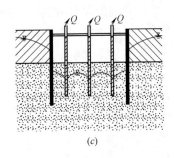

图 12.5-1　疏干降水类型图

(a) 封闭型疏干降水；(b) 敞开型疏干降水；(c) 半封闭型疏干降水

疏干降水效果可从两个方面检验。其一，观测坑内地下水位是否已达到设计或施工要求的埋深；其二，通过观测疏干降水的总排水量或其他测试手段，判别被开挖土体含水量是否已下降到有效范围内。上述两个方面均应满足要求，才能保证疏干降水效果。

通过疏干降水，短期内不可能将被开挖土体完全"疏干"，只能部分降低土体的含水量。

为保证疏干降水效果，以淤泥质黏性土和黏性土为主的土体含水量的有效降低幅度不宜小于8%，以砂性土为主或富含砂性土夹层的土体含水量的有效降低幅度不宜小于10%。

疏干降水运行可从以下几个方面进行控制：

（1）在正式开始降水之前，必须准确测定各井口和地面标高，测定静止水位，安排好抽水设备、电缆及排水管道，进行降水试运行。其目的为检查排水及电路是否正常以及抽水系统是否完好，保证整个降水系统的正常运转。

（2）抽出的地下水应排入场外市政管道或其他排水设施中，应避免抽出的地下水就地回渗，影响降水效果。

（3）降水运行应与基坑开挖施工互相配合。基坑开挖前应提前进行预降水，一般在开挖前须保证有2周左右的预降水时间。在基坑开挖阶段，坑内因降雨或其他因素形成的积水应及时排出坑外，尽量减少大气降水和坑内积水的入渗。

（4）对于基坑周边环境保护要求严格、坑内疏干含水层与坑外地下水水力联系较强的基坑工程，应严格执行"按需疏干"的降水运行原则，避免过量降低地下水位。

（5）在基坑内、外，均应进行地下水位监控。条件许可时，宜采用地下水位自动监控手段，对地下水位实行全程跟踪监测。

（6）降水运行阶段，应对毁坏的抽水泵及时更换。疏干井管可随基坑开挖进程逐步割除。

（7）当基坑开挖至设计深度后，应根据坑位地下水的补给条件或水位恢复特征，采取合适的封井措施对疏干井进行有效封闭。

12.5.2　设计

1. 基坑涌水量估算

对于封闭型疏干降水，基坑涌水量可按下述经验公式进行估算。

$$Q=\mu As \tag{12.5-1}$$

式中，Q 为基坑涌水量（疏干降水排水总量，m^3）；μ 为疏干含水层的给水度；A 为基坑开挖面积（m²）；s 为基坑开挖至设计深度时的疏干含水层中平均水位降深（m）。

对于半封闭型或敞开型疏干降水，基坑涌水量可按下述大井法进行估算。

潜水含水层：

$$Q=1.366k(2H_0-s)/\log\left(\frac{R+r_0}{r_0}\right) \tag{12.5-2}$$

承压含水层：

$$Q=2.73kMs/\log\left(\frac{R+r_0}{r_0}\right) \tag{12.5-3}$$

$$\begin{cases} r_0=\sqrt{\dfrac{A}{\pi}} & 圆形基坑 \\ r_0=\xi(l+b)/4 & 矩形基坑 \end{cases} \tag{12.5-4}$$

式中，Q 为基坑涌水量（m³/d）；r_0 为假想半径，与基坑形状及开挖面积有关；b 为基坑宽度（m）；ξ 为基坑形状修正系数，可按照表 12.5-1 取值。

基坑形状修正系数计算表　　　　　　　　　　　　　　表 12.5-1

b/l	0	0.2	0.4	0.6	0.8	1.0
ξ	1.0	1.12	1.16	1.18	1.18	1.18

2. 岩层内降排水设计

岩层内的降排水（疏干或减压），可将地下水位降低到边坡或坑底中的潜在破坏面以下，是防止岩质边坡及坑底内的断层或软弱夹层内的充填物因遭受冲刷作用产生流土、灌淤等渗透变形，改善边坡稳定性及坑内建筑物的抗浮稳定性的有效措施。岩层内的降排水系统一般由浅层排水孔、深层排水孔、减压排水孔组成，岩质基坑的降排水系统由地表截水沟、排水沟、集水井及岩层内的降排水系统共同组成。

（1）浅层排水孔

浅层排水孔用于引排、疏干水平裂隙承压水以及坡面附近的裂隙水，沿岩质边坡设置于地下水位以下、隔水层顶板以上。排水孔的孔径为 ϕ45～75mm，孔深为 1.5～3.0m（全风化层中孔深取小值，弱风化及微风化层中孔深取大值），孔距 2.0～4.0m（岩层透水性越小，孔距越小）。排水孔倾斜方向与边坡一致，其轴线与水平线之夹角为 50～100（不宜大于 150）。

（2）深层排水孔

深层排水孔主要用于降低岩层内的裂隙水压力，其孔径为 60～120mm（较完整岩层中孔径取小值；坍塌和堵塞地段孔径取大值，并内置带滤层滤管或透水软管）；孔深一般为 8.0～15.0m，应穿越临界破坏区，一般不小于岩质边坡高度的一半；孔距为 4.0～6.0m（弱风化、微风化岩层的透水性差，疏排缓慢，但裂隙水压力传递迅速，孔距宜取小值；强风化、中风化岩层中孔距取大值）；排水孔方向以穿越断层、裂隙的数量最多为最佳，并宜与主要发育的裂隙倾向呈较大角度相交。

（3）减压排水孔

当基坑底面位于基岩面或基岩内，可在岩层内的断层、软弱夹层以及节理裂隙发育部位设置减压排水孔。减压排水孔内置入带有紧贴孔壁滤层的减压排水管（图 12.5-2），通过泄排或抽排，使岩层内裂隙水呈开放流动状态，以降低裂隙承压水压力，确保坑底岩层稳定及坑内结构物抗浮稳定，且可防止裂隙水携带断层、裂隙内的碎屑充填物流入坑内，确保坑底抗渗稳定。

减压排水孔呈垂向布置，孔底位于基岩面以下 4～10m。基坑开挖面未至基岩面时，护孔管内可置入潜水泵抽水。当基坑开挖至基岩表面时，可拆除基岩面以上的护孔管。

（4）岩层内降排水设计原则

① 只有与透水的裂隙、断层相连通的排水孔才具有降排水作用。因此，排水孔应穿越裂隙、断层。

② 裂隙水从排水孔中集中排除，缩短了渗透路径，加大了渗透比降、渗透速度，容易从裂隙、断层及软弱夹层中夹带出细小颗粒。因此，应严格控制排水孔的滤层质量。

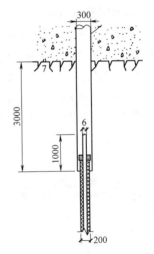

图 12.5-2 减压排水孔
设置示意图（单位：mm）

③ 排水出口处应为低压渗流区。排水孔与出口处之间不应有凹陷和扭曲，以防淤塞。

④ 围护结构及基坑底部以下的溶洞宜事先充填或布设排水孔引流。

3. 轻型井点降水设计

（1）轻型井点设备

轻型井点设备主要由井点管（包括过滤器）、集水总管、抽水泵、真空泵等组成。

① 井点管：一般采用直径为 38～50mm 的钢管制作，长度为 5.0～9.0m，整根或分节组成。

② 过滤器：采用与井点管相同规格的钢管制作，一般长度为 0.8～1.5m。

③ 集水总管：采用内径为 100～127mm 的钢管制作，长度为 50.0～80.0m，分节组成，每节长度为 4.0～6.0m。每个集水总管与 40～60 个井点管采用软管连接。

④ 抽水设备：主要由真空泵（或射流泵）、离心泵和集水箱组成。

轻型井点系统如图 12.5-3 所示。

（2）轻型井点降水设计

① 每根井点管的最大允许出水量 q_{max}

$$q_{max}=120r_w L \sqrt[3]{k} \tag{12.5-5}$$

式中，q_{max} 为单根井点管的允许最大出水量（m^3/d）；r_w 为滤水管的半径（m）；L 为滤水管的长度（m）；k 为疏干层的渗透系数（m/d）。

② 井点管设计数量 n

$$n \geqslant Q/q_{max} \tag{12.5-6}$$

③ 井点管的长度 L

$$L=D+h_w+s+l_w+\frac{1}{a}r_q \tag{12.5-7}$$

式中，D 为地面以上的井点管长度（m）；h_w 为初始地下水位埋深（m）；l_w 为滤水管长度（m）；r_q 为井点管排距。单排井点 $a=4$；双排或环形井点 $a=10$。井点其余符号意义同前。

4. 喷射井点降水设计

喷射井点主要适用于渗透系数较小的含水层和降水深度较大（降幅 8～20m）的降水工程。其主要优点是降水深度大，但由于需要双层井点管，喷射器设在井孔底部，有两根总管与各井点管相连，地面管网敷设复杂，工作效率低，成本高，管理困难。

（1）喷射井点设备

喷射井点系统由高压水泵、供水总管、井点管、排水总管及循环水箱等组成，如图12.5-4 所示。

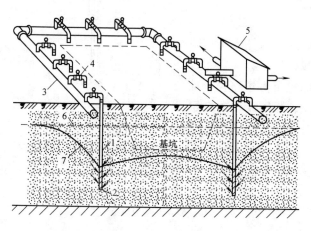

图 12.5-3　轻型井点组成

1—井点管；2—滤管；3—集水总管；4—弯联管；
5—水泵房；6—原地下水位；7—降低后地下水位

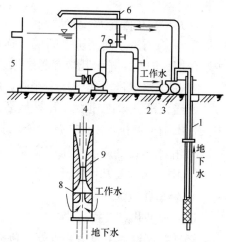

图 12.5-4　喷射井点降水系统

1—井点管；2—供水总管；3—排水总管；
4—高压水泵；5—循环水箱；6—调压水管；
7—压力表；8—喷嘴；9—混合室

（2）喷射井点降水设计

喷射井点降水设计方法与轻型井点降水设计方法基本相同。基坑面积较大时，井点采用环形布置；基坑宽度小于 10m 时采用单排线型布置；大于 10m 时作双排布置。喷射井管管间距一般为 3～5m。当采用环形布置时，进出口（道路）处的井点间距可扩大为5～7m。

5. 管井降水设计

降水管井习惯上简称为"管井"，与供水管井的简称完全相同，英美等国一般称之为"深井（deep well）"或"水井（water well）"。管井是一种抽汲地下水的地下构筑物，泛指抽汲地下水的大直径抽水井，由于供水管井与降水管井均简称为管井，但两者的设计标准、目的均不相同，为区别起见，降水工程中采用的管井宜采用全称"降水管井"。

（1）管井降水系统

管井降水系统一般由管井、抽水泵（一般采用潜水泵、深井泵、深井潜水泵或真空深井泵等）、泵管、排水总管、排水设施等组成。

管井由井孔、井管、过滤管、沉淀管、填砾层、止水封闭层等组成。

（2）管井降水设计

1）管井数量 n

在以黏性土为主的松散弱含水层中，疏干降水管井数量一般按地区经验进行估算。如上海、天津地区的单井有效疏干降水面积一般为 $200 \sim 300 m^2$。

2）坑内疏干降水井总数约等于基坑开挖面积除以单井有效疏干降水面积。在以砂质粉土、粉砂等为主的疏干降水含水层中，考虑砂性土的易流动性及触变液化等特性，管井间距宜适当减小，以加强抽排水力度、有效减小土体的含水量，便于机械挖土、土方外运、避免坑内流砂、提供坑内干作业施工条件等。尽管砂性土的渗透系数相对较大，水位下降较快，但含水量的有效降低标准高于黏性土层，重力水的释放需要较高要求的降排水条件（降水时间以及抽水强度等），该类土层中的单井有效疏干降水面积一般以 $120 \sim 180m^2$ 为宜。

除根据地区经验确定疏干降水管井数量以外，也可按以下经验公式确定：

封闭型疏干降水：

$$n = \frac{Q}{q_w t} \tag{12.5-8}$$

半封闭或敞开型疏干降水：

$$n = \frac{Q}{q_w} \tag{12.5-9}$$

3）管井深度

管井深度与基坑开挖深度、场地水文地质条件、基坑围护结构的性质等密切相关。一般情况下，管井底部埋深应大于基坑开挖深度 6.0m。

4）管井的单井出水能力 q'

根据中华人民共和国行业标准《建筑与市政降水工程技术规范》（JGJ 111－2016）的规定：在降水设计中，各单井出水量之和应大于基坑出水量，且单井出水量应小于单井出水能力。降水管井的单井出水能力应选择群井抽水中水位干扰影响最大的井，并应按下式确定：

$$q' = 120\pi r l \sqrt[3]{k} \tag{12.5-10}$$

式中，q' 为单井出水能力（m^3/d）；l 为过滤器进水部分长度（m）；r 为过滤器半径（mm）；k 为含水层渗透系数（m/d）。

在降水设计中，必须保证设计出水量小于管井的最大允许出水量。

6. 真空管井降水设计

对于以低渗透性的黏性土为主的弱含水层中的疏干降水，一般可利用降水管井采用真空降水，目的在于提高土层中的水力梯度、促进重力水的释放。在降水过程中，为保证疏干降水效果，一般要求真空管井内的真空度不小于 65.0kPa。真空管井疏干降水设计与普通管井疏干降水的方法相同。

7. 电渗井点降水设计

在渗透系数小于 0.1m/d 的饱和黏土、粉质黏土中进行疏干降水，特别是淤泥和淤泥质黏土中的降水，使用单一的轻型井点或喷射井点降水，往往达不到预期降水的目的，为了提高降水效果，除了利用井点系统的真空产生抽汲作用外，还可配合采用电渗法，在施加电势的条件下，利用黏土的电渗现象和电泳作用，促使毛细水分子的流动，可以达到较好的降水效果。

（1）电渗井点降水系统

所谓电渗井点，一般与轻型井点或喷射井点结合使用，即利用轻型井点或者喷射井点管本身作为阴极，以金属棒（钢筋、钢管、铝棒等）作为阳极，通入直流电（采用直流发电机或直流电焊机）后，带有负电荷的土粒即向阳极移动（即电泳作用），而带有正电荷的水则向阴极方向移动集中，产生电渗现象，如图 12.5-5 所示。在电渗与井点管内的真空双重作用下，强制黏土中的水由井点管快速排出，井点管连续抽水，从而地下水位逐渐降低。

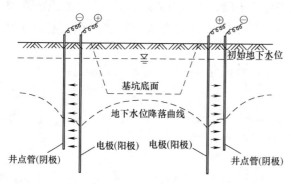

图 12.5-5　电渗井点降水示意图

（2）电渗井点降水设计

电渗现象是一个十分复杂的过程，在电渗井点降水设计与施工前，必须了解土层的渗透性和导电性，以期达到合理的降水设计和预期的降水效果。

① 基坑涌水量计算与井点布置

基坑涌水量的计算、井点布设与轻型井点降水和喷射井点降水相同。

② 电极间距

电极间距，即井点管（阴极）与电极（阳极）之间的距离，可按下式确定：

$$L = \frac{1000V}{I\rho\varphi} \tag{12.5-11}$$

式中，L 为井点管与电极之间的距离（m）；V 为工作电压，一般为 40～110V；I 为电极深度内被疏干土体的单位面积上的电流，一般为 1～2A/m²；ρ 为土的比电阻（Ω·cm），宜根据实际土层测定；φ 为电极系数，一般为 2～3。

③ 电渗功率

确定电渗功率常用的公式为：

$$N = \frac{VIF}{1000}, \quad F = L_0 h \tag{12.5-12}$$

式中，N 为电渗功率（kW）；F 为电渗幕面积（m²）；L_0 为井点系统周长（m）；h 为阳极深度（m）。

12.5.3　施工

在松散的厚层流沙中大孔径钻井，井壁极易坍塌。如何施工，采用什么工艺才能既保证孔壁不坍塌，又能在规定的工期内完成任务，成为疏干工程的关键。井点结构和施工的技术一般有以下几点：

（1）基坑降水宜编制降水施工组织设计，其主要内容为：井点降水方法；井点管长度、构造和数量；降水设备的型号和数量；井点系统布置图；井孔施工方法及设备；质量和安全技术措施；降水对周围环境影响的估计及预防措施等。

（2）降水设备的管道、部件和附件等，在组装前必须经过检查和清洗。滤管在运输、装卸和堆放时应防止损坏滤网。

（3）井孔应垂直，孔径上下一致。井点管应居于井孔中心，滤管不得紧靠井孔壁或插入淤泥中。

（4）井孔采用湿法施工时，冲孔所需的水流压力如表 12.5-2 所示。在填灌砂滤料前应把孔内泥浆稀释，待含泥量小于 5% 时才可灌砂。砂滤料填灌高度应符合各种井点的要求。

<table>
<tr><td colspan="2" style="text-align:center">冲孔所需的水流压力</td><td colspan="2" style="text-align:right">表 12.5-2</td></tr>
<tr><td>土的名称</td><td>冲水压力
（kPa）</td><td>土的名称</td><td>冲水压力
（kPa）</td></tr>
<tr><td>松散的细砂</td><td>250～450</td><td>中等密实黏土</td><td>600～750</td></tr>
<tr><td>软质黏土、软质粉土质黏土</td><td>250～500</td><td>砾石土</td><td>850～900</td></tr>
<tr><td>密实的腐殖土</td><td>500</td><td>塑性粗砂</td><td>850～1150</td></tr>
<tr><td>原状的细砂</td><td>500</td><td>密实黏土、密实粉土质黏土</td><td>750～1250</td></tr>
<tr><td>松散中砂</td><td>45～550</td><td>中等颗粒的砾石</td><td>1000～1250</td></tr>
<tr><td>黄土</td><td>600～650</td><td>硬黏土</td><td>1250～1500</td></tr>
<tr><td>原状的中粒砂</td><td>600～700</td><td>原状粗砾</td><td>1350～1500</td></tr>
</table>

（5）井点管安装完毕应进行试抽，全面检查管路接头、出水状况和机械运转情况。一般开始出水混浊，经一定时间后出水应逐渐变清，对长期出水混浊的井点应予以停闭或更换。

（6）降水施工完毕，根据结构施工情况和土方回填进度，陆续关闭和逐根拔出井点管。

土中所留孔洞应立即用砂土填实。

（7）如基坑坑底进行压密注浆加固时，要待注浆初凝后再进行降水施工。

12.6 减压井设计与施工

12.6.1 概述

在大多数自然条件下，软土地区的承压水压力与其上覆土层的自重应力相互平衡或小于上覆土层的自重应力。当基坑开挖到一定深度后，导致基坑底面下的土层自重应力小于下伏承压水压力，承压水将会冲破上覆土层涌向坑内，坑内发生突水、涌砂或涌土，即形成所谓的基坑突涌。基坑突涌往往具有突发性质，导致基坑围护结构严重损坏或倒塌、坑外大面积地面下沉或塌陷、危及周边建（构）筑物及地下管线的安全、施工人员伤亡等。基坑突涌引起的工程事故是无可挽回的灾难性事故，经济损失巨大，社会负面影响严重。

在深基坑工程施工中，必须十分重视承压水对基坑稳定性的重要影响。由于基坑突涌的发生是承压水的高水头压力引起的，通过承压水减压降水降低承压水位（通常亦称之为"承压水头"），达到降低承压水压力的目的，已成为最直接、最有效的承压水控制措施之一。在基坑工程施工前，应认真分析工程场地的承压水特性，制定有效的承压水降水设计方案。在基坑工程施工中，应采取有效的承压水降水措施，将承压水位严格控制在安全埋深以下。

1. 承压水降水概念设计

所谓"承压水降水概念设计"，是指综合考虑基坑工程场区的工程地质与水文地质条件、基坑围护结构特征、周围环境的保护要求或变形限制条件等因素，提出合理、可行的承压水降水设计理念，便于后续的降水设计、施工与运行等工作。

在承压水降水概念设计阶段，需根据降水目的含水层位置、厚度、隔水帷幕的深度、周围环境对工程降水的限制条件、施工方法、围护结构的特点、基坑面积、开挖深度、场地施工条件等一系列因素，综合考虑减压井群的平面布置、井结构以及井深等。

（1）坑内减压降水

对于坑内减压降水而言，不仅将减压降水井布置在基坑内部，而且必须保证减压井过滤器底端的深度不超过隔水帷幕底端的深度，才是真正意义上的坑内减压降水。坑内井群抽水后，坑外的承压水需绕过隔水帷幕的底端，绕流进入坑内，同时下部含水层中的水垂向经坑底流入基坑，在坑内承压水位降到安全埋深以下时，坑外的水位降深相对下降较小，从而因降水引起的地面变形也较小。

如果仅将减压降水井布置在坑内，但降水井过滤器底端的深度超过隔水帷幕底端的深度，伸入承压含水层下部，则抽出的大量地下水来自于隔水帷幕以下的水平径向流，不但使基坑外侧承压含水层的水位降深增大，降水引起的地面变形也增大，失去了坑内减压降水的意义，成为"形式上的坑内减压降水"。换言之，坑内减压降水必须合理设置减压井过滤器的位置，充分利用隔水帷幕的挡水（屏蔽）功效，以较小的抽水流量，使基坑范围内的承压水水头降低到设计标高以下，并尽量减小坑外的水头降深，以减少因降水而引起的地面变形。

满足以下条件之一时，应采用坑内减压降水方案：

1）当隔水帷幕部分插入减压降水承压含水层中，隔水帷幕进入承压含水层顶板以下的长度 L 不小于承压含水层厚度的 1/2（图 12.6-1a），或不小于 10.0m（图 12.6-1b），隔水帷幕对基坑内外承压水渗流具有明显的阻隔效应；

2）当隔水帷幕进入承压含水层，并进入承压含水层底板以下的半隔水层或弱透水层中，隔水帷幕已完全阻断了基坑内外承压含水层之间的水力联系（如图 12.6-1c）。

如图 12.6-1 所示，隔水帷幕底端均已进入需要进行减压降水的承压含水层顶板以下，并在承压含水层形成了有效隔水边界。由于隔水帷幕进入承压含水层顶板以下长度的差异及减压降水井结构的差异性，在群井抽水影响下形成的地下水渗流场形态也具有较大差别。地下水运动不再是平面流或以平面流为主的运动，而是形成为三维地下水非稳定渗流场，渗流计算时应考虑含水层的各向异性，无法应用解析法求解，必须借助三维数值方法求解。

（2）坑外减压降水

对于坑外减压降水而言，不仅将减压降水井布置在基坑围护体外侧，而且要使减压井过滤器底端的深度不小于隔水帷幕底端的深度，才能保证坑外减压降水效果。如果坑外减压降水井过滤器埋藏深度小于隔水帷幕深度，则坑内地下水需绕过隔水帷幕底端后才能进入坑外降水井内，抽出的地下水大部分来自于坑外的水平径向流，导致坑内水位下降缓慢或降水失效，不但使基坑外侧承压含水层的水位降深增大，降水引起的地面变形也增大。换言之，坑外减压降水必须合理设置减压井过滤器的位置，减小隔水帷幕的挡水（屏蔽）

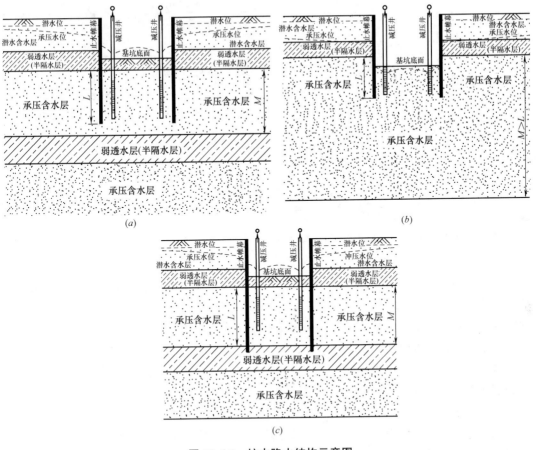

图 12.6-1 坑内降水结构示意图

(*a*) 坑内承压含水层半封闭；(*b*) 悬挂式止水帷幕；(*c*) 坑内承压含水层全封闭

功效，以较小的抽水流量，使基坑范围内的承压水水头降低到设计标高以下，尽量减小坑外水头降深与降水引起的地面变形。

满足以下条件之一时，隔水帷幕未在降水目的承压含水层中形成有效的隔水边界，宜优先选用坑外减压降水方案：

1) 当隔水帷幕未进入下部降水目的承压含水层中（图 12.6-2a）；

2) 隔水帷幕进入降水目的承压含水层顶板以下的长度 L 远小于承压含水层厚度，且不超过 5.0m（图 12.6-2b）。

如图 12.6-2 所示，隔水帷幕底端未进入需要进行减压降水的承压含水层顶板以下或进入含水层中的长度有限，未在承压含水层形成为人为的有效隔水边界。换言之，隔水帷幕对减压降水引起的承压水渗流的影响极小，可以忽略不计。因此，可采用承压水井流理论的解析解公式，计算、预测承压水渗流场内任意点的水位降深，但其适用条件应与现场水文地质实际条件基本一致。

（3）坑内-坑外联合减压降水

当现场客观条件不能完全满足前述关于坑内减压降水或坑外减压降水的选用条件时，可综合考虑现场施工条件、水文地质条件、隔水帷幕特征及基坑周围环境特征与保护要求

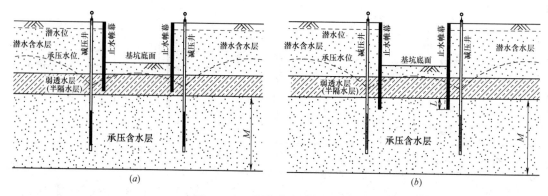

图 12.6-2 坑外降水结构示意图

(a) 坑内外承压含水层全连通；(b) 坑内外承压含水层几乎全连通

等，选用合理的坑内—坑外联合减压方案。

2. 承压水降水运行控制

承压水降水运行控制应满足两个基本要求：其一，通过承压水降水运行，应能保证将承压水位控制在安全埋深以下；其二，从保护基坑周边环境的角度考虑，在承压水位降深满足基坑稳定性要求的前提下，应避免过量抽水、水位降深过大。

降水运行控制方法简述如下：

（1）应严格遵守"按需减压降水"的原则，综合考虑环境因素、安全承压水位埋深与基坑施工工况之间的关系，确定各施工区段的阶段性承压水位控制标准，制定详细的减压降水运行方案。

（2）降水运行过程中，应严格执行减压降水运行方案。如基坑施工工况发生变化，应及时调整或修改降水运行方案。

（3）所有减压井抽出的水应排到基坑影响范围以外或附近的天然水体中。现场排水能力应考虑到所有减压井（包括备用井）全部启用时的排水量。每个减压井的水泵出口应安装水量计量装置和单向阀。

（4）减压井全部施工完成、现场排水系统安装完毕后，应进行一次群井抽水试验或减压降水试运行，对电力系统（包括备用电源）、排水系统、井内抽水泵、量测系统、自动监控系统等进行一次全面检验。

（5）降水运行应实行不间断的连续监控。对于重大深基坑工程，应考虑采用水位自动监测系统对承压水位实行全程跟踪监测，使降水运行过程中基坑内、外承压水位的变化随时处于监控之中。

（6）降水运行正式开始前 1 周内应测定环境背景值，监测内容包括基坑内外的初始承压水位、基坑周边相邻地面沉降初值、保护对象的初始变形以及基坑围护体变形等，与基坑设计要求重复的监测项目可利用基坑监测资料。降水运行过程中，应及时整理监测资料，绘制相关曲线，预测可能发生的问题并及时处理。

（7）当环境条件复杂、降水引起基坑外地表沉降量大于环境控制标准时，可采取控制降水幅度、人工地下水回灌或其他有效的环境保护措施。

（8）停止降水后，应对降水管井采取可靠的封井措施

12.6.2　设计

1. 基坑内安全承压水位埋深

基坑内的安全承压水位埋深必须同时满足基坑底部抗渗稳定与抗突涌稳定性要求，按下式计算：

$$D \geqslant H_0 - \frac{H_0 - h}{f_w} \cdot \frac{\gamma_s}{\gamma_w}, \cdots \begin{cases} h \leqslant H_d \\ H_0 - h > 1.50\text{m} \end{cases} \tag{12.6-1}$$

或

$$D \geqslant h + 1.0 \quad (H_0 - h \leqslant 1.50\text{m}) \tag{12.6-2}$$

式中，D 为坑内安全承压水位埋深（m）；H_0 为承压含水层顶板埋深的最小值（m）；h 为基坑开挖面深度（m）；H_d 为基坑开挖深度（m）；f_w 为承压水分项安全系数，取值为 1.05~1.2；γ_s 为坑底至承压含水层顶板之间的土的天然重度的层厚加权平均值（kN/m³）；γ_w 为地下水重度。

2. 单井最大允许涌水量

单井出水能力取决于工程场地的水文地质条件、井点过滤器的结构、成井工艺和设备能力等。承压水降水管井的出水量可按下式估算：

$$Q = 130\pi\gamma_w l \sqrt[3]{k} \tag{12.6-3}$$

式中，Q 为单井涌水量（m³/d）；l 为过滤管长度（m）；γ_w 为过滤管半径（m）；其余符号意义同前。

3. 渗流解析法设计计算

在井点数量、井点间距（排列方式）、井点管埋深初步确定后，可根据以下公式预测基坑内抽水影响最小处的水位降深值 s：

$$s = \frac{0.366Q}{kM}\left[\lg R - \frac{1}{n}\lg(x_1 x_2 \cdots\cdots x_n)\right] \tag{12.6-4}$$

式中，Q 为基坑涌水量（m³/d）；n 为管井总数（口）；$x_1 x_2 \cdots\cdots x_n$ 算点到各管井中心距离（m）。

4. 渗流数值法设计计算

由于天然含水层厚度往往是不均匀的，含水介质往往是多层的非匀质的和各向异性的，地下空间中存在着复杂的障碍物，以及水文地质天窗的存在，使得解析法不适用（得不到解析解），常用数值分析方法求得近似解。虽然数值法只能求出计算域内有限个点某时刻的近似解，但这些解完全能满足工程精度要求。渗流数值法主要包括有限差分法、有限元法等。

渗流数值分析的第一步，需要建立降水影响范围内的三维非稳定地下水渗流数学模型。渗流数学模型通式为：

$$\begin{cases} \dfrac{\partial}{\partial x}\left(k_{xx}\dfrac{\partial h}{\partial x}\right) + \dfrac{\partial}{\partial y}\left(k_{yy}\dfrac{\partial h}{\partial y}\right) + \dfrac{\partial}{\partial z}\left(k_{zz}\dfrac{\partial h}{\partial z}\right) - W = \dfrac{E}{T}\dfrac{\partial h}{\partial t}, (x,y,z) \in \Omega \\[2mm] h(x,y,z,t)\big|_{t=0} = h_0(x,y,z), \quad (x,y,z) \in \Omega \\[2mm] h(x,y,z,t)\big|_{\Gamma_1} = h_1(x,y,z,t), \quad (x,y,z) \in \Gamma_1 \\[2mm] \dfrac{\partial h}{\partial n}\bigg|_{\Gamma_2} = \varphi(x,y,z,t), \quad (x,y,z) \in \Gamma_2 \\[2mm] \dfrac{\partial h}{\partial n} + \alpha h\bigg|_{\Gamma_3} = \beta, \quad (x,y,z) \in \Gamma_3 \end{cases} \tag{12.6-5}$$

式中，$E = \begin{cases} S & \text{承压含水层} \\ S_y & \text{潜水含水层} \end{cases}$；$T = \begin{cases} M & \text{承压含水层} \\ B & \text{潜水含水层} \end{cases}$；$S_s = \dfrac{S}{M}$；

S 为储水系数；S_y 为给水度；M 为承压含水层厚度（m）；B 为潜水含水层的地下水饱和厚度（m）；k_{xx}、k_{yy}、k_{zz} 分别为各向异性主方向渗透系数；h 为点（x，y，z）处 t 时刻的水位值（m）；W 为源汇项（1/d）；h_0 为计算域初始水位值（m）；h_1 为第一类边界的水位值（m）；S_s 为储水率（1/m）；t 为抽水累计时间（d）；ϕ、α、β 为已知函数；Ω 为计算域；Γ_1、Γ_2、Γ_3 分别为第一、第二、第三类渗流边界。

渗流数值分析的第二步，采用有限差分法或有限元法，将上述渗流数学模型转换为渗流数值模型，以此为依据，编制计算程序（形成计算软件），计算、预测降水引起的地下水位时空分布。渗流数值分析的第三步，对整个渗流区进行离散，即建立降水影响区域的物理模型。渗流数值分析的第四步，应用渗流数值分析计算程序或软件，输入相关计算参数，对所建立的研究区域的物理模型进行渗流计算、分析、预测。

12.6.3 施工

1. 常规减压井施工技术

（1）泥浆护壁钻孔建造减压井

为了保证减压井施工全过程孔壁的稳定，孔内的泥浆只能留待减压井最后的一道洗井工序清理。因滤管及反滤料回填在孔内泥浆中进行，反滤料的孔隙不可避免地被护孔泥浆及悬浮于泥浆中的细颗粒所填，实践表明，反滤料回填量越大、施工时间越长，洗井越困难，成井后的反滤料胶结越密实。再分析减压井中护壁的泥皮，它是一层黏粒聚合物，不易被分离，被减压井中回填的反滤料支持夹持在井孔孔壁上，稳定性较好，注水、洗井难以清除，是影响减压井集中排水效果的另一主要原因。

（2）振动沉管造孔建造减压井

振动沉管造孔虽然井壁不存在泥皮问题，但由于沉管过程和拔管过程的振动影响，减压井周边地层被振动密实，透水性降低；另外，减压井内回填的反滤料在拔管过程中也一定程度的被振动密实，影响减压井集中排水效果。

2. 优质减压井施工技术

（1）选用新型造孔护壁浆液

从影响减压井成孔质量最重要的原因入手，使用高分子材料稳定液取代泥浆造孔、护孔，该方法彻底摆脱了减压井成井后，因造孔孔内泥浆、泥皮难于清理干净对减压井质量的影响。高性能稳定液是一种以聚丙烯胺为主要成分的高分子聚合物，是无色、无味、无毒、呈黏性的透明胶体溶液。其相对密度约等于 1.00g/cm³，呈中性，为一种巨大螺旋状分子结构；平均分子量可达数百万甚至千万，每条长链含很多羟基，可以吸附溶液中其他胶体；易溶于水，遇强氧化剂迅速分解。

（2）高性能稳定液护壁机理

在造孔护壁机理上，高性能稳定液与泥浆液一样起着液体支撑的作用。这是由于浆液具有一定的密度，当孔内浆液面高出地下水位一定高度，浆液就会对孔壁产生一定的静水压力，该压力可抵抗作用在孔壁上的侧向土压力和水压力，防止孔壁坍塌和剥离。不同的是，使用高性能稳定液造孔与使用浆液在成孔后，孔壁上积聚滞留的物质截然不同。护壁的高性能稳定液由于孔内外压力差的作用，使高性能稳定液向孔壁外渗透，在其渗透压及地层的过滤作用下，高性能稳定液逐渐渗入孔壁砂土层中。随着施工时间的增加，高性能稳定液渗入孔壁砂土层中的厚度不断增加，且高分子合成纤维浓度不断加大，使孔壁表面砂土层形成了具有一定稳定能力的保护层，达到护孔的目的。

（3）减压井造孔方式及利弊

直接使用高性能稳定液钻孔，只能采用反循环方式。这是由高性能稳定液密度小的特性决定的，它不具有泥浆的浮托力，因此不能正循环排渣。井孔钻至设计深度后，无需清孔即可进行减压井后续工序的施工；另一种是正、反循环联合方式，即使用泥浆正循环造孔，高性能稳定液置换泥浆护孔、扩孔后，使用泥浆泵或气举循环清孔。

反循环方式造孔，成孔速度快，但反循环钻机机身较大、机具配套多，移位、搬迁较麻烦，施工费用较高。正、反循环联合方式造孔，钻孔机械轻便，移位、搬迁简单，施工费用较低，但施工工序较多，成井速度较慢。

12.7 集水明排设计与施工

12.7.1 集水明排法

1. 集水明排的适用范围

（1）地下水类型一般为上层滞水，含水土层渗透能力较弱；

（2）一般为浅基坑，降水深度不大，基坑或涵洞地下水位超出基础底板或洞底标高不大于 2.0m；

（3）排水场区附近没有地表水体直接补给；

（4）含水层土质密实，坑壁稳定（细粒土边坡不易被冲刷而塌方），不会产生流砂、管涌等不良影响的地基土，否则应采取支护和防潜蚀措施。

2. 集水明排设施

集水明排一般可以采用以下方法：

（1）基坑外侧设置由集水井和排水沟组成的地表排水系统，避免坑外地表明水流入基坑内。排水沟宜布置在基坑边净距 0.5m 以外，有止水帷幕时，基坑边从止水帷幕外边缘起计算；无止水帷幕时，基坑边从坡顶边缘起计算。

（2）多级放坡开挖时，可在分级平台上设置排水沟。

（3）基坑内宜设置排水沟、集水井和盲沟等，以疏导基坑内明水。集水井中的水应采用抽水设备抽至地面。盲沟中宜回填级配砾石作为滤水层。

排水沟、集水井尺寸应根据排水量确定，抽水设备应根据排水量大小及基坑深度确定，可设置多级抽水系统。集水井尽可能设置在基坑阴角附近。

12.7.2 导渗法

导渗法又称引渗法，即通过竖向排水通道——引渗井或导渗井，将基坑内的地面水、上层滞水、浅层孔隙潜水等，自行下渗至下部透水层中消纳或抽排出基坑。在地下水位较低地区，导渗后的混合水位通常低于基坑底面，导渗过程为浅层地下水自动下降过程，即

"导渗自降"（图 12.7-1）；当导渗后的混合水位高于基坑底面或高于设计要求的疏干控制水位时，采用降水管井抽汲深层地下水降低导渗后的混合水位，即"导渗抽降"（如图 12.7-2 所示）。通过导渗法排水，无需在基坑内另设集水明沟、集水井，可加速深基坑内地下水位下降、提高疏干降水效果，为基坑开挖创造快速干地施工条件，并可提高坑底地基土承载力和坑内被动区抗力。

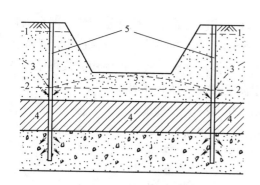

图 12.7-1　越流导渗自降

1—上部含水层初始水位；2—下部含水层初始水位；
3—层渗后的混合动水位；4—隔水层；5—导渗井

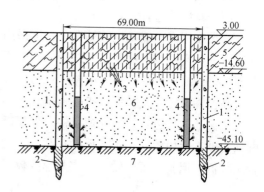

图 12.7-2　润扬长江大桥北锚锭深基坑导渗抽降

1—厚 1.20m 的地下连续墙；2—墙下灌将帷幕；
3—ϕ325 导渗井（内填砂，间距 1.50m）；4—ϕ600 降水管井；
5—淤泥质土；6—砂层；7—基岩（基坑开挖至该层岩面）

1. 导渗法适用范围

（1）上层含水层（导渗层）的水量不大，却难以排出；下部含水层水位可通过自排或抽降使其低于基坑施工要求的控制水位。

（2）适用导渗层为低渗透性的粉质黏土、黏质粉土、砂质粉土、粉土、粉细砂等。

（3）当兼有疏干要求时，导渗井还需按排水固结要求加密导渗井距。

（4）导渗水质应符合下层含水层中的水质标准，并应预防有害水质污染下部含水层。

（5）由于导渗井较易与淤塞，导渗法适用于排水时间不长的基坑工程降水。

（6）导渗法在上层滞水分布较普遍地区应用较多。

2. 导渗设施与布置

导渗设施一般包括钻孔、砂（砾）渗井、管井等，统称为导渗井。

导渗管井：宜采用不需要泥浆护壁的沉管桩机、长臂螺旋钻机等设备成孔或采用高压套管冲击成孔。成孔后，内置钢筋笼（外包土工布或透水滤网）、钢滤管或无砂混凝土滤管：滤管壁与孔壁之间回填滤料。本方法形成的导渗管井多用于永久性排水工程。

导渗砂（砾）井：在预先形成的 ϕ300～600mm 的钻孔内，回填含泥量不大于 0.5% 的粗砂、砾砂、砂卵石或碎石等。本方法形成的导渗砂（砾）井又称之为导渗盲井。

导渗钻孔：对于成孔后基本无坍塌现象发生的导渗层，可直接采用导渗钻孔引渗排水。

导渗井应穿越整个导渗层进入下部含水层中，其水平间距一般为 3.0～6.0m。当导渗层为需要疏干的低渗透性软黏土或淤泥质黏性土，导渗井距宜加密至 1.5～3.0m。

3. 导渗设计计算

对于导渗自降，导渗井的流量可按式（12.7-1）计算。对于兼有疏干作用的导渗井，其导渗流量应计入满足疏干要求的疏干排水量。导渗井群的总流量应满足基坑排水量和疏干水量的要求。

$$Q=k'FI \tag{12.7-1}$$

$$Q=nq \tag{12.7-2}$$

式中，Q 为导渗井群的总流量（m^3/d）；q 为导渗井的流量（m^3/d）；n 为导渗井总数；k' 为导渗井的垂向渗透系数（m/d）；F 为导渗井的水平截面积（m^2）；I 为渗透坡降，对于均质填料，$I=1.0$。

完成导渗任务后，对于基坑开挖范围之外的导渗井或位于基坑开挖深度以下的导渗井残留段，应及时采取有效措施予以封闭，以达到阻断上下含水层之间的联系通道、恢复或保持自然环境下的水文地质条件。

12.7.3 集水井的设置

四周的排水沟及集水井一般应设置在基础范围以外，地下水流的上游，基坑面积较大时，可在基坑范围内设置盲沟排水。根据地下水量、基坑平面形状及水泵能力，集水井每隔 20～40m 设置一个。集水坑的直径或宽度一般为 0.6～0.8m，其深度随着挖土的加深而加深，并保持低于挖土面 0.7～1.0m。坑壁可用竹、木材料等简易加固。当基坑挖至设计标高后，集水坑底应低于基坑底面 1.0～2.0m，并铺设碎石滤水层（0.3m 厚）或下部砾石（0.1m 厚）上部粗砂（0.1m）的双层滤水层，以免由于抽水时间过长而将泥砂抽出，并防止坑底土被扰动。水泵数量、功率和型号的选取时应满足总排水量比基坑总涌水量大 1.5～2 倍。排水沟边缘层离开坡脚不少于 0.3m，沟底宽度为 0.3m，坡度为 1‰～5‰。集水井井底应比排水沟沟底低 1m，排水沟沟底应比挖土面低 0.3～0.5m。

12.7.4 截排水沟的设置

截水沟又称天沟，一般设置在挖方路基边坡坡顶以外，或山坡路堤上方的适当地点，用以拦截并排除路基上方流向路基的地面径流，减轻边沟的流水负担，保证挖方边坡和填方坡脚不受流水冲刷；排水沟的主要用途在于引水，将路基范围内各种水源（如边沟、截水沟、取土坑、边坡和路基附近积水），引至桥涵或路基范围以外的指定地点。

挖方路基的堑顶截水沟应设置在坡口 5m 以外，并宜结合地形进行布设，填方路基上侧的路堤截水沟距填方坡脚的距离不应小于 2m。在多雨地区，视实际情况可设一道或多道截水沟，其作用是拦截路基上方流向路基的地表水，保护挖方边坡和填方坡脚不受水流冲刷。当路基挖方上侧山坡汇水面积较大时，应于挖方坡口 5m 以上设置截水沟。截水沟水流一般不应引入边沟，当必须引入时，应切实做好防护措施。截水沟长度一般不宜超过500m，当截水沟长度超过 500m 时应选择适当的地点设出水口，将水引至山坡侧的自然沟中或桥涵进水口，截水沟必须有牢靠的出水口，必要时须设置排水沟、跌水或激流槽。截水沟的出水口必须与其他排水设施衔接。截水沟的平、纵转角处应设曲线连接，其沟底纵坡应不小于 0.3%。当流速大于土壤容许冲刷的流速时，应对沟面采取加固措施或设法减小沟底纵坡。截水沟设置时主要考虑位置。在无弃土堆的情况下，截水沟的边缘离开挖方路基坡顶的距离视土质而定，以不影响边坡稳定为原则；路基上方有弃土堆时，截水沟应离开弃土堆 1～5m，弃土堆坡脚离开路基挖方顶不应小于 10m，弃土堆顶部应设 2‰倾向截水沟的横坡；山坡上路堤的截水沟离开路堤坡脚至少 2m，并用挖截水沟的土填在路堤与截水沟之间，修筑向沟倾斜坡度为 2‰的护坡道或土台，使路堤内侧地面水流入截水沟排出。

12.8　止水帷幕

12.8.1　概述

连续搅拌桩，单管、三管旋喷桩形成的止水墙称为止水帷幕。目前，常用于止水帷幕的施工方法有 3 种：深层搅拌桩防水帷幕的优点是搅拌后水泥土不透水，施工速度快，造价低。但帷幕深度受限制，标贯击数大于 15 击的土层难以施工，且桩体垂直度要求高，若偏差容易造成叉脚漏水。高压摆喷墙作止水帷幕能形成搭接良好的不透水墙，止水效果好，施工速度快，但造价略高于搅拌桩。旋喷桩作止水帷幕常作挡土兼封水用，但造价偏高，也存在垂直度偏差造成叉脚漏水的缺点。

12.8.2　止水帷幕的类型

常见的止水帷幕有高压旋喷桩、深层搅拌桩止水帷幕，近来出现了螺旋钻机素混凝土或压浆止水帷幕。高压旋喷桩是以高压旋转的喷嘴将水泥浆喷入土层与土体混合，形成连续搭接的水泥加固体。施工占地少、振动小、噪声较低，但容易污染环境，成本较高，对于特殊的不能使喷出浆液凝固的土质不宜采用。水泥搅拌桩帷幕是基坑止水的常用手段之一，基坑（特别是深基坑）开挖及地下结构施工至关重要，多与柱列式钻孔灌注桩构成基坑支护结构。

12.8.3　止水帷幕的施工

1. 施工准备

（1）材料、成品、半成品、构配件进场验收和复试要求，高压喷射注浆法所用灌浆材料，主要是水泥和水，必要时加入少量外加剂。

高压喷射注浆所采用的水泥品种和标号，应根据环境和工程需要确定，一般情况下，宜采用普通硅酸盐水泥，其强度等级不宜低于 32.5。使用其他水泥注浆时应得到设计许可。注浆所用水泥应符合《通用硅酸盐水泥》GB 175—2007 中的规定。高压喷射注浆用水泥必须符合质量标准，应严格防潮和缩短存放时间，施工过程中应抽样检查，不得使用过期的和受潮结块的水泥。搅拌水泥浆所用的水，应符合《混凝土用水标准》JGJ 63—2006 的规定。高压喷射注浆一般使用纯水泥浆液。在特殊地质条件下或有特殊要求时，根据工程需要，通过现场注浆试验论证可使用不同类型浆液，如水泥砂浆等。根据需要可在水泥浆液加入粉细砂、粉煤灰、早强剂、速凝剂、水玻璃等外加剂。

（2）高压喷射注浆法所用施工机具设备，有国产设备和进口设备应根据工程需要和内地地质条件选用合适的施工机具设备。施工用主要设备机具有：地质成孔设备，搅拌制浆设备，供气、供水、供浆设备，喷射注浆设备，控制测量检测设备。

地质成孔设备：1）地质钻机、潜孔钻机、冲击回转钻机、水井磨盘钻机、振冲设备等。2）搅拌制浆设备：搅灌机、搅拌机、灰浆搅拌机、泥浆搅拌机、高速制浆设备等。3）供气、供水、供浆设备：空压机、高压水泵、高压浆泵、中压浆泵、灌浆泵等。4）喷射注浆设备：高压喷射注浆机、旋摆定喷提升装置、喷射管喷头喷咀装置等。5）控制测量检测设备：测量仪、测量尺、水平尺、测斜仪、密度仪、压力表、流量计等。

（3）施工现场（作业条件）要求。

1）平整场地，清除地面和地下可移动障碍，应采取防止施工机械失稳的措施。2）建齐施工用的临时设施，如供水、供电、道路、临时房屋、工作台及材料库等。3）施工平台应做到平整坚实，风、水、电应设置专用管路和线路。4）施工单位应制定环境保护措施，施工现场应设置废水、废浆处理和回收系统。5）施工现场应布置开挖冒浆排放沟和集浆坑。6）施工前应测量场地范围内地上和地下管线及构筑物的位置。7）基线、水准基点，轴线桩位和设计孔位置等，应复核测量并妥善保护。8）机械组装和试运转应符合安全操作规程规定。9）施工前应设置安全标志和安全保护措施。

（4）施工前，建设、设计、监理等单位向施工单位进行技术交底，并提供下列文件和资料：1）工程设计报告和地基与基础的施工图件。2）施工场地的工程地质水文地质资料。3）施工场地地上范围的高压线、电话线、各类管线等资料。4）施工场地地下管线及已建有的地下构筑物的有关资料。5）必要的荷载试验及其他有关试验资料。6）施工技术要求，包括质量标准和检查方法。7）施工前已完成的有关试验报告。8）施工中使用的标准和有关文件。9）施工场地四通一平和测量基准点资料。

（5）施工单位准备工作：1）编制施工组织设计。2）建立质量保证体系。3）制定安全操作规程。4）制定劳动保护和文明施工措施。5）组织施工人员进行技术交底和培训。6）组织学习国家安全生产的法律、法规。7）施工记录所用各种表格应符合规范要求。

2. 施工工艺

（1）高压喷射注浆施工工序应先分排孔进行，每排孔应分序施工。当单孔喷射对邻孔无影响时，可依次进行施工。单管法非套接独立的旋喷桩不分序，依次进行施工。（2）高压喷射注浆旋、摆、定喷射结构形式，对套接、搭接、连接、"焊接"孔与孔应分序施工。

3. 操作工艺

（1）测量放线

根据设计的施工图和坐标网点测量放出施工轴线。

（2）确定孔位

在施工轴线上确定孔位，编上桩号、孔号、序号，依据基准点进行测量各孔口地面高程。

（3）钻机造孔

可采用泥浆护壁回转钻进、冲击套管钻进和冲击回转跟管钻进等方法。1）钻机主钻杆对准孔位，用水平尺测量机体水平、立轴垂直，钻机要垫平稳牢固。2）钻孔口径应大于喷射管外径 20～50mm，以保证喷射时正常返浆、冒浆。3）开钻前由项目部技术组下达造孔通知书，报监理工程师批准后开钻。4）造孔每钻进 5m 用水平尺测量机身水平和立轴垂直 1 次，以保证钻孔垂直。5）钻进过程中为防止塌孔采用泥浆护壁，黏土泥浆重度一般为 1.1～1.25g/cm³。6）钻进过程中随时注意地层变化，对孔深、塌孔、漏浆等情况，要详细记录。7）施工场地勘察资料不详时，每间隔 20m 布置一先导孔，查看终孔时地层变化。8）钻孔终孔深度应大于开喷深度 0.5～1.0m，以满足少量岩粉沉淀和喷嘴前端距离。9）终孔后将孔内残留岩芯和岩粉捞取置换干净，换入新的泥浆，保证高喷顺利下管。10）孔深达到设计深度后，进行孔内测斜，孔深小于 30m 时，孔斜率不大于 1%。11）钻孔完成后及时将孔口盖好，以防杂物掉入孔内。12）钻孔记录要填写清楚、整洁，经监理、质检员、施工员签字后当天交技术组。13）采取套管跟管钻进方法时，在起拔套管前应向孔内注满优质护壁泥浆。14）当采用振冲沉管时，应保证机架和沉管（喷射管）的垂直度，满足设计要求。

（4）测量孔深

钻孔终孔时测量钻杆钻具长度，孔深大于 20m 时，进行孔内测斜。

（5）下喷射管

钻孔经验收合格后，方可进行高压喷射注浆，下喷射管前检查以下事项：1）测量喷射管长度，测量喷嘴中心线是否与喷射管方向箭一致，喷射管应标识尺度。2）将喷头置于高压水泵附近，试压管路应小于 20m，试喷调为设计喷射压力。3）施工时下喷射管前进行地面水、气、浆试喷，即设计喷射压力＋管路压力。4）设计喷射压力＋管路压力为施工用的标准喷射压力，更换喷嘴时重新调试。5）摆喷施工下喷射管前，应进行地面试喷并调准喷射方向和摆动角度。6）地面试喷经验收合格后，下入喷射管时，应采取措施防止喷嘴堵塞。7）孔内沉淀物较多时，应事先准备黏土泥浆，下喷射管时边冲入泥浆边下管。8）钻孔当采用套管护壁时，下入喷射管后，拔出护壁套管。9）当采用振冲沉管时，必须满足以上要求。10）当喷射管下至设计深度时，经监理工程师批准后，准备开喷。

（6）搅拌制浆

搅拌机的转速和拌和能力应分别与所搅拌浆液类型和灌浆泵的排浆量相适应，并应能保证均匀、连续地拌制浆液，保证高压喷射注浆连续供浆需量。1）按设计的水灰比拌制水泥浆液，常用水灰比为 1。2）水泥浆的搅拌时间，使用高速搅拌机不少于 60s；使用普通搅拌机不少于 180s。3）纯水泥浆的搅拌存放时间，自制备至用完的时间应少于 2.5h。4）浆液应在过筛后使用，并定时检测其密度。5）制浆材料称量可采用质量或体积计量法，其误差应不大于 5％。6）炎热夏季施工应采取防热和防晒措施，浆液温度应保持在 5～40℃。7）寒冷季节施工应做好机房和高压喷射注浆管路的防寒保暖工作。8）若用热水制浆，水温不得超过 40℃。9）浆液使用前，检查输浆管路和压力表，保证浆液顺利通过输浆管路喷入地层。10）水泥浆液中需要加入适量的外加剂及掺合料构成复合浆液，应通过试验确定。

（7）供水供气

施工用高压水和压缩气的流量、压力应满足工程设计要求。1）单管法，施工用高压水泥浆的密度、流量、压力应符合设计要求。2）两管法，施工用高压水泥浆和压缩气的流量、压力要符合设计要求。3）三管法，施工用高压水和压缩气的流量、压力要符合设计要求。

（8）喷射注浆

高压喷射注浆法为自下而上连续作业。喷头可分单嘴、双嘴和多嘴。1）当注浆管下至设计深度，喷嘴达到设计标高，即可喷射注浆。2）开喷送入符合设计要求的水、气、浆，待浆液返出孔口正常后，开始提升。3）高压喷射注浆喷射过程中出现压力突降或骤增，必须查明原因，及时处理。4）喷射过程中拆卸喷射管时，应进行下落搭接复喷，搭接长度不小于 0.2m。5）喷射过程中因故中断后，恢复喷射时，应进行复喷，搭接长度不小于 0.5m。6）喷射中断超过浆液初凝时间，应进行扫孔，恢复喷射时，复喷搭接长度不小于 1m。7）喷射过程中孔内漏浆，停止提升，直至不漏浆为止，继续提升。8）喷射过程中孔内严重漏浆，停止喷射，提出喷射管，采取堵漏措施。9）对有特殊要求的注浆孔，可采用复喷来增加喷射长度和强度。10）喷射过程中，要记录每个高压喷射注浆孔施工时间全过程。

（9）冒浆

高压喷射注浆孔口冒浆量的大小，能反映被喷射切割地层的注浆效果。孔口冒出的浆液能否回收利用，取决于工程设计和冒浆质量的好与差，工程中尽可能利用回浆。1）单管法、两管法，孔口冒出的浆液不回收利用。2）单管法、两管法，注浆过程中，冒浆量小于注浆量的 20％时为正常现象，冒浆量超过 20％或完全不冒浆时，应采取下列措施：①当地层中有较大空隙引起不冒浆时，可在浆液中掺合适量的速凝剂，缩短固结时间，使浆液在一定的土层范围内凝固，也可在空隙地段增大注浆量，填满空隙后再继续喷射。②当冒浆量过大时，可通过提高喷射压力，或加快喷射的提升速度，减少冒浆量。3）三管法，注浆过程中不冒浆，孔内严重漏浆，可采取以下措施处理：①孔口少量返浆时，应降低提升速度，孔口不返浆时，应立即停止提升。②加大浆液浓度或水泥砂浆，掺入少量速凝剂。③降低喷射压力、流量，进行原位注浆。4）三管法，根据工程设计要求，可回收利用孔口冒出的浆液。①在含黏粒较少的地层中进行高压喷射注浆，孔口冒浆经沉淀处理后方可利用。②在黏性土或软塑至流塑状淤泥质土层中注浆，其孔口冒浆不宜回收利用。

（10）旋摆提升

单嘴喷头摆 360°为旋喷；小于 360°为弧喷；小于等于 180°为拱喷；小于等于 90°为摆喷；摆角为 0°时为单向定喷。同轴双嘴喷头摆 180°为旋喷；小于 180°为双向拱喷；小于等于 90°为双向摆喷；摆角为 0°时为双向定喷。非同轴双嘴喷头有 90°夹角、120°夹角、150°夹角，可用于摆喷和定喷。多嘴喷头目前国内使用得不多。旋摆为机械旋摆和特殊环境下人工旋摆。1）高压旋喷切割土体一周，旋摆和提升速度慢，喷射半径长，形成桩径大。2）高压摆喷切割土体，摆动和提升速度慢，喷射半径长，形成凝固体积大。3）高压定喷切割土体，提升速度慢，喷射半径长，形成凝固体板长。4）提升速度应与注浆量匹配，供浆量应满足提速，提速应满足喷射半径长度。5）高压喷射注浆机械旋摆，形成凝固体积规则，人工旋摆，形成凝固体积不规则。6）旋摆定喷射过程中要固定喷方向桩，以便随时检查和防止喷方向位移。7）喷射过程中接卸换管时要检查喷射方向，防止喷射方向位移。8）按设计要求旋摆定喷射提升，自下而上至设计标高，停止喷射，提出喷射管。9）旋喷注浆适用于细颗粒和粗颗粒松散地层，定喷注浆适用于细颗粒松散地层。①定喷：适用于黏性土、粉土、砂土细颗粒松散地层。②摆喷：适用于黏性土、粉土、砂土、砾石中颗粒松散地层。③旋喷：适用于黏性土、粉土、砂土、砾石、卵石粗颗粒松散地层。

（11）成桩成墙

高压喷射注浆凝固体可形成设计所需要的形状，如旋喷形成圆柱状、盘形状，摆喷形成扇形状、哑铃状、梯形状、锥形状和墙壁状，定喷形成板状。

（12）充填回灌

每一孔的高压喷射注浆完成后，孔内的水泥浆很快会产生析水沉淀，应及时向孔内充填灌浆，直到饱满，孔口浆面不再下沉为止。终喷后，充填灌浆是一项非常重要的工作，回灌的好与差将直接影响工程的质量，必须做好充填回灌工作。1）将输浆管插入孔内浆面以下 2m，输入注浆时用的浆液进行充填灌浆。2）充填灌浆需多次反复进行，回灌标准是：直到饱满，孔口浆面不再下沉为止。3）对高压喷射注浆凝固体有较高强度要求时，严禁使用冒浆和回浆进行充填回灌。4）对高压喷射注浆凝固体只有抗渗要求时，可以使用冒浆和回浆进行充填回灌。5）应记录回灌时间、次数、灌浆量、水泥用量和回灌质量。

（13）清洗结束：每一孔的高压喷射注浆完成后，应及时清洗灌浆泵和输浆管路，防止清洗不及时不彻底浆液在输浆管路中沉淀结块，堵塞输浆管路和喷嘴，影响下一孔的施工。

4. 工艺指标

（1）测量放线

根据设计的施工图测量放出的施工轴线，允许偏差为 10mm，当长度大于 60m 时，允许偏差为 15mm。

（2）确定孔位

测量孔口地面高程允许偏差不超过 1cm，定孔位允许偏差不超过 2cm。

（3）钻机造孔

钻机就位，主钻杆中心轴线对准孔位允许偏差不超过 5cm。

1）钻孔口径：开孔口径不大于喷射管外径 10cm，终孔口径应大于喷射管外径 2cm。2）钻孔护壁：采用泥浆护壁，黏土泥浆密度为 $1.1 \sim 1.25 \text{g/cm}^3$。3）钻先导孔：每间隔 20m 布置一先导孔，终孔时 1m 取芯鉴别岩性。4）钻孔深度：终孔深度大于设计开喷深度 $0.5 \sim 1.0 \text{m}$。5）孔内测斜：孔深小于 30m 时，孔斜率不大于 1%，其余不得大于 1.5%。

（4）测量孔深

钻孔终孔时测量钻杆钻具长度，允许偏差不超过 5cm。

（5）下喷射管

喷射管下至设计开喷深度允许偏差不超过 10cm。1）喷射管：测量喷射管总长度，允许误差不超过 2%，喷射管每隔 0.5m 标识尺度。2）方向箭：测量喷嘴中心线与喷射管方向箭允许误差不超过 1°。3）调试喷嘴：确定设计喷射压力时，试压管路不大于 20m，更换喷嘴时重新调试。4）喷射压力：施工用的标准喷射压力等于设计喷射压力加上管路压力。5）喷射方向：确定喷射方向允许偏差不超过 ±1°。

（6）搅拌制浆

使用高速搅拌机不少于 60s；使用普通搅拌机不少于 180s。1）单管法、两管法，常用水灰比为 1，密度为 $1.35 \sim 1.5 \text{g/cm}^3$。2）三管法，常用水灰比为 $0.6 \sim 0.8$，密度为 $1.6 \sim 1.7 \text{g/cm}^3$。3）制浆材料称量其误差应不大于 5%，称量密度偏差不超过 $\pm 0.1 \text{g/cm}^3$。4）纯水泥浆的搅拌存放时间不超过 2.5h，浆液温度应保持在 $5 \sim 40 \text{℃}$。5）所进水泥每 400t 取样化验 1 次，检测水泥安定性和强度指标。6）水泥的使用按出厂日期和批号，依次使用，不合格的水泥严禁使用。

（7）供水供气

高压（浆）水压力不小于 20MPa，气压力控制在 $0.5 \sim 0.8 \text{MPa}$。1）高压浆：施工用高压浆压力偏差不超过 ±1MPa，流量偏差不超过 ±1L/min。2）高压水：施工用高压水压力偏差不超过 ±1MPa，流量偏差不超过 ±1L/min。3）压缩气：施工用压缩气压力偏差不超过 ±0.1MPa，流量偏差不超过 ±1L/min。

（8）喷射注浆

高压喷射注浆开喷后，待水泥浆液返出孔口后，开始提升。喷射过程中出现压力突降或骤增，必须查明原因，及时处理。喷射过程中孔内漏浆，停止提升。1）检查喷头：不合格的喷头、喷嘴、气嘴禁止使用。2）复喷搭接：喷射中断 0.5h、1h、4h 的，分别搭接 0.2m、0.5m、1.0m。3）三管法灌浆正常工作压力为 0.1～0.3MPa。4）为增加喷射长度和强度，喷射管喷头必须下落到开喷原位。

（9）冒浆

三管法，高压喷射注浆在砂土及砂砾卵石层施工，孔口冒出的浆液经过滤沉淀处理后方可利用，回收浆液密度为 1.2～1.3g/cm³。

（10）旋摆提升

当碎石土呈骨架结构时应慎重使用高压喷射注浆施工工艺。1）旋喷：旋摆次数（旋喷速度 r/min）允许偏差不超过设计值的 ±0.5r/min。2）摆喷：摆动次数（摆喷速度次/min）允许偏差不超过设计值的 ±1 次/min。3）提升：旋、摆、定喷提升速度，允许偏差不超过设计值的 ±1cm/min。

（11）成桩成墙

旋喷成桩、摆喷成墙、定喷成板，几何尺寸应满足设计要求。

（12）充填回灌

终喷提出喷射管后，应及时向孔内充填灌浆，直到饱满。1）将输浆管插入孔内浆面以下 2m，输入注浆时用的浆液进行充填灌浆。2）充填灌浆需多次反复进行，回灌标准是：直到饱满，孔口浆面不再下沉为止。

（13）清洗结束

每一孔注浆完成后，用清水将灌浆泵和输浆管路彻底冲洗干净。

5. 成品质量

（1）高压喷射注浆形成的桩、墙、板各项技术指标应满足设计要求：1）旋喷桩直径应大于等于设计的桩直径，其强度和抗渗指标应满足设计要求。2）摆喷墙平均厚度应大于等于设计的墙厚，其强度和抗渗指标应满足设计要求。3）定喷板最小厚度应大于等于设计的板厚，其强度和抗渗指标应满足设计要求。

（2）地基加固工程，经高压喷射注浆处理的地基承载力必须满足设计要求。高压喷射注浆地基质量应符合表 12.8-1 的规定。

高压喷射注浆地基质量检验标准　　　　　　　　　表 12.8-1

项	序	检查项目	允许偏差允许值		检查方法
单位	数量				
主控项目	1	水泥及外掺剂	符合出厂要求		查产品合格证书或抽样送检
	2	水泥用量	设计要求		查看流量表及水泥浆水灰比
	3	桩体强度或完整性检验	设计要求		按规定方法
	4	地基承载力	设计要求		按规定方法
一般项目	1	钻孔深度	mm	≤50	用钢尺量
	2	钻孔垂直度	%	≤1.5	经纬仪测钻杆或实测
	3	孔深	mm	±200	用钢尺量

续表

项	序	检查项目	允许偏差允许值	检查方法	
4	注浆压力	按规定参数指标	查看压力表		
5	桩体	mm	＞200	用钢尺量	
6	桩体直径	mm	≤50	开挖后用钢尺量	
7	桩身中心允许偏差		≤0.2D	开挖后桩顶下 500mm 处用钢尺量, D 为桩径	

6. 施工试验计划

(1) 参数确定

1) 施工前在场地内选择与工程条件相类似地段, 进行现场试验确定施工工艺参数。

2) 为工程全面开工准备, 先选择工程中少量部分进行试验性施工确定施工工艺参数。

3) 施工中发现使用的技术参数有问题, 应当及时进行修正和调整施工工艺参数。

(2) 施工试验

1) 根据工程需要开工前试验, 可选择旋喷注浆、摆喷注浆和定喷注浆等类别。

2) 喷射形式和结构, 可选择旋喷桩、摆喷墙、定喷板单喷和连接或围井试验。

12.9 地下水回灌

12.9.1 概述

降水对周围环境的不利影响主要是由于漏斗形降水曲线引起周围建筑物和地下管线基础的不均匀沉降造成的, 因此, 在降水场地外缘设置回灌水系统, 保持需保护部位的地下水位, 可消除所产生的危害。回灌水系统包括回灌井以及回灌砂沟、砂井等。

12.9.2 回灌井的设置

1. 回灌井点

在降水井点和要保护的地区之间设置一排回灌井点, 在利用降水井点降水的同时利用回灌井点向土层内灌入一定数量的水, 形成一道水幕, 从而减少降水以外区域的地下水流失, 使其地下水位基本不变, 达到保护环境的目的。

回灌井点的布置和管路设备等与抽水井点相似, 仅增加回灌水箱、闸阀和水表等少量设备。抽水井点抽出的水通到贮水箱, 用低压送到注水总管, 多余的水用沟管排出。另外回灌井点的滤管长度应大于抽水井点的滤管, 通常为 2～2.5m, 井管与井壁间回填中粗砂作为过滤层。

由于回灌水时会有 $Fe(OH)_2$ 沉淀物、活动性的锈蚀及不溶解的物质积聚在注水管内, 在注水期内需不断增加注水压力才能保持稳定的注水量。对注水期较长的大型工程可以采用涂料加阴极防护的方法, 在贮水箱进出口处设置滤网, 以减轻注水管被堵塞的对象。回灌过程中应保持回灌水的清洁。

2. 回灌砂沟、砂井

在降水井点与被保护区域之间设置砂井、砂沟作为回灌通道。将井点抽出来的水适时适量地排入砂沟, 再经砂井回灌到地下, 从而保证被保护区域地下水位的基本稳定, 达到保护环境的目的。实践证明其效果是良好的。

需要说明的是，回灌井点、回灌砂井或回灌砂沟与降水井点的距离一般不宜小于 6m，以防降水井点仅抽吸回灌井点的水，而使基坑内水位无法下降，失去降水的作用。砂井或回灌井点的深度应按降水水位曲线和土层渗透性来确定，一般应控制在降水曲线以下 1m。回灌砂沟应设在透水性较好的土层内。

3. 回灌管井

回灌管井的回灌方法主要有真空回灌和压力回灌两大类。后者又可分为常压回灌和高压回灌两种。不同的回灌方法其作用原理、适用条件、地表设施及操作方法均有所区别。

（1）真空回灌法

真空回灌适用条件为：1）适用于地下水位较深（静水位埋深＞10m）、渗透性良好的含水层；2）真空回灌对滤网的冲击力较小，适用于滤网结构耐压、耐冲击强度较差及使用年限较长的老井；3）对回灌量要求不大的井。

（2）压力回灌法

常压回灌利用自来水的管网压力（0.1～0.2MPa）产生水头差进行回灌。高压回灌在常压回灌装置的基础上，使用机械动力设备（如离心泵）加压，产生更大的水头差。

常用回灌利用自来水管网压力进行回灌，压力较小。高压回灌利用机械动力对回灌水源加压，压力可以自由控制，其大小可根据井的结构强度和回灌量而定。因此，压力回灌的适用范围很大，特别是对地下水位较高和透水较差的含水层来说，采用压力回灌的效果较好。

由于压力回灌对滤水管网眼和含水层的冲击力较大，宜适用于滤网强度较大的深井。

（3）回灌水质要求

如果回灌水量充足，但水质很差，回灌后使地下水遭受污染或使含水层发生堵塞。地下水回灌工作必须与环境保护工作密切相结合，在选择回灌水源时必须慎重考虑水源的水质。

回灌水源对水质的基本要求为：1）回灌水源的水质要比原地下水的水质略好，最好达到饮用水的标准；2）回灌水源回灌后不会引起区域性地下水的水质变坏和受污染；3）回灌水源中不含使井管和滤水管腐蚀的特殊离子和气体；4）采用江河及工业排放水回灌，必须先进行净化和预处理，达到回灌水源水质标准后方可回灌。

12.9.3 基坑降水对周边环境的影响分析

12.9.4 降水引起地面沉降机理

土体一般由土体颗粒，孔隙水和气体三相组成。一般认为土体变形是孔隙水排出，气体体积减小和土体骨架发生错动而造成的。饱和土中的孔隙水压缩量很小，孔隙体积变化主要是孔隙水排出引起；对于非饱和土，除孔隙水渗出外，还与饱和度有关。土体受载瞬时，孔隙水承担了总压力，随后因孔隙水体积逐渐减小，孔隙压力消散，有效应力增加。在有效应力作用下，土体骨架产生瞬时和蠕动变形。因为加载引起的土体固结变形与抽水引起的土体渗透固结是不同的。前者的最终状态是孔隙水压力彻底消失和零速率流动，后者最终状态是稳定流。两者的差异详见表 12.9-1。

因降水引起土层压密的问题需采用太沙基有效应力原理考虑。土体有效应力的增加产生两种力学效应：因地下水位波动而改变的土粒间浮托力和因承压水头改变引起的渗透压力。

超载固结与抽水渗透固结的差异 表 12.9-1

分类	超载固结	抽水渗透固结
抽水渗透固结	受荷面积小,应力随深度而减小	一般范围大,大规模降水影响区域可以达到上千米;应力变化区域往往伴随着显著的沉降
受载情况	荷载从施工开始渐增,后期基本不变	作用应力长时间内逐渐增加,往往变幅较大
变形机理	加载瞬时,外载由孔隙水压力承担,逐渐转化为土体有效应力,产生沉降,该过程与固结仪中加荷情况相似	一般土层总应力不变;抽水引起的渗透压力使得土体应力变化,使隔水层中的孔压逐渐降低,有效应力增加,土体压密,导致地表沉降
沉降结果	加荷期间一般允许超静水压力消散至平衡,有效应力和固结度基本上可达最终值	因弱透水层压缩性较大,地表沉降的发展滞后于承压水水头的变化;地表沉降的影响范围应小于地下水水头下降的影响范围

在弱透水层上方降水,造成浮托力降低,按该层上方边界不同,可能出现两种情况:浮托力消失一般出现于透水层上方为砂和水所覆盖的情况下。浅层井点降水使得潜水位下降,引起地面沉降,浮托力消失。这是由于抽水降低了地下水位,使土由原来的浮重度改变为饱和重度,这部分重量差就是对土层所造成的有效应力增量:

$$\Delta P = \gamma_w \Delta h \tag{12.9-1}$$

式中 ΔP——降水前后的有效压力增量 (kPa);

Δh——降水深度 (m)。

或

$$\Delta P = \frac{(1+eS_w)}{1+e}\gamma_w \Delta h \tag{12.9-2}$$

式中 S_w——土的饱和度。

抽水造成压缩层上部的孔隙压力降低,有效应力增加。浮托力的降低值仍用式 (12.9-2) 表示,取 $S_w=1$,仍可得到式 (12.9-1)。

如图 12.9-1,未抽水前弱透水层中土体的初始孔隙水压力如 t_0 时刻分布。因抽取含水层中的地下水,导致含水层中水头下降 h,弱透水层因渗透系数小而孔隙水压变化滞后于含水层。随着时间的增加,弱透水层中的各点孔隙水压力逐渐趋于 t_∞ 的分布情况,达到 t_∞ 时,弱透水层底部土体的孔隙水压变化为 Δu,至此弱透水层中将不再有水分排出,土体的压密作用结束。

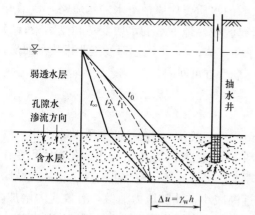

图 12.9-1 含水层抽水后隔水层土体的孔隙水压力变化图

长期基坑降水将形成地下水降落漏斗。抽取承压水使得含水层组的孔隙水压力降低,有效应力增加,土体压密,导致基坑周边的地面沉降,对环境造成一定影响。地质条件、含水层水力联系、基坑止水帷幕插入含水层的位置、抽水时间、水头降深和抽水量等因素影响了沉降的范围、大小和速率。根据太沙基一维固结理论,固结时间 t 由下式决定:

$$t = \frac{T_v H^2}{C_v} \tag{12.9-3}$$

式中 T_v——时间因素（年）；

　　H——含水层降水厚度（m），当含水层为双面排水时为 $H/2$；

　　C_v——固结系数或水力传导系数（cm²/年）。

$$C_v = \frac{k}{S_s} \tag{12.9-4}$$

式中 k——饱和黏性土的渗透系数；

　　S_s——单位贮水系数。

$$S_s = m_v \gamma_w = \frac{a_{1-2} \gamma_w}{1+e} = \frac{\gamma_w}{E_{1-2}} \tag{12.9-5}$$

式中 E_{1-2}——土的体积压缩模量（kPa）；

　　a_{1-2}——土的压缩系数（kPa⁻¹）。

12.9.5 降水引起地面沉降的分析计算方法

降水造成地面沉降的计算方法列于表 12.9-2。

降水引起地面沉降的计算方法　　　　　　表 12.9-2

分类	特点	计算方法	说明
简化计算方法	常用综合水力参数描述各向异性的土体,忽略了真实地下水渗流的运动规律;计算简单方便,误差较大	含水层: $s = \Delta h E \gamma_w H$ $s = \sum s_i = \sum \frac{a_{vi}}{2(1+e_{oi})} \gamma_w \Delta h H_i$	s——土体沉降量(m); Δh——含水层水位变幅(m); E——含水层压缩或回弹模量; H——含水层的初始厚度(m); H_i——第 i 层土的厚度(m); e_{0i}——第 i 层土的初始孔隙比; a_{vi}——第 i 层土的压缩系数,MPa⁻¹;
用贮水系数估算法	将抽水试验所得水位降深的 s-t 曲线,用配线法求解 S_s,预测地面沉降	隔水层: $S = S_e + S_Y$ $s(t) = U(t) s_\infty = U(t) s \Delta h$	S——贮水系数; S_e——弹性贮水系数; S_y——滞后贮水系数; $U(t)$——t 时刻地基土的固结度; s_∞——土体最终沉降量(m);
基于经典弹性理论的计算方法	基于 Terzaghi-Jacob 理论,假定含水层土体骨架变形与孔隙水压力变化成正比,忽略次固结作用;不考虑固结过程中含水层水力参数变化	$s = H \gamma_w m_v \Delta h$ 或 $s = H \frac{\Delta \sigma'}{\gamma_w} S_s$	m_v——压缩层的体积压缩系数(kPa⁻¹); $\Delta \sigma'$——有效应力增量(kPa); S_s——压缩层的储水率(m⁻¹); Δh——含水层水位降深(m); k_0、n_0——分别为含水层初始渗透系数、初始孔隙率;
考虑含水层组参数变化的计算方法	土层压密变形与孔隙水压力变化成正比;考虑土体固结过程中的水力参数变化,更符合土体不能完全恢复非弹性变形的实际	$k = k_0 \left[\frac{n(1-n)}{n_0(1-n)^2} \right]^m$ $S_s = \rho g [\alpha + n\beta]$ 或 $S_s = 0.434 \rho g \frac{C}{\sigma'(1+e)}$ $\alpha = \frac{0.434C}{(1+e)\sigma'} = \frac{0.434C(1-n)}{\sigma'}$	σ'——有效应力(kPa); $C = \begin{cases} C_c, \sigma' \geq P_c \\ C_s, \sigma' < P_c \end{cases}$ C_c、C_s——压缩指数和回弹指数; p_c——先期固结压力(kPa); α——土体骨架的弹性压缩系数; β——水的弹性压缩系数(kPa⁻¹); m——与土性质有关的幂指数

1. 简化计算方法[12]

各国家和地区根据土体特征,采用过不同的方法。对于黏性土,沉降计算有如下方法：

（1）日本东京采用一维固结理论公式计算总沉降量及预测数年内的沉降值，其形式为：

$$s = H_0 \frac{C_c}{1+e_0} \log \frac{P_0 + \Delta P}{P_0}$$ （12.9-6）

式中 s——包括主固结与次固结的总沉降量（m）；

e_0——固结开始前土体的孔隙比；

C_c——土的压缩系数；

P_0——固结开始前垂直有效应力，kPa；

ΔP——直到固结完成时作用于土层的垂直有效应力增量，kPa；

H_0——固结开始前土层的厚度，m。

（2）上海用一维固结方程，以总应力法将在各水压力单独作用时所产生的变形量叠加，得到地表的最终沉降。参考试验数据和工程经验选择计算参数，并通过实测资料反复试算校正。主要步骤如下：

① 分析沉降区的地层结构，按工程地质、水文地质条件分组，确定主要和次要沉降层。

② 作出地下水位随时间变化的实测及预测曲线。

③ 依次计算每一地下水位差值下某土层最终沉降值 s_∞，m：

$$s_\infty = \sum_{i=1}^{n} \frac{a_{1-2}}{1+e_0} \Delta P H$$

或

$$s_\infty = \frac{\Delta P}{E_{1-2}} H$$ （12.9-7）

式中 e_0——固结开始前土体的孔隙比；

H——计算土层厚度（m）；

ΔP——由于水位变化而作用于土层上的应力增量（kPa）；

a_{1-2}——压缩系数，当水位回升时取回弹系数 a_s（kPa^{-1}）；

E_{1-2}——水位下降时为体积压缩模量，$E_{1-2} = (1+e_0)/a_{1-2}$，kPa；水位上升时取回弹模量 $E_s' = (1+e_0)/a_s$。

④ 按选定时差计算每一水位差作用下的沉降量 s_t。

式中 u_t——固结度，$u_t = f(T_v)$，对不同情况的应力，u_t 有不同的近似解答（参阅土力学书籍中的相关内容）。

⑤ 将每一水位差作用下的沉降量叠加即为该时间段内总沉降量，作出沉降与时间曲线。

砂层一般透水性能良好，短时间内即可固结完成，无需考虑滞后效应，可用弹性变形公式计算。一维固结的计算公式为：

$$s = \frac{\gamma_w \Delta h}{E_{1-2}} H_0$$ （12.9-8）

式中 s——砂层的变形量（m）；

γ_w——水的重度（kg/m³）；

Δh——水位变化值（m）；

H_0——砂层的原始厚度（m）；

E_{1-2}——砂层的压缩模量（kPa）。

在降水期间，降水面以下的土层通常不可能产生较明显的固结沉降量，而降水面至原始地下水面的土层因排水条件好，将会在所增加的自重应力条件下很快产生沉降。通常降水引起的地面沉降以这一部分沉降量为主，因此可用下列简易方法估算降水所引起的沉降值：

$$s = \Delta P \Delta H / E_{1-2}$$

式中　ΔH——降水深度，为降水面和原始地下水面的深度差（m）；

ΔP——降水产生的自重附加应力（kPa），$\Delta P = 0.5\gamma_w \Delta H$，可取 $\Delta H = 0.5\Delta H$ 计算；

E_{1-2}——降水深度范围内土层的压缩模量（kPa），可查阅土工试验资料或地区规范。

2. 用地基土储水系数估算基坑降水引起的地面沉降

基坑降水引起的地面沉降量与土体的压密性质参数，地下水位 h，降水的水位降深 Δh，时间 t，施工方法等许多因素有关。在众多影响因素中，储水系数 S 是一个重要的水文地质参数。承压含水层的储水系数数量级一般为 $10^{-3} \sim 10^{-6}$。无压含水层的储水系数数量级一般为 $10^{-1} \sim 10^{-2}$。

Boulton 假定无压含水层排的水是弹性释放的水和滞后重力疏干排出两部分组成，其储水系数为弹性储水系数和滞后重力排水的储水系数之和；提出了考虑滞后疏干的无压含水层中地下水非稳定渗流的理论解[1]。用双对数坐标将 Boulton 理论解绘制成定流量的抽水标准曲线。利用 Boulton 标准曲线，如图 12.9-2 所示，根据抽水试验资料，在透明的双对数坐标纸上绘制实测的水位降深 s-时间 t 曲线，采用配线法确定地基土的储水系数。

$$S = S_e + S_y = \frac{4Tt_1}{r^2(l/u_d)} + \frac{4Tt_2}{r^2(l/u_y)} \tag{12.9-9}$$

式中　　　　S——无压含水层的储水系数；

S_e——无压含水层的弹性储水系数；

S_y——之后重力排水的储水系数；

T——含水层导水系数（m^2/s）；

t_1、u_d 和 t_2、u_y——分别是在 A 组和 B 组曲线上的最佳重合点对应的数值。

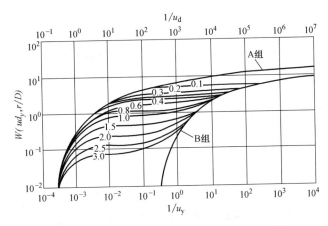

图 12.9-2　Boulton 潜水完整井流标准曲线[13]

3. 基于经典弹性理论的地面沉降计算

太沙基（Terzaghi）于 1925 年提出了土体的一维单向固结理论[14]，求得近似解，其适用条件为荷载面积远大于压缩土层厚度，地基中孔隙水主要沿竖向渗流，见图 12.9-3。太沙基固结理论对于土体的一维固结问题是精确的，对二维和三维问题并不精确。比奥（Boit）从较为严格的固结机理出发推导了准确反映孔隙压力消散与土体骨架变形相互关系的三维固结方程，实现了孔隙水压力和土体变形的真正耦合。

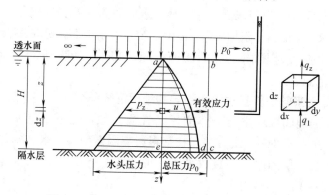

图 12.9-3　饱和土体渗流固结过程中的单元体

太沙基理论只能近似计算土体的固结沉降，比奥固结理论则可以同时求解土体的固结沉降和水平位移。但实际上，土体的非线性变形包括弹性变形、蠕变和塑性变形，仅以弹性理论计算土体变形，不可避免与实际有一定差异。

4. 考虑含水层组参数变化的地面沉降计算

地下水渗流计算中，下层承压水运动的控制方程[8-11,15-17]为

$$\frac{\partial}{\partial x}\left(kM\frac{\partial h}{\partial x}\right)+\frac{\partial}{\partial y}\left(kM\frac{\partial h}{\partial y}\right)+\varepsilon(x,y,t)=S\frac{\partial h}{\partial t}, t>0, (x,y)\in D \quad (12.9\text{-}10)$$

式中　　　k——承压水层的渗透系数；

　　　　　M——承压水层厚度；

　　　　　h——承压水层水头；

$\varepsilon(x,y,t)$——承压水层单位时间单位面积的源汇项；$\varepsilon(x,y,t)=q$, $t>0$, $(x,y)\in$

　　　　　　Γ_2；或 $\varepsilon(x,y,t)=\dfrac{H-h}{h-M}k'$, $t>0$, $(x,y)\in D$。

　　　　　S——承压水层的贮水系数，无压情况下为给水度 μ；

　　　　　D——所研究区域范围；

　　　　　h——潜水层地下水头；

　　　　　k'——潜水层渗透系数。

上层潜水流动的控制方程为

$$\frac{H-h}{h-M}k'=\mu'\frac{\partial h}{\partial t} \quad (12.9\text{-}11)$$

式中　μ'——潜水层给水度。

结合定解条件，可解得潜水层地下水头 h 和承压水层地下水头 H。

土层固结过程中由于土体压密，其孔隙度和孔隙比减小，故渗透系数 k 和贮水率 S_s

发生了变化。若按照土体的水力参数为常数进行计算,必然与实际有较大的偏差。通过 Kozeny-Carman 方程[18,19]建立渗透系数 k 与孔隙率 n 之间的关系。

设某土层厚度为 M_i,由于降水引起的垂直沉降量为 s_i,假定不考虑土层的侧向变形,则对于固结过程中的孔隙度 n 有

$$n = n_0 - \frac{s_i}{M_i - S_i} \approx n_0 - \frac{s_i}{M_i} \tag{12.9-12}$$

由 $e = n/(1-n)$ 和固结曲线 e-$\log p$ 的斜率即压缩指数 C_c 得到的 $m_v = 0.343 C_c / [(1+e)\sigma']$ 得

$$S = S_x M = \gamma_w \left[0.434 \frac{C_c}{(1+e)\sigma'} + n\beta \right] M \tag{12.9-13}$$

由此建立了渗透系数 k 和贮水系数 S 随孔隙比 e 或孔隙率 n 的变化关系,可以处理含水层组参数变化的非线性固结问题。因为基坑降水时产生的地表总沉降受降水和施工情况等因素影响,所以难以从实际地表沉降值中分离由基坑降水引起的沉降和工程施工引起的变形。

基坑降水引起的地面沉降是土体和地下水共同引起的流固耦合问题,可以采用比奥固结理论计算。该计算过程很复杂,一般采用数值分析方法实现,最常用的方法是有限单元法。

5. 有限单元法

采用有限单元法[7,8,15-17]进行数值计算分析基坑降水对周围环境的影响时,可以将岩土视作弹塑性材料,非线性本构关系,考虑三维地下水的渗透作用。数值模拟中对不同地质模型,承压水以及有越流补给和实际工程条件中的井管、过滤管、止水帷幕等分别处理。

不可压缩流体的连续性方程为

$$\frac{\partial}{\partial x}\left(k_x \frac{\partial h}{\partial x}\right) + \frac{\partial}{\partial y}\left(k_y \frac{\partial h}{\partial y}\right) + \frac{\partial}{\partial z}\left(k_z \frac{\partial h}{\partial z}\right) + \varepsilon(x,y,t) = S_x \frac{\partial h}{\partial t} \tag{12.9-14}$$

这是渗流场中水头 h 在求解区域内必须满足的基本方程,水头 h 还应满足边界条件:

(1) 水头边界条件,即边界上的水头为已知水头,$h = h_0$。

(2) 流量边界条件,假设对应边界上沿此边界表面法线单位面积的渗流量为 q,则 $k_x \frac{\partial h}{\partial x} + k_y \frac{\partial h}{\partial y} + k_z \frac{\partial h}{\partial z} = -q$。式中 n_x,n_y,n_z 表示边界表面外法向在 x,y,z 方向余弦。

现今数值模拟计算经常使用的地面沉降模型是土体变形以太沙基一维固结理论或比奥固结理论和三维水流模型为基础的模型,分为三类:两步计算模型、部分耦合模型和完全耦合模型。

两步计算模型中首先地下水流模型计算含水层组中的水头变化,根据各含水层和弱透水层的水头变化计算土体有效应力的变化,再计算各土层的变形量,各土层变形量之和即为地表沉降。部分耦合模型是在两步模型的基础上考虑到当相邻含水层水头下降时,土层中的地下水将产生渗流和非线性变形,随着土体变形量的增加,孔隙比减小,土的压缩性和透水性也随之降低。

两步计算模型和部分耦合模型中假定土体变形只沿垂直方向发生,忽略侧向变形;仅考虑含水层水平方向的渗流和弱透水层竖直方向的渗流;且模型中参数都是常数。土层的

变形应是非线性的，有蠕变、塑性变形，但太沙基—维沉降模型是弹塑性的，显然是与实际情况有差距的；在弱透水层近似为匀质和各向同性时，计算误差比较小。但这两种数值计算方法不能做到水流和沉降模型的真正耦合。

随着抽水的进行，土层的压缩沉降、孔隙度、渗透系数和贮水率在完全耦合模型中将基于比奥固结理论。比奥方程能够考虑地下水运动和土体变形的耦合作用，即孔隙水压力的变化对土体变形的影响和土体变形对孔隙水压力的影响；但计算所需参数太多，实际工程中直接运用较少。

12.9.6　减少与控制降水引起地面沉降的措施

基坑降水导致基坑四周水位降低、土中孔隙水压力转移、消散，不仅打破了土体原有的力学平衡，有效应力增加；而且水位降落漏斗范围内，水力梯度增加，以体积力形式作用在土体上的渗透力增大。二者共同作用的结果是，坑周土体发生沉降变形。但在高水位地区开挖深基坑又离不开降水措施，因此一方面要保证开挖施工的顺利进行，另一方面又要防范对周围环境的不利影响，即采取相应的措施，减少降水对周围建筑物及地下管线造成的影响。

1. 在降水前认真做好对周围环境的调研工作

（1）查明场地的工程地质及水文地质条件，即拟建场地应有完整的地质勘探资料，包括地层分布，含水层、隔水层和透镜体情况，以及其与水体的联系和水体水位变化情况，各层土体的渗透系数，土体的孔隙比和压缩系数等。

（2）查明地下贮水体，如周围的地下古河道、古水池之类的分布情况，防止出现井点和地下贮水体穿通的现象。

（3）查明上、下水管线，煤气管道、电话、电信电缆，输电线等各种管线的分布和类型，埋设的年代和对差异沉降的承受能力，考虑是否需要预先采取加固措施等。

（4）查清周围地面和地下建筑物的情况，包括这些建筑物的基础形式，上部结构形式，在降水区中的位置和对差异沉降的承受能力。降水前要查情这些建筑物的历年沉降情况和目前损伤的程度，是否需要预先采取加固措施等。

2. 合理使用井点降水，尽可能减少对周围环境的影响

降水必然会形成降水漏斗，从而造成周围地面的沉降，但只要合理使用井点，可以把这类影响控制在周围环境可以承受的范围之内。

（1）首先在场地典型地区进行的相应的群井抽水试验，进行降水及沉降预测。做到按需降水，严格控制水位降深。

（2）防范抽水带走土层中的细颗粒。在降水时要随时注意抽出的地下水是否有混浊现象。抽出的水中带走细颗粒不但会增加周围地面的沉降，而且还会使井管堵塞、井点失效。

为此首先应根据周围土层的情况选用合适的滤网，同时应重视埋设井管时的成孔和回填砂滤料的质量。如上海地区，粉砂层大都呈水平向分布，成孔时应尽量减少搅功，过滤管设在砂性土层中。必要时可采用套管法成孔，回填砂滤料应认真按级配配制。

（3）适当放缓降水漏斗线的坡度。在同样的降水深度前提下，降水漏斗线的坡度越缓，影响范围越大，而所产生的不均匀沉降就越小，因而降水影响区内的地下管线和建筑物受损伤的程度也越小。根据地质勘探报告，把滤管布置在水平向连续分布的砂性土中可获得较平缓的降水漏斗曲线，从而减少对周围环境的影响。

（4）井点应连续运转，尽量避免间歇和反复抽水。轻型井点和喷射井点在原则上应埋在砂性土层内。对砂性土层，除松砂以外，降水所引起的沉降量是很小的，然而倘若降水间歇和反复进行，现场和室内试验均表明每次降水都会产生沉降。每次降水的沉降量随着反复次数的增加而减少，逐渐趋向于零，但是总的沉降量可以累积到一个相当可观程度。因此，应尽可能避免反复抽水。

（5）基坑开挖时应避免产生坑底流砂引起的坑周地面沉陷。如图 12.9-4 所示，在基坑底面下有一薄黏性土不透水层，其下又有相当厚度的粉砂层。若降水时井点仅设在基底以下，未穿入含水砂层，那么这层薄黏土层会承受上、下两面的水压力差 ΔP，作用于黏土层下侧，产生向上的压力，若此压力大于该土层重量，便会造成坑底涌砂现象。对于该种情况，需将降水井管穿入黏土层下面的含水砂层中，释放下卧粉砂层中的承压水头，保证坑底稳定。

（6）如果降水现场周围有湖、河、浜等贮水体时，应考虑在井点与贮水体间设置挡土帷幕，以防范井点与贮水体穿通，抽出大量地下水而水位不下降，反而带出许多土颗粒，甚至产生流砂现象，妨碍深基坑工程的开挖施工。

（7）在建筑物和地下管线密集等对地面沉降控制有严格要求的地区开挖深基坑，宜尽量采用坑内降水方法，即在围护结构内部设置井点，疏干坑内地下水，以利开挖施工。同时，需利用支护体本身或另设挡土帷幕切断坑外地下水的涌入。要求挡水墙具有足够的入土深度，一般需较井点滤管下端深 1.0m 以上。这样即不妨碍开挖施工，又可大大减轻对周围环境的影响。

3. 降水场地外侧设置隔水帷幕，减小降水影响范围

在降水场地外侧有条件的情况下设置一圈隔水帷幕，切断降水漏斗曲线的外侧延伸部分，减小降水影响范围，将降水对周围的影响减小到最低程度，如图 12.9-5 所示。常用的隔水帷幕包括深层水泥搅拌桩、砂浆防渗板桩、树根桩隔水帷幕、钻孔咬合桩、钢板桩、地下连续墙等。

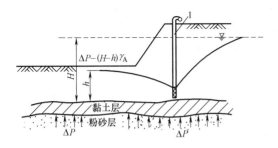

图 12.9-4 坑底下伏承压含水层引发坑底涌砂

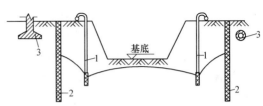

图 12.9-5 设置隔水帷幕减小不利影响
1—井点管；2—隔水帷幕；3—坑外浅基础、地下管线

4. 降水场地外缘设置回灌水系统

降水对周围环境的不利影响主要是由于漏斗形降水曲线引起周围建筑物和地下管线基础的不均匀沉降造成的，因此，在降水场地外缘设置回灌水系统，保持需保护部位的地下水位，可消除所产生的危害。回灌水系统包括回灌井以及回灌砂沟、砂井等。

12.10 工程实例

某软土地区深基坑降小工程

12.10.1 工程概况

拟开挖的基坑处在福建某精炼厂内，东面紧邻钢坯生产线，距钢坯生产线设备基础约5.0m；南面靠近带钢厂房，距带钢厂房外墙约10.0m；西面贴近钢坯库；北面贴近精炼厂电气室及设备维修间；除此之外，拟建场地东侧紧贴钢坯生产垮与钢坯生产线平行布设有一条电缆沟；平行于带钢厂房外墙埋设有 ϕ1600 的排水管及一条 ϕ400 的输气管。

该基坑降水由上海长凯岩土工程有限公司负责设计。拟建基坑最大开挖深度约25m，基坑坑壁稳定安全性等级为一级。拟建基坑周边厂房均采用的是钢结构，基础形式为预应力管桩，桩长约50m，桩端落在⑦层卵石上。基坑开挖深度范围内土层有①层人工填土，②层淤泥，③层黏土。其中①层结构松散、自稳能力差，易坍塌；②层厚度大，工程性能极差，属高压缩性、低强度、高灵敏度的土层，具有触变和蠕动等不良特性，易产生涌土现象而导致基坑坑壁失稳；③层工程性能较好。根据场地地层结构、开挖深度、周边环境，拟采用排桩＋内支撑圆形支护结构，钻孔灌注桩结合高压旋喷作防水帷幕，深度为63m，至少进入强风化基岩2m。

降低承压含水层的承压水水头，将其控制在安全埋深以内，以防止基坑底部发生突涌，确保施工时基坑底板的稳定性。同时，必须尽量减少由于减压降水引起的地表沉降及降水对周边建构筑物的不利影响。

12.10.2 工程地质及水文地质概况

1. 工程地质概况

场地内分布的主要地层有人工填积层、第四系全新统长乐组海积层、第四系全新统东山组海积层、第四系上更新统龙海组冲洪积层，燕山期侵入花岗岩层。

素填土（地层代号 $①_1$），为新近人工填海造陆而成，填土主要由黏性土、中粗砂及块石等组成，厚度 4.20m～11.8m，平均厚8.43m，层底标高－0.34～－6.32m。

淤泥质状素填土（地层代号 $①_2$），以透镜体的形式分布于上部填土之中。

淤泥（地层代号②），在整个场地均有分布，厚度大，是拟建场地内最软弱地基土。该层揭露厚度 11.2～21.0m，平均厚 15.8m，层底标高－16.84～－24.3m。

黏土（地层代号③）。整个场地均有分布，厚度变化大。该层揭露厚度 0.9～7.4m，平均厚度约 3.7m，层底标高－17.74～－27.10m。

淤泥质黏土（地层代号 $④_1$）。局部分布，厚度变化大。该层揭露厚度 0.8m～12.0m，平均厚 4.1m，层底标高－21.22～－32.24m。

黏土（地层代号 $④_2$）。厚度变化较大。该层揭露厚度 2.6m～11.5m，平均厚 6.0m，层顶标高－30.13m～－33.68m。

砂砾卵石（地层代号⑤），主要成分为卵石，充填黏性土及少量中砂，局部黏性土含量较大，砂砾卵石粒径在 10～50mm 之间，含量在 50%～60% 之间，颗粒级配一般，该层分布不均，局部厚度变化较大，揭露厚度 4.4～11.2m，平均厚 6.63m，层顶标高－36.84m～－43.19m。

黏土（地层代号⑥），该层以透镜体或夹层形式分布于砂砾卵石层（地层代号⑤）和卵石层（地层代号⑦）之间，分布不均匀，该层揭露厚度 0.2～3.8m，平均厚 1.48m，层底标高－37.91～－44.37m。

卵石（地层代号⑦）主要成分为卵石，充填有黏性土及中砂，卵石粒径在 20～50mm 之间，含量在 60%～80% 之间，颗粒级配一般，厚度变化较大，分布较均匀。该层揭露厚度 10.8～17.1m，平均厚 13.05m，层底标高－51.7～－58.87m。

花岗岩强风化（地层代号⑧₁）该层结构大部分破坏，大部分已风化成黏土矿物，该层揭露厚度 7.6～20.7m，平均厚 13.73m，层底标高－63.37m～－73.76m。

花岗岩中风化（地层代号⑧₂），该层未钻穿，层顶标高－32.84～－2.82m。

上述各岩土层的分布及其厚度变化情况详见图 12.10-1。

2. 水文地质条件

拟建场地内地下水主要分上部滞水和承压水两种类型。

上部滞水：主要赋存于填土层之中，大气降水渗入为其主要补给来源，勘察期间测得其稳定水位埋深为 0.20～1.40m，相当于 1985 国家高程 4.42～4.84m。

承压水：主要赋存于东山组地层中，含水层岩性为含黏性土卵石（地层编号为⑦）。根据抽水试验孔实测的承压水水头标高为 5.2m。

3. 基坑支护设计概况

图 12.10-2 为基坑支护平面布置图。基坑支护采用排桩＋内支撑圆形支护结构，钻孔灌注桩结合高压旋喷作防水帷幕，坑内采用高压旋喷桩加固，加固深度为 7～31m，加固平面图如图 12.10-3 所示。图 12.10-4 为基坑支护剖面图，基坑开挖深度为 25m，支护结构由里到外分别采用 $\phi1200@2000$ 钻孔灌注桩、$\phi1100@2000$ 钻孔灌注桩和 $\phi600@300$ 高压旋喷桩止水帷幕，桩长依次约为 50m、63m 和 63m。

12.10.3 降水工程难点分析与对策

根据本工程围护结构特征和拟建场地的地质水文地质特征，本基坑工程的安全极大程度上依赖于基坑降水的成功与否，这使得降水设计的可靠性更加重要。

1. 工程难点分析

（1）拟开挖基坑处在精炼厂厂房内部，周边建（构）筑物复杂，特别是东面运行中的钢坯生产线设备基础，距离近；基坑周边环境对基坑施工极为不利。

（2）本工程基坑最大开挖深度 25m，开挖深度较大。在基坑开挖深度范围内遇到的土层有①层人工填土，②层淤泥，③层黏土。其中①层结构松散、自稳能力差，易坍塌；基底基本位于第②层淤泥中，②层厚度大，工程性能极差，属高压缩性、低强度、高灵敏度的土层，具有触变和蠕动等不良特性，易产生涌土现象而导致基坑坑壁失稳；

（3）基坑下伏承压含水层⑤层砂砾卵石及⑦层卵石，含水量丰富，渗透性大，单井出水量大。

（4）⑤层砂砾卵石及⑦层卵石中间夹⑥层黏土较薄，最薄仅 0.3m，⑤层砂砾卵石及⑦层卵石将做统一承压含水层，含水层厚度较大。

（5）防水帷幕为水泥土搅拌桩或高压旋喷，在砂砾卵石层中，质量难以保证，不能完全隔断基坑内外水力联系。降水引起基坑周边土体沉降影响较大。

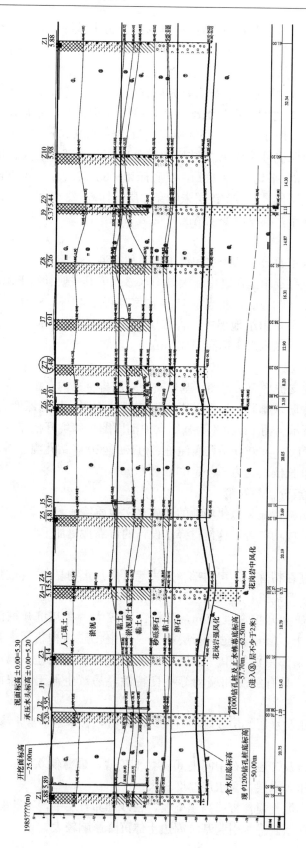

图 12.10-1 典型地质剖面图

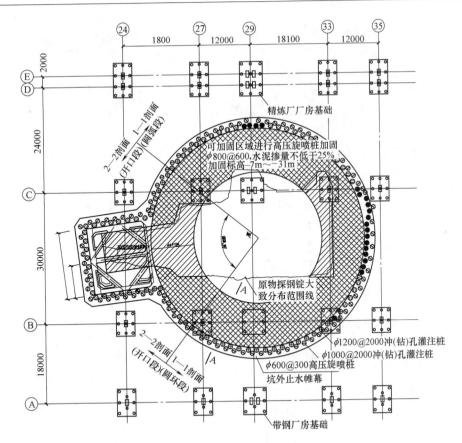

图 12.10-2 基坑支护平面布置图

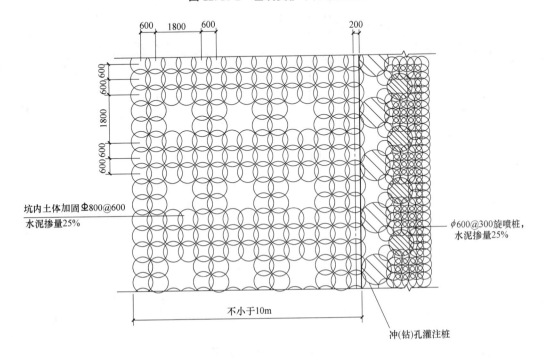

图 12.10-3 土体加固平面示意图

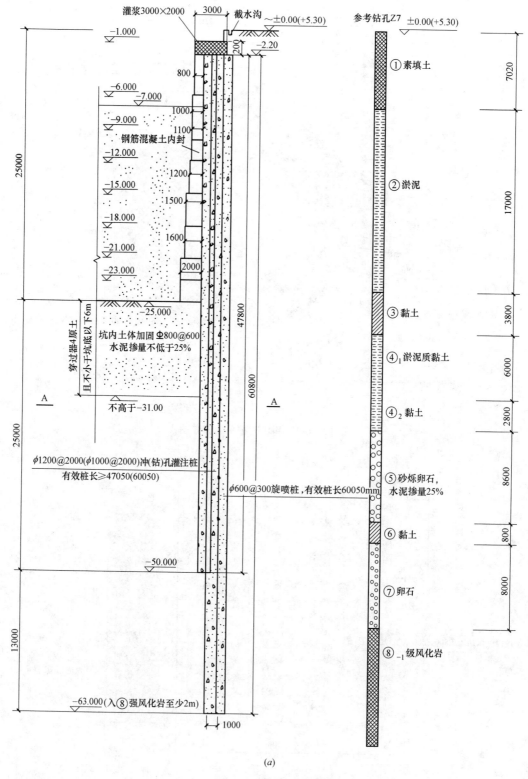

(a)

图 12.10-4 基坑支护剖面图

(a) 1—1 剖面图

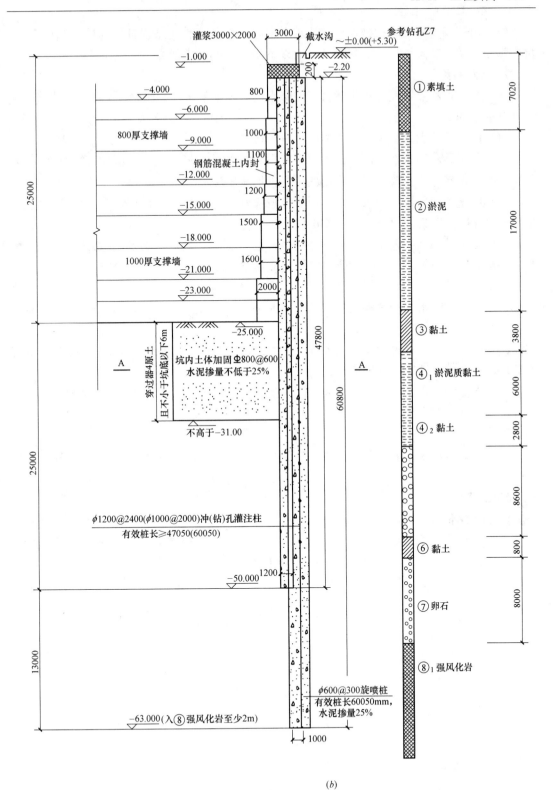

图 12.10-4　基坑支护剖面图

(b) 2—2 剖面图

（6）由于场地地层均被破坏，承压水上覆隔水层隔水性无法保证，为确保基坑安全，坑内降压井须具备降承压水头降至开挖面以下 1m 即 26m 的能力。

2. 降水对策

针对本工程特点，充分利用我公司的降水设计及地下水控制经验，采用以下措施解决降水工程中的难点：

（1）由于基坑大面积采取加固措施，对于坑内开挖范围内的潜水，无需进行降水。

（2）⑤层砂砾卵石及⑦层卵石中间夹⑥层黏土较薄，最薄仅 0.3m，⑤层砂砾卵石及⑦层卵石将视同一承压含水层，采用减压井进行减压降水。

（3）由于场地地层均被破坏，承压水上覆隔水层隔水性无法保证，为确保基坑安全，承压水头需降至开挖面以下 1m 即 26m。

（4）由于基坑面积较小，井数不宜过多；止水帷幕深度进入强风化花岗岩，理论上隔断了⑤层砂砾卵石及⑦层卵石承压含水层，减压井应设置长滤管。设置减压井井深 56m，过滤器 18m。

（5）在正式降水运行前利用部分降水井进行群井抽水试验，检验止水帷幕质量及降水方案的合理性。

（6）在基坑内应布置适量承压水水位观测井兼备用井，根据地下水位监测结果指导降水运行，并在应急情况下开启抽水。

（7）在基坑外应布置适量承压水水位观测井，一方面根据地下水位监测结果指导降水运行，另一方面在应急情况下亦可及时启动进行短期辅助抽水。坑外局部沉降过大时可利用其回灌。

（8）为确保降水井的不间断工作，施工现场应有双电源保证措施，应配置备用发电机组。

12.10.4　降水井设计

1. 涌水量估算

（1）按均质含水层、承压水、完整井考虑，采用《建筑基坑支护技术规程》JGJ 120—2012 中公式（E.0.3）对基坑降水总涌水量进行估算：

$$Q=2\pi k \frac{Ms_d}{\ln\left(1+\dfrac{R}{r_0}\right)}=2\times 3.14\times 20\frac{18\times 26}{\ln\left(1+\dfrac{1300}{25}\right)}=18506\,\mathrm{m^3/d}$$

式中　M——承压含水层厚度（m）；

　　　Q——涌水量（m³/d）；

　　　k——含水层渗透系数（m/d）；

　　　M——承压水含水层/潜水含水层厚度（m）；

　　　R——抽水影响半径（m），$R=10S\sqrt{K}$；

　　　S_d——基坑开挖至设计深度时的疏干含水层中平均水位降深（m）；

　　　r_0——基坑折算半径（m）。

计算的基坑总疏干涌水量为 18506m³/d。

（2）单井涌水量采用《建筑基坑支护技术规程》JGJ 120—2012 中（公式 E.0.3）对

基坑降水总涌水量进行估算：

$$q_0 = 120\pi r_s l \sqrt[3]{k} = 120 \times 3.14 \times 0.15 \times 16 \times \sqrt[3]{25} = 2644\text{m}^3/\text{d}$$

式中　q_0——单井出水能力（m^3/d）；

　　　k——含水层渗透系数（m/d）；

　　　l——过滤器进水部分长度（m）；

　　　r_s——过滤器半径（m）。

降水井数 $n = 1.2Q/q_0 = 8.4$

12.10.5　减压降水设计

根据前述基坑突涌稳定性安全验算结果，必须对承压含水层采取有效的减压降水措施，才能防止产生基坑突涌破坏。为了有效降低和控制承压含水层的水头，确保基坑开挖施工顺利进行，必须进行专门的水文地质渗流计算与分析。

根据拟建场地的工程地质与水文地质条件、基坑围护结构特点以及开挖深度等因素，本次设计采用了渗流数值法进行计算，为减压降水设计与施工提供理论依据。

本次承压水减压降水设计中，减压降水目的层为承压含水层。考虑到降水过程中，上覆潜水含水层将与下伏承压含水层组之间将发生一定的水力联系，因此，将上覆潜水含水层、弱透水层及下伏深层承压含水层组一起纳入模型参与计算，并将其概化为三维空间上的非均质各向异性水文地质概念模型。

为了克服由于边界的不确定性给计算结果带来随意性，定水头边界应远离源、汇项。通过试算，本次计算以整个基坑的东、西、南、北最远边界点为起点，各向外扩展约500m，四周均按定水头边界处理。

12.10.6　基坑降水数值模拟

根据已有的岩土工程勘察报告、水文地质条件、钻孔资料，模拟区平面范围按下述原则确定：以基坑为中心，边界布置在降水井影响半径以外。

1. 含水层的结构特征

根据研究区的几何形状及实际地层结构的工程地质及水文地质特性等信息条件，对研究区进行三维剖分。

2. 模型参数特征

根据工程勘察及已完成的抽水试验所得参数，对模型进行赋值。

3. 水力特征

地下水渗流系统符合质量守恒定律和能量守恒定律；含水层分布广、厚度大，在常温常压下地下水运动符合达西定律；考虑浅、深层之间的流量交换以及渗流特点，地下水运动可概化成空间三维流；地下水系统的垂向运动主要是层间的越流，三维立体结构模型可以很好地解决越流问题；地下水系统的输入、输出随时间、空间变化，参数随空间变化，体现了系统的非均质性，但没有明显的方向性，所以参数概化成水平向各向同性。

综上所述，模拟区可概化成非均质水平向各向同性的三维非稳定地下水渗流系统。模拟区水文地质渗流系统通过概化、单元剖分，即可形成地下水三维非稳定渗流模型。

4. 源汇项处理方式

（1）减压井处理

在"Visual Modflow"中，减压降水井可以设置过滤器长度、出水量等参数。

（2）边界条件处理

在本次基坑降水模拟中，模型边界在降水井影响边界以外。故可将模型边界定义为定水头边界，水位不变。

5. 本次减压降水三维渗流模型建立假设条件：

（1）承压含水层的初始水头埋深 0.0m；

（2）考虑群井效应因素，单井涌水量平均考虑 40～50m³/h。

图 12.10-5 为基坑降水时止水帷幕与降水井立体图。

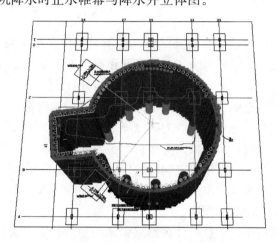

图 12.10-5 降水井三维立体图

图 12.10-6 为基坑开挖施工时，承压水位降至开挖面底板以下 1m 时，承压含水层水位等值线图。

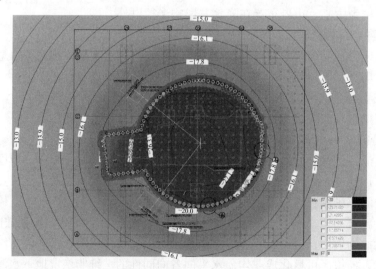

图 12.10-6 基坑降水井运行后预测基坑水位埋深等值线平面图（单位：m）

本基坑长期抽水，减压降水对坑外地面沉降有一定影响，模拟实际施工工况，预估基坑开挖所需承压水降水时间为 120 天，基坑承压水降水运行后基坑周边环境沉降预测等值线如图 12.10-7 所示，紧邻基坑外侧的地面沉降值为 45～50mm。

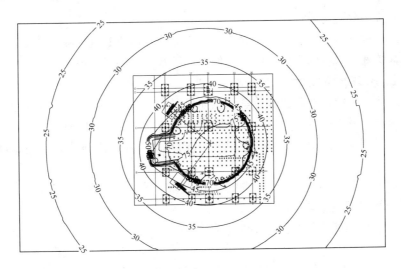

图 12.10-7 降水 120 天后地面沉降预测分布图（单位：mm）

分别计算开挖到 10m、15m、20m 及 25m 不同深度时降水水位等值线分布情况及开启降压井井数。

12.10.7 常规风险及技术措施

1. 基坑内降水井损坏

因基坑内布置了大量降压井，在挖土过程中对降水井必须进行保护，一旦挖土破坏了降压井，地下承压水就可能从被破坏了降压井的降压井内大量涌入基坑内，一旦发生类似情况，必须短时间内启动备用井和水位观测井，并立即对被破坏的井进行修复。修复完毕后关闭多开的降水井，确保降水对环境的影响减少到最低程度。

2. 基坑内勘察孔或监测孔突涌

穿过深层承压含水层中的勘察孔，必须引起注意，一旦封孔不好，被下部承压含水层击穿后，后果不堪设想，仅仅依赖上部降水是无法得到解决。

建议监测单位在深坑处不要设置深层监测孔。因为在基坑内布置的深层监测孔（分层沉降孔和回弹孔），监测孔一般是采用铁管或塑料子，止水工作做不好，一种情况是地下承压水沿着管外回填层向基坑内涌水涌砂，另一种情况是地下承压水夹带砂粒直接从管内涌入基坑。

一旦发生勘察孔和监测孔突涌现象，应增加降水井数量，将地下水降低到开挖面以下，如果水位控制不到基坑开挖面以下，可以在突涌点处压入一根钢管，在钢管外压土处理，同时对突涌点进行注浆处理。

3. 坑底流砂

（1）降水是防治流砂的最有效的办法，当出现流砂现象，在基坑内增加水井点，或加大抽水速度，将坑内地下水位降至坑底下 1m。

（2）对轻微流砂现象，应立即浇筑混凝土垫层，并将垫层加厚。压重物也是短时间的缓解措施。

4. 管涌

（1）采取增加降水井点，加大抽水速度的方式，降低承压水压力。

（2）管涌严重时可先向坑内灌水压重，减小坑内外水头差，稳定管涌情况，再采用双液注浆或浇灌快干混凝土封堵涌口。

（3）若前两种措施仍不能控制坑底管涌，应立即开启所有坑内降压井和坑外观测井抽水，同时将基坑外集水坑的水向坑内排，使得承压水水头趋于平衡。

5. 基坑围护结构位移过大

（1）立即停止开挖，在薄弱部位紧贴土面设置临时支撑，控制围护结构继续位移。

（2）根据监测报告和位移情况，找出围护结构位移原因，制定具体对策。

① 等到坑内井点预降水达到降水深度，坑内外地基加固土体达到龄期或设计强度时再开挖基坑。

② 严格执行分段、分层、分块、限时开挖要求，限时支撑到位的基坑开挖原则。

6. 减压降水对环境影响的控制

（1）临近建筑物的减压井抽水时间应尽量缩短。

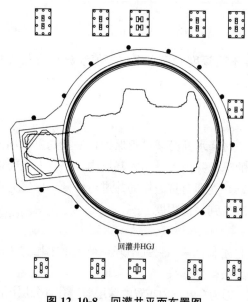

图 12.10-8 回灌井平面布置图

（2）采用信息化施工，对周围环境进行监测，发现问题及时调整抽水井数量及抽水流量，以指导降水运行。

（3）监测资料及时报送降水项目部，以绘制相关的图表、曲线，调控降水运行程序。

（4）鉴于减压降水引起的地面沉降对周边环境的影响，采取回灌措施对周边环境进行保护，回灌井平面布置图如图 12.10-8 所示。

（5）在降水运行过程中随开挖深度逐步降低承压水头，根据抽水试验得到的参数，计算不同井群组合下坑内地下水的深度，随基坑开挖深度确定井群的运行。在控制承压水头足以满足开挖基坑稳定性要求的前提下，尽量减小承压水位降深，以尽量减小和控制降水对环境的影响。

（6）对要保护的建筑必须由专业监测单位进行监测。

（7）基坑施工过程中，如围护发生渗漏或严重渗漏，应及时采取封堵措施，以避免导致基坑外侧水位发生较大幅度下降以及由此引起的严重的地面沉降。

12.10.8 施工过程中水位监测

图 12.10-9 为水位监测点平面布置图。其中 W1～W10 代表潜水位水位观测井，W11～W20 位承压水位观测井。观测孔埋设采用地质钻钻孔，对于潜水水位孔，孔深约 8m，对于承压水水位孔，孔底进入⑦卵石层不少于 2m，孔深约 40m。对于潜水水位孔，成孔完成后，放入里有滤网的水位管，管壁与孔壁之间用中粗砂或石屑回填至离地表约 0.5m 后再用黏性土回填至地表，以防止地表水的进入。对承压水水位孔，承压水位孔的钻孔基本同于上述潜水水位孔，但滤水段位于承压水层内，其外部用中细砂充填，而其余段直至地面均不设渗水孔，承压含水层与其他土层采用黏土球或黏性土密封，以切断地层内承压水与上部地层的水力联系。水位观测中，浅层潜水水位孔 10 个，深层承压水位 10

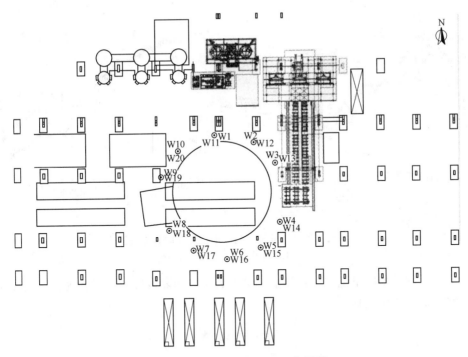

图 12.10-9　水位监测点平面布置图

个，潜水水位孔、承压水位孔均匀布置于基坑围护桩外约 2～3m 范围。坑外水位孔 8 个，布置在距离基坑周边 10～20m 范围内均匀布置。

水位监测由 2013 年 9 月 27 日开始，至 2014 年 10 月 9 日结束，为期 377 天的监测数据显示潜水水位监测点 W1～W10 变化较小（地下水位累积变化量不超过 1m）。以基坑南北侧的水位监测点为例，变化情况如图 12.10-10 所示。如图所示，潜水水位上下波动，总体变化量较小，个别出现较大波动的情况，主要受降雨和现场降水施工的影响。

图 12.10-11 为基坑南北侧承压水测点水位变化时程曲线图。如图所示，随着基坑开挖深度的加大及坑内减压井控制坑内承压水头的下降，坑外承压水头总体趋势下降。降水

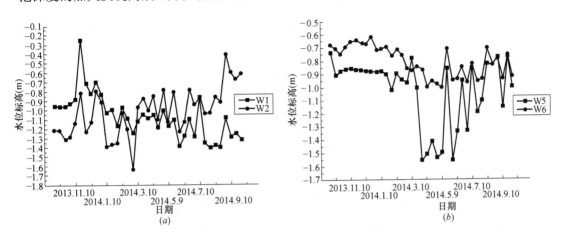

图 12.10-10　潜水测点水位变化时程曲线图

（*a*）基坑北侧；（*b*）基坑南侧

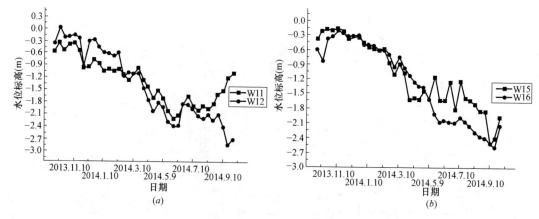

图 12.10-11 承压水测点水位变化时程曲线图

(a) 基坑外北侧；(b) 基坑外南侧

幅度远小于无回灌情况下的水头计算值。结果表明，回灌设计施工可有效控制基坑外侧因施工降水引起的水位变化。

参 考 文 献

[1] 姚天强，石振华. 基坑降水手册 [M]. 北京：中国建筑工业出版社，2006.

[2] 朱学愚，钱孝星. 地下水水文学 [M]. 北京：中国环境科学出版社，2005.

[3] 张有天. 岩石水力学与工程 [M]. 北京：中国水利水电出版社，2005.

[4] 王大纯. 水文地质学基础 [M]. 北京：地质出版社，1989.

[5] 杨光煦. 截流围堰堤防与施工通航 [M]. 北京：中国水利水电出版社，1999.

[6] 吴林高. 工程降水设计施工与基坑渗流理论 [M]. 北京：人民交通出版社，2003.

[7] 刘健航，侯学渊. 基坑工程手册 [M]. 北京：中国建筑工业出版社，1997.

[8] Dupuit J. Etudes Theoriques et Pratiques sur le Mouvement des Eaux dans les Canaux de Couverts et a Traversles Terrains Permeables [M]. Second edition，Paris：Dunod，1863

[9] 王军连. 工程地下水计算 [M]. 北京：中国水利水电出版社，2003.

[10] 夏耀明，曾进伦. 地下工程设计施工手册 [M]. 北京：中国建筑工业出版社，2002.

[11] Prickett T A. Type curve solutions to aquifer tests under water table conditions [J]. Ground Water. 1967，3 (3)：5-14.

[12] Terzaghi K，Peck R B，Mesri G. Soil Mechanics in Engineering Practice [M]. Third edtion，New York：John Wiley & Sons，1996.

[13] Shen S L，Xu Y S，Hong Z S. Estimation of land subsidence based on groundwater flow model [J]. Marine Georesources and Geotechnology. 2006，24 (2)：149-167.

[14] Shen S L，Tang C P，Bai Y，Xu Y S. Analysis of settlement due to withdrawal of groundwater around an unexcavated foundation pit [J]. Underground Construction and Ground Movement. Geotechnical Special Publication，2006，(155)：377-384.

[15] Rivera A，Ledoux E，Marsily G. Nolinear modeling of groundwater flow and total subsidence of the Mexico city aquifer-aquitard system [A]. Proceedings of the Fourth International Symposium on Land Subsicence [C]. Houston，1991：45-58.

[16] Kozeny J. Ueber kapillare Leitung des Wassers im Boden [J]. Sitzungsberichte Akademie der Wissenschaften in Wien. 1927，136 (2a)：271-306.

[17] Carman P C. Flow of Gases Through Porous Media [M]. New York：Academic Press，1956.

[18] 李恒芳. 松散厚层流沙中大孔径钻井施工方法. 露天采矿技术 [J]. 2013，(6)：32-38

[19] 龚晓南. 深基坑工程设计施工手册. 北京：中国建筑工业出版社，1998.

第 13 章　地下连续墙技术

应宏伟

（浙江大学建筑工程学院）

13.1　概述

地下连续墙技术起源于欧洲，它是根据打井和石油钻井使用泥浆和水下浇注混凝土的方法而发展起来的，1950 年在意大利米兰首先采用了护壁泥浆地下连续墙施工，20 世纪 50～60 年代该项技术在西方发达国家以及苏联得到推广，成为地下工程和深基础施工中有效的技术，世界各国都是首先从水利水电基础工程中开始应用，然后推广到建筑、市政、铁道、交通和矿山等部门。50 年代后期，在我国已经开始在水利部门推广应用，70 年代以后由于施工机械和施工工艺的引进和改进，使地下连续墙在城市建设中得到了有效的推广和应用，在我国，目前地下连续墙已广泛用于大坝坝基防渗、竖井开挖、工业厂房重型设备基础、城市地下铁道、高层建筑深基础、铁道和桥梁工程、船坞、船闸、码头、地下油罐、地下沉渣池等各类永久性工程。

最初地下连续墙厚度一般不超过 0.6m，深度不超过 20m。到了 20 世纪 60～80 年代，随着成槽施工技术设备的不断提高，墙厚达到 1.0～1.2m，深度达 100m 的地下连续墙逐渐出现。在国内自从引进地下连续墙技术至今地下连续墙作为基坑围护结构的设计施工技术已经非常成熟。进入 90 年代中期，国内外越来越多的工程中将支护结构和主体结构相结合设计，即在施工阶段采用地下连续墙作为支护结构，而在正常使用阶段地下连续墙又作为结构外墙使用，在正常使用阶段承受永久水平和竖向荷载，称为"两墙合一"。"两墙合一"减少了工程资金和材料投入，充分体现了地下连续墙的经济性和环保性。地下连续墙的技术经过几十年的发展，已经相当成熟，其中日本在此项技术上最为发达，已经累计建成了 1500 万 m² 以上，目前地下连续墙的最大开挖深度为 140m，最薄的地下连续墙厚度为 20cm。

13.1.1　地下连续墙的特点和适用条件

地下连续墙就是用专用设备沿着深基础或地下构筑周边采用泥浆护壁开挖出一条具有一定宽度和厚度的沟槽，在槽内设置钢筋笼，采用导管法在泥浆中浇筑混凝土，筑成一单元墙段，依次顺序施工，以某种接头方法连接成的一道连续的地下钢筋混凝土墙，以便基坑开挖时防渗、挡土，作为邻近建筑物基础的支护以及直接成为承受直接荷载的基础结构的一部分。

1. 地下连续墙的特点

地下连续墙能得到广泛的应用和其具有的优点是分不开的：

（1）施工时振动小，噪声低，非常适于在城市施工。

（2）墙体刚度大，用于基坑开挖时，可承受很大的土压力，极少发生地基沉降或塌方事故，已经成为深基坑支护工程中必不可少的挡土结构。

（3）防渗性能好，由于墙体接头形式和施工方法的改进，使地下连续墙几乎不透水。

（4）可以贴近施工。由于具有上述几项优点，可以紧贴原有建筑物建造地下连续墙。

（5）可用于逆作法施工。地下连续墙刚度大，易于设置埋设件，很适合于逆作法施工。

（6）适用于多种地基条件。地下连续墙对地基的适用范围很广，从软弱的冲积地层到中硬的地层、密实的砂砾层，各种软岩和硬岩等所有的地基都可以建造地下连续墙。

（7）可用作刚性基础。目前地下连续墙不再单纯作为防渗防水、深基坑围护墙，而且越来越多地用地下连续墙代替桩基础、沉井或沉箱基础，承受更大荷载。

（8）占地少，可以充分利用建筑红线以内有限的地面和空间，充分发挥投资效益。

地下连续墙也有不足及局限性：

（1）弃土及废弃泥浆的处理问题，增加工程费用，如处理不当，造成环境污染。

（2）施工不当或土质条件特殊时，易出现不规则超挖或槽壁坍塌，轻则引起混凝土超方和结构尺寸超出容许的界限，重则引起相邻地面沉降、坍塌，危害邻近建筑和地下管线安全。

（3）与板桩、灌注桩及水泥土搅拌桩相比，单纯用作基坑围护时地下连续墙造价高，选用时必须经过技术经济比较，合理时采用。

（4）施工机械设备价格昂贵，施工专业化程度高。

（5）墙面不够光滑，如为"二墙合一"，即同时作为地下结构的外墙时，尚需加工处理或另作衬壁。

2. 地下连续墙的适用条件

由于受到施工机械的限制，地下连续墙的厚度具有固定的模数，不能像灌注桩一样根据桩径和刚度灵活调整。因此，地下连续墙只有在一定深度的基坑工程或其他特殊条件下才能显示出经济性和特有优势。一般适用于如下条件：

（1）在软土地区深度较大的基坑工程，开挖深度超过 10m 的深基坑工程；

（2）基坑邻近存在保护要求较高的建（构）筑物、地下管线，对基坑本身的变形和防水要求较高的工程；

（3）基地内空间有限，地下室外墙与红线距离极近，采用其他围护形式无法满足留设施工操作要求的工程；

（4）围护结构亦作为主体结构的一部分，且对防水、抗渗有较严格要求的工程；

（5）采用逆作法施工，地上和地下同步施工时，一般采用地下连续墙作为围护墙；

（6）在超深基坑中（30～60m 的深基坑工程），采用其他围护结构形式无法满足要求时，常采用地下连续墙作为围护结构。

13.1.2　地下连续墙的结构类型

工程应用中的连续墙主要有以下形式：

（1）板壁式（图 13.1-1a）：应用最多，适用于各种直线段和圆弧段墙体。

（2）T 形（图 13.1-1c）和 π 形地下连续墙（图 13.1-1d）：适用于开挖深度较大，支撑垂直间距大的情况。

（3）格形地下连续墙（图 13.1-1e）：前两种组合在一起的结构形式，可不设支撑，靠其自重维持墙体的稳定。

（4）预应力 U 形折板地下连续墙（图 13.1-1b）：新式地下连续墙，是一种空间受力结构，刚度大、变形小、能节省材料。

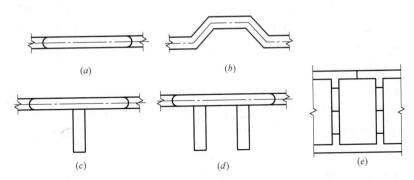

图 13.1-1　地下连续墙的平面结构形式
(a) 板壁式；(b) U 形折板；(c) T 形；(d) π 形；(e) 格形

13.2　地下连续墙的设计

地下连续墙除应进行详细的设计计算和选用合理的施工工艺外，相应的构造设计也是极其重要的，特别是钢筋笼和混凝土的构造设计，墙段之间如何根据不同功能和受力状态选用刚性接头、柔性接头、防水接头等不同的构造形式。墙段之间由于接头形式的不同，刚度上的差别往往采用钢筋混凝土压顶梁，把地下连续墙各单元墙段的顶端连接起来，协调受力和变形。高层建筑地下室深基坑开挖的围护结构，既可以作为临时围护，也可以作为主体结构的一部分，这样地下连续墙就可能作为单一墙也可能作为重合墙、复合墙、分离双层墙等形式来处理，这就要求有各种相应的构造形式和设计。

所有构造设计，应都能满足不同的功能、需要和合理的受力要求，同时便于施工，而且经济可靠。

13.2.1　墙体的厚度与槽段宽度

地下连续墙的厚度一般为 0.5～1.5m，而随着挖槽设备大型化和施工工艺的改进，地下连续墙厚度可达 2.0m 以上。日本东京湾新丰洲地下变电站圆筒形地下连续墙的厚度达到了 2.40m。上海世博 500kV 地下变电站基坑开挖深度 34m，围护结构采用直径 130m 圆筒形地下连续墙，地下连续墙厚度 1.2m，墙深 57.5m。在具体工程中地下连续墙的厚度应根据成槽机的规格、墙体的抗渗要求、墙体的受力和变形计算等综合确定，常用墙厚为 0.6m、0.8m、1.0m 和 1.2m。

确定地下连续墙单元槽段的平面形状和成槽宽度时需考虑众多因素，如墙段的结构受力特性、槽壁稳定性、周边环境的保护要求和施工条件等，需结合各方面的因素综合确定。一般来说，壁板式一字形槽段宽度不宜大于 6m，T 形、折线形槽段等槽段各肢宽度总和不宜大于 6m。地层稳定性越好,槽幅可越长,但一般小于 8m。

13.2.2 地下连续墙的入土深度

连续墙入土深度与基坑开挖深度的比,一般为 0.7～1.0,具体根据基坑稳定性、隔水作用确定入土深度。

一般工程中地下连续墙入土深度在 10～50m 范围内,最大深度可达 150m。在基坑工程中,地下连续墙既作为承受侧向水土压力的受力结构,同时又兼有隔水的作用,因此地下连续墙的入土深度需考虑挡土和隔水两方面的要求。作为挡土结构,地下连续墙入土深度需满足各项稳定性和强度要求,作为隔水帷幕,地下连续墙入土深度需根据地下水控制要求确定。

1. 据稳定性确定入土深度

作为挡土受力的围护体,地下连续墙底部需插入基底以下足够深度并进入较好的土层,以满足嵌固深度和基坑各项稳定性要求。在软土地层中,地下连续墙在基底以下的嵌固深度一般接近或大于开挖深度方能满足稳定性要求。在基底以下为密实的砂层或岩层等物理力学性质较好的土(岩)层时,地下连续墙在基底以下的嵌入深度可大大缩短。

2. 考虑隔水作用确定入土深度

作为隔水帷幕,地下连续墙设计时需根据基底以下的水文地质条件和地下水控制确定入土深度,当根据地下水控制要求需隔断地下水或增加地下水绕流路径时,地下连续墙底部需进入隔水层隔断坑内外潜水及承压水的水力联系,或插入基底以下足够深度以确保形成可靠的隔水边界。如根据隔水要求确定的地下连续墙入土深度大于受力和稳定性要求确定的入土深度时,为了减少经济投入,地下连续墙为满足隔水要求加深的部分可采用素混凝土浇筑。

13.2.3 混凝土和钢筋笼的设计

1. 地下连续墙的混凝土

地下连续墙的混凝土设计强度等级不应低于 C30,水下浇筑时混凝土强度等级按相关规范要求提高。墙体和槽段接头应满足防渗设计要求,地下连续墙的墙体混凝土抗渗等级不宜小于 P6 级。地下连续墙主筋混凝土保护层在迎坑面不宜小于 50mm,在迎土面不宜小于 70mm。

地下连续墙的混凝土浇筑面宜高出设计标高以上 300～500mm,凿去浮浆层后的墙顶标高和墙体混凝土强度必须满足设计要求。

2. 钢筋的选用及构造要求

地下连续墙钢筋笼由纵向钢筋、水平钢筋、封口钢筋和构造加强钢筋构成(图13.2-1和图 13.2-2)。纵向钢筋沿墙身均匀配置,且可按受力大小沿墙体深度分段配置。纵向钢筋宜采用 HRB400 级及以上规格钢筋,直径不宜小于 20mm,主钢筋的间距应在 3 倍钢筋直径以上,其净距还要在混凝土粗骨料最大尺寸的 2 倍以上。当地下连续墙纵向钢筋配筋量较大,钢筋布置无法满足净距要求时,实际工程中常采用将相邻两根钢筋合并绑扎的方法调整钢筋净距,以确保混凝土浇筑密实。纵向钢筋应尽量减少钢筋接头,并应有一半以上通长配置。水平钢筋可采用 HPB335 级钢筋,直径不宜小于 14mm。封口钢筋直径同水平钢筋,竖向间距同水平钢筋或按水平钢筋间距间隔设置,纵向主筋应放在内侧,横向

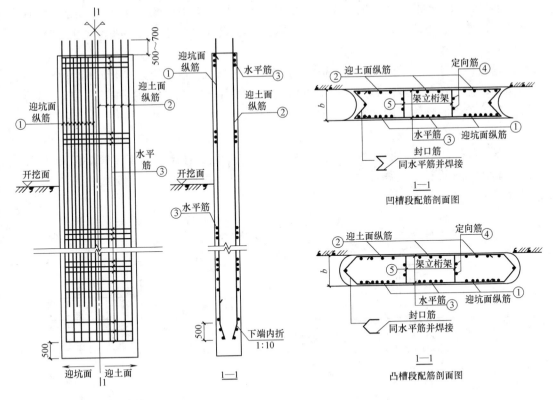

图 13.2-1 地下连续墙槽段典型配筋立面图　　图 13.2-2 地下连续墙槽段典型配筋剖面图

　　钢筋放在外侧。地下连续墙宜根据吊装过程中钢筋笼的整体稳定性和变形要求配置架立桁架等构造加强钢筋,吊装钢筋笼时,不准发生弯曲或其他扭歪现象。

　　钢筋笼两侧的端部与接头管(箱)或相邻墙段混凝土接头面之间应留有不大于150mm 的间隙,钢筋下端 500mm 长度范围内宜按 1:10 收成闭合状,且钢筋笼的下端与槽底之间宜留有不小于 500mm 的间隙。地下连续墙钢筋笼封头钢筋形状应与施工接头相匹配。封口钢筋与水平钢筋宜采用等强焊接。

　　单元槽段的钢筋笼宜在加工平台上装配成一个整体,一次性整体沉放入槽。当单元槽

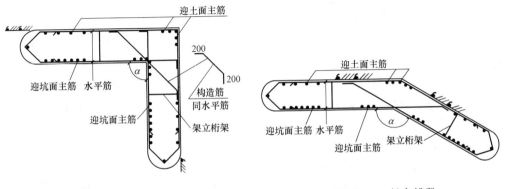

图 13.2-3 锐角及直角槽段　　　　　　　图 13.2-4 钝角槽段

段的钢筋笼必须分段装配沉放时，上下段钢筋笼的连接宜采用机械连接，并采取地面预拼装措施，以便于上下段钢筋笼的快速连接，接头的位置宜选在受力较小处，并相互错开。

（1）转角槽段钢筋笼

转角槽段小于 180°角侧水平筋锚入对边墙体内应满足锚固长度，且宜与对边水平钢筋焊接，以加强转角槽段吊装过程中的整体刚度。转角宜设置斜向构造钢筋，以加强转角槽段吊装过程中的整体刚度（图 13.2-3 和图 13.2-4）。

（2）T 形槽段钢筋笼

T 形槽段外伸腹板宜设置在迎土面一侧，以防止影响主体结构施工。根据相关规范进行 T 型槽段截面设计和配筋计算，翼板侧拉区钢筋可在腹板两侧各一倍墙厚范围内均匀布置（图 13.2-5）。

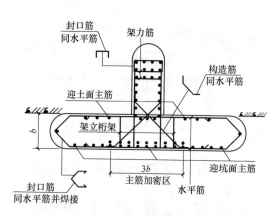

图 13.2-5　T 形槽段截面构造（b 为墙厚）

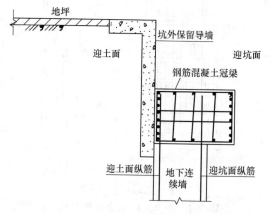

图 13.2-6　地下连续墙钢筋混凝土冠梁示意图

图 13.2-7　定位垫块位置示意图

为防止在插入钢筋笼时擦伤槽壁造成塌孔，一般可用钢筋或钢板弯曲，作为定位垫块且应比实际采用的保护层厚度小 1～2mm，以防擦伤槽壁或钢筋笼不能插入（图13.2-7）。

定位垫块在每单元墙段的钢筋笼的前后两个面上，分别在同水平位置设置两块以上，纵向间距约为 5m 左右。

3. 墙顶压顶梁

地下连续墙顶部应设置封闭的钢筋混凝土冠梁（图 13.2-6）。冠梁的高度和宽度由计算确定，且宽度不宜小于地下连续墙的厚度。地下连续墙采用分幅施工，墙顶设置通长的顶圈梁有利于增强地下连续墙的整体性。顶圈梁宜与地下连续墙迎土面平齐，以便保留导墙，对墙顶以上土体起到挡土护坡的作用，避免对周边环境产生不利影响。

地下连续墙墙顶嵌入圈梁的深度不宜小于 50mm，纵向钢筋锚入圈梁内的长度宜按受拉锚固要求确定。

13.2.4　地下连续墙的施工接头

1. 接头的类型

施工接头是指地下连续墙槽段和槽段之间的接头，施工接头连接两相邻单元槽段。根据受力特性地下连续墙施工接头可分为柔性接头和刚性接头。能够承受弯矩、剪力和水平拉力的施工接头称为刚性接头，反之不能承受弯矩和水平拉力，主要为了方便施工的接头称为柔性接头。

2. 柔性接头

槽段下笼后在槽端下入直径或宽度与槽宽相等（或略小）的管体或箱体；或下入与槽宽相等（或略小）的事前预制好的比槽深深度高20cm的不同形状的接头，灌注后留下不同形状与下一单元槽段相连接的接头。

一般工程中在满足受力和止水要求的条件下地下连续墙槽段施工接头宜优先采用锁口管柔性接头；当地下连续墙超深顶拔锁口管困难时建议采用钢筋混凝土预制接头或工字形型钢接头。

柔性接头在工程中常用的主要有圆形（或半圆形）锁口管接头、波形管（双波管、三波管）接头、楔形接头、工字型钢接头、钢筋混凝土预制接头和橡胶止水带接头，接头平面形式如图13.2-8所示。

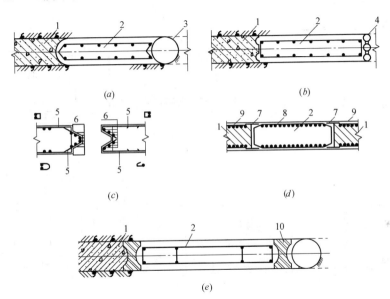

图 13.2-8 地下连续墙柔性施工接头形式

（a）圆形锁口管接头；（b）波形管接头；（c）楔形接头；（d）工字形型钢接头；（e）钢筋混凝土预制接头

1—地下连续墙先行槽段；2—地下连续墙后续槽段；3—圆形接头管；4—三波接头管；5—水平钢筋；6—端头纵筋；7—工字形型钢接头；8—地下连续墙钢筋；9—止浆板；10—预制块

柔性接头抗剪、抗弯能力差、一般不用作主体结构的地下连续墙结构，当地下连续墙仅作为地下室外墙，不承担上部结构的垂直荷载或分担荷载较小，通过采取一些结构措

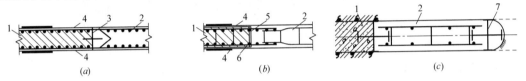

图 13.2-9 地下连续墙刚性施工接头形式

（a）十字形穿孔钢板刚性接头；（b）钢筋承插式接头；（c）十字形钢插入式接头

1—地下连续墙先行槽段；2—地下连续墙后续槽段；3—十字钢板；4—止浆片；5—加强筋；6—隔板；7—十字形钢

施，可采用柔性接头。

3. 刚性接头

当地下连续墙作为主体地下结构外墙，且需要形成整体墙体时，宜采用刚性接头；刚性接头可采用一字形或十字形穿孔钢板接头、钢筋承插式接头和十字形钢插入式接头等，接头平面形式如图 13.2-9 所示。

13.3　地下连续墙的施工

地下连续墙的施工就是在地面上采用专用的挖槽机械设备，按一个单元槽段长度（一般约 6m），沿着深基础或地下构筑物周边轴线，利用膨润土泥浆护壁开挖指定深度，清槽后，向槽内吊放钢筋笼，并用导管法浇注水下混凝土形成一道具有防渗（水）、挡土和承重功能的地下连续墙体。现浇地下连续墙施工工艺流程如图 13.3-1 所示。

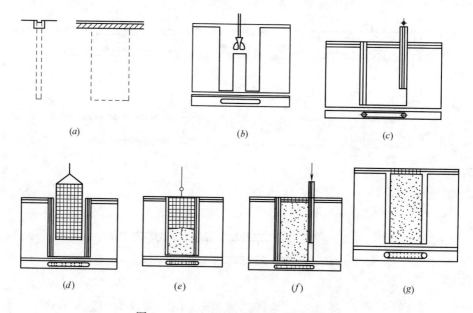

图 13.3-1　地下连续墙施工工艺示意图

(*a*) 准备开挖的地下连续墙深槽；(*b*) 用专用机械进行深槽开挖；(*c*) 安放接头管；
(*d*) 下入钢筋笼；(*e*) 下灌注导管并灌注混凝土；(*f*) 拔出接头管；(*g*) 单元墙段完成

13.3.1　地下连续墙成槽机械

目前国内外广泛采用的先进高效的地下连续墙成槽（孔）机械主要有抓斗式成槽机、液压铣槽机、多头钻（亦称为垂直多轴回转式成槽机）和旋挖式桩孔钻机等，其中，应用最广的要属液压抓斗式成槽机。

常用的成槽机械设备按其工作机理主要分为抓斗式、冲击式和回转式三大类。

1. 抓斗式成槽机

抓斗式成槽机（图 13.3-2）其结构简单，易于操作维修，运转费用低，造墙厚度一般在 50～150cm，目前在国内地下连续墙成槽的设备中应用最为广泛，挖土动作和切土轨迹如图 13.3-3 所示。

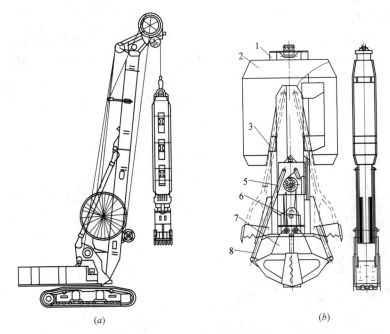

图 13.3-2　抓斗式成槽机

适用环境：地层适应性广，如 $N<40$ 的黏性土、砂性土及砾卵石土等。除大块的漂卵石、基岩外，一般的覆盖层均可。

优点：低噪声、低振动；抓斗挖槽能力强，施工高效；成槽精度较高。

缺点：掘进深度及遇硬层时受限，降低成槽工效，当土的标准贯入度值大于 40 时，效率很低。需配合其他方法一道使用。

设备：德国宝峨（BAUER）：GB 系列；日本真砂（MASGO）：MHL 系列；意大利土力公司（SOILMEC）：BH 系列；法国地基建筑公司 BAYA 系列，意大利卡沙哥兰地集团（CASAGRANDE）KRC 系列；上海金泰公司生产的 SG 系列等。

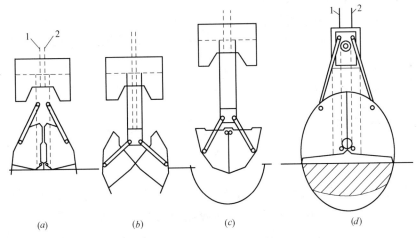

图 13.3-3　抓斗式成槽机的挖土动作和切土轨迹

(a) 抓斗就位；(b) 斗体推压抓土；(c) 抓斗闭合；(d) 抓斗切土轨迹

1—悬吊索；2—斗体闭索

2. 冲击式成槽机

世界上最早出现的地下连续墙是用冲击钻进工法建成的，我国也是这样。冲击式钻机是依靠钻头自身的重量反复冲击破碎岩石，然后用活底收渣筒将破碎的土和石屑取出而成孔，目前随着施工技术水平的不断提高，冲击钻进工法不再占主导地位。不过将其与现代施工技术和设备相结合，冲击钻进工法仍有不可忽视的优点，冲击式成槽机如图13.3-4所示。

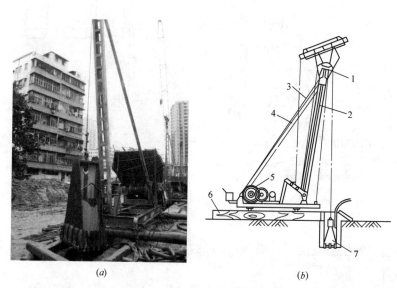

(*a*)　　　　　　　　　　　　　　(*b*)

图 13.3-4　冲击式成槽机

1—滑轮；2—主杆；3—拉索；4—斜撑；5—卷扬机；6—垫木；7—钻头

适用环境：对地层适应性强，在各种土、砂层、砾石、卵石、漂石、软岩、硬岩中都能使用，特别适用于深厚漂石、孤石等复杂地层施工，在此类地层中其施工成本要远低于抓斗式成槽机和液压铣槽机。是国内水利部门在防渗墙施工中仍在使用的一种方法。

优点：施工机械简单，操作简便，成本低廉。

缺点：成槽效率低，成槽质量较差。

设备：YKC型、CZ-22和CZ-30型以及CZF系列、CJF系列、CIS-58等。

3. 回旋式成槽机

回转式成槽机根据回转轴的方向分垂直回转式与水平回转式。

（1）垂直回转式

垂直式分垂直单轴回转钻机（也称单头钻）和垂直多轴回转钻机（也称多头钻如图13.3-5所示）。单头钻主要用来钻导孔，多头钻多用来挖槽。

① 单头钻

单头钻机多采用反循环钻进工艺，在细颗粒地层也可采用正循环出渣。由于钻进中会遇到从软土到基岩的各种地层，一般均配备多种钻头以适应钻进的需要。还有一种是泥浆不循环的旋挖钻进工法，其工作原理是机器施加强大的动力（扭矩）使钻头、振动沉管、摇管、全套管等在回转过程中切削破碎岩（土）体，再用旋挖斗、螺旋钻、冲抓斗等设备直接挖土至孔外。旋挖钻进工法中比较先进的是一种全回转式全套管钻进工法，其特点是可以在非常坚硬的地质条件下（即使是抗压强度大于250MPa的岩石）进行连续套管切割并确保钻进速度。

②多头钻

垂直多头回转钻是利用两个或多个潜水电机，通过传动装置带动钻机下的多个钻头旋转，等钻速对称切削土层，用泵吸反循环的方式排渣进入振动筛，较大砂石、块状泥团由振动筛排出，较细颗粒随泥浆流入沉淀池，通过旋流器多次分离处理排除，清洁泥浆再供循环使用。多头钻一次下钻挖成的幅段称为掘削段，几个掘削段构成一个单元槽段，其工作原理示意如图13.3-6所示。

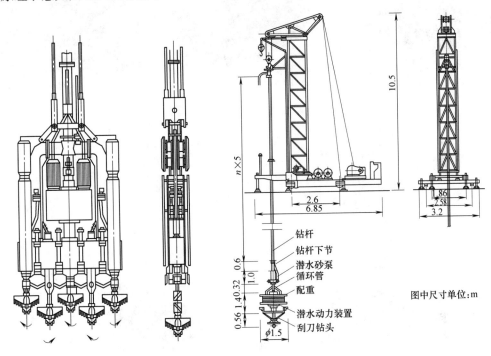

钻杆
钻杆下节
潜水砂泵循环管
配重
潜水动力装置
刮刀钻头

图中尺寸单位：m

图 13.3-5 多头钻成槽机

适用环境：N<30的黏性土、砂性土等不太坚硬的细颗粒地层。深度可达40m左右。

优点：施工时无振动无噪声，挖掘速度快，机械化程度高，可连续进行挖槽和排渣，不需要反复提钻，施工效率高，施工质量较好，是一种较受欢迎的施工方法。

缺点：在砾石卵石层中及遇障碍物时成槽适应性欠佳。

（2）水平回转式—铣槽机

水平多轴回转钻机，实际上只有两个轴（轮），也称为双轮铣成槽机。根据动力源的不同，可分为电动和液压两种机型。铣槽机是目前国内外最先进的地下连续墙成槽机械，最大成槽深度可达150m，一次成槽厚度在800～2800mm之间。如图13.3-7～图13.3-10所示。

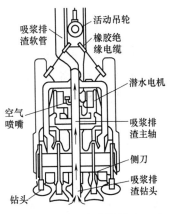

吸浆排渣软管
空气喷嘴
钻头
活动吊轮
橡胶绝缘电缆
潜水电机
吸浆排渣主轴
侧刀
吸浆排渣钻头

图 13.3-6 多头钻机工作原理示意图

图 13.3-7　铣槽机

图 13.3-8　铣削钻

图 13.3-9　铣削钻现场作业图

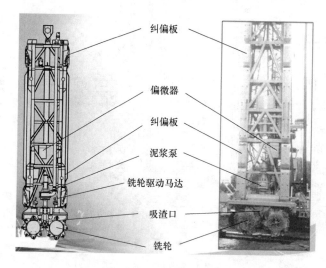

纠偏板

偏微器

纠偏板

泥浆泵

铣轮驱动马达

吸渣口

铣轮

图 13.3-10　液压铣槽机

优点：

① 对地层适应性强，淤泥、砂、砾石、卵石、中等硬度岩石等均可掘削，配上特制的滚轮铣刀还可钻进抗压强度为 200MPa 左右的坚硬岩石；

② 施工效率高，掘进速度快，一般沉积层可达 20～40m³/h（较之抓斗法高 2～3 倍），中等硬度的岩石也能达 1～2m³/h。

③ 成槽精度高，利用电子测斜装置和导向调节系统、可调角度的鼓轮旋铣器，可使垂直度高达 1‰～2‰。

④ 成槽深度大，一般可达 60m，特制型号可达 150m；

⑤ 能直接切割混凝土，在一、二序槽的连接中不需专门的连接件，也不需采取特殊封堵措施就能形成良好的墙体接头；

⑥ 设备自动化程度高，运转灵活，操作方便。以电子指示仪监控全施工过程，自动记录和保存测斜资料，在施工完毕后还可全部打印出来作工程资料；

⑦ 低噪声、低振动，可以贴近建筑物施工。

缺点：

① 设备价格昂贵、维护成本高；

② 不适用于存在孤石、较大卵石等地层，需配合使用冲击钻进工法或爆破。

③ 对地层中的铁器掉落或原有地层中存在的钢筋等比较敏感。

铣槽机性能优越，在发达国家已普遍采用，受施工成本、设备数量限制，目前还未在国内全面推广。日本利用铣槽机完成了大量超深基础工程，最深已达150m，厚度达2.8～3.2m，试验开挖深度已达170m。国内利用铣槽机已成功施工了三峡工程、深圳地铁车站（嵌微风化岩地墙）、南京紫峰大厦、上海500kV世博变电站等多个工程。

设备：液压式有德国宝峨（BAUER）公司的BC型（在我国市场占有量较大）、法国的HF型、意大利卡沙特兰地（Casagrande）公司的K3和HM型、日本的TBW型等；电动式有日本利根公司的EM、EMX型等。

4. 成槽工法的组合

随着城市地下空间开发利用朝着大深度发展的态势，地下连续墙作为一种重要的深基础形式与深基坑围护结构，也有了越做越深、越做越厚的趋势，相应穿越地层也越来越复杂。在复杂地层中的成槽施工，也由单一的纯抓、纯冲、纯钻、纯铣工法等发展到采用多种成槽工法的组合工艺，后者相比前者往往能起到事半功倍的作用，效率高、成本低、质量优。

主要的工法组合有抓斗还可以和冲击钻或钻机配合使用形成"抓冲法"或"钻抓法"（如两钻一抓、三钻两抓或四钻三抓等）。"抓冲法"以冲击钻钻凿主孔，抓斗抓取副孔，这种方法可以充分发挥两种机械的优势，冲击钻可以钻进软硬不同的地层，而抓斗取土效率高，抓斗在副孔施工遇到坚硬地层时随时可换上冲击钻或重凿（"抓凿法"）克服。此法可比单用冲击钻成槽显著提高工效1～3倍，地层适应性也广。"钻抓法"是以钻机（如潜水电钻）在抓斗幅宽两侧先钻两个导孔，再以抓斗抓取两孔间土体，效果较好。早期的蛙式抓斗索式导板抓斗由于没有纠偏装置，多是利用钻抓法来进行成槽的，以导孔的垂直度来直接控制成槽的垂直度。

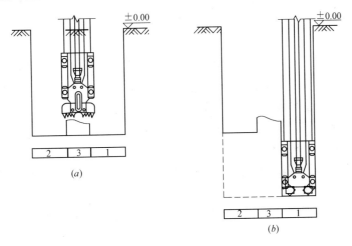

图 13.3-11 抓铣结合成槽工艺示意图

(a) 上部采用抓斗施工；(b) 下部采用铣槽机施工

近年来，随着铣槽机的应用，出现了"抓铣结合"、"钻铣结合"、"铣抓钻结合"等新工法组合。

在硬岩、孤石等坚硬地层中，发展的组合工法有"钻凿法"和"凿铣法"等。"钻凿法"是用 8～12t 的重凿冲凿并与冲击反循环钻机相配合的一种工艺，这种工法取得了在硬岩中施工效率较高，成本低的效果，宜很有推广价值。而"凿铣法"是用重凿冲凿与液压铣槽机配合的一种工艺，其优点是成槽质量好，噪声低，适合城市施工作业。

13.3.2   地下连续墙的施工控制要点

地下连续墙的施工工艺流程详见图 13.3-12。砌筑导墙、制备和处理泥浆、成槽施工、钢筋笼制作和吊放、混凝土浇筑等为主要的施工工序。

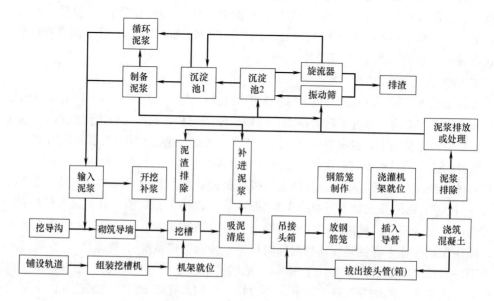

图 13.3-12   地下连续墙施工工艺流程

1. 导墙

导墙是地下连续墙挖槽之前修筑的临时结构。

（1）导墙的作用

导墙的主要作用是：对地下连续墙槽坑开挖起到引导作用，保证地下连续墙设计的几何尺寸和形状；容蓄部分泥浆，保证成槽施工时液面稳定；承受挖槽机械的荷载，保护槽口土壁不破坏，并作为安装钢筋骨架的基准等。另外还有防止泥浆漏失、保持泥浆稳定；防止雨水等地面水流入槽内；起到相邻结构物的补强等作用。

（2）导墙的形式

导墙多采用现浇钢筋混凝土结构，考虑重复使用时也可用钢制或预制钢筋混凝土装配式导墙。钢筋混凝土导墙分为现浇与预制两种，目前使用现场浇筑较多。但预制的导墙比现场浇筑的节省材料用量；在地下水位很高时，预制的导墙比现场浇筑的好，导墙形式如图 13.3-13 所示。

（3）导墙的施工

1）导墙的施工顺序

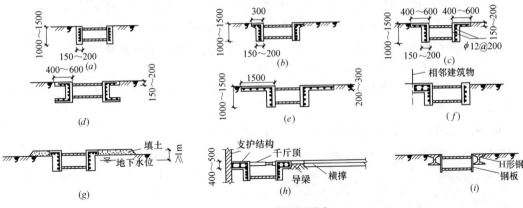

图 13.3-13　导墙的形式

(a) (b) 适用：表层土较好、导墙上荷载较小；(c) (d) 适用：表层土为杂填土、软黏土；(e) 适用：导墙上荷载较大；(f) 适用：有邻近建筑物；(g) 适用：地下水位较高，未采取降水措施，需要保持槽内外水位差；(h) 适用：作业面位于先期施工支护结构附近，需维护已有结构的稳定；(i) 适用：可重复使用。

平整场地→测量定位→挖槽→绑筋→支模板（按设计图，外侧可利用土模，内侧用模板）→浇混凝土→拆模并设置横撑→回填外侧空隙并碾压。

2）导墙构造要求

导墙多采用现浇混凝土结构，混凝土强度等级不应低于 C20，厚度不应小于 200mm。导墙应采用双向配筋，钢筋不应小于 $\phi12$（HRB335），间距不应大于 200mm，导墙面应高于地面约 100mm。

导墙强度达到 70% 后方可拆模，拆模后，应沿纵向每隔 1m 左右加设上下两道直径为 10cm 的木支撑，以防止导墙向内挤压，支撑的水平间距宜取 1.5m 左右。

导墙的允许偏差　　　　　　　　　　　　　　　　　表 13.3-1

项　　目	允许偏差	检查频率		检查方法
		范围	点数	
宽度（设计墙厚 +30mm~50mm）	<±10mm	每幅	1	尺量
垂直度	<H/500	每幅	1	线锤
墙面平整度	≤5mm	每幅	1	尺量
导墙平面位置	<±10mm	每幅	1	尺量
导墙顶面标高	±20mm	每幅	1	水准仪

注：H 表示导墙的深度。

导墙混凝土养护期间成槽机等重型机械设备不得在导墙附近作业停留，成槽前支撑不得拆除，以免导墙变位。

导墙在各转角处根据需要需向外延伸 400~600mm（图 13.3-14），以满足槽段断面尺寸的完整性。

3）槽壁防坍方施工措施

① 成槽机成槽施工时。履带下面应铺设路

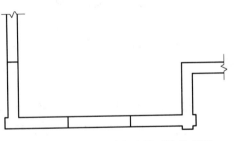

图 13.3-14　导墙转角向外延伸处理图

基钢板，减少对地面压强，相应减少对槽壁影响。

② 成槽施工过程中，抓斗掘进应遵循一定原则，即轻提慢放、严禁蛮抓。

③ 施工中防止泥浆漏失并及时补浆，始终维持稳定槽段所必须的液位高度。

④ 定期检查泥浆质量，及时调整泥浆指标。

⑤ 雨天地下水位上升时，及时加大泥浆比重和黏度。雨量较大时暂停成槽，并封盖槽口。

⑥ 及时拦截施工过程中发现的通至槽内的地下水流。

⑦ 每幅槽段施工应做到紧凑、连续，把好每一道工序质量关，使整幅槽段施工速度缩短。

图 13.3-15　导墙钢筋绑扎的现场图

2. 泥浆

泥浆是地下连续墙施工中成槽槽壁稳定的关键，泥浆的作用有：①悬浮作用：避免土渣的大量沉积而影响施工；②润滑、降温作用：对钻头式、冲击式挖槽机有润滑、降温作用；③支撑作用：利用内外压差形成外向静水压力，防止槽壁坍塌；④形成泥皮：防渗、保持内外压差。

泥浆质量的优劣直接关系着成槽速度的快慢，也直接关系着墙体质量、墙底与基岩接合质量以及墙段间接缝的质量。

（1）泥浆材料的选择

1）膨润土的选择：选用可使泥浆成本比较经济的膨润土。预计施工过程中易受阳离子污染时，选用钙膨润土为宜。膨润土一般经过：开矿挖掘→加热干燥→粉碎→筛分后再包装出售。

2）水的选择：饮用水可直接使用。水质要求：钙离子浓度应不超过 100ppm，以防膨润土凝结和沉降分离；钠离子浓度不超过 500ppm，以防膨润土湿胀性过多下降；pH 值为中性。超出这个范围时，应考虑在泥浆中掺加分散剂和使用耐盐性的材料，或改用盐水泥浆。

3）CMC（羧甲基钠纤维素，又称人造糨糊，增粘剂、降失水剂）的选择：泥浆中掺入 CMC 之后，提高泥皮的形成性十分明显。当溶解性有问题时，应选易溶的 CMC。当有海水混入泥浆时，应选耐盐的 CMC。CMC 的黏度分高、中、低三档，黏度越高 CMC 的价格也高，但防漏效果很明显。

4）分散剂的选择：分散剂的作用是提高泥水分离性，防止和处理盐分或水泥对泥浆的污染。被水泥污染的泥浆选用碳酸钠（Na_2CO_3）和碳酸氢钠（$NaHCO_3$）分散剂，分离效果较好。易被盐分污染的泥浆选用以腐殖酸钠或纸浆废液为原料的铁硼木质素磺酸钠分散剂效果较好。

5）加重剂的选择：加重剂的作用是增加泥浆密度，提高泥浆的稳定性。目前一般选用重晶石。在地下水位很高、地基非常软弱或土压力非常大时，槽壁稳定受到威胁，作为一种措施应在泥浆中掺入加重剂，增加泥浆的密度。

6）防漏剂的选择：防漏剂的作用是堵塞地基土中的孔隙，防止泥浆漏失。一般防漏剂的粒径相当于漏浆层土砂粒径 10%～15% 左右效果最好。

（2）泥浆的性能

泥浆的性能是泥浆的比重、黏度、含砂率、静切力、触变性、失水量和泥皮厚稳定性、胶体率、pH 酸碱度等 9 个主要性能。

1）泥浆的比重：同体积的泥浆重量与同体积的清水（4℃）重量比。比重过大，说明泥浆中黏粒浓度高，黏度增大，稳定性、造壁性劣化；比重过小，是由于雨水和地下水侵入，稳定性劣化，引起离析，上部泥浆比重减小。

2）泥浆的黏度：泥浆流动时，由于土颗粒存在，各层面之间产生摩擦力。土和土之间、土水之间。泥浆浓度大，阻力也大，黏度就大，泥浆搅拌时间长，土颗粒分散度好，水化作用好，黏度就大。黏度大，容易携带土粒，土粒不容易沉淀，泥浆不容易侵入土壁，这是有利一面。其不利一面，泥浆中分离土粒困难，黏度越挖越大，挖掘效率降低。因此要求不同地质不同黏度，即适当黏度。

3）泥浆的含砂率：>0.02mm，不溶于的砂子和颗粒，其所占泥浆体积百分比。

4）泥浆的静切力：含有黏土颗粒和 CMC 的泥浆，称作塑性流型液体。此种液体受力较小时不流动，当受力到一定量值时开始流动。在极限静切力以下时，泥浆接近固体特性，切力大于极限静切力时，泥浆显示液体特性。

泥浆中黏土颗粒水化充分，颗粒间由于静电作用相互粘结而形成蜂窝状海绵体有一定机械强度的网状结构，使泥浆整体变成胶凝体。

静切力是测定泥浆触变性和网状结构强度的指标。取 1 分钟和 10 分钟的切力值，作为形成结构能力大小，其二者差值，说明泥浆在 10 分钟内结构加强了多少，即触变性大小。

网状结构很重要，能使泥浆包裹小粉粒，使不沉淀，减小泥浆流动性。有裂缝地层，泥浆也不会流失。静切力大，土粒保持不沉淀，土粒也不易分离。泥浆的流动性变差。浇灌混凝土时，接头处往往防水能力差。

5）泥浆的触变性：当泥浆静止时，泥浆中膨润土片状颗粒，其表面带负电，片状颗粒的二端带正电，颗粒间电键使薄片状膨润土颗粒形成纸牌房子式网状结构，使泥浆形成胶凝体。在受到外力作用时，纸牌房子式的网状结构破坏解体，泥浆又恢复流动性，再静止时又恢复网状结构。可无止境重复，这就是泥浆的触变性。泥浆的触变性对成槽施工具有重要意义。①可以悬浮细小颗粒，减少沉淀。泥浆呈"豆腐脑"状态；②当泥浆渗流进土体孔隙时，使土颗粒相互粘连起来，从而增加土的内聚力，起到加强护壁作用。

静切力大的泥浆，其触变性亦大，用普通黏土调制成的泥浆由于黏土颗粒为圆形，不可能有触变性，这应该有严格的区分。

6）泥浆的失水量和泥膜：泥浆液柱与地层间水位存在压力差，使泥浆中水分向槽壁内渗入，这叫泥浆的失水。失水时，黏土颗粒粘附在槽壁上，形成泥皮。称为"造壁"。

失水量小的泥浆能形成薄的泥膜、细、微密、坚韧，厚 1～2mm，失水量大的泥浆能形成厚的泥膜、粗、疏松，易脱落，造壁能力差。

薄而韧的泥皮，失水量小。厚而脆的泥皮在成槽和下钢筋笼时常会掉落，引起槽壁坍塌，同时泥浆液面会很快下降，尤其是砂性土地层，极易引起槽壁坍塌。

7）泥浆的稳定性：泥浆中，膨润土颗粒保持悬浮状态的性能，膨润土质量好坏，可用稳定性试验来判别。不发生沉淀为稳定性良好。土的质量好。

8）泥浆的胶体率：是指泥浆中黏土颗粒沉淀的程度，泥浆静止时，颗粒大的，水化不好的，对水分子吸收力小的颗粒易下沉，从泥浆中析出。失水量增大，引起槽壁坍塌，胶体率差，也说明稳定性不好。

9）泥浆的 pH 酸碱度：膨润土泥浆要在碱性范围内较为稳定。一般取值以 8～9 为好。

（3）泥浆的配制

1）泥浆的配合比

膨润土泥浆是将以膨润土为主、CMC、纯碱（Na_2CO_3，分散剂）等为辅的泥浆制备材料，利用 pH 酸碱度接近中性的水按一定比例进行拌制而成。膨润土品种和产地较多，应通过试验选择。

不同地区、不同地质水文条件、不同施工设备，对泥浆的性能指标都有不同的要求，为了达到最佳的护壁效果，应根据实际情况由试验确定泥浆最优配合比。一般可按表 13.3-2 配合比试配；新拌制泥浆性能指标如表 13.3-3 所示；循环泥浆性能指标如表 13.3-4所示。

泥浆配合比 表 13.3-2

土层类型	膨润土（%）	增黏剂 CMC（%）	纯碱 Na_2CO_3（%）
黏性土	8～10	0～0.02	0～0.5
砂性土	10～12	0～0.05	0～0.5

新拌制泥浆性能指标 表 13.3-3

项次	项目		性能指标	检验方法
1	比重		1.03～1.10	泥浆比重秤
2	黏度（s）	黏性土	19～25	500mL/700mL 漏斗法
		砂性土	30～35	
3	胶体率		>98%	量筒法
4	失水量		<30ml/30min	失水量仪
5	泥皮厚度(mm)		<1	失水量仪
6	pH 值		8～9	pH 试纸

循环泥浆性能指标 表 13.3-4

项次	项目		性能指标	检验方法
1	比重		1.05～1.25	泥浆比重秤
2	黏度(s)	黏性土	19～30	500mL/700mL 漏斗法
		砂性土	30～40	
3	胶体率		>98%	量筒法
4	失水量		<30ml/30min	失水量仪

续表

项次	项目		性能指标	检验方法
5	泥皮厚度（mm）		<1～3	失水量仪
6	pH 值		8～10	pH 试纸
7	含砂率	黏性土	<4%	洗砂瓶
		砂性土	<7%	

注：表中所列的泥浆性能技术指标，应与工程地点的土性相适应，所以表中所列为一般情况下应满足的基本参数，可根据施工地点的土质情况作出相应的调整。

泥浆应经过充分搅拌，常用方法有：低速卧式搅拌机搅拌、螺旋桨式搅拌机搅拌、压缩空气搅拌、离心泵重复循环。新配制的泥浆应静置 24h 以上，使膨润土充分水化后方可使用，使用中应经常测定泥浆指标。成槽结束时要对泥浆进行清底置换，不达标的泥浆应按环保规定予以废弃。

2）泥浆的拌制

泥浆的搅拌用搅拌机搅拌或离心泵重复循环搅拌，并用压缩空气助拌。制备泥浆的投料顺序，一般为水、膨润土、CMC、分散剂、其他外加剂，其过程为：搅拌机加水旋转后缓慢均匀地加入膨润土（7～9min）；慢慢地分别加入 CMC、纯碱和一定量的水充分搅拌后的溶液（搅拌 7～9min，静置 6h 以上）倒入膨润土溶液中再搅拌均匀。搅拌后抽入储浆池待溶胀 24h 后使用。制备膨润土泥浆一定要充分搅拌并溶胀充分，否则会影响泥浆的失水量和黏度。每 10 罐抽查泥浆试样一组，测试全部指标。在循环使用过程中，每工班应进行二次泥浆质量检测，以便有效地控制好泥浆工程质量。

3）泥浆的储备量

泥浆的储备量按最大单元槽段体积的 1.5～2 倍考虑（工程经验），或按考虑泥浆损失的如下经验公式进行估算：

$$Q=\frac{V}{n}+\frac{V}{n}\left(1-\frac{K_1}{100}\right)(n-1)+\frac{K_2}{100}V \tag{13.3-1}$$

式中，Q 为泥浆总需要量（m³）；V 为设计总挖土量（m³）；n 为单元槽段数量；K_1 为浇筑混凝土时的泥浆回收率（%），一般为 60%～80%；K_2 为泥浆消耗率（%），一般为 10%～20%，包括泥浆循环、排水、形成泥皮、漏浆等泥浆损失。

（4）泥浆的回收、再生及处理

在地墙成槽过程中，通过成槽循环与混凝土置换而排出的泥浆，膨润土、外加剂等成分会有所消耗，而且混入的一些土渣和电解质离子等，使泥浆受质量显著降低，为了节约和防止公害，泥浆一般要进行处理。

泥浆再生处理用重力沉淀、机械处理和化学处理联合进行效果最好。

从槽段中回收的泥浆经振动筛除去其中较大的土渣，进入沉淀池进行重力沉淀，再通过旋流器分离颗粒较小的土渣，若还达不到使用指标，再加入掺加物进行化学处理。化学处理一般规则见表 13.3-5。

处理后的泥浆经指标测试，根据需要再可补充掺入泥浆材料进行再生调制，并与处理过的泥浆完全融合后再重复使用。

3. 钢筋笼制作与吊放

钢筋笼制作与吊放分为准备、制作、吊装、钢筋笼分段连接。

化学调浆的一般规则　　　　　　　　　表 13.3-5

管理调整		处理方法	对其他性能的影响
黏度	增加	加膨润土	失水量减少,稳定性、静切力和比重增加
		加 CMC	失水量减少,稳定性、切力增加,比重不变
		加碱	失水量减少,稳定性、切力增加,pH 增加、比重不变
	减少	加水	失水量增加,比重减小,切力减小
比重	增加	加重晶石＋硅酸钠	黏度不增加,稳定性减小
		加重晶石＋膨润土	黏度增加,稳定性增加
	减少	加水	黏度减小,失水量增加,稳定性减小
静切力	增加	加土和 CMC	黏度增加,稳定性增加,失水量减小
		加水玻璃	黏度增加,稳定性增加,失水量减小
	减少	加水	比重、黏度减小,失水量增加
失水量	减少	加土和 CMC	黏度增加,稳定性增加
稳定性	增加	加土和 CMC	黏度增加,失水量减少

注：泥浆稳定性是指在地心引力作用下，泥浆是否容易下沉的性质。测定泥浆稳定性常用"析水性试验"和"上下比重差试验"。对静置 1h 以上的泥浆，从其容器的上部 1/3 和下部 1/3 处各取出泥浆试样，分别测定其密度，如两者没有差别则泥浆质量合格。

（1）钢筋笼平台制作

钢筋笼加工场地和制作平台应平整，平台尺寸不能小于单节钢筋笼尺寸。钢筋笼平台以搬运搭建方便为宜，可以随地连墙的施工流程进行搬迁。

如钢筋笼需分节制作应在同一平台上一次制作拼装成型后再拆分。

（2）钢筋笼制作

钢筋笼根据地下连续墙墙体配筋图和单元槽段的划分来制作。钢筋笼按单元槽段做成一个整体或分段制作，吊放时再连接，接头宜用绑条焊接。纵向受力钢筋的搭接长度，如无明确规定时可采用 60 倍的钢筋直径。

钢筋笼端部与接头管间应留有 15～20cm 的空隙。主筋净保护层厚度通常为 7～8cm，保护层垫板纵向间距为 3～5m，横向设置 2～3 块；定位垫板宜采用 4～6mm 厚钢板制作，与主筋焊接。对作为永久性结构的地下连续墙的主筋保护层，根据设计要求确定。

制作钢筋笼时要预先确定浇筑混凝土用导管的位置，导管位置周围需增设箍筋和连接筋。由于横向钢筋有时会阻碍导管插入，纵向主筋应放在内侧，横向钢筋放在外侧（图 13.3-16a）。

加工钢筋笼时，要根据钢筋笼重量、尺寸以及起吊方式和吊点布置，在钢筋笼内布置一定数量（一般 2～4 榀）的纵向桁架（图 13.3-16b）。

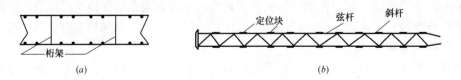

图 13.3-16　钢筋笼构造示意图

(a) 横剖面图；(b) 纵向桁架纵剖面图

制作钢筋笼时，要根据配筋图确保钢筋的正确位置、间距及根数。钢筋笼的制作速度要与挖槽速度协调一致，由于钢筋笼制作时间较长，因此制作钢筋笼必须有足够大的场地。

钢筋笼制作允许偏差 表 13.3-6

项　　目	允许偏差(mm)	检查方法	检查范围	检查频率
钢筋笼长度	±100	钢尺量，每片钢筋网检查上中下三处	每幅钢筋笼	3
钢筋笼宽度	0，−20			3
钢筋笼保护层厚度	0，+10			3
钢筋笼安装深度	±50			3
主筋间距	±10	任取一断面，连续量取间距，取平均值作为一点，每片钢筋网上测四点		4
分布筋间距	±20			
预埋件中心位置	±10	钢尺		20%
预埋钢筋和接驳器中心位置	±10	钢尺		20%

（3）钢筋笼的吊放

钢筋笼的起吊、运输和吊放过程不允许在此产生不能恢复的变形。

根据钢筋笼重量选取主、副吊设备。并进行吊点布置，对吊点局部加强，沿钢筋笼纵向及横向设置桁架增强钢筋笼整体刚度。选择主、副吊扁担，并须对其进行验算，还要对主、副吊钢丝绳、吊具索具、吊点及主吊把杆长度进行验算。

钢筋笼的起吊应用横吊梁或吊架。吊点布置和起吊方式要防止起吊时引起钢筋笼变形。起吊时不能使钢筋笼下端在地面上拖引，以防造成下端钢筋弯曲变形，为防止钢筋笼吊起后在空中摆动，应在钢筋笼下端系上拽引绳以人力操纵。

钢筋笼起吊前应检查吊车回转半径 600mm 内无障碍物，并进行试吊。

插入钢筋笼时，最重要的是使钢筋笼对准单元槽段的中心、垂直而又准确的插入槽内。钢筋笼进入槽内时，吊点中心必须对准槽段中心，然后徐徐下降，此时必须注意不要因起重臂摆动或其他影响而使钢筋笼产生横向摆动，造成槽壁坍塌。

钢筋笼插入槽内后，检查其顶端高度是否符合设计要求，然后将其搁置在导墙上。

如果钢筋笼是分段制作，吊放时需接长，下段钢筋笼要垂直悬挂在导墙上，然后将上段钢筋笼垂直吊起，上下两段钢筋笼成直线连接。

如果钢筋笼不能顺利插入槽内，应该重新吊出，查明原因加以解决，如果需要则在修槽之后再吊放。不能强行插放，否则会引起钢筋笼变形或使槽壁坍塌，产生大量沉渣。

4. 施工接头

施工接头应满足受力和防渗的要求，并要求施工简便、质量可靠，并对下一单元槽段的成槽不会造成困难。但目前尚缺少既能满足结构要求又方便施工的最佳方法。施工接头有多种形式可供选择。目前最常用的接头形式有以下几种：

（1）锁口管接头

常用的施工接头为接头管（又称锁口管）接头，接头管大多为圆形，此外还有缺口圆形、带翼或带凸榫形等，后 2 种很少使用。

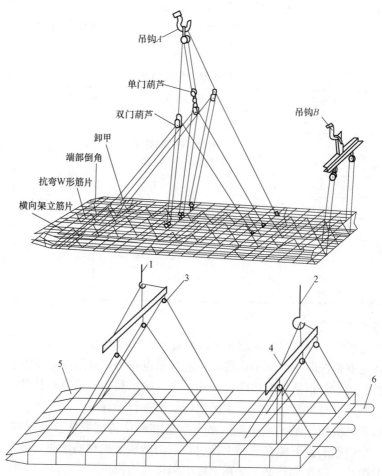

图 13.3-17 起吊钢筋笼的方法

1、2—吊钩；3—滑轮；4—横梁；5—钢筋笼底端向内弯折；6—吊钩

(a)   (b)

图 13.3-18 起吊钢筋笼现场图

图 13.3-19 圆形锁口管

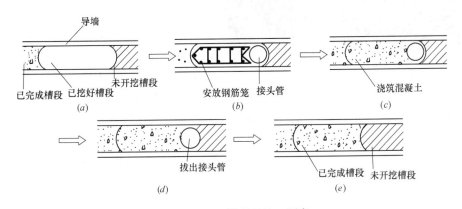

图 13.3-20 槽段的施工顺序

该类型接头的优点是：构造简单；施工方便，工艺成熟；刷壁方便，易清除先期槽段侧壁泥浆；后期槽段下放钢筋笼方便；造价较低。

其缺点是：柔性接头，接头刚度差，整体性差；抗剪能力差，受力后易变形；头呈光滑圆弧面，无折点，易产生接头渗水；头管的拔除与墙体混凝土浇筑配合需十分默契，否则极易产生"埋管"或"坍槽"事故。

接头管形式的接头施工简单，已成为目前最广泛使用的一种接头方法。

（2）"H"形钢接头、十字钢板接头、"V"形接头

以上这3种接头属于目前大型地下连续墙施工中常用的3种接头，能有效地传递基坑外土水压力和竖向力，整体性好，在地下连续墙设计尤其是当地下连续墙作为结构一部分时，在受力及防水方面均有较大安全性。

1）十字钢板接头

由十字钢板和滑板式接头箱组成，如图13.3-21所示。当对地下连续墙的整体刚度或防渗有特殊要求时采用。

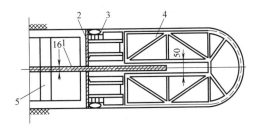

图 13.3-21 十字钢板接头（滑板式接头箱）
1—接头钢板；2—封头钢板；3—滑板式接箱；4—U形接头管；5—钢筋笼

其优点有：接头处设置了穿孔钢板，增长了渗水途径，防渗漏性能较好；抗剪性能较好。

其缺点有：工序多，施工复杂，难度较大；刷壁和清除墙段侧壁泥浆有一定困难；抗弯性能不理想；接头处钢板用量较多，造价较高。

2）"H"形钢接头

"H"形钢接头是一种隔板式接头，能有效地传递基坑外土木压力和竖向力，整体性好，在地下连续墙设计尤其是当地下连续墙作为结构一部分。在受力及防水方面均有较大安全性。

图 13.3-22　H 钢板接头

其优点有："H"型钢板接头与钢筋骨架相焊接，钢板接头不须拔出，增强了钢筋笼的强度，也增强了墙身刚度和整体性；"H"型钢板接头存在槽内，既可挡住混凝土外流，又起到止水的作用，大大减少墙身在接头处的渗漏机会，比接头管的半圆弧接头的防渗能力强；吊装比接头管方便，钢板不须拔出，根本不用害怕会出现断管的现象；接头处的夹泥比半圆弧接头更容易刷洗，不影响接头的质量。

其缺点有：从以往施工工程看，"H"形接头在防混凝土绕渗方面易出现一些同题，尤其是接头位置出现塌方时，若施工时处理不妥，可能造成接头营漏，或出现大量涌水情况。

3）"V"形接头

"V"形接头是一种隔板式接头，施工简便，多用于超深地下连续墙。

其优点是：设有隔板和罩布，能防止已施工槽段的混凝土外溢；钢筋笼和化纤罩布均在地面预制，工序较少，施工较方便；刷壁清浆方便，易保证接头混凝土质量。

图 13.3-23　"V"形接头
1—在施槽段钢筋；2—已浇槽段
钢筋笼；3—罩布（化纤布）；
4—钢隔板；5—接头钢筋

其缺点是：化纤罩布施工困难，受到风吹、坑壁碰撞、塌方挤压时易损坏；刚度较差，受力后易变形，造成接头渗漏水。

（3）铣接头

铣接头是利用铣槽机可直接切削硬岩的能力直接切削已成槽段的混凝土，在不采用锁口管、接头箱的情况下形成止水良好、致密的地下连续墙接头。

对比其他传统式接头，套铣接头主要优势如下：

1）施工中不需要其他配套设备，如吊车、锁口管等。

2）可节省昂贵的工字钢或钢板等材料费用，同时钢筋笼重量减轻，可采用吨数较小的吊车，降低施工成本且利于工地动线安排。

3）不论一期或二期槽挖掘或浇注混凝土时，均无预挖区，且可全速灌注无绕流问题，确保接头质量和施工安全性。

4）挖掘二期槽时双轮铣套铣掉两侧一期槽已硬化的混凝土。新鲜且粗糙的混凝土面在浇注二期槽时形成水密性良好的混凝土套铣接头。

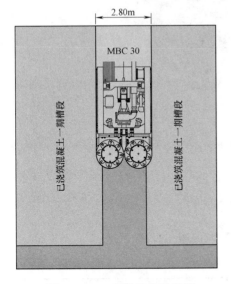

图 13.3-24　套铣接头示意图

图 13.3-25　套铣接头实际效果效图

（4）承插式接头（接头箱接头）

接头箱接头的施工方法与接头管接头相似，只是以接头箱代替接头管。其特点有：接头部位连接的整体性好，接头的刚度大；受力后变形小，防渗效果较好。其缺点有：接头构造复杂，施工工序多，施工麻烦；刷壁清浆困难，伸出接头钢筋易碰弯，给刷壁清泥浆和安放后期槽段钢筋笼带来一定的困难。

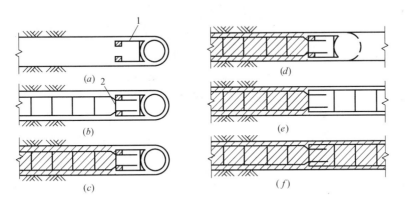

图 13.3-26　接头箱接头的施工程序（1—接头箱；2—焊在钢筋笼端部的钢板）
（a）插入接头箱；（b）吊放钢筋笼；（c）浇筑混凝土；（d）吊出接头箱；
（e）吊放后一个槽段的钢筋笼；（f）浇筑后一个槽段的混凝土形成整体接头

接头箱接头的施工方法：开挖槽段→吊放接头箱至槽段（接头箱一侧开口）→吊放钢筋笼（钢筋笼头部设有钢板，使混凝土不能进入接头箱）→浇筑混凝土→拔出接头箱→下一槽段钢筋笼吊放后，前槽段伸入接头箱的水平钢筋与下一槽段钢筋笼的水平钢筋重叠，下一槽段混凝土浇筑后，相邻两段的水平钢筋交错搭接而形成整体接头。

图 13.3-27 接头箱接头

5. 浇筑水下混凝土

（1）水下混凝土应具备良好的和易性，初凝时间应满足浇筑要求，现场混凝土坍落度宜为 200mm±20mm。

（2）水下混凝土配制强度等级应先进行试验，然后参照表 13.3-7 确定。

混凝土设计强度等级对照表　　　　　表 13.3-7

混凝土设计强度等级	C25	C30	C35	C40	C45	C50
水下混凝土配制强度等级	C30	C35	C40	C50	C55	C60

（3）水下混凝土浇筑施工

1）导管宜采用直径为 200～300mm 的多节钢管，管节连接应密封、牢固，施工前应试拼并进行水密性试验。

2）导管水平布置距离不应大于 3m，距槽段两侧端部不应大于 1.5m。导管下端距离槽底宜为 300～500mm。导管内应放置隔水栓。

3）浇筑水下混凝土应符合下列规定：

① 钢筋笼吊放就位后应及时灌注混凝土，间隔不宜超过 4h。

② 混凝土初灌后，混凝土中导管埋深应大于 500mm。

③ 混凝土浇筑应均匀连续，间隔时间不宜超过 30min。

④ 槽内混凝土面上升速度不宜小于 3m/h，同时不宜大于 5m/h；导管混凝土埋入混凝土深度应为 2～4m，相邻两导管间混凝土高差应小于 0.5m。

⑤ 混凝土浇筑面宜高出设计标高 300～500mm，凿去浮浆后的墙顶标高和墙体混凝土强度应满足设计要求。

⑥ 每根导管分担的浇筑面积应基本均等。

4）墙顶落低 3m 以上的地下连续墙，墙顶设计标高以上宜采用低强度等级混凝土或水泥砂浆隔幅填充，其余槽段采用砂土填实。

5）浇筑混凝土的充盈系数应为 1.0～1.2。

6. 接头管顶拔

接头管一般适用于柔性接头，大都是钢制的，且大多采用圆形。圆形接头管的直径一般要比墙厚小。管身壁厚一般为 19～20mm。每节长度一般为 3～10m，可根据要求，拼接成所需的长度。在施工现场的高度受到限制的情况下，管长可适当缩短。

(*a*)   (*b*)

图 13.3-28　混凝土浇筑现场图

此外根据不同的接头形式，除了最常用的圆形接头管外，还有一些刚性接头所采用的接头箱形式，例如：H 形钢接头采用蘑菇形接头箱，十字形接头采用马蹄形接头箱等。

接头箱接头的施工方法与接头管接头相似，只是以接头箱代替接头管。一个单元槽段挖土结束后，吊放接头箱，再吊放钢筋笼。混凝土初凝后，与接头管一样逐步吊出接头箱。

接头管所形成的地下空间具有很重要的作用，它不仅可以保证地下墙的施工接头，而且在挖下一个槽段时不会损伤已浇灌好的混凝土，对于挖槽作业也不会有影响，因此在插入接头管时，要保持垂直而又完全自由地插入到沟槽的底部。否则，会造成地下墙交错不齐或由此而产生漏水，失去防渗墙的作用，致使周围地基出现沉降等。地下墙失去连续性，会给以后的作业带来很大麻烦。

接头管的吊放，由履带起重机分节吊放拼装。操作中应控制接头管的中心与设计中心线相吻合，底部回填碎石，以防止混凝土倒灌，上端口与导墙处用木楔楔实来限位。另外当接头管吊装完毕后，还须重点检查锁口管与相邻槽段的土壁是否存在空隙，若有则应通过回填土袋来解决，以防止混凝土浇筑中所产生的侧向压力，使接头管移位而影响相邻槽段的施工。

接头管的提拔与混凝土浇筑相结合，混凝土浇筑记录作为提拔接头管时间的控制依据，根据水下混凝土凝固速度的规律及施工实践，混凝土浇筑开始拆除第一节导管后推 4 小时开始拔动，以后每隔 15 分钟提升一次，其幅度不宜大于 $50\sim100\text{mm}$，只需保证混凝土与锁口管侧面不咬合即可，待混凝土浇筑结束后 $6\sim8$ 小时，即混凝土达到初凝后，将锁口管逐节拔出并及时清洁和疏通。

13.4　特殊形式地下连续墙的设计与施工

13.4.1　预制地下连续墙

近年来，预制地下连续墙技术成为国内外地下连续墙研究和发展的一个重要方向，其施工方法是按常规的施工方法成槽后，在泥浆中先插入预制墙段、预制桩等预制构件，然后以自凝泥浆置换成槽用的护壁泥浆,或直接以自凝泥浆护壁成槽插入预制构件,以自凝泥浆的凝固体填塞墙后空隙和防止构件间接缝渗水,形成地下连续墙。采用预制地下连续墙技术施工的地下墙墙面光洁、墙体质量好、强度高,并可避免在现场制作钢筋笼和浇混凝土及处理废浆。

1. 预制地下连续墙的形式和特点

与常规现浇地下连续墙相比,预制地下连续墙有其特有的优点。

(1)工厂化制作可充分保证墙体的施工质量,墙体构件外观平整,可直接作为地下室的建筑内墙,不仅节约了成本,也增大了地下室面积。

(2)由于工厂化制作,预制地下连续墙与基础底板、剪力墙和结构梁板的连接处预埋件位置准确,不会出现钢筋连接器脱落现象。

(3)墙段预制时可通过采取相应的构造措施和节点形式达到结构防水的要求,并改善和提高了地下连续墙的整体受力性能。

(4)为便于运输和吊放,预制地下连续墙大多采用空心截面,减小自重节省材料,经济性好。

(5)可在正式施工前预制加工,制作与养护不占绝对工期;现场施工速度快;采用预制墙段和现浇接头,免掉了常规拔除锁口管或接头箱的过程,节约了成本和工期。

(6)由于大大减少了成槽后泥浆护壁的时间,因此增强了槽壁稳定性,有利于保护周边环境。

2. 预制墙的一般规定

(1)预制地下连续墙单元槽段长度和幅宽应根据开挖深度、基坑平面尺寸、起重机能力和构件长细比合理确定。单元槽段幅宽宜为 3~4m。

(2)导墙的设置和施工与常规地下墙施工方法一样。

(3)成槽施工应符合下列规定:

1)成槽前应进行槽壁稳定验算。

2)宜采用连续成槽法进行成槽施工。

3)成槽顺序应先转角幅后直线幅。

4)成槽深度应大于墙段埋置深度 100~200mm。

5)清基后槽内泥浆的性能指标应符合表 13.4-1 的规定。

槽内泥浆的性能指标

表 13.4-1

序号	检查项目	允许值	检查数量		检验方法
			范围	点数	
1	泥浆比重(g/cm³)	1.10~1.20	离槽底 500mm 处	1	泥浆比重秤
2	泥浆黏度(s)	25~30		1	500mL/700mL 漏斗法
3	pH 酸碱度	7~9		1	pH 试纸

3. 预制墙段的施工要求

(1)预制墙段宜在工厂制作,有条件时也可在现场预制。预制墙段可叠层制作,叠层数不应大于三层。叠层制作时,下层墙段混凝土达到设计强度的 30% 以后,方可进行上层墙段的制作。各层墙段间应做好隔离措施。

（2）预制墙段厚度应小于成槽厚度 20mm。预制墙段尺寸偏差应符合表 13.4-2 的规定。

预制墙段尺寸偏差   表 13.4-2

序号	检查项目	允许偏差（mm）	检查数量		检验方法
			范围	点数	
1	长度	±5	每幅槽段	3	钢尺检查
2	宽度	+0，−5		3	钢尺量一端及中部，取其中较大值
3	厚度	+0，−5		3	
4	侧向弯曲	≤L/1000，且≤20		2	拉线、钢尺量最大侧向弯曲处
5	埋件、接驳器位置	5		20%	钢尺检查
6	主筋保护层厚度	+10，−5		3	钢尺或保护层厚度测定仪量测
7	对角线差	10		2	钢尺量两个对角线
8	表面平整度	5		3	2m靠尺和塞尺检查

注：L 为墙段长度，单位为 mm。

4. 预制墙段的堆放和运输

（1）预制墙段应达到设计强度的 100% 后方可运输及吊放。

（2）预制墙段的就位吊点位置应按设计要求。设计无规定时，吊点位置应计算确定。

（3）预制墙段水平起吊应四点吊，起重钢丝绳与墙段水平的夹角不应小于 45°。

（4）预制墙段的堆放场地应平整、坚实、排水畅通。垫块宜放置在吊点处。底层垫块面积应满足墙段自重对地基荷载的有效扩散。预制墙段叠放层数不宜超过三层，上、下层垫块应放置在同一直线上。

（5）预制墙段运输叠放层数不宜超过二层。墙段装车后应采用紧绳器与车板固定，钢丝绳与墙段阳角接触处应有护角措施。异形截面墙段运输时应有可靠的支撑措施。

5. 预制墙段的安放

（1）预制墙段的安放顺序为先转角墙段后直线墙段。预制墙段安放闭合位置宜设在直线墙段上。闭合幅安放前，应实测闭合幅槽段上、下槽宽，并根据实测数据，对闭合幅墙段安放作相应调整。

（2）预制墙段安放允许偏差应符合表 13.4-3 的规定。

预制墙段安放允许偏差   表 13.4-3

序号	检查项目	允许偏差（mm）	检查数量		检验方法
			范围	点数	
1	预制墙顶标高	±10	每幅槽段	2	水准仪
2	预制墙中心位移	10		1	钢尺检查

6. 预制墙段墙缝和墙槽缝隙处理

（1）预制墙段墙缝宜采用现浇钢筋混凝土接头，预制墙段与槽壁间的前后缝隙宜采用压密注浆填充。

（2）接头水下混凝土宜采用细石混凝土，坍落度宜为 200mm±20mm，导管内径宜

采用 ϕ200mm。导管埋置深度宜 2～6m，导管应勤提勤拆。混凝土灌注及导管提升应缓慢。

（3）预制墙段的搁置点应待墙底墙侧注浆达到设计强度的 100% 后才可拆除。

（4）浆液指标及注浆参数应符合表 13.4-4 的要求。

浆液指标及注浆参数　　　　　　　　　表 13.4-4

序号	项目	指标参数
1	水灰比	0.55～0.6
2	水玻璃掺量	2%～5%
3	注浆压力（MPa）	0.2～0.4
4	注浆速度（L/min）	20

13.4.2 圆筒形地下连续墙

1. 圆筒形地下连续墙的特点

圆筒形地下连续墙多用于主体结构为圆形，或受到主体结构限制需采用无支撑大空间施工的工程。圆筒形地下连续墙围护结构的有以下特点：

（1）充分利用了土的拱效应，降低了作用在支护结构上的土压力；

（2）圆形结构具有更好的力学性能，与常规形状的基坑不同，它可将作用在其上面的荷载基本上转化为地下连续墙的环向压力，可充分发挥混凝土抗压性能好的特点，有利于控制基坑变形（图 13.4-1）。

（3）在工程中圆筒形地下连续墙平面形状实际为多边形，并非理想的圆形结构，其受力状态以环向受压为主，受弯为辅（图 13.4-2）。

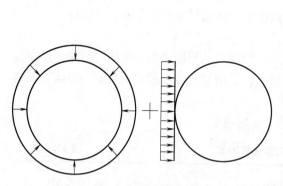

图 13.4-1　荷载分布模式

图 13.4-2　圆筒形地下连续墙基坑

2. 圆筒形地下连续墙的施工要求

由于常规成槽机只能施工一字形或转角槽段，在槽段施工时可采用直形槽段或大角度的折线槽段拟合成近似圆筒形的形状。因此，需根据槽段划分形式确定导墙的平面形状，在转角部位将导墙向外延伸 400～600mm，以确保成槽时角部泥土挖除干净。圆筒形地下连续墙槽段接缝尽量设置在平直段，利于保证接头施工质量。圆筒形地下连续墙受力以环向轴力为主，施工接头为受力的薄弱环节，施工接头的处理尤为重要，在地下连续墙施工过程中，应严格清刷结构部位，保证混凝土的浇筑质量，防止结构夹泥影响地下连续墙整体受力性能。圆筒形地下连续墙的水平钢筋为受力钢筋，水平钢筋分布在纵向钢筋外侧。

13.4.3 格形地下连续墙

1. 格形地下连续墙形式和特点

格形地下连续墙结构形式出自格形钢板桩岸壁的概念，是靠其自身重量稳定的半重力式结构，是一种涉及建（构）筑物地基开挖的无支撑空间坑壁结构。格形地下连续墙由内墙、中隔墙、外墙等构成。格形地下连续的外墙通过中间墙体与内墙连接，以实现结构的整体性和空间结构效应。

2. 格形地下连续墙的一般规定

（1）格形地下连续墙总宽度和入土深度应满足整体稳定要求，同时地下连续墙的插入深度尚需满足地下水控制要求。

（2）根据结构内力计算分析确定中隔墙平面间距和进行墙体截面设计。

（3）格形地下连续墙墙顶应设置通长的冠梁或顶板连接内墙、外墙和中隔墙，使格形地下连续墙形成整体受力体系。内墙和外墙宜采用 T 形槽段与中隔墙连接。

（4）格形地下连续墙需承受较大的竖向荷载或对墙体竖向变形要求较高时，墙底应选择较好的持力层，墙底可采取注浆措施以满足竖向承载力和变形要求。

（5）地下连续墙设有钢筋混凝土内衬墙时，内衬墙与地下连续墙结合面除按施工缝凿毛清洗外，尚应通过墙面预埋钢筋、接驳器与预留剪力槽等措施，使二者作为主体结构的复合墙共同工作。

（6）格形地下连续墙中隔墙作为内墙和外墙的联系墙，其受力状态主要以受拉为主，因此中隔墙槽段之间以及中隔墙与内墙、外墙之间的连接接头需满足抗拉要求。中隔墙槽段之间及中隔墙与内墙、外墙之间应采用剪拉型刚性接头连接，并应按承载能力极限状态进行接头设计。内墙槽段之间以及外侧槽段之间一般可采用柔性接头。

3. 格形地下连续墙的施工要求

（1）异形钢筋笼加工

在格型地下连续墙施工中经常会遇到"T"形槽段、"十"字形槽段等异形槽段，钢筋笼放样布置及绑扎对场地要求高，操作难度大。为了确保钢筋笼绑扎制作的质量，施工前应根据钢筋笼的形状设置相应的加工平台。对于"T"形槽段、"十"字形槽段钢筋笼加工平台可采用挖槽法设置加工平台。可根据"十"字形钢筋笼尺寸较短方向尺寸为开槽深度进行开槽，开槽宽度大于"十"字形钢筋笼肢部宽度，开槽长度大于钢筋笼长度，开槽深度除满足钢筋笼深度外还需满足工人施工空间，一般为 1800～2000mm；为防止槽底积水，须在槽内设置两个集水井，分别设置在长度方向两头位置。

（2）槽壁稳定性

在异形槽段地下连续墙成槽时，容易出现坍槽现象，因此在成槽时需采取措施确保槽壁稳定性。可采用槽壁预加固、浅层降水、优化泥浆配比、缩短每幅地下连续墙施工周期以及控制周边荷载等措施确保槽壁的稳定性。

13.5 地下连续墙工程问题的处理

地下连续墙施工受地质条件（如地下水位、软弱土层、地下障碍物）、施工机械和施工技术等各种因素影响而出现许多重复性的问题，这些问题若处理不好，将会直接影响施工质量，甚至会造成重大损失。

1. 常见钻头问题及其处理办法

连续墙施工过程中，出现与钻头有关的问题有多种多样，但最常遇到的问题有糊钻、卡钻和架钻等三种，对此最常用的处理办法如下。

（1）糊钻

就是在黏土层造孔时，由于进尺过快，泥渣过多，以至黏土附着在钻头的现象。当出现糊钻时，可将钻头提出槽孔，清除钻头上黏土，并对槽孔进行清渣处理后再继续钻进。

（2）卡钻

常见的卡钻情况如下：

1）在造孔中途停钻时间太长，泥渣沉积在钻头上方而把钻头卡住。为避免这种情况，在钻孔过程中，要不时把钻头提起或下降，避免泥渣淤积或堵塞槽孔，同时也应勤于清渣。当需要中途停钻时，应把钻头提出槽外放置。

2）地下障碍物卡住钻头。当钻进过程探明有障碍物时，应先对障碍物进行处理，确保扫除障碍物后再继续钻进。

3）槽孔壁局部塌方而把钻头卡住。要避免塌方，在严格控制好泥浆比重的同时，应尽量避免提升或下降钻头对槽孔壁的碰撞，减小软弱壁土塌方的机会。

（3）架钻

当使用的钻头磨损严重，钻头直径减小，会使槽孔宽度变小，更换直径合格的新钻头继续钻进时，新钻头未能到达旧钻头原已钻进的深度，这种现象即为架钻。为避免这种情况，造孔过程应经常检查钻头直径尺寸，当发现钻头磨损厉害时，应及时更换合格的新钻头。

2. 常见钻孔质量问题及其处理办法

连续墙的施工过程中，钻孔质量如何对施工进度影响很大，其中容易出现的质量问题有梅花孔、斜孔和盲孔等现象，下面将对这些现象及其常用的处理办法作一简述。

（1）梅花孔

在钻进质地较硬的岩层或凿打Ⅰ-Ⅱ期接头处的混凝土，使用非圆形钻头（如十字钻头，一字钻头）时，容易出现钻头提起后只能从单一方向（而不是从任何方向）都能重新回放到原来深度，这种现象称为梅花孔。要避免这种现象，在造孔过程中应不时将钻头提起并转换不同方向进行钻孔。

（2）斜孔

在Ⅰ-Ⅱ期接头处或遇到有坚硬障碍物时，都较容易出现斜孔现象。遇到这种情况，应放缓钻进速度，并经常检测孔位的垂直度，确信已扫除硬物或孔位正常时再继续钻进。

（3）盲孔

所谓盲孔就是在造孔中途停钻时间过长，泥渣沉积在槽孔内，堵塞槽孔的现象。为避免出现盲孔，在停钻前先进行清渣处理，并尽量缩短停钻时间。此外，槽壁塌方也是造成盲孔的原因，造孔时应避免槽壁塌方。

3. 落笼困难的原因及其处理方法

引起落笼困难的原因很多，其中最常见的原因及处理方法有：

(1) 钢筋笼尺寸不准，笼宽大于槽孔宽而无法安放。在设计槽段钢筋笼外形时，钢筋笼宽度应比槽段宽度小 200～300mm，使钢筋笼与两端有空隙。2 期槽段钢筋笼的制作尺寸应以从现场实测两个 1 期槽段之间的实际宽度为准。

(2) 钢筋笼吊放时产生弯曲变形而无法入槽。由于钢筋笼重量较大，一般要采用两台吊车，用横吊梁或吊架并结合主副钩的起吊方式来吊放钢筋笼。

(3) 分段钢筋笼因上下两段驳接不直而无法入槽。如果钢筋笼是分段制作的，吊放接长时，下钢筋笼要垂直挂在导墙上，然后将上段钢筋笼垂直吊起，把上下两段钢筋笼成直线焊接。

(4) 槽壁凹凸不平或弯曲而使钢筋笼无法入槽。在造孔过程中要对每个孔位进行垂直度检测，要求孔位在沿槽段及垂直槽段的两个方向上偏差均满足要求。有斜孔的要先修正后才能进行下一工序施工。

4. 槽壁塌方的原因及处理

地下连续墙施工过程中，也常见槽壁塌方现象。引起槽壁塌方的原因很多，处理方法也各异。其中常见的塌方及处理方法有：

(1) 泥浆密度及浓度不够，起不到护壁作用而造成槽壁塌方。为避免此类问题出现，关键是要根据地质情况选择合适泥浆。当遇到有软弱土层或流砂层时，应适当加大泥浆密度。一般情况下泥浆黏度为 19～25s，相对密度小于 112。

(2) 在软弱土层或砂层中，钻进速度过快或钻头碰撞槽孔壁而造成塌方。为避免出现此类问题，在软弱地质土层施工时，要注意控制进尺速度，不要过快或空转过久，并尽量避免钻头对孔壁的碰撞。

(3) 地下水位过高或孔内出现承压水而造成槽孔壁塌方。解决这种问题，在造孔时需根据钻进情况及时调整泥浆密度和液面标高，槽坑液面至少高于地下水位 500mm 以上，以保证泥浆液压和地下水压差，从而达到控制槽壁稳定的目的。为防止暴雨对泥浆的影响，设置导墙比地面高出 200mm，同时敷设地面排水沟与集水井。

(4) 槽段长度过长，完成一个槽段所需时间太长，使得先钻好的孔位因搁置时间过长，泥浆沉淀而引起塌孔。避免这种问题的出现，应在划分槽段时根据地质情况及施工能力，并结合考虑施工工期，尽量缩短完成单一槽段所需时间。槽段一般宜为 6m 左右，在地下水位高，粉细砂层及易塌方的地段，槽段长度 3～4m 为宜。成槽后要及时吊放钢筋笼及浇灌水下混凝土。

(5) 槽边地面附加荷载过大而造成槽孔塌方。为避免这种问题的出现，在施工槽段附近，应尽可能避免堆放重物和大型机械的动、静荷载的影响，吊放钢筋笼的起重设备应尽量远离槽边，也可采用路基和厚钢板来扩散压力。当上述几种情况出现严重塌方时，可向槽内填入优质黏土至槽孔位上方 2～3m，待沉积密实后再重新造孔。

5. 浮笼及其处理

浮笼也是施工过程中经常遇到的现象，结合引起浮笼的实际原因，给予不同的处理办法。

(1) 钢筋笼太轻，在浇灌混凝土时容易浮起。轻钢筋笼可在导墙上设置锚固点焊接固定。

(2) 浇灌混凝土时导管埋置深度过大而使钢筋笼上浮。灌注混凝土时，导管的埋置深度一般控制在 2～4m 较好，小于 1m 易产生拔漏事故，大于 6m 易发生导管拔不出。

（3）浇灌混凝土速度过快而使钢筋笼上浮。这种情况下要放缓混凝土浇灌速度，甚至停顿浇灌 10～15min，待钢筋笼稳定后再继续浇灌。

6. 混凝土返浆不顺的处理

导管变形或异物阻塞，使得隔水栓未能冲出导管底口而造成返浆失败。在安装导管时要仔细检查导管的质量，不使用变形或有损毁的导管。在每次拆卸或安装导管时都用清水将导管冲洗干净，保证导管内壁平滑畅顺。

槽孔内沉渣过厚而造成剪塞返浆失败。在清孔及安放钢筋笼后，均要检测槽孔内沉渣厚度，确定沉渣在允许范围内再进行浇灌混凝土工序。

当混凝土灌注到导墙顶部附近时，由于导管内压力减小，往往会发生导管内混凝土不易流出的现象。此时应放慢浇灌速度，并将导管埋置深度减小，但不应小于 1m，同时辅以上下抽动导管，但抽动幅度不宜太大，以免将导管抽离混凝土面。

7. 墙体夹泥的处理措施

导管接头不严密或导管破损，泥浆渗入导管内造成墙体夹泥。导管接头应设橡胶圈密封，并用粗丝扣连接紧密。安装时仔细检查导管的完好性，杜绝使用有破损的导管。

剪塞时首批混凝土量不足以埋住导管底端出口而造成墙体夹泥。混凝土初灌量应保证混凝土灌入后导管埋入混凝土深度不少于 0.5m，使导管内混凝土和管外泥浆压力平衡。待初灌混凝土足量后，方可剪塞浇灌。混凝土初灌量可按有关公式计算。

导管摊铺面积不够，部分位置灌注不到，被泥渣充填。在单元槽段内，导管距槽段两端不宜大于 1.5m，两根导管的间距不应大于 3m。导管埋置深度不够，泥渣从底口进入混凝土内。浇灌混凝土时，导管应始终埋在混凝土中，严禁将导管提出混凝土面。导管最小埋置深度不得小于 1m。当发现探测混凝土面错误或导管提升过猛而将导管底口提离混凝土面时，可准确测出原混凝土面位置后，立即重新安装导管，使导管口与混凝土面相距 0.3～0.5m，装上隔水栓重新剪塞浇灌混凝土，即通常所说的二次剪塞。

8. 地下连续墙防渗漏措施

地下连续墙由于施工工艺原因，其槽段接头位置是最容易发生渗漏的部分，同时由于施工工序多，每个环节的控制都相关成墙质量。有必要对渗漏情况作针对性专门处理。

（1）地下连续墙接缝渗漏

地下连续墙接缝的渗水采取双快水泥结合化学注浆的方式处理。

应先观察地下连续墙接缝湿渍情况，确定渗漏部位，并对渗漏处松散混凝土、夹砂、夹泥进行清除。其次手工凿 "V" 形槽，深度控制在 50～100mm。然后按水泥：水＝1：0.3～0.35（重量比）配制双快水泥浆作为堵漏料并搅拌至均匀细腻，将堵漏料捏成料团，放置一会儿（以手捏有硬热感为宜）后塞进 "V" 形槽，并用木棒挤压，轻砸使其向四周挤实。若渗漏比较严重，则采用特种材料处理，埋设注浆管，待特种水泥干硬后 24 小时内注入聚氨酯。

（2）墙身有大面积湿渍

针对墙身有大面积湿渍的部位，采用水泥基型抗渗微晶涂料涂抹。

首先对基面进行清理，将基面上的突起、松散混凝土、水泥浮浆、灰尘，且用钢丝刷将基面打磨粗糙后，用水刷洗干净。然后用水充分湿润基面，将结晶水泥干粉和水按1：0.22～0.24（重量比）混合，搅拌均匀，用鬃毛刷将混合好涂料涂地下连续墙有湿渍基面（二涂），每拌料宜在 25 分钟内用完。

（3）接缝严重漏水

由于锁口管拔断或浇注水下混凝土时夹泥等原因引起的严重漏水。

先按地下连续墙渗漏作临时封堵、引流。根据现场情况进行处理：① 如是锁口管沉断引起，按地下连续墙渗漏作临时封堵、引流后，可将先行幅钢筋笼的水平筋和拔断的锁口管凿出，水平向焊接 $\phi16@50mm$ 以封闭接缝（根据需要可作加密）。② 如是导管拔空等引起的地下连续墙墙缝或墙体夹泥，则将夹泥充分清除后再作修补。再在严重渗漏处的坑外进行双液注浆填充、速凝，深度比渗漏处深 3m。

双液注浆参数：体积比—水泥浆：水玻璃＝1：0.5。

其中，水泥浆水灰比 0.6，水玻璃浓度 35Be°、模数 25。

注浆压力：视深度而定（0.1～0.4MPa）

9. 地下连续墙的墙身缺陷的修补和处理措施

（1）地下连续墙表面露筋及孔洞的修补

由于地下连续墙采用泥浆护壁，水下浇筑混凝土，易出现墙体表面夹泥，主筋外露现象。

当基坑开挖后，遇地下连续墙表面出现露筋问题，应及时处理。首先将露筋处墙体表面的疏松物质清除，并采取清洗、凿毛和接浆等处理措施，然后用硫铝酸盐超早强膨胀水泥和一定量的中粗砂配制成的水泥砂浆来进行修补。如再槽段接缝位置或墙身出现较大的孔洞，再采用上述清洗、凿毛和接浆等处于措施后，采用微膨胀混凝土进行修补，混凝土应较墙身混凝土至少高一级。

（2）地下连续墙的局部渗漏水的修补

地下连续墙常因夹泥或混凝土浇筑不密实而在施工接头位置甚至墙身出现渗漏水现象，为了防止围护体漏水影响周边环境和危害基坑安全，必须对渗漏点进行及时修补。堵漏施工工艺为：首先找到渗漏来源，将渗漏点周围的夹泥和杂质去除，凿出沟槽，并清水冲洗干净；其次在接缝表面两侧一定范围内凿毛，凿毛后在沟槽处埋入塑料管对漏水进行引流，并用封缝材料（即水泥掺合材料）进行封堵，封堵完成并达到一定强度后，再选用水溶性聚氨酯堵漏剂，用注浆泵进行化学压力灌浆，待浆液凝固后，拆除注浆管。该方法施工方便，止水可靠，目前在工程中应用较多。

（3）地下连续墙槽段钢筋被切割导致结构损伤

实际工程中如遇到成槽范围内有地下障碍物，又无法清除时，为了保证钢筋笼的下放，需将钢筋笼切割掉一部分，再下放钢筋笼并浇筑混凝土，这使得连续墙结构局部受到损伤。对于这种情况，通常的修复方法是：

1）增加一幅地下连续墙槽段

如地下连续墙破损较严重，在破损的地下连续墙外侧增加一幅地下连续墙槽段，如图13.5-1 所示，但增加一幅地下连续墙后并不能解决缺口位置的渗漏水问题，为防止基坑开挖阶段漏水，必须在连续墙接缝位置增加高压旋喷桩等止水措施。在加固和止水措施施工完后，方可进行坑内土体开挖。如破损位置位于基底以上，可在开挖后再对切割处进行修复。具体的修复方法是：凿去该处的劣质混凝土，将相邻两槽段的钢筋笼在接缝处凿出，清洗两侧面，焊上这部分所缺的钢筋，并封上连续墙内侧的模板，在此空洞内浇筑与地下连续墙相同强度等级或高一等级的混凝土，同时在地下连续墙内侧设置钢筋混凝土内衬墙等，以完成地下连续墙的修复。

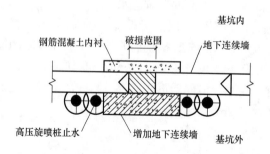

图 13.5-1　外侧增加地下连续墙补强　　　　图 13.5-2　外侧增加钻孔灌注桩补强

2）外侧增加钻孔灌注桩的修复方法

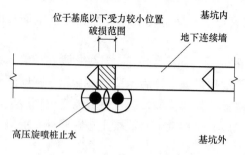

图 13.5-3　外侧采用旋喷桩止水

如果地下连续墙的破损情况不很严重，被切割掉的钢筋笼仅是局部或一小部分，那么就可以在坑内施工钢筋混凝土钻孔灌注工程桩时，利用施工机械在地下连续墙外侧增做几根钻孔灌注桩进行加固，如图 13.5-2 所示。钻孔灌注桩做好后也需要在其两侧和桩间进行高压旋喷注浆，以形成隔水帷幕。完成了这些加固处理后，如破损位置位于基底以上，即可如前述那样进行坑内土体开挖和地下连续墙的修复。

3）在地下连续墙外侧注浆加固

如地下连续墙破损位置出现在基底以下受力较小位置，且破损情况不严重，不影响地下连续墙的整体受力性能，可在破损位置仅施工旋喷桩，以确保地下连续墙的止水性能，如图 13.5-3 所示。

13.6　工程实例

1. 工程概况

该地块（工程总平面如图 13.6-1 所示）位于杭州主城区，西南紧邻住宅楼，东部临近城市主干道路。项目用地共 11958m²，主要为一栋高 28 层的主楼（3 层地下室，底板埋深约 15.5m），高度 99.90m；总建筑面积 99705m²，其中地上建筑面积 71000m²，地下建筑面积 28705m²。

基坑平面形状为不规则三角形，最大尺寸约 178m×90m，结构设计的 ±0.000 标高相当于绝对标高 8.100m，根据场地现状，设计自然地坪取相对标高为 −0.800m。综合考虑地下室底板及垫层厚度后，基坑设计开挖深度为 −15.60m，核心筒开挖深度约 19.2m。基坑南侧（紧邻住宅楼范围）地下二（三）层地下室比地下一层内退约 5.3m。

根据工程总平面布置和现场调查，目前场地较为平坦。基坑东侧距离用地红线最近约

1.7m，红线外为绿化带，绿化带外为之江路。与基坑之间为已建绿化带，覆土较高，约有 2.5 米高。

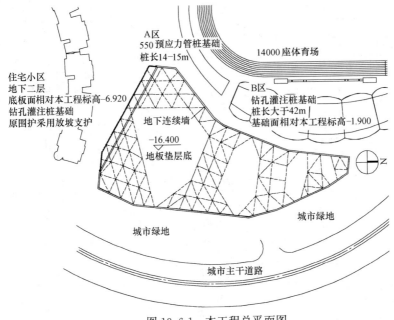

图 13.6-1 本工程总平面图

2. 场地工程地质条件

（1）土质条件

根据工程地质勘察报告，勘探深度内与基坑支护设计有关的地基土层的分布如下：

①₁ 杂填土：杂色，以黄灰色为主，局部夹褐灰色，湿，松散状，以建筑垃圾为主，含少量生活垃圾，含 35%～50%的砖瓦碎块、碎砾石，局部夹有少量块石。层厚 2.30～6.40m，全场分布。

②₁ 砂质粉土：灰黄色，湿，稍密状，局部松散，含少量云母碎屑及有机质，摇振反应迅速，切面粗糙，无光泽反应，干强度低，韧性低。层厚 1.60～5.20m，全场分布。

②₂ 砂质粉土：黄灰、灰色，湿，稍密状为主，局部中密状，含少量云母碎屑及有机质，摇振反应迅速，切面粗糙，无光泽反应，干强度低，韧性低。层厚 4.60～9.10m，全场分布。

②₃ 粉砂夹砂质粉土：绿灰、灰色，很湿，中密状，含少量云母碎屑及有机质。以粉砂为主，局部相变为砂质粉土。层厚 2.20～6.50m，全场分布。

②₄ 砂质粉土夹粉砂：灰黄色，湿，稍密状，含少量云母碎屑及有机质，局部相变为粉砂。摇振反应迅速，切面粗糙，无光泽反应，干强度低，韧性低。层厚 1.10～3.10m，场区内大部分布。

⑤ 粉质黏土夹粉土：灰色，饱和，流塑状，含有机质、腐殖质及云母碎屑，间夹少量薄层状粉土，无摇振反应，稍有光泽，干强度中等，韧性中等。层厚 0.70～2.30m，全场分布。

⑥ 黏土：黄灰色、绿灰色为主，饱和，可塑—硬可塑状，含有机质及云母碎屑。无摇振反应，切面光滑，有光泽，干强度高，韧性高。层厚 7.20～11.1m，全场分布。

各层土的基坑支护设计参数见表 13.6-1。

基坑支护设计参数表　　　　　　　　　　　　表 13.6-1

土类	层号	含水量（%）	重度（kN/m³）	天然孔隙比	黏聚力（kN/m²）	内摩擦角（°）	侧向基床系数（MN/m⁴）	压缩系数（MPa⁻¹）	渗透系数(10⁻⁴cm/s)	
									水平	垂直
杂填土	①₁		(19)		(8)	(15)	(1.8)			
砂质粉土	②₁	29.6	19.00	0.833	4.0	28.0	2.8	0.123	2.0	1.0
砂质粉土	②₂	27.8	19.40	0.773	5.0	31.0	4.5	0.111	2.0	1.0
粉砂夹砂质粉土	②₃	25.8	19.60	0.722	3.0	34.0	7.5	0.106	30	25
砂质粉土夹粉砂	②₄	27.1	19.20	0.781	4.0	33.0	5.0	0.106	20.0	10.0
粉质黏土夹粉土	⑤	31.5		0.876	8.0	20.0	2.2	0.319		
黏土	⑥	30.0	19.30	0.843	31.0	18.0	4.2	0.234		
粉质黏土	⑦	33.4	18.80	0.931	20.0	18.0		0.296		
粉质黏土夹粉砂	⑦夹	30.6	19.00	0.863	16.0	20.0		0.350		
含砂粉质黏土	⑧₁	22.8	20.10	0.646	18.0	28.0		0.176		
含黏粉细砂	⑩₁	22.6	20.00	0.642	4.0	33.0		0.125		

（2）水文地质条件

该场区地下水主要可分为第四系松散岩类孔隙潜水，孔隙承压水。孔隙潜水，主要赋存于表层填土、粉土及砂土层中。本次工程勘探期间测得地下潜水水位埋深在 2.90～4.80m，年水位变幅约 1～2m。孔隙承压水，主要分布于⑩层砂性土及⑬层圆砾层中，水量丰富；承压水头埋深约 9.71m。

3. 围护结构设计

（1）本工程的特点

1）基坑开挖影响范围内主要以粉土层为主。

2）该工程开挖深度在 15.6m 左右，局部核心筒更深，属于超深基坑。基坑开挖的影响范围相应比较大。

3）基坑周边距离用地红线均比较近，场地紧张，距周边浅基础建筑及道路管线设施较近，尤其西侧及南侧紧邻既有建筑物，坑外不允许深层降水，对止水帷幕的止水要求非常高。设计应合理控制围护体的变形，确保基坑邻近设施和建筑物的安全和正常使用。

4）南侧邻近住宅小区一侧，地下二（三层）范围地下室内移 5.3m，与地下一层不对应。

5）基坑平面尺寸较大，平面形状复杂。

6）该项目距离钱塘江近，地下水域与钱塘江的水力联系强。

（2）围护结构的设计

本工程采用 800 厚地下连续墙结合三道钢筋混凝土内支撑的支护形式典型剖面如图 13.6-2 所示，相连墙配筋如图 13.6-3、13.6-4 所示。具体方案如下：

1）基坑南侧及西侧为有效保护已建住宅小区和区体育场，采用 800 厚地下连续墙作为围护结构，为减小成槽期间对周边环境的影响，同时为确保地下连续墙的施工质量，地连墙两侧采用三轴水泥搅拌桩槽壁加固的措施。坑外三轴水泥搅拌桩槽壁加固为连续套打，坑内连续搭接。

2）为防止基坑降水对已建住宅小区和区体育场的影响，该范围坑外不降水。基坑内采用自流深井疏干，便于土方开挖。

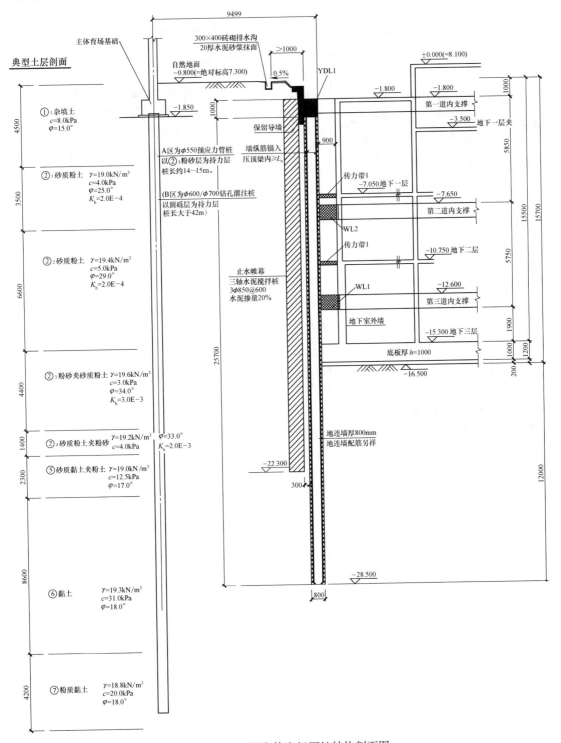

图 13.6-2 紧靠体育场围护结构剖面图

（3）地下连续墙墙体设计

地下墙墙段之间的接头采用柔性接头，从已有工程的使用情况来看，效果很好，且施工较完全刚性接头方便得多，用钢量也小。

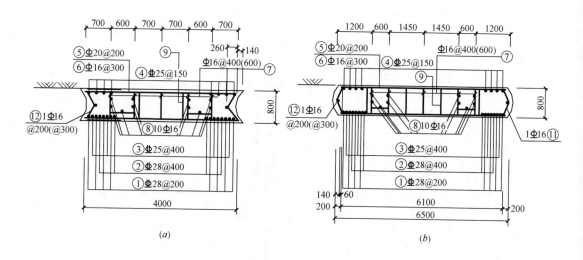

图 13.6-3

(a) 先行幅；(b) 嵌幅

本工程地下墙较深，为防止地下墙在施工阶段沉降过大，在地下墙的钢筋笼中预留注浆管，待地下墙施工结束后，对地下墙底部进行高压注浆，这样一方面可以减小墙底沉渣的影响，另一方面可同时提高墙底土体的承载力，提高墙底端以上一段范围的侧摩阻力，减小地下墙施工阶段的沉降，同时也提高了抗拔力。

4. 地下连续墙的施工要求

（1）地下连续墙施工前，应先进行墙槽挖掘试验，验证地层情况，检查或调整工艺流程的适应性，选择操作技术参数。

（2）槽段开挖前，应沿地下墙两侧构筑导墙，导墙混凝土强度等级 C20，平面位置对轴线距离的允许偏差为 ±10mm，内侧墙面应垂直，不平整度应 ≤5mm。导墙拆模后应及时在墙间加撑，支撑间距为 1.5m，上下二道，养护期间重型机械不得在导墙附近作业行走。本工程浅层地质复杂，为确保槽壁质量，保证周边建筑物和管线设施的安全，导墙施工地连墙成槽前应对浅层地基进行处理，西侧及南侧采用三轴水泥搅拌桩处理。

（3）地下墙施工质量要求：墙身混凝土应连续、均匀，无空洞、麻面、缺损、夹泥、露筋等现象，墙顶中心线允许偏差 ≤30mm，墙面倾斜度 ≤1/250，墙面局部突出应 ≤100mm（局部突出与墙面倾斜之和也应 ≤100mm）。墙底沉渣厚度应 ≤200mm。钢筋笼顶面标高偏差应 ≤20mm。

（4）地下墙墙段之间的接头面必须严格清刷，不得存有夹泥或沉渣。

（5）地连墙钢筋笼：主筋保护层坑内侧 70mm，坑外侧 70mm。钢筋笼应采用焊接，焊点必须牢固，临时绑扎点在钢筋笼入槽前应全部清除，并严格检查所有预埋钢筋、套管、连接件等的规格、数量、位置是否正确；钢筋笼在吊运、入槽过程中不得产生不可恢复的变形，不得强行入槽，浇筑混凝土时应防止钢筋笼上浮。主筋连接应采用闪光对接焊或机械连接。

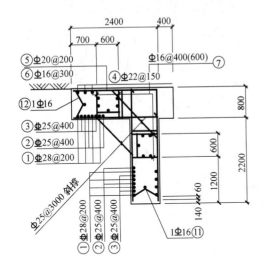

图 13.6-4　转角幅配筋示意图

图 13.6-5　钢筋笼下放现场图

（6）地下连续墙各槽段钢筋笼相对于基坑内、外侧为非对称配筋，施工时务必请注意内、外侧布筋的差别，以防发生错误。

5. 基坑工程监测

本工程基坑开挖的不利因素有：（1）开挖深度大，基坑大面积开挖深度达 15.60m。（2）基坑平面尺寸较大，而且平面形状不规则，基坑的空间效应比较弱，对基坑的稳定和变形控制比较不利，而且内支撑杆件长，混凝土收缩、徐变和温差等因素对支撑的影响比较大。（3）工程位于市中心，场地狭小，周围环境条件非常复杂，从基坑周围环境来看，基坑西侧和南侧已有建筑物较多；东侧的已建绿化带紧邻基坑，覆土较高，约有 2.5m 高，甚至绿化带外的城市主干道路也在基坑影响范围之内，道路下埋有各种综合市政管线，对基坑引起道路的变形要求也很高。（4）从场地地基土层分布来看，基坑开挖面存在渗透性较好的粉土层，对地下水的控制也不容忽视。

如图 13.6-6 所示，在基坑西侧（仅靠体育场既有建筑物），在同一断面地下连续墙内、墙后土体内布置测斜管（CX14、CX9），以监测地连墙、墙后土体沿深度的水平侧位移。再根据基坑几何图形，在基坑最不利位移布置墙后土体位移监测。

周边建筑物的沉降监测也是工程的监测重点，地下室开挖过程中也对体育场、住宅小区建筑物的外墙角等部位埋设了多处沉降监测点，对沉降值进行监测。

本工程基坑开挖现场监测历时 11 个月。测斜管除个别（如 CX3）在地下室施工过程中受到掩埋外，其余监测剖面数据基本能够正常反映基坑外的深层土体水平位移，其中图 13.6-7 反映了 CX14 测斜管测得的基坑地下连续墙沿深度的水平位移值，图 13.6-8 反映了 CX9 测斜管墙后土体沿深度的水平位移值。

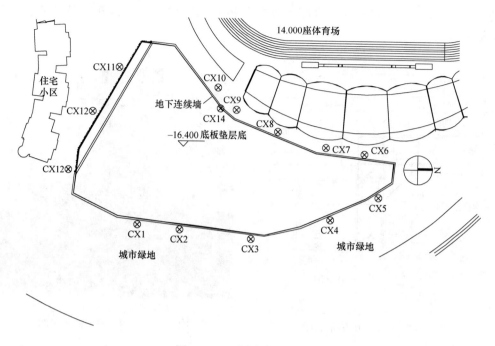

图 13.6-6　监测平面布置图

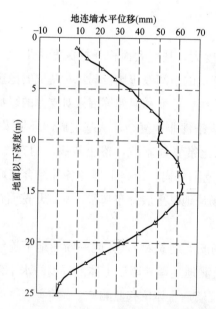

图 13.6-7　CX14 地下连续墙测斜管测斜结果

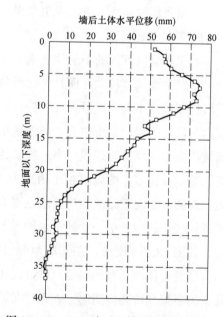

图 13.6-8　CX9 墙后土体测斜管测斜结果

各测斜孔最大水平位移汇总表　　　　　　　　　　　　　　表 13.6-2

测斜管编号	CX1	CX2	CX3	CX4	CX5	CX6	CX7
地表侧移(mm)	10.6	36.56	14.72	25.98	32.42	18.14	8.36
最大侧移(mm)	32.16	75.6	31.98	47.38	59.98	37.32	46.88
发生深度(m)	9.0	12.0	10.0	9.0	10.0	13.0	12.0

测斜管编号	CX8	CX9	CX10	CX11	CX12	CX13	CX14
地表侧移(mm)	50.26	52.14	55.02	32.18	34.38	50.22	9.3
最大侧移(mm)	92.98	74.90	89.26	50.62	51.64	55.20	62.94
发生深度(m)	11.0	7.0	10.0	10.0	8.0	3.0	14.0

　　根据监测结果，发现基坑周围不同深度土层的水平位移有随时间而增长的趋势，而在底板浇筑、支撑拆除完毕后增速减缓，位移基本趋于稳定。最大侧移的出现时间一般在监测末期（表13.6-2），出现最大位移的地层深度大部分在8～14m之间，其中最大位移量为92.98mm，发生在基坑西侧的CX8测斜管。

参 考 文 献

［1］　龚晓南. 深基坑工程设计施工手册［M］. 北京：中国建筑工业出版社，1998.

［2］　刘国彬，王卫东. 基坑工程手册［M］. 北京：中国建筑工业出版社，1999.

［3］　中华人民共和国行业标准. 建筑基坑支护技术规程 JGJ 120—2012［S］. 北京：中国建筑工业出版社，2012.

［4］　中华人民共和国国家标准. 混凝土结构设计规范 GB 50010—2010［S］. 北京：中国建筑工业出版社，2011.

［5］　中华人民共和国国家标准. 建筑地基基础工程施工质量验收规范 GB 50202—2002［S］. 北京：中国计划出版社，2002.

［6］　浙江省建筑设计研究院. 杭政储出［2004］69 号地块深基坑支护设计方案.

第 14 章 加筋水泥土墙技术

刘兴旺　陈卫林
（浙江省建筑设计研究院）

14.1 概述

地基土体经采用注浆、搅拌等措施形成水泥土后，抗压、抗剪强度和抗渗性能明显提高，但抗拉和抗弯性能提高有限，一般只能作为地基加固的一种手段。当在水泥土中设置型钢、钢筋、钢绞线等抗拉强度较高的材料时，形成加筋水泥土，弥补了水泥土抗拉和抗弯性能差的特点，加筋水泥土墙可单独作为基坑围护墙或支护结构。

实际工程中，应用较多的加筋水泥土墙有两种形式，加筋水泥土桩锚和型钢水泥土搅拌墙（SMW 工法）。

加筋水泥土桩锚支护技术是由加筋水泥土桩体和锚体（总称桩锚体）构成的对土体的支护体系，它利用专门机械搅拌置换原土，形成强度相对较高（无侧限抗压强度约 1MPa）的水泥土桩体（直径 20～100cm），在搅拌原土的同时将特制的锚体推进桩体内部，待桩体水泥土成型并产生一定的强度，然后可张拉锚体并达到一定的拉力值，接着将锚体一端锚固于支座（横梁）之上，使锚具背后的土体产生一定的预压应力，从而达到对被加固土体的支护作用。

加筋水泥土桩锚可为水平向、斜向或竖向的等截面、变截面或具有扩大头的桩锚体。根据场地条件、环境条件和开挖深度不同，可采用悬臂式、人字形、门架式等形式单独支护，也可与土钉、锚杆、排桩等组合支护，可适用于不同土质、不同深度的基坑，适用范围广，布置形式灵活，亦可用于边坡加固、基坑抢险等。

SWM 工法是 Soil-cement Mixing Wall 的简称，亦称作劲性水泥土搅拌桩地下连续墙。它采用多轴水泥搅拌钻机在原地层中切割钻入土体中，钻动的同时在钻轴的前端低压喷出一定量的水泥浆，浆液通过转轴的搅拌使水泥与浆液周围土体均匀混合形成一种较为均质的土-水泥复合体，即水泥土；当搅拌、钻孔完成后，在水泥土未固化时，插入型钢等芯材作为支护结构的主要受力构件，形成集挡土与止水于一体的围护墙，地下室施工完成后，可将型钢从水泥搅拌桩中拔出，达到回收和再次利用的目的。该工法节约了资源，同时避免围护体成为地下障碍物，实现了可持续发展，施工过程无污染、场地整洁干净，噪声小，具有环保的概念。在工期方面，也较常规的围护形式有所节省。整体来看，采用 SMW 工法具有节约资源、可持续发展、环保以及减少工期、提高施工效率等特点。

14.2 加筋水泥土桩锚

根据成型方向，加筋水泥土桩锚体可分为：竖向、斜向或水平向三种形式，如图14.2-1～图14.2-3所示。[4]

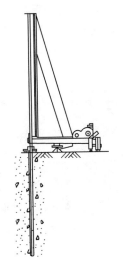

图 14.2-1 竖向加筋水泥土桩体

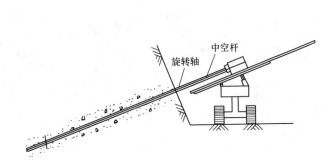

图 14.2-2 斜向加筋水泥土桩体

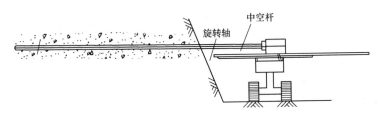

图 14.2-3 横向加筋水泥土桩体

加筋水泥土桩锚因桩体的角度、成型方式不同，所采用的机械也有多种类型，基本的施工机械如图14.2-4、图14.2-5所示。

图 14.2-4 竖向加筋水泥土桩施工机械

图 14.2-5 横向、斜向加筋水泥土桩施工机械

根据成型方法，加筋水泥土桩锚支护可分为：注浆加筋水泥土桩锚支护，高压旋喷加筋水泥土桩锚支护，搅拌加筋水泥土桩锚支护和一次成锚式加筋水泥土桩锚支护。

加筋水泥土桩锚支护的加筋水泥土桩体角度可调整范围大，布置形式灵活多变，可根据不同的土质、场地条件、深度和加固要求采用多种剖面形式，支护设计中常用的有：悬臂式加筋水泥土桩锚支护、人字形加筋水泥土桩锚支护、门架式加筋水泥土桩锚支护、复合式加筋水泥土桩锚支护、加筋水泥土桩墙与多排加筋水泥土桩锚支护、后仰式锚拉钢桩支护、多向加筋水泥土桩锚支护。

(a)   *(b)*   *(c)*

图 14.2-6 多种形式的加筋水泥土桩墙现场照片

加筋水泥土桩锚支护凭借其布置形式灵活、便于坑内挖土和结构体施工方便等特点，在上海、温州、杭州、天津等地区有广泛的应用，中国工程建设标准化协会标准《加筋水泥土桩锚支护技术规程》已颁布实施。

14.2.1 加筋水泥土桩锚的设计要点

1. 加筋水泥土桩锚的选用

基坑围护设计时，选用加筋水泥土桩锚需要考虑以下几点因素：

（1）土质条件及开挖深度

加筋水泥土桩锚支护的适用开挖深度、选用形式与地质条件密切相关。

1）注浆加筋水泥土桩锚支护适用于软土厚度不大于 2m 或混合地层，不宜在深厚淤泥中采用。桩长不宜大于 10m，锚体间距不宜大于 1.2m。

2）高压旋喷加筋水泥土桩锚支护适用于软弱的淤泥层和松散的砂土层，其施工工艺复杂，造价高。桩锚长度应按计算确定，桩墙体嵌固长度宜进入隔水层 1～2m，锚体长度不宜小于 1.0～1.5 倍基坑深度，间距不宜大于 1.5m，直径宜为 0.3～0.8m，按梅花形布置。

3）搅拌加筋水泥土桩锚支护适用于较厚的软弱淤泥层、松散粉细砂或砾石层。长度应按计算确定，桩墙体嵌固长度宜进入隔水层 1～2m，锚体长度不宜小于 1.0～1.5 倍基坑深度，间距不宜大于 1.5m，直径宜为 0.2～0.8m，按梅花形布置。

4）斜向地锚体与水平面的夹角宜采用 15°～35°。

（2）基坑形状及面积

加筋水泥土桩锚支护避免了设置内支撑系统，针对平面面积较大的基坑有良好的经济性，但针对平面形状上阳角较多的基坑，锚体容易出现错位和交叉的情况，影响整体受力性能，应注意避免或采取局部设置内支撑、斜向支撑、双排桩等措施。

（3）基坑变形控制要求

与排桩结合内支撑的形式相比，加筋水泥土桩锚支护的刚度较低，一般而言，围护体变形大于排桩结合支撑的支护形式，基坑变形影响范围广，当环境条件复杂、基坑变形要求高时，如基坑周边紧邻煤气管等重要管线、浅基础建筑物、历史保护建筑、运营中的地铁或下穿隧道时，应谨慎选用加筋水泥土桩锚支护。

（4）基坑工期

加筋水泥土桩锚支护因避免或减少了内支撑的设置，基坑内部施工空间大，挖土方便，可流水施工，施工速度主要取决于桩锚体的道数和间距，一般情况下工期比排桩内支撑形式有明显优势。

（5）基坑施工场地

加筋水泥土桩锚支护占用地面空间小，一般桩体与周边构筑物在保证 50～100cm 净距的情况下即可施工，但除悬臂式加筋水泥土桩锚支护形式外，其余形式的加筋水泥土桩锚系统均设置了水平向或斜向的锚体，且锚体长度基本上为开挖深度的 1.0～1.5 倍左右，长度较长，对地下空间的占用率较大。当基坑用地红线距离基坑开挖面较近时，除悬臂式加筋水泥土桩锚支护外，其余形式的桩锚体存在超红线的问题（不可回收式桩锚系统长期占用红线外的地下空间；可回收式桩锚系统短期占用红线外地下空间，并存在回收率的问题）；在该条件下选用加筋水泥土桩锚支护形式时，应注意了解当地政府的相关规定，办理相应手续。当基坑周边存在涵管、隧道、深层管线、管廊和桩基础建筑物时，不宜采用加筋水泥土桩锚支护（悬臂式除外）。

2. 不同形式加筋水泥土桩锚支护的设计要点

加筋水泥土桩锚支护的剖面形式较多，不同的剖面形式具有不同的适用范围和设计要求。

（1）悬臂式加筋水泥土桩锚支护

悬臂式加筋（预应力或非预应力）水泥土桩锚支护适用于土质条件较好、开挖深度小于 6m 的基坑工程，当基坑内边具备三角土保留条件时，应用效果更好。

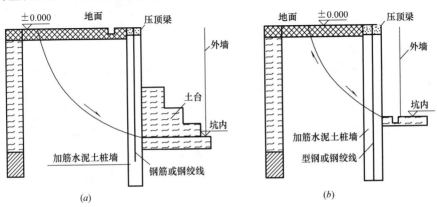

(a) (b)

图 14.2-7 悬臂式加筋水泥土桩锚支护[4]

(a) 留土台；(b) 不留土台

悬臂式加筋水泥土桩锚支护设计应遵循下列原则：

1）加筋水泥土锚体之间的咬合宽度应根据使用功能确定。当考虑止水作用时，咬合宽度不宜小于150mm；当仅考虑挡土作用而不考虑止水作用时，咬合宽度不宜小于100mm。

2）当采用多排桩体支护墙时，排桩间距不宜大于0.8倍桩锚体直径。

3）悬臂式加筋水泥土桩体中宜采用$\phi25\sim\phi32$钢筋、I10~I16工字钢或$\phi40\sim\phi57$钢管。插筋材料的插入深度应经计算确定，并在计算弯矩反弯点1m以下。

4）悬臂式桩体的嵌入深度应由计算确定，当坑内留有土台时，宜为1.2~1.5倍基坑深度。台面可布置土钉并挂网，喷射混凝土作为保护面层，保证留土的稳定性和有效性；当坑内不具备留土台空间且环境条件较好时，嵌入深度宜为基坑深度的1~2倍，桩体中宜插入I10~I16工字钢。

5）在基坑周边5m范围内的地面应采用厚度不小于100mm的硬化面层，坑边和坑内应设排水沟和集水井。

（2）人字形加筋水泥土桩锚支护

对素填土、淤泥及淤泥质土、黏性土和砂性土地基，基坑深度不大于6m，基坑周围不具备放坡条件且地下水位较高时，可采用人字形加筋水泥土桩锚支护结构。单排或多排咬合的加筋水泥土桩墙同时具有挡土与止水双重功能。

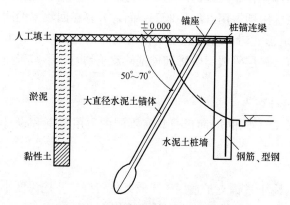

图14.2-8　人字形加筋水泥土桩锚支护[4]

人字形加筋水泥土桩锚支护设计应遵循下列原则：

1）加筋水泥土桩锚体之间的咬合宽度应根据使用功能确定。当考虑止水作用时，咬合宽度不宜小于150mm；当仅考虑挡土作用而不考虑止水作用时，咬合宽度不宜小于100mm。

2）当采用多排桩墙时，排桩间距不宜大于0.8倍桩体的直径。

3）水泥土桩墙的加筋量应根据计算确定，宜采用$\phi25\sim\phi32$钢筋，或采用I10~I16工字钢。嵌固深度应根据稳定及变形计算确定，并超过基坑底2.0~3.0m。

4）在加筋水泥土桩墙的外侧，应设置斜向加筋水泥土锚体，其直径可采用350~600mm，倾角50°~70°，水平间距1.0~2.0m，加筋水泥土桩锚体的注浆材料宜采用水泥浆（或掺入化学浆），水泥土的设计强度不宜低于0.5~0.7MPa。

5）斜向加筋水泥土锚体的长度应根据计算确定，并且宜大于基坑深度的1倍。其加筋体可采用钢筋，也可采用预应力钢绞线。根据需要尚可采用多支盘水泥土锚体。加筋体的预加应力值（锁定值）应根据地层条件和支护结构的允许变形确定，可取所受轴向拉力设计值的0.50~0.85倍。

6）在加筋水泥土桩墙与斜向加筋水泥土锚体间应设置桩锚连梁，将两者可靠地连接。

（3）门架式加筋水泥土桩锚支护

当基坑外施工空间允许且基坑深度不超过 10m 时，可采用门架式加筋水泥土桩锚支护。

门架式加筋水泥土桩锚支护设计应遵循下列原则：

1）门架式加筋水泥土桩墙的顶部应设置桩锚连梁，其截面尺寸可按计算确定或按经验选取，但截面最小尺寸不宜小于排桩的直径，混凝土强度等级不低于 C20；桩中钢筋应伸入连梁，其长度不应小于 5d（d 为钢筋直径）。

2）支护桩墙的配筋量应根据计算确定。宜采用 ϕ25～ϕ32 钢筋或采用 I10～I16 工字钢。第二排可采用 ϕ15.2 钢绞线，宜施加预应力。

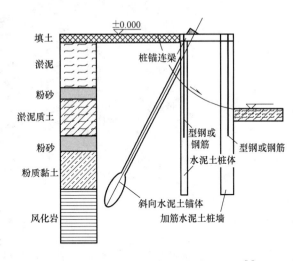

图 14.2-9　门架式加筋水泥土桩锚支护[4]

3）根据需要进一步设置斜向加筋水泥土锚体，以改善支护结构的性能，提高稳定性和变形控制能力。

（4）复合式支护

土质条件较好时，可采用土钉或锚杆与加筋水泥土桩墙相结合的复合式支护结构。

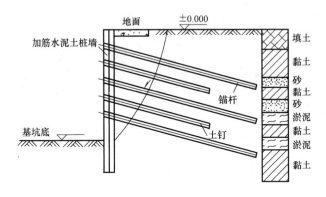

图 14.2-10　复合式支护[4]

竖向加筋水泥土桩墙的插筋可采用型钢、钢筋或非金属筋。筋材可插入水泥土桩体中间或桩体的边侧。根据工程具体情况和场地条件，可采用单排或多排咬合加筋水泥土桩墙，桩长由计算确定，并宜嵌入不透水层 1.0～2.0m。

（5）复合式支护

当场地条件允许，采用加筋水泥土桩墙与多排斜向加筋水泥土锚体形成复合支护结构可应用于较深的基坑支护，但开挖深度不宜超过 18m。

斜向加筋水泥土锚体的直径可采用 0.2～1.0m，锚头应与腰梁连接并施加预应力，可根据需要设置扩大头或变截面体。

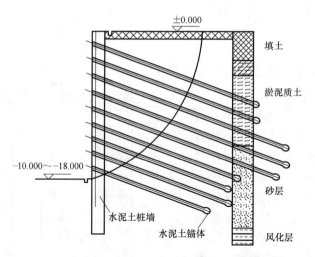

图 14.2-11 加筋水泥土桩墙与多排斜向加筋水
泥土锚体支护[4]

水泥土桩墙的加筋材料可用钢管、型钢、粗钢筋。可插在水泥土桩墙边侧或中间，插入长度和露出长度均应满足计算和构造要求。

（6）后仰式加筋水泥土锚体支护

当场地为可塑直至硬塑的黏土层，基坑深度不大于 15m 时，可采用后仰式锚拉钢桩支护结构。当要求支护结构具有止水作用时，可增设止水帷幕。

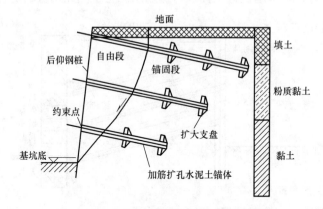

图 14.2-12 后仰式加筋水泥土锚体支护[4]

后仰式加筋水泥土桩锚支护设计应遵循下列原则：

1）钢桩仰角应为 50°～10°，水平间距应为 1.5～2.0m，钢桩截面应根据计算确定，宜采用 φ25～φ32 钢筋或采用 I10～I16 工字钢。

2）扩孔锚体的锚固段长度应按计算确定。锚固段长度应大于自由段长度，直径宜为 100～150mm；

3）扩孔锚体的扩大支盘应布置在锚固段的底部，扩大支盘的直径宜为 250～300mm，可根据需要设一个或多个。当扩大支盘多于 3 个时，按假想拔出土柱的抗拔力计算，其计算直径取支盘平均直径。

（7）多向加筋水泥土桩锚支护

当基坑、边坡出现险情时，可在坑边地面竖向或垂直于滑动面方向做抗滑加筋水泥土桩锚体支护。根据险情需要，可采用单排或多排桩体。

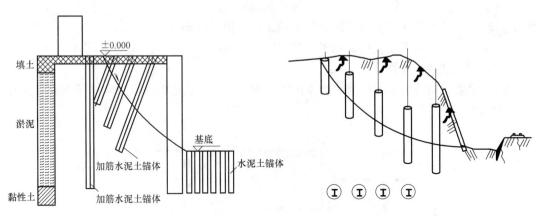

图 14.2-13　水泥土桩锚基坑加固[4]　　　图 14.2-14　水泥土桩锚边坡加固[4]

14.2.2　加筋水泥土桩锚的计算内容

加筋水泥土桩锚的稳定性验算包括整体稳定、坑底抗隆起、抗倾覆及抗滑移验算等，除此以外，斜向加筋水泥土锚体还须进行锚体的抗拔承载力计算和加筋材料截面面积计算。

（1）加筋水泥土桩锚体的抗拔承载力设计值

抗拔承载力设计值应由现场抗拔试验确定，初步设计可由桩锚体自重与土体侧摩阻确定[4]：

$$N_{Ri} = 0.9A_{cs}l\gamma\sin\theta_i + 0.6\pi dl_a q_{sk} \tag{14.2-1}$$

式中　N_{Ri}——第 i 根加筋水泥土桩锚体的抗拔承载力设计值（kN）；

　　　A_{cs}——加筋水泥土桩锚体的截面面积，$A_{cs} = \pi d^2/4$（m²）；

　　　d——加筋水泥土桩锚体的直径（m）；

　　　γ——水泥土的重度（kN/m³）；

　　　θ_i——加筋水泥土桩锚体与水平面夹角（°）；

　　　l——加筋水泥土桩锚体的有效长度（m）；

　　　l_a——加筋水泥土桩锚体的锚固长度（m）；

　　　q_{sk}——加筋水泥土桩锚体与土体间的极限摩阻力标准值（kPa），可根据当地经验确定。

当无经验时，可参照现行行业标准《建筑基坑支护技术规程》JGJ 120—2012 的规定采用；

（2）加筋材料截面面积应按下式计算确定：[4]

$$A_s \geqslant \frac{1.35N_i}{f_y} \tag{14.2-2}$$

式中　N_i——荷载效应标准组合下第 i 根加筋水泥土桩锚体所承的轴向拉力设计值（kN）；

　　　f_y——加筋材料的抗拉强度设计值（kPa）；

A_s——加筋材料的截面面积（m^2）。

（3）加筋水泥土桩锚体的抗拔承载力应符合下列规定：[4]

$$\gamma_0 N_i \leqslant N_{Ri} \tag{14.2-3}$$

$$N_i = E_{ai} s_x s_y \tag{14.2-4}$$

式中 E_{ai}——作用在第 i 个桩锚体上的主动土压力值（kPa）；

s_x，s_y——加筋水泥土锚体的水平、竖向间距（m）；

γ_0——结构重要性系数。

（4）门架式加筋水泥土桩墙的墙体抗倾覆验算可按下式进行（取纵向 1 延米为计算对象）（图 14.2-15）：[4]

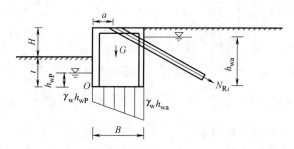

图 14.2-15 门架式加筋水泥土桩锚支护抗倾覆验算简图[4]

$$\gamma_{ov} = \frac{\sum M_{Ep} + 0.9G \cdot \dfrac{B}{2} + \sum [N_{Ri}\sin\beta_1(H+t) + N_{Ri}\cdot\cos\beta_1\cdot\alpha] - F_w\cdot l_w}{\gamma_0(\sum M_{Ea} + \sum M_w)}$$

$$\tag{14.2-5}$$

式中 γ_{ov}——抗倾覆安全系数，取大于 1.1；

$\sum M_{Ep}$，$\sum M_{Ea}$——被动土压力、主动土压力绕墙趾 O 点的力矩之和（kN.m）；

$\sum M_w$——墙前与墙后水压力对 O 点的力矩之和；

G——门架核心土自重，$G = \gamma_c(H+t)\cdot B$，γ_c 为土体与水泥土的重度，可取 $18 \sim 20 \text{kN/m}^3$；

F_w——作用于墙底面上的水浮力（kPa）：$F_w = \dfrac{\gamma_w(h_{wa}+h_{wp})}{2}$，$\gamma_w$ 为地下水的重度（kN/m^3）；

B——门架宽度（m）；

α——锚体锚头至基坑边缘的距离（m）；

β_i——第 i 根水泥土斜锚体轴线与垂线的夹角（°）；

H，t——基坑深度和埋深（m）；

h_{wa}，h_{wp}——主动侧、被动侧地下水位至墙底的距离（m）；

l_w——水浮力的合力 F_w 作用点距 O 点的距离；

N_{Ri}——第 i 根水泥土斜锚体的抗拔承载力设计值；

当水泥土斜锚体有扩大头时，其抗拔承载力设计值可按下式确定：

$$N_{Ri} = 0.6\pi[d\sum q_{sik}l_i + d_1\sum q_{sjk}l_j + 2q_p(d_1^2 - d^2)] \tag{14.2-6}$$

式中　d_1，d——抗倾覆安全系数，取大于 1.1；

　　　　l_i，l_j——第 i 层、第 j 层锚固体的长度（m）；

　　　　　　q_p——土体极限端阻力标准值（kPa）；

　　q_{sik}，q_{sjk}——第 i 层、第 j 层土体与水泥土的极限侧阻力标准值（kPa）。

沿底面水平滑移的稳定验算可按下式进行（取纵向 1 延米为计算对象）　（图 14.2-15）:[4]

$$\gamma_\tau = \frac{\sum E_p + \sum (G + N_{Ri}\cos\beta_i - F_w)\tan\varphi_{cu} \cdot B + N_{Ri} \cdot \sin\beta_i}{\sum E_a + \sum E_w} \tag{14.2-7}$$

式中　　$\sum E_a$，$\sum E_p$——主动、被动土压力的合力（kN/m）；

　　　　　$\sum E_w$——作用与墙前与墙后水压力的合力（kN/m）；

　　　c_{cu}，φ_{cu}——墙底处土的固结快剪黏聚力（kPa）、内摩擦角（°）；

　　　　　　γ_τ——水平滑动稳定安全系数，取大于 1.1。

（5）墙体整体稳定验算采用圆弧滑动法:[4]

$$\gamma_s = \frac{\sum C_{cui}l_i + \sum (q + \gamma_1 h_1 + \gamma'_2 h_2 + \gamma'_3 h_3)b\cos\alpha_1\tan\varphi_{cui} + \frac{1}{r}\sum N_{Ri}\sin\beta_i h_{ty}}{\sum (q + \gamma_1 h_1 + \gamma_2 h_2 + \gamma_3 h_3)b\sin\alpha_1 + \frac{1}{r}\sum N_{Ri}\cos\beta_i h_{ty}}$$

$$\tag{14.2-8}$$

式中　　q——底面荷载（kPa）；

　h_1，h_2，h_3——底面荷载（kPa）；

γ_1，γ_2，γ_3——与 h_1，h_2，h_3 相对应的土层天然重度（γ' 为浮重度；γ_m 为饱和重度）（kN/m³）；

　　　　　α_1——第 i 土条圆弧中点至圆心连线与垂线的夹角（°）；

　　　　　　b——分条宽度（m）；

　　　　　　r——圆弧滑动半径，经迭代法计算确定（m）；

　h_{tx}，h_{ty}——斜锚体在圆弧上作用点至中心的水平距离、垂直距离（m）；

　　　　　γ_s——圆弧滑动稳定安全系数，取大于 1.2。

14.3　型钢水泥土搅拌墙

型钢水泥土搅拌墙由连续套打搭接的搅拌桩和插入于其中的型钢组成。根据钻轴数不同，搅拌桩可分为单轴、双轴、三轴、五轴搅拌桩等，在目前国内各地区的应用中，三轴水泥搅拌桩居多；型钢水泥土搅拌墙的应用形式主要有如下几种：

（1）防渗墙。搅拌桩一般单排布置，也可双排、多排布置。

（2）重力式挡墙。多排搅拌桩连续搭接布置，受拉区设置抗拉筋（如竹筋、钢筋等），适用于开挖较浅、环境条件较好的基坑工程。

（3）结合内支撑或锚索支护。搅拌桩中需要插入刚度较大的芯材，如 H 型钢、U 型钢、钢管、预制钢筋混凝土桩等，以使墙体的抗弯性能满足要求，图 14.3-1～图 14.3-3 分别为典型设计剖面图、三轴搅拌桩桩机和开挖后的施工现场。

（4）结合土钉形成复合土钉支护结构。对芯材的设置要求相对较低。

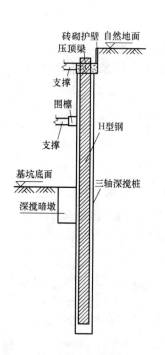

图 14.3-1　型钢水泥土搅拌墙典型剖面

图 14.3-2　三轴水泥土搅拌桩桩机

(a)

(b)

图 14.3-3　施工现场

在我国，深层水泥土搅拌桩作为重力式挡土墙或防渗帷幕的设计理论和施工方法较为成熟。早在 20 世纪 80 年代末，型钢水泥土搅拌墙就引起了我国工程界的关注，并做了一些研究。最早应用的工程实例是 1993～1994 年上海静安寺"环球世界"商厦和南京某商厦基坑围护工程，均获得了成功，但由于型钢没有回收利用，围护工程造价与传统方法基本持平。上海隧道工程股份有限公司较早地对型钢水泥土搅拌墙开展了系统研究，尤其是对型钢的起拔技术作了重点攻关，型钢回收技术的成熟推进了型钢水泥土搅拌墙在我国的应用。2005 年，上海市地方规程《型钢水泥土搅拌墙技术规程》DGJ 08—116—2005 和

《天津市地下铁道 SMW 施工技术规程》J 10591—2005 颁布实施。2010 年国家行业标准《型钢水泥土搅拌墙技术规程》JGJ/T 199—2010 颁布实施。2011 年，浙江省工程建设标准《型钢水泥土搅拌墙技术规程》DB 33/T 1082—2011 颁布实施。

应用技术的成熟和设计标准的颁布进一步促进了型钢水泥土搅拌墙在我国的应用，目前国内应用最大的基坑开挖深度已超过 16m，型钢水泥土搅拌墙的深度超过 30m。对 1～2 层地下室的基坑工程，型钢水泥土搅拌墙已是一种普遍应用的围护墙形式。

14.3.1 型钢水泥土搅拌墙的技术经济特点

1. 型钢水泥土搅拌墙的功能

型钢水泥土搅拌墙具有以下功能：

（1）防渗截水；

（2）挡土；

（3）承担拉锚或逆作法工程中竖向荷载作用的功能。

2. 型钢水泥土搅拌墙的特点

与钻孔灌注桩排桩挡墙相比，有以下特点：

（1）施工过程对周围地层影响小

型钢水泥土搅拌墙是直接把水泥类悬浊液就地与切碎的土砂混合，与地下连续墙、灌注桩需要开槽或钻孔相比，对邻近地面下沉、房屋倾斜、道路裂损或地下设施破坏等的危害小。

（2）抗渗性好

由于钻头的切削与搅拌反复进行，使浆液与土得以充分混合，形成较均匀的水泥土，且墙幅完全搭接无接缝，比传统地下墙具有更好的止水性，水泥土渗透系数很小，达 $10^{-7}\sim10^{-8}$ cm/s。

（3）节省场地、施工噪声及振动小、工期短

成桩速度快，墙体构造简单，施工效率高，省去了挖槽、安放钢筋笼等工序；采用灌注桩作为围护墙时，墙后一般还需要设置截水帷幕，不同地层截水帷幕与灌注桩的施工次序有严格规定。

（4）废土产量少、泥浆污染小

水泥悬浊液与土混合不会产生废泥浆，不存在泥浆回收处理问题，先做废土基槽，限制了废水泥土的渗流污染，最终产生的少量废水泥土经处理还可以再利用作为铺设场地道路的材料，这样既降低了成本，同时又消除了建筑垃圾的公害。

（5）大壁厚、大深度

型钢水泥土搅拌墙的水泥搅拌桩成墙厚度在 550～1300mm 之间，视地质条件一般可施工 10～30m 的深度，并且成孔垂直精度高，安全性好。

（6）适用土质范围广

采用多轴螺旋钻机方式的 SMW 工法适用于从软弱地层到砂、砂砾地层及直径 100mm 以上的卵石，甚至风化岩层等。如果采用预削孔方法还可适用于硬质地层或单轴抗压强度 60MPa 以下的岩层[1]。

（7）技术经济指标好

SMW 挡土墙的主要消耗材料是水泥类悬浊液和芯材，如果考虑芯材的回收，则经济

效益更加明显。根据 2013 年市场的型钢租赁价格与钻孔桩价格的比较，当型钢租赁期在半年以内时，型钢水泥土搅拌墙桩成本约为钻孔灌注桩的 60%～80% 左右，租赁期在 6～9 个月时，成本约为钻孔灌注桩的 70%～90% 左右，租赁期在 1 年左右的，成本基本与钻孔灌注桩持平。

14.3.2　型钢水泥土搅拌墙的设计要点

1. 设计考虑因素

基坑围护设计时，选用型钢水泥土搅拌墙需要考虑以下几点因素：

（1）土质条件及适用开挖深度

型钢水泥土搅拌墙的适用开挖深度与地质条件、环境条件、搅拌桩直径、基坑的平面尺寸、内插型钢的规格及密度等等因素有关。

对深厚软土地基上的一层地下室基坑（开挖深度一般不超过 7m），一般采用 650mm 或 850mm 三轴水泥搅拌桩内插 H 型钢结合一道内支撑支护，由于工期短，围护造价也比较经济；对二层地下室基坑（开挖深度一般在 10m 左右），一般采用 850mm 三轴水泥搅拌桩内插 H 型钢结合两道内支撑支护。土质条件及环境条件较好时，也有项目采用一道内支撑取得了成功；当开挖深度更深时（开挖深度超过 11m），由于作用在墙身的弯矩较大，对型钢的技术要求高，超长型钢如在现场焊接，焊接质量较难保证，易在接头部位形成薄弱环节，从而使型钢破坏的风险加大。因此，软土地基上开挖较深的工程应用型钢水泥土墙时，应通过加大型钢插入密度或刚度、增设内支撑的道数、被动区土体加固等措施合理控制型钢内力，确保安全；对三层地下室基坑（一般开挖深度超过 14m），850mm 及 650mm 的三轴水泥搅拌桩形成的型钢水泥土墙的刚度及施工质量难以满足要求，应用风险很大，不建议采用。由于支撑道数多、施工时间长，1m 直径的三轴水泥搅拌桩形成的型钢水泥土墙是否适用也宜经过技术经济比较后确定。

对深厚粉土地基上的一层地下室基坑，采用 650mm 直径或 850mm 直径三轴水泥搅拌桩内插型钢的支护体系，具有变形控制效果及截水性能好的特点，但应注意对比较密实的粉土，采用 650mm 直径三轴搅拌桩机时，应选择动力强、钻杆性能好的机械，采用普通桩机往往存在下钻困难、搅拌不均匀等问题，有一些工程曾因施工困难而在中途更换桩机，勉强施工下去的桩则常常出现帷幕渗漏现象；对深厚粉土地基上的两层地下室基坑，采用 850mm 直径三轴水泥搅拌桩内插型钢形成的型钢水泥土墙支护体系在工程中应用较为广泛，对比较密实的粉土，应选择动力强、钻杆性能好的搅拌桩机，根据目前的工程经验，应用的基坑深度不宜超过 15m。当型钢水泥土墙深度较深时，应预先评估型钢回收的难度，深厚粉土地基上曾有一些项目在型钢回收时出现起拔困难、型钢拔断等现象。

目前，型钢水泥土墙在三层地下室及以上的基坑工程中应用较少，但在软土或粉土地基上，对超深基坑采用三轴水泥搅拌桩作为截水帷幕取得较多的成功经验。作为截水帷幕应用的基坑最大开挖深度可达到 18m。

（2）基坑的变形控制要求

与钻孔灌注桩排桩相比，型钢水泥土搅拌墙的刚度较低，围护体变形略大于钻孔灌注桩，在对围护体水平变形控制要求较高的工程，如基坑周边紧邻煤气管等重要管线、浅基础建筑物、历史保护建筑、运营中的地铁或下穿隧道时，应谨慎选用该工法。

（3）基坑的工期

型钢水泥土搅拌墙的成本包含三轴水泥搅拌桩的费用和内插型钢的租赁费用。型钢的租赁费用与基坑的工期直接相关。当基坑面积较大施工难度较大，或因为设计调整、修改等原因，施工工期在 1 年以上时，选用型钢水泥土搅拌墙桩的成本较高，经济优势不明显。当工程实施过程可能因存在与邻近居民、单位等纠纷而存在停工可能性时，经济风险很大，应慎重。杭州曾有项目因为邻近居民投诉，基坑基础底板施工完成后政府勒令停工，致使型钢租期增加半年，费用增加数百万。

为缩短施工工期，型钢水泥土搅拌墙与钢支撑结合应用较多。钢支撑具有安装、拆除方便、不需要养护等特点，与混凝土相比，在建设工期方面有明显优势。

（4）基坑施工场地

型钢水泥土搅拌墙止水帷幕与挡土结构合二为一，节省了场地；由于钻杆在桩机的端部，三轴水泥搅拌桩与周边构筑物在保证 50cm 净距的情况下即可施工，比钻孔灌注桩结合止水帷幕的围护墙节省了 1m 左右的施工空间，具有明显的空间优势。

2. 水泥浆配比要求

水泥浆配合比是影响型钢水泥土墙质量的重要因素，确定水泥土的配合比时应充分考虑土层性质，进行配合比试验。水泥浆的功能主要如下：

（1）满足钻孔方便的功能

钻孔时保证搅拌机顺利运转、正常施工。

（2）分散土块的功能

将被混合、搅拌的土粒均匀分散到浆液中。

（3）护壁功能

防止钻孔孔壁坍塌。

（4）保持流态的功能

水泥土要保持一定时间的流态，以便芯材准确、顺利插入。另外，亦易于相邻施工段融合为一体。

在施工允许的情况下，减少水灰比有益于水泥土的强度增长。型钢水泥土搅拌墙中由于受型钢插入对水泥土的和易性的要求，一般水灰比大于 1，有时甚至达到 1.5～2.0。水泥浆的注入量根据土性、混拌的均匀性、施工条件来确定。水泥土的强度随着水泥掺入比的增加而增大，当水泥掺量低于 5% 时，水泥与土的化学反应微弱，土的强度改善不明显。实际工程中水泥掺量不宜小于 20%，淤泥及淤泥质土中应适当提高水泥掺量。

施工时应根据土层性质和水泥土的强度要求，对水泥浆配合比进行调整。常规不同土层的水泥浆配合比见表 14.3-1[2]。

不同土层三轴水泥土搅拌桩水泥浆配合比　　　　　　　　表 14.3-1

土质特征		配合比（每 1m³ 的土）			抗压强度（MPa）
		水泥（kg）	膨润土（kg）	水（L）	
黏性土	粉质黏土、黏土	300～450	5～15	450～900	0.5～1.0
砂质土	细砂、中砂、粗砂	200～400	5～20	300～800	0.5～1.5
砂砾土	砂砾土、砂粒夹卵石	200～400	5～30	300～800	0.5～2.0
特殊黏土	有机质土、火山灰黏土	根据室内试验配置			不确定

3. 水泥土的强度

水泥土的强度影响因素主要有：土质条件、水泥掺入量、水泥强度等级、龄期、外加剂等等。

（1）土质条件

影响水泥土抗压强度的主要土性指标是颗粒级配、稠度、有机质含量等。就级配而言，土的平均粒径越大，水泥土抗压强度越大；反之，则越小。稠度而言，土的天然含水量比液限小得越多，将土与水泥浆混拌均匀所耗时间越长。有机物含量过多，有碍水泥土硬化，须事先调查确定土中有机质的情况。

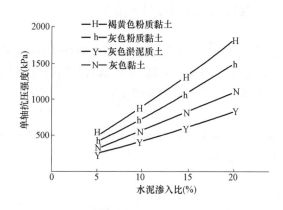

图 14.3-4　不同土质下水泥掺入比-抗压强度曲线

软土地区应用的工程中，杭州运河宾馆工程（水泥掺量 20%）：取芯实测的水泥土 28d 平均强度 1.2MPa，最低 1.0MPa，最高 1.5MPa；根据国内类似工程的统计资料，三轴水泥土搅拌桩 28d 龄期的最低强度指标一般在 0.5MPa 左右。

粉土地区现场取芯后的水泥土抗压强度普遍较高，但离散性较大。

东杭大厦：28d 平均抗压强度 2.3MPa，最低 1.8MPa，最高 2.8MPa；60d 平均抗压强度 4.6MPa，最低 2.1MPa，最高 8.3MPa；

临平南苑大厦：60d 平均抗压强度 1.6MPa，最低 1.1MPa，最高 2.8MPa；

浙江财富金融中心：28d 平均抗压强度 4MPa，最低 3.3MPa，最高 6.6MPa；

华润新鸿基钱江新城综合项目：28d 平均抗压强度 1.8MPa，最低 1.3MPa，最高 2.4MPa。

（2）水泥掺入比

水泥土的强度随着水泥掺入比的增加而增大，当水泥掺量低于 5% 时，水泥与土的化学反应微弱，土的强度改善不明显。实际工程中，水泥掺量不宜小于 20%。

（3）水泥强度等级

当水泥配方相同时，水泥土的强度随水泥强度等级的提高而增大。

（4）龄期

水泥土的强度随着龄期增大而增大，在龄期超过 28d 后，强度仍有明显的增加，一般以 90d 的强度作为水泥土的标准强度。以上海东方明珠国际会议中心工程为例，水泥土抗压强度与龄期的曲线关系如下图所示（图中，a_w 为水泥掺入量）。

（5）外加剂

水泥浆液的配制过程可根据实际需要，加入相对应的外加剂，外加剂类型如下：

膨润土。膨润土能抑制水泥浆液的离析，防止易坍塌土层的孔壁坍塌和孔壁渗水，减小施工机械在硬土层中的搅拌阻力。

增黏剂。增黏剂主要用于渗透性高及易坍塌的地层中。如粒度较为均等的砂性或砂砾

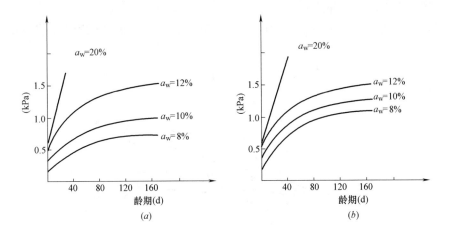

图 14.3-5 龄期-抗压强度曲线

（a）砂质黏土；（b）淤泥质黏土

地层，水泥浆液的黏性低，加入增黏剂后可一定程度减少水泥浆液的流失。

缓凝剂。施工工期长或者芯材插入时需抑制初期强度的情况下，使用缓凝剂。

分散剂。分散剂能分散水泥土中的微小粒子，在黏性土地基中能提高水泥浆液与土的搅拌性能，从而提高水泥土的成桩质量；钻孔阻力较大地基，分散剂能使水泥土的流动性变大，能改善施工操作性。由此能降低废土量，利于 H 型钢插入，提高清洗粘附在搅拌钻杆上水泥土的能力。

早强剂。早强剂能提高水泥土早期强度，并且对后期强度无显著影响。其主要作用在于加速水泥水化速度，促进水泥土早期强度的发展。现在，市场上已有掺入早强剂的水泥。

（6）其他

水泥土的强度还与养护条件、地基土的含水量等有关。

4. 三轴水泥土搅拌桩抗渗性能

三轴水泥土搅拌桩中水泥土的一项重要作用就是作为止水帷幕，因此抗渗性是三轴水泥土搅拌桩的重要指标。其抗渗性能宜通过渗透试验确定。

水泥土凝结后与天然土相比，含水量、孔隙比均有不同程度的降低。此外，水泥土在其水化过程中生成大量 $Ca(OH)_2$，等凝胶粒子，而凝硬过程中也产生大量微晶凝胶，其颗粒极其微小，在水泥土凝结后，其块体的颗粒级配趋向良好，且有效粒径也将有所变小，并且天然土经加固成水泥土后连通孔隙大大减少，因此水泥土的渗透系数比天然土降低许多，且随着加固龄期和水泥掺入比的增加而降低。一般，水泥土渗透系数均可减小到 10^{-7} cm/s 以下，在工程中可作为不透水材料考虑。

一般情况下，水泥土截水性取决于土体与水泥浆是否混拌均匀。混拌均匀的水泥土可以作为"截水墙"使用。三轴水泥土搅拌桩的施工机械可以充分搅拌原状土，使之与注入的水泥浆液形成连续的隔水帷幕。

三轴水泥土搅拌桩的渗透系数随着水泥掺入比的增加而减小，随着加固龄期增加而减小，砂性土加固后渗透系数可降低 3 个数量级，黏性土加固后渗透系数可降低 1 个数量级。其抗渗、止水性能明显改善。

上海东方明珠国际会议中心工程的水泥土搅拌连续墙渗透性试验[3]结果如图 14.3-6 和表 14.3-2 所示。

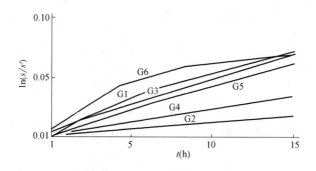

图 14.3-6　墙体渗透试验曲线图

墙体渗透系数表 　　　　　　　　　　　　　　表 14.3-2

孔编号	G1	G2	G3	G4	G5	G6
孔深(m)	10	5	12.5	5.7	12.2	10.3
渗透系数(cm/s)	9.46×10^{-7}	7.61×10^{-7}	7.37×10^{-7}	9.63×10^{-7}	6.36×10^{-7}	8.71×10^{-7}

由表 14.3-2 所示，墙体具有较好的抗渗性能，渗透系数均小 10^{-6} cm/s。

实际工程中影响水泥土渗透性能的因素主要包括：

（1）搅拌的充分性和均匀性。

（2）钻进和提升速度。

（3）在渗透性能强、地下水流急的地层，应采取措施防截水泥浆的流失。实践证明，适当掺入膨润土可在孔壁形成一定厚度的泥皮，阻止水泥浆的流失。

（4）连续搭接的搅拌桩要充分保证桩的垂直度和有效搭接面积，确保搭接效果。对型钢水泥土搅拌墙，采用全截面套打工艺，可保证整体效果。

（5）基坑开挖过程，合理控制基坑变形，保证水泥土在工作状态下的截水效果。

5. 型钢水泥土墙常规布设形式

型钢水泥土墙是以内插型钢作为主要受力构件，施工时，三轴水泥土搅拌桩一般采用套接一孔法方式施工，即在连续的三轴水泥土搅拌桩中有一个孔是完全重叠的施工工艺，如图 14.3-7 所示。

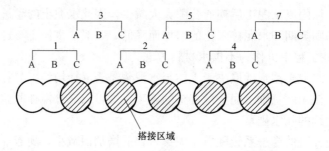

图 14.3-7　三轴水泥搅拌桩套接示意图

目前常用的三轴水泥土搅拌桩施工机械按照搅拌桩的成孔直径可以分为 $\phi 650@450$、$\phi 850@600$、$\phi 1000@750$ 三种，其内插型钢规格详见表 14.3-3。

三轴水泥土搅拌桩规格及内插型钢规格[1]　　　　　　　表 14.3-3

三轴水泥土搅拌桩	内插型钢	平均厚度
$\phi 650@450$	H500×300 或 H500×200 型钢	593mm
$\phi 850@600$	H700×300 型钢	773mm
$\phi 1000@750$	H800×300、H850×300 型钢	896mm

施工形成的型钢水泥土墙详细布设情况见图 14.3-8。

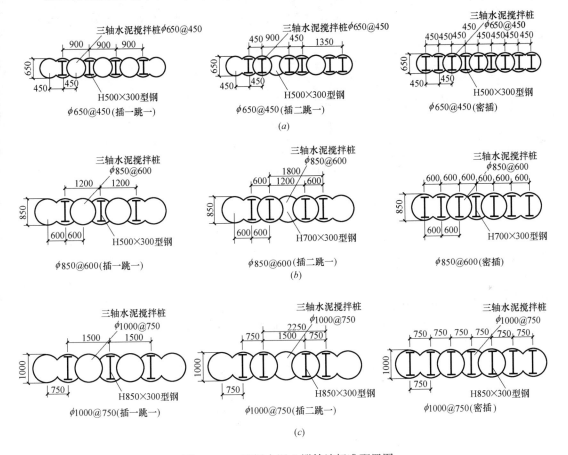

图 14.3-8　型钢水泥土搅拌墙标准配置图
(a) 650 直径三轴水泥搅拌桩；(b) 850 直径三轴水泥搅拌桩；(c) 1000 直径三轴水泥搅拌桩

14.3.3　计算分析内容

型钢水泥土搅拌墙的内力与变形计算和稳定性验算方法与一般桩墙式支护结构相同。围护结构内力变形分析采用弹性支点法。稳定性验算包括整体稳定、坑底抗隆起、抗倾覆验算等，除此以外，型钢水泥土墙还须进行型钢截面选择验算和型钢间距的计算。

1. 型钢水泥土搅拌墙受力机理分析

型钢水泥土墙在侧压力作用下的受力特征可分为三个阶段：

(1) 第一阶段，弹性共同作用阶段：其特征主要表现为在水泥土开裂前，组合结构基本处于弹性状态，型钢水泥土墙的组合刚度即为材料各自刚度之代数和；

（2）第二阶段，非线性共同作用阶段：水泥土开裂初期，型钢与水泥土之间发生微量粘结滑移，组合刚度下降，但下降速率缓慢；

（3）第三阶段，型钢单独作用阶段：水泥土开裂深度越来越大，水泥土的作用已不明显，可认为只有型钢单独作用

假定：（1）水泥土和型钢均为理想弹塑性体；

（2）平截面假定成立；

（3）由于水泥土的约束作用，可不考虑型钢的屈曲；

（4）水泥土开裂后不再承受拉应力。

第一阶段：由于弯矩较小，截面上水泥土与型钢应力呈线性分布，如图 14.3-9（a）所示。

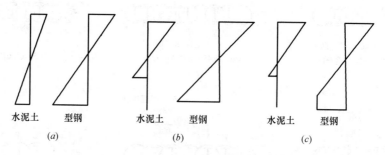

图 14.3-9 各阶段型钢及水泥土截面应力分布图

（a）第一阶段；（b）第二阶段；（c）第三阶段

该阶段组合结构的刚度为：

$$B = E_s I_s + E_c I_c \tag{14.3-1}$$

式中 E_s、E_c——分别为型钢和水泥土的弹性模量；

I_s、I_c——分别为型钢和水泥土对中心轴的惯性矩。

截面的开裂弯矩为：

$$M_{cr1} = \frac{2f_t\left(\dfrac{E_s}{E_c}I_s + I_c\right)}{h} \tag{14.3-2}$$

式中 h——截面高度；

f_t——水泥土抗拉强度。

第二阶段：水泥土受拉区产生裂缝，水泥土开裂部分退出工作，随着弯矩的增大，裂缝向中和轴发展，组合结构的中性轴略往上移（见图 14.3-9（b）、图 14.3-10），该阶段持续至型钢受拉区达到其屈服极限为止。

图 14.3-11 为 850mm 直径搅拌桩内插 $700 \times 300 \times 13 \times 24$ 型钢的 M-h_t（实线）及 $M_{屈服}$-h_t（虚线）曲线图，M

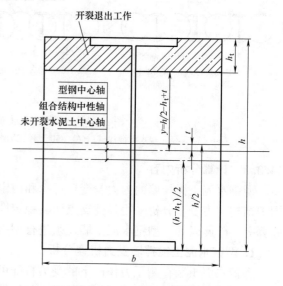

图 14.3-10 截面示意图

为作用于型钢的弯矩，h_f 为水泥土裂缝深度。

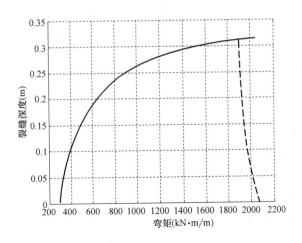

图 14.3-11 M-h_t（实线）及 $M_{屈服}$-h_t（虚线）曲线

图中，实线为 M-h_t 曲线，虚线部分是 $M_{屈服}$-h_t 曲线，两者的交点处 $M = M_{屈服}$ 即为组合结构的屈服弯矩，当弯矩超过交点位置后，结构中的钢骨开始屈服，组合结构进入非线性阶段。M-h_t 曲线与横坐标的交点即为结构的开裂弯矩，裂缝长度一开始增加得很快；随着弯矩的增大，裂缝的发展速度减慢。越接近中和轴的位置，裂缝的开展速度越慢。同时，由于弯矩的增大，钢骨部分的弯矩逐渐增大，直到钢骨翼缘开始屈服；对于型钢的屈服弯矩，虽然随着裂缝的发展，组合结构的中性轴位置会有微小的变化，造成屈服弯矩的变化，但其变化较小，主要由型钢的性能决定。

第三阶段：型钢受拉区达到屈服强度，应力分布不再呈线性。截面应力如图 14.3-9（c）所示。这是一般工程设计控制的阶段。

第二阶段结束以后，水泥土因为弯矩而产生的拉裂缝已经发展至组合结构中和轴附近，裂缝的宽度继续增大，但深度的变化已经很小；型钢已经屈服，水泥土受压区也开始产生压裂缝，整体结构的变形较大，型钢—水泥土间相互作用力也较大，不再符合先前提出的基本假定。

2. 型钢截面

型钢截面的选择由型钢的强度验算确定，主要包括型钢的抗弯及抗剪强度验算。

（1）抗弯验算

型钢水泥土搅拌墙是一种型钢-水泥土组合结构，多数情况下水泥土的强度对组合结构抗弯能力的贡献在 10% 以下，且考虑到实际工程中水泥土性质不均，水泥土内部存在缺陷，还需要对水泥土的承载能力进行折减，且在深度、土层、结构布置和搅拌桩直径等诸多因素的影响下，水泥土对结构抗弯能力的贡献率具有较大的离散性，很难进行准确的定量分析，所以设计时不宜将水泥土的贡献值计算在内，各地方、国家规范中，型钢水泥土墙的弯矩设计时均考虑全部由型钢承担，型钢的抗弯承载力应符合下式要求：

$$\frac{1.25\gamma_0 M_k}{W} \leqslant f \tag{14.3-3}$$

式中　γ_0——结构重要性系数，按照《建筑基坑支护技术规程》JGJ 120—2012 取值；

M_k——型钢水泥土墙的弯矩标准值（N·mm）；

W——型钢沿弯矩作用方向的截面模量（mm³）；

f——钢材的抗弯强度设计值（N/mm²）。

（2）抗剪验算

型钢水泥土墙的剪力全部由型钢承担，型钢的抗剪承载力应符合下式要求：

$$\frac{1.25\gamma_0 Q_k S}{I \cdot t_w} \leqslant f_v \tag{14.3-4}$$

式中 Q_k——型钢水泥土墙的剪力标准值（N）；

S——计算剪应力处的面积矩（mm³）；

I——型钢沿弯矩作用方向的截面惯性矩（mm⁴）；

t_w——型钢腹板厚度（mm）；

f_v——钢材的抗剪强度设计值（N/mm²）。

实际工程中，内插型钢一般采用 H 型钢，型钢具体的型号、规格及有关要求按《热轧 H 型钢和剖分 T 型钢》GB/T 11263—2017 和《焊接 H 型钢》YB/T 3301—2005 选用。当型钢考虑重复利用时，型钢的应力水平应有较大的安全余量，便于后期拔除及再次利用，同时避免局部屈曲。

3. 型钢间距及中间水泥土强度分析

型钢水泥土墙中的型钢往往是按一定的间距插入水泥土中，这样相邻型钢之间便形成了一个非加筋区，如图 14.3-12 所示。型钢水泥土墙的加筋区和非加筋区承担着同样的水土压力。但在加筋区，由于型钢和水泥土的共同作用，组合结构刚度较大，变形较小，可以视为非加筋区的支点。型钢的间距越大，加筋区和非加筋区交界面上所承受的剪力就越大。当型钢间距增大到一定程度，该交界面有可能在挡墙达到设计承载能力之前发生破坏，因此应该对型钢水泥土墙中型钢与水泥土搅拌桩的交界面进行局部承载力验算，确定合理的型钢间距。

型钢布置满足图 14.3-8 要求时，型钢之间的水泥土存在拱效应，水泥土不会产生受弯破坏，型钢间距应满足其间水泥土局部抗剪承载力要求。局部抗剪承载力验算包括型钢与水泥土之间的错动剪切和水泥土最薄弱截面处的局部剪切验算。

当型钢隔孔设置时，按下式验算型钢与水泥土之间的错动剪切承载力：

$$\tau_1 = \frac{1.25\gamma_0 Q_1}{d_{e1}} \leqslant \tau \tag{14.3-5}$$

$$(Q_1 = q_k L_1/2) \tag{14.3-6}$$

$$\tau = \tau_{ck}/1.6 \tag{14.3-7}$$

式中 τ_1——型钢与水泥土之间的错动剪应力设计值（N/mm²）；

Q_1——型钢与水泥土之间单位深度

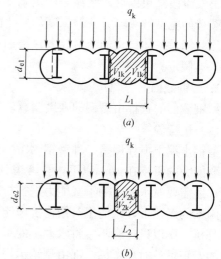

图 14.3-12 搅拌桩局部抗剪计算示意图

（a）型钢与水泥土间错动剪切破坏验算图；

（b）最薄弱截面剪切破坏验算图

范围内的错动剪力标准值（N/mm）；

q_k——计算截面处作用的侧压力标准值（N/mm²）；

L_1——型钢翼缘之间的净距（mm）；

d_{e1}——型钢翼缘处水泥土墙体的有效厚度（mm）；

τ——水泥土抗剪强度设计值（N/mm²）；

τ_{ck}——水泥土抗剪强度标准值（N/mm²），可取搅拌桩 28d 龄期无侧限抗压强度标准值。

由于基坑土方开挖过程中，为施工围檩以及避免迎坑面水泥土掉落伤人，多将型钢外侧水泥土剥落，因此，d_{e1} 应取迎坑面型钢边缘至迎土面水泥土搅拌桩边缘的距离。

当型钢隔孔设置时，按下式对水泥土搅拌桩进行最薄弱断面的局部抗剪验算：

$$\tau_2=\frac{1.25\gamma_0Q_2}{d_{e2}}\leqslant\tau \tag{14.3-8}$$

$$Q_2=qL_2/2 \tag{14.3-9}$$

式中 τ_2——水泥土最薄弱截面处的局部剪应力标准值（N/mm²）；

Q_2——水泥土最薄弱截面处单位深度范围内的剪力标准值（N/mm）；

L_2——水泥土最薄弱截面的净距（mm）；

d_{e2}——水泥土最薄弱截面处墙体的有效厚度（mm）。

4. 内插型钢拔除计算

（1）内插型钢拔除的影响因素

地下室主体结构施工完成且地下室外墙与围护结构之间的回填土回填结束后，型钢水泥土墙中的型钢可以拔除并回收利用。据测算，H 型钢的材料费用约占整个基坑工程围护造价的 40%～50% 以上，这是型钢水泥土墙经济指标具有优势的重要原因之一。因此，研究型钢水泥土墙中 H 型钢在拔出荷载作用下的工作机理与拔出力的影响因素具有重要意义。

影响型钢拔出的主要因素有两点：一是型钢与水泥土之间的摩擦阻力；另一点是由于基坑开挖造成的型钢水泥土墙变形致使型钢产生弯曲，从而在拔出时产生变形阻力。为了使得型钢能够顺利拔出，对于前一点可通过在型钢表面涂抹减摩材料来降低型钢与水泥土之间的摩阻力，并且要求该减摩材料在工作期间具有较好的粘结力，保证型钢与水泥土的共同作用；对于后一点必须采取有效措施减小挡墙变形，做到精心设计、精心施工、严格管理等。

型钢能否拔出还与工程的周边环境条件和场地条件有关。地下室施工完毕且地下室外墙与围护结构之间的土方回填完成后虽然具备了型钢拔出的必要条件，但型钢拔出时可能会对周边环境产生一定的影响。当周边环境对变形控制要求较严格时，为了保护周边建筑物、重要的地下管线、运营中的地铁等设施，型钢往往不能拔除。此外当施工场地狭小，型钢拔除机械不能进入施工场地时，也会导致型钢在地下室施工完毕后不能拔除的情况。

当型钢水泥土搅拌墙作为截水帷幕时，型钢拔除后的水泥土墙有一定破损，帷幕功能失效；因此，在渗透性较强的地层，尽管地下结构及回填已经施工完成，当坑内降水还在进行时，应充分考虑帷幕失效可能带来的环境影响。建议在坑内降水结束、坑内外水位稳定后拔除型钢。曾有项目型钢拔除过早，致使型钢拔除过程，坑内涌水、涌砂，地面产生严重沉降。

（2）内插型钢拔除验算过程

型钢抗拔计算主要包括如下一些内容：

1）最大抗拔力 P_m

最大抗拔力确定的基本原则是使型钢拔出后，保持完好，拔出过程使型钢处于弹性状态，最大抗拔力不宜超过型钢屈服强度的 70%。

则
$$P_m < 0.7\sigma_s A_H \tag{14.3-10}$$

2）将型钢从水泥土中拔出需要的拔力

型钢拔出需要克服的阻力有：静摩擦阻力、变形阻力及型钢自重；抗拔力的大小可按下式计算：

$$P > \Psi(u_{f1}A_{c1} + u_{f2}A_{c2}) \tag{14.3-11}$$

式中　U_{f1}——型钢翼缘外表面与水泥土单位面积的静摩擦阻力，加减摩剂后一般取 0.02
　　　　　　～0.04MPa；由于型钢翼缘外表面的水泥土较薄，SMW 挡墙受力后水泥土
　　　　　　容易开裂、剥落，不少工程开挖后，整个翼缘外表面完全暴露，因此该范
　　　　　　围的静摩擦阻力相对较小；

　　　A_{c1}——型钢翼缘外表面与水泥土的接触面积；

　　　U_{f2}——型钢其余范围与水泥土单位面积的静摩擦阻力，加减摩剂后一般取
　　　　　　0.02～0.07MPa；

　　　A_{c2}——型钢其余范围与水泥土的接触面积；

　　　Ψ——考虑型钢变形、自重等因素后的调整系数，当型钢的变位率（型钢的变形
　　　　　　与长度的比值）控制在 0.5% 之内时，Ψ 取 1.3～2.0，变形小时取下限。
　　　　　　当变位率超过 0.5% 时，视实际情况适当增大 Ψ 的取值。

实际需要的拔力要同时满足以上两个条件。

国内外大量试验表明，如在型钢与水泥土之间不设隔离材料，则型钢与水泥土之间的粘结力一般在 0.2～0.3MPa（小于钢筋与混凝土之间的粘结强度，约 0.4MPa），水泥土强度低时取下限，强度高时取上限。型钢与水泥土之间存在减摩剂时，型钢与水泥土之间的粘结强度一般在 0.02～0.08MPa 之间，水泥强度低时取下限，强度高时取上限。杭州地区的几个工程实际抗拔试验经反分析后，也可以得到上述结论。如杭州东杭大厦工程，设计采用 850 直径三轴水泥搅拌桩内插 H700×300×13×24 型钢。坑底以上型钢长度 10.7m，坑底以下 8m。水泥土 60d 平均抗压强度 4.6MPa，最低 2.1MPa，最高 8.3MPa；u_{f1} 取 0.03MPa，u_{f2} 取 0.07MPa；基坑最大变形约 25mm，变位率 0.13%，故 Ψ 取 1.3，计算得到 $P=4230$kN。实际采用的起拔力约 4000kN，比较接近。运河宾馆工程，采用 850mm 直径三轴水泥搅拌桩内插 700×300×13×24 型钢，用于周边围护结构，型钢约 24m 长，水泥土 28d 平均强度 1.2MPa，最低 1.0MPa，最高 1.5MPa。u_{f1} 取 0.02MPa，u_{f2} 取 0.03MPa；基坑最大变形约 30～60mm，变位率 0.12%～0.25%，故 Ψ 取 1.5，计算得到 $P=2460$kN。实际起拔力在 2500kN 范围内。

14.3.4　型钢水泥土搅拌墙的构造

型钢水泥土搅拌墙的构造应满足下列要求：

1. 型钢水泥土搅拌墙中搅拌桩的深度不应小于内插型钢，其桩端比型钢端部深 0.5～

1.0m；搅拌桩的垂直度不应大于 1/200。否则，型钢的就位比较困难，标高难以控制。型钢的垂直度直接影响其受力性能及截水效果，应严格保证。

2. 型钢的平面布置在以下情况宜增加型钢插入密度：

(1) 周边环境要求高，位移控制严格；

(2) 在砂土、粉土等透水性较强的土层中，搅拌桩的抗裂和抗渗要求较高。

(3) 基坑的转角处应设置一根型钢，转角周边 2m 范围及平面形状复杂处宜加大型钢插入密度。为保证转角处型钢水泥土墙的成桩质量和截水效果，转角处宜采用"十"字接头的形式，即在接头处两边各多打半幅桩。如图 14.3-13 所示。

3. 型钢水泥土搅拌墙的顶部，应设置封闭的钢筋混凝土压顶梁，压顶梁可兼作第一道支撑的围檩；型钢回收时，压顶梁将作为拔除设备的支座。压顶梁的高度、宽度及配筋应由设计计算确定。当考虑型钢回收时，计算时尚应考虑由于型钢穿过对压顶梁截面的削弱影响，并应符合如下要求：

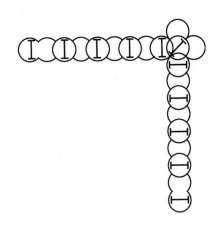

压顶梁截面高度不应小于 600mm。当梁底位于软土地基时，不应小于 800mm。当搅拌桩直径为 650mm 时，压顶梁的截面宽度不应小于 1000mm；当搅拌桩直径为 850mm 时，压顶梁的截面宽度不应小于 1200mm；当搅拌桩直径为 1000mm 时，压顶梁的截面宽度不应小于 1300mm。

图 14.3-13 转角处加强示意图[1]

4. 内插型钢应锚入压顶梁，压顶梁主筋应避开型钢设置，一方面保证主筋的连续性，同时便于型钢的回收。型钢顶部应高出压顶梁顶面 500mm 以上，但不宜超出地面，以免影响地面施工，且不便保护。型钢与压顶梁间的隔离材料在基坑内一侧应采用不易压缩的硬质材料，保证压顶梁的约束作用。

5. 压顶梁的箍筋宜采用四肢箍，直径不宜小于 8mm，间距不应大于 200mm；在支撑节点位置，箍筋宜加密；由于内插型钢而未能设置封闭箍筋的部位应在型钢翼缘外侧设置封闭箍筋予以加强。型钢部位的压顶梁截面小，易产生剪切破坏，设计与施工应充分重视。

6. 型钢有回收要求时，应采取有效措施使型钢与压顶梁混凝土隔离，同时应保证压顶梁的受力性能满足要求。

7. 型钢水泥土搅拌墙围护体系的围檩可采用型钢（或组合型钢）围檩或钢筋混凝土围檩，并与内支撑或锚索（锚杆）相结合。内支撑可采用钢管支撑、型钢（或组合型钢）支撑、钢筋混凝土支撑。

8. 型钢水泥土搅拌墙围护体系的围檩宜封闭，并与支撑体系连成整体。钢筋混凝土围檩在转角处应按刚节点进行处理。钢围檩的拼接方式应由设计计算确定，现场拼接点宜设在围檩计算跨度的三分点处；钢围檩在转角处的连接应通过构造措施确保围檩体系的整体性。在实际工程中，为施工方便，现场常常分段拼装围檩，各段之间不连接或简易连接，致使接头位置形成薄弱环节，影响工程安全。

在型钢水泥土墙的支护体系中，支撑与围檩的连接、围檩与型钢的连接以及钢围檩的拼接，对于支护体系的整体性非常重要，围护设计和施工应对上述连接节点的构造充分重视，并严格按照要求施工。钢围檩和钢支撑杆件的拼接应满足等强度的要求，在构造上对拼接方式予以加强，如附加缀板、设置加劲肋板等。同时，应尽量减少钢围檩的接头数量，拼接位置也尽量设置在受力较小的部位。

9. 钢围檩应采用托架（或牛腿）和吊筋与内插型钢连接，水泥土搅拌桩、H 型钢与钢围檩之间的空隙应采用强度等级不低于 C25 的细石混凝土填实。围檩与挡墙之间存在空隙时，会引起各部位的传力不均匀，应力集中范围易出现破坏。

10. 当钢支撑与围檩斜交时，应在围檩上设置牛腿，便于节点的施工，同时改善节点受力性能。

11. 当采用竖向斜撑并需支撑在型钢水泥土搅拌墙顶圈梁上时，应在内插型钢与顶圈梁之间设置竖向抗剪构件。

12. 型钢水泥土搅拌墙中搅拌桩桩径变化处或型钢插入密度变化处，搅拌桩桩径较大区段或型钢插入密度较大区段宜作延伸过渡，避免交接部位成为薄弱环节。

13. 采用土钉或预应力锚索（锚杆）支护时，土钉或预应力锚索应避开型钢，其端部锚固用钢筋或型钢不宜与型钢水泥土墙中的型钢焊接，必须焊接时，宜在地下结构施工完成后通过换撑措施解除连接。

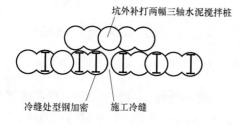

图 14.3-14 型钢水泥土搅拌墙冷缝示意图

14. 拆除支撑前，应采取换撑措施，换撑构件不应与型钢水泥土墙中的型钢焊接。

当型钢水泥土墙遇地下连续墙或灌注桩等围护结构需断开时，或者在型钢水泥土墙的施工过程中出现冷缝时，冷缝位置可采用在坑外增设两幅三轴水泥搅拌桩予以封闭，以保证围护结构整体的截水效果，如图 14.3-14 所示。在三轴水泥搅拌桩施工空间不足的情况下，可在冷缝处采用高压旋喷桩封堵。

14.3.5 施工要点

1. 常规施工机械

当型钢水泥土墙采用三轴水泥土搅拌桩时，应根据地质条件、作业环境与成桩深度选用不同形式或不同功率的三轴搅拌机，配套桩架的性能参数必须与三轴搅拌机的成桩深度和提升能力相匹配。型钢水泥土搅拌墙标准施工配置详见表 14.3-4。

型钢水泥土墙标准施工配置表[1]　　　　　　　　　　　　　　表 14.3-4

编号	设备	编号	设备
1	散装水泥运输车	2	30t 水泥筒仓
3	高压洗净机	4	2m³ 电脑计量拌浆系统
5	6~12m³ 空压机	6	型钢堆场
7	50t 履带吊	8	DH 系列全液压履带式(步履式)桩架
9	三轴搅拌机	10	钢板
11	0.5m³ 挖机	12	涌土堆场

三轴搅拌机由多轴装置（减速器）和钻具组成，钻具包括：搅拌钻杆、钻杆接箍、搅拌翼和钻头。表 14.3-5 所示为三轴搅拌机桩架的主要技术参数。表 14.3-6 所示为三轴搅拌机主要技术参数。

三轴搅拌机桩架主要技术参数[1]　　　　　　　　　　表 14.3-5

参数　　　　　型号	DH558-110M-2	DH658-135M-3	JB160
立柱筒体直径(mm)	ϕ660.4	ϕ711.2	ϕ920
最大立柱长度(m)	33	33	39
卷扬机　单绳拉力(kN)	130(第一层)	140(第一层)	91.5(第一层)
卷扬机　卷、放绳速度(m/min)	32(第一层)	30(第一层)	0～26(无级变速)
行走方式	全液压履带式	全液压履带式	全液压步履式
额定输出功率(kW)	柴油发动机　132	柴油发动机　147	电动机　45
接地比压(MPa)	0.153	0.173	0.10
外型尺寸(m)(长×宽×高)	8.51×4.4×35.4	8.89×4.6×35.5	14×9.5×41
桩机总质量(t)	114	136	130

三轴搅拌机主要技术参数[1]　　　　　　　　　　表 14.3-6

参数　　　　　型号	ZKD65-3	ZKD85-3	ZKD100-3
钻头直径(mm)	ϕ650	ϕ850	ϕ1000
钻杆根数(根)	3	3	3
钻杆中心距(mm)	450×450	600×600	750×750
钻进深度(m)	30	30	30
主功率(kW)	45×2	75×2(90×2)	75×3
钻杆转速(正、反)(r/min)	17.6-35	16-35	16-35
单根钻杆额定扭矩(kN·m)	16.6	30.6	45
钻杆直径(mm)	ϕ219	ϕ273	ϕ273
传动形式	动力头顶驱	动力头顶驱	动力头顶驱
总质量(t)	21.3	38.0	39.5

2. 施工顺序及工艺流程

（1）三轴水泥土搅拌桩的施工顺序

搅拌桩的施工顺序一般分为以下三种：

1）跳槽式全套打复搅式连接方式

跳槽式双孔全套打复搅式连接是常规情况下采用的施工方式，一般适用于标贯击数 N 值为 50 以下的土层。施工时先施工第一单元，然后施工第二单元。第三单元的 A 轴及 C 轴分别插入到第一单元的 C 轴孔及第二单元的 A 轴孔中，完全套接施工。依次类推，施工第四单元和套接的第五单元，形成连续的水泥土连续墙体，如图 14.3.5-1（a）所示。

2）单侧挤压式连接方式

单侧挤压式连接方式适用于 N 值为 50 以下的土层，一般在施工受限制时采用，如：在围护墙体转角处，密插型钢或施工间断的情况下。施工顺序如图 14.3.5-1 （b）所示，先施工第一单元，第二单元的 A 轴插入第一单元的 C 轴中，边孔套接施工，依次类推施工完成水泥土连续墙体。

3）先行钻孔套打方式

先行钻孔套打方式适用于 N 值超过 50 的密实土层，以及 N 值为 50 以下，但混有 $\phi100mm$ 以上的卵石的砂卵砾石层或软岩。施工时，用装备有大功率减速机的螺旋钻孔机，先行施工如图 14.3-15 （c）、（d）所示 a_1、a_2、a_3···等孔，局部疏松和捣碎地层，然后用三轴水泥土搅拌机选择跳槽式双孔全套打复搅连接方式或单侧挤压式连接方式施工水泥土连续墙体。表 14.3-7 为推荐的搅拌桩直径与先行钻孔直径关系表。

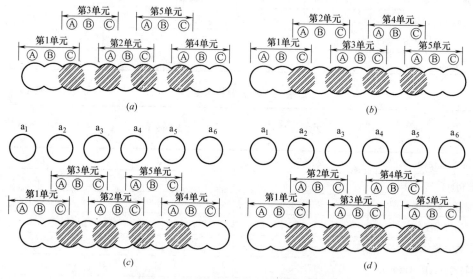

图 14.3-15　三轴水泥搅拌墙施工顺序

搅拌桩直径与先行钻孔直径关系表 （mm）　　　　　　表 14.3-7

搅拌桩直径	650	850	1000
先行钻孔直径	400～650	500～850	700～1000

（2）型钢水泥土搅拌墙的施工流程

型钢水泥土墙的施工工艺是由三轴搅拌机，将一定深度范围内的地基土和由钻头处喷出的水泥浆液、压缩空气进行原位均匀搅拌，在各施工单元间采取套接一孔法施工，然后及时插入 H 型钢，形成有一定强度和刚度，连续完整的地下连续复合挡土截水结构。其施工工艺流程图如图 14.3-16 所示。

3. 施工技术要点

（1）施工过程的控制参数

三轴水泥搅拌桩施工时应均匀搅拌，保持表面密实、平整。为确保桩体的连续性和桩体质量，一般桩顶以上约 1m 范围应喷射注浆，浆液的水泥掺量应与桩体一致，土方开挖

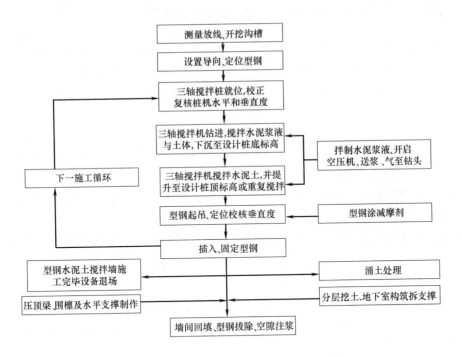

图 14.3-16 型钢水泥土墙施工工艺流程图[1]

期间桩顶以上部位予以凿除；桩端则比型钢端部深 0.5～1.0m。其主要施工参数为[1]：

水泥浆流量：280～320L/min（双泵）；

浆液配比：水：水泥＝1.5～2.0：1；

泵送压力：1.5～2.5MPa；

H 型钢的间距（平行基坑方向）偏差：$L\pm5cm$（L 为型钢间距）；

H 型钢的保护层（垂直基坑方向）偏差：$s\pm1cm$（s 为型钢面对基坑方向的设计保护层厚度）；

机架垂直度偏差不超过 1/250，成桩垂直度偏差不超过 1/200，桩位布置偏差不大于 50mm。

（2）三轴搅拌机钻杆下沉（提升）及注浆控制要求

三轴搅拌机就位后，主轴正转喷浆搅拌下沉至桩底后，再反转喷浆复搅提升，从而完成一幅搅拌桩的施工。一般，下沉速度应为 0.5～1.0m/min，提升速度应为 1.0～2.0m/min，并尽可能做到匀速下沉和匀速提升，使水泥浆和原地基土充分搅拌，具体适用的速度值应根据地层的可钻性、水灰比、注浆泵的工作流量、成桩工艺计算确定。桩底位置宜适当持续搅拌注浆；对于不易匀速钻进下沉的地层，可增加搅拌次数。

注浆泵流量控制应与三轴搅拌机下沉（提升）速度相匹配。一般下沉时喷浆量控制在每幅桩总浆量的 70%～80%，提升时喷浆量控制在 20%～30%，确保每幅桩体的用浆量。提升搅拌时喷浆对可能产生的水泥土体空隙进行充填，对于饱和疏松的土体具有特别意义。三轴搅拌机两边二轴注浆液，中间轴注压缩空气，此时应考虑中间轴注压缩空气辅助成桩对水泥土强度的影响。施工时如因故停浆，应在恢复压浆前，将搅拌机提升或下沉 0.5m 后，再注浆搅拌施工，以确保连续墙的连续性。

正常条件下，各种土层中三轴水泥搅拌桩施工速度见表 14.3-8。

下沉与提升速度（m/min）　　　　　　　　　　　　　表 14.3-8

土性	下沉搅拌速度	提升速度
黏性土	0.3～1.0	
砂性土	0.5～1.0	1～2
砂砾土	根据现场状况	
特殊土		

（3）施工过程涌土率控制

水泥土搅拌过程中置换涌土的数量是判断土层性状和调整施工参数的重要标志。对于黏性土特别是标贯击数 N 值和黏聚力高的土层，土体遇水湿胀、置换涌土多、螺旋钻头易形成泥塞，不易匀速钻进下沉。此时，可调整搅拌翼的形式，增加下沉、提升复搅次数，适当增大送气量，水灰比控制在 1.5～2.0。对于透水性强的砂土地层，土体湿胀性小，置换涌土少，此时水灰比宜调整为 1.2～1.5，同时控制下沉和提升速度以及送气量，必要时在水泥浆液中掺加一定量的膨润土，以堵塞水泥浆渗漏通道，保持孔壁稳定。膨润土掺量一般为 3%～5%，膨润土具有较强的保水性能，可增加水泥土的变形能力，提高墙体抗渗性。

日本 SMW 协会提供的不同土质三轴搅拌机置换涌土发生率　　表 14.3-9

土　质	置换涌土发生率(%)
砾质土	60
砂质土	70
粉土	90
黏性土(含砂质黏土、粉质黏土、粉土)	90～100
固结黏土(固结粉土)	比黏性土增加 20～25

（4）搅拌桩底部的质量保证措施

三轴水泥土搅拌桩采用套接一孔施工，为保证搅拌桩质量，在土性较差或者周边环境较复杂的工程，搅拌桩底部可以采用复搅施工，如图 14.3-17 所示。

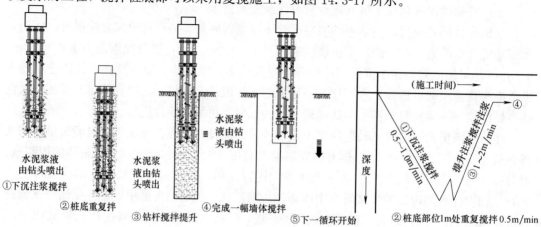

图 14.3-17　水泥土连续墙施工过程[1]

（5）型钢插入和回收

型钢焊接接头如在现场施工，是型钢受力的薄弱点，应严格控制焊接质量。应避免将接头设置在型钢受力较大处。严禁开挖面以上及附近位置的所有接头设置在同一标高处。型钢回收时，为减小起拔的阻力，接头焊接形式应光滑、平整。

减摩剂完全熔化且拌和均匀后，才能涂敷于 H 型钢的表面，否则涂层不均匀，易剥落。遇雨雪天，型钢表面潮湿，应先用抹布将型钢表面擦干，采用加热措施待型钢干燥后方可涂刷减摩剂；不可以在潮湿表面上直接涂刷，否则将导致涂层剥落。H 型钢表面涂刷完减摩剂后若出现剥落现象，须将其铲除，重新涂刷减摩剂。拆除托架（或牛腿）和吊筋后，应磨平型钢表面，重新涂刷减摩剂，以利于型钢的回收。

型钢使用过程中，不仅因基坑侧向变位产生挠曲变形，而且起拔也导致型钢产生伸长变形，尤其是粉土、砂土层中，型钢起拔的变形量较大。上述变形使型钢截面尺寸减小，韧性减小，脆性增加，同时也降低了型钢的强度。因此，型钢回收后，不仅应校正其平直度，复核其截面尺寸，而且应复核强度，确保型钢二次利用的安全性。

14.3.6 质量控制与检测

1. 型钢水泥土搅拌墙的质量检查与验收

型钢水泥土搅拌墙的质量检查与验收分为成墙期监控、成墙质量验收和基坑开挖期检查三个阶段。

质量检查与验收的基本规定如下：

（1）型钢水泥土搅拌墙成墙期监控内容包括：验证施工机械性能、材料质量、试成桩资料以及逐根检查搅拌桩和型钢的定位、长度、标高、垂直度等；应查验搅拌桩的水灰比、水泥掺量、下沉与提升速度、喷浆均匀度、水泥土试块的制作与测试、外加剂掺量、搅拌桩施工间歇时间以及型钢的规格、拼接焊缝质量等是否满足设计和施工工艺的要求。

（2）型钢水泥土搅拌墙的成墙质量验收应检查搅拌桩桩体的强度和搭接状况、型钢的位置偏差等，验收宜按施工段分批进行。

（3）基坑开挖期间应检查开挖面墙体的质量以及渗漏水情况。

（4）采用型钢水泥土搅拌墙作为支护结构的基坑工程，其支撑（锚索、锚杆）系统、降水、土方开挖等分项工程的质量验收，应按《建筑地基基础工程施工质量验收规范》GB 50202 和《建筑基坑支护技术规程》JGJ 120 等的有关规定进行。

2. 搅拌桩的质量控制与检测[2]

（1）水泥土搅拌桩施工前，当缺少类似土性的水泥土强度数据或需要通过调节水泥用量、水灰比以及外加剂的种类和数量以满足水泥土强度设计要求时，应进行水泥土强度室内配比试验，测定水泥土 28 天无侧限抗压强度。试验用的土样，应取自水泥土搅拌桩所在深度范围内的土层。当土层分层特征明显、土性差异较大时，宜分别配置水泥土试样。

（2）基坑开挖前应检验水泥土搅拌桩的桩身强度，强度指标应符合设计要求。水泥土搅拌桩的桩身强度宜采用浆液试块强度试验确定，也可以采用钻取桩芯强度试验确定。桩身强度检测方法应符合下列规定：

1）浆液试块强度试验应取刚搅拌完成而尚未凝固的水泥土搅拌桩浆液制作试块。试验数量及方法如下：

① 每台班应抽检 1 根桩，每根桩不应少于 2 个取样点，每个取样点应制作 3 件试块。

② 取样点应设在基坑坑底以上 1m 范围内和坑底以上最软弱土层处的搅拌桩内。

③ 试块应及时密封，并在水下养护 28 天后进行无侧限抗压强度试验。

2）钻取桩芯强度试验应采用地质钻机并选择可靠的取芯钻具，钻取搅拌桩施工后 28d 龄期的水泥土芯样。试验数量及方法如下：

① 抽检数量不应少于总桩数的 2%，且不得少于 3 根。每根桩的取芯数量不宜少于 5 组，每组不宜少于 3 件试块。

② 芯样应在全桩长范围内连续钻取的桩芯上选取，取样点应取沿桩长不同深度和不同土层处的 5 点，且在基坑坑底附近应设取样点。

③ 钻取的芯样应立即密封并及时进行无侧限抗压强度试验。钻取桩芯得到的试块强度，宜根据钻取桩芯过程中芯样的情况，乘以 1.2～1.3 的系数。

钻孔取芯完成后的空隙应注浆填充。

（3）当能够建立静力触探、标准贯入或动力触探等原位测试结果与浆液试块强度试验或钻取桩芯强度试验结果的对应关系时，也可采用原位试验检验桩身强度。

（4）三轴水泥土搅拌墙作为防渗帷幕时，其抗渗性能宜通过渗透试验确定。

水泥土搅拌桩成桩质量验收标准应符合表 14.3-10 的规定。

水泥土搅拌桩成桩质量检验标准[2]   表 14.3-10

序号	检查项目	允许偏差或允许值	检查数量	检查方法
1	桩体搭接	设计要求		用钢尺量
2	桩底标高	+50mm	每根	测钻杆长度
3	桩位偏差	50mm	每根	用钢尺量
4	桩径	±10mm	每根	用钢尺量钻头
5	桩体垂直度	≤1/200	每根	经纬仪测量
6	施工间歇	≤16h	每根	查施工记录

3. 型钢的质量控制要求[2]

（1）现场检验

应检查型钢的平整度、长度以及焊缝质量等，焊接的两根型钢应检查其是否同心。

（2）型钢本体的处理

插入搅拌桩内的型钢应进行除锈和清污处理。型钢表面应光滑，以减少型钢与搅拌桩的摩阻力。

（3）减摩剂的配制

现场常用石蜡和柴油混合加温配制减摩剂，施工前根据不同的室外温度，将石蜡和柴油按不同比例进行几组配制试验，从中确定出满足要求的配比；采用其他材料配制的减摩剂，不管配制材料如何，都应确保地下室施工完毕后，型钢能顺利从搅拌桩内拔出。

（4）减摩剂的使用

型钢进行除锈和清污处理后，应在其表面均匀涂刷减摩剂，厚度以 2mm 为宜；遇雨、雪天必须用抹布擦干型钢表面，并均匀涂刷减摩剂。型钢插入搅拌桩前还应检查所涂减摩剂是否脱落、开裂；一旦脱落、开裂，须将型钢表面减摩剂铲除清理干净后，重新涂刷减摩剂。涂刷减摩剂的型钢应放置在场地内的枕木上。

（5）型钢的插入技术要求

① 设置定位架

为确保型钢插入搅拌桩居中和垂直，可制作型钢定位架。定位架应按现场和型钢有关尺寸制作、放置并固定，不允许在型钢插入搅拌桩过程中出现位移。

② 插入型钢

搅拌桩施工完毕，吊机起吊型钢。型钢吊起时应用经纬仪调整其垂直度，达到垂直度要求后，将垂直的型钢底部中心对正搅拌桩中心，沿定位架徐徐垂直插入搅拌桩内；当插入搅拌桩内 1/3 长度后可加快下放速度，直至到达设计标高；如不能下放到位，可借助挖机或振动器将型钢压送到位，此时必须确保型钢居中垂直，并采用水准仪控制型钢的顶部标高；插入搅拌桩内的型钢施工必须在成桩后 4h 内完成，否则型钢插入搅拌桩内不仅困难，还会影响搅拌桩桩身质量。浇筑冠梁时，应将埋设在冠梁中的型钢用硬质材料将其与混凝土隔开，以利于型钢的起拔回收。

（6）型钢拔除技术要求

待地下主体结构完成并达到设计强度后，可起拔回收型钢。型钢起拔时应垂直。拔出后的型钢应逐根检查其平整度和垂直度，不合要求的型钢应进一步调直；经调直处理仍不符合要求的，不得使用。同时，对型钢进行物理和力学性能检验。拔出型钢后搅拌桩内的空隙，应用水泥砂浆或黄砂等物质充填。

型钢插入允许偏差 表 14.3-11

序号	检查项目	允许偏差或允许值	检查数量	检查方法
1	型钢垂直度	≤1/200	每根	经纬仪测量
2	型钢顶标高	±50mm	每根	水准仪测量
3	型钢平面位置	50mm（平行于基坑边线）	每根	用钢尺量
		10mm（垂直于基坑边线）	每根	用钢尺量
4	形心转角	3°	每根	量角器测量

14.4 工程实例

1. 工程概况

拟建场地位于杭州市区西北部。场地内主要分布有池塘、河流及耕地。地貌为杭嘉湖冲海积平原。基坑平面形状为不规则长条形，基坑尺寸约 180m×60m，周边环境非常复杂，基坑西侧和南侧为已经建成的繁华商业道路，商业道路下埋有电力电信管线及雨水管等管线，距基坑约 3～8m。基坑的北侧是已有的小区住宅，距离基坑约 14m，楼前污水管距基坑约 10m。基坑东侧为河流，距基坑约 19m，水位 2.34m（图 14.4-1）。

各土层物理力学指标详见表 14.4-1。

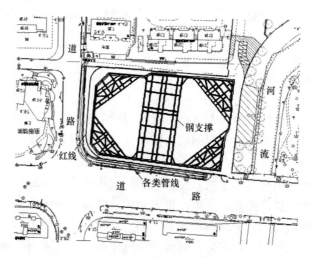

图 14.4-1 基坑总平面图

各土层物理力学指标　　　　　　　　　　　　表 14.4-1

土类	层号	重度(kN/m³)	天然孔隙比	黏聚力(kN/m²)	内摩擦角(°)
杂填土	1-1			(10)	(10)
素填土	1-2	18.1	1.017		
粉质黏土	2	18.8	0.931	31.9	10.4
淤泥质粉质黏土	3-1	17.4	1.287	13	7
淤泥质粉质黏土	3-2	17.7	1.155	12	10
淤泥质黏土	3-2	17.2	1.328	11	8.6

根据基坑的实际开挖深度及工程地质剖面图，基坑开挖面位于③₁层淤泥质黏土，③₂层淤泥质粉质黏土层中。

综合分析该工程的基坑形状、面积、开挖深度、地质条件及周围环境，基坑围护设计应充分考虑以下几点：

（1）基坑影响深度范围内的地基土主要为填土、塘泥、淤泥质土等，填土组成复杂，淤泥质土强度低，压缩性高。围护设计应对基坑的防渗止水、抗管涌、浅层障碍物及不良地质等对围护体施工的影响等予以充分考虑。

（2）该工程开挖深度在7m左右，基坑开挖影响范围比较大。

（3）基坑周边距离用地红线很近，四周红线外为道路或邻近建筑，路下有大量管线。基坑东侧有河流，地下水位较高。

因此该工程对基坑围护工程的选型和布置提出了较高要求。

2. 围护方案的选择和确定

根据前述本工程的难点，本节对各种围护措施进行了比较。由于场地及周边环境等因素，放坡开挖、土钉墙支护、重力式挡墙或悬臂桩墙式支护等围护方案对本工程来说均不适合。采用型钢水泥土搅拌墙结合钢管内支撑的支护方案。该方案在基坑的稳定、变形及止水控制方面均有保证，且施工对周边环境的影响小、噪声低，工程造价经济，因而该方案比较适合本工程。最后，采用的设计方案为：

采用 850mm 直径的三轴水泥搅拌桩，内插 700mm×300mm×13mm×24mm 的 H 型钢作为围护桩，850 直径三轴水泥搅拌桩兼作止水、挡土帷幕；桩底插入深度约 12m，型钢布置形式为插一跳一；

型钢水泥土搅拌墙桩顶部设置一道钢筋混凝土压顶梁将型钢水泥土搅拌墙连接成整体；

在 −2.300m 标高位置设置了一道钢筋混凝土围檩及一道钢支撑；

坑底采用三轴水泥搅拌桩进行被动区加固。

设计的典型剖面图及计算简图如图 14.4-2 和图 14.4-3 所示。

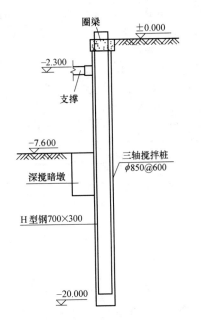

图 14.4-2 典型剖面图

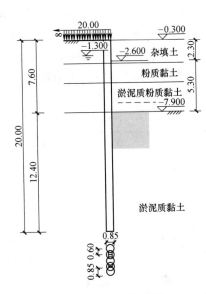

图 14.4-3 计算简图

3. 施工步骤

第一步：围护桩养护至设计强度后，挖土至压顶梁底，施工压顶梁。

第二步：待压顶梁养护至 80% 强度后，挖土至支撑底，施工混凝土围檩，待围檩达到一定强度后，拼装钢支撑。

第三步：钢支撑拼装完毕后，分层分块挖土至坑底标高，施工基础、底板和传力带，待大面积开挖区域的混凝土垫层浇筑完成后，可开挖局部落深较大的区域。

第四步：待底板及传力带达到设计强度后，拆除内支撑，施工其余的地下室结构体。

第五步：待地下室 ±0.000 以下部分施工完毕，地下室外墙以外土方回填后，采用专用夹具及千斤顶以压顶梁为反梁，起拔回收 H 型钢，起拔过程中始终用吊车提住顶出的 H 型钢，千斤顶顶到一定高度后，用吊车将型钢拔出桩体，在指定场地堆放好，分批集中运出工地。型钢拔除后桩体留下的空隙应进行回填黄砂、注浆处理。型钢起拔过程中，应加强坑外位移、沉降监测。

4. 监测情况

本工程中，基坑内部标高不完全相同，存在深浅差值，SMW 桩长度不完全一致。设计者布置了 6 个位移监测点，开挖至支撑底标高时，各个监测点的数据如下：（时间从基坑大面积开挖至支撑底标高时开始计算，表中数据为最大位移量，正值为往坑内方向）

开挖至支撑底标高最大位移监测资料　　　　　　表 14.4-2

天数	CX1	CX2	CX3	CX4	CX5	CX6
第 2 天	3.2mm	4.3mm	2.4mm	2.0mm	4.1mm	3.3mm
第 3 天	5.3mm	6.6mm	3.2mm	3.2mm	6.4mm	5.4mm
第 4 天	8.6mm	7.6mm	5.6mm	5.8mm	7.1mm	7.2mm
第 5 天	10.3mm	10.8mm	6.4mm	7.4mm	8.2mm	10.7mm
第 6 天	14.2mm	12.9mm	8.2mm	9.4mm	11.2mm	13.3mm
第 7 天	16.3mm	13.0mm	9.2mm	10.0mm	14.2mm	15.5mm

开挖至支撑底标高后，大约 7 天时间，位移量趋于稳定。工程中最大位移 $UX_{MAX}=16.3mm$，。下表为大面积开挖至基坑底标高后，各监测点的数据：（天数从基坑大面积开挖至基坑底时开始计算，表中数据为最大位移量，正值为往坑内方向）

开挖至坑底后最大位移监测资料　　　　　　表 14.4-3

天数	CX1	CX2	CX3	CX4	CX5	CX6
第 4 天	17.2mm	16.3mm	17.4mm	12.0mm	13.1mm	17.3mm
第 5 天	19.3mm	17.6mm	18.2mm	13.2mm	13.4mm	18.4mm
第 6 天	21.6mm	19.6mm	20.6mm	15.8mm	14.1mm	20.2mm
第 7 天	22.3mm	22.8mm	21.4mm	17.4mm	14.5mm	23.7mm
第 8 天	23.1mm	23.9mm	22.5mm	17.6mm	16.1mm	25.3mm
第 9 天	24.9mm	24.9mm	23.2mm	18.8mm	16.3mm	26.5mm

因为基坑底层存在大量淤泥质土，开挖至坑底后，基坑位移量的稳定时间比开挖至支撑底标高稍长，大约是 8~10d 的时间，10d 以后，由于施工车辆的通行，施工时的扰动，及测量误差等，各个监测点在以后的日子里有 1.2mm 以内的位移变化。

CX6 测斜数据（开挖至坑底）　　　　　　表 14.4-4

深度 1(m)	−0	−0.65	−1.3	−2	−2.6
位移 1(mm)	1.2988	4.3678	7.4263	10.4743	13.6166
深度 2(m)	−3.6	−4.6	−5.6	−6.6	−7.6
位移 2(mm)	18.6443	22.9387	25.6621	26.5000	25.4526
深度 3(m)	−10.1	−12.6	−15.1	−17.6	−20.1
位移 3(mm)	18.3300	9.8773	3.7184	0.7238	0

本工程后续拆撑、拔除型钢工程变形量较小（2mm 左右），且位移增量离散性较大，不做具体分析。

5. 最终弯矩、位移

本工程最终的位移、弯矩计算值如图 14.4-4、图 14.4-5 所示，最大计算位移 29.9mm，最大弯矩计算值为 −132.2kN·m（负弯矩）和 596kN·m 正弯矩。实际监测变形值（CX6 孔）如图 14.4-6 所示。

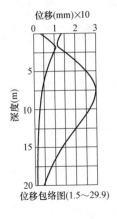

图 14.4-4 位移包络图

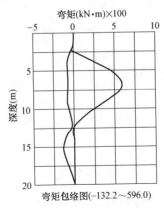

图 14.4-5 弯矩包络图

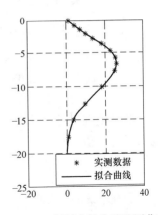

图 14.4-6 深层土体位移监测曲线

在软件计算中，可以直接计算出型钢所受的弯矩，但在实际工程中，实际的监测数据往往只有不同深度下的位移量。

由材料力学受弯构件的基本性质可知，测斜曲线与变形曲率 ϕ 应满足以下关系式：

$$\frac{\mathrm{d}^2 v(x)}{\mathrm{d}x^2} \approx -\frac{1}{\rho} = -\phi \tag{14.4-1}$$

式中，$v(x)$ 为测斜曲线的方程；x 为竖向坐标；ρ 为曲率半径。

按上式计算各个截面上的曲率，就需要对围护结构测斜数据进行拟合。按照数学理论，可以采用线性最小二乘法或非线性最小二乘法对围护结构测斜数据进行曲线拟合。王印昌曾得到采用非线性最小二乘法拟合曲线不具有均差性的结论，即非线性拟合曲线不是从数据点中间穿过，而是单侧，因此采用曲线对测斜进行拟合时宜采用线性最小二乘法，即取多项式对测斜曲线进行拟合。

在一定的假设下，基坑围护结构变形的挠曲线方程有着明显的物理意义。这个假设就是基于弹性地基梁理论的假设。如果把内插型钢看作是弹性地基上的纵深梁，按照弹性地基梁模型，围护结构的变形挠曲线方程应满足以下关系式：

$$EI \frac{\mathrm{d}^4 v(x)}{\mathrm{d}x^4} + p(x) = q(x) \tag{14.4-2}$$

式中 $p(x)$ ——围护结构被动侧分布荷载；

$q(x)$ ——围护结构主动侧分布荷载。

按照朗肯土压力理论，$p(x)$、$q(x)$ 应该为竖向坐标的 1 次线性函数，如果要 $v(x)$ 满足（3）式，则 $v(x)$ 应该为 5 次曲线，则可以用 5 次线性多项式来拟合出墙体的变形曲线 $v(x)$。但是，由于土压力的影响因素很多，如土性、围护系统的刚度、土性的改善和加固、预加轴力的采用和支撑位置、特别是开挖和施工工艺等，现场实测得到的土压力数据和古典土压力理论并不一致。对挡土结构的内力进行分析时，日本《建筑结构基础设计规范》推荐的弹塑性法也假定主动侧土压力采用竖向坐标的二次函数。考虑到土压力沿深度方向的非线性分布，用多项式对围护结构的测斜进行线性最小二乘法拟合时，至少应采用 6 次多项式。

本项目多项式拟合方程为：

$$v(x)=9.2953\times10^{-6}x^6+0.00084623x^5+0.027574x^4+0.38034x^3+1.7374x^2$$

$$-2.3571x+1.7214M=EI\frac{1}{\rho}\approx-EI\frac{\mathrm{d}^2v(x)}{\mathrm{d}x^2}$$

$$=-EI\cdot(2.7886\times10^{-4}x^4+0.0169246x^3+0.330888x^2+2.28204x+3.4748)$$

$$正弯矩最大值\ M_{+\mathrm{MAX}}=+619.99\mathrm{kN}\cdot\mathrm{m/m};$$

$$负弯矩最大值\ M_{-\mathrm{MAX}}=-263.92\mathrm{kN}\cdot\mathrm{m/m}。$$

　　监测值与设计计算值大致相当，因现场施工的时间效应、施工动荷载等因素，实际值略大于计算值。

参 考 文 献

[1] 刘国彬，王卫东. 基坑工程手册（第二版）[M]. 北京：中国建筑工业出版社，2009.

[2] 浙江省工程建设标准. 型钢水泥土搅拌墙技术规程 DB 33/T 1082—2011.

[3] 国家行业标准. 型钢水泥土墙技术规程 JGJ/T 199—2010 [S]. 北京：中国建筑工业出版社，2010.

[4] 中国工程建设标准化协会标准. 加筋水泥土桩锚技术规程 CECS 147：2016. 北京：中国计划出版社，2016.

[5] 上海市工程建设规范. 型钢水泥土墙技术规程（试行）DGJ 08—116—2005 [S].

[6] 日本 SMW 协会. SMW 工法标准预概算资料（设计、施工、概预算）[G]. 东京：SMW 协会，2008.

[7] 唐军，梁志荣，刘江等. 三轴水泥土搅拌桩的强度及测试方法研究—背景工程试验报告 [R]，2009，(7).

[8] 张凤祥，焦家训. 水泥土连续墙新技术与实例 [M]. 北京：中国建筑工业出版社，2009.

[9] 周顺华，刘建国，潘若东等. 新型 SMW 工法基坑围护结构的现场试验和分析 [J]. 岩土工程学报，2001，23(6)：692-695.

第15章　渠式切割水泥土连接墙技术（TRD工法）

袁　静　刘兴旺

（浙江省建筑设计研究院）

15.1　概述

1. 简介

渠式切割水泥土连续墙工法（Trench Cutting & Re-mixing Deep wall method，以下简称 TRD 工法）通过 TRD 主机将多节箱式刀具（由刀具立柱、围绕刀具立柱侧边的链条以及安装于链条上的刀具组成，见图 15.1-1b）插入地基至设计深度。在链式刀具（链条以及安装于其上的刀具）围绕刀具立柱转动作竖向切削的同时，刀具立柱横向移动并由其底端喷射切割液和固化液；由于链式刀具的转动切削和搅拌作用，切割液和固化液与原位置被切削的土体进行混合搅拌，如此持续施工而形成等厚度水泥土连续墙。

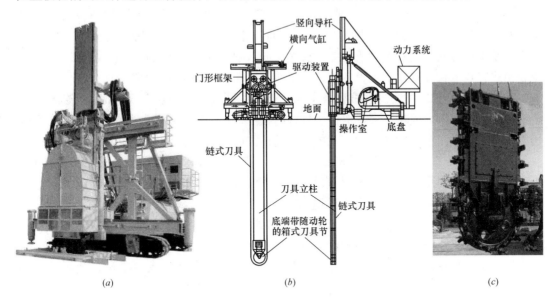

图 15.1-1　TRD 工法机械

(a) TRD 主机；(b) TRD 工法；(c) TRD 工法刀具随动轮

TRD 工法是在 SMW 工法基础上，针对三轴水泥搅拌桩桩架过高，稳定性较差，成墙垂直度偏低和成墙深度较浅等缺点研发的新工法。

该工法中的多节箱式刀具一经插入土中，即可持续无接缝在地基中横向运动，形成相同厚度的墙体，是真正意义上的"墙"而绝不是"篱笆"。其防渗效果优于柱列式连续墙和其他非连续防渗墙。

2. 日本的应用

TRD 工法技术由日本神户制钢所与东绵建机（株）于 1993 年联合开发成功，1994 年开始在日本的工程实践中应用，1997 年获得了日本建设机械化协会的技术审查证明。由于该技术工效高，形成的墙体抗渗性能好，在日本得到了迅速推广，被广泛应用在各类建筑工程、地下工程、护岸工程、大坝、堤防的基础加固和防渗处理。1998 年底日本即累计完成成墙面积约 30 万 m^2；而截至 2009 年，累计完成水泥土连续墙面积已达 250 万 m^2，并具有在卵石地层、硬质花岗岩层中和超过 50m 深度的施工实践和经验。

21 世纪以来，美国、西欧、东南亚均引进了 TRD 工法技术，使该技术的应用范围进一步扩大。

3. 我国的推广

由于 TRD 机械卓越的性能，TRD 技术在日本开发完成之初，我国即着手进行相关技术的引进工作。1998 年经历长江特大洪水后，为加快堤防建设步伐，提高其防渗性能，曾考虑对长江部分堤段采用 TRD 工法进行初步施工实践，并于 2005 年进行了 TRD 工法国内应用的可行性论证。

2009 年，国内引进首台 TRD 工法主机设备——TRD-Ⅲ型机，并在杭州下沙智革基坑围护项目中率先得到应用。同年中日企业（沈阳抚挖岩土工程有限公司和日本合资）联合研制 TRD-CMD850 型主机，试车成功并正式投产，填补了我国 TRD 主机生产的空白。2011 年中日相关制造企业联合研制 TRD-Ⅲ-E 型主机，2012 年联合研制 TRD-Ⅲ-D 型主机。TRD-CMD850 型、TRD-Ⅲ-E 型、TRD-Ⅲ-D 型主机针对国内特殊的土质条件、施工条件以及国情等，分别对发动机配置、机械横向行程、动力装置、底盘形式、刀具提升系统和箱式刀具节长度等作了调整和改进，以节省能耗和提高施工效率。

截至目前，TRD 工法已在杭州、上海、天津、淮安、苏州、武汉、南昌、锦州等数十个基坑工程中得到成功应用，取得了较好的经济效益和社会效益；其中渠式切割水泥土连续墙墙体最大深度已达 54m，切割的岩石抗压强度标准值达 8.8MPa。

随着 TRD 工法在国内的实践应用，已初步积累了该技术在不同土质条件下的施工和工程经验。TRD 工法相关企业逐步扩大，国内拥有的 TRD 机械设备数量成倍增加，均给 TRD 工法技术的进一步推广和应用创造了条件。2012 年，率先进行 TRD 工法实践的浙江省，发布并施行了浙江省工程建设标准《渠式切割水泥土连续墙技术规程》DB33/T 1086。国家行业标准《渠式切割水泥土连续墙技术规程》JGJ/T 303 也已于 2013 年编制完成并发布。规程的编制和发行有助于促进渠式切割水泥土连续墙工法的进一步工程实践。

4. 适用范围

TRD 工法通过刀具立柱的横向移动和链式刀具的竖向切削搅拌，对土体同时进行水平向切削和垂直向混合搅拌，墙体性质更为均一。该工法适用于建（构）筑物的基坑围护、基础工程、止水帷幕等（见图 15.1-2），主要如下：

（1）基坑围护

地铁车站、盾构竖井、地下道路及公共用沟等的开挖以及坑壁支护等；铁路和高速公路路基边坡防护、堤坝加固工程。

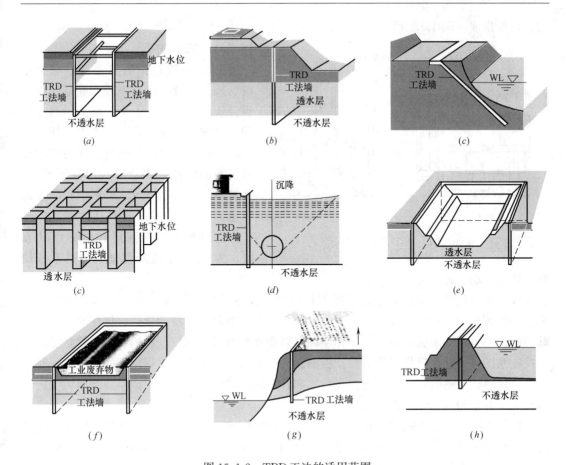

图 15.1-2 TRD工法的适用范围

(a) 支挡结构；(b) 边坡防护；(c) 堤坝加固；(c) 地基加固；(d) 防沉降；(e) 止水帷幕
(f) 防渗滤；(g) 水体的隔渗帷幕；(h) 堤坝的隔渗芯墙图

（2）基础工程

港湾堤防、高速公路、地铁站工程的地基加固、液化或软弱地基土的改良；建筑物周边抗滑和防沉降措施。

（3）止水帷幕

核反应堆、核废料、垃圾填埋场渗滤液等污染源的密封隔断，江河湖海、水库等的堤坝护岸以及地下水位以下的港湾设施，针对地下潜水和承压水的隔水帷幕，水利设施（如大坝）的防渗芯墙等。

当水泥土连续墙用作支护结构承受土体的水平侧向压力（即用作坑壁支护）时，可在水泥土连续墙中插入型钢、工字钢、薄板构件等芯材，以增加连续墙的强度和刚度。

15.2 TRD工法原理

TRD工法技术通过箱式刀具自身向下开挖，由TRD主机一次性组装多节箱式刀具至地基中所需要的深度；成墙过程中，箱式刀具保持初始的插入深度和刀具长度不变，均匀扫过被切割的土体，直至终点。TRD工法机械是整套设备的核心和关键，由TRD主机和刀具系统组成（图 15.2-1）。

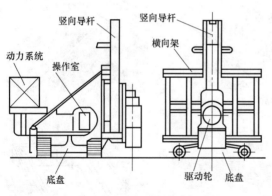

图 15.2-1　TRD 主机示意图

15.2.1　TRD 主机

TRD 主机包括底盘系统、动力系统、操作系统、机架系统。底盘系统为履带式或步履式，主要功能为承载和移动主机设备。履带式底板在刀具切割土体时下放液压支腿，平衡地压力和增加整机的稳定性；移动时收起液压支腿，底盘带动其上所有设备进行水平方向移动。

动力系统包括液压和电力驱动系统，为 TRD 主机的移动和刀具系统切割土体提供动力。

操作系统包括电脑控制系统、操作传动杆以及各类仪器仪表。主机底板上设有操作室，室内装有操纵机构以及各部位的监视装置。为了减轻操作员的疲劳，操作室内装有自动切削控制系统的附属设备。在操作室内可以观察到机械各部位、各机构的工作状态。电脑控制系统实现整个操作过程的自动控制。计算机首先收集施工过程反馈的信息，即时进行综合处理，并随时调整各项操作参数，向各个执行机构发布指令。该系统是水泥土连续墙施工中安全和质量保证的关键。

机架系统在底盘侧向设置有竖向导向架和门型框架。门型框架是设备的躯干，竖向导向架、水平驱动、竖向驱动和刀具系统直接和间接安装在框架上。门型框架上下横向杆设有 2 条滑轨，滑轨上安装有竖向导向架和刀具系统顶部的驱动轮。

门型框架下滑轨铰接于主机底盘上；上滑轨由平面外液压装置支撑。通常情况下，框架上滑轨液压装置锁定在垂直位置，框架成竖直状态。根据建设需要，上滑轨部位的液压装置又可使门型框架在平面外 90°～30°范围内旋转，使得竖向导向架和刀具系统一起倾斜。滑轨上的平面内横向液压油缸推动竖向导向架及其上所有装置沿框架滑轨作横向水平移动，实现水平方向的切割作业。竖向导向架内的升降油缸驱使刀具系统沿竖向导杆上下移动，提升或下放刀具，实现刀具系统的安装和拆卸。因此机架系统具有 3 个自由度：横向移动、竖向升降、平面外倾斜，可进行与水平面最小成 30°的斜墙施工。

TRD 主机的切割组件为动力驱动装置和多节箱式刀具。刀具系统顶部的动力驱动装置包括液压马达、减速箱驱动链轮等。施工时，多节箱式刀具和驱动轮连接，驱动轮驱动链式刀具围绕刀具立柱旋转，切割土体。

15.2.2　刀具系统

1. 刀具系统的组成

刀具系统是 TRD 主机的专用设备，包括刀具立柱、刀具链条、刀头底板、刀头。刀具链条、刀头底板、刀头组成链式刀具，安装于刀具立柱节外侧。刀具立柱节、链状刀具节组成箱式刀具节。箱式刀具节和顶部驱动轮、底端随动轮共同组装构成 TRD 箱式刀具，形成 TRD 刀具系统，见图 15.2-2。

刀具立柱节标准长度为 3.5～4m，施工时可根据切削深度任意接长；其厚度约为

(a) (b) (c)

图 15.2-2 刀具系统实物示意图

(a) 带随动轮的箱式刀具节；(b) 箱式刀具节的排列；(c) 链式刀具

400mm，宽度约为 1200～1700mm。刀具立柱外侧安装刀具链条，对链条起导向和支撑作用。刀具立柱内设有切削液、固化液、空气等的专用管路及测斜仪的专用管道，见图 15.2-3。

刀具链条根据工程条件可选择不同数量的链节组合形式，一般可选择 6、12 或 18 链节的不同排列组合；链节间为活动连接，可拆卸维修。链式刀具各部分的连接详图见图 15.2-4，图中实线部分为一个 18 链节的完整链式刀具节。施工时链节间连接应牢固，不能松动。图 15.2-4 标准链节侧视图中，链条上有螺栓孔，刀头底板通过螺栓和链条连接；刀头底板上安装有可拆卸刀头。可拆卸刀头在切削施工中受到磨损后，可方便

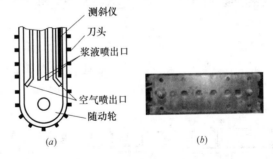

图 15.2-3 刀具立柱内的专用管路

(a) 底端随动轮管路示意；

(b) 刀具立柱标准节上下端的预留管道

地拆卸、更换，有效降低了维护成本和人员的劳动强度，提高了设备的工作效率。

图 15.2-5 为与图 15.2-4 对应的刀头底板详图。刀头底板呈钉耙状，由刀头板和其上凸起的板齿组成，板齿最外侧安装有刀头。刀头板和板齿在工厂整体浇铸形成一体。刀头板和板齿的长度在 450～825mm、80～120mm 范围变化，从而形成刀头板 50mm、板齿 10mm 为一级变化的不同规格的刀头底板。图 15.2-4 (a) 和图 15.2-4 (b) 中刀具链条组合形式相同，但刀头底板型号、组合方式和数量不同。在保证墙厚方向能全断面覆盖有刀头的条件下，根据选择的刀头底板型号，确定其数量。图 15.2-6 显示根据图 15.2-4 (a) 和图 15.2-4 (b) 示意的刀头底板排列组合，可形成 600～875mm 和 550mm 两种不同成墙厚度，刀头也可在墙厚方向全断面覆盖。实际施工时，可根据墙厚以及土质条件，选择刀头底板型号组合。墙体厚度大，土体强度高，土颗粒粒径较大且黏性成分少时，可选择底板长度长、底板数量和刀头数量多的排列组合。若土中黏粒成分多，切割的土体不易脱

离刀头底板的情况下，宜适当加大相邻刀头底板的距离，减少一个标准链节的刀头底板数量；或选择齿板数量少的刀头底板规格。相应而言，墙体厚度小时，可选择底板长度短的排列组合。图15.2-7为刀头底板和刀具链条的实物图。

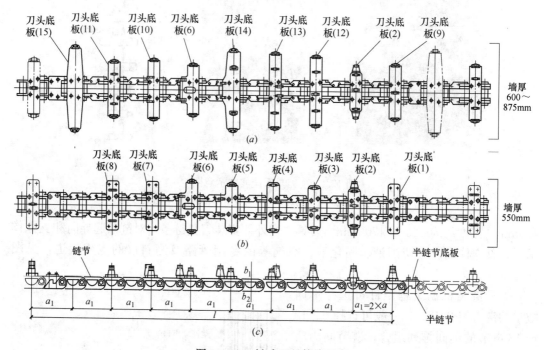

图 15.2-4　链式刀具构成示意

(a) 600～875mm墙厚标准链节俯视图；(b) 550mm厚标准链节俯视图；(c) 标准链节侧视图

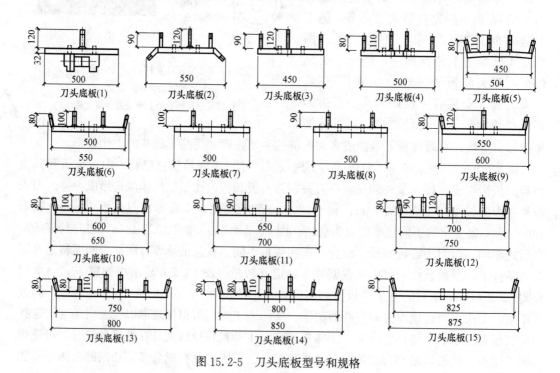

图 15.2-5　刀头底板型号和规格

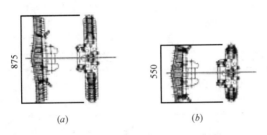

图 15.2-6 链式刀具的刀头全断面覆盖组合示意图

(*a*) 875 墙厚刀头排列组合；(*b*) 550 墙厚刀头排列组合

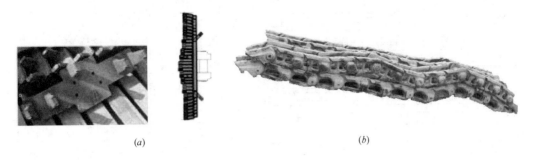

图 15.2-7 刀头底板和刀具链条的实物图

(*a*) 刀头底板；(*b*) 刀具链条

刀具立柱节除了标准长度 l 外，还有非标准节。通常非标准节为两种：l_1 和 l_2。l_1 为 1/3 标准节长度，l_2 为 2/3 标准节长度。根据实际工程需要，可组合成为以 1/3 标准节长度为一级、递进变化的刀具系统，见图 15.2-8。图中扣除顶部和驱动轮相连的刀具立柱伸出地面的长度，刀具系统伸入地下最深达 60m。

实际施工时，根据所要施工的墙体深度，刀具立柱标准节、非标准节以及驱动轮和底端随动轮即可根据图 15.2-8 所示的组合形成刀具系统。

2. 刀具系统的组装

TRD 工法水泥土连续墙施工前，首先需将箱式刀具节组装并插入地基至设计深度，形成刀具系统。刀具系统组装需 TRD 主机和吊机联合工作，具体步骤如下：

(1) 将带有随动轮的箱式刀具节与主机连接，切削出可以容纳 1 节箱式刀具的预制沟槽（图 15.2-9*a*）；

(2) 切削结束后，主机将带有随动轮的箱式刀具提升出沟槽，往与施工方向相反的方向移动；移动至一定距离后主机停止，再切削 1 个沟槽。切削完毕后，将带有随动轮的箱式刀具与主机分解，放入沟槽内，同时用起重机将另一节箱式刀具放入预制沟槽内，并加以固定（图 15.2-9*b*）；

(3) 主机向预制沟槽移动（图 15.2-9*c*）；

(4) 主机与预置沟槽内的箱式刀具连接，将其提升出沟槽（图 15.2-9*d*）；

(5) 主机带着该节箱式刀具向放在沟槽内带有随动轮的箱式刀具移动（图 15.2-9*e*）；

(6) 移动到位后主机与带有随动轮的箱式刀具连接，同时在原位置进行更深的切削（图 15.2-9*f*）；

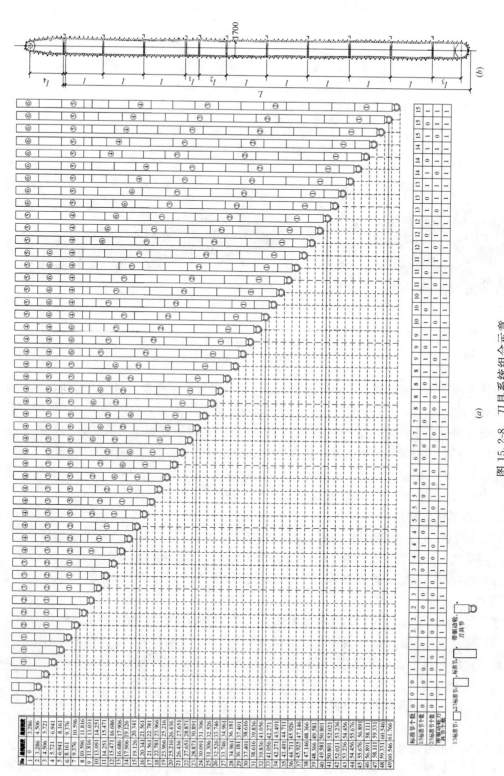

图 15.2-8 刀具系统组合示意

(a) 刀具立柱节的组合表；(b) 完整的刀具系统

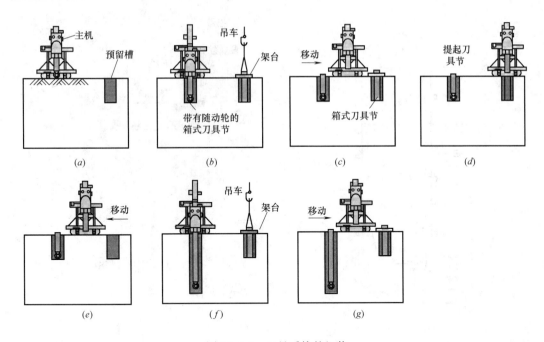

图 15.2-9　刀具系统的组装

(*a*) 准备；(*b*) 首节刀具安装；(*c*) 主机移动；(*d*) 提升刀具节；(*e*) 主机反向移动；

(*f*) 刀具节连接；(*g*) 切削更深沟槽

（7）根据待施工墙体的深度，重复（*b*）~（*f*）的顺序，直至完成刀具系统的架设。

当刀具系统抵达设计所需的深度后，TRD 主机就可以进行水泥土连续墙的施工。

15.2.3　工艺原理

TRD 主机工作时，竖向导向架的驱动轮旋转，并带动链式刀具围绕刀具立柱做相应的旋转。

刀头底板上的刀头随着链条由上至下或由下至上转动，被切割的土体跟随链条作垂直运动直至带出地面，并在刀具立柱的另一侧又被带入地下。与此同时，底端随动轮底部喷出切割液和固化液（水泥浆）。由于链条的转动，被切割松散的土壤混合着切割液或固化液形成漩涡并产生对流，与固化液在原位进行混合搅拌，从而形成竖向较为均匀的混合加固土，见图 15.2-10。

竖向导杆在门形框架上下两个横向油缸的推动下沿横向架滑轨移动，带动驱动轮及箱式刀具水平走完一个行程后，解除压力成自由状态。主机向前开动。相应的竖向导杆及其上的驱动轮回到横向架的起始位置，开始下一个行程，如此反复运行直至完成全部水泥土连续墙的施工，形成一步施工法，见图 15.2-11。具体成墙步骤如下：

（1）主机施工装置连接，直至带有随动轮的箱式刀具抵达待建设墙体的底部；

（2）主机沿沟槽的切削方向作横向移动，根据土层性质和切削刀具各部位状态，选择向上或向下的切削方式；切削过程中由刀具立柱底端喷出切削液和固化液；在链式刀具旋转作用下切削土与固化液混合搅拌；

（3）主机再次向前移动，在移动的过程中，将工字钢芯材按设计要求插入已施工完成的水泥土连续墙中，插入深度用直尺测量，此时即完成了一段水泥土连续墙的施工。

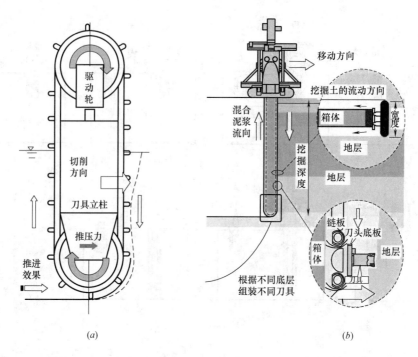

图 15.2-10 刀具系统工作

（*a*）链式刀具旋转切割；（*b*）切削、混合、搅拌土体

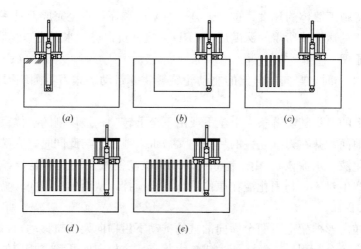

图 15.2-11 成墙流程图一

（*a*）主机连接（工序 1）；（*b*）切削、搅拌（工序 2）；（*c*）插入芯材，重复 2~3 工序；
（*d*）推出切削（当施工结束时）；（*e*）搭接施工；（*f*）搭接施工完成后，返回到（*b*）工序

　　在箱式刀具水平走完一个行程，解除压力成自由状态后，也可根据土质条件和搅拌的均匀程度，选择反向运动，进一步切割已搅拌过的土体，获得更高的搅拌均匀度，形成三步施工工法，见图 15.2-12。

　　可见，根据施工机械是否反向施工以及何时喷浆的不同，TRD 工法可分为一步、二步、三步三种施工法。一步施工法在切割、搅拌土体的过程中同时注入切割液和固化液。

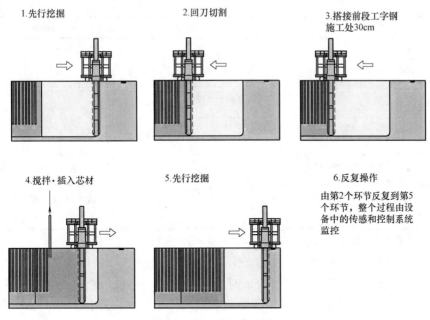

图 15.2-12 成墙流程图二

三步施工法中第一步横向前行时注入切割液切削,一定距离后切割终止;主机反向回切(第二步),即向相反方向移动;移动过程中链式刀具旋转,使切割土进一步混合搅拌,此工况可根据土层性质选择是否再次注入切割液;主机正向回位(第三步),刀具立柱底端注入固化液,使切割土与固化液混合搅拌。二步施工法即第一步横向前行注入切割液切割,然后反向回切注入固化液。

两步施工法施工的起点和终点一致,仅在起始墙幅、终点墙幅或短施工段采用,实际施工中应用较少。一般多采用一步和三步施工法。三步施工法搅拌时间长,搅拌均匀,可用于深度较深的水泥土墙施工;一步施工法直接注入固化液,易出现链式刀具周边水泥土固化的问题,一般可用于深度较浅的水泥土墙的施工。三种施工方法的特征见表 15.2-1。

三种施工方法的特征 表 15.2-1

	一步施工法	二步施工法	三步施工法
描述	切削、固化液注入、芯材插入是一次同时完成,以直接固化液进行切削,进行固化	单向切削,全部切削结束后返程,在返程过程中进行固化液的注入和芯材的插入	整个施工长度划分为若干施工段,每一个施工段先进行切削,切削到头后返回到施工段起点,再进行固化液注入与芯材插入
图示说明	切割 成墙 避让 ┈┈┈┈► ┈┈┈► ────────► 芯材插入	切割 ┈┈┈┈┈► ◄──────── 固化液注入 芯材插入	┈┈┈┈► 切割 ◄┈┈┈┈ 返回 ────────► 切割 固化液注入 芯材插入
开放长度	短	长	短
注入液	固化液	切削液、固化液	切削液、固化液

续表

	一步施工法	二步施工法	三步施工法
适用深度	较浅	深	深
地基软硬	较软地基	软至硬地基	软至硬地基
对周边的影响	小	需要分析	小
对障碍物的适应性	不好	较好	较好
综合评价	因直接注入固化液，当施工机械一旦停滞，链状刀具周边土体固化，易发生机具无法切割的情况。墙体较浅时可应用	因开放长度较长，长时间会对周边的环境产生影响。在施工长度不长的情况使用	对于障碍物的查明、芯材的插入等可保证充足的施工时间，对链状刀具以及周边环境影响较小。通常采用该施工方法

注：切割、搅拌土体形成的混合浆液未硬化时的最大沟槽长度称为开放长度。

根据土质条件、墙体深度以及防渗要求可选择不同的施工工法以及切割液、固化液的喷射时间。一般墙体深度浅或土层强度低时，采用切割、搅拌、混合一步完成的一步施工法；墙体深度深，土层强度高及墙体防渗要求高时，采用主机经往、返、往三步完成切割、搅拌、混合施工的三步施工法，容易保证施工质量。

施工中通过刀具立柱内安装的多段倾斜计，可对墙体进行平面内外实时监控，实现高精度施工。

15.2.4　刀具起拔

水泥土墙施工结束或直线边施工完成、施工段发生变化时，需用履带式起重机将箱式刀具拔出。链式刀具拔出作业时，应在墙体施工完成后立即与主机分离。拆卸过程中地基内的箱式刀具需采取防止其下沉的固定措施。根据箱式刀具长度、起重机起吊能力以及作业半径，确定箱式刀具的分段数量，由吊车一次性或分次将箱式刀具节提升至地面。

刀具起拔过程应注入一定量固化液，防止浆液液面下降。固化液注入速度应与刀具拔出速度相匹配。起拔过快时，固化液未及时填充，浆液液面大幅下降，将导致槽壁上部崩塌，机械下沉无法作业；同时，箱式刀具顶端处形成真空，影响墙体质量。

反之，固化液注入速度过快，则产生不必要的浪费。一般，固化液注入量为：

$$V \approx A_P L_S \qquad (15.2\text{-}1)$$

其中　V——固化液注入量；

A_P——箱式刀具的横截面积；

L_S——刀具切削深度。

图 15.2-13　刀具拔除

考虑链状刀具的刚度以及再次施工时组装的需要，拔出后的链状刀具应进一步拆分成各个刀具节。操作人员应仔细检查链状刀具节的每个组件，包括刀具链条、刀具底板、刀头的磨损和损耗，对受损刀具进行保养和维修，损伤部件及时更换。

15.3 设计

15.3.1 基坑围护类型和选型要求

TRD工法和SMW工法一样均可用于基坑工程的挡土结构、止水帷幕以及主、被动区土体加固。

当开挖深度较浅，墙体抗弯、抗剪满足要求的前提下，可采用TRD工法水泥土连续墙形成重力式挡墙；当开挖深度较深，墙体抗弯、抗剪不满足要求时，可选择在墙体内插入芯材。芯材一般选用H型钢或工字钢。植入的芯材可大大增加成墙墙体的刚性，从而避免因水泥土与混凝土的强度差异而造成的不安全因素。

由于TRD工法独特的施工工艺，其在地基中形成的等厚度水泥土墙是真正意义上的"连续墙"。因此，TRD工法水泥土连续墙的防渗效果优于柱列式连续墙和其他非连续防渗墙。在渗透系数较大的土层且地下水流动性较强的潜水含水层中，TRD工法水泥土连续墙作为止水帷幕，可有效阻隔基坑外地下水向坑内的渗流，具有较大的优势。当基坑开挖深度加深，基底存在承压水突涌的可能时，采用承压含水层降水压力大，可靠度相对较低。此时，采用TRD工法水泥土墙可有效切穿深层承压含水层，从而大大降低承压水突涌以及降水不可靠带来的工程安全风险。

TRD工法水泥土连续墙用于土体加固时，结合其施工工艺，一般形成格式加固体，见图15.3-1。

(a)   (b)

图15.3-1 TRD工法被动区格子状加固体

由于TRD工法水泥土连续墙较为均匀，强度高，采用格子状被动区加固体可在坑底形成纵、横向刚度较大的墙体，有效加固坑底被动区土体。格子状被动区加固体的置换率低，当基坑宽度较小时，格子状加固体的加固效率将大大提高。

15.3.2 适用的范围

1. 适用的深度

TRD工法技术的切割设备理论上可在地基中任意接长，而地面机架高度恒定，一般不超过13m。因此，墙体的深度完全不受地面机架高度的影响。根据现有的TRD工法施工机械，理论成墙深度为60m。而三轴水泥搅拌桩受机架高度限制，在不加接钻杆的条件下，三轴水泥土搅拌桩最大施工深度约为30m。

深度加深后，墙体施工难度增大，质量控制要求提高，机械的损耗率大大增加。相应的，TRD主机的施工功率、配套辅助设备均应提高或加强。目前，国内实际工程的成墙深度约为50m。当成墙深度超过50m时，应采用性能优异的机械，通过试验确定施工工艺和施工参数。

2. 适用的土层

TRD工法适用于人工填土、黏性土、淤泥和淤泥质土、粉土、砂土、碎石土等地层。对于复杂地基、无工程经验及特殊地层地区，应通过试验确定其适用性。

TRD工法的刀具系统可切穿砂卵石、圆砾层，切割硬质花岗岩、中风化砂砾岩层。目前已有其成功切割混有800mm直径砾石的卵石层以及单轴抗压强度约为5MPa基岩的工程实例。但当切削卵石层及单轴抗压强度接近5MPa的基岩时，施工速度极其缓慢，刀头磨损严重。因此，施工中必须切削硬质地基时，需进行试成槽施工，以确定施工速度和刀头磨损程度，以备施工中及时更换磨损的刀头。当卵石层中混有的砾石含量较多时，且直径大多超过100mm时，应预先进行试成槽施工。

切割地层含有硬塑的黏土层时，应调整切割液配比和施工速度，采取措施防止黏土粘附于刀具系统，阻碍链式刀具的旋转和切割；同时，也可采用事先引孔的措施，减少机械切割的阻力。

当土层有机质含量大，如含有较多有机质的淤泥质土、泥炭土、有机质土，或地下水具有腐蚀性时，水泥土硬化速度慢，强度低而质量差。此时，固化液应掺加一定量的外加剂，减小有机质对水泥土质量的影响，确保水泥土的强度。

寒冷地区应避免在冬期施工。确需施工时，应防止地基冻融深度影响范围内的水泥土冻融导致的崩解。必要时，可在水泥土表面覆盖养护或采取其他保温措施。

粗砂、砂砾等粗粒砂性土地层，地下水流动速度大，承压含水层水头高时，应通过试验确定切割液和固化液的配比。如掺加适量的膨润土等以防止固化液尚未硬化时的流失，而影响工程质量。

我国东北、西北、华中和华东广泛分布黄土，黄土多具湿陷性。因其土颗粒表面含有可溶盐，土层结构具有肉眼可见的近乎铅直的小管孔；一旦遭受水的浸湿，土颗粒表面的可溶盐溶解，在自重应力和附加应力共同作用下，细颗粒土向大孔隙滑移，导致地面沉陷。TRD工法水泥土连续墙施工时水灰比大，在湿陷性黄土地基施工时，必须考虑施工期间地基湿陷引起的危害。湿陷性土层采用TRD工法时，应通过试验确定其适用性。同样对于膨胀土、盐渍土等特殊性土，也应结合地区经验通过试验确定TRD工法水泥土连续墙的适用性。

杂填土地层或遇地下障碍物较多地层时，应提前充分了解障碍物的分布、特性以及对施工的影响，施工前需清除地下障碍物。

总之，TRD工法在流塑的淤泥质黏土、粉质黏土、粉土和N值约为70击的粉细砂层中具有良好的实用性和经济性。岩层硬度较大时，施工过程中需使用特殊刀具且其损耗大，相对施工周期慢。特殊性地层应谨慎选用，含障碍物地层的障碍物应清除。

15.3.3 材料

渠式切割水泥土连续墙浆液的主要材料是切割液和固化液。

切割液用于前期切割土体,由水、膨润土和其他外加剂组成。其主要作用是与被切割的土体混合,促使被切割的土体流动形成混合泥浆,从而减小链式刀具转动或长时间停止后再启动时混合泥浆对链式刀具的阻力。

固化液用于切割土或混合泥浆的固化,固化液与原位土体混合搅拌,形成均匀的、具有一定强度的水泥土。

1. 切割液

应根据场地土质条件,结合机械性能指标,通过室内试验和试成墙试验确定切割液配比。切割液与被切割土体形成的混合泥浆应满足下列性能要求:

(1) 具有适度的流动性;

(2) 较小的泌水性;

(3) 适量的可悬浮的细颗粒土。

为了保证泥浆具有一定的流动性和浮力,混合泥浆中的细颗粒需具有一定的浓度。因此,针对场地不同的土质,需要在切割液中加入相应的粒组调整材料。黏土成分较少的碎石、卵石层,应添加细颗粒粒组调整材料以及适量的增黏剂,如黏性土、膨润土等,增加混合泥浆的黏稠度,防止混合泥浆脱水或流失。砂性土地基中施工深度大时,为防止砂土颗粒沉淀或泥浆散失,应掺入微细颗粒或粘粒粒组调整材料。硬塑的黏土则相反,可掺加适量的粗颗粒粒组调整材料,促进混合泥浆的流动性,防止黏土粘附链式刀具。通常情况下切割液的配合比见表 15.3-1,供参考。

切割液的配合比及流动性要求(每 1m³ 土体)　　　　　　表 15.3-1

岩土条件	膨润土 (kg)	增黏剂 (kg)	粒组调整材料 (kg)	TF 值 (mm)
黏性土	0~5	—	—	190~240
粉细砂、粉土	5~15	—	—	170~220
中砂、粗砂	15~25(20)	0~1.0	0~100	160~200
砾砂、砾石	25~50(30)	0~2.5	0~250	135~170
卵石、碎石	50~75(40)	0~5.0	0~300	135~170

注:1. 括号中的数值是指掺加了增粘剂时的用量;

2. 当中砂、粗砂、砾砂、砾石、卵石、碎石中掺加粒组调整材料时,应添加增黏剂,防止固液分离;

3. TF 值是按跳桌试验得到的反映混合泥浆流动性的指标。

遇含盐类土或土中溶解金属阳离子较多时,膨润土的保水性能将受到影响,应通过试验配置切割液。添加膨润土后,泥浆中的钙离子会促进水泥浆产生早期凝结(胶状化),在水泥土墙施工中应予以注意。黏土成分较少的砂砾地基,可加入粒组调整材料,如红黏土、黄黏土等。遇有机质含量高的软土、盐渍土、污染土、湿陷性土等特殊性土时,必须通过室内和现场试验确定切削液的配合比。

表 15.3-2 为混合泥浆的配制原则。

土层的颗粒级配数据可通过室内试验获得,也可参考工程勘察报告提供的相关数据。土中溶解阳离子较多时,应了解黏土层的成因,并应进行充分的室内和现场试验,以确定掺加的外加剂品种和数量。

表 15.3-3 给出了典型工程切割液的配合比实例。

各类土的混合泥浆调制原则 表 15.3-2

土类	粒组特性	混合泥浆的性质和调整原则
黏性土	黏粒＋粉粒≥40％	加水提高含水量至液限以上，即可具有流动性。为缓和黏性土中可溶阳离子产生的泥浆胶状化，需添加适量的外加剂，如分散剂，以分散泥浆中的微小粒子
	30％≤黏粒＋粉粒＜40％	加水即具有流动性。当土中黏粒成分较少时，泥浆静置后将产生固液分离现象，丧失流动性。此时，需添加固液分离抑制剂以及缓和泥浆胶状化的外加剂
砂土	20％≤黏粒＋粉粒＜30％	加水并搅拌后即具有流动性，但泥浆静置时产生固液分离现象，丧失流动性。需要添加粒组调整材料、减少脱水和缓和胶状化的外加剂
	黏粒＋粉粒＜20％，D_{50}≤2.0mm	加水并搅拌后可具有流动性，但静置后立即产生固液分离现象，砂粒下沉，丧失流动性。需添加粒组调整材料保证砂粒在泥浆中的悬浮性能，同时添加减少脱水的外加剂
碎石土	黏粒＋粉粒＜20％，2.0mm≤D_{50}＜50mm	仅加水和搅拌很难流动。为了防止粒径较大的砾石下沉，应含有 20％以上的黏粒。需要添加粒组调整材料、增黏剂以及减少脱水添加剂
	黏粒＋粉土＜20％，D_{50}≥50mm	即使加水和搅拌也不会流动。需增加细颗粒土，即添加适量的粒组调整材料、减少脱水的外加剂，必要时还需要添加促进泥浆流动的外加剂

注：D_{50}指大于该粒径的颗粒含量超过全重 50％时的颗粒直径。

典型工程的切割液配合比（每 1m³ 原土） 表 15.3-3

土层	膨润土(kg)	水(kg)	浆液注入量(L)	浆液注入率(％)
黏性土 砂土 砾石	25	500	500	50

2. 固化液

固化液使原位的混合泥浆固化，形成墙体。固化液由水泥系固化材料、外加剂和水组成，其主要材料为普通硅酸盐水泥。固化液的配合比是影响水泥土连续墙施工质量的重要因素，主要与土层性质有关。应根据土质条件、机械性能指标和水泥土的强度要求，通过对原状切削地段的土样进行室内配合比试验，确定固化液的配合比。固化液中水泥宜采用强度等级不低于 P.O42.5 级的普通硅酸盐水泥。水泥土强度要求提高时，可增加水泥的掺入量或提高水泥的强度等级。

当固化液兼作切割液时，黏粒含量较高土层中需掺加促进固化液混合泥浆流动性的外加剂。膨润土、粒组调整材料等外加剂的添加原则同表 15.3-1。

表 15.3-4 为通常情况下固化液的配合比，水泥土的 28d 无侧限抗压强度为 0.8MPa。

固化液配合比 表 15.3-4

土层	水泥(kg/m³)	水灰比	促进流动的外加剂(kg/m³)	缓凝剂(kg/m³)
黏性土	400～450	1.0～2.0	0～10	0～4.4
粉细砂、粉土	380～440	1.0～2.0	0～2.5	0～2.7
中砂、粗砂	380～430	1.0～2.0	—	0～2.0

土层	水泥(kg/m³)	水灰比	促进流动的 外加剂(kg/m³)	缓凝剂(kg/m³)
砾砂、砾石	370~420	1.0~2.0	—	0~1.5
卵石、碎石	360~400	1.0~2.0		0~1.5

表 15.3-5 给出了典型工程固化液的配合比实例。

固化液的配合比 表 15.3-5

土质	水泥(kg)	水(kg)	水泥/水(%)
黏性土(每 1m³ 原土)	350~450	200	100
砂质土(每 1m³ 原土) 砂砾土(每 1m³ 原土)	300~400	180	100

淤泥和淤泥质土中应提高水泥掺量或掺加外加剂。粘粒含量较高时可掺加提高固化液混合泥浆流动性的外加剂。施工中需要延长固化液混合泥浆的凝固时间时，应添加缓凝剂，以防链状刀具在泥浆中抱死，无法启动或损坏设备。添加膨润土后，泥浆中的钙离子会促进硅酸盐水泥产生早期凝结，即胶状化，必要时需掺加适量的缓凝剂。

3. 外加剂的种类

切割液和固化液的配制过程中，可根据场地土质条件加入相对应的外加剂，外加剂类型如下：

（1）膨润土。膨润土能抑制浆液的离析，防止易坍塌土层的孔壁坍塌和孔壁渗水，减小机械在硬土层中的搅拌阻力。

（2）增黏剂。增黏剂主要用于渗透性高及易坍塌的地层中。如粒度较为均匀的砂性或砂砾地层，水泥浆液的黏性低，加入增黏剂后可一定程度地减少水泥浆液的流失。

（3）缓凝剂。施工工期长，需抑制固化液初期强度的情况下使用缓凝剂。

（4）分散剂。分散剂能分散土中的微小粒子，在黏性土地基中可提高切割液、固化液与土体的搅拌性能，提高成桩质量；切割阻力较大的地基，分散剂可加大混合泥浆的流动性，降低废土量。

（5）早强剂。早强剂能提高水泥土早期强度，并且对后期强度无显著影响。其主要作用在于加速水泥水化速度，促进水泥土早期强度的发展。

15.3.4 设计

作为止水帷幕、重力式挡墙以及主被动区加固体时，TRD 工法水泥土连续墙的厚度和深度是关键性参数。当用作挡土结构时，还需进行内力、变形和稳定性计算分析。应用到具体工程时，还需进行平面布置的设计，以最大可能提高 TRD 工法水泥土连续墙的综合性能。

1. 墙体厚度和平面布置原则

TRD 工法水泥土连续墙的厚度取决于施工机械和工程中墙体渗透性能、受力性能的要求。一般墙体厚度取 550~850mm，常用厚度取 550mm、700mm、850mm。当需要采用其他规格的墙体厚度时，应在 550~850mm 之间按 50mm 模数递增选取。

作为挡土结构时，其厚度还取决于内插芯材的尺寸。TRD 工法水泥土连续墙厚度应符合下列要求：

（1）内插芯材无拼接时，应取下列二式结果之大值：

$$t \geqslant h + 100 \tag{15.3-1}$$

$$t \geqslant h + L_h/250 \tag{15.3-2}$$

（2）内插芯材有拼接时，除满足第（1）款要求外，尚应满足下列二式的要求：

$$t \geqslant h_1 + 50 \tag{15.3-3}$$

$$t \geqslant h_1 + L_{h1}/400 \tag{15.3-4}$$

式中　t——内插芯材水泥土连续墙厚度（mm）；

　　　h——内插芯材高度（mm）；

　　　h_1——内插芯材拼接处的最大高度（mm）；

　　　L_h——内插芯材长度（mm）；

　　　L_{h1}——内插芯材顶部至最下一个拼接点的长度（mm）。

由前述可知，水泥土墙施工结束或直线边施工完成、施工段发生变化时，需拔出切割刀具，移位再重新组装。基于 TRD 工法工艺的特殊性，对墙体的平面布置提出了特定要求。

为尽量避免刀具系统的起拔和安装次数，提高施工效率，平面布置应简单、规则，尽量采用直线布置，避免或减少基坑的转角。若采用圆弧，圆弧段的曲率半径不宜小于 60m。

2. 分析计算

渠式切割水泥土连续墙一般用作防渗止水帷幕，内插芯材时可用作基坑围护结构。作为围护结构使用时，其内力变形计算、承载力和稳定性验算、抗管涌稳定性分析等均可参照 SMW 工法水泥土墙进行。分析计算假定围护结构内力全部由内插芯材承担。根据内力变形计算得到内插芯材尺寸，最终确定渠式切割水泥土连续墙的厚度。

3. 抗拉强度、中间土应力、中间土拱效应

TRD 工法水泥土连续墙为均匀施工的等厚度水泥土连续墙，理论上内插芯材可采用任意间距。在内插芯材满足围护结构承载力及变形的要求后，还需进行内插芯材间水泥土的强度验算。水泥土的抗拉强度低。土体侧向压力作用于芯材间水泥土时，可假定芯材间水泥土形成不产生弯曲与拉应力的水泥土拱，从而仅对水泥土进行剪应力和压应力计算。

设水泥土拱的形状为抛物线，见图 15.3-2（以内插型钢为例）。任意间距芯材间水泥土拱抛物线为：

$$y = \frac{4f}{l^2}(l \cdot x - x^2) \tag{15.3-5}$$

式中　f——抛物线的拱矢；

　　　l——抛物线的跨度。

鉴于实际芯材间距，一般取拱与芯材夹角为 45°。对式（15.3-5）取 x 的导数，得：

$$\frac{dy}{dx}_{x=0} = \frac{4f}{l} = 1 \tag{15.3-6}$$

$$f = \frac{l}{4} \tag{15.3-7}$$

式（15.3-7）代入式（15.3-5）后，得：

$$y=\frac{1}{l}(l \cdot x-x^2)$$ (15.3-8)

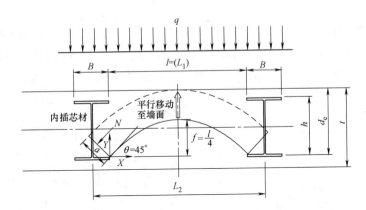

图 15.3-2 水泥土拱抛物线（内插型钢为例）

L_1—内插芯材净距；L_2—内插芯材中心距；B—内插芯材翼缘宽度；h—内插芯材腹板高度；

t—墙体厚度；d_e—内插芯材翼缘处水泥土墙体的有效厚度；θ—拱的角度；

q—单位宽度的侧压力；N—拱的轴力；a—拱的厚度

一般拱中心位置的竖直方向厚度大于 50mm，即：

$$\frac{t+h}{2}-\frac{l}{4} \geqslant 50$$ (15.3-9)

$$l \leqslant 2(t+h)-200$$ (15.3-10)

$$L_2=l+B \leqslant 2(t+h)+B-200$$ (15.3-11)

即当内插芯材中心距 $L_2 \leqslant 2(t+h)+B-200$ 时，可不需验算水泥土的抗弯和抗拉承载力。鉴于水泥土抗拉强度低，受拉后易出现裂缝，影响止水帷幕功能的发挥。因此，内插芯材的中心距不宜超过 $[2(t+h)+B-200]$mm。

拱的厚度为：

$$a=\left(\frac{t+h}{2}-\frac{l}{4}\right) \times \sin45°$$ (15.3-12)

单位深度剪力： $$Q=\frac{ql}{2}$$ (15.3-13)

单位深度剪应力： $$\tau=\frac{Q}{d_e}=\frac{ql}{2d_e}$$ (15.3-14)

拱的轴力： $$N=Q/\sin\theta=\sqrt{2} \cdot Q$$ (15.3-15)

拱的轴应力： $$\sigma=N/a=\frac{4 \cdot ql}{2(t+h)-l}$$ (15.3-16)

因 $d_e=\frac{t+h}{2}$，当 $\sigma \leqslant 3\tau$ 时，即

$$\frac{4}{2(t+h)-l} \leqslant \frac{3}{2d_e}$$ (15.3-17)

$$l \leqslant \frac{4}{3}d_e$$ (15.3-18)

一般取水泥土抗剪强度标准值为其28d龄期无侧限抗压强度标准值的1/3。当$\sigma \leqslant 3\tau$时，即内插型钢净距不大于$\dfrac{4}{3}d_{\mathrm{e}}$时，可不验算拱轴的抗压承载力，仅验算水泥土的抗剪承载力。

4. 抗剪强度验算

TRD工法水泥土连续墙内插型钢作为基坑围护结构时，其内插芯材间距满足第3节要求时，仅需进行水泥土局部抗剪承载力验算，防止其因抗剪不足出现裂缝，影响防渗功能发挥。抗剪验算如下[4]：

$$\tau_1 = \frac{1.25\gamma_0 V_{1k}}{d_{\mathrm{e}}} \qquad (15.3\text{-}19)$$

$$V_{1k} = \frac{q_k L_1}{2} \qquad (15.3\text{-}20)$$

$$\tau_1 \leqslant \tau; \ \tau = \frac{\tau_{ck}}{1.6} \qquad (15.3\text{-}21)$$

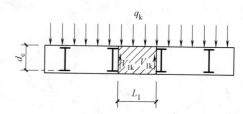

图15.3-3　局部水泥土抗剪计算
示意图（内插型钢为例）

式中　V_{1k}——内插芯材与水泥土之间单位深
　　　　　　度范围内的错动剪力标准值；

　　　q_k——计算截面处的侧压力强度标
　　　　　　准值；

　　　τ_1——内插芯材与水泥土之间的错动剪应力设计值；

　　　τ——水泥土抗剪强度设计值；

　　　τ_{ck}——水泥土抗剪强度标准值。

5. 墙体深度

渠式切割水泥土连续墙内插芯材作为基坑围护结构时，水泥土连续墙的深度应和内插芯材深度一致，一般需超出内插芯材500mm。

用作防渗止水帷幕时，若含水层深度深，止水帷幕无法穿透含水层，悬挂于含水层中；此时，需进行基坑内外抗管涌分析计算，以确定合适的止水帷幕深度和坑内外降水深度。若止水帷幕完全穿透含水层，则应进入下部隔水层足够深度，一般不小于1～2m，以确保能隔断含水层的水流。作为止水帷幕使用时，渠式切割水泥土连续墙渗透系数应小于1×10^{-7}cm/s，以满足墙体自防渗要求。

6. 构造措施

TRD工法水泥土连续墙为等截面，沿基坑方向厚度不变，内插芯材的间距和三轴水泥搅拌桩的要求不同，不受三轴水泥土搅拌桩的孔距限制。内插芯材间距的确定，只需考虑型钢水泥土墙的整体刚度，变形控制要求和内插芯材间水泥土的局部抗剪要求，理论上可采用任意间距。

内插芯材不回收时，芯材最小净距仅需满足其平面内的施工偏差要求。其与冠梁的连接构造同普通的钻孔灌注桩。内插芯材回收时，为便于芯材拔除，芯材需锚入冠梁，并高于冠梁顶部不小于500mm。冠梁和芯材之间需设置不易压缩的硬质隔离材料，防止围护结构受力后产生较大的压缩变形，不利于对基坑总变形量的控制。

由于芯材和隔离材料的存在对冠梁刚度具有一定的削弱作用，且芯材部位无法设置贯穿冠梁横截面的箍筋。为满足芯材部位冠梁局部箍筋以及冠梁整体箍筋的设置以及加大冠梁刚度的要求,相应的冠梁截面、尺寸和构造应采取强措施,芯材最小净距应满足设置不少于两排箍筋的要求,见图15.3-4,即内插芯材的净距不宜小于200mm。

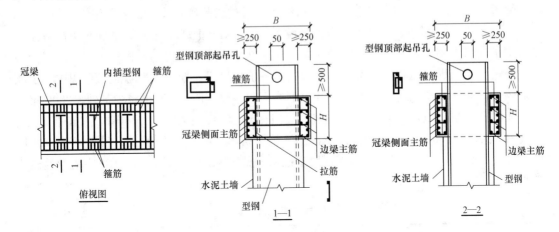

图 15.3-4　内插芯材回收时与冠梁的连接构造详图

内插芯材回收需拔除时,芯材的拔除计算详见 SMW 工法一章。相应地,基坑采用渠式切割水泥土墙内插芯材作为围护结构的变形控制措施与环境保护要点,也同 SMW 工法一章。

15.4　施工和检测

15.4.1　施工机械

TRD 工法的全套设备包括:TRD 工法机械、空气压缩机、全自动水泥浆搅拌及注浆系统、水泥仓储罐、履带式吊车、挖掘机、高压清洗机等。整套设备在现场施工场地的布置以及作业见图 15.4-1。

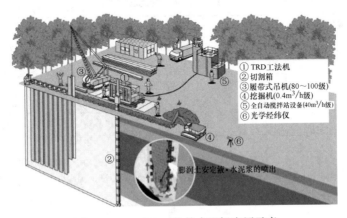

① TRD 工法机
② 切割箱
③ 履带式吊机(80～100级)
④ 挖掘机(0.4m³/h级)
⑤ 全自动搅拌站设备(40m³/h级)
⑥ 光学经纬仪

图 15.4-1　TRD 工法技术现场应用示意

1. TRD 工法主机

(1) TRD 工法机型简介

TRD 工法机械是全套设备的核心和关键。日本产渠式切割机械主要有Ⅰ型、Ⅱ型和

Ⅲ型三种类型，对应最大成墙深度分别为 20m、35m 和 60m，对应墙厚分别为 450～550mm、550～700mm、550～850mm。60m 为Ⅲ型机械的理论成墙深度，实际施工墙体深度超过 50m 时，应由经验丰富的施工班组预先通过试验确定施工工艺、施工参数。

2009 年我国引进首台 TRD 工法主机设备——TRD-Ⅲ型机，并在杭州下沙智格社区基坑围护项目中率先得到应用。随即该技术应用在华东地区工程中，积累了宝贵的经验。

通过前期工程应用和施工发现，引进的设备价格昂贵。履带式底盘施工过程中稳定性相对较低，柴油发动机动力成本高。针对上述问题，以 TRD-Ⅲ型机械为基础，2009 年中日企业联合研制 TRD-CMD850 型工法机，2011 年、2012 年相继联合研制 TRD-Ⅲ-E 型、TRD-Ⅲ-D 型工法机。目前，国内 TRD 工法施工机械数量已成倍增长，具备了推广使用的条件。TRD-Ⅰ、TRD-Ⅱ、TRD-Ⅲ型主机参数见表 15.4-1，改进后 TRD 主机的性能比较见表 15.4-2。

TRD 主机设备参数 表 15.4-1

参数 \ 型号	TRD-Ⅰ	TRD-Ⅱ	TRD-Ⅲ	CMD850
墙厚(mm)	450～550	550～700	550～850	550～850
最大施工深度(m)	20	35	50	20～55
全长(mm)	7365	8905	8500	8191
全宽(mm)	6700	7200	7200	9190
全高(mm)	9980	12052	9650	10022
工作时质量(kg)	63500	12700	13200	11000
标准铣刀长度(m)	17.5	25.5	36.3	36.3
发动机功率(马力)	300	469	469	380
切削机构升降方式	油缸	卷扬机	油缸	油缸

TRD 主机设备比较 表 15.4-2

序号	机械类别	特 点
1	TRD-Ⅲ型主机	履带式底盘，发动机柴油驱动(功率 469kW)，成墙厚度 550～850mm，最大施工深度 60m，设备高度 10m
2	TRD-CMD850 型主机	履带式底盘，发动机柴油驱动(功率 380kW)，成墙厚度 550～850mm，最大施工深度 55m，设备高度 9m，增加横行液压油缸行程(1.4～1.8m)
3	TRD-E 型主机	步履式底盘，减小设备接地压力，电机驱动(493kW)，成墙厚度 550～850mm，最大施工深度 60m，设备高度 13m，增加了卷扬机提升设置
4	TRD-D 型主机	步履式底盘，减小设备接地压力；发动机功率(380kW)，电动机功率(90kW)，成墙厚度 550～850mm(最大 900mm)，标准挖掘深度 36m，最大施工深度 60m，设备高度 10m

CMD850 型 TRD 工法机械在以下方面作了改进：

1）延长了横行液压杆行程，单程横向切割距离增大，提升了施工效率；

2）调整柴油发动机配置，降低了能耗；

3）降低了设备的高度和重心，提高了机械的稳定性；

4）主框架穿过底盘与伸缩油缸相连，行成稳固的三角形结构，机身的支撑结构得到强化；

5）简化链式刀具驱动部的构造，提高了整体设备的耐用性。

TRD-Ⅲ-D 型 TRD 工法机械作的改进如下：

1）改履带式底盘为步履式，减小了设备接地压力；

2）配置主、副动力装置，主动力的发动机功率为 380kW，副动力的电动机功率为 90kW；

3）成墙厚度最大可达 900mm。

TRD-Ⅲ-E 型 TRD 工法机械作的改进如下：

1）主机履带式底盘改为步履式，减小了设备接地压力；

2）动力装置改为动力发动；

3）链式刀具系统配置油缸和卷扬机双套顶（提）升系统；

4）刀具立柱节长度由 3.65m 加长至 4.88m。

（2）TRD 工法机主要性能

渠式切割机的主要性能如下：

1）机架系统具有水平偏差和垂直度调整功能；

2）操作系统具有自动操作功能，并配备监控装置和机具工作状态显示功能；

3）动力系统具有遇异常情况的自动停机功能；

4）刀具系统内安装多段式倾斜仪，进行箱式刀具平面内和平面外水平位移监测。

上述设备功能保证了 TRD 工法水泥土连续墙均匀、垂直度高的特点。

渠式切割机的操纵室设置机械的监控装置，操作人员可以在操纵室内观察机具各部位的工作状态。渠式切割机装有自动切割控制系统的附属设备，可防止操纵人员疲劳工作。切割、搅拌较硬土层时，一旦刀具系统产生较大变形，而操作人员强行操作则会使设备的水平推力超出限值，影响设备正常使用。此时，渠式切割机械的动力系统配备的自动停机功能，可防止设备损坏。

2. 其他设备

（1）履带式吊机

刀具系统的安装和拔出、内插芯材的插入和拔出均需要使用吊机。履带式吊机型号选择应确保其满足工程的使用要求。履带式吊机的起重量不得超过额定起重量。当水泥土连续墙墙体深度不大于 35m 时，额定起重量应为 60t；墙体深度大于 35m 时，额定起重量应大于 80t。

（2）全自动水泥浆搅拌及注浆系统

水泥土连续墙浆液包括切割液和固化液。浆液制备装置包括水泥筒仓、钢制水槽、计量器具、搅拌机以及泵机等，以上设备型号选择时应保证具有充足的容量与浆液制备能力，满足每日浆液最大需求量。TRD 工法技术配备的全自动浆液搅拌及注浆系统，不仅能够进行原材料、浆液注入量的全自动量测，而且可根据实际施工墙体的体积调整注入量，可消除手工操作的误差和不稳定，确保浆液的连续性，保证浆液以及水泥土墙搅拌质量。全自动浆液制备和注入系统应符合下列要求：

1）浆液制备量宜为每日计划成槽方量的 2 倍；

2) 注浆泵的工作流量应可调节，其额定工作压力不宜小于 2.5MPa，并应配置自动计量装置。

（3）辅助设备

除主要设备，还应配备挖掘机、高压清洗机、空气压缩机等辅助设备。挖掘机用于前期成墙前导向沟槽施工，以及后期水泥 TRD 主机搅拌施工时的排土。其额定功率不宜小于 90kW。空气压缩机提供喷浆、设备清洗所需的压力。高压清洗机用于清洗设备。

15.4.2 施工流程

1. 施工准备

施工前应收集场地工程地质及环境资料，查明不良地质现象及地下障碍物的详细情况；主要如下：

（1）施工区域的地形、地质、气象和水文资料；

（2）邻近建筑物、地下管线和地下障碍物等相关资料；

（3）测量基线和水准点资料；

（4）环境保护的有关规定。

对影响水泥土搅拌墙成墙质量及施工安全的地质条件（包含土层构成、土性和地下水等）需进行详细调查。以此为基础查明障碍物的种类、分布范围及深度，必要时用小螺钻、原位测试和物探手段查明。对于重要工程，也可针对围护结构的施工范围进行施工勘察。对于浅层障碍物，宜全部清除后回填素土。然后，进行渠式切割水泥土墙的施工；较深障碍物则需清障。当场地紧张，周边环境恶劣，障碍物较深、较多不具备清障条件时，强行施工将造成箱式刀具卡链、刀具系统损坏以及埋入刀具立柱无法上提等现象，严重损伤机械设备并造成经济损失。因此，该种情况下不应采用渠式切割机。

施工操作前，应对机械各组成部分进行系统检查。检查内容包括液压和电力驱动系统、计算机操作系统、竖向导向架垂直度、各类仪表、刀具定位导向装置等。渠式切割机经现场组装、试运行正常后方可就位。

正式进行渠式切割机施工前，应编制施工组织方案，并进行试成墙施工以确定渠式切割机机型的选用以及施工工艺、施工参数。

2. 施工路基承载力复核和处理

渠式切割机重量重且机架系统单边悬挂于主机上，距离开挖沟槽越近，地基的承载越重。渠式切割机为连续切割、搅拌作业，成墙长度长，施工时对周边土体将产生一定的扰动。因此，渠式切割机施工作业前应复核地表土层的地基承载力是否满足使用要求，以防施工期间场地地基稳定性不足，造成上部沟槽坍塌，对周边环境产生不利影响。一旦施工位置的地基产生沉陷或失稳问题时，将导致渠式切割机主机下沉，施工中的刀具系统变形而产生异常应力，并最终影响施工精度与工程进度，严重时导致设备损坏。除此以外，起重机起吊和拔出刀具立柱时，表层地基尤其是近沟槽部位的压应力最大。此时，也应复核场地地表土层的地基承载力是否满足使用要求。

因此，场地路基的承载力、平整度应满足渠式切割机平稳度、垂直度和起重机车平稳行走、移动的要求，需要对渠式切割机、起重机履带正下方的地基承载力进行复核。一般需在沟槽部位铺设钢板，分散机械重量引起的竖向压力；必要时，需对沟槽两侧进行地基处理。

3. 施工流程

水泥土连续墙施工工艺流程如图 15.4-2 所示，主要步骤如下：

（1）测量放样

根据坐标基点，按设计图放出墙线位置，并设临时控制点，填好技术复核单，提请监理人员复核并验收。

（2）开挖导向沟槽，设置定位钢板或导墙

开挖导向沟槽，设置定位钢板或导墙是控制水泥土墙的关键之一。沟槽边放置定位钢板后，将对其上荷载产生压应力分散作用，一定程度上可提高表层地基的承载力。导墙相对位置固定，定位准确。采用现浇钢筋混凝土导墙时，导墙宜筑于密实的土层上，并高出地面 100mm，导墙净距应比水泥土墙体设计宽度宽 40～60mm。

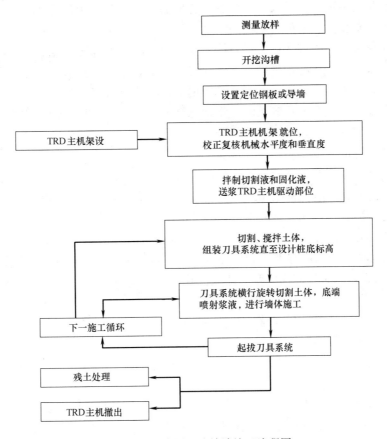

图 15.4-2　水泥土连续墙施工流程图

（3）配制切割液和固化液

为了保证 TRD 工法水泥土墙注入液的质量，注入液制备和注入的各个环节均采用全自动浆液制备和注入装置。该装置不仅能够进行原材料、浆液注入量的全自动量测，还可根据实际施工墙体的体积调整注入量。因此，相关设备型号选择时应保证具有充足的容量与注入液制备能力，满足每日注入液最大需求量，同时送浆速度应与 TRD 主机的移动速度匹配。

（4）TRD 机械就位并组装刀具系统

TRD 主机应平稳、平正，采用激光经纬仪测量的机架垂直度应小于 1/250。刀具系统组装时，应首先将带有随动轮的箱式刀具节与主机连接；根据逐节连接的箱式刀具长度，逐步加深起始墙幅的成槽深度，直至满足水泥土墙的设计深度要求。

组装过程中，刀具立柱管腔内安装相应管路，包括浆液管路、多段式倾斜仪等。多段式倾斜仪可以对墙体进行平面内和平面外实时监测以控制垂直度，从而实现高精度施工。渠式切割水泥土墙体垂直偏差应小于 1/250。

（5）墙体施工

根据土层性质、施工深度等，选择采用一步、二步或三步施工法。应根据土质条件、机具功率确定刀具链条的旋转速度；根据周边环境、土质条件、机具功率确定机械的水平推进速度，即每次切割的前进距离，简称步进距离。

施工时，步进距离不宜过大，否则容易造成墙体偏位、卡链等现象，不仅影响成墙质量，而且对设备损伤大。一般每次横向切削的长度宜控制在 50mm 以内。

水泥土墙体施工时，应通过刀具系统内安装的多段式倾斜仪，实时监控墙体的施工状态。根据土质条件、机械的水平推力、箱式刀具各组成部位的工作状态及其整体偏位，选择向下或向上开挖方式。必要时，可交错使用上述两种开挖方式。

施工过程应跟踪检查刀具链条的工作状态以及刀头的磨损度，及时维修、更换和调整施工工艺。

（6）刀具系统的起拔

水泥土墙施工结束或直线段施工完成后，刀具系统应立即与主机分离。通过履带式起重机起吊、拔出箱式刀具。根据箱式刀具的长度、起重机的起吊能力以及作业半径，确定箱式刀具的分段数量。箱式刀具的拔出与拆分应符合以下规定：

1）拔出前箱式刀具应与主机分离并拆分。拆分后每段长度不得大于 4 个箱式刀具节长度之和，且须满足起重机作业半径的要求；每段重量不应超过起重机的起重量。

2）箱式刀具拔出时沟槽内应及时注入固化液，固化液填充速度应与箱式刀具拔出速度相匹配；

3）拔出后的每段箱式刀具应在地面作进一步拆分和检查，损耗部位应保养和维修。

（7）涌土清理和管路清洗

水泥土墙施工中产生的涌土应及时清理。若长时间停止施工，应清洗全部管路中残存的水泥浆液。

切割液、固化液的制备和注入以及成墙过程均应进行信息化施工，通过全自动浆液制备和注入装置实现浆液制备和传输的自动化，通过实时监控和显示系统实现墙体施工全过程的信息化、可视化。

15.4.3 施工关键问题

1. 沟槽开放长度

TRD 主机切割土体以及固化液未硬化阶段，开挖的沟槽侧壁需承受机械荷重以及周边的施工荷载。当沟槽两侧仅铺设钢板时，应分析钢板产生的压应力分散作用，确保地基的承载力满足要求。此时，沟槽侧壁仅由槽内混合浆液压力保持稳定，见图 15.4-3。混合浆液压力需满足下式：

$$r_s h_s > E_a$$

式中 r_s——开挖沟槽内混合浆液的比重；

h_s——开挖沟槽内混合浆液的液面高度；

E_a——开挖沟槽一侧的主动土压力。

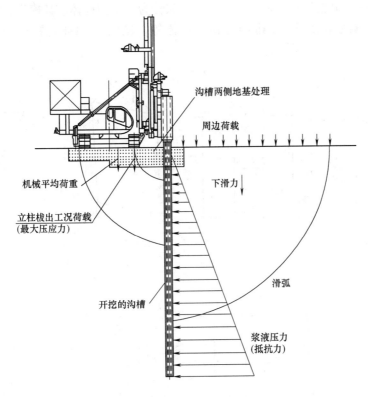

图 15.4-3 槽壁稳定分析剖面图

切割、搅拌土体形成的混合浆液未硬化时的最大沟槽长度称为开放长度。开放长度应根据周边环境、水文地质条件、地面超载、成墙深度及宽度、切割液及固化液的性能等因素，通过试成墙确定，必要时进行槽壁稳定分析。

开放长度越长，待施工的墙体长度一定时，机械回行搭接切削的次数越少，效率越高；但越长对周边环境的影响越大。邻近场地周边有待保护的建（构）筑物或其他荷载时，需要对开放长度进行现场试验和分析，必要时应对其加以限制以确保安全施工。

除周边施工荷载外，TRD 主机设备荷重为最重要的沟槽顶部加载。成槽施工时，TRD 主机设备总重量为 TRD 主机和刀具系统重量之和，其中刀具系统需扣除其在混合浆液中的浮力。刀具立柱越长，TRD 主机作用在地表的压应力越大。对于具体工程，刀具立柱拔出时，刀具拔出部位浮力为零，刀具系统重量增加；同时，主机机身还受到上拔的反作用力。因此，刀具立柱上拔工况 TRD 主机施加的地基压应力最大。

槽壁稳定性分析是连续墙施工需解决的课题。可采用的稳定性分析方法为：

（1）梅耶霍夫经验公式法；

（2）基于圆弧滑动破坏的稳定系数法；

（3）三维模型分析法。

梅耶霍夫（Meyerhof）经验公式法基于朗肯土压力理论，假设槽壁失稳后土体发生楔形滑动，以此确定开挖槽段的临界深度。圆弧滑动法的槽壁滑动破坏模型，忽略了槽段的空间效应，不考虑土拱效应。基于破坏面形状和考虑土拱效应的三维模型分析法，则较为真实地反映了槽壁的失稳破坏。

目前三维模型分析法根据假设的滑裂体形状分为：半圆柱体破坏模型、楔形体破坏模型、抛物线柱体破坏模型、改进的抛物线柱体等，见图 15.4-4。图中，L 即为开放初长度。

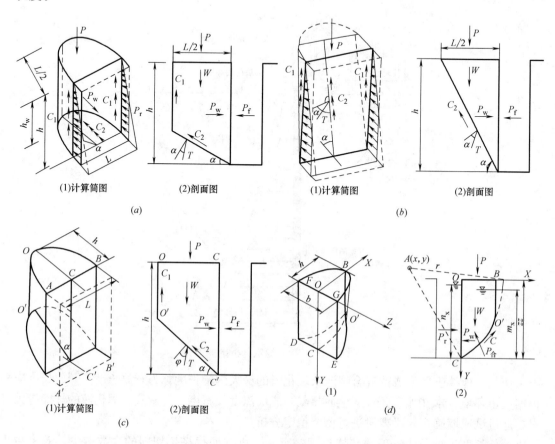

图 15.4-4 槽壁稳定性分析简图

(a) 半圆柱体破坏模型；(b) 楔形体破坏模型；(c) 抛物线柱体破坏模型；(d) 改进的抛物线柱破坏模型

作用于滑裂体上的荷载有：滑裂体的自重 W、滑裂面范围的外荷载合力 P、滑裂体底斜面上正压力与摩擦力的合力 T、地下水压力 P_w、混合泥浆压力 P_f、滑动面上的黏聚力 c_1 和 c_2。P、W 等为土体下滑力 F_a，T、c_1 和 c_2 等为阻止土体下滑的抗力 F_p。F_p 和 F_a 的比值需满足安全系数要求。根据已知的 TRD 水泥土连续墙混合泥浆重度，由确定的安全系数值，根据土体应力平衡条件可得到开放长度 L。

成墙的开放长度一般不宜超过 6m。

2. 转角施工

当墙体平面改变施工方向时，埋在沟槽泥浆中的箱式刀具无法在沟槽中直接改变施工角度，须上提、拔出、拆卸；改变方向并重新组装后，才能进行下一段墙体的施工。由于其特定的机械特点和施工工艺，箱式刀具拔出、拆卸并重新组装的时间长。因此，对于多角度的直线段和曲率半径小的圆弧段，采用渠式切割机时施工过程复杂，施工效率受到较大影响。

一般而言，在施工完成的墙段端部拔出箱式刀具。当需要插入型钢时，为了不影响转角型钢的插入，在场地条件允许的前提下，宜在墙体端部以外继续切削搅拌土体，形成避让段。避让段长度不宜小于 3m。即，转角施工时刀具拔出位置应满足下列要求：

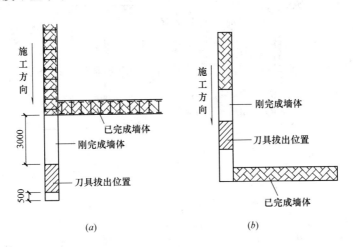

图 15.4-5　转角刀具拔出位置
(a) 墙体外刀具拔出位置；(b) 墙体内刀具拔出位置

(1) 当需要插入型钢时，宜在已施工完成墙体 3m 长度范围外进行避让切割，见图 15.4-5 (a)；

(2) 当不需要插入型钢时，拔出位置可设在最后施工完成的墙体内，如图 15.4-5 (b)。

转角位置还可采取各向两边外推 0.5m 以保证拐角处两个方向墙体的整体性、连续性和止水帷幕的效果。

(3) 转角施工空间要求

切割、搅拌土体的刀具系统单边悬挂于 TRD 工法主机上，所需要的施工净空间小。转角位置沿刀具推进方向的墙体，所需施工净空间为 175～325mm；垂直于刀具推进方向的墙体，所需施工净空间为 225～475mm。墙体深度浅，主机规格小时取小值；反之，取高值，见图 15.4-6。

3. 其他注意事项

(1) 切割土体

开始切割作业时，在原位起动刀具立柱进行刀具边缘切削。当刀具立柱的起动与边缘切削存在困难时（如砂、砾地基），应立即停机并重新配比切削液，以防导致刀具抱死。

切割较硬土层时，水平推进力大，刀具系统较易产生变形，可采取刀头底板排列加密、刀头加长等措施，以增强每次步进的切割能力。如原刀头底板间距为 1200mm，可加密至 600mm。

当墙体深度深且土质较硬时，墙体底端阻力大，刀具运行过程中容易产生较大偏位和变形，以致墙体底部存在三角土体。此时，强行运动将造成水平推力过大现象，操作不当

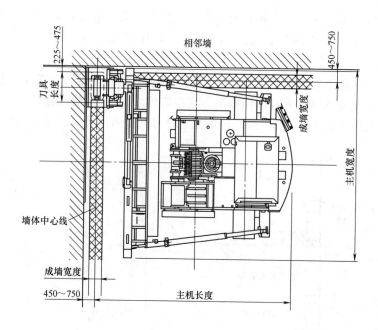

图 15.4-6 转角位置施工作业空间

甚至损害设备。应根据渠式切割机的实时监控和显示系统，机械回行一小段距离，沿导向架上提链状刀具至顶点，驱动轮反转切割搅拌土体并同时向下运动，如此反复，切除底部的三角土体。

（2）施工速度

TRD工法机械施工时，前进距离过大，容易造成墙体偏位、卡链等现象，不仅影响成墙质量，而且对设备损伤大。一般横向切削的步进距离不宜超过 50mm。

TRD工法适用的土层范围广。不同的土质条件下，机械施工难易程度会有所差异。土质条件好，土层的标准贯入锤击数越大，刀具的水平运行速度就越小，施工难度越高。其次，运行速度还和墙体深度有关。成墙深度和土质条件是影响 TRD工法施工工效的两个主要因素。

（3）刀具养护空间

鉴于箱式刀具拔出和组装复杂，操作时间长，当无法 24h 连续施工作业或者夜间施工须停止时，箱式刀具需直接停留已施工的沟槽中，等待第二天重新启动作业。为此，当天水泥土墙体施工完成后，还需再进行箱式刀具夜间养护段的施工，养护段内应只注入切割液。根据养护时间的长短，必要时，注入的切削液需掺加适量的缓凝剂，以防第二天施工时箱式刀具抱死，无法正常启动。

一般来说，三步施工法中第一步注入纯切割液或型钢插入过程中沟槽应预留箱式刀具养护的空间，箱式刀具端部和原状土体边缘的距离不应小于 500mm。

（4）搭接施工

当施工停滞一段时间再次启动时，刀具须回行切削，并和前一天的水泥土连续墙进行不少于 500mm 的搭接切削，确保水泥土墙的连续性，以防出现冷缝。

机械须反向行走的工况，除停机后再次启动外，还包括三步施工法中的第二步等。上述情况下，后幅墙体与前幅墙体均应进行搭接切割施工，以防出现冷缝，确保渠式切割水泥土连续墙的均匀性、连续性和防渗止水效果。

（5）刀具起拔和保养

刀具立柱起拔前应与主机分离，其拆分长度不宜超过 4 节。拆分后的刀具立柱用履带式起重机拔出；拔出过程中应调整和控制拔出速度，使其与固化液填充速度相匹配，防止固化液混合液的液面下降；拔出后的立柱节应再次在地面进行拆分，损耗部位须进行保养、维修。

15.4.4 TRD 工法特点

TRD 工法是在 SMW 工法基础上，针对三轴水泥搅拌桩桩架过高，稳定性较差，成墙垂直度偏低和成墙深度较浅等缺点研发的新工法，适用于开挖面积较大，开挖深度较深，对止水帷幕的止水效果和垂直度有较高要求的基坑工程。TRD 工法主要特点是成墙连续、表面平整、厚度一致、墙体均匀性好。与目前经常采用的单轴或多轴螺旋钻孔所形成的柱列式地下连续墙工法，如 SMW 工法的水平向切削的搅拌施工方式不同之处在于：

1. 机架高度不同

TRD 工法机械的搅拌装置为多节箱式刀具拼接而成，随挖随拼接；拼接过程中除最顶层的箱式刀具节外，其余刀具节均位于地下。地面以上搅拌装置高度不超过一节箱式刀具节的高度（不超过 4m，主机高度不超过 10m）。理论上，TRD 工法的搅拌装置可以根据搅拌深度无限接长，而地面以上高度始终不超过 4m，大大减小因地面以上机械高度原因对使用机械条件限制的影响。

三轴搅拌机的搅拌深度必须和地面以上搅拌装置高度配套，两者一致。当工程所需搅拌墙深度较深时，要求机械地面以上搅拌装置的高度随之加高。当地面以上搅拌装置过高后，不仅对搅拌施工的效率、机械的功率提出更高要求，而且影响设备进出场的效率、机械自身的稳定性。当工程场地范围存在空中设施时，如高压线时，将由于机械的高度问题带来的安全隐患而限制使用。

2. 搅拌方式不同

三轴搅拌机械为由上至下螺旋式水平搅拌，搅拌土体基本限于同一土层内，是水平向搅拌方式。TRD 工法的链式刀具围绕立柱由上而下转动，刀具沿竖向穿越所有土层，对所有土层进行竖向混合搅拌，是真正意义上的竖向搅拌方式。一旦施工机械的搅拌装置（即箱式刀具）插入地基中后，该搅拌装置可一直在地基中持续搅拌土体；在形成墙体的过程中，无须频繁抬升或下插箱式道具，从而保证其高效率持续地进行搅拌作业，形成真正意义上的地下连续墙。

3. 加固土体性质不同

三轴搅拌机械的加固土体性质随原有竖向土层性质不同而有所差异。TRD 工法对原位所有土层进行由上至下的混合竖向搅拌，形成的加固体不随土层性质不同而不同，加固体性质更为均一。

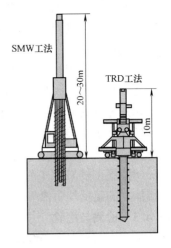

图 15.4-7 TRD 和 SMW 工法的机械比较

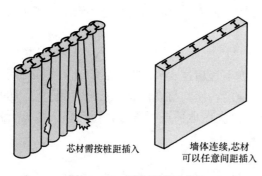

芯材需按桩距插入   墙体连续,芯材
                             可以任意间距插入

图 15.4-8 墙体形状比较

4. 切削能力不同

TRD 工法主机功率高,其链式回转的切削方式决定了其切削能力强,适用的土层范围广。对砂砾、硬土、砂质土及黏性土等均可成功切割,也有在卵石地层、硬质岩层的切割及大深度施工的工程实例。

5. 水泥土墙体截面形式不同

TRD 墙体连续等厚度,横向连续,截水性能好,成墙作业连续无接头;内插芯材可按任意间距插入,不受桩位限制。SMW 工法水泥土墙体为非等厚的柱列式墙体,芯材最小间距为桩的中心距,相对连续性弱于 TRD 墙体。

6. 墙体质量不同

TRD 工法施工时,可通过刀具立柱内多段倾斜计,对施工墙体的平面内和平面外地实时监测以控制垂直度,实现高精度施工。TRD 工法墙体施工垂直度高,墙面平整度好。TRD 工法连续施工,且施工工艺要求回行切割,因此成墙墙体基本无接缝,墙体止水性好。

7. 在已有建筑物或构筑物旁施工时，TRD 工法所需施工空间小

转角位置两个方向的施工净距仅需 175～475mm。SMW 工法主机的三轴搅拌头位于中心位置,虽然非转角位置施工净距小,和周边建筑物最近距离约 300mm;但转角位置两个方向所需施工空间大。

由于 TRD 工法和 SMW 工法比较显示的高抗渗和高工效性,自问世以来便显示出了强大的生命力。TRD 工法主要的优势如下:

(1) 施工机架重心低、稳定性好,安全度高,适用于对机械高度有限制的场所;

(2) 机械功率大,施工深度大,最大深度可达 60m;

(3) 机械切割能力强,适用的土层广;对硬质土层,如砂卵石、软岩等具有较好的切割和挖掘性能;

(4) 施工精度高,墙面垂直度和平整度好;

(5) 墙体上下固化性质均一,墙体质量均匀,截水性能好;

(6) 连续成墙施工,墙体等厚度,接缝少;可按设计要求以任意间距设置芯材;

(7) 施工机架水平、竖向所需的施工净空间小,适用于周边建(构)筑物紧邻的工况;

(8) 施工机架可变角度施工,其与地面的夹角最小可为 30°,从而可施工倾斜的水泥土墙体,满足堤坝防渗等要求,见图 15.4-9。

15.4.5 检测与检验

渠式切割水泥土连续墙的质量检验应分为成墙期监控、成墙检验和基坑开挖期检查三个阶段。主要如下:

1. 成墙期监控

该阶段包括:检验施工机械性能、材料质量,检查渠式切割水泥土连续墙和型钢的定

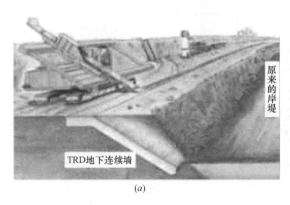 

(a)	(b)

图 15.4-9 TRD 工法倾斜墙体

位、长度、标高、垂直度，切割液的配合比，固化液的水灰比、水泥掺量、外加剂掺量，混合泥浆的流动性和泌水率，开放长度、浆液的泵压、泵送量与喷浆均匀度，水泥土试块的制作与测试，施工间歇时间及型钢的规格、拼接焊缝质量等。

切割液与切割土体形成的混合泥浆流动性按 135mm≤TF≤240mm 标准控制，泌水率应小于 3%；固化液混合泥浆流动性按 150mm≤TF≤280mm 标准控制，泌水率应小于 3%，TF 值 150mm 是芯材插入时的最小要求。TF（Table Flow）为跳桌法得到的反映泥浆流动性的参数，在进行芯材插入时的跳桌试验时，应充分考虑从墙体施工完成到芯材插入为止的时间差。

2. 成墙检验

该阶段包括：水泥土的强度与连续性，内插芯材的位置偏差等。墙身水泥土的强度和抗渗性能，强度和抗渗性能指标应符合下列要求：

（1）墙身水泥土强度采用试块试验确定。试验数量及方法：按一个独立延米墙身长度取样，用刚切割搅拌完成尚未凝固的水泥土制作试块。每台班抽查 1 延米墙身，每延米墙身制作水泥土试块 3 组，可根据土层分布和墙体所在位置的重要性在墙身不同深度处的三点取样，采用水下养护测定 28d 无侧限抗压强度。

（2）重要工程宜根据 28d 龄期后钻孔取芯等方法综合判定。取芯检验数量及方法：按一个独立延米墙身取样，数量为墙身总延米的 1%，且不应少于 3 延米。每延米取芯数量不应少于 5 组，且在基坑坑底附近应设取样点。钻取墙芯应采用双管单动取芯钻具。钻取桩芯得到的试块强度，宜根据芯样的情况，乘以 1.2～1.3 的系数。钻取芯样后留下的空隙应注浆填充。

对于重要工程，建议采取试块试验和钻芯取样方法综合确定；一般可优先考虑试块试验和根据 28d 定期强度综合判定；有条件时，还可在成墙 7d 内进行原位试验等作为辅助测试手段。目前在水泥土强度试验中，几种方法都存在不同程度的缺陷，试块试验不能真实地反映墙身全断面在土中（水下）的强度值，钻孔取芯对芯样有一定破坏，无侧限抗压强度偏低；而原位测试的方法目前还缺乏大量的对比数据建立强度与试验值之间的关系。因此，重要工程建议采用多种方法检定水泥土强度。

（3）墙体渗透性能应通过浆液试块或现场取芯试块的渗透试验判定。由于渠式切割水泥土连续墙墙体渗透系数较小，因此一般常水头渗透试验和变水头渗透试验确定渗透系数比较困难，建议采用三轴试验进行渗透试验。

3. 基坑开挖期检查

主要为：检查开挖墙体的质量与渗漏水情况，腰梁和型钢的贴紧状况等。

水泥、外加剂等原材料的检验项目和技术指标应符合设计要求和现行国家标准的规定，按检验批检查产品合格证及复试报告。浆液水灰比、水泥掺量应符合设计和施工工艺要求；浆液水灰比用比重计、水泥掺量用计量装置按台班检查，每台班不得少于 3 次。严禁使用过期水泥、受潮水泥，对每批水泥进行复试，合格后方可使用。

内插芯材质量检验和检测要求可详见 SMW 工法一章。

15.5 工程实例

渠式切割水泥土连续墙技术已成功应用于浙江、上海、天津、江西、江苏等地多项基坑围护工程，其中不少工程采用了渠式切割型钢水泥土连续墙结合内支撑支护技术，部分项目中渠式切割水泥土连续墙用于超深截水帷幕，还有直接将其用于主楼电梯井深坑，以隔断或缓解承压水层的水头压力作用。上述工程均取得了明显成效。

1. 杭州下沙智格社区办公楼基坑围护

项目总用地面积约 9029m²，主楼为 19～28 层商业综合用房，裙房 3 层，下设一层整体地下室。工程桩采用钻孔灌注桩；基坑平面尺寸 98.8m×84.0m，开挖深度为 7.12m、7.9m 和 8.65，其中主楼电梯井深达 10.3m 和 11.6m。场地土质条件除表层杂填土外，30m 深度范围内均为渗透性较好的黏质粉土及砂质粉土层，其下为（淤泥质）黏土层。

该工程用地紧张，地下室紧贴用地红线。周边浅基础建筑近距离，变形要求高。基坑施工期间坑外周边不能降水。最终，确定采用 850mm 厚 TRD 工法连续墙（内插 H700×300×13×24 型钢）结合一道钢筋混凝土支撑支护形式，局部采用 SMW 工法桩进行对比分析。水泥土墙长约 19.4m，内插型钢长 13m，型钢后期拔出不形成永久障碍物。

2009 年 11 月中旬基坑开挖，2010 年 1 月底挖至坑底，当年 4 月完成地下室施工。TRD 工法、SMW 工法对应的监测点 CX4、CX9 水平位移曲线见图 15.5-1。前者的刚度比后者大。坑外水位降深观测资料表明，TRD 工法围护结构处水位均为最低。TRD 工法围护墙的止水效果优于 SMW 工法，水泥土取芯试块强度度为 1.49～2.26MPa。该项目为国内第一个采用 TRD 工法的基坑围护项目，取得了成功。

2. 杭州台州路商业步行街地下室基坑围护

工程为 3～5 层建筑，下设 1～2 层地下室。桩基础。基坑为约 350m×53m 的长条形。1 层地下室位于基坑长边周边。计算至地下室底板垫层底后，基坑实际开挖深度为 9.85m、10.45m。

场地土质除浅表的素填土、粉质黏土外，其下为厚度超过 20m 的淤泥质粉质黏土层。

该工程周边环境复杂，东、西两侧为上塘路、金华路，埋设有大量管线；南北长边两侧分布有多幢老旧的浅基础住宅，距离围护结构最近处约 15m。经比较分析，为进一步推广 TRD 工法，围护结构采用 TRD 工法内插 H 型钢结合一至两道钢筋混凝土支撑的形式，墙深 28m。实际施工时因遇场地原有沉管桩、预制桩基础等障碍物，部分位置改用 SMW 工法围护桩。整个地下室施工过程中，围护结构变形控制良好，最大水平位移约 30mm，

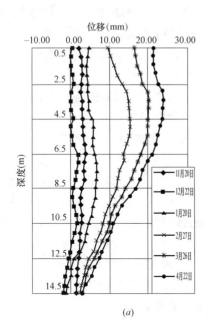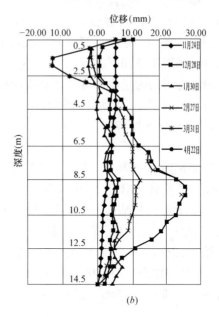

图 15.5-1 水平位移曲线

(*a*) TRD 工法；(*b*) SMW 工法

显示 TRD 工法水泥土连续墙具有较好的刚度和完整性。

3. 近江商务大厦基坑围护

近江商务大厦位于杭州市钱江新城婺江路与富春路交叉口西侧地块，由两幢 21 层塔楼及底部 4 层裙房组成，下设两层地下室。钻孔灌注桩基础。基坑形状为 L 形，尺寸约 145m×122m。计算至地下室底板、承台垫层底后，基坑开挖深度为 9.35～13.60m。

场地土质条件依次为填土、砂质粉土、粉砂。粉土和粉砂渗透系数大，位于基坑开挖深度影响范围内。邻近钱塘江距离近，与粉土粉砂层具有一定的水力连系。如何处理降水和止水的关系，确保周边道路及基坑的顺利开挖是本工程的关键。

围护结构采用 TRD 工法内插型钢，墙深 24m，以保证水泥土墙较好的止水效果。临道路侧控制水位降深，防止道路沉降。由于 L 形平面短边一侧尺寸小，阳角多，实际施工时短边和阳角位置改为 SMW 工法。

土方开挖至基底后，TRD 工法墙面平整，无渗漏现象（图 15.5-2 左侧），而局部 SMW 工法位置出现渗水，且墙面凹凸不平（图 15.5-2 右侧）。水泥土取芯试块强度为 1.22～1.95MPa。

4. 华润新鸿基二期项目基坑围护

华润新鸿基二期项目位于钱江新城江锦路和九号路交叉口，由 4 幢 45～57 层的超高层塔楼组成，下设 3 层地下室，钻孔灌注桩基础。基坑总周长 855m，开挖深度 18.0～19.4m，核心筒 23.6m。

地下室外墙距离用地红线近，约为 3.5m。江锦路埋设有电力、给水、中压燃气等重要管线，九号路以

图 15.5-2 TRD 和 SMW 工法
墙体墙面比较

外为已建一期项目，均已投入使用，人流量大。和近江商务大厦一样，除表层杂填土外，22m 深度范围内均为渗透性较好的黏质粉土及砂质粉土层，其下为（淤泥质）黏土层。砂质粉土透水性较强，距离钱塘江近，水源补给丰富。地下水的正确处理是该工程成败的关键。为此，采取措施如下：

（1）设置全封闭的止水帷幕，止水帷幕底部进入透水性较差的⑤粉质黏土层。为减少帷幕的压力，确保不发生管涌、流砂现象，坑外适量控制性降水。

（2）选择施工质量较好的 TRD 工法水泥土墙止水帷幕。墙体 700mm 厚，墙深约 24m。

同样因场地障碍物因素，最终 TRD 水泥土墙平面实施长度约 550m，其余采用三轴水泥搅拌墙。开挖后 TRD 工法止水效果良好，TRD 工法位置未出现渗漏水现象。

除上述杭州四项工程外，天津某工程采用渠式切割水泥土连续墙悬挂式截水帷幕；墙厚 700mm，墙深 45m。江苏某工程采用 850mm 厚渠式切割水泥土连续墙止水并隔断微承压水，墙深 34.2～45.2m。江西某工程采用 850mm 厚渠式切割水泥土连续墙内插H700×300×13×24 型钢作为支护结构，为隔断坑外承压水，墙底进入中风化砂砾岩超过 50cm。以上项目均取得到成功，渠式切割水泥土墙止水效果显著。

参 考 文 献

[1] 刘国彬，王卫东. 基坑工程手册（第二版）[M]. 北京：中国建筑工业出版社，2009.

[2] 龚晓南. 深基坑工程设计施工手册 [M]. 北京：中国建筑工业出版社，1998.

[3] 国家行业标准. 型钢水泥土搅拌墙技术规程 JGJ/T 199—2010 [S]. 2010.

[4] 上海市工程建设规范. 型钢水泥土墙技术规程（试行）DGJ 08-116—2005 [S].

[5] 日本 SMW 协会. SMW 工法标准概预算资料（设计、施工、概预算）[G]. 东京：SMW 协会. 2008.

[6] 唐军，梁志荣，刘江等. 三轴水泥土搅拌桩的强度及测试方法研究—背景工程试验报告 [R]. 2009（7）.

[7] 张凤祥，焦家训. 水泥土连续墙新技术与实例 [M]. 北京：中国建筑工业出版社，2009.

[8] 周顺华，刘建国，潘若东等. 新型 SMW 工法基坑围护结构的现场试验和分析 [J]. 岩土工程学报，2001，23（6）：692-695.

[9] 牛午生. 地下连续墙施工——TRD 工法 [J]. 水利水电工程设计，1999，3：10-19.

[10] 安国明，宋松霞，横向连续切屑式地下连续墙工法——TRD 工法 [J]. 施工技术，2005，增刊：278-282

[11] 赵峰，倪锦初，刘立新. "TRD"工法在堤防工程中的应用研究 [J]. 人民长江，2000，31（6）：23-24

第16章 咬合桩支护技术

陈云彬

（中国京冶工程技术有限公司厦门分公司）

16.1 概述

钻孔咬合桩支护结构是指桩身密排且相邻桩桩身相割形成的具有防渗作用的连续挡土支护结构，既可全部采用钢筋混凝土桩，也可采用素混凝土桩与钢筋混凝土桩相间布置，使之形成具有良好止水防渗作用的整体连续排桩式挡土支护结构。

钻孔咬合桩（Secant Pile Wall or Benoto Situ-cast Piles）由法国 Benoto 公司于 20 世纪 50 年代发明，是采用全套管灌注桩机（也称磨桩机、搓管机或 Benoto 钻机）施工形成的桩与桩之间相互咬合排列的一种基坑支护结构。

钻孔咬合桩作为一种新型的地下工程支护结构，由我国工程界专家王振信教授引入国内，并于 1999 年首次在深圳地铁一期工程会展中心与购物公园站区间隧道明挖工程中应用。至今已在深圳、广州、上海、天津、南京、杭州、合肥、厦门等地数百个工程中成功应用。因此，咬合桩支护结构已成为我国深基坑支护技术的重要组成部分。

16.1.1 国内外咬合桩支护技术应用与研究现状

1. 国内应用与研究现状

近年来，咬合桩作为一种新技术、新工法、新工艺，在国内地下工程支护中得到广泛关注，在以往的施工工艺和技术方面积累了一些有益的经验。目前，国内许多学者对咬合桩支护结构的抗弯受力机理、咬合面受力机理、配筋计算、超缓凝混凝土配比、施工机具、施工质量控制等方面的研究取得了不少成果，对咬合桩支护在设计与施工方面做出重要贡献。

廖少明、周学领等结合上海地铁某工程咬合桩试验段的情况，通过模型试验、理论推导及现场实测数据的对比分析，对咬合桩在抗弯时的承载力进行了研究，提出了随素桩开裂情况变化而不同的咬合桩临界弯矩承载力，提出了针对不同使用要求的承载力计算模式，现场实测了咬合桩在开挖阶段抗弯承载力的发挥情况，验证了考虑素桩作用的临界弯矩承载力计算方法的合理性。

刘丰军、廖少明等在室内试验的基础上，确定 C30 超缓凝混凝土的配比并制作试件模型。通过模型试验和数值模拟分析，进行钻孔咬合桩挡土结构咬合面的剪切性能研究。研究表明：随着 A 型（素混凝土）桩和 B 型（钢筋混凝土）桩浇筑间隔的增长，咬合面的剪切性能在变化，破坏模式及承载能力随之不同，工程中浇筑时间间隔在 20～40h 为宜。

杨虹卫、杨新伟根据不同的咬合桩结构形式，归纳推导出简化的配筋计算方法，通过实例验算，能满足实际工程的要求。同时利用抗弯刚度相等的原则，把咬合桩围护结构等代为地下连续墙，对咬合桩进行变形和稳定性分析。

沈保汉、刘富华等对水泥土搅拌桩、SMW 工法桩、钻孔灌注桩加止水措施形成的组合桩、捷程 MZ 系列全套管钻孔咬合桩、地下连续墙 5 种挡土围护结构技术特性在软土地区挡土围护结构中的应用进行对比分析，表明钻孔咬合桩的综合技术特性显优。

张佐汉、刘国楠等以深港西部通道深圳侧接线工程钻孔咬合桩施工中的经验并结合前人的研究成果，对钻孔咬合桩围护结构施工技术进行了研究，包括套管钻机的选择、原料选择及其数量控制标准、桩体垂直度控制、咬合厚度的选择和施工工艺流程等。特别对工程中出现的咬合桩通病及事故桩，分析了问题产生的原因并给出了相应的处理措施。

陈清志认为，通过对外加剂的合理选用和配合比合理确定，完全能够配制出凝结时间 60～72h，3d 强度小于 3MPa，28d 强度大于 30MPa 的超缓凝混凝土。认为只有严格加强对生产和施工中各个环节的控制，才能保证超缓凝混凝土生产质量和正常施工。

胡琦等指出，对于深基坑工程问题的研究，围护结构大多简化为线弹性梁单元模型，该分析方法不能准确反映钢筋混凝土结构的实际受力情况。以杭州地铁一号线试验段秋涛路车站深基坑为工程背景，建立能够考虑钢筋与混凝土实际受力情况的非线性三维实体模型，对咬合桩这一特殊形式围护结构的受力机制进行了分析。通过与现场实测结果比较和分析，验证了计算方法的正确性，为今后类似工程的设计计算、开挖施工提供了理论依据。

李文林研究了超缓凝剂的作用机理和影响超缓凝时间的因素，在此基础上提出了超缓凝混凝土配制需要注意的问题和配制试验需要进行的项目。通过室内模型试验研究了咬合桩模型在受拉、受剪和受弯时咬合面的力学性能，以及在受弯时，荤素桩的共同作用情况。模型试验结果表明：咬合面的质量与 A、B 桩咬合间隔时间有很大关系。模型受弯时，咬合面强度可以很好地保证荤素桩共同变形，根据裂缝的发展情况，建议了不同阶段的计算截面。得出荤素搭配的咬合桩完全可以作为永久结构使用，荤素桩可以作为永久结构一部分使用。给出了咬合桩墙与主体结构外墙的连接方式，定性地讨论了各种连接方式下内外墙的荷载、弯矩和应力的叠加情况，指出了各种连接方式下设计应该注意的问题。

陈斌、施斌等以南京地铁元通路车站基坑咬合桩的应用为基础，分析对比南京地铁元通路车站基坑咬合桩围护的不同方案、不同的施工方法，实时监控了开挖阶段咬合桩的变形情况，并认为钻孔咬合桩当桩的强度及刚度均较大时，可部分作为永久结构，并且在结构抗浮能力不满足要求时可以起到一定的辅助效果的观点。

国内部分咬合桩工法工程实例见表 16.1-1。

国内部分咬合桩工法工程实例一览表　　　　　　　表 16.1-1

编号	工 程 名 称	桩长(m)	桩径(m)	施工时间
1	深圳地铁一期 10 标(金益区间)支护结构	22	1.0	2000 年
2	深圳地铁一期 4 标(大剧院站)支护结构	26～28	1.2	2001 年
3	贵阳大营坡防洪大沟	7～13	1.0	2002 年
4	杭州解放路延长线	14～32	0.8～1.0	2002～2003 年
5	天津地铁 1 号线西站	18～20	1.0	2003 年

编号	工程名称	桩长（m）	桩径（m）	施工时间
6	天津地铁1号线西南角站	17～19	1.0	2003年
7	上海中环线邯郸路地下通道工程	22～26	1.0	2003～2004年
8	南京龙蟠路地道	16～22	0.8～1.0	2003～2004年
9	杭州钱江路隧道一标段支护结构	17～35	1.0	2004年
10	杭州钱江路隧道二标段支护结构	17～35	1.0	2004年
11	天津快速路配套工程迎水道华苑站	20～30	1.2	2005年
12	上海轨道交通6号线21B标	20～30	1.0	2005年
13	杭州中纺信息中心围护结构咬合桩工程	18～25	1.0	2006年
14	杭州波浪文化城围护结构咬合桩工程	20～30	1.0	2006年
15	杭州中纺信息商务中心	18	1.0	2006
16	杭州波浪文化城一期国际会议中心	25	1.0	2006.5～2006.9
17	杭州环城东路横河地下过街通道工程	10	1.0	2006.8～2006.9
18	南京地铁二号线一期工程新街口站	22～38	0.8	2006.8～2007.3
19	余姚市东旱门隧道工程	8～24	1.0	2006.11～2007.5
20	南京地铁一号线南延线河定桥站	22～30	1.0	2006.12～2007.5
21	杭州市市民中心地下停车库（S1）标	25	1.0	2007.1～2007.4
22	深圳地铁一号线连续线前海站	22～25	1.0	2007.4～2007.9
23	杭州钱江新城核心区波浪文化城二期	25	1.0	2007.7～2007.7
24	合肥市一环路畅通工程D标段	13	1.0～1.2	2007.8～2008.2
25	杭州地铁一号线汽车城站	25	0.9	2007.9～2008.3
26	合肥市一环路畅通工程C标段	13	1.0	2007.11～2008.1
27	合肥市一环路畅通工程E标段	13	1.0～1.2	2007.10～2008.4
28	合肥新蚌埠路与北二环立交桥	13	1.0～1.2	2008.8～2008.11
29	深圳地铁三号线3104标段	17	1.0	2008.9～2008.10
30	北京地铁九号线第3标段丰台北路站	26～34	1.0	2009.4～2009.6
31	北京地铁九号线第6标段东钓鱼台站	32	1.0	2009.4～2009.6
32	合肥东一环下穿立交桥	14	1.0～1.2	2009.4～2009.7
33	合肥东二环与裕溪路立交桥	13	1.0～1.2	2009.10～2010.2
34	昆明地铁首期工程奥体中心站围护结构	32	1.0	2010.7～2011.3
35	南京地铁三号线TA15标段清水亭西路站	30	1.0	2011.1～2011.8
36	南京地铁三号线TA12标段明发广场站	30	1.0～1.2	2011.1～2011.12
37	昆明地铁三号线石咀站区间围护结构	30	1.0	2011.8～2011.1
38	南京城西干道综合改造工程咬合桩工程	17	1.0	2012.6～2012.8
39	厦门民生银行基坑支护	18～22	1.2	2013.6

2. 国外应用与研究现状

钻孔咬合桩在国外早已得到了广泛的应用，在欧洲（法国、德国、英国、俄罗斯、意大利），美国等地区的使用历史接近 50 年，在亚太地区（如新加坡、泰国、印度尼西亚、日本）的使用历史接近 30 年。

在国外，钻孔咬合桩作为防渗、挡土、承重的一种支护形式，在水利、地铁、建筑工程等领域的施工技术已经有成熟的发展了，并在一些复杂地质条件和近距离施工应用中也取得了不少成绩。针对咬合桩的研究，许多研究者主要集中在基坑变形控制和变形数值计算方面以及咬合桩对周围环境的影响，介绍了咬合桩的施工实例等，而对咬合桩施工控制方面的研究很少。

据日本基础建设协会1993年对31家施工单位的1011万根灌注桩的调查，使用全套管工法施工的占 26%，在英国伦敦城市大学第二届岩土工程施工研讨会（2005 年 4 月）上，TonySuckling 提到在英国每年有 4000～5000 万英镑的钻孔咬合桩市场，其中，荤素桩搭配形式的咬合桩占到 2/3。

Tony Suckling（2005）提到了承包商和工程师在咬合桩素混凝土强度需求上存在不同观点，前者要求素混凝土有一定的强度，后者要求素混凝土有一定的强度持久性，以利于咬合桩的施工。

ArturoRessi di Cervia（2004）等研究了咬合桩在美国 Walter F. George 大坝的防渗工程中应用，成功解决了大坝多年的渗漏问题。

Anderson，Thomas C.（2004）将咬合桩当作竖井的挡墙，并设置五道混凝土环形支撑提高挡墙的整体刚度，分析在复杂地质条件下的应用。

Brunner，Wolfgang G.（2003）论述应用咬合桩联合其他地基处理措施解决加固二战中被炸坏的德国莱比锡市 Bibliotheca Albertina 图书馆地基的问题。

Lindsey Sebastian Bryson 分析了咬合桩在芝加哥某一地铁站改造工程中应用。改造工程基坑开挖深度 12.2m，距基坑 1.3m 处存在学校建筑物浅基础，基坑支护结构采用 0.9m 厚咬合桩墙，第一道为钢筋混凝土支撑，第二、第三道为土锚。由监测资料显示，基坑开挖后，学校房屋最大沉降为 40mm，其中 10mm 为咬合桩施工时发生，18mm 为基坑开挖时发生，12mm 为后续的土的蠕变引起，说明采用咬合桩技术施工效果显著。

在日本得到成功应用的工程有：①静冈县铁道桥桥脚补强工程，桩径 $\phi 1.0$m，桩长 11m。②北海道码头岸壁工程，桩径 $\phi 1.5$m，桩长最深处达到 34.9m。该工程对大截面钻孔咬合桩对周围土体稳定性的影响及效果进行了试验研究。

16.1.2 全套管咬合桩支护结构的特点

（1）采用全套管钻机，在成孔成桩过程中始终有超前钢套管护壁，所以无需泥浆护壁因而也无须排放泥浆，近于干法成孔，机械设备噪声低，振动小，大大减少工程施工时对环境的污染，有利于文明施工。

（2）对沉降及变位容易控制，能紧邻相近的建筑物和地下管线施工，确保施工时对周边地基的扰动减少到最低程度。

（3）能有效地防止孔内流砂、涌泥，孔壁塌方，配合冲锤可嵌岩，成桩质量高。

（4）成孔精度高，由于套管压入地层是靠主机液压油缸完成的，每次压入深度约 25cm，套管每节长度 4～6m，可边压边纠偏，成孔垂直度控制较好，能起到较好的止水作用。

（5）混凝土强度可按设计要求提高，可靠性高。

（6）全套管的护孔方式使第二序列施工的桩在已有的第一序列的两桩间实施切割咬合、能保证桩间紧密咬合，并且咬合桩的混凝土终凝出现在桩咬合之后，成为无缝的连续"桩墙"，从而形成良好的整体连续结构。

（7）由于套管护壁、管内灌注混凝土，使桩身鼓包现象大大减少，从而杜绝了混凝土浪费。

16.1.3 咬合桩支护常见形式

全套管钻孔咬合桩按第二序列桩切割第一序列桩时，第一序列桩混凝土凝固情况可分为硬切割全套管咬合桩和软切割全套管咬合桩。

硬切割全套管咬合桩指在第一序混凝土硬化后，实施第二序列桩对第一序列桩进行切割。

软切割全套管咬合桩指在第一序列桩混凝土初凝前，实施第二序列桩对第一序列桩进行切割。

1. 硬切割钻孔咬合桩

（1）意大利特莱维（TREVI）集团钻孔咬合桩

1）基本特点：采用双旋转动力头钻机，在全套管护壁情况下进行长螺旋钻成孔成桩，邻桩相互咬合一定宽度，以形成桩排式地下连续墙。

2）施工设备：双旋转动力头钻机，上动力头驱动长螺旋钻杆，下动力头驱动套管，例如土力公司 R-622HD、R-825 和 CM-120 钻机。

3）施工程序：提起长螺旋钻杆和套管，对准桩孔位置，同时驱动套管和长螺旋钻杆在土中切割钻进，当套管完全地进入预定土层中后，单独驱动长螺旋钻杆达到设计深度。通过长螺旋钻杆内腔向孔底压灌混凝土，边提升钻杆边灌注混凝土，混凝土灌满桩孔并且钻杆全部拔出后，拔出套管，将钢筋笼放入到新鲜混凝土中。

4）优点：即使在有地下水时，套管切割无需泥浆，桩孔垂直度偏差小于 $1\%\sim$ 1.5%，可使施工场地减至最小，可在有限制要求的地段施工。

5）钢筋笼沉放：桩孔长度在 15m 以内时，钢筋笼可直接放入新鲜混凝土中，桩较长时在钢筋笼底部设置钢管。

6）混凝土配制：粗骨料最大直径不大于 15mm，砂粒直径为 $4\sim5$mm，水泥用量 $350\sim450$kg/m^3，水灰比为 0.45，采用外加剂，以保证坍落度大于 220mm。

7）施工顺序：先设置第一序列桩，其后设置与其咬合的第二序列桩。

8）实例：意大利马蒂尼车库（圆形车库，内径 18.90m，深度 15.50m）采用 104 根咬合桩，桩径 800mm，桩长 16.5m，套管入土长度 13.5m，桩间距 604mm，咬合厚度 194mm。

上海市人民路隧道浦东风塔工程基坑采用咬合桩，360°全回转钻机施工，桩径 1.2m，桩长 26.0m，咬合厚度 250mm。

（2）德国宝峨（BAUER）公司钻孔咬合桩

该公司套管切割桩的基本特点及施工顺序基本与意大利特莱维公司套管切割桩相同。套管切割桩施工设备也是双旋转动力头钻机，上动力头驱动长螺旋钻杆，下动力头驱动套管。例如宝峨公司 BG20、BG24、BG28、BG36、BG40 和 BG48 钻机。

2. 软切割钻孔咬合桩

多年来，昆明捷程桩工有限责任公司等 6 个单位组成的课题组在研制开发捷程 MZ 系列大直径全套管灌注桩的基础上，自主研究开发出适用于软土地区深基坑围护结构的捷程 MZ 系列全套管钻孔咬合桩。

捷程 MZ 系列全套管钻孔咬合桩属于软切割方式全套管咬合桩，是利用超缓凝混凝土的特殊性能，采用高精度的捷程 MZ 系列全套管钻机按专门工艺成孔、成桩的一种特殊桩型，通过桩与桩之间的咬合搭接，可形成挡土截水的连续排桩围护结构或地下防渗墙。

捷程 MZ 系列全套管钻孔咬合桩施工工艺的关键技术在于先施工桩的桩身混凝土凝结时间要长，3d 强度要低，以保证能被后施工桩的钻机套管下沉时切割，同时混凝土的 28d 强度能达到设计强度等级。因此混凝土能否满足设计与施工要求是该工艺能否成功的关键之一。这种切割法属于软切割，不会产生施工缝，能起到较好的止水作用。

3. 冲孔咬合桩

钻孔咬合桩作为基坑支护止水结构，在工程实践中有着越来越多的应用，随着经验的积累，其施工工艺在实践中得到不断完善，但一般咬合桩施工要求钻孔施工设备采用套管钻机，浇筑混凝土采用超缓凝的混凝土，以满足套管钻机能够对先施工的混凝土桩进行切削，达到桩与桩之间相互咬合的目的，并且由于钻孔设备套管钻机的局限，要使咬合桩达到深入岩层起到更好的防护止水作用仍有一定困难或成本太高。而冲孔桩成孔施工工艺非常成熟，操作方便，机具设备比较容易解决。因此少数工程也采用冲孔工艺施工咬合桩。冲击成孔咬合桩对桩中心定位及垂直度要求很高，必须在施工过程严格控制，一般冲孔咬合桩只用于一素一荤的支护桩中，而且素桩的混凝土强度相对较低。对二序冲孔灌注混凝土后产生的施工缝及对已施工一序桩冲击振动可能产生的裂缝对止水效果也有不利影响。冲孔咬合桩实际上也是一种硬切割咬合桩形式，一般情况下要求的咬合厚度较厚，只有在特殊的地层中采用。

4. 旋挖桩咬合桩

由于冲孔咬合桩施工时桩位控制及垂直度控制难度较大，不少工程采用冲孔咬合桩工艺施工时出现桩下部"开叉"现象，产生渗漏，止水失效，引起支护墙体后侧地面塌陷。随着旋挖桩设备机具的不断发展，旋挖桩施工垂直度控制比冲孔桩更可靠，越来越多的旋挖桩设备也具备一定的嵌岩能力，因此近年来有些工程直接采用旋挖桩设备施工咬合桩，这方面也有不少成功的案例，但采用不带套管的旋挖桩施工咬合桩一般一序桩基本是采用 M2.5～M7.5 的砂浆桩（或塑性混凝土桩）。个别工程由于单桩施工时间较短，一序桩的混凝土强度也有采用 C15～C20。

北京三一重机通过对钻机和咬合桩工法的研究和改进，实现了利用旋挖钻机动力头驱动全套管完成咬合桩的施工．大大提高了全套管咬合桩的施工效率。

另外，采用全回转钻机成孔配合旋挖钻机取土也是提高咬合桩施工效率的有效措施。

5. 咬合桩的咬合截面常用形式

咬合桩的咬合截面形式，如图 16.1-1 所示。

（1）钢筋混凝土桩与素混凝土桩咬合，如图 16.1-1（a）所示。

（2）钢筋混凝土桩与矩形（或异型）钢筋笼混凝土桩咬合，如图 16.1-1（b）所示。

（3）钢筋混凝土桩与混合材料桩咬合，如图 16.1-1（c）所示。

（4）钢筋混凝土桩与型钢加劲桩咬合，如图 16.1-1（*d*）所示。

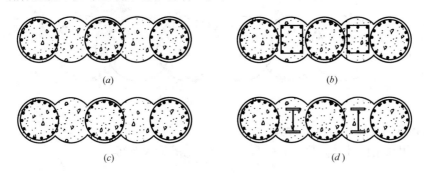

图 16.1-1　咬合桩的咬合截面形式

16.1.4　咬合桩适用范围

在一般填土、黏性土、粉土、淤泥、砂层、卵石层等地层中基坑开挖时，均可采用咬合桩支护形式施工。咬合桩在地铁、隧道、市政、房建等需止水的基坑支护工程中应用广泛，尤其在基坑开挖深度较大、工期紧、施工场地小，紧邻需保护的周边建筑、管线的工程施工中应用效果显著。咬合桩也可与主体结构相结合，作为永久性主体结构的一部分。常用止水挡土结构技术特性比较见表 16.1-2。

常用止水挡土结构技术特性比较　　　　　　　　　　表 16.1-2

支护形式	经济开挖深度（m）	主要施工机具	适应地层	工期	施工占地	环境影响	止水效果
钢板桩	<6.0	打桩机	软土地区	快	小	有噪声、振动	一般
钻孔＋旋喷或搅拌桩	6～15	钻机＋旋喷或搅拌机	适用于多种地层，不适用于卵石层	较快	较小	泥浆污染	一般
SMW 工法	6～12	三轴搅拌桩机＋打桩机	适应于软土地区，不适用于卵石层	快	较小	废土外运少	较好
咬合桩	8～20	套管桩机	适用于多种地层	较快	较小	无泥浆	较好
地下连续墙	>10	成槽机	适用于多种地层	慢	大	泥浆污染	好

16.2　咬合桩支护结构设计

咬合式排桩的结构设计计算主要包括支护桩的入土深度、基坑抗隆起、抗倾覆、整体稳定性和围护墙的内力、变形计算，以及素桩的长度、咬合厚度、满足基坑抗渗流和抗管涌稳定性的要求等内容。有关咬合桩的整体稳定性、抗倾覆、抗隆起等设计计算内容可依据《建筑基坑支护技术规程》JGJ 120—2012 规定执行。

16.2.1　咬合桩按灌注桩设计

目前，国内主要使用的两种咬合桩搭配形式为荤素搭配和荤荤搭配。对于荤素搭配的咬合桩，素混凝土桩一般主要作为止水帷幕，而且设计强度较低、如果不考虑素桩的作用，按一般灌注桩的设计方法进行设计，素桩不参与支护结构的强度及稳定性计算。

1. 钻孔咬合桩计算模型

钻孔咬合桩计算模型，如图 16.2-1 所示。其中，A 为素混凝土Ⅰ序桩，B 为钢筋混凝土Ⅱ序桩。

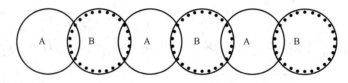

图 16.2-1　钻孔咬合桩计算模型

2. 单根钢筋混凝土桩配筋计算

（1）作用在单位计算长度 l 上钢筋混凝土桩上的最大弯矩

$$M_{Amax} = 0 \tag{16.2-1}$$

$$M_{Bmax} = l M_{max} \tag{16.2-2}$$

式中　M_{Amax}——素混凝土桩承受的最大弯矩；

　　　M_{Bmax}——钢筋混凝土桩承受的最大弯矩；

　　　M_{max}——开挖过程中在各工况承受的最大弯矩；

　　　l——单位计算长度；$l = 2d - 2a$（d 为咬合桩径；a 为咬合桩的咬合厚度）；如图 16.2-2 所示。

（2）正截面受弯承载力计算

钢筋混凝土灌注桩一般按钢筋混凝土正截面构件计算配筋，对于沿周边均匀配置纵向钢筋的圆形截面钢筋混凝土受弯构件，当截面内纵向钢筋数量不少于 6 根时，其受弯承载力按式（16.2-3）～式（16.2-5）进行计算，其圆形截面布筋形式如图 16.2-3 所示。

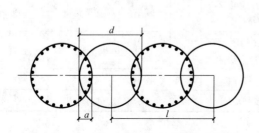 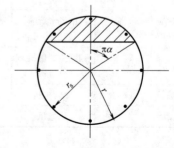

图 16.2-2　单位长度 l 计算简图　　　　图 16.2-3　沿周边均匀布筋的圆形截面

$$M = \frac{2}{3} \alpha_1 f_c A r \frac{\sin^3 \pi\alpha}{\pi} + f_y A_s r_s \frac{\sin\pi\alpha + \sin\pi\alpha_t}{\pi} \tag{16.2-3}$$

且　　　　$$\alpha \alpha_1 f_c A \left(1 - \frac{\sin 2\pi\alpha}{2\pi\alpha}\right) + (\alpha - \alpha_t) f_y A_s = 0 \tag{16.2-4}$$

$$\alpha_t = 1.25 - 2a \tag{16.2-5}$$

式中　M——单桩抗弯承载力设计值（N·mm）；

　　　f_c——混凝土轴心抗压强度设计值（N/mm²）；

　　　A——混凝土灌注桩横截面积（mm²）；

　　　r——圆形截面的半径（mm）；

　　　α_1——系数，当混凝土强度等级小于 C50，$\alpha_1 = 1$；

f_y——钢筋抗拉强度设计值（N/mm²）；

A_s——全部纵向钢筋的截面面积（mm²）；

r_s——纵向钢筋所在圆周的半径（mm），$r_s = r - a_s$；

a_s——钢筋保护层的厚度（mm）；

α——对应于受压区的混凝土截面面积的圆心角（rad）与 2π 的比值；

α_t——纵筋受拉钢筋截面面积与全部纵向钢筋截面面积的比值，当 $\alpha > 0.625$ 时，取 $\alpha_t = 0$。

（3）斜截面受剪承载力验算

钢筋笼一般只配置箍筋，斜截面的受剪承载力按照矩形截面的受剪承载力进行验算，其截面宽度取 $1.76r$，有效高度取 $1.6r$，截面剪力设计值 V 按下式进行验算：

$$V = 0.7 f_t b h_0 + f_{yv} \frac{A_{sv}}{s} h_0 \tag{16.2-6}$$

式中　f_t——混凝土轴心抗拉强度设计值（N/mm²）；

　　b——截面宽度取 $1.76r$（mm）；

　　h_0——截面有效高度取 $1.60r$（mm）；

　　f_{yv}——箍筋抗拉强度设计值（N/mm²）；

　　A_{sv}——配置在同一截面内箍筋各肢的全部截面面积（mm²）；

　　s——沿构件长度方向的箍筋间距（mm）。

素混凝土桩作为止水帷幕，可不按受力构件计算设计，一般采用 C20 及以下强度等级的低等级混凝土或塑性混凝土。素混凝土桩的桩长设计需满足抗渗要求。按工程需要可适当比钢筋混凝土桩稍短。

16.2.2　咬合桩按等效连续墙厚度设计

1. 咬合桩刚度计算

在配筋已知的情况下，A、B 桩的刚度比为：

$$n = \frac{E_A I_A}{E_B I_B} \tag{16.2-7}$$

式中　$E_A I_A$——A 桩的抗弯刚度；

　　$E_B I_B$——B 桩的抗弯刚度；

$$I_A = I_B - 4 I_c \tag{16.2-8}$$

A 桩惯性矩 I_A 的计算简图，如图 16.2-4 所示。

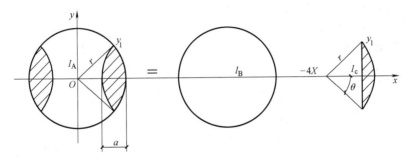

图 16.2-4　A 桩惯性矩的计算简图

$$I_c = 2\int_0^{y_1} y^2 \sqrt{r^2 - y^2}\,\mathrm{d}y - (2r - a)\int_0^{y_1} y^2\,\mathrm{d}y$$

$$= \left[r^4 \arcsin\left(\frac{y_1}{r}\right) - y_1 \sqrt{r^2 - y_1^2}(r^2 - 2y_1^2) \right]/4 - \frac{(2r - a)y_1^3}{3} \quad (16.2\text{-}9)$$

$$I_B = \frac{1}{4}\pi r^4 \qquad\qquad (16.2\text{-}10)$$

式中　r——咬合桩半径（m）；

　　　y_1——咬合面处厚度的一半（m）；

　　　a——桩间咬合量（m）；

　　　I_A——Ⅰ序桩（A桩）对 X 轴的惯性矩（m^4）；

　　　I_B——Ⅱ序桩（B桩）对 X 轴的惯性矩（m^4）。

2. 等效连续墙折算厚度计算

将钻孔咬合桩等效为连续墙，其折算厚度计算简图如图 16.2-5 所示，咬合桩标准段长度（$2d - 2a$）计算方式如图 16.2-6 所示。

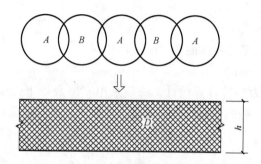

图 16.2-5　折算厚度示意图

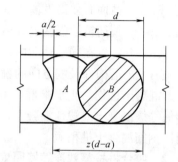

图 16.2-6　咬合桩计算标准段示意图

$$E_A I_A + E_B I_B = E_D(2d - 2a)h^3/12 \qquad\qquad (16.2\text{-}11)$$

变换后得：

$$h = \sqrt[3]{\frac{6(E_A I_A + E_B I_B)}{E_D(d - a)}} \qquad\qquad (16.2\text{-}12)$$

$$E_D = \frac{E_A A_A + E_B A_B}{A_A + A_B} \qquad\qquad (16.2\text{-}13)$$

式中　d——咬合桩直径（m）；

　　　E_D——等效连续墙的弹性模量（MPa）；

　E_A、E_B——A、B 咬合桩的弹性模量（MPa）；

　A_A、A_B——A 桩、B 桩截面积（m^2）。

3. 咬合桩配筋计算

对荤荤搭配的咬合桩宜折算为等厚度的墙体，采用平面杆系结构弹性支点法进行分析。配筋计算可以采用迭代配筋计算方法。

首先，考虑不配筋时，确定两桩的初始刚度比：

$$n = \frac{E_A I_A}{E_B I_B} \qquad\qquad (16.2\text{-}14)$$

根据不同的抗弯刚度，可计算两桩第一次分配到的弯矩值：

$$M_A = \frac{2n}{n+1}(d-a)M \tag{16.2-15}$$

$$M_B = \frac{2}{n+1}(d-a)M \tag{16.2-16}$$

式中　M——每延米咬合桩等代连续墙体的弯矩标准值（N·m）；

　　　M_A——作用于Ⅰ序A桩的桩身弯矩标准值（N·m）；

　　　M_B——作用于Ⅱ序B桩的桩身弯矩标准值（N·m）。

根据上式所得的两个弯矩值，可对两种桩型进行配筋（根据现行《混凝土结构设计规范》GB 50010—2010）。配筋后，再重新计算两桩的抗弯刚度；接着，重复上述计算过程，可得到两桩与其自身抗弯刚度相适应的弯矩和配筋。直到计算的两次配筋结果相同为止。

4. Ⅰ序桩与Ⅱ序桩的桩身剪力分别按下列公式计算

$$V_1 = V \times b_1 \tag{16.2-17}$$

$$V_2 = V \times b_2 \tag{16.2-18}$$

式中　V——每延米咬合桩等代连续墙体的剪力标准值（N）；

　　　V_1——Ⅰ序桩的桩身剪力标准值（N）；

　　　V_2——Ⅱ序桩的桩身剪力标准值（N）；

　　　b_1——Ⅰ序桩的迎土面宽度（m）；

　　　b_2——Ⅱ序桩的迎土面宽度（m）。

有筋桩和无筋桩搭配的咬合式排桩，宜仅计入有筋桩对咬合式排桩抗弯刚度的贡献，采用平面杆系结构弹性支点法进行分析。有筋桩和无筋桩搭配的咬合式排桩应对咬合面局部受剪承载力进行验算，桩身剪力计算示意图如图 16.2-8 所示，计算公式采用式（16.2-19），有筋桩和有筋桩搭配的咬合式排桩可不验算。

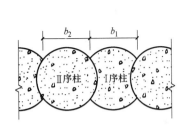

图 16.2-7　桩身剪力计算示意图

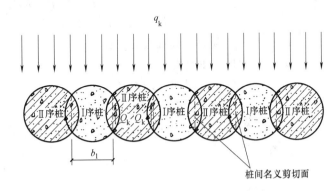

图 16.2-8　桩身剪力计算示意图

$$\tau = 1.25 r_0 \frac{Q_k}{h_0} \leqslant \frac{\tau_{ck}}{\eta_1} \tag{16.2-19}$$

$$Q_k = q_k b_1 / 2 \tag{16.2-20}$$

式中　τ——桩间名义剪切面处的局部剪应力设计值（Pa）；

　　　Q_k——桩间名义剪切面处单位深度范围内的剪力标准值（N/m）；

q_k——桩间咬合面计算截面处的侧压力强度标准值（Pa）；

b_1——Ⅰ序桩的迎土面宽度（m）；

h_0——桩间名义剪切面处墙体的厚度（m）；

τ_{ck}——桩间咬合面抗剪强度标准值（Pa），取值见表 16.2-1；

η_1——咬合面抗剪强度材料性能分项系数，可取 1.6；

γ_0——支护结构重要性系数，按现行《建筑基坑支护技术规程》JGJ 120 取值。

桩间咬合面抗剪强度标准值（MPa）　　　　表 16.2-1

混凝土强度等级 咬合方式	C20	C25	C30	C35
软切割咬合	0.81	0.93	1.05	1.15
硬切割咬合	0.42	0.42	0.42	0.42

16.2.3 咬合桩咬合厚度设计

咬合桩的咬合厚度设计主要依据施工偏差及咬合面受力破坏机理确定。钻孔咬合桩的施工垂直度一般控制在 3‰，桩位偏差允许值一般为 10~25mm。

咬合桩的 A 桩与 B 桩间通过咬合面传力作用保证两类桩相互间的传力，在咬合良好的情况下形成类似于地下连续墙的围护结构。但由于单根咬合桩直径远小于单幅地下连续墙宽度，其咬合面出现位置较多，在土压力作用下，咬合桩易发生沿基坑长度方向的弯曲变形，则咬合面有可能发生剪切破坏，弯曲破坏（沿基坑长度方向），拉压破坏。另一方面咬合桩通常兼止水作用，如果咬合桩桩墙结构出现裂缝，在没有第二道止水防线的情况下易出现漏水问题。因此，咬合桩的咬合厚度也要考虑因破坏机理确定的咬合量 a_0。按破坏机理确定的咬合量一般验算的断面为基坑底剖面。设计咬合厚度应满足式（16.2-22）的要求。

$$a_0 = d - \sqrt{(d^2 - h_0^2)} \tag{16.2-21}$$

$$a = a_0 + 2(K \times L_1 + q) \tag{16.2-22}$$

式中　L_1——为导墙面到基坑底的桩长（m）；

K——为桩的垂直度；

q——孔口定位误差允许值（m）；

a——设计咬合厚度（m）；

h_0——桩间名义剪切面处墙体的厚度（m），依据公式（16.2-19）确定。

d——桩径（m）。

式（16.2-22）计算的咬合量若小于式（16.2-23）计算的咬合量，则应按式（16.2-23）确定设计咬合量。

相邻咬合桩的咬合厚度根据桩长、施工工艺、周边环境、地质条件等综合考虑，桩越长、施工定位及垂直度控制越差、对周边环境变形控制越严格，要求的咬合厚度越大。而咬合厚度过大会提高围护桩的造价，因此采用合适的成孔施工机具，减少施工偏差，满足对最小咬合厚度的要求，对降低工程造价具有重要意义。

考虑桩位偏差、垂直度偏差及垂直度方向偏差之和会出现最大值的发生概率较小，参考以往的施工经验，考虑施工误差时的咬合厚度可以按照下式简化计算：

$$a-2(K \times L+q) \geqslant 50 \text{mm} \tag{16.2-23}$$

式（16.2-23）表明桩底最小咬合量不应小于 50mm。按上式确定的设计咬合厚度一般能满足桩间咬合面的抗剪要求。咬合式排桩桩间设计咬合量一般情况下不宜小于 200mm。

16.2.4 咬合桩咬合时间设计

咬合桩的咬合时间是指Ⅰ序桩混凝土缓凝时间，确保后续桩能正常施工及保证咬合质量。素桩所用混凝土缓凝时间应根据单桩成桩时间来确定，某工程单桩施工时间 t 见表 16.2-2。

表 16.2-2

单桩施工时间表（B 桩）

序号	工 序	施工时间(h)	施工总时间(h)
1	桩机就位、对中	0.5	0.5
2	取土、成孔	6.0	6.5
3	安放钢筋笼	1.0	7.5
4	安放导管	0.5	8.0
5	灌注混凝土	3.5	11.5
6	拔出导管、套管	0.5	12.0

A 桩（素桩）混凝土的缓凝时间，可根据式（16.2-24）进行计算：

$$T=2t_A+t_B+k \tag{16.2-24}$$

为施工方便起见，式（16.2-24）可简化为式（16.2-25）

$$T=3t+k \tag{16.2-25}$$

式中　T——A 桩混凝土的缓凝时间（初凝时间）（h）；

　　　k——储备时间，一般取（5～10h）；

　　　t——平均单桩成桩时间（h）；

　　　t_A——A 桩成桩所需时间（h）；

　　　t_B——B 桩成桩所需时间（h）；

混凝土坍落度要求控制在 14～18cm 范围内；

混凝土的 3d 强度值 R_{3d} 不大于 3MPa。

钻孔咬合桩挡土结构咬合面的剪切性能随着咬合时间间隔的不同，咬合面的剪切破坏形态有较大的差异，随着咬合时间的推移，A、B 桩的整体性减弱，即咬合面的性能出现弱化。因此确定合适的咬合时间也是保证支护充分发挥性能的关键因素，依据以往的施工经验，施工咬合时间宜控制在 20～40h 之间。

16.3　咬合桩施工工艺和施工技术

16.3.1　咬合桩施工工艺

1. 咬合桩施工工艺流程

咬合桩施工工艺流程如图 16.3-1 所示。

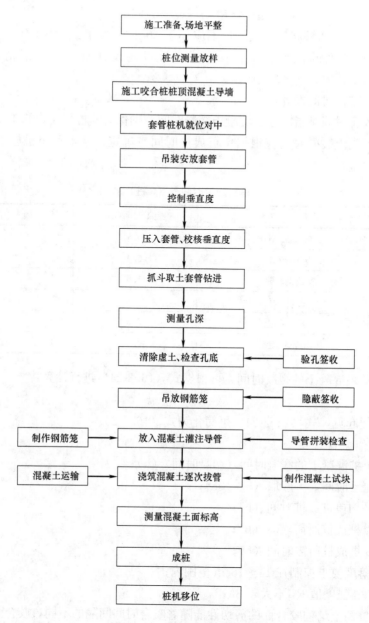

图 16.3-1 咬合桩施工流程图

咬合桩施工及现场情况示意图如图 16.3-2, 图 16.3-3 所示。

2. 导墙施工

（1）导墙的作用

1）正确控制钻孔咬合桩的平面位置；

2）支撑机具重量，防止孔口坍塌；

3）确保全套管钻机平正作业；

4）确保咬合桩护筒的竖直。

（2）导墙材料

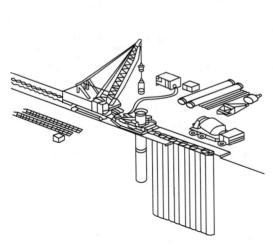

图 16.3-2 咬合桩施工示意图　　　　　图 16.3-3 咬合桩现场施工图

一般为混凝土或钢筋混凝土。

（3）导墙施工步骤

1）平整场地：清除地表杂物，填平碾压地下管线迁移的沟槽。如遇到影响成孔的杂填土层，应采用置换素土的方法，导墙制作完成后，孔内土层应夯实，有利于钢套管正确就位。

2）测放桩位：根据设计图纸提供的坐标按外放 100mm（为抵消咬合桩在基坑开挖时在外侧土压力作用下向内位移和变形而造成的基坑结构净空减小变化，如设计已考虑则无需外放）计算排桩中心线坐标，采用全站仪根据地面导线控制点进行实地放样，并做好标记护桩，作为导墙施工的控制中线，报监理复核。

3）导墙沟槽开挖：在桩位放线符合要求后即可进行沟槽的开挖，一般采用人工开挖施工。开挖结束后，立即将中心线引入沟槽下，以控制底摸及模板施工，确保导墙中心线的正确无误。

4）钢筋绑扎：沟槽开挖结束后绑扎导墙钢筋，导墙钢筋按设计布置，经验收合格后填写隐蔽工程验收单，报监理验收，经验收合格后方可进行下道工序施工。

5）模板施工：模板采用自制整体钢模或木模，导墙预留定位孔模板直径为套管直径扩大 20～30mm。模板加固采用钢管支撑，支撑间距不大于 1.0m，确保加固牢固，严防跑模，并保证轴线和净空的准确，混凝土浇筑前先检查模板的垂直度和中线以及净距是否符合要求，经验收合格报监理通过后方可进行混凝土浇筑。

6）混凝土浇筑施工：混凝土采用商品混凝土，混凝土强度不宜低于 C20，混凝土浇筑时两边对称交替进行，严防走模。如发生走模，应立即停止混凝土的浇筑，重新加固模板，并纠正到设计位置后，方可继续进行浇筑。振捣采用插入式振捣器，振捣间距为 600mm 左右，防止振捣不均，同时也要防止在一处过振而发生走模现象。

7）当导墙有足够的强度后，拆除模板，重新定位放样排桩中心位置，将点位反到导墙顶面上，作为钻机定位控制点。

8）导墙厚度：250mm（地表层土较好时）或≥450mm（地表层土为软土，需回填后分层碾压），导墙顶面宜高出地面 100mm。

某工程导墙设计详图如图 16.3-4 所示。导墙现场施工情况如图 16.3-5 所示。

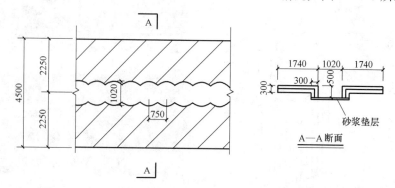

图 16.3-4　某工程导墙详图（桩径 1000mm、咬合厚度 250mm）

图 16.3-5　导墙现场施工情况图

3. 钻机就位

待导墙有足够的强度后，移动套管钻机，使套管钻机抱管器中心对应定位在导墙孔位中心，定位后，在导墙孔与钢套管之间用木塞固定，防止钢套管端头在施压时位移。液压工作站置放于导墙外平整地基上。埋设第一、第二节套管的竖直度，是决定桩孔垂直度的关键，在套管压入过程中采用经纬仪或测锤不断校核垂直度。当套管垂直度相差不大时，固定下夹具，利用上夹具来调整垂直度。当套管垂直度相差较大时，一般应拔出来重新埋设，有时也可将钻机向前后左右移动一下使之对中。

4. 取土成孔

先压入第一节套管（每节套管长度约 6～8m），压入深度约 2.5～3.0m，然后用抓斗从套管内取土，一边抓土，一边下压套管，要始终保持套管底口超前于取土面且深度不小于 2.5m。第一节套管全部压入土中后（地面以上要留着 1.2～1.5m，以便于接管）检测成孔垂直度，如不合格则进行纠偏调整，如合格则安装第二节套管下压取土，如此逐节下压取土，直到设计孔底标高。施工现场旋挖及冲抓取土成孔如图 16.3-6 所示。

5. 钢筋笼加工制作、吊放钢筋笼

钢筋混凝土桩施工过程应注意：当成孔至设计标高后，检查孔的深度、垂直度、清除孔底虚土，待检查合格才能吊放钢筋笼，安放钢筋笼时应采取有效措施保证钢筋笼的标高。钢筋混凝土桩与矩形钢筋笼加工制作，如图 16.3-7 所示。

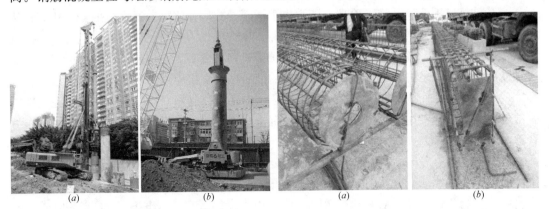

| 图 16.3-6 旋挖及冲抓取土成孔 | 图 16.3-7 钢筋混凝土桩与矩形钢筋笼加工制作 |

6. 灌注混凝土

孔内有水时，采用水下混凝土法灌注施工。孔内无水时，采用干孔灌注施工，此时需振捣。开始灌注混凝土时，应先灌入 $2\sim3m^3$ 混凝土（约 2m 深时）将套管搓动后提升 $20\sim30cm$，以确定机械上拔力是否满足要求。不能满足时，则应采用吊车辅助起吊。灌注过程中应确保混凝土高出套管端口不小于 2.5m，防止上拔过快造成断桩事故。

7. 拔管成桩

一边灌注混凝土一边拔管，应注意始终保持套管底低于混凝土面 2.5m 以上。

咬合桩施工工艺平面流程如图 16.3-8 所示。

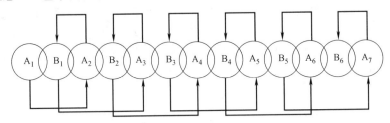

图 16.3-8 全套管钻孔咬合桩的施工工艺流程图

总的施工原则是先施工 A 桩，后施工 B 桩，其施工工艺平面流程是：$A_1 \rightarrow A_2 \rightarrow B_1 \rightarrow A_3 \rightarrow B_2 \rightarrow A_4 \rightarrow B_3 \rightarrow \cdots\cdots A_n \rightarrow B_{n-1}$。

16.3.2 咬合桩施工机械设备

1. 全套管钻机的发展简介

全套管钻机又称贝诺特（Benoto）钻机是由法国贝诺特公司于 20 世纪 50 年代初开发和研制而成。1954 年，日本引进了法国 N0-6 型钻机。1955 年，引进了 EDF-55 型钻机。1958 年，引进了超级 EDE 型钻机，形成了日本三菱、加腾两大具有代表性的全套管设备制造公司，以后又发展到横山、三和等公司。1966 年，在日本已基本形成系列并向东南

亚，欧洲出口。20 世纪 80 年代，结合反循环工法和扩底钻，使该工法更加完善，但这一时期的套管钻机基本上以摆动自行式钻机为主，即塔架、搓管机、动力站和自行式底盘形成一体。由于设备比较庞大、笨重，加上结构尺寸上的限制，搓管角度比较小，灵活性差，成孔直径一般在 1100mm 以内，属于第一代产品。

进入 20 世纪 80 年代中后期，随着基桩口径向 1500mm 以上大口径方向发展，这种自行式套管钻机已不能满足施工要求，随之出现了附着式搓管机配普通吊机的分体式套管钻机。这种机型极大地增强了套管设备的灵活性，搓管机作为一个工作结构，通过机械接口附着在吊机底盘上，搓管时反扭矩亦通过机械接口和吊机底盘承担，所需动力可以单独配置独立液压泵站，也可以通过吊机底盘预留的液压接口直接应用吊机底盘动力。吊机底盘在完成正常冲抓孔作业的同时，在吊臂工作范围内还可以起吊套管等其他重物，施工现场一般不再配备其他专用吊机协助作业。在没有桩基工程时，吊机底盘可用于其他用途作为普通吊机使用，大大提高了设备的利用率。

除法国、日本等国家研制了多个系列的全套管钻机外，进行全套管灌注桩钻机研发和生产的国家还有德国、意大利和韩国等。如德国 LEFFER 公司生产的 900-2500 系列摇动式—附着式全套管钻机，意大利 SOILMEC 公司生产的 MGT、MGB、MCT 系列摇动式—附着式全套管钻机和韩国的 BM-C 系列摇管机。

为了满足更大口径的桩孔和竖井成孔作业，20 世纪 80 年代中期，在整体式搓管机的基础上日本等国又相继研制成功了全回转套管钻机。如德国的 Lifer 公司生产的 QDH 系列，日本三菱重工生产的 MFR、RT 系列，全回转钻机在日本已经形成直径 1000～3000mm 的系列产品，最大施工口径已达 4.1m。日本的全回转钻机的代表厂家有日本车辆、三菱重工、平林制作所、日立建机和三和机工等，这种套管钻机的显著特点是套管由油马达驱动单方向连续回转，与油缸驱动的搓管机相比，增强了套管靴切削岩石的能力，减小了套管驱动阻力。这种套管钻机一般单配动力泵站，装履带可自行，相对于搓管机而言，全回转钻机在驱动套管的方式和钻进套管的能力方面都有所发展，代表着套管机发展方向。

我国大陆地区于 20 世纪 70 年代开始引进第一台摇动式全套管钻机。1994 年，昆明捷程桩工有限责任公司首先在我国开始研制 MZ-1 型摇动式全套管钻机，简称磨桩机。并在第一台摇动式全套管灌注桩机的基础上不断研发改进，先后出现了 MZ-2 型、MZ-3 型等全套管灌注桩机。同年，由中国地质科学院勘探技术研究所等多家单位联合承担了 ZTG-1500 全套管冲抓施工设备器具及施工工艺的研究工作，并于 2001 年 1 月通过了技术鉴定。与此同时，原地矿部在 ZTG-1500 型的基础上，于 1995 年开展了 CG1900 型全套管冲抓成孔设备、器具及施工工艺的研究，并于 2000 年 4 月底完成项目的生产试验。2005 年，CG 型全套管冲抓成孔设备被科学技术部等四部委确定为国家重点新产品。

2005 年，北京首钢泰晟基础机械技术有限公司自主研发生产了 ST 型双回转套管钻机。

2011 年，湖南山河智能机械公司在吸收国内外先进技术和经验的基础上，研发并成功试制了拥有自主知识产权的全液压 SWSD 系列套管式螺旋钻机。

2011 年，CGJ1500S 型搓管机配套旋挖钻机在深圳市施工咬合桩工程，桩长达 40m。

2012 年 8 月，三一北京桩机通过对钻机和咬合桩工法的研究和改进，实现了利用三一 SR250R 旋挖钻成功完成深圳招商银行大厦的咬合桩施工。利用旋挖钻机动力头驱动全套管完成咬合桩的施工,大大提高了全套管咬合桩的施工效率,为全套管咬合桩的推广奠定了基础。

2013年1月,徐州盾安重工机械制造有限公司在国内生产出第一台具有完全自主知识产权的DTR全回转全套管钻机,打破了欧美和日本长期在钻机设备的垄断地位。全回转全套管钻机最大施工桩径达到2600mm,而且相对于以往施工过程中普遍使用的纯进口机器的价格便宜将近一半。此工法是以全回转钻机作主要的钻进机具,可以配合旋挖钻机取土,能很好地发挥全回转入岩石和旋挖钻机快速取土的各自优点,极大地提高了工效。

2. 部分咬合桩施工全套管钻机介绍

(1) 液压摇动式全套管钻机(简称磨桩机)

磨桩机是昆明捷程桩工有限责任公司在全国首先研制成功的桩工机械,并已获得国家实用新型专利。磨桩机是一种机械性能好、成孔深、桩径大的桩工机械,它由主机、液压工作站(系统)、钢套管、取土装置(锤式抓斗、十字冲锤等)和牵引吊车组成。液压摇动式全套管钻机如图16.3-9所示。捷程牌MZ系列摇动式全套管钻机主要技术参数如表16.3-1所示。

图 16.3-9 摇动式全套管钻机示意图及现场照片

(a) 液压摇动式全套管钻机示意图;(b) MZ系列摇动式全套管钻机;(c) 冲抓取土器;(d) 冲击锤

捷程牌 MZ 系列摇动式全套管钻机主要技术参数 表 16.3-1

性能指标	MZ-1	MZ-2	MZ-3
钻孔直径(m)	0.8～1.0	1.0～1.2	1.2～1.5
钻孔深度(m)	35～45	35～45	35～45
压管行程(mm)	550	650	600
摇动推力(kN)	1060	1255	1648
摇动扭矩(kN·m)	1255	1470	2650
提升力(kN)	1157	1353	1961
夹紧力(kN)	1765	1960	2255
定位力(kN)	294	353	490
摇动角度(°)	27	27	27
前后倾角(°)	8	8	8

续表

性能指标		MZ-1	MZ-2	MZ-3
钳口高度(mm)		450	550	550
功率(kW)		55	75	95
油缸工作压力(MPa)		35	35	35
外形尺寸 (mm)	长度	4700	5500	6000
	宽度	2200	1250	2800
	高度	1500	1540	1600
质量(kg)	主机	14000	18000	28000
	液压工作站	2800	3200	3500
配合履带吊起重能力(kN)		≥147	≥196	≥343
锤式抓斗(kN)		20~25	25~35	35~50
十字冲锤(kN)		80	60~80	80~100

（2）CG型全套管搓管成孔设备

CG型全套管冲抓成孔设备是中国地质科学院勘探所在"九五"地勘高新技术研究开发项目的基础上研发的具有自主知识产权的新型大型岩土钻掘施工设备。CG型全套管搓管成孔设备按配套设备（冲抓履带吊机和旋挖钻机）的不同分两类：全套管冲抓设备和全套管旋挖设备。CG型全套管冲抓成孔设备主要由CGJ1500型搓管机、CGB110型液压泵站、CGT型双壁套管和CGD型冲抓斗等组成。全套管旋挖设备主要由搓管机（旋挖短型）、钢套管、旋挖钻具、旋挖钻机等组成。CG全套管钻机，如图16.3-10所示。

（a） （b）

图16.3-10 CG全套管钻机照片

（a）旋挖钻机；（b）冲抓钻机

CGJ1500型搓管机技术参数（冲抓型）：施工口径1000~1500mm，搓管扭矩1900 kN·m，搓管角度20°，夹持力2100kN，拔管力2120kN，拔管行程500mm，外形尺寸（长×宽×高）6550 mm×2500mm×1850mm，质量22000kg。CG型系列旋挖搓管机的技术参数，如表16.3-2所示。

CG 型系列旋挖搓管机的技术参数				表 16.3-2
型号	CGJ1200/s	CGJ1500/s	CGJ1800/s	CGJ2000/s
搓管直径(mm)	600~1200	800~1500	1000~1800	1200~2000
搓管扭矩(kN·m)	1200	1900	2560	2860
行程(mm)	450	450	450	450
起拔力(kN)	1560	1880	2280	2280
夹管力(kN)	1500	1800	2250	2250
长×宽×高(m)	4.2×2.1×1.7	4.28×2.5×1.75	5.2×2.9×1.75	4.86×3.1×1.75
重量(t)	13.0	18.0	21.0	22.0

（3）SWSD 套管式螺旋钻机

SWSD 套管式螺旋钻机主要由全液压双动力头和高稳定性全液压履带式桩架构成，配备新式套管螺旋组合钻具及套管潜孔锤组合系统。主要由内侧动力头、外侧动力头、内侧钻杆、螺旋钻杆、钻头、外侧套管、管靴、冲击器潜孔锤系统、电液控操作系统、履带式桩架等组成。带套管施工时最大孔径 1500mm，该钻机的优点是能在卵石、漂石层及坚硬岩层等复杂地层高效率钻孔，可实现软咬合和硬咬合。SWSD 套管式螺旋钻机如图 16.3-11 所示。SWSD 套管式螺旋钻机技术参数表，如表 16.3-3 所示。

图 16.3-11　SWSD 套管式螺旋钻机

SWSD 套管式螺旋钻机技术参数表				表 16.3-3
性能指标		SWSD2512	SWSD3612	SWSD3618
钻孔直径(带套管)(mm)		1000	1200	1500
外侧动力头	扭矩(kN·m)	250	360	360
	转速(r/min)	3.5~10	3~9.7	3~9.7
内侧动力头	扭矩(kN·m)	120	120	180
	转速(r/min)	7~22	7~22	5.5~19.6

续表

性能指标		SWSD2512	SWSD3612	SWSD3618
发动机功率	kW	194	194	194
最大提升力	kN	784	784	784
行走速度	km/h	0.6～1.2	0.6～1.2	0.6～1.2
重量含配重	t	95.5	95.5	95.5
整机尺寸	m	12.5×6.23×38.85	12.5×6.23×38.85	12.5×6.23×38.85

（4）DTR 全回转套管钻机

全回转是集全液压动力和传动，机电液联合控制于一体的新型钻机。是一种新型、环保、高效的钻进技术，近年来在城市地铁、深基坑围护咬合桩、废桩（地下障碍）的清理等项目中得到了广泛的应用。这种全新工艺的研究成功，实现了在卵、漂石地层、含溶洞地层、厚流砂地层、强缩颈地层的桩基施工。配合旋挖钻机取土，能很好地发挥全回转入岩石和旋挖钻机快速取土的各自优点，极大地提高了咬合桩

图 16.3-12　DTR 全回转套管钻机

的工效。DTR 全回转套管钻机，如图 16.3-12 所示。DTR 全回转钻机技术参数表，如表 16.3-4 所示。

DTR 全回转钻机技术参数表　　　　表 16.3-4

性能指标	DTR1305L	DTR1505	DTR2005H	DTR2605R
钻孔直径(mm)	600～1300	800～1500	1000～2000	1200～2600
回转扭矩(kN·m)	1770/1050/590	1500/975/600	2965/1752/990	5292/3127/1766
回转速度(r/min)	1.5/2.6/4.5	1.6/2.46/4.0	1.0/1.7/2.9	0.6/1.0/1.8
套管下压力(kN)	360+自重190	360+自重210	600+自重260	830+自重350
套管起拔力(kN)	2690	2444	3760	3800
压拔行程(mm)	500	750	750	750
重量(t)	25	27	45	55
发动机功率(kW)	2×90	183.9	272	441

（5）部分进口全回转套管钻机

部分进口全回转套管钻机，如图 16.3-13 所示。部分国外全回转套管钻机参数如表 16.3-5 所示。

图 16.3-13 部分进口全回转套管钻机

(a) 全回转钻机配合旋挖及冲抓成孔；(b) 日本车辆 RT-1500；(c) 日本车辆 RT-200H

部分国外全回转套管钻机参数表 表 16.3-5

制作厂家	钻机型号	工作转速 (r/min)	回转扭矩 (kN·m)	起拔力 (kN)	重量 (t)	功率 (kW)
日本车辆	RT-200A	1.2/2.0	2030/1167	2600	32	235
三和机材	RB-200HC-3	1.1/1.6/2.2	1800/1350/900	2540	38	190
日立住友	CD-2000	1.1/2.2	2060/(2250)	2720	32	190
德国 LEFFER	RDM-2000	0～1.0	2900	2400	65	220

16.3.3 咬合桩超缓凝混凝土试验研究

1. 全套管钻孔咬合桩施工对混凝土的要求

全套管钻孔施工咬合桩要求后施工的桩在成孔时要切割两侧相邻的先施工桩的部分桩身混凝土，以达到相邻桩相互咬合的目的。该施工工艺的关键技术在于先施工桩的桩身混凝土凝结时间要长，三天强度要低，以保证能被后施工桩的钻机套管下沉时切割，同时混凝土的 28 天强度能达到设计强度等级。因此，混凝土能否满足设计与施工要求是该工艺能否成功的关键之一。在深圳地铁一期工程钻孔咬合桩实际施工中，先施工被切割的桩身混凝土均要求凝结时间在 60h 以上，在实际结构施工中采用凝结时间如此长的混凝土，当时在国内外极为罕见。由于该混凝土比一般缓凝混凝土凝结时间还长两倍以上，故将其称为超缓凝混凝土。

超缓凝混凝土主要用于 A 桩（Ⅰ序桩），其作用是延长 A 桩混凝土的初凝时间，以达到其相邻 B 桩（Ⅱ序桩）的成孔能够在 A 桩混凝土初凝之前完成。

为满足咬合桩的施工工艺的需要，超缓凝混凝土必须达到以下基本技术参数的要求：

（1）A 桩混凝土缓凝时间≥60h；

其确定的方法如下：单桩成桩所需时间 t 应根据工程具体情况（工程地质条件、桩径、桩长）和所选钻机的类型在现场作成桩试验来测定。（深圳地铁一期工程钻孔咬合桩试验结果 t 为 12～15h）。A 桩混凝土的缓凝时间，可根据式（16.2-25）进行计算。

（2）混凝土坍落度：14～18cm；

（3）混凝土的 3d 强度值 R_{3d} 不大于 3MPa；

（4）混凝土的 28d 强度满足设计要求。

2. 国内外混凝土超缓凝技术概况

（1）初凝与终凝的概念

合适的凝结时间为混凝土施工所必需。对于普通预拌混凝土，一般要求初凝时间为 4～10h，终凝时间为 10～15h。

混凝土的凝结时间是从实用出发而人为规定的。初凝表示施工时间的极限，它大致表示新拌混凝土已不再能正常搅拌、浇筑和捣实的时间，而终凝说明混凝土力学强度已开始发展，具有一定强度（约为 0.7MPa），此后强度以一定的速率增长。

（2）普通混凝土缓凝剂与超缓凝剂的差别

普通混凝土缓凝剂，由于具有引入空气的性质，掺量过多会引起混凝土强度的降低和硬化不良，且初凝时间较短（4～10h），一般不能用于需长时间延续混凝土凝结的场合。但超缓凝剂却不然，它基本不引入空气，可按掺量多少，在 24h 甚至 72h 内控制混凝土的初凝时间。尽管凝结时间推迟，可一旦开始凝结，后期强度却发展很快，一般 28d 的标准强度还会略高于基准混凝土强度。

（3）超缓凝混凝土应用场合

1）用于大体积混凝土，防止发生温度裂缝；

2）减少坍落度损失，便于长距离运输；

3）调整作业时间，避开夜间施工；

4）改善接搓面的附着功能，代替人工凿毛。

在全套管钻孔咬合桩施工中采用超缓凝混凝土是近年来对混凝土生产提出的新课题。超缓凝混凝土一方面要求混凝土早期有较长的凝结时间；另一方面，混凝土又必须有足够的后期强度。从工程角度上讲，施工确有此需求，从材料科学的角度上讲，又非常矛盾，这就是超缓凝混凝土的难点所在。

（4）国内外超缓凝剂研究及使用概况

王立久等指出，超缓凝剂研究较多的国家主要是日本，尽管研究开发品种较多，但在工程中有效使用和在市场销售的品种却不多，主要有两大类，即以含氧羟酸盐为主要成分的有机质非引气型和以无机材料氟硅酸盐为主要成分的不具有减水性能的超缓凝剂。日本的超缓凝剂目前可控制缓凝时间为 24～36h。

郭志武等指出，目前国外混凝土最长缓凝时间为 42h 左右。

吴玉涛、杨孝先在济南市纬六路跨铁路斜拉桥主塔人工挖孔桩基础使用山东省建筑科学研究院为该工程配制的 FNC-Ⅰ型超缓凝外加剂，混凝土初凝时间 40h 左右。

王善拔、贾怀锋介绍广州番禺大桥采用木钙与高效减水剂复合，使混凝土在室内初凝时间达 28h15min，某立窑采用 FDN 高效缓凝减水剂，混凝土初凝时间达 33h，采用超剂量柠檬酸缓凝剂，混凝土初凝时间为 20h。

（5）超缓凝混凝土试配难点

1）国内外超缓凝剂可控制的初凝时间为 24～42h，要实现混凝土超缓 60h 以上的技术有较大难度。

2）国家标准《混凝土外加剂应用技术规范》GB 50119 规定混凝土工程中可采用的缓凝剂、缓凝减水剂及缓凝高效减水剂的主要作用是延长混凝土的凝结时间，其缓凝效果因品种及掺量而异，在推荐掺量范围内，柠檬酸延缓混凝土凝结时间一般约为 8～19h，氯化锌延缓 10～12h，而糖蜜缓凝剂仅延缓 2～4h；木钙延缓 2～3h。由此可见，混凝土超缓凝 60h 以上的技术在开展钻孔咬合桩工法之前尚无标准可循。

3）缓凝剂或缓凝型减水剂掺量过大会适得其反，造成几天不凝的现象，引起施工困难。

（6）超缓凝混凝土试配要点

1）选择合适的减水剂并确定其掺量

使用缓凝剂尤其是复合性缓凝高效减水剂是使混凝土具有超缓凝性能的主要手段。这既有利于混凝土具有超缓凝性能（初凝时间 60h 以上），也有利于增强混凝土的后期强度使之能达到设计要求。采用缓凝高效减水剂既可降低外加剂掺量，也可减少由于掺外加剂过量后给混凝土带来的不利因素。实践经验表明：外加剂的掺量都有一个极限，当外加剂掺量达到极限值时，即使再增大外加剂掺量，外加剂的作用也不会因此而增大，缓凝剂掺量过大，不仅会使混凝土凝结时间过长，还可使早期强度发展缓慢，缓凝剂掺量过大使混凝土施工性能受到损害。

2）确定掺合料（目前主要选用粉煤灰作掺合料）的掺量

粉煤灰对混凝土凝结时间和强度（特别是后期强度）的影响是不可忽视的。合适的粉煤灰掺加到混凝土之中，对降低混凝土的水化热、延缓混凝土的凝结、降低混凝土的水胶比、提高混凝混凝土的后期强度，均极为有利。粉煤灰的合理掺量应在试配之前，综合平衡各种因素，从而定出合理的粉煤灰的掺量。

3）其他因素

影响混凝土凝结时间的长短除与缓凝减水剂和粉煤灰的掺量有关外，还与水泥品种和水泥强度等级、水泥与缓凝剂的适应性、粗细骨料的颗粒级配和吸水率、砂率、水灰比、运输过程中坍落度损失以及环境温度和湿度等有关，因此在超缓凝混凝土试配时要充分考虑上述诸多因素。

3. 深圳地铁一期工程超缓凝混凝土研制与应用情况

配制和生产超缓凝混凝土的关键一方面是要确保混凝土凝结时间在 60h 以上，另一方面混凝土各龄期强度须满足设计施工需要。

深圳港创建材股份有限公司经过大量试验研究，成功配制出各项性能均满足设计施工要求的超缓凝混凝土，并在实际生产中顺利应用，为钻孔咬合桩施工工艺在深圳地铁工程中的应用推广奠定了基础。

（1）超缓凝混凝土技术要求

1）设计强度等级

分别为 C15、C20，要求 3d 强度不大于 3MPa，5d 强度不大于 10MPa，28d 强度满足设计要求。

2）凝结时间

混凝土初凝时间不得早于 60h，终凝时间不宜迟于 72h。

3）坍落度

施工要求坍落度为 180～200mm。

4）和易性

黏聚性、保水性好，混凝土灌注前后不得有明显离析、泌水现象。

（2）配制用原材料

1）水泥：湖南韶峰水泥厂 P.O 525 水泥，水泥主要物理性能指标及化学组成见表 16.3-6。

水泥主要物理性能指标及化学组成　　　　　　　　表 16.3-6

项目	标准稠度用水量（%）	0.08mm 筛筛余（%）	初凝时间（min）	终凝时间（min）	抗压强度（MPa）		SiO_2（%）	CaO（%）	Fe_2O_3（%）	Al_2O_3（%）	Loss（%）
					3d	28d					
实测结果	25.0	1.7	125	156	41.1	62.7	21.79	64.34	3.71	4.74	0.26

2）河砂：东莞中砂，细度模数 2.8，堆积密度 1420kg/m³，含泥量 2.2%。

3）碎石：深圳蛇口石场 5～20mm 花岗岩碎石，针片状颗粒含量 6.7%，压碎指标 10.2%，紧密密度 1500kg/m³。

4）粉煤灰：广东沙角电厂 Ⅱ 级粉煤灰，0.045mm 筛筛余 19.29%，烧失量 3.12%，需水量比 98%，抗压强度比 86%。

5）缓凝减水剂：经过对多个厂家送来的数个缓凝减水剂进行试验筛选，最后选取 AN9、MNF-HSP、HIP-A100R 三种缓凝减水剂供试配。AN9 为粉剂，推荐掺量为水泥与掺合料总量的 2.0%～2.5%，减水率 10%～15%。MNF-HSP 和 HIP-A100R 均为液剂，含固量 40%，推荐掺量为水泥与掺合料总量的 2.0%～2.5%，减水率 18%～25%。

（3）超缓凝混凝土配制

1）外加剂的选择

选择外加剂主要是考查外加剂对混凝土凝结时间、保水效果及各龄期强度的影响。在试配前初步设计一普通 C20 泵送混凝土配合比分别用三个缓凝减水剂的两个掺量进行混凝土试拌测试，试验用配合比及测试结果见表 16.3-7。

外加剂对比试验用混凝土配合比表　　　　　　　　表 16.3-7

序号	试验用配合比（kg/m³）						出机坍落度（mm）	终凝时间（h）	立方体抗压强度（MPa）		
	水	水泥	粉煤灰	河砂	碎石	外加剂			3d	5d	7d
1-1							175	47.5	2.0	9.1	11.3
1-2	190	240	120	807	1026	7.48	205	65.0	0.3	10.5	19.4
1-3							210	66.5	0.6	9.7	18.9

续表

序号	试验用配合比（kg/m³）						出机坍落度（mm）	终凝时间（h）	立方体抗压强度（MPa）		
	水	水泥	粉煤灰	河砂	碎石	外加剂			3d	5d	7d
2-1							185	53.5	1.1	5.4	7.6
2-2	190	240	120	807	1026	8.64	220	69.5	0.1	8.3	18.8
2-3							215	70.0	0.2	8.7	19.1

注：1-1、2-1 外加剂为 AN9，1-2、2-2 为 MNF-HSP，1-3、2-3 为 HIP-A100R。

从表 16.3-7 的试验结果可以看出，MNF-HSP 及 HIP—A100R 的性能相近，减水及缓凝效果良好，虽然 3d 强度很低，但混凝土凝结后强度发展很快，特别是缓凝减水剂掺量提高后混凝土强度降低不明显，两个缓凝减水剂均较适宜配制超缓凝混凝土，但 HIP-A100R 配制出混凝土的泌水量更小，因此实际配制及生产时选用了 HIP-A100R 缓凝减水剂。

2）混凝土配制强度的确定

根据深圳港创建材股份有限公司商品混凝土拌和站的生产质量控制水平及水下桩基混凝土的施工特点，确定 C15 混凝土的配制强度为 26.6MPa，C20 混凝土的配制强度为 31.6MPa。

3）混凝土配合比设计的基本参数及原则

① 混凝土单方用水量

综合缓凝减水剂的减水率、混凝土要求坍落度、碎石粒径及选取外加剂时的试验结果，选定混凝土单方用水量为 $180\sim190$kg/m³。

② 胶凝材料总量

胶凝材料总量对混凝土施工和易性能影响较大。胶凝材料用量过少，混凝土流动性、粘聚性、保水性差。一般泵送胶凝材料总用量不宜低于 340kg/m³。通过设计不同胶凝材料用量、不同粉煤灰掺量、不同砂率的配合比进行拌合物性能试验发现，胶凝材料总量在 360kg/m³ 时，混凝土流动性较好，泌水量小，因此确定混凝土胶凝材料总用量为 360kg/m³。

③ 砂率

根据混凝土要求的施工性能、混凝土水胶比、碎石粒径及一般试配经验，确定混凝土砂率为 45%。

④ 粉煤灰及外加剂掺量

粉煤灰掺量以设计出混凝土配合比的各龄期实际强度进行调整确定。缓凝减水剂的掺量也根据水泥用量、水泥性能及环境气温等通过试验确定。

4）配合比设计及试配

按照配合比设计原则，选定 4 个粉煤灰掺量、2 个外加剂掺量计算得出 8 个配合比进行试配。试配时采用 60L 强制式搅拌机搅拌，每个配合比拌合 40L，混凝土出机后分别测定拌合物的坍落度、密度、凝结时间、1h 坍落度损失、泌水率，并成型 5 组立方体试块测定各要求龄期的强度值。混凝土凝结时间测定时的环境温度为 28～32℃，混凝土试块成型抹面后立即用保鲜膜覆盖至 3d 后拆模。试验用配合比及试验结果分别见表 16.3-8、表 16.3-9。

由表 16.3-9 的试验结果可以发现：缓凝减水剂掺量对混凝土凝结时间影响较为显著，当缓凝减水剂掺量从 2％提高到 2.4％时，配合比基本相同的混凝土凝结时间可延长 6h 以上。粉煤灰掺量对混凝土凝结时间也有较强影响，粉煤灰掺量越大，混凝土凝结时间越长。在水胶比相同的情况下，粉煤灰掺量对混凝土后期强度影响最大，掺量越低，混凝土强度越高。缓凝减水剂掺量在 2％～2.5％时对混凝土 28d 强度影响不大。从混凝土 3d 强度来看，影响最大的为缓凝减水剂掺量，其次为粉煤灰掺量。

超缓凝混凝土试配用配合比　　　　　　　　　　　表 16.3-8

配合比编号	试配用混凝土配合比（kg/m³）					
	水	水泥	粉煤灰	河砂	碎石	缓凝减水剂
1	186	180	180	831	1016	7.20
2	186	200	160	831	1016	7.20
3	186	220	140	831	1016	7.20
4	186	240	120	831	1016	7.20
5	185	180	180	831	1015	8.64
6	185	200	160	831	1015	8.64
7	185	220	140	831	1015	8.64
8	185	240	120	831	1015	8.64

超缓凝混凝土试配结果　　　　　　　　　　　表 16.3-9

配合比编号	出机坍落度（mm）	1h 后坍落度（mm）	拌合物和易性	泌水情况	拌合物密度（kg/m³）	初凝时间（h）	混凝土各龄期强度（MPa）				
							3d	5d	7d	28d	60d
1	210	210	好	少量	2340	67.5	0.1	6.7	14.3	28.9	33.1
2	215	210	好	无	2350	65.0	0.6	7.2	16.2	30.7	36.2
3	210	200	好	无	2360	61.5	2.0	13.1	19.9	35.2	40.2
4	220	205	好	无	2360	58.0	3.1	15.2	21.3	39.0	44.6
5	195	205	一般	少量	2340	76.5	0.0	5.9	13.3	27.8	32.5
6	210	215	一般	少量	2340	72.5	0.0	6.2	15.7	31.2	35.7
7	215	205	好	无	2350	69.0	0.2	9.2	17.8	34.5	39.3
8	220	215	好	无	2360	64.5	0.8	10.7	21.7	38.6	43.2

5）确定生产配合比

根据表 16.3-9 的试验结果，确定生产用的 C15、C20 混凝土大致配合比如表 16.3-10 所示。当混凝土要求坍落度较大时，表中水、水泥用量取较大值，反之则取较小值。缓凝减水剂掺量根据施工生产时的气温、水泥性能的变化随时进行调整。

C15、C20 超缓凝混凝土生产用配合比　　　　　　　　　　　表 16.3-10

强度等级	水（kg/m³）	水泥（kg/m³）	粉煤灰（kg/m³）	砂率（％）	HIP-A100R（％）
C15	180～190	180～200	160～80	45	2.0～2.2
C20	180～190	220～240	120～140	45	2.3～2.5

（4）生产应用情况

1）应用情况

从 2000 年 5 月至 2001 年 10 月，港创建材股份有限公司已向深圳地铁益田站、金益区间、香蜜湖站、罗湖站、华强路站等工地供应 C20 超缓凝混凝土共近 5000m³，C15 混凝土约 15000m³。从各时期生产出混凝土的实际测试结果来看，混凝土凝结时间、和易性及各龄期强度均满足设计要求。在正常施工情况下，混凝土均能顺利切割，新旧混凝土咬合良好，各等级超缓凝混凝土 28d 后抽芯强度均大于设计要求。实际工程超缓凝混凝土 3d 强度及 28d 强度的统计结果表 16.3-11。

超缓凝混凝土实际生产强度统计 表 16.3-11

强度等级	试件组数	3d 强度（MPa）	28d 强度统计（MPa）			按 GB 50107 评定	使用工程
			平均值	最低值	标准差		
C15	616	0.0～2.1	29.3	14.4	4.56	合格	益田站及金益区间
C20	294	0.0～1.9	34.6	19.6	5.12	合格	香蜜湖站、罗湖站

2）生产施工中应注意的几个问题

超缓凝混凝土各项性能指标满足设计施工要求是钻孔咬合桩施工工艺成功的前提，混凝土凝结时间、和易性及各龄期强度中一项出现意外，均会严重影响施工正常进行和工程质量，因此对混凝土质量控制及现场施工组织的要求较高。总结超缓凝混凝土的生产质量控制经验及现场情况，在混凝土生产及施工中应特别注意以下几个问题：

① 生产混凝土用各类材料的质量应保持稳定，尤其是水泥、外加剂的质量必须严格控制。

② 原材料发生变化时，应提前按混凝土配合比进行试拌验证，混凝土性能正常后方可生产。

③ 生产中采取可靠措施防止材料误用，主要材料尽量备专罐专用，运输时专车运送。

④ 混凝土运抵工地后，施工方应仔细核查混凝土类别，防止普通混凝土与超缓凝混凝土误用。同时，各车缓凝混凝土均留置一个试块，用保鲜膜覆盖后观察混凝土的凝结情况，以便出现异常情况及时处理。

⑤ 施工前做好各项组织准备工作，确保混凝土在灌注后 60～70h 内切割。

⑥ 混凝土检查试块制作后须注意养护过程的保护。

3）结论

通过对外加剂的合理选用和配合比合理确定，完全能够配制出凝结时间 60～72h、3d 强度小于 3MPa，28d 强度大于 30MPa 的超缓凝混凝土。同时，只有严格加强对生产和施工中各个环节的控制，才能保证生产出超缓凝混凝土的质量和施工的正常进行。

4. 部分工程超缓凝混凝土配合比

（1）深圳西部通道深圳侧接线工程

根据表 16.3-13 试验结果，本工程设计 C25 混凝土最终配合比如下：混凝土总用水量 175～180kg/m³，混凝土胶凝材料总用量 360kg/m³，其中粉煤灰用量 30% 左右，混凝土砂率取 43% 左右，外加剂根据气温变化确定在 3.6%～4.0% 之间。

试验用主要配合比　　　　　　　　　　　　　　表 16.3-12

序号	混凝土单方材料用量（kg/m³）					
	W（水量）	C（水泥）	F（粉煤灰）	S（砂）	G（碎石）	MNF-2
1	180	220	140	786	1043	13.68
2	180	220	120	786	1043	13.68
3	180	260	100	786	1043	13.68
4	175	220	140	807	1027	14.40
5	175	240	120	807	1027	14.40
6	175	260	100	807	1027	14.40

注：水量含外加剂中的水，水泥采用 P.O42.5R。

缓凝混凝土试配结果　　　　　　　　　　　　　表 16.3-13

配合比号	坍落度（mm）	拌合物和易性	静态泌水情况	初凝时间（h）	混凝土各龄期强度（MPa）		
					3d	7d	28d
1	215	良好	无	92	0.0	19.3	35.6
2	220	良好	无	86	0.0	21.2	38.7
3	220	良好	无	82	0.0	23.5	41.2
4	210	良好	少量	112	0.0	21.8	37.2
5	210	良好	无	105	0.0	22.7	40.5
6	210	良好	少量	99	0.0	25.5	43.6

（2）杭州地铁一号线秋涛路站

C20 超缓凝混凝土生产用配合比 （kg/m³）　　　　　　表 16.3-14

水	水泥	粉煤灰	砂	石子	外加剂 JM-Ⅱ
205	293	110	705	1057	6.0

注：水泥采用 32.5 级普通硅酸盐水泥。

采用表 16.3-14 配合比缓凝时间 80h，7d 强度 16.0MPa，28d 强度 22.9MPa。

16.3.4　咬合桩施工技术措施

1. 孔口定位误差的控制

为了保证钻孔咬合桩底部有足够的咬合量，应对其孔口的定位误差进行严格控制，孔口定位误差的允许值可按表 16.3-15 进行选择。

孔口定位误差允许值（单位：mm）　　　　　　表 16.3-15

咬合厚度(mm) ＼ 桩长(m)	＜10	10～15	15～20	20～30
100	±10	—	—	—
150	±15	±10	—	—
200	±20	±15	±10	±5
250	±25	±20	±15	±10

为了有效提高孔口的定位精度，应在钻孔咬合桩桩顶以上设置混凝土或钢筋混凝土导

墙，导墙上定位孔的直径宜比桩径大 20～30mm，如图 16.3-14 所示。钻机就位后，将第一节套管插入定位孔并检查调整，使套管周围与定位孔之间的空隙保持均匀。某工程导墙模板设计图及施工图，如图 16.3-15、图 16.3-16 所示。

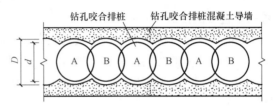

d—钻孔咬合桩单桩直径；D—导墙预留孔直径，$D = d + 20 \sim 30mm$

图 16.3-14 咬合桩导墙平面布置示意图

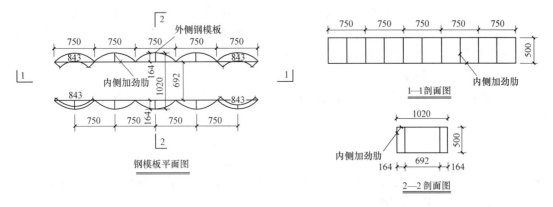

图 16.3-15 某工程导墙模板设计图（桩径 1000mm，咬合厚度 250mm）

图 16.3-16 咬合桩导墙施工图片

2. 桩的垂直度的控制

为了保证钻孔咬合桩底部有足够厚度的咬合量，除对其孔口定位误差严格控制外，还应对其垂直度进行严格的控制。根据《地下铁道工程施工及验收规范（2003年版）》GB 50299—1999规定，桩的垂直度为3‰，成孔过程中要控制好桩的垂直度，必须抓好以下三个环节的工作。

（1）套管的顺直度检查和校正

钻孔咬合桩施工前在平整地面上进行套管顺直度的检查和校正，首先检查和校正单节套管的顺直度，然后按照桩长配置的套管全部连接起来进行整根套管（15～25m）的顺直度检查，偏差宜小于10mm。检测方法：于地面上测放出两条相互平行的直线，将套管置于两条直线之间，然后用线坠和直尺进行检测。

（2）成孔过程中桩的垂直度监测和检查

1）地面监测：在地面选择两个相互垂直的方向采用经纬仪或线锤监测地面以上部分的套管的垂直度，发现偏差随时纠正。这项检测在每根桩的成孔过程中应自始至终坚持，不能中断。

2）孔内检查：每节套管压完后安装下一节套管之前，都要停下来用测斜仪或"测环"进行孔内垂直度检查（也可以采用激光垂投仪检查垂直度），不合格时需进行纠偏，直至合格才能进行下一节套管施工。

（3）纠偏

成孔过程中如发现垂直度偏差过大，必须及时进行纠偏调整，纠偏的常用方法有以下三种：

1）利用钻机油缸进行纠偏：如果偏差不大或套管入土不深（5m以下），可直接利用钻机的两个顶升油缸和两个推拉油缸调节套管的垂直度，即可达到纠偏的目的。

2）A桩纠偏：如果A桩在入土5m以下发生较大偏移，可先利用钻机油缸直接纠偏，如达不到要求，可向套管内填砂或黏土，一边填土一边拔起套管，直至将套管提升到上一次检查合格的地方，然后调直套管，检查其垂直度合格后再重新下压。

3）B桩的纠偏：B桩的纠偏方法与A桩基本相同，其不同之处是不能向套管内填土而应填入与A桩相同的混凝土，否则有可能在桩间留下土夹层，从而影响排桩的防水效果。

（4）桩垂直度、咬合厚度确定的极限桩长

桩垂直度、咬合厚度确定的极限桩长   表16.3-16

极限桩长(m)〜咬合厚度(m)〜桩垂直度	咬合厚度(mm)			
	150	200	250	300
1‰	50	75	100	125
2‰	25	37.5	50	62.5
3‰	16.6	25	33.3	41.7
1%	5	7.5	10	12.5

注：考虑桩端部咬合50mm，未考虑桩位偏差影响。

从表16.3-16可以看出，按普通灌注桩控制1%的施工垂直度一般情况下无法满足咬合桩咬合止水功能的要求。

16.3.5 咬合桩常见问题处理方法

1. 如何克服"管涌"

如图 16.3-17 所示，在 B 桩成孔过程中，由于 A 桩混凝土未凝固，还处于流动状态，A 桩混凝土有可能从 A、B 桩相交处涌入 B 桩孔内，称之为"管涌"。

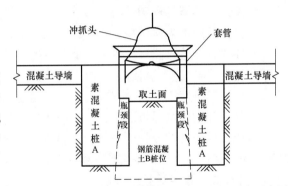

图 16.3-17　B 型桩施工过程中的混凝土管涌现象示意图

（1）管涌的主要原因

1）在桩孔较深处存在松砂层时，且又作用着向上的渗透水压力，如果由此产生的动水坡度大于砂土层的极限动水坡度时，砂土颗粒就会处于冒出、沸涌状态形成砂土管涌。

2）在桩孔挖掘过程中，如果软土层深厚，地下水位高，且砂质粉土层或黏性土与粉土层中夹薄层粉砂时，极易在渗透水压作用下产生砂土管涌。

3）在持力层有大量的承压水而孔内水却很少或无水的状态下，套管一接近持力层附近的承压水时，承压水就突然把套管超前部分的孔内不透水层突破，向孔内喷水，带走持力层附近的砂和砂砾，使桩端持力层松动。

（2）克服"管涌"的方法

1）A 桩混凝土的坍落度应尽量小一些，不宜超过 18cm，以便降低混凝土的流动性。

2）套管底口应始终保持前于开挖面一定距离，以便造成一段"瓶颈"，阻止混凝土的流动，如果钻机能力许可，这个距离越大越好，但至少不应小于 2.5m。

3）如有必要（如遇地下障碍物套管底无法超前时）可向套管内注入一定量的水，使其保持一定的反压力来平衡 A 桩混凝土的压力。阻止"管涌"的发生。

4）B 桩成孔过程中应注意观察相邻两侧 A 桩混凝土顶面，如发现 A 桩混凝土下陷应立即停止 B 桩开挖，并一边将套管尽量下压，一边向 B 桩内填土或注水，直到完全制止住"管涌"为止。

2. 遇地下障碍物的处理方法

总的来说，套管钻机施工过程中如遇地下障碍物处理起来都比较困难，特别是施工钻孔咬合桩还要受时间的限制，因此在进行钻孔咬合桩施工前必须对地质情况十分清楚，否则会导致工程失败。对一些比较小的障碍物，如卵石层、体积较小的孤石等，可以首先抽干套管内积水，然后再吊放作业人员下去将其清除即可。若遇大块石可用十字冲击锤冲砸击碎后下压套管。

3. 防止钢筋笼上浮和下沉的措施

由于套管内壁与钢筋笼外缘之间的空隙较小，因此在上拔套管的时候，钢筋笼将有可能被套管带着一起上浮。其预防措施主要有：

（1）防止钢筋笼上浮的措施

1）确保钢筋笼加工的垂直度及整体刚度；

2）反复松紧使套管摇晃，在同一方向转动套管 1～2 次，减少摩擦；

3）配以专用器具利用钻机上拔动作，下压钢筋笼拔套管，控制上浮；

4）在钢筋底部焊接钢板，以防止钢筋笼上浮；

5）B 桩混凝土的骨料粒径应尽量小一些，不宜大于 20mm。

（2）防止钢筋笼下沉措施

1）成孔后桩底添加一定深度的片石、混凝土块，提高持力层的承载力；

2）加强并增大抗浮板的面积，以增加钢筋笼和持力层的接触面；

3）成孔后套管随混凝土浇筑逐段起拔，起拔套管视起拔状况精心操作，阻力过大采用多转动（套管）慢拔保证套管起拔中的顺直，在任何情况下严禁强行拔起。

4. 分段施工接头的处理方法

往往一台钻机施工无法满足工程进度，需要多台钻机分段施工，这就存在先施工段的接头问题。采用砂桩是一个比较好的方法，如图 16.3-18 所示。在施工段与段的端头设置一个砂桩（成孔后用砂灌满），待后施工段到此接头时挖出砂灌上混凝土即可。

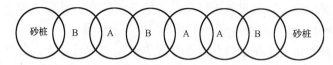

图 16.3-18　分段施工接头预设砂桩示意图

5. 钻进入岩的处理方法

如前所述，钻孔咬合桩一般仅适用于软土地质，但施工中遇到局部小范围区域少量桩入岩情况，可采用"二阶段成孔法"进行处理。第一阶段，不论 A 桩还是 B 桩，先钻进取土至岩面然后卸下抓斗改换冲击锤，从套管内用冲击锤冲钻至桩底设计标高，成孔后向套管内填土，一边填土一边拔出套管，即第一阶段所成的孔用土填满；第二阶段，按钻孔咬合桩正常施工方法施工。

6. 事故桩的处理方法

在钻孔咬合桩施工过程中，因 A 桩超缓混凝土的质量不稳定出现早凝现象或机械设备故障等原因，造成钻孔咬合桩的施工未能按正常要求进行而形成事故桩，事故桩的处理主要分以下几种情况：

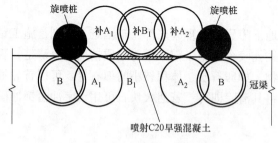

图 16.3-19　咬合桩背桩补强示意图

（1）背桩补强

如图 16.3-19 所示，B_1 桩成孔施工时，其两侧 A_1、A_2 桩的混凝土均已凝固，在这种情况下，则放弃 B_1 桩的施工，调整桩序继续后面咬合桩的施工，以后在 B_1 桩外侧增加三根咬合桩及两根旋喷桩作为补强、防水处理。在基坑开挖过程中将 A_1 和 A_2 桩之间的夹土清除喷上混凝土即可。

（2）平移桩位侧咬合

如图 16.3-20 所示，B 桩成孔施工时，其一侧 A_1 桩的混凝土已经凝固，使套管钻机不能按正常要求切割咬合 A_1、A_2 桩，处理方法是向 A_2 桩方向平移 B 桩位，使套管钻机

单侧切割 A_2 桩施工 B 桩，并在 A_1 桩和 B 桩外侧另增加一根旋喷桩作为防水处理。

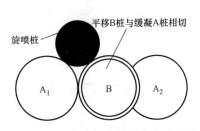

图 16.3-20　平移桩位单侧咬合示意图

（3）预留咬合企口

如图 16.3-21 所示，在 B_1 桩成孔施工中发现 A_1 桩混凝土已有早凝倾向但还未完全凝固时，此时为避免继续按正常顺序施工造成事故桩，可及时在 A_1 桩右侧施工一砂桩以预留出咬合企口，待调整完成后再继续后面桩的施工。

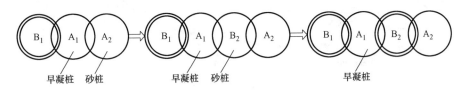

图 16.3-21　预留咬合企口示意图

16.4　工程实例

1. 工程概况

拟建泉州田安大桥 1 号、2 号楼工程位于泉州市丰泽区田安南路西侧，场地地貌为海积平原地貌。场地原为居民住宅地，已拆迁整平，场地地形相对平坦。拟建建筑红线东侧紧邻田安南路道路红线；西侧建筑红线紧邻民房，距离约为 2m；北侧为拆迁后的空地；南侧为区间道路。±0.000 为黄海高程＋5.000m，场地整平标高为＋5.000m，坑底标高为－7.000m，基坑开挖深度为 12.0m 左右。根据开挖深度及地质、场地条件，基坑支护采用咬合桩＋两层钢筋混凝土内支撑。

2. 工程水文地质概况

场地工程地质从上到下依次为：杂填土、粉质黏土、淤泥、中砂层、卵石层、残积砂质黏性土、全风化花岗岩、强风化花岗岩、中风化花岗岩。

本工程距离内河较近，地下水十分丰富，且具承压性。地下深度 19～28m 均为砂夹卵石强透水层。场地的水量受晋江潮汐（泄洪河水位）影响明显，涨潮时水位较高，低潮时水位较低。勘察时稳定水位埋深 1.9～2.2m。

3. 基坑支护设计

根据地质条件及周边环境，基坑支护设计上部 2.3m 采用 1:1 自然放坡，下部采用排桩与二层钢筋混凝土内支撑形式。支护桩设计桩径 $\phi1000@1300$mm，桩长 26～28m，其中上部 19m 根据支护桩计算受力配筋，下部 7～9m 为素混凝土桩，用于挡水。受力桩之间设置 $\phi800@1300$mm 的砂浆桩作为咬合桩止水，桩长 26～28m，咬合厚度 250mm，砂浆桩采用 M2.5 水泥黏土砂浆。

由于止水桩强度低，设计不考虑砂浆桩的受力，按普通支护桩进行 $\phi1000$mm 桩的配筋计算。支护桩设计混凝土强度 C30。基坑支护总平面及支护典型剖面、配筋如图

16.4-1、图 16.4-2 所示。

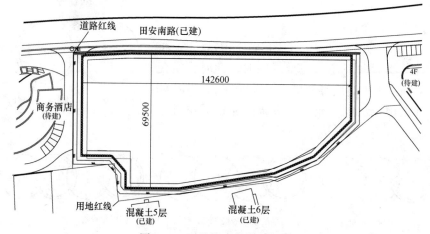

图 16.4-1 基坑支护总平面图

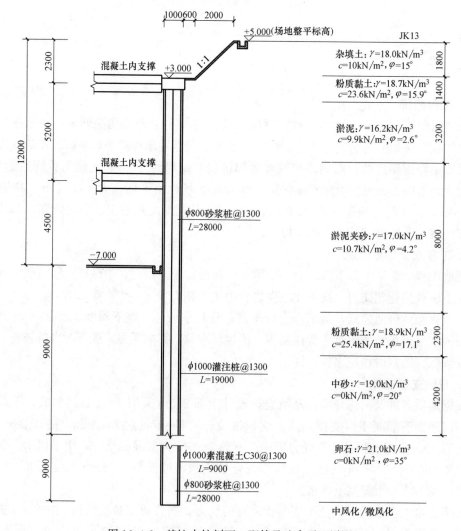

图 16.4-2 基坑支护剖面、配筋及咬合平面详图

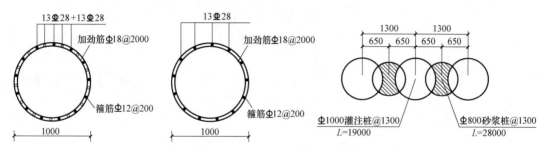

图 16.4-2　基坑支护剖面、配筋及咬合平面详图（续）

4. 基坑支护咬合桩施工

（1）施工主要工程量

田安大桥 1 号、2 号楼基坑支护工程量清单见表 16.4-1：

田安大桥 1 号、2 号楼基坑支护工程量清单表　　　　　　　表 16.4-1

桩型	剖面	直径	桩长(m)	数量(根)	工程量(m³)	工程量(m)
灌注桩	1-1 剖面	φ1000	26	110	2245.10	2860.00
	2-2 剖面	φ1000	26	130	2653.30	3380.00
	3-3 剖面	φ1000	28	61	1340.78	1708.00
砂浆桩	1-1 剖面	φ800	26	110	1436.86	2860.00
	2-2 剖面	φ800	26	130	1698.11	3380.00
	3-3 剖面	φ800	28	61	858.10	1708.00
总计				602	10232.26	15896.00

工程施工有效工期（120d，技术间歇时间不计入有效工期），工程咬合桩工程量 602 根，其中 φ800 砂浆桩 301 根，φ1000 混凝土灌注桩 301 根，平均每天施工 6 根。

（2）机械设备计划

机械设备计划见表 16.4-2。

机械设备计划　　　　　　　　　　表 16.4-2

序号	机械设备名称	型号规格	数量	国别产地	备注
1	全套筒钻机	SDSW2512	1	中国	
2	全套筒钻机	SDSW3612	1	中国	
3	履带吊车	50T	1	中国	
4	挖掘机		1		甲供
5	铲车		1		甲供
6	旋挖钻机	BG25C	1	德国	
7	履带吊车	日立 55	1	日本	

（3）咬合桩施工流程

咬合桩施工流程如图 16.4-3 所示。

1）导墙施工

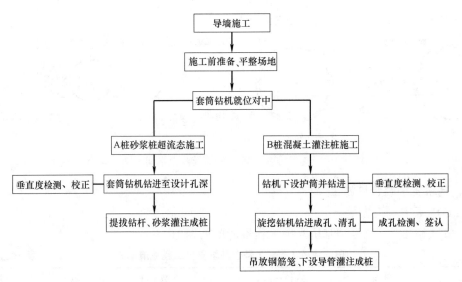

图 16.4-3 咬合桩施工流程图

咬合桩导墙采用 C30 厚 500mm 钢筋混凝土结构，导墙结构形式如图 16.4-4 所示。

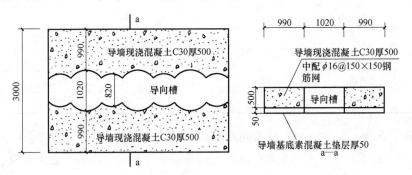

图 16.4-4 钻孔咬合桩施工导墙结构图

① 基础开挖

场地平整后，根据实际地形标高和桩顶标高确定导墙基础开挖深度，基础开挖采用人工配合挖掘机进行，开挖到基底后，清底、夯填、整平。

② 钢筋下料

钢筋的规格性能符合标准规范的规定和设计要求，钢筋加工下料按设计图要求施工。

③ 模板工程

采用定型钢模，每段长度按 3～5m 考虑，模板支撑采用方木，具体如图 16.4-5 所示。

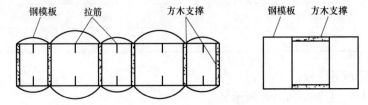

图 16.4-5 导墙定型模做法示意图

④ 混凝土工程

采用 C30 商品混凝土，人工入模，插入式振动棒振捣，保证顶面高程，在混凝土强度达到 70% 时拆模，施工中严格控制导墙施工精度，确保轴线误差 ±20mm，内墙面垂直度 0.3%，平整度 3mm，导墙顶面平整度 5mm。

2）施工顺序

先施工砂浆 A 序桩，间隔一根进行循环施工，待 A 序桩初凝后方进行咬合桩施工。再在相邻两 A 序桩间切割成孔施工钢筋混凝土 B 序桩，其施工顺序见图 16.4-6。

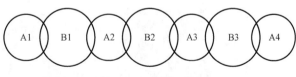

图 16.4-6　施工顺序图

说明：施工顺序为：A1→A2→A3→B1→B2……A 桩为超流态砂浆桩，B 桩为钢筋混凝土灌注桩。

3）施工工艺

① 砂浆桩（A 桩）超流态施工工艺

套筒钻机对中就位，采用超流态工艺法施工，用螺旋钻杆钻至设计孔深，通过空心的螺旋钻杆边泵送砂浆边提升钻杆直至桩顶。钻进过程中应根据土层情况调整钻进速度，一次达到钻进深度，确保桩长桩径。首盘砂浆灌注前应用清水或水泥砂浆清洗管路，注意桩底灌注质量，砂浆进入钻杆后方可提钻，匀速提钻并保证钻头刃尖始终埋在砂浆内，防止断桩。随时检查泵管密封情况以免漏浆。在砂、卵石等地层降低提钻速度，保证砂浆保持在钻杆内，成孔泵送紧密配合减少砂浆灌注时间，成桩后一定注意保持好桩头，24h 内不能扰动。

施工时先施工 A 桩，后施工 B 桩，A 桩为混合砂浆桩，B 桩为普通混凝土灌桩，要求必须在相邻 A 桩施工完后施工 B 桩；砂浆桩（A 桩）采用 M2.5 黏土砂浆，水泥采用 32.5 复合水泥，黏土采用红黏土，塑性指数 $I_p \geqslant 17$；水泥黏土砂浆稠度取 5~7cm；经验配比为水泥∶黏土∶砂∶水重量比为 200∶150∶1400∶300。

(a)　　　　　　　　　　　　　(b)

图 16.4-7　A 桩现场施工照

(a) 钻机对中开钻；(b) 压力灌注提钻成桩

② 混凝土灌注桩施工工艺

待砂浆桩（A 序桩）达到强度后。套筒钻机施工混凝土灌注桩（B 序桩），套筒钻机带护筒对中就位后，配合钻机内电脑设置校正护筒垂直度，下设护筒并钻进，钻进至岩层后，改用旋挖钻机成孔（设计要求部分灌注桩入岩 1.0m）。检验合格后，吊放钢筋笼，下设导管灌注成桩。待达到混凝土初凝，立即拔出钢护筒，循环施工。

图 16.4-8　B 桩现场施工照

（*a*）套筒钻机成孔取土；（*b*）旋挖桩机桩端入岩

4）成孔

① 钻机就位后，保证套筒与桩中心偏差小于 2cm，随时监控检测和调整套筒垂直度，发生偏移及时纠偏调整（垂直度控制用线坠垂直方向控制，同时采用两台经纬仪垂直方向监控套筒垂直度）。

② 当孔深度达到设计要求后，及时清孔并检查沉渣厚度，若厚度大于 20cm，则继续清孔直至符合要求。

③ 确定孔深后，及时向监理工程师报检，检测孔的沉渣和深度（用测绳检查桩孔的沉渣和深度，注意经常进行测绳标定检查）。

④ 钢筋笼的吊装

钢筋笼的吊装利用履带吊，采用三点起吊法，首先采用大钩将钢筋笼平行吊起，然后利用小钩和大钩配合将钢筋笼慢慢竖起，直至将钢筋笼垂直吊起，之后将钢筋笼一次性放入孔中。钢筋笼下至设计高程后，利用钢筋笼周围钢筋定位环保证钢筋笼轴线与桩孔中心线重合，并确保主钢筋的净保护层满足设计要求，保护层的允许偏差按 ±20mm 控制。

5）混凝土灌注

① 采用导管法浇筑水下混凝土灌注，导管直径为 300mm，导管连接顺直、光滑、密闭、不漏水，浇筑混凝土前先进行压力试验。

② 在浇筑过程中，随时检查是否漏水。刚开始浇筑时，导管底部距孔底 30～50cm，浇筑混凝土量要经过计算确定。在浇筑中护筒和导管下端埋深控制在 2～4m 范围，首次

浇筑约 4m³ 混凝土后，同步提升套筒和导管，采用测绳测量严格控制其埋深和提升速度，严禁将套筒和导管拔出混凝土面，防止断桩和缺陷桩的发生。

③ 水下混凝土要连续浇筑不得中断，边灌注边拔套筒和导管，并逐步拆除，混凝土灌注至设计桩顶标高以上 0.60m（超灌量 0.60m³），因套筒上拔后桩孔存在一定程度的扩孔。最后一节套筒上拔前应测定当前混凝土面标高，对所需混凝土进行估量，确保满足桩顶设计标高和超灌要求，完全拔出套筒和导管，要保证设计范围内的桩体不受损伤，并不留松散层。

6）质量保证措施

钻孔咬合桩作为深基坑围护结构，其质量控制的关键在于确保咬合质量，主要表现在成孔质量和混凝土灌注质量控制等方面。

① 开孔定位

对每段施工完导墙进行桩孔位基线复核合格后，根据咬合桩施工顺序所对应的导墙孔位编号进行钻机就位，使套筒中心对应定位在导墙孔位中心。为方便套筒入孔，导墙孔直径一般应大于套筒钻头外径，其直径为 1020mm。因此，套筒入孔后，应严格控制孔口定位误差，尽可能使套筒中心与导墙孔中心重合，以免影响咬合量。在孔口定位过程中，主要由钻机以导向和导墙孔为依据，前后左右移机，确保护筒和导墙孔上下圆心重合。

② 垂直度控制与检验

为确保咬合桩底部有足够的咬合量，除对其孔口定位误差严格控制外，还应对其垂直度进行严格控制，这是成孔质量控制的关键，咬合桩的垂直度控制标准为 3‰。在成孔过程中要控制好桩的垂直度，必须抓好以下两个环节：

A. 套筒垂直度检查和校正

套筒钻施工前应在平整地面上进行套筒垂直度检查和校正。20m 套筒的垂直度偏差宜小于 50mm。

B. 成孔过程中桩的垂直度监测和检查

在成孔过程中对套筒垂直度进行全程监控，以便及时发现和纠正偏差，确保垂直度偏差在规定范围以内。地面监测即在地面选择两个相互垂直的方向，采用吊线坠监测地面以上套筒的垂直度，吊线坠交差 90°于护筒处边缘线。具体操作方法：每台机都有工人固定看线员，在看线过程中，如有偏差由看线员向班长及时汇报，由班长利用桩机的前后左右的液压系统进行纠偏，符合标准后方可进行施工。

③ 旋挖钻终孔后清孔

由于全套筒法成孔是以钢套筒作护壁，孔内沉渣较少，旋挖钻机成孔完成后，应测定孔底沉渣厚度。若沉渣厚度大于 20cm，须进行清孔。

终孔后对孔深、孔底进行最终检查和验收，检查合格后进行下道工序，吊装钢筋笼、下设导管进行混凝土灌注。

④ 钢筋笼下沉控制措施

由于钢筋笼悬空至孔底 9m，采用钢筋笼制作吊筋方法进行施工。下放钢筋笼后，利用钢筋笼吊筋，吊至护筒边缘至钢筋笼顶标高。灌注成桩后将吊筋改吊至螺旋钻机钻头处固定以保证笼顶标高，待护筒拔出后，将钢筋笼吊筋用钢管固定到地面，以控制钢筋笼笼顶标高。待混凝土强度达到，并保证钢筋笼不下沉后，撤出钢管。

⑤ 钢筋笼上浮的控制措施

由于套筒内壁与钢筋笼外缘之间的空隙比较小，因此在上拔套筒时，钢筋笼将有可能被套筒带着一起上浮。其预防措施主要是：

A. 严格控制钢筋笼加工的外径尺寸；

B. B桩混凝土的骨料粒径应尽量小些，不宜大于 25mm；

C. 上拔套筒前，匀速旋转 2～5 圈后提拔套筒，以减少钢筋笼与套筒壁间的摩擦力。

5. 结论

（1）本工程采用套管式螺旋钻机可轻松穿过回填土、淤泥层、砂层、强风化层等地质，可取代泥浆护壁，更安全、绿色环保，避免因泥浆给灌注成桩造成的质量问题；

（2）咬合混凝土桩施工时，钻机带钢护筒先行切削素桩钻进，桩身垂直度可控制在 3‰，从而保证其桩身底部咬合量，确保止水效果；

（3）本工艺成桩效率、质量优越，工法绿色环保，对周边位置环境、居民生活等影响小，对工程的工期要求、文明安全要求等，是其他工艺不可取代的。

参 考 文 献

[1] 沈保汉. 桩基与深基坑支护技术进展//沈保汉地基基础论文选集 [M]. 北京：知识产权出版社，2006.

[2] 昆明捷程桩工有限责任公司，中冶集团建筑研究总院等六家单位，捷程 MZ 系列全套管灌注桩和钻孔咬合桩成套技术研究与开发报告 [R]. 2005 年 11 月.

[3] 魏祥. 上海软土地层钻孔咬合桩的施工和应用 [J]. 西部探矿工程，2007，19（1）：34-36.

[4] 沈保汉，刘富华等. 捷程 MZ 系列全套管钻孔咬合桩 [J]. 建筑技术，2006，37（8）：589-592.

[5] 廖少明，周学领等. 咬合桩支护结构的抗弯承载特性研究 [J]. 岩土工程学报，2008，30（1）：72-78.

[6] 刘丰军，廖少明等. 钻孔咬合桩挡土结构咬合面的剪切性能研究 [J]. 岩土工程学报，2006，28（S1）：1445-1449.

[7] 杨虹卫，杨新伟. 钻孔咬合桩的配筋计算方法 [J]. 地下空间与工程学报，2008，4（3）：402-405.

[8] 张佐汉，刘国楠等. 深圳地区钻孔咬合桩围护结构施工技术的研究 [J]. 铁道建筑，2010（5）：37-42.

[9] 陈清志. 深圳地铁工程钻孔咬合桩超缓凝混凝土的配制与应用 [J]. 混凝与水泥制品，2002（2）：21-23.

[10] 胡琦等. 深基坑工程中的咬合桩受力变形分析 [J]. 岩土力学，2008，29（8）：2144-2148.

[11] 李文林. 软土地层咬合桩挡土结构设计与施工技术研究 [D]. 上海. 同济大学硕士论文，2006.

[12] 陈斌，施斌等. 南京地铁软土地层咬合桩围护结构的技术研究 [J]. 岩土工程学报，2005，27（3）：354-357.

[13] 王立久等. 混凝土新型超缓凝剂研究 [J]. 混凝土，2000（10）：58-59.

[14] 郭志武等. 超缓凝混凝土在咬合桩施工中的应用 [J]. 隧道建设，2004，24（3）：32-35.

[15] 吴玉涛，杨孝先. 超缓凝混凝土在特大桩基中的应用 [J]. 矿产勘查，2001（8）：33-33.

[16] 王善拔，贾怀锋. 水泥和缓凝剂对混凝土凝结时间的影响——兼论预拌混凝土的超缓凝及其预防 [J]. 水泥，2003（8）：1-6.

[17] 周学领. 咬合桩复合结构设计理论及方法研究 [D]. 同济大学硕士论文，2007.

[18] 林振德，陈云彬. 近海抛填石区域深基坑支护技术的探讨与实践 [J]. 福建建设科技，2009（1）：27-29.

[19] 中华人民共和国行业标准. 咬合式排桩技术规程征求意见稿. 上海，2013.

[20] 王平卫. 全套管灌注桩承载性状及施工工艺的研究 [D]. 中南大学博士论文，2007.

[21] 杜平. 深大基坑混凝土咬合桩支护结构 [D]. 南京林业大学硕士论文，2009.

[22] 宋志彬，冯起赠等. CG 型全套管搓管成孔设备的研究和应用 [J]. 探矿工程，2007，34（9）：48-52.

[23] 李林军. 上海邯郸路地道工程围护结构咬合桩施工 [J]. 路基工程，2007（3）：121-123.

[24] 李学劲，金君沂. 塑性混凝土冲孔灌注咬合桩在滨海人工填石层施工止水帷幕的应用 [J]. 建筑技术，2009，40（5）：419-422.

第17章 基坑工程土方开挖

刘忠群

（福建省二建建设集团有限公司）

17.1 基坑工程土方开挖分类

基坑开挖一般分为放坡开挖和有围护开挖两种基本方式，视场地的工程地质、水文地质情况以及开挖深度和环境条件等因素，有如图 17.1-1 不同的具体方式。

根据基坑支护设计的不同，基坑开挖又可分为无内支撑基坑开挖和有内支撑基坑开挖。

无内支撑基坑是指在基坑开挖深度范围内不设置内部支撑的基坑，包括采用放坡开挖的基坑，采用水泥土重力式围护墙、土钉支护、土层锚杆支护、钢板桩拉锚支护、板式悬臂支扩的基坑。有内支撑基坑是指在基坑开挖深度范围内设置一道或多道内部临时支撑，以及以水平结构代替内部临时支撑的基坑。

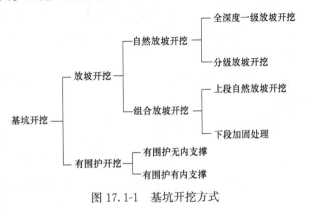

图 17.1-1　基坑开挖方式

按照基坑挖土方法的不同，基坑开挖可分为明挖法和暗挖法。无内支撑基坑开挖一般采用明挖法；有内支撑基坑开挖一般有明挖法、暗挖法、明挖法与暗挖法相结合三种方法。基坑内部有临时支撑或水平结构梁代替临时支撑的基坑开挖，一般采用明挖法。基坑内部水平结构梁板代替临时支撑的基坑开挖，一般采用暗挖法，盖挖法施工工艺中的基坑开挖属于暗挖法的一种形式。明挖法与暗挖法相结合，是指在基坑内部部分区域采用明挖和部分区域采用暗挖的一种挖土方式。

17.2 基坑工程土方开挖基本要求

17.2.1 基本原则

基坑开挖前应根据工程地质与水文地质资料、结构和支护设计文件、环境保护要求、施工场地条件、基坑平面形状、基坑开挖深度等，遵循"分层、分段、分块、对称、平衡，限时"和"先撑后挖、限时支撑、严禁超挖"的原则编制基坑开挖施工方案。基坑开挖施工方案应履行审批手续，并按照有关规定进行专家评审论证。

17.2.2　基本规定

基坑开挖应符合下列规定：

（1）当支护结构构件强度达到开挖阶段的设计强度要求时，方可下挖基坑；对采用预应力锚杆的支护结构，应在锚杆施加预应力后，方可下挖基坑；对土钉墙，应在土钉、喷射混凝土面层达到设计强度后，方可下挖基坑。

（2）应按支护结构设计规定的施工顺序和开挖深度分层开挖。

（3）锚杆、土钉的施工作业面与锚杆、土钉的高差不宜大于 500mm。

（4）开挖时，挖土机械不得碰撞或损害锚杆、腰梁、土钉墙面、内支撑及其连接件等构件，不得损害已施工的基础桩。

（5）当基坑采用降水时，应在降水后开挖地下水位以下的土方。

（6）当开挖揭露的实际土层性状或地下水情况与设计依据的勘察资料明显不符，或出现异常现象、不明物体时，应停止开挖，在采取相应处理措施后方可继续开挖。

（7）开挖至坑底时，应避免扰动基底持力土层的原状结构。

（8）当基坑开挖面上方的锚杆、土钉、支撑未达到设计规定要求时，严禁向下超挖土方。

（9）采用锚杆或支撑的支护结构，在未达到设计规定的拆除条件时，严禁拆除锚杆或支撑。

（10）基坑挖土机械及土方运输车辆直接进入坑内进行施工作业时，应采取措施保证坡道稳定。挖土机械的停放和行走路线布置、挖土顺序、土方驳运、材料堆放等应避免引起对工程桩、支护结构、降水设施、监测设施和周边环境的不利影响。

（11）基坑工程中坑内栈桥道路和栈桥平台应根据施工要求及荷载情况进行专项设计，施工过程中应严格按照设计要求对施工栈桥的荷载进行控制。

（12）基坑周边施工材料、设施或车辆荷载严禁超过设计要求的地面荷载限值，施工时应按照设计要求控制基坑周边区域的堆载。

17.2.3　软土基坑开挖要求

软土基坑开挖除应符合本章 17.2.2 条的规定外，尚应符合下列规定：

（1）应按分层、分段、对称、均衡、适时的原则开挖。

（2）当主体结构采用桩基础且基础桩已施工完成时，应根据开挖面下软土的性状，限制每层开挖厚度，不得造成基础桩偏位。

（3）对采用内支撑的支护结构，宜采用局部开槽方法浇筑混凝土内支撑或安装钢支撑；开挖到支撑作业面后，应及时进行支撑的施工。

（4）对重力式水泥土墙，沿水泥土墙方向应分区段开挖，每一开挖区段的长度不宜大于 40m。

17.2.4　基坑开挖期间维护要求

基坑开挖期间应按下列要求对基坑进行维护：

（1）雨期施工时，应在坑顶、坑底采取有效的截排水措施；对地势低洼的基坑，应考虑周边汇水区域地面径流向基坑汇水的影响；排水沟、集水井应采取防渗措施。

（2）基坑地面宜作硬化或防渗处理。

（3）基坑周边的施工用水应有排放措施，不得渗入土体内。

（4）当坑体渗水、积水或有渗流时，应及时进行疏导、排泄、截断水源。

（5）开挖至坑底后，应及时进行混凝土垫层和主体地下结构施工。

（6）主体地下结构施工时，结构外墙与基坑侧壁之间应及时回填。

17.2.5 基坑预警

支护结构或基坑周边环境出现下列的报警情况或其他险情时，应立即停止土方开挖：

（1）支护结构位移达到设计规定的位移限值。

（2）支护结构位移速率增长且不收敛。

（3）支护结构构件的内力超过其设计值。

（4）基坑周边建（构）筑物、道路、地面的沉降达到设计规定沉降、倾斜限值；基坑周边建（构）筑物、道路、地面开裂。

（5）支护结构构件出现影响整体结构安全性的损坏。

（6）基坑出现局部坍塌。

（7）开挖面出现隆起现象。

（8）基坑底部、侧壁出现流砂、管涌或渗漏等现象。

此外，基坑出现险情停止开挖后，应根据危险产生的原因和可能进一步的破坏形式，采取控制或加固措施。危险消除后，方可继续开挖。必要时，应对危险部位采取基坑回填、地面卸土、临时支撑等应急措施。当危险由地下水管道渗漏、坑体渗水造成时，应及时采取截断渗漏水源、疏排渗水等措施。

17.3 基坑工程土方开挖机械

17.3.1 基坑工程土方开挖机械类型及特点

用于基坑开挖的土方挖掘机械行走方式一般为履带式，按传动方式可分为机械传动和液压传动两种，按土斗作业方式可分为正铲挖掘机、反铲挖掘机、抓铲挖掘机及拉铲挖掘机等，如图 17.3-1～图 17.3-4 所示，其中反铲挖掘机和抓铲挖掘机最为常用。

图 17.3-1 正铲挖掘机

图 17.3-2 反铲挖掘机

液压挖掘机技术性能高，可配装多种工作装置；结构简化，减少易损件；维修方便，由于采用液压传动后省去了复杂的中间传动零部件，能实现无级调速，机构布置合理。由于液压系统中各元件均采用油管连接，各部件之间相互位置不受传动关系的限制影响，布置灵活，便于满足传动要求；操作简单、轻便。液压挖掘机普遍采用液压伺服机构（先导阀）操纵，放手柄操作力不论机型大小都小于 30N，而且一个伺服操纵杆可前后左右动作，不仅减少了操纵杆件数，而且改善了司机的工作条件。由于液压挖掘机具有上述优势，目前市场上主要以液压挖掘机为主导。

图 17.3-3 拉铲挖掘机

图 17.3-4 抓斗挖掘机抓斗

正铲挖掘机装车轻便灵活，回转速度快，移位方便；挖掘力大，能挖掘坚硬土层，易控制开挖尺寸，工作效率高。开挖停机面以上土方，需与汽车配合完成整个挖运工作；开挖高度超过挖土机挖掘高度时，可采取分层开挖。可开挖含水量较小的一类土和经爆破的岩石及冻土。

反铲挖掘机是应用最为广泛的土方挖掘机械，具有操作灵活、回转速度快等特点。近年来，反铲挖掘机市场飞速发展，挖掘机的生产向大型化、微型化、多功能化、专用化的方向发展。基坑土方开挖可根据实际需要。可选择普通挖掘深度的挖掘机。也可以选择较大挖掘深度的接长臂、加长臂或伸缩臂挖掘机等。

抓铲挖掘机也是基坑土方工程中常用的挖掘机械。主要用于基坑定点挖土，对于开挖深度较大的基坑，抓铲挖掘机定点挖土适用性更强。抓铲挖掘机分为钢丝绳索抓铲挖掘机和液压抓铲挖掘机。液压抓铲挖掘机的抓取力要比钢丝绳索抓铲挖掘机大，但挖掘深度较钢丝绳抓铲挖掘机小，为增大挖掘深度可根据需要设置加长臂。

拉铲挖掘机可挖深坑，挖掘半径及卸载半径大、操纵灵活性较差。

17.3.2 基坑工程土方开挖机械主要技术性能及适用范围

1. 液压正铲挖掘机主要技术性能及适用范围

常用液压正铲挖掘机主要技术性能参见表 17.3-1。

常见液压正铲挖掘机主要技术性能表　　　　　表 17.3-1

项　目	机　型							
	W1-50		W1-60		W1-100		W-200	
铲斗容量(m³)	0.5		0.6		1.0		1.0～1.5	
铲臂倾斜角度(°)	45	60	45	60	45	60	45	60
挖掘半径(m)	7.8	7.2	7.7	7.2	9.8	9.0	11.5	10.8
挖掘高度(m)	6.5	7.9	5.85	7.45	8.0	9.0	9	10
卸土半径(m)	7.1	6.5	6.9	6.5	8.7	8.0	10	9.6
卸土高度(m)	4.5	5.6	3.85	5.05	5.5	6.8	6	7
行走速度(km/h)	1.5～3.6		1.48～3.25		1.49			
最大爬坡能力	22°		20°		20°		20°	
对地面平均压力(MPa)	0.062		0.088		0.091		0.127	
质量(t)	20.5		22.7		41		77.5	

正铲挖掘机的工作装置主要由支杆、斗柄和土斗组成，适合开挖停机面以上的土方，挖土高度 1.5m 以上，在开挖基坑时，要求停机面保持干燥，故要求基坑开挖前做好基坑的排水工作。正铲挖掘机具有强制性和较大的灵活特性，可以开挖较坚硬的土质，在开挖时需汽车配合运土。

2. 液压反铲挖掘机主要技术性能及适用范围

常用液压正铲挖掘机主要技术性能参见表 17.3-2A、表 17.3-2B。

国内常用液压反铲挖掘机技术性能　　　　　表 17.3-2A

项　目	机　型					
	W1-50		W1-60		W1-100	WY-100
铲斗容量(m³)			0.6		1.0	1～1.2
铲臂倾斜角度(°)	45	60	45	60		
卸土半径(m)	8.1	7	7.1	6.0	10.2	5.6
卸土高度(m)	5.26	6.14	6.4	7.2	6.3	7.6
挖掘半径(m)	9.2		8.8		12	9
挖掘深度(m)	5.56		5.2		6.8	5.7
行走速度(km/h)	1.5～3.6		1.48～3.25		1.49	1.6～3.2
最大爬坡能力	22°		20°		20°	24°
对地面平均压力(MPa)	0.062		0.088		0.091	0.052
质量(t)	20.5		19		41.5	25

部分国外反铲机机械技术性能（小松生产）　　　　表 17.3-2B

技术参数	机　型						
	PC120-6	PC160-7	PC200-7	PC220-7	PC300LC-6	PC400-7	PC600-7
挖掘机质量(t)	12.03	16.3	19.5	22.84	31.5	43.1	61.1
标准铲斗容量(m³)	0.4	0.6	0.8	1	1.4		4
挖掘深度(m)	5.52	5.64	6.62	6.91	7.38	3.06	3.49
挖掘高度(m)	8.61	8.8	10	10	10.21	9.83	10.1
顺卸高度(m)	6.17	6.19	7.11	7.04	7.11	7.17	6.71
挖掘半径(m)	8.17	8.51	9.7	10.02	10.92	8.77	8.85
行驶速度(km/h)	5.0	5.5	5.5	5.5	5.5	5.5	4.9
履带长度(m)	3.48	3.68	4.46	4.64	4.96	5.03	5.37
履带轨距(m)	1.96	1.99	2.39	2.58	2.59		
履带板宽(mm)	500	500	800	700	600	600	600
全长(运输)(m)	7.6	8.57	9.43	9.89	10.94	8.46	8.82
全高(运输)(m)	2.72	2.94	3	3.16	3.28	4.4	5.54
全宽(履带)(m)	2.49	2.49	2.8	3.28	3.19	3.34	4.21

适用于开挖停机面以下的土方，以及开挖基坑深度不大及含水量大或地下水位较高的土方。最大挖土深度为 4～6m，比较经济的开挖深度为 1.5～3m。对于较大较深的基坑，

宜采用分层开挖法开挖,挖出的土方可直接堆放在基坑两侧或直接配备自卸汽车运走。

3. 液压抓铲挖掘机主要技术性能及适用范围

抓铲挖掘机的工作装置由抓斗、工作钢索和支杆组成。适合开挖停机面以下的土方,抓斗可以在基坑内任何位置上挖掘土方,深度不限,并可在任何高度卸土(装土和弃土)。在工作循环中,支杆的倾斜角不变。抓铲挖掘机适用于挖土坡较陡的基坑,可以挖砂土、粉质黏土或水下土方等。

常用液压抓铲挖掘机主要技术性能参见表 17.3-3。

常用液压抓铲挖掘机主要技术性能表　　　　　　　　表 17.3-3

项　目	机　型							
	W501				W1001			
抓斗容量(m³)	0.5				1.0			
伸臂长度(m)	10				13		16	
回转半径(m)	4	6	8	9	12.5	4.5	14.5	5.0
最大卸载高度(m)	7.6	7.5	5.8	4.6	1.6	10.6	4.8	13.2
抓斗开度(m)	2.4							
对地面平均压力(MPa)	0.062				0.093			
质量(t)	20.5				42.2			

4. 拉铲挖掘机主要技术性能及适用范围

常见拉铲挖掘机主要性能参见表 17.3-4。

常用拉铲挖掘机主要技术性能表　　　　　　　　表 17.3-4

项　目	机　型									
	W1-50				W1-100				W-200	
铲斗容量(m³)	0.5				1.0				2	
铲臂长度(m)	10		13		13		16		15	
铲臂倾斜角度(°)	30	45	30	45	30	45	30	45	30	45
最大卸土半径(m)	10	8.3	12.5	10.4	12.8	10.8	15.4	12.9	15.1	12.7
最大卸土高度(m)	3.5	5.5	5.3	8.0	4.2	6.9	5.7	9.0	4.8	7.9
最大挖掘半径(m)	11.1	10.2	14.3	13.2	14.4	13.2	17.5	16.2	17.4	15.8
侧面挖掘深度(m)	4.4	3.8	6.6	5.9	5.8	4.9	8.0	7.1	7.4	6.5
正面挖掘深度(m)	7.3	5.6	10	9.6	9.5	7.4	12.2	9.6	12	9.6
对地面平均压力(MPa)	0.059		0.637		0.092		0.093		0.125	
质量(t)	19.1		20.7		42.06		42.42		79.84	

拉铲挖掘机由于铲斗悬挂在钢丝绳上,可以挖得较深、更远,但不及反铲挖掘机灵活。适用于挖掘机停机面以下的一至三类的土,开挖较深、较大的基坑,还可挖取水中泥土。拉铲挖掘机通常配备自卸汽车运土,或将土直接甩在近旁,它挖土和卸土半径较大,但由于操纵悬挂在钢丝绳上的土斗比较困难,开挖的精确性较差。

5. 长臂挖掘机主要技术性能及适用范围

目前基坑越来越深．对挖掘机的挖掘深度提出了更高要求，同时旧建筑的拆除也需要配置长臂挖掘机进行施工。为此工程中常常需要配置定量的长臂挖掘机或加长臂挖掘机，如图 17.3-5。

加长臂挖掘机主要分为二段式挖掘机和三段式挖掘机，二段式挖掘机加长大小臂可加长到 13～26m，二段式挖掘机主要适用于土石方基础和深堑及远距离清淤泥挖掘作业等；三段式挖掘机加长大小臂可加长到 16～32m，三段式挖掘机主要适用于高层建筑的拆除等工程。

加长臂挖掘机常用机型：SH200 住友挖掘机、SK200 加滕挖掘机、DH200 大宇挖掘机、CX210B 凯斯挖掘机、PC200 小松挖掘机、PC200 神户挖掘机、PC200 大连挖掘机等，目前东莞建华机械制造公司设计生产的加长臂配置如下：0～16t，臂长 13m；16～20t，臂长 15.38m；20～25t，臂长 18m；25～35t，臂长 20m；35～40t，臂长 22m；40～50t，臂长 26m。

图 17.3-5　长臂挖掘机

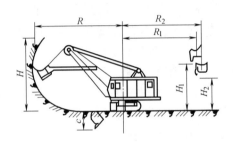

图 17.3-6　正铲挖掘机作业特点

17.3.3　基坑工程土方开挖机械的作业方法

1. 正铲挖掘机作业方法

正铲挖掘机的作业特点是：前进向上，强制切土。挖掘力强，装车方便。如图 17.3-6 所示。

1）开挖方式

（1）侧向开挖

挖掘机沿前进方向挖土，运输车辆在侧向装土，如图 17.3-7（a）所示。此法装车角度小（一般为 45°～90°）生产效率高，采用较广。

（2）正向开挖

挖掘机沿前进方向挖土，运输车辆停车后面装土，如图 17.3-7（b）所示。此法装车角度大，生产效率低。

正铲挖掘机装车角度为 60°时，生产效率为最高。随着装车角度的增加，生产效率逐渐

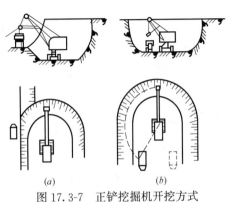

图 17.3-7　正铲挖掘机开挖方式
（a）侧向开挖；（b）正向开挖

下降。一般每增加 2°，生产效率降低 1%。因此，创造侧面装车条件，减少装车角度是提高生产效率的重要措施。

2）作业方法

（1）分条挖掘法

当需开挖的工作面高度小于极限工作高度，又无侧向开挖的条件时，可采用分条、分次挖土法。第一条采用正向开挖，以后各条依次采用侧向开挖如图 17.3-8 所示。分条的宽度要按照前述工作面划分方法确定。

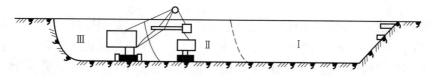

图 17.3-8　正铲挖掘机分条（次）挖掘法

（2）"之"字形挖掘法

也称中心开挖法。当开挖工作面较窄，无法分条开挖时，可采用之字形挖土法，即正铲挖掘机尽量靠一个侧面正向开挖，后侧装车。当装车角度大于 120°时，挖掘机转向另一侧开挖，装车也换另一侧。这样挖土呈"之"字形线路开行挖土，可弥补正向开挖的缺点，如图 17.3-9 所示。

（3）导沟挖掘法

当基坑较深，开挖工作面高度较大，需分层开挖时，为创造侧向开挖条件，先用正铲挖掘机或推土机浅挖一条导沟，作为运土车辆通道，再分层依次挖土，如图 17.3-10 所示。适用于大型基坑。

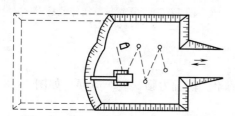

图 17.3-9　正铲挖掘机"之"字形挖掘法
→O→O→O 为正铲挖掘机开行路线及挖土顺序

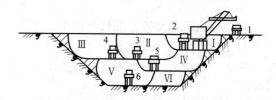

图 17.3-10　正铲挖掘机导沟分层挖掘法
Ⅰ、Ⅱ、Ⅲ……Ⅵ为正铲挖掘机位置及分层；
1、2、3……6 为汽车装车位置

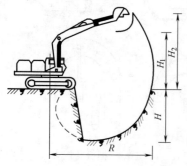

图 17.3-11　反铲挖掘机作业特点

2. 反铲挖掘机作业方法

反铲挖掘机的作业特点是：后退向下，强制切土。可开挖停机面以下的一～二类土及充填物为砂土的碎（卵）石土，受地下水影响较小，边坡开挖整齐。适用于坑（槽）、管沟和路堑开挖。

液压反铲挖掘机，体积小，功率大，操作平稳，生产效率高，且规格齐全，已逐渐代替了机械式反铲挖掘机，是在工程建设中使用最为广泛、拥有量最多的机型。如图 17.3-11 所示。

1）开挖方式

（1）沟端开挖

反铲挖掘机在沟端退着挖土，同时往沟一侧弃土或装车运土，如图 17.3-12（a）所示。装车或甩土回转角度小，一般回转角仅 45°～90°，视线好，机身停放平稳，同时可挖到最大深度。对较宽的基坑可采用图 17.3-12（b）所示方法，其最大一次挖掘宽度为反铲挖掘机有效挖掘半径的两倍，也可采用几次沟端开挖法来完成作业，是基坑开挖采用最多的一种开挖方式。为保证边坡开挖质量，反铲挖掘机要紧靠边坡线开挖。这种端沟开挖方式，如果汽车须停在机身后面装土，生产效率就会下降。

（2）沟侧开挖

反铲挖掘机沿坑（沟）边的一侧横向移动挖土，如图 17.3-13 所示，可装车，也可甩土，并可将土甩至较远的地方。但挖土宽度、深度比挖掘半径小，受限制，边坡也不好控制。同时，机身靠坑（沟）边停放，稳定性较差。

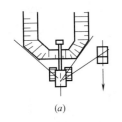 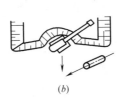 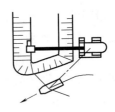

图 17.3-12　反铲挖掘机沟端开挖方式

（a）沟端一侧弃土或装土；（b）较宽沟端挖运土方法

图 17.3-13　反铲挖掘机沟侧开挖方式

2）作业方法

（1）分条挖掘法

当基坑开挖宽度较大，反铲挖掘机不能一次开挖时，可采用分条挖土法，如图 17.3-14 所示。分条宽度：当接近反铲挖掘机实际最大挖土深度时，靠边坡的一侧为 $(0.8 \sim 1.0)R$（R 为反铲挖掘机最大挖土半径）；中间地带为 $(1 \sim 1.3)R$。分条过

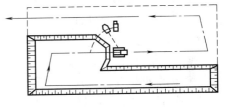

图 17.3-14　反铲挖掘机分条挖掘法

窄，挖掘机移动频繁，降低生产效率。分条过宽，将影响边坡及坑底的开挖质量。

由于反铲挖掘机挖土工作面越挖越窄，因此，挖掘机的施工顺序和开行路线，不但要考虑汽车的装卸位置及行驶路线，还要考虑收尾工作面。如因条件限制，反铲挖掘机不能垂直开行时，可参考正铲挖掘机"之"字形挖土法，采用"之"字形开行路线。

（2）分层挖掘法

当基坑开挖深度大于反铲最大挖土深度时，可采用分层挖掘法，如图 17.3-15 所示。

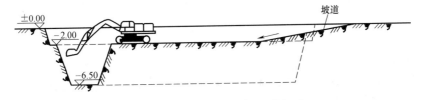

图 17.3-15　反铲挖掘机分层挖掘法

分层原则是：上层尽量要浅，层底不要在滞水、淤泥及其他弱土层上。

分层挖掘需开设汽车运土的上下坡道或栈桥，宽度一般为 3～5m，坡度根据分层深度及汽车性能。一般层深（即坡高）在 2m 以内时，坡道坡度为 1：3～1：5；层深在 5m 以内时，坡道坡度为 1：6～1：7；层深超过 5m 时，坡度为 1：10。坡道开挖方式应根据场地情况确定，通常有内坡道、外坡道、内外结合坡道三种方式。

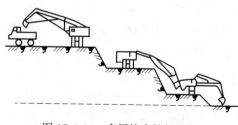

图 17.3-16　多层接力挖掘法挖

（3）多层接力挖掘法

当基坑需分层开挖又无条件开设坡道时，可采用阶梯式接力挖掘法，如图 17.3-16 所示。即用两台或数台反铲挖掘机分别在不同的分层标高上同时挖土，下层反铲挖掘机向上甩土，最上一层反铲挖掘机装车，这样两层或数层进行土方开挖传递，可一次挖至设计标高。一般在下层挖土作业要选择体积小，重量轻的中小型反铲挖掘机，以便最后收尾，在陡坡上牵引或用吊车运出坑。

3. 拉铲挖掘机作业方法

拉铲挖掘机的作业特点是：后退向下，自重切土。挖掘能力差，生产效率比正、反铲挖掘机低，但臂杆长，回转半径、挖土深度，卸土高度均较大，且用铲装土方时，臂杆可不动，因此，减少了机械磨损。它可开挖停机面以下的一～三类土、湿土、淤泥等。适用于土质差、水位高、深度大的基坑及河道开挖，水下作业。拉铲挖掘机作业特点如图 17.3-17 所示。

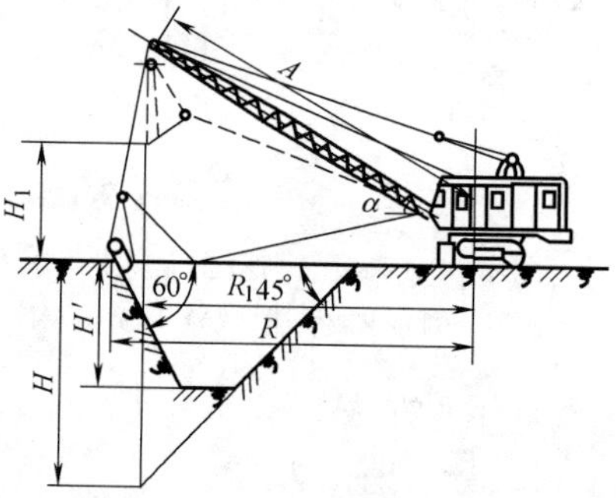

图 17.3-17　拉铲挖掘机作业特点

1）开挖方式

拉铲挖掘机开挖方式与反铲挖掘机基本相同，即沟端开挖与沟侧开挖。沟端开挖装或甩土回转角度小，视线好，机身停放平稳，适用于边坡较陡的基坑，可两面装车或甩土。沟侧开挖，稳定性差，开挖宽度、深度受限制，但回转半径大，可将土挖甩至较远的地方，适用于开挖土方就地堆放的基坑、槽以及路堤、河堤就地取土填筑及旧沟渠、河道加深加宽。如边坡要求大于 45°，可用拉铲直接修坡。

2）作业方法

（1）顺序挖掘法

拉铲挖掘机特点是铲斗挂在钢丝绳上，无刚性斗柄。因此在开挖边坡较陡的基坑时，必须采用先修坡后挖土的顺序挖掘法，即拉铲挖掘机的开行中心线对准边坡下口线，先沿上口线开挖与铲斗等宽的沟槽，再从外侧顺序向中间开挖，如图 17.3-18 所示。这样，每层都先挖沟槽再逐斗向中间开挖，可使铲斗不易翻滚，保证边坡开挖质量。更适用于开挖土质较硬的基坑。

（2）三角挖掘法

当基坑开挖宽度较小，且土质坚硬，边坡较陡时，可采用三角挖掘法，如图 17.3-19 所示，即将拉铲挖掘机相互交错地停在边坡下口线上，在每个停机位采用顺序挖土法开挖前面三角形土方。这种方法机身停放平稳，边坡开挖整齐，装车甩土回转角度小，生产效率也较高。适用于开挖宽度8m左右的基坑（槽）。

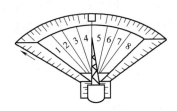

图 17.3-18 拉铲挖掘机顺序挖掘法

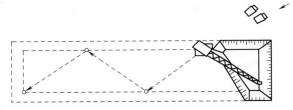

图 17.3-19 拉铲挖掘机三角挖掘法

（3）多段拉掘法

在第一段采用三角挖掘法挖土，第二段机身沿 AB 线移动进行分段挖掘，如图 17.3-20 所示。如沟底（或坑底）土质较硬，地下水位较低时，应使汽车停在坑底装土，铲斗装土时稍微提起即可装车，能缩短铲斗起落时间，又能减少臂杆的回转角度。适用于开挖宽度较大的基坑。

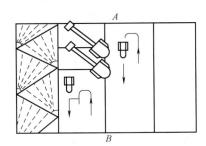

图 17.3-20 拉铲挖掘机多段挖土法

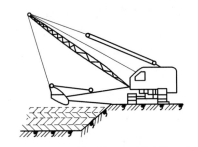

图 17.3-21 拉铲挖掘机层层拉土法

（4）层层拉土法

拉铲挖掘机从左到右，从右到左顺序逐层挖土至全深，如图 17.3-21 所示。本法可以挖得平整，缩短时间。当土装满斗后，可以从任何角度提起铲斗，运送土时的提升高度可以减少到最低限度。但落斗时，要注意将拉斗钢丝绳与落斗钢丝绳一起放松，使铲斗垂直下落。适用于开挖较深的基坑，特别是圆形或方形基坑。

（5）水下土方及淤泥开挖法

拉铲挖掘机开挖水下土方及淤泥时，在同一停机内要采用先挖近后挖远的方法。这样远处形成土埂，起临时挡土水作用，防止土或淤泥与水搅混在一起，使铲斗不易装满。另外，还可将铲斗斗壁打若干洞，以利滤水、排水。

4. 抓铲挖掘机作业方法

抓铲挖掘机的特点是：直上直下，自重切土。挖掘能力小，生产效率低，但挖土深度大，可挖出直立边坡，是任何土方机械不可比拟的。抓铲可开挖停机面以下的一～三类土、水下土方、松散碎石等，适用于开挖工作面狭窄而深的基坑、竖井、沉井等。逆作法、栈桥法和平台法挖土都可采用抓铲挖掘机挖土、吊土。目前较多使用液压抓铲挖掘机，其挖掘力大，操作灵活，铲斗落点准确，挖土深度大，抓铲挖掘机作业特点如图17.3-22所示。

1）开挖方式

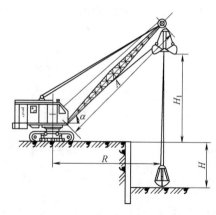

图 17.3-22 抓铲挖掘机作业特点

由于抓铲挖掘机是靠铲斗的自重，直上直下的往复运动挖土的，且回转半径是固定的，因此，多采用沟侧开挖和定位开挖两种方式。沟侧开挖即抓铲挖掘机沿基坑边侧移动挖土，适用于边坡陡直或有围护结构的基坑开挖。定位开挖即抓铲挖掘机停在固定位置上挖土，适用于竖井、沉井开挖。

2）作业方法

（1）沟侧开挖近似线状挖土，定位开挖近似点开挖，开挖工作面范围都不大，且边坡余土较多。因此，抓铲挖掘机开挖大面积基坑时，坑内均需配合推土机或其他挖土机械或人工集土和修坡。

（2）抓铲挖掘机开挖基坑时，应距坑边一定的安全距离，一般应处在坑边缘 1∶1.5 坡度线以外。特别是开挖有围护结构的深基坑时，要进行安全验算。设计围护结构时，要考虑抓铲挖掘机的荷载。

（3）抓铲挖掘机可装车，也可甩土。但开挖水下土方或淤泥时，宜先将土挖甩至坑边，经沥水处理后，再装车运走，以免污染汽车和道路。挖甩至坑边的土，增加了坑边的地面荷载，在设计围护结构必须考虑这部分荷载，或视土质情况将土上甩至离坑边缘 1∶1.5 坡度线以外处。

（4）抓铲挖掘机挖水下土方或淤泥时，提斗不宜过猛。挖掘机应加配重，以防铲斗被吸住，使抓铲挖掘机倾斜。

（5）个别工程也可采用增加钢丝绳的长度的办法，增加抓铲挖掘机的挖土深度。

17.4 基坑土方开挖施工前准备工作

17.4.1 基坑土方开挖施工前准备工作的内容

（1）学习和审查图纸。

（2）查勘施工现场，摸清基坑及周边影响范围内情况，收集施工需要的各项资料，为施工规划与准备提供可靠的资料和数据。

（3）编制专项施工方案，研究制定基坑支护施工、基坑土方开挖、基坑降排水和基坑监测等施工方案。

（4）绘制施工总平面布置图，制定工程进度计划及相应的机具设备、材料、劳动力配置计划。

（5）平整施工场地，清除现场障碍物。

（6）作好排水降水设施。

（7）设置测量控制网，将永久性控制坐标和水准点引测到现场，在工程施工区域设置测量控制网，作好轴线控制的测量和校核。

（8）根据工程特点，修建进场道路，生产和生活设施，敷设现场供水、供电线路。

（9）作好设备调配和维修工作，准备工程用料，配备工程施工技术、管理人员和作业人员；制定技术岗位责任制和技术、质量、安全、环境管理网络；对拟采用的土方工程施工新机具、新工艺、新技术、新材料，组织力量进行研制和试验。

17.4.2　编制专项施工方案

深基坑工程土方开挖专项施工方案是施工承包单位用以直接指导现场施工活动的技术经济文件，它是基坑开挖前必须具备的。在专项施工方案中，应根据工程的具体特点、建设要求、施工条件和施工管理要求，选择合理的施工方案，制定施工进度计划，规划施工现场平面布置，组织施工技术物资供应，以降低工程成本，保证工程质量和施工安全。

1. 专项施工方案编审程序

专项施工方案由施工单位项目部组织制定，施工单位技术部门组织本单位施工技术、安全、质量等部门的专业技术人员进行审核。经审核合格后由施工单位技术负责人签字。实行施工总承包的，专项施工方案应当由总承包单位技术负责人及相关专业承包单位技术负责人签字。施工单位审核专项方案合格后报监理单位，由项目总监理工程师审核签字。

超过一定规模的深基坑工程专项施工方案应由施工单位组织召开专家论证会。实行施工总承包的，由施工总承包单位组织召开专家论证会。

2. 专项施工方案包括以下主要内容：

（1）工程概况

工程建设概况、基坑支护设计概况、场地水文地质情况以及基坑周边建构筑物、管线等环境情况，工程特点与难点分析等。

（2）编制依据

相关法律、法规、规范性文件，标准、规范及图纸（国标图集）、施工组织设计等。编制依据（勘察设计及施工图设计文件、施工组织设计、有关规定、相关标准规范）。

（3）施工部署

工程进度、质量技术、安全文明等目标，施工组织（项目机构、现场组织等），施工准备（场地施工条件、资源配备等），施工总体安排及施工段划分，施工工艺总流程，施工平面布置图。

（4）施工工艺与施工方法

支护系统施工、土方开挖施工、拆换撑与土方回填、基坑降排水施工、施工机械选择、施工工艺技术参数、工艺流程、施工方法、检查验收等。

（5）施工进度计划与资源配置计划

包括施工进度计划、主要劳力、材料与设备机具等计划。

（6）基坑监测及信息化施工（包括施工巡视监测）

（7）工程质量、施工安全和环境保护措施：组织保障、技术措施、监测监控等。

（8）应急预案（台风、暴雨、雨季和冬期施工等）

3. 专项施工方案审核要点

（1）对基坑周边的环境状况即临近建构筑物和管线等是否描述清楚。

（2）基坑施工及土方开挖的总体施工安排、施工段划分、施工工艺流程是否合理。

（3）基坑支护各施工方法和工艺技术要点、参数是否符合设计和规范要求。

（4）土方开挖方案是否明确且可行；是否符合"先撑后挖、分段分层、均衡对称"的原则；是否采取对工程桩、支护系统保护措施；是否对基坑周边环境的影响采取有效措施。

（5）是否委托有资质的检测机构对基坑进行专项监测，监测范围与内容是否满足工程需要。

（6）人员、机具设备、材料和进度安排是否满足工程施工要求，质量、安全、环保等措施及应急预案制定得是否有针对性。

17.4.3 基坑土方开挖施工前准备工作的检查

检查所有材料、设备、运输工具、水、电进场情况和施工人员就位情况；检查场地测量标高水准点设置，复核基坑开挖放线；检查弃土地点是否准备就绪，运输线路是否畅通；坑内外降排水设施安装是否就绪，截排水沟是否畅通，井点降水和回灌系统要经过试抽试灌，检查其运转是否正常，发现"死井"或漏气、漏水现象，应进行补救处理；检查围护结构系统强度是否达到预定强度，支撑系统是否准备就绪，场地周围建筑物、构筑物、管线、道路是否加固完毕；可能发生事故的应急措施是否准备；施工监测系统是否就绪等。

17.5 基坑土方开挖基本施工方法

17.5.1 放坡开挖

放坡开挖充分利用土体的自稳能力，是最经济的一种基坑开挖方式。当场地条件允许并且经验算能保证土坡稳定性时，可采用如图17.5-1所示的一级或分级放坡开挖。

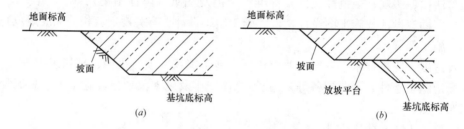

图 17.5-1 放坡开挖示意图
(a) 一级放坡开挖；(b) 二级放坡开挖

1. 适用范围

1）当场地开阔，场地土质较好、地下水位较深及基坑开挖深度较浅时，可优先采用放坡支护。同一工程可视场地具体条件采用局部放坡或全深度、全范围放坡开挖。

2）当放坡开挖深度不大于5m时，不需支护及降水的基坑工程，可采用一级放坡开挖，但应由基坑土方开挖单位对其施工的可行性进行评价。

3）当放坡开挖深度大于5m时，应采用分级放坡开挖，分级处设过渡平台，平台宽度一般为1～1.5m。岩质边坡的分级平台宽度一般不小于0.5m，并采用上半坡稍陡、下半坡稍缓的放坡原则。

4）当有下列情况之一时，不应采用放坡开挖：

（1）放坡开挖对拟建或相邻建（构）筑物及重要管线有不利影响；

（2）不能有效降低地下水位和保持基坑内干作业；

（3）填土较厚或土质松软、饱和，稳定性差；

（4）场地条件限制，不允许放坡时。

2. 开挖要求

（1）为确保基坑施工安全，一级放坡开挖的基坑，应验算边坡的稳定性。多级放坡开挖的基坑，应同时验算各级边坡的稳定性和多级边坡的整体稳定性，开挖深度一般不超过7.0m。放坡开挖所形成临时边坡稳定性的验算可按规范采用圆弧滑动法进行。

（2）放坡坡脚位于地下水位以下的情形，应在放坡平台或坡顶上设置轻型井点降水，基坑降水对周边环境有影响时，应在坡顶或放坡平台处设置封闭的止水帷幕。采取降水措施的放坡开挖基坑，开挖过程中宜保持基坑周边降水系统的正常运行。一级放坡开挖的基坑，降水系统宜设置在坡顶；多级放坡的基坑，降水系统宜设置在平台和坡顶。坡顶、平台和坡脚位置应采取集水明排措施，保证排水系统畅通，明水能及时排除。排水沟或集水井与坡脚的距离应大于1.0m。

（3）对土质较差或施工周期较长的基坑工程，放坡面及放坡平台表面应采取护坡措施。护坡可采用钢丝网水泥砂浆、钢丝网细石混凝土、钢丝网喷射混凝土或高分子聚合材料覆盖等方式。护坡面层宜扩展至坡顶一定的距离，也可与坡顶的施工道路结合。设置钢筋混凝土护坡面层时，面层厚度不宜小于50mm，混凝土强度等级不宜低于C20，钢筋直径不宜小于6mm。面层钢筋应单层双向设置，间距不宜大于250mm。

（4）对基坑坑底有局部深坑的情形，坡脚与坑底局部深坑的距离不宜小于2倍深坑的深度，不满足时宜采取土体加固等措施。吹填土区域应采用土体加固等措施对土体性质进行改良后，方可进行放坡开挖。

（5）放坡开挖采取机械挖土时，严禁超挖或造成边坡松动。边坡宜采用人工进行切削清坡，其坡度的控制应符合放坡设计要求。坡顶一倍开挖深度范围内和多级放坡平台上不应设置堆场或作为施工车辆行驶通道。

3. 有关规定

基坑深度超过垂直开挖的深度限值时，边坡的坡率允许值应根据经验，按工程类比的原则并结合已有稳定边坡的坡率值分析确定。当无经验，且土质均匀良好、地下水贫乏、无不良地质现象和地质环境条件简单时，土质边坡的坡率允许值可按表17.5-1确定。岩质基坑开挖的坡率允许值可按表17.5-2确定。

土质基坑侧壁放坡坡率允许值（高宽比） 表 17.5-1

岩土类别	岩土性状	坑深在 5m 之内	坑深 5～10m
杂填土	中密-密实	1:0.75～1:1.00	—
黄土	黄土状土	1:0.50～1:0.75	1:0.75～1:1.00
	马兰黄土	1:0.30～1:0.50	1:0.5～01:0.75
	离石黄土	1:0.20～1:0.30	1:0.30～1:0.50
	午城黄土	1:0.10～1:0.20	1:0.20～1:0.30
粉土	稍湿	1:1.00～1:1.25	1:1.25～1:1.50

续表

岩土类别	岩土性状	坑深在 5m 之内	坑深 5~10m
黏性土	坚硬	1∶0.75~1∶1.00	1∶1.00~1∶1.25
	硬塑	1∶1.00~1∶1.25	1∶1.25~1∶1.50
	可塑	1∶1.25~1∶1.50	1∶1.50~1∶1.75
碎石土(充填物为坚硬、硬塑状态的黏性土、粉土)	密实	1∶0.35~1∶0.50	1∶0.50~1∶0.75
	中密	1∶0.50~1∶0.75	1∶0.50~1∶0.75
	稍密	1∶0.75~1∶1.00	1∶1.00~1∶1.25
碎石土(充填物为砂土)	密实	1∶1.00	—
	中密	1∶1.40	
	稍密	1∶1.60	

岩质基坑侧壁放坡坡率允许值（高宽比）　　　　表 17.5-2

岩土类别	岩土性状	坑深在 8m 之内	坑深 8~15m	坑深 15~30m
硬质岩石	微风化	1∶0.10~1∶0.20	1∶0.20~1∶0.35	1∶0.30~1∶0.50
	中等风化	1∶0.20~1∶0.35	1∶0.35~1∶0.50	1∶0.50~1∶0.75
	强风化	1∶0.35~1∶0.50	1∶0.50~1∶0.75	1∶0.75~1∶1.00
软质岩石	微风化	1∶0.35~1∶0.50	1∶0.50~1∶0.75	1∶0.75~1∶1.00
	中等风化	1∶0.50~1∶0.75	1∶0.75~1∶1.00	1∶1.00~1∶1.50
	强风化	1∶0.75~1∶1.00	1∶1.00~1∶1.25	—

17.5.2 岛式开挖

岛式开挖是先开挖基坑周边的土方，挖土过程中在基坑中部形成类似岛状的土体，然后再开挖基坑中部的土方。基坑中部临时留置的土方具有反压作用，可有效地防止软土地基中的坑底土的隆起。基坑中部大面积无支撑空间的土方，可在支撑系统养护阶段进行开挖。必要时还可以在留土区与围护墙之间架设支撑，在边缘土方开挖到基底以后，先浇筑该区域的底板以形成底部支撑，然后再开挖中央部分的土方。当基坑面积较大，且地下室结构底板设计有后浇带或可以留设施工缝时，可采用岛式开挖的方法。岛式开挖可在较短时间内完成基坑周边土方开挖及支撑系统施工，这种开挖方式对基坑底部土体隆起控制较为有利。中心岛土体可作为支点搭设栈桥，挖掘机可利用栈桥下到基坑挖土，运土的汽车亦可利用栈桥进入基坑运土，这样可以加快挖土和运土的速度。基坑岛式土方分层开挖如图 17.5-2 所示。

1. 适用范围

岛式开挖适用于支撑系统沿基坑周边布置且中部留有较大空间、由明挖法施工的基坑。边桁架与角撑相结合的支撑体系、圆环形桁架支撑体系、圆形围檩体系的基坑采用岛式开挖较为典型。土钉支护、土层喷锚支护的基坑也可采用岛式基坑开挖方式。

岛式开挖可适用于全深度范围基坑开挖，也可适用于分层开挖基坑的某一层或几层基坑开挖，具体可根据实际情况确定。

2. 开挖方式

岛式开挖可根据实际情况选择不同的方式。同一个基坑可采用如下的一种或几种方式

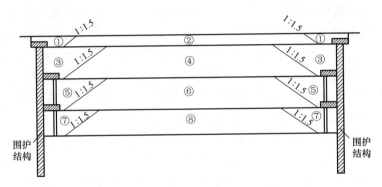

图 17.5-2 岛式土方开挖示意图
①～⑧表示开挖先后顺序

的组合进行基坑开挖,这种组合可以是平面上的组合,也可以是立面上的组合。岛式开挖主要有以下三种方式:

(1) 在开挖基坑周边土方阶段,挖掘机在基坑边或基坑边栈桥平台上作业,取土后由坑边运输车将土方外运。在开挖基坑中部岛状土方阶段,先由基坑内的挖掘机将土方挖出或驳运至基坑边,再由基坑边或基坑边栈桥平台上的挖掘机取土装车,最终由坑边运输车将土方外运。采用这种方式进行岛式开挖,施工灵活,互不干扰,不受基坑开挖深度限制。

(2) 在开挖基坑周边土方阶段,挖掘机在岛状土体顶面作业,取土后由岛状土体顶面上的运输车通过内外相连的栈桥道路将土方外运。在开挖基坑中部岛状土方阶段,先由基坑内的挖掘机将土方挖出或驳运至基坑中部,由基坑中部岛状土体顶面的挖掘机取土装车,再由基坑中部的运输车通过内外相连的栈桥道路将土方外运。采用这种方式进行岛式基坑开挖,施工灵活,互不干扰,但受基坑开挖深度限制。

(3) 在开挖基坑周边土方阶段,挖掘机在岛状土体顶面作业,取土后由岛状土体顶面上的运输车通过内外相连的土坡将土方外运。在开挖基坑中部岛状土方阶段,先由基坑内的挖掘机将土方挖出或驳运至基坑中部,由基坑中部岛状土体顶面的挖掘机取土装车,再由基坑中部的运输车通过内外相连的土坡将土方外运。采用这种方式进行岛式土方开挖,施工繁琐,相互干扰,基坑开挖深度有限。

3. 开挖要求

(1) 采用岛式土方开挖时,基坑中部岛状土体大小、岛状土体高度、土体坡度应根据土质条件、支撑位置等因素确定,岛状土体的大小不应影响整个支撑系统的形成。基坑中部岛状土体形成的边坡应满足相应的构造要求,以保证挖土过程中岛状土体自身的稳定。岛状土体总高度应结合土层条件、降水情况、施工荷载等因素综合确定,一般不大于9.0m,软土地区一般不大于6m。当留土高度大于4m时,可采取二级放坡的形式。

(2) 采用一级放坡的岛式基坑开挖,可通过基坑边、基坑边栈桥平台或岛状土体顶面的挖掘机直接取土装车外运,也可通过基坑内的一台或多台挖掘机将土方挖出并驳运至土方装车挖掘机作业范围,由挖掘机取土装车外运。采用二级放坡的岛式基坑开挖,可通过基坑内的一台或多台挖掘机将土方挖出并驳运至基坑边、基坑边栈桥平台或岛状土体顶面的挖掘机作业范围,由挖掘机取土装车外运。

（3）当采用二级放坡的岛式开挖时，为满足挖掘机停放、土体临时堆放等要求，放坡平台宽度一般不小于 4m。每级边坡坡度一般不大于 1∶1.5，且总边坡坡度一般不大于 1∶2。为满足稳定性要求，应根据实际工况和荷载条件，对各级边坡和总边坡进行验算。当岛状土体较高或验算不满足稳定性要求时，可对岛状土体的边坡进行土体加固。在雨季遇有大雨时岛状土体易滑坡，必要时边坡也需加固。一级边坡应验算边坡稳定性，二级边坡应同时验算各级边坡的稳定性和整体边坡的稳定性。

（4）挖掘机和土方运输车辆在岛状土体顶部进行挖运作业，需在基坑中部与基坑边部之间设置栈桥道路或土坡用于土方运输。采用栈桥道路或土坡作为内外联系通道，土方外运效率较高。栈桥道路或土坡的坡度一般不大于 1∶8，坡道面还应采取防滑措施，保证车辆行走安全。采用土坡作为内外联系通道时，一般可采用先开挖土坡区域的土方进行支撑系统施工，然后进行回填筑路再次形成土坡，作为后续土方外运行走通道。用于挖运作业的土坡，自身的稳定性有较高的要求，一般可采取护坡、土体加固、疏干固结土体等措施，土坡路面的承载力还应满足土方运输车辆、挖掘机作业要求。

17.5.3 盆式开挖

盆式开挖是先开挖基坑中间部分的土体，挖土过程中在基坑中部形成类似盆状的土体，基坑周边留土坡，土坡最后挖除。必要时可先施工中央区域内的基础底板及地下室结构，形成"中心岛"。在地下室结构达到一定强度后开挖留坡部位的土方，并按"随挖随撑，先撑后挖"的原则，在支护结构与中心部分地下结构底板楼板之间设置支撑，最后再施工边缘部位的地下室结构。这种挖土方式的优点是保留了基坑周边的土方，周边的土坡将对围护墙有支撑作用，对控制围护墙的变形和减小周边环境的影响较为有利。其缺点是大量的土方不能直接外运，需集中提升后装车外运。基坑周边的土方可在中部支撑系统养护阶段进行开挖。

基坑盆式分层开挖示意如图 17.5-3 所示。

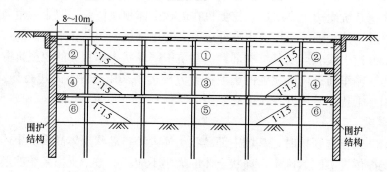

图 17.5-3 盆式土方开挖示意图

①～⑥表示开挖先后顺序

1. 适用范围

盆式开挖适用于明挖法或暗挖法施工工程，适用于基坑中部无支撑或支撑较为密集的大面积基坑，盆式开挖也适用于全深度范围基坑开挖以及分层开挖基坑的某一层或几层基坑开挖。具体可根据实际情况确定。

2. 主要要求

（1）采用盆式开挖时，基坑中部盆状土体的开挖量应根据基坑变形和环境保护等因素确定。基坑盆状土体形成的边坡应满足相应的构造要求,以保证挖土过程中盆边土体的稳定。盆边土体的高度应结合土层条件、降水情况、施工荷载等因素综合确定。盆边土体宽度不应小于8.0m。当盆边与盆底高差不大于4.0m时,可采用一级放坡;当盆边与盆底高差大于4.0m时,可采用二级放坡,但盆边与盆底总高差一般不大于7.0m。当采用二级放坡时,为满足挖掘机停放、土体临时堆放等要求,放坡平台宽度一般不小于4m。每级边坡坡度一般不大于1:1.5,采用二级放坡时总边坡坡度一般不大于1:2。为满足稳定性要求,应根据实际工况和荷载条件,对各级边坡和总边坡进行稳定性验算。

(2) 在基坑中部进行基坑开挖形成盆状土体后,盆边土体应按照对称的原则进行开挖。对于顺作法施工盆中采用对撑的基坑,盆边土体开挖应结合支撑系统的平面布置,先行开挖与对撑相对应的盆边分块土体,以使支撑系统尽早形成。对于逆作法施工,盆式开挖时盆边土体应根据分区大小,采用分小块先后开挖的方法。对于利用盆中结构作为竖向斜撑支点的基坑,应在竖向斜撑形成后开挖盆边土体。

17.5.4 岛式与盆式相结合的开挖

岛式与盆式相结合的土方开挖方法,是基坑竖向各分层土方采用岛式或盆式进行交替开挖的一种组合方法。岛式与盆式相结合的基坑开挖方法有先岛后盆、先盆后岛和岛盆交替三种形式。在工程中采用何种组合方式,应根据实际情况确定。岛式与盆式相结合基坑开挖可应用于明挖法施工工程,在特殊情况下也可应用于暗挖法施工工程。

17.5.5 分层分块基坑土方开挖

若基坑不同区域开挖的先后顺序会对基坑变形和周边环境产生不同程度的影响时,需划分区域并确定各区域开挖顺序,以达到控制变形、减小周边环境影响的目的。在基坑竖向上进行合理的土方分层,在平面上进行合理的土方分块,并合理确定各分块开挖的先后顺序,这种挖土方式通常称为分层分块土方开挖。岛式土方开挖和盆式土方开挖属于分层分块土方开挖中较为典型的方式。

分层开挖就是按可形成的土坡自然高度,范围在2.5~3.0m,并考虑与支撑施工相协调进行的分层卸除土方。分层的原则是每施工一道水平支撑后再开挖下一层土方,第一层土方的开挖深度一般为地面至第一道水平支撑底,中间各层基坑开挖深度一般为相邻两道水平支撑的竖向间距,最后一层基坑开挖深度应为最下一道水平支撑底至坑底。

分块的原则是根据基坑平面形状、基坑支撑布置等情况,按照基坑变形和周边环境控制要求,将基坑划分为若干个周边分块和中部分块,制定分块施工先后顺序,并确定土方开挖的施工方案。土方分块开挖后,与相邻的土方分块形成高差,应根据土质条件和周边保护要求进行必要的限制,并进行相关的稳定性验算。

1. 适用范围

分层分块开挖是基坑土方工程中应用最为广泛的方法之一,在复杂环境条件下的超大超深基坑工程中普遍采用。它可用于大面积无内支撑的基坑,也可用于大面积有内支撑的基坑,以及明挖法或暗挖法施工的基坑,各层土方的分块和开挖顺序依据实际情况而定。

2. 主要要求

(1) 对放坡开挖、水泥土重力式围护墙支护的基坑,分块的原则一般根据基础底板分区浇筑方案确定,使挖土分块与基础底板分区基本做到统一。

(2) 对于有内支撑的面积较大的基坑,各层分块原则也不尽相同,一般情况下第一层土方可采取不分块的连续开挖，支撑与支撑间的各层土方可按事先确定的分块及顺序进行开挖，最后一层土方一般由基础底板分区浇筑方案确定。

（3）对长度和宽度较大的基坑，一般可将其划分为若干个周边分块和中部分块。通常情况下应先开挖中部分块再开挖周边分块，采用这种土方开挖方式应遵循盆式开挖方式。若支撑系统沿基坑周边布置且中部留有较大空间，可先开挖周边分块再开挖中部分块，开挖过程应遵循岛式开挖方式的相关要求。

（4）对以单向组合对撑系统为主的基坑，通常情况下应先开挖单向组合对撑系统区域的条块土体，及时施工单向组合对撑系统，减少无支撑暴露时间，条块土体在沿基坑长度的纵向应采用间隔开挖。对设置角撑系统的基坑，通常情况下可先开挖角撑系统区域的角部土体，及时施工角撑系统，控制基坑角部变形。

（5）应在控制基坑变形和保护周边环境的要求下确定基坑土方分块的大小和数量，制定分块施工先后顺序，并确定基坑开挖的施工方案。土方分块开挖后，与相邻的土方分块形成高差，高差一般不超过 7.0m。当高差不超过 4.0m 时，可采用一级边坡；当高差大于 4.0m 时，可采用二级边坡。采用一级或二级边坡时，边坡坡度一般不大于 1：1.5；采用二级边坡时，放坡平台宽度一般不小于 3.0m，各级边坡和总边坡应进行稳定性验算。

17.6　不同支护类型的基坑土方开挖

17.6.1　土钉、土层锚杆或锚索支护基坑土方开挖

土钉、土层锚杆或锚索支护通常采用边开挖、边设置支护的开挖方式，如图 17.6-1 所示。这类基坑应提供成孔施工的工作面宽度，开挖和支护施工应形成循环作业。根据场地和土层情况，土方开挖可采用按土钉、土层锚杆或锚索的竖向布置位置，分层支护和分层开挖基坑土方同时进行施工的方式。每一层支护施工完，应待锚杆、锚索注浆体强度达到设计要求后方可进行下一层的支护施工。锚索还应配合支护围檩或冠梁的施工，在预应力张拉锁定后方可进行下一层的施工。

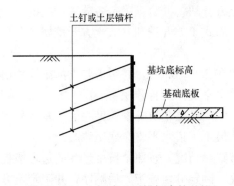

图 17.6-1　土钉或土层锚杆支护基坑

对面积较大的基坑，可采取岛式开挖的方式，先挖除距基坑边 8～10m 的土方，中部岛状土体本身应满足边坡稳定性要求。坑边土方开挖应分层分段进行，在满足土钉、土层锚杆或锚索施工工作面要求的前提下，每层开挖深度应尽量减少，宜为相应土钉、锚杆或锚索位置下 200mm，每层分段长度一般不大于 30m。每层每段开挖后应限时进行土钉、土层锚杆或锚索施工，尽量缩短无支护暴露时间。

对开挖深度 10m 以上的深基坑，或自稳能力差的土层，如有软土、砂土层等；或变形控制要求较高，如周边有道路、管网或其他建（构）筑物等，采用一般土钉支护在稳定和变形控制方面都难以满足时，则要采取复合土钉支护，在垂直方向和水平方向采取加强措施，以保证支护稳定性并控制变形在要求范围内再进行基坑开挖。

当用机械进行土方作业时，严禁坡壁出现超挖、欠挖或造成坡壁土体松动。基坑的坡壁宜采用小型挖掘机进行切削清坡，以保证边坡平整并符合设计规定的坡度。

17.6.2 水泥土重力式或悬臂式支护基坑土方开挖

采用水泥土重力式围护墙或板式悬臂支护的基坑的土方开挖应根据地质情况、开挖深度、周围环境、坑边堆载控制要求、挖掘机性能等确定分层、分块开挖方案。基坑周边8~10m的土方不宜一次性挖至坑底，可采取竖向分层、平面分块、均衡对称的开挖方式，并及时浇筑混凝土垫层。对于面积较大的基坑，可采用盆式开挖方式，基坑中部土方应先行开挖，开挖也应分层、分块进行，并分区及时浇筑混凝土垫层。对水泥土重力式围护墙的桩身强度进行钻孔取芯检测，围护墙的强度和龄期均应满足设计要求。

17.6.3 水平十字正交内撑式基坑土方开挖

采用水平十字正交内撑式的基坑，一般坑内的纵横支撑布置较密，如地下室较深时，须布置多层内支撑。一般情况下，挖掘机和运输车难以进入水平支撑梁下作业，造成出土慢工期长。此时，第一层土方应挖到支撑梁底，先进行支撑梁的施工，待支撑混凝土强度达到设计要求，并形成完整的支撑系统后方可往下开挖。采用钢支撑体系的，需待钢支撑预应力施加完毕后方可往下开挖。支撑梁下土方开挖前，应先在支撑梁面设置施工临时道路和作业平台，以便挖掘机和运输车行走和作业，临时道路和作业平台设置应能覆盖整个基坑，即根据挖掘机的挖掘半径和挖掘深度确定其位置，使坑内土方能挖尽。在水平支撑梁上，临时道路和作业平台位置上回填土至梁面以上500mm，铺设砖渣、碎石等做面层，便于设备行驶操作，同时也对支撑梁起保护作用。支撑梁下的土方可采用挖掘半径较大、挖掘深度较深的挖掘机或长臂挖掘机进行土方开挖，挖出的土方直接装车运出。支撑梁下土方可采取盆式开挖方式，分层、分块、对称、均衡进行，留下基坑边反压土和基底200~300m厚土方，最后进行开挖。

具有多层水平内支撑的基坑，可采用长臂挖掘机在第一层支撑梁面设置临时道路和操作平台，进行土方施工。梁下的土方开挖可按每层支撑梁的标高进行分层开挖，每层水平支撑混凝土强度达到设计要求，并形成完整的支撑系统后方可继续往下开挖。采用钢支撑体系的，需待钢支撑预应力施加完毕后方可往下开挖。如坑内支撑间有较大的间距或采用对撑结合边桁架形式的基坑，支撑间能满足车辆行走和临时道路坡道设置，那么土方施工设备可通过坡道下坑，对坑内更深位置的土方进行开挖。处在支撑梁下的土方或上下两层支撑梁间的土方可采用小型挖掘机进行开挖和驳运，如上下两层水平内支撑之间有足够的空间高度，那么运输车也可在其间行走，但在设置临时道路时应对下层的水平支撑采取保护措施。

施工设备下坑开挖的坡道宜按照不大于1:8的要求设置，坡道的宽度应保证车辆正常行驶。处在软弱土层上的基坑，下坑开挖设置坡道时，应对坡道下土体进行加固。下坑进行土方开挖也可采用临时栈桥道路，其设置详见17.10.2"施工栈桥平台和栈桥道路设置"。

17.6.4 圆环形内撑式基坑土方开挖

圆环形内支撑是水平内支撑的一种形式，由于采用环形受力，基坑中部土方无支撑的面积大，出土空间大，可大幅度提高土方的开挖效率。圆环形内撑式基坑土方开挖宜采用岛式开挖方式，先开挖圆环形支撑区域的土方，然后进行圆环形支撑结构的混凝土施工，待支撑结构的混凝土强度达到设计要求后进行中心岛的大面积土方开挖。因圆环形内撑式受力均匀性要求高，故中心岛大面积土方开挖必须严格遵循"分层、分段、分块、对称、均衡、限时"的原则，可用大型挖掘机开挖，基坑周边圆环形支撑系统下的土方可用小型挖掘机进行开挖和驳运。

两层及其以上的圆环形支撑，可根据每层支撑的标高分层进行岛式土方开挖，也可将每层圆环形支撑全部施工完，再一次性地进行岛式开挖。无论采用何种方式开挖，对圆环形内撑式以下层的土方开挖都必须待圆环形混凝土支撑系统全部形成并达到强度设计要求后方可进行。先施工每层的圆环形支撑结构时，中心岛预留的土方边坡的坡率应符合土质或岩质边坡的坡率要求。

17.6.5 竖向斜撑式基坑土方开挖

竖向斜撑式基坑利用中部先开挖施工的地下室底板或结构作为支座，用钢管或型钢对基坑边围护作斜式支撑，然后再开挖基坑边土方，继续底板施工，最后拆除斜撑完成地下结构施工。这种基坑支护形式可大幅度节省坑内水平支撑和立柱的施工工作量，并使基坑中部大量的土方在无支撑状况下开挖，提高出土效率。但在基坑边进行土方开挖和斜撑换撑施工时，施工工艺流程要求严格。

竖向斜撑式基坑适用于大面积的基坑施工，以及建筑群采用连体地下室时塔楼部分先予施工的工程。竖向斜撑式基坑的土方开挖宜采用盆式开挖方式，先分层分块开挖中部大面积土方至坑底，施工中心岛基础底板，利用中心岛底板作为基座设置斜支撑，然后挖出基坑盆边土，施工基坑周边盆边基础底板。

基坑土方在进行盆式开挖时要预留足够的盆边土作为基坑边的反压土，其预留宽度和坡率一般设计会作出规定，施工时应严格执行。竖向斜撑式安装并形成体系后，盆边土的开挖应分段跳挖，及时封底，并在尽可能短的时间内完成基础底板的施工。采用双层斜撑的，每层斜撑的拆除应符合设计工况。

17.6.6 对撑式狭长基坑土方开挖

对于地铁车站、明挖隧道、地下通道、大型箱涵等狭长形基坑的开挖，应根据狭长形基坑的特点，选择合适的斜面分层分段挖土方法。每层每段开挖和支撑形成的时间均有较为严格的限制，一般情况下为 12～36h。斜面分层分段开挖的各种施工参数被大量工程实践证明是安全可靠的。采用斜面分层分段挖土方法时，一般以支撑竖向间距作为分层厚度，斜面可采用分段多级放坡的方法，多级边坡间应设置安全加宽平台，加宽平台之间的土方边坡一般不应超过二级，加宽平台宽度一般不应小于 9.0m；各级土方边坡坡度一般不应大于 1：1.5，斜面总坡度不应大于 1：3。

狭长形基坑纵向放坡应根据支护结构形式、地基加固、挖土深度、工程地质与水文地质条件、环境保护等级、施工方法和顺序等因素通过计算确定安全坡度，一般情况下安全总坡度不大于 1：3。纵向坡应进行人工修坡，并应对暴露时间较长或可能受暴雨冲刷的纵坡采取防止纵向滑坡的措施。如周边环境要求较高时，应适当减缓纵向土坡的坡度。

为保证斜面分层分段形成的多级边坡稳定，除按照上述边坡构造要求设置外，尚应对各级小边坡、各阶段形成的多级边坡，以及纵向总边坡的稳定性进行验算。采用斜面分层分段开挖至坑底时，应按照设计或基础底板施工缝设置要求，及时进行垫层和基础底板的施工，基础底板分段浇筑的长度一般控制在 25m 右，在基础底板形成以后，方可继续进行相邻纵向边坡的开挖。各道支撑均采用钢管对撑的狭长形基坑边界面斜面分层分段开挖方法如图 17.6-2 所示。

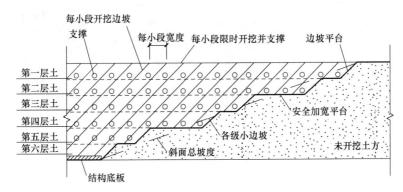

图 17.6-2 各道支撑均采用钢管对撑的斜面分层分段基坑开挖

环境要求较高的狭长形基坑开挖，宜分层一次性开挖分段土方，并及时采取措施对一次性开挖形成的分段边坡进行必要的保护，支撑限时跟进设置完毕后，再开挖下一层的土方。

分层开挖过程中的动态土坡应采取措施保证其稳定性。在开挖狭长形基坑端部时，应根据基坑端部的平面形状确定支撑设置和基坑开挖顺序。角撑范围内的土方，宜自基坑角点沿垂直于角撑方向朝着基坑内分层、分段、限时开挖并设置支撑。

当周边环境复杂，为控制基坑变形，狭长形基坑的第一道支撑采用钢筋混凝土对撑，其余支撑采用钢管对撑。这种方式在软土地区被广泛应用，实践证明采用这种方式对基坑整体稳定是行之有效的。对于第一道钢筋混凝土支撑底部以上的土方，可采取不分段连续开挖，待钢筋混凝土支撑强度达到设计要求后再开挖下层土方，下层土方应采取斜面分层分段开挖，其施工参数可参照各道支撑均采用钢支撑的狭长形基坑的分层分段开挖的情形。其分层分段开挖方法如图 17.6-3 所示。

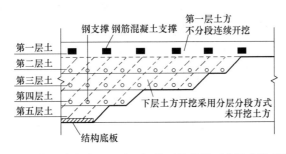

图 17.6-3 第一道支撑以下采用钢管对撑的斜面分层分段基坑开挖

当地铁车站相邻区域有同时施工的基坑等情况，为更有效地控制狭长基坑变形，也可采用钢支撑与钢筋混凝土支撑交替设置的形式。

狭长形基坑在平面上可采取从一端向另一端开挖的方式，也可采取从中间向两端开挖的方式。从中间向两端开挖方式适用于长度较长，或为加快施工速度而增加挖土工作面的基坑。分层分段开挖方法可根据支撑形式合理确定，以第一道为钢筋混凝土对撑，其余各道为钢管对撑的狭长形基坑为例，基坑边界面斜面分层分段开挖方法如图 17.6-4 所示。

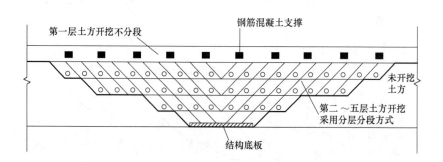

图 17.6-4 从中间向两端开挖的斜面分层分段基坑开挖方法

17.7 采用特殊工艺的基坑土方开挖

17.7.1 逆作法土方开挖

逆作法土方开挖首先要满足支护结构的变形及受力要求,其次在确保已完成结构满足受力要求的情况下尽可能地提高挖土效率。

1. 逆作法暗挖施工应注意事项

采用逆作法进行暗挖施工时,应注意以下几点:

(1)基坑开挖方式的确定必须与主体结构设计、支护结构设计相协调,主体结构在施工期间的变形、不均匀沉降均应满足设计要求;

(2)应根据基坑设计工况、平面形状、结构特点、支护结构、土体加固、周边环境等情况设置取土口,分层、分块、对称开挖,并及时进行水平结构施工;

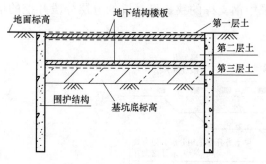

图 17.7-1 逆作法基坑开挖

(3)以主体结构作为取土平台、土方车辆停放及运输道路时,应根据施工荷载要求,对主体结构、支撑立柱等进行加固专项设计,且施工设备应按照规定线路行走;

(4)挖土过程应根据立柱和围护墙的变形和沉降监测数据,及时调整挖土和结构的施工流程。逆作法施工如图 17.7-1 所示。

2. 取土口的设置

在逆作法施工工艺之中,除顶板施工阶段采用明挖法以外,其余地下结构的土方均采用暗挖法施工。为了满足结构受力以及有效传递水平力的要求,常规取土口大小一般在 $150m^2$ 左右,布置时应满足:

(1)大小满足结构受力要求,特别是在土压力作用下必须能够有效传递水平力;

(2)水平间距要满足挖土机最多二次翻土的要求,避免多次翻土引起土体过分扰动,同时在暗挖阶段,尽量满足自然通风的要求;

（3）取土口数量应满足在底板抽条开挖时的出土要求；

（4）地下各层楼板与顶板洞口位置应相对应。

地下自然通风有效距离一般在 15m 左右，挖土机有效半径在 7～8m 左右，土方需要驳运时，一般最多翻驳两次为宜。结合工程实践，综合考虑通风和土方翻驳要求，取土口净距的设置可以量化如下指标：一是取土口之间的净距离可考虑在 30～35m；二是取土口的大小在满足结构受力情况下尽可能采用大开口。目前比较成熟的大取土口的面积通常可达到 600m² 左右。取土口布置在考虑上述原则时，可充分利用结构原有洞口，或主楼筒体等部位。

3. 土方开挖形式

对于土方及混凝土结构量大的情况，无论是基坑开挖还是结构施工形成支撑体系，相应工期均较长，无形中增大了基坑风险。为了有效控制基坑变形，基坑土方开挖和结构施工时可通过划分施工块，采取分块开挖与施工的方法。

施工块划分的原则是：

（1）按照"时空效应"原理，采取"分层、分块、平衡对称、限时支撑"的施工方法；

（2）综合考虑基坑立体施工交叉流水的要求；

（3）合理设置结构施工缝。

结合上述原则，在土方开挖时可采取以下技术措施：

（1）合理划分各层分块的大小

由于一般情况下顶板为明挖法施工，挖土速度比较快，相对应的基坑暴露时间短，故第一层土的开挖可相应划分得大一些。地下各层的挖土是在顶板完成后进行的，属于逆作暗挖，速度比较慢，为减小每块开挖的基坑暴露时间，顶板以下各层土方开挖和结构施工的分块面积可相对小些，这样可以缩短每块的挖土和结构施工时间，从而使围护结构的变形减小，地下结构分块时需考虑每个分块挖土时能够有较为方便的出土口。

（2）采用盆式开挖方式

对面积较大的基坑，为兼顾基坑变形控制及基坑开挖的效率，宜采用盆式开挖的方式，保留周边土体，先形成中部结构，再分块、对称、限时开挖周边土方和进行结构施工。中间大部分土方采用明挖，一方面控制基坑变形．另一方面增加明挖工作量，从而增加了出土效率。

（3）采用中心岛施工或抽条间隔开挖方式

逆作底板基坑开挖时，一般来说底板厚度较大，支撑结构到挖土面间的净空较大，尤其在层高较高或紧邻重要保护环境设施时，对基坑控制变形不利。可采取"中心岛"结构施工方式，常规的是在中部已完成的底板上设置临时竖向斜钢支撑，待斜支撑完成后再开挖边坡土方，完成剩余底板。也可采用抽条间隔开挖方式，按一定间距间隔开挖边坡土方，分块浇筑基础底板。该方法施工中控制的要点是在基坑开挖后须加快施工进度，尽量减小基坑暴露时间，一般来说，在每块底板从基坑开挖、垫层施工到钢筋绑扎、混凝土浇筑须控制在 72h 以内完成。相比较，采用抽条间隔开挖方式，在周边环境有较高要求时对控制围护的变形更加有利，同时还节省了一定的钢支撑费用。

（4）局部加强楼板结构设置挖土栈桥

采用主体工程与支护结构相结合的基坑围护时，由于顶板先于主体基坑开挖施工，因此可将栈桥的设计和水平楼板结构等永久结构一同考虑，并充分利用永久结构的工程桩，由此只需将楼板局部节点进行加强，既能满足大部分工程挖土施工的需要，栈桥的布置也相对灵活，挖土点将会增多，出土效率也会得到一定提高，避免了后期对临时栈桥的拆除工作。

4. 土方开挖设备

采用逆作法施工工艺时，需在结构楼板下进行大量土方的暗挖作业，开挖时通风照明条件较差，施工作业环境较差，因此选择有效的施工作业机械对于提高挖土工效具有重要意义。坑内土方开挖宜以小型挖掘土机和人工挖掘相结合的方式，土方的水平运输可采用小型挖掘机驳运，如图17.7-2所示。垂直运输可采用吊机（图17.7-3）、长臂挖掘机（图17.7-4）、滑臂挖掘机、专用提升架（图17.7-5）等设备，一般长臂挖掘机作业深度为7～14m，滑臂挖掘机为7～19m，吊机及取土架作业深度则可达30余米。取土平台、施工机械、运输车辆停放及行驶区域的结构平面尺寸和净空高度应满足施工机械及运输车辆的作业要求。

图17.7-2　小型挖掘机在坑内暗挖作业

图17.7-3　吊机在吊运土方

图17.7-4　长臂挖掘机施工作业

图17.7-5　取土架施工作业

5. 逆作通风与照明

由于逆作施工采用从上而下的施工方法，为确保工人的正常生产和有一个良好的工作环境，在施工时对通风和照明要求较高。当在地下结构中挖土时，由于挖机产生的废气量大且距离首层楼板较高，废气难以排出，为此在各操作面安装大功率轴流风扇用于排风，使地下地上空气形成对流，保持空气新鲜，确保施工人员的身体健康。通风管道采用塑料波纹软管，软管固定在结构楼板和格构柱上，并加设到挖土作业点，在作业点设风机进行送风，在出口处设风机进行抽风。图 17.7-6 为通风设备及布置。

图 17.7-6 通风设备及布置

地下施工动力、照明线路需设置专用的防水线路，并埋没在楼板、梁、柱等结构中，专用的防水电箱应设置在柱上，不得随意挪动。随着地下工作面的推进，从电箱至各电器设备的线路均需采用双层绝缘电线，并架空铺设在楼板底。施工完毕应及时收拢架空线，并切断电箱电源。在整个土方开挖施工过程中，各施工操作面上均需专职安全巡视员监护各类安全措施和检查落实。

通常情况下，照明线路水平向可通过在楼板中的预设管路（图 17.7-7），竖向利用固定在格构柱上的预设管，照明灯具应置于预先制作的标准灯架上（图 17.7-8），灯架固定在格构柱或结构楼板上。

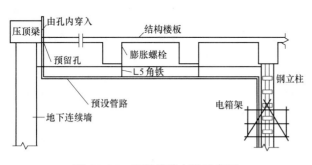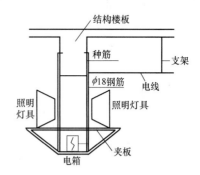

图 17.7-7 照明线路布设示意图　　　　图 17.7-8 标准灯架搭设示意图

为了防止突发停电事故，在各层板的应急通道上应设置一路应急照明系统，应急照明需采用一路单独的线路，以便于施工人员在发生意外事故导致停电的时候安全从现场撤离，避免人员伤亡事故的产生。应急通道上大约每隔 20m 设置一盏应急照明灯具，应急照明灯具在停电后应有充分的照明时间，以确保现场施工人员能安全撤离。

17.7.2 盖挖法土方开挖

盖挖法是先盖后挖，以临时路面或结构顶板维持地面畅通，再进行下部结构施工的施工方法。由地面向下开挖至一定深度后，将顶部封闭，其余的下部工程在封闭的顶盖下进行施工。主体结构可以顺作，也可以逆作。在城市繁忙地带修建地铁车站时，往往占用道路影响交通，当地铁车站设在主干道上，而交通不能中断，又需要确保一定交通流量时，可选用盖挖法。盖挖法施工主要有几种类型：盖挖顺作法、盖挖逆作法、盖挖半逆作法、盖挖顺作法与盖挖逆作法的组合、盖挖法与暗挖法的组合等。目前，城市中施工采用最多的是盖挖逆作法。

盖挖顺作法的施工顺序是自地表向下开挖一定深度后先浇筑顶板，在顶板的保护下，自上而下开挖、支撑，达到设计标高后由下而上浇筑结构。盖挖顺作法是在地表作业完成挡土结构后，以纵、横梁和路面板置于挡土结构上维持交通，往下反复进行开挖和加设横撑，直至设计标高。然后依序由下而上施工主体结构和防水措施，施工回填土并恢复管线路或埋设新的管线路。最后，视需要拆除挡土结构外露部分并恢复道路。在道路交通不能长期中断的情况下修建车站主体时，可考虑采用盖挖顺作法。

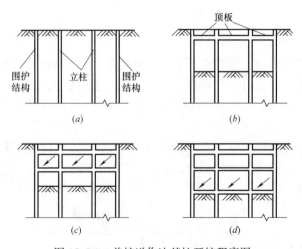

图 17.7-9 盖挖逆作法基坑开挖程序图

盖挖逆作法是基坑开挖一段后先浇筑顶板，在顶板的保护下自上而下开挖、支撑和浇筑结构内衬的施工方法，盖挖逆作法基坑开挖施工程序图如图 17.7-9 所示。盖挖逆作法是先在地表面向下做基坑的围护结构和中间桩柱，和盖挖顺作法一样，基坑围护结构多采用地下连续墙或帷幕桩，中间支撑多利用主体结构本身的中间立柱以降低工程造价。随后即可开挖表层土体至主体结构顶板地面标高，利用未开挖的土体作为土胎模浇筑顶板。顶板可以作为一道强有力的水平横撑，以防止围护结构向基坑内变形，待回填土后将道路复原，恢复交通。以后的工作都是在顶板覆盖下进行，即自上而下逐层开挖并建造主体结构直至底板。如果开挖面积较大、覆土较浅、周围沿线建筑物过于靠近，为尽量防止因开挖基坑而引起邻近建筑物的沉陷，或需及早恢复路面交通，但又缺乏定型覆盖结构。常采用盖挖逆作法施工。

盖挖半逆作法与逆作法的区别仅在于顶板完成及恢复路面后，向下挖土至设计标高后先浇筑底板，再依次向上逐层浇筑侧墙、楼板。在半逆作法施工中，一般都必须设置横撑并施加预应力。

盖挖法施工可分为两个阶段，第一阶段为地面施工阶段，包括围护墙、中间支承桩、顶板土方及结构施工；第二阶段为洞内施工阶段，包括土方开挖、结构、装修施工和设备安装。

盖挖法施工围护结构变形小，能够有效控制周围土体的变形和地表沉降，有利于保护邻近建筑物和构筑物；基坑底部土体稳定，隆起小，施工安全。盖挖逆作法施工一般不设内部支撑或锚锭，施工空间大；基坑施工暴露时间短，用于城市街区施工时可尽快恢复路面，对道路交通影响较小。盖挖法施工也有一些缺点，混凝土结构水平施工缝的处理较为困难；盖挖逆作法施工时，暗挖施工难度大、费用高；出土不方便，工效低，速度慢；结构框架形成之前，中间立柱能够支承的上部荷载有限等。

盖挖法施工的土方开挖，由明、暗两部分组成。条件许可时，从改善施工条件和缩短工期考虑尽可能增加明挖土方量。一般是以顶板底面作为明、暗挖土方的分界线。这样可利用土胎模浇筑顶板。而在软弱土层难以利用土胎模时，明挖土方可延续到顶板下，按模板设计支模浇筑顶板。

暗挖土方时应充分利用土台护脚支撑效应。采用中心挖槽法，即先挖出支撑设计位置土体架设支撑，再挖两侧土体。暗挖时，材料机具运送、挖运的土方均通过临时出口，临时出口可单独设置或利用隧道的出入口和风道。

17.8　基坑土方开挖质量控制

17.8.1　一般要求

（1）基坑工程土方开挖应经常测量和校核其平面位置、水平标高和边坡坡度。平面控制桩和水准控制点应采取可靠的保护措施，定期复测和检查。

（2）施工过程中应检查基坑平面位置、水平标高、边坡坡度、压实度，检查排水、降水系统，随时观测周边的环境变化。

（3）基坑工程土方开挖应做好地表和坑内排水、地面截水和地下降水，地下水位应保持低于开挖面500mm以下。

（4）在土方挖至坑底标高或边坡边界时，应预留200～300mm厚的土层，用人工开挖和修整，边挖边修，以保证不扰动土层，使标高符合设计要求。

17.8.2　土方开挖工程的质量检验标准

土方开挖工程的质量检验标准应符合表17.8-1的规定。

土方开挖工程质量检验标准　　　　　　　　　　　　表 17.8-1

项	序	项目	允许偏差或允许值(mm)					检验方法
			柱基、基坑、基槽	挖方场地平整		管沟	地(路)面基层	
				人工	机械			
主控项目	1	标高	−50	±30	±50	−50	−50	水准仪
	2	长度、宽度(由设计中心线向两边量)	+200 −50	+300 −100	+500 −100	+100	—	经纬仪、用钢尺量
	3	边坡	设计要求					观察用坡度尺检查
一般项目	1	表面平整度	20	20	50	20	20	用2m靠尺和楔形塞尺检查
	2	基底土性	设计要求					观察或土样分析

17.9　基坑土方开挖常见问题的预防应急措施和注意事项

17.9.1　预防措施

1. 预防地表水渗入基坑周边土体和冲刷坡体

在影响边坡稳定的范围内不得积水。基坑周围地面应向远离基坑方向形成排水坡势，并沿基坑外围设置截水沟，排水应畅通，防止地表水渗入基坑周边土体和冲刷坡体。台阶形坑壁应在过渡平台上设置排水沟，排水沟不应渗漏。基坑底应设置排水沟及积水井，形成排水系统，防止坑底坑边积水和冲刷边坡。

当坡面有渗水时，应根据实际情况设置外倾的泄水孔。对坡体内的积水应采取导排措施，确保其不渗入、不冲刷坑壁。

2. 预防基坑开挖后土体回弹变形过大

深基坑土体开挖后地基卸载，土体中压力减少，将使基坑底面产生一定的回弹变形（隆起）。回弹变形量的大小与土的种类、是否浸水、基坑深度、基坑面积、暴露时间及挖土顺序等因素有关。如基坑积水，黏性土因吸水使土的体积增加，不但抗剪强度降低，回弹变形亦增大，对于软土地基更应注意土体的回弹变形。回弹变形过大将加大建筑物的后期沉降。

由于影响回弹变形的因素比较复杂，回弹变形计算尚难准确。如基坑不积水．暴露时间不太长，可认为土在侧限的条件下产生回弹变形，可把挖去的土作为负荷载按分层总和法计算回弹变形。

施工中减少基坑回弹变形的有效措施，是设法减少土体中有效应力的变化，减少暴露时间，并防止地基土浸水。因此，在基坑开挖过程中和开挖后，均应保证井点降水正常进行，并在挖至设计标高后，尽快浇筑垫层和底板。必要时可对基础结构下部土层进行加固。

3. 预防边坡失稳

深基坑开挖要根据地质条件（特别是打桩之后）、基础埋深、基坑暴露时间、挖土及运土机械、堆土等情况拟定合理的施工方案。

目前挖土机械多用斗容量 $1m^3$ 的反铲挖掘机，其实际有效挖土半径约为 5～6m，挖土深度为 4～6m，习惯上往往一次挖到深度，并形成坡度，由于快速卸荷以及挖土与运输机械的振动，如果再于开挖基坑的边缘 2～3m 范围内堆土，易于造成边坡失稳。基坑土方开挖迅速改变了原来土体的平衡状态，呈流塑状态的软土对水平位移极敏感，易造成滑坡。边坡堆载（堆土、停机械设备等）给边坡增加附加荷载，如事先未经详细计算，易形成边坡失稳。

4. 预防工程桩位移和倾斜

成桩完毕后基坑开挖，应制定合理的施工顺序和技术措施，防止桩的位移和倾斜。

对先成桩后挖土的工程，由于成桩的挤土和动力作用，使原处于静平衡状态的地基土遭到破坏。对砂土甚至会形成砂土液化，原来的地基强度遭到破坏。对黏性土由于形成很大的挤压应力，孔隙水压力升高，形成超静孔隙水压力，土的抗剪强度明显降低。如果成桩后紧接着开挖基坑，由于开挖时的应力释放，再加上挖土高差形成一侧减荷的侧向推力，土体易产生水平位移，使先打设的桩产生水平位移。软土地区这种施工事故已屡有发生，值得重视。为此在群桩基础的桩完成后，宜停留一定时间，并用降水设施预抽地下水，待土中由于成桩积聚的应力有所释放，孔隙水压力有所降低，被扰动的土体重新固结后再开挖基坑土方。土方的开挖宜均匀、分层，尽量减少开挖时的土压力差，以保证桩位和边坡的稳定。

17.9.2　应急措施

1. 围护墙渗水与漏水

基坑开挖后围护墙出现渗水或漏水，对基坑施工带来不便，如渗漏严重时往往会造成土颗粒流失，引起围护墙背地面沉陷甚至支护结构坍塌。在基坑开挖过程中，一旦出现渗水或漏水应及时处理。

对渗水量较小，不影响施工也不影响周边环境的情况，可采用坑底设沟排水的方法。对渗水量较大，但没有泥砂带出，造成施工困难，而对周围影响不大的情况，可采用"引流-修补"方法。即在渗漏较严重的部位先在围护墙上水平（略向上）打入一根钢管，内径 20～30mm，使其穿透支护墙体进入墙背土体内，由此将水从该管引出，而后将管边围护墙的薄弱处用防水混凝土或砂浆修补封堵，待修补封堵的混凝土或砂浆达到一定强度后，再将钢出水口封住。如封住管口后出现第二处渗漏时，按上面方法再进行"引流-修补"。如果引流出的水为清水，周边环境较简单或出水量不大，则不作修补也可，只需将引入基坑的水设法排出即可。

对渗、漏水量很大的情况，应查明原因采取相应的措施。如漏水位置距离地面深度不大时，可将围护墙背开挖至漏水位置下 500～1000mm，在围护墙后用密实混凝土进行封堵。如漏水位置埋深较大，则可在墙后采用压密注浆方法，浆液中应掺入水玻璃，使其能尽早凝结，也可采用高压喷射注浆方法。采用压密注浆时应注意，其施工对围护墙会产生一定压力，有时会引起围护墙向坑内较大的侧向位移，这在重力式或悬臂支护结构中更应注意，必要时应在坑内局部回填土方，待注浆并达到止水效果后再重新开挖。

2. 流砂及管涌

在细砂、粉砂层土中往往会出现流砂或管涌的情况，给基坑施工带来困难，如流砂十分严重则会引起基坑周边建筑、管线的倾斜和沉降。对轻微的流砂现象，在基坑开挖后可采用加快垫层浇筑或加厚垫层的方法"压注"流砂。对较严重的流砂在周边环境允许条件下增加坑外降水措施，使地下水位降低。降水是防治流砂最有效的方法。

在基坑内围护墙脚附近易发生局部流砂或者突涌，如果设计支护结构的嵌固深度满足要求，则造成这种现象的原因一般是由于坑底的下部位的支护排桩中出现断桩，或施打未及标高，或地下连续墙出现较大的孔、洞，或由于排桩净距较大，其后的止水帷幕又出现漏桩、断桩或孔洞，造成渗漏通道所致。一般先采取基坑内局部回填后，在基坑外漏点位置注入双液浆或聚氨酯堵漏，并对围护墙作必要的加固。如果情况十分严重可在原围护墙后增加一道围护墙，在两围护墙间进行注浆或高压旋喷，新墙深度应比与原围护墙适当加深，宽度应比渗透破坏范围宽 3～5m。

3. 围护墙侧向位移

基坑开挖后，支护结构发生一定的位移是正常的，但如位移过大，或位移发展过快，则往往会造成较严重的后果。如发生这种情况，应针对不同的支护结构采取相应的应急措施。

1) 重力式支护结构

对水泥土墙等重力式支护结构，其位移一般较大。如开挖后位移量在基坑深度的 1/100 以内，且位移发展渐趋于缓和，则可不必采取措施；如果位移超过 1/100 或设计估计值，则应予以重视。首先应做好位移的监测，绘制位移-时间曲线，掌握发展趋势。重力式支护结构一般在开挖后 1～2d 内位移发展迅速，来势较猛，以后 2d 内仍会有所发展，但位移增长速率明显下降。如果位移超过估计值不太多，以后又趋于稳定，一般不必采取特殊措施。但应注意尽量减小坑边堆载，严禁动荷载作用于围护墙或坑边区域；加快垫层浇筑与地下室底板施工的速度，以减少基坑敞开时间；应将墙背裂缝用水泥砂浆或细石混凝土灌满，防止雨水、地面水进入基坑和浸泡围护墙背土体。

对位移超过估计值较多，而且数天后仍无减缓趋势，或基坑周边环境较复杂的情况，应采取一些附加措施。常用的方法有：水泥土墙背后卸荷，卸土深度一般 2m 左右，卸土宽度不宜小于 3m；加快垫层施工，加厚垫层厚度，尽早发挥垫层的支撑作用；在基坑深度的 1/2 处加设腰梁及内支撑，如图 17.9-1 所示。

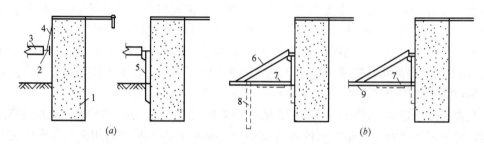

图 17.9-1　水泥土墙临时支撑

(*a*) 对撑；(*b*) 竖向斜撑

1—水泥土墙；2—围檩；3—对撑；4—吊索；5—支撑型钢；

6—竖向斜撑；7—铺地型钢；8—板桩；9—混凝土垫层

2) 支撑式支护结构

由于支撑刚度一般都较大，支护结构位移一般较小，其位移主要是插入坑底部分的支护桩墙向内变形。为了满足基础底板施工需要，最下一道支撑离坑底总有一定距离，对只有一道支撑的支护结构，其支撑离坑底距离会更大，围护墙下段的约束较小，因此在基坑开挖后，围护墙下段位移较大，往往由此造成墙背土体的沉陷。因此，对于支撑式支护结构，如发生墙背土体的沉陷，主要应设法控制围护桩（墙）嵌入部分的位移，着重加固坑底部位。具体措施有：

(1) 增设坑内降水设备降低地下水，如条件许可也可在坑外降水；

(2) 进行坑底加固，可采用注浆、高压喷射注浆等提高被动区抗力；

(3) 对基坑挖土合理分段，每段基坑开挖到底后及时浇筑垫层，直顶坑壁；

(4) 加厚垫层，采用配筋垫层或设置坑底支撑。

处在周围环境复杂的工程，如开挖后发生较大变形，加厚配筋垫层对抑制坑内土体隆起也非常有利，即减少了坑内土体隆起又控制了围护墙下段位移。必要时还可在坑底设置型钢支撑或钢筋混凝土暗支撑，在支护墙根处设置围檩，以减少位移。

如果是由于围护墙的刚度不够而产生较大侧向位移，则应加强围护墙体，如在其后加设树根桩或钢板桩，或对土体进行加固等。

4. 邻近建筑与管线位移

基坑开挖后，坑内大量土方挖去，土体平衡发生很大变化，对坑外建筑或地下管线往往也会引起较大的沉降或侧移，有时还会造成建筑的倾斜，并由此引起房屋裂缝，管线断裂、泄漏。基坑开挖时必须加强观察，当位移或沉降值达到报警值后，应立即采取措施。

1）对建筑物沉降的控制

一般可采用跟踪注浆方法。注浆孔布置可在围护墙背及建筑物前各布置一排，注浆深度应在地表至坑底以下 2～4m 范围，具体可根据工程条件确定。注浆压力不宜过大，否则不仅对围护墙造成较大侧压力，对建筑本身也不利。注浆量可根据支护墙的估算位移量及土的孔隙率来确定。采用跟踪注浆时，应严密观察建筑的沉降状况，防止由注浆引起土体搅动而加剧建筑物的沉降或抬升。对沉降很大而压密注浆又不能有效控制的建筑，如其基础是钢筋混凝土的，则可考虑采用锚杆静压桩的方法。

如果条件许可，在基坑开挖前对邻近建筑物下的地基或支护墙背土体先进行加固处理，可采用压密注浆、搅拌桩、锚杆静压桩等加固措施，施工较为方便且效果更佳。

2）对基坑周围管线保护的应急措施

一般有两种方法：

（1）打设封闭桩或开挖隔离沟

地下管线离开基坑较远，但开挖后引起的位移或沉降又较大时，可在管线靠基坑一侧设置封闭桩，为减小打桩挤土，封闭桩宜选用树根桩，也可采用钢板桩、槽钢等，施打时应控制打桩速率，封闭板桩离管线应保持一定距离，以免影响管线。

在管线边开挖隔离沟也对控制位移有一定作用，隔离沟应与管线有一定距离，其深度宜与管线埋深接近或略深，在靠管线一侧还应做出一定坡度。

（2）管线架空

地下管线离基坑较近无法设置隔离桩或隔离沟时，可采用管线架空的方法。管线架空后与围护墙后的土体基本分离，土体的位移与沉降对它影响很小，即使产生一定位移或沉降，还可对支承架进行调整复位。

管线架空前应先将管线周围的土挖空，在其上设置支承架，支承架的搁置点应可靠、牢固，能防止较大位移与沉降，并应便于调整其搁置位置。然后，将管线悬挂于支承架上，如管线发生较大位移或沉降，可对支承架进行调整复位，以

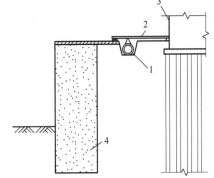

图 17.9-2　管道保护支承架示意图
1—管道；2—支承架
3—临近建筑；4—支护结构

保证管线的安全。图 17.9-2 是某高层建筑边管道保护支承架的示意图。

17.9.3　注意事项

1. 重视打桩效应

先施工工程桩基础或先开挖基坑，要视土质情况和桩型而定，一般情况下先施工工程

桩基后开挖基坑为好。如土质好，基坑不深，又是采用人工挖孔桩或冲钻孔灌注桩，也可以考虑先开挖基坑，后在坑底施工工程桩，以减少桩长和砍桩费用，也可避免桩基在土方开挖过程中产生位移，但要先做好坑底封底才能施工工程桩基，同时要预防挖孔、钻孔有临空面引起周围围护结构位移变形问题。

当基坑很深时要在坑底施工工程桩，施工难度较大，且基坑暴露时间长，将可能影响围护结构的稳定，因此，可采用基坑内土方分阶段开挖，先挖一定的深度，预留适当厚度的土方，待完成工程桩再挖残余的土方，并立即做好坑底封底施工，能有效地控制围护结构的位移。如采用锤击或静压预制桩，必须先打桩后施工围护结构，再开挖基坑土方，否则会由于打桩挤土效应，引起围护结构位移变形和坑底土隆起。

由于打桩挤土和动力波的作用，将使砂土液化，使黏性土产生很大的挤压力，孔隙水压力升高，土的抗剪强度明显下降。所以打桩后应有一段间歇时间，让土重新固结，孔隙水压力下降消失后才能开挖基坑土方。否则，将会使先打的桩产生上浮、倾斜、位移等。

2. 尽量减缓开挖过程中的土体应力释放速度

深基坑开挖过程是土体卸载释放应力的过程，而卸载释放应力速度与开挖顺序、开挖速度、分层分段厚度及基坑暴露时间长短有很大关系。

（1）要合理安排开挖顺序

实践经验证明，开挖与支撑施工的顺序正确与否，将影响基坑土体应力释放速度。如果顺序恰当，可使支护结构受力均匀合理；如果顺序不当，将可能使基坑部分受力不合理，导致土体和支护结构变形过大。因此，在土方开挖过程中应根据基坑大小、形状和开挖深度以及支护结构的类型，详细研究开挖过程的受力状况，合理安排开挖与支撑顺序及分层分段厚度等。

（2）要控制合理的开挖速度

合理的开挖速度应视工程情况及开挖方式而定，主要要避免卸载过快，防止土体位移。控制合理的开挖速度，并非放慢开挖速度，有时开挖速度过缓不能尽快形成支撑系统，由于时空效应问题，反而不利于围护结构和土体稳定。因此应视工程环境与开挖方式而定，以逐步卸载，尽快形成支撑系统为准。当采用分层分块开挖方式时，应加快开挖速度，及时形成该部分的支撑系统或结构，减小时空效应。

（3）要合理地分层分段开挖

基坑开挖还存在一个空间效应问题，土方开挖时，其分层开挖的厚度、分段的长短对土体结构空间的稳定有很大的影响。因此，土方分层开挖厚度应予以控制，软土地区一般不应超过 2～3m；土质较好地区一般也不应超过 5m。开挖面应视土质情况设一定的坡度，以防塌方。分段长度应视工程环境条件、基坑形状、伸缩缝与后浇带位置等等因素而定，一般不应大于 25m，以充分利用土体结构的空间作用，减少围护结构的变形。

3. 注意配合深基坑支护结构施工

深基坑的支护结构，随着挖土加深侧压力加大，变形增大，周围地面沉降亦加大。及时加设支撑（锚杆），尤其是施加预应力的支撑，对减少变形和沉降有很大的作用。为此，在制订基坑挖土方案时，一定要配合支撑（锚杆）加设的需要，分层进行挖土，避免只考虑挖土方便而不及时加设支撑，造成施工不便甚至事故。

近年来，在深基坑支护结构中混凝土支撑应用渐多，如采用混凝土支撑，则挖土要与支撑浇筑配合，支撑浇筑后要养护至一定强度才可继续向下开挖。挖土时，挖土机械应避免直接压在支撑上，否则要采取有效措施。

如支护结构设计采用盆式挖土时，则先挖去基坑中心部位的土，周边留有足够厚度的土，以平衡支护结构外面产生的侧压力，待中间部位挖土结束，浇筑好底板，并加设斜撑后，再挖除周边支护结构内面的土。采用盆式挖土时，底板要允许分块浇筑，地下室结构浇筑后有时尚需换撑以拆除斜撑，换撑时支撑要支承在地下室结构外墙上，支承部位要慎重选择并经过验算。

挖土方式影响支护结构的荷载，要尽可能使支护结构均匀受力，减少变形。为此，要坚持采用分层、分块、均衡、对称的方式进行挖土。

4. 做好坑内外的降水、排水

基坑施工过程中要做好施工排水，在影响边坡稳定的范围内不得有积水。基坑周围地面应向远离基坑方向形成排水坡势，并沿基坑外围设置排水沟及截水沟，排水应顺畅。严禁地表水渗入基坑周边土体和冲刷坡体。对台阶形坑壁，应在过渡平台上设置排水沟，排水沟不应渗漏。当坡面有渗水时，应设置外倾的泄水孔。对坡体内的积水应采取导排措施，确保其不渗入、不冲刷坑壁。

当基坑开挖深度小，且地下水位在基坑底面以下或土的渗透系数很小，可视为不透水层，可不采用人工降水和帷幕止水而采用基坑内外明沟排水；如开挖深度大且土层渗透系数较大，应采用井点降水或井点降水和止水帷幕相结合的办法进行降水止水。土方开挖前应先做好降、排水施工，且试运行正常后方可开挖土方。开挖过程中应经常检查降排水是否正常，水位是否达到设计要求，是否有引起周围建筑物下沉变形或基底土隆起等现象。应尽量避开雨季和冬季开挖土方，在雨季中开挖土方，应采取必要的技术措施；在潮汛期开挖土方，应有防洪措施，防止坑外水浸入坑内；在冬季开挖，应防止基土遭冻，挖完土需隔一段时间才施工基础时，基面需留置适当厚度的土或用其他保温材料覆盖。

5. 控制基坑边地面荷载，严禁超载

挖出的土方不应堆放在坑边。要控制基坑边地面的堆载，严禁超载。现场材料、设备等堆放以及临时工棚搭设应远离坑边，在基坑开挖影响范围以外。车辆、机械设备在坑边行走或作业所产生的荷载应小于坑外道路设计的承载力限值，否则应对坑边采取加强措施。

6. 做好工程桩、支护系统和环境的保护

（1）采取机械开挖基坑时，根据土质情况和机械的类型，在基坑底应保留150～300mm 土层不开挖，而由人工开挖进行修整，以保持坑底土体的原状结构。

（2）无论采用机械开挖或人工开挖都要注意保护测量坐标、水准点，以及监测埋设的仪器与元件。严禁在开挖过程中碰撞和损坏支护结构系统、工程桩、止水帷幕和降排水设施。对基坑周边的电缆、煤气、供排水管道等地下设施，必须采取可靠的保护措施，防止撞坏而造成事故。

（3）如设有多层内支撑时，应尽可能采用小型挖土机械，操作比较灵活，可以减少碰撞基坑围护结构、工程桩、支撑以及其他设施。

7. 做好基坑工程的监测

在基坑开挖过程中，应建立工程监测系统，随时对围护结构、支撑等内力变化与变形、坑顶地面沉降、坑底隆起、孔隙水压力、地下水位变化以及临近周围建构筑物和各类管线的动态等进行监测。施工过程还应加强现场日常巡视监测，及时对收集和反馈的信息进行分析，发现异常应及时采取对策加以控制。同时，要经常对平面控制桩、水准点、标高、基坑平面位置、边坡坡度等复测检查。

8. 要按设计工况进行换撑

多层支撑的拆除应自下而上逐层进行。换撑应按设计工况进行，先对坑壁回填土或用临时支撑，混凝土临时支撑强度应达到设计要求后再拆除原有支撑。拆除支撑时，应注意防止附近建筑物或构筑物产生下沉和破坏，必要时采取加固措施。采用爆破拆除的，应考虑爆破时对支护系统与已施工的地下结构的影响。

9. 要及时进行对基坑的验槽

基坑开挖完应立即进行验槽，及时进行坑底垫层和基础施工，防止暴露时间过长或受雨水浸刷。基坑中的工程桩桩头处理，宜在垫层铺筑后进行。如基底土超挖，应采用素混凝土或夯石回填，不应采用素土回填。

17.10　基坑土方开挖的现场设施

17.10.1　施工道路设置

1. 坑外道路设置

坑外道路的设置一般沿基坑四周布置，不宜靠近基坑边沿，其宽度应满足机械行走和作业要求。若条件允许，坑外道路应尽量环形布置。对于坑内设置有栈桥的基坑，坑外道路的设置还应与栈桥相连接。由于施工道路上荷载较大且属于动荷载，坑外道路应进行必要的加强措施，如铺设路基箱或浇筑一定厚度的刚性路面，以分散荷载减小对基坑围护结构的不利影响。

2. 坑内土坡道路设置

坑内土坡道路的宽度应能满足机械行走的要求，坡度应视土质、挖土深度和运输设备等情况而定，一般为 1 :（8～10）。由于坑内土坡道路行走频繁，土坡易受扰动，通常情况下土坡应进行必要的加固。土坡面层加强可采用碎砖块或碎石、浇筑钢筋混凝土和铺设路基箱等方法；土坡两侧坡面加强可采用护坡、降水等方法；土坡土体可根据土层情况，采用水泥土搅拌桩、高压旋喷、压密注浆等加固方法。

17.10.2　施工栈桥平台和栈桥道路设置

施工栈桥平台有钢筋混凝土栈桥平台、钢结构栈桥平台、钢结构与钢筋混凝土结构组合式栈桥平台。钢结构栈桥平台一般由立柱、型钢梁、箱形板等组成；钢结构与钢筋混凝土结构组合式栈桥平台一般可采用钢立柱、钢筋混凝土梁和钢结构面板组合而成，也可采用钢立柱、型钢梁和钢筋混凝土板组合而成，钢筋混凝土板可采用预制的，便于回收重复使用，组合式挖土栈桥平台在实际应用中可根据具体情况进行选择。施工栈桥平台的平面尺寸应能满足施工机械作业要求，一般与支撑相结合，可设置在基坑边，也可设置在栈桥道路边。当基坑外场地或道路偏小需向基坑内拓宽，且拓宽的宽度不大时，可采用悬挑式平台。悬挑式平台可用钢结构或钢筋混凝土结构，悬挑梁宜与冠梁、路面等连成整体，以防止倾覆。由于施工堆载及车辆等荷载较大，悬挑平台外挑不宜过大，一般不宜大于1.5m。

开挖深度较深，场地水文地质条件差或场内交通组织较为困难的基坑土方施工，需结合支护形式、场内道路、土方施工方法等设置施工栈桥道路。栈桥道路类型同栈桥平台。栈桥道路的宽度应能满足机械设备行走、交汇和作业要求。栈桥道路坡道延伸至坑底或延伸至坑内一定深度但不下底，以满足不同土方开挖方法的需要。栈桥道路也可作为土方装车挖掘机的作业平台。

栈桥平台、栈桥道路结构应根据挖土机械、运输车辆等荷载进行专项的结构与稳定性设计计算，并取得地下结构设计和基坑支护设计方的认可。

17.10.3 塔吊设置

基坑工程的塔吊可布置在基坑外或基坑内，塔吊基础可采用桩基、混凝土或型钢基础，也可设在地下室底板上。

1. 基坑内塔吊设置

基坑内塔吊的布置位置除满足基坑施工阶段的需求外，还应与上部结构施工需要相协调。附着式塔吊应避开地下室外墙、支护结构支撑、换撑等部位，布置在上部结构外墙外侧的合适位置；内爬式塔吊则布置在上部结构电梯井或预留通道等位置。基坑内塔吊的拆除时间可根据施工阶段使用的需要要求，但与支撑或栈桥相结合的塔吊一般在支撑或栈桥拆除前予以拆除。

基坑内塔吊一般采用组合式基础，由混凝土承台或型钢平台、格构式钢柱或钢管柱及灌注桩或钢管桩等组成。图17.10-1为常见的组合形式。

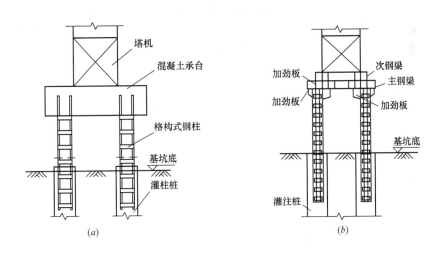

图 17.10-1 独立式塔吊基础示意图

(a) 混凝土承台、格构式钢柱、灌注桩组合式基础；
(b) 型钢基础、格构式钢柱、灌注桩组合式基础

塔吊在基坑内的基桩宜避开底板的基础梁、承台、后浇带或加强带等区域。格构式钢柱的布置应与下端的基桩轴线重合且宜采用焊接四肢组合式对称构件，截面轮廓尺寸不宜

小于 400mm×400mm，主肢宜采用等边角钢，且不宜小于 90mm×8mm；缀件宜采用缀板式或缀条（角钢）式。格构式钢柱上端伸入混凝土承台的锚固长度应满足抗拔要求。下端伸入灌注桩的锚固长度不宜小于 2.0m，且应与基桩纵筋焊接，灌注桩在该部位的箍筋应加密。

近年来，塔吊基础与支撑或栈桥相结合的形式也开始出现。这种组合式基础形式主要是利用支撑或栈桥立柱桩及立柱作为塔吊基桩，利用栈桥梁或支撑梁作为塔吊基础承台。承台与栈桥梁或支撑梁相结合时，一般应通过计算对栈桥梁或支撑梁等进行加固。承台宜设计为方形板式或十字形梁式，基桩宜按均匀对称布置，且不宜少于 4 根，以满足塔吊任意方向倾覆力矩的作用。

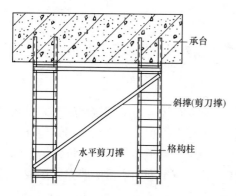

图 17.10-2　型钢支撑加固

随着基坑土方分层开挖，在格构式钢柱外侧四周应及时用型钢设置支撑，焊接于主肢，将承台基础下的格构式钢柱连接为整体，如图 17.10-2 所示。当格构式钢柱较高时，宜再设置型钢水平剪刀撑，以利于抗塔吊回转产生的扭矩。基坑开挖到设计标高后，应立即浇筑垫层，宜在组合式基础的混凝土承台投影范围加厚垫层并掺入早强剂。由于格构柱穿越基础底板，故格构柱在底板范围的中央位置，应在分肢型钢上焊接止水钢板。

有时在坑内栈桥施工完毕且强度满足要求后在其上设置行走式塔吊，主要是满足支撑和基础结构施工需要，该形式的塔吊具有覆盖面较大、拆装简便等优点。栈桥上行走式塔吊的设置应综合考虑基坑形状和大小、栈桥布置形式、现场条件等因素，并在栈桥设计时一并考虑。栈桥上设置的行走式塔吊在拆除栈桥前进行塔吊拆除。

2. 基坑外塔吊设置

对于面积不大的基坑，考虑到后续结构的施工需要，在基坑土方开挖阶段的塔吊可设置在基坑外侧，其安装的时间较为灵活，可在基坑开挖前或开挖过程中，甚至开挖完毕后进行安装。按基础形式不同，可分为有桩基承台基础和无桩基承台基础形式。

（1）有桩基承台基础的塔吊设置

当地基土为软弱土层，采用浅基础不能满足塔吊对地基承载力和变形要求，或基坑变形控制有较严格要求，周边环境保护要求较高，不允许基坑边有较大的附加荷载，可采用桩基础。基桩可选择预制钢筋混凝土桩、混凝土灌注桩或钢管桩等，一般塔吊基础的基桩与工程桩或围护桩同桩型，塔吊的桩基应进行设计计算。

塔吊基础的桩身和承台混凝土强度等级不得小于 C35。基桩应按计算和构造要求配置钢筋，纵向钢筋不应小于 $6\phi12$，应沿桩周边均匀布置，其净距不应小于 60mm。箍筋应采用螺旋式，直径不应小于 6mm，间距宜为 $200\sim300mm$，桩顶以下 $5d$（d 为纵向钢筋直径）范围内箍筋间距应加密至不大于 100mm。当基桩属抗拔桩或端承桩，应等截面或变截面通长配筋。承台宜设计成方形板式，见图 17.10-3；承台设计成十字形梁式，截面高度不宜小于 1000mm，基桩宜按均匀对称式布置，且不宜少于 4 根。边桩中心至承台边缘的距离应不小于桩的直径或边长，且桩的外边缘至承台边缘的距离不小于 200mm。板式承台基础上、下面均应根据计算或构造要求配筋，直径不小于 12mm，间距不大于 200mm，上下层钢筋之间设置架立筋，宜沿对角线配置暗梁。十字形承台应按梁式配筋，宜按对称式配置正、负弯矩筋，箍筋不宜小于 $\phi 8@200$。

对于排桩式围护墙或地下连续墙，塔吊位置也可位于围护墙顶上，如直接设置塔吊基础，会造成基底软硬严重不均的现象，在塔吊工作时产生倾斜。一般在支护墙外侧另行布置桩基，该桩设计时应考虑与围护墙的沉降差异。

（2）无桩基承台基础的塔吊设置

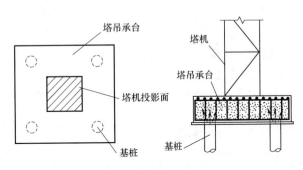

图 17.10-3 塔吊基础和承台构造图

若地基土较好，能满足塔吊地基承载力要求，且基坑开挖深度较浅，坑底标高与塔吊基础底标高基本一致，或周边环境较好且围护设计时已经考虑塔吊区域的附加荷载，可在坑外采用无桩基承台基础的塔吊，即塔吊基础位于天然或复合地基上，见图 17.10-4。混凝土基础的构造应根据塔吊说明书及现场工程地质等要求确定，宜选用板式或十字形式。基础埋置深度应综合考虑工程地质、塔吊荷载大小以及相邻环境条件等因素。采用重力式或悬臂式支护结构的基坑边不宜设置无桩基承台基础的塔吊。重力式支护结构的基坑可采用加宽水泥土墙与加大其入土深度，且宜在塔吊基础部位下方及塔吊基础对应的基坑内采取加固措施，以减小塔吊和基坑之间产生相互不利影响。同时在土方开挖时特别是开挖初期应加强对塔吊监测，包括位移、沉降及垂直度等。

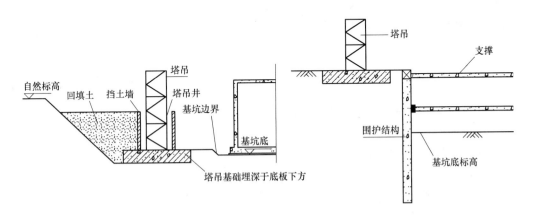

图 17.10-4 无桩基承台塔吊基础形式

对于长方形基坑或狭长形基坑，若地基土较好，能满足塔吊地基承载力要求，周边环境较好，且围护设计时已经考虑塔吊区域的附加荷载，可在坑外采用行走式塔吊。

17.10.4　安全文明设置

1. 临时扶梯

基坑工程施工期间，现场施工人员必须通过基坑上下通道进入基坑施工作业，同时为满足消防要求，应制作安全规范的上下通道楼梯，以保证施工人员的安全。扶梯应具有足够的稳定性和刚度。扶梯可采用钢管或型钢制作，宽度一般为 1～1.2m，坡度一般不超过60°，扶梯边设置临边栏杆。一个楼梯段内踏步级数一般不超过 15 级，踏步可采用花纹钢板、钢管、木板等，踏步宽度宜为 250～300mm。扶梯要做定期清洁保养，对油污等应及时进行清洗，以防滑跌，对损坏的栏杆要及时修复或更换。

2. 临边围栏

为防止基坑边作业人员、车辆或材料落入基坑内，通常沿基坑边一周、坑内支撑上方的

图 17.10-5　循环自动冲洗系统

临时通道、施工栈桥等区域设置临边围栏。一般是先在围栏下的基础内预埋短钢管，再在其上搭设钢管围栏，围栏高度不小于1.2m，设置两道横杆，栏杆应布设防尘网，底部设踢脚板。亦可采用工具式围栏。

3. 冲洗设备

施工现场大门口设置冲洗设备是文明施工的需要，目前全国各地均有较严格的要求。采用高压水枪人工冲洗车辆是最常见的方式，一般须在工地门口设置高压水泵、高压水枪、排水沟槽、沉淀池及其他附属设施，沉淀池应有一定的深度。近年来上海等地出现了一种新型的循环自动冲洗系统，如图 17.10-5 所示。该系统通过优化冲洗排放沟槽布置，使废水能汇流收集；采用合适的路面构造，使泥浆水彻底及时回收，防止路面二次污染；建立循环储水装置和泵吸喷水再利用装置，使冲洗用水能重复利用。该系统具有水资源消耗较少、利用率高、冲洗效率提高、冲洗用时短等特点。

17.11　工程实例

17.11.1　福州中旅城环形内撑基坑土方开挖

1. 工程概况

福州中旅城位于福州市五四路南段，地下室 4 层，裙楼 7 层为商业用房，8 层以上为3 座 46 层住宅和 1 座 40 层商务办公大楼。工程用地面积 2.5 万 m^2，总建筑面积约 24.16万 m^2，其中地下室面积 7.5 万 m^2，建筑高度 149.35m。地下室南北宽 134.3～141.7m，东西长 142.1m，底板面标高为 -17.300m，基坑开挖深度为 18.2m。基坑支护采用排桩支护结构加三层圆形钢筋混凝土内支撑，围护桩采用（冲）钻孔灌注桩桩型，桩径$\phi 900mm$，桩中心距 1300mm，支护桩间（外侧）采用 $\phi 600mm$ 水泥搅拌桩加固挡土，内支撑采用钢筋混凝土圆形支撑，直径为 128.9m，支撑下设置 48 根立柱桩。基坑支护平面及典型剖面如图 17.11-1 及图 17.11-2 所示。

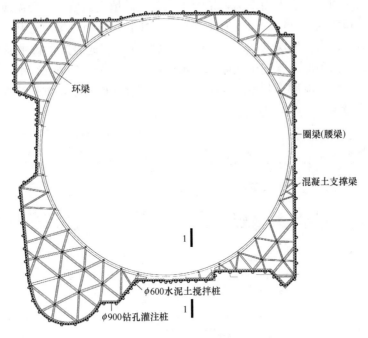

图 17.11-1 基坑支护结构平面图

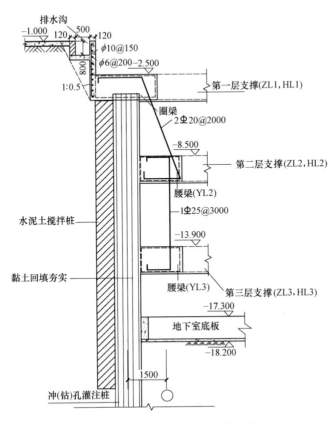

图 17.11-2 基坑支护典型剖面图

场地开挖深度内土层自上而下为：杂填土、黏土质填土、填砂、淤泥质填土、粉质黏土（1）、淤泥、粉质黏土（2）、淤泥质土（1）、粉质黏土（3）。场地对开挖有影响的地下水为浅部上层滞水，水位埋深 0.80～3.7m，受大气降水和地表人工排水的影响，中下部含水层即含砂黏土圆角砾，含黏土性卵砾石水位埋深 18.65～17.20m。由于承压含水层与基坑底之间为巨厚的淤泥质土和粉质黏土层，故下部含水层对本基坑开挖没有影响。

2. 施工工艺流程

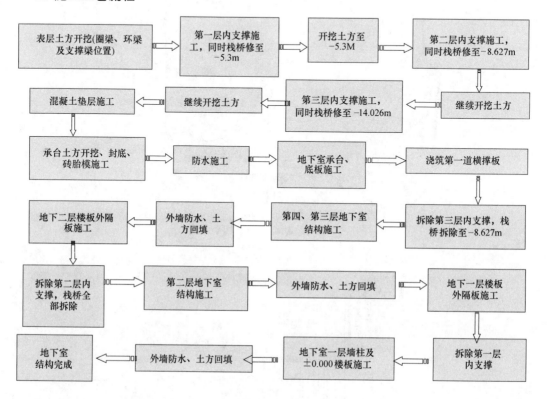

3. 基坑施工栈桥的设置

在基坑内设置施工临时栈桥，双向两车道供车辆进出行驶，从东大门向基坑内逐渐延伸，栈桥宽 10m，坡度为 8.5%，直至 −14.026 平台。栈道支撑由钢格构柱与钢筋混凝土冲孔灌注桩组成，栈桥桥身底设预制钢结构梁，每节长度按支撑柱间距设置，桥面为钢筋混凝土板。栈桥布置如图 17.11-3 所示。

4. 基坑排水与疏水

（1）坑外排水

坑外四周设置排水沟（坡度 0.05%，排水口设在东北、东南两侧）及集水井，以排除地表滞水。四角、直线边间隔 20m 设集水井，集水井比沟底深 0.5m，集水井根据地形采用水泵或自然排除。

（2）坑内排水

在开挖过程中设置临时排水沟（或盲沟），并酌情在开挖处坑底（间隔 20m）设置若干集水井，采用潜水泵抽水，明沟和集水井随土方开挖深度加深，抽水排到坑外明沟，经集水井沉淀后排入市政下水道。

（3）基底承台排水

当基坑大面积土方开挖完成，底板垫层混凝土浇筑后，承台土方开挖、砖胎模、防水、钢筋绑扎、混凝土浇筑时承台及核心筒底的排水，采用水泵把基坑中间的承台、核心筒内的水就近抽到基坑四周的承台或集水井内，再用水泵抽到基坑顶排水沟内，最后经沉淀池排往市政管网。

（4）其他

工程南面紧邻闽侨大厦工程不到20m，其地下室基坑土方开挖后处停工状态，目前基坑装满地表水，对中旅城项目施工造成影响。故在基坑土方开挖及底板施工过程中将根据实际渗水情况，沿南侧基坑边

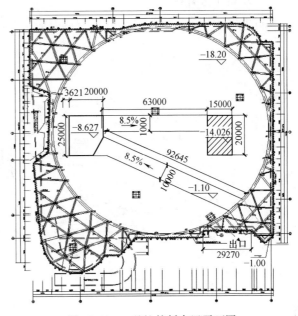

图 17.11-3　基坑栈桥布置平面图

底面设置相应的截水沟，把渗透过来的地表水引入集水坑，再通过水泵抽至基坑顶排水系统，经沉淀池排入市政管网，必要时采取堵水措施。

5. 土方开挖

（1）第一道支撑施工及土方开挖

四周环形部位网格梁分四个区段（Ⅰ、Ⅱ、Ⅲ、Ⅳ）流水作业，先开挖四个区块第一道网格支撑土方−1.0～−3.3m，周边坡度按1∶0.5开挖，土方出口采用土坡道直接出入两个大门。随开挖随施工第一道内支撑，并利用环梁内支撑混凝土养护期间歇开挖环形圈内土方，同时将栈桥施工至−5.3m，如图17.11-4所示。

（2）第二道支撑施工及土方开挖

第一道环梁及水平支撑达到设计强度80％后，四周环形部位网格梁分四个区段流水作业，先开挖四个区段第二道网格支撑土方−3.3～−9.3m，土方出入口采用土反填形成土坡道直接出入两个大门，随开挖随施工第二道内支撑，利用已施工至−5.3m的栈桥挖除土坡土方，在支撑施工的同时将栈桥先行施工至−8.627m。利用第二道环梁内支撑养护间歇，挖除环形圈内土方至−9.3m，如图17.11-5所示。

（3）第三道支撑施工及土方开挖

第二道环梁及水平支撑达到设计强度80％后，利用−8.627m栈桥转入四周网格支撑开挖土方，从−9.3m开挖至−14.7m，施工第三道支撑，同时将栈桥修至−12.0m。利用第三道环梁内支撑养护间歇，挖除环形圈内土方至−14.7m，同时将栈桥施工至−14.026m平台，如图17.11-6所示。

（4）大面积底板−18.2m土方开挖

第三道环梁及水平支撑达到设计强度80％后，利用−14.026m栈桥转入底板垫层土方开挖至−18.2m，按支护设计要求随挖随施工垫层，如图17.11-7所示。

（5）承台土方开挖

承台部分采用人工开挖，小型挖掘机驳运，部分承台需人工配合塔吊吊运。

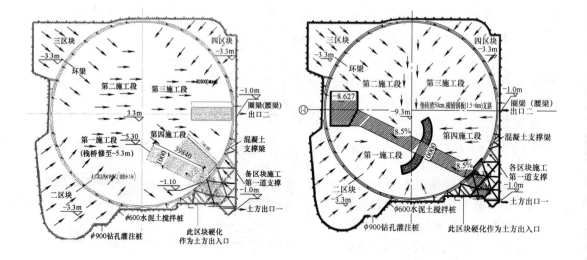

图 17.11-4 第一道支撑、栈桥及土方开挖　　　　图 17.11-5 第二道支撑施工及土方开挖

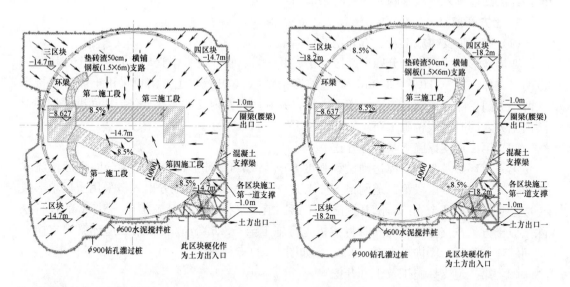

图 17.11-6 第三道支撑、栈桥及土方开挖　　　　图 17.11-7 基坑底板大面积土方开挖

（6）土方施工措施

① 为确保土方对称均衡开挖，每个施工段每一层土方开挖均由基坑四周同时向中间开挖，利用栈桥把土方外运至基坑外。栈桥未深入到的采用 50cm 砖渣垫层，再铺上钢板作为车辆行走支路。

② 机械开挖时，挖铲不得碰撞围护桩、支撑桩，挖掘机应顺着一边走，不得来回碾压和挤压。坑壁及支撑桩所保留300mm厚土层最后由人工挖除，承台土方也应由人工开挖。大承台或多桩承台土方开挖时按1∶1放坡，小承台视具体情况适当减小坡率。

③ 由于基坑四角环梁区域支撑梁下支撑立柱较密集，挖掘机难以回旋，同时避免支撑柱受到碰撞，故第二、三、四开挖阶段支撑梁下土方以人工开挖为主。

17.11.2 福州地铁黄山站基坑土方开挖

1. 工程概况

福州地铁1号线黄山站位于福泉高速连接线同则徐大道交叉口的南端，沿福峡路南北向布置，为地下二层岛式站台车站，双层两跨箱形框架结构，车站总长189m。车站主体采用地下连续墙围护，标准段内支撑为第一道钢筋混凝土支撑，在第二道以下为ϕ609钢管支撑，土方开挖深度约为16.0m，端头井开挖深度约为17.7m。

车站开挖影响范围内地基土层自上而下为：杂填土、粉质黏土、淤泥、细砂夹淤泥、粉质黏土、中砂、淤泥质土、细砂含淤泥、淤泥质土夹细砂、粉质黏土、中砂、淤泥质土、中砂等。大部分底部落在淤泥质土夹砂层，局部落在淤泥质土层。场地地下水主要为松散岩类孔隙潜水、松散岩类孔隙承压水和基岩裂隙水三类。

2. 基坑土方开挖

基坑土方约6.2万 m³，基坑开挖按"纵向分段、横向分块、竖向分层、台阶法作业、由上至下、边开挖边支护"的原则进行作业。基坑开挖是从南北两端头往中间开挖，如图17.11-8所示。

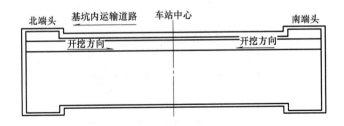

图 17.11-8 土方开挖从南北两端头往中间进行

基坑内采用横向放坡，预留反压土。开挖分段、具体流程与控制方法如下：

（1）土方开挖采用反铲挖掘机，由地面开挖至第一道混凝土支撑标高位置，施工第一道钢筋混凝土内支撑及浇筑压顶梁。

（2）第一道支撑混凝土支撑梁以下采用斜面分层分段退挖法，即从中间往两端头井方向退挖，斜面分层分段进行，能满足钢管对撑先安装后挖土，如图17.11-9所示。每层土方开挖的台阶长度根据机械开挖作业要求控制在6m左右，纵向总坡度按1∶0.5放坡，先在第一道钢管支撑位置开槽挖出土方，限时安装钢支撑并施加预应力，再对槽边及以下土方进行开挖；横向开挖坡度按1∶0.75放坡，先挖基坑中间部分的土方，基坑边预留反压土，如图17.11-10所示，图中①、②、③~⑮表示施工顺序。钢管支撑安装完成，及时按设计及规范要求施加预应力。

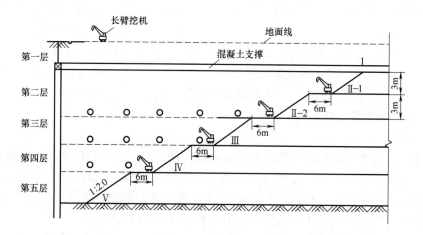

图 17.11-9　基坑土方开挖斜面分层分段示意图

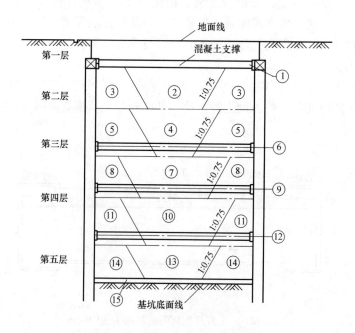

图 17.11-10　基坑开挖分段图

（3）第二道及以下钢管支撑安装和各层土方施工方法同上。

（4）端头井的土方开挖采用长臂挖掘机，自第一道混凝土支撑浇筑完达到设计强度后，长臂挖掘机在端头井前端挖土。第一道混凝土支撑以下土方施工，将端头井中部三角区的土方挖至第一道钢管支撑位置，预留端头井西侧基坑边反压土，安装东侧第一道钢管角撑并施加预应力；然后开挖西侧及西侧基坑边反压土，安装东侧第一道钢管角撑并施加预应力。第一道角撑以下土方按此顺序竖向分层、水平分段依次进行。

（5）机械挖土作业的同时，采用人工配合对边坡进行修整。为防止挖掘机作业时扰动基底原状土，挖掘机挖土的标高控制在基底设计标高 30cm 以上，剩余的 30cm 厚土体采用人工清底。基坑中最后少量土方留 1 台小型挖掘机挖土、龙门吊垂直提升出土，完成后用汽车起重机将小型挖掘机调离出基坑。

（6）基坑土方开挖完成后及时进行基坑钎探与验槽，检查合格后进行混凝土垫层封底。

参 考 文 献

［1］ 建筑基坑支护技术规程 JGJ 120—2012 ［S］. 北京：中国建筑工业出版社，2012.

［2］ 建筑施工手册（第五版）编委会. 建筑施工手册（第五版）［M］. 北京：中国建筑工业出版社，2012.

［3］ 中国土木工程学会土力学及岩土工程分会. 深基坑支护技术指南 ［M］. 北京：中国建筑工业出版社，2012.

［4］ 建筑地基基础工程施工质量验收规范 GB 50202—2002 ［S］. 北京：中国计划出版社，2002.

第18章 逆作法技术

杨学林 周平槐

（浙江省建筑设计研究院）

18.1 概述

18.1.1 逆作法技术应用与发展概况

地下空间施工可分为顺作法（敞开式开挖）和逆作法施工两种。敞开式开挖是传统的深基坑开挖施工方法，但是随着地下空间向"大、深、紧、近"[1~3]的方向发展和环境保护要求的提高，顺作法施工有时无法满足变形控制要求，逆作法成为软土地区和环境保护要求严格条件下基坑施工的重要方法。逆作法施工和顺作法施工顺序相反，在支护结构及工程桩完成后，并不是进行土方开挖，而是直接施工地下结构的楼板，或者开挖一定深度再进行地下结构的楼盖、中间柱的施工，然后再依次逐层向下进行各层的挖土、并交错逐层施工地上各层楼盖。上部结构的施工可以在地下结构完工之后进行，也可以在下部结构施工的同时从地面向上进行，上部结构施工的时间和高度通过整体结构的施工工况计算（特别是计算地下结构及基础受力）来确定[4]。以杭州中国丝绸城项目为例，逆作法施工顺序如图 18.1-1 所示，以地下一层楼板为分界面，待地上二层完成后，同时地上地下进行施工；当基础底板浇筑完毕，地上已经施工到七层楼面。

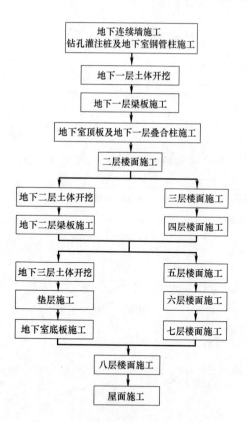

图 18.1-1 中国丝绸城项目施工顺序

1933 年逆作法的设想首次在日本提出，并于 1935 年成功应用于东京都千代田区第一生命保险相互会社本社大厦。1950 年意大利米兰的 ICOS 公司首先开发了排桩式地下连续墙，随后又开发了两钻一抓的地下连续墙施工方法，地下连续墙的成功开发使逆作法在地下水位以下施工成为可能。进入 19 世纪 60 年代，低振动、低噪声的挖掘机得到开发利用，并引入反循环工法等，机械的进步使得逆作法在更大范围内推广。19 世纪 70 年代以后，由于打桩机的发展使支承立柱的施工精度大大提高，逆作法所需的临时支承柱费用大幅度降低，逆作法受到越来越多国家和地区的工程师的青睐。逆作法设计理论和施工工艺方面研究较多的国家有日本、美国和英国等[5]。在实际工程方面，日本、美国、英国、法国、德国、中国等国家，以及我国台湾和香港地区都有应用[6]。

我国逆作法的推行和发展，受日本类似工程的影响较大。早在 1955 年哈尔滨地下人防工程中首次应用逆作法施工。1958 年地下连续墙在我国开始被采用，促进了逆作法的推广。随后对逆作法开始了不断的探索、试验、研究和工程实践，1989 年建设的上海特种基础工程研究所办公楼，地下 2 层，是我国第一个采用封闭式逆作法施工的工程。目前逆作法已较广泛应用于高层和超高层的多层地下室、大型地下商场、地下车库、地铁、隧道、大型污水处理池等结构。逆作法工程实例已达数百项，分布在上海、天津、北京、广州、深圳、杭州、重庆、南京等城市，如广州的名盛广场、北京的王府井大厦、深圳赛格广场、上海的长峰商城项目等[6]。浙江地区也有多个应用逆作法技术建造的深基坑工程，如 20 世纪 90 年代的杭州延安路香港服装店、杭州西湖凯悦酒店、杭州解百商城等项目，近 10 年来逆作法项目迅速增加，代表性的工程项目有杭州中国丝绸城、宁波慈溪财富中心、杭州地铁 1 号线武林广场站、杭州国际金融会展中心、杭州武林广场地下商城（地下空间开发）项目、杭州湖滨三期西湖电影院、浙江大学医学院附属妇产科医院妇女保健大楼等。

杭州中国丝绸城地上 8 层、地下 3 层，基坑开挖深度 14.05m，采用地下连续墙二墙合一、利用三层地下室梁板结构作为水平支撑体系、上下部同步施工的全逆作法方案。并首次在省内采用钢管混凝土柱作为逆作阶段的竖向支承结构，钢管柱直径 $\phi650$mm，"一柱一桩"，下部立柱桩采用大直径钻孔灌注桩，桩径 $\phi1000 \sim \phi1500$mm，桩端进入中等风化泥质粉砂岩，并采用了桩端和桩侧注浆措施来提高立柱桩的承载力、控制立柱桩的沉降。图 18.1-2 为出土口利用传送带出土。

宁波慈溪财富中心由 5 幢 30 层的高层住宅建筑及其商业裙房组成。地下 3 层，基坑开挖深度约为 13m（最深处 16.67m）。基坑设计采用逆作法方案，利用地下室结构楼板作为支护结构的水平支撑系统，其中高层主楼区域采用顺作；主楼顺作区域在逆作施工阶段作为出土口。图 18.1-3 为慈溪财富中心地下一层土方逆作暗挖的现场照片。

杭州地铁 1 号线武林广场站是杭州地铁 1 号线和 3 号线的换乘站，由车站主体结构和 5 个出入口组成，车站总长 161.75m，车站标准段为地下三层五跨岛式站台结构，有效站台宽度最大为 29.3m，顶板覆土约 4.0m。车站两端为地下四层五跨结构，顶板覆土约 1.5m。车站底板埋深约 26.4m。基坑围护结构采用 1.2m 厚地下连续墙二墙合一、逆作法施工的方案。竖向支承结构采用 $\phi900$mm 钢管混凝土柱作为竖向立柱、$\phi1600$mm 旋挖扩孔桩作为下部立柱桩。车站标准段结构典型剖面图如图 18.1-4 所示。

杭州国际金融会展中心为一以金融、商业、会展、办公、酒店等为主体功能的综合服务体建筑。设三层地下室（局部为四层），地下室平面尺寸约为 645m×245m，周长 1780m，地下室建筑面积达 45 万 m^2。设计采用地下连续墙二墙合一、利用三层地下室梁板结构作为水平支撑体系，上、下部同步施工的逆作法方案，该项目也是为数不多的结构剪力墙（核心筒）同步逆作工程。见图 18.1-5。

图 18.1-2　杭州中国丝绸城逆作项目利用传送带出土

图 18.1-3　慈溪财富中心地下一层土方逆作暗挖

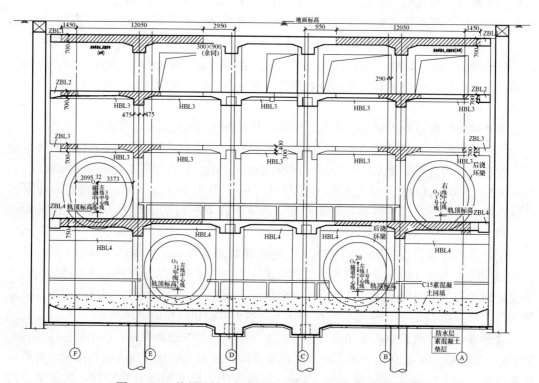

图 18.1-4　杭州地铁 1 号线武林广场站逆作法基坑典型剖面

杭州武林广场地下商城（地下空间开发）工程地下共 3 层，其中地下一层、地下二层为商场，地下三层为停车库及地铁车间，地铁 1 号线区间（已建）和地铁 3 号线区间（同期建设）的结构高度均为 13.0m 左右，基坑开挖深度 23～27m。设计采用结构楼板作为基坑的水平内支撑体系（自上而下共三道），盖挖逆作法施工，其中在基坑平面的中部留设大洞作为施工洞口，该洞口范围地下结构采用顺作法施工，见图 18.1-6。竖向支承结构采用"一柱一桩"的形式，其中竖向立柱采用钢管混凝土柱，下部立柱桩采大直径钻孔灌注桩，以中风化岩层为持力层，桩径 1600mm，桩底扩径至 2600mm、2800mm（AM 桩）。

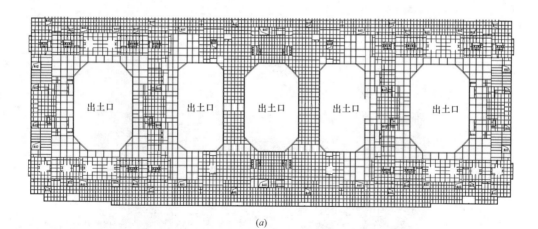

(a)

(b)

(c)

图 18.1-5 杭州国际金融会展中心

（a）出土口布置；（b）地下一层楼板逆作施工；（c）上部结构剪力墙（核心筒）同步逆作施工

目前国内根据工程经验总结编制的逆作法规程主要有：国家行业标准《地下建筑工程逆作法技术规程》JGJ 165—2010[7]、上海地方标准《逆作法施工技术规程》DG/TJ 08—2113—2012[8]、浙江省标准《建筑基坑工程逆作法技术规程》DB 33/T 1112—2015[9]等；逆作法施工工法主要有：上海市《地下建（构）筑物逆作法施工工法》YJGF 02—96[10]、广州市《地下室逆作法施工工法》YJGF 07—98[11]等。

18.1.2 逆作法分类与选型

与传统的顺作法施工相比较，逆作法施工具有下述技术特点：

（1）利用地下主体结构楼层梁板作为基坑水平支撑系统，刚度大，变形小，地下空间结构施工安全性高；

（2）可有效控制围护结构变形，最大限度地减小深基坑施工对周围环境的影响；

（3）可最大限度地利用城市规划红线地下空间，在允许范围内尽量扩大地下室建筑面积；

（4）可使建筑物上部结构的施工和地下结构施工平行立体作业，在建筑规模大、上下楼层多时，可有效节省工时；

图 18.1-6 杭州武林广场地下商城基坑中部顺作区域作为出土通道

（5）利用地下室各楼层的梁板结构作为水平支撑体系，一层结构平面还可作为上部结构施工的工作平台，可省去大量的临时内支撑、栈桥及施工平台等施工费用，具有较好的经济效益；

（6）可最大限度实现基坑支护结构与主体结构相结合，有利于保护环境，节约社会资源，是进行可持续发展的城市地下空间开发、建设节约型社会的有效技术手段。

根据基坑水平支撑体系对地下主体结构的利用程度，可将逆作法分为全逆作法和部分逆作法：全逆作法是指全部利用地下各层水平结构替代水平内支撑，自上而下施工地下结构并与基坑开挖交替实施的施工工法；部分逆作法则部分利用地下水平结构替代水平内支撑，自上而下施工地下结构并与基坑开挖交替实施的施工工法。

根据地下结构逆作施工过程中是否同步施工地上结构，又可将逆作法分为上下同步逆作法和下部逆作法，上下同步逆作法是指向下逆作施工地下结构的同时，同步向上顺作施工界面层以上结构的施工工法。界面层即地上地下结构同步施工时首先施工的地下水平结构层，即主体结构顺作与逆作的分界层，通常为地下室顶板层，也可以是地下一层[9]。下部逆作法则是指待向下逆作施工地下结构完毕后再向上顺作施工上部结构的施工工法。

部分逆作法，又称"顺逆结合法"。对于超大面积基坑，若采用全逆作法方案，则基坑内土方全部暗挖，对施工要求较高，特别是地上建筑由高层或超高层建筑组成时，高层、超高层建筑区域内的地下构件，采用逆作法施工的实施难度大、成本高，因此，实际工程中，如慈溪财富中心项目，先采用逆作法施工裙楼地下室，高层、超高层塔楼范围作为出土口，待裙楼地下室施工完毕进入上部结构施工的某一阶段，再顺作法施工塔楼，如图 18.1-7 所示。

当工程进度受高层塔楼控制时，业主希望先开工高层塔楼区域，后施工塔楼以外的裙楼区域，则可考虑先采用顺作法施工塔楼地下室，而裙楼范围暂时作为施工场地，待主楼进入上部结构施工的某一阶段，再逆作施工裙楼地下室。如上海环球金融中心工程，地下室平面呈不规则长方形，在塔楼地下室和裙房地下室之间设置直径达 100m 的圆形地下连

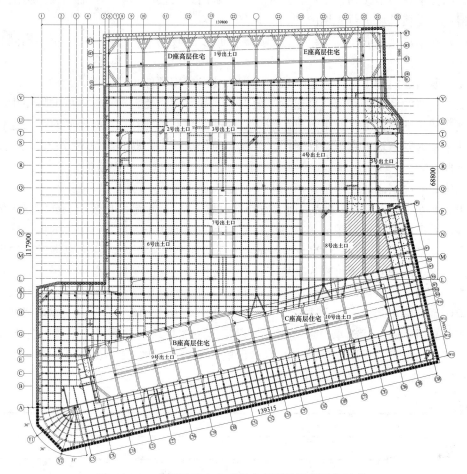

图 18.1-7　慈溪财富中心项目主楼顺作裙楼逆作示意

续墙临时围护结构将地下室分为塔楼区和裙房区，塔楼区采用顺作法先期施工，裙房区采用逆作法施工。上海中心大厦基坑工程同样采用"分区施工、顺逆结合"方法施工，主楼先顺作，裙楼后逆作；主楼范围直径 121m 的圆状基坑，采用明挖顺作法施工，开挖深度约 31.1m；裙房基坑呈不规则的四边形（扣除中间圆状主楼基坑），采用逆作法施工，开挖深度 26.70m。

两种分类方法可能互相交叉，比如杭州中国丝绸城项目，属于全逆作法、上下同步逆作施工；杭州国际金融会展中心大开口的面积约占总基坑面积的 1/4，可归为部分逆作、上下同步逆作法；杭州地铁 1 号线武林广场站则属于全逆作法、下部逆作法；慈溪财富中心项目则属于部分逆作、下部逆作法。

逆作法基坑工程施工受周边环境条件、施工作业条件、主体结构体系、经济指标及施工工期要求等因素约束，应综合考虑比较选择。基坑逆作方案选型可考虑以下原则[12]：

（1）对全埋式地下室结构或上部建筑为多层、小高层结构，且采用框架结构体系时，宜选用全逆作法方案；

（2）当上部建筑由多层裙楼和高层或超高层塔楼组成时，宜采用裙楼结构逆作、塔楼结构顺作的部分逆作法方案；在施工顺序组织上，宜采用先裙楼结构逆作施工、后塔楼结构顺作的方案；当塔楼结构工期较紧时，也可采用先塔楼结构顺作、后裙楼结构逆作的方案，但应对塔楼基坑进行先期围护；

（3）对多层裙楼或小高层结构，当施工工期要求较高时，宜采用上、下结构同步施工的逆作法方案。

18.1.3　既有建筑地下逆作开挖增层（逆作法技术应用延伸）

从节约资源和保护城市环境出发，地下空间开发应避免大拆大建，因此城市中心区在保留既有建筑的前提下对其下方进行地下空间开发具有重要意义。既有建筑下方逆作开挖增建地下室或既有地下室下开挖增层，可视为逆作法技术在既有建筑下方开发地下空间的应用延伸。

如杭州某高层酒店位于杭州市商业中心延安路与凤起路交叉口，建于 1997 年，平面呈 L 形，地上 13 层，地下 1 层（地下室局部设置人防），上部结构采用钢筋混凝土框架—剪力墙体系。因酒店经营需要，拟考虑在原地下一层的正下方增建一层作为停车库，新增建筑面积 2525.6m²，层高 5.27～6.77m，可新增停车位 121 个。新增地下二层的土方开挖和结构施工的作业流程可视为基坑工程逆作法技术应用的延伸。总体上说，其作业流程为先施工周边围护结构，然后利用原工程桩及后增锚杆静压钢管桩共同作为既有结构的竖向支承体系，采用暗挖逆作方式进行下部土方开挖，边挖边施工水平内支撑，待开挖至设计基底标高后，施工基础承台和底板，再进行地下二层墙、柱等竖向承重构件的托换施工，最后凿除地下二层层高范围内的原工程桩和钢管桩。图 18.1-8 为新增地下二层建筑剖面，图 18.1-9 为典型工况设计示意图。

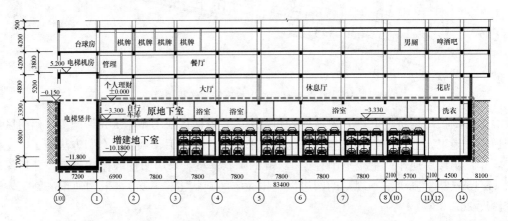

图 18.1-8　杭州某高层酒店新增地下二层建筑剖面

又如位于杭州市玉皇山南侧的某工程项目建设于 2009 年，为 2 层框架结构（局部一层），天然浅基础无地下室。现因建筑功能等原因需要在原建筑物下方增建一层地下室，新增建地下室建筑面积约 1700m²。设计采用锚杆静压钢管桩作为逆作施工阶段上部结构的临时竖向支承结构体系。在基础底板及地下室竖向承重构件（框架柱、周边外墙）施工前，上部结构及地下结构的全部荷重均由临时竖向支承结构承担，如图 18.1-10 所示。施工结束后，需要将上述全部荷重托换转移至新增地下室的竖向承重构件上，并最终将地下室层高范围内的临时竖向支承结构凿除，以确保新增地下室的有效使用功能。图 18.1-11 为施工现场照片。

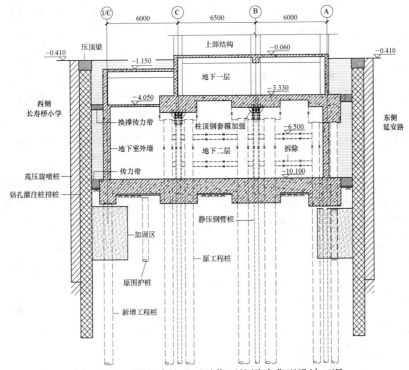

图 18.1-9 既有建筑地下逆作开挖增建典型设计工况

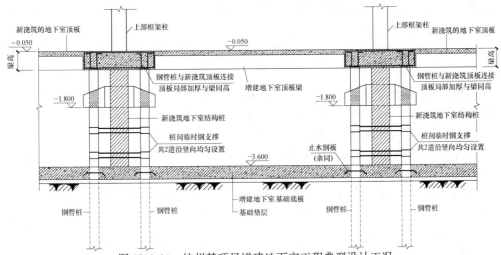

图 18.1-10 杭州某项目增建地下室工程典型设计工况

图 18.1-11 杭州某项目临时竖向支承体系（锚杆静压钢管桩）现场照片

18.2 逆作基坑支护结构内力变形分析

18.2.1 逆作基坑支护结构的受力特点

与顺作法相比，逆作法基坑支护结构内力的变形分析主要有如下不同点：

（1）逆作法基坑支护结构中的部分或大部分构件，在永久使用阶段将作为主体结构构件使用，其承载力、稳定性和变形验算，应分别满足逆作施工阶段和永久使用阶段的承载力极限状态和正常使用极限状态的设计要求，按不利工况进行包络设计。

（2）逆作基坑水平支撑结构除周边水平荷载外，竖向荷载也较大，特别是界面层需考虑较大的施工荷载，部分构件的截面设计受竖向荷载下的截面弯矩和抗裂要求等因素控制，因此其内力变形须按水平和竖向荷载共同作用下的三维空间结构模型进行计算。

（3）逆作基坑利用地下主体结构楼盖系统作为水平支撑结构，由梁和板共同作用，对于水平荷载来说，板的作用更为主要，同时水平支撑结构大多存在开大洞、楼面高差或错层等情况，逆作基坑水平支撑结构受力十分复杂。

（4）对于逆作法基坑工程而言，往往被应用于周边环境复杂、需严格控制变形的深大基坑，周边挡墙变形不允许土体达到经典土压力理论要求的极限平衡状态，因此坑外侧主动土压力将显著高于极限状态下的主动土压力。

（5）逆作法基坑土方开挖难度大、速度慢、周期长，为控制周边围护墙变形，常在基坑周边预留土坡、采用盆式分区开挖。有时为加快土方开挖速度，浅层土方（第一层土方）采用明挖。对逆作基坑而言，开挖坑内最后一层土方至设计基底标高这一工况时，周边留土的暴露高度最大，因此逆作基坑的最后一层土方开挖往往采用盆式开挖，周边留土，必要时设置钢斜撑后再分小块开挖周边留土，边挖边施工周边垫层和基础底板。

（6）逆作法基坑中支护结构与主体结构相结合，而且地下室楼板通常面积较大，温度和收缩徐变在超长楼盖结构中产生的附加应力较大，不能忽视。

18.2.2 逆作基坑支护结构内力变形分析方法

1. 围护结构与内支撑结构相分离的实用分析方法

可将围护结构与水平支撑体系相分离，分别进行分析：先利用竖向平面弹性地基梁法计算围护结构的内力和变形，同时得到水平支撑对应的弹簧支座反力；然后将此反力作为外力，施加到由水平杆件组成的支撑系统上，利用杆系有限元分析各杆件的内力和变形。

（1）周边围护结构计算

① 平面弹性地基梁法

采用竖向平面弹性地基梁法时，只能对围护结构的变形和内力进行计算分析，无法同时分析水平支撑体系的受力和变形。采用弹性地基梁法时需先确定弹性支座的刚度，而逆作法工程采用结构梁板代替临时水平支撑，难以直观确定弹性支撑的刚度。一种较为简单的处理方法是，在水平支撑的围檩上施加与围檩垂直的单位分布荷载 $p=1\text{kN/m}$，求得围檩上各结点的平均位移 δ（与围檩方向垂直的位移），则弹性支座的刚度为：

$$K_{Bi} = p/\delta \tag{18.2-1}$$

② 平面有限元法

平面有限元分析一般是在整个基坑中寻找具有平面应变特征的断面。对土介质本构关系的模拟，是基坑开挖有限元分析中的关键。由于土体变形行为的复杂性，每种本构模型均只反映了土的某一类或几类现象，具有其应用范围的局限性。从理论上讲，基坑开挖中土体本构模型最好能同时反映土体在小应变时的非线性行为和土的塑性性质。

基坑工程中，围护结构与土体之间存在相互作用，连续墙与土体的接触面性质对围护结构的变形和内力、坑外土体的沉降和沉降影响范围以及坑底土体的回弹等均产生显著影响。一般利用接触面单元来处理这种接触问题。不采用接触面单元时，可考虑将紧靠围护结构的土体划分成很小的单元，土体采用弹塑性本构关系时，这些小的土体单元将很容易达到塑性状态，从而可近似模拟接触特性。

（2）内支撑结构计算

逆作法基坑工程的水平支撑系统较为复杂，可采用空间有限元法进行分析。此时水平支撑（包括围檩和内支撑杆件）形成自身平衡的封闭体系，进行分析时需添加适当的约束，以限制整个结构的刚体位移。约束的数目应根据基坑的形状、尺寸等实际情况来定：约束数目少，会出现部分单元较大的整体位移；约束数目太多，也会与实际情况不符，使支撑的计算内力偏小而不安全。

作用在内支撑结构上的荷载可分为两类，一类是由围护结构传来的水平荷载，即为采用平面竖向弹性地基梁法或平面连续介质有限元法得到的弹性支座的反力，一般可将该反力均匀分布在围檩上，并且与围檩相垂直。另一类是施工的竖向荷载和结构自重，施工阶段界面层水平梁板通常还承受较大的竖向施工荷载。

2. 围护结构与内支撑结构相结合的三维整体分析方法

平面分析模型无法反映深基坑工程的空间效应，支护结构的计算有必要作为空间问题来考虑[13]。空间竖向弹性地基梁法类似于平面竖向弹性地基梁法的计算原理，建立围护结构、水平支撑、竖向支承系统共同作用的三维模型，然后利用有限元方法求解，计算原理简单明确，同时克服了传统竖向平面弹性地基梁模型过于简单的缺点，有助于从整体上把握支护结构的受力特性。

计算过程中通过"单元生死"技术模拟土体的开挖以及支护结构的施工。由于每个开挖步开挖深度不同，开挖面以下土弹簧距离开挖面的距离发生了变化，因此不同开挖步之间应该改变开挖面以下土弹簧单元的刚度系数。

3. 考虑土-结构共同作用的三维有限元分析方法

空间竖向弹性地基梁法没有考虑土与结构的共同作用，只能给出支护结构的内力和变形，无法评价基坑开挖对周边的影响。此外，对于基坑短边或靠近基坑角部的断面，围护结构的变形和地表沉降具有明显的空间效应，若采用平面有限元分析这些断面，将高估围护结构的变形和地表的沉降。因此，要想全面了解基坑本身的变形及基坑开挖对周边环境的影响，需采用考虑土-结构共同作用的三维有限元分析方法。分析模型必须考虑围护结构与土体的接触，同时采用弹塑性的土体本构关系，才能得到较好的计算结果。

4. 逆作基坑分析计算方法的合理选用

基坑形状、水平结构规则时，可采用围护结构和内支撑结构相分离的实用分析方法。基坑形状复杂，水平结构存在高差、错层、楼板开大洞等情况，宜采用围护结构与内支撑结构相结合的三维整体分析方法。需要分析墙后土体沉降、坑内土体隆起等，则应采用考虑土-结构共同作用的平面或三维有限元法。楼板应考虑面内刚度的变化。上下同步施工时上部结构应参与计算，并考虑竖向立柱之间、立柱与围护墙之间的差异沉降。水平结构超长时应补充分析温度和混凝土收缩徐变的影响。

18.2.3 逆作基坑支护结构分析计算中的相关问题

1. 逆作基坑的土压力计算

竖向弹性地基梁法的关键在于计算土压力和确定地基土的水平抗力。土压力的计算是一个比较复杂的问题，除了与土的性质条件有关以外，还和挡土结构的位移方向、位移量、位移类型有关，以及与土的强度、固结度、蠕变等因素有关，其中墙体位移是最主要的因素。考虑有限位移的主动土压力取值，冶金部基坑规范[14]建议取静止土压力和主动土压力的中间值，即 $0.5(K_0 + K_a)$；上海基坑规范规定[15]，当围护墙体变形较小时，主动土压力可适当提高，在 $K_a \sim K_0$ 之间取值；浙江基坑规范规定[16]，设计时采用介于主动土压力和静止土压力或被动土压力和静止土压力之间的中间土压力。

2. "m" 参数取值

影响地基反力系数 m 的因素主要有土类及其性质、桩的材料（钢筋混凝土或钢）和刚度、桩的水平位移值大小和荷载作用方式（静力、动力或循环反复）及荷载水平等。一般说来，很难规定一个包罗所有这些因素影响的 m 值，只能考虑某些主要因素来规定它。

（1）分区开挖

根据时空效应原理，大面积开挖的基坑工程中常采用分区的开挖方式。分区开挖会对周边区域的土体产生影响，且该影响局限于一定范围。在平面上可将基坑分为开挖区、影响区和无影响区，开挖区的土弹簧单元将其基床系数设为零，无影响区则取原值不变，而在开挖区和无影响区之间的影响区，则可根据二者线性插值求解土弹簧单元的基床系数。

（2）盆式开挖

采取合理的挖土方式是基坑工程施工中的重要环节，盆式开挖在目前的深基坑工程中应用相当广泛。盆式开挖的留土宽度会对该处地基土的基床系数产生影响，可将基坑被动区土体水平向基床系数的计算分成盆边留土和盆底下土两种情况进行处理。保留三角土的水平基床系数考虑为原基床系数乘以一折减系数 β，当盆边留土宽度为 0 时 $\beta=0$，当盆边留土宽度很大时 $\beta=1$，介于两者之间时按内插法得到。至于盆边留土宽度到底超过多大时方可忽略对变形的影响，则应根据土的工程性质、地下水情况等，并结合经验确定。盆底以下土体的基床系数则考虑为盆边留土底部的基床系数与盆底下土体基床系数之和。

（3）被动区加固

针对坑底面以下为软弱土层时，可通过加固改善土体力学性能，起到减小支护结构的内力、水平位移、地面沉降及坑底隆起的作用，并能防止被动区土体破坏及流土现象。有限元法分析结果表明，连续式加固形式要比间隔式加固的效果好；不管支护结构为何种形式，增大加固宽度比增加加固深度有效；加固区的合理范围应是加固宽度大于深度，加固宽度在 0.5~0.75 倍基坑开挖深度较为合理，同时加固深度不宜盲目加大。

18.3 逆作法竖向支承结构设计

18.3.1 竖向支承结构的选型和布置原则

在地下室逆作期间，由于基础底板尚未封底，地下室墙、柱等竖向构件尚未形成，地下各楼层和地上计划施工楼层的结构自重及施工荷载，均需由竖向支承结构承担，因此，竖向支承结构的设计是基坑"逆作法"设计的关键环节之一，需综合考虑主体结构布置、逆作形式及逆作施工期间的受荷大小等因素。竖向支承结构一般由立柱和立柱桩组成，立柱通常采用角钢格构柱、H 型钢柱、钢管柱或钢管混凝土柱等形式，立柱桩一般采用混凝土灌注桩，如钻（冲）孔灌注桩、人工挖孔桩、旋挖扩底灌注桩等。图 18.3-1 为常见格构柱和钢管柱示意图。

立柱和立柱桩的承载力、稳定性和变形，应分别满足逆作施工阶段和永久使用阶段的承载力极限状态和正常使用极限状态的设计要求。对外包混凝土形成主体结构框架柱的立柱，永久使用阶段的截面验算应考虑钢立柱的作用，按型钢混凝土组合柱进行设计。

竖向支承结构设计应包括下列内容：（1）立柱、立柱桩的选型及布置；（2）立柱的承载力及稳定性计算；（3）立柱桩的承载力及桩身强度计算；（4）立柱的变形和立柱桩的沉降验算；（5）立柱与立柱桩之间的连接构造设计。

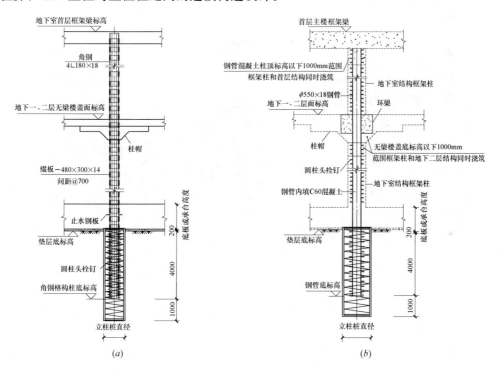

图 18.3-1 基坑逆作法常见立柱形式

（a）格构柱；（b）钢管柱

1. 立柱常用结构形式

竖向支承柱可选用角钢格构柱、H 型钢柱、钢管柱或钢管混凝土柱等形式。采用角钢格构柱作立柱时，地下主体水平结构、基础承台或底板与立柱之间的节点处理相对简单，梁纵筋穿立柱比较方便，因此当竖向支承结构受力不大时，可选用角钢格构柱作立柱。但当地上和地下同步施工或地下室层数较多时，立柱在基坑逆作施工阶段承受的竖向荷载较大，则应采用承载力更高的钢管柱或钢管混凝土柱作为竖向立柱。

（1）型钢格构柱

最常用的型钢格构柱采用 4 根等边角钢拼接而成的格构柱，为了便于避让水平结构构件的钢筋，钢立柱拼接采用从上而下平行、对称分布的钢缀板，而非交叉、斜向分布的钢缀条。钢缀板的宽度应略小于钢立柱断面宽度，其高度、厚度和竖向间距根据计算稳定性计算确定。缀板间距除满足计算要求外，也应尽量设置于能够避开水平结构构件主筋的标高位置。基坑开挖时，在各层结构梁板位置需要设置抗剪栓钉以传递竖向荷载。图 18.3-2 为慈溪财富中心项目中采用的角钢格构柱。

（2）钢管混凝土柱

基坑工程采用钢管混凝土立柱一般内插于其下的灌注立柱桩中，施工时先将立柱桩钢筋笼及钢管置入桩孔之中，再浇筑混凝土形成桩基础与钢管混凝土柱。钢管可以根据工程需要定制，直径和壁厚的选择范围比较大。钢管混凝土柱内通常填充强度等级不低于 C40 的混凝土。由于钢管混凝土立柱在逆作结束后要么直接用作结构柱，要么外包混凝土后作为结构柱，如果其位置或垂直度偏差过大，均比较难处理，因此钢管混凝土立柱对施工精度的要求很高。

| (a) | (b) |

图 18.3-2　慈溪财富中心项目格构式钢立柱实景

杭州中国丝绸城项目采用直径为 650mm 的钢管柱，壁厚分别为 16mm、20mm、25mm，刚开挖出来的钢管柱如图 18.3-3（a）所示，由于还要外包混凝土形成永久使用的结构柱，因此柱顶已预留好钢筋。钢管柱与底板钢筋通过接驳器连接，地下一、二层框架梁钢筋通过焊接在钢管柱上的钢牛腿连接。在基础底板中间位置增设环形钢牛腿，以实现剪力的传递。

杭州地铁 1 号线武林广场站采用直径为 900mm 的钢管柱，并且在使用阶段不再外包混凝土，因此其柱顶节点做法既要保证承载能力的安全，也要满足建筑外观的美化功能。在与楼板连接的柱顶位置，环向一周均匀设置钢牛腿，建成后如图 18.3-3（b）所示。

（3）钻孔灌注桩立柱（桩柱合一）

钻孔灌注桩立柱是在钻孔灌注桩施工时，钢筋笼下放和混凝土浇筑一直达到结构标高，开挖后进行表面修饰，其高出底板部分直接作为永久结构柱使用，也称之为"桩柱合一"。作为永久结构的一部分，桩柱合一将原本地面搭模施工的结构柱用水下浇筑混凝土的桩代替。对于混凝土的浇捣质量、施工偏差要求很高，同时为了保证该构件与基础承台

(a)　　　　　　　　　　　　　　　　(b)

图 18.3-3　逆作基坑钢管柱实景

(a) 刚开挖（杭州中国丝绸城项目）；(b) 施工完成（杭州地铁 1 号线武林广场站）

以及结构梁板的连接，构造上也需采取相关措施，增加了桩内预留钢筋的留设，施工难度大。

既有建筑地下室扩建、增加地下室层数时，原桩基开挖后作为上部结构的框架柱，也属于桩柱合一。此时可在开挖后凿除原有工程桩的保护层，然后外包混凝土，增大截面以提高承载力，如图 18.3-4 所示。而原工程桩可以通过顶部和底部的钢牛腿与新砌承台钢筋连接，同时增设图 18.3-5 中的抗剪件和对销螺栓传递剪力。

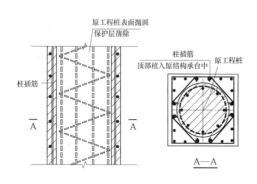
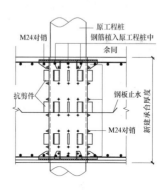

图 18.3-4　钻孔灌注桩作为结构柱使用时构造详图　　　图 18.3-5　原工程桩与新砌承台连接节点

2. 立柱布置方式及布置要求

立柱和立柱桩结合地下主体结构竖向构件及其工程桩进行布置时，逆作阶段先期施工的地下主体水平结构支承条件与永久使用状态比较接近，逆作阶段结构自重、施工荷载的传递路径直接，结构受力合理，且造价省，施工方便；另一方面，随着施工工艺和施工技术的发展，目前对竖向立柱的平面定位和垂直度控制精度已完全可满足其作为主体结构的设计要求。因此，竖向支承结构优先考虑与主体结构柱（或墙）相结合的方式进行布置。

竖向支承体系的布置方式，通常有"一柱一桩"和"一柱多桩"两种形式。"一柱一桩"，即在一根结构柱位置布置一根立柱和立柱桩的形式；当一柱一桩无法满足逆作施工阶段的承载力和沉降要求时，可采用一根结构柱位置布置多根立柱和立柱桩（即"一柱多桩"）的形式，如图18.3-6所示。逆作法工程中，"一柱一桩"是最为基本的竖向支承系统形式，构造形式简单，施工相对便捷，经济性也好。一柱多桩主要用于局部荷载较大的区域，尽量避免大面积采用。

采用一柱一桩形式布置时，立柱截面形心及中心线方向宜分别与主体结构柱截面形心及中心线方向一致。地上、地下同步施工时，立柱受力大，且立柱的截面尺寸、刚度和承载力与上部主体结构框架柱之间存在较大差异和突变，界面层作为两者之间的过渡层，受力十分关键。立柱之间宜设置纵横向连系梁。连系梁宜与界面层主体结构框架梁相结合进行布置，梁中心线宜与立柱截面中心线重合。

采用一柱多桩形式布置时，地上、地下同步施工时应在界面层设置转换厚板或转换梁，对逆作阶段上部结构框架柱进行托换。转换厚板或转换梁之间宜设置纵横向连系梁。界面层以上主体结构柱插筋应贯通界面层转换厚板或转换梁并向下延伸。地下各层的承台板或承台梁、界面层转换厚板或转换梁、临时立柱等，应在地下室主体结构构件施工完成并达到设计强度后方可拆除；临时立柱应按"自上而下、分批对称"的原则进行拆除。

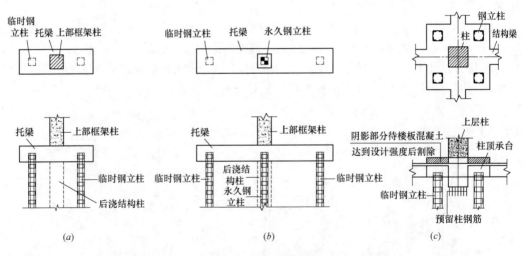

图18.3-6　一柱多桩布置示意图

(a) 一柱两桩；(b) 一柱三桩；(c) 一柱四桩

3. 剪力墙（核心筒）逆作的竖向支承结构布置

超高层地下室全逆作施工时，核心筒的逆作是关键，常采用钢管（或钢管混凝土）柱作为竖向支承构件。软土地区单桩承载力较低，墙下钢管柱数量多、造价高、施工难度大，且上部楼层施工层数受较大限值。核心筒剪力墙在逆作阶段的处理方式，主要有钢立柱托换或采用壁桩2种方式[17]；在剪力墙位置根据主体结构设计要求设置相同的地下连续墙，这一技术目前还处于摸索和发展阶段。

主体结构剪力墙（筒体）逆作时，立柱应沿剪力墙（筒体）墙肢中心线原位居中设置，并避开剪力墙钢筋密集部位。当按原位布置的立柱数量无法满足上部剪力墙（筒体）受力要求时，也可在墙肢两侧对称布置立柱。竖向立柱宜优先考虑采用角钢格构柱；当地下室墙体厚度不小于（$d+200$）mm（d 为竖向立柱沿墙体厚度方向的外包尺寸），且立柱平面定位和垂直度控制精度有保证时，也可采用钢管混凝土柱或型钢柱。

当剪力墙（筒体）周边的水平梁板结构在逆作阶段需同步施工并作为基坑水平支撑结构时，应在施工水平结构时预留剪力墙插筋（如图 18.3-7 所示），并验算剪力墙部位先行施工的水平结构框架梁（或剪力墙暗梁）是否满足逆作阶段的受力和变形要求，必要时应对其截面和配筋进行加强。

界面层应设置托梁，对逆作阶段上部剪力墙（筒体）进行托换（如图 18.3-8 所示）。托梁结合界面层主体框架梁或剪力墙暗梁进行布置。剪力墙的竖向分布钢筋穿越托梁并向下延伸至梁底标高以下一定长度，延伸长度应能满足界面层以下后期施工剪力墙竖向钢筋的连接要求，如图 18.3-9 所示。

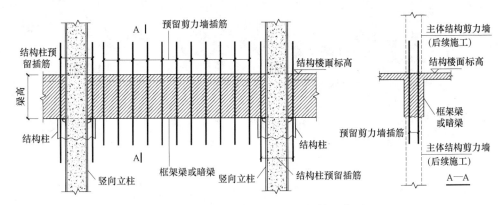

图 18.3-7 后施工剪力墙预留插筋示意图

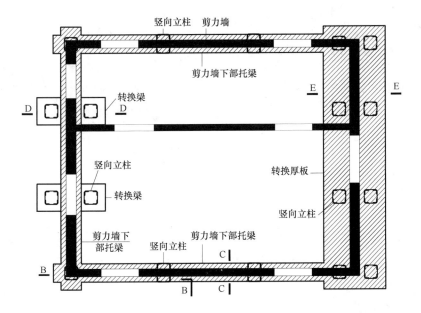

图 18.3-8 逆作剪力墙竖向立柱布置及在界面层托换平面示意图

上部结构同步施工的楼层较多时，剪力墙（筒体）承担的水平荷载较大，剪力墙（筒体）宜向下施工一层，或在立柱之间设置竖向柱间支撑。剪力墙竖向钢筋应穿越转换梁并向下延伸至梁底标高以下一定长度，延伸长度应能满足后期施工剪力墙竖向钢筋的连接要求。

当在墙肢两侧对称布置立柱时，应在界面层设置临时转换厚板或转换梁，将剪力墙承担的荷载转换至立柱上，如图 18.3-10 所示。临时转换厚板（或转换梁）、托梁伸出墙肢厚度方向的部分，在逆作施工结束后需凿除时，剪力墙在转换厚板（或转换梁）及托梁高度范围内的水平分布钢筋应满足主体结构设计要求，并应在地下室主体结构构件施工完成并达到设计强度后方可凿除。

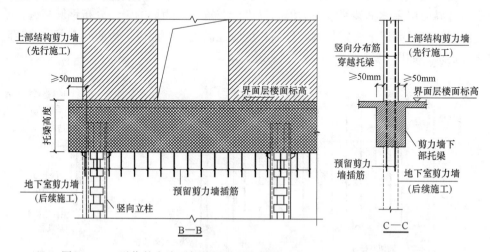

图 18.3-9　逆作剪力墙下部托梁及预留插筋示意（B—B、C—C 剖面）

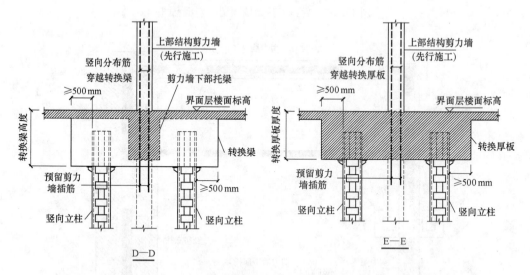

图 18.3-10　逆作剪力墙下部转换梁和转换厚板示意（D—D、E—E 剖面）

18.3.2　竖向立柱设计计算

1. 设计构造要求

逆作法基坑工程中，竖向立柱设计除需满足支护结构设计要求外，尚应满足主体结构的相关设计要求。主要考虑的因素如下：

（1）竖向立柱的设计和布置应综合考虑主体地下结构的布置，以及地下结构施工时地上结构的建设要求和受荷大小等。当立柱和立柱桩结合地下结构柱或墙和工程桩布置时，立柱和立柱桩的定位与承载力应与主体地下结构的柱和工程桩相一致。

（2）竖向立柱由于柱中心的定位误差、桩身倾斜、基坑开挖或浇筑桩身混凝土时产生的位移等原因，会导致柱中心偏离设计位置，偏心过大不仅造成立柱承载力的下降，而且也会给正常使用带来问题。施工中必须对立柱的定位精度严格控制，并应根据立柱允许误差按偏心受压构件验算施工偏心的影响。

（3）当钢立柱需外包混凝土形成主体结构框架柱时，钢立柱的形式与截面设计应与地下结构梁板、柱的断面和钢筋配置相协调，应采取措施保证结构整体受力与节点连接的可靠性。

（4）框架柱位置的钢立柱待地下结构底板混凝土浇筑完成后，可逐层在立柱外侧浇筑混凝土，形成地下结构的永久框架柱。地下结构墙柱一般在底板完成并达到设计要求后方可施工。临时立柱应在框架柱强度达到设计要求后方可拆除。

基于以上特点，立柱的构造设计要求应适当严于现行相关标准的规定。圆形钢管立柱、圆形钢管混凝土立柱的钢管宜采用直缝焊接管或无缝管，焊缝应采用对接熔透焊，焊缝强度不应低于管材强度，焊缝质量应符合一级焊缝标准。

圆钢管混凝土立柱应符合下列构造要求：

（1）钢管壁厚 t 不宜小于 8mm；

（2）钢管外径与壁厚的比值 D/t 不宜大于 $100 \cdot 235/f_y$（f_y 为钢材屈服强度）；

（3）套箍系数 θ 不应小于 0.5，不宜大于 2.5；

（4）立柱长径比 l_0/D 不应大于 20；

（5）轴向压力偏心率 e/r_c 不宜大于 1.0，不应大于 1.5；

（6）混凝土强度等级不应低于 C30。

角钢格构柱应符合下列构造要求：

（1）角钢格构柱的长细比（对虚轴取换算长细比）不应大于 $100 \sqrt{235/f_y}$。

（2）宽度较大或缀件面剪力较大的格构式柱，宜采用缀条柱，斜缀条与构件轴线间的夹角应在 $40°\sim70°$ 范围内。缀条柱的分肢长细比 λ_1 不应大于构件两方向长细比（对虚轴取换算长细比）较大值 λ_{max} 的 0.7 倍。

（3）缀板柱的分肢长细比 λ_1 不应大于 $40 \sqrt{235/f_y}$，并不应大于 λ_{max} 的 0.5 倍（当 λ_{max} ＜50 时，取 $\lambda_{max}=50$）。缀板柱中同一截面处缀板（或型钢横杆）的线刚度之和不得小于柱较大分肢线刚度的 6 倍。

此外，圆钢管立柱的长细比不应大于 $120 \sqrt{235/f_y}$；钢管外径与壁厚的比值 D/t 不宜大于 $80 \cdot 235/f_y$。

2. 计算分析

立柱在逆作施工期间的内力和变形计算，应采用空间整体模型进行分析。逆作施工阶段应根据钢立柱的最不利工况荷载，对其竖向承载能力、整体稳定性及局部稳定性等进行计算。不同施工工况下的分析模型，应包含该工况下已建地下室楼层、水平支撑结构及地上已施工的结构楼层，与周边围护墙连接的地下室楼层周边可设置侧向约束，立柱底端（立柱桩顶面位置）可假定为固定铰支座。当下层土方开挖、上一层的钢立柱在结构梁板施工时同时浇筑成复合柱时，其承载能力增大很多，则仅需验算最底层一跨的钢立柱的承载能力。逆作施工完成后，立柱（包括后期外包混凝土的立柱）作为永久使用阶段的主体结构柱的计算，应满足主体结构设计的相关要求。

侧向约束状态是决定立柱稳定承载力的主要因素。在逆作施工阶段，立柱上部受到已施工楼盖结构的侧向约束，立柱下部受到未开挖土体的侧向约束。由于逆作法作业流程的复杂性，不同土方开挖阶段、不同施工工况条件下立柱所处的侧向约束状态是变化的，立柱的稳定承载力也是变化的。因此，立柱的计算长度和稳定承载力计算必须按照不同工况条件下对应的侧向约束状态分别进行分析，并按最不利工况进行截面设计。

由于受到基坑周边土体和围护墙的侧向约束，逆作阶段地下楼层结构的侧向位移通常很小，故可将竖向立柱视为无侧移框架柱。采用梁单元模拟立柱和下部混凝土立柱桩，采用弹簧单元模拟周围土体的侧向约束作用，建立有限元模型[18]。根据有限元分析结果，并结合已有工程经验，计算时对相邻两道水平支撑之间的立柱可取该两道水平支撑的垂直中心距离；对每种开挖工况下的最下一道水平支撑至开挖面之间的立柱，可取该道支撑中心线至开挖面以下 5～8 倍立柱直径（或边长）处的垂直距离；当开挖至最终基底标高时，最下一道水平支撑至最终开挖面之间的立柱可取该道支撑中心线至立柱桩顶以下 2～3 倍立柱直径（或边长）处的垂直距离。

工况条件复杂时可根据有限元模型求出屈曲荷载，然后反算计算长度系数：

$$\mu = \frac{\pi}{l} \sqrt{\frac{EI}{P_{cr}}} \tag{18.3-1}$$

式中，μ 为计算长度系数；P_{cr} 为临界荷载；E、I 分别为杆件的弹性模量和惯性矩；l 为杆件长度。

同时还可以在有限元分析时考虑按第一阶屈曲模态模拟立柱因施工等原因造成的初始缺陷，对立柱和下部立柱桩整体模型进行几何非线性屈曲分析，计算得到的立柱稳定承载力可较好地反映立柱受水平支撑结构和下部土体侧向约束等因素的影响。

立柱按双向偏心受压构件进行截面承载力计算和稳定性验算时，立柱内力设计值应取逆作施工期间各工况下的最不利内力组合设计值，并应计入立柱轴向压力在偏心方向因存在初始偏心距引起的附加弯矩。初始偏心距应根据立柱平面位置和垂直度允许偏差确定，且不应小于 30mm 和偏心方向截面尺寸的 1/25 两者中的较大值。如果竖向支承系统等跨均匀布置，则传递到最下一层钢立柱上的弯矩较小，钢立柱则可近似按照小偏心受压柱简化计算。

轴向压力和双向弯矩作用下的角钢格构柱、H 型钢柱、钢管柱，其截面承载力和稳定性应按现行《钢结构设计规范》GB 50017[19] 进行计算。圆钢管混凝土立柱的正截面偏心受压承载力计算可参考了现行《钢管混凝土结构技术规程》GB 50936[20]，同时考虑到钢管混凝土立柱与下部混凝土立柱桩为同步施工、钢管内混凝土采用水下浇筑工艺等因素，对钢管混凝土的套箍作用进行了适当折减：

$$N \leqslant \varphi_l \varphi_e N_0 \tag{18.3-2}$$

$$\varphi_l = 1 - 0.115 \sqrt{l_0/D - 4} \tag{18.3-3}$$

$$\varphi_e = \frac{1}{1 + 1.85 \dfrac{e}{r_c}} \tag{18.3-4}$$

当 $\theta \leqslant 1/(\alpha-1)^2$ 时　　$N_0 = 0.9 f_c A_c (1+0.85\alpha\theta)$　　　　　　(18.3-5)

当 $\theta > 1/(\alpha-1)^2$ 时　　$N_0 = 0.9 f_c A_c (1+0.7\sqrt{\theta}+\theta)$　　　　(18.3-6)

$$\theta = \frac{f_a A_a}{f_c A_c} \qquad\qquad (18.3\text{-}7)$$

式中　N_0——钢管混凝土轴心受压短柱的承载力设计值；

　　　θ——钢管混凝土构件的套箍系数；

　　　α——与混凝土强度等级有关的系数，混凝土强度等级不大于 C50 时取 2.00，混凝土强度等级大于 C50 时取 1.80；

　　　f_a——钢管的抗拉、抗压强度设计值；

　　　A_a——钢管的横截面面积；

　　　f_c——钢管内混凝土的轴心抗压强度设计值；

　　　A_c——钢管内混凝土的横截面面积；

　　　l_0——钢管混凝土立柱的计算长度；

　　　D——钢管混凝土立柱的外径；

　　　φ_l——考虑钢管混凝土立柱长径比影响的承载力折减系数，当 $l_0/D \leqslant 4$ 时，取 $\varphi_l = 1.0$；

　　　φ_e——考虑偏心影响的承载力折减系数；

　　　e——偏心距，取 $e = e_0 + e_a$，$e_0 = M/N$，M 为柱端弯矩设计值的较大值，e_a 为初始偏心距；

　　　r_c——钢管内混凝土横截面的半径。

当钢管混凝土立柱的剪跨比小于 2 时，应验算立柱横向受剪承载力，并应满足下列要求：

$$V \leqslant (V_0 + 0.1N)(1-0.45\sqrt{\lambda}) \qquad (18.3\text{-}8)$$

$$V_0 = 0.2 f_c A_c (1+3\theta) \qquad\qquad (18.3\text{-}9)$$

式中　V——横向剪力设计值；

　　　V_0——钢管混凝土立柱受纯剪时的承载力设计值；

　　　λ——钢管混凝土立柱的剪跨比。计算剪跨比时宜采用上、下柱端组合弯矩设计值的较大值及与之对应的剪力设计值，截面有效高度取钢管混凝土立柱的外径。

18.3.3　立柱桩设计

逆作法工程中，立柱桩必须具备较高的承载能力，同时钢立柱需要与下部立柱桩具有可靠的连接。立柱桩应尽量结合主体结构工程桩进行布置，可根据逆作施工阶段的结构平面布置、施工要求和荷载大小，对主体结构局部工程桩的平面定位、桩径和桩长进行适当调整，使桩基设计能同时满足逆作施工阶段和正常使用阶段的受力要求。

逆作法工程中，利用主体结构工程桩的立柱桩设计，应综合考虑基坑开挖阶段和永久使用阶段的设计要求。立柱桩的设计计算方法与主体结构工程桩相同。单桩竖向承载力静载荷试验一般在基坑开挖前进行，为此需将试验桩的桩顶标高延伸至自然地坪，承载力试验结果应扣除基坑开挖段的土体侧摩阻力。考虑到立柱桩的上部为钢立柱，在地面进行静载荷试验有困难，为此可利用相邻的工程桩（非立柱桩）的试桩结果作为立柱桩单桩承载力的取值依据。目前并未要求对基坑立柱桩进行专门的荷载试验，因此在工程设计中需要保证立柱桩的设计承载力具备足够安全度，并应提出全面的成桩质量检测要求。

1. 立柱桩选型及布置要求

为确保上部钢立柱与下部立柱桩之间能连接可靠、方便现场施工，立柱桩选型宜优先考虑采用钻（冲）成孔、旋挖成孔或人工挖孔等混凝土灌注桩，桩身配筋构造应符合规范规定，钢筋笼长度宜通常配置，配筋率宜考虑坑底土体回弹隆起等因素的影响并按计算确定。当地下室结构层数较多，或地上、地下结构同步施工时，对立柱桩的承载力要求将更高，可采用旋挖扩底灌注桩等。

若采用"一柱一桩"形式，逆作阶段上部结构允许施工楼层数往往受到下部立柱桩单桩承载力的限制。扩底是提高单桩承载力的一种有效手段。AM 全液压扩底灌注桩工法采用全液压快换铲斗扩底切削挖掘，扩底时使桩底端保持水平扩大，克服了现有扩底灌注桩施工工法的局限性，整个旋挖扩孔过程由计算机自动操作和追踪显示，具有成孔速度快、成孔、扩孔及桩身施工质量稳定等优点。利用钻进挖掘设备上的计算机管理施工映视装置系统对桩孔的深度和底部扩径进行检测，同时可检测桩孔中的沉渣。

杭州等地已有多个工程采用旋挖扩底灌注桩技术，大大提高了单桩竖向承载力特征值，如杭州地铁 1 号线武林广场站，采用直径 1600mm 的钻孔灌注桩，桩端进入中风化基岩并扩底至 2600mm、2800mm，如图 18.3-11 所示，单桩竖向抗压承载力极限值达到 42000kN 以上。

采用槽壁桩作竖向立柱桩，已在天津富润中心超高层塔楼钢筋混凝土核心筒逆作施工中得到成功应用[17]。该项目以地下一层为分界面，以下各层全逆作。壁桩在基坑开挖前随桩基一并施工到地下一层。为了方便施工，壁桩平面可以在核心筒墙体的基础上进行适当增减，未对齐部分基坑开挖后局部修补，壁桩平面图如图 18.3-12 所示。壁桩在基础以下部分按照桩基配筋，基础以上部分按地下室结构构件进行配筋，相应暗柱纵筋和箍筋、水平筋、拉筋等均需在壁桩施工时预留或预埋，施工难度非常大。另外，为保证上部顺作法施工部分能顺利进行，同时加强各单片壁桩墙之间的整体性，在地下一层楼面位置沿着核心筒周圈及各纵向壁桩墙设置通长冠梁。槽壁桩宜进行桩侧和桩端后注浆，其竖向抗压承载力可按桩基规范中的桩基承载力经验公式进行估算，但应对侧阻和端阻进行适当折减，有条件时宜采用现场静载荷试验进行验证。

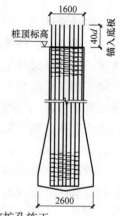

图 18.3-11　杭州地铁 1 号线武林广场站 AM 旋挖扩孔施工

d—纵筋直径

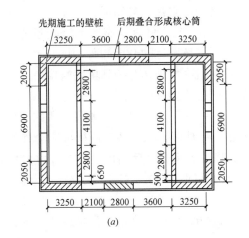

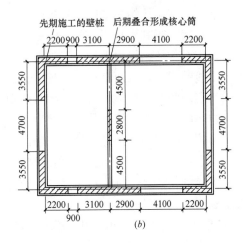

图 18.3-12 天津富润中心核心筒壁桩平面布置图
(a) 公寓塔楼核心筒壁桩；(b) 办公塔楼核心筒壁桩

在基坑逆作阶段，立柱和立柱桩承担的竖向荷载大，且逆作阶段先行施工的地下和地上结构对立柱桩的差异沉降十分敏感，因此立柱桩的桩基设计等级应为甲级。立柱桩的中心距不宜小于桩身直径的 3 倍，端承型桩和嵌岩桩的中心距不宜小于桩身直径的 2.5 倍；扩底灌注桩的扩底直径不应大于桩身的 3 倍，桩中心距不宜小于扩底直径的 1.5 倍，当扩底直径大于 2m 时，扩底之间的净距不宜小于 1.5m。当采用"一柱多桩"形式布置时，宜使桩群承载力合力点与主体结构柱的截面中心线对齐。

当计入纵向钢筋的有利作用，应按下式验算立柱桩桩身受压承载力[20]：

$$N \leqslant \psi_c f_c A_c + 0.9 f'_y A'_s \tag{18.3-10}$$

式中 N——荷载效应基本组合下的桩顶轴向压力设计值；

ψ_c——成桩工艺系数，可取 0.7～0.8；

f_c——混凝土轴心抗压强度设计值；

A_c——桩身混凝土截面面积；

f'_y——桩身纵筋抗压强度设计值；

A'_s——桩身纵筋截面面积。

当坑底标高以下存在较厚的淤泥、淤泥质土等软弱土层时，在桩承台及基础底板施工完成前，立柱桩正截面受压承载力验算时宜考虑压屈影响，可在上式计算得到结果的基础上乘以稳定系数 φ。立柱桩稳定系数 φ 可参照桩基规范的规定计算。

2. 沉降计算与相应控制措施

立柱桩除满足承载力要求外，还必须控制不均匀沉降，使相邻立柱桩之间、立柱桩与地连墙之间的差异沉降控制在允许范围内。逆作基坑的竖向支承结构（立柱和立柱桩）承担的竖向荷载远远大于顺作基坑的竖向立柱，特别是上、下部同步逆作施工时。逆作阶段地下室基础底板尚未形成，由于缺少基础的协调作用，结构在逆作阶段对立柱桩不均匀沉降尤其敏感。立柱桩应选择较硬土层作为桩端持力层；同一沉降单元的立柱桩，桩端持力层性质宜一致，不应选用压缩性差异较大的土层作桩端持力层，否则将产生较大的不均匀沉降，从而导致水平结构产生过大的附加内力而出现裂缝；并宜采取桩端后注浆等减小沉降的措施。在主体结构基础底板施工之前，相邻立柱之间、立柱桩与邻近围护墙之间的差异沉降不宜大于其水平距离的 1/400，且不宜大于 20mm。当立柱桩动态监测沉降超过限值时，应对主体结构内力和变形进行复核。此外，由于基坑土体的开挖卸载，坑底土体会发生明显的隆起，从而带动立柱桩上抬。在大量工程实践中发现，开挖到坑底时多数立柱桩的均表现为回弹变形，仅有少数承受荷载较大的立柱桩才会发生沉降。

逆作施工阶段立柱桩基沉降验算时，对采用"一柱一桩"形式时，一般可不考虑群桩效应影响，根据相同条件下的单桩静载荷试验得到的 Q-s 曲线，取荷载效应标准组合作用下的桩顶轴向力 N_k 所对应的桩顶沉降 s_a 除以试桩沉降完成系数 ξ 后的值，作为立柱桩的桩基沉降量。结合已有工程经验，当持力层为基岩时，可取 $\xi = 0.9$ 持力层为砂土、碎石类土层时，可取 $\xi = 0.7 \sim 0.8$；持力层为黏性土、粉土时，可取 $\xi = 0.5 \sim 0.7$。对采用"一柱多桩"形式时，可采用《建筑桩基技术规范》JGJ 94 中的等效作用分层总和法进行桩基沉降验算。

对基础沉降敏感的结构，宜按照立柱桩的差异沉降允许值或立柱桩的实测沉降值对主体结构内力和变形进行复核，并通过采取相关措施来减小沉降差：

（1）减少坑底隆起的方法有：合理确定地下连续墙的刚度和入土深度；坑内外进行地基土加固；设计合理的桩径、桩型和桩长。

（2）按照施工工况对立柱桩及地下连续墙进行沉降估算，协调基坑开挖与在桩上施加荷载，使立柱与地下连续墙沉降差满足结构设计要求。

（3）考虑增大立柱桩的承载力来减少沉降，如桩底注浆、增大桩径和桩长、选定高承载力的桩端持力层等。

（4）可使立柱桩与地下连续墙处在相同的持力层上，或增加边桩以代替地下连续墙承载。

（5）使立柱之间及立柱与地下连续墙之间形成刚性较大的整体，共同协调不均匀变形，比如在桩间及柱与地下连续墙之间增设临时剪刀撑，或尽早完成永久墙体结构等。

（6）加强对柱网及地下连续墙的竖向位移观测，当出现相邻柱间沉降差超过要求时，立即采取措施，暂停上部结构继续施工。

3. 开挖卸荷对立柱桩承载性能的影响

软土地基超深开挖产生的卸载效应，显著减小桩身法向应力，导致桩侧摩阻力下降，从而使桩的极限承载力（抗压、抗拔）显著降低。关于软土地基深开挖对工程桩承载特性的影响程度，目前这方面的工程试验资料较少[21-23]。有限元模拟分析结果表明：坑底试桩法得到的单桩极限承载力，显著低于地面试桩法经修正后的试桩结果[24]。因此，深厚软土地基深基坑工程中的立柱桩设计，应充分考虑开挖卸荷、坑底土体回弹隆起对单桩承载力的影响。

国大·雷迪森城市广场工程位于杭州市体育场路北侧、延安路西侧，由 28 层主楼和 10 层裙房组成。地下 5 层，地下室底板面标高 −28.500m，基坑开挖深度 28.5 ～ 32.0m[25]。选用设置钢筋混凝土临时内支撑的"顺作法"方案，坑内共布置 5 道钢筋混凝土内支撑，内支撑平面布置采用对撑、大角撑和边桁架相结合的形式。为提高内支撑系统刚度，进一步减小基坑侧向变形和对基坑周边环境的不利影响，每道内支撑系统中均设置了 200mm 厚的钢筋混凝土板带进行加强，类似逆作法。施工时现场照片如图 18.3-13 所示。图 18.3-14 分别为主楼区域和裙楼区域竖向钢立柱的隆沉变形监测结果，可以看出，钢立柱多数表现为向上变形（上抬），最大上抬量一般不超过 15mm，出现最大值的时间点一般为基坑开挖到最深基底标高时。

图 18.3-13　杭州国大·雷迪森项目现场照片

高德置地广场项目位于杭州市钱江新城核心区，地下 4 层，底板面标高为 −20.000m（相对标高）。基础采用钻孔灌注桩，桩径为 800mm 和 900mm 两种，以 (14) 2 圆砾层作为持力层，桩端进入持力层不小于 2m，桩端灌浆。塔楼 A 桩基直径均为 900mm，有效桩长约为 40m，抗压承载力特征值取为 6800kN。2011 年 10 月对 A 区的 5 根工程抗压桩试桩进行了单桩竖向抗压静载检测，试桩编号依次为 SZ13～SZ17。通过在灌注桩中预埋的钢管，测量各级荷载作用下桩底相应沉降。所得的 Q-s 曲线如图 18.3-15（a）所示。试桩 SZ17 加载到第九级荷载 13600kN 时桩顶沉降急剧增大，5 分钟之内累计沉降达到 82.22mm，压力无法维持，试桩破坏；其余试桩均表现为缓变型。

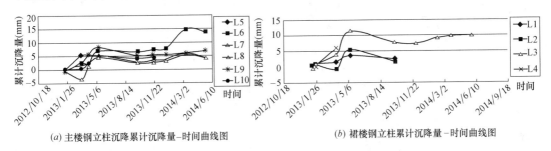

(a) 主楼钢立柱沉降累计沉降量–时间曲线图　　　　(b) 裙楼钢立柱累计沉降量–时间曲线图

图 18.3-14　杭州国大·雷迪森项目主裙楼钢立柱沉降变形

2013 年 8 月重新开始对 A 区的 8 根工程抗压桩试桩进行了单桩竖向抗压静载抽查检测。检测时基坑已经开挖至约第三道支撑，最大加载量为 8800kN。开挖到约第三道支撑后进行的 8 根桩静载检测，所得 Q-s 曲线如图 18.3-15（b）所示，在最大加载范围内试桩均未出现破坏。

试桩 SZ-13 和 1A29、SZ14 和 2A111 在平面图上距离较近，桩侧土层基本相同，比较这 4 根试桩的 Q-s 曲线如图 18.3-16 所示，可以看出桩顶作用相同荷载时，开挖后试桩的沉降大于地表试桩沉降；与地表试桩相比，坑底试桩对应的桩身刚度减小。

开挖前后土体竖向应力可用简单公式进行估算。

开挖前：

$$\sigma_{z0} = \gamma_s Z \tag{18.3-11}$$

开挖后：

$$\sigma_{z1} = \gamma_s (Z - h_e) \tag{18.3-12}$$

式中，γ_s 为土层平均有效重度（kN/m³）；Z 为计算点距地表深度；h_e 为基坑开挖深度。

桩侧摩阻力采用 β 法进行计算。

开挖前:

$$f_{i0}=K_0\tan\delta \cdot \sigma_z=(1-\sin\varphi)\tan(0.6\varphi) \cdot \gamma_s Z \qquad (18.3\text{-}13)$$

开挖后:

$$f_{i1}=K_1\tan\delta \cdot \sigma_{z1}=(1-\sin\varphi) \cdot OCR^{\sin\varphi} \cdot \tan(0.6\varphi) \cdot \gamma_s(Z-h_e) \qquad (18.3\text{-}14)$$

式中,δ 为桩土接触面摩擦系数,无资料时软土可取 $\delta=0.6\varphi$,φ 为土体内摩擦角;OCR 为开挖后坑底土体超固结比;K_0、K_1 为开挖前后土体侧压力系数。

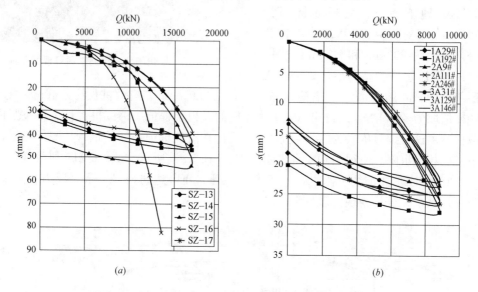

图 18.3-15 杭州高德置地项目地表和坑底试桩 Q-s 曲线

(a) 地表试桩;(b) 坑底试桩

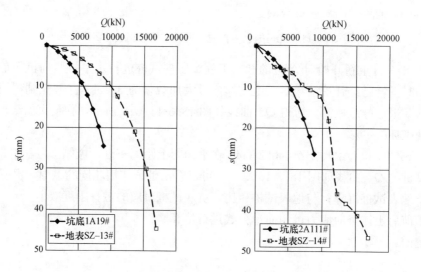

图 18.3-16 杭州高德置地项目位置相邻的试桩 Q-s 曲线比较

18.3.4 连接与构造设计

钢立柱与结构梁板节点的设计,应确保节点在基坑逆作施工阶段能够可靠传递结构梁板的自重和各种施工荷载，并保证在永久使用阶段外包混凝土形成进行柱后，节点质量和内力分布满足主体结构的受力要求。节点的设计构造，与钢立柱和水平结构构件的具体形式特点密切相关，在与结构梁板连接位置的抗剪和抗弯构造处理上有较大区别。

1. 角钢格构柱与梁板的连接构造

角钢格构柱与结构梁板的连接节点，在地下结构施工期间主要承受荷载引起的剪力，在主体结构永久使用阶段，结构梁主筋基本上可以全部穿越钢立柱外包混凝土形成劲性柱，因此连接节点一般不需要在设置额外的抗弯构件。设计时一般根据剪力的大小，计算确定节点位置钢立柱上设置足够数量的抗剪钢筋或抗剪栓钉。逆作施工阶段在直接作用施工车辆等较大超载的结构梁板层，需要在梁下钢立柱上设置钢牛腿，或者在梁内钢牛腿上焊接抗剪能力较强的钢板等构件。格构柱外包混凝土后伸出柱外的钢牛腿可以割除，如图18.3-17所示。

抗剪栓钉或抗剪钢筋均需在钢立柱施工完毕、土方开挖过程中现场安装，钢筋与钢立柱之间的焊接工作量相对较大；而直径较小的栓钉（$\phi < 16\mathrm{mm}$），可采用焊枪打设、一次安装，机械化程度比较高，施工质量容易得到保证。

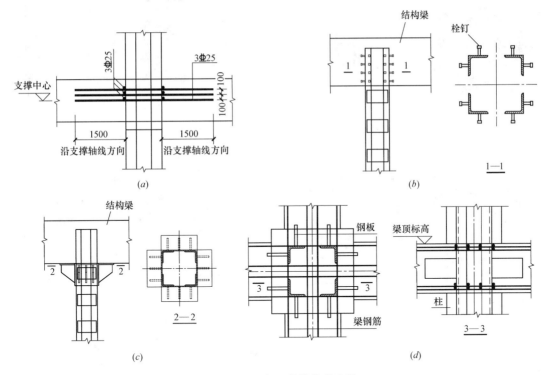

图 18.3-17 钢立柱的抗剪连接
（a）设置钢筋；（b）设置栓钉；（c）设置钢牛腿；（d）设置钢板

2. 钢管混凝土柱与梁板的连接构造

钢管或者钢管混凝土立柱与梁受力钢筋的连接节点，大致可分为钢筋混凝土环梁连接节点和钢牛腿连接节点两种方式。少数情况下，也有直接通过接驳器将钢筋与钢管混凝土立柱相连。

钢筋混凝土环梁连接节点几乎适用于所有钢管混凝土柱与钢筋混凝土梁、无梁楼盖连接。常见做法是在钢管外侧设置一圈钢筋混凝土环梁，梁柱节点中，由于钢管混凝土立柱的阻挡，结构梁钢筋无法贯通，全部锚入环梁，环梁与结构梁和节点范围内的框架柱外包混凝土一起浇筑。环梁宽约 $400\sim500$mm，由底面环筋、顶面环筋、腰筋和抗剪箍筋组成。钢管混凝土柱与混凝土环梁的接触面需设置抗剪环筋及抗剪栓钉等抗剪键。环梁在逆作阶段承受结构梁端的弯矩和剪力，并传递给钢管混凝土柱。由于钢筋混凝土环梁顶面和底面钢筋及腰筋，均为环筋，且箍筋较密，因此其施工难度较大，混凝土浇筑技术要求高。环梁节点示意图如图 18.3-18（a）所示。

钢管混凝土柱与结构梁的钢牛腿连接节点，有环形钢板（图 18.3-18b）或钢牛腿（图 18.3-18c）等多种连接方式。钢牛腿连接节点适用于钢筋混凝土梁、钢骨混凝土劲性梁、无梁楼盖与钢管混凝土的连接，具体做法是在钢管周边设置钢牛腿，为了加强钢牛腿与钢管混凝土柱的连接刚度，可在钢牛腿上下翼缘设置封闭的加强环，梁板受力钢筋焊在钢牛腿和加强环钢板。梁板钢筋与钢管柱还可以通过接驳器连接（图 18.3-18d）。

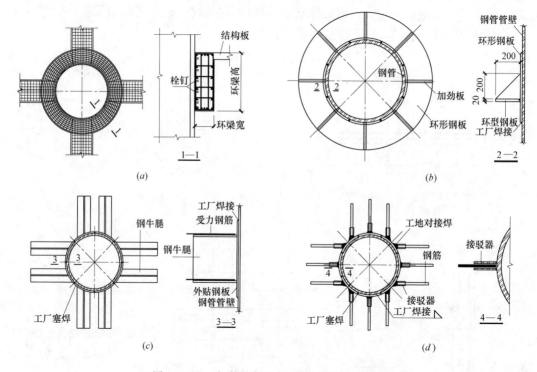

图 18.3-18　钢管柱与混凝土梁钢筋的连接构造
（a）环梁；（b）环形钢板；（c）钢牛腿；（d）钢筋接驳器

立柱与基础承台（底板）及地下室各楼层水平梁板结构之间的连接节点内的钢牛腿、钢板传力环等抗剪构件，应避免现场焊接，无法避免时应在出厂前钢管相应部位外侧外贴弧形钢板进行加强。

立柱在基坑逆作阶段受力较大，其截面承载力通常由稳定承载力控制。为了保证逆作阶段开挖面以下土体对立柱的侧向约束作用，减小立柱计算长度，提高立柱稳定承载力，防止出现失稳破坏，立柱在下部立柱桩混凝土超灌高度以上的桩孔空隙内应采用碎石回填密实，并宜留设注浆管进行注浆填充。

3. 柱子插入深度及插入范围内的构造措施

竖向立柱插入下部立柱桩的深度，应满足钢立柱轴向压力向立柱桩可靠传递的要求，并通过计算确定。角钢格构柱的插入深度不应小于 3m；钢管立柱、钢管混凝土立柱的插入深度不应小于 4 倍钢管外径，且不应小于 2.5m。

（1）圆钢管（混凝土）立柱

对于圆钢管（混凝土）立柱，其轴向压力由插入长度范围内的栓钉抗剪承载力之和、立柱底部底板的混凝土承压力共同承担，插入立柱桩内的深度可按下式计算：

$$l_d \geqslant \frac{(N - f_c A_b) s_h s_v}{\pi D N_v^s} \tag{18.3-15}$$

$$N_v^s = 0.43 A_{st} \sqrt{E_c f_c} \leqslant 0.7 \gamma f A_{st} \leqslant 0.7 f_u A_{st} \tag{18.3-16}$$

式中　l_d——插入立柱桩内的深度；

N——钢立柱底端的轴向压力设计值；

A_b——立柱承压底板面积；

s_h，s_v——栓钉环向间距、竖向间距；

D——钢管外径；

N_v^s——单个圆柱头栓钉的受剪承载力设计值；

A_{st}——栓钉钉杆截面面积；

f_u，f——栓钉材料的极限抗拉强度最小值、抗拉强度设计值；

γ——栓钉材料的极限抗拉强度最小值与屈服强度之比；

E_c——灌注桩桩身混凝土弹性模量；

f_c——灌注桩桩身混凝土抗压强度设计值。

（2）角钢格构式立柱

对于角钢格构式立柱，其轴向压力由立柱底部混凝土承压力、格构柱表面与混凝土之间的粘结力共同承担，插入立柱桩内的深度可按下式计算：

$$l_d \geqslant \frac{N - f_c A_g}{u \tau} \tag{18.3-17}$$

式中　A_g——角钢格构柱的横截面面积；

u——角钢格构柱各分肢横断面周边长度之和；

τ——格构柱表面与混凝土之间的粘结强度设计值，可近似取混凝土抗拉强度设计值的 0.7 倍，即 $\tau = 0.7 f_t$。

（3）立柱插入立柱桩部分的构造要求

立柱桩钢筋笼内径应大于钢立柱的外径或对角线长度；否则需将灌注桩端部一定范围内进行扩径处理，扩径部位以下应设斜率不超过 1∶6 的过渡段，过渡段及上下各 1.5m 范围内的箍筋应加密。钢管插入混凝土立柱桩的深度范围内，栓钉直径不宜小于 19mm，长度不应小于杆径的 4 倍，竖向和横向间距不宜大于 200mm，且不应小于杆径的 6 倍。插入深度范围内格构柱的缀板截面面积不应减小。

桩顶以下 5 倍桩身直径范围内的桩箍筋应加密，加密区箍筋直径不应小于 8mm，间距不应大于 100mm；当采用钢管或钢管混凝土立柱时，钢管插入范围及以下 5 倍桩径范围内桩箍筋应按上述要求进行加密。

4. 止水防渗构造措施

钢立柱在底板位置应设置止水构件以防止地下水上渗。角钢格构柱在每根角钢周边设置两块止水钢板，通过延长渗水途径达到止水目的。对于钢管混凝土立柱，则需在钢管位于底板的适当位置设置封闭的环形钢板，作为止水构件。

18.4　逆作法水平结构设计

地下结构梁板等内部水平构件兼作为基坑工程施工阶段水平支撑系统的优点，主要体现在两个方面：一方面利用地下结构梁板具有平面内巨大结构刚度的特点，可有效控制基坑开挖阶段围护体的变形，保护周边环境；另一方面，还可以节省大量临时支撑的设置和拆除，也可避免围护体的二次受力和二次变形对周边环境以及地下结构带来的不利影响。

水平支撑结构设计应包括下列内容：（1）水平支撑结构体系的选择及布置；（2）水平支撑结构体系的内力和变形计算；（3）水平支撑结构的承载力极限状态和正常使用极限状态的验算；（4）水平支撑结构的连接构造设计。

18.4.1　水平支撑结构的选型与布置原则

在地下结构梁板等水平构件与基坑内支撑系统相结合时，结构楼板可采用梁板结构体系和无梁楼盖结构体系，不宜采用空心楼盖体系或劲性结构体系；地下室水平结构若采用劲性结构，梁柱交接位置的劲性钢构件与竖向支撑之间的矛盾难以解决。

梁板结构体系是地下结构最常用的结构形式。梁板体系作为水平支撑比较适于逆作法施工，其结构受力明确，可根据施工需要在梁间开设施工孔洞以利于挖土及运输施工材料，并在梁周边预留钢板止水片，同时预留出结构梁板钢筋，在逆作法施工结束后再浇筑封闭。

也可采用楼板后作的梁格体系，在开挖阶段仅浇筑框架梁作为内支撑，基础底板完成后再封闭楼板结构。该方法可减少施工阶段竖向支承的竖向荷载，同时也便于土方开挖，不足之处在于楼板二次浇筑，存在止水和连接的整体性问题。

无梁楼盖结构体系的楼板直接支承在柱上，其传力途径由板直接传递至柱或剪力墙上，因此楼板厚度较相同柱网尺寸的梁板结构体系要厚。当荷载及跨度较大时，如柱端弯矩较大或柱顶处楼板厚度无法满足冲切要求，可在柱顶处设置柱帽，柱帽可采用单倾角柱帽、变倾角柱帽、平托板柱帽和倾角托板柱帽，如图 18.4-1 所示。无梁楼盖上设置施工孔洞时，一般需设置边梁并附加止水构造。

逆作法施工时，界面层以下地下结构土方均采用暗挖法施工，在地下室逆作施工时需进行施工设备、土方、模板、钢筋及混凝土的上下运输，所以需要预留若干上下贯通的竖向运输通道。为了确保已完成结构满足受力要求的情况下尽可能地提高挖土效率，水平支撑结构应结合主体结构布置、逆作阶段受力和变形、周边环境保护及施工等因素合理确定各类预留洞口、逆作范围、逆作界面层及施工作业层的平面布置等。洞口数量、大小以及平面布置直接影响逆作法期间基坑变形控制效果、土方工程的效率和结构施工速度。出土口尽量利用主体结构设计的缺失区域、电梯井及楼梯井等位置。

出土口呈矩形时，为避免逆作施工阶段结构在水平力作用下出土口四角产生较大的应力集中而导致局部破坏，可在出土口四角增设三角形梁板。图 18.4-2 是常见的一种三角

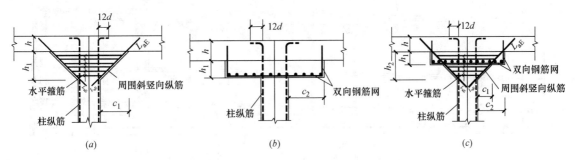

图 18.4-1 无梁楼盖的常用柱帽形式

(*a*) 单倾角柱帽；(*b*) 平托板柱帽；(*c*) 倾角托板柱帽

形梁板做法。当采用大面积圆形出土口时，其周边需设置一圈闭合的圆环梁，圆环梁作为逆作阶段圆形大空间出土口的环形支撑。圆环周边如有楼电梯间、设备孔等结构开口，可采用临时封板进行封闭，以改善圆环的受力特性。逆作法施工阶段出土口周边有施工车辆的行走，因此可将出土口边梁设计为上翻梁，以避免施工车辆、人员坠入基坑等事故的发生。

当首层结构在永久使用阶段需承受较大的荷载时，由于出土口区域的结构梁分两次浇筑，削弱了连接位置结构梁的抗剪能力，所以在出土口周边的结构梁内可预留槽钢作为与后接结构梁的抗剪件，如图 18.4-3 所示。

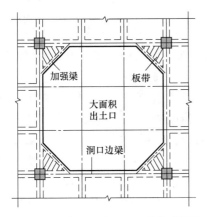

图 18.4-2 大面积出土口四角加强措施

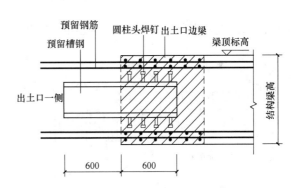

图 18.4-3 出土口结构梁抗剪措施

留设的大面积出土口，破坏了水平支撑梁板结构的完整性，在一定程度上削弱了水平支撑的刚度，从而可能增大基坑的变形。地下各层结构除承受较大的施工荷载及自重外，还承受挡土结构传来的水平力，这就要求相邻出土口之间以及基坑周边的结构梁板保持完整，无较大的缺失区域，以形成有效的传力带。如果结构平面用作施工场地，可对缺失区域进行临时性封闭，待逆作施工结束，且地下室形成并达到一定整体刚度后再凿除；若结构平面不作为施工场地，则可根据计算通过设置临时支撑，形成完整的水平传力体系。图 18.4-4 为慈溪财富中心在逆作阶段大出土口设置的临时水平支撑。逆作阶段汽车坡道往往也需要采取如图 18.4-5 所示的临时构造措施。

实际工程中，地下室楼层结构的布置，往往不是一个理想的完整平面，常出现局部结

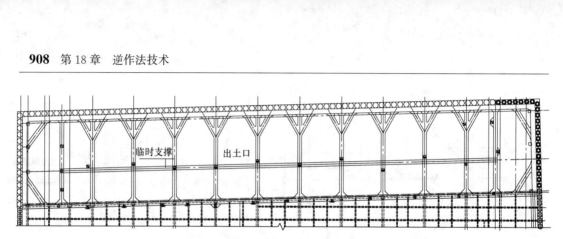

图 18.4-4 大面积出土口设置临时水平支撑

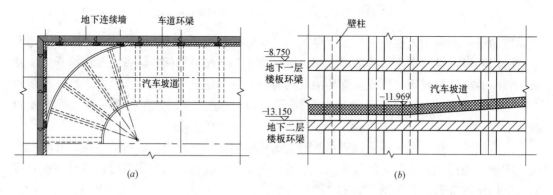

图 18.4-5 汽车坡道设置临时水平支撑

(a) 平面图; (b) 立面展开图

构突出和错层的现象, 需视具体情况给予相应的设计对策。当结构平面出现较大高差的错层时, 周边的水、土压力通过围护墙最终传递给该楼层, 错层位置势必产生集中应力, 易造成结构的开裂。此时可在错层位置设置临时斜撑 (每跨均设), 或者在错层位置的框架梁位置加腋角 (腋角坡度不宜大于 1:2)。斜撑与水平面的夹角不宜大于 35°, 软土地区不宜大于 26°。斜撑长度超过 15m 时, 宜在斜撑中部位置加设竖向立柱。应设置可靠的斜撑支座或基

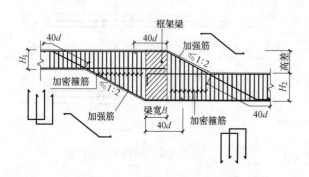

图 18.4-6 框架梁处高差加腋大样

础, 其位置不应妨碍主体结构的正常施工; 图 18.4-6 为框架梁两侧存在高差时结构加腋处理示意图, 图 18.4-7 为钢管柱两侧存在高差时结构加腋处理示意图。

当基坑面积较大时, 挖土和运输机械需通过设置专门的栈桥进入到基坑中间部位进行挖土和运输, 通常一个大面积的基坑需要设置多个栈桥, 同时这些栈桥在挖土结束后又必须进行拆除。采用逆作法施工时, 顶板先于大量土方开挖施工, 因此可以将栈桥的设计和水平楼板永久结构的设计一同考虑, 并充分利用永久结构的工程桩。施工荷载较小时只需将楼板局部节点进行加强即能满足大部分工程挖土施工的需要。栈桥的布置也相对灵活, 挖土点将会增多, 出土效率也会得到一定提高, 并避免了后期的临时栈桥拆除工作。

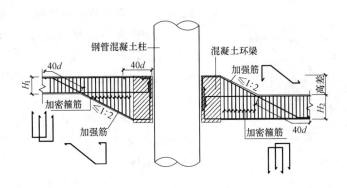

图 18.4-7　钢管柱处高差加腋大样

　　超高层建筑通常会在主楼和裙楼之间设置沉降后浇带。超长地下室考虑到大体积混凝土的温度应力及收缩等因素，也会间隔一定距离设置后浇带。逆作法施工中地下室各层结构作为基坑开挖阶段的水平支撑系统被后浇带隔断，水平力无法传递，因此必须采取措施以解决后浇带位置的水平传力问题。图 18.4-8 是通过在处于后浇带范围的框架梁或次梁内设置小截面型钢以传递水平力，型钢的截面较小，相应抗弯刚度远小于框架梁或次梁，因此不会约束后浇带两侧的自由沉降。图 18.4-9 所示节点构造则是在缝两侧预留埋件，上部和下部焊接一定间距布置的型钢，待地下室结构整体形成后，割除型钢恢复结构的沉降缝。

　　后浇带两侧的结构楼板在施工重载车辆的作用下易产生裂缝，可考虑在后浇带两侧内退一定距离增设边梁，对楼板自由边进行收口，以改善结构楼板的受力状态。后浇带两侧的竖向支承采用增设临时立柱桩可以减少梁板跨度，但将增加工程量，当后浇带数量较多时其增加的工作量尤为可观。此时，可考虑在后浇带两侧采取跨越的方式进行处理，即在后浇带两端框架梁位置设置高出结构板面的混凝土支座，在支座上间隔布置型钢梁，然后在型钢梁上铺设钢板，使后浇带两侧底部架空。当横跨后浇带两侧的钢栈桥自重较大时，尚须在后浇带两侧的永久钢立柱上设置一些斜向钢支撑，以减少结构的悬臂长度。这种方法既可节省后浇带两侧增设的钢立柱和立柱桩，又可重复回收利用钢栈桥的钢材料，经济性较好。

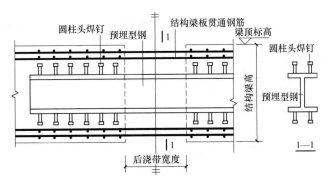

图 18.4-8　后浇带位置设置型钢以传递水平力

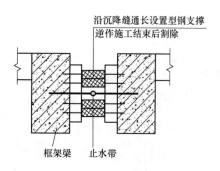

沿沉降缝通长设置型钢支撑
逆作施工结束后割除

框架梁   止水带

图 18.4-9 沉降缝水平传力节点构造

18.4.2 水平内支撑结构设计计算

当主体地下水平结构需作为施工期间的施工作业面，供挖土机、土方车以及吊车等重载施工机械进行施工作业时，此时水平构件不仅需承受坑外水土的侧向压力，同时还承受施工机械等的竖向荷载。因此其构件设计在满足正常使用阶段的结构受力及变形要求之外，尚需满足施工期间水平向和竖向荷载共同作用下的受力和变形要求，应根据各工况下的最不利内力组合进行截面承载力验算。

水平支撑结构采用现浇钢筋混凝土时，钢筋混凝土强度等级不宜低于 C30，楼板厚度不宜小于 120mm；当上部结构为高层建筑时，地下室顶板厚度不宜小于 160mm。当围檩梁与围护墙之间需要传递水平剪力时，应在围护墙上沿围檩梁长度方向预留由计算确定的剪力筋或剪力槽；格梁式节点处宜设置水平加腋。

与混凝土支撑相比，钢结构支撑的整体刚度更依赖于构件之间的连接构造，因此，钢结构内支撑设计时，除计算截面承载力和验算变形外，必须重视钢结构的节点构造设计。考虑到逆作施工时施工偏差较大等原因，钢结构支撑构件的拼接方式宜采用可调节的节点形式，并宜留有足够的调整空间。纵横向钢支撑宜设置在同一标高，采用工厂制作的十字节点进行连接，采用这种连接方式节点受力可靠，整体性好。当采用上下重叠连接时，虽然施工方便，但支撑体系整体性较差，应尽量避免。

钢支撑与钢围檩之间的连接节点受力复杂，应力比较集中，为防止钢围檩梁产生失稳，减小节点处的变形，应在连接节点部位设置加劲板，加劲板厚度不应小于 10mm，焊缝高度不应小于 6mm。钢支撑（梁）与竖向立柱采用钢托架进行连接时，钢托架应满足对钢支撑（梁）在节点位置的约束要求。围护墙表面一般不平整，特别是采用钻孔灌注桩排桩作围护墙时，为使钢围檩与围护墙之间接合紧密，防止围檩截面产生扭曲，应在钢围檩与围护墙之间采用不低于 C25 的细石混凝土填实。

18.4.3 水平结构与外围护结构的连接节点构造

不同形式的基坑围护墙，水平结构与围护体的连接所涉及的问题，以及具体节点处理方式也不尽相同。水平支撑结构与竖向支承结构和周边围护墙之间的连接构造，应做到构造简单、传力明确、便于施工。

1. 水平结构与地下连续墙的连接

在设计地下连续墙和结构梁板连接接头时，可根据实际情况采用刚性接头、铰接接头、不完全刚接接头等形式，以满足不同结构情况的要求。此外，尚需验算接头处板的抗剪承载能力。如果接头处的抗剪能力不足，须采取相应的构造措施，比如在接头处配置足量的抗剪钢筋，或者在地下连续墙上板底做钢牛腿等。无梁楼盖通常通过边环梁与地下连续墙连接。

2. 水平结构与临时围护结构的连接

当采用临时围护结构时，围护墙与结构外墙分开，结构外墙顺作施工。从结构受力、构造要求以及防水的角度出发，结构外墙与相邻结构梁板须整体连接，二者一次浇筑施工，因此逆作施工地下各层结构的边跨位置须内退结构外墙一定的距离，逆作施工结束后，结构外墙和相邻的结构梁板一道浇筑。

（1）临时围护结构与内部结构之间的水平传力体系

传统逆作中以结构楼板代替支撑，水平梁板结构直接与地下连续墙连接，水平楼板支撑的刚度很大，因而可以较好地控制基坑的变形。而采用临时围护体系时，与内部结构之间需另设水平支撑，水平支撑一般采用钢支撑、钢筋混凝土支撑或型钢混凝土组合支撑等形式（图18.4-10），地下室其他楼层则设置型钢与围檩梁连接。内部结构周边一般应设置通长闭合的边环梁。边环梁的设置可提高逆作阶段内部结构的整体刚度，改善边跨结构楼板的支承条件，而且周边设置环梁还可为支撑体系提供较为有利的支撑作用面。

在这种情况下，水平支撑的整体刚度取决于临时围护结构与内部结构之间设置的水平支撑体系，介于相同条件下顺作法与逆作法的支撑刚度之间。在工程造价变化不大的前提下，可根据变形控制要求通过改变支撑截面、间距及支撑形式而达到灵活调整其支撑刚度的特点。水平支撑中心应尽量与内部结构梁中心对齐，否则还需验算边环梁的弯、剪、扭截面承载力，必要时应对局部边环梁采取加固措施。

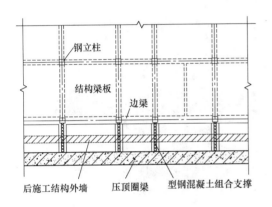
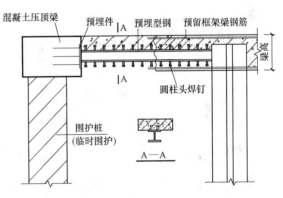

图18.4-10　临时围护结构与地下室顶层结构采用组合支撑连接

（2）边跨结构二次浇筑的接缝防水和支撑穿外墙板处止水

边跨结构存在二次浇筑的工序要求，因此在逆作阶段先施工的边梁与后浇筑的边跨结构接缝处存在止水问题。一般情况下可先凿毛边梁与后浇筑顶板的接缝面，然后嵌固一条通长布置的遇水膨胀止水条。如结构防水要求较高时，还可在接缝位置增设注浆管，待结构达到强度后进行注浆充填接缝处的微小缝隙，可达到很好的防水效果。

周边设置的支撑系统需待临时围护结构与结构外墙之间回填密实后方可进行割除，支撑穿结构外墙处也应进行止水处理。不同支撑材料其穿结构外墙的止水处理方式也不尽相同。比如H型钢支撑，可在H型钢穿外墙板位置焊接一圈一定高度的止水钢板，隔断地下水沿型钢渗入结构内部的渗透路径；采用钢管支撑时，可将穿外墙板段钢管支撑换成H型钢，以满足止水节点处理的要求；采用混凝土支撑时，可在穿外墙板位置设置一圈遇水膨胀止水条，或在结构外墙上留洞，洞口四周设置刚性止水片，待混凝土支撑凿除后再封闭该部分的结构外墙。

18.4.4 水平结构与竖向立柱的连接节点处理

逆作法工程中，梁柱节点位置由于竖向支承钢立柱的存在，使得该位置框架梁钢筋穿越钢立柱的问题十分突出。支护设计与主体设计在方案前期应充分沟通协调，如有条件框架梁截面宽度大于竖向支承钢立柱的截面尺寸或在梁端宽度方向加腋，以缓解梁柱节点位置钢筋穿越的难题。当立柱采用钢管混凝土柱时，也可采用双梁、环梁节点等措施，以满足梁柱节点位置各个阶段的受力要求。

角钢格构柱中角钢的肢宽及缀板会阻碍梁主筋的穿越。根据梁截面宽度、主筋直径及数量等情况，梁柱连接节点一般有钻孔钢筋连接法、梁侧加腋法、传力钢板法，如图18.4-11（a）～（c）所示。钻孔钢筋连接法是在缀板或角钢上钻孔穿框架梁钢筋，适用于框架梁宽度小、主筋直径较小且数量不多的情况，设计中应验算钻孔后角钢格构柱的净截面强度。传力钢板法是在格构柱上焊接连接钢板，将受阻框架梁钢筋焊接在传力钢板上，保证了格构柱的完整性，但增加了大量的焊接作业和混凝土密实浇筑的难度。梁侧加腋法是通过梁侧面加腋扩大梁柱节点位置梁的宽度，使梁的主筋从角钢格构柱侧面绕行贯通的方法，但是加腋使得箍筋和纵筋需要根据加腋尺寸进行调整，一定程度上增加了现场施工的难度。

（a）　　　　　　　　　　　　　　　　　（b）

（c）　　　　　　　　　　　　　　　　　（d）

图 18.4-11　梁柱节点常用连接方法

（a）钻孔钢筋连接法；（b）节点加腋法；（c）传力钢板法；（d）双梁法

与角钢格构柱不同的是，钢管混凝土柱由于为实腹式，其平面范围内梁的主筋均无法穿越，梁柱节点处理难度更大。在工程中应用比较多的连接节点主要有如下几种：

（1）双梁节点，将原框架梁一分为二，分成两根梁从钢管柱侧面穿过，适用于框架梁宽度和钢管直径比较小的情况，节点构造如图 18.4-11（d）所示。双梁的纵向钢筋应从钢管侧面平行通过，节点处宜增设斜向构造钢筋，井式双梁与钢管之间应浇筑混凝土。

（2）环梁节点，在钢管柱的周边设置一圈刚度较大的钢筋混凝土环梁，习惯成一个刚性节点区，利用这个刚性区域的整体工作来承受和传递梁端的弯矩和剪力。环梁和钢管柱通过钢筋、栓钉或钢牛腿等方式形成整体连接，其后框架梁主筋锚入环梁即可，不必穿越钢管柱。可在钢管柱直径较大、框架梁宽度较小的情况。

（3）外加强环节点，在结构梁顶标高处设置两个方向且标高错位的四块环形加劲板，双向框架梁顶部第一排主筋遇到钢管阻挡处钢筋断开，并与加劲环焊接，而底部第一排主筋遇到钢管则上弯，梁顶和梁底的第二、三排主筋从钢管两侧穿越。该节点既兼顾了节点结构受力的要求，同时较大程度地降低了施工难度，但节点用钢量大且焊接工作量多，混凝土难以浇筑密实，适用于梁宽大于钢管直径，且梁钢筋较多需多排放置的情况。

（4）无梁楼板一般在梁柱节点位置设置一定长宽的柱帽，逆作施工阶段竖向支承钢立柱的尺寸一般仅占柱帽尺寸的比例较小，因此，无梁楼盖体系梁柱节点位置钢筋穿越矛盾相对普通梁板体系缓和，易于解决，如图 18.4-12 所示。

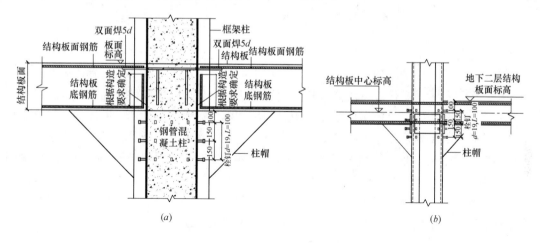

图 18.4-12　无梁楼盖结构体系梁柱节点连接
（a）无梁楼板与钢管混凝土柱连接构造；（b）无梁楼板与格构柱连接构造

18.4.5　顺逆交界处节点构造措施

基坑分两次施工，比如"主楼顺作、裙楼逆作"时，顺逆作分界处需设置临时隔断，临时隔断设置在主裙楼之间的沉降后浇带位置。临时隔断围护结构原则上可采用地下连续墙、钻孔灌注桩、型钢水泥土搅拌墙（原 SMW 工法）等多种围护形式，但是在顺逆作结构连接的时候，需将临时隔断逐层凿除，因此若采用地下连续墙造价高，墙体凿除难度大；型钢水泥土搅拌墙则型钢拔除困难，代价大；钻孔灌注桩造价经济，凿除较方便，更为常用。

施工阶段顺作区水平力通过传力构件传递给临时围檩，水平力传递方式有：（1）在框架梁中预埋型钢，型钢置于钢筋笼中，在框架两端需锚固足够长度以确保传力的可靠性，框架梁的主筋按照规范要求伸出混凝土面，以便与逆作区框架梁连接，构造如图 18.4-13（a）所示；（2）在框架梁端部设置钢筋混凝土边梁，在边梁和围檩之间设置型钢支撑，支撑在平面上避开框架梁预留钢筋的位置，构造如图 18.4-13（b）所示。

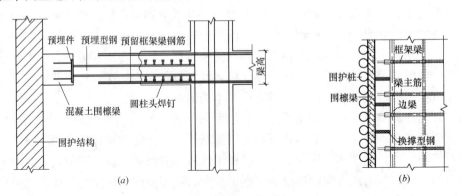

图 18.4-13　施工阶段顺作区水平力传递方式
（a）框架梁中预埋型钢；（b）梁端设置边梁

18.5　逆作法周边围护结构设计

18.5.1　逆作法周边围护结构选型

逆作法基坑对围护结构的强度、刚度、止水可靠性等都有较高要求，具体采取何种围护结构，需根据土质条件、基坑的开挖深度、基坑的形状、施工条件、周边环境变形控制要求等多个因素确定。目前国内常用的板式围护结构包括地下连续墙、灌注排桩结合止水帷幕、咬合桩和型钢水泥土搅拌墙等。当主体地下室的轮廓形状极其不规则，由于基坑总延长米较长，采用临时围护结构可根据具体位置进行改变调整围护结构的轮廓，以减少围护结构的工程量。

当地连墙入基岩困难时，可在地连墙下端设置支腿。上部高层的墙柱正好也落在地连墙上时，对墙体竖向承载力要求较高，此时也可采用带支腿地下连续墙。

18.5.2　二墙合一地下连续墙设计与构造

目前在逆作法基坑工程中应用的地下连续墙的结构形式主要有壁板式、T 形和 Π 形等；根据受力、防水等需要，槽段之间采用相应的柔性接头或刚性接头；地下连续墙可采用单一墙、分离墙、复合墙和叠合墙四种形式与主体结构地下室外墙进行结合，其中复合墙是指地下连续墙内侧设置内衬墙时结合面能承受剪力作用，而叠合墙则不能承受剪力的作用。两墙合一地下连续墙在正常使用阶段作为结构外墙，除了承受侧向水土压力外，还要承受竖向荷载，因此地下连续墙的竖向承载力和沉降也越来越受到人们更多的关注。多数情况下，地下连续墙仅承受地下各层结构梁板边跨的荷载，需满足与主体结构基础的沉降协调。少数情况下当有上部结构柱或墙体直接作用在地下连续墙上时，则地下连续墙还需承担部分上部结构荷载，此时地下连续墙需要进行专项设计。

18.5.3　临时性周边围护结构设计与构造

逆作法施工基坑若采用临时围护结构，则围护墙和结构外墙分开，结构外墙顺作施工。考虑到结构受力、防水等构造要求，结构外墙与相邻结构梁板必须整体连接，因此要求逆作施工地下各层结构的边跨时，应内退一定距离；待逆作施工结束后，结构外墙和相邻梁板一次性浇筑。

慈溪财富中心采用逆作法施工时，围护结构选用钻孔灌注桩。逆作施工阶段在地下室外墙相应位置设置框架边梁；为传递水平力，在边梁和钻孔灌注桩之间设置临时板带，如图 18.5-1（a）所示。逆作施工结束后浇筑地下室外墙，同时延伸结构梁板，形成使用阶段地下室结构，如图 18.5-1（b）所示。逆作施工阶段桩和边梁之间的临时板带做法如图 18.5-2 所示，其中为了减少从临时钢立柱外挑悬臂梁的内力和变形，每根桩上还设置了 2 根吊筋。

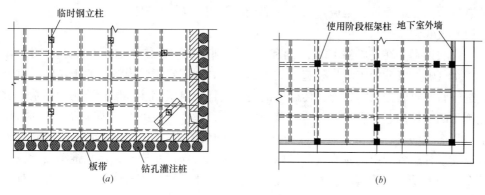

图 18.5-1 逆作法施工采用临时围护结构时的平面布置
（a）施工阶段；（b）使用阶段

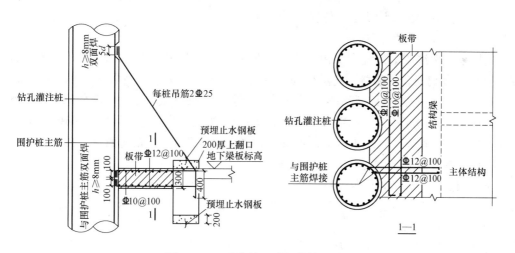

图 18.5-2 逆作施工时板带做法详图

18.6 逆作法施工

18.6.1 逆作法竖向结构施工

1. 竖向支承构件调垂技术

逆作法施工时，临时竖向支承系统一般采用钢立柱插入底板以下立柱桩的形式，中间支承柱是逆作法施工中重要的竖向支承构件，其定位和垂直度必须严格满足要求，否则影响结构柱位置的正确性，在承重时会增加附加弯矩并在外包混凝土时发生困难。立柱的平面定位中心偏差不应大于 5mm，垂直度偏差不应大于 1/300。立柱桩的平面定位中心偏差不应大于 5mm，垂直度偏差不应大于 1/200。

钢立柱插入方式有先插法和后插法两种，根据工程需要、钢立柱类型、施工机械设备及施工经验等因素来选用。先安放钢立柱，后浇筑竖向支承桩混凝土的施工方式为先插法；先浇筑竖向支承桩混凝土，在混凝土初凝前插入钢立柱的施工方式为后插法。

钢立柱的施工必须采用专门的定位调垂设备对其进行定位和调垂。钢立柱的调垂方法主要有气囊法、地面校正架调垂法、底部定位器调垂法、HPE 工法等。

（1）气囊法

气囊法调垂是在支承柱上端 X 向和 Y 向分别安装一个传感器，并在下端四边外侧各安放一个气囊，气囊随支承柱一起下放到钻孔中，并固定于受力较好的土层中。每个气囊通过进气管与电脑控制室相连，传感器的终端同样与电脑相连，形成监测和调垂全过程智能化施工的监控体系。系统运行时，首先由垂直传感器将支承柱的偏斜信息传输到电脑，由电脑程序自动进行分析，然后打开倾斜方向的气囊进行充气，从而推动支承柱下部纠偏，当支承柱达到规定的垂直度范围内，即刻关闭气阀停止充气，停止推动支承柱。支承柱两个方向的垂直度调整可同时进行控制。待混凝土灌注至离气囊下方 1m 左右时，可拆除气囊，并继续灌注混凝土至设计标高。

气囊法适用于各种类型支承柱（宽翼缘 H 型钢、钢管、格构柱等）的调垂，且调垂效果好，有利于控制支承柱的垂直度。但气囊有一定的行程，若支承柱与孔壁间距过大，支承柱就无法调垂至设计要求的位置。

（2）地面校正架调垂法

地面校正架法调垂系统主要由传感器、校正架、调节螺栓等组成。在支承柱上端 X 和 Y 方向上分别安装传感器，支承柱固定在校正架上，支承柱上设置 2 组调节螺栓，每组共 4 个，两两对称，两组调节螺栓有一定的高差，以便形成扭矩。测斜传感器和上下调节螺栓在东西、南北各设置一组。若支承柱下端向 X 正方向偏移，X 方向的两个上调节螺栓一松一紧，使支承柱绕下调节螺栓旋转，当支承柱进入规定的垂直度范围后，即停止调节螺栓；同理 Y 方向通过 Y 向的调节螺栓进行调垂。

校正架法费用较低，但只能用于刚度较大支承柱（如钢管支承柱等）的调垂。对刚度较小的支承柱，在上部施加扭矩时支承柱弯曲变形过大，不利于支承柱的调垂。

（3）底部定位器调垂法

底部定位器调垂法，也称为导向套筒法，是把校正支承柱转化为校正导向套筒。导向套筒的调垂可采用气囊法和校正架法。待导向套筒调垂结束并固定后，从导向套筒中间插入支承柱，导向套筒内设置滑轮以利于支承柱的插入，然后浇筑立柱桩混凝土，直至混凝土能固定支承柱后拔出导向套筒。

由于套筒比支承柱短，故调垂较易，效果较好，但由于导向套筒在支承柱外，势必使孔径变大。导向套筒法适用于各种支承柱（宽翼缘 H 型钢、钢管、格构柱等）的调垂。

（4）HPE 工法

HPE 工法是根据二点定位的原理，通过 HPE 液压垂直插入机机身上的两个液压垂直插入装置，在支承桩混凝土浇筑后、混凝土初凝前将底端封闭的永久性钢管柱垂直插入支承桩混凝土中，直到插入至设计标高。垂直度控制的实施监控及钢管柱状态的实时调整系统是整个 HPE 液压下插钢管柱工序的核心，垂直度控制基本原理就是利用高精度倾角传感器安装在钢管柱上的法兰盘上，倾角传感器用来测量法兰盘水平面的倾角变化量，并通过控制水平面的倾角变化量达到控制钢管柱垂直度的目的。

HPE 液压垂直插入钢管柱工法的优点主要有：①安全性高。无须人工下孔作业，很大程度上降低了安全风险。②保证钢管柱的垂直度，质量可靠。全过程完全机械化作业，减少了人为因素，将钢管柱插至混凝土顶面后，可以根据钢管柱下部安装的位移传感器反映到电脑上的信号来检测钢管柱的垂直度，保证插入钢管柱的垂直度符合要求。垂直度可达 $1/500 \sim 1/2000$。③提高钢管柱安装施工效率，缩短施工工期。平均完成单根钢管柱安装时间为 $10 \sim 20$ 小时。④节约资源，降低投资成本。大量减少了施工材料和人工的投入。在杭州 1 号地铁武林广场站项目中，挖深 28m，钢管柱直径 $\phi900mm$，钢管柱长度 $25.85 \sim 28.5m$，设计要求垂直度偏差不超过 $L/500$，且不大于 25mm。施工后对部分钢管柱开挖检测，结果显示钢管柱偏位值都控制在 $1/500$ 以内。

2. 钢立柱外包混凝土施工

施工阶段的钢管柱，在永久阶段通常会外包钢筋混凝土形成组合柱，以承担上部结构的荷载。逆作阶段施工水平构件的同时，应将竖向构件在板面和板底预留插筋，以便后期外包部分纵向钢筋的连接，如图 18.6-1 所示。先施工结构的预留钢筋应采取有效的保护措施，避免因挖土造成钢筋破坏。施工预留筋宜采用螺纹接头。梁柱节点处，梁钢筋穿过临时立柱时，应考虑按施工阶段受力状况配置钢筋，框架梁钢筋宜通长布置并锚入支座，受力钢筋严禁在钢格构柱处直接切断，确保钢筋的锚固长度。梁板结构与柱的节点位置也应预留钢筋，柱预留插筋上下均应留设且错开。上下结构层柱、墙的预留插筋的平面位置要对应。柱插筋宜通过梁板施工时模板的预留孔控制插筋位置的准确性。

逆作法下部的竖向构件施工时混凝土的浇筑方式是从顶部的侧面入仓，为便于浇筑和保证连接处的密实性，除对竖向钢筋间距作适当调整外，下部竖向构件顶部的浇筑口模板需做成俗称喇叭口的倒八字形。

3. 剪力墙顺作施工

当逆作法施工基坑采用临时围护结构时，围护墙和结构外墙分开，结构外墙顺作施工。大多数地下室内部混凝土墙体均采用顺作施工。此时逆作施工阶段剪力墙周边梁柱均应预留钢筋，同时在剪力墙顶部和梁底交界处采用喇叭口浇筑混凝土。

18.6.2　逆作法水平结构施工

逆作法中先施工的主要为水平结构，但柱、墙以及墙、梁等节点部位的施工，一般也与水平结构施工同步完成。水平结构施工前应事先考虑好后补结构施工方法，针对后补结构施工可在水平结构上设置浇捣孔，浇捣孔可采用预埋 PVC 管，首层结构楼板等有防水要求的结构需采用止水钢板等措施。

逆作法中地下结构的钢筋混凝土楼盖作为永久结构，同上部结构一样要求施工中具有良好的模板体系。由于逆作法暗挖条件的限制，往往使其支承模板难以达到较高要求。逆作法施工中通常采取土胎模（地面直接施工）、钢管排架支撑模板、无排吊模等三种形式。模板工程选择应遵循以下原则：模板工程应尽量减少临时排架增加材料的使用量、拆除时

(a)   (b)

图 18.6-1　立柱外包钢筋混凝土
(a) 格构柱预留连接钢筋；(b) 钢管柱预留连接钢筋

的作业要求、支架应有足够的承载能力等。

1. 利用土模浇筑梁板

对于地面梁板或地下各层梁板，挖至其设计标高后，将土面整平夯实，浇筑一层50～100mm 厚的素混凝土（土质较好时亦可抹一层砂浆），然后刷一层隔离层，即成楼板模板。对于基础梁模板，土质好时可直接采用土胎模，按梁断面挖除沟槽即可；土质较差时可用模板搭设梁模板，如图 18.6-2 所示。逆作法柱子节点处，宜在楼面梁板施工的同时，向下施工约 500mm 高度的柱子，以利于下部柱子逆作时的混凝土浇筑。因此，施工时可先把柱子处的土挖至梁底以下约 500mm 的深度，设置柱子模板，为使下部柱子易于浇筑，该模板宜呈斜面安装，柱子钢筋穿越模板向下伸出搭接长度，在施工缝模板上面组立柱子模板与梁板连接。

当采用土胎模时应考虑地基土的压缩变形对楼板结构产生的竖向挠曲，结构设计中应充分予以考虑；当采用架立模板形式时，土方开挖面将超过设计工况的开挖深度，不能满足设计要求，需要调整围护墙的设计。

2. 采用钢管排架支撑模板

用钢管排架支撑模板施工时，先挖去地下结构一层高的土层，然后按常规方法搭设梁板模板，浇筑梁板混凝土，竖向结构（柱或墙板）同时向下延伸一定高度。为此需要解决梁板支撑的沉降和结构的变形问题、竖向构件上下连接和混凝土浇筑。为了减少楼板支撑的沉降引起的结构变形，施工时需对支撑下的土层采取措施进行临时加固。加固的方法一般浇筑一层素混凝土垫层，待梁板浇筑完毕，开挖下层土时垫层随土一同挖去。另外一种加固方法则是铺设砂垫层，上铺枕木以扩大支承面积，这样上层墙柱钢筋可插入砂垫层，以便与下层后浇筑结构的钢筋连接。

盆式开挖是逆作法常用的挖土方法，此时模板排架可以周转循环使用。在盆式开挖区域，各层水平楼板施工时排架立杆在挖土"盆顶"和"盆底"均采用通长钢管。挖土边坡应做成台阶式，便于排架立杆搭设在台阶上。排架每隔 4 排立杆设置一道纵向剪刀撑，由底至顶连续设置，如图 18.6-3 所示。

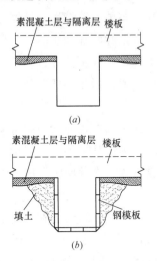

(a)

(b)

图 18.6-2 逆作施工时梁、板模板
(a) 梁模用土胎模；(b) 梁模用钢模

图 18.6-3 超挖立模施工

3. 无排吊模

采用无排吊模施工工艺时，挖土深度同利用土模施工方法基本相同，不同之处在于在垫层上铺设模板时，采用预埋的对拉螺栓将模板吊于浇筑后的楼板上，土方开挖到位后将模板下移至下一层梁板设计标高，在下一层土方开挖时用于固定模板，如图 18.6-4 所示。

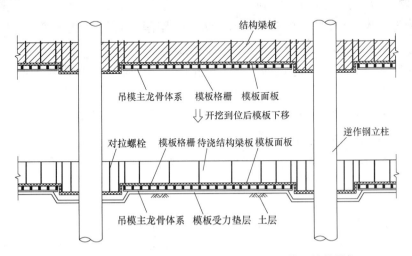

图 18.6-4 无排吊模示意图（逆作开挖阶段，模板结构吊拉）

4. 其他形式

当主体楼盖采用主次梁结构形式时，模板施工比较复杂，此时可采取密肋板体系。密肋板的地下室楼层净高更高，支模材料为塑料壳而非木材，更为绿色环保。

18.6.3 地下连续墙二墙合一施工

二墙合一地下连续墙施工时的成槽机械主要包括抓斗式、冲击式、铣槽机和多头钻等。抓斗式成槽机运行费用低，易于操作维修，广泛应用于较软弱地层。大块石、漂石、基岩等情况通常采用钻挖结合、二钻一抓的施工方案，先用直径与地下连续墙设计厚度相同的钻机预钻孔，孔距与成槽抓斗宽度相适应；再用成槽机抓斗挖除两孔间土体。对地下连续墙施工工期、成槽垂直度、沉渣厚度等的高要求的基坑工程，可采用"抓铣结合"的地下连续墙成槽施工技术，表层较软土层采用抓斗成槽机直接抓取，抓斗的抓取效率也可以保证；下部较硬土层则改用液压铣槽机铣削。

预制地下连续墙外形美观、牢固可靠，预制装配程度高，施工简单，遇到障碍可灵活通过，各部位的施工可以穿插同步进行，工作效率较高，且现场施工基本不会产生噪声和振动，不会带来扰民问题。通过顶部帽梁将预制连续墙板连成整体，连续墙板间做槽后浇入混凝土形成刚性接头，帽梁上现浇钢筋混凝土挡水墙。

内衬墙按材料可分为砌体内衬墙和钢筋混凝土内衬墙。砌体内衬墙需要在施工地下连续墙壁柱时预留好拉结筋。钢筋混凝土内衬墙施工则需分段进行，并设置相应模板和支撑，施工前先对地下连续墙的墙面或接缝处出现渗漏水处进行堵漏，同时按设计要求对内衬墙施工处的连续墙凿除到新鲜混凝土面后，施工涂料防水层。

18.6.4 降排水

地下水控制应根据逆作法基坑规模、土层与含水层性质、施工工况及对周边影响程度等选择合适的疏干降水和减压降水方法，并满足设计要求。周边环境或水文地质条件复杂的逆作法基坑，应事先进行预降水试验，根据预降水试验结果，评估基坑周边隔渗帷幕的隔渗效果及降水对周边环境的影响程度。

降水井应在界面层施工前完成施工，并经检验合格、降排水系统试运行正常后方可进行下一步施工。基坑疏干降水的持续抽水时间应根据基坑面积、开挖深度及地质条件等因素综合确定；基坑开挖过程中地下水位不应高于开挖面以下 500mm。降水井的停降时间应满足设计对地下结构抗浮稳定的要求。停止降水后，应对降水管井采取可靠的封井措施。

深基坑工程中必须十分重视承压水对基坑稳定的影响。基坑突涌是由承压水的高水头压力引起，通过承压水减压降水降低承压水位，是最直接、最有效的承压水控制措施之一。施工前应认真分析工程场地的承压水特性，制定有效的承压水降水设计方案。

18.6.5 土方开挖

在大面积的逆作法深基坑工程中，出土口较少且面积较小，将面临封闭楼板下施工通风和采光不足、挖土需经较长距离驳运至出土口从而使得挖土效率低等难题。取土口的水平距离应便于挖土施工，一般满足结构楼板下挖土机最多二次翻土的要求，避免多次翻土引起土体扰动。一般挖机有效半径在 7～8m 左右。此外，在暗挖阶段，取土口的水平距离还要满足自然通风的要求，参照隧道工程的自然通风，一般地下自然通风有效距离在15m。取土口之间的净距离，可考虑在 30m 以内。

逆作法基坑工程土方及混凝土结构量大，无论是基坑开挖，还是结构施工形成支撑体系，相应工期较长，这势必会增大基坑施工的风险。为了有效控制基坑的变形，基坑土方开挖和结构施工时可通过划分施工块并采取分块开挖和施工的方法，并采取以下有效措施：

（1）合理划分各层分块大小。界面层以上明挖施工，挖土速度比较快，相应基坑暴露时间短，因此土层开挖划分可相对大一点；界面层以下属于逆作暗挖，速度比较慢，为减小每块开挖的基坑暴露时间，分块面积应相对小一些，缩短每块的结构施工时间，从而使围护结构的变形减小。

（2）盆式开挖方式。针对大面积深基坑的开挖，为兼顾基坑变形及土方开挖的效率，土方采用盆式开挖的方式，周边土方保留，中间大部分土方进行明挖，既可以控制基坑变形，又可以增加明挖工作量，提高了挖土的效率。

（3）抽条开挖形式。逆作底板土方开挖时，底板厚度通常较大，支撑到挖土面的净空比较大，尤其是在层高较高或基坑紧邻重要保护环境设施时，对基坑控制变形不利。一般采取中心岛施工的方式，中部完成的底板上设置斜抛撑，然后再挖边坡土方。更为经济有效的方式，是采用抽条开挖代替斜抛撑，即待基坑中部底板达到一定强度后，按一定间距间隔开挖边坡土方，并分块浇捣基础底板。

（4）楼板结构局部加强代替挖土栈桥。当基坑面积较大时，挖土和运输机械需通过栈桥进入到基坑中部进行挖土和运输。栈桥挖土结束后又必须进行拆除，造成经济上的浪费，同时对环境形成污染。逆作法施工时可将栈桥的设计，和水平楼板永久结构的设计一同考虑，将楼板局部进行加强即可满足大部分工程挖土施工的要求。

暗挖作业环境较差，选择有效的施工挖土机械将大大提高效率。逆作挖土施工常采用坑内小型挖土机作业，地面采用反铲挖掘机、抓铲挖掘机、吊机、取土架等设备进行挖土。其中反铲挖掘机是应用最为广泛的土方挖掘机，具有操作灵活、回转速度快等特点。可根据实际需要选择普通挖掘深度的挖掘机，也可选择较大挖掘深度的接长臂、加长臂、伸缩臂或滑臂挖掘机。

18.6.6 通风和照明

逆作法工程都是在地下室顶板施工完毕后，接着施工地下室其他各楼层，因此通风和照明是施工措施中的重要组成部分。浇筑地下室各层楼板时，应结合挖土行进路线预留好通风口，及时将工作场所机械排放的废气及时排出室外，同时送进新鲜空气，如图18.6-5所示，确保施工人员健康，防止废气中毒。

逆作法地下室施工时自然采光条件差，结构复杂。尤其是节点构造部位，需加强局部照明设施，但在一个工作场所内，局部照明难以满足施工及安全要求，必须和一般照明混合配置。通常情况下，线路水平预埋在楼板中，也可利用永久使用阶段的管线，竖向线路可在支承柱上的预埋管路。照明灯具应采用预先制作的标准灯架（图18.6-6）。

逆作地下室施工阶段，应设置专门的线路用于动力和照明，专用电箱应固定在柱上，不能随意移动。所有线路和电箱均应防水。为防止突发停电事故，各层板的应急通道应设置应急照明系统，并采用单独线路。应急灯应能保持较长的照明时间，以便于停电后施工人员的安全撤离。

图18.6-5　排风机出地面

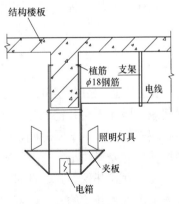

图18.6-6　标准灯架搭设示意图

18.7　逆作法基坑工程实例——杭州武林广场地下商城项目

18.7.1　工程概况

杭州武林广场地下商城（地下空间开发）工程位于武林广场地块内，主体结构东西向长约220m，南北向宽约190m。除局部出地面风亭、楼电梯出入口外，均为地下建筑。地面以上为广场景观及绿化，局部设有下沉式广场，地下室顶板覆土厚度1.5～2.8m。地下共3层（场地中央地下一层上方设局部夹层，夹层顶部为广场喷泉和雕塑），其中地下一层、地下二层为商场，地下三层为停车库及地铁车间。地下一层总建筑面积35000m²，地下二层总建筑面积31000m²，地下三层总建筑面积28000m²；地铁3号线区间建筑面积约3100m²。层高分别为：地下一层6m，地下二层5.4m，地下三层除地铁1号线区间和地铁3号线区间部分外，层高均为7.5m。地铁1号线区间（已建）总高约13.0m，地铁3号线区间（同期建设）总高约13.0m。地下一层上部局部夹层层高2.9m（3.1m）。地铁3号线区间结构下基础底板底埋深约27.0m，其余部位埋深约为23.0m。

地下建筑的结构形式均采用现浇钢筋混凝土框架结构，标准柱距尺寸为9.0m×9.0m。地下商城总体上采用盖挖逆作的施工方法（局部采用明挖顺作），周边围护结构采用1.2m厚地下连续墙，逆作施工完成后在地连墙内侧增设一道300mm厚的混凝土内衬墙，与地连墙一起作为地下室结构的永久外墙。

盖挖逆作阶段，利用地下室的各层楼板结构作为基坑的水平支撑体系，从上而下共三道。盖挖逆作部位采用钢管混凝土柱，中间明挖顺作部位采用普通钢筋混凝土柱。盖挖逆作部位采用钢筋混凝土双梁、明挖顺作部分采用单梁，局部大跨部分采用型钢混凝土梁。立柱桩采用AM桩，"一柱一桩"基础，桩径1600mm，下面进行二次扩底，扩底直径均为2.8m。为满足地下结构整体抗浮稳定性要求，在基础底板下增设1.0m直径钻孔灌注桩。地下室底板采用平板型筏形基础，柱下设柱墩。

18.7.2　基坑周边环境及水文地质条件

1. 基坑周边环境条件

基坑东北角接地铁1号线武林广场站，商城地下二层与车站站厅层接驳。基坑北侧紧临浙江省展览馆，最小净距约 16.0m。展览馆为历史保护建筑，始建于 1968 年，为地上 2～3 层框架结构，基础为筏形与条形相结合的基础形式。基础下方设砂桩，混凝土桩尖，桩长 35m，全场范围内重锤夯实。基坑东侧为浙江省电信分公司，主楼 21 层，钻孔灌注桩基础（持力层为中风化基坑基岩），最小净距约 30m；西侧为杭州大厦及杭州剧院，最小净距 33.6m；南侧为城市交通要道体育场路。基坑东侧的武林广场东通道、西侧的武林广场西通道以及南侧的体育场路，均分布有大量的电力、污水、电信、给水、燃气、雨水等地下市政管线设施，部分管线在本基坑施工前需作改迁处理。

基坑西南角为既有体育场路地下过街西通道，该通道呈"L"形平面，距本基坑最小净距为 12.77m。基坑东南角为既有体育场路地下过街东通道，该通道平面形状复杂，共设 4 个出入口，其中 1 个出入口侵入本基坑范围内，地连墙施工前，需先将该口部破除，并按要求予以回填，以满足地连墙的沉槽施工要求。地下商城西侧拟新建 1 号地下通道。西南角和东南角拟新建 2 号和 3 号地下通道，分别与体育场路地下过街西通道和地下过街东通道联通。

本基坑与地铁 1 号线、3 号线的关系：已建成的地铁 1 号线武林广场站位于基坑的东北角，车站站厅层与地下商城的地下二层接驳，地铁 1 号线明挖区间段顶板与本工程地下二层楼板结构相结合；基坑南侧紧贴地铁 1 号线武～凤盾构区间隧道（该段区间为 1 号线武～凤明挖区间隧道南侧后续段）。地铁 3 号线为杭州市中期实施的地铁线路，武林广场站～武林门站区间局部段穿过武林广场地下商城，该段区间隧道平面大致呈东北方向布置，一端与武林广场站对接，另一端紧邻体育场路，右线长度 212.7m，左线长度 207.7m。该区间结构为矩形断面，区间宽约 12.7～21.3m，高约 13.0m，顶板埋深约 13.5m，底板埋深约 27.3m（最深处约 28.0m）。根据杭州市地铁建设统筹规划要求，该区间段与本工程同期实施，区间顶板与本工程地下二层楼板相结合，端头盾构井需预留一井盾构始发及一井盾构接收的条件。

基坑周边环境及总平面布置如图 18.7-1 所示。

2. 工程地质和水文地质条件

本场地浅部土层主要为海相沉积的软土，中部主要为河流湖相和冲洪积相沉积的黏性土、砂性土和碎石类土，基岩为白垩系的泥质粉砂岩、侏罗系的凝灰岩。依据钻探取芯描述、结合室内土工试验、静力触探等原位测试试验，地基土依其沉积年代、成因类别和强度特征共分为 12 个工程地质层，细分为 25 个工程地质亚层。典型地质剖面见图 18.7-2。

场地地下水主要为第四系松散岩类孔隙水、孔隙性承压水和基岩裂隙水等三大类。孔隙性潜水存在于本场地浅部地层的地下水性质属松散孔隙性潜水，主要赋存于 1 层填土、2 层黏质粉土和 5 层淤泥质黏土夹粉土中，水量较小，连通性稍好。详勘期间在勘探孔内测得地下水位埋深在现地表下 2.50～5.00m，相当于高程的 1.20～3.37m 之间。

场地中部为微承压水，主要赋存于 $⑩_2$ 层粉砂、$⑩_3$ 层圆砾。其含水层顶标高为 $-34.19～-30.83m$，含水层厚度 0.6～5.9m，地下水水量丰富（单井开采量约 1000～3000m³/d），连通性好，主要受同层侧向地下水补给。地下水水位较为稳定。本次勘察 Z18 号孔测得承压水含水层（粉细砂、圆砾层）水头埋深约在地表下 6.25m，相当于高程 0.58m，承压水头 34.75m。

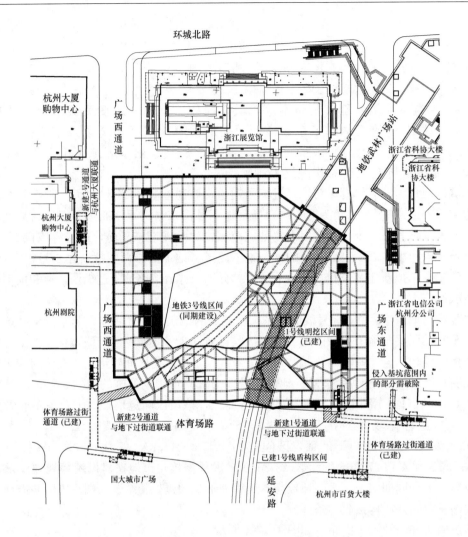

图 18.7-1 基坑总平面图

场地深部为基岩裂隙水，主要赋存于风化基岩的裂隙之中，通过钻探时揭示，该场地内基岩泥质、凝灰质含量高，风化裂隙不甚发育，相对上部微承压水而言为隔水层，地下水水量极小，地下水联通性较差，其主要受上部微承压水补给，水位稳定。

18.7.3 基坑特点及支护方案

1. 基坑工程特点

综合分析场地地理位置、土质条件、基坑开挖深度及周围环境等多种因素，该基坑具有如下几个特点：

（1）开挖深度深，开挖面积大，土方开挖对周边环境影响范围远。基坑大面积开挖深度超过 23.0m，其中地铁 3 号线明挖区间段（即坑中坑）挖深达到 27.3m，基坑开挖面积达到 36800m²。

（2）在基坑开挖深度范围内存在深厚淤泥质黏土层，属杭州地区典型的高压缩性、高灵敏度、低强度软弱土层，软土的流变效应十分显著。

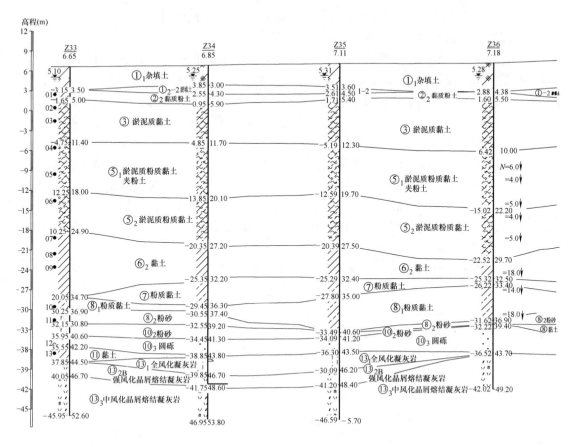

图 18.7-2 场地各土层分布及典型地质剖面

（3）基坑四周紧邻城市道路和建筑物，地下管线设施分别密集，周边环境十分复杂。

（4）基坑东南侧和西南侧分别与体育场路地下过街东通道和西通道相连，其中东通道的一部分侵入本基坑范围内，需事先破除，地下结构完成后再予以连通。

（5）地铁 1 号线区间和地铁 3 号线区间均下穿本基坑，其中地铁 1 号线区间已先于本地下室施工，地铁 3 号线区间与本工程同步建设。

2. 基坑支护方案

根据基坑开挖深度、工程地质和水文地质条件、周边环境和保护要求等因素，本工程采用地下连续墙"二墙合一"的支护方案，即地下连续墙在施工阶段作为基坑周边的围护墙，在正常使用阶段作为地下室的永久结构外墙。综合考虑基坑周边环境变形控制要求及业主对建设工期的要求，决定利用地下室结构楼板作为水平内支撑体系（自上而下共三道），采用盖挖逆作法施工，其中在基坑平面中部预留大尺寸施工洞口，该洞口范围内的地下结构采用顺作法施工。

地下连续墙厚度 1.2m，墙底进入中风化岩层不小于 0.5m 或强风化晶屑熔结凝灰岩不小于 2.0m。地下连续墙每幅槽段之间采用十字钢板连接接头。为减小地连墙与立柱桩之间的差异沉降，墙底进行后注浆，每幅墙段预埋 3 根注浆管，每延米地连墙注浆量不少于 1.5m³。

地铁 3 号线明挖区间段开挖深度 4.6m，局部为 5.6m。该区间段（坑中坑）两侧采用钻孔灌注桩排桩墙支护，桩径 600mm，间距 750mm。

由于地下三层基坑开挖净高达 9m，故考虑采取"盆式开挖"，充分利用基坑时空效应以减小围护结构变形。盆式开挖时，保留周边三角土，即在基坑周边留设 10m 宽、6m 高的土坡，待基坑中部开挖至基底并完成基础底板后，再分块开挖周边土方，边挖边施工周边垫层。同时考虑设置斜向钢抛撑，钢支撑上端与地连墙预埋钢板焊接，下端与基础底板混凝土牛腿链连接。

考虑到基坑东侧和西侧中部淤泥质软弱土层分布厚，设计采用三轴水泥搅拌桩进行坑内被动区土体加固；基于对浙江省展览馆历史建筑的保护要求，基坑北侧也进行坑内被动区加固，加固范围内的三轴水搅拌桩采用裙边＋墩的形式进行布置。为确保逆作楼板结构的浇筑质量及土方开挖施工方便，拟对地下一层楼板和二层楼板下方土体采用高压旋喷桩进行加固，加固深度均为 2.0m。

逆作阶段施工荷载的控制：地下室顶板（即第一道水平支撑结构），考虑施工荷载 50kPa，地下一层楼板（即第二道水平支撑结构）和地下二层楼板（第三道水平支撑结构），考虑施工荷载 5kPa。

18.7.4 逆作流程与典型工况设计

根据基坑分期实施、上下结构同步施工及业主对建设工期的要求，本工程地下室及上部结构逆作法施工的作业流程与工况设计如图 18.7-3 所示：

（1）工况 1：施工周边地下连续墙、立柱（钢管混凝土柱）、立柱桩（AM 桩）及地基加固，同时顺作浇筑 1 号线明挖区间上部主体结构，往上浇筑时依次凿除 1 号线明挖区间上部第三、二、一道混凝土支撑。为避免 1 号线明挖区间原连续墙凿除时的施工振动对地铁 1 号线运营带来不利影响，要求 1 号线明挖区间连续墙采取静力切割方式破除。

（2）工况 2：基坑开挖至地下一层顶板底标高下 150mm，浇筑地下一层顶板（B0 板），板下模板采用 150mm 厚 C20 垫层。当 B0 板强度达到设计强度后，回填覆土 0.5m 并硬化场地。

（3）工况 3：采用逆作法进行基坑开挖（需确保 1 号线明挖区间两侧土体同时卸载），开挖至地下一层楼板下 150mm，浇筑地下一层楼板（B1 板）、地下一层侧墙。当 B1 板结构达到设计强度的 90% 时，继续开挖下一层土体。

（4）工况 4：采用逆作法进行基坑开挖，开挖至地下二层楼板下 150mm，浇筑地下二层楼板（B2 板）、地下二层侧墙。当 B2 板结构达到设计强度的 90% 时，继续开挖下一层土体。

（5）工况 5：采用逆作法进行基坑开挖，开挖至地下三层基坑底标高，施工坑中坑围护结构（钻孔灌注桩排桩墙）、施工垫层、防水层及地下三层的基础底板及地下三层侧墙。

（6）工况 6：开挖坑中坑（地铁 3 号线明挖区间段）至设计基底标高，施工垫层、防水层，施工 3 号线明挖区间段的基础底板。

（7）工况 7：自下而上顺作施工地铁 3 号线明挖区间段结构。

（8）工况 8：自下而上顺作浇筑逆作开洞部分结构，施工 B0 板以上夹层；顶板回填覆土至设计标高。

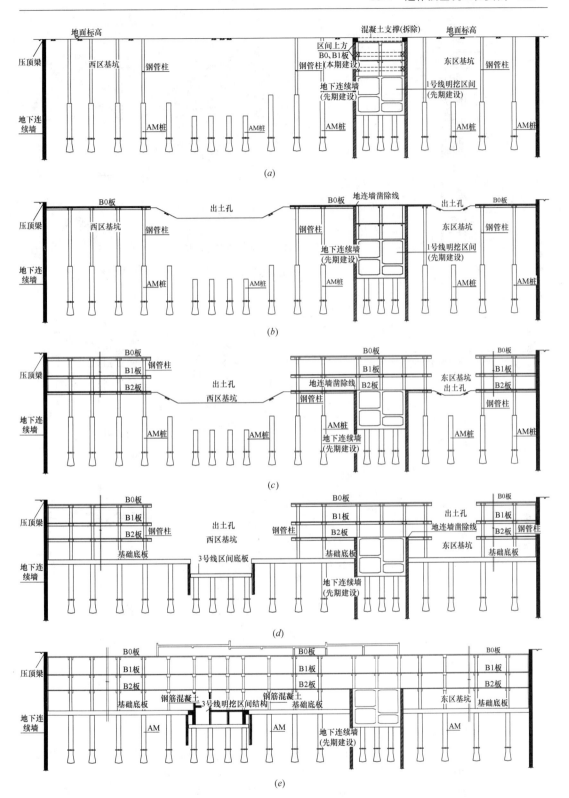

图 18.7-3　逆作阶段典型工况示意图

(a) 典型工况 1；(b) 典型工况 2；(c) 典型工况 4；(d) 典型工况 6；(e) 典型工况 8

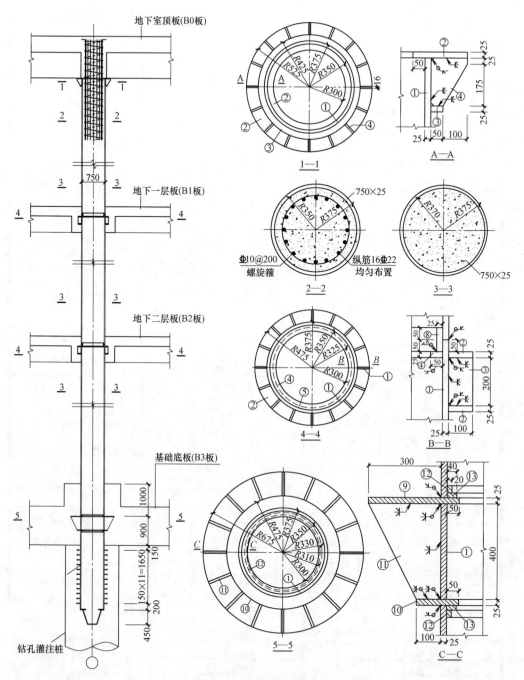

图 18.7-4   竖向立柱（钢管混凝土柱）详图

18.7.5   竖向支承结构设计

竖向支承结构由竖向立柱和下部立柱桩组成。立柱和立柱桩结合地下主体结构竖向构件及其工程桩进行布置时，逆作阶段先期施工的地下主体水平结构支承条件与永久使用状态比较接近，逆作阶段结构自重、施工荷载的传递路径直接，结构受力合理，且造价省，施工方便；另一方面，随着施工工艺和施工技术的发展，目前对竖向立柱的平面定位和垂直度控制精度已完全可满足其作为主体结构的设计要求。因此，竖向支承结构宜优先考虑与主体结构柱（或墙）相结合的方式进行布置。基于上述考虑，结合本项目地下室结构布置情况，逆作阶段竖向支承结构采用"一柱一桩"的形式进行布置。

竖向立柱采用钢管混凝土柱（图 18.7-4），钢管直径 750mm，壁厚 25mm。竖向立柱作为典型的偏心受压构件，其承载力计算涉及结构的稳定问题，侧向约束状态是决定支承柱稳定承载力的主要因素。作为逆作施工期间的竖向支承柱，其上部受已施工完成楼盖结构的侧向约束，下部受未开挖土体的侧向约束。由于逆作法作业流程的复杂性，不同土方开挖阶段、不同施工工况条件下支承柱所处的侧向约束状态是不同的、变化的，支承柱的稳定承载力也是不断变化的，因此，支承柱的计算长度确定和稳定承载力计算必须按照不同工况条件下依据不同的侧向约束状态分别进行分析，并按最不利工况进行截面设计。

下部立柱桩采用大直径钻孔灌注桩，以中风化岩层为持力层，桩径 1600mm，采用二次扩底技术，扩底直径均为 2800mm（图 18.7-5），采用 AM 工法施工。

钢管混凝土立柱插入下部立柱桩内长度 2.45m，插入范围内钢管壁设置栓钉（见图 18.7-6）。施工偏差等原因造成的初始缺陷将严重影响竖向立柱的承载能力，逆作阶段的一柱一桩式竖向立柱作为使用阶段的主体结构柱，其垂直度偏差应按主体结构的要求进行控制。由于竖向立柱与下部工程桩一起施工，其垂直度控制是逆作施工的关键和难点之一。

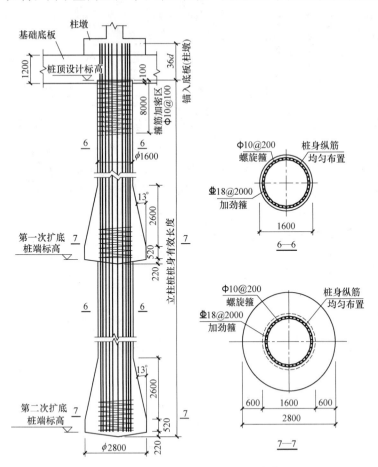

图 18.7-5　竖向立柱桩（AM 桩）详图

图 18.7-6　钢管插入立柱
桩范围内设置栓钉

本工程钢管立柱插入下部钻孔灌注桩采用"后插法"工艺，利用 HPE 液压垂直插入机进行施工。

18.7.6　水平支撑结构设计

　　本工程利用地下室的地下室顶板（B0 层楼板）、地下一层楼板（B1 层楼板）、地下二层楼板（B2 层楼板）分别作为逆作基坑的三道水平内支撑。结合建筑平面功能特点，三道水平支撑结构均开设左右两个大洞口，作为逆作施工期间的出土栈桥坡道，另周边根据施工需要设置若干小的出土口。大开洞部位结构待基坑开挖至基底标高后，采用顺作法自下而上进行浇筑施工。水平支撑结构平面布置见图 18.7-7。图 18.7-8 为基坑中部顺作区域作为出土通道和设置施工栈桥的现场照片。

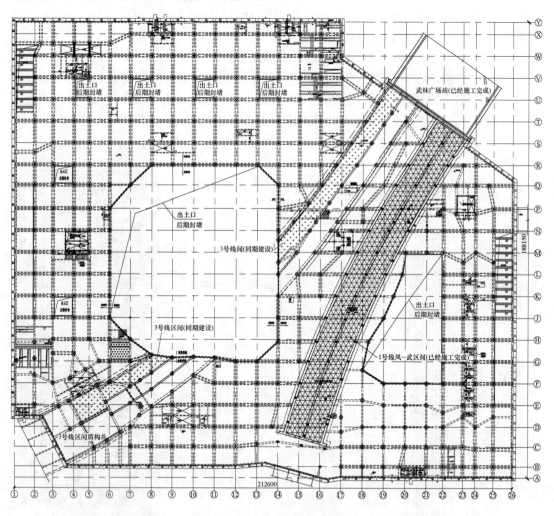

图 18.7-7　水平支撑结构平面布置

　　为确保水平结构与竖向立柱节点核心区连接可靠，钢管混凝土柱在各楼层标高位置设置剪力键，水平结构梁与钢管混凝土柱之间采用环梁或双梁节点构造，详见图 18.7-9～图 18.7-12。水平结构板存在高差时，为确保水平侧向荷载可靠传递，高差部位采用加腋的方法进行加强。

图 18.7-8 基坑中部顺作区域设置施工栈桥

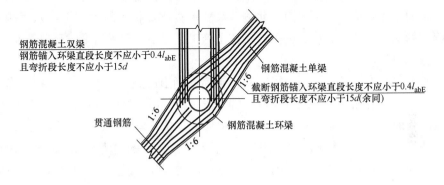

图 18.7-9 单梁与双梁节点连接构造

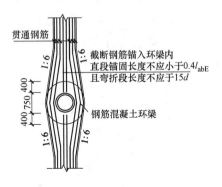

图 18.7-10 单梁节点连接构造

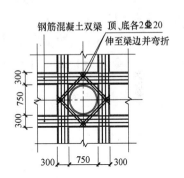

图 18.7-11 标准双梁节点连接构造

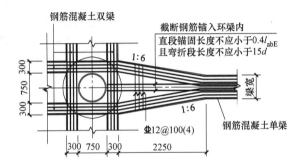

图 18.7-12 单梁与双梁节点连接构造

地下三层基坑开挖净高达9m，采取"盆式开挖"，保留周边三角土，即在基坑周边留设10m宽、6m高的土坡，待基坑中部开挖至基底并完成基础底板后，再分小块开挖周边土坡，边挖边施工周边垫层。当发现基坑实测变形较大时，拟考虑设置斜向钢抛撑，以减小地连墙的无支暴露高度。

18.7.7 基坑监测

本工程基坑周边环境条件极其复杂，基坑开挖变形对周边建筑物、道路及地下管线设施影响十分敏感。基坑北侧紧临浙江省展览馆，该建筑为历史保护建筑，始建于1968年，为地上2～3层框架结构，浅基础建筑。基坑南侧紧贴交通要道体育场路，地下市政管线设施分布密集，且在基坑西南角和东南角分别与既有体育场路地下过街西通道和东通道相连。按基坑周边环境条件分析，南、北侧基坑变形控制保护等级为一级，东西侧为二级。为确保施工的安全和开挖的顺利进行，在整个施工过程中必须进行全过程监测，实行动态管理和信息化施工。

主要监测内容为：（1）周围环境监测：包括周围道路路面、周边建筑物沉降和倾斜、裂缝的产生与开展情况，周边道路及地下管线设施的变形、沉降等；（2）地下连续墙及坑后土体沿深度的侧向位移监测；（3）地下连续墙墙顶位移监测；（4）地下连续墙内力和侧向土压力监测；（5）水平结构（包括临时水平支撑杆件）的内力监测及随时间的变化情况；（6）竖向立柱的内力和变形监测；（7）立柱桩的沉降（或上抬）监测；（8）逆作施工阶段一柱一桩之间、立柱桩与周边地连墙之间的差异沉降。

基坑西北角靠浙江展览馆测斜点CX9监测结果如图18.7-13所示，省科协大楼门口靠地铁1号线出口测斜点CX15监测结果如图18.7-14所示，水平累计位移最大值分别为60.1mm和45.5mm。地铁1号线轨道水平变形和竖向沉降监测结果分别见图18.7-15～图18.7-18，其最大水平变形为4.8mm，最大沉降为6.8mm。

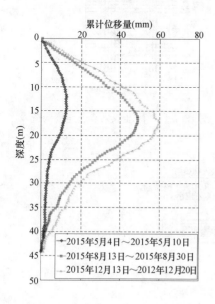

图18.7-13　测斜点CX9监测结果

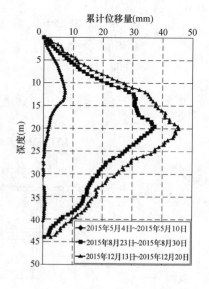

图18.7-14　测斜点CX15监测结果

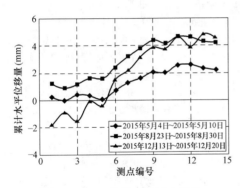

图 18.7-15　地铁 1 号线上行轨
道水平变形监测结果

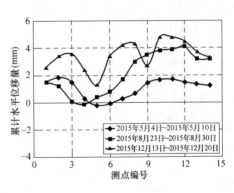

图 18.7-16　地铁 1 号线上行轨
道水平变形监测结果

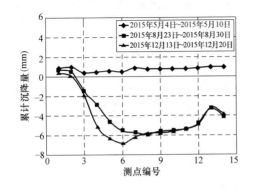

图 18.7-17　地铁 1 号线上行轨道沉降监测结果

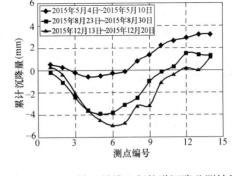

图 18.7-18　地铁 1 号线上行轨道沉降监测结果

（注：武林广场地下商城由北京城建设计研究总院设计，宏润建设集团等单位施工，浙江华东工程安全技术有限公司负责第三方监测。本章工程实例部分引用了上述单位或个人提供的相关技术资料，在此表示衷心感谢。）

参 考 文 献

[1]　杨学林，周平槐. 逆作地下室设计中的若干关键问题 [J]. 岩土工程学报，2010，32 (S1)：238-244.

[2]　杨学林. 浙江沿海软土地基深基坑支护新技术应用和发展 [J]. 岩土工程学报，2012，34 (S1).

[3]　王卫东，吴江斌，黄绍铭. 上海地区建筑基坑工程的新进展与特点 [J]. 地下空间与工程学报，2005，1 (4)：547-553.

[4]　徐至钧，赵锡宏. 逆作法设计与施工 [M]. 北京：机械工业出版社，2002.

[5]　谢小松. 大型深基坑逆作法施工关键技术研究及结构分析 [D]. 上海：同济大学，2007.

[6]　王卫东，王建华. 深基坑支护结构与主体结构相结合的设计、分析与实例 [M]. 北京：中国建筑工业出版社，2007.

[7]　中华人民共和国行业标准. 地下建筑工程逆作法技术规程 JGJ 165—2010 [S]. 北京：中国建筑工业出版社，2010.

[8]　上海市工程建设规范. 逆作法施工技术规程 DG/TJ 08—2113—2012 [S]. 上海，2012.

[9]　浙江省住房和城乡建设厅. 建筑基坑工程逆作法技术规程 DB 33/T 1112—2015 [S]. 北京：中国计划出版社，2015.

[10]　上海市第二建筑有限公司. 地下建（构）筑物逆作法施工工法（YJGF 02—96，2005～2006 年度升级版，一级）[工法].

[11] 广州市第四建筑工程有限公司. 地下室逆作法施工工法（YJGF 07—98）［工法］.

[12] 徐至钧. 深基坑支护新技术精选集［M］. 北京：中国建筑工业出版社，2012.

[13] 应宏伟，郭跃. 某梁板支撑体系的深大基坑三维全过程分析［J］. 岩土工程学报，2007，29（1）：1670-1675.

[14] 冶金工业部建筑研究总院. 建筑基坑工程技术规范 YB 9258-97［S］. 北京：冶金工业出版社，1998.

[15] 上海市工程建设规范. 基坑工程技术规范 DG/TJ 08-61—2010［S］. 上海，2010.

[16] 浙江省工程建设标准. 建筑基坑工程技术规程 DB 33/T 1096—2014［S］. 杭州：浙江工商大学出版社，2014.

[17] 吴昭华，孙芬，邹安宇，等. 天津富润中心超高层结构设计［J］. 建筑结构，2013，43（11）：42-49.

[18] 周平槐，杨学林. 逆作法施工中间支承桩承载能力的计算分析［J］. 岩土工程学报，2010，32（S）：120-123.

[19] 中华人民共和国国家标准. 钢结构设计规范 GB 50017—2003［S］. 北京：中国计划出版社，2003.

[20] 中华人民共和国行业标准. 建筑桩基技术规范 JGJ 94—2008［S］. 北京：中国建筑工业出版社，2008.

[21] 罗耀武，胡琦，陈云敏，等. 基坑开挖对抗拔桩极限承载力影响的模型试验研究［J］. 岩土工程学报，2011，33（3）：427-432.

[22] 刘国彬，王卫东. 基坑工程手册（第二版）［M］. 北京：中国建筑工业出版社，2009.

[23] 陈明. 深开挖条件下坑底抗压桩承载变形特性与计算方法研究［D］. 上海：同济大学，2013.

[24] 郑刚，刁钰，吴宏伟. 超深开挖对单桩的竖向荷载传递及沉降的影响机理有限元分析［J］. 岩土工程学报，2009，31（6）：837-845.

[25] 杨学林，曹国强，周平槐，等. 杭州国大·城市广场五层地下室深基坑围护设计［J］，建筑结构，2012，42（8）：94-98.

[26] 伍程杰. 增层开挖对既有建筑桩基承载性状影响研究［D］. 杭州：浙江大学，2014.

[23] 黄茂松，任青，王卫东，等. 深层开挖条件下抗拔桩极限承载力分析［J］. 岩土工程学报，2007，Vol.29（11）：1689-1695.

[24] 杨学林，施祖元，益德清. 基坑"逆作法"设计技术要点［J］. 浙江建筑，1999，92（3）：1-3.

[25] 蒋波，楼栋浩，等. 杭州中国丝绸城逆作基坑支护设计与实践［J］. 建筑结构，2009，39（9）：108-110.

第19章 深基坑工程监测

张耀年 杨建学

（福建省建筑科学研究院）

19.1 概述

19.1.1 基坑工程监测的重要性

基坑监测技术是随着深基坑工程的发展而不断完善的。随着基坑规模及复杂性不断增大，基坑施工造成的影响范围也不断扩大。由于地下土体性质、荷载条件、施工环境的复杂性，单单根据地质勘察资料和室内土工试验参数来确定设计和施工方案，往往含有许多不确定因素，对在施工过程中引发的土体性状、环境、邻近建筑物、地下设施的变化进行监测已成了工程建设必不可少的重要环节，同时也是指导正确施工的眼睛，是避免事故发生的必要措施，是一种信息技术。当前，基坑监测与工程的设计、施工同被列为深基坑工程质量保证的三大基本要素。

对深基坑施工过程进行综合监测的重要性主要表现为：

1. 验证支护结构设计，指导基坑开挖和支护结构施工，做到信息化设计、施工

目前我国基坑支护结构设计水平处于半理论半经验的状态，土压力计算大多采用经典的侧向土压力公式，与现场实测值相比较有一定的差异，而且还没有成熟的理论公式计算基坑周边土体的变形量。因此，在施工过程中需要知道现场实际的应力和变形情况，与设计时计算值进行比较分析，必要时对设计方案或施工过程和方法进行修正。

2. 保证基坑支护结构和邻近建筑物的安全

在深基坑开挖与支护过程中，为满足支护结构及被支护土体的稳定性，首先要防止破坏或极限状态的发生。破坏或极限状态主要表现为静力平衡的丧失，或支护结构的构造性破坏。在破坏前，往往会在基坑侧向的不同部位上出现较大的变形，或变形速率明显增大。支护结构和被支护土体的过大位移，将引起邻近建筑物的沉降、倾斜或开裂，影响邻近管道甚至造成渗漏，有时会引发一连串灾难性的后果。如果周密的监测控制，将有利于采取应急措施，在很大程度上避免或减轻破坏的后果。

3. 总结工程经验，为完善设计分析提供依据

支护结构的土压力分布受支护方式、支护结构刚度、施工过程和被支护土类的影响，并直接与侧向位移有关，往往是非常复杂的，先行设计分析理论尚未达到成熟的阶段，累计完整、准确的基坑开挖与支护监测结果，对于总结工程经验、完善设计分析理论都是十分宝贵的。

19.1.2 实施深基坑工程监测的前期准备工作

监测单位在收到委托后，应进行现场踏勘并尽可能详尽地收集资料。现场踏勘时应重点了解周边的建（构）筑物分布情况、建筑高度及其与基坑的关系；资料收集阶段的工作应包括以下内容：进一步了解委托方和相关单位的具体要求；收集工程的岩土工程勘察及气象资料、地下结构和基坑工程的设计资料，了解基坑施工期间的堆场安排以及相关施工进度安排情况；收集周围建（构）筑物、道路及地下设施、地下管线的原始和使用现状等资料。

必要时应采用拍照或录像等方法保存有关资料；通过现场踏勘，了解相关资料与现场状况的对应关系，确定拟监测项目现场实施的可行性。

19.1.3　深基坑监测要求

无论采用何种具体的监测方法，都要满足下列技术要求：

观测工作必须是有计划的，应严格按照有关的技术文件（监测方案）执行。监测方案的内容，至少应包括工程概况、监测依据、监测方法、监测仪器、监测精度、监测点的布置及观测周期、监测结果的提交等。计划性是观测数据完整性的保证。

监测数据必须是可靠的。数据的可靠性由监测仪器的精度、可靠性以及观测人员的素质来保证。

观测必须是及时的。因为基坑开挖是一个动态的施工过程，只有保证及时观测才能有利于发现隐患，及时采取措施。

对于观测的项目，应按照工程具体情况预先设定预警值，预警值应包括变形值、内力值及其变化速率。当观测发现超过预警值的异常情况，要立即考虑采取应急补救措施。

每个工程的基坑支护监测，应该有完整的观测记录、形象的图表、曲线及观测报告。

19.1.4　深基坑监测项目

基坑监测分为巡视检查和仪器监测，巡视检查主要通过肉眼配合一些简单的工具进行，仪器监测是通过仪器、频率读数仪等设备进行。

1. 巡视检查

基坑监测工作是一个系统工作，巡视检查工作是非常简便、经济而又有效的方法，是仪器监测的重要补充。巡视检查工作主要应由施工单位、监理单位完成，主要内容应包括：

支护结构：支护结构成型质量情况，基坑开挖后，部分支护结构会暴露在基坑内，可以直观判断支护结构的成型质量，如搅拌桩是否成桩等；冠梁、支撑、围檩有无裂缝出现（支撑构件发生失效前，肯定会有裂缝出现）；支撑、立柱有无较大变形；止水帷幕有无开裂、渗漏，发现止水帷幕有渗漏时，可以及时回填采取补救措施，避免次生灾害的发生；墙后土体有无沉陷、裂缝及滑移，基坑有无涌土、流砂、管涌，特别是基坑土体为粉土、砂性土时，涌土、流砂、管涌有很大的破坏性，对周边的建（构）筑物及市政设计的影响很大。

施工工况：开挖后暴露的土质情况与岩土勘察报告有无差异，基坑开挖分段长度及分层厚度是否与设计要求一致，有无超长、超深开挖；场地地表水、地下水排放状况是否正常，基坑降水、回灌设施是否运转正常；基坑周围地面堆载情况，有无超堆荷载。

基坑周边环境：地下管道有无破损、泄露情况；周边建（构）筑物有无裂缝出现；周边道路（地面）有无裂缝、沉陷；邻近基坑及建（构）筑物的施工情况。

监测设施：基准点、测点完好状况，基准点的完好是保证水准测量的基本条件，测点完好才能保证监测工作的连续性；有无影响观测工作的障碍物；监测元件的完好及保护情况。

巡视检查的检查方法以目测为主，可辅以锤、钎、量尺、放大镜等工器具以及摄像、摄影等设备进行。

巡视检查应对自然条件、支护结构、施工工况、周边环境、监测设施等的检查情况进行详细记录。如发现异常，应及时通知委托方及相关单位。

巡视检查记录应及时整理，并配合仪器监测数据综合分析。

2. 仪器监测

采用仪器监测是基坑监测的主要手段，巡视检查是仪器监测的有效补充。采用仪器监测时，主要是针对基坑支护结构和周边环境进行监测。监测主要是进行变形监测、应力监测及地下水位监测。

支护结构中包括：支护桩墙、支撑、围檩和圈梁、立柱、坑内土层等五部分。

相邻环境中包括相邻土层、地下管线、相邻建（构）筑物及周边地下水位等部分。

表 19.1-1 列出了基坑监测的主要对象、监测项目和所采用的仪器、元件等。

基坑工程现场监测项目及常用仪器　　　　　表 19.1-1

序号	监测对象	监测项目	监测元件与仪器
（一）	围护结构		
1	围护桩墙	(1)桩墙顶水平位移	经纬仪、全站仪
		(2)桩墙顶沉降	水准仪
		(3)桩墙深层挠曲	测斜仪
		(4)桩墙内力	钢筋应力计、频率仪
		(5)桩墙上水土压力	土压力盒、频率仪
		(6)水压力	孔隙水压力计、频率仪
2	水平支撑	支撑轴力(混凝土) 支撑轴力(钢支撑)	钢筋应力计或应变计、频率仪或应变仪 钢筋应变计或应变片、频率仪或应变仪
3	圈梁、围檩	(1)内力	钢筋应力计或应变计、频率仪或应变仪
		(2)水平位移	经纬仪、全站仪
4	立柱	垂直沉降	水准仪
5	坑底土层	垂直隆起	水准仪
6	坑内地下水	水位	钢尺，或钢尺水位计和水位探测仪
（二）	相邻环境		
7	相邻地层	(1)分层沉降	分层沉降仪
		(2)水平位移	经纬仪、全站仪
8	地下管线	(1)垂直沉降	水准仪
		(2)水平位移	经纬仪、全站仪
9	相邻房屋	(1)垂直沉降	水准仪
		(2)倾斜	经纬仪、全站仪
		(3)裂缝	裂缝监测仪
10	坑外地下水	(1)水位	钢尺，或钢尺水位计和水位探测仪
		(2)分层水压	孔隙水压力计、频率仪

19.2　深基坑监测点的布置

19.2.1　一般要求

基坑工程监测点的布置要能反映监测对象的实际状态及其变化趋势，监测点布置在变形、应力等的关键特征点上，并满足监控要求，且不妨碍监测对象的正常工作，也要放置在不受影响或容易保护的位置。监测设施均要做明显标记，监测点是监测工作的重要标志，需要现场各方的共同保护，以保证数据的连续性并能够及时准确地获得数据。

19.2.2　基坑及支护结构

1. 桩墙顶水平位移和沉降

当基坑支护采用支护桩（包括刚性桩、柔性桩）、地下连续墙支护时，桩墙顶的水平位移监测点应布置在混凝土圈梁或压顶上。监测点布置时，应考虑以下因素：当支护体系中有布置内支撑时，监测点应布置在两根支撑的中间部位；当基坑平面形状中有阳角存在时，阳角处也应布置监测点；基坑支护桩墙或土体中有布置测斜管时，为了与测斜数据相互验证，在测斜管附近也应布置监测点；当基坑附近有建构筑物、地下管线时，监测点可考虑适当加密；结合以上因素的考虑，监测点距可取 10～30m。桩墙顶的水平位移点和沉降点可根据桩墙底的土层来确定是否需要合二为一，当桩墙底部为岩层时，可不对桩墙沉降进行监测；当桩墙底为软弱土层或桩墙可能会产生较大沉降和水平位移时，桩墙顶水平位移和沉降测点可以合二为一设置。

2. 立柱水平位移和沉降

当基坑支护体系中有立柱时，应对立柱沉降量进行观测，当基坑支撑存在受力不对称时，应对立柱的水平位移也进行观测。立柱水平位移和沉降点可二合为一设置，并设置在立柱顶部的支撑梁面。当基坑中存在施工栈桥的立柱桩时，栈桥的立柱桩顶也应进行变形观测。选择立柱桩进行变形观测时，监测的数量一般取立柱总数的 10%，且应选择桩端、桩侧土层较差，支撑受力较大的立柱桩。

3. 桩墙深层水平位移

当基坑支护体系中存在桩墙构件时，针对桩墙进行变形监测，除了对支护桩墙顶进行水平位移和沉降观测外，还应对支护桩墙的深层水平位移（测斜）进行监测。

监测点布置时，应考虑以下因素：当支护体系中有布置内支撑时，监测点应布置在两根支撑的中间部位；当基坑平面形状中有阳角存在时，阳角处也应布置监测点；当基坑附近有建构筑物、地下管线时，监测点可考虑适当加密；监测在基坑每边上应至少布设 1 个监测孔，一般布设在基坑边中部；结合以上因素的考虑，较短的边可不布设，长边上应每隔 20～40m 布设 1 个监测孔；监测孔的布置深度通常不小于支护桩墙的深度。桩墙内的监测管应与桩墙的钢筋笼一起绑扎安装，绑扎和下放钢筋笼时，应注意对监测管的保护，避免被破坏；当桩墙有进行钻孔取芯检测时，监测管也可埋设在取芯后的取芯孔内，但监测孔与取芯孔壁间的空隙应采用水泥浆填充，保证监测管与桩墙同时协调变形。监测时，监测管深度方向，每 0.5m 或 1.0m 采集一次监测数据。

4. 桩墙的内力

基坑桩墙内力监测点布置时，在基坑平面上应选择典型的支护剖面，选择受力较大且有代表性的桩墙进行监测；当有支撑时，应选择在支撑或拉锚间距较大的跨中位置的桩墙，选择基坑的阳角处的桩墙，选择弯矩较大处的桩墙。对于选择进行内力监测的桩墙，剖面上，测点剖面应选择弯矩较大、反弯点位置以及各土层的分界面、配筋率改变处。一般可沿桩墙深度方向布置若干个剖面，每个剖面布置 2～4 个监测传感器，剖面间距一般取 2～4m。每个典型的基坑剖面，一般会选择 1 个桩墙进行内力监测。桩墙内力监测一般采用传感器进行监测，传感器在桩墙钢筋笼制作吊装过程中，随钢筋笼一起安装，安装过程中应注意对传感器的保护。通常桩墙内力测点都应该与桩墙深层水平位移测点选择同一根桩，以方便进行受力、变形分析。

5. 支撑内力

布置支撑内力监测点时，在支撑平面上，应选择轴力最大的支撑构件，一般考虑以下因素：支撑间距最大处的支撑构件，有代表性的支撑，一般不会选择受力较复杂的支撑（受力不好分析）。混凝土支撑内力监测截面应取支撑的 1/3 部位，钢支撑轴力监测截面应取支撑端部。一般情况，每道支撑都应选择支撑构件布置监测点。每道支撑应选择 3 个支撑构件进行内力监测。对于混凝土支撑，每个监测剖面布置 2～4 个传感器，传感器可采用钢筋应力计、应变片或混凝土应变计进行监测；对于钢支撑，尽量采用轴力计进行监测，也可采用应变片、应变计、钢筋计进行监测。

6. 锚杆（索）拉力

选择锚杆（索）拉力监测点时，一般考虑以下因素：典型的剖面中的拉力最大的锚杆（索），间距最大处的锚杆（索），平面形状较复杂处的锚杆（索），有代表性的锚杆（索）。每道土层锚杆（索）中一般选择 3 根；锚杆（索）长度、形式、穿越的土层不同时，每种情况一般选测 2 根。一般情况下，基坑每道锚杆（索）均应选择锚杆（索）进行拉力监测，每道锚杆（索）与平面测点对应处。锚杆拉力监测一般采用钢筋应力计或应变片，在锚杆制作过程中，安装监测元件，在锚杆安装过程中应注意保护监测元件。锚索拉力监测采用锚索应力计监测，锚索应力计安装在锚头位置，在锚索张拉锁定过程中，安装锚索应力计。

7. 土体分层沉降

当基坑开挖影响深度范围内存在软弱土层时，且对周边环境会产生较大不利影响时，可对基坑土体进行分层沉降观测。监测点布置时一般考虑以下因素：当支护体系中有布置内支撑时，监测点应布置在两根支撑的中间部位；当基坑平面形状中有阳角存在时，阳角处也应布置监测点；当基坑附近有建（构）筑物、地下管线时，监测点可考虑适当加密；监测孔的布置深度应穿透软弱土层，当软弱土层厚度较大时，应不小于 2 倍的基坑开挖深度。分层沉降监测孔距离围护桩墙位置一般选择在 3m 附近。在各土层的分界面布设测点（磁环）；在厚度较大土层中，土层中部增加测点，一般竖向间距取 3～4m。

8. 土体回弹

基坑开挖是一种卸荷过程，开挖越深，卸荷越大，就不可避免地会引起基坑底部土体的回弹变形，或称隆起。基坑隆起一般会影响基坑外的一定范围。基坑隆起监测的目的主要为：通过实测基坑回弹量，来估计今后地基因建筑物上部荷载产生的再压缩量，以改进建筑物的基础设计。估计基坑回弹量对邻近建（构）筑物特别是浅基础建（构）筑物的影响，以便及时采取措施。但基坑回弹观测的难度较大，难点首先是回弹标的埋设工作要求较高，其次是在基坑开挖过程中，回弹标非常容易被破坏。所以一般除非是科研课题项目才会选择该项目进行监测。基坑回弹观测，应测定深埋大型基础在基坑开挖后，由于卸除地基土自重而引起的基坑内外影响范围内外相对于开挖前的回弹量。

回弹观测点位的布置，应按基坑形状及地质条件以能测出所需各纵横断面回弹量为原则。可按下列要求布点：

(1) 在基坑的中央和距坑底边缘约 1/4 坑底宽度处以及其他变形特征位置设点（根据土层分布情况等）。对方形、圆形基坑，可按单向对称布点（一般不小于 4 个）；矩形基坑，可按纵横向布点（一般布设 5～7 个点，当基坑底面积大于 1000m²，深度超过 10m 时，布点数一般选择 3 个以上）；复合矩形基坑，可多向布点（布点数一般不小于 6 个）；地质条件情况复杂时，应适当增加点数。

(2) 基坑外的观测点，应在所选坑内方向线的延长线上距基坑深度 1.5～2 倍距离内布置。

(3) 所选点位遇到旧地下管道或其他构筑物时，可将观测点移至与之对应方向线的空位上。

(4) 在基坑外相对稳定且不受施工影响的地点，选设工作基点及为寻找标志用的定位点。

(5) 观测路线应组成起迄于工作基点的闭合或附合路线，使之具有检核条件。

回弹标志应埋入基坑底面以下 20～30cm。

9. 地下水位观测

基坑地下水位监测包括坑内、坑外水位监测，按含水层的性质来分，又分为潜水和承压水含水层的地下水位监测。通过坑内的水位观测，可以检验降水的效果，如：降水速率和降水深度。坑内水位观测井一般采用直径较大的水位观测孔。通过对坑外的地下水位监测，可以了解基坑降水对周边地下水位的影响范围和影响程度，防止对周边环境（建筑物）造成过程破坏。一般坑外的地下水位为必测的项目。

布置基坑内地下水位时，应考虑承台、电梯井的深度，地层的条件等因素。水位监测点宜布置在基坑中央和两相邻降水井的中间部位；当采用轻型井点、喷射井点降水时，水位监测点宜布置在基坑中央和周边拐角处，监测点数量视具体情况确定。

布置基坑外地下水位监测点时，应沿基坑、被保护对象的周边或两者之间布置，监测点间距宜为 20～50m。相邻建筑、重要的管线或管线密集处应布置水位监测点；如有止水帷幕，宜布置在止水帷幕的外侧约 2m 处。

水位观测管的管底埋置深度应在最低设计水位或最低允许地下水位之下 3～5m。承压水水位监测管的滤管应埋置在所测的承压含水层中。

回灌井点观测井应设置在回灌井点与被保护对象之间。

19.2.3 基坑周边环境

环境监测包括 3 倍基坑开挖深度范围内的建（构）筑物和地下管线，当地层为砂层或受降水影响敏感时，应扩大监测范围。建筑物变形监测项目如下：

1. 沉降观测：建（构）筑物的沉降除了由地基土压缩、基础和上部结构荷载等因素作用引起时，也会受邻近基坑施工（地下水位变化）等影响而产生。沉降观测点布置原则一般为：与建筑（构）物长期沉降观测点的布设一致；尽量利用建筑（构）物既有沉降观测点；在墙角、柱身、门边等外形凸出部位；能反映基础差异沉降处。新、旧建筑物或高、低建筑物交接处的两侧；烟囱、水塔和大型储仓罐等高耸构筑物基础轴线的对称部位，每一建（构）筑物不得少于 4 点。

2. 水平位移观测：水平位移观测难度较大，由于目前观测仪器及现场条件等条件的限制，一般根据地质条件、建（构）筑物的基础及结构等因素来布置水平位移监测点。当地基土为非软弱土层，且为桩基础时，距离基坑坡顶超过 1 倍开挖深度时，可不布置水平位移点。对于结构为非框架的，地基土为软弱土层或土层坡度超过 30°时，距离基坑坡顶 2 倍开挖深度以内的建（构）筑物，应布置水平位移观测点。水平位移监测点应布置在建（构）筑物的墙角、柱基及裂缝的两端，每侧墙体的观测点不应少于 3 处。

3. 倾斜观测：观测点宜布置在建（构）筑物角点、变形缝或抗震缝两侧的承重柱或墙上；观测点应沿主体顶部、底部对应布设，上、下观测点应布置在同一竖直线上；当采用铅锤观测法、激光铅直仪观测法时，应保证上、下测点之间具有一定的通视条件。

4. 裂缝监测：当建（构）筑物基础局部产生不均匀沉降时，其墙体往往出现裂缝，系统地进行裂缝变化监测，根据裂缝和沉降监测资料，分析变形特征和原因，采取措施保证建（构）筑物安全。建（构）筑物的裂缝监测点应选择有代表性的裂缝进行布置，在基坑施工期间当发现新裂缝或原有裂缝有增大趋势时，应及时增设监测点。每一条裂缝的测点至少设 2 组，裂缝的最宽处及裂缝末端宜设置测点。

5. 挠度监测：当基坑周边有钢结构建（构）筑物时，应对主要的平面承重构件进行挠度监测。对于平置构件，在两端及中间设置沉降点进行沉降监测，根据测得某时间段内这 3 点的沉降量，计算挠度；对于直立构件，设置上、中、下 3 个位移监测点，进行位移监测，利用 3 点的位移量，计算挠度。

6. 地下管线监测：地下管线监测最好能听取管线主管部门的意见；有弯头和丁字形接头，每隔 10~15m 布设 1 个测点；管线越长，测点间隔可以放长；对变形敏感的部位，测点间距要变小；承接式接头每 2~3 个节度布设 1 个测点。地下管线监测点的布置应符合下列要求：

（1）应根据管线年份、类型、材料、尺寸及现状等情况，确定监测点设置；

（2）监测点宜布置在管线的节点、转角点和变形曲率较大的部位，监测点平面间距宜为 15~25m，并宜延伸至基坑以外 20m；

（3）上水、煤气、暖气等压力管线宜设置直接监测点，直接监测点应设置在管线上，也可以利用阀门开关、抽气孔以及检查井等管线设备作为监测点；

（4）在无法埋设直接监测点的部位，可利用埋设套管法设置监测点，也可采用模拟式测点将监测点设置在靠近管线埋深部位的土体中。

19.3 监测点的埋设、观测方法及精度要求

监测点埋设时，应考虑现场条件、施工影响、观测条件等因素。当监测点被破坏后，应及时补点或采取其他有效的替补监测措施。监测方法的选择应根据基坑等级、精度要求、设计要求、场地条件、地区经验和方法适用性等因素综合确定，监测方法应合理易行。选择的监测仪器应满足监测精度要求，监测仪器应定期送检，以检验是否满足监测精

度要求（表 19.3-1）。

变形测量的等级划分及精度要求　　　　表 19.3-1

变形测量等级	垂直位移测量		水平位移测量	适用范围
	变形点的高程中误差（mm）	相邻变形点的高程中误差（mm）	变形点的点位中误差（mm）	
一等	±0.3	±0.1	±1.5	距离 0.5 倍基坑开挖深度范围内有变形特别敏感的高层建筑、工业建筑、高耸构筑物、重要古建筑、精密工程设施时
二等	±0.5	±0.3	±3.0	距离基坑 0.5～1 倍范围内有变形比较敏感的高层建筑、高耸构筑物、古建筑、重要工程设施、地铁等地下重要构筑物时
三等	±1.0	±0.5	±6.0	距离基坑 1～2 倍范围内有一般性的高层建筑、工业建筑、高耸构筑物时
四等	±2.0	±1.0	±12.0	距离基坑 2～3 倍范围内有观测精度要求较低的建筑物，构筑物和滑坡监测

注：1. 变形点的高程中误差和点位中误差，系相对于最近基准点而言；

　　2. 当水平位移变形测量用坐标向量表示时，向量中误差为表中相应等级点位中误差的 $1/\sqrt{2}$；

　　3. 垂直位移的测量，可视需要按变形点的高程中误差或相邻变形点高差中误差确定测量等级。

19.3.1　变形观测的一般要求

变形监测时测量点分为基准点、工作基点和观测点三类（图 19.3-1），其布设应满足下列要求：

（1）基准点为确定测量基准的控制点，是测定和检验工作基点稳定性，或者直接测量变形观测点的依据。基准点应选设在变形影响范围以外，稳定、易于长期保存的地方，并设置在基坑变形影响范围之外，可选择在桩基础的建（构）筑物上。每个工程应至少选择 3 个可靠的基准点，定期进行联测，以确保其可靠性。

（2）工作基点是变形观测中起联系作用的点，是直接测定变形观测点的依据，应设在靠近观测目标，便于联测的稳定位置。在通视条件较好，或观测项目较少的工程中，可不设工程基点，采用尺垫转站或直接在基准点上观测变形观测点。

（3）观测点是直接埋设在变形体上，能反映变形特征的观测点。

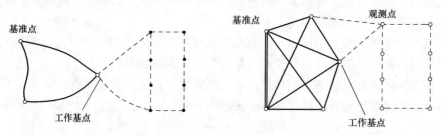

图 19.3-1　变形观测的测量点关系图

19.3.2　水平位移监测

1. 水平位移测量方法

水平位移的观测方法很多，可根据现场条件及仪器而定。常用的方法有基准线法、小角法、导线法和前方交汇法等。

（1）基准线法

基准线法的原理：在与水平位移垂直的方向上建立一个固定不变的铅垂面、测定各观测点相对该铅垂面的距离变化，从而求解得水平位移量。如图 19.3-2 所示。

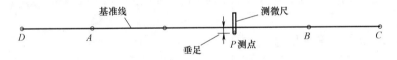

图 19.3-2　基准线法测位移

用基准线法观测水平位移时，先根据实际情况（如沿基坑边）设置一条基准线，并在基准线的两端埋设两个稳固的工作基点 A 和 B，将拟监测点埋设在基准线的铅垂面上，偏离的距离不大于 2cm。观测点标志可埋设直径 16～18mm 的钢筋头，顶部挫平后，做成"+"字标志。观测时，将经纬仪安置于一端工作基点 A，瞄准另一端工作基点 B（称后视点），此视线方向定为基准线方向。通过测量观测点 P 的偏离视线的距离，即可得到水平位移值。

（2）小角法

用小角法测量水平位移的方法如图 19.3-3 所示。将经纬仪安置于工作基点 A，在后视点 B 和观测点 P 分别安置观测觇牌，用测回法测出 $\angle BAP$。设第一次观测角为 β_1，后一次为 β_2，根据两次角度的变化量 $\triangle\beta=\beta_2-\beta_1$，即可算出 P 点的水平位移量 δ，即：

$$\delta=\frac{\Delta\beta}{\rho}D \tag{19.3-1}$$

式中　ρ——换算常数，即将 $\Delta\beta$ 化成弧度的系数，$\rho=3600\times180/\pi=20626''$；

　　　D——A 至 P 点距离（mm）；

　　　$\Delta\beta$——β 角的变化量（$''$）。

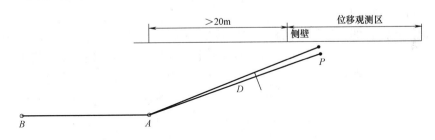

图 19.3-3　小角法测位移

（3）导线法和前方交汇法

采用导线法或前方交汇法测水平位移时，首先在场地上建立水平位移和监测控制网，然后用精密导线或前方交汇的方法测出各测点的坐标，将每次观测出的坐标值与前次测出的坐标值进行比较，即可得到水平位移在 X 轴和 Y 轴方向上的位移分量（Δx，Δy），则水平位移量为 $\delta=\sqrt{\Delta x^2-\Delta y^2}$，位移的方向根据 Δx、Δy 求出的坐标方位角来确定。

2. 水平位移监测网

水平位移监测网形式可采用三角网、导线网、边角网、三边网和轴线等。宜按两级布设，由控制点组成首级网，由观测点和所联测的控制点组成扩展网。各种布网均应考虑图形形状、长短边不宜悬殊太大，宜采用独立坐标系。

3. 水平位移测量仪器

水平位移测量中主要测试的变化量是角度，通过测量角度的变化来计算相应的水平位移。角度量测包括水平角测量和竖直角测量，常用的观测仪器有全站仪、经纬仪、GPS等。

4. 水平位移测量注意事项

（1）水平位移测量方法较多，应根据实际情况选择适宜的方法。基准线法是基坑水平位移监测最常用的方法，其优点是精度高，直观性强，操作简易，速度快，但位移量较大，超出站牌活动范围时，其不再适用。小角法适用于观测点零乱，并且不在同一直线上的情况下。当位移量较大，基准线不适合监测时，可使用小角法监测。

（2）基准线法、小角法的缺点是只能测出垂直于基准线方向的位移分量，难以确切地测出位移方向。要较准确地测量位移方向，可采用导线法或前方交汇法。

（3）水平位移监测精度应视具体情况而定。

（4）在用基准线法观测水平位移时，每个测点应照准三次，观测时的顺序由近到远，再由远到近往返进行。测点观测结束后，再应对准另一端点 B，检查在观测过程中仪器是否有移动，若发现照准线移动，则重新观测。在 A 端点上观测结束后，应将仪器移至 B 点，重新进行以上各项观测。

（5）工作基点在观测期间可能发生位移，因此工作基点应尽量远离开挖边线。同时两个工作基点延长线上应分别设置后视检核点。

（6）为减少对中误差，有必要时工作基点可做成混凝土墩台，在墩台上安置强制对中设备，对中误差不宜大于 0.5mm。

19.3.3 垂直位移监测

1. 水准测量原理、方法

（1）水准测量原理

测量地面点高程的工作称为高程测量。按使用仪器和施工方法的不同，高程测量分为水准测量、三角高程测量和气压高程测量。水准测量是高程测量中精度最高和最常用的一种方法，在工程建设中被广泛采用。

水准测量利用水准仪建立一条水平视线，借助水准尺来测定地面两点间的高差，从而由已知高程及测得的高差求出待测点的高程，如图 19.3-4 所示。

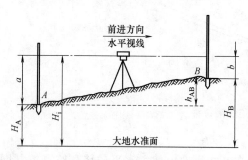

图 19.3-4　水准测量原理

（2）水准测量方法

用水准测量方法测定的高程控制点称为水准点，水准点按其精度分为不同的等级，依次分为二、三、四、五等。实际基坑监测中使用的水准点，可按二、三等水准点标石规格埋设标志，也可在稳固的建筑物上设立墙上水准点，点的个数不少于 3 个。如图 19.3-5 所示，已知水准点 A 的高程为 54.206m，现拟测定 B 点高程，水准测量步骤如下：

在离 A 点适当距离处选择点 1，安放尺垫，在 A、1 点上分别竖立水准尺。在距 A 点和 1 点大致等距处安置水准仪，瞄准后视点 A，精平后读得后视读数 a_1 为 1.364，记入

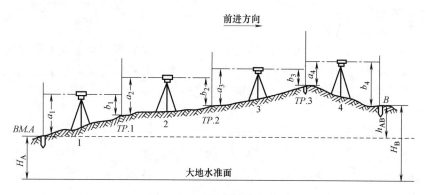

图 19.3-5　水准测量施测

水准测量手簿。旋转望远镜，瞄准前视点 1，精平后读得前视读数 b_1 为 0.979，记入手簿。计算出 A、1 两点高差为 +0.385。此为一个测站的工作。

点 1 的水准尺不动，将 A 点水准尺，立于点 2 处，水准仪安置在 1、2 点之间，与上述相同的方法测出 1、2 点的高差，依次测至终点 B。

每一测站可测得前、后视两点间的高差，即

$$h_1 = a_1 - b_1$$
$$h_2 = a_2 - b_2$$
$$\cdots$$
$$h_4 = a_4 - b_4$$

将各式相加，得：
$$h_{AB} = \sum h = \sum a - \sum b \qquad (19.3-2)$$

B 点高程为：
$$H_B = H_A + \sum h \qquad (19.3-3)$$

上述施测过程中，点 1、2、3 是临时的立尺点，作为传递高程的过渡点，称为转点。

为了保证水准测量的精度，常常将水准路线布设成附合水准路线、闭合水准路线、支水准路线等形式，见图 19.3-6。

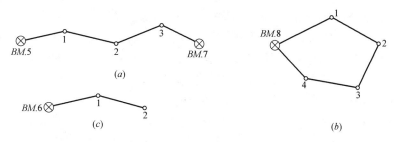

图 19.3-6　水准线路的布设形式

① 附合水准路线：如图 19.3-6（a）所示，从一个已知高程的水准点 $BM.5$ 起，沿各待测高程的水准点进行水准测量，最后联测到另一个已知高程的水准点 $BM.7$ 上，这种形式称为附合水准路线。附合水准路线中各测站实测高差的代数和应等于两已知水准点间的高差。由于实测高差存在误差，使两者之间不完全相等，其差值称为高差闭合差 f_h，即

$$f_h = \sum h_测 - (H_终 - H_始) \qquad (19.3-4)$$

式中　$H_终$——附合路线终点高程；

　　　$H_始$——附合路线起点高程。

② 闭合水准路线：如图 19.3-6（b）所示，从一已知高程的水准点 $BM.8$ 出发，沿环形路线进行水准测量，最后测回到水准点 $BM.8$，这种形式称为闭合水准路线。闭合水准路线中各段高差的代数和应为零，但实测高差总和不一定为零，从而产生闭合差 f_h，即

$$f_h = \sum h_测 \qquad\qquad (19.3\text{-}5)$$

③ 支水准路线：如图 19.3-6（c）所示，从已知高程的水准点 $BM.6$ 出发，最后没有联测到另一已知水准点上，也未形成闭合，称为支水准路线。支水准路线要进行往返测，往测高差总和与返测高差总和应大小相等符号相反。但实测值两者之间存在差值，即产生高差闭合差 f_h：

$$f_h = \sum h_往 + \sum h_返 \qquad\qquad (19.3\text{-}6)$$

在基坑工程中，一般将垂直位移监测水准点布设成闭合水准路线。

2. 垂直位移监测网及标石的布设

（1）垂直位移监测网及标石的布设

垂直位移的监测网，可布设成闭合环、结点或附合水准线等形式。起算点高程宜采用国家或测区原有的高程系统，也可采用假设的相对高程。

（2）高程控制点标石及标志

水准基准点应埋设在变形区以外的基石或原状土层上（软土层除外），也可利用稳定的建（构）筑物并设置在墙脚上的水准点。当受条件限制时，亦可在变形区内埋设深层金属管水准基准点。

高程控制点应避开交通干道、地下管线、仓库堆栈、水源地、河岸、松散填土、滑坡体及其影响地段、机器振动区域以及其他能使标石、标志遭腐蚀、破坏的地点。标石要便于寻找、利用和保存，水准线路的坡度要小、便于观测。

3. 水准测量仪器

水准测量用的仪器主要是水准仪和水准尺。

水准仪按精度分，有 DS05、DS1、DS3、DS10 等四种型号的仪器。D、S 分别为"大地测量"和"水准仪"的汉语拼音第一个字母；精度 05、1、3、10 表示该仪器的精度。如 DS3 型水准仪，表示该型号仪器进行水准测量每千米往返测高差精度可大于 ±3mm。DS05、DS1 型水准仪属于精密水准仪，主要用于精密水准测量。

水准仪按构造分，有光学水准仪和电子水准仪。

水准仪一般由望远镜、水准器、基座三部分构成，其操作使用可详见相关教科书。

水准尺常用的有塔尺和双面尺两种，用优质木材或玻璃钢制成，常用于三、四、五等精度的水准测量，因瓦水准尺是与精密水准仪配合使用的精密水准尺，这种尺是在木质标尺的中间槽内，装有 3m 长的因瓦合金带尺，其下端固定在木标尺底部，上端连一弹簧，固定在木标尺顶部，因瓦带上刻有左右两排相互错开的刻画，数字注在木尺上。

4. 水准测量的主要技术要求

为了确保水准测量的精度，根据施测的不同对象，可选择相应的控制要求，高程控制测量时水准测量的主要技术要求见表 19.3-2。

水准测量的主要技术要求 表 19.3-2

等级	每千米高差全中误差（mm）	路线长度（km）	水准仪型号	水准尺	观测次数		往返较差、附合或环线闭合差	
					与已知点联测	附合或环线	平地（mm）	山地（mm）
二等	2	—	DS1	因瓦	往返各一次	往返各一次	$4\sqrt{L}$	—
三等	6	≤50	DS1	因瓦	往返各一次	往一次	$12\sqrt{L}$	$4\sqrt{n}$
			DS3	双面		往返各一次		
四等	10	≤16	DS3	双面	往返各一次	往一次	$20\sqrt{L}$	$6\sqrt{n}$
五等	15	—	DS3	单面	往返各一次	往一次	$30\sqrt{L}$	—

注：1. 结点之间或结点与高级点之间，其路线长度，不应大于表中规定的 0.7 倍。

2. L 为往返测段、附合或环线的水准路线长度（km）；n 为测站数。

3. 数字水准仪测量的技术要求和同等级的光学水准仪相同。

表 19.3-2 中每千米高差全中误差可按下式计算：

$$M_W = \sqrt{\frac{1}{N}\left[\frac{WW}{L}\right]} \qquad (19.3\text{-}7)$$

式中 M_W——高差全中误差（mm）；

W——附合或环线闭合差（mm）；

L——计算各 W 时，相应的路线长度（km）；

N——附合路线和闭合环的总个数。

为了达到表 19.3-2 所列的技术要求，水准测量所使用的仪器和水准尺，应符合下列规定：水准仪视准轴与水准管轴的夹角 i，DS1 型不应超过 15″，DS3 型不应超过 20″。

（1）补偿式自动安平水准仪的补偿误差 $\Delta\alpha$ 对于二等水准不应超过 0.2″，三等不应超过 0.5″。

（2）水准尺上的米间隔平均长与名义长之差，对于因瓦水准尺，不应超过 0.15mm；对于条形码尺，不应超过 0.10mm；对于木质双面水准尺，不应超过 0.5mm。

为了达到表 19.3-2 所列的技术要求，实施水准观测时应符合表 19.3-3 的要求。

水准观测的主要技术要求 表 19.3-3

等级	水准仪型号	视线长度（m）	前后视的距离较差（m）	前后视的距离较差累计（m）	视线离地面最低高度（m）	基、辅分划或黑、红面读数较差（mm）	基、辅分划或黑、红面所测高差较差（mm）
二等	DS1	50	1	3	0.5	0.5	0.7
三等	DS1	100	3	6	0.3	1.0	1.5
	DS3	75				2.0	3.0
四等	DS3	100	5	10	0.2	3.0	5.0
五等	DS3	100	近似相等	—	—	—	—

注：1. 二等水准视线长度小于 20m 时，其视线高度不应低于 0.3m；

2. 三、四等水准采用变动仪器高度观测单面水准尺时，所测两次高差较差，应与黑面、红面所测高差的要求相同；

3. 数字水准仪观测，不受基、辅分划或黑、红面读数较差指标的限制，但测站两次观测的高差较差，应满足表中相应等级基、辅分划或黑、红面所测高差较差的限值。

19.3.4 深层水平位移监测

1. 测斜仪基本原理

将测斜管划分成若干段，由测斜仪测量不同测段上测头轴线与铅垂线之间倾角 θ，进而计算各测段位置的水平位移，如图 19.3-7 所示。

由测斜仪测得第 i 测段的应变差 $\Delta\varepsilon_i$，换算得该测段的测斜管倾角 θ_i，则该测段的水平位移 δ_i 为：

$$\sin\theta_i = f\Delta\varepsilon_i \tag{19.3-8}$$

$$\delta_i = l_i\sin\theta_i = l_i f\Delta\varepsilon_i \tag{19.3-9}$$

式中 δ_i——第 i 测段的水平位移（mm）；

$\quad\quad l_i$——第 i 测段的管长，通常取为 0.5m、1.0m；

$\quad\quad \theta_i$——第 i 测段的倾角值（°）；

$\quad\quad f$——测斜仪率定常数；

$\quad\quad \Delta\varepsilon_i$——测头在第 i 测段正、反两次测得的应变读数差之半，$\Delta\varepsilon_i = (\varepsilon^+ - \varepsilon^-)/2$。

当测斜管管底进入基岩或足够深的稳定土层时，则可认为管底不动，作为基准点（图 19.3-7a），从管底向上计算第 n 测段处的总水平位移：

$$\Delta_i = \sum_{i=1}^{n}\delta_i = \sum_{i=1}^{n}l_i\cdot\sin\theta_i = f\sum_{i=1}^{n}l_i\cdot\Delta\varepsilon_i \tag{19.3-10}$$

当测斜管管底未进入基岩或埋置较浅时，可以管顶作为基准点（图 19.3-7b），实测管顶的水平位移 δ_0，并由管顶向下计算第 n 测段处的水平位移：

$$\Delta_i = \delta_0 - \sum_{i=1}^{n}\delta_i = \delta_0 - \sum_{i=1}^{n}l_i\cdot\sin\theta_i = \delta_0 - f\sum_{i=1}^{n}l_i\cdot\Delta\varepsilon_i \tag{19.3-11}$$

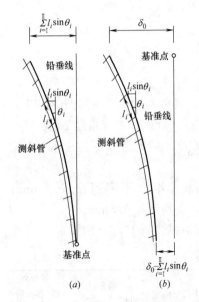

图 19.3-7　测斜管测量示意图

由于在测斜管埋设时不可能使得其轴线为铅垂线，测斜管埋设好后，总存在一定的倾斜或挠曲，因此，各测段处的实际总水平位移 Δ_i' 应该是各次测得的水平位移与测斜管的初始水平位移之差，即

管底作为基准点：

$$\Delta_i' = \Delta_i' - \Delta_{0i}' = \sum_{i=1}^{n}l_i\cdot(\sin\theta_i - \sin\theta_{0i}) \tag{19.3-12}$$

管顶作为基准点：

$$\Delta_i' = \Delta_i' - \Delta_{0i}' = \delta_0 - \sum_{i=1}^{n}l_i\cdot(\sin\theta_i - \sin\theta_{0i}) \tag{19.3-13}$$

式中 θ_{0i}——第 i 测段的初始倾角值（°）；

测斜管可以用于测单向位移，也可以测双向位移，测双向位移时，可由两个方向的位移值求出其矢量和，得位移的最大值和方向。

2. 测斜管埋设

测斜管的埋设有两种方法，一种是绑扎预埋式，即先将测斜管绑扎在桩墙钢筋笼上，随钢筋笼一起下到孔槽内，再浇筑混凝土；另一种是钻孔后埋设。测斜管应在开挖前一周埋设，其埋设要点如下：

（1）测斜管现场组装后，安装固定在桩墙的钢筋笼上，随钢筋笼浇筑在混凝土中，浇筑混凝土之前应在测斜管内注满清水，防止在测斜管在浇筑混凝土时浮起，并防止水泥浆渗入管内。

（2）采用绑扎预埋时，测斜管长度在底部不能超过钢筋笼长度。在钢筋笼底部焊接一块钢板，防止测斜管随钢筋笼下到孔底时被压断。

（3）采用钻孔式时，先在土体或支护结构中钻孔，孔径一般为 $\phi110mm$，然后将测斜管逐节组装并放入钻孔内。测斜管底部装有底盖，管内注满清水，下入钻孔内预定深度后，即向测斜管与孔壁之间的间隙由下而上逐段灌浆或用砂填实，固定测斜管。

（4）埋设时应及时检查测斜管内的一对导槽，其指向应与欲测量的位移方向一致。

（5）测斜管连接时为了避免测斜管的纵向旋转，可采用凹凸式插入法。管节连接时，必须将上下管节的滑槽严格对准，并用自攻螺丝固定。

（6）测斜管固定完毕或浇筑混凝土后，用清水将测斜管内冲洗干净，用测头模型放入测斜管内，沿导槽上下滑行一遍，以检查导槽是否畅通无阻，滚轮是否有滑出导槽现象。

（7）在可能的情况下，采用钻孔式时尽量将测斜管底埋入硬土层或较深的稳定土层中（作为固定端），避免对测斜管端部进行校正。

（8）量测测斜管导槽方位、管口坐标及高程，及时做好测斜管的保护工作，如设置金属保护管套、测斜管孔口处砌筑窨井并加盖等。

3. 测斜仪器设备

深层水平位移的测量仪器为测斜仪。测斜仪分固定式和活动式两种。目前普遍采用活动式测斜仪，该仪器只使用一个测头，即可连续测量，测点数量可以任选。

测斜仪主要有测头、测读仪、电缆和测斜管四部分组成。

（1）测头：目前常用的测头有伺服加速度计式和电阻应变式（图 19.3-8）。

伺服加速度计式测头是根据检测质量块因输入加速度而产生惯性力与地磁感应系统产生的反馈力相平衡，通过感应线圈的电流与反力成正比的关系测定倾角，该类测斜探头的灵敏度和精度都较高。

电阻应变式测头的工作原理是用弹性好的铜簧片下悬挂摆锤，并在弹簧片两侧粘贴电阻应变片，构成全桥输出应变式传感器。弹簧片构成的等应变梁，在弹簧弹性变形范围内通过测头的倾角变化与电阻应变读数间的线性关系测定倾角。

（2）测读仪：有携带式数字显示应变仪和静态电阻应变仪等。

（3）电缆：采用有长度标记的电缆线，且在测头重力作用下不应有伸长现象。通过电缆向测头提供电源、传递量测信号、量测测点到孔口的距离，提升和下放测头。

（4）测斜管：长度每节 2～4m，管径有 60、70、90mm 等多种不同规格，管段间由外包接头管连接，管内有两组正交的纵向导槽，测量时测头在一对

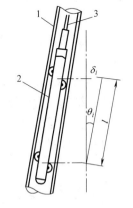

图 19.3-8 倾斜角与
区间水平变位
1—导管；2—测头；3—电缆

导槽内可上下移动，测斜管接头有固定式和伸缩式两种，测斜管的性能是直接影响测量精度的主要因素。导管的模量既要与土体的模量相接近，又要不因土压力而压扁导管。

4. 监测要点

基准点设定。基准点可设在测斜管的管顶或管底，以管顶作为基准点时，每次测量前须用经纬仪或其他手段确定基准点的坐标。

（1）为了保护测斜仪测头的安全，测量前先用测头模型下入测斜管内，沿导槽上下滑行一遍，检查测斜孔及导槽是否畅通无阻。

（2）联接测头和测斜仪，检查密封装置、仪器是否工作正常。

（3）将测头插入测斜管，使滚轮卡在导槽上，缓慢下至孔底。测量自孔底开始，自下而上沿导槽全长每隔 0.5m 或 1.0m 测读一次，每次测量时，应将测头稳定在某一位置。

（4）自下而上测量完毕后，将测头提出管口，旋转 180°，再按上述步骤进行测量，以消除测斜仪本身的固有误差。

（5）深层水平位移的初始值可取基坑开挖之前连续三次测量无明显差异读数的平均值。

19.3.5　支护结构内力监测

支护结构内力量测的对象是指深基坑工程中采用的支护墙（桩）、支锚结构、围檩等支护结构的内力（应力、应变、轴力与弯矩等）。在钢筋混凝土制作的支护结构中，通常采用埋设在支护结构内部的、与受力钢筋串联连接的钢筋应力传感器进行监测。通过测定构件受力钢筋的应力或应变，然后根据钢筋与混凝土共同工作、变形协调条件求得其内力或轴力。支护结构主要包含两个方面，即支护桩（墙）和内支撑系统。支护桩（墙）内力的量测一般采用钢筋应力计进行，钢筋应力计可以是钢弦式的，也有用电阻应变片式的。

支撑内力的量测一般采用下列方法进行：

（1）钢筋应力计量测。对于钢筋混凝土支撑，可采用钢筋应力计量测钢筋应力，然后得到支撑内力。

（2）轴力计量测。对于钢支撑，可用轴力计量测内力，轴力计可以用应变片式和钢弦式。

（3）应变片量测。在支撑上直接粘贴电阻应变片，量测支撑应变，即可推算出支撑轴力。

1. 监测点的布置

支护结构内力监测点的布置主要考虑以下几个因素：计算的最大弯矩所在位置和反弯点位置；各土层的分界面；结构变截面或配筋率改变的截面位置；结构内支撑或拉锚所在的主要受力位置等。一般内力监测点的布置需要在监测方案中根据以上监测原则在测点布置示意图中予以明确。

支护结构内力监测点布置应符合下列要求：

（1）支护墙内力监测点应布置在受力、变形较大且有代表性的部位；

（2）支撑内力监测点宜布置在支撑内力较大或在整个支撑系统中起关键作用的杆件上；

（3）每道支撑的内力监测点位置宜在竖向保持一致；

（4）钢支撑的监测截面根据测试仪器宜布置在支撑长度的 1/3 部位或支撑的端头，钢筋混凝土支撑的监测截面宜布置在支撑长度的 1/3 部位；

（5）每个监测点截面内传感器的设置数量及位置应满足不同传感器测试要求。

2. 仪器和设备

支护结构内力的量测所选用的元件对于不同的测试对象分别为钢筋测力计、反力计（又称轴力计）、表面应变计等，数据采集设备为数字式频率仪或应变仪。支护结构内力量测前，根据不同的测试对象选择相应的应力元件，如钢筋测力计、反力计（又称轴力计）、表面应变计等。应力元件的量程应满足被测压力范围要求，一般应不小于设计力值的 2倍；分辨率不宜低于 0.2%（F.S），精度不宜低于 ±0.5%（F.S）。

3. 几种常用的测试元件

（1）钢弦式钢筋应力计

常用的钢筋计有差动电阻式、钢弦式和电阻应变片式等。这里主要介绍钢弦式钢筋计，其结构牢固，稳定性较好且埋设与操作简单。

① 基本原理：钢弦的自振频率取决于钢弦长度、材料和钢弦所受的内应力，当其长度与材料确定后，钢弦张紧力与谐振频率便成单值函数。可以通过测定其频率来确定钢弦所受的内应力。在现场量测中，接收多采用袖珍式数字频率接收仪，其使用携带方便，量测简便快捷。

$$F = K(f_x^2 - f_0^2) + A \tag{19.3-14}$$

式中 f——钢弦张力；

k——传感器灵敏系数；

f_x——张力变化后的钢弦自振频率；

f_0——传感器钢弦初始频率；

A——修正常数。

② 构造：钢弦式钢筋应力计的构造如图 19.3-9 所示。主要由壳体部分（即圆筒形受力应变管）和振动部分（即钢弦）两部分组成。

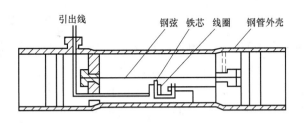

图 19.3-9 钢弦式钢筋应力计示意图

钢筋应力计应直接固定在钢筋混凝土结构的钢筋上，受力应变管所用的材料强度应与所取代的钢筋材料强度相同，钢筋计应采用串联方式与主筋连接。应变管外壳的断面应与所取代的钢筋断面相同，为便于加工和利于传感器定型化和系列化，应变管的内径不变，只相应地改变应变管的外径，把应变管的断面面积调整为与钢筋断面相同。

③ 标定：钢弦式钢筋应力计使用前应进行标定，以检验出厂时的传感器系数是否变动。标定一般在万能实验机上进行，根据拉、压试验结果绘制成标定曲线，如图 19.3-10所示。

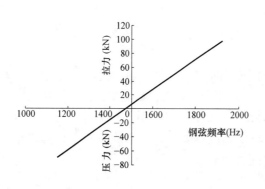

图 19.3-10　钢弦式钢筋应力计标定曲线

（2）应变式钢筋应力计

为了测定钢筋的应力，可将应变片直接粘贴在钢筋测点上，然后浇筑混凝土，等结构成型后即可得到钢筋的应力。另一种方法是预先制作应变式钢筋应力计，即事先选择一定长度和适当直径的钢筋（约 80cm 长，直径与被测钢筋相同），将电阻应变片粘贴在其中心位置，引出导线，经过防潮处理和绝缘度检查，在万能机上标定，可作为成品钢筋计使用。

应变式钢筋计的基本构造如图 19.3-11 所示。

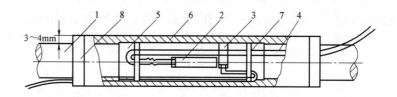

图 19.3-11　应变式钢筋应力计构造示意图

1—钢筋；2—测量应变片；3—补偿应变片；4—导线；5—半固化环氧树脂隔离层；

6—环氧树脂水层；7—胶布；8—封头

（3）钢弦式轴力计

钢弦式轴力计主要用于刚支撑轴力的量测，其基本原理与钢弦式钢筋应力相同，其基本构造如图 19.3-12 所示。

4. 埋设、安装

（1）钢弦式钢筋应力计

使用时，应把钢弦式钢筋应力计刚性地连接在钢筋测点位置上，其连接方法有两种：焊接法和螺纹连接。

焊接法：把一根钢筋的端头插入传感器一端的预留孔中，再把另一根钢筋的端头插入传感器另一端的预留孔中，沿传感器的端头均匀焊接。

螺纹连接：在被测钢筋中，选若干小段（约 1m 长），每一根的一端加工成与传感器相配的螺纹规格，把钢筋带螺纹的一段拧入传感器中，并拧紧。把与传感器连接好的钢筋带到现场再进行焊接。

钢弦式钢筋计安装时应注意尽可能使钢筋计处于不受力状态，特别不能使其处于受弯状态。由于主钢筋一般沿混凝土结构截面周边布置，所以钢弦式钢筋应力计

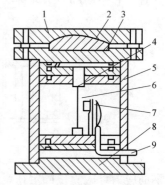

图 19.3-12　钢弦式轴力
计构造示意图

1—球形板；2、3—上下盖板；4—钢弦夹头；5—外壳；6—钢弦；7—电磁激励线圈；8—底座；9—电缆

应上下或左右对称布置，或在矩形断面的 4 个角点处布置 4 个钢筋计，如图 19.3-13 所示。

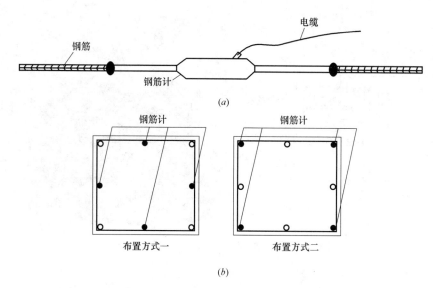

图 19.3-13 钢筋应力计在混凝土构件中的布置

(a) 纵向布置示意图；(b) 断面布置示意图

（2）应变式钢筋应力计

将预先制作好的应变式钢筋应力计在现场与主筋对焊，焊接时应采取降温措施，焊接后应测量其全长并复核各测点的间距。

焊有钢筋计的钢筋应按设计要求安装在钢筋骨架中，要求钢筋骨架不得歪扭，将导线理成导线束，沿主筋引至钢筋管架顶部。为防止电线受潮或受到损坏，必须对引出电线及编号标志妥善进行保护。

（3）钢弦式轴力计

钢弦式轴力计随钢支撑施工时安装，利用厂家配套提供的轴力计安装架，安装架圆形钢筒上没有开槽的一端面与支撑的牛腿（活络头）上的钢板电焊焊接牢固。电焊时，必须使钢支撑中心轴线与安装中心点对齐。由于轴力计是串联安装的，安装不好会影响支撑受力，甚至引起支撑失稳或滑脱。把反力计电缆妥善地绑在安装架的两翅膀内侧，使钢支撑在吊装过程中不会损伤电缆。把反力计的电缆引至方便正常测量时为止。钢支撑吊装到位后，即安装架的另一端（空缺的那一端）与支护墙体上的钢板对上，反力计与墙体钢板间最好再增加一块钢板，防止钢支撑受力后反力计陷入墙体内，造成测值不准等情况发生，如图 19.3-14 所示。

5. 监测数据的采集与分析

钢弦式钢筋应力计、钢弦式轴力计均可用数字式频率仪测读，应变式钢筋应力计可用应变仪测读。

以钢筋混凝土构件中埋设钢筋计为例，根据钢筋与混凝土的变形协调原理，由钢筋计的拉力或压力计算构件内力的方法如下：

支撑轴力：

$$P_c = \frac{E_c}{E_t} \overline{p_g} \left(\frac{A}{A_g} - 1 \right) \tag{19.3-15}$$

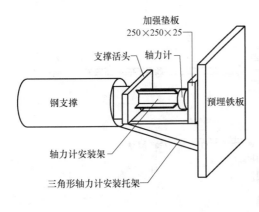

图 19.3-14　轴力计安装及监测过程示意图

支撑弯矩：

$$M=\frac{1}{2}(\overline{p_1}-\overline{p_2})\cdot\left(n+\frac{bhE_c}{6E_gA_g}\right)h \qquad (19.3-16)$$

地下连续墙弯矩：

$$M=\frac{1000h}{t}\left(1+\frac{tE_c}{6E_tA_t}h\right)\frac{(\overline{p_1}-\overline{p_2})}{2} \qquad (19.3-17)$$

式中　P_c——支撑轴力（kN）；

E_c、E_t——混凝土和钢筋的弹性模量（MPa）；

$\overline{p_g}$——所量测钢筋拉压力平均值（kN）；

A、A_g——支撑截面面积和钢筋截面面积（m²）；

n——埋设钢筋计的那一层钢筋的受力主筋总根数；

t——受力主筋间距（m）；

b——支撑宽度（m）；

$\overline{p_1}$、$\overline{p_2}$——分别为支撑或地下连续墙两对边受力主筋实测拉压力平均值（kN）；

h——支撑高度或地下连续墙厚度（m）。

　　按上述公式进行内力换算时，结构浇筑初期应计入混凝土龄期对弹性模量的影响，在室外温度变化幅度较大的季节，还需注意温差对监测结果的影响。

　　有实验表明，由于温度的变化，支撑往往产生很大的温度应力，对于钢筋混凝土支撑，温度影响约为15%～20%。所以最好都在每天的同一时间段或温差不大的情况下进行测量，尽量减少因温度变化产生的影响。

　　一般情况下，本次支撑内力测量与上次同点号的支撑内力的变化量或与同点号初始支撑内力值之差为本次变化量。在实际测量过程中，影响支撑轴力变化的因素有：侧向荷载（包括水土压力、地面超载），竖向荷载的偏心，混凝土的收缩、温度，立柱的竖向位移等。由于温度和混凝土收缩的原因会造成实测值与计算值相差很大，有的实测值与计算值相差—50%～100%，甚至更多。故在监测资料整理的过程中内力监测结果应与相应时间段测量的位移变化数值相结合进行分析，必要时，可据此对轴力实测数据进行修正。

19.3.6 土压力监测

1. 土压力盒的工作原理

以钢弦式土压力盒为例，当土压力作用于压力盒承压膜上，承压膜即产生微小挠性变形，使油腔内液体受压，因液体不可压缩特性而产生液体压力，通过接管传到压力传感器上，使钢弦式传感器的自振频率发生变化，从而由钢弦式传感器的自振频率的变化测算出土压力的变化。

2. 设备和仪器

量测土压力主要元件为土压力计（工程上常称土压力盒），常用的土压力盒有钢弦式和电阻式。钢弦式土压力盒长期稳定性好，结构牢固，操作方便且容易实现自动化，故现场监测多采用钢弦式土压力盒。目前钢弦式土压力盒可分为竖式和卧式两种。图 19.3-15 所示的为卧式钢弦土压力盒的构造简图，其直径为 $100\sim150\text{mm}$，厚度为 $20\sim50\text{mm}$。图 19.3-16 所示的为竖式钢弦土压力盒构造简图，其主要用于量测支护墙侧向压力。钢弦式土压力盒的采集数据设备为数字式频率仪。土压力盒实测压力为土压力和孔隙水压力的总和，应当扣除孔隙水压力后，才是实际的土压力值。

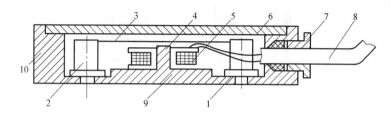

图 19.3-15　卧式钢弦土压力盒构造示意图

1—球形板；2—钢弦柱；3—钢弦；4—铁芯；5—线圈；6—盖板；7—密封圈；8—电缆；9—底座；10—外壳

3. 安装、埋设

预埋法：钢板桩或预制钢筋混凝土作为支挡结构时，土压力盒应施工前先安装在钢板桩或构件上，随构件一起打入土中。此时对土压力盒及引出导线的保护相当重要。

钻孔法：支挡结构已施工完毕，此时土压力盒可用钻孔法埋入土中。即先在预定埋设位置采用钻机钻孔，孔径大于压力盒直径，孔深比土压力盒埋深浅 $30\sim50$ cm，把钢弦式土压力盒装在特制的铲子内，用钻杆把装有土压力盒的铲子缓慢放至孔底，并将铲子压至所需标高。钻孔法埋设土压力盒比较方便，工程适应性强，但也有缺点，由于钻孔位置与支挡结构之间不能直接紧贴，常常导致测得的土压力偏小，不能完全反应支挡结构的受力情况，具有一定的近似性。

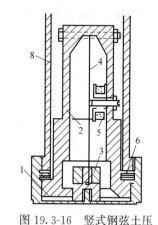

图 19.3-16　竖式钢弦土压力盒构造示意图

1—变形膜；2—钢弦架；3—钢弦夹头；4—钢弦；5—电磁线圈；6—防水垫圈；7—引线嘴；8—外罩

采用现浇钢筋混凝土挡土结构时，如地下连续墙，土压力盒的埋设常采用挂布法。即在布设测点槽段的钢筋笼上随迎土面布设一幅布帘，事先将土压力盒装入布帘的口袋中。浇筑混凝土时，借助于流态混凝土将布帘侧向推入土壁，使土压力盒与土壁紧贴。挂布法埋设过程如图 19.3-17 所示。

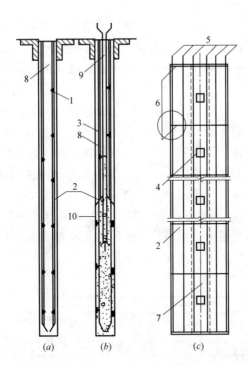

图 19.3-17 挂布法埋设土压力盒

(a) 槽中带有挂布的钢筋笼；(b) 浇筑水下混凝土

1—土压力盒；2—布帘；3—钢筋笼；4—布袋；5—麻绳；

6—圆钢；7—加固细帆布；8—泥浆；9—导管；10—水下混凝土

4. 监测数据采集与分析

土压力盒埋设后应立即进行检查测试，在基坑开挖前一般 2～3 天观测一次，每次观测应有 3～5 次稳定读数。当一周后压力数值基本稳定时，该数值即可作为初始值。

钢弦式土压力按下式计算：

$$p = k(f_0^2 - f^2) \tag{19.3-18}$$

式中 p——作用于土压力计上总压力（kPa）；

k——土压力盒率定常数（kPa/Hz）；

f_0——土压力盒的初始频率（Hz）；

f——土压力盒受压后的测试频率（Hz）。

根据监测数据，可整理出以下几种曲线：（1）不同施工阶段沿深度的土压力分布曲线；（2）土压力变化时程曲线；（3）土压力与挡土结构位移关系曲线。

当量测土压力数值异常或变化速率增快时，应分析原因，及时采取措施，加密观测次数，并结合其他监测项目，如沉降、水平位移、支护结构内力等变化情况综合分析。

19.3.7 孔隙水压力监测

在软土地区，饱和土体受荷后将产生超静孔隙水压力，孔隙水压力的变化和迁移导致土体应力的变化。孔隙水压力的变化是土体运动的前兆。当超静孔隙水压力达到某一临界值时，会使土体失稳破坏。另一方面，基坑开挖工程常常在地下水位以下土体中进行，土体中静水压力不会使土体变形，但当土体渗透性好，地下水渗流时，在流动方向上将产生渗透力。当渗透力达到某一临界值时，将使土颗粒处于"失重"状态，出现常见的"流土"现象，处理不当，可能会造成灾难性的事故。因此，通过监测土体中孔隙水压力在施工过程中的变化情况为基坑支护结构稳定控制提供依据。

1. 仪器与设备

测量孔隙水压力的方法有电测法、液压法和气压法，相应的孔隙水压力计可分为电测式、钢弦式、电阻应变片式、差动电阻式、水管式和气压式等多种类型。钢弦式孔隙水压力结构牢靠，长期稳定性好，不受埋设深度的影响，埋设简单，目前被广泛应用。这里主要介绍钢弦式孔隙水压力计。

钢弦式孔隙水压力计的构造如图 19.3-18 所示。其构造主要由透水石、钢弦式压力传感器组成。透水石材料一般用氧化硅或不锈金属粉末组成。钢弦式压力传感器由不锈钢承压膜、钢弦、支架、壳体和信号传输电缆等组成。

钢弦式孔隙水压力计的工作原理是：土体孔隙中的有压水通过透水石汇集到承压腔，作用于承压膜片上。膜片中心产生挠曲引起钢弦的应力发生变化，钢弦的自振频率

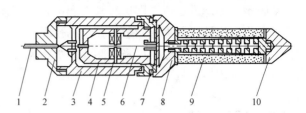

图 19.3-18　钢弦式孔隙水压力计构造示意图

1—屏蔽电缆；2—盖帽；3—壳体；4—支架；5—线圈；
6—钢弦；7—承压膜；8—底盖；9—透水体；10—锥头

与钢弦应力有关。据此，从理论上可得到孔隙水压力与钢弦自振频率的关系为：

$$\mu = k(f_0^2 - f^2) \tag{19.3-19}$$

式中　μ——孔隙水压力（kPa）；

　　　k——传感器标定系数（kPa/Hz）；

　　　f_0——钢弦初始频率（Hz）；

　　　f——钢弦在某孔隙水压力时的振动频率（Hz）。

孔隙水压力计量程及精度应符合以下要求：量程应满足被测孔隙水压力范围的要求，可取静水压力与超孔隙水压力之和的 1.2 倍，精度不宜低于 0.5%F.S，分辨率不宜低于 0.2%F.S。

2. 安装、埋设

孔隙水压力计应在基坑施工前 2～3 周埋设，埋设前应检查率定资料，记录探头编号，测读初始读数。孔隙水压力计埋设后应测量初始值，且宜逐日量测 1 周以上并取得稳定初始值。应在孔隙水压力监测的同时测量孔隙水压力计埋设位置附近的地下水位。

孔隙水压力计埋设前应首先将透水石放入纯净的清水中煮沸 2 小时，以排除其孔隙内气泡和油污。煮沸后的透水石需要浸泡在冷开水中，测头埋设前，应量测孔隙水压力计在大气中测量初始频率，然后将透水石在水中装在测头上，在埋设时应将测头置于有水的塑料袋中链接于钻杆上，避免与大气接触。

孔隙水压力计埋设可采用压入法、钻孔法等。钻孔埋设法：采用钻孔法埋设孔隙水压力计时，钻孔直径宜为 110～130mm，不宜使用泥浆护壁成孔，钻孔应圆直、干净；封口

材料宜采用直径 10～20mm 的干燥膨润土球。在埋设位置用钻孔成孔，达到要求深度后，先向孔底填入部分干净砂，将测头放入孔内，再在测头周围填砂，然后用膨胀性黏土将钻孔全部封严即可。原则上一个钻孔只能埋设一个探头，但为了节省钻孔费用，也可在同一钻孔中埋设多个位于不同标高处的孔隙水压力计，在这种情况下，每个孔隙水压力计之间的间距应不小于 1m，并且需要采用干土球或膨胀性黏土将各个探头进行严格相互隔离，否则达不到测定各层孔隙水压力变化的目的。钻孔埋设法使得土体中原有孔隙水压力降低为零，同时测头周围填砂，不可能达到原有土的密度，势必影响孔隙水压力的量测精度。

压入埋设法：若地基土质较软，可将测头缓缓压入土中的要求深度，或先成孔到预埋深度以上 1.0m 左右，然后将测头向下压入至埋设深度，钻孔用膨胀性黏土密封。采用压入埋设法，土体局部仍有扰动，并引起超孔隙水压力，影响孔隙水压力的测量精度。

3. 监测数据的采集与分析

孔隙水压力埋设后应立即进行检查测试，若有损坏或异常应补设。待监测一周以上且数值基本稳定后即可取得初始值。在量测孔隙水压力的同时，应量测测点位置附近的地下水位。与土压力量测一样，可将实测孔隙水压力整理为以下几种曲线：（1）不同施工阶段沿深度的孔隙水压力分布曲线；（2）孔隙水压力与挡土结构位移关系曲线；（3）孔隙水压力变化时呈曲线。

19.3.8　地下水位监测

地下水位观测通过孔内设置水位管，采用水位计等方法进行测量。水位量测系统由三部分组成：第一部分为地下埋入材料部分－水位观测管；第二部分为地表测试仪器－钢尺水位计，由探头、钢尺电缆、接受系统、绕线架等部分组成；第三部分为水位管口水准测量，由水准仪、标尺、脚架、尺垫等组成。

水位观测管一般选用直径 50mm 左右的硬质塑料管，管底采用堵头封堵以防止泥砂进入管内。水位管下部预留约 1m 沉淀段（不开孔），用来沉积水流进入水位管时带入的少量泥砂。滤水段的水位管在管壁周围钻 6～8 列直径为 6mm 左右的滤水孔，纵向孔距一般为 50～100mm。相邻两列孔应交错排列，呈梅花状布置。管壁外包扎滤水土工材料或过滤网。孔口以下 2m 范围内部开孔，当测承压水位时，仅在承压含水层范围开孔，隔水层处应采用隔水措施。

水位标高量测时，先用水位计量测出管内水面距离管口的距离，然后用水准仪测出水位管管口的高程，最后通过计算得到水位管内的水面高程。

测试数据的处理：

水位管内水面应以绝对高程表示，计算如下：

$$D_s = H_s - h_s \tag{19.3-20}$$

式中　D_s——水位管内水面绝对高程（m）；

H_s——水位管管口绝对高程（m）；

h_s——水位管管内水面距离管口的距离（m）。

本次水位变化：

$$\Delta h_s^i = D_s^i - D_s^{i-1} \tag{19.3-21}$$

累计水位变化：

$$\Delta h_s = D_s^i - D_s^0 \tag{19.3-22}$$

式中 D_s^i——第 i 次水位绝对高程（m）；

$\quad D_s^{i-1}$——第 $i-1$ 次水位绝对高程（m）；

$\quad D_s^0$——水位初始绝对高程（m）；

$\quad \Delta h_s$——累计水位差（m）。

注意事项：

水位管口要高出地面并做好防护，一般采用防护墩，并设置盖子，以防止雨水、地表水上进入管内。可做醒目标识。

水位管埋设好后，每隔 1 天测量一次，观测水位是否稳定，当连续几天测试数据均较稳定时，可进行水位初始高程的量测。

在监测一段时间后，应结合基坑降水情况或开挖情况综合判断水位量测的可靠性。当出现明显偏差时，应重新洗孔。

19.3.9 锚杆及土钉内力监测

锚杆是一种受拉杆件，它的一端与挡土桩（墙）联接，另一端锚固在地基的土层或岩层中，以承受支挡桩（墙）的土压力、水压力，维持支护结构的稳定。

锚杆常用的材料是：粗钢筋、钢丝束、钢绞线。

土钉是用来加固土体边坡的一种细长杆件，它与土体形成复合体，可有效提高土体的整体刚度，提高土体边坡的稳定性。

最常用的土钉材料是变形钢筋、圆钢、钢管及角钢等，置入土体的方式为钻孔置入、打入或射入。最常用的是钻孔注浆型土钉。

众所周知，基坑施工周期较长，一般要数月以上，为了了解锚杆、土钉在整个施工期间是否按设计预定的方式起作用，有必要对其进行长期监测。一般对其拉力变化进行监测。

从受力监测来看，锚杆、土钉的量测手段基本相似。这里主要介绍锚杆拉力监测，土钉拉力监测可以参考。

1. 仪器和设备

锚杆拉力监测所选用的测试元件从原理上讲与支护结构内力监测所用测试元件相同，可用钢弦式钢筋应力计、应变式钢筋应力计、专用测力计等。锚杆受力监测的专用测力计即锚杆测力计，目前常用的有钢弦式测力计，其结构如图 19.3-19 所示。

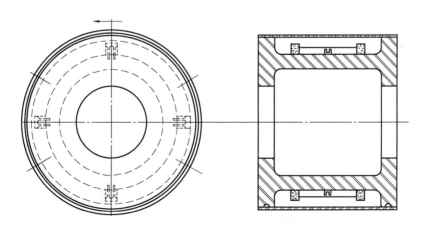

图 19.3-19 钢弦式测力计结构图

2. 安装与埋设

采用钢弦式钢筋计监测锚杆受力时，一般将其串联在需要观测的锚杆上，其埋设方法与钢筋混凝土中埋设方法类似，但当锚杆由几根钢筋组成时，由于每根钢筋的受力状态不一致，则必须在每根钢筋上都安装钢筋计，它们的拉力总和才是锚杆的总拉力。

采用钢弦式锚杆测力计时，一般将测力计安装于锚头部位，如图 19.3-20 所示。

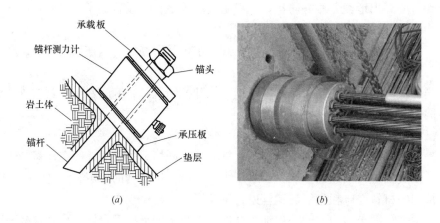

图 19.3-20　锚杆测力计安装图

3. 监测数据与分析

当锚杆进行预应力张拉时，应记录下锚杆钢筋计或锚杆测力计上的初始荷载，并利用张拉千斤顶上的读数对锚杆钢筋计或锚杆测力计的结果进行校核。

根据监测数据可整理绘出锚杆受力的时程曲线。当基坑开挖到设计标高时，锚杆在正常状态下，其拉力应是相对稳定的。若监测数据变化较大，应当及时查明原因，必要时应采取适当措施保证基坑工程的安全。

19.3.10　土体分层竖向位移监测

土体分层竖向位移监测是指离地面不同深度处土层的竖向位移监测，通常用磁性分层沉降仪及深层沉降标量测。

1. 监测点布置

土体分层竖向位移监测孔应布置靠近被保护对象且具有代表性的部位，数量视具体情况确定。测点在竖向上宜设置在各土层的分界面上，也可等距设置。测点深度、测点数量应根据具体情况而定。

2. 用磁性分层沉降仪监测

磁性分层沉降仪是由沉降管、磁性沉降环、测头、测尺和输出信号指示器组成（图13.3-21）。

（1）沉降管：用硬质塑料制成，包括主管（引导管）和连接管，引导管一般内径为 $\phi45mm$，外径为 $\phi53mm$，每根管长有 2m 或 4m，可根据埋设深度需要截取不同长度，当长度不足而需要接长时，可用硬质塑料管连接，连接管为伸缩型，套于两节管之间，用自攻螺丝固定。为防止泥沙和水进入管内，导管下端管口应封死，接头处需作密封处理。

（2）磁性沉降环：由磁环、保护套和弹性爪组成。磁环为外径 $\phi91mm$、内径 $\phi55mm$

恒磁铁氧体。为防止磁环在埋设时破碎，将磁环装在金属保护套内。保护套上安装了 3～4 只用钟表条做的弹性爪，用以使沉降环牢固地嵌入土体中，以保证其与土体不产生相对位移。

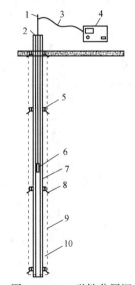

图 19.3-21　磁性分层沉降仪示意图
1—测尺；2—基点；3—导线；4—指示器；5—磁性沉降环；6—测头；7—沉降管；8—弹性爪；9—钻孔；10—回填土球

（3）测头：测头由干簧管和铜质壳体组成。干簧管的两个触点用导线引出，导线与壳体间用橡胶密封止水。

（4）输出信号指示器：由微安表等组成。当干簧管工作时，调整可变电阻，使微安表指示在 $20\mu A$ 以内，也可根据需要选用灯光或音响指示。

磁性分层沉降仪的测量基本原理如下。

埋设于土中的磁性沉降环会随土层沉降而同步下沉。当探头从引导管中缓慢下放遇到预埋的磁性沉降环时，干簧管的触点便在沉降环的磁场力作用下吸合，接通指示器电路，电感探测装置上的蜂鸣器就会发出叫声，此时根据测量导线上标尺所在孔口的刻度以及孔口标高，就可以计算沉降环所在位置的标高，测量精度可达 1mm。沉降环所在位置的标高可由下式计算：

$$H = H_j - L \tag{19.3-23}$$

式中　H——沉降环标高；

　　　H_j——基准点标高，可将沉降管管顶作为测量的基准点；

　　　L——测头距基准点的距离。

在基坑开挖前通过预埋分层沉降管和沉降环，并测读各沉降环的初始标高，与其在基坑开挖施工过程中测得的相应标高的差值，即为各土层在施工过程中的沉降或隆起。

$$\Delta H = H_0 - H_t \tag{19.3-24}$$

式中　ΔH——某高程处土的沉降；

　　　H_0——沉降环初始标高；

　　　H_t——基坑开挖过程中沉降环标高。

上式可测量某一高程处土的沉降值，但由于基准点水准测量误差，可能导致沉降环的高程误差。所以实际工作中可只测土层变形量，即假定埋设在较深处的沉降环为不动基准点，用沉降仪测出各沉降环的深度，即可求得各土层的变形量。

沉降管和沉降环的埋设要点：

钻机成孔，孔底标高略低于欲测量土层的标高，取出的土分层堆放。提起套管 30～40cm，将引导管插入钻孔内，引导管可逐节连接直至略深于预定的最深监测点深度，然后，在引导管与孔壁间用膨胀黏土球填充并捣实至最低的沉降环位置，另用一只铝质开口送筒装上沉降环，套在导管上，沿导管送至预埋位置，再用 $\phi50mm$ 的硬质塑料管将沉降环推出并轻轻压入土中，使沉降环的弹性爪牢固地嵌入土中，提起套管至待埋沉降环以上 30～40cm，往钻孔内回填该土层的土球（直径不大于 3cm），至另一个沉降环埋设标高处，重复上述步骤进行埋设。埋设完后，固定孔口，做好孔口的保护装置，并测量孔口标高和各磁性沉降环的初始标高。

3. 用深层沉降标观测

深层沉降标由一个三爪锚头，一根内管和一根外管组成，内管和外管都是钢管。内管联接在锚头上，可在外管中自由滑动。用水准测量内管顶部的标高，标高的变化就相当于锚头位置土层的沉降。将锚头埋入不同深度的土层中，即可监测不同深度土层的沉降，如图 19.3-22 所示。

深层沉降标的安装：

（1）用钻机在指定位置打一孔，孔底标定略高于欲测量土层的标高（约一个锚头长度）。

（2）将 1/4 钢管旋在锚头顶部外侧的螺纹连接器上，用管钳旋紧。将锚头顶部外侧的左旋螺纹用黄油顺滑后，与 1 英寸钢管底部的左旋螺纹相连。

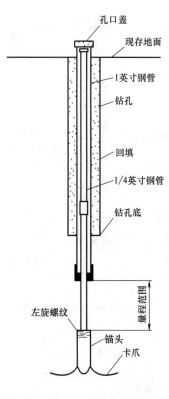

图 19.3-22　分层沉降标

（3）将装配好的深层沉降标慢慢放入钻孔内，并逐步加长，直到放入孔底。用外管将锚头压入预测土层的指定标高位置。

（4）在孔口恰好固定外管，将内管压下约 15cm，此时锚头上的三个卡爪会向外弹开卡在土层里，卡爪一旦弹开就不会再缩回。

（5）顺时针方向旋转外管，使外管与锚头分离。上提外管，使外管底部于锚头之间的距离稍大于预估的土层变形量。

（6）固定外管，将外管与钻孔之间的空隙填实，做好测点的保护工作。

19.3.11　倾斜监测

当从建筑物外部观测时，主要选用投点法、测水平角法和前方交会法。当利用建筑物内部竖直通道观测时，可选用正垂线法。对于较低的建筑物，也可采用吊垂线法进行测量。

（1）投点法。如图 19.3-23 所示，在建筑物顶部设置观测点 M，在离建筑物墙面大于其高度的 A 点（设一标志）安置经纬仪或全站仪（AM 应基本上与被观测的墙面平行），用正、倒镜法将 M 点向下投影，得 N 点，作一标志。当建筑物发生倾斜时，设房顶角 P 点偏到了 P' 点，则 M 点也向同方向偏到了 M' 点得位置，这时，经纬仪或全站仪安置在 A 点将 M' 点（标志的为 M 点）向下投影得 N' 点。N' 与 N 不重合，两点的水平距离 a 表示建筑物在该垂直方向上产生的倾斜量。用 H 表示墙的高度，则倾斜度为 $i=a/H$。

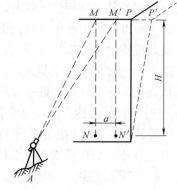

图 19.3-23　投点法测量
倾斜量示意图

对建筑的倾斜观测应在相互垂直的两立面上进行。

（2）测水平角法。如图 19.3-24 所示，测出架站点到观测点的水平距离 D 和上下两观测点间的水平夹角 $\Delta\alpha$，即可求出倾斜量 Δd：$\Delta d = D\sqrt{z(1-\cos\alpha)}$。

（3）精度要求。建筑物主体倾斜可按三等水平位移观测等级施测。

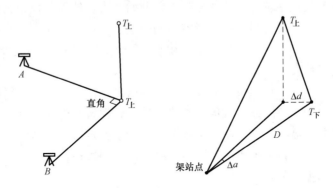

图 19.3-24　测水平角法测量倾斜示意图

19.3.12　裂缝监测

建筑物出现裂缝时，除了要加强沉降观测外，还应立即对裂缝进行观测，以掌握裂缝发展情况。裂缝监测应包含监测裂缝的位置、走向、长度、宽度，必要的尚应监测裂缝的深度。

裂缝观测方法如图 19.3-25（a）所示。用两块白铁片，一片约 150mm×150mm，固定在裂缝一侧，另一片 60mm×200mm，固定在裂缝另一侧，并使其中一部分紧贴在相邻的正方形白铁之上，然后在两块白铁片表面涂上红色油漆。当裂缝继续发展时，两块白铁片将逐渐拉开，正方形白铁片上便露出原被上面一块白铁片覆盖着没有涂油漆的部分，其宽度即为裂缝增大的宽度，可用小钢尺或游标卡尺直接量出。

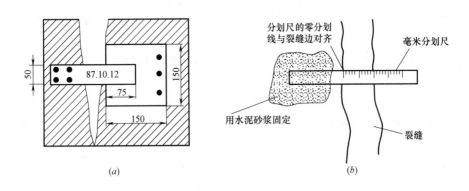

图 19.3-25　裂缝观测

裂缝观测也可沿裂缝布置成如图 19.3-25（b）所示的测标，通过测标随时检查裂缝的宽度。有时也可直接在裂缝两侧墙面上用油漆作平行线标志，然后用游标卡尺或裂缝观测仪量测裂缝宽度。

裂缝宽度量测精度不低于 0.1mm，裂缝长度量测精度不低于 1mm。

19.4　深基坑监测预警值及频率

19.4.1　监测频率

基坑工程监测是从基坑开挖前的准备工作开始，直至地下工程完成且对周边环境影响消除为止。地下工程完成一般是指地下室结构完成、基坑回填完毕，而对逆作法则是指地下结构完成。对于一些监测项目如果不能在基坑开挖前进行，就会大大削弱监测的作用，甚至使整个监测工作失去意义。

一般情况下，地下工程回填完成就可以结束监测工作。对于一些邻近基坑的重要建筑及管线的监测，由于基坑的回填或地下水停止抽水，建筑及管线会进一步调整，建筑及管线变形会继续发展，监测工作还需要延续至变形趋于稳定后才能结束。

基坑类别、基坑及地下工程的不同施工阶段以及周边环境、自然条件的变化等是确定监测频率应考虑的主要因素。

基坑工程的监测频率不是一成不变的，应根据基坑开挖及地下工程的施工进程、施工工况以及其他外部环境影响因素的变化及时地做出调整。一般在基坑开挖期间，地基土处于卸荷阶段，支护体系处于逐渐加荷状态，应适当加密监测；当基坑开挖完后一段时间，监测值相对稳定时，可适当降低监测频率。当出现异常现象和数据，或临近报警状态时，应提高监测频率甚至连续监测。

由于目前大多基坑规模都较大，周边环境又很复杂，由于技术能力、人力、物力等限制，各项基坑监测项目均按《建筑基坑工程监测技术规范》GB 50497—2009 要求的监测频率实现的困难较大。为满足基坑安全监测的要求，不同监测项目的频率也可以不同。一般情况，较可靠的监测项目，如深层水平位移、邻近建筑物沉降、立柱沉降、支撑内力、地下水位、裂缝等项目可作为主控项目来监测；邻近建筑物水平位移、基坑顶部水平位移、土钉内力、孔隙水压力、支护墙内力可适当降低监测频率。各地区也可以根据本地区的工程地质条件、监测技术水平的程度，结合本地区的经验制订自己的监测频率要求。

《建筑基坑工程监测技术规范》GB 50497—2009 对监测的频率进行了一些规定，详见表 19.4-1。

现场仪器监测的监测频率　　　　　　　　　　　　　　　　　　表 19.4-1

基坑类别	施工进程		基坑设计开挖深度			
			≤5m	5~10m	10~15m	>15m
一级	开挖深度（m）	≤5	1 次/1d	1 次/2d	1 次 2d	1 次/2d
		5~10		1 次/1d	1 次/1d	1 次/1d
		>10			2 次/1d	2 次/1d
	底板浇筑后时间(d)	≤7	1 次/1d	1 次/1d	2 次/1d	2 次/1d
		7~14	1 次/3d	1 次/2d	1 次/1d	1 次/1d
		14~28	1 次/5d	1 次/3d	1 次/2d	1 次/1d
		>28	1 次/7d	1 次/5d	1 次/3d	1 次/3d

续表

基坑类别	施工进程		基坑设计开挖深度			
			≤5m	5～10m	10～15m	>15m
二级	开挖深度（m）	≤5	1次/2d	1次/2d		
		5～10		1次/1d		
	底板浇筑后时间(d)	≤7	1次/2d	1次/2d		
		7～14	1次/3d	1次/3d		
		14～28	1次/7d	1次/5d		
		>28	1次/10d	1次/10d		

注：1. 当基坑工程等级为三级时，监测频率可视具体情况要求适当降低；

　　2. 基坑工程施工至开挖前的监测频率视具体情况确定；

　　3. 宜测、可测项目的仪器监测频率可视具体情况要求适当降低。

同时，《建筑基坑工程监测技术规范》GB 50497—2009 也要求：当出现下列情况之一时，应加强监测，提高监测频率：

(1) 监测数据达到报警值；

(2) 监测数据变化较大或者速率加快；

(3) 存在勘察未发现的不良地质；

(4) 超深、超长开挖或未及时加撑等未按设计工况施工；

(5) 基坑及周边大量积水、长时间连续降雨、市政管道出现泄漏；

(6) 基坑附近地面荷载突然增大或超过设计限值；

(7) 支护结构出现开裂；

(8) 周边地面突发较大沉降或出现严重开裂；

(9) 邻近建筑突发较大沉降、不均匀沉降或出现严重开裂；

(10) 基坑底部、侧壁出现管涌、渗漏或流砂等现象；

(11) 基坑工程发生事故后重新组织施工；

(12) 出现其他影响基坑及周边环境安全的异常情况。

当有危险事故征兆时，应实时跟踪监测。

19.4.2 基坑及支护结构预警值

与一般工程结构不同，基坑支护系统具有临时性、复杂性和动态性的特点，由此造成了基坑支护系统在使用周期内安全方面的许多不确定性。因此，必须根据这些特点，来考虑安全预警问题。超过预警值的基坑工程，不一定就必然破坏，但必定是需要引起警觉并采取对策的基坑工程。预警指标取得过大，可能导致思想麻痹，过小则可能造成不必要的浪费。恰如其分地确定预警量值，是一个非常值得探讨的课题。基坑工程具有很强的区域性和个性，如软黏土地基、砂土地基及黄土地基等工程地质和水文地质条件不同的地基；同一城市不同区域也有差异；每个基坑工程的相邻构筑物及地下管线的位置、抵御变形的能力、重要性以及周围场地条件也各不相同。因此，对基坑工程预警指标规定统一标准是比较困难的。

但基坑工程监测必须确定监测报警值，监测报警值应满足基坑工程设计、地下主体结构设计以及周边环境中被保护对象的控制要求。监测报警值应由基坑工程设计方确定。

现场监测成果可按黄色、橙色和红色三级预警进行管理和控制，三级警戒状态判定见表 19.4-2。

三级警戒状态判定　　　　　　　　　　　　　　　　表 19.4-2

预警级别	预警状态描述
黄色监测预警	"双控"指标(变化量、变化速率)均超过监控量测控制值(极限值)的 70％时，或双控指标之一超过监控量测控制值的 85％时
橙色监测预警	"双控"指标均超过监控量测控制值的 85％时，或双控指标之一超过监控量测控制值时
红色监测预警	"双控"指标均超过监控量测控制值，且实测变化速率出现急剧增长时

《建筑基坑工程监测技术规范》GB 50497—2009 列出了不同支护结构的监测预警值范围，见表 19.4-3。

基坑及支护结构监测报警值　　　　　　　　　　　表 19.4-3

序号	监测项目	支护结构类型	一级 累计值 绝对值(mm)	一级 累计值 相对基坑深度(h)控制值	一级 变化速率(mm·d⁻¹)	二级 累计值(mm) 绝对值(mm)	二级 累计值(mm) 相对基坑深度(h)控制值	二级 变化速率(mm·d⁻¹)	三级 累计值(mm) 绝对值(mm)	三级 累计值(mm) 相对基坑深度(h)控制值	三级 变化速率(mm·d⁻¹)
1	围护墙(边坡)顶部水平位移	放坡、土钉墙、喷锚支护、水泥土墙	30~35	0.3%~0.4%	5~10	50~60	0.6%~0.8%	10~15	70~80	0.8%~1.0%	15~20
		钢板桩、灌注桩、型钢水泥土墙、地下连续墙	25~30	0.2%~0.3%	2~3	40~50	0.5%~0.7%	4~6	60~70	0.6%~0.8%	8~10
2	围护墙(边坡)顶部竖向位移	放坡、土钉墙、喷锚支护、水泥土墙	20~40	0.3%~0.4%	3~5	50~60	0.6%~0.8%	5~8	70~80	0.8%~1.0%	8~10
		钢板桩、灌注桩、型钢水泥土墙、地下连续墙	10~20	0.1%~0.2%	2~3	25~30	0.3%~0.5%	3~4	35~40	0.5%~0.6%	4~5
3	深层水平位移	水泥土墙	30~35	0.3%~0.4%	5~10	50~60	0.6%~0.8%	10~15	70~80	0.8%~1.0%	15~20
		钢板桩	50~60	0.6%~0.7%	2~3	80~85	0.7%~0.8%	4~6	90~100	0.9%~1.0%	8~10
		型钢水泥土墙	50~55	0.5%~0.6%	2~3	75~80	0.7%~0.8%	4~6	80~90	0.9%~1.0%	8~10
		灌注桩	45~50	0.4%~0.5%	2~3	70~75	0.6%~0.7%	4~6	70~80	0.8%~0.9%	8~10
		地下连续墙	40~50	0.4%~0.5%	2~3	70~75	0.7%~0.8%	4~6	80~90	0.9%~1.0%	8~10

续表

序号	监测项目	支护结构类型	基坑类别								
			一级			二级			三级		
			累计值		变化速率(mm·d⁻¹)	累计值(mm)		变化速率(mm·d⁻¹)	累计值(mm)		变化速率(mm·d⁻¹)
			绝对值(mm)	相对基坑深度(h)控制值		绝对值(mm)	相对基坑深度(h)控制值		绝对值(mm)	相对基坑深度(h)控制值	
4	立柱竖向位移		25~35		2~3	35~45		4~6	55~65		8~10
5	基坑周边地表竖向位移		25~35		2~3	50~60		4~6	60~80		8~10
6	坑底隆起(回弹)		25~35		2~3	50~60		4~6	60~80		8~10
7	土压力		$(60\%\sim70\%)f_1$			$(70\%\sim80\%)f_1$			$(70\%\sim80\%)f_1$		
8	孔隙水压力										
9	支撑内力		$(60\%\sim70\%)f_2$			$(70\%\sim80\%)f_2$			$(70\%\sim80\%)f_2$		
10	围护墙内力										
11	立柱内力										
12	锚杆内力										

注：1. h—基坑设计开挖深度；f_1—荷载设计值；f_2—构件承载力设计值；

2. 累计值取绝对值和相对基坑深度（h）控制值两者的小值；

3. 当监测项目的变化速率达到表中规定值或连续 3 天超过该值的 70%，应报警；

4. 嵌岩的灌注桩或地下连续墙报警值宜按上表数值的 50%取用。

19.4.3 基坑周边环境监测预警值

基坑周边环境监测预警值见表 19.4-4。建筑物基础倾斜允许值见表 19.4-5。

建筑基坑工程周边环境监测报警值　　　　　　　　　　表 19.4-4

监测对象	项目		累计值(mm)	变化速率(mm·d⁻¹)	备注
1	地下水位变化		1000	500	—
2	管线位移	刚性管道 压力	10~30	1~3	直接观察点数据
		刚性管道 非压力	10~40	3~5	
		柔性管线	10~40	3~5	—
3	邻近建筑位移		10~60	1~3	—
4	裂缝宽度	建筑	1.5~3	持续发展	—
		地表	10~15	持续发展	—

建筑整体倾斜度累计值达到 2/1000 或倾斜速度连续 3 天大于 $0.0001H/d$（H 为建筑承重结构高度）时报警

注：1. H 为建筑物地面以上高度；

2. 倾斜是基础倾斜方向二端点的沉降差与其距离的比值。

建筑物的基础倾斜允许值 表 19.4-5

建筑物类别		允许倾斜
多层和高层建筑基础	$H \leqslant 24\mathrm{m}$	0.004
	$24\mathrm{m} < H \leqslant 60\mathrm{m}$	0.003
	$60\mathrm{m} < H \leqslant 100\mathrm{m}$	0.002
	$H > 100\mathrm{m}$	0.0015
高耸结构基础	$H \leqslant 20\mathrm{m}$	0.008
	$20\mathrm{m} < H \leqslant 50\mathrm{m}$	0.006
	$50\mathrm{m} < H \leqslant 100\mathrm{m}$	0.005
	$100\mathrm{m} < H \leqslant 150\mathrm{m}$	0.004
	$150\mathrm{m} < H \leqslant 200\mathrm{m}$	0.003
	$200\mathrm{m} < H \leqslant 250\mathrm{m}$	0.002

经验类比值：煤气管的沉降和水平位移：均不得超过 10mm，每天发展不得超过 2mm；自来水管的沉降和水平位移：均不得超过 30mm，每天发展不得超过 5mm。

坑外水位下降：不得超过 1000mm，每天发展不得超过 500mm。

19.5 数据处理与信息反馈

19.5.1 一般规定

基坑工程安全监测的直接目的就是监控和安全预报。由于基坑工程自身的特殊性和复杂性，通常情况下，直接采用监测原始数据对基坑工程的安全稳定状态进行判断和评估的难度很大。因此为了达到安全监测的目的，则需要监测分析人员应具有岩土工程与结构工程的综合知识，具有设计、施工、测量等工程实践经验，具有较高的综合分析能力，选用合理的手段和方法，做好监测资料的整理分析，做到正确判断、准确表达，及时提供高质量的综合分析报告。

19.5.2 数据处理

1. 监测资料的搜集

资料搜集包含两个方面：观测数据的采集和现场的人工巡视的实施记录。外业观测值和记事项目，必须在现场直接记录于观测记录表中。任何原始记录不得涂改、伪造和转抄，并有测试、记录人员签字。现场测试人员应对监测数据的真实性负责，监测分析人员应对监测报告的可靠性负责、监测单位应对整个项目监测质量负责。现场的监测资料应符合下列要求：

（1）使用正式的监测记录表格，并应尽可能全面、完整，包含详细的监测数据记录、观测环境的说明，与观测同步的气象资料等；

（2）监测记录应有相应的工况描述，包含开挖方式、开挖进度、各类支护实施时间等资料；

(3) 现场巡视资料应包含自然条件、支护结构状况、施工工况、周边环境状况、监测设施状况等；

(4) 观测数据出现异常，应及时分析原因，必要时进行重测。

2. 监测资料的整理、分析

现场监测资料搜集完成后，监测数据应及时整理，并对原始观测数据整理分析，对监测数据的变化及发展情况应及时分析和评述。整理分析的主要过程为：数据的检验、各个监测数据的计算、填表制图、异常值的识别剔除、初步分析等。

在监测过程中，来自人员、仪器设备和各种外界条件（大气折射、振动源等）监测数据的整理过程中，首先应对原始观测资料进行检验和误差分析，判断原始观测资料的可靠性，分析误差的大小、类型及原因，以便采取合理的方法对其进行修正和处理。观测的可靠性考量主要针对三个方面：是否按规定的作业方法；使用的观测仪器是否稳定、正常；相关数据是否符合一致性、相关性、连续性等原则。观测数据的误差有三种：过失误差，该误差造成错误数据，一般是由观测人员过失导致的；偶然误差，该误差是各种偶然因素引起的，是随机性的，客观上难以避免，可采用常规误差分析理论进行处理；系统误差，该误差产生原因较多，常见的系统误差一般由仪器或观测方法引起，可通过校正仪器消除。一般情况下，需要通过人工判断和统计分析，剔除过失误差和偶然误差，以保证观测数据的可靠性。

原始观测经过计算、整理后，通过制表和绘图将生成的观测数据结果直观、简单地反映出来。通过表格把各类监测数据系统地组织在一起，便于分析和比较，目前对于各个监测报表的格式尚无统一规范，国家标准《建筑基坑工程监测技术规范》提供了各种监测数据的报表样表，见该规范附录 A～附录 E。

通过绘图则可以直观地把相关数据提供给分析人员和管理人员，一般绘制的常用曲线有过程图、分布图和相关图。过程图即为监测数据与时间的关系，时间为水平坐标，监测的数据（位移、应力等）为纵坐标，有必要时也可给出变化速率－时间关系图。分布图即监测数据与空间的关系，如水平位移沿基坑边线的分布情况、深层水平位移沿钻孔深度方向的分布情况等。相关图反映的是两个相关的监测数据之间的关系，如锚杆的应力变化与其对应点的水平位移关系图等。

进行监测项目数据分析时，应结合其他相关项目的监测数据和自然环境、施工工况等情况以及以往数据，预测其发展趋势，并做出预报。分析通常采用比较法、作图法、统计方法及各种数学、物理模型法。分析所观测的各个参数的变化情况、变化规律、发展趋势、各种原因及其相关关系和程度，以便对基坑的安全状态和应采取的措施进行评估。

19.5.3 信息反馈

监测结果的反馈不仅仅包含数据等信息的反馈，还应根据监测信息资料，指导设计和施工方案进一步修改和优化。因此需要对监测数据进行进一步的分析，预测结构下一个施工阶段的变形与内力变化情况，判断结构是否安全，对改变施工工艺与流程后的结构响应进行反馈。当监测数据超过预警值时，或结构出现不安全的苗头或趋势时，为了确保结构的安全，分析造成不安全趋势的原因，制定保证工程安全的施工措施，需要制定监测预警值信息反馈程序，见图 19.5-1。

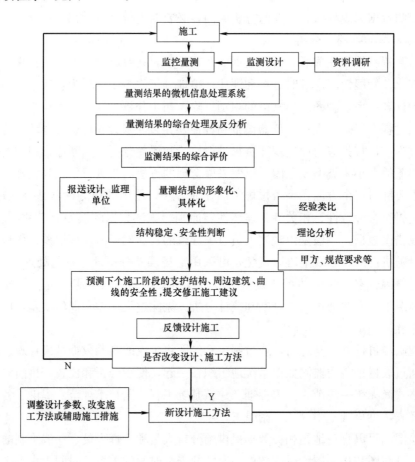

图 19.5-1　监测预警值信息反馈程序图

监测数据的时程分析，即在取得监测数据后，要及时整理，绘制位移或应力的时态变化曲线图，即时态散点图。基于监测数据、理论分析模型、结构响应的联合分析预测。

监测报告提供的内容可分为图表和文字报告。按时间段又可分为监测当日报表、阶段性报告和监测总结报告。

各个报表和报告提供的数据、图表应客观、真实、准确、及时。报表应按时报送。报表中监测成果应用表格和变化曲线或图形反映。国家标准《建筑基坑工程监测技术规范》对监测当日报表、阶段性报告和监测总结报告内容作出了相关规定：

（1）监测当日报表

① 当日的天气情况和施工现场的工况；

② 仪器监测项目各监测点的本次测试值、单次变化值、变化速率以及累计值等，必要时绘制有关曲线图；

③ 巡视检查的记录;

④ 对监测项目应有正常或异常的判断性结论;

⑤ 对达到或超过监测报警值的监测点应有报警标示,并有原因分析及建议;

⑥ 对巡视检查发现的异常情况应有详细描述、危险情况应有报警标示,并有原因分析及建议;

⑦ 其他相关说明。

当日报表应标明工程名称、监测单位、监测项目、测试日期与时间、报表编号等,并应有监测单位监测专用章及测试人、计算人和项目负责人签字。

(2) 阶段性监测报告

① 该监测期相应的工程、气象及周边环境概况;

② 该监测期的监测项目及测点的布置图;

③ 各项监测数据的整理、统计及监测成果的过程曲线;

④ 各监测项目监测值的变化分析、评价及发展预测;

⑤ 相关的设计和施工建议。

阶段性监测报告应标明工程名称、监测单位、该阶段的起止日期、报告编号,并应有监测单位章及项目负责人、审核人、审批人签字。

(3) 总结报告

① 工程概况;

② 监测依据;

③ 监测项目;

④ 测点布置;

⑤ 监测设备和监测方法;

⑥ 监测频率;

⑦ 监测报警值;

⑧ 各监测项目全过程的发展变化分析及整体评述;

⑨ 监测工作结论与建议。

总结报告应标明工程名称、监测单位、整个监测工作的起止日期,并应有监测单位章及项目负责人、单位技术负责人、企业行政负责人签字。

19.6 工程实例

1. 工程概况

福州 110kV 德贵(东水)变电站位于福州市劳动路以东、新拓宽的得贵路以南。拟建的主控配电楼为半地下变电站,地面一层,地下 3 层。靠主控配电楼北侧,距离主控配电楼地下室 4.1m 为拟建的消防水池及变压器总事故油池。场地外东侧距离基坑 12m 为新建阳光城建筑;南侧距离基坑约 12m 为民房(2 层、浅基);西侧为道路,路边距离基坑约 9.5m 为民房(2 层、浅基);北侧为规划道路。

主控配电楼基坑计算深度为 12.50m,围护周长约为 150m。基坑支护采用混凝土灌注桩+三道混凝土内支撑,桩间采用高压旋喷桩止水、挡泥。

2. 场地工程地质、水文地质条件

基坑开挖影响范围内的主要土层为：

杂填土、淤泥、粉质黏土、淤泥质土等。

基坑开挖影响范围内的水文地质条件为：

场地地下水主要赋存于杂填土层中的上层滞水及圆砾层中的孔隙水。水位埋深为1.50~2.00m，主要接受大气及周边地下水的补给，水量贫乏—中等。

3. 基坑监测内容及结果

基坑监测内容有：围护桩深层水平位移监测（测斜）、基坑邻近建筑物、周边道路、基坑坡顶及立柱沉降观测、坡顶水平位移观测、围护桩内力监测、支撑轴力监测、地下水位监测。

（1）基坑土体深层水平位移监测（测斜）

采用专用测斜仪对土体侧向位移进行监测，监测土体各层的位移变化情况。沿着支护结构边缘，埋设 4 个测斜孔（C1~C4），孔深为 25~28m。累计位移最大值为 34.66mm。

（2）基坑邻近建筑物、周边道路、基坑坡顶及立柱沉降观测

1）在邻近建筑物上埋设 26 个沉降观测点（1~26 点）。累计沉降最大值为 10.25mm（26 点）。

2）在道路上埋设 17 个沉降观测点（L1~L17 点）。道路累计沉降最大值为 12.95mm（L5 点）。

3）沿着支护结构边缘埋设 9 个沉降观测点（J1~J9 点）。基坑坡顶的累计沉降最大值为 15.27mm（J6 点）。

4）在支撑的立柱上埋设 2 个沉降观测点（LZ1~LZ2）。立柱累计沉降最大值为6.68mm（LZ1）。

（3）坡顶水平位移观测

沿着支护结构边缘埋设 4 个水平位移观测点（S1~S4）。基坑坡顶的累计水平位移最大值为 20.0mm（S2、S4 点）。

（4）围护桩内力、支撑轴力监测

1）围护结构内力监测点 3 个，每根桩布置 6 个剖面，每个剖面布置 4 个钢筋应力计传感器，共 72 个钢筋应力计（N13—A—1~N89—F—4）。围护桩钢筋计内力最大值为87.4MPa（N89—F—2 号应力计）。

2）支撑梁内力监测点 6 个，每个支撑内力监测点布置 4 个钢筋应力计，共 24 个钢筋应力计（M1—A—1~M3—D—2）。支撑梁钢筋计内力最大值为 74.1MPa（M1—D—2 号应力计）。

（5）地下水位监测

沿着支护结构边缘埋设 4 个水位观测孔（W1~W4），每个孔埋设深度均为 14m，其中测点 W1 初测过后被土方覆盖，无法观测。最大水位变化量为 4632mm（W2）。

在福州 110kV 德贵（东水）变电站基坑工程施工期间，基坑支护结构工作正常，内力和变形基本均在规范和设计允许的范围内，基坑水位变化量有超过设计预警值，经现场监测未对场地周边的建（构）筑物以及基坑施工造成明显影响，基坑施工顺利完成。

基坑监测点平面布置图及部分监测项目的时程曲线图见图 19.6-1~图 19.6-6。

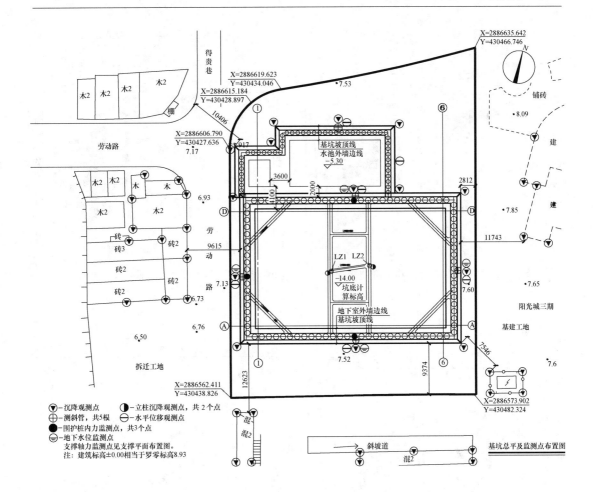

图 19.6-1 基坑监测点平面布置示意图

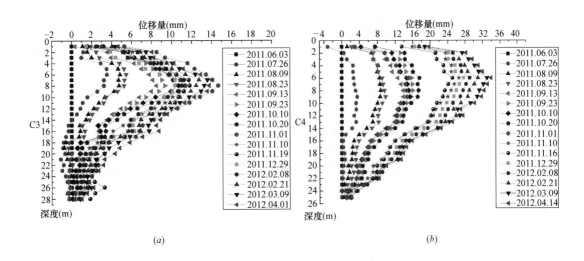

图 19.6-2 围护桩深层水平位移曲线图

(a) C3 孔深层水平位移曲线图；(b) C4 孔深层水平位移曲线图

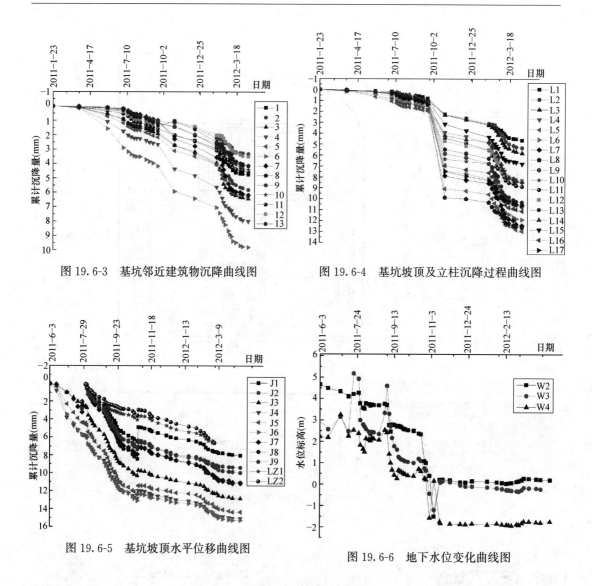

图 19.6-3 基坑邻近建筑物沉降曲线图

图 19.6-4 基坑坡顶及立柱沉降过程曲线图

图 19.6-5 基坑坡顶水平位移曲线图

图 19.6-6 地下水位变化曲线图

参 考 文 献

[1] 刘国彬，王卫东. 基坑工程手册（第二版）[M]. 北京：中国建筑工业出版社，2009.

[2] 龚晓南主编. 深基坑工程设计施工手册 [M]. 北京：中国建筑工业出版社，1998.

[3] 中华人民共和国行业标准. 建筑基坑支护技术规程 JGJ 120—2012 [S]. 北京：中国建筑工业出版社，2012.

[4] 中华人民共和国国家标准. 建筑地基基础设计规范 GB 50007—2011 [S]. 北京：中国建筑工业出版社，2011.

[5] 中华人民共和国国家标准. 建筑基坑工程监测技术规范 GB 50497—2009 [S]. 北京：中国建筑工业出版社，2009.

第20章　深基坑工程环境效应与对策

黄集生　　　　　　黄建南　　　　　　俞清瀚

（厦门辉固工程技术有限公司）（厦门市建设局）（富国技术工程股份有限公司）［中国台湾］

20.1　概述

20 世纪 80 年代以来，随着国民经济的快速发展，在我国的城市建设中，特别是中东部地区，高层和超高层建筑物大批建造，为了满足工程设计上稳定性要求，一般都要设置地下室，地下室层数多在 1～2 层。进入 21 世纪以后，由于机动车保有量的迅猛增长，在日益拥挤的城市中，停车位短缺问题尤为突出，解决该问题的重要途径之一就是开发利用地下空间，地下空间需求急剧上升。近几年来，进入地铁建设的城市越来越多，如深圳、福州、杭州、青岛和厦门等。在地铁建设中，地铁车站基坑开挖深度一般多在 20m 以上，有的甚至达到 40m 以上。"城市地下空间——作为一种资源"越来越得到认同，地下室层数越来越多，基坑规模越来越大，显现出基坑工程多、深、大及复杂的特点，数栋甚至十几栋高层建筑地下室连成一片；基坑工程周边环境复杂，如处于交通要道和商业区间，交通流量大，市政管线密集，尤其是旧市区，有许多对变形敏感的老旧建筑物。

基坑工程涉及工程地质、水文地质、岩土力学、结构力学、工程结构学、工程施工等诸多学科，主要研究基坑岩土的强度和变形、支护结构的强度和刚度以及岩土与支护结构的共同作用等问题，环境岩土工程是其中的一个重要组成部分。环境岩土工程主要涉及施工过程中的支护安全、合理利用地表下一定深度范围内的空间资源以及兴建地下构筑物对环境的影响等诸多方面。由于地质条件和周边环境条件的复杂性和随机性，基坑工程技术无论理论上还是实践上，都还不够成熟和完善，城市建设在利用地下空间的深基坑施工中对相邻建筑设施影响的控制越来越严格，对其施工技术提出了更高要求。因此尚须通过大量的工程实践，积累更丰富的原位测试数据，进而总结出有关动态设计、信息施工、监理、监测等一系列经验，进行理论升华和提升技术水平，并在基坑工程实践中，重视深基坑工程环境效应问题。

基坑工程具有很强的区域性。例如：北京地区地基土层的 c、φ 值比软土地区高很多，主要含水层在自然地面下约 20m 左右，深基坑支护多采用排桩或地下连续墙加锚杆土钉，辅以降水措施，基坑开阔方便施工。上海地区土层从自然地面至地下 28m 左右多为淤泥质黏土、粉质黏土，地下水位高，支护结构要挡土截水，以内支撑为主，考虑到软土具有蠕变性，很注意"时空效应"，适用分部分段分层开挖，随挖随撑以减少不良环境效应。武汉属我国内部大城市，江河纵横，地下水丰富且深基坑常遇到粉砂与粉土层，该地区在防止流砂、管涌、预防深基坑突发性事故方面显得非常重要[1]。

从唐业清[2]对 103 项深基坑工程事故的调查中，可以看出，我国深基坑工程事故时有发生，造成基坑事故的原因是多方面的，其影响因素也是较复杂的。其中深基坑设计失误，水处理不当，结构和基坑失稳事故，占总事故的 80％。深基坑工程事故造成了大量经济损失，也造成了较大的社会影响。深基坑工程事故给基坑周边带来不良环境效应，甚至造成严重的后果。

基坑支护结构极限状态可分为下列两类：

（1）承载能力极限状态 支护结构达到最大承载力或基坑底失稳，流土导致土体或支护结构破坏；

（2）正常使用极限状态 支护结构的变形或地下水状态改变导致周围土体变形过大对相邻建（构）筑物及市政设施产生了不良影响。

基坑支护体系一般是临时结构，安全储备小，且受勘察、设计和工程施工质量的影响，具有较大的风险。它所达到的两类极限状态，都将给环境带来不同程度的影响，其环境效应问题已愈来愈为人们所认识和重视。本章将主要介绍基坑工程环境效应问题及其相应的对策，并列举一些典型工程实例供借鉴[1]。

20.2 降排水环境效应

为了保证基坑工程土方开挖和地下室施工处于水位以上的"干"状态，需要通过降低地下水位或配以设置截水帷幕使地下水位在基坑底面 0.5～1.0m 以下。在地下室施工结束，上部结构尚未施工至满足抗浮要求时需通过降低地下水位，克服地下水对地下室产生的浮力。本节主要介绍降排水环境效应问题。

排水主要以排水沟和集水井形成排水系统，解决上部土层的滞水和降雨积水的疏排。降水包括采用轻型井点、喷射井点和深井井点降水等。对于地下水量较少，土层渗透性较差的场地，降排水是解决基坑地下水问题的重要手段之一。但降低地下水位可能引起地面沉降，将对环境造成不良影响，尤以深井降水影响最大。其主要表现有：

（1）建筑物倾斜，产生或大或小的裂缝，有的甚至成为危房；

（2）地面工程（如道路、绿化等）破损；

（3）地下管线破损导致严重后果，如煤气管道破裂，导致漏气，甚至起火；地下水管破裂，影响城市正常供水；通信缆线破坏，通信中断等。

对于基坑底以上发育有粉土、粉细砂的情况，在水力坡降的作用下，基坑降排水可能发生流土或流砂现象；对于基坑底以上发育有砂层的情况，在地下水渗透力的作用下，基坑降排水可能发生流砂、管涌现象；流土、流砂和管涌都将掏空基坑侧壁土体，导致支护结构失效。当基坑底下卧承压水层时，基坑底土层不能承受承压水作用而产生基底"突涌"破坏。这些现象会导致严重的地面沉降和不均匀沉降，甚至导致基坑支护结构破坏。我国沿海地区，往往发育较厚淤泥层，基坑降排水会引起大量地面沉降，特别是淤泥夹薄砂层或淤泥层下卧有砂层的情况，由于缩短了淤泥排水路径，加快其固结沉降，一般基坑开挖过程及开挖后基坑暴露时间至少半年，若开挖后，再进行工程桩施工，则降水时间更长，长时间降水致使淤泥产生较大的固结沉降，可达数十厘米，对周围环境影响较大，且降水对基坑周边的影响往往有滞后效应。

采用抽水降压措施解决基底"突涌"时，应当配合适当的抽水井配置与施工期间的水位、水压与地层沉降观测，应由基坑内外地下水位与水压之监控抽水作业，切忌超抽；并应避免抽水期间可能伴随发生之大量土砂流失情形。对于拟配合深开挖进行施工降水或深层解压抽水的基坑，建议应于施工前依基坑地层特性与开挖规模，就拟抽降水含水层进行详细的大型抽水试验。除于适当深度安装代表性之抽水井外，同时应于距抽水井不同距离针对各深度地层装设地下水位观测井或水压计并于抽水影响范围设置地表沉降观测点。以有效估算含水层的水文参数，配置适当的抽水井系统；并预估实际开挖抽水对邻近地层之可能影响程度，预先配合必要之辅助或预防措施。当开挖深度加深或拟抽降水位、水压增大，导致需配置多量抽水井进行长期大规模抽水，进而可能对邻近地层与建物造成显著影响时，建议宜配合挡土结构进行相关辅助措施。如将水密性良好的挡土结构加深贯穿含水层入其下透水性不良之黏性土层，形成阻隔设施，仅进行基地开挖面内之局部抽水解压；或可考虑直接于开挖底面进行全面止水灌浆改良，阻绝或减少开挖面之渗流量，但应审慎考量其改良成效与施工成本[20]。

下面拟通过一些工程实例来进一步阐明降排水的环境效应：

1. 厦门某工程

上部为四栋 32 层公寓塔楼，地下室二层，底板埋深约 11.0m，基坑面积 8500m²，坐落在海湾淤泥滩涂地，土层为杂填土 2.0～3.0m，淤泥层厚 8.0～11.0m，黏土层厚 1.0～5.0m，粉质黏土层厚 2.0～4.0m，中粗砂层厚 2.0～4.0m，下卧层为花岗岩残积土及风化岩层。基坑支护采用桩锚支护体系，以 $\phi1200$ 的人工挖孔桩作支护桩，入土 19.0～21.0m。支护桩外布有降水井 23 口，支护桩施工中降水。一个半月后，发现四周沉降量很大，涉及范围较广，邻近小区 $\phi300$ 供水管爆裂。附近观测点最大的沉降量为 22.2cm，距基坑 50m 处沉降 10.4cm，距离基坑 297m 处沉降 4.2cm，影响半径大于 300m[11]。

2. 海口宏威大厦

位于海口市海甸岛的宏威大厦与海口海事法院综合楼毗邻。宏威大厦基坑深 8.65m，采用坑内井点降水放坡开挖（坡度 57°），侧壁喷锚支护，其中在靠近海事法院综合楼一侧布置了四排非预应力锚杆，锚杆长 8～9m，并布置了五口降水井，于 1994 年 10 月 23 日进行全面的不间断的基坑降水，11 月 6 日开挖基坑，大约在 11 月 29 日，发现法院综合楼南台阶开裂，1995 年 1 月 4 日经北京测绘学院的测量表明，法院综合楼已向基坑方向倾斜了 28cm。基坑停止降水后综合楼又稳定下来，一段时间后，基坑北侧侧壁大面积坍塌。基坑降水使综合楼地基中的地下水形成漏斗形的水力坡降。综合楼位于大海边，地下水极丰富，加之淤泥质黏土的渗透系数小，形成的水力坡降很陡。1995 年 4～7 月的实测结果表明该场地的地下水位为 -4.2m，降水坡度如图 20.2-1 所示。基坑降水，地下水位下降使土体失水固结下沉，桩侧土体对桩产生负摩擦阻力，水力坡降造成综合楼的不均匀沉降。

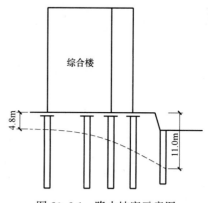

图 20.2-1 降水坡度示意图

20.3 支护桩、基桩施工环境效应

支护桩常用的桩型为：冲钻孔灌注桩、沉管灌注桩、人工挖孔桩、普通水泥搅拌桩、三轴水泥搅拌桩、旋挖桩等。此外，还有拉森钢板桩、钢筋混凝土预制桩和高频沉管取土

桩等，几乎包括了所有桩型。

支护桩施工的环境影响比较大，在非挤土桩中要首推人工挖孔桩。由于它主要是人工挖掘（降水的不良效应 20.2 已述及），地基土层中出现临空面，引起附近土体的侧移。当成排开挖，土层又是软土或花岗岩残积土时，人工挖孔桩孔中流泥、涌泥，导致侧壁土体被掏空，土体变形、侧移现象更为严重，往往造成附近既有建筑物沉降、倾斜，上部结构开裂，道路路面沉降，地下管道断裂等[14]。支护桩为预制桩时，因是挤土桩型，也常常带来挤土危害。拉森式板桩虽大大减少挤土效应，但在拔桩时会带动部分地基土层中的土体上拔，也会引起邻近建筑物的附加沉降。冲钻孔灌注桩会产生大量泥浆，造成工地内外环境污染，大量泥浆处理也是难题，特别是冲孔桩，其施工噪声更是令人难以忍受。

深基坑中的基桩施工，特别是采用人工挖孔桩，在软土地区，有时带来的不良环境效应也是严重的。在城市密集区不宜采用该桩型。基桩采用预制桩，也会对邻近工程深基坑的支护结构带来危害。例如浦东某两个工程，一工程在开挖基坑，另一工程施工预制桩，相邻仅 14.5m，由于打桩速度快，每天打 13～18 根，结果因打桩造成严重挤土作用，导致相邻工程的水泥土搅拌桩墙体位移 1.638m，支护墙体破坏。

随着基坑深度的不断加大和基于深基坑周边环境的复杂程度，连续墙已是常用的基坑围护主体结构，其施工过程中，对邻近地层造成的沉降与变位，不容忽视，在设计评估阶段即应将基坑土方开挖前支护结构和基桩施工作业的可能影响纳入考量。下面拟通过一个工程实例[18]来进一步阐明上述问题。

1. 场地概况

该深基坑位于高雄市左营区，拟兴建地上 10 层、地下 5 层商业大楼。西侧紧邻营运中之道砟式轨道基地，其地表经回填而较本基地高约 1.4～1.7m，西侧距最近轨道约 8～12m；北侧空地将与本基地同时开发为公园绿地；东侧紧邻宽约 30m 的新建道路；南侧约 15m 外为地上 5 层、地下 2 层的建筑。

该场地地处高雄冲积平原，其地层主要为砂、砾石、黏性土组成的全新世冲积层，冲积层不整合覆盖在以泥岩为主的岩层上。泥岩层分布于深度 29.5～45.2m 以下，变化甚大；致其上覆粉土质黏土层的分布深度及厚度，亦呈明显差异。该地代表性地层剖面如图 20.3-1 所示，地层及建议工程性质参数如表 20.3-1 所示。

地层及建议工程性质参数   表 20.3-1

类别	土层	分体深度（平均深度）(m)	厚度（平均值）(m)	N 值（平均值）	e	γ_r (cm³)	w (%)	LL (%)	PI (%)	C_1 (t/m²)	φ' (°)	S_u (t/m²)
1	回填(SF)	0～4.5 (0～1.5)	0.6～4.5 (1.5)	4～11 (7)	—	—	—	—	—	0	28	—
2	粉土质黏土 (CL1)	0.6～5.5 (1.5～3.6)	0～3.5 (2.1)	4～12 (7)	0.74	1.95	24	40	21	0.1	30	—
3	粉土质细砂至中砂(SM)	2.5～15.5 (3.6～13.1)	7.4～13 (9.5)	2～22 (10)	0.74	1.89	23	—	—	0	32	—
4	粉土质黏土 (CL2)	10.7～17 (13.1～15.3)	0～6 (2.2)	3～16 (6)	0.94	1.33	30	34	13	0.1	30	4

续表

类别	土层	分体深度 （平均深度） （m）	厚度 （平均值） （m）	N 值 （平均值）	e	γ_r （cm³）	w （%）	LL （%）	PI （%）	C_1 （t/m²）	φ' （°）	S_u （t/m²）
5	粉土质细砂 或细砂质粉土 （SMML）	13～30.5 （15.3～26.7）	8.6～14.5 （11.4）	4～28 （13）	0.81	1.37	26	—	—	0	33	—
6	粉土质黏土 （CL3）*	25.6～44.1 （29.5～62）	2.5～18.4	3～31 （8）	0.79	1.92	25	33	14	0.1	33	6～10
7	粉质（MS）**	29.5～62	—	＞50	—	—	—	—	—	—	—	—

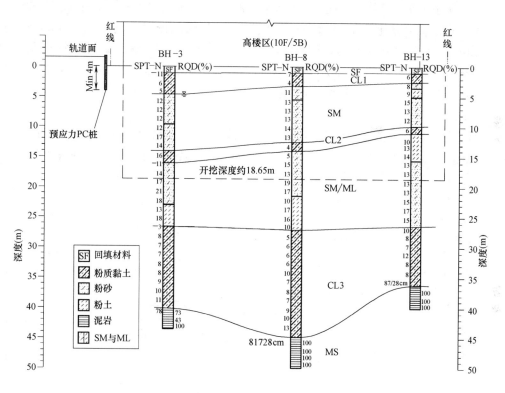

图 20.3-1 地层剖面图

基地浅层含水层的地下水位约位于地表下 4.6～4.9m；深度 18.5m 砂性土层的地下水压，小于依浅层含水层地下水位的静态分布水压约 10kPa；泥岩层的地下水压则较静态水压低约 5～30kPa。

2. 设计方案

该基坑范围南北长约 167m、东西宽约 55m，原设计开挖深度约 21.85m（后变更为 18.65m）；采用连续墙（即连续墙）作为挡土设施，连续墙厚度除西侧因紧邻轨道基地回填荷载及营运要求采用 150cm 外，其他侧皆为 120cm；连续墙深度为 43m 或入岩 1～4m，总深度介于 34～43m（部分单元配合柱位承载加深至 45m）。内设置 5 道 80cm 厚的东西向对撑式地中壁，各地中壁间则配置 80cm 厚扶壁；地中壁与扶壁顶部提高至地表下 2m，总深度达 32～41m。扶壁及地中壁与四周挡土连续墙连结处均采用 T 单元施筑,扶壁全断面采用无筋混凝土 ($f'_c = 140\text{kg/cm}^2$);地中壁于开挖面上采用无筋混凝土 ($f'_c = 140\text{kg/cm}^2$),开挖面下则采用钢筋混凝土 ($f'_c = 280\text{kg/cm}^2$)。另西侧紧邻轨道基地,在连续墙施工前,先施作桩径 60cm、桩长 26m 密接式搅拌桩(采用机械搅拌喷射工法)。

该地下室开挖及构筑采用逆作工法进行,主要以地下室楼板作为支撑,并配合地中壁及扶壁,增加开挖稳定及减少相邻近地层与建筑结构之影响;而地中壁及扶壁则随各阶段开挖逐阶敲除。

3. 深开挖前置作业之监测及分析

(1) 连续墙单元试挖监测及分析

为调查评估连续墙施工期间沟槽稳定性,及可能引致的邻近地层变位与影响程度,于北侧及西侧邻轨道基地区域进行两处先期试挖。北侧试挖单元连续墙厚 120cm,包括 B07、B08、B09 三个单元,总宽度约 13.1m,深度介于 42～43m;西侧试挖单元连续壁厚 150cm,包括 A32、A33、A34 三个单元,总宽度约 12.9m,深度约 43m,并进入泥岩层 1～2m,而施作前则先进行搅拌桩保护。

① 试挖单元监测结果

北侧试挖单元,依序由 B07、B09 至 B08 施工后最大地表沉降约 11～12mm;西侧 A32、A34 至 A33 试挖单元依序完工后(含搅拌桩),累积地表沉降情况见图 20.3-2 (a) 所示,其中距试挖单元约 7m 最大地表沉降约 15mm;而搅拌桩及各单元依序完成后的沉降剖面变化如图 20.3-2 (b) 所示。

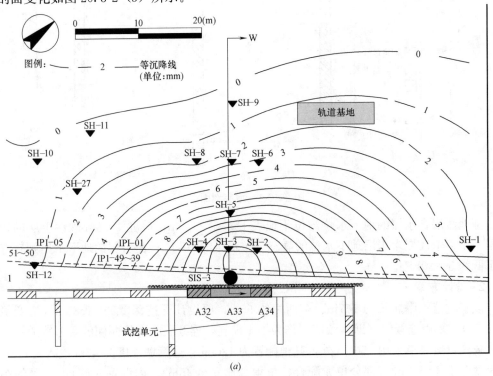

(a)

图 20.3-2　基地西侧试挖单元引致之邻近地层变位(一)

(a) 累积地表沉降分布

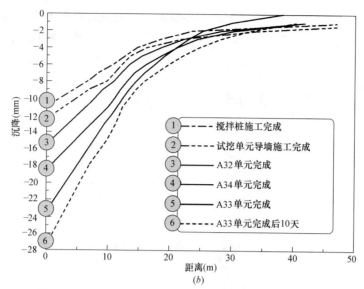

图 20.3-2　基地西侧试挖单元引致之邻近地层变位（二）

(b) 地表沉降剖面（W）变化情形

监测结果［见图 20.3-2（b）］显示：北侧及西侧最后试挖单元 B08 及 A33 完成后 7～10 天，邻近地表沉降仍呈持续增加。此外，西侧试挖单元搅拌桩施作阶段即对邻近地层造成显著的地表沉降（图 20.3-2b），而邻近距离约 1m 处于深度 10m 及 20m 砂性土层之孔隙水压于搅拌桩施工期间的上升幅度分别达 14～40kPa（图 20.3-3）；研判搅拌桩施工引致的地表沉降，应与其施工所激发孔隙水压之变化而对邻近地层造成扰动有关。

试挖单元施工期间，其外侧约 2m 处土中倾斜管的量测地层侧向变位变化如图 20.3-4 所示；图中显示深度 8～17m 及 26～42m 间黏土层之侧向变位相对显著，累积最大侧向变

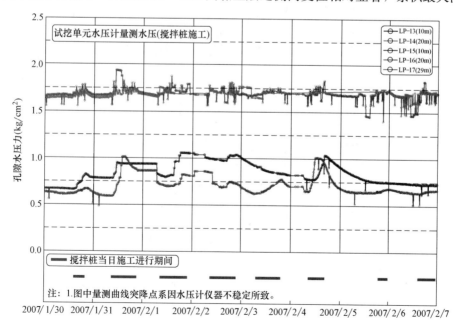

图 20.3-3　西侧试挖单元搅拌桩施工期间孔隙水压变化监测结果

位分别约 10mm 及 17mm。图 20.3-4（b）亦显示：西侧最后试挖单元 A33 混凝土浇筑后 10 天的侧向变位仍持续增加，与地表沉降变化趋势相同；而其外侧预先施作深度约 26m

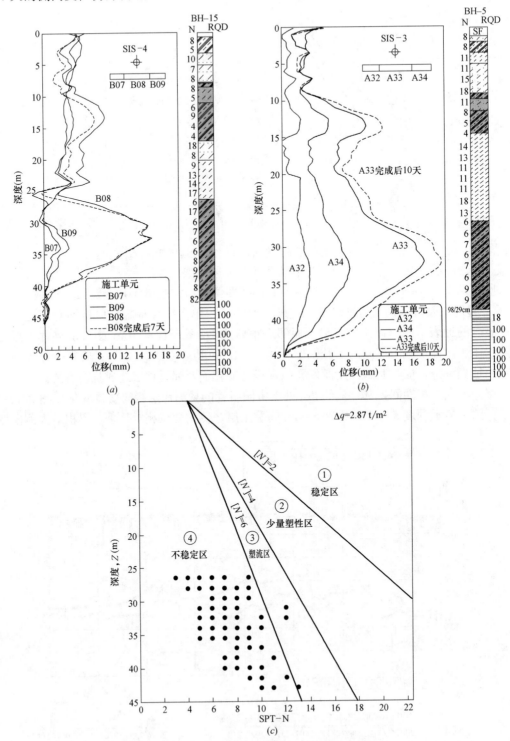

图 20.3-4　试挖单元引致的地层侧向变位变化

（a）北侧试挖单元；（b）西侧试挖单元；（c）连续墙槽沟挖掘黏土层内槽稳定分析（基地西侧）

搅拌桩并未发挥预期效果，甚至引致额外沉降（图 20.3-2b）。

② 监测结果分析

胡邵敏（2007）曾提出在软土地层中挖掘连续墙单元时，由于壁面呈解压状态，受上层覆盖土压作用，导致沟壁边缘被挤入槽沟内情形。参考胡邵敏（2007）提出之评估方法，根据本基地钻孔调查成果，并考量西侧轨道基地之回填荷载，分析本基地西侧连续墙于深度 26～42m 黏土层挖掘时槽沟壁之内槽稳定性（图 20.3-4c）；该图显示，于深度 26m 以下厚黏土层层挖掘槽沟之稳定性属不稳定状况。此外，当考量无回填超载作用下，于该厚层黏土层挖掘槽沟之稳定性则位于塑流区及不稳定区。

依图 20.3-4（c）研判该基地西侧连续墙挖掘施工时，深度 26～40m 黏土层侧向内挤之潜能甚高；此与试挖单元施工期间，于该厚层黏土层分布深度范围发生明显侧向位移之情形相符（图 20.3-4b）。

（2）连续墙全面施工引致之地表沉降监测结果及分析

该基地西侧施工范围约 170m，共 39 个单元（含试挖单元），厚度 150cm、深度 39～45m 之连续墙完成后（含搅拌桩），造成西侧轨道基地之累积地表沉降分布如图 20.3-5 所示，紧邻连续墙区域之最大累积地表沉降达 65～70mm，估计约为连续墙深度（D）之 0.13～0.16（%），大于台北都会区早期研究成果（杨玲玲，2000）之上限 0.13D（%）（图 20.3-6）；而其沉降影响范围约达连续墙外 50～55m，约为（1.2～1.3）D。

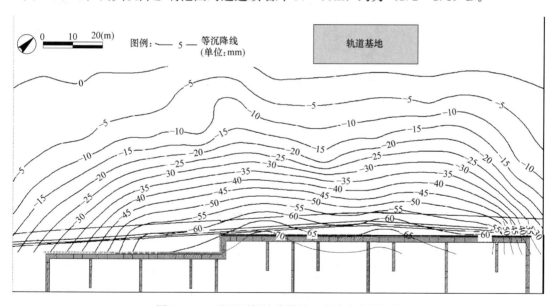

图 20.3-5 基地西侧连续墙施工引致之地表沉降

以上连续墙施工引致之显著地表沉降，除因西侧轨道基地回填荷载作用，以及槽沟开挖侧向卸荷与受到 26～40m 厚层黏土层具高侧向内挤流动潜能影响外（图 20.3-4（c））；研判主要尚包含：（1）连续墙施工前搅拌桩施作对地层的扰动；（2）西侧连续墙厚度及深度皆较大，且皆入岩 2～4m，导致挖掘施工时间较长；（3）因本基地西侧连续墙系最后施工，于其后期施工，乃配合局部抽水以确保沟槽稳定，进而导致对轨道基地产生额外沉降。

因深开挖规划需求，台湾近年厚度大于 1.5m，深度大于 60m 之连续墙已相当普遍；

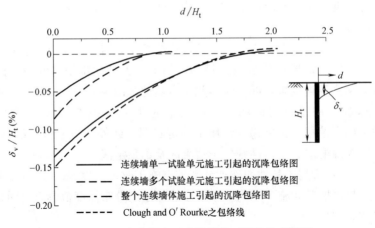

图 20.3-6　台北都会区连续墙施工引致地表沉降

加上连续墙往往应用于深厚的软弱土层。于是进一步参考胡邵敏（2008）针对台北捷运深开挖基地，于挤压性软土地层中施作连续墙导致外围地层与建筑物之等沉降分布统计资料（图 20.3-7），与本基地之实测结果进行比较。图 20.3-7 中 A 工区长约 150m，宽约 23m，连续墙厚 1.5m，深 55m，施工导致周围建筑物沉降量最大超过 8cm。C 工区长约 177m，宽约 17～70m，外围及开挖区内横置连续墙分别厚 1.8m 及 1.0m，深 58m，连续墙施工

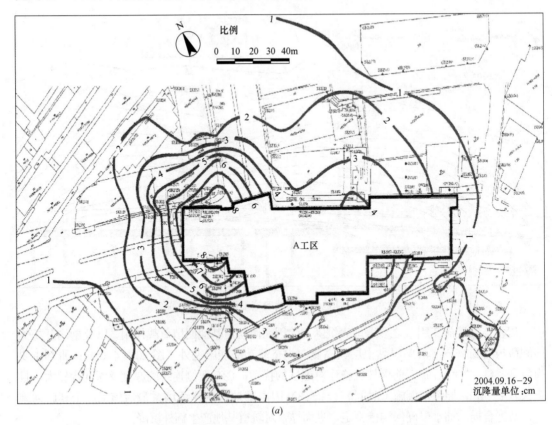

(a)

图 20.3-7　台北捷运站体连续墙施工引致周边建筑物等沉降图（胡邵敏，2008）（一）

(a) A 工区（连续墙厚 1.5m、深 55m）

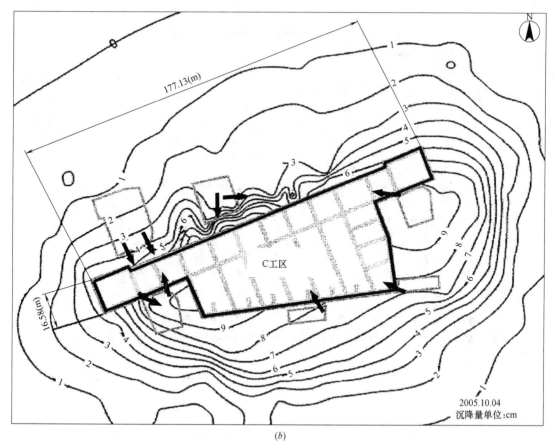

(b)

图 20.3-7　台北捷运站体连续墙施工引致周边建筑物等沉降图（胡邵敏，2008）（二）

(b) C 工区（连续墙厚 1.8m、深 58m）

完成（约 2005 年 5 月）之地表沉降量超过 9cm，至 2005 年 10 月站体开挖前则增至 10cm。估计 A 工区与 C 工区之最大沉降约为连续墙深度（D）的 0.15～0.17（%），与本基地西侧连续墙施工引致之沉降趋势相当；而其沉降影响范围则达 1.5D 以上。

综上显示，当连续墙设计趋向更厚、更深，且位于软弱地层时，其施工造成邻近地层之变位及其影响应审慎考量。

（3）基桩施工监测及分析

该基地基桩桩径 2.5m，共计 97 支，贯入泥岩层 3～9m 不等，采用反循环工法施作，并配合桩底清洗后灌浆改良，基桩总长度介于 36.5～51m，其中空孔回填深度约 18m。

基桩施工引致西侧轨道基地之地表沉降分布如图 20.3-8（a）所示，最大达 10～15mm；而基地西侧外邻轨道基地区域之土中倾斜管侧向位移主要呈朝本基地内倾斜之悬臂形态（图 20.3-8b），于地表最大侧向位移达 10～23mm，导致地表沉降主要发生于邻近地基桩施工区域（图 20.3-8a）。

基桩施工前，全区连续墙及地中壁、扶壁皆已完工，然基桩施工仍导致邻近地层产生明显侧向位移，并对西侧轨道基地造成沉降影响，研判主要原因为：

① 基桩挖掘施工造成其周围地层之侧向卸荷，使地层发生侧向内挤位移而导致垂直压缩，空孔段未有效回填则增加其变位潜能，而基桩全面施工的叠加效应则可视为支撑不足之深开挖；

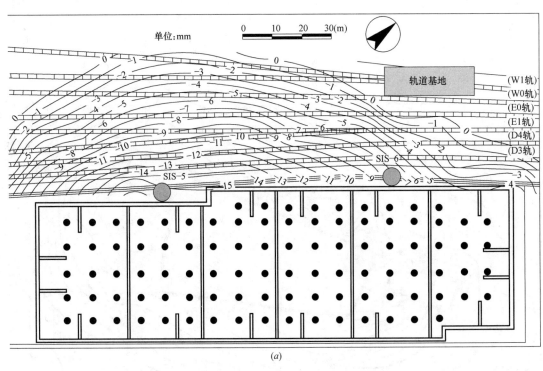

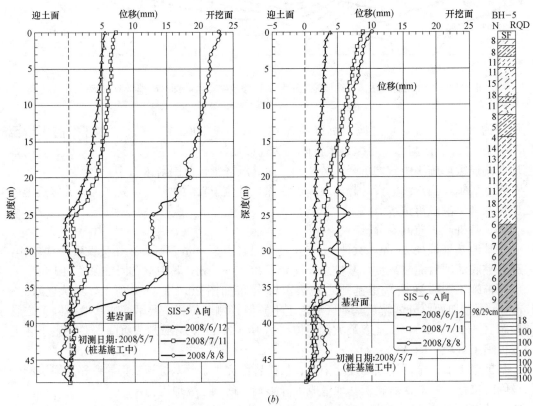

图 20.3-8 基桩施工引致的邻近地层沉降与侧向变位

(a) 西侧轨道基地的地表沉降分布；(b) 基地西侧土中倾斜管的侧向变位

② 参考连续墙试挖单元的测试及分析结果，深度 26～40m 黏土层于侧向卸荷及轨道基地回填荷载作用下，使该黏土层产生显著之侧向内挤（参见图 20.3-8（b））；

③ 连续墙施工引致地层变位之潜变效应。

4. 深开挖前置作业引致地层变位分析

（1）基地深开挖引致之邻近地层变位

土方开挖至基础板完成期间（2008.08.06～2009.09.14），对西侧轨道基地造成的地表沉降主要呈凹槽形分布（图 20.3-9a），最大地表沉降约 20mm，发生于距离连续墙20～25m 处。而西侧紧邻轨道基地之土中倾斜管，于本基地各阶段开挖后的地层侧向变位如图 20.3-9（b）所示，其中 SIS-2 及 SIS-5 最大侧向变位分别约为 3.2cm 及 4.5cm，发生于最终开挖面深度（18.65m）附近；其量测值接近或略大于设计阶段之模拟分析预估值（3.3cm），反映本基地地下室开挖挡土设施（含地中壁及扶壁配置）设计应属合理，且施工时并经有效管控而发挥其预期效果。

（2）深开挖及前置作业施工引致邻近地层沉降比较

综合各阶段施工作业之监测结果，发现本基地地下室开挖对西侧轨道基地引致的地表沉降（图 20.3-9）远小于连续墙施工造成的沉降（图 20.3-5），并与基桩施工所发生的沉降值相当（图 20.3-8）；显示本基地深开挖前，连续墙与基桩施工所造成的地层变位影响不容忽视。

此外，深开挖引致的邻近地层变位形态，与连续墙及基桩施工所产生者不同，其中连续墙槽沟及基桩施工由于挖掘壁面卸荷，使邻近软弱土层产生侧向挤入情形。当连续墙大范围多单元连续施工及基桩全面施工叠加效应状况下，则产生类似支撑不足之深开挖，导致紧邻区域地层侧向变位呈向施工区域倾斜的悬臂形态；而地表沉降则主要发生于施工区域附近，并随距离增加而明显减小。

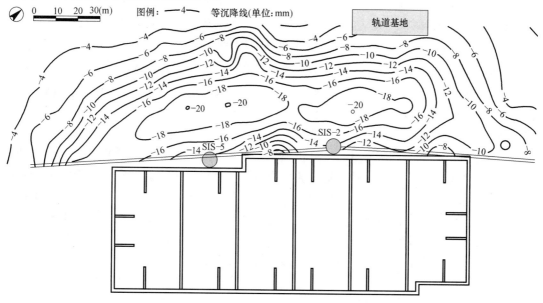

(a)

图 20.3-9 地下室开挖施工引致的邻近地层沉降与侧向变位（一）

(a) 西侧轨道基地之地表沉降分布

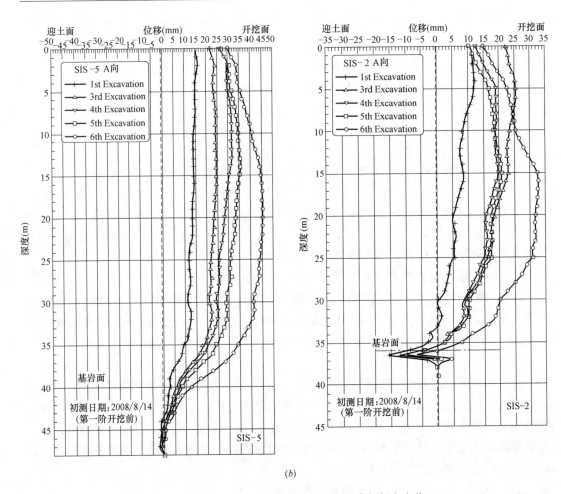

图 20.3-9 地下室开挖施工引致的邻近地层沉降与侧向变位（二）

(b) 基地西侧土中倾斜管之侧向变位

有关轨道基地内沉降点，于本基地连续墙、基桩前置作业及后续地下室开挖构筑之地表沉降变化如图 20.3-10 所示。整体而言，连续墙与基桩施工所引致之累积地表沉降仍大于地下开挖期间所造成的沉降；由于沉降形态不同，轨道基地紧邻本深开挖基地附近区域，因前置作业引致的沉降则相对显著。

综合上述深开挖案例实测资料之分析成果，地下室深开挖前，包含搅拌桩、连续墙、基桩等前置作业施工，对邻近地层造成的累积沉降与变位，相较于后续开挖引致的地层变位，其影响程度不应忽视；且前置作业引致地层变位之机制与形态也与深开挖有所不同。因此，建议于设计评估阶段即应将前置作业之可能影响纳入考量；并配合施工监测资料，进行必要的检讨与改善因应措施。并应尽量选择污染小、噪声低、挤土效应小和桩周土体变形小的支护桩和基桩桩型，将对环境的影响控制在最低程度。

20.4 土方开挖环境效应

一般的矩形基坑，在没有支护情况下多坍成矩形的外接圆坑。如在花岗岩残积土层

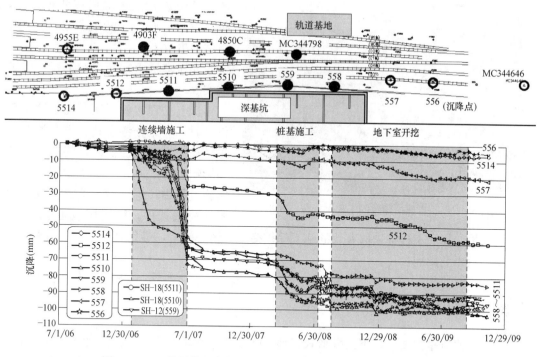

图 20.3-10 前置作业与深开挖施工引致轨道基地地表沉降之比较

中，基坑尺寸为 70m×70m，挖深 6m，基本直挖，经历长时间的雨季暴露后，除四个角部仍竖直站立外，整个坍成外接圆坑。在有下卧厚层软土中，开挖方形基坑，仅挖 2～3m 深就立不住，坍后的形状也是外接圆坑。人们曾总结提出：挖土时四周要留三角土（使之形成内接圆），要盆式开挖，分层分块开挖。

在深厚软土如淤泥、淤泥质土土层中开挖基坑，由于软土的蠕变性，要重视"时空效应"，做到随挖随撑。

目前，土方的开挖多由承包商经营，由于管理不善，片面追求经济效益往往未能按照正常的施工组织计划开挖、堆放、运输，土方未能按设计要求工况做到分层分块开挖，有的甚至一次开挖到底。由此往往加大了支护结构的侧压力和位移，直接导致坑顶开裂、坑壁失稳。在多层支撑体系中，超挖和坑顶超载等意外因素常使支护结构产生过大位移，甚至危及安全。如福建省泉州某工程，基坑北侧和东侧的 A、B、C 三个测孔的侧移值高达 16.33cm、14.92cm、7.70cm（该孔在拱处，正常情况下侧移值应很小的），产生这么大侧移的原因，主要是挖土过程中出现了一些不应该出现的情况，开挖接近坑底标高时挖土机仍在坑里作业，反铲机在 C 孔附近的压顶梁上来回接土，300kN 的吊车又开到基坑边缘从坑中吊起 200kN 的挖土机，致使该处支护的水平位移一天内增加 2.63cm，且使已基本稳定的 B 孔也在一天内增加 2.11cm 的水平位移，并造成压顶梁断裂。

在厚层软土基坑中，施打挤土型工程桩，常引起坑内土体产生很高的超静孔隙水压、侧移与隆起，在这类基坑中挖土，分层从土中央有序地开挖，非常必要。基坑工程除保护周边环境外，还要保证坑内工程桩的安全，厚层软土基坑必须分层均衡开挖，每层高度不宜超过 1m[12,13]。饱和流塑状态的淤泥层，对桩周的约束效应很低，对于预应力管桩、预制方桩等直径较小的工程桩，不论是横向抗切的配筋，还是截面抗折能力都相对较少、较

图 20.4-1 土方开挖导致的工程桩偏位、断桩

弱。若土方开挖未严格按要求进行，桩身位移、倾斜、断裂很容易发生，类似的事故不少，图 20.4-1 是厦门海沧某商城基坑土方开挖对工程桩的影响实况。

以上工程实例说明，在基坑工程设计时，应充分考虑到土方开挖对支护结构产生的附加荷载可能造成的负面影响。在土方开挖施工组织设计和实施过程中，应针对基坑支护设计的附加荷载条件，根据场地土层特点，对基坑支护结构和工程桩采取有效的施工保护措施，精心施工，避免对工程本身和周边环境产生严重不利影响。

20.5　截水帷幕渗漏水环境效应

基坑截水帷幕主要有以下几种形式：地下连续墙、刚性支护桩间设置旋喷桩或水泥土搅拌桩、拉森钢板桩、旋喷桩或水泥搅拌桩形成封闭截水帷幕、冲钻孔咬合灌注桩和高频振动全套管取土桩等。对于土层中含有较多的大块石或碎石情况，采用冲钻孔咬合灌注桩和高频振动全套管取土咬合灌注桩形成截水帷幕，截水效果良好。

基坑截水帷幕渗漏的内因是截水帷幕本身存在缺陷，诸如地下连续墙接缝不吻合或在透水层处有蜂窝空洞；拉森式钢板桩沉桩遇石等硬物出现偏移不咬缝；旋喷截水桩或水泥搅拌桩在水下成型不佳；截水桩较长，施工垂直度偏差导致下部开叉无法形成封闭的帷幕等。

产生渗漏的外因是场地的水文工程地质条件不好或由于基坑开挖深度大，周围的动水压力和土压力相对增大，导致挡土截水帷幕挠曲或侧移。

当截水帷幕出现渗漏时，往往来势猛又突然的大量漏水漏砂，会导致侧壁失稳、坍塌、倒桩及附近建筑物、路面急剧沉降等。

实例 1：广州某大厦建筑面积 70000m²，主楼 46 层，其中地下室 3 层，基坑开挖深度 12.00m，采用 0.8m 厚地下连续墙护壁，下端嵌入泥岩 1.00～1.50m，上部用锚杆支护。该场地南距珠江仅 80.0m，北邻 8 层旧大厦，地下连续墙与旧楼桩基最近距离 1.0m 见图 20.5-1。

旧楼为木桩基础，桩长 8.0m，支撑在砂层上。基坑靠近珠江，地下水位埋深 1.0m 左右，地下水补给来源丰富，并受潮汐涨落的影响。场地土层情况如下：

(1) 0.0～4.0m，杂填土

(2) 4.0～8.0m，淤泥质粉土。

(3) 8.0～9.0m，粉细砂，浅黄石英质砂粒，分选性好，饱水松散，易液化流动。

(4) 9.0～12.0m，中粗砂，浅黄石英质砂粒，质地较纯呈松散稍密，易液化流动。

(5) 12.0～16.0m，砾砂，褐黄石英砂分选性和磨圆度稍差稍密，含丰富地下水。

(6) 16.0m 以下，泥岩，紫褐色泥质铁质粉黏粒，有微小龟裂，浸水后易崩解。

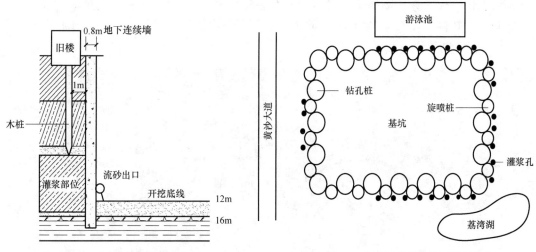

图 20.5-1　基坑开挖剖面示意图　　　　　图 20.5-2　化学灌浆堵漏示意平面图

　　基坑开挖后，地下连续墙在 11.0m 深砂层中存在一个漏洞，仅半天时间，产生大量漏水涌砂，便把基坑内的全部机械设备淹没，最大水深 3.0m，并使附近道路下沉，墙体和柱梁开裂，旧木楼沉降，后经化学灌浆抢治，情况才得以控制。

　　实例 2：广州某大厦地下室二层，开挖面积 1260m²，挖深 8.0m。采用 ϕ1000 钻孔桩和旋喷桩联合护壁。桩深 14m 嵌入黏土层 1.0m，钻孔桩中心距离 1.30m，桩间以 ϕ700 的旋喷桩连接，形成挡土截水帷幕。由于旋喷桩缩径，连接密封不好，造成基坑开挖时产生漏水涌砂。该基坑漏水涌砂使附近的荔湾湖水倒灌，其中有一次漏水历时 35min，漏水涌砂 3000m³，严重威胁着交通要道的安全，基坑也无法继续开挖，还使附近游泳池构筑物损坏，地面坍塌严重，北边支护桩向内倾斜 10cm 多，最大为 27cm。示意图见图 20.5-2。后经化学灌浆形成固砂截水帷幕总长 40m，基坑得以稳定。

　　实例 3：厦门某基坑采用排桩咬合加三道内支撑支护体系，受力排桩间共有混凝土素桩 496 根封闭截水。当基坑完成第二道支撑，局部开挖至第三道支撑底时，发现桩间出现漏点 8 个（另外还有若干渗点），其中西南角和西侧两个渗漏点漏水相对严重，尤其是西南角的渗漏点。在 2011 年 6 月 14 日下午 2 点挖除基坑西南侧土方过程中发现有一处漏点漏水非常严重，因此采用堵漏材料填塞堵漏，直至晚上 11 点左右此漏点已完全堵住，此后立即在渗漏点两侧的钢筋支护桩上植筋并绑扎钢筋网浇筑速凝混凝土截水墙。2011 年 6 月 15 日凌晨在海水涨潮的时候此渗漏点又被水压力撑开，大量海水涌进基坑，涌水量特别大，施工单位立即组织人员进行堆砌砂袋堵漏（图 20.5-3），但因涌水量太大导致堆砂袋根本解决不了问题（图 20.5-4）。在 2011 年 6 月 15 日凌晨 2 点左右基坑外侧路面出现塌陷，6 月 15 日白天施工单位采用回填土方的方式抢险，透水量有所减小，但仍在渗漏，一直持续到 6 月 16 日早晨。在 2011 年 6 月 16 日白天施工单位采用继续回填土方与浇筑混凝土相结合的方式进行堵漏，至中午漏水点基本堵上。2011 年 6 月 16 日晚 12 点涨潮期间此渗漏点又被冲开，为了达到堵漏的效果，2011 年 6 月 17 日又采用了回填土方、混凝土结合坑外施工高压旋喷桩加水玻璃的措施进行堵漏。在 2011 年 6 月 17 日晚上才将此漏点彻底堵住。此次堵漏花费了大量人力物力，共堆砌砂袋 5000 只、回填土方 2300 方、浇筑混凝土 85m³、采用高压旋喷桩喷射 240 多吨水泥，水玻璃 15 桶（每桶 50L），三乙醇胺 5 箱，40 多工人工作 72 小时。同时，导致邻近商店停业，道路交通受影响的严重后果，当然工期也受到很大影响。

图 20.5-3　堆砌砂袋堵漏　　　　　　　　图 20.5-4　基坑透水严重

实例 4[19]：20.3 节的工程实例中，土方开挖前于基地内进行局部抽水井（深度约 25m）试抽时，发现区外地下水位有下降现象，然连续墙均进入开挖面下粉土质黏土层（CL3）8~19m，大部分并贯入泥岩层 1~4m，原则上应已阻隔基地开挖范围内外的地下水。因此，依施工期间大地技师公会督导会议检讨结论，进行开挖范围全面抽水试验，以检测连续墙体之水密性。

本基地开挖范围由五道对撑式地中壁分隔为六个区块，进行分区抽水及邻近地下水位监测（图 20.5-5）。

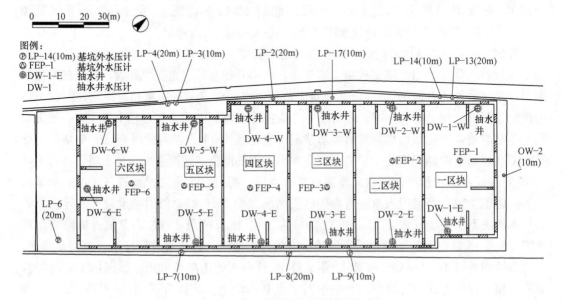

图 20.5-5　基地分区抽水及监测系统位置

分区抽水试验结果显示：区块一试抽时，其北侧（0W-2）地下水位下降达 40cm；区块六试抽时，其东南角（LP-6）及东侧外（LP-7）地下水位下降约 10~11cm；而区块二～五试抽时，其邻近区域外地下水位则相对仅微幅下降。

区块一、六内抽水时，区外水位呈较明显下降的现象，研判：（1）除抽水使基地内土水体积缩小，引致连续墙体内挤而使基地外水压下降；因区块一及六之北南两侧仅配置扶壁，故可能产生较大内挤，而使其外侧水压下降较大外；（2）亦不排除其四周挡土连续墙可能有水密性不良情形（如单元接缝渗漏或单元墙体本身渗漏）。因此，针对区块一、六连续墙外侧进行深度 5～26m 之 CCP 止水灌浆；同时配合监测区内水位与水压变化，以管控 CCP 施作位置，并检验其改良成效。

区块一及区块六连续墙外侧 CCP 止水灌浆及区内增设水位观测井之配置如图 20.5-6 所示，各区块内既有抽水井亦放置水压计进行水位监测。

区块一的 CCP 止水灌浆，除于 16 处连续墙单元接缝（C-1-1～C-1-16）进行外；并针对局部公、母单元中央（C-1-7A 及 C-1-12A）以及已完成单元接缝处（C-1-5A）施作，以进行比对检讨。

区块一 CCP 施工期间，区内观测井水位变化显示：每支 CCP 桩灌浆时，区内水位皆呈上升，并逐渐累积升高，而以距各 CCP 桩最近观测井的水位上升最高，且所需时间亦最短。综上研判，除 CCP 施工挤压连续墙体而使区内水压上升外；亦反映连续墙体可能存在局部"渗流路径"，其分布区域与各 CCP 桩施作位置有关；唯上升的水位观测资料，并未显示有单一特别显著的渗流路径或严重之壁体瑕疵存在。

因此，后续进一步针对止水灌浆期间，水位激发特别高区域之单元接

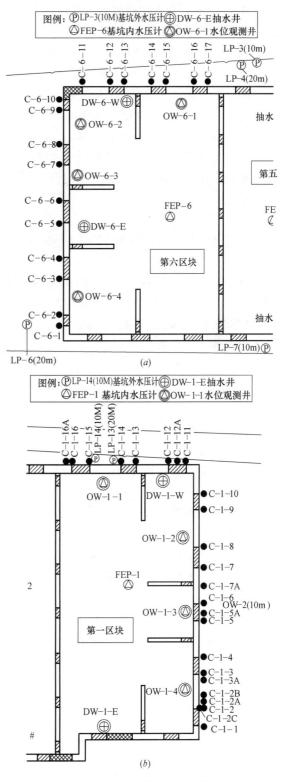

图 20.5-6　CCP 止水灌浆桩及监测井位置

（a）区块六；（b）区块一

缝旁补作 CCP 桩，以确保接缝的水密性；而监测结果显示，补强 CCP 止水桩施作时所造成的水位激发量皆有显著下降。

以区块一外侧观测井 OW-2 为例，抽水试验水位下降量由止水灌浆前的 40cm 降至 22cm；且其下降速率，亦有较灌浆前小的现象。此外，区块一止水灌浆前抽水试验（抽水量 284m³）造成之区内水位下降量约 0.3m，而灌浆后抽水试验（抽水量 196m³）的下降量约介于 2.4～2.5m。因此，研判区块一于进行 CCP 止水灌浆后，应达到增加其连续墙体水密性及减少地下水渗流之效果。

因此，地下连续墙由于工程地质和水文地质条件以及施工工艺等因素的影响，可能存在渗流路径，止水或隔水效果无法满足设计要求，应在工程实践中根据各种实际情况加以分析考量。

20.6 主体支护结构失效环境效应

基坑主体支护结构失效主要表现在两个方面：一方面是主体支护结构变形过大；另一方面是主体结构失稳。导致基坑主体支护结构失效的主要原因有：

（1）勘察资料不详、不准、疏漏、失误，勘察结论不准确、不正确均可能导致设计失误，进而造成工程失事。

（2）基坑设计人员经验不足、判断失误、考虑不周，设计计算疏忽大意；设计安全系数过小；设计荷载取值不当；土体强度指标选择不合理；治理水的措施不力；支撑、锚固结构设计失误等。

（3）施工质量未达到设计要求。监理人员忽略了对基坑设计质量进行严格把关，使隐患进入施工阶段；对基坑工程的重点部位和重要工序没有旁站监理导致关键部位施工质量难以保证；对施工方违规行为没有及时制止，从而酿成事故。施工管理混乱或失误、施工偷工减料、施工质量达不到设计要求、支护不及时、挖土与支护严重脱节、施工工艺不当、处理渗漏措施不力、基坑施工经验缺乏、施工安全意识薄弱、延误抢险时机等。

基坑主体支护结构失效产生的后果是非常严重的，不但影响工程本身的进度和增加建设成本，还会严重影响基坑周边环境，产生不良的社会影响。

实例：广州海珠城基坑坍塌事故

1. 事故发生

海珠城广场位于广州市海珠区江南大道与江南西路交汇处，地处闹市区。该项目地下 5 层地下室，基坑周长 330m，开挖深度 20.3m。2005 年 7 月 21 日，基坑南侧突然发生基坑坍塌（图 20.6-1），造成 3 人死亡，8 人受伤。

2. 工程简况

该工程原设计地下室 4 层，基坑开挖深度为 17m。该基坑东侧为江南大道，江南大道下为广州地铁二号线，二号线隧道结构边缘与本基坑东侧支护结构距离为 5.7m；基坑西侧、北侧邻近河涌，北面河涌范围为 22m 宽的渠箱；基坑南侧东部距离海洋宾馆 20m，海洋宾馆楼高 7 层，采用 $\phi340$ 锤击灌注桩基础；基坑南侧距离隔山一号楼 20m，该楼 7 层，基础也采用 $\phi340$ 锤击灌注桩。

原设计支护方案如下：

图 20.6-1 基坑南侧破坏照片

基坑东侧、基坑南侧东部 34m、北侧东部 30m 范围，上部 5.2m 采用喷锚支护方案，下部采用挖孔桩结合钢管内支撑的方案，挖孔桩底标高为−20.0m。

基坑西侧上部采用挖孔桩结合预应力锚索方案，下部采用喷锚支护方案。

基坑南侧、北侧的剩余部分，采用喷锚支护方案。后由于±0.00 标高调整，实际基坑开挖深度调整为 15.3m。

该基坑在 2002 年 10 月 31 日开始施工，至 2003 年 7 月施工至设计深度 15.3m，后由于上部结构重新调整，地下室从原设计 4 层改为 5 层，地下室开挖深度从原设计的 15.3m 增至 19.6m。由于地下室周边地梁高为 0.7m。因此，实际基坑开挖深度为 20.3m，比原设计挖孔桩桩底深 0.3m。

3. 基坑倒塌原因

专家组意见：

(1) 超挖：原设计 4 层基坑 17m，后开挖成五层基坑（20.3m），挖孔桩成吊脚桩；

(2) 超时：基坑支护结构服务年限一年，实际从开挖及出事已有近三年；

(3) 超载：坡顶泥头车、吊车、反铲、超载；

(4) 地质原因：岩面埋深较浅，但岩层倾斜。

4. 对周边环境的影响

该基坑倒塌：

(1) 地铁停运，停运时间从 2005 年 7 月 21 日 14 时 30 分至 7 月 22 日 13 时 58 分；

(2) 海洋宾馆部分倒塌、其余部分所有商户全部停业、人员迁走；

(3) 邻近隔山 1、2、3 号宿舍楼 590 名居民紧急搬迁，到邻近酒店居住。

该基坑倒塌事故，从直接经济损失角度考虑，其损失值超过亿元，间接损失影响是难以估量的。

20.7 其他工程事故的环境效应

在繁荣市区和旧城改造中，出现了一些特殊事故：由基坑场地旧有的排水管道所引发的工程事故；相邻基坑工程影响引发的工程事故；基坑顶部由于堆载大大超过设计附加荷载引起的工程事故；其他相邻工程建设影响引发的基坑工程事故等。

工程 1：石家庄某工程

建筑面积 14 万 m^2，地上局部 27 层，最高点达 104m，4 层地下室。

地表向下第一层为填土，厚 5m；第二层为砂土，厚 10m；第三层为亚黏土，埋在 15m 以下，内摩擦角为 20°～25°；地下水位为 −34.0m。支护结构采用钢筋混凝土灌注桩，桩长 30m，直径 800mm，间距 1.0m，桩顶有压顶梁，设置 3 道锚杆，桩顶 3m 砖墙。

1993 年夏，基坑开挖完毕，工人们开始布置基础板的钢筋，一场大雨后的夜晚，基坑西面中间部分的锚杆拔出，支护桩在离基坑底部 3～10m 不等的高处折断，其两侧的支护桩也随即不同程度地倾倒，造成了大面积的塌方，道路中断。

事故原因：场地西面地下有 1949 年铺设的、一直沿用到现在的陶土排水管道，其完好程度施工时尚未了解。从后来的事故现场看，基坑附近渗水严重。脆性排水管道因年久失修而早已破裂，基坑的开挖加剧了管道的漏水。总之，污水的长期渗漏，使西侧小街的地下土体含水量增加，土体的黏聚力和内摩擦角减小，基坑西侧支护桩所承受的主动土压力增大，锚杆的锚固力减小，从而使支护体系接近临界状态。

在基坑西侧与排水管之间，施工单位堆放了近百吨的建筑钢材，对基坑西侧的支护结构产生较大的附加压力，这也是事故的一个原因。

基坑四周的地面未作地面防水处理，一场大雨渗下，支护结构所受的主动土压力和水压力剧增，锚杆的锚固力下降，使早已处于临界状态的支护体系崩溃，锚杆渐进式破坏，支护桩在不同高度处折断，两侧的支护桩倾倒，基坑大面积坍塌，西面支护体系彻底崩溃。

工程 2：石家庄某高层建筑

地下 4 层，地上主楼 2～8 层，裙房 4 层，箱形基础，框架剪力墙结构，建筑面积 10 万余 m^2，基坑东西长 120m，南北宽 100m，西区（主楼）深 20.5m，东区（裙房）深 18.2m，土层分布为：

(1) 表层为填土，松散、不匀，厚 2m，$\gamma = 19.0 kN/m^3$；

(2) 第二层为粉质黏土夹粉土，饱和、软塑至可塑，中等压缩性，厚 3.5m，$c = 13 kPa$，$\varphi = 25°$（快剪），$\gamma = 19.0 kN/m^3$；

(3) 第三层为细砂层，厚 6.5m，$c = 5 kPa$，$\varphi = 32°$，$\gamma = 17.6 kN/m^3$；

(4) 第四层为粉质黏土夹粉土层，可塑至软塑，中等压缩性，厚 8m，$c = 29 kPa$，$\varphi = 21°$，$\gamma = 19.3 kN/m^3$；

(5) 第五层为中细砂，夹卵石，厚 9m，$c = 0 Pa$，$\varphi = 35°$，$\gamma = 16.1 kN/m^3$。

一、二、四层土的饱和度均在 90% 左右，有的土样达 98%，地下水位在 36m 以下。

基坑西侧 12m 有一南北向的新中国成立前修建的圆拱形下水道，用毛石砌筑，直径 800mm，沟道底在地表以下 2.5m，常年渗水；基坑南侧 1m 有地下人防通道，在地表下 7m，常年积水并外渗；基坑西部，南部上方共堆放钢筋约 600t，距基坑边约 5m。

基坑西区钢筋混凝土支护桩长 20m，插入深度 5m，$d = 600mm$，中心距 1000mm，混凝土强度等级 C25，HRB335 级钢筋 12Φ22。支护桩顶设钢筋混凝土冠梁，冠梁顶砌厚 370mm，高 5.5m 的砖墙，墙内有钢筋混凝土构造柱及压顶圈梁，支护桩设三道锚杆，

$\phi=130$，2ϕ30，灌素水泥浆。第一道锚杆嵌入冠梁中，第二、三道锚杆用槽钢腰梁与支护桩相结合。

1993 年 9 月 12 日施工完西部坑底混凝土垫层，其间施工管理人员发现基坑西部支护桩桩间成片掉土，并有渗水现象，砖墙外倾，坑顶地面出现裂隙。9 月 15 日西侧北部有部分腰梁槽钢脱落，部分锚杆螺母松动，施工人员将槽钢补焊接止，拧紧螺母，在坑顶局部挖土卸载。9 月 16 日桩间土脱落加快，下午 5 时左右西侧北部支护结构倒塌。倒塌迅速，在场人员看到倒塌过程大致分成三个阶段：①首先挡土护壁砖墙至钢筋堆间土体滑动；②进而钢筋堆至场区围墙间土体滑动；③最后围墙至围墙外排水沟土体下滑。下水道塌陷，水大量涌入基坑，坑顶 300 多吨钢材及钢筋调直机和准备支塔吊的 6 根基桩滑到坑底。塌陷外缘距坑边约 13m，个别点已塌至街道对面围墙边。南北方向约 50m，共折断钢筋混凝土支护桩 18 根。据清理现场人员介绍支护桩折成三段，折点分别在第二、三层锚杆处，折点处混凝土破碎，钢筋弯曲，第一层锚杆从土中完全拔出，第二、三层锚杆锚头拉脱，腰梁扭曲断开。分析其原因与基坑周围地基中下水道和人防通道渗水以及地面堆载有关。

工程 3：太原某大厦

内筒外框结构，地上 33 层，地下 2 层，总高度 136.4m，建筑面积 43800m²。

地表往下第一层为填土，埋深 1.3～4.35m；第二层为黄土状粉土，埋深 3.5～6.5m，$c=23.8$kPa，$\varphi=7°$；

第三层为粉土，$c=26$kPa，$\varphi=30°$，埋深 10.5～18.5m；第四层为粉土，埋深 17.2～24.2m，$c=51$kPa，$\varphi=21.3°$；地下水位-4.0m，土体的渗透系数为 0.5m/日，基坑 A 区采用双排钢筋混凝土灌注桩支护（梅花形布置），B 区采用单排钢筋混凝土灌注桩支护，支护桩的直径为 800mm，双排桩间距为 1.8m，排距 0.9m，单排桩间距 1.2m，长度分别为 21m（东侧），17m（其余三个侧面）。基坑西侧和南侧的支护桩外都作了旋喷桩截水帷幕。基坑内共设 18 口降水井，井深 40m，直径 0.4m。

该场地下面原有一直径为 2.0m 的大型城市排洪管道穿过，基坑开挖前将该排洪管改道，绕基坑外通行。1995 年 6 月间该基坑开挖完毕，开始做基础垫层，突然大降大雨，排洪管内流量剧增。

大型排洪管道在拐弯处要经受巨大的水锤作用，混凝土管道由于在拐弯处未作反推力支护，周围的回填土密实度不够，洪水改变流向时产生的巨大推力撞开混凝土管道的接口，造成洪水泄露。

基坑的东侧未作截水帷幕，使得管道的漏水直接冲击基坑的支护桩，带走桩间土，造成支护桩倾斜，地面塌陷，相邻单位的砖混结构车库倒塌近 30m，4 层豪华招待所的基础外露。

工程 4：济南某大厦

1. 工程概况

该大厦工程位于繁华的市区，建筑面积 20185m²，框架结构，地下 3 层，地上 23 层，基坑开挖深度为 12m，地下静止水位-7.0m。工程现场狭窄，东、南、北三面距相邻建筑物较近，西临市区马路主干道。该工程地质勘察土层自地表以下依次为杂填土、素填土、Ⅰ级非自重湿陷黄土、粉质黏土、卵石、黏土等。

2. 原支护方案选择

基坑西侧采用 1：0.3 放坡之外，东、南、北各侧采用 ϕ800mm 钢筋混凝土灌注桩 57 根，混凝土强度等级 C30，间距 1800mm，桩长 18m，悬臂部分 12m，插入基坑底以下 6m，桩剖面及配筋见图 20.6-4。

在基坑北部有部分地段采用 ϕ159mm 钢管 7 根，桩距 1m，桩长 15m，插入基坑底以下 3m。降水措施为：沿基坑四周设置 ϕ400mm 深井 12 口，井深 20m，用潜水泵抽水至地面水渠外排。

3. 塌方发生过程

本工程土方机械开挖分两步进行。第一步先开挖基坑深度的 1/2，即挖至 −6.50m（地下水位以上）。

第二步再挖至 −13.20m。支护桩此时全部外露，地下水位可降至 −13.20m 左右。

当时，气候正值冬季，支护桩陆续失稳，塌方共分四次发生。

第一次，1992 年 11 月 22 日下午 3 时，基坑东侧③～④轴间的一根桩发生约 35°内倾，土体发生局部塌方。紧临该桩的东南部的 6 根桩虽未出现明显位移，但桩后土体出现 0.5～1.0cm 的裂缝。北部约 12m 未打桩的范围内，3.20m 宽的道路下沉，地面裂缝达 1～2cm，路边房屋出现 3 道 0.1～0.5cm 的竖向裂缝。各种迹象预示为大塌方的前兆，鉴于此情，施工单位紧急准备采取加固措施。第二次，12 月 19 日上午 8 时，坑东侧①～⑤轴约 20m 范围内的 8 根桩突然倒塌，在距基底 1m 左右高度处被折断，桩后土体大面积涌入坑内，地面上一座化粪池整个倾入坑内。为保住其他未倒的桩，又紧急采取了在坑内顶撑加固的措施，但未能奏效。第三次，1993 年 2 月 12 日上午，基坑南侧又有 l5 根桩倒塌。第四次，2 月 18 日，在北侧西部地段又发生局部塌方，道路被中断，坍塌到房屋的边缘。几次断桩、塌方来势迅猛，均在瞬间发生，共造成坑内土方积压 3000m³，旧建筑物残骸 80m³，断桩 23 根，倾斜 2 根，7 根 ϕ159mm 钢管桩歪倒，支护桩失效率达 50％。

4. 支护结构倒塌原因

经分析，该深基坑支护失败的原因有两个。

其一，所采用的悬臂灌注桩支护方案设计有误，未经认真的论证便盲目采用。桩的直径、配筋、埋深与理论计算相差甚远。原设计桩径 0.8m，桩距 1.8m，单桩纵向配筋 40.7cm²，桩埋深需 6m。现计算桩径 1.0m，桩距 1.5m，单桩纵向配筋需 317cm²，埋深 10m。设计不安全，抵抗不住土体的侧向压力，这是导致倒塌的主要原因。

塌方原因之二，地下水侵蚀桩后土体是一重要因素。本工程降水虽然成功，但对原有建筑物的下水设施未做调查，由于设施年久，忽视了地下隐蔽构筑物渗漏水对土体的影响。其中两次大塌方均与化粪池和锅炉暖气管长期积水、渗水、漏气有密切的关系，以及湿陷性黄土暴露后反复的冻融循环，使土中含水量增加，土自重相应增大，导致土体内静水压力剧增，侧壁失稳而破坏。

工程 5：福州闽江滨某城工第Ⅰ期工程

基坑南距闽江约 55m，西邻内河及水闸，距河驳岸仅 6m。基坑尺寸约 112m×157m。其中的综合写字楼 A，占据基坑西南角，建筑面积 4.1 万 m²，地上 33 层，地下 3 层，基坑挖深约 −8.80m。

场地土层大致可分为：

　① 填土层　　　　　　　　　　1.0m
　② 人工填砂层　　　　　　　　6.0m
　③ 淤泥层　　　　　　　　　　1.0m（该层大多数钻孔缺失）
　④ 含泥粗中砂层　　　　　　　10.0m
　⑤ 淤泥质土　　　　　　　　　3.0m
　⑥ 淤泥质土与中细砂交互层约 20.0m

　　由于①、②、④系透水性极好的土层，所以场地土方开挖前布置有 12 口深井抽水，并辅以轻型井点降水开挖。当基坑土方挖到坑底后，遇上闽江的几次洪峰，由于对场地内下水旧管道事前未查清，曾突发二次洪水夹带泥砂倒灌。一处开口在内河侧壁上，旧下水道洞口距自然地面下约 3.0m。另一处开口在基坑底，距自然地面下约 8.0m，当旧下水管道内充填的污泥捅开后，大量夹泥砂的水喷射入基坑，经约 200 人紧急搬砂袋垒压，才免除基坑支护和邻近马路下面土层被掏空造成坍塌工程事故。

　　不少深基坑倒塌，水是引发的重要原因。因而勘察设计施工各方面都应查清地下水、上层滞水、场地的旧管网，地下管道渗漏等详情，提前采取技术措施，努力避免事故。

20.8　支护结构位移与变形控制

　　支护结构的位移与基坑邻近地面沉降都受到挖深的制约，同时又与地基工程地质与水文地质条件、支护方案、施工组织密切相关。具体问题应具体分析，然而有些共性问题，值得提出。

1. 关于变形量控制标准问题

　　基坑支护设计变形量控制标准是工程界十分关心的问题，特别是支护结构的水平位移是反映支护结构工作状况的直观数据，是进行基坑工程信息化施工的主要监测内容，对监控基坑与基坑周边环境安全能起到相当重要的作用。但变形量控制标准也是十分难以确定的问题。由于基坑周边建筑、地下管线、道路等环境条件不同，其对基坑支护变形的适应能力和要求不同，相应主体结构设计施工的要求也不同，目前还很难确定统一的、定量的限值以适合各种情况，如支护结构位移和周边建筑物沉降限值按统一标准考虑，可能会出现有些情况偏严、有些情况偏松的不合理地方。如上海地区[15]、北京地区、西安地区土质情况差异很大，支护结构变形量控制应有所不同。住房和城乡建设部发布的 1999 年版和 2012 年版《建筑基坑支护技术规程》[3] 都未给出正常使用要求下统一的限值，设计人员应根据不同土质、不同相邻条件和工程的自身特点与要求确定相应的变形控制指标。

　　《建筑基坑支护技术规程》JGJ 120—2012 提出支护结构水平位移控制值和环境保护对象沉降控制值应符合现行国家标准《建筑地基基础设计规范》GB 50007 中对地基变形允许值的要求及相关规范对地下管线、地下构筑物、道路变形的要求，在执行时会存在沉降值是从建筑物等建设时还是基坑支护施工前开始度量的问题，按这些规范要求应从建筑物等建设时算起，但基坑周边建筑物等从建设到基坑支护施工前这段时间又可能缺少地基变形的数据，存在操作上的困难，需要工程相关人员斟酌掌握。当支护结构构件同时用作主体地下结构构件时，支护结构水平位移控制值不应大于主体结构设计对其变形的限值，是主体结构设计对支护结构构件的要求。当基坑周边无需要保护的建筑物等时，设计文件中也要设定支护结构水平位移控制值，这是出于控制支护结构承载力和稳定性等达到极限状态的要求。实测位移是检验支护结构受力和稳定状态的一种直观方法，基坑失稳及支护结构破坏前一般会产生一定的位移量，通常变形速率增长，且不收敛，而在出现位移速率增长前，会有较大的累积位移量。因此，通过支护结构位移从某种程度上能反映支护结构的稳定状况。由于基坑支护破坏形式和土的性质的多样性，难以建立稳定极限状态与位移的定量关系，应根据地区经验确定。国内一些地方基坑支护技术标准根据当地经验提出了支护结构水平位移的量化要求，如：北京地区，孙家乐等[16]建议采用桩顶水平位移做控制值为 30mm，警戒控制值为 50mm。孙家乐等针对北京地区提出在应用中的无时域变形控制值，一般情况下水平位移控制值：

$\delta \leqslant 30mm$ 安全域

$\delta = 30 \sim 50mm$ 警戒域

$\delta > 50mm$ 危险域

δ 为坡肩处水平位移。

平均变形速度（开挖到基底时起算 10d 内）

$v \leqslant 0.1mm/d$ 安全域

$v = 0.1 \sim 0.5mm/d$ 警戒域

$v \geqslant 0.5mm/d$ 危险域

北京市地方标准《建筑基坑支护技术规程》DB 11/489—2007 中规定，"当无明确要求时，最大水平变形限值：一级基坑为 $0.002h$（基坑深度），二级基坑为 $0.004h$，三级基坑为 $0.006h$"。原深圳市标准《深圳地区建筑深基坑支护技术规范》SJG 05—96 中规定，当无特殊要求时的支护结构最大水平位移允许值见表 20.8-1。

支护结构最大水平位移允许值   表 20.8-1

安全等级	支护结构最大水平位移允许值(mm)	
	排桩、地下连续墙、坡率法、土钉墙	钢板桩、深层搅拌
一级	$0.0025h$	
二级	$0.0050h$	$0.0100h$
三级	$0.0100h$	$0.0200h$

注：表中 h 为基坑深度 (mm)。

新修订的深圳市标准《深圳地区建筑深基坑支护技术规范》SJG 05—2011 对支护结构水平位移控制值又作了一定调整，如表 20.8-2 所示。

支护结构最大水平位移允许值   表 20.8-2

安全等级	排桩、地下连续墙加内支撑支护	排桩、地下连续墙加锚杆支护，双排桩，复合土钉墙	坡率法，土钉墙或复合土钉墙，水泥土挡墙，悬臂式排桩，钢板桩等
一级	$0.002h$ 与 30mm 的较小值	$0.003h$ 与 40mm 的较小值	
二级	$0.004h$ 与 50mm 的较小值	$0.006h$ 与 60mm 的较小值	$0.010h$ 与 80mm 的较小值
三级		$0.010h$ 与 80mm 的较小值	$0.020h$ 与 100mm 的较小值

注：表中 h 为基坑深度（mm）。

上海地区，软弱黏土中的地下工程，墙体最大侧移约为开挖深度的 0.4%，地面沉降最大值约为开挖深度的 0.5%。

2. 地下管线的变形控制

管线一般由管节和接头组成。管节的力学特性主要由管节材料的应力-应变特性、管节的截面特性和管节的长度决定，而接头的力学特性则主要由接头地拔出及转动特性决定。因此，管线的容许变形由管节的应力-应变关系和接头地拔出及转动特性决定。

Ahmed[21]给出了美国常用的三种管线材料即铸铁管、球墨铸铁管和钢管由于地层移动引起的增量容许应力和增量容许应变值如表 20.8-3 所示，其中球墨铸铁管的容许应力和容许应变适用于内压力小于 0.7MPa 的情况。需指出的是，表中的数据适合于直径为 305～405mm 的管道[17]。Ahmed 还给出了铸铁管和球墨铸铁管接头的容许变形量如表 20.8-4 所示。

管材的容许应力和应变　　　　　　　　　　　　表 20.8-3

管线材料	容许应力 σ_1	容许应变 ε_1
铸铁管	$\sigma_1 \leqslant 0.4UTS$(极限抗拉强度)	0.05%
球墨铸铁管	$\sigma_1 \leqslant 0.85\sigma_y$(屈服强度)	0.15%
钢管	$\sigma_1 \leqslant \sigma_h - \sigma_{li} \pm (\sigma_y^2 - 3/4\sigma_h^2)$	$\varepsilon_1 \leqslant {}^1/E(\sigma_1 - \nu\sigma_h)$

注：σ_1 为管线环向应力；σ_{li} 为管节长度方向应力；ν 为泊松比；E 为弹性模量。

管道的接头容许变形量　　　　　　　　　　　　表 20.8-4

管线材料	接头的限值开口(mm)	接头的最大容许转角(°)
铅填缝接头的铸铁管	29	0.5
机械接口或承插接口的球墨铸铁管	25	2.5

国家标准《建筑基坑工程监测技术规范》GB 50497—2009 规定，基坑周边环境监测报警值应根据主管部门的要求确定，如主管部门无具体规定，管线位移监测报警值可按表 20.8-5 采用。

基坑周边管线位移监测报警值　　　　　　　　　　表 20.8-5

管线		累计值(mm)	变化速率(mm/d)
刚性管道	压力	10～30	1～3
	非压力	10～40	3～5
柔性管线		10～40	3～5

《深圳市轨道交通工程周边环境调查导则》DB-SJG 23—2012 规定：地下管线变形允许值和变形速率预警值可按业主要求和表 20.8-6 综合确定。

地下管线变形允许经验值和变形速率预警值　　　　　表 20.8-6

项　　目		变形允许经验值	变形速率预警值(mm/d)
中压燃气管道	聚乙烯管(柔性管)变形差	$0.002L$～$0.003L$	2
	钢管(刚性管)变形差	$0.001L$～$0.002L$	
供排水管道	承插式接口局部倾斜	0.0015	5
	焊接接口局部倾斜	0.0025	

续表

项　　目			变形允许经验值	变形速率预警值(mm/d)
供电电缆管道、综合电缆沟	局部倾斜	中低压缩性土	0.002	5
		高压缩性土	0.003	
通信管道	水泥管块变形差		0.033L	10
	塑料管道变形差		0.015L	

注：1. 燃气管道适用于管径为 100～400mm，管径越大，允许变形越小，反之越大；

2. L 为管节长度；

3. 局部倾斜为相邻两根管道 6m～10m 内接头处两点的变形差（沉降、水平位移）与其距离的比值；

4. 变形差为两节管道的接头处的沉降或水平位移的差值。

3. 道路变形控制

《深圳市轨道交通工程周边环境调查导则》DB-SJG 23—2012 规定，轨道交通沿线邻近道路路基的沉降评价标准可按表 20.8-7 确定。

邻近道路路基沉降允许值　　　　　　表 20.8-7

工程结构类型	高速公路、一级道路	其他公路
	沉降允许值(mm)	沉降允许值(mm)
沥青路面	300	400
水泥混凝土路面	200	300
桥台处	60	90
小型结构物	20	30

为避免路面开裂，道路路基的差异沉降应控制在 0.5%～0.6%。对于静定结构的桥梁基础，墩台均匀沉降量允许值为 40mm，桥梁纵向相邻墩台均匀沉降量之差允许值为 20mm。对于超静定结构（连续梁、推力拱、刚架结构等），其相邻墩台均匀沉降量之差允许值，应根据沉降对结构产生的附加应力的影响而确定。对于涵洞，涵身沉降量允许值可取 100mm。

国家标准《建筑基坑工程监测技术规范》GB 50497—2009 规定，建筑基坑工程周边环境监测预警值：地表裂缝宽度 10～15mm，持续发展。

综上所述，由于各地区基坑工程地质条件的差异性和复杂性，以及各个基坑工程周边环境条件的不同，基坑支护结构和变形控制量尚无统一的定值，上述提供的一些变形控制指标只能作为参考，不能生搬硬套，在实际基坑工程实践中，应根据地质情况、主体工程和支护结构自身特点、基坑周边环境因素复杂程度及重要程度，综合加以确定，做到因地制宜，合理设计。在有可靠测试资料基础上，应重视使用工程类比法和反分析法确定基坑支护结构和变形控制量，其结果常与实际更为吻合。

支护结构变形控制如何合理确定是个难题，还应对此问题开展深入具体的研究工作，积累测试数据，进行理论分析研究，为合理确定支护结构变形值奠定基础。

20.9 风险评估

20.9.1 概述

在国内外基坑工程建设中，工程事故不胜枚举，触目惊心，造成巨大的经济损失，甚至人员伤亡，引起严重的不良社会影响。例如，2008 年 11 月的杭州地铁 1 号线湘湖路站北二基坑垮塌事故造成严重后果，死亡 17 人，失踪 4 人；2004 年 4 月，新加坡 Nicoll 大道地铁循环线垮塌事故，造成 4 名工人死亡，3 人受伤，六车道的 Nicoll 大道受到严重破坏；20.6 中列举的广州海珠城基坑坍塌事故等等。如何尽可能降低深基坑工程中的风险事故发生呢？风险评估为此提供了一条有效可行的途径。

基坑工程充满着不确定性，如何分析安全风险，评估环境效应风险便成为人们关心的问题。投资者和政府主管部门不仅关心技术层面上的安全度，更关心工程失事造成的经济损失、人员伤亡、社会影响、环境影响的风险，这就涉及基坑工程的风险分析和评估问题。随着我国城市建设高速发展，安全风险问题十分突出，基坑工程的风险分析和评估的研究应运成为新的热点。

基坑工程安全风险分析评估的内容主要包括风险源的危险性评估，受险对象易损性的评估和可能灾情的评估。Einstein 将岩土工程风险评估和管理分为五步：一是风险辨识；二是风险量化和量度；三是风险评价；四是风险接受和规避；五是风险管理。

近年来这方面的研究成果日益增多，学术交流也比较频繁。自 2007 年 10 月，"第一届国际岩土安全与风险研讨会（ISGSR 2007）"在上海同济大学召开以来，已举办多次。该研讨会的目的，一是为岩土工程设计规范或指南的发展建立资源共享平台；二是强化岩土工程的安全理念，提升风险管理在岩土工程中的应用；三是推进岩土工程经济、技术和结构安全的和谐统一。2012 年 11 月，第七届全国基坑工程研讨会在深圳召开，会上就深基坑工程风险评估问题也进行交流。上海隧道设计研究院的范益群博士于 2000 年提出了地下结构的抗风险设计概念，计算出深基坑、隧道等地下结构风险发生的概率以及定性评价风险造成的损失，并提出改进的层次分析方法。李惠强、徐晓敏在 2001 年发表的《建设工程风险路径、风险源分析和风险概率估算》中，用事故树方法分析了某深基坑工程侧壁开挖的风险问题。杨子胜等于 2004 年在《基坑工程风险管理研究》一文中，介绍了基坑工程项目风险管理的国内外研究动态，分析了基坑工程项目中的不确定性问题，阐述了基坑工程项目风险管理的概念、特点和管理措施。张驰等人于 2012 年发表了《深基坑施工环境影响的模糊风险分析》一文；该文基于模糊数学的相关理论建立深基坑施工对周边环境影响的模糊风险评估模型，对工程实例加以解析化和定量化分析，提出合理的风险损失评价指标、风险等级划分以及风险损失计算公式。

20.9.2 基坑工程风险分析评估的方法

岩土工程不确定性大体可分为客观不确定性和主观不确定性两类，前者如岩土体情况、水文地质条件、岩土参数、基坑周边建（构）筑物、道路和地下管线等环境条件等；后者如对岩土变形和破坏机制认识不清，条件假定、计算参数和计算模型的选择不当等。不确定性涉及随机性、模糊性、信息的不完善和信息处理的不确切性，成为风险分析的风险源。

风险分析方法有定性分析和定量分析。定性分析主要用于工程建设前的管理分析，通常采用危险性极高、高、中等、低等术语表达；工程技术和社会经济分析通常采用定量分析方法，如数值分析、概率分析、相关分析、聚类分析、极值分析、层次分析、模糊分析、系统分析、神经网络分析、信息分析、GIS 技术分析等。

概率分析法是风险分析中用得最早也是最多的方法，这是一种建立在概率和人员伤亡、财产损失基础上的决策系统，在侧壁工程、基坑工程等领域得到了广泛的应用。例如：有人分析了工程失败路径和风险源因素，建立了基坑地下连续墙支护体系的树图，用布尔代数求解事件的失效概率；也有人将基坑工程的失效归纳为支护结构失效、水平支撑失效、内立柱失效、整体稳定失效和坑底隆起失稳的串连，用可靠度方法计算支护系统的失效概率；还有人提出通过专家调查法得到软土地区盾构施工的事故发生概率和损失，给出了耐久性损失、工期损失、直接费用损失、环境影响损失的风险概率曲线。

20.9.3 目前存在的问题

虽然基坑工程的风险评估得到了高度关注，取得了一些研究成果，并开始进入实用，但是仍有一些难题制约着研究的深入和实用化，主要体现在以下几个方面[10][17]：

（1）缺乏相关的相关实例统计资料，使得评估风险时的概率值存在大的偏差；风险研究大多建立在已经完成的工程项目的基础上，而我国已做的工程项目资料数据一般很不完整和不系统，更缺乏分析，许多宝贵的资料和经验已经流失。而最为宝贵基坑工程失事资料，则往往严加封锁，即使拿到了资料也不能公开。因而，建立在统计基础上的分析方法难以实施，只能根据专家经验进行分析。

（2）可接受的风险水平缺乏标准

何种风险水平可以接受，何种风险水平不可接受，这是风险分析评估中的一个重要问题，目前研究成果少见，国际和国家标准也很笼统。20.8 节中变形控制值的难以确定就是佐证。

（3）风险指标和力学指标的结合问题

基坑工程风险指标一般采用风险度、效用值等无量纲指标，主要基于统计方法或专家调查方法，分析破坏与各影响因素间的关系，与基坑支护结构的变形和变形速率、周边地面沉降、支护结构的受力等不发生联系。由于与力学分析不挂钩，大大降低了分析结果的可信度，甚至导入误区。

（4）真正的定量分析尚待时日

目前采用的所谓定量分析方法实际还是在定性分类的基础上，采用层次分析或模糊综合评判等数学分析方法将计算过程定量化，计算出风险系数再评估。虽然有了相对定量的分析指标，但在风险要素的判别、归类、权重分析等方面仍以专家的经验判断为基础，因此离真正的定量分析还有很大距离。

总之，按目前的发展水平，基坑工程风险的分析评估还是以定性分析为主，复杂的定量分析可以继续研究，但离实用尚有比较长的路要走。

20.9.4 基坑工程风险分类

按照风险来源或损失原因可分为：自然风险和人为风险。

按照项目建设阶段可分为：勘察设计风险、招标投标风险、施工风险等。

按照项目建设目标和承险体的不同可分为：安全风险、质量风险、工期风险、环境风险、投资风险等。

从技术层面来讲，基坑工程风险主要是设计风险、施工风险，以及两种风险导致的基坑周边环境风险。

1. 设计风险要素

（1）设计人员素质水平，包括其设计理论水平和经验积累情况；如设计人员既有理论水平又有丰富的实践经验，设计成果往往会比较科学、比较合理、比较符合实际，发生基坑事故的概率大大地降低。

（2）勘察资料准确程度。勘察资料准确程度严重影响支护结构设计水、土压力计算参数取值，比如，原状土样受到扰动后，其抗剪强度指标即黏聚力和内摩擦角会严重影响，导致土压力计算不准。

（3）水、土压力计算结果准确程度

影响基坑支护结构水、土压力计算结果的因素很多，主要有：

1）土体计算参数取值

土体计算参数的取值与土体的实际情况相符程度，严重影响了土压力的计算。影响土体计算参数的准确程度的因素主要是：所取土样是否具备代表性；土样受扰动程度；试验过程质量等。

2）土体的应力状态和应力路径的影响

基坑开挖过程是基坑侧壁侧向应力减少的过程，即竖向应力不变、横向应力降低的应力路径，与正常地基承载方式不同，对土体的强度指标有着一定的影响，但目前还无法量化其影响程度。非正常固结土（即超固结和欠固结）对土压力影响也很大。对于超固结土，按正常状态土压力计算值一般高于实际值，对于欠固结土，按正常状态土压力计算值可能低于实际值。另外，还有基坑内土体中残余应力的影响。

3）孔隙水压力的影响

① 开挖引起的负超静孔隙水压力——改变支护结构上的荷载和抗力的大小和分布；

② 墙后土体中的毛细饱和区形成的"假黏聚力"——减少墙后的土压力；

③ 人工降低地下水产生的渗透力——较少主动土压力、增加被动土压力；

④ 基坑排水渗流的影响。

4）边界条件的影响

① 基坑支护的三维效应——约束支护结构的变形；

② 支护结构与土间的摩擦力——减少主动土压力，增加被动土压力；

③ 土层间的约束作用。

5）计算模型与实际情况的差异程度。

6）周边环境的复杂程度。

7）施工过程中，基坑周边附加荷载的变化。

2. 施工风险因素

（1）施工工艺

（2）施工质量

（3）基坑土方开挖

（4）基坑施工动态化管理程度

20.9.5 基坑风险等级

对于基坑风险等级，目前尚无统一的标准。为了有效地把握工程的风险事故，指导风险决策的开展，需对不同的风险事故进行等级划分。这里推荐 2012 年 1 月 1 日实施的国标《城市轨道交通地下工程建设风险管理规范》GB 50652—2011，给出风险发生概率和损失等级、风险等级标准，作为参考。

1. 风险发生可能性

风险发生可能性等级标准宜采用概率或频率表示，见表 20.9-1。

风险发生可能性等级标准　　　　　　　　　　　　　表 20.9-1

等级	1	2	3	4	5
可能性	频繁的	可能的	偶尔的	罕见的	不可能的
频率或频率值	＞0.1	0.01～0.1	0.001～0.01	0.0001～0.001	0.0001

2. 风险损失等级标准宜按损失的严重性程度划分五级，见表 20.9-2。

风险损失等级标准　　　　　　　　　　　　　表 20.9-2

等级	A	B	C	D	E
严重程度	灾难性的	非常严重的	严重的	需考虑的	可忽略的

3. 工程建设人员和第三方伤亡等级标准宜按表 20.9-3 划分为五级。

工程建设人员和第三方伤亡等级标准　　　　　　　　　　　表 20.9-3

等级	A	B	C	D	E
建设人员	死亡(含失踪)10 人以上	死亡(含失踪)3～9 人，或重伤 10 人以上	死亡(含失踪)1～2 人，或重伤 2～9 人	重伤 1 人，或轻伤 2～10 人	轻伤 1 人
第三方	死亡(含失踪)1 人以上	重伤 2～9 人	重伤 1 人	轻伤 2～10 人	轻伤 1 人

4. 对周边环境的影响程度划分为五级，宜符合下列规定：

（1）周边区域环境影响的等级标准见表 20.9-4。

环境影响等级标准　　　　　　　　　　　　　表 20.9-4

等级	A	B	C	D	E
影响范围及程度	涉及范围非常大，周边生态环境发生严重污染或破坏	涉及范围很大，周边生态环境发生较重污染或破坏	涉及范围大，区域内生态环境发生污染或破坏	涉及范围较小，邻近区生态环境发生轻度污染或破坏	涉及范围很小，施工区生态环境发生少量污染或破坏

（2）造成周围建（构）筑物影响的经济损失等级标准见表 20.9-5。

工程本身和第三方直接经济损失等级标准（单位：万元）　　　　表 20.9-5

等级	A	B	C	D	E
工程本身	1000 以上	500～1000	100～500	50～100	50 以下
第三方	200 以上	100～200	50～100	10～50	10 以下

5. 针对不同的工程类型、规模和工期，根据关键工期延误量，工期延误等级标准可采用两种不同单位进行分级，短期工程（建设工期 2 年以内，含 2 年）采用天表示，长期工程（建设工期 2 年以上）采用月表示。工期延误等级标准见表 20.9-6。

工期延误等级标准					表 20.9-6

等级	A	B	C	D	E
长期工程	延误大于 9 个月	延误 6 个月～9 个月	延误 3 个月～6 个月	延误 1 个月～3 个月	延误少于个月
短期工程	延误大于 90 天	延误大于 60 天～90 天	延误 30 天～60 天	延误 10 天～30 天	延误少于 10 天

6. 社会影响等级标准宜按建设风险影响严重性程度和转移安置人员数量划分五级见表 20.9-7。

社会影响等级标准					表 20.9-7

等级	A	B	C	D	E
影响程度	恶劣的，或需要紧急转移安置 1000 人以上	严重的，或需要紧急转移安置 500 人～1000 人	较严重的，或需要紧急转移安置 100 人～500 人	需考虑的，或需要紧急转移安置 50 人～100 人	可忽略的，或需要紧急转移安置小于 50 人

7. 风险接受准则根据风险发生的可能性和风险损失，工程建设风险等级标准宜分为四级，见表 20.9-8。

风险等级标准					表 20.9-8

可能性等级 ＼ 损失等级	A 灾难性的	B 非常严重的	C 严重的	D 需考虑的	E 可忽略的
1 频繁的	Ⅰ 级	Ⅰ 级	Ⅰ 级	Ⅱ 级	Ⅲ 级
2 可能的	Ⅰ 级	Ⅰ 级	Ⅱ 级	Ⅲ 级	Ⅲ 级
3 偶尔的	Ⅰ 级	Ⅱ 级	Ⅲ 级	Ⅲ 级	Ⅳ 级
4 罕见的	Ⅱ 级	Ⅲ 级	Ⅲ 级	Ⅳ 级	Ⅳ 级
5 不可能的	Ⅲ 级	Ⅲ 级	Ⅳ 级	Ⅳ 级	Ⅳ 级

不同等级的风险需采用不同的风险控制对策和处置措施，不同等级风险的接受准则和相应的控制对策见表 20.9-9。

风险接受准则				表 20.9-9

等级	接受准则	处置原则	控制方案	应对部门
Ⅰ 级	不可接受	必须采取风险控制措施降低风险，至少应将风险降低至可接受或不愿接受的水平	应编制风险预警与应急处置方案，或进行方案修正或调整等	政府部门及工程建设参与各方
Ⅱ 级	不愿接受	应实施风险管理降低风险，且风险降低的所需成本不应高于风险发生后的损失	应实施风险防范与监测，制定风险处置措施	
Ⅲ 级	可接受	宜实施风险管理，可采取风险处理措施	宜加强日常管理与监测	工程建设参与各方
Ⅳ 级	可忽略	可实施风险管理	可开展日常审视检查	

20.9.6 基坑工程风险评估流程及风险控制措施

1. 风险评估基本流程

风险评估基本流程为：

（1）充分了解所需要研究的工程情况，收集有关工程资料，比如，基坑周边至少基坑深度 3 倍以上范围的地质资料、建（构）筑物、道路和地下管线的有关技术资料、邻近已建基坑工程技术资料；主体建筑的有关技术资料等；

（2）划分评价层次单元；

（3）对个评价单元可能发生的风险事故进行分类辨识；

（4）对各个可能发生的风险事故的原因、工况、后果进行分析；

（5）采用定性与部分定量相结合的评价方法进行评价；

（6）对风险事故提出建议性控制措施；

（7）给出结论和建议，并形成基坑风险评估报告。

2. 风险控制措施

在基坑工程施工中，风险是实时存在的，应根据工程风险评估结果，尽可能地提高工程风险的控制能力和降低工程风险的潜在损失，选择合理的风险管理控制对策。通过采取措施或修改技术方案以减少工程风险发生的概率和损失。在选择基坑支护设计单位和施工单位时，应选择对当地地质情况熟悉的、具有丰富实践经验的、信誉高的单位；在必要时，基坑支护设计方案和施工组织方案应进行专家论证，及时发现不足，加以纠正；在基坑施工过程中，应加强第三方监测，根据监测结果分析基坑支护变形趋势，当监测数据或现场出现异常情况时，应及时采取加固补强措施；当基坑支护结构变形很大并急剧发展时，应果断采取卸载或回填措施。

20.10 防治对策与展望

综上所述，基坑工程都可能发生不良的环境效应，为了将避免基坑工程对周边产生严重的影响，将影响降低到最低程度，本节提出如下的防治对策：

1. 应加强基坑工程专项勘察工作。在实际过程中，许多工程没有进行基坑专项勘察，而直接采用主体建筑地基勘察资料作为基坑支护设计依据，这种做法在场地土层分布均匀时是可以的，但很多场地岩土层分布存在着较大甚至很大差异，会使基坑支护设计的岩土依据和实际情况偏离，导致基坑工程风险。另外，基坑工程对勘察的要求和主体建筑设计也是有区别的。

2. 基坑设计应实事求是，科学合理。基坑工程不确定性十分显著，基坑支护设计必须从实际出发，要在正确概念的框架内与传统方法结合，绝对不能忘记甚至背离业已确立的基本概念，绝对不能无视实际情况，做"数字游戏"[10]。

目前，支护设计都采用计算机软件进行计算，计算机的引入为工程师们节省了大量的时间，但也存在着照搬硬抄软件计算结果，使设计结果严重偏离实际，因此，应在工程经验基础上，根据基坑设计边界条件、输入参数等因素对软件计算结果进行综合判断，采用科学合理的支护设计方案。要做好这一点是不容易的，这就要求进行概念设计：

（1）要"对症下药"，从实际出发；设计人员必须亲临现场踏勘，现场了解基坑场地及其周边的情况，才能做到心里有数，如果不去现场，只在室内阅读资料，是很难做出好设计的。

（2）抓住关键，突出难点和重点。概念设计要大处着眼，就是抓难点、重点，抓关键。如场地发育厚层极软土、杂填土、填石和"孤石"（即残积土中微风化的岩体），砂层突涌等情况。

（3）坚持设计理性，避免盲目。概念是一种理性认识，理性就是不要盲目，理性设计是概念设计的核心。盲目性有两种表现：一种是盲目相信计算，设计时只知道"规范＋计算"或者"规范＋电脑"。至于规范规定的背景如何，电脑软件采用的是什么计算模式，计算结果与工程实际的符合程度如何，则一概不清楚。这种盲目搬用电脑计算的做法，危害很大。另一种是盲目相信经验，照搬其他工程的做法，把局部经验误为普遍真理，以致犯概念性原则性的错误。概念设计要求设计者对原理有深刻的理解，同时有丰富的工程经验，从设计思路到具体设计，既符合科学原理，又清楚计算模式、计算参数、计算结果与工程实际的差别。

（4）注重综合判断和现场试验。基坑概念设计需要经验，原因主要在于单纯的计算不可靠。判断要有正确的理论导向，更要有丰富的实际经验，即综合判断。如果既没有可靠的计算方法，又没有现成的经验，怎么办？只有依靠现场试验。锚杆或锚索的抗拔试验、试挖是常用的手段；有时甚至做试验性工程，验证有关设计参数的正确与否。还常常采用信息化施工和反分析方法，利用反馈信息，不断完善设计。

3. 应充分重视基坑监测工作，并做到因地制宜，尽量减少对周围环境影响；基坑监测是进行基坑工程"动态化"设计与施工的重要手段和依据，有了准确的监测数据，才有可能真正做到基坑工程"动态化"。监测不仅能提供动态设计、预警和管理等的反馈信息，同时也是提高工程质量的重要环节。

4. 在软土基坑开挖时，须特别注意对工程桩的保护。采取边挖、边凿（工程桩）、边铺、边浇（混凝土垫层）及边砌（基槽）的施工方法。

5. 应加强施工监管力度，杜绝随意更改支护设计图纸和施工组织设计。

6. 应加强土压力的原位测试工作，以期得到切合实际的土压力分布情况，完善和研究支护结构系统的计算方法。

7. 应加强基坑支护的变形控制设计。支护结构在满足强度的前提下，更重要的是满足其使用要求，保证其对周围环境不造成破坏性的影响。

基坑工程迄今还是一门不严密、不完善、不够成熟的科学技术，还处在"发展中"，因而存在相当大的风险性。沈珠江院士说：土力学发展到现在，是"从学步走向自立"，岩石力学发展更晚，成熟程度还要低一些。因此，在基坑工程设计中概念设计越来越为岩土工程师们所重视。由于基坑深度越来越深，基坑规模越来越大，应重视深、大基坑工程的经验积累，并注意研究分析进行理论提升。

由于基坑周边环境差异很大，其建（构）筑物、地下管线等的材质、类型、建成年代，特别是对变形的敏感性有着很大不同，很难有统一的变形控制的标准，应因地制宜地确定其控制标准。这几年来，基坑工程施工技术有了很大发展，特别是截水帷幕施工技术。如 TRD 工法（Trench-Cutting Re-mixing Deep Wallmethod，渠式切割深层搅拌墙工法）是一种把插入地基土中的链锯式切割箱与主机连接，沿着横向移动、切割及灌注水泥浆，在槽内形成对流，进行混合、搅拌、固结原来位置上的土体，形成等厚水泥土地下连续墙，同时也可插入型钢以增加地下连续墙的刚度和强度。与传统截水工法相比，具有无缝、连续、超深等特点。

20.11 工程实例

20.11.1 概况

由于市区内场地有限，邻近建筑或地下设施多，基坑开挖需设置挡土结构，如果挡土结构破坏，造成侧壁失稳，则产生破坏性影响；另一方面，挡土结构位移过大，或由于开挖揭露含水层，抽取大量地下水，也会引起周围土体的大量位移和滑动，从而影响周围环境及本身的工程建设，这是值得引起我们注意的。

在福州市区中北部地区，有巨厚的淤泥层，基坑开挖仅有来自杂填土中的上层滞水，一般水量不大，在这种情况下，挡土结构大量位移是影响周围的主要原因。

福州某工程由两座（写字楼、公寓）高 33 层的塔楼组成，有两层地下室，开挖深度达 9.5m，开挖面积 5500m^{2}时，场地土层如图 20.11-1 所示，支护结构采用钢板桩（拉森桩），桩长 15～18m，在深度 1.5m 及 5.5m 处设置两道 ϕ580mm 的网格状钢管内支撑，开挖时，挡土结构位移量大，对周围影响十分严重。

20.11.2 周围环境与施工监测

场地东侧偏南 5m 外为两层仓库，木结构，砖围墙，东侧偏北 8m 外为八层住宅，框架结构，锚杆静压桩基础；场地南侧 10m 外为市区主干道路；西侧 5m 外为小巷；北侧偏西 6m 外为贮藏间（一层）、门卫房（二层），砖墙，条石基础，15m 外及北侧偏东 20m 外均为五层住宅，片筏基础；南、西、北各设一台塔吊（见图 20.11-2）。

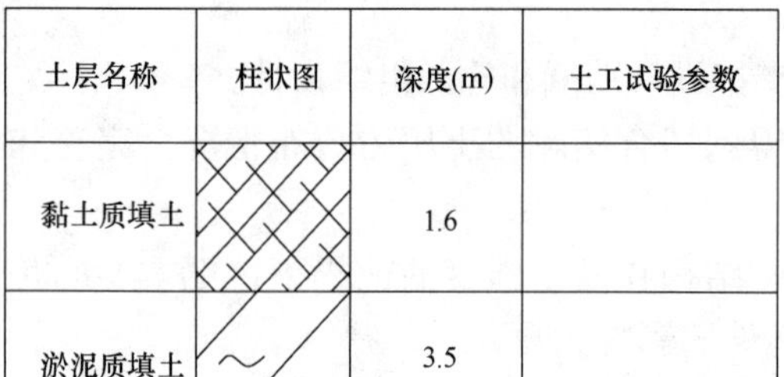

土层名称
柱状图
深度(m)
土工试验参数
黏土质填土
1.6
淤泥质填土
3.5
淤泥
18.9
γ=15.7kN/m³
c=7kPa
φ=9°
粉质黏土
22.1
含砾粗中砂
26.2

图 20.11-1 土层柱状图

砖5
砖5
砖5
砖2
塔吊
框8
小巷
木2
主干道路
测斜管
孔隙水压
土压力盒

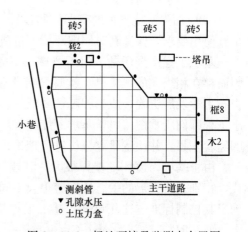

图 20.11-2 场地环境及监测点布置图

在挡土结构周围共埋设了 11 个测斜点，3 个土侧压力测试断面，2 个孔隙水压力测试断面；周围建筑共布设了 39 个沉降观测点。在基坑开挖过程及拆除支撑梁前后各项目均进行了较完整的监测。

20.11.3 基坑开挖过程

根据设计要求，本工程分三个开挖阶段：第一阶段用机械开挖 2m 深，进行第一道钢支撑施工；第二阶段机械开挖至深度 6.3m，钢板桩边留约 10m 宽土带，以后人工突击挖掉，并进行第二道支撑安装；第三阶段人工下挖，由中部向四周扩展，最后突击挖掉钢板桩边土带。

但在实际开挖过程中，第一阶段主要沿钢板桩边及第一道支撑梁位置局部下挖 2m，在钢管撑尚未安装完毕时，就用机械进行大规模的第二阶段开挖，且先在场地西、北侧直接沿着钢板桩下挖深达 6.3m，不留土带，以后自北向南退挖，有关方面多次干预无效。

第三阶段采用人工分层开挖，仍先挖周边土体，再向中部推进，仅在北侧偏东及南侧中边出土位置留有土带。因而造成了十分不利的影响。

20.11.4 基坑开挖对周围的影响

（1）第一阶段开挖时，钢板桩处于悬臂状态，土体位移自下而上逐渐增大，顶部达最大值，虽然仅局部开挖深 2m，但最大水平位移量已达 40mm，此时，邻近建筑下沉量＜10mm，对周围基本上没有影响。

（2）第二阶段开挖后，土体位移特点发生变化，位移在开挖面深度附近达最大值，顶、底两端水平位移相对较小，该阶段最大位移 77～215mm，场地周围地面出现许多不连续的张裂缝，其走向与钢板桩走向基本相同，宽度 3～15mm，邻近建筑下沉量 1.9～87.3mm，沉降不均匀，靠近场地下沉量较大，东侧仓库围墙。西北侧贮藏间、门卫房已出现少量裂缝。

（3）第三阶段开挖后，又逢雨季，土体位移不断增大，险情不断发生，钢管支撑端八字撑焊接部位发生十余次破坏，四周土体开裂、下沉、并产生滑动，邻近建筑开裂、下陷、部分便塌，塔吊倾斜。

① 局部土体快速滑动

一场大雨使场地北侧偏西 1 号、2 号点最大水平位移分别由 311mm，452mm 猛增至 544mm，650mm，并分别在深度 10.5m 及 13.5m 处被剪断，储藏间下陷达 600mm 以上，由此判断该处土体已经滑动，其后第二、第三滑动面已在地面上明显可见（图 20.11-3），门卫房、贮藏间部分倒塌，被迫在该处加设第三道钢管内支撑，此后，土体水平位移仍在发展，至开挖结束后，最大水平位移 760mm，贮藏间下陷 700mm 以上。这种快速滑动对周围危害最大。

② 土体缓慢滑动

场地周围大部分土体位移是逐渐增大的，由于位移量大，土体产生了滑动。场地东侧 10 号点最大水平位移达 611mm，仓库西墙下沉 627mm，在离场地 8m 处地面裂缝发生滑动，致使仓库北墙在该处开裂宽达 250mm 以上（图 20.11-4）。此外，场地西侧小巷路面彻底破坏，土体有滑动迹象，围墙错位，这种缓慢滑动主要引起墙体开裂，严重的也会引起建筑倒塌。

③ 塔吊倾斜

由于上体大量位移，塔吊桩基产生位移，塔吊倾斜，三座塔吊一度不能使用，施工受到严重影响，大大延误了工期。

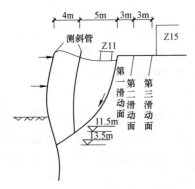

图 20.11-3 北西侧土体滑动图

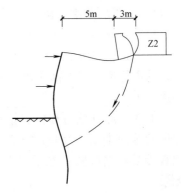

图 20.11-4 东侧土体滑动图

④ 影响范围

本工程土体位移量特别大（见表 20.11-1），地面沉降有明显的特征，因而具有典型的意义。

各测点最大水平位移 　　　　　　　　　　　　　　表 20. 11-1

点号		1	2	3	4	5	6	7	8	9	10	11	备注
最大位移（mm）/深度（m）	第一阶段	39/0.5	40/0.5	21/0.5	40/0.5	4/0.5	10/0.5	19/0.5	—	22/0.5	—	24/0.5	挖深 2.0m
	第二阶段	92/0.5	128/8.0	177/5.0	215/7.0	97/8.0	77/8.0	164/7.0	183/7.0	153/6.0	172/7.0	131/7.0	挖深 6.3m
	第三阶段	612/10	760/10	496/9.0	673/9.0	561/10	220/9.0	228/8.0	255/8.0	327/8.0	611/8.0	307/9.0	挖深 9.5m

下沉量最大范围 9m 以内，与开挖深度值相近，下沉（或下陷）量最大处发生在 4～9m 之间，其位与水平位移最大值相近，而离场地 9m 外的地面（或建筑）下沉量比 9m 内的下沉量小得多，为 5.0～55.3mm，但如果挡土结构破坏，图 20.11-3 中的第二、第三滑动面可能滑动，影响范围可达 15m，与钢板桩长度值相近。

值得一提的是：直接沿钢板桩下挖处土体最大位移 496～760mm，而场地北侧偏东 6～9 号点南侧 11 号点附近留有土带，最大位移 220～327mm。可见开挖方式对挡土结构位移有很大影响。

（4）拆除支撑梁前，对地下室外墙与钢板桩之间加设许多暗梁，并作了认真的回填，拆除钢管支撑梁只引起土体 2～20mm 的水平位移，影响不明显。

20.11.5 对周围影响大的原因分析

1. 开挖程序不合理

如前所述，本工程未按要求开挖。直接沿支护桩下挖，使桩体过早长期暴露，位移不断发展，位移量必然偏大。

2. 设计计算土压力参数取值不合理

本工程基础采用打入式 R.C 预制桩，桩长 34m，桩断面 450×450，总桩数 1230 根，桩基刚打完，就开始打钢板桩，以后，很快就进入开挖，打桩引起土中很高的孔隙水压力，淤泥层中孔隙水压力曾达上伏土重 1.3 倍，且淤泥层中孔隙水压力很难消散，开挖前，淤泥层中孔隙水压力占总压力 $0.59\% \sim 71\%$，实测的静止土压力系数 $K_0 = 0.99$，比设计取值高出 27%，基坑开挖过程中，随着挡土结构位移量的增大，主动土压力（孔隙水压力）逐渐减小，开挖结束后，土体水平位移速率逐渐减小，土压力及孔隙水压力也趋于稳定或稍有回升（如图 20.11-5 所示），开挖结束后，土压力系数 $K_1 = 0.74$。

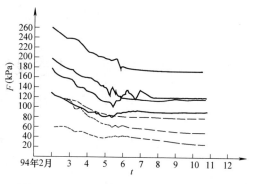

图 20.11-5 土压力与孔隙水压力时程曲线

3. 挡土结构与支撑系统设计不合理

挡土构件用钢板桩，其本身刚度较小，而支撑梁间距又大，因此，钢板桩柔性大，易变形的缺点更加暴露，另外，支撑梁太长（长达 100m，宽 $45 \sim 65$m），其本身缩量大，并在受力后（或在挖掘机碾压下）易弯曲，据监测，桩顶位移一般为 $60 \sim 160$mm，最大 320mm。

4. 钢板桩入土深度偏浅

钢板桩入土部分与暴露部分长度比仅 $0.74 \sim 0.9$，桩底仍在淤泥层中，故桩底滑移量大，一般为 $75 \sim 130$mm。

参 考 文 献

[1] 龚晓南，高有潮. 深基坑工程设计施工手册 [S]. 北京：中国建筑工业出版社，1998.

[2] 唐业清等. 深基坑工程论文集. 北京，高层建筑深基坑经验交流学术研讨会议. 1996.

[3] 中华人民共和国行业标准. 建筑基坑支护技术规程 JGJ 120—2012 [S]. 北京：中国建筑工业出版社，2012.

[4] 中华人民共和国国家标准. 建筑基坑工程监测技术规范 GB 50497—2009 [S]. 北京：中国计划出版社，2009.

[5] 中华人民共和国国家标准. 城市轨道交通地下工程建设风险管理规范 GB 50652—2011 [S]. 北京：中国建筑工业出版社，2011.

[6] 北京市地方标准. 建筑基坑支护技术规程 DB 11/489—2007 [S]. 北京，2007.

[7] 湖北省地方标准. 基坑工程技术规程 DB 42/159—2012 [S]. 武汉，2012.

[8] 深圳市技术标准. 深圳市基坑支护技术规范 DB-SJG 05—2011 [S]. 深圳，2011.

[9] 深圳市轨道交通工程周边环境调查导则 DB-SJG23—2012 [S]. 深圳，2012.

[10] 顾宝和等. 岩土工程设计安全度. 北京：中国计划出版社，2009. 3.

[11] 林树枝等. 深基坑支护技术—厦门市深基坑支护工程实例. 北京：中国水利水电出版社，1999. 9.

[12] 林树枝，黄建南. 深基坑支护技术的探索与实践. 福建建设科技，2008，No6，P41-44.

[13] 林树枝，黄建南. 深基坑支护技术在厦门市建筑工程中的应用. 福建建筑，2000，No3，P33-35.

[14] 黄建南. 浅谈厦门岛深层降水的环境负效应//第五届地基处理学术研讨会论文集. 北京：中国建筑工业出版社，1997.10. P788-791.

[15] 侯学渊等. 软土基坑支护结构的变形控制设计//软土地基变形控制理论与设计讨论会论文集. 上海，1996.9

[16] 孙家乐等. 深基坑支护结构体系变形控制设计//软土地基变形控制理论与设计讨论会论文集，上海，1996.9

[17] 刘国彬，王卫东. 基坑工程手册（第二版）[M]. 北京：中国建筑工业出版社，2009.11

[18] 俞清瀚，张登贵. 深开挖基地前置施工影响之实测与探讨//海峡两岸地工技术/岩土工程交流研讨会，广州，2011，5.

[19] 俞清瀚，张登贵等. 高铁紧邻基地深开挖之设计及施工监测管理. 地工技术，2010，6（124），33-44.

[20] 俞清瀚，徐明志. 台北市都市更新基地深开挖抽水解压案例介绍. 陈斗生博士纪念论文集，卷四，建物扶正补强及都市更新，P332.

[21] AHMED I. Pipeline response to excavation-induced ground movements [D]. New York, Cornell University, 1990.

第 21 章 动态设计及信息化施工技术

简文彬

福州大学

21.1 概述

由于深基坑工程本身的复杂性和当前设计理论尚不够成熟，基坑的稳定性、支护结构的内力和变形以及周围地层的位移对周围建筑物和地下管线等的影响及保护的计算分析，目前尚不能准确地得出正确的结果。在工程计算中，土体的力学性质很难得到全面反应，比如软黏土具有蠕变、松弛、流动和长期强度等流变特性，故在工程实践中应大力发展信息化施工技术，采用理论导向、定量量测和经验判断三者相结合的方法，对基坑施工及周围环境保护问题做出较合理的技术决策和现场的应变决定。

基坑工程的设计在广义上讲应包括勘察、支护结构设计、施工、监测和周围环境的保护等几方面的内容，比其他基础工程更突出的特殊性是其设计和施工完全是相互依赖、密不可分的，施工的每一阶段，结构体系和外部荷载都在变化，而且施工工艺的变化、挖土次序和位置的变化、支撑和留土时间的变化等，都非常复杂，且都对最后的结果有直接影响。可是在工程设计中，由于影响因素众多，地质模型、计算简图的选取比较理想化，现有计算理论尚不能反映工程的各种复杂变化，难以考虑施工顺序以及施工过程中的不确定因素，其计算工况模型还不能完全切实地反映施工时的具体状况，导致理论计算和实测数据存在一定的差距。在这种情况下，就需要通过综合的现场监测来判断前一步施工是否符合预期要求并确定和优化下一步的施工参数，实现信息化施工。

所谓信息化施工就是指充分利用前段基坑开挖监测到的岩土及结构体变位、行为等大量信息，通过与勘察、设计的比较与分析，在判断前段设计与施工合理性基础上，反馈分析与修正岩土力学参数，预测后续工程可能出现新行为与新动态，进行施工设计与施工组织再优化，以指导后续开挖方案、方法、施工，排除险情。

21.2 深基坑工程安全影响因素及信息化必要性分析

21.2.1 深基坑工程安全影响因素

深基坑工程安全影响因素主要有：（1）基坑所在场地土体强度及地质条件，勘察资料的精确性和全面性。（2）基坑边坡及支护结构的选择和设计。这主要取决于基坑开挖深度、土体的土质条件及力学性质、水文地质条件、周围环境、支护结构受力特征、设计控制变形要求、工期和造价等因素的影响。（3）基坑开挖工艺流程设计、开挖进度控制以及围护和支撑结构的建造质量。（4）气候条件的不利影响，如降雨、气温的变化等。（5）监测数据短缺或不全面、不准确，数据分析不够，报警不及时、不准确。

正是由于上述深基坑工程施工过程中存在的安全影响因素多，场地工程地质水文地质条件存在不确定性，勘察工作的局限性，设计和计算所依据的参数不尽合理，可能存在较大误差，围护结构所受荷载常常受到突发和一些偶然因素的影响，以及有关计算和设计理论不成熟等现象，使实际施工状况与原有设计并不相符，岩土工程信息不确定性在基坑工程中表现更为突出。

深基坑工程事故具有分布面广，时间跨度大等特点，再加上一些事故的知情者（大多数是事故的直接负责人）对事故真相的故意隐瞒，都给事故的调查研究工作带来了困难，使得调查工作难以进行彻底，调查结果详略不一。深基坑工程事故的原因多种多样，但通过总结分析可以归纳为：建设单位管理问题、基坑勘察问题、基坑设计问题、基坑施工问题以及基坑监理问题以及其他问题几大方面。其中尤以基坑设计与基坑施工问题造成的事故为主。

1. 建设单位管理问题

纵观深基坑发生事故，由于建设单位的原因而引发的工程事故主要原因有以下几个方面：

（1）建设单位任意发包建设工程，或者由于各种原因造成工程层层分包，以至于一些资质较低甚至无资质的设计或施工单位（甚至个体户）承包基坑工程。

（2）建设单位盲目地压低和压缩施工工期，造成设计和施工的时间十分仓促。致使工程设计中一些方面考虑不周，各个专业之间协调不够。而施工企业在承包价格较低的情况下，为了得到期望的利润往往粗制滥造，偷工减料，使工程质量得不到保证，从而给工程留下安全隐患。

（3）在施工过程中，建设单位为了节省工程造价强行取消了部分支护桩上的锚杆，更有甚至将锚杆全部取消，变锚拉桩为悬臂桩，造成支护结构变形和位移过大，甚至破坏。

（4）建设单位为了节省支护结构设计费用，盲目地套用以往基坑工程的支护桩，而没有具体问题具体分析，使得支护方案不合理。有时还擅自将桩距增大，桩径减少，造成支护结构安全度过小，甚至支护结构破坏。

（5）建设单位无力使工程款到位或长期拖欠有关各方尤其是施工方工程款，以致贻误支护时机。由于基坑工程具有时空效应，因此会导致深基坑的质量得不到保证而容易造成事故。

（6）建设单位不办理质量安全监督手续，使得施工过程缺乏质量方面的监督而造成深基坑工程质量监督失控。

2. 基坑勘察问题

场地勘察资料是基坑工程设计计算的关键依据。勘察资料不详、不准、失误、勘察结论不完备、不准确、不正确均可能导致设计失误，进而导致工程事故的发生。基坑工程勘察方面的问题主要表现为以下方面：

（1）盲目套用附近建筑物以往的勘察资料来指导本工程设计施工，而不认真地进行实地勘察。由于地质条件的多样性而造成以往勘察资料提供的土层构成、厚度以及岩土物理力学性质指标与实际情况出入较大，导致土压力计算严重失真，影响了支护结构的安全度。

（2）勘察报告未能准确查明场地的水文地质条件，即地下水类型及其变化特征、岩土的渗透性、补给特征以及含水层与隔水层的层位，导致基坑开挖后，由于坑内外产生较大的水头差，出现侧壁渗水、涌水、流砂等，使粉土、粉砂大量流失，基坑边坡坍塌。

（3）没有对周围环境进行认真调查，未能掌握有关周围建筑物地基情况以及地下管线分布，在施工过程中出现意想不到的问题，影响施工进度。

（4）基坑勘察没有查明土层膨胀性，从而没有引起基坑设计和施工的特别注意，导致在设计参数取值、施工处理等方面都没有考虑土体的胀缩性，基坑开挖过程中，下部土体浸水后膨胀崩塌，边坡开裂滑塌。

（5）基坑勘察范围过小，基坑勘察布点过少，不能查明场地某个位置的软弱土层，或者钻孔没有达到预定深度且没有采取补救措施，都会在深基坑工程施工时造成险情。

3. 基坑设计问题

（1）不进行地质勘察便进行设计，使得地基土参数选择不当，主动土压力计算值过低，被动土压力计算值过高，支护结构实际受力不安全，变形过大；或者基坑降水、止水措施不力。

（2）对周围环境调查不够，使得设计阶段对相邻建（构）筑物、地下管线等的不利影响考虑不周。

（3）由于基坑工程涉及的专业面比较广，有关部分不以相关规范为准绳，造成各部分的可靠度相差过大，有的方面保守，而有的环节却十分薄弱，使得支护结构一部分浪费了材料，而另一部分非常危险，甚至造成事故。

（4）支护方案的选择缺乏技术论证。深基坑支护结构形式的选择，取决于基坑实际开挖的深度、边坡土体的物理力学性质、地下水位、周围环境、设计变形要求以及施工条件等因素。对大型基坑或复杂条件下的基坑支护方案，一些单位仅凭个别人有限的经验和片面的知识随意确定支护方案，未进行技术论证，结果事故隐患极大。

（5）设计荷载取值不当。土压力的计算是支护结构设计计算的前提，但是必须注意到，实际的土压力在基坑开挖到地下结构完工期间，不是一成不变的。当由于土压力计算理论选取不当，支护结构实际承受的主动土压力大于设计计算值时，支护结构产生较大的变形。

（6）未充分考虑环境条件的变化。未能充分考虑由于雨季、涨落潮以及地下管道的渗漏而导致的基坑周围土体含水量的增加、黏聚力和内摩擦角的降低，致使支护结构所承受的主动土压力突然增大，在这些不利环境条件下支护结构严重变形，甚至破坏。

支护结构设计计算时，过低估计或者漏算地面荷载。由于施工现场狭窄，挖出的土方以及大量的钢筋、水泥等建筑材料堆放在基坑边，造成基坑周围地面严重超载，使侧向土压力增大，从而导致基坑支护结构变形过大。而在寒冷地区，基坑设计计算时没有考虑土体膨胀对支护结构的不利影响，在冬期时由于主动土压力变大而基坑支护结构处于临界状态，甚至破坏。

（7）不能选取合理的岩土强度参数。在基坑支护工程设计中，合理地选择地基土强度指标是基坑开挖成败的又一关键因素。设计中如果不能根据土的性质和排水条件选取合理的土强度参数，则可能导致基坑设计的失败而埋下事故隐患。比如，用总应力计算时，应根据实际情况分别选择不排水剪、固结不排水剪和排水剪试验的土体强度指标。

（8）治理地下水的措施不力。深基坑工程中经常会遇到地下水，为确保深基坑工程正常进行，必须进行防水止水处理。因此必须了解场地的地层岩性结构，查明含水层的厚度、渗透性和水量，研究地下水的性质、补给和排泄条件；分析地下水的动态特性及其与区域地下水的关系；寻找人工降水的有利条件，从而制定出切实可行的最佳降水方案。

（9）支撑结构设计失误。内支撑系统是指支持挡土墙（桩）所承受的土压力等侧压力而设置的圈梁、支撑、角撑、支柱及其他附属部件的总称。内支撑系统是支护结构的重要组成部分，某一构件设计不当，就有可能酿成事故。内支撑系统的设计常出现以下问题：

①基坑平面尺寸较大时，采用钢管内支撑。由于钢管压曲变形，使支护结构产生位移。②支撑的支点数少，连接不牢固，使支撑杆下挠，产生弯曲变形，达到一定程度后丧失支撑作用。③头道支撑位置太低，使支护结构顶部位移过大。④支撑间距过疏，使支撑杆件产生过大的弯曲变形。

（10）锚固结构设计失误：①围护桩的入土深度不够。②支撑或拉锚的强度不够。③拉锚长度不足。④板桩本身刚度不足，在土压力作用下失稳弯曲。⑤板桩位移过大，造成周边环境的破坏，如过大的位移和沉降等。⑥场地土质较差的基坑开挖采用放坡开挖、土钉墙支护、喷锚支护等方式，忽略了对基坑边坡进行稳定性验算，更没有对基坑边坡进行有效的加固，造成基坑滑坡。

（11）选用较低安全系数。对于地质条件复杂而重要的环境条件下，仍选取较低的安全系数，从而造成基坑工程安全度过低。

（12）设计人员缺乏足够的设计经验。由于天然土层不均匀性、土体力学指标的分散性、计算参数对测试方法的依赖性，以及各种计算理论的假设条件与实际情况的差距，加之土体的有些性质目前尚难以用定量的方法表达，所以，基坑工程的设计者不仅应有比较深厚的理论基础，而且要有丰富的实际经验，善于处理各种复杂问题。

（13）随意更改方案。某些工程为了节省费用，不按科学办事，随意更改方案，结果事与愿违，影响工期。

4. 基坑施工问题

（1）一些达不到资质企业的施工队技术水平低、素质差、管理混乱，越级承包基坑工程，使得多数发生险情或造成事故。

（2）承包商激烈竞争时出现两个严重的问题：一是低价承接任务；二是层层转包。这些不良现象最终造成高资质等级的承包商通过转包获取利润，低资质或无资质的承包商面对的是原本就是低价接到的工程，为了获取利润更改设计、偷工减料和粗制滥造。

（3）基坑施工没有严格按照操作规程进行：

① 基坑开挖不符合规程：基坑挖土应分层进行，高差不宜过大。对软土地区的基坑开挖，则高差不宜超过1m。但是，一些施工单位片面地追求挖土速度，有的甚至一次挖到设计标高，迅速改变了原来土体的平衡状态，使土体产生较大的水平位移，造成基坑滑坡，有时造成工程桩的折断，严重影响施工的顺利进行。另一种情况是基坑开挖深度超过设计标高，造成险情。

② 违反先支撑后挖的原则，常常先挖后撑，严重超挖。另外，为了施工方便，挖土至一定深度未及时加撑等。由于支护结构的时空效应，以上做法会造成支护结构产生过大变形，甚至局部塌方或整体失稳。

③ 在支撑结构上临时增加设计中未考虑的施工荷载，导致支撑结构超载而发生破损。

④ 一些施工单位对锚杆注浆的水灰比不够重视。制作浆液的材料用量由一些非技术工人随意估计，而不进行严格的称量，使得浆液的质量无法得到保证。当水灰比太小时，流动性差，影响注浆作业的正常进行；水灰比太大时，浆液易离析泌水，均匀性差，将影响锚固效果，同时也会推迟张拉锁定时间，延误工期。

⑤ 基坑开挖到设计标高后，清底措施不力，引发事故。如清挖支护根部的淤泥，严重破坏了支护桩的平衡，造成支护桩倒塌。

⑥ 拆除支撑设施之前未采取换撑（如设挡木、临时撑或补强小梁等）措施或者没有在基础与支护结构之间做好传力带，支撑拆除后引起挡土墙（桩）较大变形，甚至失稳破坏。

⑦ 排水、防水的措施不力，止水帷幕失效，引起涌水涌砂、地面沉降及建筑物过大的沉降。高水位地区的基坑开挖，未做止水帷幕直接在基坑内大量降水，使得周围建筑物、道路及地下管线等设施下沉、开裂甚至破坏。另外止水帷幕的设计未考虑基坑的地质条件和不同的开挖深度，采用同一长度单排水泥搅拌桩止水，并且搅拌桩未穿透粉细砂层，会造成基坑内严重漏水。

⑧ 施工单位技术水平低，管理混乱，致使在基坑施工过程中漏洞百出，留下不少事故隐患。

⑨ 基坑开挖过程中没有采取有效的监测手段，没有及时发现并正确处理出现的问题，造成事故的严重性进一步增大。

⑩ 基坑出现重大险情时，没有及时做出正确的应急处理，或抢险措施不得力，最后形成无法挽回的损失。

5. 基坑监理问题

建筑工程监理制度是我国改革开放以后（1989 年）建立起来的，由于时间短，相应的各种机制不健全，在基坑工程中，存在着许多问题。

（1）一些监理公司的人员组成中，人员安排不合理。他们不能及时发现问题，更没有及时向业主提供工程信息，也不善于提出解决问题的建议，使得业主不能及时了解工程情况，错过决策的良机。

（2）某些监理公司的工作人员缺乏责任心，工作不积极主动。他们认为，设计上的问题是设计院的责任，施工中的问题是施工单位的责任，监理公司仅为监督而已，不是造成损失的直接承担者，不对造成的经济损失负责。

（3）大多数基坑工程只监理深基坑工程的施工阶段，而对基坑设计质量不够重视，使隐患进入施工阶段。同时，有时故意淡化了自己的监理职责，为劣质材料进入场地开方便之门。

（4）对基坑工程的重点部位和重要工序没有旁站监理，也没有提醒施工单位高度重视，从而导致关键部位施工质量得不到保证，从而留下安全隐患。

（5）对施工单位严重的错误行为没有及时制止，从而酿成工程事故。

6. 其他原因

随着科学技术的迅速发展，有关规范的某个规定显得不尽科学、不合理以及不适用，以至于成为工程事故的原因，这也是可能的。所以规范的制定应当与科研活动以及工程实践的进展相适应，应及时将科研得到的成熟理论成果以及工程实践经验反映到新规范的制定中。

21.2.2 信息化监测必要性分析

深基坑开挖是基础工程和地下工程施工中的一个传统课题，同时又是一个综合性的岩土工程难题。它既涉及土力学中典型的强度及稳定问题，又密切与变形问题相关，同时还涉及土与支护结构的共同作用问题。随着工程开挖深度的增加和土质、地下水及环境条件的变化和复杂化，它又成为一种难度大、风险高且受多因素影响和制约的复杂系统。尽管多年来设计和施工技术都有很大的发展，基坑工程仍然有较高的事故率，其主要原因是传统的设计与施工方法难以适应基坑开挖工程的复杂多变的情况。

传统的围护系统设计法以开挖的最终状态为基础，采用极限平衡的分析方法，验算基坑土体在所设计的围护条件下的稳定性。这一设计方法是与开挖的实际情况不相符合的。具体说来，主要表现在下列几方面：

1. 侧向土压力的计算

传统的设计方法将侧土压力作为已知的外荷载，用以求解围护桩墙的内力及验算稳定性。实际上只有在主（被）动极限平衡状态下，土压力才是一个已知的定值，而主（被）动极限平衡状态是否达到，与围护桩墙的位移大小是密切相关的。在基坑外侧的主动区，桩墙向坑内侧位移量级达 $(0.1 \sim 0.3)\% H$ 后，就可能出现主动极限平衡状态。而在基坑内侧的被动区，桩墙要向坑内位移约达 $(2 \sim 5)\% H$，才能达到被动极限平衡状态，这样大的位移量又是围护桩墙的安全不允许的，所以该部位作用的实际上不是被动土压力，而是某种土抗力，它随着围护桩墙的位移大小而变化，是个不确定量。即使在主动区，在主动极限平衡状态到达之前，土压力也仍然是个未知的不确定量。在围护结构的设计中，将未知的土压力作为已知的外荷载，其计算结果的不准确性是可想而知的。

2. 围护结构与土体的变形问题

围护系统和土体的变形是支护结构各部分与土体及外界因素相互作用的反映，是结构内力变化与调整的宏观结果。其特征和数值是整个系统是否正常工作最直观的标志，又是突发性事故发生的前兆，因而是施工控制的主要依据。土层的沉降及位移更直接地影响到周围建筑物、地下管线及道路交通的正常运营。但传统的设计法由于所采用的是刚塑性模型理论，只能进行强度与稳定分析而难以进行变形计算。虽然目前尚有一些经验方法可进行估算，但有地区局限性并缺乏足够的理论依据。

3. 围护结构的内力计算

传统设计法中支撑力是通过开挖最终状态的系统静力平衡条件确定的。而基坑实际施工过程中，支撑是在土层开挖，挡土桩墙有一定变形后设置的。下一道支撑是在上一道支撑受力变形，基坑继续开挖后设置的，并非同时设置，实际受力条件与设计条件明显差异，其数值理所当然地偏离设计值。在传统的设计法中，围护桩墙的内力也是按开挖最终状态的土压力和支撑力计算的。如前所述，侧土压力和支撑力在开挖过程中是不断变化的，桩墙的内力也将随着改变，而不可能是固定不变的。虽然近来有些工程用增量法进行考虑施工过程的内力计算，但因为在内力计算中仍然引用静力平衡条件，而无法考虑形变相容和位移协调关系，所以仍然是相当粗糙的。

4. 土质参数的选择

众所周知，土的物理力学性质参数是随着其形成条件及存在环境而改变的。即使在相同城市的不同地点，同一土层的参数也不可能是完全一样的。因而每一工程在设计计算之前都面临着土质参数的选择问题，而参数选择恰当与否对计算结果又有很大的影响。在传统设计法中，土质参数是设计者在勘察资料所提供的众多数据中凭经验选择的，其准确性难以检验。看来这也是许多工程设计失败的重要原因之一。

5. 施工

传统的施工是严格地按图进行的，除非在出现事故或确知结构处于危险状态时，才允许采取应急措施、改变设计方案。如果说这样的施工过程对上部结构还是可以接受的，那么对于深基坑开挖来说就十分不合适了。如前所述，在深基坑支护体系的设计中，不确定的因素太多，结构的安全度难以掌握，要使设计符合实际情况是较难的。至少在目前的技术发展水平上是太难了。设计者只有两种选择，一是设计得比较保守，以确保安全；二是要冒较大的风险，以节省投资。不论作何种选择，应该说对工程的安全与经济都难两全。较好的方法应该是根据施工过程的信息反馈不断修正设计，以指导施工。

由以上分析可知，传统设计法的主要问题在于一个"静"字，以开挖的最终状态为对象，进行定值的设计。然而基坑开挖工程与其他工程的最大不同之处又在于一个"动"字。在开挖过程中，包括某些土质参数在内的各种参量，诸如侧向土压力、结构内力、土体应力及变形等等都在变化，而其变化规律目前还未被充分认识与掌握。这就产生了设计结果与实际情况的差别，从而引发各种工程事故，或者可能造成浪费。

在深基坑施工中采取信息化施工，对支护工程进行监测。有些工程临时出现问题，由于监测结果采用措施及时，均未造成事故；有的由于信息反馈，修改原支护方案取得较好的经济效益。

21.3 深基坑工程中的信息化技术

动态设计及其信息化施工技术包含密切联系的两个组成部分，即动态设计与信息化施工。其基本思路是：在设计方案的优化后，通过动态计算模型，按施工过程对围护结构进行逐次分析，预测围护结构在施工过程中的性状。例如位移、沉降、土压力、孔隙水压力、结构内力等，并在施工过程中采集相应的信息，经处理后与预测结果比较，从而做出决策，修改原设计中不符合实际的部分。将所采集的信息作为已知量，通过反分析推求较符合实际的土质参数，并利用所推求的较符合实际的土质参数再次预测下一施工阶段围护结构及土体的性状，又采集下一施工阶段的相应信息。如此反复循环，不断采集信息，不断修改设计并指导施工，将设计置于动态过程中。通过分析预测指导施工，通过施工信息反馈修改设计，使设计及施工逐渐逼近实际。

传统的深基坑工程的设计计算是根据基坑开挖的最终状态为基础，采用极限平衡的分析方法，验算基坑土体在所设计的支护条件下的稳定性。这种设计方法是在特定的空间域内对工程项目进行的"静态设计"，而在实际工程中包括土质参数在内的多种参数都是需要修正的。为了解决这一矛盾应根据施工过程中反馈的信息不断对设计加以修改，这就是动态设计的思想所在。深基坑工程的动态设计是指在时间域和空间域内对工程项目进行设计计算，将设计与施工过程紧密结合起来，从而扩展了设计范畴，充实了设计内容，完善和提高了设计质量。

动态设计主要包括以下几个方面：动态设计计算模型的建立，预测分析与可靠性评估，施工跟踪监测，控制与决策等。预测分析是动态设计的核心环节，变形预测是其主要项目。预测分析的关键在于建立较为符合实际情况的动态设计计算模型，相应的结构构件-土体应力应变关系模型，接触点和接触面的拟合模式以及模型的各种计算参数等。由于计算模型只是实际情况的主要方面和主要因素的拟合，因此，其计算结果的真实性和可靠性需要通过施工信息跟踪与反馈监测系统来予以检验、改善与提高。动态设计包括了信息跟踪与反馈过程，因此它要求通过现场监测系统采集必要的、大量的数据，之后进行分析模拟计算。通过逐次地反演过程，确保设计施工过程的合理性。

作为信息化施工的一个重要内容，动态设计的实现依赖于对基坑工程进行系统合理的施工监测。按照建立的动态设计计算模型，对预订的施工过程逐次进行预测分析，并将分析结果与施工监测的信息采集系统得到的信息加以比较。由于预测时采用的材料参数（主要是土力学参数）难以反映施工场地的复杂情况，两者之间存在不相符的情况。此时可以将实测信息（如围护结构的位移、地面沉降、土压力及孔隙水压力）作为已知的参数，利用反分析方法得到场地的主要参数，然后利用这些参数再通过计算模型预测下一阶段施工中支护结构的性状，再通过信息采集系统收集下一阶段施工中的信息。如此反复地循环，便可以使基坑工程的设计变成动态设计。在每一个循环中，只要采集得到的信息与预测结果相差较大时，便可以修改原来的设计方案，从而使得设计更加合理。

信息化施工就是在施工过程中，通过设置各种测量元件和仪器，实时收集现场实际数据并加以分析，根据分析结果对原设计和施工方案进行必要的调整，并反馈到下一施工过程，对下一阶段的施工进行分析和预测，从而保证过程施工安全、经济地进行。信息化施工技术是在现场测量技术、计算机技术以及管理技术的基础上发展起来的。要进行信息化施工，应当具备一些条件：（1）有满足检测要求的测量仪器元件和仪器；（2）可实时检测；（3）有相应的预测模型和分析方法；（4）应用计算机进行分析。

信息化施工的基本方法主要有以下两种：（1）理论解析方法：这种方法利用现有的设计理论和设计方法。进行工程结构设计时要采用许多设计参数，如进行深基坑开挖支护结构设计时需采用土的侧压力系数等。按照设计进行施工并进行监测，如果实测结果与设计结果有较大偏差，说明对于现结构，原来设计时所采用的参数不一定正确，或其他影响因素在设计方法中未加考虑。通过一定方法反算设计参数，如果采用的一组设计参数计算分析得到的结构变形、内力与实测结果一致和接近，说明采用这组设计参数进行设计，其结果更符合实际。利用新的设计参数计算分析，判断工程结构施工现状，并对下一施工工程预测，以保证工程施工安全、经济地进行。（2）"黑箱"方法：这种方法不按照现有设计理论进行分析和计算，而是采用数理统计的方法，即避免研究对象自身机理和影响因素的复杂性，将这些复杂的、难以分析计算的因素投入"黑箱"，不管其物理意义如何，只是根据现场的反馈信息来推算研究对象的变形特性和安全性。

信息化施工通常主要包含几个阶段：

1. 基于观测值的日常管理

利用计算机实时采集工程结构的变形、内力等数据，每天比较观测值和管理值，监测工程的安全性以及是否与管理值相差过大。

2. 现状分析和对下阶段的预测

利用观测结果推算设计参数，根据新的设计参数计算分析，判断现施工阶段工程结构的安全性，并预测以后施工阶段结构的变形及内力。

3. 调整设计方案

根据预测结果调整设计方案，必要时改变施工方案，重新进行设计。

21.4 反分析原理及方法

21.4.1 反分析法的原理

所谓"反分析法"是指相对于用已知各种参数条件求解结构位移、应力或其他力学量的正分析法而言，反过来从现场实测的各种物理力学量（如位移、应力、孔隙水压力等），基于材料的结构关系，通过数值计算，来推断确定实际工程中各种土或其他结构材料的设计参数值。该参数值显然比室内试验所得的参数值更接近实际。用这些参数再进行设计必然使设计的结果更符合实际，既确保工程安全，又节省工程造价。尽管目前反分析方法中的一些普遍关注的理论问题，如反分析结果唯一性和稳定性问题尚未得到证明，模型本身的识别和模型参数反演之间的依赖性等还有待继续探讨，但这些并不妨碍反分析法在岩土工程中的应用。

反分析方法基于现场量测数据来反推现有的地层和结构的物性参数和初始参数，其宗旨在于将来自现场的实测数据反馈于类似地质条件的不同施工现场，或者同一施工地点相继施工阶段的施工前后工程结构设计，以期准确、可靠地反映复杂的工程地质条件、施工开挖条件以及工程环境条件等多种主、客观因素，进而为工程分析、设计的经济性、安全性提供指导性依据。近年来，将反分析方法引入到基坑支护结构设计已开始得到工程设计人员的重视。尽管如此，真正在实际工程中采用这种新的设计分析方法还不多见，主要存在两方面的原因，其一是现场量测手段不能适应，量测数据的可靠性难以得到保证；其二是基本的设计方法没有健全，一套统一的规范性方法尚没有建立。但随着近年来工程建设的发展，工程设计人员在深基坑工程实践中积累了丰富的资料，又为反分析设计方法的研究和发展提供了有力的依据。

众所周知，基坑支护设计涉及众多参数的输入，如弹性杆系有限单元法中的地层侧压力系数和弹性抗力系数。二维弹塑性有限元法，除弹性模量 E 和泊松比 u 外，还有内聚力 c、内摩擦角 φ，以及反映屈服及变化规律的内变量和硬化（或软化）参数等。将这些初始参数和物性参数作为未知量，并在它们与来自现场的量测信息之间直接建立线性求解方程组是不可能的，也就是说要找出其唯一解是不现实的，最适当的方法和途径是建立计算值与相应实测值之间的非线性目标函数，然后采用合适的优化方法寻找其最优解。位移反分析可分为正反分析法和逆反分析法。逆反分析法是利用现场量测信息建立的方程组再通过矩阵求逆得出反演计算结果。该方法的优点在于可以直接得到待求参数，缺点是当所求的力学参数不同或选取的本构模型不同时，均需重新推导数值分析方程；更重要的是有时由于有限元计算公式中矩阵不能用显式表达时，上述逆反分析法就无法实现。

正反分析法则能处理各种类型的反演问题，具有较强的适应性，因而在工程实践中应用更加广泛。正反分析法根据目标函数和优化手段的不同又可分为三种：基于极大似然估计的反分析法、基于神经网络算法的分析法和基于有限元与数学规划的位移反分析法。

目前对大多数工程应用而言，主要是模型参数的辨识和反演，这里又有两种不同的方法：

（1）把模型参数作为确定性参数的参数反演称为确定性反分析；

（2）把模型参数作为随机变量的参数反演称为非确定性反分析。

在岩土工程设计中，参数的选择具有非常重大的意义。通常，我们通过室内试验获得的土与结构材料的模型参数，与现场实际情况存在较大的差异，土样采取和运输过程中的扰动、应力释放，室内小试件与现场原状之间在边界条件的不同、加载过程的差异，以及模型试验固有的"尺寸效应"，都是产生差异的原因，而且这种差异是不可避免的，因此，除了室内试验与现场观测之外，还需要设计人员具有丰富的实践经验，以对各种参数和现象加以判断分析。

反分析法的第一要点是必须进行仔细正确的现场观测。这不单是为了预测变形过程及可能逐渐临近的破坏，也是为了确切地弄清初始所采用的各种设计参数值是否正确所必需的。技术人员往往通过不同的方法来进行这种观测，例如某些工程用土压力和孔隙水压力指标来判断，而另外一些工程则用支护结构的应力和变形作为预测指标，甚至也有用钢筋应力作为指标，在工程中也常用多种指标对土体和围护结构的运行状态进行综合判断，但无论哪一种方法，它们的共同点都是事先已经有了相对应的计算预估值。再根据现场观测值做出进一步计算或比较判断。一般认为，变形观测最能直接地反映现场施工的状态，因而为大多数工程所采用。

将土体挡土结构（桩或墙）和水平锚撑三者包括在整个支护体系中的挖方过程，在力学分析上是比较复杂的。例如对结构的相互关系而言，作用在桩或墙上的土压力，不但为桩或墙的刚度和土体的种类所影响，而且只要稍微改变支撑的大小、位置和施工的时间，土压力就会呈现复杂的变化。如果把时间因素和不同的挖土方案再考虑在内，其变化的方式将更加多样，对这样复杂的问题，用理论难以正确地描述现场的动态变化。即使给出理论，如果它是建立在不符合实际的假定或约束条件上也没有实用意义。因此，必须对现场实测数据的有效性进行分析，并根据以下几条原则加以确认：

（1）所选择的实测数据能够反映整个围护体系的相互作用和协调一致工作的原则。

在土体、桩墙及水平支撑形成的围护体系中，桩墙的变位可以直接量测并具有一定的精确度和时效对应关系，因此可以选择为协调三者关系的最重要的参数。

由于在反演求解中，需要多次求解正演问题，因而正演问题计算方法的选择对整个反演分析过程影响很大。目前在正演问题计算中多数采用有限元数值解，这样，桩墙的位移量作为基本未知量是非常合适的，它具备唯一性和协调一致性。

一般情况下，如果桩墙的实测位移量大于计算值，意味着计算所用的参数选择不当或者支撑结构的刚度不够，需要重新调整参数或者增加支撑结构的断面。反之亦然。

（2）所选择的实测数据应能够反映施工过程中现场的安全度。

从工程的角度分析，基坑越深、挖方越多，一旦发生支护体系的事故，损失必定越大，因此，在支护体系的设计中应包括施工开挖阶段的划分，正确的阶段划分应该是随着挖方的进展，体系的安全度至少保持相等或略有提高。

图 21.4-1 表示某工程各挖方阶段板桩倾角的变化值（此值和板桩弯矩 M 成正比）和板桩的位移量，可以看出，各挖方阶段后期（4～6 阶段），最大弯矩 M_{max} 基本上是定值，最大水平位移在挖方最后阶段维持在 6～7cm，以上结果表明该工程可以顺利完成，所选择的实测数据能够较好地反映施工过程中现场的安全度。

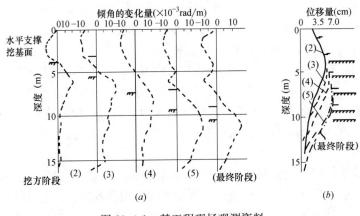

图 21.4-1 某工程现场观测资料

（3）所选择的实测数据能够容易进行反演计算并具有足够的数量和精度。

21.4.2 反分析基本方法

1. 逆分析法

逆分析法需要变换通常平衡方程的顺序。将所要求的参数分离出来，然后根据实际观测值以及其他已知条件求解出需求的参数。

这里介绍根据有限单元法反求材料弹性参数的方法，通过它介绍逆分析法的基本思路。

对于线弹性体，在有限元分析中，单元劲度矩阵 K^e 和待求参数间呈线性关系。对各向同性材料，可以用体积模量 B 和剪切模量 G 来描述材料特性。单元劲度矩阵可表示为

$$K^e = BK^e_b + GK^e_G \qquad (21.4-1)$$

设集成后结构的总劲度矩阵 K 为

$$K = \sum_{i=1}^{2n} P_i K_i \qquad (21.4-2)$$

式中　n——材料种类数，若每种材料的参数为 2，则 $2n$ 为未知材料参数总数；

　　　P_i——未知材料参数；

　　　K_i——当其他参数为 0，而第 i 个参数为 1 时的集成劲度矩阵。

若在土层中有 m 个实测点，在划分有限元网格时这些点应选在网格节点上。首先，将有限元平衡方程按实测位移点和未知位移点分离如下式所示：

$$\begin{pmatrix} K_{11} & K_{12} \\ K_{21} & K_{22} \end{pmatrix} \begin{Bmatrix} u_1^* \\ u_2 \end{Bmatrix} = \begin{Bmatrix} f_1 \\ f_2 \end{Bmatrix} \qquad (21.4-3)$$

式中　u_1^*——实测位移向量；

　　　u_2——未知位移向量；

　　f_1、f_2——对应的结点荷载向量。

将式（21.4-3）展开，消去 u_2，得

$$(K_{11}-K_{12}K_{22}^{-1}K_{21})u_1^* = f_1 - K_{12}K_{22}^{-1}f_2 \qquad (21.4\text{-}4)$$

记

$$Q = K_{12}K_{22}^{-1} \qquad (21.4\text{-}5)$$

式（21.4-4）可改写为

$$(K_{11}-QK_{21})u_1^* = f_1 - Qf_2 \qquad (21.4\text{-}6)$$

再利用式（21.4-2）可求得

$$\sum_{i=1}^{2n} P_i\gamma_i = f_1 - Qf_2 \qquad (21.4\text{-}7)$$

式中

$$\gamma_i = (K_{11,i}-QK_{21,i})u_1^* \qquad (21.4\text{-}8)$$

式（21.4-8）中的劲度矩阵可由式（21.4-3）中的子矩阵 K_i 求得。

集成所有未知材料参数可得一个 $2n$ 阶向量 P，集成向量 γ_i 可得一个 $m \times 2n$ 阶矩阵 R：

$$P = [P_1 P_2 \cdots P_{2n}]$$
$$P = [\gamma_1 \gamma_2 \cdots \gamma_{2n}]$$

则方程式（21.4-7）可改写成

$$RP = f_1 - Qf_2 \qquad (21.4\text{-}9)$$

这就是最后得到的方程，由于劲度矩阵 K 为待求材料参数 P 的函数，故 Q 矩阵也是材料参数 P 的函数。因此，方程式（21.4-9）无法直接求解，而需要采用迭代法求解。另外，式（21.4-9）的解存在的必要条件为实测的位移数 m 必须大于或等于待求材料参数总数 $2n$。

对于 $m > 2n$ 的情况，式（21.4-9）可采用基于最小二乘法的迭代法求解。

设材料参数向量 P 取一初值，则可以计算 R、Q 矩阵，在式（21.4-9）中引入向量 P，则误差函数 ε 可由下式确定：

$$\varepsilon = (RP-f_1+Qf_2)^{\mathrm{T}}(RP-f_1+Qf_2) \qquad (21.4\text{-}10)$$

由最小二乘法求上述误差函数 ε 对 P 的最小值，可得下式：

$$R^{\mathrm{T}}RP = R^{\mathrm{T}}(f_1-Qf_2) \qquad (21.4\text{-}11)$$

解方程式（21.4-11）可以得到新的向量 P。再由新的 P 向量求矩阵 R、Q，代入式（21.4-11），重新解式（21.4-11）。如此迭代，直到两次求出的材料参数向量 P 充分接近，小于某一给定的误差限定值，这时所得的向量 P 即为所求的材料参数向量。

2. 直接分析法

反分析中的直接分析法是求解反分析问题的另一途径。它把数值分析方法和数学规划法结合起来。通过不断修正土的未知参数，使得一些现场实测值与相应的数值分析的计算值的差异达到最小。直接分析法不像反分析中的逆分析法那样需要重新推导数值分析的方程。以有限元法为例，在采用直接法时，不需要重新推导有限元方程，重新编制有限元计算程序，只是把正分析时应用的有限元计算程序当成一个应用子程序即可。反分析直接分析法具有较强的适应性，能处理各种类型的反分析问题，可以运用于非线性、弹塑性问题的分析。

通常，在直接分析法中，把一些实测值（例如位移、孔隙水压力、应力等）与相应的数值分析计算值两者差的平方和作为目标函数 J，即：

$$J = \min\Big[\sum_{i=1}^{m} (S_i - S_i^*)^2\Big] \qquad (21.4\text{-}12)$$

式中　　m——实测值总数；

　　　　S_i^*——第 i 点实测值，例如位移，孔隙水压力等；

　　　　S_i——相应的数值分析计算值。

上式中 S_i 是随着土的力学参数 $\{P\}_n$ 的值不同而变化的。n 为独立变化的需要通过反分析确定的参数总数。S_i 是参数 $\{P\}_n$ 的函数，因此，目标函数 J 为参数 $\{P\}_n$ 的函数。这样反分析计算转换为求一目标函数的极小值问题。当目标函数 J 达到极小值时，其所对应的参数 $\{P\}_n$ 就是反分析所需要得到的结果。

在式 (21.4-12) 中，目标函数定义为实测值与相应计算值两者差的平方和。除这种形式外，目标函数也可以定义为其他形式。例如，定义为实测值与计算值两者差的绝对值之和，即

$$J = \min\Big[\sum_{i=1}^{m} |S_i - S_i^*|\Big] \qquad (21.4\text{-}13)$$

目标函数也可定义为实测值与计算值之比值与 1 两者差的平方和，可表示为

$$J = \min\Big[\sum_{i=1}^{m} \Big(\frac{S_i^*}{S_i} - 1\Big)^2\Big] \qquad (21.4\text{-}14)$$

上式中，目标函数是无量纲的。如果实测量不但有位移，还包括孔隙水压力、应力等，采用式 (21.4-14) 的定义较好。

通常，上述目标函数是土的参数 $\{P_i\}_n$ 的复杂的非线性函数。式 (21.4-12)、式 (21.4-13) 和式 (21.4-14) 一般无法采用解析法求解。上述方程可采用数学规划法求解。

求解上述方程有许多方法，如单纯形法、复形法、共轭梯度法、模式探索法等。这些计算方法可参考有关优化方法的书籍。

3. 概率统计法

在各种可采用的概率统计方法中，Bayes 方法优点最多，在分析中，它可考虑专家的经验判断。这对岩土工程问题意义尤其重要。另外，对与时间有关的问题，例如固结问题，采用 Bayes 法对前阶段土的未知参数的估计有助于下一阶段对土的参数的估计。

下面简要介绍 Bayes 法，用一个地震预报作例子。设根据历史上若干次有震时的 P 项观测结果（地下水中氢的含量、地磁强度、井水位高度……），已能估计出有震和无震时的有关值。现在要根据当前的观测值 P 项指标来判断预报"有震"（总体为 G1）或"无震"（总体为 G2）。首先由先验知识判断，有震与无震出现的概率相差很大，有震比较少见。多数时无震，因此在难以判断时应优先判为"无震"，即目前所获的样本属于 G2。其次对错判造成的损失，二者也很不同，把"有震"报为"无震"的漏报和把"无震"报为"有震"的虚报损失是不同的，这种判断方法，既考虑总体各自出现的先验概率，又考虑错报造成的损失，这就是 Bayes 方法的基本思路。

记 $P(B/A)$ 表示在事件 A 发生的条件下，事件 B 发生的概率称条件概率。由概率的乘法定理。有 $P(AB) = P(B)P(A/B) = P(A)P(B/A)$，并根据全概率公式

$$P(A) = \sum_{i=1}^{n} P(B_i)P(A/B_i)$$

可以获得 Bayes 逆概率公式：

$$P(B_i/A) = \frac{P(B_i)P(A/B_i)}{\sum\limits_{i=1}^{n} P(B_j)P(A/B_j)} \qquad i=1,2,\cdots n \qquad (21.4\text{-}15)$$

其中 B_1，$B_2\cdots B_i\cdots B_n$ 为基本事件空间集 R 的一个划分，且 $P(B_i)>0$，$\sum\limits_{i=1}^{n} P(B_i)=1$ 概率 $P(B_i)$ 称为先验概率，它可以是由经验给出的，也可以是由收集到的资料来估计的，甚至也可以是假定的。$P(B_i/A)$ 称为后验概率，因为它是在得到新的信息、新的条件即事件 A 发生后重新加以修正和确认的概率，修正的办法就是 Bayes 公式。后验概率一般可能有多个并且需要专业知识和经验来确定。

作为方法的具体应用，我们列出从具有一定测量误差的实测值反分析材料参数的主要步骤。

考虑实测值向量 $u*$，它是有误差的。误差向量 Δu 可认为是随机变量，其数学期望值可假定等于零，即

$$E|\Delta u| = 0 \qquad (21.4\text{-}16)$$

而且假定与量测仪器精度有关的误差协方差矩阵可用下式表示：

$$C_u = E|\Delta u \Delta u^T| \qquad (21.4\text{-}17)$$

如果所有的实测值是相互独立的，C_u 是对角矩阵。

未知参数向量 X 也被认为是随机变量，其数学期望值为基于经验的估值 X_0，其协方差矩阵为 C_X^0，记为

$$X_0 = E|X| \qquad (21.4\text{-}18)$$

$$C_X^0 = E|[X-X_0][X-X_0]^T| \qquad (21.4\text{-}19)$$

如果向量 X_0 各分量是相互独立的，C_X^0 也是对角矩阵。它的值与经验估值的可靠性有关。

为了对未知参数取得较好的估计，Bayes 反分析法需要结合经验判断。同其他的反分析方法一样，需要一个数值模型。例如有限单元法，根据一组初始的参数 X 计算与实测值 $u*$ 对应的计算值 u。

首先考虑一种简单的情况。u 与 X 呈线性关系，即

$$u(X) = u' + L\{X - X'\} \qquad (21.4\text{-}20)$$

式中　L——常系数矩阵；

u'，X'——常向量。

使下述误差函数极小化可以得到参数向量 X 的最好估计 $\bar{X}$：

$$E_{rr} = [u*-u(X)]^T [C_u]^{-1}[u*-u(X)] + [X_0-X]^T [C_X^0]^{-1}[X_0-X] \qquad (21.4\text{-}21)$$

上述误差函数包括两部分，第一部分代表实测值与计算值的差异，第二部分反映参数的差异。将式（21.4-20）代入式（21.4-21），并令误差函数对 X 的导数等于 0，可以得到下述线性方程：

$$[L^T C_u^{-1} + (C_X^0)^{-1}]X = L^T C_u^{-1}[u*-u'+LX] + [C_X^0]^{-1}X_0 \qquad (21.4\text{-}22)$$

解式（21.4-22）所得的 X 就是参数向量的最好估计 $\bar{X}$ 向量：

$$\overline{X}=[I-M_0L]X_0+M_0u^*-M_0[u'-LX'] \tag{21.4-23}$$

式中　L——单位矩阵；

$$M_0=[L^{\mathrm{T}}C_u^{-1}LX+(C_X^0)^{-1}]^{-1}L^{\mathrm{T}}C_u^{-1} \tag{21.4-24}$$

为了分析 $\overline{X}$ 向量的可靠度，下面求 $\overline{X}$ 向量的协方差矩阵 C_X。

由概率统计知识可知，若一向量 a 与随机向量 b 线性相关：

$$a=Ab \tag{21.4-25}$$

式中　A——常数矩阵。

则两向量的协方差矩阵存在下述关系：

$$C_0=AC_bA^{\mathrm{T}} \tag{21.4-26}$$

式（21.4-23）中，向量 $\overline{X}$，X_0 和 u^* 存在线性关系，而且 X_0 和 u^* 统计无关，与得到式（21.4-26）相类似，可得到 X 的协方差矩阵为

$$C_X=[I-M_0L]C_X^0[I-M_0L]^{\mathrm{T}}+M_0C_uM_0^{\mathrm{T}} \tag{21.4-27}$$

应该指出，对大多数岩土力学问题 u 和 X 是非线性关系，即式（21.4-20）并不成立，因此基于线性关系推出的式（21.4-23）和式（21.4-27）不能直接应用于求解非线性问题。对非线性问题，可采用迭代法求解。将 u-X 关系在参数矢量 X' 的邻域上采用 Taylor 级数展开并取其线性项，可得类似于式（21.4-20）的方程：

$$u(X)\cong u(X')+L(X')\{X-X'\} \tag{21.4-28}$$

非线性问题的迭代法求解主要步骤如下：

（1）取向量 X' 等于所估的初值 X_0；

（2）应用应力分析所采用的数值方法，例如有限单元法，求出位移 $u'=u(X')$；

（3）采用有限差分法计算矩阵 $L(X')$。这意味着要解几次应力分析问题，n 为未知参数数量。在每次计算中，计算所用参数除对第 i 个分量有一个小的增量 ΔX 外，其余分量与 X' 的分量相同，由步骤（2）可得差分 Δu_i。矩阵 $L(X')$ 可表示为：

$$L(X')=\left[\frac{\Delta u_1}{\Delta X_1}\left|\frac{\Delta u_2}{\Delta X_2}\right|\cdots\left|\frac{\Delta u_n}{\Delta X_n}\right.\right] \tag{21.4-29}$$

（4）向量 L、u' 和 X' 已知，则可由式（21.4-23）求出向量；

（5）如 $\overline{X}$ 和 X' 的差异足够小，则迭代结束，否则令 $X'=\overline{X}$，重复回到步骤（2）；

（6）若迭代收敛，求得 X 值后，最终值 $\overline{X}$ 的协方差矩阵可由式（21.4-27）求得，从而得到 $\overline{X}$ 值的可信度。

21.4.3　优化方法

前面已经介绍，反分析过程可以归纳为一个数学规划问题，因此也可以使用现代数学规划方法，通过不断修正土的未知参数，使现场实测值与相应的理论计算值的差异达到最小，这里，对数学规划即优化方法的选用和研究是非常重要的。

工程常用的数学规划方法（优化方法）可分为静态和动态优化。对于反分析一般只涉及静态优化；在静态优化方法中，又分为线性规划和非线性规划。常用的有直接搜索法、解析搜索法、序列逼近法、特种规划法和不确定性规划法，其中直接搜索法是直接比较和利用各设计点的目标函数和约束函数本身的数值来进行搜索，不需考虑这些函数的导数。

因而特别对导数的意义不明确或定义有困难的问题也能适用，这类方法逻辑简单、直观性强，减少了出错的机会，在实践中效果较好。考虑实用，我们这里只着重介绍解线性规划的单纯形法。

线性规划基本定理也已证明：若线性规划存在可用解，则它一定存在有限个基本可用解；若线性规划存在有限最优解，则它一定可以在有限个基本可用解中找到。从数学上讲，单纯形法解线性规划的基本思想是从一个基本初始可用解出发寻求使目标函数减少的另一个基本可用解，重复这个过程，经过有限次迭代就可得到一个最优解。实际上，单纯形法是正反分析法中迫使理论计算结果与实测结果的误差函数逐步趋于极小的一种有效方法。

设现场布置的 m 个位移观测点，各观测点的计算位移为 u_i，实测位移为 u_i^*，则两者的误差值为 $u_i(x) - u_i^*(x)$，其中 $i = 1, 2, \cdots m$，x 为 n 维的待定反分析参数矢量，例如各层土层的 E，υ，c，φ 及其他需要的参量，这样，使误差函数

$$F(x) = \sum_{i=1}^{m} \left[u_i(x) - u_i^*(x) \right]^2 \tag{21.4-30}$$

为最小的参数值就是最终的反分析值。

具体的搜索过程是通过 m 维空间中的 $m+1$ 个顶点构成的单纯形各顶点目标函数值比较，去掉最坏点。代以新的较好点，再逐步逼近极小点。单纯形法的基本搜索过程由 4 个步骤构成，这就是反射、扩张、收缩和缩小边长，详细的程序框图见图 21.4-2。

21.4.4 反分析工程实例分析

1. 工程概况

湖北出版文化城坐落在武昌雄楚大街，占地面积 204.87 亩，由两栋主楼及裙楼组成。主楼 22 层，高 97m；裙楼 4 层，高 24m；地下室两层，深 11.5m。采用箱形基础，底板厚 1.5m，东西最大长度 141m，南北最大长度 103.5m，拟建

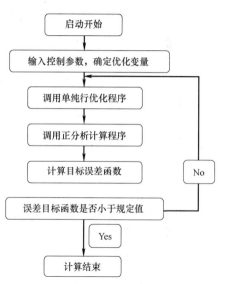

图 21.4-2 单纯形法反分析框图

场地北部及西部有临时性建筑和场内道路，东部及南部无建筑物，多为湖塘。基坑开挖面积大约 $14000m^2$，开挖深度约为 11m。岩土层及主要参数如表 21.4-1 所示。

基坑支护设计岩土参数

表 21.4-1

层号	名称	厚度(m)	重度 γ (kN/m³)	黏聚力 c (KPa)	内摩擦角 φ (°)
(1-1)	填土	0.7~1.5	17.0	8	4
(1-2)	淤泥	0.4~2.0	15.0	6	4
(2-1)	粉质黏土	1.4~3.8	19.4	26	13
(2-2)	粉质黏土	0~5.3	19.3	17	8
(2-3)	粉质黏土	0~4.7	19.2	25	13
(3-1)	粉质黏土	0~6.8	19.8	45	15
(3-2)	含砾黏土	3.1~11.7	18.2	40	13

基坑支护主要采用灌注桩＋两排锚杆的支护结构。支护桩采用人工挖孔灌注桩，桩径 ϕ900mm，桩间距 1.8m，桩顶低于基坑各侧现地面 1.5m，支护桩桩长为 15m，主筋配筋为：16ϕ25，均为均匀通长对称布置，桩身混凝土强度为 C25。第一排锚杆低于自然地面 2.5m，长度为 20m；第二排锚杆低于自然地面 6.5m，长度为 15m，锚杆材料均为 3ϕ25，采用二次注浆工艺。

基坑开挖过程如下：

工况 1 开挖至 2.8m；工况 2 在 2.5m 处加第一排锚杆；工况 3 开挖至 6.8m；工况 4 在 6.5m 处加第二排锚杆；工况 5 开挖至坑底 10.3m。

2. 参数 m 值的合理取值

为了减少反演工作量，在反分析之前，首先根据场地岩土工程勘察报告中的室内土工试验和原位测试资料，将物理力学性质相近的①$_1$填土和①$_2$淤泥层和②$_2$、②$_3$粉质黏土层以及③$_1$粉质黏土、③$_2$含砾黏土层分别合并成一层（其等效 m 值为：m_1、m_2、m_3）。

由于 m_1、m_2、m_3 受土层性质的影响，根据经验可以确定其变化区间，因此取：

$$m_1^{min}=500kN/m^4,m_1^{max}=3000kN/m^4$$
$$m_2^{min}=5000kN/m^4,m_2^{max}=15000kN/m^4$$
$$m_3^{min}=8000kN/m^4,m_3^{max}=20000kN/m^4$$

使式（21.4-30）中的目标函数极小化的土层等效指标 m_1、m_2、$\cdots$、m_n，（n 为土层数），即为待求的参数。

$$\min J(m_1,m_2,\cdots,m_n) = \sum_{j=1}^{M}\sum_{i=1}^{n}\left[f_{if}(m)-u_{ij}\right]^2 \tag{21.4-31}$$

式（21.4-31）是一个无约束最优化问题。实际上由于 m 是具体土层物理力学性质的反应，根据室内试验和原位测试资料可以确定其基本值和变化区间，即存在如下的约束条件：

$$m_i^{max}\leqslant m_i\leqslant m_i^{max}(i=1,2,\cdots,n) \tag{21.4-32}$$

由上述限制条件与式（21.4-31）构成一个约束非线性规划问题，其最优化求解仍采用单纯形加速法。但在搜索过程中，如果某个参数超过上、下限范围，则取上、下限值。这样处理后可以达到以下几个目的：

(1) 保持优化计算求解简单有效；

(2) 减少优化计算时间；

(3) 使反分析得到的 m 值符合实际。

3. 参数 m 值的反演和支护体位移预报

实际上，土的水平抗力系数 m 随基坑开挖工况的不同而变化，以杆件有限元法为基础，利用上一工况的实测支护结构位移值反算 m 值，并认为在下一施工工况中 m 值保持不变，利用反算的 m 值预报下一施工工况支护结构位移；当基坑开挖下一新的施工工况，再利用下一工况的实测支护结构位移值反算新的 m 值，然后再用新反算得到的 m 值预报下一施工工况支护结构位移，以此形成不断量测不断反算不断预报的循序渐进的施工反馈预报方法。

用工况 2 的支护结构实测位移值反分析得到的各土层的 m_{1i} 值为：第 1 层 1500，第 2

层 15600，第 3 层 23500。采用这些 m 值反算得到的工况 2 的位移曲线见图 21.4-3 中 1 号组曲线，由其预测到的工况 3 的变形值见图中 2 号组曲线；用 2 号组曲线中工况 3 的支护结构实测位移值反分析得到的各土层的 m_{2i} 值为：第 1 层 800，第 2 层 9860，第 3 层 18540。由 m_{2i} 预测的工况 5 的变形值与实测值对比见图中 3 号组曲线，它们接近的程度显然比前两组要好得多，变形预测预报值是逐步逼近的。

从以上分析可以看到，利用深基坑实测数值进行位移反分析是可行的，也充分说明了基坑土体的力学性态在开挖过程中不断变化，只有用最新的实测数据去反演它的力学参数才是

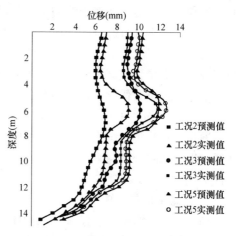

图 21.4-3　计算位移与实测位移对比曲线

最接近实际情况的，由此计算的结果才是最可信的。这充分说明了在深基坑开挖和支护过程中动态变形控制和动态预测预报的重要性。

21.5　深基坑工程动态设计

动态设计主要包括：（1）在预测基础上的监测系统设置；（2）围护方案的优化设计及预测分析；（3）施工全过程的监测及信息的反馈处理；（4）围护体系性状的全程动态分析；（5）再设计过程。

21.5.1　围护方案的优化设计及预测分析

这一阶段的主要工作是根据基坑的工程地质及水文地质条件、开挖深度、施工条件等选择合适的基坑支护方案并加以优化；构造设计计算模型及利用该模型进行分析预测。

1. 基坑围护方案的确定

基坑围护体系应根据其工程地质及水文地质条件、基坑的尺寸及形状、开挖深度和施工条件等拟定若干方案，并进行技术经济比较，从而确定一个最优的围护方案。

2. 计算模型

构造合适的计算模型是动态设计的重要内容。由于传统的支护结构设计方法是以土的刚塑性理论为基础的方法，只能验算强度及稳定性而难以预测变形。所以动态设计中只能采用数值分析法，如有限单元法、边界元法等，目前多采用有限单元法。计算中土体的性状可对不同土类选用合适的本构模型，如线弹性模型、非线性弹性模型及其弹塑性模型等。对桩墙体也应选用合适的材料模型，一般对钢筋混凝土桩墙可采用线弹性本构模型。为考虑土体与桩墙接触面的摩擦特性，还应设置接触面单元。计算结果的准确性还取决于模型参数的选择。因此，在进行基坑岩土工程勘察时应进行相应的试验以提供模型参数。如果基坑开挖时需降低地下水位，设计时还要进行降水计算。

3. 预测分析

预测分析是动态设计的重要步骤。在构造了计算模型后，即可应用该模型进行预测分析，内容可包括支护结构、土体及相邻建筑物的运行状态预测、风险性预测和效益预测。

而变形预测则是运行状态预测的主要项目，应对不同施工阶段、不同施工措施的规律性因素或突发性因素进行综合的或单项的预测分析。例如，随着基坑开挖深度的增加，在不同阶段的支撑设置状态下支护结构的变形，以及这些变形是否满足控制量等。

21.5.2 施工全程监测及信息的反馈处理

上述围护方案优化设计及预测分析是在某一特定的土质参数条件下的结果，其真实性和可靠性必须通过另一过程来证实与改善。这就是进行工程信息跟踪和信息反馈的监测过程。通过信息采集系统采集施工过程中的各种信息，并进行数据处理，从而得出各种测试曲线，以便随时分析与掌握支护结构的工作状态，同时也检验预测分析结果的真实性和可靠性。

1. 信息采集与处理

信息采集通常是通过设置于围护体系、土体及相邻建筑物中的监测系统实现的，以便获得以下信息：

（1）围护结构的变形（沉降及位移量）；

（2）围护结构的应力；

（3）土体的变形（沉降及位移量）；

（4）土体的孔隙水压力；

（5）作用于支护桩墙上的土压力；

（6）相邻建筑物或设施的变形（沉降、位移、倾斜及开裂等）。

为此，应进行下列项目监测工作：

（1）变形监测，包括桩墙的侧向变形，桩顶沉降及位移，相邻建筑物及地面沉降及位移，基坑底的回弹等；

（2）围护结构应力监测，包括钢筋应力及混凝土应力监测；

（3）土压力监测；

（4）地下水及土体孔隙水压力监测；

（5）环境监测，包括气象、水文、振动监测，地形地貌改变以及周围环境的变化等。

变形量是基坑开挖过程中围护结构与土相互作用的直观反映，它既是围护结构设计要求控制的指标，又是各种突发性事件发生的前兆，因而它是最重要的监测项目。

信息的采集应根据施工进展情况确定每监测项目的信息采集时间、频率与周期。在基坑开挖初期，信息采集周期可长些，随着开挖深度的增加，围护结构变形量的加大，采集周期可逐渐缩短。当围护结构处于危险状态时，必须每天观测，甚至一天观测若干次，还应注意各项目信息采集的同步，以便于资料的对比及分析。

2. 信息的处理与反馈

各种信息采集后，应及时进行数据处理，并绘制各种曲线，以便随时分析与掌握支护结构的工作状态及邻近建筑物或设施受影响的程度，同时对测试失误的数据加以分析，找出原因并及时改进或修正。

在信息处理过程中所绘制的曲线应是能反映支护结构的工作状态特征的曲线。一般可绘制下列曲线：围护桩墙的位移曲线；桩墙顶位移时程线；位移速率时程线；桩墙前后的土压力分布曲线；桩墙后某点土压力时程线；孔隙水压力时程线；桩墙体及支撑的钢筋应力分布曲线；钢筋应力时程线；桩墙后地面某点沉降时程线；基坑底回弹量分布曲线；坑底某点回弹量时程线；邻近建筑物的沉降分布曲线及某点沉降时程线等。当然，对某一具体工程来说，要选绘最能反映本工程围护体系工作状态的曲线，并非以上所列曲线都需全部绘出。

图 21.5-1 为福州新都会财经广场工程基坑 C8 测斜管在不同时间的位移曲线，曲线下端数字为观测日期。由图可见，桩体下部位移明显大于上部，这是由于桩后土质为淤泥，土压力很大。桩的上部有环梁及角撑，中部有钢管支撑，桩的位移受到限制；桩前下部土抗力又较小，因而位移较大。另外由图可见，在开挖初期，位移曲线在桩顶下 6～7m 附近明显向坑外弯曲，该深度处正是二道钢管支撑处，说明钢管支撑的作用是明显的。基坑开挖到底，浇完底板及侧墙后，支撑钢管于 1993 年 2 月 13 日至 17 日拆除，可惜当时由于测斜仪出现故障，缺测一段时间，未能将钢管支撑拆除时的位移曲线测出。但从后期曲线可见，在失去二道主撑且围护桩与地下室侧墙间未回填时，该处即向坑内鼓出，且整个桩体的位移迅猛增加。由于预报及时，立即采取应急措施才未酿成事故。

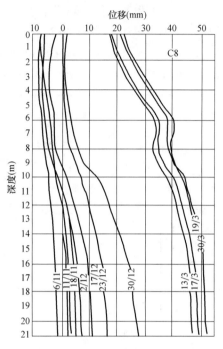

图 21.5-1 福州新都会财经广场
基坑 C8 测斜位移曲线

3. 监测的预警系统

信息经过处理后，应及时反馈给设计、施工及业主，并定期发布监测简报。若发现异常现象，预示潜在危险时应及时发布警报，以便由相关部门组织设计、施工及监测单位进行会诊，对可能出现的各种情况做出估计和决策，并采取有效措施，不断完善与优化下一步的设计与施工。

21.5.3 围护体系性状的全程动态分析

1. 岩土参数的动态分析

在基坑围护方案优化选定后，就可按照所构造的动态计算模型，按预定的施工过程逐次进行预测分析，与施工时通过信息采集系统采集的信息加以对比，一般二者不可能完全相符，主要原因在于预测时采用的土质参数难以反映基坑场地的复杂实际情况，如果我们将实测的信息（例如围护结构的位移、地面沉降、土压力及孔隙水压力等）作为已知参数，采用反演分析方法反求场地的主要土质参数，所求得的土质参数显然比较能反映场地的实际条件。

2. 设计的动态分析

利用反演参数再通过动态设计模型预测下一阶段施工中围护结构的性状，预测结果必定会进一步接近实际情况。再通过信息采集系统在下一阶段施工中采集的信息加以检验，再运用反分析进一步修正土质参数，如此反复循环，使设计计算与施工过程交叉进行，使设计处于动态优化过程中。在每一循环中，当采集的信息远小于或远大于预测结果时，均可及时修改原来的设计方案，从而使设计趋于更加合理，既保证基坑不会由于安全度过低而出现事故，也不会由于过分安全而造成浪费。

21.5.4 动态设计工程实例

1. 工程概况

拟建某工程场地位于郑州市政七街与纬五路交叉东北角。地下 2 层，呈矩形，总占地面积 $3400m^2$，基坑开挖深度 8.9m，基坑周边建筑物及管线密集，其中南、西、北三侧通信电缆管线距基坑约 1.5m；西侧上水管道距基坑约 0.3m，山河宾馆配楼距基坑约 7.0m；南侧污水管道距基坑约 5.0m，北侧办公楼踏步距基坑约 1.5m。如图 21.5-2 所示。

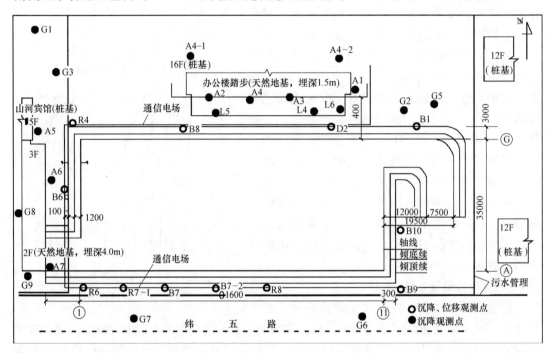

图 21.5-2 基坑周边环境及测点布置图

2. 场地工程地质条件

拟建场地原为拆迁场地，地形相对平坦，所在地貌单元为黄河冲积泛滥平原。场地内深度 0.7～1.8m 以内为杂填土；约 14m 以内为第四系晚更新统（冲积形成的）地层，以粉土、粉质黏土为主。与支护有关的各土层计算参数取值见表 21.5-1。

各土层参数计算取值表　　　　　　　　　　　　　　　表 21.5-1

层号	岩土名称	厚度(m)	重度 γ(kN·m^{-3})	黏聚力 c(kPa)	内摩擦角 φ(°)
2	粉土	3.980	19.3	12.0	20.0
3	粉土	0.950	19.7	15.0	12.0
4	粉土	3.230	19.7	16.1	18.0
5	粉土	1.780	19.4	13.0	20.0
6	粉砂	3.380	19.0	0.0	25.0

场地地下水属潜水，水位埋深在地表下 3.0m 左右。近 3～5 年来地下水位埋深最大 2.0m，历史最高水位埋深为 1.0m，主要受大气降水补给。

3. 原基坑支护结构设计

根据场区工程地质条件、开挖深度及基坑周边环境特点，基坑采用喷锚支护形式，考虑到局部土层黏粒含量大、含水量高，先打一排$\phi48$花管并注浆后再开挖，典型（基坑西坡）剖面见图21.5-3。

基坑支护结构的整体稳定性采用《建筑基坑支护技术规程》JGJ 120及《基坑土钉支护技术规程》CECS 96中规定的方法综合计算分析，其中地面荷载取15kPa。支护断面整体稳定系数计算结果在1.321~1.803间，满足要求。

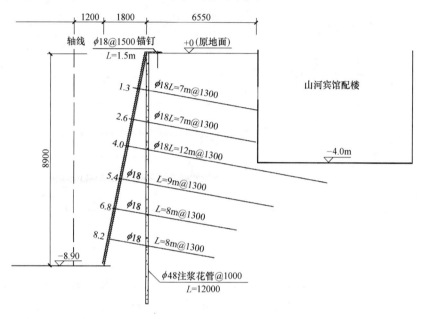

图21.5-3　原西坡设计剖面（1-1剖面）

4. 施工期监测

基坑周边管线、建筑物密集，所以在基坑开挖施工过程中必须严格控制位移，避免支护结构和被支护土体的过大位移影响周边管道及建筑物的正常状态。针对该基坑工程的上述实际情况，监测在基坑周边及邻近建筑物共设34个沉降观测点，并沿基坑周边均匀设置12个水平位移测点（见图21.5-2）。基坑支护于2006年11月13日开工，2007年1月16日支护完工，工程于2007年9月10日竣工通过验收。开挖施工过程中，基坑周边位移测点的水平位移量为5.0~82.4mm，基坑坡顶的累计沉降量为28.7~118.5mm（表21.5-2）；周边建筑物的沉降均不大，最大值为241mm。

基坑周边测点的最大位移值和沉降值　　　　　　　　　表21.5-2

测 点	B1	B2	B3	B4	B5	B6	B7	B8	B9	B10	B7-1	B7-2
最大位移(mm)	5.4	13.2	10.8	27.9	82.4	5.0	27.0	19.7	17.5	41.9	5.1	20.2
累计沉降量(mm)	30.5	29.5	22.8	76.9	116.6	40.0	53.0	57.5	47.3	89.2	28.7	42.6

根据监测结果，西坡的B5点和东坡的B10点位移较大，分别为82.4mm和41.9mm。基坑东侧B10点位移过大主要是基坑开挖过程中从东坡过土方清运重车，基坑开挖快结

束时，挖掘机也从此处来回通行，对此点沉降及位移影响均较大，所以测量结果也有些失真；基坑西坡 B5 点（曲线见图 21.5-4）较真实地反映了施工工况：2006 年 11 月 23 日，基坑开挖至 4.0m 左右，与南侧城市污水主管道连通的西侧废弃管道被冲开，大量水灌入基坑，浸泡西侧边坡，B5 点位移由 7mm 增至 35mm，沉降量由 10mm 增至 40mm；在西坡开挖第五层土及施工第五排锚杆时，由于出现不明管道漏水，使该侧土层含水量迅速增大，开挖面出现了蠕变、侧鼓现象，B5 测点的水平位移由 37mm 突增至 80mm，沉降量由 40mm 增至 110mm，均超过最大预警值。

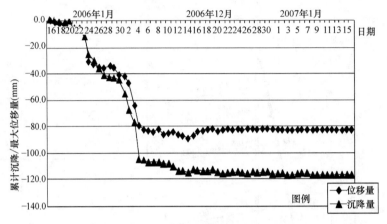

图 21.5-4 B5 点累计沉降/最大位移量曲线图

5. 动态设计过程

根据基坑周边环境及场地土质情况，按照《建筑地基基础工程施工质量验收规范》GB 50202—2002 的规定，本基坑位移的最大预警值为 5cm。为确保基坑施工的安全和开挖顺利进行，在整个施工过程中进行全过程监测，并根据监测反馈的信息进行动态设计，实施信息化施工。下面仅以该工程西坡支护设计为例，详细介绍根据监测结果及施工信息进行动态设计的全过程：

（1）施工开始时，西坡原计划拆除的上水管道无法拆除。设计根据现场情况，将原边坡坡率由 1∶0.2 调整为 1∶0.15，φ48 注浆花管间距由 1m 调整为 0.8m，第一、二排土钉长度由 7m 调整为 9m。

（2）2006 年 11 月 23 日出现灌水情况后，及时停止了西侧施工，抽排坑内明水，待基坑基本晾干后再进行开挖。

（3）基坑开挖至第五层，设计接收到监测预警后，立即修改原支护设计，要求在开挖面分别直立和 45°斜插补打两排长 4.5m 的 φ48 注浆花管做超前支护，并在第三四排、四五排间分别补打一排长 12m 的土钉，以控制该区域基坑边坡水平位移；开挖第六层时，含水量还较大，为避免出现侧鼓，设计要求每次开挖深度减半，增加一排土钉。至地下室底板浇筑完成，该测点的水平位移量仅增加 2.4mm，沉降增加 6.6mm，设计采用注浆花管超前支护及增设锚杆控制位移是及时的、准确的，这两项措施成功地控制住了开挖引起的边坡水平位移。

（4）基坑开挖到第五层土后，现场反映西侧实际地质条件比地质报告中所描述的要差，需要对该区进行加固，即在开挖面处垂直和 45°角向下打两排 φ48 注浆花管，长度为

4.5m。动态设计在整个施工期中根据实际情况不断地调整原设计剖面，施工完成的西坡支护剖面详见图 21.5-5。

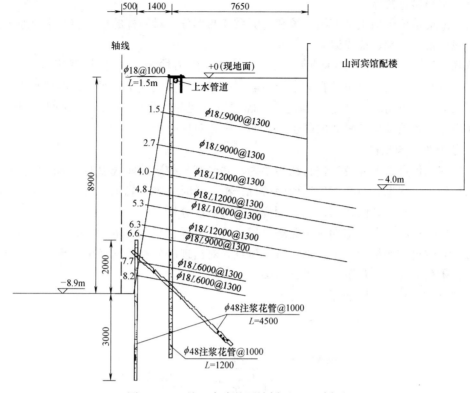

图 21.5-5　施工完成的西坡剖面（1-1 剖面）

该基坑支护采用动态设计，通过监测指导施工，并根据监测结果及施工现场的具体情况修改设计，全面进行信息化施工，能很好地将设计、施工与监测紧密相连，使设计的支护方案在保证安全的前提下尽可能经济，取得了良好的效果。

21.6　深基坑工程信息化施工技术

信息化施工技术是运用系统工程于施工的一种现代化施工管理方法，它包括信息采集、信息分析处理、信息反馈、控制与决策（调整设计与施工方案及采取相应措施）。

实践证明，采用信息化施工的基坑工程，即使出现临时的问题，由于监测预报及时，均未造成事故。如广州华侨大厦基坑深 11m，地处珠江边，基坑支护采用地下连续墙加锚杆方案，锚杆施工完第一层后，根据信息反馈，进一步审核原设计，决定第二层锚杆可减少 1/3，节约经费 20 万元，并加快了施工进度。在施工中根据工程进度随时观测，以便根据监测数据采取必要措施，确保施工安全。经实测支护结构最大位移只有 4.3mm，比设计要求位移小得多，取得了比较满意的效果。

下面以锚杆支护结构体系为例加以说明。

1. 信息采集

信息采集系统是通过设置于锚桩支护结构体系及与其相互作用的土体和相邻建筑物中

（或周围环境）的监测系统进行工作的，以便获取如下信息：（1）支护结构的变形；（2）支护结构的内力；（3）土体变形；（4）土体与支护结构接触压力；（5）锚杆变形与应力；（6）相邻建筑变形。

信息采集系统包括质量控制系统和监测系统两部分。对锚杆的质量控制主要通过材料试验与现场张拉试验、抗拔试验等。

监测项目有：（1）变形监测；（2）支护结构应力检测；（3）锚杆浆体应变观测；（4）土压力监测；（5）水位及孔隙水压力监测；（6）环境（气象、水文、振动）监测。

信息采集应根据施工开挖进度情况，确定每一观测项目的信息采集时间、密度与周期，还应注意各项日信息采集的同步，以便于资料对比分析。

2. 信息处理与反馈

采集到的信息数据应及时进行初步整理，并绘制各种测试曲线以便于随时分析与掌握支护结构的工作状态，对测试失误原因进行分析，及时改进与修正。信息的反馈主要通过计算机，输入初步整理的数据，用预测程序进行系统分析。

根据处理过的信息，定期发布监测简报，若发现异常现象预示潜在危险时，应发布应急预报，并应迅速通报设计施工部门进行研究，对出现的各种情况做出决策，采取有效的措施，并不断完善与优化下一步设计与施工。

信息化施工技术框图如图21.6-1所示。

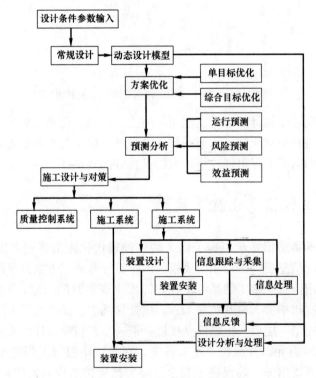

图 21.6-1 信息化施工技术流程图

3. 信息施工技术内容

其内容可归纳为以下几点：（1）对支护结构体系设计方案全过程进行反演和过程优化；（2）预测各种因素对支护体系的影响及其权重和后果分析；（3）做出施工方案可行性

和可靠性评估；（4）随施工过程做出风险评估和失控分析；（5）提供决策依据，并提出采取的措施。

4. 信息化施工工程实例

某大厦扩建工程最大开挖深度 11.5m，大部分由钢筋混凝土地下连续墙和两道预应力锚杆（-3.5m，-7.5m）组成，墙底与锚杆锚固段均进入风化泥岩。现场距珠河边 70m，地下水位-2.0m，与河有水力联系。边坡土质为淤泥质黏性土和含黏土中粗砂，其下为风化程度不同的泥岩，不仅增加施工难度，而且面临三个主要问题：

（1）根据结构设计要求，地下连续墙将作为地下两层结构的外墙部分，控制 1/200 以内倾斜度，墙顶水平位移≤±3.0cm。

（2）基坑周围相邻建筑密集，其中北面的旧九层华侨大厦最近，距离为 1.5m，框架结构，桩基，持力层为饱和砂层，必须保持正常运营。南距离 7.5m 为省工艺大楼和紧邻一正在运行的变电站，东西临马路。设计与施工必须考虑周围建筑物和交通的安全和使用，对支护体系要求严格。

（3）由于施工难以采取降水措施，基坑内外有 9.5m 以上水位差，一旦因某种原因漏水将会危及整体稳定性和周围环境。因此进行预测与监测工作成了施工中主要的组成部分。

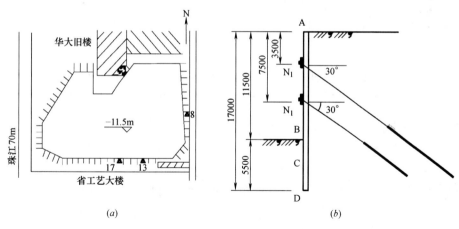

图 21.6-2　基坑平面与支护结构剖面图

（a）基坑平面图；（b）支护结构剖面图

下面着重介绍变形分析：

（1）变形预测与监测结果分析

用平面有限元法对逐次开挖过程的支护结构变位进行了预测，结果见图 21.6-3。实际监测结果正常：①初始状态或开挖至-4.0m 前的状态；②开挖至-4.0m；③第一道锚杆-3.50m 施加预应力后；④开挖至-8.0m；⑤第二道锚杆-7.5m 施加预应力后；⑥开挖至-11.50m 后稳定值。

实测结果的水平位移规律和变化幅度与预测分析吻合较好，明显低于预测值。根据施工至第四阶段后的综合分析，将二道锚杆减少 1/3。实测表明，其值仍在容许值之内。墙顶略大的负位移主要是一道锚杆采取了超张拉，即预应力值为正常使用期锚力的 125%，为施工期锚力的 85%，以防止过大墙体正位移，事实上反而导致负位移过大。可见，仅用强度控制是不行的，必须辅助于变形控制。

（2）预应力锚杆与地连墙分担作用对水平位移的影响

① 连续墙施工对旧华侨大厦桩基持力层饱和砂土造成扰动，支撑力降低，且近连续墙处更为严重，加剧基础不均匀下沉和整体倾斜。

② 开挖至−11.50m，亮槽达 70 余天，对连续墙底部没有形成有效支撑（如及时浇筑混凝土垫层）。

③ 局部墙体跑水涌砂，使墙后土体进一步破坏。

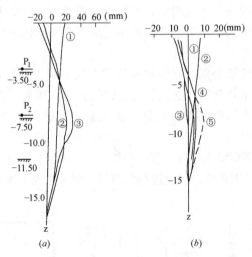

图 21.6-3　开挖不同阶段的水平位移预测值和不同施工阶段的水平位移实测值

（a）开挖不同阶段的水平位移预测值；（b）不同施工阶段的水平位移实测值

由于及时监测分析，果断采取了压浆处理措施，并快速完成垫层施工，制止了进一步发展，保证了安全。

信息施工实质是以施工过程的信息为纽带，通过信息收集、分析、反馈等环节，不断地优化设计方案，确保基坑开挖安全可靠和经济合理。因此，信息施工法与动态设计是密不可分的关联体，动态设计是在时域和空域对工程目标进行设计，动态设计法基坑支护设计是一个设计、信息化施工、变形预测、反馈与决策、再设计的过程。变形控制既存在于设计过程中，又贯穿在施工过程中，设计出于动态过程中，随施工过程及反馈信息不断优化调整。将设计置于动态过程中，即允许支护设计不仅在施工前，而且在施工过程中进行补充完善。

深基坑监测的最终目的是为了实现深基坑工程的信息化施工，因此在对深基坑支护工程进行认真监测并获得准确的数据之后，应对所得数据进行定量的分析与评价，及时进行险情预报，提出合理化措施与建议，并进一步检验加固处理后的效果，直至解决问题。任何没有后续的深入分析的监测工作，充其量只是施工过程的客观描述，决不能起指导施工进程和实现信息化施工。

对深基坑监测的结果进行分析评价主要包括下列方面：

（1）对支护结构顶部的水平位移进行深入细致的定量分析，包括位移速率和累积位移量的计算，及时绘制位移随时间的变化曲线，为设计人员检验原设计意图的宝贵资料以及帮助施工人员考虑下一步需要注意的事项。当顶部水平位移速率增大时，应对引起增大的原因（如开挖深度、超挖现象、支撑不及时、暴雨、积水、渗漏、管涌等）进行准确记录和认真分析。

（2）对沉降和沉降速率进行计算分析。沉降要区分是由支护结构水平位移引起还是由地下水位变化等原因引起。一般由支护结构水平位移引起相邻地面的最大沉降与水平位移之比在 0.65～1.00 之间，沉降发生时间比水平位移发生时间滞后 5～10d 左右。而地下水位降低会较快地引起地面较大幅度的沉降，应予以重视。邻近建筑物的沉降观测结果应与有关规范中的沉降限值要求相比较，及时掌握沉降的发展。当基坑周围不均匀沉降较为明显时，应对房屋的倾斜情况加强观测，并将位移的大小和位移速率能同时绘制成曲线的变化，以便工程技术人员判断基坑内外可能出现的问题。

（3）对各项监测结果进行综合分析并相互验证和比较。用新的监测资料与原设计预计情况进行对比，判断现有设计和施工方案的合理性。如有必要，应及早调整现有下一步的施工方案。

（4）用数值模拟法分析基坑施工期间各种情况下支护结构的位移变化规律和进行稳定性分析，推算岩土体的特性参数，检验原设计计算方法的适宜性，预测后续开挖工程可能出现的新行为和新动态，为后续施工提供技术建议以保证施工的顺利进行。

参 考 文 献

[1] 龚晓南 主编，高有潮 副主编. 深基坑工程设计施工手册 [M]. 北京：中国建筑工业出版社，2001.
[2] 林鸣，徐伟 主编. 深基坑工程信息化施工技术 [M]. 北京：中国建筑工业出版社，2006.
[3] 何德洪，杨文强. 基坑支护动态设计在实际工程中的应用 [J]. 岩土工程界，2009，12 (7)：39-42.
[4] 王义，周健，胡展飞，吴晓峰. 超深基坑信息化施工实例分析 [J]. 岩土力学，2004，25 (10)，1648.
[5] 邹洪海. 关于深基坑支护结构设计方案的优选和优化设计探讨 [D]. 中国海洋大学，硕士学位论文，2005.
[6] 徐杨青. 深基坑工程优化设计理论与动态变形控制研究 [D]. 武汉理工大学，博士学位论文，2001.
[7] 李劭晖，汪琦力，徐伟. 沿海软土地区深基坑工程信息化施工技术研究 [J]. 建筑技术，2006，37 (12)：900-904.
[8] 陈志波，简文彬. 位移监测在边坡治理工程中的应用 [J]. 岩土力学，2005，26 (S)：306-309.
[9] 陈生东，简文彬. 复杂环境下基坑开挖监测与分析 [J]. 岩土力学，2006，27 (S)：1188-1191.